矩阵论

（第3版）

方保镕　编著

清华大学出版社
北京

内 容 简 介

本书比较全面、系统地介绍了矩阵的基本理论、方法及其应用. 全书分上、下两篇,上篇为基础篇,下篇为应用篇,共8章. 上篇着重介绍了矩阵的几何理论(包括线性空间与线性算子,内积空间与等积变换),λ矩阵与若尔当标准形,矩阵的分解,赋范线性空间与矩阵范数. 下篇介绍了矩阵微积分及其应用,广义逆矩阵及其应用,几类特殊矩阵与特殊积(如非负矩阵与正矩阵、素矩阵与循环矩阵、随机矩阵和双随机矩阵、单调矩阵、M矩阵与H矩阵、T矩阵与汉克尔矩阵以及克罗内克积、阿达马积与反积等)、矩阵在数学内外的应用. 前7章每章均配有一定数量的习题. 附录中还给出了15套模拟自测试题. 所有习题和自测题(包括约1200道小题)的详细解答,已由清华大学出版社另行出版.

本书可作为理工科大学各专业研究生的学位课程教材,也可作为理工科和师范类院校高年级本科生的选修课教材,并可供有关专业的教师和工程技术人员参考.

图书在版编目(CIP)数据

矩阵论/方保镕编著. —3版. —北京:清华大学出版社,2021.10(2024.10 重印)
ISBN 978-7-302-59045-3

Ⅰ.①矩… Ⅱ.①方… Ⅲ.①矩阵论 Ⅳ.①O151.21

中国版本图书馆CIP数据核字(2021)第175078号

责任编辑: 佟丽霞
封面设计: 傅瑞学
责任校对: 赵丽敏
责任印制: 刘 菲

出版发行: 清华大学出版社
网 址: https://www.tup.com.cn, https://www.wqxuetang.com
地 址: 北京清华大学学研大厦A座 **邮 编:** 100084
社 总 机: 010-8347000 **邮 购:** 010-62786544
投稿与读者服务: 010-62776969, c-service@tup.tsinghua.edu.cn
质 量 反 馈: 010-62772015, zhiliang@tup.tsinghua.edu.cn
印 装 者: 三河市少明印务有限公司
经 销: 全国新华书店
开 本: 185mm×260mm **印 张:** 25.75 **字 数:** 623千字
版 次: 2004年11月第1版 2021年11月第3版 **印 次:** 2024年10月第5次印刷
定 价: 75.00元

产品编号:087932-01

FOREWORD 前言

随着科学技术的迅速发展，常常需要考虑事物的多变量影响因素，因而古典的高等数学和线性代数知识已不能满足现代科技的需要，矩阵的理论和方法就成为现代科技领域必不可少的工具. 诸如数值分析、优化理论、微分方程、概率统计、控制论、力学、电子学、网络等学科领域都与矩阵理论有着密切的联系，甚至在经济管理、金融、保险、社会科学等领域，矩阵理论和方法也有着十分重要的应用. 可以毫不夸张地说，矩阵理论的发展极大地推动和丰富了其他众多学科的发展. 工程中许多新的理论、方法和技术的诞生与发展就是矩阵理论的创造性应用与推广的结果. 当今电子计算机及计算技术的迅速发展更为矩阵理论的应用开辟了更广阔的前景. 因此，学习和掌握矩阵的基本理论和方法，对于工科研究生来说是必不可少的. 从 20 世纪 80 年代，全国的工科院校已普遍把“矩阵论”作为研究生的必修课. 为此，1989 年我们根据国家教委制定的工科研究生学习“矩阵论”课程的基本要求编写了教材讲义，并于 1993 年和 2004 年分别由河海大学出版社和清华大学出版社先后正式出版，在部分高校讲授过多年. 为使本书适应时代发展的要求，这次改版又对本书进行了充实更新，并对内容作了精心的处理.

本书内容分上、下两篇，上篇为基础篇，下篇为应用篇，共 8 章，比较全面、系统地介绍了矩阵的基本理论、方法及其应用. 我们认为，矩阵论源于古典的高等数学，它是线性代数与高等数学知识的推广和深化. 众所周知，初等数学运算的对象是常量，高等数学运算的对象是变量，如果将运算对象换成多维向量(矩阵)，并定义相应运算规则后，这就构成了“矩阵论”. 所以，有人把矩阵论又说成是一门“多维高等数学”或是“升级版的高等数学”. 对于工科研究生来说，深刻理解和熟练掌握这门课对后面内容的学习乃至将来正确处理实际问题有很大的作用. 现以本书 5.4 节“矩阵微分方程”为例，在研究弹道控制系统时，考察多个变量 $x_1(t),x_2(t),\cdots,x_n(t)$所满足的常微分方程组(5.4.1)，如果采用古典高等数学传统的解法，其过程相当复杂，解的表达式非常冗长. 直到 20 世纪 80 年代，有了矩阵工具以后，可以将式(5.4.1)改写成如式(5.4.2)的矩阵微分方程：

$$\frac{\mathrm{d}\boldsymbol{x}(t)}{\mathrm{d}t}=\boldsymbol{A}\boldsymbol{x}(t),$$

其解表达为

$$\boldsymbol{x}(t)=\mathrm{e}^{\boldsymbol{A}t}\boldsymbol{x}(0),$$

这里 $\boldsymbol{A}$ 为 n 阶方阵. 如此“简而不凡”的表达式，才真正体现了“数学之美”.

本书的第 1 章介绍矩阵的几何理论. 矩阵理论源于古典的高等数学，例如，“线性空间”是平面上二维向量空间的推广；“线性算子”是函数概念的推广；“等积变换”是正交坐标系概念的推广等. 建立这种“以高等数学概念为背景、并用公理化来定义多维空间相应的抽象概念”的理论，我们称之为“矩阵的几何理论”．这部分内容既是古典的线性代数和高等数学知识的推广和深化，又是矩阵论的基础．第 2 章～第 4 章主要介绍 λ 矩阵与若尔当标准形、矩阵的分解、赋范线性空间与矩阵范数．这些内容是矩阵理论研究、矩阵计算及应用中不可缺少的工具和手段．以上 4 章内容均为 1991 年国家教育委员会工科研究生数学课程教学指导小组对“矩阵论”课程所制定的基本要求，故本书把它们放入上篇作为基础篇，约为 2～3 学分(讲授 36～54 学时)．考虑到矩阵理论的完整性、系统性，又能反映其应用性，同时也为满足某些专业多学时教学的需要，本书的下篇为应用篇，安排有：第 5 章介绍矩阵微积分及其应用；第 6 章介绍广义逆矩阵及其应用；第 7 章介绍几类特殊矩阵与特殊积(诸如非负矩阵与正矩阵、素矩阵与循环矩阵、随机矩阵和双随机矩阵、单调矩阵、M 矩阵与 H 矩阵、T 矩阵与汉克尔矩阵，矩阵的克罗内克积、阿达马积与反积等)；第 8 章专门介绍了矩阵在其他方面的一些应用．本书前 7 章每章均配有一定数量的习题，附录中还给出了 15 套模拟自测试题．所有习题和自测题(包括约 1200 道小题)的详细解答，将由清华大学出版社出版．

目录中带 * 号的内容可用于选学或自学．

本书在编写过程中，力求做到：

1. 理论严谨，重点突出，既重视几何理论，又兼顾应用背景或具体应用；
2. 结构合理，既有系统性，适合全面阅读(多学时)，又具有可分性，便于选读(少学时)；
3. 取材丰富，涵盖多种矩阵理论与运算法则；
4. 深入浅出，文字流畅．

阅读本书只需具备高等数学和线性代数的基本知识．

作者诚挚地感谢王能超教授，他仔细审阅了全部书稿，并提出了不少有益的建议．

本书可作为理工科大学各专业研究生的学位课程教材，也可作为理工科和师范类院校高年级本科生的选修课教材，并可供有关专业的教师和工程技术人员参考．

由于编著者水平有限，书中如有不妥乃至谬误之处，期望读者批评指正．

编著者

2020 年 12 月

CONTENTS

目录

上篇 基础篇

下篇　应　用　篇

上篇　基础篇

第1章 矩阵的几何理论

引言 什么是矩阵的几何理论

矩阵理论源于古典的高等数学，例如，“线性空间”是二维向量空间的推广；“线性算子”是函数概念的推广；“等积变换”是正交坐标系概念的推广……. 建立这种“以高等数学为背景、并用公理化来定义多维空间相应的抽象概念”的理论，我们称之为“矩阵的几何理论”. 在这里讲的矩阵几何理论，主要内容有：1.1 节阐述线性空间上的线性算子及其矩阵；1.2 节介绍内积空间上常用的线性算子(正交变换与酉变换)及其矩阵；1.3 节扼要介绍埃尔米特变换及其矩阵. 所有论述是在假定读者已经具备线性代数和高等数学初步知识的基础上进行的，这里所讨论的内容既是已有线性代数和高等数学知识的推广和深化，也是本书的理论基础.

1.1 线性空间上的线性算子与矩阵

1.1.1 线性空间

1. 数环与数域

每一个数学概念都有其适用范围，线性空间的概念与在什么范围内取数有直接的关系，为了准确地叙述和理解线性空间这个数学概念，首先引入数域的概念.

定义 1.1.1 设 Z 为非空数集且其中任何两个相同或互异的数之和、差与积仍属于 Z(即数集关于加、减、乘法运算封闭)，则称 Z 是一个**数环**.

只含一个 0 的数集 $Z=\{0\}$ 显然是个数环.

根据数环的定义有：

(1) 任何数环 Z 必含有 0. 因为若 $a\in Z$，则 $a-a=0\in Z$；

(2) 若 $a\in Z$，则 $-a\in Z$. 因为 $0-a=-a\in Z$.

由此可知，$Z=\{0\}$ 是最小的数环.

定义 1.1.2 如果 P 是至少含有两个互异数的数环，并且其中任何两个数 a 与 b 之商 $(b\neq 0)$ 仍属于 P(换言之，数集关于四则运算都封闭)，则说 P 是一个**数域**.

根据数域的定义有：

(1) 任何数域 P 中必含有 0 与 1,因为 P 中至少有一个数 $a\neq 0$,而 $a/a=1\in P$.

(2) 若 $a\neq 0$,则 $1/a=a^{-1}\in P$.

全体整数(包括 0)组成一个数环.全体有理数组成一个数域,并且是最小的数域,因为数中至少含有 0 与 1,由 0 与 1 通过和、差、积运算形成整数环,再加上商运算即形成有理数域,记为$\mathbb{Q}$.

全体实数组成一个数域,叫作实数域,记为$\mathbb{R}$.

全体复数组成一个数域,叫作复数域,记为$\mathbb{C}$.

读者可以验证,形如 $a+b\sqrt{2}$(其中 a,b 为有理数)的数的全体也构成一个数域,并且它包含了有理数域.

2. 线性空间

线性空间是线性代数中 n 维向量空间概念的抽象和推广.为了便于理解这个抽象概念,我们先回顾 n 维向量空间中的向量在加法及数与向量的乘法方面的运算性质,然后再把具有同样运算性质的一切集合,抽象概括为线性空间.

在 n 维向量空间

$$K^n=\{\boldsymbol{\alpha}=(a_1,a_2,\cdots,a_n)\mid a_i\in\mathbb{R} \text{ 或 } a_i\in\mathbb{C},i=1,2,\cdots,n\}$$

中,向量 $\boldsymbol{\alpha}$ 是有序数组,且对向量的加法及数与向量乘法是封闭的(指运算结果都仍是 K^n 中的向量),且满足如下 8 条性质(设 $\boldsymbol{\alpha},\boldsymbol{\beta},\boldsymbol{\gamma}$ 都是 n 维向量,λ,μ 是常数)：

(1) $\boldsymbol{\alpha}+\boldsymbol{\beta}=\boldsymbol{\beta}+\boldsymbol{\alpha}$ (加法交换律)；

(2) $(\boldsymbol{\alpha}+\boldsymbol{\beta})+\boldsymbol{\gamma}=\boldsymbol{\alpha}+(\boldsymbol{\beta}+\boldsymbol{\gamma})$ (加法结合律)；

(3) $\boldsymbol{\alpha}+\mathbf{0}=\boldsymbol{\alpha}$ (存在零向量 $\mathbf{0}$)；

(4) $\boldsymbol{\alpha}+(-\boldsymbol{\alpha})=\mathbf{0}$ (存在负向量 $-\boldsymbol{\alpha}$)；

(5) $\lambda(\boldsymbol{\alpha}+\boldsymbol{\beta})=\lambda\boldsymbol{\alpha}+\lambda\boldsymbol{\beta}$ (数因子分配律)；

(6) $(\lambda+\mu)\boldsymbol{\alpha}=\lambda\boldsymbol{\alpha}+\mu\boldsymbol{\alpha}$ (分配律)；

(7) $\lambda(\mu\boldsymbol{\alpha})=(\lambda\mu)\boldsymbol{\alpha}$ (数因子结合律)；

(8) $1\boldsymbol{\alpha}=\boldsymbol{\alpha}$.

值得指出的是,要研究的集合已远远超出了 n 维向量空间 K^n 的范围,元素不一定是有序数组,但集合中元素的加法及数与元素的乘法运算,却具有 K^n 中相应的性质.我们先看如下几个熟悉的例子.

例 1.1.1 以实数为系数,次数不超过 n 的一元多项式的全体(包括 0),记作

$$P[x]_n=\{a_nx^n+a_{n-1}x^{n-1}+\cdots+a_1x+a_0\mid a_n,a_{n-1},\cdots,a_1,a_0\in\mathbb{R}\}.$$

按多项式相加及乘常数的规则,则 $P[x]_n$ 对这两种运算是封闭的,因为若 $f(x)\in P[x]_n$,$g(x)\in P[x]_n$,则 $f(x)+g(x)\in P[x]_n$；若 $k\in\mathbb{R}$,则 $kf(x)\in P[x]_n$,且易验证对 $P[x]_n$ 的这两种运算,也有如 K^n 中所述的 8 条性质.

例 1.1.2 常系数二阶齐次线性微分方程

$$y''-3y'+2y=0$$

的解的集合

$$Y=\{a\mathrm{e}^{2x}+b\mathrm{e}^{x}\mid a,b\in\mathbb{R}\},$$

对于函数的加法及数与函数乘法两种运算也是封闭的，因为若 $y_1=a_1e^{2x}+b_1e^x\in Y$，$y_2=a_2e^{2x}+b_2e^x\in Y$，则 $y_1+y_2=(a_1+a_2)e^{2x}+(b_1+b_2)e^x\in Y$；当 $k\in\mathbb{R}$ 时，则 $ky_1=ka_1e^{2x}+kb_1e^x\in Y$，且满足如 K^n 中所述的 8 条性质.

例 1.1.3　在所有 n 阶实矩阵的集合 $\mathbb{R}^{n\times n}$ 中，如果 $\boldsymbol{A},\boldsymbol{B}\in\mathbb{R}^{n\times n}$，则 $\boldsymbol{A}+\boldsymbol{B}\in\mathbb{R}^{n\times n}$；如果 $k\in\mathbb{R}$，则 $k\boldsymbol{A}\in\mathbb{R}^{n\times n}$. 即集合对于这两种运算是封闭的，且也都满足如 K^n 中所述的 8 条性质.

此外，在数学、力学及其他学科中，还有如例 1.1.1～例 1.1.3 的大量这样的集合. 因此，有必要不考虑集合的具体内容的涵义来研究这类集合的公共性质，并把这类集合概括成一个数学名词，于是就有如下的线性空间的概念.

定义 1.1.3　设 V 是一个非空集合，P 是一个数域. 如果 V 满足如下两个条件：

1) 在 V 中定义一个封闭的加法运算，即当 $\boldsymbol{x},\boldsymbol{y}\in V$ 时，有唯一的和 $\boldsymbol{x}+\boldsymbol{y}\in V$，并且加法运算满足 4 条性质：

(1) $\boldsymbol{x}+\boldsymbol{y}=\boldsymbol{y}+\boldsymbol{x}$　(交换律)；

(2) $\boldsymbol{x}+(\boldsymbol{y}+\boldsymbol{z})=(\boldsymbol{x}+\boldsymbol{y})+\boldsymbol{z}$　(结合律)；

(3) 存在**零元素** $\boldsymbol{0}\in V$，对于 V 中任何一个元素 $\boldsymbol{x}$ 都有 $\boldsymbol{x}+\boldsymbol{0}=\boldsymbol{x}$；

(4) 存在**负元素**，即对任一元素 $\boldsymbol{x}\in V$，存在有一元素 $\boldsymbol{y}\in V$，使 $\boldsymbol{x}+\boldsymbol{y}=\boldsymbol{0}$，且称 $\boldsymbol{y}$ 为 $\boldsymbol{x}$ 的负元素，记为 $-\boldsymbol{x}$，于是有 $\boldsymbol{x}+(-\boldsymbol{x})=\boldsymbol{0}$.

2) 在 V 中定义一个封闭的数乘运算(数与元素的乘法)，即当 $\boldsymbol{x}\in V,\lambda\in P$ 时，有唯一的 $\lambda\boldsymbol{x}\in V$，且数乘运算满足 4 条性质：

(5) $(\lambda+\mu)\boldsymbol{x}=\lambda\boldsymbol{x}+\mu\boldsymbol{x}$　(分配律)；

(6) $\lambda(\boldsymbol{x}+\boldsymbol{y})=\lambda\boldsymbol{x}+\lambda\boldsymbol{y}$　(数因子分配律)；

(7) $\lambda(\mu\boldsymbol{x})=(\lambda\mu)\boldsymbol{x}$　(结合律)；

(8) $1\boldsymbol{x}=\boldsymbol{x}$.

其中 $\boldsymbol{x},\boldsymbol{y},\boldsymbol{z}$ 表示 V 中的任意元素；λ,μ 是数域 P 中任意数；1 是数域 P 中的单位数.

我们称 V 是数域 P 上的**线性空间**. 不管 V 的元素如何，当 P 为实数域 $\mathbb{R}$ 时，称 V 为**实线性空间**；当 P 为复数域 $\mathbb{C}$ 时，就称 V 为**复线性空间**.

通常我们把 V 中满足 8 条性质且为封闭的加法及数乘两种运算，统称**线性运算**. 简言之，凡定义了线性运算的集合，就称线性空间. 因此，线性运算是线性空间的本质，它反映了集合中元素之间的某种代数结构. 当仅研究集合的代数结构时，便抽象出线性空间的概念.

下面列举一些线性空间的例子.

在 K^n 中，所有实 n 维向量的集合 $\mathbb{R}^n$ 是实数域 $\mathbb{R}$ 上的线性空间；所有复 n 维向量的集合 $\mathbb{C}^n$ 是复数域 $\mathbb{C}$ 上的线性空间. 作为特例，几何空间全体向量组成的集合 $\mathbb{R}^2$ 或 $\mathbb{R}^3$ 是实数域 $\mathbb{R}$ 上的线性空间.

例 1.1.1～例 1.1.3 中的集合，在其各自的加法及数乘运算的定义下，都构成实数域 $\mathbb{R}$ 上的线性空间. 我们称例 1.1.3 所给的线性空间 $\mathbb{R}^{n\times n}$ 为**矩阵空间**.

此外，检验集合是否构成线性空间，逐条检验运算是否为线性运算是至关重要的. 例如，次数等于 $n(n\geqslant 1)$ 的多项式的集合，关于通常的多项式加法与数乘运算是不能构成线性空间的. 因为两个 n 次多项式的和可能不是 n 次多项式，如当 $n>1$ 时，$f(x)=x^n+x$，$g(x)=-x^n+1$，则 $f(x)+g(x)=x+1$ 就不属于原来的集合，亦即对加法运算不封闭，故不是线性空间.还要注意,检验线性运算不能只检验对运算的封闭性,特别是当定义的加法及数乘运算不是通常意义下的运算时,则应仔细检验其余8条性质.

下面再举一个不是线性空间的例子.

例 1.1.4 平面上全体向量组成的集合,对于通常意义下的向量加法和如下定义的数乘

$$k\cdot\boldsymbol{\alpha}=\mathbf{0},$$

虽然对两种运算都封闭,但因 $1\cdot\boldsymbol{\alpha}=\mathbf{0}$,不满足运算性质(8),即定义的运算不是线性运算,所以不是线性空间.

一般来说,同一个集合,若定义两种不同的线性运算,就构成不同的线性空间;若定义的运算不是线性运算,也就不能构成线性空间.所以,线性空间的概念是集合与运算二者的结合.为了对线性空间的理解更具有一般性,请看下面的线性空间所表现的代数结构.

例 1.1.5 设$\mathbb{R}^+$为所有正实数组成的数集,其加法及数乘运算定义为(奇怪的加法与数乘)

$$a\oplus b=ab,\qquad a,b\in\mathbb{R}^+,$$
$$k\circ a=a^k,\qquad k\in\mathbb{R},\quad a\in\mathbb{R}^+.$$

证明$\mathbb{R}^+$是实线性空间.

证明 实际上要验证10条:

对加法封闭:设 $a,b\in\mathbb{R}^+$,则有 $a\oplus b=ab\in\mathbb{R}^+$;

对数乘封闭:设 $k\in\mathbb{R},a\in\mathbb{R}^+$,则有 $k\circ a=a^k\in\mathbb{R}^+$;

(1) $a\oplus b=ab=ba=b\oplus a$;

(2) $(a\oplus b)\oplus c=(ab)\oplus c=(ab)c=a(bc)=a\oplus(b\oplus c)$;

(3) 1 是零元素,因为 $a\oplus 1=a\cdot 1=a$;

(4) a 的负元素是 $1/a$,因为 $a\oplus 1/a=a\cdot 1/a=1$;

(5) $k\circ(a\oplus b)=k\circ(ab)=(ab)^k=a^kb^k=(k\circ a)\oplus(k\circ b)$;

(6) $(\lambda+\mu)\circ a=a^{\lambda+\mu}=a^\lambda\oplus a^\mu=(\lambda\circ a)\oplus(\mu\circ a)$;

(7) $\lambda\circ(\mu\circ a)=\lambda\circ a^\mu=(a^\mu)^\lambda=a^{\lambda\mu}=(\lambda\mu)\circ a$;

(8) $1\circ a=a^1=a$.

因此,$\mathbb{R}^+$是实线性空间.

线性空间还是物理、力学中满足叠加原理的系统的数学模型,请看下例.

例 1.1.6 考察一根梁因受荷载而产生变形的问题(如图1.1所示).设所考察的情况都在弹性范围之内,即应变与应力总是成比例的,在实际应用时结论只适用于小应变的情况.

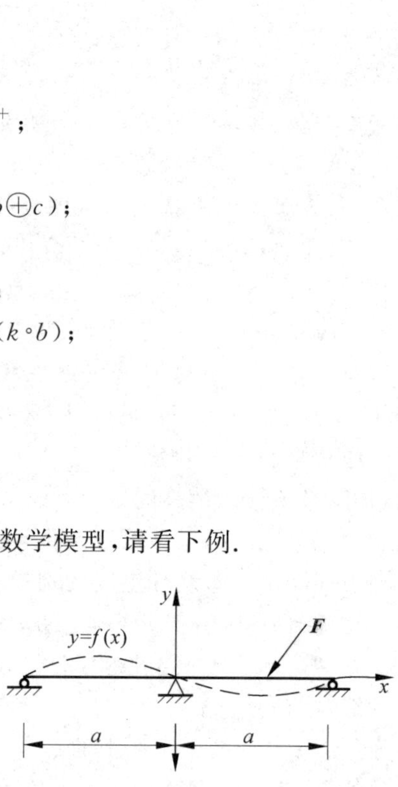

图 1.1

设支点没有位移,则挠度曲线是在区间$[-a,a]$上的连续函数,且有

$$f(-a)=0,\quad f(0)=0,\quad f(a)=0.$$

考察所有这样的挠度曲线(函数形式)的集合:

$$D=\{f\mid f\in C^2[-a,a],\ f(-a)=0,\ f(0)=0,\ f(a)=0\},$$

这里 $C^2[-a,a]$表示所有在区间$[-a,a]$上有二阶连续导数的函数的集合.

设荷载 $\boldsymbol{F}_1$ 产生挠度曲线 $y=f_1(x)$，$\boldsymbol{F}_2$ 产生挠度曲线 $y=f_2(x)$，由叠加原理知：$\boldsymbol{F}_1$ 与 $\boldsymbol{F}_2$ 同时作用，则产生的挠度曲线为 $y=f_1(x)+f_2(x)$，这正是函数的加法.

这种加法显然是封闭的，且满足线性空间定义前 4 条性质（0 就是恒等于零的函数——对应于零荷载；与 f 相反的元素就是 $-f$，它对应于反方向的荷载）.

如果荷载 F_1 是 F_2 的 k 倍，即 $F_1=kF_2$，则

$$f_1(x)=kf_2(x), \quad 即 \quad f_1=kf_2.$$

这正是常数与函数的乘法，它也是封闭的，且满足线性空间定义后 4 条性质，所以挠度曲线的集合 D 构成一个线性空间.

总之，在各种不同的领域都可以举出许多线性空间的例子. 正因为线性空间是 n 维向量空间的抽象和推广，所以为了几何直观，有时我们又把线性空间叫作向量空间. 但这里的向量不一定是有序数组，而是广义的向量，可以是以数学对象（如函数、矩阵等）为向量，也可以是以物理对象（如力、速度等）为向量.

3. 线性空间的基本性质

根据线性空间的定义，可以推证线性空间的下述性质：

性质 1　线性空间的零元素是唯一的.

事实上，如果 $\mathbf{0}_1,\mathbf{0}_2$ 是线性空间 V 中的两个零元素，则根据定义有

$$\mathbf{0}_1=\mathbf{0}_1+\mathbf{0}_2=\mathbf{0}_2+\mathbf{0}_1=\mathbf{0}_2.$$

性质 2　任一元素的负元素是唯一的.

事实上，设 $\boldsymbol{x}_1,\boldsymbol{x}_2$ 均为 $\boldsymbol{x}\in V$ 的负元素，则

$$\boldsymbol{x}_1=\boldsymbol{x}_1+(\boldsymbol{x}+\boldsymbol{x}_2)=(\boldsymbol{x}_1+\boldsymbol{x})+\boldsymbol{x}_2=\boldsymbol{x}_2.$$

性质 3　设 $\lambda,0,-1,1\in P$，$\boldsymbol{x},-\boldsymbol{x},\mathbf{0}\in V$，则

(1) $0\boldsymbol{x}=\mathbf{0}$；

(2) $(-1)\boldsymbol{x}=-\boldsymbol{x}$；

(3) $\lambda\mathbf{0}=\mathbf{0}$；

(4) 若 $\lambda\boldsymbol{x}=\mathbf{0}$，则 $\lambda=0$ 或 $\boldsymbol{x}=\mathbf{0}$.

事实上，因为

$$\boldsymbol{x}+0\boldsymbol{x}=1\boldsymbol{x}+0\boldsymbol{x}=(1+0)\boldsymbol{x}=1\boldsymbol{x}=\boldsymbol{x},$$

所以

$$0\boldsymbol{x}=\mathbf{0};$$

因为

$$\boldsymbol{x}+(-1)\boldsymbol{x}=1\boldsymbol{x}+(-1)\boldsymbol{x}=[1+(-1)]\boldsymbol{x}=0\boldsymbol{x}=\mathbf{0},$$

所以

$$(-1)\boldsymbol{x}=-\boldsymbol{x};$$

因为

$$\lambda\mathbf{0}=\lambda[\boldsymbol{x}+(-1)\boldsymbol{x}]=\lambda\boldsymbol{x}+(-\lambda)\boldsymbol{x}=[\lambda+(-\lambda)]\boldsymbol{x}=0\boldsymbol{x}=\mathbf{0},$$

故

$$\lambda\mathbf{0}=\mathbf{0};$$

最后，若 $\lambda\neq0$，且 $\boldsymbol{x}\neq\mathbf{0}$，则

$$\boldsymbol{x}=1\boldsymbol{x}=\left(\frac{1}{\lambda}\lambda\right)\boldsymbol{x}=\frac{1}{\lambda}(\lambda\boldsymbol{x})=\frac{1}{\lambda}\mathbf{0}=\mathbf{0},$$

这与 $\boldsymbol{x}\neq\mathbf{0}$ 矛盾，故 $\lambda\neq0$ 与 $\boldsymbol{x}\neq\mathbf{0}$ 不能同时成立.

定义 1.1.4　只含一个元素的线性空间叫作**零空间**，显然，这个元素便是零元素.

4. 基、维数与坐标

由上面线性空间的定义容易知道,有限个向量组成的集合,总不能满足加法及数乘运算的封闭性,所以除只由一个零向量构成的零空间$\{\mathbf{0}\}$外,一般线性空间都有无穷多个向量.于是提出两个问题:

(1) 在无穷多个向量中能否找到有限个具有代表性的向量,使得线性空间中任一个向量都可以用这有限个向量来表示?

(2) 线性空间的向量是抽象的,如何把它与具体的数组向量$(a_1,a_2,\cdots,a_n)$联系起来,使线性空间中抽象的线性运算转化为数组向量的线性运算?

为了圆满地解答这两个问题,首先需要定义线性空间中向量组的线性相关性等基本概念.

如果$\boldsymbol{x}_1,\boldsymbol{x}_2,\cdots,\boldsymbol{x}_r(r\geqslant 1)$为线性空间$V$中一组向量,$k_1,k_2,\cdots,k_r$是数域$P$中的数,那么向量

$$\boldsymbol{x}=k_1\boldsymbol{x}_1+k_2\boldsymbol{x}_2+\cdots+k_r\boldsymbol{x}_r \tag{1.1.1}$$

称为向量$\boldsymbol{x}_1,\boldsymbol{x}_2,\cdots,\boldsymbol{x}_r$的一个**线性组合**,有时也说向量$\boldsymbol{x}$可用向量组$\boldsymbol{x}_1,\boldsymbol{x}_2,\cdots,\boldsymbol{x}_r$**线性表示**.

例 1.1.7 对于例 1.1.2 中的线性空间Y,我们知道它的向量是微分方程$y''-3y'+2y=0$的解$y=c_1\mathrm{e}^x+c_2\mathrm{e}^{2x}$,其中$c_1$与$c_2$是独立的两个任意常数.这表明$y$是它的两个特解向量$\mathrm{e}^x$与$\mathrm{e}^{2x}$的线性组合.

如果式(1.1.1)中的$k_1,k_2,\cdots,k_r$不全为零,且使

$$k_1\boldsymbol{x}_1+k_2\boldsymbol{x}_2+\cdots+k_r\boldsymbol{x}_r=\mathbf{0}, \tag{1.1.2}$$

则称向量组$\boldsymbol{x}_1,\boldsymbol{x}_2,\cdots,\boldsymbol{x}_r$**线性相关**,否则就称其为**线性无关**.换句话说,如果等式(1.1.2)只有在$k_1=k_2=\cdots=k_r=0$时才成立,则称$\boldsymbol{x}_1,\boldsymbol{x}_2,\cdots,\boldsymbol{x}_r$线性无关.

显然,如果$\boldsymbol{x}_1,\boldsymbol{x}_2,\cdots,\boldsymbol{x}_r$中有一个为零元,则这$r$个元素必然是线性相关的,例如$\boldsymbol{x}_1=\mathbf{0}$,则可置$k_1\neq 0$,而令$k_2=k_3=\cdots=k_r=0$,使式(1.1.2)成立.

例 1.1.8 在$\mathbb{R}^n$中,设有两个向量组

$$\begin{cases}\boldsymbol{\varepsilon}_1=(1,0,\cdots,0),\\ \boldsymbol{\varepsilon}_2=(0,1,\cdots,0),\\ \qquad\vdots\\ \boldsymbol{\varepsilon}_n=(0,0,\cdots,1),\end{cases} \quad 及 \quad \begin{cases}\boldsymbol{\varepsilon}'_1=(1,1,\cdots,1,1),\\ \boldsymbol{\varepsilon}'_2=(0,1,\cdots,1,1),\\ \qquad\vdots\\ \boldsymbol{\varepsilon}'_n=(0,0,\cdots,0,1).\end{cases}$$

分别考察线性方程组

$$k_1\boldsymbol{\varepsilon}_1+k_2\boldsymbol{\varepsilon}_2+\cdots+k_n\boldsymbol{\varepsilon}_n=\mathbf{0} \quad 及 \quad k_1\boldsymbol{\varepsilon}'_1+k_2\boldsymbol{\varepsilon}'_2+\cdots+k_n\boldsymbol{\varepsilon}'_n=\mathbf{0}.$$

由于它们对应的系数行列式

$$\begin{vmatrix}1&0&\cdots&0\\0&1&\cdots&0\\\vdots&\vdots&&\vdots\\0&0&\cdots&1\end{vmatrix}=1\neq 0 \quad 及 \quad \begin{vmatrix}1&1&\cdots&1&1\\0&1&\cdots&1&1\\\vdots&\vdots&&\vdots&\vdots\\0&0&\cdots&0&1\end{vmatrix}=1\neq 0,$$

从而两个线性方程组都只有零解$k_1=k_2=\cdots=k_n=0$,故这两个向量组是线性无关的.

又如,例 1.1.1 中的线性空间$P[x]_n$,取向量组$1,x,x^2,\cdots,x^n$,当对任意x,使$k_1\cdot 1+k_2x+k_3x^2+\cdots+k_{n+1}x^n=0$时,$k_1,k_2,\cdots,k_{n+1}$必须同时为零,因此,$1,x,x^2,\cdots,x^n$线性

无关；同理，例 1.1.2 中的向量组 e^x，e^{2x}，当 $c_1e^x+c_2e^{2x}=0$ 时，c_1 与 c_2 必须同时为零，所以 e^x 与 e^{2x} 也线性无关.

与$\mathbb{R}^n$类似，在线性空间 V 中下列命题成立.

命题 1.1.1 当 $r\geqslant 2$ 时，V 中的向量组 $\boldsymbol{x}_1,\boldsymbol{x}_2,\cdots,\boldsymbol{x}_r$ 线性相关的充要条件是其中至少有一个向量可由向量组中其余向量线性表示；而线性无关的充要条件则是其中每一个向量都不能由向量组中其余向量来线性表示.

命题 1.1.2 若 V 中向量组的某一子向量组线性相关，则该向量组也线性相关.

命题 1.1.3 若 V 中某向量组线性无关，则其任一子向量组也线性无关.

定义 1.1.5 设 V 是数域 P 上的线性空间，$\boldsymbol{x}_1,\boldsymbol{x}_2,\cdots,\boldsymbol{x}_n(n\geqslant 1)$是属于 V 的任意 n 个向量，如果它满足：

(1) $\boldsymbol{x}_1,\boldsymbol{x}_2,\cdots,\boldsymbol{x}_n$ 线性无关；

(2) V 中任一向量 $\boldsymbol{x}$ 均可由 $\boldsymbol{x}_1,\boldsymbol{x}_2,\cdots,\boldsymbol{x}_n$ 来线性表示；

则称 $\boldsymbol{x}_1,\boldsymbol{x}_2,\cdots,\boldsymbol{x}_n$ 是 V 的一组**基**(或**基底**)，并称 $\boldsymbol{x}_1,\boldsymbol{x}_2,\cdots,\boldsymbol{x}_n$ 为基向量.

线性空间 V 的基向量所含向量的个数 n，称为线性空间 V 的**维数**，记为 $\dim V=n$，并称 V 为 **n 维线性空间**，可简记为 V^n.

由定义 1.1.5 可见，维数实际上就是 V 中线性无关向量组中向量的最大个数，而基只不过是 V 中的最大线性无关组而已.

特别地，零空间的维数是 0.

若在 V 中可以找到任意多个线性无关的向量，则称 V 是**无限维线性空间**.

按照上述定义，不难看出，例 1.1.1 中的线性空间 $P[x]_n$ 是 $n+1$ 维的，因为前面已验证向量组 $1,x,x^2,\cdots,x^n$ 线性无关，且 $P[x]_n$ 中任一向量都可由这组向量线性表示，即

$$f(x)=a_0\cdot 1+a_1x+a_2x^2+\cdots+a_nx^n.$$

因此，$1,x,x^2,\cdots,x^n$ 是 $P[x]_n$ 中的一组基. 同样，例 1.1.2 中的线性空间 Y 是二维的，e^x，e^{2x} 是 Y 中的一组基；而例 1.1.3 中的矩阵空间$\mathbb{R}^{n\times n}$是 n^2 维的线性空间，这是因为$\mathbb{R}^{n\times n}$的任一向量$\boldsymbol{A}=\sum\limits_{i,j=1}^{n}k_{ij}\boldsymbol{E}_{ij}$，其中 $\boldsymbol{E}_{ij}$ 是第 i 行第 j 列的元素为 1、其余为 0 的 n 阶方阵，且易验证 $\boldsymbol{E}_{ij}(i,j=1,2,\cdots,n)$线性无关，故 $\dim\mathbb{R}^{n\times n}=n^2$，$\boldsymbol{E}_{ij}(i,j=1,2,\cdots,n)$就是$\mathbb{R}^{n\times n}$的一组基.

读者不难验证，齐次线性方程组 $\boldsymbol{Ax}=\boldsymbol{0}$ 的基础解系就是其解空间的一组基.

注意，一个线性空间的基不是唯一的. 例如，在例 1.1.8 中已验证$\mathbb{R}^n$中向量组 $\boldsymbol{\varepsilon}_1=(1,0,\cdots,0)$，$\boldsymbol{\varepsilon}_2=(0,1,\cdots,0)$，$\cdots$，$\boldsymbol{\varepsilon}_n=(0,0,\cdots,1)$及 $\boldsymbol{\varepsilon}'_1=(1,1,\cdots,1,1)$，$\boldsymbol{\varepsilon}'_2=(0,1,\cdots,1,1)$，$\cdots$，$\boldsymbol{\varepsilon}'_n=(0,0,\cdots,0,1)$都是线性无关的，而且对任一向量 $\boldsymbol{x}=(x_1,x_2,\cdots,x_n)\in\mathbb{R}^n$，分别有

$$\boldsymbol{x}=x_1\boldsymbol{\varepsilon}_1+x_2\boldsymbol{\varepsilon}_2+\cdots+x_n\boldsymbol{\varepsilon}_n,$$

$$\boldsymbol{x}=x_1\boldsymbol{\varepsilon}'_1+(x_2-x_1)\boldsymbol{\varepsilon}'_2+\cdots+(x_n-x_{n-1})\boldsymbol{\varepsilon}'_n,$$

所以它们都是$\mathbb{R}^n$的基，并且称 $\boldsymbol{\varepsilon}_1,\boldsymbol{\varepsilon}_2,\cdots,\boldsymbol{\varepsilon}_n$ 是$\mathbb{R}^n$的**自然基**.

可以证明(见习题 1(1)第 18 题)，线性空间里不同基所含向量的个数是相等的，即线性空间的维数是确定的，不会因选取的基不同而改变.

另外，还必须指出，线性空间的基、维数与所考虑的数域有关.

例 1.1.9 如果把复数域$\mathbb{C}$看作是自身上的线性空间，数 1 就是一组基，那么它是一维的；如果把$\mathbb{C}$看作是实数域$\mathbb{R}$上的线性空间，数 1，i 就是一组基，那么它是二维的.

关于无限维线性空间的例子也是有的.如所有实系数多项式的集合(幂级数为向量)

$$P[x]_{\infty}=\{a_0+a_1x+a_2x^2+\cdots+a_nx^n+\cdots \mid a_i\in\mathbb{R}\}$$

在通常的多项式加法及数乘多项式的运算下形成的实线性空间,就是无限维的,因为对任意整数 N,都有 N 个线性无关的向量 $1,x,x^2,\cdots,x^{N-1}$.

又如在$[a,b]$上所有实连续函数的集合 $C[a,b]$,它也是无限维的线性空间,因为找不到有限个连续函数作为它的基.

关于无限维线性空间的讨论,已超出本门课程的范围,它属于"泛函分析"课程研究的对象,本书主要讨论有限维线性空间.

定理 1.1.1 设 $\boldsymbol{x}_1,\boldsymbol{x}_2,\cdots,\boldsymbol{x}_n$ 是 V^n 的一组基,对于任何向量 $\boldsymbol{x}\in V^n$,则它可唯一地由 $\boldsymbol{x}_1,\boldsymbol{x}_2,\cdots,\boldsymbol{x}_n$ 线性表示.

证明 设 $\boldsymbol{x}$ 由 $\boldsymbol{x}_1,\boldsymbol{x}_2,\cdots,\boldsymbol{x}_n$ 线性表示的式子有两个,即

$$\boldsymbol{x}=\lambda_1\boldsymbol{x}_1+\lambda_2\boldsymbol{x}_2+\cdots+\lambda_n\boldsymbol{x}_n,$$
$$\boldsymbol{x}=\mu_1\boldsymbol{x}_1+\mu_2\boldsymbol{x}_2+\cdots+\mu_n\boldsymbol{x}_n,$$

以上两式相减得

$$(\lambda_1-\mu_1)\boldsymbol{x}_1+(\lambda_2-\mu_2)\boldsymbol{x}_2+\cdots+(\lambda_n-\mu_n)\boldsymbol{x}_n=\boldsymbol{0}.$$

由 $\boldsymbol{x}_1,\boldsymbol{x}_2,\cdots,\boldsymbol{x}_n$ 的线性无关性,知 $\lambda_1=\mu_1,\lambda_2=\mu_2,\cdots,\lambda_n=\mu_n$. 证毕

这样,线性空间 V^n 可表示为

$$V^n=\{\boldsymbol{x}=\lambda_1\boldsymbol{x}_1+\lambda_2\boldsymbol{x}_2+\cdots+\lambda_n\boldsymbol{x}_n \mid \lambda_i\in\mathbb{R},i=1,2,\cdots,n\},$$

这就较清楚地显示出线性空间中向量的构造,即 V^n 中的基 $\boldsymbol{x}_1,\boldsymbol{x}_2,\cdots,\boldsymbol{x}_n$ 的确起到了"代表"的作用,从而回答了前面提到的第一个问题.现在,我们来考虑第二个问题.

反之,任给一组有序数 $\lambda_1,\lambda_2,\cdots,\lambda_n$,总有唯一的向量

$$\boldsymbol{x}=\lambda_1\boldsymbol{x}_1+\lambda_2\boldsymbol{x}_2+\cdots+\lambda_n\boldsymbol{x}_n\in V^n,$$

这样,V^n 中的向量 $\boldsymbol{x}$ 与有序数组$(\lambda_1,\lambda_2,\cdots,\lambda_n)$之间存在着一种一一对应的关系.因此可以用这组有序数来表示向量 $\boldsymbol{x}$.于是我们有以下定义.

定义 1.1.6 设 $\boldsymbol{x}_1,\boldsymbol{x}_2,\cdots,\boldsymbol{x}_n$ 是线性空间 V^n 的一组基,对于任一向量 $\boldsymbol{x}\in V^n$,总有且仅有一组有序数 $a_1,a_2,\cdots,a_n$ 使

$$\boldsymbol{x}=a_1\boldsymbol{x}_1+a_2\boldsymbol{x}_2+\cdots+a_n\boldsymbol{x}_n.$$

这组有序数 $a_1,a_2,\cdots,a_n$ 就称为向量 $\boldsymbol{x}$ 在基 $\boldsymbol{x}_1,\boldsymbol{x}_2,\cdots,\boldsymbol{x}_n$ 下的**坐标**,并记作

$$\boldsymbol{X}=(a_1,a_2,\cdots,a_n) \quad 或 \quad \boldsymbol{X}=(a_1,a_2,\cdots,a_n)^{\mathrm{T}}.$$

例 1.1.10 若 $\boldsymbol{x}_1,\boldsymbol{x}_2,\cdots,\boldsymbol{x}_n$ 为 V^n 的一组基,则每个基向量恰好可表示为

$$\boldsymbol{x}_i=0\boldsymbol{x}_1+\cdots+0\boldsymbol{x}_{i-1}+1\boldsymbol{x}_i+0\boldsymbol{x}_{i+1}+\cdots+0\boldsymbol{x}_n,$$

即相应的坐标为

$$\boldsymbol{X}_i=(\overbrace{0,\cdots,0}^{i-1\text{个}},1,0,\cdots,0),\qquad i=1,2,\cdots,n.$$

由此还可见,假如在定义 1.1.3 中没有第(8)条 $1\boldsymbol{x}=\boldsymbol{x}$ 的运算性质,我们就无法把 $\boldsymbol{x}_i$ 写成基 $\boldsymbol{x}_1,\boldsymbol{x}_2,\cdots,\boldsymbol{x}_n$ 的线性组合,从而基、维数、坐标等概念也就无从谈起了.

需要指出,同一向量 $\boldsymbol{x}$ 在不同的基(或称**坐标系**)下的坐标往往是不同的.

例 1.1.11 在线性空间 $P[x]_n$ 中,多项式

$$f(x)=a_0+a_1x+a_2x^2+\cdots+a_nx^n$$

在基 $1,x,x^2,\cdots,x^n$ 下的坐标就是它的系数构成的行向量 $(a_0,a_1,\cdots,a_n)$. 若在 $P[x]_n$ 中取另一组基

$$1,(x-a),(x-a)^2,\cdots,(x-a)^n,$$

则多项式 $f(x)$ 按泰勒(Taylor)公式展开为

$$f(x)=f(a)+f'(a)(x-a)+\frac{f''(a)}{2!}(x-a)^2+\cdots+\frac{f^{(n)}(a)}{n!}(x-a)^n.$$

因此, $f(x)$ 在新的一组基下的坐标是

$$\left(f(a),f'(a),\frac{f''(a)}{2!},\cdots,\frac{f^{(n)}(a)}{n!}\right).$$

又如, $\mathbb{R}^n$ 的任一向量 $(x_1,x_2,\cdots,x_n)$ 在自然基 $\boldsymbol{\varepsilon}_1,\boldsymbol{\varepsilon}_2,\cdots,\boldsymbol{\varepsilon}_n$ 下的坐标是 $(x_1,x_2,\cdots,x_n)$, 但在例 1.1.8 中第二组基 $\boldsymbol{\varepsilon}_1',\boldsymbol{\varepsilon}_2',\cdots,\boldsymbol{\varepsilon}_n'$ 下的坐标却是 $(x_1,x_2-x_1,\cdots,x_n-x_{n-1})$.

建立了坐标以后, 就把抽象的向量 $\boldsymbol{x}$ 与具体的数组向量 $(x_1,x_2,\cdots,x_n)$ 联系起来了, 并且还可以把 V^n 中抽象的线性运算与数组向量的线性运算联系起来.

设 $\boldsymbol{x},\boldsymbol{y}\in V^n$, 有 $\boldsymbol{x}=x_1\boldsymbol{x}_1+x_2\boldsymbol{x}_2+\cdots+x_n\boldsymbol{x}_n$, $\boldsymbol{y}=y_1\boldsymbol{x}_1+y_2\boldsymbol{x}_2+\cdots+y_n\boldsymbol{x}_n$, 于是

$$\boldsymbol{x}+\boldsymbol{y}=(x_1+y_1)\boldsymbol{x}_1+(x_2+y_2)\boldsymbol{x}_2+\cdots+(x_n+y_n)\boldsymbol{x}_n,$$

$$\lambda\boldsymbol{x}=(\lambda x_1)\boldsymbol{x}_1+(\lambda x_2)\boldsymbol{x}_2+\cdots+(\lambda x_n)\boldsymbol{x}_n,$$

即 $\boldsymbol{x}+\boldsymbol{y}$ 的坐标是 $(x_1+y_1,x_2+y_2,\cdots,x_n+y_n)=(x_1,x_2,\cdots,x_n)+(y_1,y_2,\cdots,y_n)$, $\lambda\boldsymbol{x}$ 的坐标是 $(\lambda x_1,\lambda x_2,\cdots,\lambda x_n)=\lambda(x_1,x_2,\cdots,x_n)$.

在 V^n 中, 任意 n 个线性无关的向量都可取作它的基或坐标系, 可以说 V^n 的基或坐标系有无穷多组, 但对不同的基或坐标系, 同一个向量的坐标一般是不同的. 那么, 不同的基与不同的坐标之间有怎样的关系呢? 为此, 先介绍由一组基改变为另一组基时的过渡矩阵的概念.

设 $\boldsymbol{e}_1,\boldsymbol{e}_2,\cdots,\boldsymbol{e}_n$ 及 $\boldsymbol{e}_1',\boldsymbol{e}_2',\cdots,\boldsymbol{e}_n'$ 是 V^n 的两组基, 且

$$\begin{cases}\boldsymbol{e}_1'=c_{11}\boldsymbol{e}_1+c_{21}\boldsymbol{e}_2+\cdots+c_{n1}\boldsymbol{e}_n,\\ \boldsymbol{e}_2'=c_{12}\boldsymbol{e}_1+c_{22}\boldsymbol{e}_2+\cdots+c_{n2}\boldsymbol{e}_n,\\ \qquad\vdots\\ \boldsymbol{e}_n'=c_{1n}\boldsymbol{e}_1+c_{2n}\boldsymbol{e}_2+\cdots+c_{nn}\boldsymbol{e}_n,\end{cases}$$

或者写成矩阵形式

$$(\boldsymbol{e}_1',\boldsymbol{e}_2',\cdots,\boldsymbol{e}_n')=(\boldsymbol{e}_1,\boldsymbol{e}_2,\cdots,\boldsymbol{e}_n)\boldsymbol{C}, \tag{1.1.3}$$

其中矩阵

$$\boldsymbol{C}=\begin{bmatrix}c_{11}&c_{12}&\cdots&c_{1n}\\c_{21}&c_{22}&\cdots&c_{2n}\\\vdots&\vdots&&\vdots\\c_{n1}&c_{n2}&\cdots&c_{nn}\end{bmatrix}$$

称为由基 $\boldsymbol{e}_1,\boldsymbol{e}_2,\cdots,\boldsymbol{e}_n$ 变到基 $\boldsymbol{e}_1',\boldsymbol{e}_2',\cdots,\boldsymbol{e}_n'$ 的**过渡矩阵**. 由于 $\boldsymbol{e}_1',\boldsymbol{e}_2',\cdots,\boldsymbol{e}_n'$ 线性无关, 故过渡矩阵 $\boldsymbol{C}$ 可逆, 即 $\boldsymbol{C}^{-1}$ 存在.

例如, 对于例 1.1.8 中给出的两组基, 易知有

$$(\boldsymbol{\varepsilon}_1',\boldsymbol{\varepsilon}_2',\cdots,\boldsymbol{\varepsilon}_n')=(\boldsymbol{\varepsilon}_1,\boldsymbol{\varepsilon}_2,\cdots,\boldsymbol{\varepsilon}_n)\begin{bmatrix}1&0&\cdots&0\\1&1&\cdots&0\\\vdots&\vdots&&\vdots\\1&1&\cdots&1\end{bmatrix},$$

则由基 $\boldsymbol{\varepsilon}_1,\boldsymbol{\varepsilon}_2,\cdots,\boldsymbol{\varepsilon}_n$ 变到基 $\boldsymbol{\varepsilon}'_1,\boldsymbol{\varepsilon}'_2,\cdots,\boldsymbol{\varepsilon}'_n$ 的过渡矩阵为

$$\boldsymbol{C}=\begin{bmatrix}1&0&\cdots&0\\1&1&\cdots&0\\\vdots&\vdots&&\vdots\\1&1&\cdots&1\end{bmatrix}.$$

上面由过渡矩阵给出了两组基之间的变换关系,下面再讨论向量的坐标变换问题.

设 $\boldsymbol{x}\in V^n$,且 $\boldsymbol{x}$ 在两组基下的坐标分别为 $(x_1,x_2,\cdots,x_n)$ 及 $(x'_1,x'_2,\cdots,x'_n)$,即

$$\boldsymbol{x}=x_1\boldsymbol{e}_1+x_2\boldsymbol{e}_2+\cdots+x_n\boldsymbol{e}_n=x'_1\boldsymbol{e}'_1+x'_2\boldsymbol{e}'_2+\cdots+x'_n\boldsymbol{e}'_n,$$

写成矩阵形式为

$$\boldsymbol{x}=(\boldsymbol{e}_1,\boldsymbol{e}_2,\cdots,\boldsymbol{e}_n)\begin{bmatrix}x_1\\x_2\\\vdots\\x_n\end{bmatrix}=(\boldsymbol{e}'_1,\boldsymbol{e}'_2,\cdots,\boldsymbol{e}'_n)\begin{bmatrix}x'_1\\x'_2\\\vdots\\x'_n\end{bmatrix}. \tag{1.1.4}$$

将式(1.1.3)代入式(1.1.4),得

$$(\boldsymbol{e}_1,\boldsymbol{e}_2,\cdots,\boldsymbol{e}_n)\begin{bmatrix}x_1\\x_2\\\vdots\\x_n\end{bmatrix}=(\boldsymbol{e}_1,\boldsymbol{e}_2,\cdots,\boldsymbol{e}_n)\boldsymbol{C}\begin{bmatrix}x'_1\\x'_2\\\vdots\\x'_n\end{bmatrix}.$$

由于 $\boldsymbol{e}_1,\boldsymbol{e}_2,\cdots,\boldsymbol{e}_n$ 线性无关且为基,故有

$$\begin{bmatrix}x_1\\x_2\\\vdots\\x_n\end{bmatrix}=\boldsymbol{C}\begin{bmatrix}x'_1\\x'_2\\\vdots\\x'_n\end{bmatrix}. \tag{1.1.5}$$

由于 $\boldsymbol{C}$ 可逆,故

$$\begin{bmatrix}x'_1\\x'_2\\\vdots\\x'_n\end{bmatrix}=\boldsymbol{C}^{-1}\begin{bmatrix}x_1\\x_2\\\vdots\\x_n\end{bmatrix}. \tag{1.1.6}$$

式(1.1.5)或式(1.1.6)称为在基变换式(1.1.3)下向量的**坐标变换公式**.

例 1.1.12 在 $\mathbb{R}^4$ 中,已知向量 $\boldsymbol{x}$ 在基 $\boldsymbol{e}_1=(1,2,-1,0)^{\mathrm{T}},\boldsymbol{e}_2=(1,-1,1,1)^{\mathrm{T}},\boldsymbol{e}_3=(-1,2,1,1)^{\mathrm{T}},\boldsymbol{e}_4=(-1,-1,0,1)^{\mathrm{T}}$ 下的坐标为 (x_1,x_2,x_3,x_4),求当基改变为基 $\boldsymbol{e}'_1=(2,1,0,1)^{\mathrm{T}},\boldsymbol{e}'_2=(0,1,2,2)^{\mathrm{T}},\boldsymbol{e}'_3=(-2,1,1,2)^{\mathrm{T}},\boldsymbol{e}'_4=(1,3,1,2)^{\mathrm{T}}$ 时,向量 $\boldsymbol{x}$ 在新基下的坐标.

解 引入自然基来表示基 $\boldsymbol{e}_1,\boldsymbol{e}_2,\boldsymbol{e}_3,\boldsymbol{e}_4$,即

$$(\boldsymbol{e}_1,\boldsymbol{e}_2,\boldsymbol{e}_3,\boldsymbol{e}_4)=(\boldsymbol{\varepsilon}_1,\boldsymbol{\varepsilon}_2,\boldsymbol{\varepsilon}_3,\boldsymbol{\varepsilon}_4)\begin{bmatrix}1&1&-1&-1\\2&-1&2&-1\\-1&1&1&0\\0&1&1&1\end{bmatrix}=(\boldsymbol{\varepsilon}_1,\boldsymbol{\varepsilon}_2,\boldsymbol{\varepsilon}_3,\boldsymbol{\varepsilon}_4)\boldsymbol{A}.$$

于是

$$(\boldsymbol{\varepsilon}_1,\boldsymbol{\varepsilon}_2,\boldsymbol{\varepsilon}_3,\boldsymbol{\varepsilon}_4)=(\boldsymbol{e}_1,\boldsymbol{e}_2,\boldsymbol{e}_3,\boldsymbol{e}_4)\boldsymbol{A}^{-1}.$$

同样，基 $\boldsymbol{e}'_1,\boldsymbol{e}'_2,\boldsymbol{e}'_3,\boldsymbol{e}'_4$ 也可用自然基表示，即

$$(\boldsymbol{e}'_1,\boldsymbol{e}'_2,\boldsymbol{e}'_3,\boldsymbol{e}'_4)=(\boldsymbol{\varepsilon}_1,\boldsymbol{\varepsilon}_2,\boldsymbol{\varepsilon}_3,\boldsymbol{\varepsilon}_4)\begin{bmatrix}2&0&-2&1\\1&1&1&3\\0&2&1&1\\1&2&2&2\end{bmatrix}=(\boldsymbol{\varepsilon}_1,\boldsymbol{\varepsilon}_2,\boldsymbol{\varepsilon}_3,\boldsymbol{\varepsilon}_4)\boldsymbol{B}.$$

所以有

$$(\boldsymbol{e}'_1,\boldsymbol{e}'_2,\boldsymbol{e}'_3,\boldsymbol{e}'_4)=(\boldsymbol{e}_1,\boldsymbol{e}_2,\boldsymbol{e}_3,\boldsymbol{e}_4)\boldsymbol{A}^{-1}\boldsymbol{B}.$$

于是得过渡矩阵

$$\boldsymbol{C}=\boldsymbol{A}^{-1}\boldsymbol{B}.$$

再由坐标变换公式(1.1.6)可得

$$(x'_1,x'_2,x'_3,x'_4)=(x_1,x_2,x_3,x_4)(\boldsymbol{C}^{-1})^{\mathrm{T}}.$$

由计算可得

$$(\boldsymbol{C}^{-1})^{\mathrm{T}}=(\boldsymbol{C}^{\mathrm{T}})^{-1}=(\boldsymbol{B}^{\mathrm{T}}(\boldsymbol{A}^{\mathrm{T}})^{-1})^{-1}=\boldsymbol{A}^{\mathrm{T}}(\boldsymbol{B}^{\mathrm{T}})^{-1}=\begin{bmatrix}0&-1&0&1\\1&1&0&-1\\-1&0&0&1\\1&0&1&-1\end{bmatrix},$$

因此有

$$(x'_1,x'_2,x'_3,x'_4)=(x_1,x_2,x_3,x_4)\begin{bmatrix}0&-1&0&1\\1&1&0&-1\\-1&0&0&1\\1&0&1&-1\end{bmatrix},$$

即所求的坐标变换公式为

$$x'_1=x_2-x_3+x_4,\qquad x'_2=-x_1+x_2,$$
$$x'_3=x_4,\qquad x'_4=x_1-x_2+x_3-x_4.$$

5. 线性子空间

1）子空间的概念

大家知道，过坐标原点的一条直线或一个平面都是三维几何空间的子集，而且它们关于向量加法及数乘运算分别构成一个一维和二维的线性空间. 这种现象，也可以推广到 n 维线性空间，即线性空间的子集，它在原线性空间的加法及数乘运算下，仍构成线性空间. 这一特性，对深入认识线性空间的性质、线性空间的分解与构造都是必不可少的，为此，我们引入下面的定义.

定义 1.1.7 设 V_1 是数域 P 上线性空间 V 的一个子集，且这个子集对 V 已有的加法及数乘运算也构成线性空间，则称 V_1 为 V 的**线性子空间**，简称**子空间**，记为 $V_1\subseteq V$，当 $V_1\neq V$ 时，记为 $V_1\subset V$.

例 1.1.13 设 $C[a,b]$是定义在$[a,b]$上的连续函数的全体组成的集合，它是一个线性空间，而 V_1 是定义在同一区间上不超过 n 次的实系数多项式的全体，显然 V_1 是 $C[a,b]$的一个子空间.

又如，n 元齐次线性方程组的解空间就是 $\mathbb{R}^n$ 的子空间.

需要指出,验证一个非空子集合是否为线性空间,只需验证这个子集对原线性空间已有的加法及数乘两种运算的封闭性就行了,而其余8条运算性质它自然满足.我们有如下的定理.

定理 1.1.2 设 V_1 是线性空间 V 的一个非空子集,则 V_1 是 V 的一个子空间的充分必要条件为

(1) 如果 $\boldsymbol{x},\boldsymbol{y}\in V_1$,则 $\boldsymbol{x}+\boldsymbol{y}\in V_1$;

(2) 如果 $\boldsymbol{x}\in V_1,k\in P$,则 $k\boldsymbol{x}\in V_1$.

定理的结论是明显的.因为根据上面的两条封闭性,容易推出存在负元素与存在零元素这两条性质,即如果 $\boldsymbol{x}\in V_1$,则 $-\boldsymbol{x}=(-1)\boldsymbol{x}\in V_1$,且 $\boldsymbol{x}+(-\boldsymbol{x})=\boldsymbol{0}\in V_1$;再者,因为 V_1 的元素自然也是 V 的元素,从而 V_1 的元素承袭了它们在 V 中的结合律、交换律、分配律、……其余的性质.这样,线性运算的所有性质就全部满足了.

例 1.1.14 设平面上不经过坐标原点的直线为

$$V_1=\{(2k,k+1)\mid k\in\mathbb{R}\}.$$

试验证它不是二维几何空间的子空间.

事实上,设 $\boldsymbol{\alpha}=(2k_1,k_1+1)\in V_1$,$\boldsymbol{\beta}=(2k_2,k_2+1)\in V_1$,而 $\boldsymbol{\alpha}+\boldsymbol{\beta}=(2(k_1+k_2),(k_1+k_2)+2)\notin V_1$,所以 V_1 不是二维几何空间的子空间.

容易看出,每个线性空间至少有两个子空间,一个是它自身,另一个是仅由零向量所构成的子集合,称后者为**零子空间**.这两个子空间通常称为**平凡子空间**,而其他的子空间称为**非平凡子空间**(或**真子空间**).

既然线性子空间本身也是一个线性空间,因此,前面引入的关于基、维数、坐标等概念当然也可以应用到线性子空间上.因为在线性子空间中不可能比在整个空间中有更多数目的线性无关的向量,所以,任何一个线性子空间的维数不能超过整个空间的维数,即有

$$\dim V_1\leqslant\dim V.$$

例 1.1.15 设 $\boldsymbol{A}\in\mathbb{R}^{m\times n}$,齐次线性方程组

$$\boldsymbol{A}\boldsymbol{x}=\boldsymbol{0}$$

的全部解向量构成 n 维线性空间 $\mathbb{R}^n$ 的一个子空间.这个子空间称为齐次线性方程组的解空间,记为 $N(\boldsymbol{A})$ 或 $\ker(\boldsymbol{A})$.因为解空间的基就是齐次线性方程组的基础解系,所以 $\dim(N(\boldsymbol{A}))=n-\text{rank}(\boldsymbol{A})$.

下面讨论线性子空间的生成问题.

设 $\boldsymbol{x}_1,\boldsymbol{x}_2,\cdots,\boldsymbol{x}_m$ 是线性空间 V 中一组向量,不难看出,这组向量所有可能的线性组合的集合

$$V_1=\{k_1\boldsymbol{x}_1+k_2\boldsymbol{x}_2+\cdots+k_m\boldsymbol{x}_m\}$$

是非空的,而且容易验证 V_1 对 V 的线性运算是封闭的,因而 V_1 是 V 的一个子空间,这个子空间称为由 $\boldsymbol{x}_1,\boldsymbol{x}_2,\cdots,\boldsymbol{x}_m$ **生成的子空间**,记为

$$\text{Span}(\boldsymbol{x}_1,\boldsymbol{x}_2,\cdots,\boldsymbol{x}_m)=\{k_1\boldsymbol{x}_1+k_2\boldsymbol{x}_2+\cdots+k_m\boldsymbol{x}_m\}. \tag{1.1.7}$$

在有限维线性空间 V 中,任何一个子空间都可以由式(1.1.7)得到.事实上,设 V_1 是 V 的一个子空间,V_1 当然是有限维的,令 $\boldsymbol{x}_1,\boldsymbol{x}_2,\cdots,\boldsymbol{x}_m$ 是 V_1 的一组基,于是

$$V_1=\text{Span}(\boldsymbol{x}_1,\boldsymbol{x}_2,\cdots,\boldsymbol{x}_m)$$

就是 m 维子空间.特别地,零子空间就是由零向量生成的子空间 $\text{Span}(\boldsymbol{0})$.

例 1.1.16　试求由向量

$$\boldsymbol{\alpha}_1=\begin{bmatrix}1\\3\\2\\1\end{bmatrix},\quad \boldsymbol{\alpha}_2=\begin{bmatrix}4\\9\\5\\4\end{bmatrix},\quad \boldsymbol{\alpha}_3=\begin{bmatrix}3\\7\\4\\3\end{bmatrix}$$

所生成的$\mathbb{R}^4$的子空间的基和维数.

解　设

$$k_1\boldsymbol{\alpha}_1+k_2\boldsymbol{\alpha}_2+k_3\boldsymbol{\alpha}_3=\mathbf{0},$$

即

$$\begin{cases}k_1+4k_2+3k_3=0,\\3k_1+9k_2+7k_3=0,\\2k_1+5k_2+4k_3=0,\\k_1+4k_2+3k_3=0.\end{cases}$$

解此线性方程组,得

$$k_2=2k_1,\qquad k_3=-3k_1.$$

于是有

$$\boldsymbol{\alpha}_1+2\boldsymbol{\alpha}_2-3\boldsymbol{\alpha}_3=\mathbf{0},$$

故 $\boldsymbol{\alpha}_1,\boldsymbol{\alpha}_2,\boldsymbol{\alpha}_3$ 线性相关,又显见 $\boldsymbol{\alpha}_1$ 与 $\boldsymbol{\alpha}_2$(或 $\boldsymbol{\alpha}_2$ 与 $\boldsymbol{\alpha}_3$,或 $\boldsymbol{\alpha}_3$ 与 $\boldsymbol{\alpha}_1$)线性无关,因此所论子空间的维数是 2,即

$$\dim \operatorname{Span}(\boldsymbol{\alpha}_1,\boldsymbol{\alpha}_2,\boldsymbol{\alpha}_3)=2,$$

基是由 $\boldsymbol{\alpha}_1$ 与 $\boldsymbol{\alpha}_2$(或 $\boldsymbol{\alpha}_2$ 与 $\boldsymbol{\alpha}_3$,或 $\boldsymbol{\alpha}_3$ 与 $\boldsymbol{\alpha}_1$)所组成.

2) 子空间的交与和

前面我们讨论了由线性空间的向量生成子空间的方法,这里将要讨论子空间的两种重要的运算——交与和,可以看成是由子空间生成的子空间.

定义 1.1.8　设 V_1 和 V_2 是 n 维线性空间 V 的两个子空间,由同时属于这两个子空间中的向量构成的子集合,叫作 V_1 与 V_2 的**交**,记作 $V_1\cap V_2$.

定理 1.1.3　设 V_1,V_2 是数域 P 上的线性空间 V 的两个子空间,则它们的交 $V_1\cap V_2$ 也是 V 的子空间.

证明　因每一个子空间 V_1,V_2 都含有零向量,所以它们的交也含有零向量,于是 $V_1\cap V_2$ 是非空集合;另一方面,若 $\boldsymbol{x},\boldsymbol{y}\in V_1\cap V_2$,那么 $\boldsymbol{x},\boldsymbol{y}\in V_1$,$\boldsymbol{x},\boldsymbol{y}\in V_2$,因 V_1,V_2 都是子空间,故 $\boldsymbol{x}+\boldsymbol{y}\in V_1$,$\boldsymbol{x}+\boldsymbol{y}\in V_2$,即 $\boldsymbol{x}+\boldsymbol{y}\in V_1\cap V_2$;又因 $k\boldsymbol{x}\in V_1$,$k\boldsymbol{x}\in V_2$,故 $k\boldsymbol{x}\in V_1\cap V_2$,从而由定理 1.1.2 知 $V_1\cap V_2$ 是 V 的子空间.　证毕

定义 1.1.9　设 V_1,V_2 都是数域 P 上的线性空间 V 的子空间,且 $\boldsymbol{x}\in V_1$,$\boldsymbol{y}\in V_2$,由所有 $\boldsymbol{x}+\boldsymbol{y}$ 这样的向量构成的集合叫作 V_1 与 V_2 的**和或和空间**,记作 V_1+V_2.

定理 1.1.4　如果 V_1,V_2 都是数域 P 上的线性空间 V 的子空间,则它们的和 V_1+V_2 也是 V 的子空间.

证明　显然 V_1+V_2 非空,又对任两个向量 $\boldsymbol{x}_1,\boldsymbol{x}_2\in V_1$ 及 $\boldsymbol{y}_1,\boldsymbol{y}_2\in V_2$,有

$$(\boldsymbol{x}_1+\boldsymbol{y}_1)+(\boldsymbol{x}_2+\boldsymbol{y}_2)=(\boldsymbol{x}_1+\boldsymbol{x}_2)+(\boldsymbol{y}_1+\boldsymbol{y}_2)\in V_1+V_2.$$

又因 $k(\boldsymbol{x}_1+\boldsymbol{y}_1)=k\boldsymbol{x}_1+k\boldsymbol{y}_2\in V_1+V_2$,这就证明了 V_1+V_2 是 V 的子空间.　证毕

例 1.1.17 在三维几何空间$\mathbb{R}^3$中,用 V_1 表示过坐标原点的直线,V_2 表示一个通过坐标原点而且与 V_1 垂直的平面,那么 V_1 与 V_2 的交是$\{\mathbf{0}\}$,而 V_1 与 V_2 的和是整个三维几何空间.

注意,这里子空间的交与集合的交的概念是一致的,但子空间的和与集合的并的概念是不一致的. 例如在例 1.1.17 中,$V_1\cap V_2=\{\mathbf{0}\}$,表示子空间的交与集合的交一致;但 $V_1+V_2=\mathbb{R}^3$,而 $V_1\cup V_2=\{$过原点的直线与垂直平面上的点$\}$.

子空间的运算"交"与"和",易证其交换律与结合律均成立,但"交"与"和"构成的分配律一般不成立.

例 1.1.18 设在$\mathbb{R}^2$中,$\boldsymbol{x}_1,\boldsymbol{x}_2$ 是两个线性无关的向量,令

$$Q=\mathrm{Span}(\boldsymbol{x}_1),\quad S=\mathrm{Span}(\boldsymbol{x}_2),\quad T=\mathrm{Span}(\boldsymbol{x}_1+\boldsymbol{x}_2),$$

则

$$Q\cap(S+T)=Q\cap\mathbb{R}^2=Q,$$
$$(Q\cap S)+(Q\cap T)=\{\mathbf{0}\}+\{\mathbf{0}\}=\{\mathbf{0}\}.$$

由此可见

$$Q\cap(S+T)\neq(Q\cap S)+(Q\cap T).$$

为便于讨论子空间交与和的维数公式,先给出基的扩充定理.

定理 1.1.5 设 V_1 是数域 P 上 n 维线性空间 V 的一个 m 维子空间,$\boldsymbol{\alpha}_1,\boldsymbol{\alpha}_2,\cdots,\boldsymbol{\alpha}_m$ 是 V_1 的一组基,那么 $\boldsymbol{\alpha}_1,\boldsymbol{\alpha}_2,\cdots,\boldsymbol{\alpha}_m$ 必定可扩充为整个空间的基,也就是说,在 V 中必定可以找到 $n-m$ 个向量 $\boldsymbol{\alpha}_{m+1},\boldsymbol{\alpha}_{m+2},\cdots,\boldsymbol{\alpha}_n$,使得 $\boldsymbol{\alpha}_1,\boldsymbol{\alpha}_2,\cdots,\boldsymbol{\alpha}_n$ 是 V 的一组基.

证明 对维数 $n-m$ 应用数学归纳法,当 $n-m=0$ 时定理显然成立,因为 $\boldsymbol{\alpha}_1,\boldsymbol{\alpha}_2,\cdots,\boldsymbol{\alpha}_m$ 已经是 V 的基,现在假定 $n-m=k$ 时定理成立,我们考虑 $n-m=k+1$ 时的情形.

既然 $\boldsymbol{\alpha}_1,\boldsymbol{\alpha}_2,\cdots,\boldsymbol{\alpha}_m$ 还不是 V 的一组基,它又是线性无关,那么在 V 中必定有一个向量 $\boldsymbol{\alpha}_{m+1}$ 不能被 $\boldsymbol{\alpha}_1,\boldsymbol{\alpha}_2,\cdots,\boldsymbol{\alpha}_m$ 线性表示,把 $\boldsymbol{\alpha}_{m+1}$ 补充进去,$\boldsymbol{\alpha}_1,\boldsymbol{\alpha}_2,\cdots,\boldsymbol{\alpha}_m,\boldsymbol{\alpha}_{m+1}$ 必定是线性无关的,这时子空间 $\mathrm{Span}(\boldsymbol{\alpha}_1,\boldsymbol{\alpha}_2,\cdots,\boldsymbol{\alpha}_m,\boldsymbol{\alpha}_{m+1})$是 $m+1$ 维的. 因为

$$n-(m+1)=(n-m)-1=k+1-1=k,$$

由归纳假设知 $\mathrm{Span}(\boldsymbol{\alpha}_1,\boldsymbol{\alpha}_2,\cdots,\boldsymbol{\alpha}_m,\boldsymbol{\alpha}_{m+1})$的基 $\boldsymbol{\alpha}_1,\boldsymbol{\alpha}_2,\cdots,\boldsymbol{\alpha}_m,\boldsymbol{\alpha}_{m+1}$ 可以扩充为整个空间 V 的基.

证毕

定理 1.1.6 (维数公式)设 V_1 与 V_2 是数域 P 上的线性空间 V 的两个子空间,则

$$\dim V_1+\dim V_2=\dim(V_1+V_2)+\dim(V_1\cap V_2).\tag{1.1.8}$$

证明 设 $\dim V_1=n_1,\dim V_2=n_2,\dim(V_1\cap V_2)=m$,我们要证明 $\dim(V_1+V_2)=n_1+n_2-m$.

取 $\boldsymbol{x}_1,\boldsymbol{x}_2,\cdots,\boldsymbol{x}_m$ 为 $V_1\cap V_2$ 的基. 根据定理 1.1.5,将它依次扩充为 V_1,V_2 的一组基

$$\boldsymbol{x}_1,\boldsymbol{x}_2,\cdots,\boldsymbol{x}_m;\quad \boldsymbol{y}_1,\cdots,\boldsymbol{y}_{n_1-m},$$
$$\boldsymbol{x}_1,\boldsymbol{x}_2,\cdots,\boldsymbol{x}_m;\quad \boldsymbol{z}_1,\cdots,\boldsymbol{z}_{n_2-m},$$

即

$$V_1=\mathrm{Span}(\boldsymbol{x}_1,\boldsymbol{x}_2,\cdots,\boldsymbol{x}_m,\boldsymbol{y}_1,\cdots,\boldsymbol{y}_{n_1-m}),$$
$$V_2=\mathrm{Span}(\boldsymbol{x}_1,\boldsymbol{x}_2,\cdots,\boldsymbol{x}_m,\boldsymbol{z}_1,\cdots,\boldsymbol{z}_{n_2-m}).$$

所以

$$V_1+V_2=\mathrm{Span}(\boldsymbol{x}_1,\cdots,\boldsymbol{x}_m,\boldsymbol{y}_1,\cdots,\boldsymbol{y}_{n_1-m},\boldsymbol{z}_1,\cdots,\boldsymbol{z}_{n_2-m}).$$

设

$$k_1\boldsymbol{x}_1+\cdots+k_m\boldsymbol{x}_m+p_1\boldsymbol{y}_1+\cdots+p_{n_1-m}\boldsymbol{y}_{n_1-m}+q_1\boldsymbol{z}_1+\cdots+q_{n_2-m}\boldsymbol{z}_{n_2-m}=\boldsymbol{0}.$$

令

$$\begin{aligned}\boldsymbol{x}&=k_1\boldsymbol{x}_1+\cdots+k_m\boldsymbol{x}_m+p_1\boldsymbol{y}_1+\cdots+p_{n_1-m}\boldsymbol{y}_{n_1-m}\\&=-q_1\boldsymbol{z}_1-\cdots-q_{n_2-m}\boldsymbol{z}_{n_2-m},\end{aligned}$$

由上面的第一个等式知 $\boldsymbol{x}\in V_1$，由第二个等式知 $\boldsymbol{x}\in V_2$，于是 $\boldsymbol{x}\in V_1\cap V_2$，故可令

$$\boldsymbol{x}=l_1\boldsymbol{x}_1+\cdots+l_m\boldsymbol{x}_m,$$

则

$$l_1\boldsymbol{x}_1+\cdots+l_m\boldsymbol{x}_m=-q_1\boldsymbol{z}_1-\cdots-q_{n_2-m}\boldsymbol{z}_{n_2-m},$$

即

$$l_1\boldsymbol{x}_1+\cdots+l_m\boldsymbol{x}_m+q_1\boldsymbol{z}_1+\cdots+q_{n_2-m}\boldsymbol{z}_{n_2-m}=\boldsymbol{0}.$$

由于 $\boldsymbol{x}_1,\boldsymbol{x}_2,\cdots,\boldsymbol{x}_m,\boldsymbol{z}_1,\cdots,\boldsymbol{z}_{n_2-m}$ 线性无关，所以

$$l_1=\cdots=l_m=q_1=\cdots=q_{n_2-m}=0,$$

因而 $\boldsymbol{x}=\boldsymbol{0}$，从而有

$$k_1\boldsymbol{x}_1+\cdots+k_m\boldsymbol{x}_m+p_1\boldsymbol{y}_1+\cdots+p_{n_1-m}\boldsymbol{y}_{n_1-m}=\boldsymbol{0}.$$

由于 $\boldsymbol{x}_1,\boldsymbol{x}_2,\cdots,\boldsymbol{x}_m,\boldsymbol{y}_1,\cdots,\boldsymbol{y}_{n_1-m}$ 线性无关，又得

$$k_1=\cdots=k_m=p_1=\cdots=p_{n_1-m}=0.$$

这就证明了 $\boldsymbol{x}_1,\cdots,\boldsymbol{x}_m,\boldsymbol{y}_1,\cdots,\boldsymbol{y}_{n_1-m},\boldsymbol{z}_1,\cdots,\boldsymbol{z}_{n_2-m}$ 线性无关，因而它是 V_1+V_2 的一组基，V_1+V_2 的维数为 n_1+n_2-m，于是维数公式成立.　　证毕

从上述维数公式看出，两个子空间和的维数往往要比维数的和来得小. 例如，通过原点的两个不同平面的和是整个几何空间，维数为 3，而这两个平面维数之和等于 4. 由此也可推出这两个平面的交必然是一维的直线.

这里需要指出，由子空间的和 V_1+V_2 的定义知道，若 $\boldsymbol{x}\in V_1$，$\boldsymbol{y}\in V_2$，则 V_1+V_2 中任一向量 $\boldsymbol{z}$ 可以表示为 $\boldsymbol{z}=\boldsymbol{x}+\boldsymbol{y}$. 但是，一般来说，这种表示式并不是唯一的. 例如，在 $\mathbb{R}^3$ 中，若 V_1 是 $\boldsymbol{x}_1=(1,0,0)$，$\boldsymbol{x}_2=(0,1,0)$ 所生成的子空间，V_2 是 $\boldsymbol{y}_1=(1,1,0)$ 所生成的子空间，则显然有 $\boldsymbol{z}=(1,2,0)\in V_1+V_2$. 但是，一方面 $(1,2,0)=(1,2,0)+(0,0,0)$，其中 $(1,2,0)\in V_1$，$(0,0,0)\in V_2$；另一方面，$(1,2,0)=(0,1,0)+(1,1,0)$，其中 $(0,1,0)\in V_1$，$(1,1,0)\in V_2$. 这就说明和空间中的向量 $\boldsymbol{z}=(1,2,0)$ 的表示法不唯一. 针对这种现象，我们在子空间的和中，把能唯一表示成 $\boldsymbol{z}=\boldsymbol{x}+\boldsymbol{y}$ 的那种和，给予特别的定义.

定义 1.1.10　如果 V_1+V_2 中的任一向量只能唯一地表示为子空间 V_1 的一个向量与子空间 V_2 的一个向量的和，则称 V_1+V_2 为**直和**(或**直接和**)，记为 $V_1\oplus V_2$ 或 $V_1\dot{+}V_2$.

定理 1.1.7　V_1+V_2 为直和的充要条件是：V_1 与 V_2 之交 $V_1\cap V_2$ 为零子空间，即

$$V_1\cap V_2=\{\boldsymbol{0}\}.$$

证明　充分性.　用反证法. 设 $V_1\cap V_2$ 为零子空间，若 V_1+V_2 的向量 $\boldsymbol{z}$ 不能唯一地表示为 V_1 与 V_2 的向量的和，则必有 $\boldsymbol{x}_1,\boldsymbol{x}_2\in V_1$，$\boldsymbol{y}_1,\boldsymbol{y}_2\in V_2$，且 $\boldsymbol{x}_1\neq\boldsymbol{x}_2$，$\boldsymbol{y}_1\neq\boldsymbol{y}_2$，使

$$\boldsymbol{z}=\boldsymbol{x}_1+\boldsymbol{y}_1\quad\text{及}\quad\boldsymbol{z}=\boldsymbol{x}_2+\boldsymbol{y}_2,$$

两式相减得

$$(\boldsymbol{x}_1-\boldsymbol{x}_2)+(\boldsymbol{y}_1-\boldsymbol{y}_2)=\boldsymbol{0},$$

因而有向量

$$w=(x_1-x_2)=-(y_1-y_2)\neq 0$$

既属于 V_1 又属于 V_2，即 $w\in V_1\cap V_2$，从而 $V_1\cap V_2$ 不能为零子空间，与假设矛盾.

必要性． 仍用反证法．设 V_1+V_2 为直和，若 $V_1\cap V_2$ 不为零子空间，则在 $V_1\cap V_2$ 中至少有一向量 $x\neq 0$. 由于 $V_1\cap V_2$ 是线性空间，所以有 $-x\in V_1\cap V_2$，那么，对 V_1+V_2 的零向量有 $0=x+(-x)$，其中 $x\in V_1$，$-x\in V_2$，同时此零向量 0 又是 V_1 中的零向量与 V_2 中的零向量之和 $0=0+0$，这就说明 V_1+V_2 的零向量表示法不唯一，从而与 V_1+V_2 是直和的假设矛盾.

证毕

推论 1 V_1+V_2 是直和的充要条件为

$$\dim(V_1+V_2)=\dim V_1+\dim V_2. \tag{1.1.9}$$

证明 由公式(1.1.8)有

$$\dim(V_1+V_2)+\dim(V_1\cap V_2)=\dim V_1+\dim V_2,$$

由定理 1.1.7 知，V_1+V_2 为直和的充要条件是 $V_1\cap V_2=\{0\}$，这与 $\dim(V_1\cap V_2)=0$ 等价，从而 $\dim(V_1+V_2)=\dim V_1+\dim V_2$.

证毕

推论 2 设 V_1+V_2 为直和，若 $x_1,\cdots,x_{n_1}$ 是 V_1 的基，$y_1,\cdots,y_{n_2}$ 是 V_2 的基，则 $x_1,\cdots,x_{n_1},y_1,\cdots,y_{n_2}$ 为 $V_1\oplus V_2$ 的基.

证明 由式(1.1.9)知，$\dim(V_1\oplus V_2)=n_1+n_2$，而向量组

$$x_1,\cdots,x_{n_1},y_1,\cdots,y_{n_2}$$

线性无关（事实上，设其线性相关，即有不全为 0 的常数 $k_1,\cdots,k_{n_1},l_1,\cdots,l_{n_2}$，使

$$k_1x_1+\cdots+k_{n_1}x_{n_1}+l_1y_1+\cdots+l_{n_2}y_{n_2}=0,$$

则

$$x=k_1x_1+\cdots+k_{n_1}x_{n_1}=-l_1y_1-\cdots-l_{n_2}y_{n_2}\neq 0.$$

从而 $x\in V_1$，$x\in V_2$，即 $x\in V_1\cap V_2\neq\{0\}$，这与定理 1.1.7 矛盾）．这样，线性无关向量组所含向量的个数正好等于 $V_1\oplus V_2$ 的维数，所以 $x_1,\cdots,x_{n_1},y_1,\cdots,y_{n_2}$ 是 $V_1\oplus V_2$ 的基． 证毕

定理 1.1.8 设 V_1 是 n 维线性空间 V 的一个子空间，则一定存在 V 的一个子空间 V_2，使

$$V=V_1\oplus V_2.$$

证明 设 $x_1,\cdots,x_m$ 是 V_1 是一组基，由定理 1.1.5 知，可以把它扩充为 V 的一组基 $x_1,\cdots,x_m,x_{m+1},x_{m+2},\cdots,x_n$，令

$$V_2=\mathrm{Span}(x_{m+1},x_{m+2},\cdots,x_n),$$

显然满足直和维数公式(1.1.9)，从而有 $V=V_1\oplus V_2$，即 V_2 为所求.

证毕

定理 1.1.8 表明线性空间 V 可作直和分解，且易知这种直和分解不是唯一的.

关于子空间的和与交的概念以及有关的定理，可以推广到多个子空间的情形.

习 题 1（1）

1. 有没有一个向量的线性空间？有没有两个向量的线性空间？有没有 m 个向量的线性空间？

2. 在几何空间$\mathbb{R}^3$中，按通常的向量加法和数乘的运算，下列集合是否是实数域$\mathbb{R}$上的线性空间？

(1) 过原点的平面 H 上的所有向量集合；

(2) 位于第一象限，以原点为始点的向量集合；

(3) 位于第一、三象限,以原点为始点的向量集合;

(4) x 轴上的向量集合;

(5) 平面 H 上,不平行于某向量的向量集合.

3. 按通常的数的加法和数乘,下列数集是否构成有理数域$\mathbb{Q}$上的线性空间?是否构成实数域$\mathbb{R}$上的线性空间?

(1)整数集$\mathbb{Z}$;(2)有理数集$\mathbb{Q}$;(3)实数集$\mathbb{R}$;(4)复数集$\mathbb{C}$;(5)单个数的集合$\{0\}$;(6)n 个数的集合 $N=\{a_1,a_2,\cdots,a_n\}$.

4. 齐次线性方程组

$$\begin{cases}2x_1+x_2+x_3+x_4=0,\\x_1+2x_2+x_3+3x_4=0\end{cases}$$

的全部解是否构成线性空间?

5. 在 n 维向量空间 P^n 中,下列 n 维向量的集合 V,是否构成数域 P 上的线性空间?

(1) $V=\{(a,b,a,b,\cdots,a,b)\mid a,b\in P\}$;

(2) $V=\left\{(a_1,a_2,\cdots,a_n)\,\middle|\,\sum\limits_{i=1}^{n}a_i=1\right\}$.

6. 检验以下集合对于矩阵的加法和实数与矩阵的乘法,是否构成实数域上的线性空间?

(1) 设 $\boldsymbol{A}$ 是 n 阶实数矩阵,$\boldsymbol{A}$ 的实系数多项式的全体;

(2) n 阶实对称(或上三角)矩阵的全体;

(3) 形如 $\begin{bmatrix}0&a\\-a&b\end{bmatrix}$ 的二阶方阵的全体.

7. 设 $V=\{x\mid x=c_1\sin t+c_2\sin 2t+\cdots+c_n\sin nt,c_i\in\mathbb{R},0\leqslant t\leqslant 2\pi\}$. V 中元素对于通常三角多项式的加法和数乘运算,是否构成实数域上的线性空间?若 V 是$\mathbb{R}$上的线性空间,证明$\{\sin t,\sin 2t,\cdots,\sin nt\}$是 V 的一组基,试提出确定 c_i 的方法.

8. 设 V 是有序实数对的集合:$V=\{(a,b)\mid a,b\in\mathbb{R}\}$,规定如下的加法与数乘运算为

(1) $(a,b)\oplus(c,d)=(a+c,b+d)$ 与 $k\circ(a,b)=(ka,b)$;

(2) $(a,b)\oplus(c,d)=(a,b)$ 与 $k\circ(a,b)=(ka,kb)$;

(3) $(a,b)\oplus(c,d)=(a+c,b+d)$ 与 $k\circ(a,b)=(k^2a,k^2b)$;

(4) $(a,b)\oplus(c,d)=(a+c,b+d+ac)$ 与 $k\circ(a,b)=\left(ka,kb+\dfrac{k(k-1)}{2}a^2\right)$.

那么 V 关于运算$\oplus$,$\circ$是否构成$\mathbb{R}$上的线性空间?

*9. 证明:线性空间定义中,加法的交换率 $\boldsymbol{\alpha}+\boldsymbol{\beta}=\boldsymbol{\beta}+\boldsymbol{\alpha}$ 不是独立的,即它可由其余 7 条性质推出.

10. 求线性方程组

$$\begin{cases}x_1+x_2-3x_3-x_4=0,\\3x_1-x_2-3x_3+4x_4=0,\\x_1+5x_2-9x_3-8x_4=0\end{cases}$$

的解空间 V 的维数与基.

11. 证明:$x^2+x,x^2-x,x+1$ 是线性空间 $P[x]_2$ 的基底,并求出 $2x^2+7x+3$ 在此基下的坐标.

12. 在$\mathbb{R}^4$中有两组基

$$\boldsymbol{x}_1=(1,0,0,0),\quad \boldsymbol{x}_2=(0,1,0,0),$$
$$\boldsymbol{x}_3=(0,0,1,0),\quad \boldsymbol{x}_4=(0,0,0,1),$$

与

$$\boldsymbol{y}_1=(2,1,-1,1),\quad \boldsymbol{y}_2=(0,3,1,0),$$
$$\boldsymbol{y}_3=(5,3,2,1),\quad \boldsymbol{y}_4=(6,6,1,3).$$

(1) 求由基 $\boldsymbol{x}_1,\boldsymbol{x}_2,\boldsymbol{x}_3,\boldsymbol{x}_4$ 到基 $\boldsymbol{y}_1,\boldsymbol{y}_2,\boldsymbol{y}_3,\boldsymbol{y}_4$ 的过渡矩阵;

(2) 求向量 $\boldsymbol{x}=(\xi_1,\xi_2,\xi_3,\xi_4)$ 在基 $\boldsymbol{y}_1,\boldsymbol{y}_2,\boldsymbol{y}_3,\boldsymbol{y}_4$ 下的坐标;

(3) 求对两组基有相同坐标的非零向量.

13. 求下列线性空间的维数与一组基:

(1) 习题 6(2)中的空间;

(2) 实数域$\mathbb{R}$上由矩阵 $\boldsymbol{A}$ 的实系数多项式的全体组成的空间,其中

$$\boldsymbol{A}=\begin{bmatrix}1&0&0\\0&\omega&0\\0&0&\omega^2\end{bmatrix},\qquad \omega=\frac{-1+\sqrt{3}\,\mathrm{i}}{2},\qquad \omega^2=\bar{\omega},\qquad \omega^3=1.$$

14. 设线性空间 V^4 的基(Ⅰ)$\boldsymbol{\alpha}_1,\boldsymbol{\alpha}_2,\boldsymbol{\alpha}_3,\boldsymbol{\alpha}_4$ 和基(Ⅱ)$\boldsymbol{\beta}_1,\boldsymbol{\beta}_2,\boldsymbol{\beta}_3,\boldsymbol{\beta}_4$ 满足

$$\begin{cases}\boldsymbol{\alpha}_1+2\boldsymbol{\alpha}_2=\boldsymbol{\beta}_3,\\ \boldsymbol{\alpha}_2+2\boldsymbol{\alpha}_3=\boldsymbol{\beta}_4,\\ \boldsymbol{\beta}_1+2\boldsymbol{\beta}_2=\boldsymbol{\alpha}_3,\\ \boldsymbol{\beta}_2+2\boldsymbol{\beta}_3=\boldsymbol{\alpha}_4.\end{cases}$$

(1) 求由基(Ⅰ)到基(Ⅱ)的过渡矩阵;

(2) 求向量 $\boldsymbol{\alpha}=2\boldsymbol{\beta}_1-\boldsymbol{\beta}_2+\boldsymbol{\beta}_3+\boldsymbol{\beta}_4$ 在基(Ⅰ)下的坐标;

(3) 判断是否存在非零元素 $\boldsymbol{\alpha}\in V^4$,使得 $\boldsymbol{\alpha}$ 在基(Ⅰ)和基(Ⅱ)下的坐标相同.

15. 在$\mathbb{R}^{2\times 2}$中,求由基(Ⅰ):

$$\boldsymbol{A}_1=\begin{bmatrix}2&1\\0&1\end{bmatrix},\quad \boldsymbol{A}_2=\begin{bmatrix}0&1\\2&2\end{bmatrix},\quad \boldsymbol{A}_3=\begin{bmatrix}-2&1\\1&2\end{bmatrix},\quad \boldsymbol{A}_4=\begin{bmatrix}1&3\\1&2\end{bmatrix}$$

到基(Ⅱ):

$$\boldsymbol{B}_1=\begin{bmatrix}1&2\\-1&0\end{bmatrix},\quad \boldsymbol{B}_2=\begin{bmatrix}1&-1\\1&1\end{bmatrix},\quad \boldsymbol{B}_3=\begin{bmatrix}-1&2\\1&1\end{bmatrix},\quad \boldsymbol{B}_4=\begin{bmatrix}-1&-1\\0&1\end{bmatrix}$$

的过渡矩阵.

16. 设 $P[x]_3$ 的两组基为

(Ⅰ) $f_1(x)=1,\qquad f_2(x)=1+x,$

$f_3(x)=1+x+x^2,\qquad f_4(x)=1+x+x^2+x^3;$

(Ⅱ) $g_1(x)=1+x^2+x^3,\qquad g_2(x)=x+x^2+x^3,$

$g_3(x)=1+x+x^2,\qquad g_4(x)=1+x+x^3.$

(1) 求由基(Ⅰ)到基(Ⅱ)的过渡矩阵;

(2) 求 $P[x]_3$ 中在基(Ⅰ)和基(Ⅱ)下有相同坐标的全体多项式.

17. 设非齐次线性方程组 $\boldsymbol{AX}=\boldsymbol{b}$ 有解,其通解表达式为

$$\boldsymbol{\xi}+k_1\boldsymbol{\alpha}_1+k_2\boldsymbol{\alpha}_2+\cdots+k_{n-r}\boldsymbol{\alpha}_{n-r},$$

其中 $k_1,k_2,\cdots,k_{n-r}$ 为任意数.试证:向量组 $\boldsymbol{\xi},\boldsymbol{\xi}+\boldsymbol{\alpha}_1,\boldsymbol{\xi}+\boldsymbol{\alpha}_2,\cdots,\boldsymbol{\xi}+\boldsymbol{\alpha}_{n-r}$ 是线性方程组 $\boldsymbol{AX}=\boldsymbol{b}$ 所有解的极大线性无关组,但是 $\boldsymbol{AX}=\boldsymbol{b}$ 的所有解集合不构成线性空间.

18. 证明线性空间的替换定理:设 $J=\{\boldsymbol{\alpha}_1,\boldsymbol{\alpha}_2,\cdots,\boldsymbol{\alpha}_s\}$ 与 $K=\{\boldsymbol{\beta}_1,\boldsymbol{\beta}_2,\cdots,\boldsymbol{\beta}_t\}$ 是 n 维线性空间 V 的两个向量组,其中 J 线性无关.如果每个 $\boldsymbol{\alpha}_j\in J$ 都可由 K 线性表示,则 $s\leqslant t$;且可将 K 中的某 s 个向量换成 $\boldsymbol{\alpha}_1,\boldsymbol{\alpha}_2,\cdots,\boldsymbol{\alpha}_s$,使得新的向量组生成的子空间与 K 生成的子空间相同.

19. 证明有限维线性空间的任意两个基所含向量的个数相同.

20. 求下列线性空间的基及维数:

(1) $V_1=\{\boldsymbol{\alpha}=(x_1,x_2,x_3)\mid 2x_1-x_2=0\}$;

(2) $V_2=\{\boldsymbol{X}\mid \boldsymbol{AX}=\boldsymbol{XA},\boldsymbol{X}\in\mathbb{R}^{3\times3}\},\boldsymbol{A}=\begin{bmatrix}1&1&0\\0&1&1\\0&0&1\end{bmatrix}$；

(3) $V_3=\{\boldsymbol{A}_{n\times n}\mid \boldsymbol{A}^{\mathrm{T}}=-\boldsymbol{A}\}$.

21. 设 $V=\{\boldsymbol{\alpha}=(x,y)\mid x,y\in\mathbb{C}\}$，

(1) V 在通常向量加法和数乘下，在复数域上是多少维空间？

(2) V 在通常向量加法和数乘下，在实数域上是多少维空间？

22. 设 $P[x]_{n+1}$ 是次数不大于 n 的实系数多项式空间，

$$W=\{f(x)\mid f(1)=0,f(x)\in P[x]_{n+1}\},$$

证明 W 是一个线性空间，并求一组基及维数.

23. 设 $\boldsymbol{\alpha}_1,\boldsymbol{\alpha}_2,\boldsymbol{\alpha}_3,\boldsymbol{\alpha}_4$ 是线性空间中 4 个线性无关的向量，求

$$W=\mathrm{Span}(\boldsymbol{\alpha}_1+\boldsymbol{\alpha}_2,\boldsymbol{\alpha}_2+\boldsymbol{\alpha}_3,\boldsymbol{\alpha}_3+\boldsymbol{\alpha}_4,\boldsymbol{\alpha}_4+\boldsymbol{\alpha}_1)$$

的基及维数.

24. $\mathbb{R}^4$ 中，设 $\boldsymbol{\alpha}_1=(1,2,2,3)^{\mathrm{T}},\boldsymbol{\alpha}_2=(1,1,2,3)^{\mathrm{T}},\boldsymbol{\alpha}_3=(-1,1,-4,-5)^{\mathrm{T}},\boldsymbol{\alpha}_4=(1,-3,6,7)^{\mathrm{T}}$，

(1) 设 $W=\mathrm{Span}(\boldsymbol{\alpha}_1,\boldsymbol{\alpha}_2,\boldsymbol{\alpha}_3,\boldsymbol{\alpha}_4)$，求 W 的一组基及维数；

(2) $\boldsymbol{A}=(\boldsymbol{\alpha}_1,\boldsymbol{\alpha}_2,\boldsymbol{\alpha}_3,\boldsymbol{\alpha}_4)$，求 $N(\boldsymbol{A})$的基及维数；(其中 $N(\boldsymbol{A})$称为矩阵 $\boldsymbol{A}$ 的零空间，即为齐次线性方程组 $\boldsymbol{AX}=\boldsymbol{0}$ 的解空间)；

(3) 记 $R(\boldsymbol{A})=\{\boldsymbol{y}\mid \boldsymbol{y}=\boldsymbol{AX},\forall\boldsymbol{X}\in\mathbb{R}^4\}=\{\boldsymbol{y}=x_1\boldsymbol{\alpha}_1+x_2\boldsymbol{\alpha}_2+x_3\boldsymbol{\alpha}_3+x_4\boldsymbol{\alpha}_4\}=\mathrm{Span}(\boldsymbol{\alpha}_1,\boldsymbol{\alpha}_2,\boldsymbol{\alpha}_3,\boldsymbol{\alpha}_4)$(即 $R(\boldsymbol{A})$为 $\boldsymbol{A}$ 的像空间)，求 $R(\boldsymbol{A})$的基及维数.

25. 在 n 维向量空间$\mathbb{R}^n$ 中，问分量满足下列条件的全体向量能否构成子空间？

(1) $x_1+x_2+\cdots+x_n=0$；(2) $x_1+x_2+\cdots+x_n=1$.

26. 假定 $\boldsymbol{\alpha}_1,\boldsymbol{\alpha}_2,\boldsymbol{\alpha}_3$ 是$\mathbb{R}^3$ 的一组基，试求由

$$\boldsymbol{\alpha}'_1=\boldsymbol{\alpha}_1-2\boldsymbol{\alpha}_2+3\boldsymbol{\alpha}_3,\quad \boldsymbol{\alpha}'_2=2\boldsymbol{\alpha}_1+3\boldsymbol{\alpha}_2+2\boldsymbol{\alpha}_3,\quad \boldsymbol{\alpha}'_3=4\boldsymbol{\alpha}_1+13\boldsymbol{\alpha}_2$$

生成的子空间 $\mathrm{Span}(\boldsymbol{\alpha}'_1,\boldsymbol{\alpha}'_2,\boldsymbol{\alpha}'_3)$的基.

27. 判断下列子集是否构成子空间？

(1) 给定矩阵 $\boldsymbol{P}\in\mathbb{R}^{n\times n}$，$\mathbb{R}^{n\times n}$ 的子集

$$V_1=\{\boldsymbol{A}\mid \boldsymbol{AP}=\boldsymbol{PA},\boldsymbol{A}\in\mathbb{R}^{n\times n}\};$$

(2) $\mathbb{R}^{2\times2}$ 的子集

$$V_1=\{\boldsymbol{A}\mid \det\boldsymbol{A}=0,\boldsymbol{A}\in\mathbb{R}^{2\times2}\},$$

$$V_2=\{\boldsymbol{A}\mid \boldsymbol{A}^2=\boldsymbol{A},\boldsymbol{A}\in\mathbb{R}^{2\times2}\}.$$

28. 试证：在$\mathbb{R}^4$ 中，由(1,1,0,0)，(1,0,1,1)生成的子空间与由(2,−1,3,3)，(0,1,−1,−1)生成的子空间相同.

29. 已知 $\boldsymbol{P}=\begin{bmatrix}1&3\\0&2\end{bmatrix}$ 及$\mathbb{R}^{2\times2}$ 的子空间{见习题 27(1)}

$$V_1=\{\boldsymbol{A}\mid \boldsymbol{AP}=\boldsymbol{PA},\boldsymbol{A}\in\mathbb{R}^{2\times2}\}.$$

(1) 求 V_1 的基与维数；

(2) 写出 V_1 中的矩阵的一般形式.

30. 设 V_1,V_2 都是线性空间 V 的子空间，且 $V_1\subseteq V_2$. 证明：如果 $\dim V_1=\dim V_2$，则 $V_1=V_2$.

31. 给定$\mathbb{R}^{2\times2}=\{\boldsymbol{A}=(a_{ij})_{2\times2}\mid a_{ij}\in\mathbb{R}\}$(即数域$\mathbb{R}$上的二阶实方阵按通常矩阵的加法与数乘构成的线性空间)的子集

$$V=\{\boldsymbol{A}=(a_{ij})_{2\times2}\mid a_{11}+a_{22}=0,a_{ij}\in\mathbb{R}\}.$$

(1) 证明：V 是$\mathbb{R}^{2\times2}$ 的子空间；

（2）求 V 的维数与基.

32. 判别下列集合是否构成子空间：

（1）$W_1=\{\boldsymbol{\alpha}=(x,y,z)\mid x^2+y^2+z^2\leqslant 1,\mathbb{R}\text{ 为实数域}\}$；

（2）$W_2=\{\boldsymbol{A}\mid \boldsymbol{A}^2=\boldsymbol{I},\boldsymbol{A}\in\mathbb{R}^{n\times n}\}$；

（3）$\mathbb{R}^3$ 中，$W_3=\left\{\boldsymbol{\alpha}=(x_1,x_2,x_3)\,\middle|\,\int_0^t(x_1\tau^2+x_2\tau+x_3)\mathrm{d}\tau=0\right\}$；

（4）$W_4=\left\{\boldsymbol{A}=(a_{ij})_{m\times n}\,\middle|\,\sum_{i=1}^m\sum_{j=1}^n a_{ij}=0,\boldsymbol{A}\in\mathbb{R}^{m\times n}\right\}$.

33. 证明：设 $U_1=\mathrm{Span}(\boldsymbol{\alpha}_1,\boldsymbol{\alpha}_2,\cdots,\boldsymbol{\alpha}_r)$，$U_2=\mathrm{Span}(\boldsymbol{\beta}_1,\boldsymbol{\beta}_2,\cdots,\boldsymbol{\beta}_s)$，则 $U_1=U_2$ 的充分必要条件是生成元 $\boldsymbol{\alpha}_1,\boldsymbol{\alpha}_2,\cdots,\boldsymbol{\alpha}_r$ 与 $\boldsymbol{\beta}_1,\boldsymbol{\beta}_2,\cdots,\boldsymbol{\beta}_s$ 等价.

34. 设向量 $\boldsymbol{\alpha}_1=(1,0,2,1)^{\mathrm{T}}$，$\boldsymbol{\alpha}_2=(2,0,1,-1)^{\mathrm{T}}$，$\boldsymbol{\alpha}_3=(1,0,1,0)^{\mathrm{T}}$，$\boldsymbol{\beta}_1=(1,1,0,1)^{\mathrm{T}}$，$\boldsymbol{\beta}_2=(4,1,3,1)^{\mathrm{T}}$，令 $V_1=\mathrm{Span}(\boldsymbol{\alpha}_1,\boldsymbol{\alpha}_2,\boldsymbol{\alpha}_3)$，$V_2=\mathrm{Span}(\boldsymbol{\beta}_1,\boldsymbol{\beta}_2)$，求 V_1+V_2 的基与维数.

35. 设 $W_1=\mathrm{Span}(\boldsymbol{\alpha}_1,\boldsymbol{\alpha}_2)$，$W_2=\mathrm{Span}(\boldsymbol{\beta}_1,\boldsymbol{\beta}_2)$，其中 $\boldsymbol{\alpha}_1=(1,2,1,0)^{\mathrm{T}}$，$\boldsymbol{\alpha}_2=(-1,1,1,1)^{\mathrm{T}}$，$\boldsymbol{\beta}_1=(2,-1,0,1)^{\mathrm{T}}$，$\boldsymbol{\beta}_2=(1,-1,3,7)^{\mathrm{T}}$，求 W_1+W_2 与 $W_1\cap W_2$ 的维数，并求出 $W_1\cap W_2$.

36. 设子空间 $V_1=\{\boldsymbol{\alpha}=(x_1,x_2,x_3,x_4)^{\mathrm{T}}\mid x_1+x_2+x_3+x_4=0\}$，$V_2=\{\boldsymbol{\alpha}=(x_1,x_2,x_3,x_4)^{\mathrm{T}}\mid x_1-x_2+x_3-x_4=0\}$，求 V_1+V_2 的一组基及 $V_1\cap V_2$ 的维数，并求 $V_1\cap V_2$ 的一组基.

37. 求由向量 $\boldsymbol{x}_i$ 生成的子空间与由向量 $\boldsymbol{y}_i$ 生成的子空间的交与和的基及维数：

（1）$\begin{cases}\boldsymbol{x}_1=(1,2,1,0),\\ \boldsymbol{x}_2=(-1,1,1,1),\end{cases}$ $\begin{cases}\boldsymbol{y}_1=(2,-1,0,1),\\ \boldsymbol{y}_2=(1,-1,3,7);\end{cases}$

（2）$\begin{cases}\boldsymbol{x}_1=(1,2,-1,-2),\\ \boldsymbol{x}_2=(3,1,1,1),\\ \boldsymbol{x}_3=(-1,0,1,-1),\end{cases}$ $\begin{cases}\boldsymbol{y}_1=(2,5,-6,-5),\\ \boldsymbol{y}_2=(-1,2,-7,3).\end{cases}$

38. 设 $\boldsymbol{e}_1,\boldsymbol{e}_2,\cdots,\boldsymbol{e}_n$ 与 $\boldsymbol{\varepsilon}_1,\boldsymbol{\varepsilon}_2,\cdots,\boldsymbol{\varepsilon}_n$ 是 n 维线性空间 V 的两组基. 证明：

（1）在两组基下坐标完全相同的全体向量的集合 V_1 是 V 的子空间；

（2）若空间 V 的每个向量在这两组基下的坐标完全相同，则 $\boldsymbol{e}_i=\boldsymbol{\varepsilon}_i(i=1,2,\cdots,n)$.

39. 试证明所有二阶方阵的集合形成的实线性空间 $\mathbb{R}^{2\times 2}$，是所有二阶实对称矩阵的集合形成的子空间与所有二阶反对称矩阵的集合形成的子空间的直和.

40. 设 V_1,V_2 分别是齐次线性方程组

$$x_1+x_2+\cdots+x_n=0$$

与

$$x_1=x_2=\cdots=x_n$$

的解空间，试证明 $P^n=V_1\oplus V_2$.

41. 证明：每个 n 维线性空间都可以表示成 n 个一维子空间的直和.

42. 设 $\boldsymbol{\alpha}_1,\boldsymbol{\alpha}_2,\boldsymbol{\alpha}_3,\boldsymbol{\alpha}_4$ 是 $\mathbb{R}^4$ 的一组基，$V_1=\mathrm{Span}(2\boldsymbol{\alpha}_1+\boldsymbol{\alpha}_2,\boldsymbol{\alpha}_1)$，$V_2=\mathrm{Span}(\boldsymbol{\alpha}_3-\boldsymbol{\alpha}_4,\boldsymbol{\alpha}_1+\boldsymbol{\alpha}_4)$，证明 $\mathbb{R}^4=V_1\oplus V_2$.

43. 设连续实函数线性空间 U 中，函数 $\alpha_1=1$，$\alpha_2=\cos x$，$\alpha_3=\cos 2x$，$\alpha_4=\cos 3x$，子空间 $W_1=\mathrm{Span}(\alpha_1,\alpha_2)$，$W_2=\mathrm{Span}(\alpha_3,\alpha_4)$，证明：

（1）$\alpha_1,\alpha_2,\alpha_3,\alpha_4$ 线性无关；

（2）$U=W_1\oplus W_2$.

44. 设 $\boldsymbol{A}$ 与 $\boldsymbol{B}$ 分别为 $m\times n$，$s\times n$ 矩阵，齐次线性方程组 $\boldsymbol{AX}=\boldsymbol{0}$ 和 $\boldsymbol{BX}=\boldsymbol{0}$ 无公共解，且 $\mathrm{rank}(\boldsymbol{A})=r$，线性方程组 $\boldsymbol{BX}=\boldsymbol{0}$ 的解空间的维数为 r，证明 $N(\boldsymbol{A})\oplus N(\boldsymbol{B})=\mathbb{R}^n$.

45. 设 $\boldsymbol{A},\boldsymbol{B},\boldsymbol{C},\boldsymbol{D}\in\mathbb{R}^{n\times n}$ 两两可交换，且 $\boldsymbol{AC}+\boldsymbol{BD}=\boldsymbol{I}$（$\boldsymbol{I}$ 为单位矩阵），证明：$N(\boldsymbol{AB})=N(\boldsymbol{A})\oplus N(\boldsymbol{B})$.

1.1.2　线性算子及其矩阵

为了研究两个线性空间之间的关系，本节引进线性算子的概念，而抽象的线性算子又可与具体的数组成的矩阵发生联系. 下面在介绍线性算子基本概念的基础上，重点讨论它的特殊情形——线性变换.

1. 线性空间上的线性算子

定义 1.1.11　设 M 与 M' 为两个集合，对于每个 $\boldsymbol{x}\in M$，如果根据某种法则 $\mathscr{A}$，在 M' 中有确定的 $\boldsymbol{x}'$ 与之对应，那么称 $\mathscr{A}$ 为由 M 到 M' 的一个**映射**，或称**算子**. 记为 $\mathscr{A}$: $M\to M'$，或 $\mathscr{A}(\boldsymbol{x})=\boldsymbol{x}'$.

此时，$\boldsymbol{x}'$ 叫作 $\boldsymbol{x}$ 在 $\mathscr{A}$ 下的像，$\boldsymbol{x}$ 叫作 $\boldsymbol{x}'$ 的原像，M 是 $\mathscr{A}$ 的定义域，$\boldsymbol{x}'$ 的全体构成 $\mathscr{A}$ 的值域，记为 $\mathscr{A}(M)$. 由定义可知 $\mathscr{A}(M)\subseteq M'$.

例如，在高等数学中的函数 $y=f(x)$. 若定义域为 $[a,b]$，值域为 $[c,d]$，则对应规则 f 就是由区间 $[a,b]$ 到区间 $[c,d]$ 的一个映射或算子，换言之，算子（或映射）的概念是函数概念的推广.

在各类函数中，有一类最基本的函数——线性函数，例如，$y=f(x)=ax$（a 为任意常数），它具有下列性质：

(1) 可加性：$f(x_1+x_2)=a(x_1+x_2)=ax_1+ax_2=f(x_1)+f(x_2)$；

(2) 齐次性：$f(kx)=a(kx)=k(ax)=kf(x)$.

下面我们把过原点的线性函数具备的这两条性质推广到自变量是向量的算子，就是线性算子或线性映射的概念.

定义 1.1.12　设 V 与 V' 为数域 P 上的两个线性空间，$\mathscr{A}$ 是由 V 到 V' 的一个算子，且对于 V 的任何两个向量 $\boldsymbol{x}_1,\boldsymbol{x}_2\in V$ 和任何数 $\lambda\in P$，有

$$\mathscr{A}(\boldsymbol{x}_1+\boldsymbol{x}_2)=\mathscr{A}(\boldsymbol{x}_1)+\mathscr{A}(\boldsymbol{x}_2), \tag{1.1.10}$$

$$\mathscr{A}(\lambda\boldsymbol{x}_1)=\lambda\mathscr{A}(\boldsymbol{x}_1), \tag{1.1.11}$$

则称 $\mathscr{A}$ 是由 V 到 V' 的**线性算子**（或线性映射）.

例 1.1.19　设 V 是 n 维向量空间 $\mathbb{R}^n$，V' 是 m 维向量空间 $\mathbb{R}^m$，$\boldsymbol{A}$ 是 $m\times n$ 矩阵，将 $\boldsymbol{A}$ 左乘 $\boldsymbol{x}\in\mathbb{R}^n$，得到的是 $\mathbb{R}^m$ 中的一个向量 $\boldsymbol{x}'$，因而将矩阵 $\boldsymbol{A}$ 左乘 $\boldsymbol{x}\in\mathbb{R}^n$，即可定义一个由 $\mathbb{R}^n$ 到 $\mathbb{R}^m$ 的算子 $\mathscr{A}$，即

$$\mathscr{A}(\boldsymbol{x})=\boldsymbol{A}\boldsymbol{x},\qquad \boldsymbol{x}\in\mathbb{R}^n.$$

不难验证，如果 $\boldsymbol{y}\in\mathbb{R}^n$，$k\in\mathbb{R}$，则有

$$\mathscr{A}(\boldsymbol{x}+\boldsymbol{y})=\boldsymbol{A}(\boldsymbol{x}+\boldsymbol{y})=\boldsymbol{A}\boldsymbol{x}+\boldsymbol{A}\boldsymbol{y}=\mathscr{A}(\boldsymbol{x})+\mathscr{A}(\boldsymbol{y}),$$

$$\mathscr{A}(k\boldsymbol{x})=\boldsymbol{A}(k\boldsymbol{x})=k\boldsymbol{A}\boldsymbol{x}=k\mathscr{A}(\boldsymbol{x}),$$

所以 $\mathscr{A}$ 是一个线性算子.

例 1.1.20　图 1.2 表示一根简支梁. 载荷 $\boldsymbol{F}$ 产生一挠度曲线 $y=f(x)$，载荷 $\boldsymbol{Q}$ 产生一挠度曲线 $y=q(x)$. 如果载荷 $\boldsymbol{F}$ 与 $\boldsymbol{Q}$ 都作用到梁上，就产生挠度曲线

$$y=f(x)+q(x).$$

如果把载荷 $\boldsymbol{F}$ 乘 k 倍，即施以载荷 $k\boldsymbol{F}$，相应的挠度曲线为

$$y=kf(x),$$

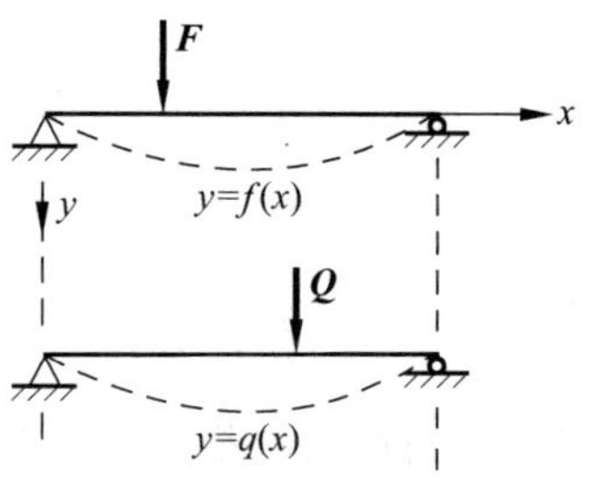

图　1.2

这种性质在力学上,称为“叠加原理”.

这一性质可以用算子(映射)的观点表示为:

如果

$$F \to y=f(x), \qquad Q \to y=q(x),$$

则 (1) $F+Q\to y=f(x)+q(x)$,

(2) $kF\to y=kf(x)$.

这种性质,在数学里称为“线性”. 因此,线性空间上的线性算子是研究物理、力学中满足叠加原理的系统的重要数学模型.

有时,线性算子的两个条件(可加性与齐次性)也可以写成另一形式. 即 $\mathscr{A}$ 是线性算子的充分必要条件是: 对任何 $\boldsymbol{x}_1,\boldsymbol{x}_2\in V$ 及 $\lambda_1,\lambda_2\in P$,有

$$\mathscr{A}(\lambda_1\boldsymbol{x}_1+\lambda_2\boldsymbol{x}_2)=\lambda_1\mathscr{A}(\boldsymbol{x}_1)+\lambda_2\mathscr{A}(\boldsymbol{x}_2). \tag{1.1.12}$$

事实上,由式(1.1.10)和式(1.1.11)有

$$\begin{aligned}\mathscr{A}(\lambda_1\boldsymbol{x}_1+\lambda_2\boldsymbol{x}_2)&=\mathscr{A}(\lambda_1\boldsymbol{x}_1)+\mathscr{A}(\lambda_2\boldsymbol{x}_2)\\&=\lambda_1\mathscr{A}(\boldsymbol{x}_1)+\lambda_2\mathscr{A}(\boldsymbol{x}_2).\end{aligned}$$

反之,只要在式(1.1.12)中令 $\lambda_1=\lambda_2=1$,就得到式(1.1.10); 再令 $\lambda_2=0$,便可得式(1.1.11).

因此,我们常常将式(1.1.12)作为线性算子的定义也是可行的.

例 1.1.21 将线性空间 V 中每一向量映射成线性空间 V' 中的零向量的算子 $\mathscr{O}$ 叫作**零算子**,它是一个线性算子,因为

$$\mathscr{O}(\lambda_1\boldsymbol{x}_1+\lambda_2\boldsymbol{x}_2)=\boldsymbol{0}=\lambda_1\boldsymbol{0}+\lambda_2\boldsymbol{0}=\lambda_1\mathscr{O}(\boldsymbol{x}_1)+\lambda_2\mathscr{O}(\boldsymbol{x}_2),$$

即满足式(1.1.12),所以是线性算子.

又如,任意给定数 $k\in P$,数域 P 上线性空间 V 到自身的一个算子 $\mathscr{K}$ 叫作 V 上的由数 k 决定的**数乘算子**,即 $\mathscr{K}(\boldsymbol{x})=k\boldsymbol{x}$,$\forall\,\boldsymbol{x}\in V$. 读者不难验证 $\mathscr{K}$ 也是一个线性算子.

例 1.1.22 在线性空间 $P[x]_n$ 中,微分算子是一个线性算子,这个算子通常用 $\mathscr{D}$ 表示,即

$$\mathscr{D}(f(x))=f'(x), \qquad \forall\, f(x)\in P[x]_n, \quad x\in\mathbb{R}.$$

事实上,对任意的 $f(x),g(x)\in P[x]_n$,及 $\lambda_1,\lambda_2\in\mathbb{R}$,有

$$\begin{aligned}\mathscr{D}(\lambda_1 f(x)+\lambda_2 g(x))&=(\lambda_1 f(x)+\lambda_2 g(x))'=\lambda_1 f'(x)+\lambda_2 g'(x)\\&=\lambda_1\mathscr{D}(f(x))+\lambda_2\mathscr{D}(g(x)).\end{aligned}$$

例 1.1.23 在$[a,b]$上一切实连续函数的线性空间 $C[a,b]$中,定义积分算子 $\mathscr{A}$,即

$$\mathscr{A}(f(t))=\int_a^x f(t)\,\mathrm{d}t, \qquad \forall\, f(t)\in C[a,b],$$

则 $\mathscr{A}$ 是线性空间 $C[a,b]$上的线性算子.

事实上,有

$$\begin{aligned}\mathscr{A}(\lambda_1 f(t)+\lambda_2 g(t))&=\int_a^x(\lambda_1 f(t)+\lambda_2 g(t))\,\mathrm{d}t\\&=\lambda_1\int_a^x f(t)\,\mathrm{d}t+\lambda_2\int_a^x g(t)\,\mathrm{d}t\\&=\lambda_1\mathscr{A}(f(t))+\lambda_2\mathscr{A}(g(t)).\end{aligned}$$

从例 1.1.22 和例 1.1.23 可见,作为数学分析的两大运算——微分与积分,从算子(或映射)的角度来看都是线性算子,可见,线性算子是非常广泛的.

然而,非线性算子也是大量存在的. 例如,$\mathscr{A}(\mathbf{A})=\det\mathbf{A}$,$\mathbf{A}\in\mathbb{R}^{n\times n}$,则 $\mathscr{A}$ 是由$\mathbb{R}^{n\times n}$到实数

集$\mathbb{R}$的一个算子(或映射),但不是线性算子.这是因为在一般情况下,$\det(\boldsymbol{A}+\boldsymbol{B})\neq\det\boldsymbol{A}+\det\boldsymbol{B}$,故不满足可加性,$\mathscr{A}(\boldsymbol{A}+\boldsymbol{B})\neq\mathscr{A}(\boldsymbol{A})+\mathscr{A}(\boldsymbol{B})$.又如,如果定义$\mathscr{A}(\boldsymbol{x})=1$,那么$\mathscr{A}$是个算子(或映射),但不是线性算子,这是因为$\mathscr{A}(\boldsymbol{x}_1+\boldsymbol{x}_2)=1$,而$\mathscr{A}(\boldsymbol{x}_1)+\mathscr{A}(\boldsymbol{x}_2)=1+1=2$,故

$$\mathscr{A}(\boldsymbol{x}_1+\boldsymbol{x}_2)\neq\mathscr{A}(\boldsymbol{x}_1)+\mathscr{A}(\boldsymbol{x}_2).$$

不过,非线性算子不是我们这里研究的对象.

线性算子有以下性质:

(1) 线性算子$\mathscr{A}$把V中的零向量变为V'中的零向量;把向量$\boldsymbol{x}$的负向量$-\boldsymbol{x}$变为$\boldsymbol{x}$的像$\mathscr{A}(\boldsymbol{x})$的负向量$-\mathscr{A}(\boldsymbol{x})$.

事实上,这是因为

$$\mathscr{A}(\boldsymbol{0})=\mathscr{A}(0\boldsymbol{x})=0\mathscr{A}(\boldsymbol{x})=0\boldsymbol{x}'=\boldsymbol{0},$$
$$\mathscr{A}(-\boldsymbol{x})=\mathscr{A}(-1\boldsymbol{x})=-1\mathscr{A}(\boldsymbol{x})=-\mathscr{A}(\boldsymbol{x}).$$

(2) 线性算子$\mathscr{A}$把线性相关的向量组仍变为线性相关的向量组,即若$\boldsymbol{x}_1,\boldsymbol{x}_2,\cdots,\boldsymbol{x}_r$线性相关,则它们的像$\mathscr{A}(\boldsymbol{x}_1),\mathscr{A}(\boldsymbol{x}_2),\cdots,\mathscr{A}(\boldsymbol{x}_r)$也线性相关.

事实上,如果

$$k_1\boldsymbol{x}_1+k_2\boldsymbol{x}_2+\cdots+k_r\boldsymbol{x}_r=\boldsymbol{0},$$

其中$k_i(i=1,2,\cdots,r)$不全为零,用$\mathscr{A}$作用上式两端,则有

$$k_1(\mathscr{A}(\boldsymbol{x}_1))+k_2(\mathscr{A}(\boldsymbol{x}_2))+\cdots+k_r(\mathscr{A}(\boldsymbol{x}_r))=\mathscr{A}(\boldsymbol{0})=\boldsymbol{0}.$$

但要注意,线性算子可能把线性无关的向量组变为线性相关的向量组,如零算子$\mathscr{O}$就是这样.

所以,如果$\boldsymbol{x}_1,\boldsymbol{x}_2,\cdots,\boldsymbol{x}_r$为$V$中的一组线性无关的向量,为使它们的像$\mathscr{A}(\boldsymbol{x}_1),\mathscr{A}(\boldsymbol{x}_2),\cdots,\mathscr{A}(\boldsymbol{x}_r)$在$V'$中为线性无关的向量,必须对线性算子$\mathscr{A}$补充条件,这就是同构算子的概念.

2. 同构算子与线性空间同构

定义 1.1.13　设$\mathscr{A}$是由V到V'的线性算子,且是"一对一"的,即满足

(1) $\mathscr{A}(V)=V'$(全映射);

(2) 若$\boldsymbol{x}_1,\boldsymbol{x}_2\in V$,当$\boldsymbol{x}_1\neq\boldsymbol{x}_2$时,有$\mathscr{A}(\boldsymbol{x}_1)\neq\mathscr{A}(\boldsymbol{x}_2)$;换言之,由$\mathscr{A}(\boldsymbol{x}_1)=\mathscr{A}(\boldsymbol{x}_2)$,就有$\boldsymbol{x}_1=\boldsymbol{x}_2$(可逆映射);

那么称$\mathscr{A}$为V与V'间的一个**同构算子**.

若V与V'之间存在同构算子,则称V与V'是**同构的线性空间**,简称V与V'同构.

简单地说,一对一的线性算子称为同构算子.

例 1.1.24　不高于3次的实系数多项式(包括0)与以实数为分量的四维向量之间可以建立一一对应的关系

$$a_0+a_1x+a_2x^2+a_3x^3\leftrightarrow(a_0,a_1,a_2,a_3).$$

容易验证这种对应关系就是一个一对一的线性算子,所以由不高于3次的实系数多项式组成的线性空间$P[x]_3$与由实数域上四维向量全体组成的线性空间$\mathbb{R}^4$同构.

根据线性空间同构的定义,可推知同构线性空间的基本性质:

性质 1　传递性:设V_1,V_2,V_3是数域P上的线性空间,如果V_1与V_2同构,V_2与V_3同构,则V_1与V_3也同构.

事实上,设$\boldsymbol{x}_1\in V_1,\boldsymbol{x}_2\in V_2,\boldsymbol{x}_3\in V_3$,若$\boldsymbol{x}_1\leftrightarrow\boldsymbol{x}_2=\mathscr{A}(\boldsymbol{x}_1),\boldsymbol{x}_2\leftrightarrow\boldsymbol{x}_3=\mathscr{B}(\boldsymbol{x}_2)$,则令$\boldsymbol{x}_1\leftrightarrow\boldsymbol{x}_3=\sigma(\boldsymbol{x}_1)$,于是,当$\boldsymbol{y}_1\leftrightarrow\boldsymbol{y}_2=\mathscr{A}(\boldsymbol{y}_1),\boldsymbol{y}_2\leftrightarrow\boldsymbol{y}_3=\mathscr{B}(\boldsymbol{y}_2)$时,有

$$\lambda \boldsymbol{x}_1+\mu \boldsymbol{y}_1 \leftrightarrow \mathscr{A}(\lambda \boldsymbol{x}_1+\mu \boldsymbol{y}_1)=\lambda \boldsymbol{x}_2+\mu \boldsymbol{y}_2 \leftrightarrow \mathscr{B}(\lambda \boldsymbol{x}_2+\lambda \boldsymbol{y}_2)=\lambda \boldsymbol{x}_3+\mu \boldsymbol{y}_3,$$

因此必有

$$\lambda \boldsymbol{x}_1+\mu \boldsymbol{y}_1 \leftrightarrow \lambda \boldsymbol{x}_3+\mu \boldsymbol{y}_3=\sigma(\lambda \boldsymbol{x}_1+\mu \boldsymbol{y}_1)=\lambda \sigma(\boldsymbol{x}_1)+\mu \sigma(\boldsymbol{y}_1).$$

这就表明 σ 是一对一的线性算子,故 V_1 与 V_3 是同构的.

性质 2 同构的线性空间中的零向量必定是互相对应的.

事实上,若 $\boldsymbol{x}_1(\in V_1) \leftrightarrow \boldsymbol{x}_2(\in V_2)$,则 $0\boldsymbol{x}_1 \leftrightarrow 0\boldsymbol{x}_2$,即 $\boldsymbol{0}_{V_1} \leftrightarrow \boldsymbol{0}_{V_2}$.

性质 3 同构的线性空间中的线性相关向量组对应于线性相关向量组,线性无关向量组对应于线性无关向量组.

事实上,如果设 $\mathscr{A}$ 是由 V 到 V' 的同构算子,那么只需证明:V 中向量组 $\boldsymbol{x}_1,\boldsymbol{x}_2,\cdots,\boldsymbol{x}_m$ 线性相关当且仅当 $\mathscr{A}(\boldsymbol{x}_1),\mathscr{A}(\boldsymbol{x}_2),\cdots,\mathscr{A}(\boldsymbol{x}_m)$线性相关.

先证必要性. 由 $\boldsymbol{x}_1,\boldsymbol{x}_2,\cdots,\boldsymbol{x}_m$ 线性相关,则必有不全为零的数 $k_1,k_2,\cdots,k_m$,使 $k_1\boldsymbol{x}_1+k_2\boldsymbol{x}_2+\cdots+k_m\boldsymbol{x}_m=\boldsymbol{0}$,于是得

$$k_1\mathscr{A}(\boldsymbol{x}_1)+k_2\mathscr{A}(\boldsymbol{x}_2)+\cdots+k_m\mathscr{A}(\boldsymbol{x}_m)=\boldsymbol{0},$$

所以 $\mathscr{A}(\boldsymbol{x}_1),\mathscr{A}(\boldsymbol{x}_2),\cdots,\mathscr{A}(\boldsymbol{x}_m)$也线性相关.

再证充分性. 由 $\mathscr{A}(\boldsymbol{x}_1),\mathscr{A}(\boldsymbol{x}_2),\cdots,\mathscr{A}(\boldsymbol{x}_m)$线性相关,则必有不全为零的数 k_1, $k_2,\cdots,k_m$,使

$$k_1\mathscr{A}(\boldsymbol{x}_1)+k_2\mathscr{A}(\boldsymbol{x}_2)+\cdots+k_m\mathscr{A}(\boldsymbol{x}_m)=\boldsymbol{0},$$

即

$$\mathscr{A}(k_1\boldsymbol{x}_1+k_2\boldsymbol{x}_2+\cdots+k_m\boldsymbol{x}_m)=\boldsymbol{0}.$$

因为 $\mathscr{A}$ 是一对一的线性算子,只有 $\mathscr{A}(\boldsymbol{0})=\boldsymbol{0}$,故

$$k_1\boldsymbol{x}_1+k_2\boldsymbol{x}_2+\cdots+k_m\boldsymbol{x}_m=\boldsymbol{0},$$

即 $\boldsymbol{x}_1,\boldsymbol{x}_2,\cdots,\boldsymbol{x}_m$ 线性相关,从而得证.

更重要的,有下面的定理.

定理 1.1.9 数域 P 上两个有限维线性空间同构的充要条件是两空间的维数相等.

证明 必要性. 因为线性空间的维数就是线性无关向量最多的个数,所以由同构线性空间的性质 3 即可推知,同构的线性空间有相同的维数.

再证充分性. 设 V_1^n 与 V_2^n 是数域 P 上两个 n 维的线性空间,在 V_1^n 中取一组基 $\boldsymbol{e}_1$, $\boldsymbol{e}_2,\cdots,\boldsymbol{e}_n$,在 V_2^n 中也取一组基 $\boldsymbol{e}'_1,\boldsymbol{e}'_2,\cdots,\boldsymbol{e}'_n$. 现在定义由 V_1^n 到 V_2^n 的算子如下:

$$\mathscr{A}(k_1\boldsymbol{e}_1+k_2\boldsymbol{e}_2+\cdots+k_n\boldsymbol{e}_n)=k_1\boldsymbol{e}_1'+k_2\boldsymbol{e}'_2+\cdots+k_n\boldsymbol{e}'_n.$$

显然,$\mathscr{A}$ 是一对一的算子,而且是线性算子,即满足

$$\mathscr{A}(\boldsymbol{x}+\boldsymbol{y})=\mathscr{A}(\boldsymbol{x})+\mathscr{A}(\boldsymbol{y}),$$
$$\mathscr{A}(\lambda \boldsymbol{x})=\lambda \mathscr{A}(\boldsymbol{x}),$$

故 V_1^n 与 V_2^n 同构. 证毕

推论 数域 P 上的任何 n 维线性空间 V^n 都与特殊的线性空间 $K^n=\{(a_1,a_2,\cdots,a_n)\mid a_i\in P\}$同构.

因此,引入同构的概念给研究抽象的线性空间 V^n 带来极大的便利,即使 V^n 可以代表不同的线性空间,其元素可能完全不同,但利用同构关系,都可能将 V^n 中的问题通过基转化到向量空间 K^n 中的问题加以研究.

3. 线性算子的矩阵表示

前面已说过，线性空间中的向量可用坐标来表示，那么抽象的线性算子是否也能同具体的数发生联系呢？回答是肯定的. 下面建立线性算子与矩阵之间的关系.

定义 1.1.14 设 $\boldsymbol{e}_1,\boldsymbol{e}_2,\cdots,\boldsymbol{e}_n$ 是 n 维线性空间 V^n 的一组基，$\mathscr{A}$ 是由 V^n 到 m 维线性空间 V^m 的线性算子，则 $\mathscr{A}(\boldsymbol{e}_1),\mathscr{A}(\boldsymbol{e}_2),\cdots,\mathscr{A}(\boldsymbol{e}_n)\in V^m$ 叫作 V^n 在算子 $\mathscr{A}$ 下的**基像**.

要确定一个线性算子 $\mathscr{A}$，并不需要把线性空间 V^n 中所有向量在 $\mathscr{A}$ 下的像全部找出来，只需确定 V^n 的基像，则 V^n 中的线性算子 $\mathscr{A}$ 也就完全确定了，为了证明这个结论，我们先定义什么是线性算子的相等.

定义 1.1.15 设 $\mathscr{A}$ 与 $\mathscr{B}$ 是由 V^n 到 V^m 的两个线性算子，如果对于任何 $\boldsymbol{x}\in V^n$ 恒有

$$\mathscr{B}(\boldsymbol{x})=\mathscr{A}(\boldsymbol{x})\in V^m,$$

则说线性算子 $\mathscr{B}$ 与 $\mathscr{A}$ **相等**.

定理 1.1.10 由 V^n 到 V^m 的线性算子 $\mathscr{A}$ 由基像 $\mathscr{A}(\boldsymbol{e}_1),\mathscr{A}(\boldsymbol{e}_2),\cdots,\mathscr{A}(\boldsymbol{e}_n)$ 唯一确定.

事实上，设 $\boldsymbol{x}\in V^n$ 且 $\boldsymbol{x}=\lambda_1\boldsymbol{e}_1+\lambda_2\boldsymbol{e}_2+\cdots+\lambda_n\boldsymbol{e}_n$，则

$$\begin{aligned}\mathscr{A}(\boldsymbol{x})&=\mathscr{A}(\lambda_1\boldsymbol{e}_1+\lambda_2\boldsymbol{e}_2+\cdots+\lambda_n\boldsymbol{e}_n)\\&=\lambda_1\mathscr{A}(\boldsymbol{e}_1)+\lambda_2\mathscr{A}(\boldsymbol{e}_2)+\cdots+\lambda_n\mathscr{A}(\boldsymbol{e}_n),\end{aligned}$$

式中的 $\lambda_1,\lambda_2,\cdots,\lambda_n$ 是已知的，所以只要知道 $\mathscr{A}(\boldsymbol{e}_1),\mathscr{A}(\boldsymbol{e}_2),\cdots,\mathscr{A}(\boldsymbol{e}_n)$ 便确定了 $\mathscr{A}(\boldsymbol{x})$. 如果还有另一个线性算子 $\mathscr{B}$(由 V^n 到 V^m)，且满足 $\mathscr{B}(\boldsymbol{e}_i)=\mathscr{A}(\boldsymbol{e}_i)(i=1,2,\cdots,n)$，由上可知，对于任何 $\boldsymbol{x}\in V^n$，恒有 $\mathscr{A}(\boldsymbol{x})=\mathscr{B}(\boldsymbol{x})$，即有 $\mathscr{B}=\mathscr{A}$. 可见线性算子是由一组基像唯一确定的.

因此，要建立线性算子与具体的矩阵之间的联系，只要考察它的一组基像的坐标即可.

设 $\mathscr{A}$ 是由 n 维线性空间 V^n 到 m 维线性空间 V^m 的一个线性算子，取 $\boldsymbol{e}_1,\boldsymbol{e}_2,\cdots,\boldsymbol{e}_n$ 作为 V^n 的基，$\boldsymbol{e}'_1,\boldsymbol{e}'_2,\cdots,\boldsymbol{e}'_m$ 作为 V^m 的基(有时称它们为**基偶**). 由于线性算子 $\mathscr{A}$ 由基像 $\mathscr{A}(\boldsymbol{e}_1),\mathscr{A}(\boldsymbol{e}_2),\cdots,\mathscr{A}(\boldsymbol{e}_n)$ 唯一地确定，且它们属于 V^m，故可令

$$\begin{cases}\mathscr{A}(\boldsymbol{e}_1)=a_{11}\boldsymbol{e}'_1+a_{21}\boldsymbol{e}'_2+\cdots+a_{m1}\boldsymbol{e}'_m,\\\mathscr{A}(\boldsymbol{e}_2)=a_{12}\boldsymbol{e}'_1+a_{22}\boldsymbol{e}'_2+\cdots+a_{m2}\boldsymbol{e}'_m,\\\qquad\vdots\\\mathscr{A}(\boldsymbol{e}_n)=a_{1n}\boldsymbol{e}'_1+a_{2n}\boldsymbol{e}'_2+\cdots+a_{mn}\boldsymbol{e}'_m,\end{cases}\tag{1.1.13}$$

即

$$\mathscr{A}(\boldsymbol{e}_i)=\sum_{j=1}^{m}a_{ji}\boldsymbol{e}'_j,\quad i=1,2,\cdots,n,$$

或写成

$$\begin{aligned}\mathscr{A}(\boldsymbol{e}_1,\boldsymbol{e}_2,\cdots,\boldsymbol{e}_n)&=(\mathscr{A}(\boldsymbol{e}_1),\mathscr{A}(\boldsymbol{e}_2),\cdots,\mathscr{A}(\boldsymbol{e}_n))\\&=\left(\sum_{j=1}^{m}a_{j1}\boldsymbol{e}'_j,\sum_{j=1}^{m}a_{j2}\boldsymbol{e}'_j,\cdots,\sum_{j=1}^{m}a_{jn}\boldsymbol{e}'_j\right)\\&=(\boldsymbol{e}'_1,\boldsymbol{e}'_2,\cdots,\boldsymbol{e}'_m)\begin{bmatrix}a_{11}&a_{12}&\cdots&a_{1n}\\a_{21}&a_{22}&\cdots&a_{2n}\\\vdots&\vdots&&\vdots\\a_{m1}&a_{m2}&\cdots&a_{mn}\end{bmatrix}.\end{aligned}\tag{1.1.14}$$

令

$$\boldsymbol{A}=\begin{bmatrix} a_{11} & a_{12} & \cdots & a_{1n} \\ a_{21} & a_{22} & \cdots & a_{2n} \\ \vdots & \vdots & & \vdots \\ a_{m1} & a_{m2} & \cdots & a_{mn} \end{bmatrix}. \tag{1.1.15}$$

注意,基像 $\mathscr{A}(\boldsymbol{e}_i)$的坐标恰是矩阵 $\boldsymbol{A}$ 的第 i 列($i=1,2,\cdots,n$),因而 $\boldsymbol{A}$ 的行数等于 V^m 的维数,而 $\boldsymbol{A}$ 的列数等于 V^n 的维数,因此 $\boldsymbol{A}$ 通常记为 $\boldsymbol{A}_{m\times n}$. 由于表达式(1.1.13)是唯一的,所以此时对应的矩阵 $\boldsymbol{A}_{m\times n}$ 也唯一.

定义 1.1.16 式(1.1.14)中的矩阵 $\boldsymbol{A}$ 称为线性算子 $\mathscr{A}$ 在基偶$\{\boldsymbol{e}_1,\boldsymbol{e}_2,\cdots,\boldsymbol{e}_n\}$与$\{\boldsymbol{e}'_1,\boldsymbol{e}'_2,\cdots,\boldsymbol{e}'_m\}$下的**矩阵表示**.

反过来,给出了 $m\times n$ 矩阵(1.1.15),由式(1.1.13)或式(1.1.14)就能得到 n 个向量. 不妨令$\boldsymbol{y}_i=a_{1i}\boldsymbol{e}'_1+a_{2i}\boldsymbol{e}'_2+\cdots+a_{mi}\boldsymbol{e}'_m$($i=1,2,\cdots,n$). 下面证明,以这 n 个向量为一组基像的线性算子有且只有一个.

定理 1.1.11 若 $\boldsymbol{e}_1,\boldsymbol{e}_2,\cdots,\boldsymbol{e}_n$ 是 n 维线性空间 V^n 的一组基,而 $\boldsymbol{y}_1,\boldsymbol{y}_2,\cdots,\boldsymbol{y}_n$ 是 m 维线性空间 V^m 中任意 n 个向量,则存在唯一一个线性算子 $\mathscr{A}$,把 $\boldsymbol{e}_1,\boldsymbol{e}_2,\cdots,\boldsymbol{e}_n$ 分别映射为 $\boldsymbol{y}_1,\boldsymbol{y}_2,\cdots,\boldsymbol{y}_n$,即

$$\boldsymbol{y}_i=\mathscr{A}(\boldsymbol{e}_i),\qquad i=1,2,\cdots,n. \tag{1.1.16}$$

证明 在 V^n 中任取向量 $\boldsymbol{x}=\sum_{i=1}^{n}k_i\boldsymbol{e}_i$,定义算子 $\mathscr{A}$:

$$\boldsymbol{x}=\sum_{i=1}^{n}k_i\boldsymbol{e}_i\to\sum_{i=1}^{n}k_i\boldsymbol{y}_i=\boldsymbol{y}.$$

显然,这样定义的算子 $\mathscr{A}$ 满足式(1.1.16),这是因为

$$\boldsymbol{e}_i=0\boldsymbol{e}_1+\cdots+0\boldsymbol{e}_{i-1}+1\boldsymbol{e}_i+0\boldsymbol{e}_{i+1}+\cdots+0\boldsymbol{e}_n,$$
$$\mathscr{A}(\boldsymbol{e}_i)=0\boldsymbol{y}_1+\cdots+0\boldsymbol{y}_{i-1}+1\boldsymbol{y}_i+0\boldsymbol{y}_{i+1}+\cdots+0\boldsymbol{y}_n=\boldsymbol{y}_i,$$

故有

$$\mathscr{A}(\boldsymbol{e}_i)=\boldsymbol{y}_i,\qquad i=1,2,\cdots,n.$$

还可证明,$\mathscr{A}$ 是 V^n 到 V^m 的一个线性算子,事实上,

$$\begin{aligned}\mathscr{A}(\lambda\boldsymbol{x}+\mu\boldsymbol{x}')&=\mathscr{A}\Big(\lambda\sum_{i=1}^{n}k_i\boldsymbol{e}_i+\mu\sum_{i=1}^{n}k'_i\boldsymbol{e}_i\Big)=\mathscr{A}\Big(\sum_{i=1}^{n}(\lambda k_i+\mu k'_i)\boldsymbol{e}_i\Big)\\&=\sum_{i=1}^{n}(\lambda k_i+\mu k'_i)\boldsymbol{y}_i=\sum_{i=1}^{n}\lambda k_i\boldsymbol{y}_i+\sum_{i=1}^{n}\mu k'_i\boldsymbol{y}_i\\&=\lambda\boldsymbol{y}+\mu\boldsymbol{y}'=\lambda\mathscr{A}(\boldsymbol{x})+\mu\mathscr{A}(\boldsymbol{x}').\end{aligned}$$

再由定理 1.1.10 知,由 V^n 到 V^m 的线性算子是由基像 $\mathscr{A}(\boldsymbol{e}_1),\mathscr{A}(\boldsymbol{e}_2),\cdots,\mathscr{A}(\boldsymbol{e}_n)$唯一确定的.

证毕

4. 线性算子的运算

设 V_1,V_2,V_3 是数域 P 上的线性空间,把 V_1 到 V_2 的所有线性算子组成的集合记为 $\mathscr{D}(V_1,V_2)$. 类似地,$\mathscr{D}(V_2,V_3)$和 $\mathscr{D}(V_1,V_3)$分别表示 V_2 到 V_3 和 V_1 到 V_3 的所有线性算子组成的集合.

定义 1.1.17　设 $\mathscr{A},\mathscr{B}\in\mathscr{D}(V_1,V_2)$，如果有

$$(\mathscr{A}+\mathscr{B})(\boldsymbol{x})=\mathscr{A}(\boldsymbol{x})+\mathscr{B}(\boldsymbol{x}),\qquad \forall\,\boldsymbol{x}\in V_1,$$

则称 $\mathscr{A}+\mathscr{B}$ 为 $\mathscr{A}$ 与 $\mathscr{B}$ 的**和**；又设 $\mathscr{A}\in\mathscr{D}(V_1,V_2)$，$\mathscr{B}\in\mathscr{D}(V_2,V_3)$，如果有

$$(\mathscr{B}\mathscr{A})(\boldsymbol{x})=\mathscr{B}(\mathscr{A}(\boldsymbol{x})),\qquad \forall\,\boldsymbol{x}\in V_1,\tag{1.1.17}$$

则称 $\mathscr{B}\mathscr{A}$ 为 $\mathscr{A}$ 与 $\mathscr{B}$ 的**乘积**，显然它是 V_1 到 V_3 的算子.

下面定理将证明 $\mathscr{A}+\mathscr{B}$ 与 $\mathscr{B}\mathscr{A}$ 均为线性算子.

定理 1.1.12　(1) 设 $\mathscr{A},\mathscr{B}\in\mathscr{D}(V_1,V_2)$，则 $\mathscr{A}+\mathscr{B}\in\mathscr{D}(V_1,V_2)$；

(2) 设 $\mathscr{A}\in\mathscr{D}(V_1,V_2)$，$\mathscr{B}\in\mathscr{D}(V_2,V_3)$，则 $\mathscr{B}\mathscr{A}\in\mathscr{D}(V_1,V_3)$.

证明　(1) 对 $\forall\,\boldsymbol{x},\boldsymbol{y}\in V_1$，$\forall\,k\in P$，有

$$\begin{aligned}(\mathscr{A}+\mathscr{B})(\boldsymbol{x}+\boldsymbol{y})&=\mathscr{A}(\boldsymbol{x}+\boldsymbol{y})+\mathscr{B}(\boldsymbol{x}+\boldsymbol{y})\\&=\mathscr{A}(\boldsymbol{x})+\mathscr{A}(\boldsymbol{y})+\mathscr{B}(\boldsymbol{x})+\mathscr{B}(\boldsymbol{y})\\&=(\mathscr{A}(\boldsymbol{x})+\mathscr{B}(\boldsymbol{x}))+(\mathscr{A}(\boldsymbol{y})+\mathscr{B}(\boldsymbol{y}))\\&=(\mathscr{A}+\mathscr{B})(\boldsymbol{x})+(\mathscr{A}+\mathscr{B})(\boldsymbol{y}),\\(\mathscr{A}+\mathscr{B})(k\boldsymbol{x})&=\mathscr{A}(k\boldsymbol{x})+\mathscr{B}(k\boldsymbol{x})\\&=k\mathscr{A}(\boldsymbol{x})+k\mathscr{B}(\boldsymbol{x})=k(\mathscr{A}(\boldsymbol{x})+\mathscr{B}(\boldsymbol{x}))\\&=k(\mathscr{A}+\mathscr{B})(\boldsymbol{x}),\end{aligned}$$

因此，$\mathscr{A}+\mathscr{B}$ 是 V_1 到 V_2 的线性算子.

(2) 对 $\forall\,\boldsymbol{x},\boldsymbol{y}\in V_1$，$\forall\,k\in P$，有

$$\begin{aligned}(\mathscr{B}\mathscr{A})(\boldsymbol{x}+\boldsymbol{y})&=\mathscr{B}(\mathscr{A}(\boldsymbol{x}+\boldsymbol{y}))=\mathscr{B}(\mathscr{A}(\boldsymbol{x})+\mathscr{A}(\boldsymbol{y}))\\&=\mathscr{B}(\mathscr{A}(\boldsymbol{x}))+\mathscr{B}(\mathscr{A}(\boldsymbol{y}))=\mathscr{B}\mathscr{A}(\boldsymbol{x})+\mathscr{B}\mathscr{A}(\boldsymbol{y}),\\(\mathscr{B}\mathscr{A})(k\boldsymbol{x})&=\mathscr{B}(\mathscr{A}(k\boldsymbol{x}))=\mathscr{B}(k\mathscr{A}(\boldsymbol{x}))\\&=k(\mathscr{B}(\mathscr{A}(\boldsymbol{x})))=k(\mathscr{B}\mathscr{A})(\boldsymbol{x}),\end{aligned}$$

则 $\mathscr{B}\mathscr{A}$ 是 V_1 到 V_3 的线性算子.　　证毕

容易验证 $\mathscr{A}+\mathscr{B}$ 满足交换律和结合律. 但是，$\mathscr{B}\mathscr{A}$ 通常不满足交换律，即 $\mathscr{B}\mathscr{A}\neq\mathscr{A}\mathscr{B}$. 事实上，当 $V_1\neq V_3$ 时，$\mathscr{A}\mathscr{B}$ 未必有意义. 即使 $V_1=V_2=V_3$，$\mathscr{B}\mathscr{A}$ 与 $\mathscr{A}\mathscr{B}$ 都有意义，但 $\mathscr{B}\mathscr{A}$ 与 $\mathscr{A}\mathscr{B}$ 也未必相等.

零算子 $\mathscr{O}$ 具有性质

$$\mathscr{A}+\mathscr{O}=\mathscr{A},\quad \forall\,\mathscr{A}\in\mathscr{D}(V_1,V_2),$$

并且对每一个 $\mathscr{A}\in\mathscr{D}(V_1,V_2)$，它的负算子 $-\mathscr{A}\in\mathscr{D}(V_1,V_2)$ 满足

$$\mathscr{A}+(-\mathscr{A})=\mathscr{O}.$$

设 $\mathscr{A},\mathscr{B}\in\mathscr{D}(V_1,V_2)$，线性算子的减法定义为

$$\mathscr{A}-\mathscr{B}=\mathscr{A}+(-\mathscr{B}).$$

利用线性算子的乘法以及数乘算子 $\mathscr{K}$ 可以定义线性算子的数量乘法. 设 $\mathscr{A}\in\mathscr{D}(V_1,V_2)$，$k\in P$，定义 k 与 $\mathscr{A}$ 的数量乘积 $k\mathscr{A}$ 为

$$k\mathscr{A}=\mathscr{K}\mathscr{A},$$

即

$$(k\mathscr{A})(\boldsymbol{x})=\mathscr{K}(\mathscr{A}(\boldsymbol{x}))=k\mathscr{A}(\boldsymbol{x}),\quad \forall\,\boldsymbol{x}\in V_1.$$

由定理 1.1.12 知，$k\mathscr{A}\in\mathscr{D}(V_1,V_2)$.

对于线性算子,前面已经定义了加法、乘法和数量乘法3种运算.如果由 V_1 到 V_2 的线性算子以及由 V_2 到 V_3 的线性算子在基偶给定之后,它们和矩阵便可建立一一对应的关系.此时,以上的3种线性算子的运算与矩阵的相应的3种运算也一一对应,即

(1) 当 $\mathscr{A}\leftrightarrow\boldsymbol{A}$,$\mathscr{B}\leftrightarrow\boldsymbol{B}$ 时,有 $\mathscr{A}+\mathscr{B}\leftrightarrow\boldsymbol{A}+\boldsymbol{B}$;

(2) 当 $\mathscr{A}\leftrightarrow\boldsymbol{A}$,$\mathscr{B}\leftrightarrow\boldsymbol{B}$ 时,有 $\mathscr{B}\mathscr{A}\leftrightarrow\boldsymbol{BA}$;

(3) 当 $\mathscr{A}\leftrightarrow\boldsymbol{A}$,$\forall k\in P$,有 $k\mathscr{A}\leftrightarrow k\boldsymbol{A}$.

进一步还可以看出,从 n 维线性空间 V^n 到 m 维线性空间 V^m 的所有线性算子,按线性算子的加法和数乘运算规则,形成数域 P 上的一个线性空间,而 $m\times n$ 矩阵的全体也构成数域 P 上的一个线性空间,因此这两个线性空间关于加法和数乘运算是同构的,其中零矩阵对应零算子.从而对线性算子的研究常常转化为对矩阵的研究.

有时,我们常常利用线性算子的矩阵 $\boldsymbol{A}$,来计算一个向量 $\boldsymbol{x}$ 的像 $\mathscr{A}(\boldsymbol{x})$的坐标.

设 V^n 到 V^m 的线性算子 $\mathscr{A}$ 在基偶 $\boldsymbol{e}_1,\boldsymbol{e}_2,\cdots,\boldsymbol{e}_n$ 与 $\boldsymbol{e}'_1,\boldsymbol{e}'_2,\cdots,\boldsymbol{e}'_m$ 下的矩阵为 $\boldsymbol{A}=(a_{ij})_{m\times n}$,向量 $\boldsymbol{x}\in V^n$ 在基 $\boldsymbol{e}_1,\boldsymbol{e}_2,\cdots,\boldsymbol{e}_n$ 下的坐标是$(x_1,x_2,\cdots,x_n)$,则 $\mathscr{A}(\boldsymbol{x})$在基 $\boldsymbol{e}'_1,\boldsymbol{e}'_2,\cdots,\boldsymbol{e}'_m$ 下的坐标$(y_1,y_2,\cdots,y_m)$,可按公式

$$\begin{bmatrix}y_1\\y_2\\\vdots\\y_m\end{bmatrix}=\boldsymbol{A}\begin{bmatrix}x_1\\x_2\\\vdots\\x_n\end{bmatrix}\tag{1.1.18}$$

来计算.

事实上,由假设有

$$\boldsymbol{x}=(\boldsymbol{e}_1,\boldsymbol{e}_2,\cdots,\boldsymbol{e}_n)\begin{bmatrix}x_1\\x_2\\\vdots\\x_n\end{bmatrix},$$

则

$$\mathscr{A}(\boldsymbol{x})=\mathscr{A}(\boldsymbol{e}_1,\boldsymbol{e}_2,\cdots,\boldsymbol{e}_n)\begin{bmatrix}x_1\\x_2\\\vdots\\x_n\end{bmatrix}=(\boldsymbol{e}'_1,\boldsymbol{e}'_2,\cdots,\boldsymbol{e}'_m)\boldsymbol{A}\begin{bmatrix}x_1\\x_2\\\vdots\\x_n\end{bmatrix}.$$

另一方面,有

$$\mathscr{A}(\boldsymbol{x})=(\boldsymbol{e}'_1,\boldsymbol{e}'_2,\cdots,\boldsymbol{e}'_m)\begin{bmatrix}y_1\\y_2\\\vdots\\y_m\end{bmatrix}.$$

由于 $\boldsymbol{e}'_1,\boldsymbol{e}'_2,\cdots,\boldsymbol{e}'_m$ 线性无关(且是基),根据 $\mathscr{A}(\boldsymbol{x})$坐标的唯一性,可得

$$\begin{bmatrix}y_1\\y_2\\\vdots\\y_m\end{bmatrix}=\boldsymbol{A}\begin{bmatrix}x_1\\x_2\\\vdots\\x_n\end{bmatrix}.$$

若记 $\boldsymbol{X}=(x_1,x_2,\cdots,x_n)^{\mathrm{T}}$，$\boldsymbol{Y}=(y_1,y_2,\cdots,y_m)^{\mathrm{T}}$，则式(1.1.18)可记为

$$\boldsymbol{Y}=\boldsymbol{AX}. \tag{1.1.19}$$

在线性代数中，矩阵是表示线性方程组的一种简便形式 $\boldsymbol{AX}=\boldsymbol{b}$，其中 $\boldsymbol{b}=(b_1,b_2,\cdots,b_m)^{\mathrm{T}}$ 其解(集)有非常直观的几何意义，即从线性算子的角度来理解，求它的解(集)可以看成是在 $\mathbb{R}^n$ 到 $\mathbb{R}^m$ 的线性算子 $\mathscr{A}$：$\boldsymbol{X}\mapsto\boldsymbol{AX}$ 下，向量 $\boldsymbol{b}\in\mathbb{R}^m$ 的原像。特别地，齐次线性方程组 $\boldsymbol{AX}=\boldsymbol{0}$ 的解(集)恰好是线性算子 $\mathscr{A}$:$\boldsymbol{X}\mapsto\boldsymbol{AX}$ 为"零点"的原像.

5. 线性变换与方阵

线性变换的定义

在线性算子的定义中，线性空间 V' 与 V 可以相同也可以不同. 在 $V'=V$ 的情况下，由 V 到 V' 的线性算子可用一个特殊名称来命名，由此给出下面的定义.

定义 1.1.18 由 V 到 V 的线性算子 $\mathscr{A}$ 叫作 V 上的**线性变换**.

换言之，线性变换是线性空间 V 到自身的线性算子，它是线性算子中最简单、最基本的一种. 此时，与之相应的矩阵是方阵.

定义 1.1.19 如果对于任何 $\boldsymbol{x}\in V$，恒有 $\mathscr{A}(\boldsymbol{x})=\boldsymbol{x}$，则称 $\mathscr{A}$ 为**恒等变换**或**单位变换**，记为 $\mathscr{I}$. 与之相应的矩阵是单位矩阵 $\boldsymbol{I}$(或记为 $\boldsymbol{E}$).

对于线性空间 V 中的两个线性变换 $\mathscr{A}$，$\mathscr{B}$，可定义它们的和 $\mathscr{A}+\mathscr{B}$ 如下：

$$(\mathscr{A}+\mathscr{B})\boldsymbol{\xi}\equiv\mathscr{A}(\boldsymbol{\xi})+\mathscr{B}(\boldsymbol{\xi}),\quad \boldsymbol{\xi}\in V.$$

不难验证 $\mathscr{A}+\mathscr{B}$ 也是 V 中的线性变换. 对线性变换 $\mathscr{A}$，$\mathscr{B}$ 的乘积 $\mathscr{AB}$，也可证明它是 V 中的线性变换，请读者自己证明.

线性变换的加法和乘法满足如下的运算规律：

(1) 加法满足交换律、结合律；

(2) 乘法满足结合律；

(3) 乘法对加法有左、右分配律.

对于加法，零变换 $\mathscr{O}$ 有着特殊的地位，它与任意线性变换 $\mathscr{A}$ 的和仍等于 $\mathscr{A}$：$\mathscr{A}+\mathscr{O}=\mathscr{A}$. 对于每个线性变换 $\mathscr{A}$，其负变换 $-\mathscr{A}$ 也是线性的，且

$$\mathscr{A}+(-\mathscr{A})=\mathscr{O}.$$

对于乘法，单位变换 $\mathscr{I}$ 有着特殊的地位，它与任意线性变换 $\mathscr{A}$ 的乘积仍等于 $\mathscr{A}$：

$$\mathscr{AI}=\mathscr{IA}=\mathscr{A}.$$

数域 P 中每个数 k 都决定一个数乘变换 $\mathscr{K}$，利用线性变换的乘法，可以定义数域 P 中的数与线性变换的数量乘法

$$k\mathscr{A}\equiv\mathscr{KA}.$$

线性空间 V 上的线性变换 $\mathscr{A}$ 称为可逆的，如果有 V 上的线性变换 $\mathscr{B}$ 存在，使得

$$\mathscr{AB}=\mathscr{BA}=\mathscr{I},$$

称 $\mathscr{B}$ 为 $\mathscr{A}$ 的**逆变换**，记作 $\mathscr{A}^{-1}$.

现在来证明：如果线性变换 $\mathscr{A}$ 是可逆的，那么它的逆变换 $\mathscr{A}^{-1}$ 也是线性变换. 事实上，对任意向量 $\boldsymbol{\alpha}$，$\boldsymbol{\beta}\in V$，数 $k\in P$，有

$$\begin{aligned}\mathscr{A}^{-1}(\boldsymbol{\alpha}+\boldsymbol{\beta})&=\mathscr{A}^{-1}[(\mathscr{AA}^{-1})\boldsymbol{\alpha}+(\mathscr{AA}^{-1})\boldsymbol{\beta}]\\&=\mathscr{A}^{-1}[\mathscr{A}(\mathscr{A}^{-1}\boldsymbol{\alpha})+\mathscr{A}(\mathscr{A}^{-1}\boldsymbol{\beta})]\end{aligned}$$

$$
\begin{aligned}
&= \mathscr{A}^{-1}[\mathscr{A}(\mathscr{A}^{-1}\boldsymbol{\alpha} + \mathscr{A}^{-1}\boldsymbol{\beta})] \\
&= (\mathscr{A}^{-1}\mathscr{A})(\mathscr{A}^{-1}\boldsymbol{\alpha} + \mathscr{A}^{-1}\boldsymbol{\beta}) \\
&= \mathscr{A}^{-1}(\boldsymbol{\alpha}) + \mathscr{A}^{-1}(\boldsymbol{\beta});
\end{aligned}
$$

$$
\begin{aligned}
\mathscr{A}^{-1}(k\boldsymbol{\alpha}) &= \mathscr{A}^{-1}[k(\mathscr{A}\mathscr{A}^{-1})\boldsymbol{\alpha}] \\
&= \mathscr{A}^{-1}[k\mathscr{A}(\mathscr{A}^{-1}\boldsymbol{\alpha})] \\
&= \mathscr{A}^{-1}[\mathscr{A}(k\mathscr{A}^{-1}\boldsymbol{\alpha})] \\
&= (\mathscr{A}^{-1}\mathscr{A})(k\mathscr{A}^{-1}\boldsymbol{\alpha}) \\
&= k\mathscr{A}^{-1}(\boldsymbol{\alpha}),
\end{aligned}
$$

这说明 $\mathscr{A}^{-1}$ 是线性的.

由于线性变换的乘法满足结合律,所以可定义线性变换 $\mathscr{A}$ 的幂:

$$\mathscr{A}^0 \equiv \mathscr{I}, \quad \mathscr{A}^m \equiv \overbrace{\mathscr{A}\mathscr{A}\cdots\mathscr{A}}^{m\text{个}}.$$

当 $\mathscr{A}$ 可逆时,可定义 $\mathscr{A}$ 的负整数幂:

$$\mathscr{A}^{-n} \equiv (\mathscr{A}^{-1})^n, \quad n \text{ 为正整数}.$$

这样定义的线性变换的幂满足指数法则.

值得注意的是,线性变换乘积的指数法则不成立,一般来说

$$(\mathscr{A}\mathscr{B})^n \neq \mathscr{A}^n\mathscr{B}^n.$$

设

$$f(\lambda) = a_m\lambda^m + a_{m-1}\lambda^{m-1} + \cdots + a_1\lambda + a_0$$

是系数在数域 P 中的一个多项式,$\mathscr{A}$ 是 V 的一个线性变换.定义

$$f(\mathscr{A}) \equiv a_m\mathscr{A}^m + a_{m-1}\mathscr{A}^{m-1} + \cdots + a_1\mathscr{A} + a_0\mathscr{I}.$$

显然,$f(\mathscr{A})$是 V 的一个线性变换,称为线性变换 $\mathscr{A}$ 的多项式.

线性变换既然是线性算子的特殊情形,所以对于线性算子引入的矩阵的定义及其具有的性质也适用于线性变换,只是注意到 $V'=V$,在 V 中只要选取一组基便能写出它的矩阵表示.

例 1.1.25 在 $n+1$ 维线性空间 $P[x]_n$ 中,求导运算 $\mathscr{D}$ 是一个线性变换,若在 $P[x]_n$ 中分别取两组不同的基(此处是多项式):

(1) $\boldsymbol{e}_1=1, \boldsymbol{e}_2=x, \boldsymbol{e}_3=x^2, \cdots, \boldsymbol{e}_{n+1}=x^n$;

(2) $\boldsymbol{e}'_1=1, \boldsymbol{e}'_2=x, \boldsymbol{e}'_3=\dfrac{x^2}{2!}, \cdots, \boldsymbol{e}'_{n+1}=\dfrac{x^n}{n!}$;

试分别写出 $\mathscr{D}$ 在上述两组基下各自的矩阵.

解 (1) 因为基像能够唯一地确定线性变换,所以只要分别写出基像在该基下的表达式即可.

线性变换 $\mathscr{D}$ 在第一组基下的基像表达式为

$$
\begin{cases}
\mathscr{D}(\boldsymbol{e}_1) = 0 = 0\boldsymbol{e}_1 + 0\boldsymbol{e}_2 + \cdots + 0\boldsymbol{e}_n + 0\boldsymbol{e}_{n+1}, \\
\mathscr{D}(\boldsymbol{e}_2) = 1 = \boldsymbol{e}_1 + 0\boldsymbol{e}_2 + \cdots + 0\boldsymbol{e}_n + 0\boldsymbol{e}_{n+1}, \\
\mathscr{D}(\boldsymbol{e}_3) = 2x = 0\boldsymbol{e}_1 + 2\boldsymbol{e}_2 + \cdots + 0\boldsymbol{e}_n + 0\boldsymbol{e}_{n+1}, \\
\qquad\vdots \\
\mathscr{D}(\boldsymbol{e}_{n+1}) = nx^{n-1} = 0\boldsymbol{e}_1 + 0\boldsymbol{e}_2 + \cdots + n\boldsymbol{e}_n + 0\boldsymbol{e}_{n+1},
\end{cases}
$$

所以 $\mathscr{D}$ 在该基下的矩阵是

$$\boldsymbol{A}=\begin{bmatrix}0&1&0&\cdots&0&0\\0&0&2&\cdots&0&0\\\vdots&\vdots&\vdots&&\vdots&\vdots\\0&0&0&\cdots&0&n\\0&0&0&\cdots&0&0\end{bmatrix}.$$

(2) $\mathscr{D}$ 在第二组基下的基像表达式为

$$\begin{cases}\mathscr{D}(\boldsymbol{e}'_1)=0=0\boldsymbol{e}'_1+0\boldsymbol{e}'_2+\cdots+0\boldsymbol{e}'_n+0\boldsymbol{e}'_{n-1},\\\mathscr{D}(\boldsymbol{e}'_2)=1=1\boldsymbol{e}'_1+0\boldsymbol{e}'_2+\cdots+0\boldsymbol{e}'_n+0\boldsymbol{e}'_{n+1},\\\mathscr{D}(\boldsymbol{e}'_3)=x=0\boldsymbol{e}'_1+1\boldsymbol{e}'_2+\cdots+0\boldsymbol{e}'_n+0\boldsymbol{e}'_{n-1},\\\qquad\qquad\vdots\\\mathscr{D}(\boldsymbol{e}'_{n+1})=\dfrac{x^{n-1}}{(n-1)!}=0\boldsymbol{e}'_1+0\boldsymbol{e}'_2+\cdots+1\boldsymbol{e}'_n+0\boldsymbol{e}'_{n+1},\end{cases}$$

所以 $\mathscr{D}$ 在该基下的矩阵为

$$\boldsymbol{B}=\begin{bmatrix}0&1&0&\cdots&0&0\\0&0&1&\cdots&0&0\\\vdots&\vdots&\vdots&&\vdots&\vdots\\0&0&0&\cdots&0&1\\0&0&0&\cdots&0&0\end{bmatrix}.$$

例 1.1.26　设有 $\mathbb{R}^3$ 中的线性变换 $\mathscr{A}$：它将基 $\boldsymbol{e}_1=(-1,0,2),\boldsymbol{e}_2=(0,1,1),\boldsymbol{e}_3=(3,-1,0)$ 变为 $\mathscr{A}(\boldsymbol{e}_1)=(-5,0,3),\mathscr{A}(\boldsymbol{e}_2)=(0,-1,6),\mathscr{A}(\boldsymbol{e}_3)=(-5,-1,9)$，试求：

(1) 线性变换 $\mathscr{A}$ 在基 $\boldsymbol{e}_1,\boldsymbol{e}_2,\boldsymbol{e}_3$ 下的矩阵；

(2) 线性变换 $\mathscr{A}$ 在自然基 $\boldsymbol{\varepsilon}_1=(1,0,0),\boldsymbol{\varepsilon}_2=(0,1,0),\boldsymbol{\varepsilon}_3=(0,0,1)$ 下的矩阵.

解　(1) 不妨令

$$\mathscr{A}(\boldsymbol{e}_i)=k_{1i}\boldsymbol{e}_1+k_{2i}\boldsymbol{e}_2+k_{3i}\boldsymbol{e}_3,\qquad i=1,2,3,$$

将 $\boldsymbol{e}_i,\mathscr{A}(\boldsymbol{e}_i)(i=1,2,3)$ 分别代入，求解 3 个三阶线性代数方程组，即得

$$\begin{cases}\mathscr{A}(\boldsymbol{e}_1)=2\boldsymbol{e}_1-\boldsymbol{e}_2-\boldsymbol{e}_3,\\\mathscr{A}(\boldsymbol{e}_2)=3\boldsymbol{e}_1+0\boldsymbol{e}_2+\boldsymbol{e}_3,\\\mathscr{A}(\boldsymbol{e}_3)=5\boldsymbol{e}_1-\boldsymbol{e}_2+0\boldsymbol{e}_3,\end{cases}$$

所以，有

$$\boldsymbol{A}=\begin{bmatrix}2&3&5\\-1&0&-1\\-1&1&0\end{bmatrix}.$$

(2) 由题设知

$$\begin{cases}\mathscr{A}(\boldsymbol{e}_1)=\mathscr{A}(-\boldsymbol{\varepsilon}_1+2\boldsymbol{\varepsilon}_3)=-\mathscr{A}(\boldsymbol{\varepsilon}_1)+2\mathscr{A}(\boldsymbol{\varepsilon}_3)=-5\boldsymbol{\varepsilon}_1+3\boldsymbol{\varepsilon}_3,\\\mathscr{A}(\boldsymbol{e}_2)=\mathscr{A}(\boldsymbol{\varepsilon}_2+\boldsymbol{\varepsilon}_3)=\mathscr{A}(\boldsymbol{\varepsilon}_2)+\mathscr{A}(\boldsymbol{\varepsilon}_3)=-\boldsymbol{\varepsilon}_2+6\boldsymbol{\varepsilon}_3,\\\mathscr{A}(\boldsymbol{e}_3)=\mathscr{A}(3\boldsymbol{\varepsilon}_1-\boldsymbol{\varepsilon}_2)=3\mathscr{A}(\boldsymbol{\varepsilon}_1)-\mathscr{A}(\boldsymbol{\varepsilon}_2)=-5\boldsymbol{\varepsilon}_1-\boldsymbol{\varepsilon}_2+9\boldsymbol{\varepsilon}_3,\end{cases}$$

其中 $\mathscr{A}(\boldsymbol{\varepsilon}_1),\mathscr{A}(\boldsymbol{\varepsilon}_2),\mathscr{A}(\boldsymbol{\varepsilon}_3)$ 看作未知量，联立求解上式得

$$\begin{cases}\mathscr{A}(\boldsymbol{\varepsilon}_1)=-\dfrac{5}{7}\boldsymbol{\varepsilon}_1-\dfrac{4}{7}\boldsymbol{\varepsilon}_2+\dfrac{27}{7}\boldsymbol{\varepsilon}_3,\\ \mathscr{A}(\boldsymbol{\varepsilon}_2)=\dfrac{20}{7}\boldsymbol{\varepsilon}_1-\dfrac{5}{7}\boldsymbol{\varepsilon}_2+\dfrac{18}{7}\boldsymbol{\varepsilon}_3,\\ \mathscr{A}(\boldsymbol{\varepsilon}_3)=-\dfrac{20}{7}\boldsymbol{\varepsilon}_1-\dfrac{2}{7}\boldsymbol{\varepsilon}_2+\dfrac{24}{7}\boldsymbol{\varepsilon}_3,\end{cases}$$

从而,有

$$\boldsymbol{B}=\begin{bmatrix}-\dfrac{5}{7} & \dfrac{20}{7} & -\dfrac{20}{7}\\ -\dfrac{4}{7} & -\dfrac{5}{7} & -\dfrac{2}{7}\\ \dfrac{27}{7} & \dfrac{18}{7} & \dfrac{24}{7}\end{bmatrix}.$$

在1.1.1节已经知道,同一向量在不同基下的坐标往往不同.类似地,例1.1.25和例1.1.26又表明同一个线性变换在不同基下的矩阵也不同.那么,同一个线性变换在不同基下的矩阵之间究竟有什么关系呢?这就是下面要在几何上来解释矩阵相似的问题.

6. 相似矩阵的几何解释

定理1.1.13 假定线性空间 V^n 上的线性变换 $\mathscr{A}$,对于基 $\boldsymbol{e}_1,\boldsymbol{e}_2,\cdots,\boldsymbol{e}_n$ 下的矩阵为 $\boldsymbol{A}$,而对于另一组基 $\boldsymbol{e}'_1,\boldsymbol{e}'_2,\cdots,\boldsymbol{e}'_n$ 下的矩阵为 $\boldsymbol{B}$,且由基 $\boldsymbol{e}_1,\boldsymbol{e}_2,\cdots,\boldsymbol{e}_n$ 到基 $\boldsymbol{e}'_1,\boldsymbol{e}'_2,\cdots,\boldsymbol{e}'_n$ 的过渡矩阵为 $\boldsymbol{C}$,则有

$$\boldsymbol{B}=\boldsymbol{C}^{-1}\boldsymbol{A}\boldsymbol{C}. \tag{1.1.20}$$

证明 根据定理假设有

$$\mathscr{A}(\boldsymbol{e}_1,\boldsymbol{e}_2,\cdots,\boldsymbol{e}_n)=(\boldsymbol{e}_1,\boldsymbol{e}_2,\cdots,\boldsymbol{e}_n)\boldsymbol{A},$$
$$\mathscr{A}(\boldsymbol{e}'_1,\boldsymbol{e}'_2,\cdots,\boldsymbol{e}'_n)=(\boldsymbol{e}'_1,\boldsymbol{e}'_2,\cdots,\boldsymbol{e}'_n)\boldsymbol{B},$$
$$(\boldsymbol{e}'_1,\boldsymbol{e}'_2,\cdots,\boldsymbol{e}'_n)=(\boldsymbol{e}_1,\boldsymbol{e}_2,\cdots,\boldsymbol{e}_n)\boldsymbol{C}.$$

故得

$$\mathscr{A}(\boldsymbol{e}'_1,\boldsymbol{e}'_2,\cdots,\boldsymbol{e}'_n)=\mathscr{A}(\boldsymbol{e}_1,\boldsymbol{e}_2,\cdots,\boldsymbol{e}_n)\boldsymbol{C}=(\boldsymbol{e}_1,\boldsymbol{e}_2,\cdots,\boldsymbol{e}_n)\boldsymbol{A}\boldsymbol{C},$$
$$\mathscr{A}(\boldsymbol{e}'_1,\boldsymbol{e}'_2,\cdots,\boldsymbol{e}'_n)=(\boldsymbol{e}'_1,\boldsymbol{e}'_2,\cdots,\boldsymbol{e}'_n)\boldsymbol{B}=(\boldsymbol{e}_1,\boldsymbol{e}_2,\cdots,\boldsymbol{e}_n)\boldsymbol{C}\boldsymbol{B}.$$

因此

$$(\boldsymbol{e}_1,\boldsymbol{e}_2,\cdots,\boldsymbol{e}_n)\boldsymbol{A}\boldsymbol{C}=(\boldsymbol{e}_1,\boldsymbol{e}_2,\cdots,\boldsymbol{e}_n)\boldsymbol{C}\boldsymbol{B},$$

即

$$(\boldsymbol{e}_1,\boldsymbol{e}_2,\cdots,\boldsymbol{e}_n)(\boldsymbol{A}\boldsymbol{C}-\boldsymbol{C}\boldsymbol{B})=\boldsymbol{0}.$$

由于 $\boldsymbol{e}_1,\boldsymbol{e}_2,\cdots,\boldsymbol{e}_n$ 线性无关,所以矩阵 $\boldsymbol{A}\boldsymbol{C}-\boldsymbol{C}\boldsymbol{B}$ 的每一列的元素都为零,故有

$$\boldsymbol{A}\boldsymbol{C}-\boldsymbol{C}\boldsymbol{B}=\boldsymbol{0}(\text{零矩阵}).$$

又因过渡矩阵 $\boldsymbol{C}$ 非奇异,从而有

$$\boldsymbol{B}=\boldsymbol{C}^{-1}\boldsymbol{A}\boldsymbol{C}.$$

证毕

式(1.1.20)给出的两个 $\boldsymbol{A}$ 与 $\boldsymbol{B}$ 之间的关系,在矩阵论中将起极其重要的作用,对此我们引入下面的定义.

定义 1.1.20　如果 $\boldsymbol{A}$ 与 $\boldsymbol{B}$ 是数域 P 上的两个 n 阶矩阵，且可找到 P 上的 n 阶非奇异矩阵 $\boldsymbol{C}$，使得 $\boldsymbol{B}=\boldsymbol{C}^{-1}\boldsymbol{A}\boldsymbol{C}$，则称 $\boldsymbol{A}$ 与 $\boldsymbol{B}$ **相似**，记为 $\boldsymbol{A}\sim\boldsymbol{B}$.

按此定义，我们可以说，线性变换在不同基下的矩阵是相似的；反之，如果两个矩阵相似，那么它们可以看成同一个线性变换在两组不同基下的矩阵.

运用上述相似原理，当已知线性变换在某一组基下的矩阵，而要写出它在另一组基下的矩阵时，可以使问题大为简化. 例如，在例 1.1.26 中，由(1)已求出线性变换 $\mathscr{A}$ 在基 $\boldsymbol{e}_1,\boldsymbol{e}_2,\boldsymbol{e}_3$ 下的矩阵

$$\boldsymbol{A}=\begin{bmatrix}2&3&5\\-1&0&-1\\-1&1&0\end{bmatrix}.$$

如果要写出 $\mathscr{A}$ 在自然基 $\boldsymbol{\varepsilon}_1,\boldsymbol{\varepsilon}_2,\boldsymbol{\varepsilon}_3$ 下的矩阵，则只要算出由基 $\boldsymbol{e}_1,\boldsymbol{e}_2,\boldsymbol{e}_3$ 到基 $\boldsymbol{\varepsilon}_1,\boldsymbol{\varepsilon}_2,\boldsymbol{\varepsilon}_3$ 的过渡矩阵 $\boldsymbol{C}$. 为此，容易看出

$$(\boldsymbol{e}_1,\boldsymbol{e}_2,\boldsymbol{e}_3)=(\boldsymbol{\varepsilon}_1,\boldsymbol{\varepsilon}_2,\boldsymbol{\varepsilon}_3)\begin{bmatrix}-1&0&3\\0&1&-1\\2&1&0\end{bmatrix},$$

所以

$$(\boldsymbol{\varepsilon}_1,\boldsymbol{\varepsilon}_2,\boldsymbol{\varepsilon}_3)=(\boldsymbol{e}_1,\boldsymbol{e}_2,\boldsymbol{e}_3)\begin{bmatrix}-1&0&3\\0&1&-1\\2&1&0\end{bmatrix}^{-1},$$

故

$$\boldsymbol{C}=\begin{bmatrix}-1&0&3\\0&1&-1\\2&1&0\end{bmatrix}^{-1}=\begin{bmatrix}-\frac{1}{7}&-\frac{3}{7}&\frac{3}{7}\\\frac{2}{7}&\frac{6}{7}&\frac{1}{7}\\\frac{2}{7}&-\frac{1}{7}&\frac{1}{7}\end{bmatrix}.$$

从而 $\mathscr{A}$ 在自然基下的矩阵为

$$\boldsymbol{B}=\boldsymbol{C}^{-1}\boldsymbol{A}\boldsymbol{C}=\begin{bmatrix}-1&0&3\\0&1&-1\\2&1&0\end{bmatrix}\begin{bmatrix}2&3&5\\-1&0&-1\\-1&1&0\end{bmatrix}\begin{bmatrix}-\frac{1}{7}&-\frac{3}{7}&\frac{3}{7}\\\frac{2}{7}&\frac{6}{7}&\frac{1}{7}\\\frac{2}{7}&-\frac{1}{7}&\frac{1}{7}\end{bmatrix}$$

$$=\begin{bmatrix}-\frac{5}{7}&\frac{20}{7}&-\frac{20}{7}\\-\frac{4}{7}&-\frac{5}{7}&-\frac{2}{7}\\\frac{27}{7}&\frac{18}{7}&\frac{24}{7}\end{bmatrix}.$$

该结果与例 1.1.26 完全一致. 但这里利用相似原理的方法显然比直接用定义的方法更简单、直观.

例 1.1.27 设线性变换 $\mathscr{A}$ 在基 $\boldsymbol{e}_1,\boldsymbol{e}_2,\boldsymbol{e}_3,\boldsymbol{e}_4$ 下的矩阵为

$$\boldsymbol{A}=\begin{bmatrix}1&3&2&8\\5&7&0&1\\3&0&1&3\\1&1&2&2\end{bmatrix},$$

试求 $\mathscr{A}$ 在基 $\boldsymbol{e}'_1=\boldsymbol{e}_1,\boldsymbol{e}'_2=\boldsymbol{e}_1+\boldsymbol{e}_2,\boldsymbol{e}'_3=\boldsymbol{e}_1+\boldsymbol{e}_2+\boldsymbol{e}_3,\boldsymbol{e}'_4=\boldsymbol{e}_1+\boldsymbol{e}_2+\boldsymbol{e}_3+\boldsymbol{e}_4$ 下的矩阵.

解 方法一 由矩阵 $\boldsymbol{A}$ 的定义知

$$\begin{cases}\mathscr{A}(\boldsymbol{e}_1)=\boldsymbol{e}_1+5\boldsymbol{e}_2+3\boldsymbol{e}_3+\boldsymbol{e}_4,\\ \mathscr{A}(\boldsymbol{e}_2)=3\boldsymbol{e}_1+7\boldsymbol{e}_2+\boldsymbol{e}_4,\\ \mathscr{A}(\boldsymbol{e}_3)=2\boldsymbol{e}_1+\boldsymbol{e}_3+2\boldsymbol{e}_4,\\ \mathscr{A}(\boldsymbol{e}_4)=8\boldsymbol{e}_1+\boldsymbol{e}_2+3\boldsymbol{e}_3+2\boldsymbol{e}_4,\end{cases}$$

于是

$$\begin{aligned}\mathscr{A}(\boldsymbol{e}'_1)&=\mathscr{A}(\boldsymbol{e}_1)=\boldsymbol{e}_1+5\boldsymbol{e}_2+3\boldsymbol{e}_3+\boldsymbol{e}_4=-4\boldsymbol{e}'_1+2\boldsymbol{e}'_2+2\boldsymbol{e}'_3+\boldsymbol{e}'_4,\\ \mathscr{A}(\boldsymbol{e}'_2)&=\mathscr{A}(\boldsymbol{e}_1+\boldsymbol{e}_2)=4\boldsymbol{e}_1+12\boldsymbol{e}_2+3\boldsymbol{e}_3+2\boldsymbol{e}_4\\ &=-8\boldsymbol{e}'_1+9\boldsymbol{e}'_2+\boldsymbol{e}'_3+2\boldsymbol{e}'_4,\\ \mathscr{A}(\boldsymbol{e}'_3)&=\mathscr{A}(\boldsymbol{e}_1+\boldsymbol{e}_2+\boldsymbol{e}_3)=6\boldsymbol{e}_1+12\boldsymbol{e}_2+4\boldsymbol{e}_3+4\boldsymbol{e}_4\\ &=-6\boldsymbol{e}'_1+8\boldsymbol{e}'_2+4\boldsymbol{e}'_4,\\ \mathscr{A}(\boldsymbol{e}'_4)&=\mathscr{A}(\boldsymbol{e}_1+\boldsymbol{e}_2+\boldsymbol{e}_3+\boldsymbol{e}_4)=14\boldsymbol{e}_1+13\boldsymbol{e}_2+7\boldsymbol{e}_3+6\boldsymbol{e}_4\\ &=\boldsymbol{e}'_1+6\boldsymbol{e}'_2+\boldsymbol{e}'_3+6\boldsymbol{e}'_4,\end{aligned}$$

所以在新基 $\boldsymbol{e}'_1,\boldsymbol{e}'_2,\boldsymbol{e}'_3,\boldsymbol{e}'_4$ 下的矩阵为

$$\boldsymbol{B}=\begin{bmatrix}-4&-8&-6&1\\2&9&8&6\\2&1&0&1\\1&2&4&6\end{bmatrix}.$$

方法二 可以利用相似原理求 $\boldsymbol{B}$. 由基$\{\boldsymbol{e}_i\}$到基$\{\boldsymbol{e}'_i\}$的过渡矩阵为

$$\boldsymbol{C}=\begin{bmatrix}1&1&1&1\\0&1&1&1\\0&0&1&1\\0&0&0&1\end{bmatrix},$$

所以

$$\begin{aligned}\boldsymbol{B}=\boldsymbol{C}^{-1}\boldsymbol{A}\boldsymbol{C}&=\begin{bmatrix}1&-1&0&0\\0&1&-1&0\\0&0&1&-1\\0&0&0&1\end{bmatrix}\begin{bmatrix}1&3&2&8\\5&7&0&1\\3&0&1&3\\1&1&2&2\end{bmatrix}\begin{bmatrix}1&1&1&1\\0&1&1&1\\0&0&1&1\\0&0&0&1\end{bmatrix}\\ &=\begin{bmatrix}-4&-8&-6&1\\2&9&8&6\\2&1&0&1\\1&2&4&6\end{bmatrix}.\end{aligned}$$

比相似更一般的概念是相抵.

定义 1.1.21　设 $\boldsymbol{A}$ 与 $\boldsymbol{B}$ 都是 $m\times n$ 阶矩阵,如果存在非奇异的 m 阶方阵 $\boldsymbol{D}$ 和 n 阶方阵 $\boldsymbol{C}$,使

$$\boldsymbol{B}=\boldsymbol{DAC} \tag{1.1.21}$$

成立,则称矩阵 $\boldsymbol{A}$ 与 $\boldsymbol{B}$ 是**相抵**的,记为 $\boldsymbol{A}\simeq\boldsymbol{B}$.

相抵关系在几何上可解释为:在两个不同维的线性空间 V^n 和 V^m 中,同一个线性算子 $\mathscr{A}$ 在不同的基偶下所对应的矩阵 $\boldsymbol{A}$ 与 $\boldsymbol{B}$ 之间的关系.

例如,线性代数中对矩阵 $\boldsymbol{A}$ 进行初等行(列)变换,就相当于在 $\boldsymbol{A}$ 的左(右)边乘上一个非奇异的初等运算矩阵,那么变换后的矩阵和原矩阵 $\boldsymbol{A}$ 便是相抵关系.

特别地,当 $\boldsymbol{A}$,$\boldsymbol{B}$ 是方阵,而且 $\boldsymbol{D}=\boldsymbol{C}^{\mathrm{T}}$时,又有如下定义.

定义 1.1.22　设 $\boldsymbol{A}$ 与 $\boldsymbol{B}$ 是两个 n 阶方阵,如果存在非奇异的 n 阶方阵 $\boldsymbol{C}$,使得

$$\boldsymbol{B}=\boldsymbol{C}^{\mathrm{T}}\boldsymbol{AC}, \tag{1.1.22}$$

则称矩阵 $\boldsymbol{A}$ 与 $\boldsymbol{B}$ 是**相合**(**或合同**)的.

例如,线性代数中用非退化的坐标线性变换化简一个二次型时,它们所对应的矩阵就是这种相合的关系.

总之,相抵、相似、相合反映了两矩阵之间的三种内在联系,这三种关系是既有区别又有联系的,相似与相合只不过是相抵的特殊情况,而且相似与相合只有在 $\boldsymbol{C}^{\mathrm{T}}=\boldsymbol{C}^{-1}$ 时(即 $\boldsymbol{C}$ 为正交阵)才一致.

如前所述,在取定一组基之后,就建立了由数域 P 上的 n 维线性空间 V 的线性变换到数域 P 上 n 阶矩阵之间的一个一一对应.这种对应的重要性还表现在它们保持有相应的运算,即有下面定理:

定理 1.1.14　设 $\boldsymbol{\xi}_1,\boldsymbol{\xi}_2,\cdots,\boldsymbol{\xi}_n$ 是数域 P 上 n 维线性空间 V 的一组基,在这组基下,每个线性变换对应一个 n 阶矩阵.这个对应具有以下的性质:

(1) 线性变换的和对应于矩阵的和;

(2) 线性变换的乘积对应于矩阵的乘积;

(3) 线性变换与数的积对应于矩阵与数的积;

(4) 可逆的线性变换与可逆矩阵对应,且逆变换对应于逆矩阵.

证明　以(2)、(4)为例,其余可类似地证明.设 $\mathscr{A}$,$\mathscr{B}$ 是两个线性变换,它们在基 $\boldsymbol{\xi}_1$,$\boldsymbol{\xi}_2,\cdots,\boldsymbol{\xi}_n$ 下的矩阵分别为 $\boldsymbol{A}$,$\boldsymbol{B}$,即

$$\begin{cases}\mathscr{A}(\boldsymbol{\xi}_1,\boldsymbol{\xi}_2,\cdots,\boldsymbol{\xi}_n)=(\boldsymbol{\xi}_1,\boldsymbol{\xi}_2,\cdots,\boldsymbol{\xi}_n)\boldsymbol{A},\\ \mathscr{B}(\boldsymbol{\xi}_1,\boldsymbol{\xi}_2,\cdots,\boldsymbol{\xi}_n)=(\boldsymbol{\xi}_1,\boldsymbol{\xi}_2,\cdots,\boldsymbol{\xi}_n)\boldsymbol{B}.\end{cases}$$

证明(2).由

$$\begin{aligned}(\mathscr{A}\mathscr{B})(\boldsymbol{\xi}_1,\boldsymbol{\xi}_2,\cdots,\boldsymbol{\xi}_n)&=\mathscr{A}[\mathscr{B}(\boldsymbol{\xi}_1,\boldsymbol{\xi}_2,\cdots,\boldsymbol{\xi}_n)]=\mathscr{A}[(\boldsymbol{\xi}_1,\boldsymbol{\xi}_2,\cdots,\boldsymbol{\xi}_n)\boldsymbol{B}]\\&=[\mathscr{A}(\boldsymbol{\xi}_1,\boldsymbol{\xi}_2,\cdots,\boldsymbol{\xi}_n)]\boldsymbol{B}=(\boldsymbol{\xi}_1,\boldsymbol{\xi}_2,\cdots,\boldsymbol{\xi}_n)\boldsymbol{AB}\end{aligned}$$

可知,在基 $\boldsymbol{\xi}_1,\boldsymbol{\xi}_2,\cdots,\boldsymbol{\xi}_n$ 下,线性变换 $\mathscr{A}\mathscr{B}$ 的矩阵为 $\boldsymbol{AB}$.

再证明(4).因为单位变换对应于单位矩阵,故等式

$$\mathscr{A}\mathscr{B}=\mathscr{B}\mathscr{A}=\mathscr{I}$$

与等式

$$\boldsymbol{AB}=\boldsymbol{BA}=\boldsymbol{I}$$

相对应,从而可逆线性变换与可逆矩阵对应,且逆变换对应逆矩阵. 证毕

7. 矩阵的逆方阵和秩

现在详细考察 n 阶方阵

$$A=\begin{bmatrix} a_{11} & a_{12} & \cdots & a_{1n} \\ a_{21} & a_{22} & \cdots & a_{2n} \\ \vdots & \vdots & & \vdots \\ a_{n1} & a_{n2} & \cdots & a_{nn} \end{bmatrix}.$$

定义 1.1.23 如果 $\det(\boldsymbol{A})\neq 0$(即 $|\boldsymbol{A}|\neq 0$),则称 n 阶方阵 $\boldsymbol{A}$ 为**非奇异的**.

定义 1.1.24 如果存在 n 阶方阵 $\boldsymbol{B}$,使得

$$\boldsymbol{AB}=\boldsymbol{BA}=\boldsymbol{I}_n \tag{1.1.23}$$

其中 $\boldsymbol{I}_n$ 为 n 阶单位方阵,则称 n 阶方阵 $\boldsymbol{A}$ 为**可逆的**,而 $\boldsymbol{B}$ 称为可逆方阵 $\boldsymbol{A}$ 的**逆方阵**.

引理 (比内-柯西(Binet-Cauchy)公式)设 $\boldsymbol{A}$ 和 $\boldsymbol{B}$ 各为 $n\times m$ 和 $m\times n$ 矩阵,则有

$$\det(\boldsymbol{AB})=\begin{cases} 0, & \text{当 } n>m, \\ \det(\boldsymbol{A})\det(\boldsymbol{B}), & \text{当 } n=m, \\ \displaystyle\sum_{1\leqslant j_1<\cdots<j_n\leqslant m} \det\boldsymbol{A}\begin{pmatrix} 1 & 2 & \cdots & n \\ j_1 & j_2 & \cdots & j_n \end{pmatrix}\det\boldsymbol{B}\begin{pmatrix} j_1 & j_2 & \cdots & j_n \\ 1 & 2 & \cdots & n \end{pmatrix}, & \text{当 } n<m. \end{cases}$$

证明从略(见文献[6]).

定理 1.1.15 n 阶方阵 $\boldsymbol{A}$ 是非奇异的,当且仅当 $\boldsymbol{A}$ 是可逆的,且当 $\boldsymbol{A}$ 可逆时,它的逆方阵唯一存在,记作 $\boldsymbol{A}^{-1}$,且有

$$\boldsymbol{A}^{-1}=(\det(\boldsymbol{A}))^{-1}\boldsymbol{A}^*, \tag{1.1.24}$$

其中 $\boldsymbol{A}^*$ 是 $\boldsymbol{A}$ 的伴随方阵.

先证必要性. 今设 $\boldsymbol{A}$ 为非奇异方阵,即 $\det(\boldsymbol{A})\neq 0$,由式(1.1.23),令

$$\boldsymbol{B}=(\det(\boldsymbol{A}))^{-1}\boldsymbol{A}^*,$$

则有

$$\boldsymbol{AB}=\boldsymbol{BA}=\boldsymbol{I}_n.$$

这证明了 $\boldsymbol{A}$ 为可逆方阵,反之,若存在方阵 $\boldsymbol{B}$ 使得 $\boldsymbol{AB}=\boldsymbol{BA}=\boldsymbol{I}_n$,由引理(Binet-Cauchy 公式),两边取行列式,得

$$1=\det(\boldsymbol{AB})=\det(\boldsymbol{A})\det(\boldsymbol{B}),$$

因此 $\det(\boldsymbol{A})\neq 0$. 这证明了 $\boldsymbol{A}$ 为非奇异方阵. 证毕

上面得到一个可逆方阵 $\boldsymbol{A}$ 的逆方阵 $\boldsymbol{B}=(\det(\boldsymbol{A}))^{-1}\boldsymbol{A}^*$. 下面证明可逆方阵的逆方阵唯一存在.

事实上,如果方阵 $\boldsymbol{A}$ 另有一个逆方阵 $\boldsymbol{B}_1$,则由定义有 $\boldsymbol{B}_1\boldsymbol{A}=\boldsymbol{AB}_1=\boldsymbol{I}_n$,所以

$$\boldsymbol{B}_1=\boldsymbol{I}_n\boldsymbol{B}_1=(\boldsymbol{BA})\boldsymbol{B}_1=\boldsymbol{B}(\boldsymbol{AB}_1)=\boldsymbol{BI}_n=\boldsymbol{B},$$

这就证明了唯一性.

定理 1.1.15 证明了"非奇异"和"可逆"这两个概念是等价的. 关于逆方阵还有下列简单的性质:

(1) $(\boldsymbol{A}^{-1})^{-1}=\boldsymbol{A}$;

(2) $(\boldsymbol{AB})^{-1}=\boldsymbol{B}^{-1}\boldsymbol{A}^{-1}$;

(3) $(c\boldsymbol{A})^{-1}=c^{-1}\boldsymbol{A}^{-1}$，$\forall c\in P, c\neq 0$；

(4) $(\boldsymbol{A}^{\mathrm{T}})^{-1}=(\boldsymbol{A}^{-1})^{\mathrm{T}}$；

(5) $(\bar{\boldsymbol{A}})^{-1}=\bar{\boldsymbol{A}}^{-1}$，由(4)和(5)，有$(\boldsymbol{A}^{*})^{-1}=(\boldsymbol{A}^{-1})^{*}$；

(6) $\det(\boldsymbol{A}^{-1})=\det(\boldsymbol{A})^{-1}\neq 0$.

证明　只要证(2)成立，读者试自证其他的性质成立.

利用逆方阵的唯一性，只要证明 $\boldsymbol{B}^{-1}\boldsymbol{A}^{-1}$ 是方阵 $\boldsymbol{AB}$ 的逆方阵就行了.令

$$(\boldsymbol{AB})(\boldsymbol{B}^{-1}\boldsymbol{A}^{-1})=\boldsymbol{A}(\boldsymbol{BB}^{-1})\boldsymbol{A}^{-1}=\boldsymbol{AA}^{-1}=\boldsymbol{I}_n,$$

又

$$(\boldsymbol{B}^{-1}\boldsymbol{A}^{-1})(\boldsymbol{AB})=\boldsymbol{B}^{-1}(\boldsymbol{A}^{-1}\boldsymbol{A})\boldsymbol{B}=\boldsymbol{B}^{-1}\boldsymbol{B}=\boldsymbol{I}_n,$$

故断言成立.　证毕

由性质(2)，用数学归纳法，很易证明：设 n 阶方阵 $\boldsymbol{A}_1,\boldsymbol{A}_2,\cdots,\boldsymbol{A}_p$ 都是可逆方阵，则 $\boldsymbol{A}_1\boldsymbol{A}_2\cdots\boldsymbol{A}_p$ 也是可逆方阵，且其逆为

$$(\boldsymbol{A}_1\boldsymbol{A}_2\cdots\boldsymbol{A}_p)^{-1}=\boldsymbol{A}_p^{-1}\boldsymbol{A}_{p-1}^{-1}\cdots\boldsymbol{A}_2^{-1}\boldsymbol{A}_1^{-1}.$$

由此可见，方阵的取逆运算和转置运算，当作用在方阵的乘积上时，具有类似的性质.

下面引进矩阵的另一个重要概念——秩.

定义 1.1.25　数域 P 上 $n\times m$ 非零矩阵 $\boldsymbol{A}$ 的所有子式中必有一个阶数最大的非零子式，其阶数称为矩阵 $\boldsymbol{A}$ 的**秩**，记作**秩**$(\boldsymbol{A})$，或 $\operatorname{rank}(\boldsymbol{A})$. 零矩阵的秩定义为零.

由于矩阵 $\boldsymbol{A}$ 的子式的阶数不超过 $\boldsymbol{A}$ 的行数及列数，所以有

定理 1.1.16　数域 P 上 $n\times m$ 矩阵 $\boldsymbol{A}$ 的秩满足：

(1) $0\leqslant\operatorname{rank}(\boldsymbol{A})\leqslant\min(n,m)$；

(2) $\operatorname{rank}(c\boldsymbol{A})=\operatorname{rank}(\boldsymbol{A})$，$\forall\, 0\neq c\in P$；

(3) $\operatorname{rank}(\boldsymbol{A}')=\operatorname{rank}(\boldsymbol{A})$；

(4) $\operatorname{rank}(\bar{\boldsymbol{A}})=\operatorname{rank}(\boldsymbol{A})$，$\operatorname{rank}(\boldsymbol{A}^{*})=\operatorname{rank}(\boldsymbol{A})$.

定义 1.1.26　$n\times m$ 矩阵 $\boldsymbol{A}$ 称为**满秩的**，如果

$$\operatorname{rank}(\boldsymbol{A})=\min(n,m) \tag{1.1.25}$$

定理 1.1.17　数域 P 上 n 阶方阵 $\boldsymbol{A}$ 非奇异当且仅当 $\boldsymbol{A}$ 可逆，当且仅当 $\boldsymbol{A}$ 满秩，即对 n 阶方阵，非奇异、可逆、满秩是三个互相等价的概念.

证明　由秩的定义可知，n 阶方阵 $\boldsymbol{A}$ 的秩为 n(即满秩)的必要且充分条件为 $\det(\boldsymbol{A})\neq 0$，即对方阵而言，“秩为 n”和“行列式不等于零”这两概念是等价的，由定理 1.1.15，就证明了定理.　证毕

由上可知，n 阶方阵 $\boldsymbol{A}$ 的秩小于 n 的必要且充分条件为 $\det(\boldsymbol{A})=0$. 为了区别起见，今后称适合条件 $\det(\boldsymbol{A})\neq 0$ 的方阵 $\boldsymbol{A}$ 为**非退化的**或**非奇异的**，称适合条件 $\det(\boldsymbol{A})=0$ 的方阵 $\boldsymbol{A}$ 为**退化的**或**奇异的**.

下面给出秩的另一个等价定义.

定理 1.1.18　数域 P 上 $n\times m$ 矩阵 $\boldsymbol{A}$ 的秩为 r 的必要且充分条件是：在 $\boldsymbol{A}$ 中存在一个 r 阶子式不等于零，且在 $r<\min(n,m)$ 时，矩阵 $\boldsymbol{A}$ 的所有 $r+1$ 阶子式为零.

证明　从秩的定义可知，在矩阵 $\boldsymbol{A}$ 的秩为 r 时，必然存在一个 r 阶子式不为零，且所有阶数为 $r+1$ 的子式都等于零，这证明了必要性，下面来证充分性，即设在 $\boldsymbol{A}$ 中存在一个 r 阶子式不等于零，且在 $r<\min(n,m)$ 时，矩阵 $\boldsymbol{A}$ 的所有 $r+1$ 阶子式为零，我们来证矩阵 $\boldsymbol{A}$

的所有 $r+k$ 阶子式也都为零,$2\leqslant k\leqslant \min(n,m)$.事实上,设 $\boldsymbol{A}$ 的子式 M 的阶为 $r_1>r+1$. 将行列式 M 按照前 $r+1$ 行作 Laplace 展开,由线性代数 Laplace 定理可知,它是 $\binom{r_1}{r+1}$ 项的和,每一项是 M 的一个 $r+1$ 阶子式和数域 P 中一数的乘积.因为行列式 M 的子式也是矩阵 $\boldsymbol{A}$ 的子式,所以行列式 M 的 Laplace 展开式中每一项都是零,因此 $M=0$. 证毕

这个定理有一个简单的推论:设数域 P 上矩阵 $\boldsymbol{A}$ 的秩为 r,则在矩阵 $\boldsymbol{A}$ 中必分别存在一个 $1,2,\cdots,r$ 阶不等于零的子式.因此,在具体求矩阵的秩时,可以用这样一种技巧:即如果矩阵 $\boldsymbol{A}$ 有一个 s 阶子式不为零,则矩阵 $\boldsymbol{A}$ 的秩必大于或等于 s.所以,依次地去寻找 $1,2,\cdots$ 阶不为零的子式.如果在找到一个 r 阶不为零的子式后,找不到 $r+1$ 阶不为零的子式,换句话说,所有 $r+1$ 阶子式全为零,这时矩阵 $\boldsymbol{A}$ 的秩就是 r.因此,从原则上来讲,是从低阶往高阶寻找不为零的子式的.

例 1.1.28 矩阵

$$\boldsymbol{A}=\begin{bmatrix}1&1&1&0\\1&1&1&0\\1&1&1&0\\1&1&1&0\end{bmatrix}$$

有一个不为零的 1 阶子式,而所有 2 阶子式都为零,所以 $\operatorname{rank}(\boldsymbol{A})=1$.

例 1.1.29 矩阵

$$\boldsymbol{A}=\begin{bmatrix}1&0&2&0\\0&1&0&0\\0&0&1&0\end{bmatrix}$$

分别有 1,2,3 阶不为零的子式,所以 $\boldsymbol{A}$ 的秩为 3.

定理 1.1.19 设 $\boldsymbol{A},\boldsymbol{B},\boldsymbol{C}$ 分别为数域 P 上 $n\times m,p\times q,n\times q$ 矩阵,则有

$$\operatorname{rank}\begin{bmatrix}\boldsymbol{A}&\boldsymbol{C}\\\boldsymbol{0}&\boldsymbol{B}\end{bmatrix}\geqslant\operatorname{rank}\begin{bmatrix}\boldsymbol{A}&\boldsymbol{0}\\\boldsymbol{0}&\boldsymbol{B}\end{bmatrix}=\operatorname{rank}(\boldsymbol{A})+\operatorname{rank}(\boldsymbol{B}).\tag{1.1.26}$$

证明 设 $r=\operatorname{rank}(\boldsymbol{A}),s=\operatorname{rank}(\boldsymbol{B})$. 于是在 $\boldsymbol{A}$ 中存在 r 阶子矩阵 $\boldsymbol{A}_0$,在 $\boldsymbol{B}$ 中存在 s 阶子矩阵 $\boldsymbol{B}_0$,使得 $\det(\boldsymbol{A}_0)\neq0,\det(\boldsymbol{B}_0)\neq0$. 从而在矩阵 $\begin{bmatrix}\boldsymbol{A}&\boldsymbol{0}\\\boldsymbol{0}&\boldsymbol{B}\end{bmatrix}$ 中存在 $r+s$ 阶子矩阵 $\begin{bmatrix}\boldsymbol{A}_0&\boldsymbol{0}\\\boldsymbol{0}&\boldsymbol{B}_0\end{bmatrix}$ 非奇异.由线性代数 Laplace 展开定理可知在矩阵 $\begin{bmatrix}\boldsymbol{A}&\boldsymbol{C}\\\boldsymbol{0}&\boldsymbol{B}\end{bmatrix}$ 中存在 $r+s$ 阶子矩阵 $\begin{bmatrix}\boldsymbol{A}_0&\boldsymbol{C}_0\\\boldsymbol{0}&\boldsymbol{B}_0\end{bmatrix}$ 非奇异.这证明了

$$\operatorname{rank}\begin{bmatrix}\boldsymbol{A}&\boldsymbol{C}\\\boldsymbol{0}&\boldsymbol{B}\end{bmatrix}\geqslant\operatorname{rank}(\boldsymbol{A})+\operatorname{rank}(\boldsymbol{B}),\operatorname{rank}\begin{bmatrix}\boldsymbol{A}&\boldsymbol{0}\\\boldsymbol{0}&\boldsymbol{B}\end{bmatrix}\geqslant\operatorname{rank}(\boldsymbol{A})+\operatorname{rank}(\boldsymbol{B}).$$

所以问题化为证

$$\operatorname{rank}\begin{bmatrix}\boldsymbol{A}&\boldsymbol{0}\\\boldsymbol{0}&\boldsymbol{B}\end{bmatrix}\leqslant\operatorname{rank}(\boldsymbol{A})+\operatorname{rank}(\boldsymbol{B}).$$

由定理 1.1.18,考虑矩阵 $\begin{bmatrix}\boldsymbol{A}&\boldsymbol{0}\\\boldsymbol{0}&\boldsymbol{B}\end{bmatrix}$ 的任意 $r+s+1$ 阶子方阵,它必形如 $\boldsymbol{X}=\begin{bmatrix}\boldsymbol{A}_1&\boldsymbol{0}\\\boldsymbol{0}&\boldsymbol{B}_1\end{bmatrix}$,其中

$\boldsymbol{A}_1$ 为 $n_1\times m_1$ 矩阵，$\boldsymbol{B}_1$ 为 $p_1\times q_1$ 矩阵，而

$$n_1+p_1=m_1+q_1=r+s+1.$$

下面证明 $\det(\boldsymbol{X})=0$. 用反证法. 设若不然，即 $\det(\boldsymbol{X})\neq 0$，由 Laplace 展开式可证 $n_1=m_1$，$p_1=q_1$，且 $\det(\boldsymbol{X})=\det(\boldsymbol{A}_1)\det(\boldsymbol{B}_1)$. 但是由 $n_1+p_1=r+s+1$ 可知 $n_1\geqslant r+1$，或者 $p_1\geqslant s+1$. 当 $n_1\geqslant r+1$，由 $\operatorname{rank}(\boldsymbol{A})=r$ 可知 $\det(\boldsymbol{A}_1)=0$；当 $p_1\geqslant s+1$，由 $\operatorname{rank}(\boldsymbol{B})=s$ 可知 $\det(\boldsymbol{B}_1)=0$. 总之，证明了 $\det(\boldsymbol{X})=0$，这导出矛盾. 证毕

利用 Binet-Cauchy 公式，可以讨论矩阵乘积的秩.

定理 1.1.20　设 $\boldsymbol{A}$ 为 $n\times m$ 矩阵，$\boldsymbol{B}$ 为 $m\times p$ 矩阵，则有

$$\operatorname{rank}(\boldsymbol{AB})\leqslant \min(\operatorname{rank}(\boldsymbol{A}),\operatorname{rank}(\boldsymbol{B})). \tag{1.1.27}$$

证明　记 $\operatorname{rank}(\boldsymbol{AB})=r$，任取 $\boldsymbol{AB}$ 的 r 阶子式，由 Binet-Cauchy 公式可知

$$\det(\boldsymbol{AB})\begin{pmatrix} i_1 i_2\cdots i_r\\ j_1 j_2\cdots j_r\end{pmatrix}$$

等于

$$\sum_{1\leqslant k_1\leqslant k_2\leqslant\cdots\leqslant k_r\leqslant m}\det\boldsymbol{A}\begin{pmatrix} i_1 i_2\cdots i_r\\ k_1 k_2\cdots k_r\end{pmatrix}\det\boldsymbol{B}\begin{pmatrix} k_1 k_2\cdots k_r\\ i_1 i_2\cdots i_r\end{pmatrix}.$$

今 $\operatorname{rank}(\boldsymbol{AB})=r$，所以存在一个 r 阶子式不等于零，设为 $\det(\boldsymbol{AB})\begin{pmatrix} i_1 i_2\cdots i_r\\ j_1 j_2\cdots j_r\end{pmatrix}\neq 0$，因此存在 $1\leqslant k_1\leqslant k_2\leqslant\cdots\leqslant k_r\leqslant m$，使得

$$\det\boldsymbol{A}\begin{pmatrix} i_1 i_2\cdots i_r\\ k_1 k_2\cdots k_r\end{pmatrix}\det\boldsymbol{B}\begin{pmatrix} k_1 k_2\cdots k_r\\ i_1 i_2\cdots i_r\end{pmatrix}\neq 0.$$

于是 $\operatorname{rank}(\boldsymbol{A})\geqslant r$，$\operatorname{rank}(\boldsymbol{B})\geqslant r$. 这就证明了定理. 证毕

非奇异方阵有下面的重要性质.

定理 1.1.21　设 $\boldsymbol{A}$ 为 $n\times m$ 矩阵，$\boldsymbol{P}$ 为 n 阶非奇异方阵，$\boldsymbol{Q}$ 为 m 阶非奇异方阵，则有

$$\operatorname{rank}(\boldsymbol{PA})=\operatorname{rank}(\boldsymbol{AQ})=\operatorname{rank}(\boldsymbol{A}). \tag{1.1.28}$$

换句话说，将非奇异方阵左乘或右乘在矩阵上，其秩保持不变.

证明　由定理 1.1.20

$$\operatorname{rank}(\boldsymbol{PA})\leqslant \min(\operatorname{rank}(\boldsymbol{P}),\operatorname{rank}(\boldsymbol{A}))\leqslant \operatorname{rank}(\boldsymbol{A}).$$

由此可知 $\operatorname{rank}(\boldsymbol{A})=\operatorname{rank}(\boldsymbol{P}^{-1}(\boldsymbol{PA}))\leqslant\operatorname{rank}(\boldsymbol{PA})$. 这证明了 $\operatorname{rank}(\boldsymbol{PA})=\operatorname{rank}(\boldsymbol{A})$. 而

$$\operatorname{rank}(\boldsymbol{AQ})=\operatorname{rank}(\boldsymbol{Q}'\boldsymbol{A}')=\operatorname{rank}(\boldsymbol{A}')=\operatorname{rank}(\boldsymbol{A}).$$

所以证明了定理. 证毕

定理 1.1.22　设 $\boldsymbol{A}$ 为 $n\times m$ 矩阵，$\boldsymbol{B}$ 为 $m\times p$ 矩阵，则有

$$\operatorname{rank}(\boldsymbol{A})+\operatorname{rank}(\boldsymbol{B})\leqslant \operatorname{rank}(\boldsymbol{AB})+m. \tag{1.1.29}$$

证明　由定理 1.1.19，有

$$\operatorname{rank}(\boldsymbol{A})+\operatorname{rank}(\boldsymbol{B})=\operatorname{rank}\begin{bmatrix}\boldsymbol{A} & \boldsymbol{0}\\ \boldsymbol{0} & \boldsymbol{B}\end{bmatrix}\leqslant \operatorname{rank}\begin{bmatrix}\boldsymbol{A} & \boldsymbol{0}\\ \boldsymbol{I}_m & \boldsymbol{B}\end{bmatrix}.$$

而

$$\begin{bmatrix}\boldsymbol{I}_n & -\boldsymbol{A}\\ \boldsymbol{0} & \boldsymbol{I}_m\end{bmatrix}\begin{bmatrix}\boldsymbol{A} & \boldsymbol{0}\\ \boldsymbol{I}_m & \boldsymbol{B}\end{bmatrix}\begin{bmatrix}\boldsymbol{I}_m & -\boldsymbol{B}\\ \boldsymbol{0} & \boldsymbol{I}_p\end{bmatrix}=\begin{bmatrix}\boldsymbol{0} & -\boldsymbol{AB}\\ \boldsymbol{I}_m & \boldsymbol{0}\end{bmatrix}.$$

由定理 1.1.21，

$$\operatorname{rank}\begin{bmatrix}\boldsymbol{A} & \boldsymbol{0}\\ \boldsymbol{I}_m & \boldsymbol{B}\end{bmatrix}=\operatorname{rank}\begin{bmatrix}\boldsymbol{0} & -\boldsymbol{AB}\\ \boldsymbol{I}_m & \boldsymbol{0}\end{bmatrix}=\operatorname{rank}\begin{bmatrix}\boldsymbol{AB} & \boldsymbol{0}\\ \boldsymbol{0} & \boldsymbol{I}_m\end{bmatrix}.$$

由定理 1.1.19,

$$\operatorname{rank}(\boldsymbol{A})+\operatorname{rank}(\boldsymbol{B})\leqslant \operatorname{rank}\begin{bmatrix}\boldsymbol{AB} & \boldsymbol{0}\\ \boldsymbol{0} & \boldsymbol{I}_m\end{bmatrix}=\operatorname{rank}(\boldsymbol{AB})+\operatorname{rank}(\boldsymbol{I}_m)=m+\operatorname{rank}(\boldsymbol{AB}).$$

所以式(1.1.29)成立. 证毕

这个定理给出了一种重要的矩阵技巧,用来计算有关各种矩阵的秩的不等式.

8. 线性变换的特征值问题

线性变换的特征值和特征向量(简称特征值问题)是相当重要的概念,它们不仅对线性变换本身的研究具有重要的意义,而且在物理、力学和工程技术中研究振动波时具有实际的意义.

定义 1.1.27 设 $\mathscr{A}$ 是数域 P 上线性空间 V^n 的一个线性变换,如果存在 $\lambda\in P$ 以及非零向量 $\boldsymbol{x}\in V^n$,使得

$$\mathscr{A}(\boldsymbol{x})=\lambda\boldsymbol{x}, \tag{1.1.30}$$

则称 λ 为 $\mathscr{A}$ 的**特征值**,并称 $\boldsymbol{x}$ 为 $\mathscr{A}$ 的属于(或对应于)特征值 λ 的**特征向量**. 求特征值和特征向量,统称为**特征值问题**.

如何求出 $\mathscr{A}$ 的特征值和特征向量呢? 实际上,它们可以转化成线性代数中关于矩阵的特征值问题来解决.

设 $\boldsymbol{e}_1,\boldsymbol{e}_2,\cdots,\boldsymbol{e}_n$ 是 V^n 的一组基,线性变换 $\mathscr{A}$ 在该组基下的矩阵为 $\boldsymbol{A}$. 如果 λ 是 $\mathscr{A}$ 的特征值,$\boldsymbol{x}$ 是相应的特征向量,则

$$\boldsymbol{x}=(\boldsymbol{e}_1,\boldsymbol{e}_2,\cdots,\boldsymbol{e}_n)\begin{bmatrix}x_1\\ x_2\\ \vdots\\ x_n\end{bmatrix}, \tag{1.1.31}$$

把式(1.1.31)代入式(1.1.30),并利用 $\mathscr{A}$ 在基下的矩阵表示可得

$$(\boldsymbol{e}_1,\boldsymbol{e}_2,\cdots,\boldsymbol{e}_n)\boldsymbol{A}\begin{bmatrix}x_1\\ x_2\\ \vdots\\ x_n\end{bmatrix}=(\boldsymbol{e}_1,\boldsymbol{e}_2,\cdots,\boldsymbol{e}_n)\lambda\begin{bmatrix}x_1\\ x_2\\ \vdots\\ x_n\end{bmatrix}.$$

由于 $\boldsymbol{e}_1,\boldsymbol{e}_2,\cdots,\boldsymbol{e}_n$ 线性无关,所以

$$\boldsymbol{A}\begin{bmatrix}x_1\\ x_2\\ \vdots\\ x_n\end{bmatrix}=\lambda\begin{bmatrix}x_1\\ x_2\\ \vdots\\ x_n\end{bmatrix}, \tag{1.1.32}$$

这说明特征向量 $\boldsymbol{x}$ 的坐标 $\boldsymbol{X}=\begin{bmatrix}x_1\\ x_2\\ \vdots\\ x_n\end{bmatrix}$ 满足齐次线性方程组

$$(\lambda \boldsymbol{I}-\boldsymbol{A})\boldsymbol{X}=\boldsymbol{0}. \tag{1.1.33}$$

因为 $\boldsymbol{x}\neq\boldsymbol{0}$ 所以 $\boldsymbol{X}\neq\boldsymbol{0}$，即齐次线性方程组(1.1.33)有非零解. 方程组(1.1.33)有非零解的充分必要条件是它的系数行列式为零，即

$$|\lambda \boldsymbol{I}-\boldsymbol{A}|=0. \tag{1.1.34}$$

因此 $\mathscr{A}$ 的特征值 λ，也是矩阵 $\boldsymbol{A}$ 的特征值，反过来，如果 λ 是矩阵 $\boldsymbol{A}$ 的特征值，即 $|\lambda\boldsymbol{I}-\boldsymbol{A}|=0$，则齐次线性方程组(1.1.33)有非零解 $\boldsymbol{X}$，从而非零向量

$$\boldsymbol{x}=x_1\boldsymbol{e}_1+x_2\boldsymbol{e}_2+\cdots+x_n\boldsymbol{e}_n$$

满足式(1.1.30)，即 λ 是线性变换 $\mathscr{A}$ 的特征值，$\boldsymbol{x}$ 是属于特征值 λ 的一个特征向量. 因此，线性变换的特征值、特征向量的性质可由矩阵的特征值、特征向量的性质得到.

例 1.1.30 设线性变换 $\mathscr{A}$ 在基 $\boldsymbol{e}_1,\boldsymbol{e}_2,\boldsymbol{e}_3$ 下的矩阵是

$$\boldsymbol{A}=\begin{bmatrix}1&2&2\\2&1&2\\2&2&1\end{bmatrix},$$

求 $\mathscr{A}$ 的特征值与特征向量.

解 矩阵 $\boldsymbol{A}$ 的特征多项式为

$$|\lambda\boldsymbol{I}-\boldsymbol{A}|=\begin{vmatrix}\lambda-1&-2&-2\\-2&\lambda-1&-2\\-2&-2&\lambda-1\end{vmatrix}=(\lambda+1)^2(\lambda-5),$$

所以矩阵 $\boldsymbol{A}$(即线性变换 $\mathscr{A}$)的特征值是 $\lambda_{1,2}=-1$(二重)和 $\lambda_3=5$.

对应于特征值 $\lambda_{1,2}=-1$，齐次线性方程组 $(\lambda_{1,2}\boldsymbol{I}-\boldsymbol{A})\boldsymbol{X}=\boldsymbol{0}$ 的基础解系为

$$\boldsymbol{X}_1=\begin{bmatrix}1\\0\\-1\end{bmatrix},\qquad \boldsymbol{X}_2=\begin{bmatrix}0\\1\\-1\end{bmatrix}.$$

因此，线性变换 $\mathscr{A}$ 属于特征值 -1 的两个线性无关的特征向量为

$$\boldsymbol{x}_1=\boldsymbol{e}_1-\boldsymbol{e}_3,\qquad \boldsymbol{x}_2=\boldsymbol{e}_2-\boldsymbol{e}_3.$$

对应于特征值 $\lambda_3=5$，齐次线性方程组 $(\lambda_3\boldsymbol{I}-\boldsymbol{A})\boldsymbol{X}=\boldsymbol{0}$ 的基础解系为 $\boldsymbol{X}_3=\begin{bmatrix}1\\1\\1\end{bmatrix}$. 因此，线性变换 $\mathscr{A}$ 属于特征值 5 的一个线性无关的特征向量是 $\boldsymbol{x}_3=\boldsymbol{e}_1+\boldsymbol{e}_2+\boldsymbol{e}_3$.

例 1.1.31 在 $n+1$ 维线性空间 $P[x]_n$ 中，求导变换

$$\mathscr{D}(f(x))=f'(x)$$

在基 $1,x,\frac{x^2}{2!},\cdots,\frac{x^n}{n!}$ 下的矩阵是

$$\boldsymbol{D}=\begin{bmatrix}0&1&0&\cdots&0\\0&0&1&\cdots&0\\\vdots&\vdots&\vdots&&\vdots\\0&0&0&\cdots&1\\0&0&0&\cdots&0\end{bmatrix}.$$

$\boldsymbol{D}$ 的特征多项式为

$$|\lambda\boldsymbol{I}-\boldsymbol{D}|=\begin{vmatrix}\lambda & -1 & 0 & \cdots & 0\\ 0 & \lambda & -1 & \cdots & 0\\ \vdots & \vdots & \ddots & & \vdots\\ 0 & 0 & 0 & \cdots & -1\\ 0 & 0 & 0 & \cdots & \lambda\end{vmatrix}=\lambda^{n+1},$$

所以矩阵 $\boldsymbol{D}$ 的特征值是 $\lambda=0(n+1$ 重). 又由于相应的齐次线性方程组 $(\lambda\boldsymbol{I}-\boldsymbol{D})\boldsymbol{X}=\boldsymbol{0}$ 的基础解系为 $(1,0,\cdots,0)^{\mathrm{T}}$,因此,线性变换 $\mathscr{D}$ 属于特征值 0 的线性无关特征向量是任一非零常数.

在 n 维线性空间 V^n 中取定一组基之后,线性变换的特征值就是它在这组基下的矩阵的特征值. 随着基的不同,线性变换的矩阵一般是不同的,但这些矩阵是相似的.

下面讨论矩阵特征值问题的一些重要性质.

定理 1.1.23 相似矩阵有相同的特征多项式.

证明 设 $\boldsymbol{B}=\boldsymbol{C}^{-1}\boldsymbol{AC}$,则

$$\begin{aligned}|\lambda\boldsymbol{I}-\boldsymbol{B}|&=|\lambda\boldsymbol{I}-\boldsymbol{C}^{-1}\boldsymbol{AC}|=|\boldsymbol{C}^{-1}(\lambda\boldsymbol{I}-\boldsymbol{A})\boldsymbol{C}|\\&=|\boldsymbol{C}^{-1}||\lambda\boldsymbol{I}-\boldsymbol{A}||\boldsymbol{C}|=|\lambda\boldsymbol{I}-\boldsymbol{A}|.\end{aligned}$$

证毕

推论 相似矩阵有相同的特征值.

注意,特征值完全由特征多项式确定,所以相似矩阵 $\boldsymbol{A}$ 和 $\boldsymbol{B}$ 的特征值完全相同. 但是,反之不真,即有相同特征多项式的矩阵不一定相似,例如

$$\boldsymbol{A}=\begin{bmatrix}1 & 1\\ 0 & 1\end{bmatrix},\qquad \boldsymbol{I}=\begin{bmatrix}1 & 0\\ 0 & 1\end{bmatrix},$$

$\boldsymbol{A}$ 与 $\boldsymbol{I}$ 有相同的特征多项式 $(\lambda-1)^2$(亦即有相同的特征值),可是对任何可逆矩阵 $\boldsymbol{C}$ 都有 $\boldsymbol{C}^{-1}\boldsymbol{IC}=\boldsymbol{I}$,说明与单位矩阵 $\boldsymbol{I}$ 相似的只有 $\boldsymbol{I}$ 自己,换言之,$\boldsymbol{A}$ 与 $\boldsymbol{I}$ 不相似.

定理 1.1.24 设 n 阶矩阵有特征值 λ,对应的特征向量为 $\boldsymbol{x}$,则

(1) n 阶矩阵 $\mu\boldsymbol{A}$ 有特征值 $\mu\lambda$,对应的特征向量仍为 $\boldsymbol{x}$(其中 μ 为任意常数);

(2) 矩阵 $\boldsymbol{A}^m$ 有特征值 λ^m,对应的特征向量仍为 $\boldsymbol{x}$(m 为正整数);

(3) 矩阵 $\boldsymbol{A}^{-1}$ 有特征值 $\lambda^{-1}(\lambda\neq 0)$,对应的特征向量仍为 $\boldsymbol{x}$;

(4) 矩阵 $\boldsymbol{A}^{\mathrm{T}}$ 有特征值 λ(即转置矩阵有相同的特征值).

证明 (1) $(\mu\boldsymbol{A})\boldsymbol{x}=\mu(\boldsymbol{Ax})=(\mu\lambda)\boldsymbol{x}$;

(2) 用数学归纳法证明:

$$\begin{aligned}\boldsymbol{A}^2\boldsymbol{x}&=\boldsymbol{A}(\boldsymbol{Ax})=\boldsymbol{A}(\lambda\boldsymbol{x})=\lambda(\boldsymbol{Ax})\\&=\lambda(\lambda\boldsymbol{x})=\lambda^2\boldsymbol{x}.\end{aligned}$$

设 $\boldsymbol{A}^k\boldsymbol{x}=\lambda^k\boldsymbol{x}$,则

$$\boldsymbol{A}^{k+1}\boldsymbol{x}=\boldsymbol{A}(\boldsymbol{A}^k\boldsymbol{x})=\boldsymbol{A}(\lambda^k\boldsymbol{x})=\lambda^k(\boldsymbol{Ax})=\lambda^{k+1}\boldsymbol{x}.$$

(3) $\boldsymbol{A}^{-1}\boldsymbol{x}=\boldsymbol{A}^{-1}\left(\dfrac{\lambda}{\lambda}\boldsymbol{x}\right)=\dfrac{1}{\lambda}\boldsymbol{A}^{-1}(\boldsymbol{Ax})=\dfrac{1}{\lambda}\boldsymbol{Ix}=(\lambda^{-1})\boldsymbol{x}$;

(4) $|\lambda\boldsymbol{I}-\boldsymbol{A}|=|(\lambda\boldsymbol{I}-\boldsymbol{A})^{\mathrm{T}}|=|\lambda\boldsymbol{I}-\boldsymbol{A}^{\mathrm{T}}|=0$,矩阵 $\boldsymbol{A}^{\mathrm{T}}$ 与 $\boldsymbol{A}$ 有相同的特征多项式,即有相同的特征值.

证毕

定理 1.1.25　设 $\boldsymbol{A}=(a_{ij})\in\mathbb{R}^{n\times n}$,则

$$|\lambda\boldsymbol{I}-\boldsymbol{A}|=\lambda^n+\sum_{k=1}^{n}(-1)^k b_k\lambda^{n-k},\tag{1.1.35}$$

其中 $b_k(k=1,2,\cdots,n)$是 $\boldsymbol{A}$ 的所有 k 阶主子式之和,特别地,有

$$b_1=a_{11}+a_{22}+\cdots+a_{nn},\qquad b_n=|\boldsymbol{A}|.\tag{1.1.36}$$

证明　记 $\boldsymbol{I}=(\boldsymbol{e}_1,\boldsymbol{e}_2,\cdots,\boldsymbol{e}_n)$,$\boldsymbol{A}=(\boldsymbol{\alpha}_1,\boldsymbol{\alpha}_2,\cdots,\boldsymbol{\alpha}_n)$,其中 $\boldsymbol{e}_i$ 和 $\boldsymbol{\alpha}_i$ 分别是 $\boldsymbol{I}$ 和 $\boldsymbol{A}$ 的第 i 列,则

$$|\lambda\boldsymbol{I}-\boldsymbol{A}|=|(\lambda\boldsymbol{e}_1-\boldsymbol{\alpha}_1,\lambda\boldsymbol{e}_2-\boldsymbol{\alpha}_2,\cdots,\lambda\boldsymbol{e}_n-\boldsymbol{\alpha}_n)|.$$

利用行列式的性质,将上式右端拆成每列是 $\lambda\boldsymbol{e}_i$ 或 $-\boldsymbol{\alpha}_i$ 的行列式,有

$$\begin{aligned}|\lambda\boldsymbol{I}-\boldsymbol{A}|=&|(\lambda\boldsymbol{e}_1,\lambda\boldsymbol{e}_2-\boldsymbol{\alpha}_2,\cdots,\lambda\boldsymbol{e}_n-\boldsymbol{\alpha}_n)|+\\&|(-\boldsymbol{\alpha}_1,\lambda\boldsymbol{e}_2-\boldsymbol{\alpha}_2,\cdots,\lambda\boldsymbol{e}_n-\boldsymbol{\alpha}_n)|,\end{aligned}$$

继续利用行列式的性质,再把上面两个行列式继续拆成行列式之和,合并后即有

$$\begin{aligned}|\lambda\boldsymbol{I}-\boldsymbol{A}|=&\lambda^n|(\boldsymbol{e}_1,\boldsymbol{e}_2,\cdots,\boldsymbol{e}_n)|-\lambda^{n-1}\sum_{i=1}^{n}|(\boldsymbol{e}_1,\cdots,\boldsymbol{e}_{i-1},\boldsymbol{\alpha}_i,\boldsymbol{e}_{i+1},\cdots,\boldsymbol{e}_n)|+\cdots+\\&(-1)^k\lambda^{n-k}\sum_{\substack{1\leqslant i_1<\cdots<i_k\leqslant n\\2\leqslant k\leqslant n-1}}|(\cdots,\boldsymbol{\alpha}_{i_1},\cdots,\boldsymbol{\alpha}_{i_k},\cdots)|+\cdots+(-1)^n|\boldsymbol{A}|,\end{aligned}$$

式中行列式$|(\cdots,\boldsymbol{\alpha}_{i_1},\cdots,\boldsymbol{\alpha}_{i_k},\cdots)|$表示第 i_1 列,…,第 i_k 列依次是 $\boldsymbol{\alpha}_{i_1},\cdots,\boldsymbol{\alpha}_{i_k}$,而其余的列是单位矩阵 $\boldsymbol{I}$ 中相应的列. 例如,$n=5,k=3,i_1=1,i_2=2,i_3=4$,则

$$|(\boldsymbol{\alpha}_1,\boldsymbol{\alpha}_2,\boldsymbol{e}_3,\boldsymbol{\alpha}_4,\boldsymbol{e}_5)|=\begin{vmatrix}a_{11}&a_{12}&0&a_{14}&0\\a_{21}&a_{22}&0&a_{24}&0\\a_{31}&a_{32}&1&a_{34}&0\\a_{41}&a_{42}&0&a_{44}&0\\a_{51}&a_{52}&0&a_{54}&1\end{vmatrix}=\begin{vmatrix}a_{11}&a_{12}&a_{14}\\a_{21}&a_{22}&a_{24}\\a_{41}&a_{42}&a_{44}\end{vmatrix},$$

它是 $\boldsymbol{A}$ 的一个三阶主子式,因此 b_3 是关于 $1\leqslant i_1<i_2<i_3\leqslant 5$ 求和,即为 $\boldsymbol{A}$ 的所有三阶主子式之和.

证毕

由上述定理可知,特征多项式可写为

$$\begin{aligned}f(\lambda)=|\lambda\boldsymbol{I}-\boldsymbol{A}|&=\lambda^n+c_1\lambda^{n-1}+\cdots+c_{n-1}\lambda+c_n\\&=\lambda^n-(a_{11}+a_{22}+\cdots+a_{nn})\lambda^{n-1}+\cdots+(-1)^n\det\boldsymbol{A}.\end{aligned}\tag{1.1.37}$$

根据代数方程的根与方程系数之间的关系,即韦达(Vieta)定理,便知特征值 $\lambda_1,\lambda_2,\cdots,\lambda_n$ 要满足下列 2 个条件:

(1) $\sum\limits_{i=1}^{n}\lambda_i=-c_1=\sum\limits_{i=1}^{n}a_{ii}$,式中 $\boldsymbol{A}$ 的主对角线上的元素之和 $\sum\limits_{i=1}^{n}a_{ii}$ 叫作方阵 $\boldsymbol{A}$ 的**迹**,记为 $\mathrm{tr}\boldsymbol{A}$,即

$$\mathrm{tr}\boldsymbol{A}=\sum_{i=1}^{n}\lambda_i=\sum_{i=1}^{n}a_{ii}.\tag{1.1.38}$$

换言之,n 个特征值之和等于 $\boldsymbol{A}$ 的迹.

不难看出,如果 n 阶矩阵 $\boldsymbol{A}$ 与 $\boldsymbol{B}$ 相似,则有 $\mathrm{tr}\boldsymbol{A}=\mathrm{tr}\boldsymbol{B}$.

(2) $\prod\limits_{i=1}^{n}\lambda_i=(-1)^n c_n=|\boldsymbol{A}|$,即 n 个特征值的积等于 $\boldsymbol{A}$ 的行列式.

例如，对于方阵 $\boldsymbol{A}=\begin{bmatrix}2&1\\2&3\end{bmatrix}$，得

$$f(\lambda)=\begin{vmatrix}\lambda-2&-1\\-2&\lambda-3\end{vmatrix}=\lambda^2-5\lambda+4=0,$$

故知

$$c_1=-5,\quad c_2=4,\quad \lambda_1=1,\quad \lambda_2=4,$$

因而有

$$\lambda_1+\lambda_2=(-1)c_1=5,\qquad \lambda_1\lambda_2=c_2=4.$$

例 1.1.32 设有如下特殊形式的 n 阶方阵

$$\boldsymbol{A}=\begin{bmatrix}0&0&0&\cdots&0&-a_n\\1&0&0&\cdots&0&-a_{n-1}\\0&1&0&\cdots&0&-a_{n-2}\\\vdots&\vdots&\vdots&&\vdots&\vdots\\0&0&0&\cdots&1&-a_1\end{bmatrix}=\left[\begin{array}{ccc|c}0&\cdots&0&-a_n\\\hline &&&-a_{n-1}\\&\boldsymbol{I}_{n-1}&&\vdots\\&&&-a_1\end{array}\right],$$

其中左下角的 $\boldsymbol{I}_{n-1}$ 为 $n-1$ 阶单位矩阵，$a_i\in\mathbb{R}, i=1,2,\cdots,n$. 这样的矩阵 $\boldsymbol{A}$ 在控制论中称为 n 阶方阵的**友矩阵**或**相伴矩阵**，求 $\boldsymbol{A}$ 的特征多项式.

解 记

$$D_i=\begin{vmatrix}\lambda&0&0&\cdots&a_i\\-1&\lambda&0&\cdots&a_{i-1}\\0&-1&\lambda&\cdots&a_{i-2}\\\vdots&\vdots&\vdots&&\vdots\\0&0&\cdots&-1&\lambda+a_1\end{vmatrix},\qquad i\geqslant 1,\ D_0=1,$$

对 D_i 按第 1 行展开，有

$$D_i=\lambda D_{i-1}+a_i,\qquad i\geqslant 1.$$

由上式逐次递推得

$$\begin{aligned}D_n=|\lambda\boldsymbol{I}-\boldsymbol{A}|&=\lambda D_{n-1}+a_n=\lambda(\lambda D_{n-2}+a_{n-1})+a_n\\&=\lambda^2(\lambda D_{n-3}+a_{n-2})+a_{n-1}\lambda+a_n\\&=\lambda^n+a_1\lambda^{n-1}+a_2\lambda^{n-2}+\cdots+a_{n-1}\lambda+a_n.\end{aligned}$$

例 1.1.33 设 $\boldsymbol{x},\boldsymbol{y}\in\mathbb{C}^n$，$\boldsymbol{A}=\boldsymbol{x}\boldsymbol{y}^{\mathrm{H}}$，求 $\boldsymbol{A}$ 的特征多项式.

解 因为 $\operatorname{rank}(\boldsymbol{A})\leqslant\operatorname{rank}(\boldsymbol{x})\leqslant 1$，所以 $\boldsymbol{A}$ 的所有 $k(k\geqslant 2)$ 阶子式全为 0，而 $\boldsymbol{A}$ 的一阶主子式之和为 $\operatorname{tr}(\boldsymbol{x}\boldsymbol{y}^{\mathrm{H}})=\boldsymbol{y}^{\mathrm{H}}\boldsymbol{x}$，由定理 1.1.25 得

$$|\lambda\boldsymbol{I}-\boldsymbol{x}\boldsymbol{y}^{\mathrm{H}}|=\lambda^n-\boldsymbol{y}^{\mathrm{H}}\boldsymbol{x}\lambda^{n-1}=\lambda^{n-1}(\lambda-\boldsymbol{y}^{\mathrm{H}}\boldsymbol{x}).$$

例 1.1.34 设 $\boldsymbol{A}\in\mathbb{C}^{m\times n}$，$\boldsymbol{B}\in\mathbb{C}^{n\times m}$，试证：

$$\lambda^n|\lambda\boldsymbol{I}_m-\boldsymbol{AB}|=\lambda^m|\lambda\boldsymbol{I}_n-\boldsymbol{BA}|.$$

证明 容易验证

$$\begin{bmatrix}\boldsymbol{I}_m&-\boldsymbol{A}\\\boldsymbol{0}&\boldsymbol{I}_n\end{bmatrix}\begin{bmatrix}\boldsymbol{AB}&\boldsymbol{0}\\\boldsymbol{B}&\boldsymbol{0}\end{bmatrix}=\begin{bmatrix}\boldsymbol{0}&\boldsymbol{0}\\\boldsymbol{B}&\boldsymbol{BA}\end{bmatrix}\begin{bmatrix}\boldsymbol{I}_m&-\boldsymbol{A}\\\boldsymbol{0}&\boldsymbol{I}_n\end{bmatrix}.$$

因为 $\begin{bmatrix}\boldsymbol{I}_m&-\boldsymbol{A}\\\boldsymbol{0}&\boldsymbol{I}_n\end{bmatrix}$ 可逆，则由上式知 $\begin{bmatrix}\boldsymbol{AB}&\boldsymbol{0}\\\boldsymbol{B}&\boldsymbol{0}\end{bmatrix}$ 与 $\begin{bmatrix}\boldsymbol{0}&\boldsymbol{0}\\\boldsymbol{B}&\boldsymbol{BA}\end{bmatrix}$ 相似，从而由定理 1.1.23 有

$$\det\left(\lambda\boldsymbol{I}_{m+n}-\begin{bmatrix}\boldsymbol{AB}&\boldsymbol{0}\\\boldsymbol{B}&\boldsymbol{0}\end{bmatrix}\right)=\det\left(\lambda\boldsymbol{I}_{m+n}-\begin{bmatrix}\boldsymbol{0}&\boldsymbol{0}\\\boldsymbol{B}&\boldsymbol{BA}\end{bmatrix}\right),$$

即

$$\det\begin{bmatrix}\lambda \boldsymbol{I}_m-\boldsymbol{AB} & \boldsymbol{0}\\ -\boldsymbol{B} & \lambda \boldsymbol{I}_n\end{bmatrix}=\det\begin{bmatrix}\lambda \boldsymbol{I}_m & \boldsymbol{0}\\ -\boldsymbol{B} & \lambda \boldsymbol{I}_n-\boldsymbol{BA}\end{bmatrix},$$

从而

$$\lambda^n \mid \lambda \boldsymbol{I}_m-\boldsymbol{AB}\mid=\lambda^m \mid \lambda \boldsymbol{I}_n-\boldsymbol{BA}\mid.$$

证毕

由例 1.1.34 可知，m 阶方阵 $\boldsymbol{AB}$ 与 n 阶方阵 $\boldsymbol{BA}$ 具有相同的非零特征值，从而有 $\mathrm{tr}(\boldsymbol{AB})=\mathrm{tr}(\boldsymbol{BA})$. 特别地，若 $\boldsymbol{A},\boldsymbol{B}$ 为同阶方阵(即 $m=n$)，则 $\boldsymbol{AB}$ 与 $\boldsymbol{BA}$ 具有相同的特征值.

下面进一步讨论线性变换 $\mathscr{A}$(或矩阵 $\boldsymbol{A}$)的特征值以及特征向量之间的关系.

由代数基本定理(即：n 次代数方程在复数域内有且仅有 n 个根(重根按重数计算))知，n 阶方阵 $\boldsymbol{A}$ 在复数域内恰有 n 个特征值. 不妨假设 $\lambda_1,\lambda_2,\cdots,\lambda_r$ 是 $\boldsymbol{A}$ 的相异特征值，其重数分别为 $m_1,m_2,\cdots,m_r$，则称 m_i 为 λ_i 的**代数重复度**. 显然有 $\sum\limits_{i=1}^{r}m_i=n$.

由例 1.1.30 可见，通过求 $(\lambda \boldsymbol{I}-\boldsymbol{A})\boldsymbol{x}=\boldsymbol{0}$ 的基础解系的途径求出了 $\boldsymbol{A}$ 属于 λ_i 的线性无关的特征向量，从而也就求出了 $\mathscr{A}$ 属于 λ_i 的线性无关的特征向量. 其实，齐次线性方程组 $(\lambda_i\boldsymbol{I}-\boldsymbol{A})\boldsymbol{x}=\boldsymbol{0}$ 的解空间中任一个非零向量都是 $\boldsymbol{A}$ 属于 λ_i 的特征向量. 因此，有下面的定义.

矩阵 $\boldsymbol{A}\in\mathbb{C}^{n\times n}$，$\lambda_i$ 是 $\boldsymbol{A}$ 的一个特征值，记齐次线性方程组 $(\lambda_i\boldsymbol{I}-\boldsymbol{A})\boldsymbol{x}=\boldsymbol{0}$ 的解空间(包括 $\boldsymbol{x}=\boldsymbol{0}$)为

$$V_{\lambda_i}=\{\boldsymbol{x}\mid(\lambda_i\boldsymbol{I}-\boldsymbol{A})\boldsymbol{x}=\boldsymbol{0},\boldsymbol{x}\in\mathbb{C}^n\}.$$

对线性空间 V^n 上线性变换 $\mathscr{A}$，属于特征值 λ_i 的全部特征向量再添上零向量所组成的集合，也记为

$$V_{\lambda_i}=\{\boldsymbol{x}\mid\mathscr{A}(\boldsymbol{x})=\lambda_i\boldsymbol{x},\boldsymbol{x}\in V^n\},$$

则 V_{λ_i} 是 $\mathbb{C}^n$(或 V^n)的一个子空间，称 V_{λ_i} 为矩阵 $\boldsymbol{A}$(或线性变换 $\mathscr{A}$)的属于 λ_i 的**特征子空间**. 显然，$\dim(V_{\lambda_i})$ 就是属于 λ_i 的线性无关特征向量的最大数目，称 $\dim(V_{\lambda_i})$ 为特征值 λ_i 的**几何重复度**.

关于 λ_i 的代数重复度与几何重复度的关系，有如下的定理.

定理 1.1.26　矩阵 $\boldsymbol{A}$ 的任一特征值的几何重复度不大于它的代数重复度.

证明　设 λ_0 为 $\boldsymbol{A}$ 的一个特征值，齐次线性方程组 $(\lambda_0\boldsymbol{I}-\boldsymbol{A})\boldsymbol{x}=\boldsymbol{0}$ 的基础解系为 $\boldsymbol{x}_1,\boldsymbol{x}_2,\cdots,\boldsymbol{x}_k$，由第 1 章基的扩充定理 1.1.5 知，可取 $\boldsymbol{x}_{k+1},\boldsymbol{x}_{k+2},\cdots,\boldsymbol{x}_n$ 使得

$$\boldsymbol{x}_1,\boldsymbol{x}_2,\cdots,\boldsymbol{x}_k,\boldsymbol{x}_{k+1},\cdots,\boldsymbol{x}_n$$

构成 $\mathbb{C}^n$ 的一组基，令矩阵

$$\boldsymbol{C}=[\boldsymbol{x}_1,\cdots,\boldsymbol{x}_k,\boldsymbol{x}_{k+1},\boldsymbol{x}_{k+2},\cdots,\boldsymbol{x}_n],$$

故

$$\boldsymbol{C}^{-1}\boldsymbol{C}=[\boldsymbol{C}^{-1}\boldsymbol{x}_1,\boldsymbol{C}^{-1}\boldsymbol{x}_2,\cdots,\boldsymbol{C}^{-1}\boldsymbol{x}_n]=\boldsymbol{I}_n,$$

即

$$\begin{aligned}\boldsymbol{C}^{-1}\boldsymbol{x}_1&=(1,0,\cdots,0)^{\mathrm{T}},\\ \boldsymbol{C}^{-1}\boldsymbol{x}_2&=(0,1,0,\cdots,0)^{\mathrm{T}},\\ &\vdots\\ \boldsymbol{C}^{-1}\boldsymbol{x}_k&=(0,\cdots,0,1,\cdots,0)^{\mathrm{T}},\\ &\vdots\\ \boldsymbol{C}^{-1}\boldsymbol{x}_n&=(0,\cdots,0,1)^{\mathrm{T}}.\end{aligned}$$

于是

$$\begin{aligned}C^{-1}AC&=[C^{-1}Ax_1,C^{-1}Ax_2,\cdots,C^{-1}Ax_k,\cdots,C^{-1}Ax_n]\\&=[\lambda_0C^{-1}x_1,\lambda_0C^{-1}x_2,\cdots,\lambda_0C^{-1}x_k,C^{-1}Ax_{k+1},\cdots,C^{-1}Ax_n]\\&=\left[\begin{array}{ccc|c}\lambda_0&&&*\\&\ddots&&\\&&\lambda_0&\\\hline&\mathbf{0}&&A_0\end{array}\right]=B,\end{aligned}$$

式中 $\mathbf{0}$ 表示 $(n-k)\times k$ 零矩阵，$*$ 表示 $k\times(n-k)$ 矩阵，A_0 表示 $n-k$ 阶方阵. 因此矩阵 B 与 A 相似，从而有相同的特征多项式

$$|\lambda I_n-A|=|\lambda I_n-B|=(\lambda-\lambda_0)^k\ |\lambda I_{n-k}-A_0|,$$

这说明 λ_0 的代数重复度至少为 k，而 λ_0 的几何重复度仅为 k(因为假定基础解系仅含 k 个向量)，所以几何重复度不大于代数重复度. 证毕

推论 如果 λ_0 的代数重复度为 1，则它的几何重复度 $\dim(V_{\lambda_0})=1$.

例如，在例 1.1.30 中，有两个特征子空间 $V_1=\mathrm{Span}(x_1,x_2)$，$V_2=\mathrm{Span}(x_3)$，$\lambda=-1$ 的代数重复度与几何重复度相等，都为 2，而 $\lambda=5$ 的代数重复度为 1，几何重复度 $\dim(V_2)=1$.

例 1.1.35 设

$$A=\begin{bmatrix}3&1&0\\-4&-1&0\\4&-8&-2\end{bmatrix},$$

特征多项式为

$$f(\lambda)=(\lambda-1)^2(\lambda+2),$$

其特征值为 $\lambda_{1,2}=1$，$\lambda_3=-2$，将其逐一代入齐次线性方程组(1.1.33)得

$$x_1=\begin{bmatrix}3\\-6\\20\end{bmatrix},\qquad x_2=\begin{bmatrix}0\\0\\1\end{bmatrix},$$

这里 $\lambda=1$ 的代数重复度为 2，可是它的特征子空间 $V_1=\mathrm{Span}(x_1)$ 的维数为 1，即几何重复度是 1，它小于代数重复度，而 $\lambda=-2$ 是单根，它的代数重复度与几何重复度都为 1.

现在的问题是：在例 1.1.30 中 $x_1=(1,0,-1)^{\mathrm{T}}$，$x_2=(0,1,-1)^{\mathrm{T}}$ 是属于 $\lambda_{1,2}=-1$ 的线性无关的特征向量，而 $x_3=(1,1,1)^{\mathrm{T}}$ 是属于 $\lambda_3=5$ 的特征向量，那么，把属于这两个不同特征值的线性无关的特征向量合起来的向量组 x_1,x_2,x_3 也能线性无关吗？同理，在例 1.1.35 中 $x_1=(3,-6,20)^{\mathrm{T}}$，$x_2=(0,0,1)^{\mathrm{T}}$ 线性无关吗？回答是肯定的，有下面的定理.

定理 1.1.27 设 $\lambda_1,\lambda_2,\cdots,\lambda_r$ 是矩阵 A 的互异特征值，$x_1^{(i)},x_2^{(i)},\cdots,x_{s_i}^{(i)}$ 是属于 λ_i 的线性无关的特征向量(一般取齐次线性方程组 $(\lambda_iI-A)x=\mathbf{0}$ 的基础解系)，则

$$x_1^{(1)},\cdots,x_{s_1}^{(1)},x_1^{(2)},\cdots,x_{s_2}^{(2)},\cdots,x_1^{(r)},\cdots,x_{s_r}^{(r)}$$

也线性无关.

证明 考察

$$k_{11}x_1^{(1)}+\cdots+k_{1s_1}x_{s_1}^{(1)}+k_{21}x_1^{(2)}+\cdots+k_{2s_2}x_{s_2}^{(2)}+\cdots+k_{r1}x_1^{(r)}+\cdots+k_{rs_r}x_{s_r}^{(r)}=\mathbf{0},\tag{1.1.39}$$

其中 $k_{ij}\in P(i=1,2,\cdots,r;\ j=1,2,\cdots,s_i)$. 对式(1.1.39)左乘以 λ_1I-A，利用$(\lambda_1I-$

$\boldsymbol{A})\boldsymbol{x}_j^{(1)}=\boldsymbol{0}(j=1,2,\cdots,s_1)$与$\boldsymbol{A}\boldsymbol{x}_j^{(i)}=\lambda_i\boldsymbol{x}_j^{(i)}(i=2,3,\cdots,r;\ j=1,2,\cdots,s_i)$,则有

$$(\lambda_1-\lambda_2)k_{21}\boldsymbol{x}_1^{(2)}+\cdots+(\lambda_1-\lambda_r)k_{rs_r}\boldsymbol{x}_{s_r}^{(r)}=\boldsymbol{0}.$$

再依次左乘$(\lambda_2\boldsymbol{I}-\boldsymbol{A}),(\lambda_3\boldsymbol{I}-\boldsymbol{A}),\cdots,(\lambda_{r-1}\boldsymbol{I}-\boldsymbol{A})$最后得

$$(\lambda_1-\lambda_r)(\lambda_2-\lambda_r)\cdots(\lambda_{r-1}-\lambda_r)(k_{r1}\boldsymbol{x}_1^{(r)}+\cdots+k_{rs_r}\boldsymbol{x}_{s_r}^{(r)})=\boldsymbol{0}.$$

因为

$$\lambda_i\neq\lambda_r,\qquad i=1,2,\cdots,r-1,$$

故得

$$k_{r1}\boldsymbol{x}_1^{(r)}+k_{r2}\boldsymbol{x}_2^{(r)}+\cdots+k_{rs_r}\boldsymbol{x}_{s_r}^{(r)}=\boldsymbol{0}.$$

因$\boldsymbol{x}_1^{(r)},\boldsymbol{x}_2^{(r)},\cdots,\boldsymbol{x}_{s_r}^{(r)}$是线性无关的,所以

$$k_{r1}=k_{r2}=\cdots=k_{rs_r}=0.$$

重复以上相应步骤,可证得所有$k_{ij}=0(i=1,2,\cdots,r;\ j=1,2,\cdots,s_i)$.　　证毕

在定理1.1.26中,如果对每个特征值λ_i,只取它的一个特征向量$\boldsymbol{x}_i$,则得下述推论.

推论1　设$\lambda_1,\lambda_2,\cdots,\lambda_r$是$\boldsymbol{A}$的互异特征值,又设$\boldsymbol{x}_1,\boldsymbol{x}_2,\cdots,\boldsymbol{x}_r$是属于$\lambda_1,\lambda_2,\cdots,\lambda_r$的特征向量,则$\boldsymbol{x}_1,\boldsymbol{x}_2,\cdots,\boldsymbol{x}_r$线性无关.

推论1表明,属于不同特征值的特征向量是线性无关的.由此得到下面推论.

推论2　n阶矩阵$\boldsymbol{A}$若有n个不同的特征值(即全是单根),则$\boldsymbol{A}$一定有n个线性无关的特征向量.

推论3　n阶矩阵$\boldsymbol{A}$的每一个特征值的代数重复度等于几何重复度,则$\boldsymbol{A}$一定有n个线性无关的特征向量.

这样,我们就较圆满地解释了为什么在例1.1.30中$\boldsymbol{A}$的特征方程有重根,但仍能找到3个线性无关的特征向量,而在例1.1.35中$\boldsymbol{A}$的特征方程也有重根,却找不到3个线性无关的特征向量.

由于线性变换$\mathscr{A}$的特征值λ_i与特征向量$\boldsymbol{X}_i$是通过相应矩阵$\boldsymbol{A}$的特征值λ_i与特征向量$\boldsymbol{X}_i$来求得的,所以对于线性变换$\mathscr{A}$也有类似的定理.

定理1.1.28　线性变换$\mathscr{A}$的任一特征值的几何重复度不超过它的代数重复度.

定理1.1.29　设$\lambda_1,\lambda_2,\cdots,\lambda_r$是线性变换$\mathscr{A}$的$r$个互异特征值,$\boldsymbol{x}_1^{(i)},\boldsymbol{x}_2^{(i)},\cdots,\boldsymbol{x}_{s_i}^{(i)}$是属于特征值$\lambda_i$的$s_i$个线性无关特征向量$(i=1,2,\cdots,r)$,则$\boldsymbol{x}_1^{(1)},\cdots,\boldsymbol{x}_{s_1}^{(1)},\boldsymbol{x}_1^{(2)},\cdots,\boldsymbol{x}_{s_2}^{(2)},\cdots,\boldsymbol{x}_1^{(r)},\cdots,\boldsymbol{x}_{s_r}^{(r)}$线性无关.

对角矩阵是矩阵中最简单的一种.下面要研究对于数域P上n维线性空间V^n上一个线性变换$\mathscr{A}$,是否存在一组基使得$\mathscr{A}$在该组基下的矩阵是对角矩阵.

定义1.1.28　设$\mathscr{A}$是数域P上n维线性空间V^n的一个线性变换,如果V^n中存在一组基,使得$\mathscr{A}$在这组基下的矩阵是对角矩阵,则称$\mathscr{A}$是**可对角化的**.

定理1.1.30　数域P上n维线性空间V^n上的一个线性变换$\mathscr{A}$可对角化的充分必要条件是:$\mathscr{A}$有n个线性无关的特征向量.

证明　设$\mathscr{A}$在基$\boldsymbol{e}_1,\boldsymbol{e}_2,\cdots,\boldsymbol{e}_n$下的矩阵是对角矩阵$\mathrm{diag}(\lambda_1,\lambda_2,\cdots,\lambda_n)$,记为$\boldsymbol{\Lambda}$,则

$$(\mathscr{A}(\boldsymbol{e}_1),\mathscr{A}(\boldsymbol{e}_2),\cdots,\mathscr{A}(\boldsymbol{e}_n))=(\boldsymbol{e}_1,\boldsymbol{e}_2,\cdots,\boldsymbol{e}_n)\boldsymbol{\Lambda}.\tag{1.1.40}$$

所以有

$$\mathscr{A}(\boldsymbol{e}_i)=\lambda_i\boldsymbol{e}_i,\qquad i=1,2,\cdots,n,$$

于是$\boldsymbol{e}_1,\boldsymbol{e}_2,\cdots,\boldsymbol{e}_n$是$\mathscr{A}$的$n$个线性无关的特征向量.

反之,如果 $\mathscr{A}$ 有 n 个线性无关的特征向量 $\boldsymbol{e}_1,\boldsymbol{e}_2,\cdots,\boldsymbol{e}_n$,则取 $\boldsymbol{e}_1,\boldsymbol{e}_2,\cdots,\boldsymbol{e}_n$ 为 V^n 的一组基,且由式(1.1.40)知,$\mathscr{A}$ 在这组基下的矩阵是对角矩阵 $\boldsymbol{\Lambda}$. 证毕

由于线性变换 $\mathscr{A}$ 在不同基下的矩阵是相似的,所以 $\mathscr{A}$ 是否可对角化,用矩阵语言可叙述为:对矩阵 $\boldsymbol{A}\in P^{n\times n}$,是否存在 n 阶可逆方阵 $\boldsymbol{C}$,使得

$$\boldsymbol{C}^{-1}\boldsymbol{A}\boldsymbol{C}=\boldsymbol{\Lambda}=\begin{bmatrix}\lambda_1 & & & \\ & \lambda_2 & & \\ & & \ddots & \\ & & & \lambda_n\end{bmatrix}=\operatorname{diag}(\lambda_1,\lambda_2,\cdots,\lambda_n).$$

定义 1.1.29 如果 n 阶方阵 $\boldsymbol{A}$ 与对角矩阵相似,则称矩阵 $\boldsymbol{A}$ 是**可对角化**的.

定理 1.1.31 n 阶方阵 $\boldsymbol{A}$ 可对角化的充分必要条件是 $\boldsymbol{A}$ 有 n 个线性无关的特征向量.

证明 必要性. 设满秩矩阵 $\boldsymbol{C}$,满足

$$\boldsymbol{C}^{-1}\boldsymbol{A}\boldsymbol{C}=\operatorname{diag}(\lambda_1,\lambda_2,\cdots,\lambda_n),\tag{1.1.41}$$

其中 $\operatorname{diag}(\lambda_1,\lambda_2,\cdots,\lambda_n)$ 表示对角元素分别是 $\lambda_1,\lambda_2,\cdots,\lambda_n$ 的 n 阶对角矩阵,把 $\boldsymbol{C}$ 按列分块,有

$$\boldsymbol{C}=(\boldsymbol{x}_1,\boldsymbol{x}_2,\cdots,\boldsymbol{x}_n).\tag{1.1.42}$$

将式(1.1.42)左乘式(1.1.41)得

$$\boldsymbol{A}(\boldsymbol{x}_1,\boldsymbol{x}_2,\cdots,\boldsymbol{x}_n)=(\boldsymbol{x}_1,\boldsymbol{x}_2,\cdots,\boldsymbol{x}_n)\operatorname{diag}(\lambda_1,\lambda_2,\cdots,\lambda_n),$$

于是有

$$\boldsymbol{A}\boldsymbol{x}_i=\lambda_1\boldsymbol{x}_i,\qquad i=1,2,\cdots,n.\tag{1.1.43}$$

因为 $\boldsymbol{C}$ 满秩,所以 $\boldsymbol{x}_1,\boldsymbol{x}_2,\cdots,\boldsymbol{x}_n$ 线性无关,从而由式(1.1.43)知 $\boldsymbol{A}$ 有 n 个线性无关的特征向量.

充分性: 设 $\boldsymbol{A}$ 有 n 个线性无关的特征向量 $\boldsymbol{x}_1,\boldsymbol{x}_2,\cdots,\boldsymbol{x}_n$,即 $\boldsymbol{A}\boldsymbol{x}_i=\lambda_i\boldsymbol{x}_i\,(i=1,2,\cdots,n)$,令

$$\boldsymbol{C}=(\boldsymbol{x}_1,\boldsymbol{x}_2,\cdots,\boldsymbol{x}_n),$$

显然 $\boldsymbol{C}$ 是满秩的,故

$$\begin{aligned}\boldsymbol{A}\boldsymbol{C}&=\boldsymbol{A}(\boldsymbol{x}_1,\boldsymbol{x}_2,\cdots,\boldsymbol{x}_n)=(\boldsymbol{A}\boldsymbol{x}_1,\boldsymbol{A}\boldsymbol{x}_2,\cdots,\boldsymbol{A}\boldsymbol{x}_n)\\&=(\lambda_1\boldsymbol{x}_1,\lambda_2\boldsymbol{x}_2,\cdots,\lambda_n\boldsymbol{x}_n)\\&=(\boldsymbol{x}_1,\boldsymbol{x}_2,\cdots,\boldsymbol{x}_n)\operatorname{diag}(\lambda_1,\lambda_2,\cdots,\lambda_n)\\&=\boldsymbol{C}\operatorname{diag}(\lambda_1,\lambda_2,\cdots,\lambda_n),\end{aligned}$$

即

$$\boldsymbol{C}^{-1}\boldsymbol{A}\boldsymbol{C}=\operatorname{diag}(\lambda_1,\lambda_2,\cdots,\lambda_n).$$

证毕

从上面定理的证明过程,我们可以看到化矩阵 $\boldsymbol{A}$ 为对角矩阵 $\boldsymbol{\Lambda}$ 的方法可归结为求矩阵 $\boldsymbol{A}$ 的特征值和特征向量.

推论 若 $\boldsymbol{C}^{-1}\boldsymbol{A}\boldsymbol{C}=\operatorname{diag}(\lambda_1,\lambda_2,\cdots,\lambda_n)$,则 $\lambda_1,\lambda_2,\cdots,\lambda_n$ 是 $\boldsymbol{A}$ 的 n 个特征值,$\boldsymbol{C}$ 的第 i 个列向量是 $\boldsymbol{A}$ 的属于特征值 λ_i 的特征向量.

需要指出,这里 $\lambda_1,\lambda_2,\cdots,\lambda_n$ 的排列顺序必须与 $\boldsymbol{x}_1,\boldsymbol{x}_2,\cdots,\boldsymbol{x}_n$ 的排列顺序相对应,否则 $\boldsymbol{C}$ 就不是原来的矩阵了.

例 1.1.36 在例 1.1.30 中已经计算出矩阵 $\boldsymbol{A}$ 的特征值是 -1 和 5,而对应的特征向量是

$$\boldsymbol{x}_1=\begin{bmatrix}1\\0\\-1\end{bmatrix},\quad \boldsymbol{x}_2=\begin{bmatrix}0\\1\\-1\end{bmatrix},\quad \boldsymbol{x}_3=\begin{bmatrix}1\\1\\1\end{bmatrix}.$$

令

$$\boldsymbol{C}=\begin{bmatrix}1&0&1\\0&1&1\\-1&-1&1\end{bmatrix},$$

则有

$$\boldsymbol{C}^{-1}\boldsymbol{AC}=\mathrm{diag}(-1,-1,5).$$

如果取

$$\boldsymbol{C}=\begin{bmatrix}1&1&0\\0&1&1\\-1&1&-1\end{bmatrix},$$

则

$$\boldsymbol{C}^{-1}\boldsymbol{AC}=\mathrm{diag}(-1,5,-1).$$

可见使之对角化的矩阵 $\boldsymbol{C}$ 不是唯一的.

定义 1.1.30 当 n 阶矩阵 $\boldsymbol{A}$ 有 n 个线性无关的特征向量时,则称矩阵 $\boldsymbol{A}$ 有**完备的特征向量系**;否则,称 $\boldsymbol{A}$ 为**亏损矩阵**.

由定理 1.1.27、定理 1.1.29、定理 1.1.30 以及定理 1.1.31 可以直接推得下面定理.

定理 1.1.32 如果数域 P 上 n 维线性空间 V^n 上的线性变换 $\mathscr{A}$(或 n 阶矩阵 $\boldsymbol{A}$)有 n 个不同的特征值,则线性变换 $\mathscr{A}$(或矩阵 $\boldsymbol{A}$)是可对角化的.

定理 1.1.33 数域 P 上 n 维线性空间 V^n 上的线性变换 $\mathscr{A}$(或矩阵 $\boldsymbol{A}$)可对角化的充分必要条件是 $\mathscr{A}$(或 $\boldsymbol{A}$)的每一个特征值的几何重复度等于代数重复度.

证明 设 $\mathscr{A}$(或 $\boldsymbol{A}$)的互异特征值为 $\lambda_1,\lambda_2,\cdots,\lambda_r$,$\lambda_i$ 的代数重复度记为 m_i,几何重复度记为 $s_i(i=1,2,\cdots,r)$,则

$$m_1+m_2+\cdots+m_r=n.$$

先证充分性. 如果 $m_i=s_i(i=1,2,\cdots,r)$,则由定理 1.1.29(或定理 1.1.27)和定理 1.1.32 知,$\mathscr{A}$(或 $\boldsymbol{A}$)是可对角化的.

再证必要性. 如果 $\mathscr{A}$(或 $\boldsymbol{A}$)是可对角化的,则由定理 1.1.30(或定理 1.1.31)知

$$s_1+s_2+\cdots+s_r=n.$$

由定理 1.1.28(或定理 1.1.26)有 $s_i\leqslant m_i(i=1,2,\cdots,r)$,从而

$$n=s_1+s_2+\cdots+s_r\leqslant m_1+m_2+\cdots+m_r=n.$$

故得 $s_i=m_i(i=1,2,\cdots,r)$. 证毕

例如,在例 1.1.30 中的三维线性空间上的线性变换 $\mathscr{A}$ 有 3 个线性无关的特征向量,因此 $\mathscr{A}$ 可对角化. 对于例 1.1.31 中 $n+1$ 维线性空间 $P[x]_n$ 上的求导变换 $\mathscr{D}$,其零特征值的几何重复度小于代数重复度,因此 $\mathscr{D}$ 是不可对角化的.

经常称代数重复度和几何重复度相等的矩阵为**单纯矩阵**,因此,矩阵 $\boldsymbol{A}$ 与对角矩阵相似的充要条件又可表述为 $\boldsymbol{A}$ 是单纯矩阵.

若矩阵 $\boldsymbol{A}$ 的特征值全是单根,则 $\boldsymbol{A}$ 必与对角矩阵相似;但反之不真.

例如,在例 1.1.30 中 $\boldsymbol{A}$ 是一个单纯矩阵,所以可以与对角矩阵相似(即可对角化);而在例 1.1.35 中 $\boldsymbol{A}$ 是一个亏损矩阵,所以不与对角矩阵相似(即不可对角化).

* **定理 1.1.34** 设数域 P 上 n 维线性空间 V^n 上的线性变换 $\mathscr{A}$ 的互异特征值为 λ_1, $\lambda_2,\cdots,\lambda_r$,则 $\mathscr{A}$ 可对角化的充分必要条件是

$$V^n=V_{\lambda_1}\oplus V_{\lambda_2}\oplus\cdots\oplus V_{\lambda_r}. \tag{1.1.44}$$

证明 必要性: 设 $\mathscr{A}$ 可对角化,在 V_{λ_i} 中取一组基 $\boldsymbol{x}_1^{(i)},\cdots,\boldsymbol{x}_{s_i}^{(i)}(i=1,2,\cdots,r)$,则由定理 1.1.29 知 $\boldsymbol{x}_1^{(1)},\cdots,\boldsymbol{x}_{s_1}^{(1)},\cdots,\boldsymbol{x}_1^{(r)},\cdots,\boldsymbol{x}_{s_r}^{(r)}$ 是 $\mathscr{A}$ 的最大线性无关特征向量组. 因为 $\mathscr{A}$ 可对角化,由定理 1.1.30 知,$s_1+s_2+\cdots+s_r=n$,从而 $\boldsymbol{x}_1^{(1)},\cdots,\boldsymbol{x}_{s_1}^{(1)},\cdots,\boldsymbol{x}_1^{(r)},\cdots,\boldsymbol{x}_{s_r}^{(r)}$ 是 V^n 的一组基,因此有直和 $V^n=V_{\lambda_1}\oplus V_{\lambda_2}\oplus\cdots\oplus V_{\lambda_r}$.

充分性: 设 $V^n=V_{\lambda_1}\oplus V_{\lambda_2}\oplus\cdots\oplus V_{\lambda_r}$,在 $V_{\lambda_i}(i=1,2,\cdots,r)$ 中取一组基 $\boldsymbol{x}_1^{(i)},\cdots,\boldsymbol{x}_{s_i}^{(i)}$,则 $\boldsymbol{x}_1^{(1)},\cdots,\boldsymbol{x}_{s_1}^{(1)},\cdots,\boldsymbol{x}_1^{(r)},\cdots,\boldsymbol{x}_{s_r}^{(r)}$ 是 $V_{\lambda_1}\oplus V_{\lambda_2}\oplus\cdots\oplus V_{\lambda_r}$ 的一组基,即 V^n 的一组基. 这说明 V^n 中存在由 $\mathscr{A}$ 的特征向量组成的一组基,从而 $\mathscr{A}$ 可对角化. 证毕

* 9. 线性变换的不变子空间

研究线性变换的不变子空间,就是研究线性变换与子空间的关系,由此可以进一步简化线性变换的矩阵.

定义 1.1.31 设 V^n 是数域 P 上的 n 维线性空间,$\mathscr{A}$ 是 V^n 上的线性变换,V_1 是 V^n 的子空间,如果对于任何 $\boldsymbol{x}\in V_1$ 恒有 $\mathscr{A}(\boldsymbol{x})\in V_1$(或 $\mathscr{A}(V_1)\subseteq V_1$),则说 V_1 是关于 $\mathscr{A}$ 的**不变子空间**.

例如,求导数运算 $\mathscr{D}$ 是线性空间 $P[x]_n$ 的一个线性变换,$P[x]_{n-1}$ 为一切次数不超过 $n-1$ 的多项式的集合形成的线性空间,则 $P[x]_{n-1}$ 是 $\mathscr{D}$ 的不变子空间.

又如,设 $\mathscr{A}$ 是线性空间 V^n 上的一个线性变换,V^n 中所有向量的像构成的集合称为线性变换 $\mathscr{A}$ 的**值域**,记为 $R(\mathscr{A})$,即

$$R(\mathscr{A})=\{\boldsymbol{y}=\mathscr{A}(\boldsymbol{x})\mid\boldsymbol{x}\in V^n\}.$$

所有被 $\mathscr{A}$ 变成零向量的原像构成的集合称为 $\mathscr{A}$ 的**核**,记作 $N(\mathscr{A})$,即

$$N(\mathscr{A})=\{\boldsymbol{x}\in V^n\mid\mathscr{A}(\boldsymbol{x})=\boldsymbol{0}\}.$$

不难知道,$\mathscr{A}$ 的值域和核都是 $\mathscr{A}$ 的不变子空间.

一般称 $R(\mathscr{A})$ 的维数是线性变换 $\mathscr{A}$ 的**秩**,称 $N(\mathscr{A})$ 的维数是 $\mathscr{A}$ 的**零度**,记作 $\mathrm{null}(\mathscr{A})$. 所以,有时又称 $R(\mathscr{A})$ 为 $\mathscr{A}$ 的**秩空间**,$N(\mathscr{A})$ 为 $\mathscr{A}$ 的**核空间**.

整个线性空间 V 和零子空间,对于每个线性变换 $\mathscr{A}$ 而言,都是 $\mathscr{A}$ 的不变子空间,但我们感兴趣的是异于这两个空间的不变子空间.

下面,我们给出两类重要的子空间,它们与线性方程组的理论有密切的关系.

定义 1.1.32 以 $\mathbb{C}^m$ 表示全体 m 维复向量在复数域 $\mathbb{C}$ 上构成的线性空间,$\boldsymbol{A}$ 为 $m\times n$ 复矩阵,其列(向量)为 $\boldsymbol{\alpha}_1,\boldsymbol{\alpha}_2,\cdots,\boldsymbol{\alpha}_n$. 显然,$\boldsymbol{\alpha}_i\in\mathbb{C}^m(i=1,2,\cdots,n)$. 子空间 $\mathrm{Span}(\boldsymbol{\alpha}_1,\boldsymbol{\alpha}_2,\cdots,\boldsymbol{\alpha}_n)$ 称为矩阵 $\boldsymbol{A}$ 的**列空间**(值域),记作 $R(\boldsymbol{A})$,即

$$R(\boldsymbol{A})=\mathrm{Span}(\boldsymbol{\alpha}_1,\boldsymbol{\alpha}_2,\cdots,\boldsymbol{\alpha}_n).$$

记

$$\boldsymbol{A}=(\boldsymbol{\alpha}_1,\boldsymbol{\alpha}_2,\cdots,\boldsymbol{\alpha}_n),\quad \boldsymbol{y}=(y_1,y_2,\cdots,y_n)^{\mathrm{T}}\in\mathbb{C}^n,$$

则 $R(\boldsymbol{A})$ 可表成

$$R(\boldsymbol{A})=\{\boldsymbol{A}\boldsymbol{y}\mid\boldsymbol{y}\in\mathbb{C}^n\}.$$

由定义显然有 $\boldsymbol{A}$ 的秩等于 $\boldsymbol{A}$ 的值域的维数，即

$$\operatorname{rank}(\boldsymbol{A})=\dim(R(\boldsymbol{A})).$$

定义 1.1.33　设 $\boldsymbol{A}$ 为 $m\times n$ 复矩阵，称线性方程组

$$\boldsymbol{A}\boldsymbol{x}=\boldsymbol{0}$$

在复数域上的解空间为 $\boldsymbol{A}$ 的**化零空间(核)**，记作 $N(\boldsymbol{A})$，即

$$N(\boldsymbol{A})=\{\boldsymbol{x}\mid \boldsymbol{A}\boldsymbol{x}=\boldsymbol{0}\}.$$

显然 $N(\boldsymbol{A})$是$\mathbb{C}^n$的一个子空间，称 $N(\boldsymbol{A})$的维数为 $\boldsymbol{A}$ 的零度，即

$$\operatorname{null}(\boldsymbol{A})=\dim(N(\boldsymbol{A})).$$

例 1.1.37　设

$$\boldsymbol{A}=\begin{bmatrix}1 & 1 & 2\\ 1 & -1 & 3\end{bmatrix},$$

求 $\operatorname{null}(\boldsymbol{A})$.

解　由 $\boldsymbol{A}\boldsymbol{x}=\boldsymbol{0}$ 解得 $\boldsymbol{x}=k(-5,1,2)^{\mathrm{T}}$，故 $\operatorname{null}(\boldsymbol{A})=1$.

矩阵的秩与零度之间有简单的关系. 设 $\boldsymbol{A}$ 为 $m\times n$ 矩阵，则

$$\operatorname{rank}(\boldsymbol{A})+\operatorname{null}(\boldsymbol{A})=n.$$

事实上，因为齐次线性方程组 $\boldsymbol{A}\boldsymbol{x}=\boldsymbol{0}$ 的解空间的维数(基础解系包含的线性无关向量的个数)为 $n-\operatorname{rank}(\boldsymbol{A})$，故上式成立.

例 1.1.38　设 $\mathscr{A}$是数域 P 上线性空间 V^n 的一个线性变换，$\lambda_0\in P$ 是 $\mathscr{A}$的一个特征值. 显然，线性变换 $\mathscr{A}$属于 λ_0 的特征子空间 V_{λ_0} 是 $\mathscr{A}$的不变子空间.

下面的定理给出了怎样利用不变子空间的概念将线性变换的矩阵简化为简单的准对角矩阵或对角矩阵.

定理 1.1.35　设 $\mathscr{A}$是 V^n 的线性变换，且 V^n 可分解为 s 个 $\mathscr{A}$的不变子空间的直和

$$V^n=V_1\oplus V_2\oplus\cdots\oplus V_s.$$

又在每一个不变子空间 V_i 中取基

$$\boldsymbol{e}_1^{(i)},\boldsymbol{e}_2^{(i)},\cdots,\boldsymbol{e}_{n_i}^{(i)},\qquad i=1,2,\cdots,s,\tag{1.1.45}$$

其中 $n_1+n_2+\cdots+n_s=n$. 把这些基集中起来作为 V^n 的基，则在该基下 $\mathscr{A}$的矩阵是准对角矩阵

$$\boldsymbol{A}=\begin{bmatrix}\boldsymbol{A}_1 & & & \\ & \boldsymbol{A}_2 & & \\ & & \ddots & \\ & & & \boldsymbol{A}_s\end{bmatrix},\tag{1.1.46}$$

其中 $\boldsymbol{A}_i(i=1,2,\cdots,s)$就是 $\mathscr{A}$在基(1.1.45)下的矩阵.

证明　因为 $V_1,V_2,\cdots,V_s$ 都是 $\mathscr{A}$的不变子空间，所以当 $\boldsymbol{e}_j^{(i)}\in V_i$ 时有

$$\mathscr{A}(\boldsymbol{e}_j^{(i)})\in V_i,\qquad i=1,2,\cdots,s,\qquad j=1,2,\cdots,n_i,$$

于是有

$$\begin{cases}\mathscr{A}(\boldsymbol{e}_1^{(i)})=a_{11}^{(i)}\boldsymbol{e}_1^{(i)}+a_{21}^{(i)}\boldsymbol{e}_2^{(i)}+\cdots+a_{n_i1}^{(i)}\boldsymbol{e}_{n_i}^{(i)},\\ \mathscr{A}(\boldsymbol{e}_2^{(i)})=a_{12}^{(i)}\boldsymbol{e}_1^{(i)}+a_{22}^{(i)}\boldsymbol{e}_2^{(i)}+\cdots+a_{n_i2}^{(i)}\boldsymbol{e}_{n_i}^{(i)},\\ \qquad\vdots\\ \mathscr{A}(\boldsymbol{e}_{n_i}^{(i)})=a_{1n_i}^{(i)}\boldsymbol{e}_1^{(i)}+a_{2n_i}^{(i)}\boldsymbol{e}_2^{(i)}+\cdots+a_{n_in_i}^{(i)}\boldsymbol{e}_{n_i}^{(i)},\end{cases}\qquad i=1,2,\cdots,s,$$

因此,在 V^n 的基下,$\mathscr{A}$ 的矩阵 $\boldsymbol{A}$ 有类似式(1.1.46)的形式,其中

$$\boldsymbol{A}_i=\begin{bmatrix}a_{11}^{(i)} & a_{12}^{(i)} & \cdots & a_{1n_1}^{(i)}\\ a_{21}^{(i)} & a_{22}^{(i)} & \cdots & a_{2n_2}^{(i)}\\ \vdots & \vdots & & \vdots\\ a_{n_i1}^{(i)} & a_{n_i2}^{(i)} & \cdots & a_{n_in_i}^{(i)}\end{bmatrix},\quad i=1,2,\cdots,s.$$

证毕

反之,若线性变换 $\mathscr{A}$ 在基(1.1.45)下的矩阵是准对角矩阵(1.1.46),则容易验证由基(1.1.45)生成的子空间 $V_i=\mathrm{Span}(\boldsymbol{e}_1^{(i)},\boldsymbol{e}_2^{(i)},\cdots,\boldsymbol{e}_{n_i}^{(i)})(i=1,2,\cdots,s)$ 是 $\mathscr{A}$ 的不变子空间.

特别地,若所有 V_i 都是一维子空间时,则 $n_i=1,s=n$,矩阵 $\boldsymbol{A}$ 简化为对角矩阵

$$\boldsymbol{A}=\mathrm{diag}(a_1,a_2,\cdots,a_n)=\begin{bmatrix}a_1 & & & \\ & a_2 & & \\ & & \ddots & \\ & & & a_n\end{bmatrix}.$$

由此可知,线性变换 $\mathscr{A}$ 的矩阵简化为一个准对角矩阵(或对角矩阵)与线性空间 V^n 可分解为若干个不变子空间的直和是相当的.

习 题 1(2)

1. 试说明下列对应规则是 $\mathbb{R}^2$ 的一个变换,并说明其几何意义,其中 $(x_1,x_2)\in\mathbb{R}^2$.

(1) $\mathscr{A}[(x_1,x_2)]=(x_1,-x_2)$;

(2) $\mathscr{A}[(x_1,x_2)]=(-x_1,x_2)$;

(3) $\mathscr{A}[(x_1,x_2)]=(-x_1,-x_2)$;

(4) $\mathscr{A}[(x_1,x_2)]=(x_1,0)$;

(5) $\mathscr{A}[(x_1,x_2)]=(0,x_2)$.

2. 判别下面所定义的变换,哪些是线性的,哪些不是.

(1) 在线性空间 V 中,$\mathscr{A}(\boldsymbol{\alpha})=\boldsymbol{\alpha}+\boldsymbol{\beta}$,其中 $\boldsymbol{\beta}\in V$ 是一固定的向量;

(2) 在线性空间 V 中,$\mathscr{A}(\boldsymbol{\alpha})=\boldsymbol{\beta}$,其中 $\boldsymbol{\beta}\in V$ 是一固定的向量;

(3) 在 $\mathbb{R}^3$ 中,$\mathscr{A}[(x_1,x_2,x_3)]=(x_1^2,x_2+x_3,x_3^2)$,其中 $(x_1,x_2,x_3)\in\mathbb{R}^3$;

(4) 在 $\mathbb{R}^3$ 中,$\mathscr{A}[(x_1,x_2,x_3)]=(2x_1-x_2,x_2+x_3,x_1)$,其中 $(x_1,x_2,x_3)\in\mathbb{R}^3$;

(5) 在 $P[x]_n$ 中,$\mathscr{A}[f(x)]=f(x+1)$,其中 $f(x)\in P[x]_n$;

(6) 在 $P[x]_n$ 中,$\mathscr{A}[f(x)]=f(x_0)$,其中 $x_0\in\mathbb{R}$ 是一固定的实数;

(7) 在 $\mathbb{R}^3$ 中,$\mathscr{A}[(x_1,x_2,x_3)]=(\cos x_1,\sin x_2,0)$,其中 $(x_1,x_2,x_3)\in\mathbb{R}^3$.

3. 在 $\mathbb{R}^2$ 中,设 $\boldsymbol{\alpha}=(x_1,x_2)$. 证明:$\mathscr{A}_1(\boldsymbol{\alpha})=(x_2,-x_1)$ 与 $\mathscr{A}_2(\boldsymbol{\alpha})=(x_1,-x_2)$ 是 $\mathbb{R}^2$ 中的两个线性变换,并求 $\mathscr{A}_1+\mathscr{A}_2,\mathscr{A}_1\mathscr{A}_2$ 及 $\mathscr{A}_2\mathscr{A}_1$.

4. 设任一矩阵 $\boldsymbol{A}\in P^{n\times n}$,又给定矩阵 $\boldsymbol{C}\in P^{n\times n}$,定义变换 $\mathscr{A}$ 如下:

$$\mathscr{A}(\boldsymbol{A})=\boldsymbol{CA}-\boldsymbol{AC}.$$

证明:(1) $\mathscr{A}$ 是 $P^{n\times n}$ 中的线性变换;

(2) 对任意 $\boldsymbol{A},\boldsymbol{B}\in P^{n\times n}$ 有 $\mathscr{A}(\boldsymbol{AB})=\mathscr{A}(\boldsymbol{A})\boldsymbol{B}+\boldsymbol{A}\mathscr{A}(\boldsymbol{B})$.

5. 设 $V=\left\{\begin{bmatrix}a & a+b\\ c & c\end{bmatrix}\middle| a,b,c\in\mathbb{R}\right\}$,作出 V 到 $\mathbb{R}^3$ 的同构映射.

6. 在 $P[x]_n$ 中，$\mathscr{A}_1[f(x)]=f'(x)$，$\mathscr{A}_2[f(x)]=xf(x)$. 证明：$\mathscr{A}_1\mathscr{A}_2-\mathscr{A}_2\mathscr{A}_1$ 是恒等变换(即单位变换).

7. 设 $\boldsymbol{e}_1,\boldsymbol{e}_2$ 是线性空间 V^2 的基，$\mathscr{A}_1$ 与 $\mathscr{A}_2$ 是 V^2 上的线性变换：$\mathscr{A}_1(\boldsymbol{e}_1)=\boldsymbol{e}'_1$，$\mathscr{A}_1(\boldsymbol{e}_2)=\boldsymbol{e}'_2$，且 $\mathscr{A}_2(\boldsymbol{e}_1+\boldsymbol{e}_2)=\boldsymbol{e}'_1+\boldsymbol{e}'_2$，$\mathscr{A}_2(\boldsymbol{e}_1-\boldsymbol{e}_2)=\boldsymbol{e}'_1-\boldsymbol{e}'_2$. 证明：$\mathscr{A}_1=\mathscr{A}_2$.

8. 在 $P[x]_2$ 中，试求在基 $\alpha_1=1,\alpha_2=x,\alpha_3=x^2$ 下的矩阵为

$$\begin{bmatrix}1&1&1\\0&1&1\\0&0&1\end{bmatrix}$$

的线性变换 $\mathscr{A}$，求 $g=2+4x-7x^2$ 的像.

9. 设 $\mathscr{A}$ 是 n 维线性空间 V 的一个线性变换，对某个 $\boldsymbol{\xi}\in V$ 有 $\mathscr{A}^{k-1}(\boldsymbol{\xi})\neq\boldsymbol{0}$，$\mathscr{A}^k(\boldsymbol{\xi})=\boldsymbol{0}$，试证：$\boldsymbol{\xi},\mathscr{A}(\boldsymbol{\xi}),\mathscr{A}^2(\boldsymbol{\xi}),\cdots,\mathscr{A}^{k-1}(\boldsymbol{\xi})$ 线性无关.

10. 若 n 维线性空间中线性变换 $\mathscr{A}$ 使得对于 V 中的任何向量 $\boldsymbol{\xi}$ 都有 $\mathscr{A}^{n-1}(\boldsymbol{\xi})\neq\boldsymbol{0}$，$\mathscr{A}^n(\boldsymbol{\xi})=\boldsymbol{0}$，求 $\mathscr{A}$ 在某一基下的矩阵表示.

11. 在 $P[x]_3$ 中，已知线性变换

$$\mathscr{D}f(x)=\frac{\mathrm{d}f(x)}{\mathrm{d}x},\quad f(x)\in P[x]_3.$$

求 $\mathscr{D}$ 在下列基下的矩阵：

(1) $1,x-2,(x-2)^2,(x-2)^3$；

(2) $1,1+x,1+x+x^2,1+x+x^2+x^3$.

12. 在 $\mathbb{R}^{2\times2}$ 空间中，线性变换 $\mathscr{A}$：

$$\mathscr{A}(\boldsymbol{X})=\begin{bmatrix}1&2\\2&1\end{bmatrix}\boldsymbol{X}\begin{bmatrix}-4&0\\1&4\end{bmatrix},\boldsymbol{X}\in\mathbb{R}^{2\times2}.$$

求 $\mathscr{A}$ 在基 $\boldsymbol{\alpha}_1=\begin{bmatrix}1&0\\0&0\end{bmatrix}$，$\boldsymbol{\alpha}_2=\begin{bmatrix}1&1\\0&0\end{bmatrix}$，$\boldsymbol{\alpha}_3=\begin{bmatrix}1&1\\1&0\end{bmatrix}$，$\boldsymbol{\alpha}_4=\begin{bmatrix}1&1\\1&1\end{bmatrix}$ 下的矩阵表示.

13. 设 $\mathbb{R}^3$ 中，线性变换 $\mathscr{A}$ 为：$\mathscr{A}(\boldsymbol{\alpha}_i)=\boldsymbol{\beta}_i$，$i=1,2,3$，其中 $\boldsymbol{\alpha}_1=(1,0,-1)^{\mathrm{T}}$，$\boldsymbol{\alpha}_2=(2,1,1)^{\mathrm{T}}$，$\boldsymbol{\alpha}_3=(1,1,1)^{\mathrm{T}}$，与 $\boldsymbol{\beta}_1=(0,1,1)^{\mathrm{T}}$，$\boldsymbol{\beta}_2=(-1,1,0)^{\mathrm{T}}$，$\boldsymbol{\beta}_3=(1,2,1)^{\mathrm{T}}$，求：

(1) $\mathscr{A}$ 在基 $\boldsymbol{\alpha}_1,\boldsymbol{\alpha}_2,\boldsymbol{\alpha}_3$ 下的矩阵；

(2) $\mathscr{A}$ 在标准基 $\boldsymbol{\varepsilon}_1=(1,0,0)^{\mathrm{T}}$，$\boldsymbol{\varepsilon}_2=(0,1,0)^{\mathrm{T}}$，$\boldsymbol{\varepsilon}_3=(0,0,1)^{\mathrm{T}}$ 下的矩阵.

14. 在 $P[x]_4$ 中定义线性变换 $\mathscr{A}$：$\forall f(x)\in P[x]_4$，$\mathscr{A}[f(x)]=f'(x)-f(x)$.

(1) 求 $\mathscr{A}$ 在基 $1,x,x^2,x^3$ 下的矩阵；

(2) 求 $\mathscr{A}$ 在基 $1,1+x,x+x^2,x^2+x^3$ 下的矩阵.

15. 在 $\mathbb{R}^{2\times2}$ 中定义线性变换 $\mathscr{A}$：$\forall\boldsymbol{X}\in\mathbb{R}^{2\times2}$，$\mathscr{A}(\boldsymbol{X})=\boldsymbol{AX}-\boldsymbol{XA}$，其中矩阵 $\boldsymbol{A}=\begin{bmatrix}a&b\\c&d\end{bmatrix}$，求 $\mathscr{A}$ 在标准基 $\boldsymbol{E}_{11},\boldsymbol{E}_{12},\boldsymbol{E}_{21},\boldsymbol{E}_{22}$ 下的矩阵.

16. 求下列线性变换对所指定基底的矩阵：

(1) $\mathbb{R}^3$ 中将向量投影到 xOy 平面上的线性变换 $\mathscr{A}$，对基底 $\boldsymbol{i},\boldsymbol{j},\boldsymbol{k}$(直角坐标轴上的单位向量)的矩阵；

(2) 上述线性变换对基底 $\boldsymbol{\alpha}=\boldsymbol{i},\boldsymbol{\beta}=\boldsymbol{j},\boldsymbol{\gamma}=\boldsymbol{i}+\boldsymbol{j}+\boldsymbol{k}$ 的矩阵；

(3) 由 6 个函数

$$x_1=\mathrm{e}^{at}\cos bt,\quad x_2=\mathrm{e}^{at}\sin bt,\quad x_3=t\mathrm{e}^{at}\cos bt,$$
$$x_4=t\mathrm{e}^{at}\sin bt,\quad x_5=\frac{1}{2}t^2\mathrm{e}^{at}\cos bt,\quad x_6=\frac{1}{2}t^2\mathrm{e}^{at}\sin bt$$

的所有实系数线性组合构成实数域 $\mathbb{R}$ 上的一个 6 维线性空间

$$V^6=\mathrm{Span}(x_1,x_2,x_3,x_4,x_5,x_6).$$

求微分变换 $\mathscr{D}$ 在基 x_1,x_2,x_3,x_4,x_5,x_6 下的矩阵.

17. 设三维线性空间 V^3 上的线性变换 $\mathscr{A}$ 在基 $\boldsymbol{e}_1,\boldsymbol{e}_2,\boldsymbol{e}_3$ 下的矩阵为

$$\mathbf{A}=\begin{bmatrix} a_{11} & a_{12} & a_{13} \\ a_{21} & a_{22} & a_{23} \\ a_{31} & a_{32} & a_{33} \end{bmatrix}.$$

(1) 求 $\mathscr{A}$ 在 $\boldsymbol{e}_3,\boldsymbol{e}_2,\boldsymbol{e}_1$ 下的矩阵;

(2) 求 $\mathscr{A}$ 在 $\boldsymbol{e}_1,k\boldsymbol{e}_2,\boldsymbol{e}_3$ 下的矩阵,$k\neq 0$;

(3) 求 $\mathscr{A}$ 在 $\boldsymbol{e}_1+\boldsymbol{e}_2,\boldsymbol{e}_2,\boldsymbol{e}_3$ 下的矩阵.

18. 在$\mathbb{R}^3$中,设 $\boldsymbol{\alpha}=(x_1,x_2,x_3)$,定义线性变换 $\mathscr{A}$ 为

$$\mathscr{A}(\boldsymbol{\alpha})=(2x_1-x_2,x_2+x_3,x_1).$$

试求 $\mathscr{A}$ 在自然基 $\boldsymbol{\varepsilon}_1=(1,0,0),\boldsymbol{\varepsilon}_2=(0,1,0),\boldsymbol{\varepsilon}_3=(0,0,1)$下的矩阵.

19. 设$\mathbb{R}^3\to\mathbb{R}^2$的线性算子 $\mathscr{A}$ 定义为

$$\mathscr{A}\ [(a_1,a_2,a_3)]=(2a_1+3a_2-a_3,a_1+a_3).$$

试求 $\mathscr{A}$ 在基偶 $\boldsymbol{\varepsilon}_1=(1,0,0),\boldsymbol{\varepsilon}_2=(0,1,0),\boldsymbol{\varepsilon}_3=(0,0,1)$及 $\boldsymbol{\varepsilon}'_1=(1,0),\boldsymbol{\varepsilon}'_2=(0,1)$下的矩阵.

20. 在 V^3 中,设线性变换 $\mathscr{A}$ 在基 $\boldsymbol{\eta}_1=(-1,1,1),\boldsymbol{\eta}_2=(1,0,-1),\boldsymbol{\eta}_3=(0,1,1)$下的矩阵为

$$\mathbf{A}=\begin{bmatrix} 1 & 0 & 1 \\ 1 & 1 & 0 \\ -1 & 2 & 0 \end{bmatrix}.$$

求 $\mathscr{A}$ 在自然基 $\boldsymbol{\varepsilon}_1,\boldsymbol{\varepsilon}_2,\boldsymbol{\varepsilon}_3$ 下的矩阵 $\boldsymbol{B}$.

21. 在 V^3 中给定两组基

$$\boldsymbol{e}_1=(1,0,1),\quad \boldsymbol{e}_2=(2,1,0),\quad \boldsymbol{e}_3=(1,1,1),$$
$$\boldsymbol{\eta}_1=(1,2,-1),\quad \boldsymbol{\eta}_2=(2,2,-1),\quad \boldsymbol{\eta}_3=(2,-1,-1),$$

定义线性变换 $\mathscr{A}(\boldsymbol{e}_i)=\boldsymbol{\eta}_i\,(i=1,2,3)$.

(1) 写出由基$\{\boldsymbol{e}_i\}$到基$\{\boldsymbol{\eta}_i\}(i=1,2,3)$的过渡矩阵;

(2) 写出 $\mathscr{A}$ 在基$\{\boldsymbol{e}_i\}$下的矩阵;

(3) 写出 $\mathscr{A}$ 在基$\{\boldsymbol{\eta}_i\}$下的矩阵.

22. 在$\mathbb{R}^{2\times 2}$中定义下列线性变换:

$$\mathscr{A}_1(\mathbf{A})=\begin{bmatrix} a & b \\ c & d \end{bmatrix}\mathbf{A},\qquad \mathscr{A}_2(\mathbf{A})=\mathbf{A}\begin{bmatrix} a & b \\ c & d \end{bmatrix},$$
$$\mathscr{A}_3(\mathbf{A})=\begin{bmatrix} a & b \\ c & d \end{bmatrix}\mathbf{A}\begin{bmatrix} a & b \\ c & d \end{bmatrix},\quad \mathscr{A}_4(\mathbf{A})=\begin{bmatrix} a & 2b \\ 2c & a \end{bmatrix}\mathbf{A},$$

其中 $\mathbf{A}\in\mathbb{R}^{2\times 2}$,$a,b,c,d$ 都是实数.

(1) 求 $\mathscr{A}_1,\mathscr{A}_2,\mathscr{A}_3$ 在基 $\boldsymbol{E}_{ij}$(第 i 行、第 j 列元素为 1,其余为 0 的二阶方阵)下的矩阵;

(2) 求 $\mathscr{A}_4$ 在基

$$\boldsymbol{E}_1=\begin{bmatrix} 1 & 0 \\ 0 & 0 \end{bmatrix},\quad \boldsymbol{E}_2=\begin{bmatrix} 0 & 0 \\ 0 & 1 \end{bmatrix},\quad \boldsymbol{E}_3=\begin{bmatrix} 0 & 1 \\ 1 & 0 \end{bmatrix},\quad \boldsymbol{E}_4=\begin{bmatrix} 0 & 1 \\ -1 & 0 \end{bmatrix}$$

下的矩阵.

23. 设线性空间 V^3 的两组基为(Ⅰ)$\boldsymbol{e}_1,\boldsymbol{e}_2,\boldsymbol{e}_3$;(Ⅱ)$\boldsymbol{\varepsilon}_1,\boldsymbol{\varepsilon}_2,\boldsymbol{\varepsilon}_3$. 由基(Ⅰ)变到基(Ⅱ)的过渡矩阵 $\boldsymbol{C}=\begin{bmatrix} 1 & 0 & 1 \\ 0 & -1 & 0 \\ -1 & 0 & 1 \end{bmatrix}$,线性变换 $\mathscr{A}$ 满足

$$\begin{cases} \mathscr{A}(\boldsymbol{e}_1+2\boldsymbol{e}_2+3\boldsymbol{e}_3)=\boldsymbol{\varepsilon}_1+\boldsymbol{\varepsilon}_2, \\ \mathscr{A}(2\boldsymbol{e}_1+\boldsymbol{e}_2+2\boldsymbol{e}_3)=\boldsymbol{\varepsilon}_2+\boldsymbol{\varepsilon}_3, \\ \mathscr{A}(\boldsymbol{e}_1+3\boldsymbol{e}_2+4\boldsymbol{e}_3)=\boldsymbol{\varepsilon}_1+\boldsymbol{\varepsilon}_3. \end{cases}$$

(1) 求 $\mathscr{A}$ 在基(Ⅱ)下的矩阵 $\boldsymbol{A}$；

(2) 求 $\mathscr{A}(\boldsymbol{\varepsilon}_1)$ 在基(Ⅰ)下的坐标.

24. 设 $P[x]_2$ 的两组基为

(Ⅰ) $f_1(x)=1+2x^2,\quad f_2(x)=x+2x^2,\quad f_3(x)=1+2x+5x^2$；

(Ⅱ) $g_1(x)=1-x,\quad g_2(x)=1+x^2,\quad g_3(x)=x+2x^2$.

线性变换 $\mathscr{A}$ 满足

$$\mathscr{A}[f_1(x)]=2+x^2,\quad \mathscr{A}[f_2(x)]=x,\quad \mathscr{A}[f_3(x)]=1+x+x^2.$$

(1) 求 $\mathscr{A}$ 在基(Ⅱ)下的矩阵 $\boldsymbol{A}$；

(2) 设 $f(x)=1+2x+3x^2$，求 $\mathscr{A}[f(x)]$.

25. 设 $\mathscr{A}$ 是数域 P 上的 n 维线性空间 V^n 的一个线性变换. 证明：如果 $\mathscr{A}$ 在任意一组基下的矩阵都相同，则 $\mathscr{A}$ 是数乘变换.

26. 在 $\mathbb{R}^3$ 中，线性变换 $\mathscr{A}$ 在基 $\boldsymbol{\varepsilon}_1=(1,0,1)$，$\boldsymbol{\varepsilon}_2=(1,1,0)$，$\boldsymbol{\varepsilon}_3=(0,1,1)$ 下的矩阵为

$$\boldsymbol{A}=\begin{bmatrix}0&2&-1\\1&3&0\\-2&0&1\end{bmatrix}.$$

线性变换 $\mathscr{B}$ 在基 $\boldsymbol{\eta}_1=(1,0,0)$，$\boldsymbol{\eta}_2=(1,2,0)$，$\boldsymbol{\eta}_3=(1,2,3)$ 下的矩阵为

$$\boldsymbol{B}_1=\begin{bmatrix}1&0&1\\0&1&1\\1&0&0\end{bmatrix},$$

求 $\mathscr{A}+\mathscr{B}$，$\mathscr{A}\mathscr{B}$，$\mathscr{B}\mathscr{A}$，$\mathscr{B}(\mathscr{A}+\mathscr{B})$ 在基 $\{\boldsymbol{\varepsilon}_i\}(i=1,2,3)$ 下的矩阵.

27. 设 $\mathscr{A}$ 是线性空间 $\mathbb{R}^3$ 上的线性变换，它在 $\mathbb{R}^3$ 中基 $\boldsymbol{\alpha}_1,\boldsymbol{\alpha}_2,\boldsymbol{\alpha}_3$ 下的矩阵表示为

$$\boldsymbol{A}=\begin{bmatrix}1&2&3\\-1&0&3\\2&1&5\end{bmatrix}.$$

(1) 求 $\mathscr{A}$ 在基 $\boldsymbol{\beta}_1=\boldsymbol{\alpha}_1$，$\boldsymbol{\beta}_2=\boldsymbol{\alpha}_1+\boldsymbol{\alpha}_2$，$\boldsymbol{\beta}_3=\boldsymbol{\alpha}_1+\boldsymbol{\alpha}_2+\boldsymbol{\alpha}_3$ 下的矩阵；

(2) 求 $\mathscr{A}$ 在基 $\boldsymbol{\alpha}_1,\boldsymbol{\alpha}_2,\boldsymbol{\alpha}_3$ 下的核与值域.

28. 设 $\mathbb{R}^3$ 中的线性变换 $\mathscr{A}$ 为

$$\mathscr{A}[(x,y,z)^{\mathrm{T}}]=(x+y-z,y+z,x+2y)^{\mathrm{T}}.$$

(1) 求 $\mathscr{A}$ 的值域 $R(\mathscr{A})$ 的维数及一组基；

(2) 求 $\mathscr{A}$ 的核 $N(\mathscr{A})$ 的维数及一组基.

29. 设 $\mathscr{A}$ 是 $\mathbb{R}^n$ 的线性变换，$\boldsymbol{X}=(x_1,x_2,\cdots,x_n)^{\mathrm{T}}\in\mathbb{R}^n$，

$$\mathscr{A}(\boldsymbol{X})=\begin{bmatrix}0&0&0&\cdots&0\\1&0&0&\cdots&0\\0&1&0&\cdots&0\\\vdots&\vdots&\vdots&&\vdots\\0&\cdots&0&1&0\end{bmatrix}\boldsymbol{X}.$$

(1) 证明：$\mathscr{A}^n=\mathscr{O}$；

(2) 求 $\mathscr{A}$ 的核 $N(\mathscr{A})$ 及像空间 $R(\mathscr{A})$ 的基和维数.

30. 设线性算子 $\mathscr{A}:\mathbb{R}^4\to\mathbb{R}^3$，有

$$\mathscr{A}[(x_1,x_2,x_3,x_4)^{\mathrm{T}}]=(x_1-x_2+x_3+x_4,x_1+2x_2-x_4,x_1+x_2+3x_3-x_4)^{\mathrm{T}},$$

求 $\mathscr{A}$ 的 $N(\mathscr{A})$ 及 $R(\mathscr{A})$.

31. 设 $\boldsymbol{\alpha}_1,\boldsymbol{\alpha}_2,\cdots,\boldsymbol{\alpha}_n$ 是线性空间 V^n 的基，$\mathscr{A}$ 是 V^n 的一个线性变换，证明：$\mathscr{A}$ 是可逆线性变换的充分必要条件是基像 $\mathscr{A}(\boldsymbol{\alpha}_1)$，$\mathscr{A}(\boldsymbol{\alpha}_2)$，$\cdots$，$\mathscr{A}(\boldsymbol{\alpha}_n)$ 线性无关.

32. 设 $\boldsymbol{\alpha}_1,\boldsymbol{\alpha}_2,\cdots,\boldsymbol{\alpha}_k$ 和 $\boldsymbol{\beta}_1,\boldsymbol{\beta}_2,\cdots,\boldsymbol{\beta}_k$ 是 n 维线性空间 V^n 的两个线性无关组,证明一定存在 V^n 上的可逆线性变换 $\mathscr{A}$,使 $\mathscr{A}(\boldsymbol{\alpha}_i)=\boldsymbol{\beta}_i,i=1,2,\cdots,k$.

*33. 设 W_1,W_2 是线性空间 V^n 的两个子空间,$W_1\cap W_2=\{\mathbf{0}\}$,$\dim W_1+\dim W_2=n$,证明存在线性变换 $\mathscr{A}$,使得

$$R(\mathscr{A})=W_1,\quad N(\mathscr{A})=W_2.$$

34. 已知$\mathbb{R}^{n\times n}$中线性变换 $\mathscr{A}$ 为:$\forall \boldsymbol{X}\in\mathbb{R}^{n\times n}$,

$$\mathscr{A}(\boldsymbol{X})=\boldsymbol{X}-\boldsymbol{X}^{\mathrm{T}},$$

求 $\mathscr{A}$ 的值域 $R(\mathscr{A})$ 的基及维数.

35. 设 $\boldsymbol{A},\boldsymbol{B}\in\mathbb{R}^{n\times n}$,证明:$\operatorname{adj}(\boldsymbol{AB})=\operatorname{adj}(\boldsymbol{B})\cdot\operatorname{adj}(\boldsymbol{A})$.

36. 证明:对任意 n 阶矩阵 $\boldsymbol{A}$,有 $\operatorname{rank}(\boldsymbol{A}^n)=\operatorname{rank}(\boldsymbol{A}^{n+1})$.

37. 设 ω 是 n 次本原单位根$\left(\text{可设 }\omega=\mathrm{e}^{2\pi i/n}=\cos\dfrac{2\pi}{n}+i\sin\dfrac{2\pi}{n}\right)$,试求傅里叶(Fourier)矩阵

$$\boldsymbol{F}=\begin{bmatrix}1 & 1 & 1 & \cdots & 1\\ 1 & \omega & \omega^2 & \cdots & \omega^{n-1}\\ 1 & \omega^2 & \omega^4 & \cdots & \omega^{2(n-1)}\\ \vdots & \vdots & \vdots & & \vdots\\ 1 & \omega^{n-1} & \omega^{2(n-1)} & \cdots & \omega^{(n-1)(n-1)}\end{bmatrix}$$

的逆矩阵.

38. 设 n 阶矩阵 $\boldsymbol{A}$ 可逆,$\boldsymbol{x}$ 与 $\boldsymbol{y}$ 是 n 维列向量.如果$(\boldsymbol{A}+\boldsymbol{x}\boldsymbol{y}^{\mathrm{H}})^{-1}$ 可逆,证明谢尔曼-莫里森(Sherman-Morrison)公式:

$$(\boldsymbol{A}+\boldsymbol{x}\boldsymbol{y}^{\mathrm{H}})^{-1}=\boldsymbol{A}^{-1}-\frac{\boldsymbol{A}^{-1}\boldsymbol{x}\boldsymbol{y}^{\mathrm{H}}\boldsymbol{A}^{-1}}{1+\boldsymbol{y}^{\mathrm{H}}\boldsymbol{A}^{-1}\boldsymbol{x}}.$$

39. 设矩阵 $\boldsymbol{A}$ 与 $\boldsymbol{B}$ 相似,$\boldsymbol{C}$ 与 $\boldsymbol{D}$ 相似,试证明 $\begin{bmatrix}\boldsymbol{A} & \mathbf{0}\\ \mathbf{0} & \boldsymbol{C}\end{bmatrix}$ 与 $\begin{bmatrix}\boldsymbol{B} & \mathbf{0}\\ \mathbf{0} & \boldsymbol{D}\end{bmatrix}$ 相似.

40. 证明:$\operatorname{rank}(\boldsymbol{A}+\boldsymbol{B})\leqslant\operatorname{rank}(\boldsymbol{A})+\operatorname{rank}(\boldsymbol{B})$.

41. 设 $\boldsymbol{A},\boldsymbol{B}\in\mathbb{R}^{n\times n}$,证明:若 $\boldsymbol{AB}=\mathbf{0}$,则 $\operatorname{rank}(\boldsymbol{A})+\operatorname{rank}(\boldsymbol{B})\leqslant n$.

42. 设 $\boldsymbol{A},\boldsymbol{B}$ 是使积 $\boldsymbol{AB}$ 有定义的任意矩阵,证明:

$$\operatorname{rank}(\boldsymbol{AB})\leqslant\min\{\operatorname{rank}(\boldsymbol{A}),\operatorname{rank}(\boldsymbol{B})\}.$$

43. 设 $\boldsymbol{A}\in\mathbb{R}^{m\times n}$,证明:

$$\operatorname{rank}(\boldsymbol{A})=\operatorname{rank}(\boldsymbol{A}\boldsymbol{A}^{\mathrm{T}})=\operatorname{rank}(\boldsymbol{A}^{\mathrm{T}}\boldsymbol{A}).$$

44. 证明:$\boldsymbol{A}^{\mathrm{T}}\boldsymbol{A}\boldsymbol{X}=\mathbf{0}$ 的充分必要条件是 $\boldsymbol{A}\boldsymbol{X}=\mathbf{0}$.

45. 设 $\boldsymbol{A}\in\mathbb{R}^{m\times n}$,$\boldsymbol{B}\in\mathbb{R}^{n\times s}$,证明:

(1) 若 $\operatorname{rank}(\boldsymbol{A})=n$,则 $\operatorname{rank}(\boldsymbol{AB})=\operatorname{rank}(\boldsymbol{B})$;

(2) 若 $\operatorname{rank}(\boldsymbol{B})=n$,则 $\operatorname{rank}(\boldsymbol{AB})=\operatorname{rank}(\boldsymbol{A})$.

46. 举出 2×2 矩阵 $\boldsymbol{A}$ 与 $\boldsymbol{B}$ 的例子,使得

(1) $\operatorname{rank}(\boldsymbol{A}+\boldsymbol{B})<\operatorname{rank}(\boldsymbol{A})$(或 $\operatorname{rank}(\boldsymbol{B})$);

(2) $\operatorname{rank}(\boldsymbol{A}+\boldsymbol{B})=\operatorname{rank}(\boldsymbol{A})=\operatorname{rank}(\boldsymbol{B})$;

(3) $\operatorname{rank}(\boldsymbol{A}+\boldsymbol{B})>\operatorname{rank}(\boldsymbol{A})$(或 $\operatorname{rank}(\boldsymbol{B})$).

47. 设 $\boldsymbol{A}\in\mathbb{R}^{m\times n}$,$\boldsymbol{B}\in\mathbb{R}^{n\times m}$,证明:当 $m>n$ 时,方阵 $\boldsymbol{C}=\boldsymbol{AB}$ 为降秩的.

48. 设 $\boldsymbol{\beta}_1,\boldsymbol{\beta}_2,\cdots,\boldsymbol{\beta}_m$ 线性无关,且

$$\begin{aligned}\boldsymbol{\xi}_i&=a_{1i}\boldsymbol{\beta}_1+a_{2i}\boldsymbol{\beta}_2+\cdots+a_{mi}\boldsymbol{\beta}_m\\&=(\boldsymbol{\beta}_1,\boldsymbol{\beta}_2,\cdots,\boldsymbol{\beta}_m)\begin{bmatrix}a_{1i}\\ a_{2i}\\ \vdots\\ a_{mi}\end{bmatrix},\qquad i=1,2,\cdots,s.\end{aligned}$$

试证：向量组 $\boldsymbol{\xi}_1,\boldsymbol{\xi}_2,\cdots,\boldsymbol{\xi}_s$ 的秩＝矩阵$(a_{ij})_{m\times s}$ 的秩.

49. 试证：(1) $\operatorname{tr}(\boldsymbol{AB})^k=\operatorname{tr}(\boldsymbol{BA})^k,k=1,2,\cdots$,其中 $\operatorname{tr}(\boldsymbol{A})$表示矩阵$\boldsymbol{A}$ 的迹.

(2) $\operatorname{tr}(\boldsymbol{A}^k)=\sum\limits_{i=1}^{n}\lambda_i^k$,$\lambda_i$ 是$\boldsymbol{A}$ 的特征值.

(3) 若 $\boldsymbol{P}^{-1}\boldsymbol{AP}=\boldsymbol{B}$,则 $\operatorname{tr}(\boldsymbol{A})=\operatorname{tr}(\boldsymbol{B})=\sum\limits_{i=1}^{n}\lambda_i$.

50. 设 $\mathscr{A}$ 是数域$\mathbb{C}$上线性空间 V^3 的线性变换,已知 $\mathscr{A}$ 在 V^3 的基 $\boldsymbol{e}_1,\boldsymbol{e}_2,\boldsymbol{e}_3$ 下的矩阵

$$\boldsymbol{A}=\begin{bmatrix}3&1&0\\-4&-1&0\\4&-8&-2\end{bmatrix}.$$

求 $\mathscr{A}$ 的特征值与特征向量.

51. 求复数域$\mathbb{C}$上的线性空间 V 上的线性变换 $\mathscr{A}$ 的特征值与特征向量.已知 $\mathscr{A}$ 在一组基下的矩阵为

(1) $\begin{bmatrix}0&0&1\\0&1&0\\1&0&0\end{bmatrix}$；　(2) $\begin{bmatrix}0&2&1\\-2&0&3\\-1&-3&0\end{bmatrix}$；

(3) $\begin{bmatrix}3&1&0\\-4&-1&0\\4&-8&-2\end{bmatrix}$；　(4) $\begin{bmatrix}1&1&1&1\\1&1&-1&-1\\1&-1&1&-1\\1&-1&-1&1\end{bmatrix}$.

52. 在上题中,哪些是非亏损矩阵(单纯矩阵)？对于非亏损矩阵,求出可逆矩阵 $\boldsymbol{P}$,使得 $\boldsymbol{P}^{-1}\boldsymbol{AP}$ 为对角阵.

53. 设 $\mathscr{A}$ 是线性空间 V 上的线性变换. 证明：$\mathscr{A}$ 可逆的充分必要条件是 $\mathscr{A}$ 没有等于零的特征值.

54. 证明：不论 $\boldsymbol{A},\boldsymbol{B}$ 为怎样的两个 n 阶方阵,$\boldsymbol{AB}$ 与 $\boldsymbol{BA}$ 有相同的特征多项式,因此有相同的特征值和迹.

55. 设 $\boldsymbol{AB}=\boldsymbol{BA}$,证明：$\boldsymbol{A}$ 与 $\boldsymbol{B}$ 有公共的特征向量.

56. 设 V 是复数域$\mathbb{C}$上的线性空间,$\mathscr{A}$ 是 V 的一个线性变换.已知 $\mathscr{A}$ 在基 $\boldsymbol{\eta}_1,\boldsymbol{\eta}_2,\boldsymbol{\eta}_3$ 下的矩阵为

$$\boldsymbol{A}=\begin{bmatrix}2&2&-2\\2&5&-4\\-2&-4&5\end{bmatrix}.$$

求 $\mathscr{A}$ 的全部特征值与特征向量.

57. 设 $\mathscr{A}$ 是数域上的线性空间 V 的线性变换,$\boldsymbol{x}_1,\boldsymbol{x}_2,\boldsymbol{x}_3$ 分别为 $\mathscr{A}$ 的三个互不相同特征值 $\lambda_1,\lambda_2,\lambda_3$ 对应的特征向量.

(1) 证明：$\boldsymbol{x}_1,\boldsymbol{x}_2,\boldsymbol{x}_3$ 是线性无关的；

(2) 证明：$\boldsymbol{x}_1+\boldsymbol{x}_2+\boldsymbol{x}_3$ 不是 $\boldsymbol{A}$ 的特征向量.

58. 已知三阶矩阵

$$\boldsymbol{A}=\begin{bmatrix}2&1&0\\-1&0&0\\-2&-1&2\end{bmatrix}.$$

试求 $\boldsymbol{A}$ 的伴随矩阵 $\boldsymbol{A}^*$ 的特征值与特征向量.

59. 设 n 阶矩阵

$$\boldsymbol{A}=\begin{bmatrix}2&2&\cdots&2\\2&2&\cdots&2\\\vdots&\vdots&&\vdots\\2&2&\cdots&2\end{bmatrix}.$$

求 $\boldsymbol{A}$ 的特征值与特征向量.

60. 已知两个 n 维列向量 $\boldsymbol{\alpha}=(a_1,a_2,\cdots,a_n)^{\mathrm{T}}$,$\boldsymbol{\beta}=(b_1,b_2,\cdots,b_n)^{\mathrm{T}}$ 都是非零列向量,且 $\boldsymbol{\alpha}^{\mathrm{T}}\boldsymbol{\beta}=0$,若 $\boldsymbol{A}=\boldsymbol{\alpha}\boldsymbol{\beta}^{\mathrm{T}}$,求 $\boldsymbol{A}$ 的特征值与特征向量.

61. 设矩阵

$$\boldsymbol{A}=\begin{bmatrix}3&2&2\\2&3&2\\2&2&3\end{bmatrix},\quad \boldsymbol{P}=\begin{bmatrix}0&1&0\\1&0&1\\0&0&1\end{bmatrix},\quad \boldsymbol{P}^{-1}\boldsymbol{A}^*\boldsymbol{P}=\boldsymbol{B}.$$

求 $\boldsymbol{B}+4\boldsymbol{I}$ 的特征值与特征向量,其中 $\boldsymbol{A}^*$ 为 $\boldsymbol{A}$ 的伴随矩阵.

62. 设 n 阶方阵 $\boldsymbol{A}=(a_{ij})_{n\times n}$,且 $\sum\limits_{j=1}^{n}|a_{ij}|<1,i=1,2,\cdots,n$,证明:$\boldsymbol{A}$ 的每一个特征值 λ 的绝对值 $|\lambda|<1$.

63. 设三阶方阵

$$\boldsymbol{A}=\begin{bmatrix}1&-1&1\\x&4&y\\-3&-3&5\end{bmatrix}$$

的二重特征值 $\lambda=2$ 对应有两个线性无关的特征向量.

(1) 求 x,y;

(2) 求 $\boldsymbol{P}$,使 $\boldsymbol{P}^{-1}\boldsymbol{A}\boldsymbol{P}=\boldsymbol{\Lambda}$.

64. 设 n 阶方阵 $\boldsymbol{A}$ 有 n 个相异的特征值,若有 n 阶矩阵 $\boldsymbol{B}$,使 $\boldsymbol{A}\boldsymbol{B}=\boldsymbol{B}\boldsymbol{A}$,则 $\boldsymbol{B}$ 可对角化.

65. 设 a_1,a_2 是 $A_{n\times n}$ 的两个不同特征值,且有

$$\operatorname{rank}(a_1\boldsymbol{I}-\boldsymbol{A})+\operatorname{rank}(a_2\boldsymbol{I}-\boldsymbol{A})=n.$$

证明:$\boldsymbol{A}$ 可以对角化.

66. 设 $\boldsymbol{A}^2=\boldsymbol{I}$,试证:$\boldsymbol{A}$ 的特征值只能为±1;若特征值都等于 1,则 $\boldsymbol{A}=\boldsymbol{I}$.

67. 若 $\boldsymbol{A}$,$\boldsymbol{B}$ 均为 n 阶方阵,且有一个可逆,证明:$\boldsymbol{A}\boldsymbol{B}$ 与 $\boldsymbol{B}\boldsymbol{A}$ 相似,且有相同的特征多项式.

68. 证明:幂等矩阵 $\boldsymbol{A}$(即 $\boldsymbol{A}^2=\boldsymbol{A}$)与对角矩阵相似,并且 $\boldsymbol{A}$ 相似于 $\operatorname{diag}(\boldsymbol{I}_r,\boldsymbol{0})$,其中 $\operatorname{rank}(\boldsymbol{A})=r$.

69. 若方阵 $\boldsymbol{A}\neq\boldsymbol{0}$,但 $\boldsymbol{A}^k=\boldsymbol{0}$($k$ 为某一正整数),则 $\boldsymbol{A}$ 不可能相似于对角矩阵.

70. 设 $\boldsymbol{x}$ 是 $\boldsymbol{A}$ 的特征向量,证明:$\boldsymbol{x}$ 也是 $f(\boldsymbol{A})$的特征向量(其中 $f(\boldsymbol{x})$为 $\boldsymbol{x}$ 的任一多项式). 对应于 $\boldsymbol{x}$ 的 $\boldsymbol{A}$ 的特征值和 $f(\boldsymbol{A})$的特征值有什么关系?

71. 设$\mathbb{R}^3$中有向量 $\boldsymbol{\alpha}=(x_1,x_2,x_3)$,线性变换定义为

$$\mathscr{A}(\boldsymbol{\alpha})=(-2x_2-2x_3,-2x_1+3x_2-x_3,-2x_1-x_2+3x_3).$$

求$\mathbb{R}^3$中的一组基,使 $\mathscr{A}$ 在该基下的矩阵为对角矩阵.

72. 在 $P[x]_2$ 中,设 $f(\boldsymbol{x})=k_1+k_2x+k_3x^2$,线性变换 $\mathscr{A}$ 为

$$\mathscr{A}[f(\boldsymbol{x})]=(k_2+k_3)+(k_1+k_3)x+(k_1+k_2)x^2.$$

(1) 试写出 $\mathscr{A}$ 在基 $1,x,x^2$ 下的矩阵 $\boldsymbol{A}$;

(2) 求 $P[x]_2$ 的一组基,使 $\boldsymbol{A}$ 在该基下的矩阵为对角矩阵.

73. 已知 $\boldsymbol{B}=\begin{bmatrix}1&1\\0&1\end{bmatrix}$,线性空间 $V=\{\boldsymbol{A}=(a_{ij})_{2\times2}\,|\,a_{11}+a_{22}=0,a_{ij}\in\mathbb{R}\}$的变换 $\mathscr{A}$ 为:$\mathscr{A}(\boldsymbol{A})=\boldsymbol{B}^{\mathrm{T}}\boldsymbol{A}-\boldsymbol{A}^{\mathrm{T}}\boldsymbol{B}(\boldsymbol{A}\in V)$.

(1) 验证:$\mathscr{A}$ 是线性变换;

(2) 求 V 的一组基,使 $\mathscr{A}$ 在该基下的矩阵为对角矩阵.

74. 设线性空间 V^n 的线性变换 $\mathscr{A}_1$ 与 $\mathscr{A}_2$ 满足

$$\mathscr{A}_1\mathscr{A}_2=\mathscr{A}_1+\mathscr{A}_2.$$

证明:(1) 1 不是 $\mathscr{A}_1$ 的特征值;

(2) 若 $\mathscr{A}_1$ 的 n 个特征值 $\lambda_1,\lambda_2,\cdots,\lambda_n$ 互不相同,则存在 V^n 的一组基,使 $\mathscr{A}_1$ 与 $\mathscr{A}_2$ 在该基下的矩阵都是对角矩阵.

75. 已知 n 阶矩阵 $\boldsymbol{A}$ 满足 $\boldsymbol{A}^2=k\boldsymbol{A}(k\neq 0)$,试证:$\boldsymbol{A}$ 相似于对角矩阵.

76. 设矩阵 $\boldsymbol{A}$ 和 $\boldsymbol{B}$ 相似,其中

$$\boldsymbol{A}=\begin{bmatrix}2&-1&0\\0&x&0\\1&-1&1\end{bmatrix},\quad \boldsymbol{B}=\begin{bmatrix}3&2&0\\-1&y&0\\-2&-2&1\end{bmatrix}.$$

(1) 求 x,y 的值;

(2) 证明:$\boldsymbol{A}$ 和 $\boldsymbol{B}$ 均可相似对角化.

77. 设 $\boldsymbol{A}$ 为一个 n 阶矩阵且满足 $\boldsymbol{A}^2-5\boldsymbol{A}+6\boldsymbol{I}=\boldsymbol{0}$,证明:$\boldsymbol{A}$ 相似于一个对角矩阵.

78. 设矩阵 $\boldsymbol{A}$ 满足方程 $\boldsymbol{A}^2-\boldsymbol{A}+2\boldsymbol{I}=\boldsymbol{0}$,问 $\boldsymbol{A}$ 可以对角化吗?为什么?将本题一般化有什么结论.

79. 设 $\boldsymbol{A}\in\mathbb{R}^{n\times n}$,$\boldsymbol{A}^2=\boldsymbol{A}$,且 $\operatorname{rank}(\boldsymbol{A})=r$.

(1) 证明 $\boldsymbol{A}$ 可对角化;

(2) 证明有 $\operatorname{tr}(\boldsymbol{A})=r$;

(3) 证明 $\mathbb{R}^n$ 可分解为 $\boldsymbol{A}$ 的两个特征子空间的直和;

(4) 求 $|2\boldsymbol{I}-\boldsymbol{A}|$.

80. 设 $\mathscr{A}_1,\mathscr{A}_2$ 是数域 $\mathbb{C}$ 上的线性空间 V^n 的线性变换,且 $\mathscr{A}_1\mathscr{A}_2=\mathscr{A}_2\mathscr{A}_1$,证明:如果 λ_0 是 $\mathscr{A}_1$ 的特征值,那么 V_{λ_0} 是 $\mathscr{A}_2$ 的不变子空间.

81. 已知 $\boldsymbol{e}_1,\boldsymbol{e}_2,\boldsymbol{e}_3,\boldsymbol{e}_4$ 是四维线性空间 V^4 的一组基,V^4 的线性变换 $\mathscr{A}$ 在这组基下的矩阵为

$$\boldsymbol{A}=\begin{bmatrix}1&0&2&1\\-1&2&1&3\\1&2&5&5\\2&-2&1&-2\end{bmatrix}.$$

(1) 求 $\mathscr{A}$ 在基 $\boldsymbol{e}'_1=\boldsymbol{e}_1-2\boldsymbol{e}_2+\boldsymbol{e}_4$,$\boldsymbol{e}'_2=3\boldsymbol{e}_2-\boldsymbol{e}_3-\boldsymbol{e}_4$,$\boldsymbol{e}'_3=\boldsymbol{e}_3+\boldsymbol{e}_4$,$\boldsymbol{e}'_4=2\boldsymbol{e}_4$ 下的矩阵;

(2) 求 $\mathscr{A}$ 的值域与核;

(3) 在 $\mathscr{A}$ 的核中选一组基,把它扩充成 V^4 的一组基,并求 $\mathscr{A}$ 在这组基下的矩阵;

(4) 在 $\mathscr{A}$ 的值域中选一组基,把它扩充成 V^4 的一组基,并求 $\mathscr{A}$ 在这组基下的矩阵.

82. 设 $\mathscr{A},\mathscr{B}$ 是 $\mathbb{R}^3$ 的两个线性变换,满足

$$\mathscr{A}[(a_1,a_2,a_3)]=(a_1+a_2+a_3,0,0),\qquad \mathscr{B}[(a_1,a_2,a_3)]=(a_2,a_3,a_1).$$

试证:$\mathscr{A}+\mathscr{B}$ 的像子空间(值域)是 $\mathbb{R}^3$,即 $(\mathscr{A}+\mathscr{B})(\mathbb{R}^3)=\mathbb{R}^3$.

83. 设 $\mathscr{A}$ 是 $\mathbb{R}^3$ 的线性变换,定义为 $\mathscr{A}[(a_1,a_2,a_3)]=(0,a_1,a_2)$,求 $\mathscr{A}^2$ 的像子空间 $R(\mathscr{A}^2)$(值域)与核子空间 $N(\mathscr{A}^2)$ 的基与维数.

84. 设 $\mathscr{A}^2=\mathscr{A}$,$\mathscr{B}^2=\mathscr{B}$,证明:

(1) $\mathscr{A}$ 与 $\mathscr{B}$ 有相同的值域 $\Leftrightarrow\mathscr{A}\mathscr{B}=\mathscr{B},\mathscr{B}\mathscr{A}=\mathscr{A}$;

(2) $\mathscr{A}$ 与 $\mathscr{B}$ 有相同的核 $\Leftrightarrow\mathscr{A}\mathscr{B}=\mathscr{A},\mathscr{B}\mathscr{A}=\mathscr{B}$.

85. 设 n 维线性空间 V 的一个线性变换 $\mathscr{A}$ 有 n 个不同的特征值,证明 $\mathscr{A}$ 共有 2^n 个不变子空间.

86. 设 V 是数域 P 上的 n 维线性空间,$\mathscr{A}$ 是 V 上的线性变换,$\mathscr{A}$ 在基 $\boldsymbol{\alpha}_1,\boldsymbol{\alpha}_2,\cdots,\boldsymbol{\alpha}_n$ 下的矩阵是

$$\boldsymbol{A}=\begin{bmatrix}3&1&0&\cdots&0&0\\0&3&1&\cdots&0&0\\0&0&3&\cdots&0&0\\\vdots&\vdots&\vdots&&\vdots&\vdots\\0&0&0&\cdots&3&1\\0&0&0&\cdots&0&3\end{bmatrix}.$$

(1) 证明：如果 $\boldsymbol{\alpha}_n$ 属于 $\mathscr{A}$ 的不变子空间 W，那么 $W=V$；

(2) 证明：$\boldsymbol{\alpha}_1$ 属于 $\mathscr{A}$ 的任意一个非零不变子空间；

(3) 证明：V 不能分解成 $\mathscr{A}$ 的两个非凡不变子空间的直和；

(4) 求 $\mathscr{A}$ 的所有不变子空间.

1.2 内积空间上的等积变换

在线性空间中，向量之间的运算只有加法和数乘，统称为线性运算. 但是，如果以解析几何中三维几何空间 $\mathbb{R}^3$ 作为线性空间的一个模型，我们会发现，$\mathbb{R}^3$ 中诸如向量的长度、两个向量的夹角等度量概念在线性空间的理论中还未得到反映，而这些度量性质在很多实际问题(包括几何问题)中却是很关键的. 因此，有必要在一般的线性空间中引进内积运算，从而导出内积空间的概念.

本节重点讨论实数域上的内积空间(即欧氏空间)以及几种重要的线性变换及其矩阵，其中有正交变换(包括初等旋转变换和镜像变换)与正交矩阵、对称变换与对称矩阵等. 同时，对复数域上的内积空间(即酉空间)以及酉变换、埃尔米特(Hermite)变换、正交投影变换等也将作简单介绍.

1.2.1 内积空间

在解析几何中，向量的长度与夹角等度量性质都可通过数量积(又称点积)来表达. 假设 $\boldsymbol{\alpha},\boldsymbol{\beta}$ 是 $\mathbb{R}^3$ 中过原点的两个向量，则它们的数量积为

$$(\boldsymbol{\alpha},\boldsymbol{\beta})=\boldsymbol{\alpha}\cdot\boldsymbol{\beta}=|\boldsymbol{\alpha}||\boldsymbol{\beta}|\cos\theta=x_1x_2+y_1y_2+z_1z_2, \tag{1.2.1}$$

其中 θ 是 $\boldsymbol{\alpha}$ 与 $\boldsymbol{\beta}$ 的夹角，(x_1,y_1,z_1)，(x_2,y_2,z_2) 分别是 $\boldsymbol{\alpha},\boldsymbol{\beta}$ 的坐标.

容易看出，式(1.2.1)定义的数量积具有如下的代数性质：

(1) 对称性 $(\boldsymbol{\alpha},\boldsymbol{\beta})=(\boldsymbol{\beta},\boldsymbol{\alpha})$；

(2) 可加性 $(\boldsymbol{\alpha}_1+\boldsymbol{\alpha}_2,\boldsymbol{\beta})=(\boldsymbol{\alpha}_1,\boldsymbol{\beta})+(\boldsymbol{\alpha}_2,\boldsymbol{\beta})$；

(3) 齐次性 $(k\boldsymbol{\alpha},\boldsymbol{\beta})=k(\boldsymbol{\alpha},\boldsymbol{\beta})$，$k$ 为任何实数；

(4) 非负性 $(\boldsymbol{\alpha},\boldsymbol{\alpha})\geqslant 0$；当且仅当 $\boldsymbol{\alpha}=\mathbf{0}$ 时，$(\boldsymbol{\alpha},\boldsymbol{\alpha})=0$.

有了数量积的概念，向量的长度和夹角就可表示为

$$|\boldsymbol{\alpha}|=\sqrt{(\boldsymbol{\alpha},\boldsymbol{\alpha})},$$

$$\cos\theta=\frac{(\boldsymbol{\alpha},\boldsymbol{\beta})}{|\boldsymbol{\alpha}||\boldsymbol{\beta}|}.$$

可见数量积的概念蕴含着长度和夹角的概念. 因此，为了给抽象的线性空间引进长度、夹角等度量，我们可先以数量积所具备的 4 条代数性质为依据，在抽象的线性空间中引入与数量积相类似的概念，这就是内积的概念，并把定义了内积的线性空间叫作内积空间. 不过，关于内积的定义要区别一下实数域和复数域，从而引出欧氏空间与酉空间.

1. 内积与欧几里得空间

定义 1.2.1 设 V 是实数域 $\mathbb{R}$ 上的线性空间，对于 V 中任意两个向量 $\boldsymbol{x},\boldsymbol{y}$($\boldsymbol{y}$ 可以等于

$\boldsymbol{x}$)，如能给定某种规则使 $\boldsymbol{x}$ 与 $\boldsymbol{y}$ 对应着一个实数，记为$(\boldsymbol{x},\boldsymbol{y})$，并且满足以下条件：

(1) $(\boldsymbol{x},\boldsymbol{y})=(\boldsymbol{y},\boldsymbol{x})$；

(2) $(\boldsymbol{x}+\boldsymbol{y},\boldsymbol{z})=(\boldsymbol{x},\boldsymbol{z})+(\boldsymbol{y},\boldsymbol{z})$；

(3) $(k\boldsymbol{x},\boldsymbol{y})=k(\boldsymbol{x},\boldsymbol{y}),\forall k\in\mathbb{R}$；

(4) $(\boldsymbol{x},\boldsymbol{x})\geqslant 0$，当且仅当 $\boldsymbol{x}=\boldsymbol{0}$ 时，$(\boldsymbol{x},\boldsymbol{x})=0$；

则称该实数$(\boldsymbol{x},\boldsymbol{y})$是向量 $\boldsymbol{x}$ 与 $\boldsymbol{y}$ 的**内积**.

如此定义了内积的实线性空间 V 叫作欧几里得(Euclid)**空间**，简称**欧氏空间**(或**实内积空间**).

显然，欧氏空间与实线性空间的差别在于欧氏空间比实线性空间多定义了内积，或者说欧氏空间是一个特殊的实线性空间.

例如，在 n 维向量空间$\mathbb{R}^n$中，对于任意两个向量 $\boldsymbol{x}=(a_1,a_2,\cdots,a_n)$，$\boldsymbol{y}=(b_1,b_2,\cdots,b_n)$，我们规定

$$(\boldsymbol{x},\boldsymbol{y})=a_1b_1+a_2b_2+\cdots+a_nb_n=\sum_{k=1}^{n}a_kb_k. \tag{1.2.2}$$

不难验证，这样确定的实数满足内积的 4 个条件，所以式(1.2.2)是$\mathbb{R}^n$中的内积，且是$\mathbb{R}^n$中最常用的内积定义. 从而$\mathbb{R}^n$是 n 维的欧氏空间.

例 1.2.1　闭区间$[a,b]$$(b>a)$上的实连续函数的全体按通常意义的加法和数乘运算构成无穷维线性空间 $C[a,b]$. 对于函数 $f(x),g(x)\in C[a,b]$，定义内积

$$(f,g)=\int_a^b f(x)g(x)\mathrm{d}x,$$

则 $C[a,b]$构成欧氏空间(无穷维的).

事实上，对于连续函数 $f(x),g(x)$，$\int_a^b f(x)g(x)\mathrm{d}x$ 是唯一确定的实数. 同时，满足

(1) $(f,g)=\int_a^b f(x)g(x)\mathrm{d}x=\int_a^b g(x)f(x)\mathrm{d}x=(g,f)$；

(2) $(kf,g)=\int_a^b kf(x)g(x)\mathrm{d}x=k\int_a^b f(x)g(x)\mathrm{d}x=k(f,g)$；

(3) $$(f+g,h)=\int_a^b (f(x)+g(x))h(x)\mathrm{d}x$$
$$=\int_a^b f(x)h(x)\mathrm{d}x+\int_a^b g(x)h(x)\mathrm{d}x=(f,h)+(g,h);$$

(4) $(f,f)=\int_a^b [f(x)]^2\mathrm{d}x\geqslant 0$，且$\int_a^b f^2(x)\mathrm{d}x=0$ 的充要条件为 $f(x)\equiv 0$. 因此 $C[a,b]$ 是欧氏空间.

从内积的定义，我们容易得到它的下面各基本性质：

(1) $(\boldsymbol{x},k\boldsymbol{y})=k(\boldsymbol{x},\boldsymbol{y})$；

(2) $(\boldsymbol{x},\boldsymbol{y}+\boldsymbol{z})=(\boldsymbol{x},\boldsymbol{y})+(\boldsymbol{x},\boldsymbol{z})$；

(3) $(\boldsymbol{x},\boldsymbol{0})=(\boldsymbol{0},\boldsymbol{x})=0$；

(4) $$\left(\sum_{i=1}^{n}\lambda_i\boldsymbol{x}_i,\sum_{j=1}^{m}\mu_j\boldsymbol{y}_j\right)=\sum_{i=1}^{n}\sum_{j=1}^{m}\lambda_i\mu_j(\boldsymbol{x}_i,\boldsymbol{y}_j). \tag{1.2.3}$$

因为由定义 1.2.1 有

$$(\boldsymbol{x},k\boldsymbol{y})=(k\boldsymbol{y},\boldsymbol{x})=k(\boldsymbol{y},\boldsymbol{x})=k(\boldsymbol{x},\boldsymbol{y});$$

$$(\boldsymbol{x},\boldsymbol{y}+\boldsymbol{z})=(\boldsymbol{y}+\boldsymbol{z},\boldsymbol{x})=(\boldsymbol{y},\boldsymbol{x})+(\boldsymbol{z},\boldsymbol{x})=(\boldsymbol{x},\boldsymbol{y})+(\boldsymbol{x},\boldsymbol{z});$$

$$(\boldsymbol{x},\boldsymbol{0})=(\boldsymbol{x},0\boldsymbol{y})=0(\boldsymbol{x},\boldsymbol{y})=0;$$

故性质(1)～性质(3)成立,再用数学归纳法不难证明性质(4)也成立.

1) 向量的长度与夹角

与三维几何空间$\mathbb{R}^3$类似,欧氏空间中抽象向量的长度(模)、夹角等度量可用内积来表示.

定义 1.2.2 非负实数$\sqrt{(\boldsymbol{x},\boldsymbol{x})}$叫作向量 $\boldsymbol{x}$ 的**长度**或**模**,记为$|\boldsymbol{x}|$.长度等于 1 的向量叫作**单位向量**.零向量的长度为 0.

这样定义的长度$|\boldsymbol{x}|$具有通常的性质:$|k\boldsymbol{x}|=|k||\boldsymbol{x}|$,而且$|\boldsymbol{x}|=0$ 的充要条件是 $\boldsymbol{x}=\boldsymbol{0}$.

事实上,$|k\boldsymbol{x}|=\sqrt{(k\boldsymbol{x},k\boldsymbol{x})}=\sqrt{k^2(\boldsymbol{x},\boldsymbol{x})}=|k||\boldsymbol{x}|$,而且

$$|\boldsymbol{x}|=0\Leftrightarrow(\boldsymbol{x},\boldsymbol{x})=0\Leftrightarrow\boldsymbol{x}=\boldsymbol{0}.$$

任何一个非零向量总可以化成单位向量.因为对于任何 $\boldsymbol{x}\neq\boldsymbol{0}$,总有

$$\left|\frac{\boldsymbol{x}}{|\boldsymbol{x}|}\right|=\frac{1}{|\boldsymbol{x}|}|\boldsymbol{x}|=1,$$

也就是说,$\dfrac{\boldsymbol{x}}{|\boldsymbol{x}|}$是一个单位向量,即用向量 $\boldsymbol{x}$ 的长度$|\boldsymbol{x}|$去除 $\boldsymbol{x}$,得到一个与 $\boldsymbol{x}$ 同方向的单位向量.通常称此过程为把 $\boldsymbol{x}$ **单位化**或**规范化**.

在解析几何中,两个非零向量 $\boldsymbol{x},\boldsymbol{y}$ 的夹角$\langle\boldsymbol{x},\boldsymbol{y}\rangle$的余弦,可通过数量积(即内积)来表示

$$\cos\langle\boldsymbol{x},\boldsymbol{y}\rangle=\frac{(\boldsymbol{x},\boldsymbol{y})}{|\boldsymbol{x}||\boldsymbol{y}|}.\tag{1.2.4}$$

为了在抽象的欧氏空间中也能利用式(1.2.4)引入向量夹角的概念,我们必须证明不等式

$$\left|\frac{(\boldsymbol{x},\boldsymbol{y})}{|\boldsymbol{x}||\boldsymbol{y}|}\right|\leqslant 1,$$

即

$$|(\boldsymbol{x},\boldsymbol{y})|\leqslant|\boldsymbol{x}||\boldsymbol{y}|\tag{1.2.5}$$

对任意两个向量 $\boldsymbol{x},\boldsymbol{y}$ 均成立,且式(1.2.5)当且仅当 $\boldsymbol{x},\boldsymbol{y}$ 线性相关时,等号才成立.式(1.2.5)就是所谓**柯西-施瓦茨**(Cauchy-Schwarz)**不等式**,又称为柯西-布涅柯夫斯基(Бунияковскии)不等式.

事实上,$\boldsymbol{x}$ 与 $\boldsymbol{y}$ 有一个为零向量时,结论是显然的.现设 $\boldsymbol{x},\boldsymbol{y}$ 都是非零向量,令 $\boldsymbol{u}=\boldsymbol{x}+t\boldsymbol{y}$,$t$ 为实数域中任一数,则

$$(\boldsymbol{u},\boldsymbol{u})=(\boldsymbol{x}+t\boldsymbol{y},\boldsymbol{x}+t\boldsymbol{y})=(\boldsymbol{y},\boldsymbol{y})t^2+2(\boldsymbol{x},\boldsymbol{y})t+(\boldsymbol{x},\boldsymbol{x})\geqslant 0.$$

回忆初等代数中的知识,即如果实系数二次三项式

$$at^2+2bt+c,\qquad a>0,$$

对于任意实数 t 它都取非负值,则其系数之间必有判别式

$$\Delta=b^2-ac\leqslant 0.$$

取 $a=(\boldsymbol{y},\boldsymbol{y}),b=(\boldsymbol{x},\boldsymbol{y}),c=(\boldsymbol{x},\boldsymbol{x})$,得

$$(\boldsymbol{x},\boldsymbol{y})^2\leqslant(\boldsymbol{x},\boldsymbol{x})(\boldsymbol{y},\boldsymbol{y}),$$

即

$$(\boldsymbol{x},\boldsymbol{y})^2\leqslant|\boldsymbol{x}|^2|\boldsymbol{y}|^2,$$

从而有

$$|(\boldsymbol{x},\boldsymbol{y})|\leqslant|\boldsymbol{x}||\boldsymbol{y}|.$$

等号成立的充要条件是$\boldsymbol{u}=\boldsymbol{0}$，即$\boldsymbol{x}$与$\boldsymbol{y}$线性相关.

定义 1.2.3　非零向量$\boldsymbol{x}$与$\boldsymbol{y}$的夹角$\langle\boldsymbol{x},\boldsymbol{y}\rangle$规定为

$$\langle\boldsymbol{x},\boldsymbol{y}\rangle=\arccos\frac{(\boldsymbol{x},\boldsymbol{y})}{|\boldsymbol{x}||\boldsymbol{y}|},\qquad 0\leqslant\langle\boldsymbol{x},\boldsymbol{y}\rangle\leqslant\pi. \tag{1.2.6}$$

这个定义在形式上与解析几何中夹角的定义是完全一致的.

柯西-施瓦茨不等式(1.2.5)的几何解释是$\langle\boldsymbol{x},\boldsymbol{y}\rangle$满足

$$|\cos\langle\boldsymbol{x},\boldsymbol{y}\rangle|\leqslant 1.$$

作为它的应用，请看下面的例子.

例 1.2.2　对于欧氏空间$\mathbb{R}^n$规定内积$(\boldsymbol{x},\boldsymbol{y})=\sum\limits_{i=1}^{n}x_iy_i$后，式(1.2.5)成为

$$\left|\sum_{i=1}^{n}x_iy_i\right|\leqslant\sqrt{\sum_{i=1}^{n}x_i^2}\sqrt{\sum_{i=1}^{n}y_i^2}. \tag{1.2.7}$$

对于欧氏空间$C[a,b]$，式(1.2.5)成为

$$\left|\int_a^b f(x)g(x)\mathrm{d}x\right|\leqslant\sqrt{\int_a^b f^2(x)\mathrm{d}x}\sqrt{\int_a^b g^2(x)\mathrm{d}x}. \tag{1.2.8}$$

不等式(1.2.7)和(1.2.8)都是数学史上著名的不等式，其中式(1.2.8)又叫作**施瓦茨不等式**.

例 1.2.3　由柯西-施瓦茨不等式(1.2.5)又可推出如下的三角不等式

$$|\boldsymbol{x}+\boldsymbol{y}|\leqslant|\boldsymbol{x}|+|\boldsymbol{y}|. \tag{1.2.9}$$

事实上，因为

$$|\boldsymbol{x}+\boldsymbol{y}|^2=(\boldsymbol{x}+\boldsymbol{y},\boldsymbol{x}+\boldsymbol{y})=(\boldsymbol{x},\boldsymbol{x})+2(\boldsymbol{x},\boldsymbol{y})+(\boldsymbol{y},\boldsymbol{y}),$$

利用式(1.2.5)便得

$$(\boldsymbol{x},\boldsymbol{x})+2(\boldsymbol{x},\boldsymbol{y})+(\boldsymbol{y},\boldsymbol{y})\leqslant(\boldsymbol{x},\boldsymbol{x})+2\sqrt{(\boldsymbol{x},\boldsymbol{x})}\sqrt{(\boldsymbol{y},\boldsymbol{y})}+(\boldsymbol{y},\boldsymbol{y}),$$

于是有

$$|\boldsymbol{x}+\boldsymbol{y}|^2\leqslant(|\boldsymbol{x}|+|\boldsymbol{y}|)^2,$$

两边开方，便得式(1.2.9).

不等式(1.2.9)之所以被称为三角不等式，用三维空间向量解释，它表明三角形两边长之和不小于第三边长的事实.

不等式(1.2.9)还可推广到多个向量的情形，即

$$|\boldsymbol{x}+\boldsymbol{y}+\cdots+\boldsymbol{z}|\leqslant|\boldsymbol{x}|+|\boldsymbol{y}|+\cdots+|\boldsymbol{z}|. \tag{1.2.10}$$

由式(1.2.9)又可派生出以下两个不等式：

$$|\boldsymbol{x}-\boldsymbol{y}|\geqslant|\boldsymbol{x}|-|\boldsymbol{y}|;$$
$$|\boldsymbol{x}-\boldsymbol{z}|\leqslant|\boldsymbol{x}-\boldsymbol{y}|+|\boldsymbol{y}-\boldsymbol{z}|.$$

以后我们把$|\boldsymbol{x}-\boldsymbol{y}|$称为向量$\boldsymbol{x}$与$\boldsymbol{y}$之间的距离.

2) 度量矩阵

这里将研究欧氏空间中向量的内积如何通过坐标来计算的问题，从而引出度量矩阵的概念.

假定 $\boldsymbol{e}_1,\boldsymbol{e}_2,\cdots,\boldsymbol{e}_n$ 是 n 维欧氏空间 V^n 的基. 对于 V^n 的任意两个向量

$$\boldsymbol{x}=x_1\boldsymbol{e}_1+x_2\boldsymbol{e}_2+\cdots+x_n\boldsymbol{e}_n,$$
$$\boldsymbol{y}=y_1\boldsymbol{e}_1+y_2\boldsymbol{e}_2+\cdots+y_n\boldsymbol{e}_n,$$

由内积性质(1.2.3)可得

$$(\boldsymbol{x},\boldsymbol{y})=\left(\sum_{i=1}^{n}x_i\boldsymbol{e}_i,\sum_{j=1}^{n}y_j\boldsymbol{e}_j\right)=\sum_{i,j=1}^{n}x_iy_j(\boldsymbol{e}_i,\boldsymbol{e}_j).$$

令 $a_{ij}=(\boldsymbol{e}_i,\boldsymbol{e}_j)(i,j=1,2,\cdots,n)$,并构造矩阵和列向量

$$\boldsymbol{A}=(a_{ij})=\begin{bmatrix}(\boldsymbol{e}_1,\boldsymbol{e}_1) & (\boldsymbol{e}_1,\boldsymbol{e}_2) & \cdots & (\boldsymbol{e}_1,\boldsymbol{e}_n)\\(\boldsymbol{e}_2,\boldsymbol{e}_1) & (\boldsymbol{e}_2,\boldsymbol{e}_2) & \cdots & (\boldsymbol{e}_2,\boldsymbol{e}_n)\\\vdots & \vdots & & \vdots\\(\boldsymbol{e}_n,\boldsymbol{e}_1) & (\boldsymbol{e}_n,\boldsymbol{e}_2) & \cdots & (\boldsymbol{e}_n,\boldsymbol{e}_n)\end{bmatrix}, \tag{1.2.11}$$

$$\boldsymbol{X}=(x_1,x_2,\cdots,x_n)^{\mathrm{T}},\qquad \boldsymbol{Y}=(y_1,y_2,\cdots,y_n)^{\mathrm{T}},$$

于是内积$(\boldsymbol{x},\boldsymbol{y})$可表示成:

$$(\boldsymbol{x},\boldsymbol{y})=\boldsymbol{X}^{\mathrm{T}}\boldsymbol{A}\boldsymbol{Y}, \tag{1.2.12}$$

我们把式(1.2.11)中的 $\boldsymbol{A}\in\mathbb{R}^{n\times n}$ 叫作基 $\boldsymbol{e}_1,\boldsymbol{e}_2,\cdots,\boldsymbol{e}_n$ 的**度量矩阵**,又叫作**格拉姆(Gram)矩阵**.

式(1.2.12)表明,向量 $\boldsymbol{x}$ 与 $\boldsymbol{y}$ 的内积可由 $\boldsymbol{x},\boldsymbol{y}$ 在某基下的坐标和度量矩阵来表示,因此,度量矩阵完全确定了内积. 向量的长度与夹角等这些度量又可用内积来刻画,所以这就是度量矩阵的名词的涵义.

度量矩阵具有如下性质:

(1) 度量矩阵是对称正定矩阵.

事实上,因为$(\boldsymbol{e}_i,\boldsymbol{e}_j)=(\boldsymbol{e}_j,\boldsymbol{e}_i)(i,j=1,2,\cdots,n)$,所以有 $a_{ij}=a_{ji}(i,j=1,2,\cdots,n)$,即 $\boldsymbol{A}$ 是对称矩阵;又因为对任意向量 $\boldsymbol{x}\neq\boldsymbol{0}$,从而 $\boldsymbol{X}\neq\boldsymbol{0}$. 由式(1.2.12)知$(\boldsymbol{x},\boldsymbol{x})=\boldsymbol{X}^{\mathrm{T}}\boldsymbol{A}\boldsymbol{X}>0$,故 $\boldsymbol{A}$ 是正定矩阵.

正因为如此,我们常常用任意正定矩阵作为度量矩阵来规定内积.

(2) 两组不同基的度量矩阵是不同的,但它们是相合的.

事实上,设 $\boldsymbol{e}_1,\boldsymbol{e}_2,\cdots,\boldsymbol{e}_n$ 和 $\boldsymbol{e}'_1,\boldsymbol{e}'_2,\cdots,\boldsymbol{e}'_n$ 是 V^n 的两组基,这两组基的度量矩阵分别是 $\boldsymbol{A}$ 和 $\boldsymbol{B}$,且由 $\boldsymbol{e}_1,\boldsymbol{e}_2,\cdots,\boldsymbol{e}_n$ 到 $\boldsymbol{e}'_1,\boldsymbol{e}'_2,\cdots,\boldsymbol{e}'_n$ 的过渡矩阵为 $\boldsymbol{C}$,即

$$(\boldsymbol{e}'_1,\boldsymbol{e}'_2,\cdots,\boldsymbol{e}'_n)=(\boldsymbol{e}_1,\boldsymbol{e}_2,\cdots,\boldsymbol{e}_n)\boldsymbol{C},$$

则 V_n 中任意两个向量 $\boldsymbol{x},\boldsymbol{y}$ 的内积可分别表示为

$$(\boldsymbol{x},\boldsymbol{y})=\boldsymbol{X}^{\mathrm{T}}\boldsymbol{A}\boldsymbol{Y},\qquad (\boldsymbol{x},\boldsymbol{y})=\boldsymbol{X}'^{\mathrm{T}}\boldsymbol{B}\boldsymbol{Y}',$$

其中 $\boldsymbol{X}$ 和 $\boldsymbol{X}'$ 分别是 $\boldsymbol{x}$ 在基 $\boldsymbol{e}_1,\boldsymbol{e}_2,\cdots,\boldsymbol{e}_n$ 和 $\boldsymbol{e}'_1,\boldsymbol{e}'_2,\cdots,\boldsymbol{e}'_n$ 下的坐标列向量;$\boldsymbol{Y}$ 和 $\boldsymbol{Y}'$ 分别是 $\boldsymbol{y}$ 在基 $\boldsymbol{e}_1,\boldsymbol{e}_2,\cdots,\boldsymbol{e}_n$ 和 $\boldsymbol{e}'_1,\boldsymbol{e}'_2,\cdots,\boldsymbol{e}'_n$ 下的坐标列向量.

根据坐标变换公式(1.1.5),有

$$\boldsymbol{X}=\boldsymbol{C}\boldsymbol{X}',\qquad \boldsymbol{Y}=\boldsymbol{C}\boldsymbol{Y}',$$

于是

$$(\boldsymbol{x},\boldsymbol{y})=\boldsymbol{X}^{\mathrm{T}}\boldsymbol{A}\boldsymbol{Y}=\boldsymbol{X}'^{\mathrm{T}}\boldsymbol{C}^{\mathrm{T}}\boldsymbol{A}\boldsymbol{C}\boldsymbol{Y}'=\boldsymbol{X}'^{\mathrm{T}}\boldsymbol{B}\boldsymbol{Y}'$$

对任意 $\boldsymbol{X}'$ 和 $\boldsymbol{Y}'$ 都成立，故得

$$\boldsymbol{B}=\boldsymbol{C}^{\mathrm{T}}\boldsymbol{A}\boldsymbol{C},$$

这就是说，不同基的度量矩阵是相合的.

3）正交性

(1) 正交的概念

在解析几何中，两个非零向量正交的充要条件是它们夹角的余弦为零，亦即它们的数量积为零. 内积既然是数量积的推广，而且欧氏空间中两向量夹角的余弦仍以内积来定义，即 $\cos\langle\boldsymbol{x},\boldsymbol{y}\rangle=\dfrac{(\boldsymbol{x},\boldsymbol{y})}{|\boldsymbol{x}||\boldsymbol{y}|}$，因而在欧氏空间中也可以借助内积来定义正交的概念.

定义 1.2.4 设 $\boldsymbol{x},\boldsymbol{y}$ 为欧氏空间的两个向量，如果 $(\boldsymbol{x},\boldsymbol{y})=0$，则说 $\boldsymbol{x}$ 与 $\boldsymbol{y}$ **正交**，记为 $\boldsymbol{x}\perp\boldsymbol{y}$.

由 $(\boldsymbol{x},\boldsymbol{y})=0$ 可知 $(\boldsymbol{y},\boldsymbol{x})=0$，所以 $\boldsymbol{x}$ 与 $\boldsymbol{y}$ 正交，$\boldsymbol{y}$ 与 $\boldsymbol{x}$ 也正交. 零向量与任何向量(包括与它自己)正交. 如果 $\boldsymbol{x}\neq\boldsymbol{0}$，由于 $(\boldsymbol{x},\boldsymbol{x})>0$，所以非零向量不会与自身正交，换言之，与自身正交的向量只能是零向量.

定理 1.2.1 如果向量 $\boldsymbol{x}$ 与 $\boldsymbol{y}$ 正交，则有

$$|\boldsymbol{x}+\boldsymbol{y}|^2=|\boldsymbol{x}|^2+|\boldsymbol{y}|^2. \tag{1.2.13}$$

证明 因为 $|\boldsymbol{x}+\boldsymbol{y}|^2=(\boldsymbol{x}+\boldsymbol{y},\boldsymbol{x}+\boldsymbol{y})=(\boldsymbol{x},\boldsymbol{x})+2(\boldsymbol{x},\boldsymbol{y})+(\boldsymbol{y},\boldsymbol{y})$，而 $(\boldsymbol{x},\boldsymbol{y})=0$，所以

$$|\boldsymbol{x}+\boldsymbol{y}|^2=(\boldsymbol{x},\boldsymbol{x})+(\boldsymbol{y},\boldsymbol{y})=|\boldsymbol{x}|^2+|\boldsymbol{y}|^2.$$

证毕

对于二维空间，以上定理即是通常的商高定理：直角三角形两直角边平方和等于斜边平方.

例 1.2.4 在 $\mathbb{R}^2$ 中，现给出两种不同的内积定义：

$$(\boldsymbol{x},\boldsymbol{y})_1=\boldsymbol{x}^{\mathrm{T}}\boldsymbol{y},\qquad \forall\,\boldsymbol{x},\boldsymbol{y}\in\mathbb{R}^2,$$

$$(\boldsymbol{x},\boldsymbol{y})_2=\boldsymbol{x}^{\mathrm{T}}\boldsymbol{A}\boldsymbol{y},\qquad \forall\,\boldsymbol{x},\boldsymbol{y}\in\mathbb{R}^2,$$

其中

$$\boldsymbol{A}=\begin{bmatrix}1&1\\1&2\end{bmatrix}.$$

由于在同一个线性空间 $\mathbb{R}^2$ 里有两种不同的内积定义(其中 $(\boldsymbol{x},\boldsymbol{y})_1$ 是常用的)，因此由 $\mathbb{R}^2$ 产生两个欧氏空间，分别记为 $\mathbb{R}_1^2$ 与 $\mathbb{R}_2^2$.

问：向量 $\boldsymbol{x}_0=(1,1)^{\mathrm{T}},\boldsymbol{y}_0=(-1,1)^{\mathrm{T}}$ 在这两个欧氏空间中是否正交？

解 由于

$$(\boldsymbol{x}_0,\boldsymbol{y}_0)_1=(1,1)(-1,1)^{\mathrm{T}}=0,$$

$$(\boldsymbol{x}_0,\boldsymbol{y}_0)_2=(1,1)\begin{bmatrix}1&1\\1&2\end{bmatrix}\begin{bmatrix}-1\\1\end{bmatrix}=1,$$

故 $\boldsymbol{x}_0,\boldsymbol{y}_0$ 在 $\mathbb{R}_1^2$ 中正交，而在 $\mathbb{R}_2^2$ 中不正交.

此例表明，向量正交与否，与该欧氏空间的内积如何定义有关.

下面再把正交的概念推广到多个向量的情形.

定义 1.2.5 欧氏空间中一组非零向量，如果它们两两正交，则称其为一个**正交向量组**.

若 $\boldsymbol{x}_1,\boldsymbol{x}_2,\cdots,\boldsymbol{x}_m$ 是正交向量组，则有

$$|\boldsymbol{x}_1+\boldsymbol{x}_2+\cdots+\boldsymbol{x}_m|^2=|\boldsymbol{x}_1|^2+|\boldsymbol{x}_2|^2+\cdots+|\boldsymbol{x}_m|^2. \tag{1.2.14}$$

定理 1.2.2 如果 $\boldsymbol{x}_1,\boldsymbol{x}_2,\cdots,\boldsymbol{x}_m$ 是一组两两正交的非零向量,则它们必是线性无关的.

证明 假定它们之间有线性关系

$$k_1\boldsymbol{x}_1+k_2\boldsymbol{x}_2+\cdots+k_m\boldsymbol{x}_m=\boldsymbol{0},$$

下面要证明一切 $k_i(i=1,2,\cdots,m)$都必须为零.为此,用 $\boldsymbol{x}_i(i=1,2,\cdots,m)$与上式两端作内积,得

$$(\boldsymbol{x}_i,k_1\boldsymbol{x}_1+k_2\boldsymbol{x}_2+\cdots+k_m\boldsymbol{x}_m)=0,$$

即

$$k_1(\boldsymbol{x}_i,\boldsymbol{x}_1)+k_2(\boldsymbol{x}_i,\boldsymbol{x}_2)+\cdots+k_m(\boldsymbol{x}_i,\boldsymbol{x}_m)=0.$$

由于 $i\neq j$ 时,$(\boldsymbol{x}_i,\boldsymbol{x}_j)=0$,故最后得

$$k_i(\boldsymbol{x}_i,\boldsymbol{x}_i)=0,\qquad i=1,2,\cdots,m.$$

但 $\boldsymbol{x}_i$ 是非零向量,有$(\boldsymbol{x}_i,\boldsymbol{x}_i)>0$,故必有

$$k_i=0,\qquad i=1,2,\cdots,m.$$

所以,$\boldsymbol{x}_1,\boldsymbol{x}_2,\cdots,\boldsymbol{x}_m$ 线性无关. 证毕

反之,从一组线性无关的向量出发,必可构造出一组相同个数等价的两两正交的向量,并且还可使每个新向量的长度(模)等于1(即单位向量).这种做法叫作线性无关向量组的**正交规范化**,常用的方法是如下的施密特(Schmidt)方法.

(2) 施密特正交化方法

设 $\boldsymbol{x}_1,\boldsymbol{x}_2,\cdots,\boldsymbol{x}_n$ 是一组线性无关的向量.施密特正交规范化步骤是先把它们正交化,具体步骤为:

第一步 取 $\boldsymbol{y}'_1=\boldsymbol{x}_1$ 作为正交向量组中的第一个向量.

第二步 令 $\boldsymbol{y}'_2=\boldsymbol{x}_2+k_{21}\boldsymbol{y}'_1$,由正交条件$(\boldsymbol{y}'_2,\boldsymbol{y}'_1)=0$ 来决定待定常数 k_{21}.由

$$(\boldsymbol{x}_2+k_{21}\boldsymbol{y}'_1,\boldsymbol{y}'_1)=(\boldsymbol{x}_2,\boldsymbol{y}'_1)+k_{21}(\boldsymbol{y}'_1,\boldsymbol{y}'_1)=0,$$

得

$$k_{21}=-\frac{(\boldsymbol{x}_2,\boldsymbol{y}'_1)}{(\boldsymbol{y}'_1,\boldsymbol{y}'_1)},$$

这样就得两个正交的向量 $\boldsymbol{y}'_1,\boldsymbol{y}'_2$.

第三步 又令 $\boldsymbol{y}'_3=\boldsymbol{x}_3+k_{31}\boldsymbol{y}'_2+k_{32}\boldsymbol{y}'_1$,再由正交条件$(\boldsymbol{y}'_3,\boldsymbol{y}'_2)=0$ 及$(\boldsymbol{y}'_3,\boldsymbol{y}'_1)=0$ 来决定出 k_{31},k_{32}:

$$k_{31}=-\frac{(\boldsymbol{x}_3,\boldsymbol{y}'_2)}{(\boldsymbol{y}'_2,\boldsymbol{y}'_2)},\qquad k_{32}=-\frac{(\boldsymbol{x}_3,\boldsymbol{y}'_1)}{(\boldsymbol{y}'_1,\boldsymbol{y}'_1)},$$

到此我们已做出3个两两正交的向量 $\boldsymbol{y}'_1,\boldsymbol{y}'_2,\boldsymbol{y}'_3$.

第四步 如此继续进行,一般式是

$$\begin{cases}\boldsymbol{y}'_m=\boldsymbol{x}_m+k_{m1}\boldsymbol{y}'_{m-1}+k_{m2}\boldsymbol{y}'_{m-2}+\cdots+k_{m,m-1}\boldsymbol{y}'_1,\\ k_{mi}=-\dfrac{(\boldsymbol{x}_m,\boldsymbol{y}'_{m-i})}{(\boldsymbol{y}'_{m-i},\boldsymbol{y}'_{m-i})},\qquad i=1,2,\cdots,m-1,\end{cases}\tag{1.2.15}$$

直到 $m=n$.这样得到的一组向量 $\boldsymbol{y}'_1,\boldsymbol{y}'_2,\cdots,\boldsymbol{y}'_n$ 显然是两两正交的.

再单位化,即以$|\boldsymbol{y}'_i|$除 $\boldsymbol{y}'_i(i=1,2,\cdots,n)$,就得到所要求的正交规范化的向量组

$$\boldsymbol{y}_i=\frac{1}{|\boldsymbol{y}'_i|}\boldsymbol{y}'_i,\qquad i=1,2,\cdots,n.$$

例 1.2.5　试把向量组 $\boldsymbol{x}_1=(1,1,0,0)$，$\boldsymbol{x}_2=(1,0,1,0)$，$\boldsymbol{x}_3=(-1,0,0,1)$，$\boldsymbol{x}_4=(1,-1,-1,1)$化为正交规范化向量组.

解　先正交化，为此利用式(1.2.15)可得

$$\boldsymbol{y}'_1=\boldsymbol{x}_1=(1,1,0,0),$$

$$\boldsymbol{y}'_2=\boldsymbol{x}_2-\frac{(\boldsymbol{x}_2,\boldsymbol{y}'_1)}{(\boldsymbol{y}'_1,\boldsymbol{y}'_1)}\boldsymbol{y}'_1=\left(\frac{1}{2},-\frac{1}{2},1,0\right),$$

$$\boldsymbol{y}'_3=\boldsymbol{x}_3-\frac{(\boldsymbol{x}_3,\boldsymbol{y}'_2)}{(\boldsymbol{y}'_2,\boldsymbol{y}'_2)}\boldsymbol{y}'_2-\frac{(\boldsymbol{x}_3,\boldsymbol{y}'_1)}{(\boldsymbol{y}'_1,\boldsymbol{y}'_1)}\boldsymbol{y}'_1=\left(-\frac{1}{3},\frac{1}{3},\frac{1}{3},1\right),$$

$$\begin{aligned}\boldsymbol{y}'_4&=\boldsymbol{x}_4-\frac{(\boldsymbol{x}_4,\boldsymbol{y}'_3)}{(\boldsymbol{y}'_3,\boldsymbol{y}'_3)}\boldsymbol{y}'_3-\frac{(\boldsymbol{x}_4,\boldsymbol{y}'_2)}{(\boldsymbol{y}'_2,\boldsymbol{y}'_2)}\boldsymbol{y}'_2-\frac{(\boldsymbol{x}_4,\boldsymbol{y}'_1)}{(\boldsymbol{y}'_1,\boldsymbol{y}'_1)}\boldsymbol{y}'_1\\&=(1,-1,-1,1).\end{aligned}$$

再将 $\boldsymbol{y}'_1,\boldsymbol{y}'_2,\boldsymbol{y}'_3,\boldsymbol{y}'_4$ 单位化，便有

$$\boldsymbol{y}_1=\frac{1}{|\boldsymbol{y}'_1|}\boldsymbol{y}'_1=\left(\frac{1}{\sqrt{2}},\frac{1}{\sqrt{2}},0,0\right),$$

$$\boldsymbol{y}_2=\frac{1}{|\boldsymbol{y}'_2|}\boldsymbol{y}'_2=\left(\frac{1}{\sqrt{6}},-\frac{1}{\sqrt{6}},\frac{2}{\sqrt{6}},0\right),$$

$$\boldsymbol{y}_3=\frac{1}{|\boldsymbol{y}'_3|}\boldsymbol{y}'_3=\left(-\frac{1}{\sqrt{12}},\frac{1}{\sqrt{12}},\frac{1}{\sqrt{12}},\frac{3}{\sqrt{12}}\right),$$

$$\boldsymbol{y}_4=\frac{1}{|\boldsymbol{y}'_4|}\boldsymbol{y}'_4=\left(\frac{1}{2},-\frac{1}{2},-\frac{1}{2},\frac{1}{2}\right).$$

例 1.2.6　试把线性无关的向量组 $1,x,x^2,x^3$ 变为在$[-1,1]$上的正交多项式组. 在此，内积定义为

$$(f,g)=\int_{-1}^{1}f(x)g(x)\mathrm{d}x.$$

解　取 $y_1=1$，利用式(1.2.15)有

$$y_2=x-\frac{(x,y_1)}{(y_1,y_1)}y_1=x-\int_{-1}^{1}x\mathrm{d}x\Big/\int_{-1}^{1}1\cdot\mathrm{d}x=x,$$

$$y_3=x^2-\frac{(x^2,y_2)}{(y_2,y_2)}y_2-\frac{(x^2,y_1)}{(y_1,y_1)}y_1=x^2-\frac{1}{3},$$

$$y_4=x^3-\frac{(x^3,y_3)}{(y_3,y_3)}y_3-\frac{(x^3,y_2)}{(y_2,y_2)}y_2-\frac{(x^3,y_1)}{(y_1,y_1)}y_1=x^3-\frac{3x}{5}.$$

将它们通分整理后得到的一组多项式

$$1,x,\frac{1}{3}(3x^2-1),\frac{1}{5}(5x^3-3x)$$

便是在$[-1,1]$上的正交多项式组. 实际上，它们是勒让德(Legendre)多项式 $\mathrm{P}_n(x)$中的前4个(常数因子不同)：

$$\mathrm{P}_0(x)=1,\quad \mathrm{P}_1(x)=x,\quad \mathrm{P}_2(x)=\frac{1}{2}(3x^2-1),\quad \mathrm{P}_3(x)=\frac{1}{2}(5x^3-3x).$$

(3) 标准正交基

解析几何中，直角坐标系的概念推广到 n 维欧氏空间，即为标准正交基. n 维欧氏空间既然是线性空间，自然有一组 n 个线性无关向量作为它的基，再由上一段的讨论知，利用施密特正交化方法，又可将这组基改造为一组由正交规范化向量组成的基. 因此，有下面的定义.

定义 1.2.6 在欧氏空间 V^n 中，由 n 个向量构成的正交向量组称为 V^n 的**正交基**. 由单位向量构成的正交基叫作**标准正交基**.

综上所述，得到如下的定理.

定理 1.2.3 任何 n 维欧氏空间都有正交基和标准正交基.

例如，在欧氏空间$\mathbb{R}^4$中，自然基 $\boldsymbol{\varepsilon}_1=(1,0,0,0)$，$\boldsymbol{\varepsilon}_2=(0,1,0,0)$，$\boldsymbol{\varepsilon}_3=(0,0,1,0)$，$\boldsymbol{\varepsilon}_4=(0,0,0,1)$显然是一组标准正交基；此外，例 1.2.5 中得到的 $\boldsymbol{y}_1,\boldsymbol{y}_2,\boldsymbol{y}_3,\boldsymbol{y}_4$ 也是$\mathbb{R}^4$的一组标准正交基，可见欧氏空间的标准正交基不是唯一的.

例 1.2.7 已知欧氏空间 V 的某组基 $\boldsymbol{e}_1,\boldsymbol{e}_2,\boldsymbol{e}_3,\boldsymbol{e}_4$ 的度量矩阵为

$$\boldsymbol{A}=\begin{bmatrix}2&1&2&1\\1&1&0&1\\2&0&5&1\\1&1&1&3\end{bmatrix},$$

试求 V 的一组标准正交基.

解 根据度量矩阵的定义(1.2.11)，可以知道所给基 $\boldsymbol{e}_1,\boldsymbol{e}_2,\boldsymbol{e}_3,\boldsymbol{e}_4$ 之间的内积，例如，$(\boldsymbol{e}_1,\boldsymbol{e}_1)=2$，$(\boldsymbol{e}_2,\boldsymbol{e}_2)=1$，$\cdots$，$(\boldsymbol{e}_4,\boldsymbol{e}_4)=3$.

$$\begin{bmatrix}(\boldsymbol{e}_1,\boldsymbol{e}_1)&(\boldsymbol{e}_1,\boldsymbol{e}_2)&(\boldsymbol{e}_1,\boldsymbol{e}_3)&(\boldsymbol{e}_1,\boldsymbol{e}_4)\\(\boldsymbol{e}_2,\boldsymbol{e}_1)&(\boldsymbol{e}_2,\boldsymbol{e}_2)&(\boldsymbol{e}_2,\boldsymbol{e}_3)&(\boldsymbol{e}_2,\boldsymbol{e}_4)\\(\boldsymbol{e}_3,\boldsymbol{e}_1)&(\boldsymbol{e}_3,\boldsymbol{e}_2)&(\boldsymbol{e}_3,\boldsymbol{e}_3)&(\boldsymbol{e}_3,\boldsymbol{e}_4)\\(\boldsymbol{e}_4,\boldsymbol{e}_1)&(\boldsymbol{e}_4,\boldsymbol{e}_2)&(\boldsymbol{e}_4,\boldsymbol{e}_3)&(\boldsymbol{e}_4,\boldsymbol{e}_4)\end{bmatrix}=\begin{bmatrix}2&1&2&1\\1&1&0&1\\2&0&5&1\\1&1&1&3\end{bmatrix}. \tag{1.2.16}$$

再由施密特方法并借助式(1.2.16)，先构造出一组正交基：

$$\begin{aligned}
\boldsymbol{y}'_1&=\boldsymbol{e}_1,\\
\boldsymbol{y}'_2&=\boldsymbol{e}_2-\frac{(\boldsymbol{e}_2,\boldsymbol{y}'_1)}{(\boldsymbol{y}'_1,\boldsymbol{y}'_1)}\boldsymbol{y}'_1=\boldsymbol{e}_2-\frac{1}{2}\boldsymbol{e}_1,\\
\boldsymbol{y}'_3&=\boldsymbol{e}_3-\frac{(\boldsymbol{e}_3,\boldsymbol{y}'_2)}{(\boldsymbol{y}'_2,\boldsymbol{y}'_2)}\boldsymbol{y}'_2-\frac{(\boldsymbol{e}_3,\boldsymbol{y}'_1)}{(\boldsymbol{y}'_1,\boldsymbol{y}'_1)}\boldsymbol{y}'_1=\boldsymbol{e}_3+2\boldsymbol{e}_2-2\boldsymbol{e}_1,\\
\boldsymbol{y}'_4&=\boldsymbol{e}_4-\frac{(\boldsymbol{e}_4,\boldsymbol{y}'_3)}{(\boldsymbol{y}'_3,\boldsymbol{y}'_3)}\boldsymbol{y}'_3-\frac{(\boldsymbol{e}_4,\boldsymbol{y}'_2)}{(\boldsymbol{y}'_2,\boldsymbol{y}'_2)}\boldsymbol{y}_2{}'-\frac{(\boldsymbol{e}_4,\boldsymbol{y}'_1)}{(\boldsymbol{y}'_1,\boldsymbol{y}'_1)}\boldsymbol{y}'_1\\
&=\boldsymbol{e}_4-\boldsymbol{e}_3-3\boldsymbol{e}_2+2\boldsymbol{e}_1.
\end{aligned}$$

最后，单位化(同理需借助式(1.2.16))得

$$\begin{aligned}
\boldsymbol{y}_1&=\frac{\sqrt{2}}{2}\boldsymbol{e}_1,\\
\boldsymbol{y}_2&=\frac{-\sqrt{2}}{2}\boldsymbol{e}_1+\sqrt{2}\,\boldsymbol{e}_2,\\
\boldsymbol{y}_3&=-2\boldsymbol{e}_1+2\boldsymbol{e}_2+\boldsymbol{e}_3,\\
\boldsymbol{y}_4&=2\boldsymbol{e}_1-3\boldsymbol{e}_2-\boldsymbol{e}_3+\boldsymbol{e}_4.
\end{aligned}$$

这样的 $\boldsymbol{y}_1,\boldsymbol{y}_2,\boldsymbol{y}_3,\boldsymbol{y}_4$ 便是 V 的标准正交基.

定理 1.2.4　一组基为标准正交基的充分必要条件是它的度量矩阵为单位矩阵.

证明　设 $\boldsymbol{\varepsilon}_1,\boldsymbol{\varepsilon}_2,\cdots,\boldsymbol{\varepsilon}_n$ 为标准正交基,则由定义 1.2.6 有

$$(\boldsymbol{\varepsilon}_i,\boldsymbol{\varepsilon}_j)=\delta_{ij}=\begin{cases}1, & \text{当 } i=j,\\ 0, & \text{当 } i\neq j,\end{cases}$$

这里的 δ_{ij} 叫作克罗内克(Kronecker)符号,于是由式(1.2.11)知,它的度量矩阵是单位矩阵.反之,如果以单位矩阵为度量矩阵,则由矩阵相等可得$(\boldsymbol{\varepsilon}_i,\boldsymbol{\varepsilon}_j)=\delta_{ij}$,即 $\boldsymbol{\varepsilon}_1,\boldsymbol{\varepsilon}_2,\cdots,\boldsymbol{\varepsilon}_n$ 为标准正交基.

证毕

例如,在例 1.2.7 中原给定的基 $\boldsymbol{e}_1,\boldsymbol{e}_2,\boldsymbol{e}_3,\boldsymbol{e}_4$ 的度量矩阵 $\boldsymbol{A}$ 不是单位矩阵,所以该基不是标准正交基;而后来用施密特法构造出的 $\boldsymbol{y}_1,\boldsymbol{y}_2,\boldsymbol{y}_3,\boldsymbol{y}_4$,不难验证它的度量矩阵是单位矩阵,因而它是标准正交基.

标准正交基的存在给我们研究问题带来极大的方便.例如,当欧氏空间 V^n 取基为任何一组标准正交基 $\boldsymbol{\varepsilon}_1,\boldsymbol{\varepsilon}_2,\cdots,\boldsymbol{\varepsilon}_n$ 时,那么根据式(1.2.12)知,向量 $\boldsymbol{x}$ 与 $\boldsymbol{y}$ 的内积总有最简单的形式:

$$(\boldsymbol{x},\boldsymbol{y})=\boldsymbol{X}^{\mathrm{T}}\boldsymbol{Y}=x_1y_1+x_2y_2+\cdots+x_ny_n, \tag{1.2.17}$$

而且向量 $\boldsymbol{x}$ 的坐标 $x_1,x_2,\cdots,x_n$ 还可通过内积表达出来,即有

$$x_i=(\boldsymbol{\varepsilon}_i,\boldsymbol{x}),\qquad i=1,2,\cdots,n. \tag{1.2.18}$$

事实上,设 $\boldsymbol{x}=x_1\boldsymbol{\varepsilon}_1+x_2\boldsymbol{\varepsilon}_2+\cdots+x_n\boldsymbol{\varepsilon}_n$,以 $\boldsymbol{\varepsilon}_i(i=1,2,\cdots,n)$与等式两端作内积,便得 $x_i=(\boldsymbol{\varepsilon}_i,\boldsymbol{x})$.

因此,在研究欧氏空间时,我们总采用其标准正交基.例如,在三维几何空间$\mathbb{R}^3$中,采用笛卡儿坐标系 $\boldsymbol{i},\boldsymbol{j},\boldsymbol{k}$ 作为标准正交基,此时任意两向量 $\boldsymbol{x},\boldsymbol{y}$ 的内积(数量积)表示为

$$(\boldsymbol{x},\boldsymbol{y})=x_1y_1+x_2y_2+x_3y_3,$$

就是这个道理.

2. 酉空间介绍

欧氏空间是针对实线性空间而言的,即在实线性空间上定义内积运算便构成欧氏空间,这里将要介绍的酉空间,实际上就是一个特殊的复线性空间.酉空间的理论与欧氏空间的理论很相近,有一套平行的理论.本段只简单列举出复线性空间中的内积的定义与欧氏空间中内积定义的主要区别以及酉空间的主要结论,而不给出详细的说明.

如果 P 为复数域,则前面欧氏空间给出的内积定义的非负性条件(4)有时不能成立.如在三维复向量空间$\mathbb{C}^3$中仍定义内积为 $(\boldsymbol{x},\boldsymbol{y})=\sum\limits_{i=1}^{3}x_iy_i$,取 $\boldsymbol{x}=(3,4,5\mathrm{i})$,则$(\boldsymbol{x},\boldsymbol{x})=3^2+4^2+(5\mathrm{i})^2=0$,这就是说,一个非零向量的长度等于 0;又若取 $\boldsymbol{x}=(3,4,6\mathrm{i})$,则$(\boldsymbol{x},\boldsymbol{x})<0$.为了避免这一麻烦,对于 n 维复向量空间$\mathbb{C}^n$中的内积一开始就规定 $(\boldsymbol{x},\boldsymbol{y})=\sum\limits_{i=1}^{n}x_i\bar{y}_i$(其中 $\bar{y}_i$ 是 y_i 的共轭复数),则$(\boldsymbol{x},\boldsymbol{x})=\sum\limits_{i=1}^{n}x_i\bar{x}_i=\sum\limits_{i=1}^{n}|x_i|^2$ 必然是非负的,而且除 $\boldsymbol{x}=\boldsymbol{0}$ 外,$(\boldsymbol{x},\boldsymbol{x})$ 总大于零.不过这样一来,定义 1.2.1 中的对称性条件(1):$(\boldsymbol{x},\boldsymbol{y})=(\boldsymbol{y},\boldsymbol{x})$,就不成立了,这时可用$(\boldsymbol{x},\boldsymbol{y})=\overline{(\boldsymbol{y},\boldsymbol{x})}$来代替条件(1).

这里$\overline{(\cdot,\cdot)}$表示数$(\cdot,\cdot)$的共轭数,可见欧氏空间内积定义 1.2.1 中的条件(1)与(4)在复数域上不能并存. 为此,我们选择修改(1),保留(4).

定义 1.2.7 设V是复数域$\mathbb{C}$上的线性空间,对于V中任意两个向量$\boldsymbol{x},\boldsymbol{y}$($\boldsymbol{y}$可以等于$\boldsymbol{x}$),如能给定某种规则,使$\boldsymbol{x},\boldsymbol{y}$对应着一个复数$(\boldsymbol{x},\boldsymbol{y})$,它能满足以下条件:

(1) $(\boldsymbol{x},\boldsymbol{y})=\overline{(\boldsymbol{y},\boldsymbol{x})}$;

(2) $(\boldsymbol{x}+\boldsymbol{y},\boldsymbol{z})=(\boldsymbol{x},\boldsymbol{z})+(\boldsymbol{y},\boldsymbol{z}),\quad \forall \boldsymbol{z}\in V$;

(3) $(k\boldsymbol{x},\boldsymbol{y})=k(\boldsymbol{x},\boldsymbol{y}),\quad \forall k\in\mathbb{C}$;

(4) $(\boldsymbol{x},\boldsymbol{x})\geqslant 0$,当且仅当$\boldsymbol{x}=\boldsymbol{0}$时$(\boldsymbol{x},\boldsymbol{x})=0$;

则称该复数$(\boldsymbol{x},\boldsymbol{y})$是向量$\boldsymbol{x}$与$\boldsymbol{y}$的**内积**.

如此定义了内积的复数域$\mathbb{C}$上的线性空间叫作**酉空间**(或**U空间**,**或复内积空间**).

例 1.2.8 在复n维向量空间$\mathbb{C}^n$中,对于任意两个向量

$$\boldsymbol{x}=(x_1,x_2,\cdots,x_n),\qquad \boldsymbol{y}=(y_1,y_2,\cdots,y_n),$$

定义其内积为

$$(\boldsymbol{x},\boldsymbol{y})=x_1\bar{y}_1+x_2\bar{y}_2+\cdots+x_n\bar{y}_n=\boldsymbol{x}\boldsymbol{y}^{\mathrm{H}},\tag{1.2.19}$$

其中$\boldsymbol{y}^{\mathrm{H}}$表示$\boldsymbol{y}$的转置共轭向量,即$\boldsymbol{y}^{\mathrm{H}}=\bar{\boldsymbol{y}}^{\mathrm{T}}$.

如果$\boldsymbol{x},\boldsymbol{y}$为列向量,则有

$$(\boldsymbol{x},\boldsymbol{y})=\boldsymbol{y}^{\mathrm{H}}\boldsymbol{x}.$$

显然,式(1.2.19)定义的内积满足定义 1.2.7 中的 4 个条件,故$\mathbb{C}^n$就是一个酉空间,仍以$\mathbb{C}^n$表示.

由式(1.2.19)立即可得

$$(\boldsymbol{x},\boldsymbol{x})=x_1\bar{x}_1+x_2\bar{x}_2+\cdots+x_n\bar{x}_n=\sum_{i=1}^{n}|x_i|^2,\tag{1.2.20}$$

$|\boldsymbol{x}|=\sqrt{(\boldsymbol{x},\boldsymbol{x})}$叫作向量$\boldsymbol{x}$的**模**或**长度**.

由于欧氏空间和酉空间都是在线性空间中引入了内积(虽然有稍许不同),故通常将这两个空间统称为**内积空间**.

欧氏空间与酉空间的区别不仅在于所用的数域不同,而且还在于内积定义中条件(1)不同,因而不涉及这两方面的空间性质便是相同的. 下面列举出酉空间性质的主要结果.

(1) $(\boldsymbol{x},k\boldsymbol{y})=\bar{k}(\boldsymbol{x},\boldsymbol{y})$.

(2) $(\boldsymbol{x},\boldsymbol{0})=(\boldsymbol{0},\boldsymbol{x})=\boldsymbol{0}$.

(3) $\left(\sum_{i=1}^{n}\lambda_i\boldsymbol{x}_i,\sum_{j=1}^{m}\mu_j\boldsymbol{y}_j\right)=\sum_{i=1}^{n}\sum_{j=1}^{m}\lambda\bar{\mu}_j(\boldsymbol{x}_i,\boldsymbol{y}_j)$.

(4) 柯西-施瓦茨不等式仍成立,即对于任意两向量$\boldsymbol{x},\boldsymbol{y}$有

$$(\boldsymbol{x},\boldsymbol{y})(\boldsymbol{y},\boldsymbol{x})\leqslant(\boldsymbol{x},\boldsymbol{x})(\boldsymbol{y},\boldsymbol{y}).$$

上式当且仅当$\boldsymbol{x}$与$\boldsymbol{y}$线性相关时,等号成立.

应用这个不等式可以定义夹角的概念.

(5) 两个非零向量$\boldsymbol{x}$与$\boldsymbol{y}$的夹角$\langle\boldsymbol{x},\boldsymbol{y}\rangle$的余弦定义为

$$\cos^2\langle\boldsymbol{x},\boldsymbol{y}\rangle=\frac{(\boldsymbol{x},\boldsymbol{y})(\boldsymbol{y},\boldsymbol{x})}{(\boldsymbol{x},\boldsymbol{x})(\boldsymbol{y},\boldsymbol{y})}.$$

当$(\boldsymbol{x},\boldsymbol{y})=0\left(\text{或}\langle\boldsymbol{x},\boldsymbol{y}\rangle=\dfrac{\pi}{2}\right)$时，称 $\boldsymbol{x}$ 与 $\boldsymbol{y}$ **正交.**

在 n 维酉空间中，同样可以定义基和标准正交基的概念. 关于标准正交基还有下列性质.

(6) 任意线性无关的向量组可以用施密特正交化方法正交化.

(7) 任一非零酉空间都存在正交基和标准正交基.

习　题　1(3)

1. 设 V^n 为实数域上的一个 n 维向量空间，$\boldsymbol{e}_1,\boldsymbol{e}_2,\cdots,\boldsymbol{e}_n$ 为其一组基，两个向量

$$\boldsymbol{u}=x_1\boldsymbol{e}_1+x_2\boldsymbol{e}_2+\cdots+x_n\boldsymbol{e}_n,$$
$$\boldsymbol{v}=y_1\boldsymbol{e}_1+y_2\boldsymbol{e}_2+\cdots+y_n\boldsymbol{e}_n.$$

定义实函数$(\boldsymbol{u},\boldsymbol{v})$为

$$(\boldsymbol{u},\boldsymbol{v})=x_1y_1+2x_2y_2+\cdots+nx_ny_n.$$

证明：V^n 在此规定下是一个欧氏空间.

2. 验证$(\boldsymbol{u},\boldsymbol{v})=x_1y_1-x_1y_2-x_2y_1+3x_2y_2$(其中 $\boldsymbol{u}=(x_1,x_2)$，$\boldsymbol{v}=(y_1,y_2)$)是$\mathbb{R}^2$的内积.

3. 在$\mathbb{R}^n$中，设 $\boldsymbol{\alpha}=(\xi_1,\xi_2,\cdots,\xi_n)$，$\boldsymbol{\beta}=(\eta_1,\eta_2,\cdots,\eta_n)$，分别定义实数$(\boldsymbol{\alpha},\boldsymbol{\beta})$如下：

(1) $(\boldsymbol{\alpha},\boldsymbol{\beta})=\left(\sum\limits_{i=1}^{n}\xi_i^2\eta_i^2\right)^{1/2}$；

(2) $(\boldsymbol{\alpha},\boldsymbol{\beta})=\left(\sum\limits_{i=1}^{n}\xi_i\right)\left(\sum\limits_{j=1}^{n}\eta_i\right)$；

(3) $(\boldsymbol{\alpha},\boldsymbol{\beta})=\left(\sum\limits_{i=1}^{n}i\xi_i\eta_i\right)$；

判断它们是否为$\mathbb{R}^n$中向量 $\boldsymbol{\alpha}$ 与 $\boldsymbol{\beta}$ 的内积.

4. 设 $\boldsymbol{\alpha}=(\xi_1,\xi_2)$，$\boldsymbol{\beta}=(\eta_1,\eta_2)$是二维实线性空间$\mathbb{R}^2$的任意两个向量，问$\mathbb{R}^2$对以下定义的实函数$(\boldsymbol{\alpha},\boldsymbol{\beta})$是否构成欧氏空间？

(1) $(\boldsymbol{\alpha},\boldsymbol{\beta})=\xi_1\eta_1+\xi_2\eta_2+1$；

(2) $(\boldsymbol{\alpha},\boldsymbol{\beta})=\xi_1\eta_1-\xi_2\eta_2$；

(3) $(\boldsymbol{\alpha},\boldsymbol{\beta})=3\xi_1\eta_1+5\xi_2\eta_2$；

(4) $(\boldsymbol{\alpha},\boldsymbol{\beta})=\xi_1\eta_1+(\xi_1-\xi_2)(\eta_1-\eta_2)$.

5. 设 V 是多项式所组成的线性空间，其内积由

$$(f,g)=\int_0^1 f(t)g(t)\mathrm{d}t$$

给出. 设 $f(t)=t+2$，$g(t)=t^2-2t-3$，求(f,g).

6. 设欧氏空间 $P[x]_2$ 中的内积定义为

$$(f,g)=\int_{-1}^1 f(x)g(x)\mathrm{d}x.$$

(1) 求基 $1,x,x^2$ 的度量矩阵；

(2) 用坐标与度量矩阵乘积形式计算 $f(x)=1-x+x^2$ 与 $g(x)=1-4x-5x^2$ 的内积.

7. 设 $\boldsymbol{A}=(a_{ij})$是一个 n 阶正定矩阵，而 $\boldsymbol{\alpha}=(x_1,x_2,\cdots,x_n)$，$\boldsymbol{\beta}=(y_1,y_2,\cdots,y_n)$，在$\mathbb{R}^n$中定义实函数

$$(\boldsymbol{\alpha},\boldsymbol{\beta})=\boldsymbol{\alpha}\boldsymbol{A}\boldsymbol{\beta}^{\mathrm{T}}.$$

(1) 证明：在这个意义下，$\mathbb{R}^n$构成一欧氏空间；

(2) 求向量 $\boldsymbol{\varepsilon}_1=(1,0,\cdots,0)$，$\boldsymbol{\varepsilon}_2=(0,1,\cdots,0)$，$\cdots$，$\boldsymbol{\varepsilon}_n=(0,0,\cdots,1)$的度量矩阵；

(3) 具体写出这个空间中的柯西-布涅柯夫斯基不等式.

8. 证明：对任意实数 $a_1,a_2,\cdots,a_n$，下列不等式成立：

$$\sum_{i=1}^{n}|a_i|\leqslant\sqrt{n\sum_{i=1}^{n}a_i^2}.$$

9. 设 $\boldsymbol{x}_1,\boldsymbol{x}_2,\cdots,\boldsymbol{x}_m$ 是欧氏空间 V^n 的一组向量，而

$$\boldsymbol{\Delta}=\begin{bmatrix}(\boldsymbol{x}_1,\boldsymbol{x}_1) & (\boldsymbol{x}_1,\boldsymbol{x}_2) & \cdots & (\boldsymbol{x}_1,\boldsymbol{x}_m)\\(\boldsymbol{x}_2,\boldsymbol{x}_1) & (\boldsymbol{x}_2,\boldsymbol{x}_2) & \cdots & (\boldsymbol{x}_2,\boldsymbol{x}_m)\\\vdots & \vdots & & \vdots\\(\boldsymbol{x}_m,\boldsymbol{x}_1) & (\boldsymbol{x}_m,\boldsymbol{x}_2) & \cdots & (\boldsymbol{x}_m,\boldsymbol{x}_m)\end{bmatrix}.$$

试证明：$\det\boldsymbol{\Delta}\neq 0$ 的充分必要条件是 $\boldsymbol{x}_1,\boldsymbol{x}_2,\cdots,\boldsymbol{x}_m$ 线性无关.

10. 证明：在欧氏空间 V^n 中，采用坐标与度量矩阵乘法形式计算两个向量的内积时，其值与选取的基无关.

11. (1) $\mathbb{R}^n$ 中，$\boldsymbol{\alpha}=(a_1,a_2,\cdots,a_n)^{\mathrm{T}}$，$\boldsymbol{\beta}=(b_1,b_2,\cdots,b_n)^{\mathrm{T}}$，判别实数 $(\boldsymbol{\alpha},\boldsymbol{\beta})=\sum\limits_{i=1}^{n}|a_ib_i|$ 是否为内积？

(2) 验证：若$(\boldsymbol{\alpha},\boldsymbol{\beta})_1$ 与$(\boldsymbol{\alpha},\boldsymbol{\beta})_2$ 是欧氏空间 V 的两个不同的内积，则$(\boldsymbol{\alpha},\boldsymbol{\beta})=(\boldsymbol{\alpha},\boldsymbol{\beta})_1+(\boldsymbol{\alpha},\boldsymbol{\beta})_2$ 也是 V 的一个内积. 试创造一种新办法再构造 V 的一种内积.

12. 对 $\boldsymbol{x}=(x_1,x_2)^{\mathrm{T}}$，$\boldsymbol{y}=(y_1,y_2)^{\mathrm{T}}$，规定

$$(\boldsymbol{x},\boldsymbol{y})=ax_1y_1+bx_1y_2+bx_2y_1+cx_2y_2.$$

证明：$(\boldsymbol{x},\boldsymbol{y})$是$\mathbb{R}^2$的内积$\Leftrightarrow a>0,ac>b^2$.

13. 设 $V=\{a\cos t+b\sin t$，其中 a,b 为任意实数$\}$是实二维线性空间. 对任意 $f,g\in V$，定义

$$(f,g)=f(0)g(0)+f\left(\frac{\pi}{2}\right)\cdot g\left(\frac{\pi}{2}\right).$$

证明：(f,g)是 V 上的内积，并求 $h(t)=3\cos(t+7)+4\sin(t+9)$的长度.

14. 设 $a_i\ (1\leqslant i\leqslant n)$是正实数，$x_i,y_i$ 是任意实数，证明或否定不等式

$$\left(\sum_{i=1}^{n}a_ix_iy_i\right)^2\leqslant\left(\sum_{i=1}^{n}a_ix_i^2\right)\left(\sum_{i=1}^{n}a_iy_i^2\right).$$

15. (1) $\forall\,\boldsymbol{x},\boldsymbol{y}\in\mathbb{C}^n$，定义内积$(\boldsymbol{x},\boldsymbol{y})=\boldsymbol{x}^{\mathrm{H}}\boldsymbol{y}$，证明：

$$\boldsymbol{y}^{\mathrm{H}}\boldsymbol{x}+\boldsymbol{x}^{\mathrm{H}}\boldsymbol{y}=\frac{1}{2}(|\boldsymbol{x}+\boldsymbol{y}|^2-|\boldsymbol{x}-\boldsymbol{y}|^2);$$

(2) 已知 $\boldsymbol{A}\in\mathbb{R}^{n\times n}$，$\boldsymbol{A}$ 为正定矩阵，$\forall\,\boldsymbol{x},\boldsymbol{y}\in\mathbb{R}^n$，证明：$|(\boldsymbol{A}\boldsymbol{x},\boldsymbol{y})|\leqslant(\boldsymbol{A}\boldsymbol{x},\boldsymbol{x})^{\frac{1}{2}}(\boldsymbol{A}\boldsymbol{y},\boldsymbol{y})^{\frac{1}{2}}$.

16. 设 $\boldsymbol{u},\boldsymbol{v}$ 为欧氏空间中两个非零向量，证明：

(1) $\boldsymbol{u}=a\boldsymbol{v}\ (a>0)$必要且只要 $\boldsymbol{u},\boldsymbol{v}$ 的夹角为 0；

(2) $\boldsymbol{u}=a\boldsymbol{v}\ (a<0)$必要且只要 $\boldsymbol{u},\boldsymbol{v}$ 的夹角为 π.

17. 在$\mathbb{R}^n$中，求 $\boldsymbol{\alpha},\boldsymbol{\beta}$ 之间的夹角$\langle\boldsymbol{\alpha},\boldsymbol{\beta}\rangle$(内积按通常意义). 设

(1) $\boldsymbol{\alpha}=(2,1,3,2)$，　$\boldsymbol{\beta}=(1,2,-2,1)$；

(2) $\boldsymbol{\alpha}=(1,2,2,3)$，　$\boldsymbol{\beta}=(3,1,5,1)$；

(3) $\boldsymbol{\alpha}=(1,1,1,2)$，　$\boldsymbol{\beta}=(3,1,-1,0)$.

18. 在$\mathbb{R}^4$中，求一单位向量与$(1,1,-1,1)$，$(1,-1,-1,1)$及$(2,1,1,3)$均正交.

19. 把向量

$$\boldsymbol{\alpha}_1=\begin{bmatrix}1\\1\\0\\0\end{bmatrix},\quad\boldsymbol{\alpha}_2=\begin{bmatrix}1\\0\\1\\0\end{bmatrix},\quad\boldsymbol{\alpha}_3=\begin{bmatrix}-1\\0\\0\\1\end{bmatrix}$$

正交化、单位化.

20. 在 $P[x]_3$ 中定义内积

$$(f(x),g(x))=\int_{-1}^{1}f(x)g(x)\mathrm{d}x,$$

求 $P[x]_3$ 的一个标准正交基(由基 $1,x,x^2,x^3$ 出发作正交单位化).

21. 求齐次线性方程组

$$\begin{cases}2x_1+x_2-x_3+x_4-3x_5=0,\\x_1+x_2-x_3+x_5=0\end{cases}$$

的解空间(作为$\mathbb{R}^5$的子空间)的一组标准正交基.

22. 在$\mathbb{R}^2$中按照某种内积方式(不一定是通常的)构成欧氏空间,记作 V^2.已知 V^2 的两组基为

(Ⅰ) $\boldsymbol{e}_1=(1,1)$,　　$\boldsymbol{e}_2=(1,-1)$;

(Ⅱ) $\boldsymbol{e}'_1=(0,2)$,　　$\boldsymbol{e}'_2=(6,12)$.

$\boldsymbol{e}_i$ 与 $\boldsymbol{e}'_j$ 的内积为

$$(\boldsymbol{e}_1,\boldsymbol{e}'_1)=1,\quad(\boldsymbol{e}_1,\boldsymbol{e}'_2)=15,\quad(\boldsymbol{e}_2,\boldsymbol{e}'_1)=-1,\quad(\boldsymbol{e}_2,\boldsymbol{e}'_2)=3.$$

(1) 求基(Ⅰ)的度量矩阵;

(2) 求基(Ⅱ)的度量矩阵;

(3) 求出欧氏空间 V^2 的一组标准正交基.

23. 设 $\boldsymbol{\varepsilon}_1,\boldsymbol{\varepsilon}_2,\boldsymbol{\varepsilon}_3,\boldsymbol{\varepsilon}_4,\boldsymbol{\varepsilon}_5$ 是$\mathbb{R}^5$的一个标准正交基,子空间 $W=\mathrm{Span}(\boldsymbol{\alpha}_1,\boldsymbol{\alpha}_2,\boldsymbol{\alpha}_3)$,其中 $\boldsymbol{\alpha}_1=\boldsymbol{\varepsilon}_1+\boldsymbol{\varepsilon}_5$,$\boldsymbol{\alpha}_2=\boldsymbol{\varepsilon}_1-\boldsymbol{\varepsilon}_3+\boldsymbol{\varepsilon}_4$,$\boldsymbol{\alpha}_3=2\boldsymbol{\varepsilon}_1+\boldsymbol{\varepsilon}_2+\boldsymbol{\varepsilon}_3$,求 W 的标准正交基.

24. 设 $\boldsymbol{\varepsilon}_1,\boldsymbol{\varepsilon}_2,\cdots,\boldsymbol{\varepsilon}_n$ 为欧氏空间 V^n 的标准正交基,$\forall\boldsymbol{\alpha}\in V^n$,证明:

$$|\boldsymbol{\alpha}|^2=\sum_{i=1}^{n}(\boldsymbol{\alpha},\boldsymbol{\varepsilon}_i)^2.$$

25. 试把 $\boldsymbol{\alpha}_1=(1,0,1,0)^{\mathrm{T}}$,$\boldsymbol{\alpha}_2=(0,1,0,2)^{\mathrm{T}}$ 扩充为$\mathbb{R}^4$的一个正交基.

26. 在$\mathbb{R}^{2\times2}$中,定义$(\boldsymbol{A},\boldsymbol{B})=\sum\limits_{i=1}^{2}\sum\limits_{i=1}^{2}a_{ij}b_{ij}$,其中 $\boldsymbol{A}=(a_{ij})_{2\times2}$,$\boldsymbol{B}=(b_{ij})_{2\times2}$,证明:$\boldsymbol{E}_{11},\boldsymbol{E}_{12},\boldsymbol{E}_{21},\boldsymbol{E}_{22}$ 是$\mathbb{R}^{2\times2}$的一个标准正交基.

27. 设 $\boldsymbol{A}=(a_{ij})$,$\boldsymbol{B}=(b_{ij})\in\mathbb{C}^{n\times n}$.

(1) 证明$(\boldsymbol{A},\boldsymbol{B})=\mathrm{tr}(\boldsymbol{A}\boldsymbol{B}^{\mathrm{H}})$是$\mathbb{C}^{n\times n}$的一个内积;

(2) 按(1)的内积,矩阵 $\boldsymbol{A}$ 的长度是多少?哪些是单位向量?

(3) 证明或否定:基本矩阵 $\boldsymbol{E}_{ij}(1\leqslant i,j\leqslant n)$是$\mathbb{C}^{n\times n}$的一组标准正交基;

(4) 求$\mathbb{R}^{2\times2}$的一组由可逆矩阵构成的标准正交基.

28. 在多项式空间 $P[x]_3$ 中,定义内积为

$$\forall f(x),g(x)\in P[x]_3,(f(x),g(x))=\int_{0}^{+\infty}f(x)g(x)\mathrm{e}^{-x}\mathrm{d}x,$$

把 $\boldsymbol{\alpha}_1=1,\boldsymbol{\alpha}_2=x,\boldsymbol{\alpha}_3=x^2$ 化为标准正交基.

29. 设 $\boldsymbol{\varepsilon}_1,\boldsymbol{\varepsilon}_2,\cdots,\boldsymbol{\varepsilon}_n$ 是欧氏空间 V^n 的标准正交基,则 $\boldsymbol{\beta}_1,\boldsymbol{\beta}_2,\cdots,\boldsymbol{\beta}_n$ 两两正交的充要条件是

$$\sum_{k=1}^{n}(\boldsymbol{\beta}_i,\boldsymbol{\varepsilon}_k)(\boldsymbol{\beta}_j,\boldsymbol{\varepsilon}_k)=0,\qquad i\neq j.$$

30. 已知欧氏空间 V^2 的基 $\boldsymbol{e}_1,\boldsymbol{e}_2$ 的度量矩阵为 $\boldsymbol{A}=\begin{bmatrix}5&4\\4&5\end{bmatrix}$,利用合同变换方法求 V^2 的一组标准正交基(用 $\boldsymbol{e}_1,\boldsymbol{e}_2$ 表示).

31. 设 $\boldsymbol{e}_1,\boldsymbol{e}_2,\cdots,\boldsymbol{e}_n$ 为 n 维欧氏空间 V^n 的一组基,证明任意两个向量

$$\boldsymbol{u}=(\boldsymbol{e}_1,\boldsymbol{e}_2,\cdots,\boldsymbol{e}_n)\begin{bmatrix}x_1\\\vdots\\x_n\end{bmatrix},\qquad\boldsymbol{v}=(\boldsymbol{e}_1,\boldsymbol{e}_2,\cdots,\boldsymbol{e}_n)\begin{bmatrix}y_1\\\vdots\\y_n\end{bmatrix}$$

的内积可由等式

$$(\boldsymbol{u},\boldsymbol{v}) = x_1y_1 + \cdots + x_ny_n$$

表达的充要条件是：$\boldsymbol{e}_1,\boldsymbol{e}_2,\cdots,\boldsymbol{e}_n$ 为标准正交基.

32. 设 $\boldsymbol{\varepsilon}_1,\boldsymbol{\varepsilon}_2,\boldsymbol{\varepsilon}_3$ 是三维欧氏空间中一组标准正交基,证明：

$$\boldsymbol{\alpha}_1 = \frac{1}{3}(2\boldsymbol{\varepsilon}_1 + 2\boldsymbol{\varepsilon}_2 - \boldsymbol{\varepsilon}_3),\quad \boldsymbol{\alpha}_2 = \frac{1}{3}(2\boldsymbol{\varepsilon}_1 - \boldsymbol{\varepsilon}_2 + 2\boldsymbol{\varepsilon}_3),\quad \boldsymbol{\alpha}_3 = \frac{1}{3}(\boldsymbol{\varepsilon}_1 - 2\boldsymbol{\varepsilon}_2 - 2\boldsymbol{\varepsilon}_3)$$

也是一组标准正交基.

33. 设欧氏空间 V^n 的一组基为 $\boldsymbol{e}_1,\boldsymbol{e}_2,\cdots,\boldsymbol{e}_n$,它的度量矩阵为 $\boldsymbol{A}$. 证明：存在实对称正定矩阵 $\boldsymbol{C}$,使得由

$$(\boldsymbol{\varepsilon}_1,\boldsymbol{\varepsilon}_2,\cdots,\boldsymbol{\varepsilon}_n) = (\boldsymbol{e}_1,\boldsymbol{e}_2,\cdots,\boldsymbol{e}_n)\boldsymbol{C}$$

确定的基 $\boldsymbol{\varepsilon}_1,\boldsymbol{\varepsilon}_2,\cdots,\boldsymbol{\varepsilon}_n$ 为 V^n 的标准正交基.

34. 已知欧氏空间 V^3 的一组基 $\boldsymbol{e}_1,\boldsymbol{e}_2,\boldsymbol{e}_3$ 的度量矩阵为 $\boldsymbol{A}=\begin{bmatrix}2 & 1 & 2\\ 1 & 1 & 1\\ 2 & 1 & 5\end{bmatrix}$,试利用施密特正交化方法求 V^3 的一组标准正交基(用 $\boldsymbol{e}_1,\boldsymbol{e}_2,\boldsymbol{e}_3$ 表示).

35. 设 $\boldsymbol{e}_1,\boldsymbol{e}_2,\boldsymbol{e}_3,\boldsymbol{e}_4,\boldsymbol{e}_5$ 是欧氏空间 V^5 的一组标准正交基,$V_1=\mathrm{Span}(\boldsymbol{\alpha}_1,\boldsymbol{\alpha}_2,\boldsymbol{\alpha}_3)$,其中 $\boldsymbol{\alpha}_1=\boldsymbol{e}_1+\boldsymbol{e}_5$, $\boldsymbol{\alpha}_2=\boldsymbol{e}_1-\boldsymbol{e}_2+\boldsymbol{e}_4$,$\boldsymbol{\alpha}_3=2\boldsymbol{e}_1+\boldsymbol{e}_2+\boldsymbol{e}_3$,求 V_1 的一组标准正交基.

36. 取酉空间 U 的一组基 $\boldsymbol{e}_1,\boldsymbol{e}_2,\cdots,\boldsymbol{e}_n$,如果 U 的任意两个向量

$$\boldsymbol{\alpha} = \sum_{i=1}^{n} x_i\boldsymbol{e}_i,\qquad \boldsymbol{\beta} = \sum_{i=1}^{n} y_i\boldsymbol{e}_i$$

的内积为

$$(\boldsymbol{\alpha},\boldsymbol{\beta}) = \sum_{i=1}^{n} x_i\bar{y}_i,$$

试证：$\boldsymbol{e}_1,\boldsymbol{e}_2,\cdots,\boldsymbol{e}_n$ 是 U 的标准正交基.

37. 在欧氏空间$\mathbb{R}^4$中,求三个向量 $\boldsymbol{\alpha}_1=(1,0,1,1)^{\mathrm{T}}$,$\boldsymbol{\alpha}_2=(2,1,0,-3)^{\mathrm{T}}$ 和 $\boldsymbol{\alpha}_3=(1,-1,1,-1)^{\mathrm{T}}$ 所生成的子空间的一个标准正交基.

38. (1) 复数域$\mathbb{C}$是实数域$\mathbb{R}$上的二维线性空间,是否存在$\mathbb{C}$上的一个内积,使得 i 与 1+i 成为$\mathbb{C}$的一组标准正交基,为什么?

(2) 试构造实线性空间$\mathbb{R}^3$上的一个内积,使得向量组

$$\boldsymbol{e}_1,\boldsymbol{e}_1+\boldsymbol{e}_2,\boldsymbol{e}_1+\boldsymbol{e}_2+\boldsymbol{e}_3$$

是一组标准正交基,问 $\boldsymbol{e}_2$ 与 $\boldsymbol{e}_3$ 的长度各是多少? 它们的夹角又是多少?

39. 试尽可能一般性地讨论习题 38 中的问题.

40. 设二维欧氏空间的一组基为 $\boldsymbol{\alpha}_1,\boldsymbol{\alpha}_2$,其度量矩阵为

$$\boldsymbol{A} = \begin{bmatrix}5 & 4\\ 4 & 5\end{bmatrix},$$

试求 V 的一组标准正交基以及它到 $\boldsymbol{\alpha}_1,\boldsymbol{\alpha}_2$ 的过渡矩阵.

41. 设 $\boldsymbol{A}$ 是反对称实矩阵(即 $\boldsymbol{A}^{\mathrm{T}}=-\boldsymbol{A}$),证明：

(1) $\boldsymbol{A}$ 的特征值为 0 或纯虚数;

(2) 设 $\boldsymbol{\alpha}+\boldsymbol{\beta}\mathrm{i}$ 是 $\boldsymbol{A}$ 的属于一个非零特征值的特征向量,其中 $\boldsymbol{\alpha},\boldsymbol{\beta}$ 均为实向量,则 $\boldsymbol{\alpha}$ 与 $\boldsymbol{\beta}$ 正交.

42. 设 $\boldsymbol{A}=\begin{bmatrix}1 & -1\\ -1 & 1\end{bmatrix}$,定义$\mathbb{R}^2$上的二元(向量)函数$(\boldsymbol{x},\boldsymbol{y})$如下：

$$(\boldsymbol{x},\boldsymbol{y}) = \boldsymbol{x}^{\mathrm{T}}A\boldsymbol{y}.$$

此二元函数与普通内积的差别是什么? 以此二元函数为基础,建立相应的长度、角度等概念,研究其中的正交与平行的定理.

1.2.2 等积变换及其矩阵

由 V 到自身的一切线性变换中，有一类具有特殊性质的线性变换. 例如，解析几何中，空间$\mathbb{R}^2$的所有向量均绕原点依逆(或顺)时针旋转 θ 角的变换 $\mathscr{A}$，就是一个特殊的线性变换，它能使向量的长度与夹角保持不变，即对任何 $\boldsymbol{x},\boldsymbol{y}\in\mathbb{R}^2$，有

$$\begin{cases}|\mathscr{A}(\boldsymbol{x})|=|\boldsymbol{x}|, \qquad |\mathscr{A}(\boldsymbol{y})|=|\boldsymbol{y}|,\\ \arccos\dfrac{(\mathscr{A}(\boldsymbol{x}),\mathscr{A}(\boldsymbol{y}))}{|\mathscr{A}(\boldsymbol{x})||\mathscr{A}(\boldsymbol{y})|}=\arccos\dfrac{(\boldsymbol{x},\boldsymbol{y})}{|\boldsymbol{x}||\boldsymbol{y}|}.\end{cases}$$

这里 $\boldsymbol{x},\boldsymbol{y}$ 为非零向量. 从上两式不难看出有$(\mathscr{A}(\boldsymbol{x}),\mathscr{A}(\boldsymbol{y}))=(\boldsymbol{x},\boldsymbol{y})$，亦即旋转变换 $\mathscr{A}$ 保持向量 $\boldsymbol{x}$ 与 $\boldsymbol{y}$ 的内积不变. 把这种保持向量内积不变的线性变换推广到一般的内积空间，就是本节将要讨论的等积变换.

1. 正交变换与正交矩阵

1）正交变换的定义及性质

定义 1.2.8 设 V 是一个欧氏空间，$\mathscr{A}$ 是 V 上的线性变换，如果对于任何向量 $\boldsymbol{x},\boldsymbol{y}\in V$，变换 $\mathscr{A}$ 恒能使下式成立：

$$(\mathscr{A}(\boldsymbol{x}),\mathscr{A}(\boldsymbol{y}))=(\boldsymbol{x},\boldsymbol{y}), \tag{1.2.21}$$

则说 $\mathscr{A}$ 是 V 上的**正交变换**.

例如，恒等变换即是一个正交变换；坐标平面上的旋转变换也是一个正交变换. 下面讨论正交变换的一些性质.

定理 1.2.5 设 $\mathscr{A}$ 是欧氏空间 V 上的线性变换，下面写出的任一条件都是使 $\mathscr{A}$ 成为正交变换的充要条件：

（1）$\mathscr{A}$ 使向量长度保持不变，即：对任何 $\boldsymbol{x}\in V$，有

$$(\mathscr{A}(\boldsymbol{x}),\mathscr{A}(\boldsymbol{x}))=(\boldsymbol{x},\boldsymbol{x}); \tag{1.2.22}$$

（2）任一组标准正交基经 $\mathscr{A}$ 变换后的像仍是一组标准正交基；

（3）$\mathscr{A}$ 在任一组标准正交基下的矩阵 $\boldsymbol{A}$ 满足

$$\boldsymbol{A}^{\mathrm{T}}\boldsymbol{A}=\boldsymbol{A}\boldsymbol{A}^{\mathrm{T}}=\boldsymbol{I} \quad 或 \quad \boldsymbol{A}^{-1}=\boldsymbol{A}^{\mathrm{T}}. \tag{1.2.23}$$

证明 （1）只要让 $\boldsymbol{y}=\boldsymbol{x}$ 便知必要性成立. 为证明充分性，分别对向量 $\boldsymbol{x},\boldsymbol{y},\boldsymbol{x}+\boldsymbol{y}$ 使用式(1.2.22)，即有

$$(\mathscr{A}(\boldsymbol{x}),\mathscr{A}(\boldsymbol{x}))=(\boldsymbol{x},\boldsymbol{x}),$$
$$(\mathscr{A}(\boldsymbol{y}),\mathscr{A}(\boldsymbol{y}))=(\boldsymbol{y},\boldsymbol{y}),$$
$$(\mathscr{A}(\boldsymbol{x}+\boldsymbol{y}),\mathscr{A}(\boldsymbol{x}+\boldsymbol{y}))=(\boldsymbol{x}+\boldsymbol{y},\boldsymbol{x}+\boldsymbol{y}),$$

而

$$\begin{aligned}(\mathscr{A}(\boldsymbol{x}+\boldsymbol{y}),\mathscr{A}(\boldsymbol{x}+\boldsymbol{y}))&=(\mathscr{A}(\boldsymbol{x})+\mathscr{A}(\boldsymbol{y}),\mathscr{A}(\boldsymbol{x})+\mathscr{A}(\boldsymbol{y}))\\&=(\mathscr{A}(\boldsymbol{x}),\mathscr{A}(\boldsymbol{x}))+2(\mathscr{A}(\boldsymbol{x}),\mathscr{A}(\boldsymbol{y}))+(\mathscr{A}(\boldsymbol{y}),\mathscr{A}(\boldsymbol{y}))\\&=(\boldsymbol{x},\boldsymbol{x})+2(\mathscr{A}(\boldsymbol{x}),\mathscr{A}(\boldsymbol{y}))+(\boldsymbol{y},\boldsymbol{y}),\end{aligned}$$
$$(\boldsymbol{x}+\boldsymbol{y},\boldsymbol{x}+\boldsymbol{y})=(\boldsymbol{x},\boldsymbol{x})+2(\boldsymbol{x},\boldsymbol{y})+(\boldsymbol{y},\boldsymbol{y}),$$

故有

$$(\mathscr{A}(\boldsymbol{x}),\mathscr{A}(\boldsymbol{y}))=(\boldsymbol{x},\boldsymbol{y}).$$

(2) 由正交变换的定义可知,若 $\boldsymbol{\varepsilon}_1,\boldsymbol{\varepsilon}_2,\cdots,\boldsymbol{\varepsilon}_n$ 为 V 的标准正交基,则有 $(\mathscr{A}(\boldsymbol{\varepsilon}_i),\mathscr{A}(\boldsymbol{\varepsilon}_j))=(\boldsymbol{\varepsilon}_i,\boldsymbol{\varepsilon}_j)=\delta_{ij}$,即基像仍是一组标准正交基.反之,若 $\boldsymbol{x}=\sum\limits_{i=1}^{n}x_i\boldsymbol{\varepsilon}_i$,$\boldsymbol{y}=\sum\limits_{j=1}^{n}y_j\boldsymbol{\varepsilon}_j$,则可推出

$$\begin{aligned}(\mathscr{A}(\boldsymbol{x}),\mathscr{A}(\boldsymbol{y}))&=\left(\mathscr{A}\left(\sum_{i=1}^{n}x_i\boldsymbol{\varepsilon}_i\right),\mathscr{A}\left(\sum_{j=1}^{n}y_j\boldsymbol{\varepsilon}_j\right)\right)\\&=\sum_{i,j=1}^{n}x_iy_j\delta_{ij}=\sum_{i=1}^{n}x_iy_j=\left(\sum_{i=1}^{n}x_i\boldsymbol{\varepsilon}_i,\sum_{j=1}^{n}y_j\boldsymbol{\varepsilon}_j\right)\\&=(\boldsymbol{x},\boldsymbol{y}),\end{aligned}$$

故 $\mathscr{A}$ 是正交变换.

(3) 假设 $\mathscr{A}$ 在标准正交基 $\boldsymbol{\varepsilon}_1,\boldsymbol{\varepsilon}_2,\cdots,\boldsymbol{\varepsilon}_n$ 下的矩阵为 $\boldsymbol{A}$,则有

$$\mathscr{A}(\boldsymbol{\varepsilon}_i)=a_{1i}\boldsymbol{\varepsilon}_1+a_{2i}\boldsymbol{\varepsilon}_2+\cdots+a_{ni}\boldsymbol{\varepsilon}_n,\qquad i=1,2,\cdots,n,$$

即

$$\mathscr{A}(\boldsymbol{\varepsilon}_1,\boldsymbol{\varepsilon}_2,\cdots,\boldsymbol{\varepsilon}_n)=(\boldsymbol{\varepsilon}_1,\boldsymbol{\varepsilon}_2,\cdots,\boldsymbol{\varepsilon}_n)\boldsymbol{A},$$

其中

$$\boldsymbol{A}=(a_{ij})_{n\times n}=\begin{bmatrix}a_{11}&a_{12}&\cdots&a_{1n}\\a_{21}&a_{22}&\cdots&a_{2n}\\\vdots&\vdots&&\vdots\\a_{n1}&a_{n2}&\cdots&a_{nn}\end{bmatrix}.$$

另一方面,有

$$\begin{aligned}(\mathscr{A}(\boldsymbol{\varepsilon}_i),\mathscr{A}(\boldsymbol{\varepsilon}_j))&=\left(\sum_{k=1}^{n}a_{ki}\boldsymbol{\varepsilon}_k,\sum_{l=1}^{n}a_{lj}\boldsymbol{\varepsilon}_l\right)\\&=\sum_{k,l=1}^{n}a_{ki}a_{lj}(\boldsymbol{\varepsilon}_k,\boldsymbol{\varepsilon}_l)=\sum_{k,l=1}^{n}a_{ki}a_{lj}\delta_{kl}\\&=\sum_{k=1}^{n}a_{ki}a_{kj},\qquad i,j=1,2,\cdots,n.\end{aligned}$$

由上面(2)知,

$$\begin{aligned}\mathscr{A}\text{ 为正交变换}&\Leftrightarrow(\mathscr{A}(\boldsymbol{\varepsilon}_i),\mathscr{A}(\boldsymbol{\varepsilon}_j))=\delta_{ij}\\&\Leftrightarrow\sum_{k=1}^{n}a_{ki}a_{kj}=\delta_{ij},\qquad i,j=1,2,\cdots,n\\&\Leftrightarrow\boldsymbol{A}^{\mathrm{T}}\boldsymbol{A}=\boldsymbol{I}.\end{aligned}$$

不妨在 $\boldsymbol{A}^{\mathrm{T}}\boldsymbol{A}=\boldsymbol{I}$ 两端同时取行列式,有 $|\boldsymbol{A}^{\mathrm{T}}||\boldsymbol{A}|=|\boldsymbol{A}|^2=1$,从而得 $|\boldsymbol{A}|=\pm1\neq0$,故知矩阵 $\boldsymbol{A}$ 必可逆.若在 $\boldsymbol{A}^{\mathrm{T}}\boldsymbol{A}=\boldsymbol{I}$ 两端右乘 $\boldsymbol{A}^{-1}$ 得

$$\boldsymbol{A}^{-1}=\boldsymbol{A}^{\mathrm{T}},$$

将它两端左乘 $\boldsymbol{A}$,又有

$$\boldsymbol{A}\boldsymbol{A}^{\mathrm{T}}=\boldsymbol{I}.$$

这样便证得 $\mathscr{A}$ 为正交变换的充分必要条件是满足

$$\boldsymbol{A}^{\mathrm{T}}\boldsymbol{A}=\boldsymbol{A}\boldsymbol{A}^{\mathrm{T}}=\boldsymbol{I}\quad\text{或}\quad\boldsymbol{A}^{-1}=\boldsymbol{A}^{\mathrm{T}}.$$

证毕

2）正交矩阵

定义 1.2.9　满足式(1.2.23)的任何实方阵 $\boldsymbol{A}$ 叫作**正交矩阵**.

由于正交矩阵有 $\boldsymbol{A}^{-1}=\boldsymbol{A}^{\mathrm{T}}$，这就给求逆带来了方便. 我们常用 $\boldsymbol{A}\boldsymbol{A}^{\mathrm{T}}=\boldsymbol{I}$ 或 $\boldsymbol{A}^{\mathrm{T}}\boldsymbol{A}=\boldsymbol{I}$ 是否成立来判断一个矩阵是否为正交矩阵.

例 1.2.9　判断下列矩阵是否为正交矩阵：

（1）$\boldsymbol{A}=\begin{bmatrix}\cos\theta & \sin\theta\\ -\sin\theta & \cos\theta\end{bmatrix}$，其中 θ 是实数；

（2）$\boldsymbol{B}=\begin{bmatrix}\frac{\sqrt{2}}{2} & \frac{\sqrt{2}}{6} & \frac{2}{3}\\ 0 & -\frac{2\sqrt{2}}{3} & \frac{1}{3}\\ -\frac{\sqrt{2}}{2} & \frac{\sqrt{2}}{6} & \frac{2}{3}\end{bmatrix}$.

解　（1）

$$\boldsymbol{A}\boldsymbol{A}^{\mathrm{T}}=\begin{bmatrix}\cos\theta & \sin\theta\\ -\sin\theta & \cos\theta\end{bmatrix}\begin{bmatrix}\cos\theta & -\sin\theta\\ \sin\theta & \cos\theta\end{bmatrix}=\begin{bmatrix}1 & 0\\ 0 & 1\end{bmatrix},$$

所以 $\boldsymbol{A}$ 是正交矩阵.

（2）$$\boldsymbol{B}\boldsymbol{B}^{\mathrm{T}}=\begin{bmatrix}\frac{\sqrt{2}}{2} & \frac{\sqrt{2}}{6} & \frac{2}{3}\\ 0 & -\frac{2\sqrt{2}}{3} & \frac{1}{3}\\ -\frac{\sqrt{2}}{2} & \frac{\sqrt{2}}{6} & \frac{2}{3}\end{bmatrix}\begin{bmatrix}\frac{\sqrt{2}}{2} & 0 & -\frac{\sqrt{2}}{2}\\ \frac{\sqrt{2}}{6} & -\frac{2\sqrt{2}}{3} & \frac{\sqrt{2}}{6}\\ \frac{2}{3} & \frac{1}{3} & \frac{2}{3}\end{bmatrix}=\begin{bmatrix}1 & 0 & 0\\ 0 & 1 & 0\\ 0 & 0 & 1\end{bmatrix}.$$

所以 $\boldsymbol{B}$ 也是正交矩阵.

由定理 1.2.5 的条件(3)，我们可以建立正交变换与正交矩阵之间的一一对应关系.

定理 1.2.6　在欧氏空间中，正交变换在标准正交基下的矩阵是正交矩阵；反过来，如果线性变换 $\mathscr{A}$ 在标准正交基下的矩阵是正交矩阵，则 $\mathscr{A}$ 是正交变换.

例 1.2.10　试写出$\mathbb{R}^2$中向量绕原点按顺时针旋转 θ 角的旋转变换 $\mathscr{A}$ 在基 $\boldsymbol{i},\boldsymbol{j}$ 下的矩阵(见图 1.3).

解　根据旋转变换保持向量长度不变的性质，不难写出基像的表达式

$$\begin{cases}\mathscr{A}(\boldsymbol{i})=\boldsymbol{i}'=\cos\theta\,\boldsymbol{i}-\sin\theta\,\boldsymbol{j},\\ \mathscr{A}(\boldsymbol{j})=\boldsymbol{j}'=\sin\theta\,\boldsymbol{i}+\cos\theta\,\boldsymbol{j}.\end{cases}$$

于是得到 $\mathscr{A}$ 在基 $\boldsymbol{i},\boldsymbol{j}$ 下的矩阵为

$$\boldsymbol{A}=\begin{bmatrix}\cos\theta & \sin\theta\\ -\sin\theta & \cos\theta\end{bmatrix}. \tag{1.2.24}$$

上题已验证它为正交矩阵.

必须注意，正交变换与正交矩阵的对应关系是建立在标准正交基上的. 如果取的基不是标准正交基，则正交变换所对应的矩阵就不一定是正交矩阵了，这由下面的两个例子可看出来.

例 1.2.11 在$\mathbb{R}^2$中,设$\mathscr{A}$是向量关于x轴的反射变换,即把$\boldsymbol{\alpha}=x\boldsymbol{i}+y\boldsymbol{j}$反射成$\boldsymbol{\alpha}'=x\boldsymbol{i}-y\boldsymbol{j}$(见图 1.4).

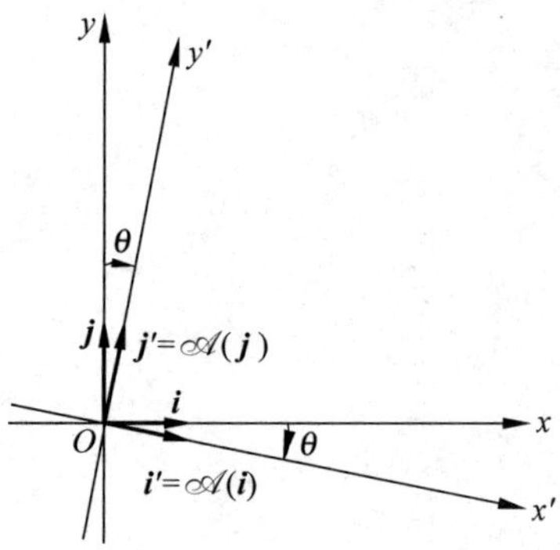

图 1.3

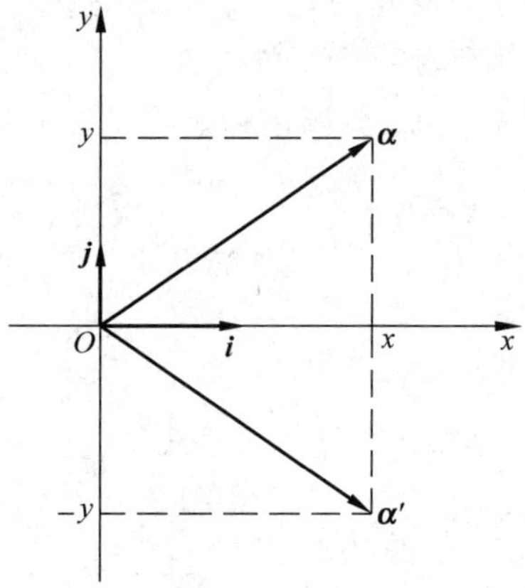

图 1.4

显然,基像可表示为

$$\begin{cases}\mathscr{A}(\boldsymbol{i})=1\boldsymbol{i}+0\boldsymbol{j},\\ \mathscr{A}(\boldsymbol{j})=0\boldsymbol{i}-1\boldsymbol{j}.\end{cases}$$

所以$\mathscr{A}$在$\boldsymbol{i},\boldsymbol{j}$下的矩阵为

$$\boldsymbol{H}=\begin{bmatrix}1 & 0\\ 0 & -1\end{bmatrix}.$$

容易验证$\boldsymbol{H}\boldsymbol{H}^{\mathrm{T}}=\boldsymbol{I}$,故$\boldsymbol{H}$也是正交矩阵.

但是,如果采用$\boldsymbol{\alpha},\boldsymbol{j}$为基($\boldsymbol{\alpha}$是以$\boldsymbol{i},\boldsymbol{j}$为边的正方形的对角线向量,即$\boldsymbol{\alpha}=\boldsymbol{i}+\boldsymbol{j}$),此时,$\boldsymbol{\alpha},\boldsymbol{j}$不再是标准正交基,基像可表示为

$$\begin{cases}\mathscr{A}(\boldsymbol{\alpha})=\boldsymbol{i}-\boldsymbol{j}=1\boldsymbol{\alpha}-2\boldsymbol{j},\\ \mathscr{A}(\boldsymbol{j})=-\boldsymbol{j}=0\boldsymbol{\alpha}-1\boldsymbol{j},\end{cases}$$

则反射变换$\mathscr{A}$在基$\boldsymbol{\alpha},\boldsymbol{j}$下的矩阵$\boldsymbol{H}=\begin{bmatrix}1 & 0\\ -2 & -1\end{bmatrix}$不再是正交矩阵.

例 1.2.12 在$\mathbb{R}^2$中,令向量$\boldsymbol{\alpha}$的意义同例 1.2.11 中的一样,重新定义线性变换$\mathscr{A}$: $\mathscr{A}(\boldsymbol{\alpha})=-\boldsymbol{\alpha}$, $\mathscr{A}(\boldsymbol{j})=\boldsymbol{j}$(见图 1.5).

由于

$$\begin{cases}\mathscr{A}(\boldsymbol{\alpha})=-\boldsymbol{\alpha}=-1\boldsymbol{\alpha}+0\boldsymbol{j},\\ \mathscr{A}(\boldsymbol{j})=\boldsymbol{j}=0\boldsymbol{\alpha}+1\boldsymbol{j},\end{cases}$$

易知$\mathscr{A}$关于基$\boldsymbol{\alpha},\boldsymbol{j}$的矩阵$\begin{bmatrix}-1 & 0\\ 0 & 1\end{bmatrix}$是正交矩阵,但$\mathscr{A}$却是非正交变换.这是因为从初等几何学知道

$$\mathscr{A}(\boldsymbol{j}+\boldsymbol{\alpha})=\mathscr{A}(\boldsymbol{j})+\mathscr{A}(\boldsymbol{\alpha})=\boldsymbol{j}-\boldsymbol{\alpha}=-\boldsymbol{i},$$

$$\boldsymbol{j}+\boldsymbol{\alpha}=\boldsymbol{f},$$

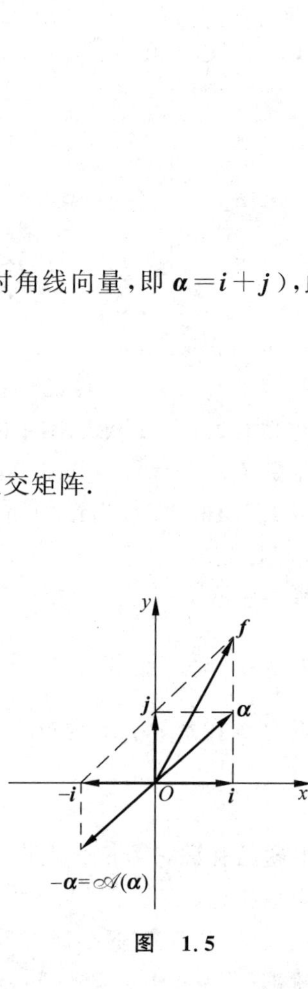

图 1.5

$$|\boldsymbol{j}+\boldsymbol{\alpha}|^2=|\boldsymbol{f}|^2=|\boldsymbol{\alpha}|^2+|\boldsymbol{j}|^2-2|\boldsymbol{\alpha}||\boldsymbol{j}|\cos\frac{3\pi}{4}$$

$$=2+1-2\sqrt{2}\left(-\frac{1}{\sqrt{2}}\right)=5,$$

$$|\mathscr{A}(\boldsymbol{j}+\boldsymbol{\alpha})|=|-\boldsymbol{i}|=1,$$

所以 $|\mathscr{A}(\boldsymbol{f})|\neq|\boldsymbol{f}|$，因此 $\mathscr{A}$ 不是正交变换.

例 1.2.11 与例 1.2.12 表明，当基不是标准正交基时，正交变换对应的矩阵可以不是正交矩阵，而正交矩阵对应的线性变换也可以不是正交变换. 但是，虽然基不是标准正交的，而正交变换所对应的矩阵也有可能是正交的，下面的例 1.2.13 就说明这个问题.

例 1.2.13　在 $\mathbb{R}^2$ 中，仍考察以 x 轴为对称轴的反射变换 $\mathscr{A}$. 令 $\boldsymbol{e}_1=\frac{1}{2}\boldsymbol{i}+\boldsymbol{j}$，$\boldsymbol{e}_2=-\frac{1}{2}\boldsymbol{i}+\boldsymbol{j}$，则 $\boldsymbol{e}_1$ 与 $\boldsymbol{e}_2$ 关于 y 轴是对称的(见图 1.6). 因 $\boldsymbol{e}_1,\boldsymbol{e}_2$ 不正交，故 $\boldsymbol{e}_1,\boldsymbol{e}_2$ 不是 $\mathbb{R}^2$ 的标准正交基，但有

$$\begin{cases}\mathscr{A}(\boldsymbol{e}_1)=\frac{1}{2}\boldsymbol{i}-\boldsymbol{j}=-\boldsymbol{e}_2=0\boldsymbol{e}_1-1\boldsymbol{e}_2,\\ \mathscr{A}(\boldsymbol{e}_2)=-\frac{1}{2}\boldsymbol{i}-\boldsymbol{j}=-\boldsymbol{e}_1=-1\boldsymbol{e}_1+0\boldsymbol{e}_2.\end{cases}$$

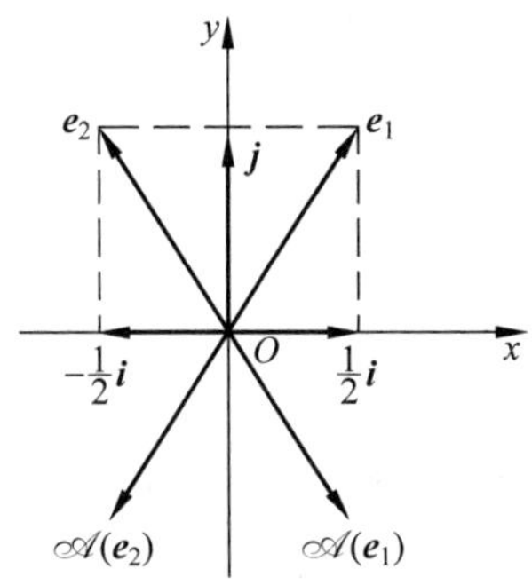

图　1.6

可见虽然 $\boldsymbol{e}_1,\boldsymbol{e}_2$ 不是标准正交基，但 $\mathscr{A}$ 所对应的矩阵

$$\boldsymbol{A}=\begin{bmatrix}0&-1\\-1&0\end{bmatrix}$$

却是正交矩阵.

关于正交矩阵还有如下的一些常用性质.

(1) 正交矩阵是非奇异的，且 $\det\boldsymbol{A}=1$ 或 -1(行列式等于 1 的正交矩阵叫**正常**的，等于 -1 的叫**非正常**的).

事实上，此性质的正确性由定理 1.2.5(3)的证明过程可知.

(2) 正交矩阵的逆矩阵仍是正交矩阵.

事实上，因为

$$(\boldsymbol{A}^{-1})^{\mathrm{T}}\boldsymbol{A}^{-1}=(\boldsymbol{A}^{\mathrm{T}})^{-1}\boldsymbol{A}^{-1}=(\boldsymbol{A}\boldsymbol{A}^{\mathrm{T}})^{-1}=\boldsymbol{I},$$

所以 $\boldsymbol{A}^{-1}$ 是正交矩阵.

(3) 两个正交矩阵的乘积仍为正交矩阵.

事实上，设 $\boldsymbol{A}_1,\boldsymbol{A}_2$ 都是正交矩阵，则

$$(\boldsymbol{A}_1\boldsymbol{A}_2)^{\mathrm{T}}\boldsymbol{A}_1\boldsymbol{A}_2=\boldsymbol{A}_2^{\mathrm{T}}\boldsymbol{A}_1^{\mathrm{T}}\boldsymbol{A}_1\boldsymbol{A}_2=\boldsymbol{A}_2^{\mathrm{T}}\boldsymbol{A}_2=\boldsymbol{I}.$$

故结论成立.

(4) 实数域上方阵 $\boldsymbol{A}$ 是正交矩阵的充分必要条件是：$\boldsymbol{A}$ 的行(或列)向量组为标准正交向量组.

事实上，不妨先对行进行证明. 设

$$\boldsymbol{A}=\begin{bmatrix}a_{11}&\cdots&a_{1n}\\ \vdots&&\vdots\\ a_{n1}&\cdots&a_{nn}\end{bmatrix}=\begin{bmatrix}\boldsymbol{\alpha}_1\\ \vdots\\ \boldsymbol{\alpha}_n\end{bmatrix},$$

$\boldsymbol{A}$ 的行向量组是 $\boldsymbol{\alpha}_1=(a_{11},\cdots,a_{1n}),\cdots,\boldsymbol{\alpha}_n=(a_{n1},\cdots,a_{nn})$. 因为 $\boldsymbol{A}^{\mathrm{T}}$ 的(i,j)元①$=\boldsymbol{A}$ 的(j,i)元,所以 $\boldsymbol{A}\boldsymbol{A}^{\mathrm{T}}$ 的(i,j)元$=\sum\limits_{k=1}^{n}(\boldsymbol{A}$ 的(i,k)元$\times\boldsymbol{A}^{\mathrm{T}}$ 的(k,j)元$)=\sum\limits_{k=1}^{n}(\boldsymbol{A}$ 的(i,k)元$\times\boldsymbol{A}$ 的(j,k)元$)=\sum\limits_{k=1}^{n}a_{ik}a_{jk}=(\boldsymbol{\alpha}_i,\boldsymbol{\alpha}_j)$,其中 $i,j=1,\cdots,n$. 即对于任意实方阵 $\boldsymbol{A}$ 都有

$$\boldsymbol{A}\boldsymbol{A}^{\mathrm{T}}\text{ 的}(i,j)\text{元}=(\boldsymbol{\alpha}_i,\boldsymbol{\alpha}_j),\qquad i,j=1,\cdots,n. \tag{1.2.25}$$

如果 $\boldsymbol{A}$ 是正交矩阵,即有 $\boldsymbol{A}\boldsymbol{A}^{\mathrm{T}}=\boldsymbol{I}$,则

$$\boldsymbol{A}\boldsymbol{A}^{\mathrm{T}}\text{ 的}(i,j)\text{元}=\begin{cases}1, & \text{当 } i=j \text{ 时},\\ 0, & \text{当 } i\neq j \text{ 时}.\end{cases}$$

利用式(1.2.25)即得

$$(\boldsymbol{\alpha}_i,\boldsymbol{\alpha}_j)=\begin{cases}1, & \text{当 } i=j \text{ 时},\\ 0, & \text{当 } i\neq j \text{ 时}.\end{cases}$$

这说明 $\boldsymbol{A}$ 的行向量组 $\boldsymbol{\alpha}_1,\cdots,\boldsymbol{\alpha}_n$ 是标准正交向量组.

若 $\boldsymbol{\alpha}_1,\cdots,\boldsymbol{\alpha}_n$ 是标准正交向量组,则

$$(\boldsymbol{\alpha}_i,\boldsymbol{\alpha}_j)=\begin{cases}1, & \text{当 } i=j \text{ 时},\\ 0, & \text{当 } i\neq j \text{ 时}.\end{cases}$$

利用式(1.2.25)即得

$$\boldsymbol{A}\boldsymbol{A}^{\mathrm{T}}\text{ 的}(i,j)\text{元}=\begin{cases}1, & \text{当 } i=j \text{ 时},\\ 0, & \text{当 } i\neq j \text{ 时},\end{cases}$$

所以

$$\boldsymbol{A}\boldsymbol{A}^{\mathrm{T}}=\boldsymbol{I},$$

故 $\boldsymbol{A}$ 为正交矩阵.

对列可类似证明.

这条性质告诉我们,正交矩阵的任一行(或列)向量都是单位向量,且任何两个不同的行(列)向量都是正交的,即内积是零. 因此,利用这一性质来构造一个正交矩阵是很方便的.

例 1.2.14 求正交矩阵 $\boldsymbol{A}$,以 $\boldsymbol{\alpha}_1=\left(\frac{1}{3},\frac{2}{3},\frac{2}{3}\right)$ 为其首行.

解 先求正交于 $\boldsymbol{\alpha}_1=\left(\frac{1}{3},\frac{2}{3},\frac{2}{3}\right)$ 的非零向量 $\boldsymbol{\alpha}'_2=(x,y,z)$,则有

$$(\boldsymbol{\alpha}_1,\boldsymbol{\alpha}'_2)=\frac{x}{3}+\frac{2}{3}y+\frac{2}{3}z=0\quad\text{或}\quad x+2y+2z=0,$$

显然 $\boldsymbol{\alpha}'_2=(0,1,-1)$ 是其中一个解,把 $\boldsymbol{\alpha}'_2$ 单位化,即得 $\boldsymbol{A}$ 的第二个行向量

$$\boldsymbol{\alpha}_2=\left(0,\frac{1}{\sqrt{2}},-\frac{1}{\sqrt{2}}\right).$$

再求同时正交于 $\boldsymbol{\alpha}_1$ 与 $\boldsymbol{\alpha}_2$ 的非零向量 $\boldsymbol{\alpha}'_3=(x,y,z)$,则有

$$\begin{cases}(\boldsymbol{\alpha}_1,\boldsymbol{\alpha}'_3)=\dfrac{x}{3}+\dfrac{2}{3}y+\dfrac{2}{3}z=0,\\[2ex] (\boldsymbol{\alpha}_2,\boldsymbol{\alpha}'_3)=\dfrac{y}{\sqrt{2}}-\dfrac{z}{\sqrt{2}}=0,\end{cases}$$

① 矩阵的第 i 行、第 j 列元素,简记为“(i,j)元”.

即

$$\begin{cases} x+2y+2z=0, \\ y-z=0. \end{cases}$$

令 $z=-1$ 求得解 $\boldsymbol{\alpha}'_3=(4,-1,-1)$，再单位化得 $\boldsymbol{A}$ 的第三个行向量

$$\boldsymbol{\alpha}_3=\left(\frac{4}{\sqrt{18}},-\frac{1}{\sqrt{18}},-\frac{1}{\sqrt{18}}\right),$$

从而得

$$\boldsymbol{A}=\begin{bmatrix} \frac{1}{3} & \frac{2}{3} & \frac{2}{3} \\ 0 & \frac{1}{\sqrt{2}} & -\frac{1}{\sqrt{2}} \\ \frac{4}{3\sqrt{2}} & -\frac{1}{3\sqrt{2}} & -\frac{1}{3\sqrt{2}} \end{bmatrix}.$$

注意，从求解过程知道，第一行是 $\left(\frac{1}{3},\frac{2}{3},\frac{2}{3}\right)$ 的正交矩阵不是唯一的. 另外，如果只考虑行向量正交而不单位化，则得到的矩阵 $\boldsymbol{A}$ 就不一定是正交矩阵.

由于标准正交基在欧氏空间中占有重要的地位，因此，我们不妨利用正交矩阵的性质(4)来讨论从一标准正交基改变到另一标准正交基的过渡矩阵的情况.

例 1.2.15　设 $\boldsymbol{\varepsilon}_1,\boldsymbol{\varepsilon}_2,\cdots,\boldsymbol{\varepsilon}_n$ 及 $\boldsymbol{\varepsilon}'_1,\boldsymbol{\varepsilon}'_2,\cdots,\boldsymbol{\varepsilon}'_n$ 是欧氏空间 V^n 的两组标准正交基，它们之间的过渡矩阵为 $\boldsymbol{A}=(a_{ij})_{n\times n}$. 试证 $\boldsymbol{A}$ 为正交矩阵.

证明　由过渡矩阵的定义知

$$(\boldsymbol{\varepsilon}'_1,\boldsymbol{\varepsilon}'_2,\cdots,\boldsymbol{\varepsilon}'_n)=(\boldsymbol{\varepsilon}_1,\boldsymbol{\varepsilon}_2,\cdots,\boldsymbol{\varepsilon}_n)\begin{bmatrix} a_{11} & a_{12} & \cdots & a_{1n} \\ a_{21} & a_{22} & \cdots & a_{2n} \\ \vdots & \vdots & & \vdots \\ a_{n1} & a_{n2} & \cdots & a_{nn} \end{bmatrix},$$

即矩阵 $\boldsymbol{A}$ 的各列，就是 $\boldsymbol{\varepsilon}'_1,\boldsymbol{\varepsilon}'_2,\cdots,\boldsymbol{\varepsilon}'_n$ 在标准正交基 $\boldsymbol{\varepsilon}_1,\boldsymbol{\varepsilon}_2,\cdots,\boldsymbol{\varepsilon}_n$ 下的坐标，即有

$$\boldsymbol{\varepsilon}'_i=a_{1i}\boldsymbol{\varepsilon}_1+a_{2i}\boldsymbol{\varepsilon}_2+\cdots+a_{ni}\boldsymbol{\varepsilon}_n,\qquad i=1,2,\cdots,n.$$

又因 $\boldsymbol{\varepsilon}_1,\boldsymbol{\varepsilon}_2,\cdots,\boldsymbol{\varepsilon}_n$ 与 $\boldsymbol{\varepsilon}'_1,\boldsymbol{\varepsilon}'_2,\cdots,\boldsymbol{\varepsilon}'_n$ 都是标准正交基，所以

$$(\boldsymbol{\varepsilon}'_i,\boldsymbol{\varepsilon}'_j)=(\boldsymbol{\varepsilon}_i,\boldsymbol{\varepsilon}_j)=\delta_{ij},$$

而且

$$(\boldsymbol{\varepsilon}'_i,\boldsymbol{\varepsilon}'_j)=a_{1i}a_{1j}+a_{2i}a_{2j}+\cdots+a_{ni}a_{nj}=\delta_{ij},\quad i,j=1,2,\cdots,n,$$

这就表明矩阵 $\boldsymbol{A}$ 的列向量组是标准正交的，从而 $\boldsymbol{A}$ 是正交矩阵.　　证毕

2. 两类常用的正交变换及其矩阵

正交变换有很好的性质，这种性质使它在理论分析和应用研究中具有特殊的地位. 下面就例 1.2.10 与例 1.2.11 曾经提到过的 $\mathbb{R}^2$ 中的旋转与反射这两种正交变换，作进一步的讨论.

1) 初等旋转变换

在例 1.2.10 中,我们已经知道,平面$\mathbb{R}^2$中的旋转变换所对应的矩阵是

$$\boldsymbol{A}=\begin{bmatrix}\cos\theta & \sin\theta\\ -\sin\theta & \cos\theta\end{bmatrix}.$$

一般地,在 n 维欧氏空间 V 中取一组标准正交基 $\boldsymbol{e}_1,\boldsymbol{e}_2,\cdots,\boldsymbol{e}_n$,沿平面$[\boldsymbol{e}_i,\boldsymbol{e}_j]$旋转,它的矩阵表示为

$$\boldsymbol{R}_{ij}=\begin{bmatrix}1 &&&&&&&&& \\ & \ddots &&&&&&&& \\ && 1 &&&&&&& \\ &&& \cos\theta & 0 & \cdots & 0 & \sin\theta &&& \\ &&& 0 & 1 & \cdots & 0 & 0 &&& \\ &&& \vdots & \vdots && \vdots & \vdots &&& \\ &&& 0 & 0 & \cdots & 1 & 0 &&& \\ &&& -\sin\theta & 0 & \cdots & 0 & \cos\theta &&& \\ &&&&&&&& 1 && \\ &&&&&&&&& \ddots & \\ &&&&&&&&&& 1\end{bmatrix}\begin{matrix}\\ \\ \\ \leftarrow i\text{ 行}\\ \\ (i<j), \\ \\ \leftarrow j\text{ 行}\\ \\ \\ \\ \end{matrix}\qquad(1.2.26)$$

这里矩阵 $\boldsymbol{R}_{ij}$ 的元素满足:$r_{ii}=\cos\theta,r_{ij}=\sin\theta,r_{ji}=-\sin\theta,r_{jj}=\cos\theta,r_{pp}=1(p\neq i,j)$,其余的 $r_{pq}=0$. 也就是说,这里矩阵 $\boldsymbol{R}_{ij}$ 由 n 阶单位矩阵 $\boldsymbol{I}$ 修改而成:将 $\boldsymbol{I}$ 位于$(i,i),(i,j),(j,i),(j,j)$上的元素分别换成 $\cos\theta,\sin\theta,-\sin\theta,\cos\theta$,其余元素不变. 式中的 θ 通称为旋转角,而 $\cos\theta,\sin\theta$ 常分别记为 c,s,满足 $c^2+s^2=1$,从而矩阵 $\boldsymbol{R}_{ij}$ 可简记为

$$\boldsymbol{R}_{ij}=\begin{bmatrix}1 &&&&&&&&& \\ & \ddots &&&&&&&& \\ && 1 &&&&&&& \\ &&& c & 0 & \cdots & 0 & s &&& \\ &&& 0 & 1 & \cdots & 0 & 0 &&& \\ &&& \vdots & \vdots && 0 & \vdots &&& \\ &&& 0 & 0 & \cdots & 1 & 0 &&& \\ &&& -s & 0 & \cdots & 0 & c &&& \\ &&&&&&&& 1 && \\ &&&&&&&&& \ddots & \\ &&&&&&&&&& 1\end{bmatrix}.\qquad(1.2.27)$$

定义 1.2.10 $\boldsymbol{R}_{ij}$ 叫作**初等旋转矩阵**;它所确定的线性变换叫作**初等旋转变换**(**吉文斯(Givens)变换**).

定理 1.2.7 设 $\boldsymbol{R}_{ij}$ 是初等旋转矩阵,则有

(1) $\det\boldsymbol{R}_{ij}=1$;

(2) $\boldsymbol{R}_{ij}$ 对应的初等旋转变换是正交变换,$\boldsymbol{R}_{ij}$ 是正交矩阵.

证 (1) 由行列式展开定理知,$\det\boldsymbol{R}_{ij}=c^2+s^2=1$;

(2) 设 $\boldsymbol{x},\boldsymbol{y}\in V$，$\boldsymbol{X}=(x_1,x_2,\cdots,x_n)^{\mathrm{T}}$，$\boldsymbol{Y}=(y_1,y_2,\cdots,y_n)^{\mathrm{T}}$ 分别是 $\boldsymbol{x},\boldsymbol{y}$ 在标准正交基下坐标列向量. 如果 $\boldsymbol{Y}=\boldsymbol{R}_{ij}\boldsymbol{X}$，由矩阵与列向量的乘法知，$\boldsymbol{X}$ 的第 i、第 j 个分量有了变化，而其他分量都不变，即有

$$\begin{cases}y_i=cx_i+sx_j,\\ y_j=-sx_i+cx_j,\\ y_k=x_k, \qquad k\neq i,j.\end{cases}\tag{1.2.28}$$

不妨设 $\boldsymbol{\varepsilon}_1,\boldsymbol{\varepsilon}_2,\cdots,\boldsymbol{\varepsilon}_n$ 是 V 的一组标准正交基，于是有 $\boldsymbol{x}=x_1\boldsymbol{\varepsilon}_1+x_2\boldsymbol{\varepsilon}_2+\cdots+x_n\boldsymbol{\varepsilon}_n$，$\boldsymbol{y}=y_1\boldsymbol{\varepsilon}_1+y_2\boldsymbol{\varepsilon}_2+\cdots+y_n\boldsymbol{\varepsilon}_n$，因此

$$(\boldsymbol{y},\boldsymbol{y})=\boldsymbol{Y}^{\mathrm{T}}\boldsymbol{Y}=\sum_{m=1}^{n}y_m^2=\sum_{m=1(m\neq i,j)}^{n}x_m^2+y_i^2+y_j^2=\sum_{m=1}^{n}x_m^2=(\boldsymbol{x},\boldsymbol{x}),$$

从而有

$$|\boldsymbol{y}|=|\boldsymbol{x}|.$$

这说明向量 $\boldsymbol{x}$ 的长度不变，故 $\boldsymbol{R}_{ij}$ 对应的初等旋转变换是正交变换，$\boldsymbol{R}_{ij}$ 为正交矩阵. 证毕

初等旋转矩阵在简化矩阵方面有重要的应用. 例如，对于非零 n 维列向量($n\times1$ 矩阵) $\boldsymbol{x}$，若以 $\boldsymbol{R}_{ij}$ 左乘，即令 $\boldsymbol{y}=\boldsymbol{R}_{ij}\boldsymbol{x}$，根据式(1.2.28)易知，只要按如下公式选取 $\boldsymbol{R}_{ij}$ 中的 c 和 s：

$$s=\frac{x_j}{\sqrt{x_i^2+x_j^2}},\qquad c=\frac{x_i}{\sqrt{x_i^2+x_j^2}},\tag{1.2.29}$$

其中 x_i 和 x_j 不同时为零，就可使 $y_i=\sqrt{x_i^2+x_j^2}>0$，$y_j=0$. 换言之，以 $\boldsymbol{R}_{ij}$ 左乘列向量，可以使列向量得到简化，即把第 j 个分量化为 0.

同理，对于 n 维行向量($1\times n$ 矩阵)$\boldsymbol{x}$，则注意以 $\boldsymbol{R}_{ij}$ 右乘，即令 $\boldsymbol{y}=\boldsymbol{x}\boldsymbol{R}_{ij}$，此时有

$$\begin{cases}y_i=cx_i-sx_j,\\ y_j=sx_i+cx_j,\\ y_k=x_k, \qquad k\neq i,j,\end{cases}\tag{1.2.30}$$

我们可选取

$$s=\frac{-x_j}{\sqrt{x_i^2+x_j^2}},\qquad c=\frac{x_i}{\sqrt{x_i^2+x_j^2}},\tag{1.2.31}$$

其中 x_i 与 x_j 不能同时为零，就可使 $y_i=\sqrt{x_i^2+x_j^2}>0$，$y_j=0$.

根据以上的这一性质，进而可以推出：

对非零 n 维列(行)向量 $\boldsymbol{x}$ 连续左(右)乘以 $\boldsymbol{R}_{r,r+1},\boldsymbol{R}_{r,r+2},\cdots,\boldsymbol{R}_{r,n}$，可使 $\boldsymbol{x}$ 的第 r 个分量变为一新的正数，而第 $r+1$ 个到第 n 个分量全都被化为 0，即分别有

$$\boldsymbol{y}=\boldsymbol{R}_{rn}\cdots\boldsymbol{R}_{r,r+2}\boldsymbol{R}_{r,r+1}\boldsymbol{x}=\begin{bmatrix}x_1\\ \vdots\\ x_{r-1}\\ y_r\\ 0\\ \vdots\\ 0\end{bmatrix}\tag{1.2.32}$$

或

$$\boldsymbol{y}=\boldsymbol{x}\boldsymbol{R}_{r,r+1}\boldsymbol{R}_{r,r+2}\cdots\boldsymbol{R}_{rn}=(x_1,\cdots,x_{r-1},y_r,0,\cdots,0),\tag{1.2.33}$$

其中 $y_r=\sqrt{x_r^2+\cdots+x_n^2}>0$,而 $\boldsymbol{R}_{r,r+1},\cdots,\boldsymbol{R}_{rn}$ 中的 c 和 s 按式(1.2.29)或式(1.2.31)选取.

例 1.2.16 已知向量 $\boldsymbol{x}=(1,2,3)^{\mathrm{T}}$,试用初等旋转变换化 $\boldsymbol{x}$ 使 $\boldsymbol{x}$ 与 $\boldsymbol{e}_1=(1,0,0)^{\mathrm{T}}$ 同方向.

解 利用式(1.2.29),作

$$c=\cos\theta=\frac{x_1}{\sqrt{x_1^2+x_2^2}}=\frac{1}{\sqrt{5}},$$

$$s=\sin\theta=\frac{x_2}{\sqrt{x_1^2+x_2^2}}=\frac{2}{\sqrt{5}}.$$

于是得初等旋转变换的矩阵

$$\boldsymbol{R}_{12}=\begin{bmatrix}\frac{1}{\sqrt{5}} & \frac{2}{\sqrt{5}} & 0\\ -\frac{2}{\sqrt{5}} & \frac{1}{\sqrt{5}} & 0\\ 0 & 0 & 1\end{bmatrix},$$

从而得

$$\boldsymbol{y}=\boldsymbol{R}_{12}\boldsymbol{x}=(\sqrt{5},0,3)^{\mathrm{T}}.$$

同样再作

$$c=\frac{x_1}{\sqrt{x_1^2+x_3^2}}=\sqrt{\frac{5}{14}},\qquad s=\frac{x_3}{\sqrt{x_1^2+x_3^2}}=\frac{3}{\sqrt{14}},$$

由式(1.2.32)有

$$\hat{\boldsymbol{y}}=\boldsymbol{R}_{13}\boldsymbol{R}_{12}\boldsymbol{x}=\boldsymbol{R}_{13}\boldsymbol{y}=\begin{bmatrix}\sqrt{\frac{5}{14}} & 0 & \frac{3}{\sqrt{14}}\\ 0 & 1 & 0\\ -\frac{3}{\sqrt{14}} & 0 & \sqrt{\frac{5}{14}}\end{bmatrix}\begin{bmatrix}\sqrt{5}\\ 0\\ 3\end{bmatrix}$$

$$=(\sqrt{14},0,0)^{\mathrm{T}}=\sqrt{14}\,\boldsymbol{e}_1.$$

在第 3 章将会看到,一个实可逆矩阵可以看成是由 n 个列向量(或行向量)组成,因此它左连乘以一系列初等旋转矩阵,就可使 $\boldsymbol{A}$ 简化成结构较为简单的上三角矩阵.

2) 镜像变换

由例 1.2.11 已经知道,平面$\mathbb{R}^2$中的反射变换 $\mathscr{A}$ 是正交变换,它在标准正交基 $\boldsymbol{i},\boldsymbol{j}$ 下的矩阵 $\boldsymbol{H}=\begin{bmatrix}1 & 0\\ 0 & -1\end{bmatrix}$是正交矩阵,而且 $\det\boldsymbol{H}=-1$.

设$\mathbb{R}^2$中向量 $\boldsymbol{\xi}$ 关于 x 轴反射后变为 $\boldsymbol{\eta}$,则有

$$\boldsymbol{\eta}=\begin{bmatrix}1 & 0\\ 0 & -1\end{bmatrix}\boldsymbol{\xi}=\boldsymbol{H}\boldsymbol{\xi}.$$

我们把 $\boldsymbol{H}=\begin{bmatrix}1 & 0\\0 & -1\end{bmatrix}$ 称为$\mathbb{R}^2$中关于 x 轴的反射阵.

其实,反射阵 $\boldsymbol{H}$ 可以用与 x 轴正交的单位向量 $\boldsymbol{\omega}=\begin{bmatrix}0\\1\end{bmatrix}$ 来表示,即

$$\boldsymbol{H}=\begin{bmatrix}1 & 0\\0 & -1\end{bmatrix}=\begin{bmatrix}1 & 0\\0 & 1\end{bmatrix}-2\begin{bmatrix}0\\1\end{bmatrix}(0,1)=\boldsymbol{I}-2\boldsymbol{\omega}\boldsymbol{\omega}^{\mathrm{T}}.$$

现在把$\mathbb{R}^2$中关于 x 轴的反射变换,先推广到关于与某单位坐标向量 $\boldsymbol{\omega}$ 正交的轴 l 的反射变换(图 1.7),在此基础上,就很自然地引出欧氏空间$\mathbb{R}^n$的镜像变换的定义.

为此,由几何直观从图 1.7 可得

$$\boldsymbol{\xi}-\boldsymbol{\eta}=2\boldsymbol{\omega}(\boldsymbol{\omega}^{\mathrm{T}}\boldsymbol{\xi}),$$

其中 $\boldsymbol{\omega}^{\mathrm{T}}\boldsymbol{\xi}$ 表示向量 $\boldsymbol{\xi}$ 在 $\boldsymbol{\omega}$ 方向上的投影长度(即内积).

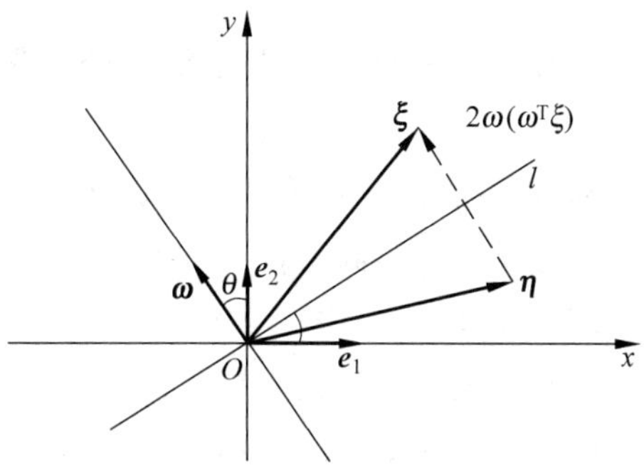

图　1.7

稍作整理,可得

$$\boldsymbol{\eta}=\boldsymbol{\xi}-2\boldsymbol{\omega}(\boldsymbol{\omega}^{\mathrm{T}}\boldsymbol{\xi})=(\boldsymbol{I}-2\boldsymbol{\omega}\boldsymbol{\omega}^{\mathrm{T}})\boldsymbol{\xi}. \tag{1.2.34}$$

式(1.2.34)表明,由已知的坐标单位向量 $\boldsymbol{\omega}$ 可以构造一个矩阵 $\boldsymbol{I}-2\boldsymbol{\omega}\boldsymbol{\omega}^{\mathrm{T}}$,以这矩阵左乘 $\boldsymbol{\xi}$,即得 $\boldsymbol{\xi}$ 的像 $\boldsymbol{\eta}$. 这就意味着在$\mathbb{R}^2$中确定了一个线性变换.

下面我们来说明,由坐标变换关系式(1.2.34)所确定的线性变换的确是关于 l 对称的反射变换.

事实上,令 $\boldsymbol{H}=\boldsymbol{I}-2\boldsymbol{\omega}\boldsymbol{\omega}^{\mathrm{T}}$,则 $\boldsymbol{\eta}=\boldsymbol{H}\boldsymbol{\xi}$,再按顺时针方向旋转坐标系,使 $\boldsymbol{\omega}$ 与 $\boldsymbol{e}_2=\begin{bmatrix}0\\1\end{bmatrix}$ 重合,亦即 l 轴与 x 轴重合.

$$\boldsymbol{\omega}=\begin{bmatrix}\omega_1\\\omega_2\end{bmatrix}\longrightarrow\begin{bmatrix}0\\1\end{bmatrix}=\boldsymbol{e}_2$$

的初等旋转阵为

$$\boldsymbol{Q}=\begin{bmatrix}\cos\theta & \sin\theta\\-\sin\theta & \cos\theta\end{bmatrix},$$

且 $\boldsymbol{Q}^{-1}=\boldsymbol{Q}^{\mathrm{T}}$,于是 $\boldsymbol{Q}\boldsymbol{\eta}=\boldsymbol{Q}\boldsymbol{H}\boldsymbol{Q}^{-1}\boldsymbol{Q}\boldsymbol{\xi}$,而

$$\begin{aligned}\boldsymbol{Q}\boldsymbol{H}\boldsymbol{Q}^{-1}&=\boldsymbol{Q}(\boldsymbol{I}-2\boldsymbol{\omega}\boldsymbol{\omega}^{\mathrm{T}})\boldsymbol{Q}^{\mathrm{T}}=\boldsymbol{I}-2\boldsymbol{Q}\boldsymbol{\omega}\boldsymbol{\omega}^{\mathrm{T}}\boldsymbol{Q}^{\mathrm{T}}\\&=\boldsymbol{I}-2(\boldsymbol{Q}\boldsymbol{\omega})(\boldsymbol{Q}\boldsymbol{\omega})^{\mathrm{T}}\\&=\boldsymbol{I}-2\begin{bmatrix}0\\1\end{bmatrix}(0,1)\\&=\boldsymbol{I}-2\begin{bmatrix}0 & 0\\0 & 1\end{bmatrix}=\begin{bmatrix}1 & 0\\0 & -1\end{bmatrix},\end{aligned}$$

这就是关于 x 轴的反射阵,那么 $\boldsymbol{Q}\boldsymbol{\eta}$ 和 $\boldsymbol{Q}\boldsymbol{\xi}$ 就是关于 x 轴对称的. 由此可知,$\boldsymbol{\eta}$ 和 $\boldsymbol{\xi}$ 是关于与

$\boldsymbol{\omega}$ 垂直的轴 l 对称的. 因此,由式(1.2.34)确定的变换是关于 l 轴的一种反射变换. 由于

$$\boldsymbol{H}=\boldsymbol{Q}^{-1}\begin{bmatrix}1 & 0\\ 0 & -1\end{bmatrix}\boldsymbol{Q},$$

根据正交矩阵的乘积仍是正交矩阵,正交矩阵的逆仍是正交矩阵的结果可知,矩阵 $\boldsymbol{H}=\boldsymbol{I}-2\boldsymbol{\omega}\boldsymbol{\omega}^{\mathrm{T}}$ 是正交矩阵,且有

$$\det\boldsymbol{H}=\det(\boldsymbol{I}-2\boldsymbol{\omega}\boldsymbol{\omega}^{\mathrm{T}})=-1.$$

定义 1.2.11 在欧氏空间 $\mathbb{R}^n$ 中,设有线性变换将向量 $\boldsymbol{\xi}$ 映射成与单位向量 $\boldsymbol{\omega}$ 正交的 $n-1$ 维子空间对称的像 $\boldsymbol{\eta}$,且有

$$\boldsymbol{\eta}=(\boldsymbol{I}-2\boldsymbol{\omega}\boldsymbol{\omega}^{\mathrm{T}})\boldsymbol{\xi}=\boldsymbol{H}\boldsymbol{\xi},$$

则称这种线性变换为**镜像变换**,或**豪斯霍尔德(Householder)变换**,其中的矩阵

$$\boldsymbol{H}=\boldsymbol{I}-2\boldsymbol{\omega}\boldsymbol{\omega}^{\mathrm{T}} \tag{1.2.35}$$

称为**初等反射矩阵**,或**豪斯霍尔德矩阵**.

初等反射矩阵具有如下的性质.

定理 1.2.8 设 $\boldsymbol{H}=\boldsymbol{I}-2\boldsymbol{\omega}\boldsymbol{\omega}^{\mathrm{T}}$ 是 $\mathbb{R}^n$ 中的初等反射矩阵,则

(1) $\boldsymbol{H}$ 是对称的正交矩阵;

(2) $\det\boldsymbol{H}=\det(\boldsymbol{I}-2\boldsymbol{\omega}\boldsymbol{\omega}^{\mathrm{T}})=-1$.

证明 (1) 可以直接验证 $\boldsymbol{H}^{\mathrm{T}}=\boldsymbol{H}$,且满足 $\boldsymbol{H}^{\mathrm{T}}\boldsymbol{H}=\boldsymbol{I}$,即

$$\begin{aligned}\boldsymbol{H}^{\mathrm{T}}\boldsymbol{H}&=(\boldsymbol{I}-2\boldsymbol{\omega}\boldsymbol{\omega}^{\mathrm{T}})^{\mathrm{T}}(\boldsymbol{I}-2\boldsymbol{\omega}\boldsymbol{\omega}^{\mathrm{T}})=(\boldsymbol{I}-2\boldsymbol{\omega}\boldsymbol{\omega}^{\mathrm{T}})^2\\&=\boldsymbol{I}-4\boldsymbol{\omega}\boldsymbol{\omega}^{\mathrm{T}}+4\boldsymbol{\omega}(\boldsymbol{\omega}^{\mathrm{T}}\boldsymbol{\omega})\boldsymbol{\omega}^{\mathrm{T}}\\&=\boldsymbol{I}-4\boldsymbol{\omega}\boldsymbol{\omega}^{\mathrm{T}}+4\boldsymbol{\omega}\boldsymbol{\omega}^{\mathrm{T}}=\boldsymbol{I}.\end{aligned}$$

所以 $\boldsymbol{H}$ 不仅对称,而且是正交矩阵.

(2) 如上一段所述,我们可以通过有限次的旋转使 $\boldsymbol{\omega}$ 的第一个分量为正,其余分量全都为 0(即 $\boldsymbol{\omega}$ 与 $\boldsymbol{e}_1=(1,0,\cdots,0)^{\mathrm{T}}$ 同方向). 因为 $\boldsymbol{\omega}$ 是单位向量,所以通过有限次的旋转可使 $\boldsymbol{\omega}$ 与 $\boldsymbol{e}_1$ 相同. 令有限个这样的旋转矩阵的乘积为 $\boldsymbol{Q}$,则 $\boldsymbol{Q}\boldsymbol{\omega}=\boldsymbol{e}_1$,$\boldsymbol{Q}$ 是正交矩阵.

另一方面,因为 $\boldsymbol{\eta}=\boldsymbol{H}\boldsymbol{\xi}$,所以 $\boldsymbol{Q}\boldsymbol{\eta}=\boldsymbol{Q}\boldsymbol{H}\boldsymbol{Q}^{-1}\boldsymbol{Q}\boldsymbol{\xi}$,其中

$$\begin{aligned}\boldsymbol{Q}\boldsymbol{H}\boldsymbol{Q}^{-1}&=\boldsymbol{Q}(\boldsymbol{I}-2\boldsymbol{\omega}\boldsymbol{\omega}^{\mathrm{T}})\boldsymbol{Q}^{-1}=\boldsymbol{I}-2(\boldsymbol{Q}\boldsymbol{\omega})(\boldsymbol{Q}\boldsymbol{\omega})^{\mathrm{T}}\\&=\boldsymbol{I}-2\begin{bmatrix}1\\0\\\vdots\\0\end{bmatrix}(1,0,\cdots,0)=\begin{bmatrix}-1 & & & \\ & 1 & & \\ & & \ddots & \\ & & & 1\end{bmatrix},\end{aligned} \tag{1.2.36}$$

从而

$$\boldsymbol{Q}\boldsymbol{\eta}=\begin{bmatrix}-1 & & & \\ & 1 & & \\ & & \ddots & \\ & & & 1\end{bmatrix}\boldsymbol{Q}\boldsymbol{\xi}.$$

由此可见,对于旋转后的向量 $\boldsymbol{Q}\boldsymbol{\eta}$ 与 $\boldsymbol{Q}\boldsymbol{\xi}$ 而言,仅第一个分量在此变换下改变了符号,也就是

说 $\boldsymbol{Q\eta}$ 可以看成是 $\boldsymbol{Q\xi}$ 关于与 $\boldsymbol{e}_1$ 正交的 $n-1$ 维子空间的镜像.

由式(1.2.36)有

$$\boldsymbol{H}=\boldsymbol{Q}^{-1}\begin{bmatrix}-1 & & & \\ & 1 & & \\ & & \ddots & \\ & & & 1\end{bmatrix}\boldsymbol{Q},$$

右端每一个矩阵都是正交矩阵,所以 $\boldsymbol{H}$ 是正交矩阵,且

$$\det \boldsymbol{H}=\det(\boldsymbol{I}-2\boldsymbol{\omega}\boldsymbol{\omega}^{\mathrm{T}})=-1.$$ 证毕

定理 1.2.9 镜像变换可以使任何非零向量 $\boldsymbol{\xi}$ 变成与给定单位向量 $\boldsymbol{\zeta}$ 同方向的向量 $\boldsymbol{\eta}$ (图 1.8).

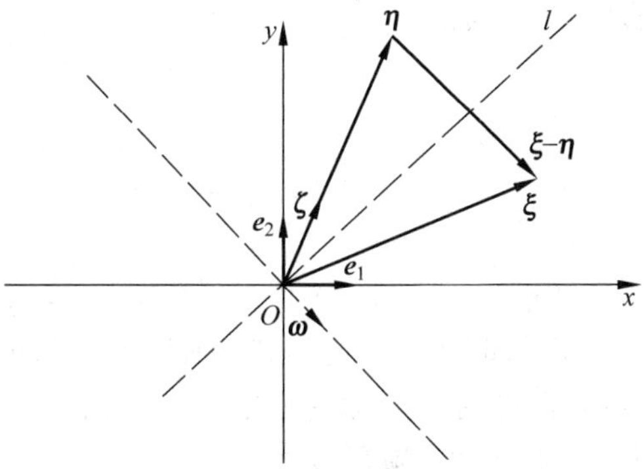

图 1.8

证明 显然此时 $\boldsymbol{\xi}$ 的像为

$$\boldsymbol{\eta}=|\boldsymbol{\xi}|\boldsymbol{\zeta}.$$

问题的关键是如何构造单位向量 $\boldsymbol{\omega}$,作 $\boldsymbol{H}=\boldsymbol{I}-2\boldsymbol{\omega}\boldsymbol{\omega}^{\mathrm{T}}$,使 $\boldsymbol{\eta}=\boldsymbol{H\xi}$.

下面我们来导出满足这一要求的 $\boldsymbol{\omega}$ 的计算公式. 容易看出,$\boldsymbol{\xi}$ 在 $\boldsymbol{\omega}$ 方向的投影为

$$\frac{1}{2}|\boldsymbol{\xi}-\boldsymbol{\eta}|=|\boldsymbol{\omega}||\boldsymbol{\xi}|\cos(\boldsymbol{\omega},\boldsymbol{\xi})=(\boldsymbol{\omega},\boldsymbol{\xi})=\boldsymbol{\omega}^{\mathrm{T}}\boldsymbol{\xi},$$

所以向量 $\boldsymbol{\xi}-\boldsymbol{\eta}=2(\boldsymbol{\omega}^{\mathrm{T}}\boldsymbol{\xi})\boldsymbol{\omega}$,从而得

$$\boldsymbol{\omega}=\frac{\boldsymbol{\xi}-\boldsymbol{\eta}}{2(\boldsymbol{\omega}^{\mathrm{T}}\boldsymbol{\xi})}=\frac{\boldsymbol{\xi}-|\boldsymbol{\xi}|\boldsymbol{\zeta}}{|\boldsymbol{\xi}-|\boldsymbol{\xi}|\boldsymbol{\zeta}|}. \tag{1.2.37}$$

用这样的 $\boldsymbol{\omega}$ 作成的 $\boldsymbol{H}$ 必有

$$\begin{aligned}\boldsymbol{\eta}&=\boldsymbol{H\xi}\\&=\left(\boldsymbol{I}-2\frac{(\boldsymbol{\xi}-|\boldsymbol{\xi}|\boldsymbol{\zeta})(\boldsymbol{\xi}-|\boldsymbol{\xi}|\boldsymbol{\zeta})^{\mathrm{T}}}{|\boldsymbol{\xi}-|\boldsymbol{\xi}|\boldsymbol{\zeta}|^2}\right)\boldsymbol{\xi}\\&=\boldsymbol{\xi}-2(\boldsymbol{\xi}-|\boldsymbol{\xi}|\boldsymbol{\zeta},\boldsymbol{\xi})\frac{\boldsymbol{\xi}-|\boldsymbol{\xi}|\boldsymbol{\zeta}}{|\boldsymbol{\xi}-|\boldsymbol{\xi}|\boldsymbol{\zeta}|^2}\\&=\boldsymbol{\xi}-(\boldsymbol{\xi}-|\boldsymbol{\xi}|\boldsymbol{\zeta})=|\boldsymbol{\xi}|\boldsymbol{\zeta}.\end{aligned}$$

注意,这里利用了等式

$$2(\boldsymbol{\xi}-|\boldsymbol{\xi}|\boldsymbol{\zeta},\boldsymbol{\xi})=|\boldsymbol{\xi}-|\boldsymbol{\xi}|\boldsymbol{\zeta}|^2.$$

证毕

例 1.2.17 试用镜像变换将向量 $\boldsymbol{\xi}=(0,3,0,4)^{\mathrm{T}}$ 变为与向量 $\boldsymbol{e}_1=(1,0,0,0)^{\mathrm{T}}$ 同方向的向量.

解 用式(1.2.37)给出的向量作单位向量

$$\boldsymbol{\omega}=\frac{\boldsymbol{\xi}-|\boldsymbol{\xi}|\boldsymbol{e}_1}{|\boldsymbol{\xi}-|\boldsymbol{\xi}|\boldsymbol{e}_1|}=\frac{(-5,3,0,4)^{\mathrm{T}}}{|(-5,3,0,4)^{\mathrm{T}}|}=\left(-\frac{1}{\sqrt{2}},\frac{3}{5\sqrt{2}},0,\frac{4}{5\sqrt{2}}\right)^{\mathrm{T}},$$

则镜像变换的豪斯霍尔德矩阵是

$$\boldsymbol{H}=\boldsymbol{I}-2\boldsymbol{\omega}\boldsymbol{\omega}^{\mathrm{T}}=\begin{bmatrix}0 & \frac{3}{5} & 0 & \frac{4}{5}\\ \frac{3}{5} & \frac{16}{25} & 0 & -\frac{12}{25}\\ 0 & 0 & 1 & 0\\ \frac{4}{5} & -\frac{12}{25} & 0 & \frac{9}{25}\end{bmatrix},$$

从而有

$$\boldsymbol{\eta}=\boldsymbol{H}\boldsymbol{\xi}=(5,0,0,0)^{\mathrm{T}}=5\boldsymbol{e}_1.$$

从以上讨论可知,镜像变换与前面介绍过的初等旋转变换都可用来简化矩阵.第 3 章可以证明:任何实的非奇异矩阵都可用镜像变换化为上三角矩阵.

下面的定理给出了镜像变换与初等旋转变换之间的联系.

定理 1.2.10 初等旋转矩阵(变换)是两个初等反射矩阵(变换)的乘积.

证明 对于

$$\boldsymbol{R}_{ij}=\begin{bmatrix}1 &&&&&&&&& \\ & \ddots &&&&&&&& \\ && 1 &&&&&&& \\ &&& c & 0 & \cdots & 0 & s &&& \\ &&& 0 & 1 & \cdots & 0 & 0 &&& \\ &&& \vdots & \vdots & \ddots & \vdots & \vdots &&& \\ &&& 0 & 0 & \cdots & 1 & 0 &&& \\ &&& -s & 0 & \cdots & 0 & c &&& \\ &&&&&&&& 1 && \\ &&&&&&&&& \ddots & \\ &&&&&&&&&& 1\end{bmatrix}\begin{matrix}\\ \\ \\ (i)\\ \\ \\ \\ (j)\\ \\ \\ \\ \end{matrix},$$

$$\qquad\qquad (i)\qquad\qquad\qquad (j)$$

取单位向量

$$\boldsymbol{\omega}=\Big(0,\cdots,0,\underset{(i)}{\sin\frac{\theta}{4}},0,\cdots,0,\underset{(j)}{\cos\frac{\theta}{4}},0,\cdots,0\Big)^{\mathrm{T}},$$

则由式(1.2.35)构造初等反射阵

$$
\begin{aligned}
\boldsymbol{H}_1 &= \boldsymbol{I} - 2\boldsymbol{\omega}\boldsymbol{\omega}^{\mathrm{T}} \\
&= \begin{bmatrix}
1 & & & & & & & & & \\
& \ddots & & & & & & & & \\
& & 1 & & & & & & & \\
& & & \cos\frac{\theta}{2} & 0 & \cdots & 0 & -\sin\frac{\theta}{2} & & \\
& & & 0 & 1 & \cdots & 0 & 0 & & \\
& & & \vdots & \vdots & \ddots & \vdots & \vdots & & \\
& & & 0 & 0 & \cdots & 1 & 0 & & \\
& & & -\sin\frac{\theta}{2} & 0 & \cdots & 0 & -\cos\frac{\theta}{2} & & \\
& & & & & & & & 1 & \\
& & & & & & & & & \ddots \\
& & & & & & & & & & 1
\end{bmatrix}
\begin{matrix} \\ \\ \\ (i) \\ \\ \\ \\ (j) \\ \\ \\ \\ \end{matrix}.
\end{aligned}
$$

$$\qquad\qquad\qquad\qquad (i) \qquad\qquad\qquad\qquad (j)$$

再取特殊的单位长度的向量，

$$
\hat{\boldsymbol{\omega}} = \Big(0,\cdots,0,\underset{(i)}{\sin\frac{3\theta}{4}},0,\cdots,0,\underset{(j)}{\cos\frac{3\theta}{4}},0,\cdots,0\Big)^{\mathrm{T}},
$$

又得

$$
\begin{aligned}
\boldsymbol{H}_2 &= \boldsymbol{I} - 2\hat{\boldsymbol{\omega}}\hat{\boldsymbol{\omega}}^{\mathrm{T}} \\
&= \begin{bmatrix}
1 & & & & & & & & & \\
& \ddots & & & & & & & & \\
& & 1 & & & & & & & \\
& & & \cos\frac{3\theta}{2} & 0 & \cdots & 0 & -\sin\frac{3\theta}{2} & & \\
& & & 0 & 1 & \cdots & 0 & 0 & & \\
& & & \vdots & \vdots & \ddots & \vdots & \vdots & & \\
& & & 0 & 0 & \cdots & 1 & 0 & & \\
& & & -\sin\frac{3\theta}{2} & 0 & \cdots & 0 & -\cos\frac{3\theta}{2} & & \\
& & & & & & & & 1 & \\
& & & & & & & & & \ddots \\
& & & & & & & & & & 1
\end{bmatrix}
\begin{matrix} \\ \\ \\ (i) \\ \\ \\ \\ (j) \\ \\ \\ \\ \end{matrix}.
\end{aligned}
$$

$$\qquad\qquad\qquad\qquad (i) \qquad\qquad\qquad\qquad (j)$$

直接验证有 $\boldsymbol{R}_{ij}=\boldsymbol{H}_2\boldsymbol{H}_1$. 证毕

例如，

$$
\boldsymbol{R}_{12} = \begin{bmatrix} \cos\theta & \sin\theta & 0 \\ -\sin\theta & \cos\theta & 0 \\ 0 & 0 & 1 \end{bmatrix},
$$

取 $\boldsymbol{\omega}_1=\left(\sin\frac{\theta}{4},\cos\frac{\theta}{4},0\right)^{\mathrm{T}}$，$\boldsymbol{\omega}_2=\left(\sin\frac{3\theta}{4},\cos\frac{3\theta}{4},0\right)^{\mathrm{T}}$，即可验证

$$\boldsymbol{R}_{12}=(\boldsymbol{I}-2\boldsymbol{\omega}_2\boldsymbol{\omega}_2^{\mathrm{T}})(I-2\boldsymbol{\omega}_1\boldsymbol{\omega}_1^{\mathrm{T}}),$$

所以初等反射阵比初等旋转阵更为基本.

*3. 酉变换与酉矩阵介绍

欧氏空间与酉空间的区别仅仅在于所用的数域以及内积定义中的第一个条件有所不同，其他无多大变化，所以欧氏空间中关于正交变换的理论在酉空间中也有类似的结论，下面作简单的叙述.

定义 1.2.12 设 V 是一个酉空间，$\mathscr{A}$ 是 V 上的一个线性变换，如果对于任何 $\boldsymbol{x},\boldsymbol{y}\in V$ 恒有

$$(\mathscr{A}(\boldsymbol{x}),\mathscr{A}(\boldsymbol{y}))=(\boldsymbol{x},\boldsymbol{y}),$$

则说 $\mathscr{A}$ 是一个**酉变换**(或**酉交变换**).

酉变换与正交变换都保持内积不变，所以同属于**等积变换**.

定理 1.2.11 设 $\mathscr{A}$ 是酉空间 V 上的线性变换，$\mathscr{A}$ 成为酉变换的充分必要条件是下述条件之一成立：

(1) 对任何 $\boldsymbol{x}\in V$，$(\mathscr{A}(\boldsymbol{x}),\mathscr{A}(\boldsymbol{x}))=(\boldsymbol{x},\boldsymbol{x})$；

(2) V 的任一组标准正交基经 $\mathscr{A}$ 变换后的基像组仍为 V 的标准正交基；

(3) $\mathscr{A}$ 在任一组标准正交基下的矩阵 $\boldsymbol{U}$ 是**酉矩阵**，即 $\boldsymbol{U}$ 满足下式

$$\boldsymbol{U}^{\mathrm{H}}\boldsymbol{U}=\boldsymbol{U}\boldsymbol{U}^{\mathrm{H}}=\boldsymbol{I},$$

这里 $\boldsymbol{U}^{\mathrm{H}}$ 表示 $\boldsymbol{U}$ 的转置共轭矩阵$\overline{\boldsymbol{U}}^{\mathrm{T}}$(即先取 $\boldsymbol{U}$ 的元素的共轭复数，然后转置所成的矩阵).

显然，酉矩阵的逆矩阵也是酉矩阵；两个酉矩阵的乘积还是酉矩阵.

下面是两类常用的酉变换.

定义 1.2.13 设 $\boldsymbol{\varepsilon}_1,\boldsymbol{\varepsilon}_2,\cdots,\boldsymbol{\varepsilon}_n$ 为酉空间 V 的标准正交基，如果关于这组基线性变换 $\mathscr{A}$ 的矩阵 $\boldsymbol{R}_{kj}$ 的各元素按下式规定：

$$r_{kk}=\mathrm{e}^{\mathrm{i}\lambda}\cos\theta=c\,\mathrm{e}^{\mathrm{i}\lambda},\qquad r_{kj}=\mathrm{e}^{\mathrm{i}\mu}\sin\theta=s\,\mathrm{e}^{\mathrm{i}\mu},$$
$$r_{jk}=-\mathrm{e}^{-\mathrm{i}\mu}\sin\theta=-s\,\mathrm{e}^{\mathrm{i}\mu},\qquad r_{jj}=\mathrm{e}^{-\mathrm{i}\lambda}\cos\theta=c\,\mathrm{e}^{-\mathrm{i}\lambda},$$

λ,μ,θ 为实数，$\mathrm{i}=\sqrt{-1}$，$c=\cos\theta$，$s=\sin\theta$.

$$r_{pp}=1,\qquad p\neq k,j,$$
$$r_{pq}=0,\qquad p\neq q;\qquad p,q\neq k,j,$$

即

$$\boldsymbol{R}_{kj}=\begin{bmatrix}1&&&&&&&&&\\&\ddots&&&&&&&&\\&&1&&&&&&&\\&&&c\,\mathrm{e}^{\mathrm{i}\lambda}&0&\cdots&0&s\,\mathrm{e}^{\mathrm{i}\mu}&&\\&&&0&1&\cdots&0&0&&\\&&&\vdots&\vdots&\ddots&\vdots&\vdots&&\\&&&0&0&\cdots&1&0&&\\&&&-s\,\mathrm{e}^{-\mathrm{i}\mu}&0&\cdots&0&c\,\mathrm{e}^{-\mathrm{i}\lambda}&&\\&&&&&&&&1&\\&&&&&&&&&\ddots\\&&&&&&&&&&1\end{bmatrix},\qquad(1.2.38)$$

则称这样的变换为**初等酉变换**.

由 $\boldsymbol{R}^{\mathrm{H}}\boldsymbol{R}=\boldsymbol{I}$,可知 $\boldsymbol{R}_{kj}$ 是酉矩阵. 当 $\lambda=\mu=0$ 时,$\boldsymbol{R}_{kj}$ 是实的正交矩阵.

还有一种常用的酉变换叫作**初等埃尔米特变换**. 它的矩阵表示是

$$\boldsymbol{P}=\boldsymbol{I}-2\boldsymbol{\omega}\boldsymbol{\omega}^{\mathrm{H}},$$

其中 $\boldsymbol{\omega}$ 满足 $\boldsymbol{\omega}^{\mathrm{H}}\boldsymbol{\omega}=1$.

显然 $\boldsymbol{P}$ 为酉矩阵.

*4. 正交投影变换与正交投影矩阵

前面我们讨论了内积空间中的两类常用的正交变换(旋转与反射),其实,内积空间中还有一种叫作正交投影变换.

先考察$\mathbb{R}^3$中正交投影的含义,在此基础上推广,即得内积空间中正交投影变换的定义.

如图 1.9,若将向量

$$\overrightarrow{OP}=x\boldsymbol{i}+y\boldsymbol{j}+z\boldsymbol{k}$$

投影到坐标面 xOy 上,得到另一向量

$$\overrightarrow{OP'}=x'\boldsymbol{i}+y'\boldsymbol{j}+z'\boldsymbol{k},$$

即有 $x'=x,y'=y,z'=0$. 如把这个投影变换记为 $\mathscr{A}$,显然它是线性变换. 因为容易验证:若 $\mathscr{A}(\boldsymbol{\alpha})=\boldsymbol{\alpha}'$,$\mathscr{A}(\boldsymbol{\beta})=\boldsymbol{\beta}'$,则

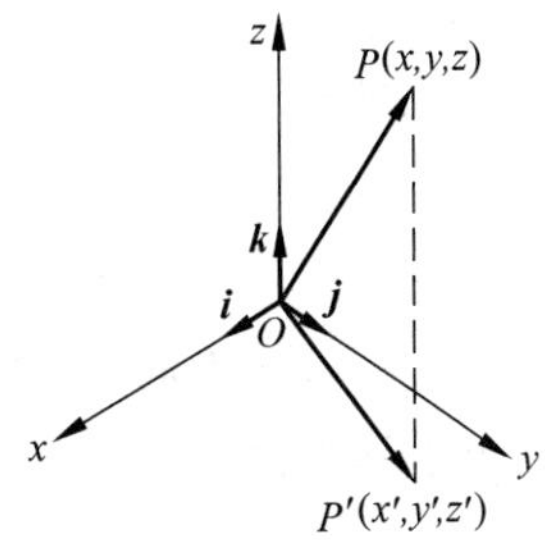

图　1.9

$$\mathscr{A}(\boldsymbol{\alpha}+\boldsymbol{\beta})=\mathscr{A}(\boldsymbol{\alpha})+\mathscr{A}(\boldsymbol{\beta})=\boldsymbol{\alpha}'+\boldsymbol{\beta}',$$
$$\mathscr{A}(\lambda\boldsymbol{\alpha})=\lambda\mathscr{A}(\boldsymbol{\alpha})=\lambda\boldsymbol{\alpha}'.$$

又因为

$$\begin{cases}\mathscr{A}(\boldsymbol{i})=\boldsymbol{i}=1\boldsymbol{i}+0\boldsymbol{j}+0\boldsymbol{k},\\ \mathscr{A}(\boldsymbol{j})=\boldsymbol{j}=0\boldsymbol{i}+1\boldsymbol{j}+0\boldsymbol{k},\\ \mathscr{A}(\boldsymbol{k})=\boldsymbol{0}=0\boldsymbol{i}+0\boldsymbol{j}+0\boldsymbol{k},\end{cases}$$

或

$$\mathscr{A}(\boldsymbol{i},\boldsymbol{j},\boldsymbol{k})=(\boldsymbol{i},\boldsymbol{j},\boldsymbol{k})\begin{pmatrix}1&0&0\\0&1&0\\0&0&0\end{pmatrix},$$

故此投影变换的矩阵为

$$\boldsymbol{A}=\begin{pmatrix}1&0&0\\0&1&0\\0&0&0\end{pmatrix}.$$

由图 1.9 可见,正交投影的概念实质上是反映了向量沿子空间 V_1(z 轴)到子空间 V_2(xOy 平面)的一种变换关系. 此时,V_1 与 V_2 是互相垂直的. 因此,为了推广正交投影的含义,必须先定义内积空间中子空间的正交关系.

1) 内积空间中子空间的正交

定义 1.2.14　设 V_1 与 V_2 是内积空间 V^n 的两个子空间,如果对任意的 $\boldsymbol{x}_1\in V_1$,$\boldsymbol{x}_2\in$

V_2,都有

$$(\boldsymbol{x}_1,\boldsymbol{x}_2)=0,$$

则称**子空间 V_1,V_2 正交**,记为 $V_1\perp V_2$.

例 1.2.18 设 $\boldsymbol{e}_1,\boldsymbol{e}_2,\boldsymbol{e}_3,\boldsymbol{e}_4$ 是欧氏空间 V^4 的标准正交基,$V_1=\mathrm{Span}(\boldsymbol{e}_1,\boldsymbol{e}_2)$,$V_2=\mathrm{Span}(\boldsymbol{e}_3,\boldsymbol{e}_4)$,则 $V_1\perp V_2$.

内积空间(欧氏空间或酉空间)的正交子空间,有如下性质.

定理 1.2.12 设 V_1,V_2 是内积空间 V^n 的子空间,且 $V_1\perp V_2$,则

(1) $V_1\cap V_2=\{\mathbf{0}\}$;

(2) $\dim(V_1+V_2)=\dim V_1+\dim V_2$.

定理成立是显然的.

定义 1.2.15 设 V^n 是一内积空间,V_1 和 V_2 是 V^n 的两个子空间,如果 $V_1\perp V_2$,且 $V^n=V_1+V_2$,则称 V_1+V_2 是 V^n 的一个**正交分解**,并称 V_1 与 V_2 **互为正交补空间**,记为

$$V_2=V_1^{\perp}\quad 或\quad V_1=V_2^{\perp}\quad 或\quad V^n=V_1\oplus V_2. \tag{1.2.39}$$

由定理 1.1.8 知,n 维线性空间 V^n 一定有直和分解 $V^n=V_1\dotplus V_2$,但不唯一.可是,下面可以证明,内积空间(欧氏空间或酉空间)的正交分解式(1.2.39)却是唯一的,即给定 V_1 后,正交补空间 $V_2=V_1^{\perp}$ 是唯一的.

定理 1.2.13 设 V_1 是内积空间 V^n 的任一子空间,则存在唯一的子空间 $V_2\subset V^n$,使

$$V_1\oplus V_2=V^n.$$

证明 设 $\boldsymbol{\varepsilon}_1,\boldsymbol{\varepsilon}_2,\cdots,\boldsymbol{\varepsilon}_m$ 为 V_1 的标准正交基,经扩充后,$\boldsymbol{\varepsilon}_1,\boldsymbol{\varepsilon}_2,\cdots,\boldsymbol{\varepsilon}_m,\boldsymbol{\varepsilon}_{m+1},\cdots,\boldsymbol{\varepsilon}_n$ 为 V^n 的标准正交基.若

$$V_2=\mathrm{Span}(\boldsymbol{\varepsilon}_{m+1},\boldsymbol{\varepsilon}_{m+2},\cdots,\boldsymbol{\varepsilon}_n), \tag{1.2.40}$$

显然 $V_1\perp V_2$,且有 $V_1+V_2=V^n$,故 $V_1\oplus V_2=V^n$,这就证明了存在性.再证唯一性,若另有 V^n 的子空间 V_3 使

$$V_1\oplus V_3=V^n,$$

则对任意 $\mathbf{0}\neq\boldsymbol{\beta}\in V_3$,有 $\boldsymbol{\beta}\notin V_1$,且

$$(\boldsymbol{\alpha},\boldsymbol{\beta})=0,\qquad \forall\,\boldsymbol{\alpha}\in V_1,$$

所以 $\boldsymbol{\beta}\in V_2$,即 $V_3\subset V_2$,同理可证 $V_2\subset V_3$,故有

$$V_2=V_3.$$

证毕

定理 1.2.13 的证明过程,给出了求正交补空间的具体方法,即按式(1.2.20)构造.

显然,如果 V 是 n 维的内积空间,V_1 是 V 的子空间,则 $\dim V_1+\dim V_1^{\perp}=n$.

作为正交补空间和正交分解的一个应用,我们考虑齐次线性方程组可解的几何意义.

例 1.2.19 对于系数矩阵的秩是 r 的齐次线性方程组

$$\begin{cases}a_{11}x_1+a_{12}x_2+\cdots+a_{1n}x_n=0,\\ a_{21}x_1+a_{22}x_2+\cdots+a_{2n}x_n=0,\\ \qquad\vdots\\ a_{m1}x_1+a_{m2}x_2+\cdots+a_{mn}x_n=0,\end{cases} \tag{1.2.41}$$

引入向量

$$\boldsymbol{x}=(x_1,x_2,\cdots,x_n),\quad \boldsymbol{\alpha}_i=(a_{i1},a_{i2},\cdots,a_{in}),\quad i=1,2,\cdots,m,$$

于是方程组(1.2.41)可改写为

$$(\boldsymbol{\alpha}_1,\boldsymbol{x})=0,\quad (\boldsymbol{\alpha}_2,\boldsymbol{x})=0,\quad \cdots,\quad (\boldsymbol{\alpha}_m,\boldsymbol{x})=0.$$

由此可见,求方程组(1.2.41)的解向量,就是求所有与向量组 $\boldsymbol{\alpha}_1,\boldsymbol{\alpha}_2,\cdots,\boldsymbol{\alpha}_n$ 正交的向量. 设 $\boldsymbol{\alpha}_1,\boldsymbol{\alpha}_2,\cdots,\boldsymbol{\alpha}_m$ 生成的子空间为

$$V_1=\mathrm{Span}(\boldsymbol{\alpha}_1,\boldsymbol{\alpha}_2,\cdots,\boldsymbol{\alpha}_m),$$

那么,V_1 是$\mathbb{R}^n$的一个子空间,根据定理 1.2.13,则存在唯一的子空间 $V_2\subset\mathbb{R}^n$,使 $V_1\oplus V_2=\mathbb{R}^n$,即 $V_2=V_1^{\perp}$ 就是方程组(1.2.41)的解空间. 由于 V_1 的维数是方程组(1.2.41)的系数矩阵的秩 r,则解空间 $V_1^{\perp}=V_2$ 的维数是 $n-r$.

2) 内积空间的正交投影变换

由上一段的讨论知,内积空间分解为两个互为正交补空间的子空间的和是唯一的:

$$V^n=V_1\oplus V_2.$$

由空间 V_1 与 V_2 的和的定义知,若取 $\boldsymbol{x}_1\in V_1,\boldsymbol{x}_2\in V_2$,则有 $\boldsymbol{x}\in V^n,\boldsymbol{x}=\boldsymbol{x}_1+\boldsymbol{x}_2$,也就是说,$\boldsymbol{x}_1,\boldsymbol{x}_2$ 与 $\boldsymbol{x}$ 是一一对应的. 但如果有某种变换将 $\boldsymbol{x}$ 变为 $\boldsymbol{x}_1$,则引出正交投影的概念.

定义 1.2.16 设内积空间 V^n 有正交分解 $V^n=V_1\oplus V_2$,即任何 $\boldsymbol{x}\in V^n$ 都可唯一地写成

$$\boldsymbol{x}=\boldsymbol{x}_1+\boldsymbol{x}_2,\qquad \boldsymbol{x}_1\in V_1,\qquad \boldsymbol{x}_2\in V_2.$$

如果定义变换 $\mathscr{A}$:$\mathscr{A}(\boldsymbol{x})=\boldsymbol{x}_1$,则称 $\mathscr{A}$ 是沿 V_2 到 V_1 的**正交投影变换**.

换言之,$\mathscr{A}$ 的秩空间 $R(\mathscr{A})=V_1$,核空间 $N(\mathscr{A})=V_2$.

定理 1.2.14 正交投影变换是线性的.

事实上,因为

$$\begin{aligned}\mathscr{A}(\lambda\boldsymbol{x}+\mu\boldsymbol{y})&=\mathscr{A}(\lambda\boldsymbol{x}_1+\mu\boldsymbol{y}_1+\lambda\boldsymbol{x}_2+\mu\boldsymbol{y}_2)\\&=\lambda\boldsymbol{x}_1+\mu\boldsymbol{y}_1=\lambda\mathscr{A}(\boldsymbol{x})+\mu\mathscr{A}(\boldsymbol{y}),\end{aligned}$$

所以正交投影变换是线性的.

3) 正交投影矩阵

关于正交投影变换的矩阵表示可如下给出.

设 $\mathscr{A}$ 是沿 V_2 到 V_1 的正交投影变换,且

$$\dim V_1=r,\qquad \dim V_2=n-r.$$

又设 $\boldsymbol{\varepsilon}_1,\boldsymbol{\varepsilon}_2,\cdots,\boldsymbol{\varepsilon}_r$ 为 V_1 的基,$\boldsymbol{\varepsilon}_{r+1},\cdots,\boldsymbol{\varepsilon}_n$ 为 V_2 的基. 因为 $V^n=V_1\oplus V_2$,故 $\boldsymbol{\varepsilon}_1,\boldsymbol{\varepsilon}_2,\cdots,\boldsymbol{\varepsilon}_r,\boldsymbol{\varepsilon}_{r+1},\cdots,\boldsymbol{\varepsilon}_n$ 是 V^n 的一组基. 根据定义有

$$\begin{aligned}\mathscr{A}(\boldsymbol{\varepsilon}_i)&=\boldsymbol{\varepsilon}_i,\quad i=1,2,\cdots,r,\\\mathscr{A}(\boldsymbol{\varepsilon}_i)&=\boldsymbol{0},\quad i=r+1,\cdots,n,\end{aligned}$$

故 $\mathscr{A}$ 在基 $\boldsymbol{\varepsilon}_1,\boldsymbol{\varepsilon}_2,\cdots,\boldsymbol{\varepsilon}_n$ 下的矩阵为

$$\boldsymbol{A}=\left(\begin{array}{cccc:c}1&0&\cdots&0&\\0&1&\cdots&0&\boldsymbol{0}\\\vdots&\vdots&&\vdots&\\0&0&\cdots&1&\\\hdashline&\boldsymbol{0}&&&\boldsymbol{0}\end{array}\right)_{n\times n}\begin{array}{l}\\\\\\(\text{第 } r \text{ 行})\\\\\end{array}.$$

如果转到别的基上,如设

$$\boldsymbol{\varepsilon}'_i = c_{1i}\boldsymbol{\varepsilon}_1 + c_{2i}\boldsymbol{\varepsilon}_2 + \cdots + c_{ni}\boldsymbol{\varepsilon}_n,\quad i=1,2,\cdots,n,$$

即由基$\{\boldsymbol{\varepsilon}_i\}$到基$\{\boldsymbol{\varepsilon}'_i\}$下的过渡矩阵为

$$\boldsymbol{C} = \begin{pmatrix} c_{11} & c_{12} & \cdots & c_{1n} \\ c_{21} & c_{22} & \cdots & c_{2n} \\ \vdots & \vdots & & \vdots \\ c_{n1} & c_{n2} & \cdots & c_{nn} \end{pmatrix},$$

则$\mathscr{A}$在基$\{\boldsymbol{\varepsilon}'_i\}$下的矩阵为$\boldsymbol{B}=\boldsymbol{C}^{-1}\boldsymbol{A}\boldsymbol{C}$,即

$$\boldsymbol{B} = \boldsymbol{C}^{-1}\mathrm{diag}(1,1,\cdots,\underset{\substack{\uparrow \\ \text{第}\,r\,\text{个}}}{1},0,\cdots,0)\boldsymbol{C}. \tag{1.2.42}$$

可以证明,正交投影矩阵还有如下的性质.

定理 1.2.15 设$\boldsymbol{A}$是n阶实方阵,则下面3个条件等价:

(1) $\boldsymbol{A}$是正交投影矩阵;

(2) $\boldsymbol{A}=\boldsymbol{A}^{\mathrm{T}}\boldsymbol{A}$;

(3) $\boldsymbol{A}^2=\boldsymbol{A}=\boldsymbol{A}^{\mathrm{T}}$.

对其证明有兴趣的诸者,可参阅参考文献[18].

应当注意到,正交阵与正交投影阵是两个不相干的概念.

例 1.2.20 证明:

(1) $\boldsymbol{A}=\begin{bmatrix}1 & \\ & -1\end{bmatrix}$是正交阵,但不是正交投影阵;

(2) $\boldsymbol{B}=\begin{bmatrix}1 & \\ & 0\end{bmatrix}$是正交投影阵,但不是正交阵.

证明 (1) 因为$\boldsymbol{A}^{\mathrm{T}}\boldsymbol{A}=\boldsymbol{I}$,所以$\boldsymbol{A}$是正交阵,但$\boldsymbol{A}^2=\boldsymbol{I}\neq\boldsymbol{A}$,所以$\boldsymbol{A}$不是正交投影阵.

(2) 因为$\boldsymbol{B}^2=\boldsymbol{B}=\boldsymbol{B}^{\mathrm{T}}$,所以$\boldsymbol{B}$是正交投影阵;但$|\boldsymbol{B}|=0$,而正交阵的行列式只能是$\pm1$,所以$\boldsymbol{B}$不是正交阵. 证毕

最后,我们还应注意到,在正交投影的定义1.2.16中,内积空间V^n作正交分解$V^n=V_1\oplus V_2$,这一点尤其重要.如果改写为直和$V^n=V_1\dotplus V_2$,此时沿V_2到V_1的投影$\mathscr{A}(\boldsymbol{x})=\boldsymbol{x}_1$就不再是正交投影,前者为"直角"坐标系,后者一般为"仿射"坐标系,如图1.10所示.

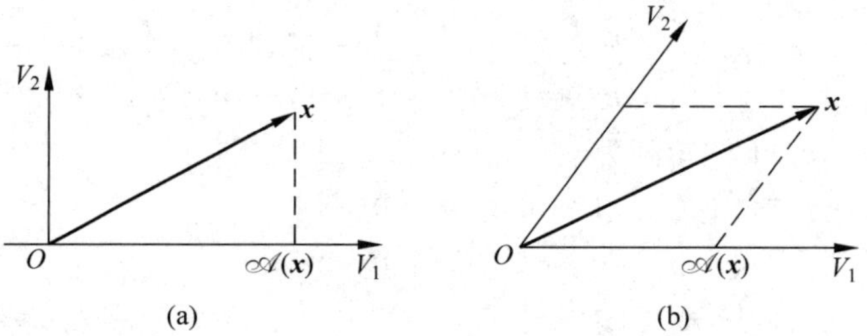

图 1.10

习　题　1（4）

1. 设 $\boldsymbol{\beta}$ 是欧氏空间 V^n 中的单位向量，$\boldsymbol{\alpha}\in V^n$，定义线性变换 $\mathscr{A}$ 为：$\mathscr{A}(\boldsymbol{\alpha})=\boldsymbol{\alpha}-2(\boldsymbol{\beta},\boldsymbol{\alpha})\boldsymbol{\beta}$，证明 $\mathscr{A}$ 是正交变换.

2. 证明：欧氏空间中两个正交变换的乘积也是正交变换；正交变换的逆变换也是正交变换.

3. 在欧氏空间 V^n 中，取定标准正交基 $\boldsymbol{\varepsilon}_1,\boldsymbol{\varepsilon}_2,\cdots,\boldsymbol{\varepsilon}_n$，试证：对任意正交矩阵 $\boldsymbol{A}$ 都唯一决定一个正交变换.

4. 试证：线性变换 $\mathscr{A}$ 为正交变换的充分必要条件是，使任两点间的距离保持不变，即

$$|\mathscr{A}(\boldsymbol{\alpha})-\mathscr{A}(\boldsymbol{\beta})|=|\boldsymbol{\alpha}-\boldsymbol{\beta}|.$$

5. 求证：线性变换 $\mathscr{A}$ 为正交变换的必要条件为：保持任意两个向量的夹角不变. 说明条件不充分.

6. 设 $\boldsymbol{u}_1,\boldsymbol{u}_2,\cdots,\boldsymbol{u}_m$ 与 $\boldsymbol{v}_1,\boldsymbol{v}_2,\cdots,\boldsymbol{v}_m$ 为欧氏空间 V 的两组标准正交向量组. 证明：必有正交变换把第一组变为第二组.

7. 证明：第 1 题中的正交变换 $\mathscr{A}$ 是第二类正交变换（即对应矩阵的行列式为 -1），又称**镜面反射**.

8. (1) 设 $\boldsymbol{\alpha},\boldsymbol{\beta}$ 是 n 维欧氏空间 V^n 中两个不同的单位向量，证明：存在镜面反射 $\mathscr{A}$，使 $\mathscr{A}(\boldsymbol{\alpha})=\boldsymbol{\beta}$.

(2) 证明：n 维欧氏空间 V^n 中任一正交变换都可以表示成一系列镜像变换的乘积.

9. 如果 $\boldsymbol{\alpha},\boldsymbol{\beta}$ 是欧氏空间 V 中长度相同的向量，试证明必有正交变换 $\mathscr{A}$，使 $\mathscr{A}(\boldsymbol{\alpha})=\boldsymbol{\beta}$.

10. 设欧氏空间 V^n 的基 $\boldsymbol{e}_1,\boldsymbol{e}_2,\cdots,\boldsymbol{e}_n$ 的度量矩阵为 $\boldsymbol{G}$，正交变换 $\mathscr{A}$ 在该基下的矩阵为 $\boldsymbol{A}$. 证明：$\boldsymbol{A}^{\mathrm{T}}\boldsymbol{G}\boldsymbol{A}=\boldsymbol{G}$.

11. 试用初等旋转变换变化向量 $\boldsymbol{\alpha}=(2,3,0,5)^{\mathrm{T}}$，使所得向量与 $\boldsymbol{e}_1=(1,0,0,0)^{\mathrm{T}}$ 同方向.

12. 试用镜像变换（豪斯霍尔德变换）将向量 $\boldsymbol{\alpha}=(2,2,0,1)^{\mathrm{T}}$ 变为与 $\boldsymbol{e}_1=(1,0,0,0)^{\mathrm{T}}$ 同方向的向量.

13. 已知 $\boldsymbol{u}=\left(\frac{1}{\sqrt{3}},-\frac{1}{\sqrt{3}},\frac{1}{\sqrt{3}}\right)^{\mathrm{T}}$ 为单位向量，作一初等反射矩阵 $\boldsymbol{H}$，并验证有 $\boldsymbol{H}^{-1}=\boldsymbol{H}$.

14. 设有变换 $\mathscr{A}$ 定义为 $\boldsymbol{H}\boldsymbol{x}=\boldsymbol{x}-\lambda(\boldsymbol{x},\boldsymbol{\omega})\boldsymbol{\omega}$，其中 $\boldsymbol{x}\in\mathbb{R}^n$，而 $\boldsymbol{\omega}$ 是欧氏长度为 1 的列向量，问 λ 取何值时，$\boldsymbol{H}$ 是正交矩阵.

15. 求两个正交矩阵，以 $\left(\frac{1}{2},\frac{1}{2},\frac{1}{2},\frac{1}{2}\right)$ 及 $\left(\frac{1}{6},\frac{1}{6},\frac{1}{2},-\frac{5}{6}\right)$ 为前两行.

16. 证明：上三角的正交矩阵必为对角矩阵，且对角线上的元素为 $+1$ 或 -1.

17. 设 $\boldsymbol{A}$ 为实对称阵，$\boldsymbol{S}$ 为实反对称矩阵，有关系式 $\boldsymbol{AS}=\boldsymbol{SA}$，而且 $\boldsymbol{A}-\boldsymbol{S}$ 非奇异，求证：$(\boldsymbol{A}+\boldsymbol{S})(\boldsymbol{A}-\boldsymbol{S})^{-1}$ 是正交矩阵.

18. 设 $\boldsymbol{A}$ 与 $\boldsymbol{B}$ 都是正交矩阵，$|\boldsymbol{A}|=-|\boldsymbol{B}|$，求证：$|\boldsymbol{A}+\boldsymbol{B}|=0$.

19. 证明：方阵 $\boldsymbol{A}$ 为正交矩阵必要且只要 $\boldsymbol{A}^{\mathrm{T}}$ 为正交矩阵.

20. 证明：正交矩阵的伴随矩阵也是正交矩阵.

21. 如果 $\boldsymbol{A}$ 是正交矩阵，证明：当 $\boldsymbol{P}$ 是正交矩阵时，$\boldsymbol{P}^{-1}\boldsymbol{AP}$ 也是正交的. 试举例说明 $\boldsymbol{A}$ 为正交矩阵时，虽然 $\boldsymbol{P}$ 不是正交矩阵，但 $\boldsymbol{P}^{-1}\boldsymbol{AP}$ 也可能还是正交的.

22. 设 $\boldsymbol{A}$ 是正交矩阵，证明：$\boldsymbol{A}^{-1}\boldsymbol{SA}$ 是对称矩阵或是反对称矩阵，由 $\boldsymbol{S}$ 是对称矩阵或是反对称矩阵而定.

23. 设 $\mathscr{A}$ 为 n 维欧氏空间 $\mathbb{R}^n$ 到其本身的一个变换，其定义如下：

$$\mathscr{A}(\boldsymbol{\alpha})=\boldsymbol{\alpha}-k(\boldsymbol{\alpha},\boldsymbol{\beta})\boldsymbol{\beta},\quad \boldsymbol{\alpha}\in\mathbb{R}^n,$$

其中 $\boldsymbol{\beta}$ 是 $\mathbb{R}^n$ 中一个单位向量，求 k 取何值时，$\mathscr{A}$ 是正交变换.

24. 设 $\boldsymbol{A}$ 为 n 阶反对称矩阵（即 $\boldsymbol{A}^{\mathrm{T}}=-\boldsymbol{A}$），证明：

(1) $\boldsymbol{A}$ 的特征值为 0 或纯虚数，且 $\boldsymbol{I}-\boldsymbol{A}$ 是可逆的；

(2) $\boldsymbol{S}=(\boldsymbol{I}+\boldsymbol{A})(\boldsymbol{I}-\boldsymbol{A})^{-1}$ 是正交矩阵.

25. 设 $\boldsymbol{\alpha}_1,\boldsymbol{\alpha}_2,\cdots,\boldsymbol{\alpha}_n$ 与 $\boldsymbol{\beta}_1,\boldsymbol{\beta}_2,\cdots,\boldsymbol{\beta}_n$ 是 n 维欧氏空间两个线性无关的向量组,证明存在正交变换 $\mathscr{A}$,使 $\mathscr{A}(\boldsymbol{\alpha}_i)=\boldsymbol{\beta}_i,i=1,2,\cdots,n$ 的充要条件是:

$$(\boldsymbol{\alpha}_i,\boldsymbol{\alpha}_j)=(\boldsymbol{\beta}_i,\boldsymbol{\beta}_j),\qquad i,j=1,2,\cdots,n.$$

26. (1) 设 $\boldsymbol{A}$ 是一个 n 阶实矩阵,如果只要求 $\boldsymbol{A}$ 的列向量构成正交向量组,问 $\boldsymbol{A}^{\mathrm{T}}\boldsymbol{A}$ 有何特点? 此时,能否找到方阵 $\boldsymbol{B}$,使得 $\boldsymbol{Q}=\boldsymbol{AB}$ 为正交阵;

(2) 设 $\boldsymbol{C}$ 为一个 $m\times n(m\neq n)$实矩阵且其列向量组标准正交,求 $\boldsymbol{C}^{\mathrm{T}}\boldsymbol{C}$;

(3) 解矩阵方程 $\boldsymbol{AX}=\boldsymbol{X}+\boldsymbol{B}$,其中

$$\boldsymbol{A}=\begin{bmatrix}1-a & -b & c & d\\ b & 1-a & -d & c\\ -c & d & 1-a & b\\ d & c & b & 1+a\end{bmatrix},\quad \boldsymbol{B}=\begin{bmatrix}1\\1\\1\\1\end{bmatrix},$$

a,b,c,d 是不全为零的实数.

27. 证明:正交矩阵的任一行(列)用-1遍乘后,结果仍然是一个正交矩阵.

28. 求证:下列 3 个条件任何两条满足时,第三条也满足:

(1) $\boldsymbol{A}$ 是实对称矩阵;(2) $\boldsymbol{A}$ 是正交矩阵;(3) $\boldsymbol{A}^2=\boldsymbol{I}$.

29. 证明:若 $\boldsymbol{A}=(a_{ij})$为正交矩阵,则方程组

$$\begin{cases}a_{11}x_1+a_{12}x_2+\cdots+a_{1n}x_n=b_1,\\ a_{21}x_1+a_{22}x_2+\cdots+a_{2n}x_n=b_2,\\ \qquad\vdots\\ a_{n1}x_1+a_{n2}x_2+\cdots+a_{nn}x_n=b_n\end{cases}$$

的解为

$$\begin{cases}x_1=a_{11}b_1+a_{21}b_2+\cdots+a_{n1}b_n,\\ x_2=a_{12}b_1+a_{22}b_2+\cdots+a_{n2}b_n,\\ \qquad\vdots\\ x_n=a_{1n}b_1+a_{2n}b_2+\cdots+a_{nn}b_n.\end{cases}$$

30. $\boldsymbol{A}=(a_{ij})$是行列式为 1 的三阶正交方阵. 证明:

$$\begin{cases}a_{11}=a_{22}a_{33}-a_{23}a_{32},\\ a_{21}=a_{13}a_{32}-a_{12}a_{33},\\ a_{31}=a_{12}a_{23}-a_{13}a_{22}.\end{cases}$$

31. 求将$(1,0,0)$,$(0,1,0)$变为$\left(\frac{2}{3},\frac{2}{3},-\frac{1}{3}\right)$,$\left(\frac{2}{3},-\frac{1}{3},\frac{2}{3}\right)$的正交变换.

32. 设欧氏空间 V^n 的正交变换 $\mathscr{A}$ 的特征值都是实数. 证明:存在 V^n 的标准正交基,使得 $\mathscr{A}$ 在该基下的矩阵为对角矩阵.

33. 证明:第二类正交变换一定有特征值-1.

34. 证明:(1) 正交矩阵的特征值的模全等于 1;

(2) 酉矩阵的特征值的模全等于 1;

(3) 如果 λ 是某正交矩阵的特征值,那么$\frac{1}{\lambda}$也是该正交矩阵的特征值.

35. 证明:酉矩阵的任一行(列)用模为 1 的任何数遍乘后,结果还是酉矩阵.

36. 设 $\boldsymbol{Q}_1,\boldsymbol{Q}_2$ 均为 n 阶酉矩阵(正交矩阵),证明:

(1) $\boldsymbol{Q}_1\boldsymbol{Q}_2$ 是酉矩阵(正交矩阵);

(2) $\boldsymbol{Q}_1^{-1}$ 是酉矩阵(正交矩阵).

37. 证明:n 阶方阵 $\boldsymbol{A}$ 为酉矩阵的充分必要条件是对任何行向量 $\boldsymbol{\alpha}\in\mathbb{C}^n$,都有$|\boldsymbol{\alpha A}|=|\boldsymbol{\alpha}|$.

38. 设 $\boldsymbol{P},\boldsymbol{Q}$ 分别为 m 阶及 n 阶方阵. 证明：若 $m+n$ 阶方阵 $\boldsymbol{A}=\begin{bmatrix}\boldsymbol{P} & \boldsymbol{B}\\ \boldsymbol{0} & \boldsymbol{Q}\end{bmatrix}$ 是酉矩阵，则 $\boldsymbol{P},\boldsymbol{Q}$ 也是酉矩阵，且 $\boldsymbol{B}$ 是零矩阵.

39. 证明：(1) 如果 $|\boldsymbol{A}|=1$，并且 $\boldsymbol{A}$ 中的每一个元素都等于其本身的代数余子式，那么 $\boldsymbol{A}$ 是一个正交矩阵；

(2) 如果 $|\boldsymbol{A}|=-1$，并且 $\boldsymbol{A}$ 的每一个元素都等于其本身的代数余子式乘以 -1，那么 $\boldsymbol{A}$ 是一个正交矩阵.

40. 设 $\boldsymbol{A}$ 为可逆的实对称矩阵，$\boldsymbol{B}$ 为实反对称矩阵；且 $\boldsymbol{AB}=\boldsymbol{BA}$，证明：

(1) $\boldsymbol{A}-\boldsymbol{B}$ 与 $\boldsymbol{A}+\boldsymbol{B}$ 均可逆；

(2) $(\boldsymbol{A}+\boldsymbol{B})(\boldsymbol{A}-\boldsymbol{B})^{-1}$ 与 $(\boldsymbol{A}+\boldsymbol{B})^{-1}(\boldsymbol{A}-\boldsymbol{B})$ 都是正交矩阵.

41. 设 n 维欧氏空间 V^n 的一组基 $\boldsymbol{\alpha}_1,\boldsymbol{\alpha}_2,\cdots,\boldsymbol{\alpha}_n$，证明：存在正定矩阵 $\boldsymbol{C}$，使得由

$$(\boldsymbol{\beta}_1,\boldsymbol{\beta}_2,\cdots,\boldsymbol{\beta}_n)=(\boldsymbol{\alpha}_1,\boldsymbol{\alpha}_2,\cdots,\boldsymbol{\alpha}_n)\boldsymbol{C}$$

确定的向量组 $\boldsymbol{\beta}_1,\boldsymbol{\beta}_2,\cdots,\boldsymbol{\beta}_n$ 是 V^n 的一个标准正交基.

42. 已知

$$\boldsymbol{A}=\begin{bmatrix}3 & 0 & 8\\ 3 & -1 & 6\\ -2 & 0 & -5\end{bmatrix},$$

试求 $\boldsymbol{U}$ 矩阵，使得 $\boldsymbol{U}^{\mathrm{H}}\boldsymbol{AU}$ 是上三角矩阵.

43. 证明：$(\boldsymbol{u},\boldsymbol{v})(\boldsymbol{v},\boldsymbol{u})\leqslant(\boldsymbol{u},\boldsymbol{u})(\boldsymbol{v},\boldsymbol{v})$，其中 $\boldsymbol{u},\boldsymbol{v}$ 为酉空间中任意向量.

*1.3　埃尔米特变换及其矩阵

在内积空间中，除了 1.2 节已讨论了等积线性变换外，还有一类十分重要的具有自伴性质(实数情况为对称)的线性变换(不一定等积)，它在力学、物理学、自动控制等工程技术中有着广泛的应用. 本节先介绍对称变换及对称矩阵，再讨论更一般的埃尔米特变换与埃尔米特矩阵，特别要讨论具有特殊性质的埃尔米特矩阵——正定(非负定)矩阵及其性质.

1.3.1　对称变换与埃尔米特变换

1. 对称变换与对称矩阵

定义 1.3.1　设 $\mathscr{A}$ 是欧氏空间 V 的一个线性变换，且对 V 中任何两个向量 $\boldsymbol{x},\boldsymbol{y}$ 都有

$$(\mathscr{A}(\boldsymbol{x}),\boldsymbol{y})=(\boldsymbol{x},\mathscr{A}(\boldsymbol{y}))\tag{1.3.1}$$

成立，则称 $\mathscr{A}$ 为 V 中的一个**对称变换**.

下面来看对称变换的矩阵. 设 $\mathscr{A}$ 是欧氏空间 V 中的一个对称变换，$\boldsymbol{\varepsilon}_1,\boldsymbol{\varepsilon}_2,\cdots,\boldsymbol{\varepsilon}_n$ 是 V 的一组标准正交基，并设 $\mathscr{A}$ 在基 $\boldsymbol{\varepsilon}_1,\boldsymbol{\varepsilon}_2,\cdots,\boldsymbol{\varepsilon}_n$ 下的矩阵为

$$\boldsymbol{A}=\begin{bmatrix}a_{11} & a_{12} & \cdots & a_{1n}\\ a_{21} & a_{22} & \cdots & a_{2n}\\ \vdots & \vdots & & \vdots\\ a_{n1} & a_{n2} & \cdots & a_{nn}\end{bmatrix},$$

即

$$\begin{cases}\mathscr{A}(\boldsymbol{\varepsilon}_1)=a_{11}\boldsymbol{\varepsilon}_1+a_{21}\boldsymbol{\varepsilon}_2+\cdots+a_{n1}\boldsymbol{\varepsilon}_n,\\ \mathscr{A}(\boldsymbol{\varepsilon}_2)=a_{12}\boldsymbol{\varepsilon}_1+a_{22}\boldsymbol{\varepsilon}_2+\cdots+a_{n2}\boldsymbol{\varepsilon}_n,\\ \quad\vdots\\ \mathscr{A}(\boldsymbol{\varepsilon}_n)=a_{1n}\boldsymbol{\varepsilon}_1+a_{2n}\boldsymbol{\varepsilon}_2+\cdots+a_{nn}\boldsymbol{\varepsilon}_n.\end{cases}$$

由对称变换的定义,有

$$(\mathscr{A}(\boldsymbol{\varepsilon}_i),\boldsymbol{\varepsilon}_j)=(\boldsymbol{\varepsilon}_i,\mathscr{A}(\boldsymbol{\varepsilon}_j)),$$

即

$$(a_{1i}\boldsymbol{\varepsilon}_1+a_{2i}\boldsymbol{\varepsilon}_2+\cdots+a_{ni}\boldsymbol{\varepsilon}_n,\boldsymbol{\varepsilon}_j)=(\boldsymbol{\varepsilon}_i,a_{1j}\boldsymbol{\varepsilon}_1+a_{2j}\boldsymbol{\varepsilon}_2+\cdots+a_{nj}\boldsymbol{\varepsilon}_n).$$

因为 $\boldsymbol{\varepsilon}_1,\boldsymbol{\varepsilon}_2,\cdots,\boldsymbol{\varepsilon}_n$ 是标准正交基,故有

$$a_{ji}=a_{ij},\qquad i,j=1,2,\cdots,n,\tag{1.3.2}$$

这说明 $\boldsymbol{A}$ 是一个实对称矩阵.

反之,任给一个 n 阶实对称矩阵 $\boldsymbol{A}$,在 n 维欧氏空间 V 中取定一组标准正交基 $\boldsymbol{\varepsilon}_1$, $\boldsymbol{\varepsilon}_2,\cdots,\boldsymbol{\varepsilon}_n$,定义线性变换 $\mathscr{A}$ 为

$$\mathscr{A}(\boldsymbol{\varepsilon}_1,\boldsymbol{\varepsilon}_2,\cdots,\boldsymbol{\varepsilon}_n)=(\boldsymbol{\varepsilon}_1,\boldsymbol{\varepsilon}_2,\cdots,\boldsymbol{\varepsilon}_n)\boldsymbol{A},$$

那么对于 V 中向量 $\boldsymbol{x},\boldsymbol{y}$ 在 $\boldsymbol{\varepsilon}_1,\boldsymbol{\varepsilon}_2,\cdots,\boldsymbol{\varepsilon}_n$ 下的坐标分别为 $\boldsymbol{X}$ 和 $\boldsymbol{Y}$,由内积表达式(1.2.12)有

$$(\mathscr{A}(\boldsymbol{x}),\boldsymbol{y})=(\boldsymbol{AX})^{\mathrm{T}}\boldsymbol{Y}=\boldsymbol{X}^{\mathrm{T}}\boldsymbol{A}^{\mathrm{T}}\boldsymbol{Y}=\boldsymbol{X}^{\mathrm{T}}\boldsymbol{AY}=(\boldsymbol{x},\mathscr{A}(\boldsymbol{y})).$$

这说明 $\mathscr{A}$ 是一个对称变换. 因此有下面定理:

定理 1.3.1 n 维欧氏空间 V 的线性变换 $\mathscr{A}$ 是对称变换的充要条件是:$\mathscr{A}$ 在标准正交基下的矩阵 $\boldsymbol{A}$ 是对称矩阵,即有 $\boldsymbol{A}^{\mathrm{T}}=\boldsymbol{A}$.

这样,我们就建立了对称变换与对称矩阵间的对应关系.

利用式(1.3.1),我们还可以得到矩阵在内积运算中的转移规则,这个规则有时是很有用的. 下面分两种情况讨论.

(1) 若 $\boldsymbol{A}$ 是对称矩阵,且 $\boldsymbol{A}\in\mathbb{R}^{n\times n},\boldsymbol{x}\in\mathbb{R}^n,\boldsymbol{y}\in\mathbb{R}^n$,则 $\boldsymbol{A}$ 在内积中的转移规则为

$$(\boldsymbol{Ax},\boldsymbol{y})=(\boldsymbol{x},\boldsymbol{Ay}).\tag{1.3.3}$$

事实上,只要利用式(1.3.1)及式(1.1.18)即得.

(2) 若 $\boldsymbol{A}$ 不是对称矩阵,$\boldsymbol{A}\in\mathbb{R}^{m\times n},\boldsymbol{x}\in\mathbb{R}^n,\boldsymbol{y}\in\mathbb{R}^m$,则有

$$(\boldsymbol{Ax},\boldsymbol{y})=(\boldsymbol{x},\boldsymbol{A}^{\mathrm{T}}\boldsymbol{y}).\tag{1.3.4}$$

事实上,$(\boldsymbol{Ax},\boldsymbol{y})=(\boldsymbol{Ax})^{\mathrm{T}}\boldsymbol{y}=\boldsymbol{x}^{\mathrm{T}}\boldsymbol{A}^{\mathrm{T}}\boldsymbol{y}=(\boldsymbol{x},\boldsymbol{A}^{\mathrm{T}}\boldsymbol{y})$.

2. 埃尔米特变换与埃尔米特矩阵

定义 1.3.2 如果酉空间 V 上的线性变换 $\mathscr{A}$ 对于任何 $\boldsymbol{x},\boldsymbol{y}\in V$ 恒有

$$(\mathscr{A}(\boldsymbol{x}),\boldsymbol{y})=(\boldsymbol{x},\mathscr{A}(\boldsymbol{y})),\tag{1.3.5}$$

则说 $\mathscr{A}$ 是**埃尔米特变换**.

若埃尔米特变换 $\mathscr{A}$ 关于标准正交基的矩阵为 $\boldsymbol{A}=(a_{ij})_{n\times n}$,则对于任何 i,j 恒有

$$a_{ij}=\bar{a}_{ji}\quad 或\quad \boldsymbol{A}^{\mathrm{H}}=\boldsymbol{A}.\tag{1.3.6}$$

满足式(1.3.6)的矩阵 $\boldsymbol{A}$ 称为**埃尔米特矩阵**,又称**自伴矩阵**. 若满足条件

$$\boldsymbol{A}^{\mathrm{H}}=-\boldsymbol{A},$$

则称 $\boldsymbol{A}$ 为**反埃尔米特矩阵**. 其中 $\boldsymbol{A}^{\mathrm{H}}$ 表示矩阵 $\boldsymbol{A}$ 中的元素共轭后再转置.

引理　设 $\boldsymbol{\xi}_1$ 为 n 维单位列向量,则存在 n 维列向量 $\boldsymbol{\xi}_2,\cdots,\boldsymbol{\xi}_n$,使得矩阵 $\boldsymbol{P}=(\boldsymbol{\xi}_1,\boldsymbol{\xi}_2,\cdots,\boldsymbol{\xi}_n)$ 为酉矩阵.

证明　设 $\boldsymbol{\xi}_1=(a_1,a_2,\cdots,a_n)^{\mathrm{T}}$,其中 $a_1\neq 0$,则向量组 $\boldsymbol{\xi}_1,\boldsymbol{e}_2,\cdots,\boldsymbol{e}_n$ 线性无关(其中 $\boldsymbol{e}_j$ 为自然基向量). 用正交化方法可得标准正交向量组 $\boldsymbol{\xi}_1,\boldsymbol{\xi}_2,\cdots,\boldsymbol{\xi}_n$,故 $\boldsymbol{P}=(\boldsymbol{\xi}_1,\boldsymbol{\xi}_2,\cdots,\boldsymbol{\xi}_n)$ 为酉矩阵. 当 $a_1=0$ 时,必有 $a_i\neq 0$(i 为 $2\sim n$ 间的某个整数),我们用类似的方法可证明引理结论成立.　　证毕

定理 1.3.2 (舒尔(Schur)定理)　任何 n 阶矩阵都酉相似于一个上三角阵,即存在一个 n 阶酉矩阵 $\boldsymbol{U}$ 和一个上三角阵 $\boldsymbol{T}$,使得

$$\boldsymbol{U}^{\mathrm{H}}\boldsymbol{A}\boldsymbol{U}=\boldsymbol{T}\quad 或\quad \boldsymbol{A}=\boldsymbol{U}\boldsymbol{T}\boldsymbol{U}^{\mathrm{H}}, \tag{1.3.7}$$

式中 $\boldsymbol{T}$ 的主对角元是 $\boldsymbol{A}$ 的特征值,它们可以按所要求的次序排列.

证明　对矩阵阶数作归纳法. 对一阶矩阵结论是显然的. 假设阶数为 $n-1$ 时结论成立,对 n 阶矩阵 $\boldsymbol{A}$,我们任取它的一个特征值 λ_1,相应的单位特征向量为 $\boldsymbol{\xi}_1$,于是

$$\boldsymbol{A}\boldsymbol{\xi}_1=\lambda_1\boldsymbol{\xi}_1,\qquad \boldsymbol{\xi}_1^{\mathrm{H}}\boldsymbol{\xi}_1=1. \tag{1.3.8}$$

由引理可知,存在 n 维向量 $\boldsymbol{\xi}_2,\cdots,\boldsymbol{\xi}_n$,使矩阵 $\boldsymbol{P}=(\boldsymbol{\xi}_1,\boldsymbol{\xi}_2,\cdots,\boldsymbol{\xi}_n)$ 为酉矩阵. 由式(1.3.8)得

$$\boldsymbol{P}^{\mathrm{H}}\boldsymbol{A}\boldsymbol{P}=\begin{bmatrix}\boldsymbol{\xi}_1^{\mathrm{H}}\\ \boldsymbol{\xi}_2^{\mathrm{H}}\\ \vdots\\ \boldsymbol{\xi}_n^{\mathrm{H}}\end{bmatrix}\boldsymbol{A}(\boldsymbol{\xi}_1,\boldsymbol{\xi}_2,\cdots,\boldsymbol{\xi}_n)$$

$$=\begin{bmatrix}\lambda_1 & \boldsymbol{\xi}_1^{\mathrm{H}}\boldsymbol{A}\boldsymbol{\xi}_2 & \cdots & \boldsymbol{\xi}_1^{\mathrm{H}}\boldsymbol{A}\boldsymbol{\xi}_n\\ 0 & \boldsymbol{\xi}_2^{\mathrm{H}}\boldsymbol{A}\boldsymbol{\xi}_2 & \cdots & \boldsymbol{\xi}_2^{\mathrm{H}}\boldsymbol{A}\boldsymbol{\xi}_n\\ \vdots & \vdots & & \vdots\\ 0 & \boldsymbol{\xi}_n^{\mathrm{H}}\boldsymbol{A}\boldsymbol{\xi}_2 & \cdots & \boldsymbol{\xi}_n^{\mathrm{H}}\boldsymbol{A}\boldsymbol{\xi}_n\end{bmatrix}=\begin{bmatrix}\lambda_1 & \boldsymbol{\beta}\\ \boldsymbol{0} & \boldsymbol{A}_1\end{bmatrix}, \tag{1.3.9}$$

式中 $\boldsymbol{\beta}$ 为 $1\times(n-1)$ 矩阵,$\boldsymbol{0}$ 为 $(n-1)\times 1$ 零矩阵,$\boldsymbol{A}_1$ 为 $n-1$ 阶矩阵. 根据归纳假设,存在 $n-1$ 阶酉矩阵 $\boldsymbol{U}_1$ 和上三角阵 $\boldsymbol{T}_1$,使得

$$\boldsymbol{U}_1^{\mathrm{H}}\boldsymbol{A}_1\boldsymbol{U}_1=\boldsymbol{T}_1\quad 或\quad \boldsymbol{A}_1=\boldsymbol{U}_1\boldsymbol{T}_1\boldsymbol{U}_1^{\mathrm{H}},$$

式中 $\boldsymbol{T}_1$ 对角线上的元素是 $\boldsymbol{A}_1$ 的特征值(当然也是 $\boldsymbol{A}$ 的特征值),它们可按所要求的次序排列. 这样,由式(1.3.9)有

$$\boldsymbol{P}^{\mathrm{H}}\boldsymbol{A}\boldsymbol{P}=\begin{bmatrix}\lambda_1 & \boldsymbol{\beta}\\ \boldsymbol{0} & \boldsymbol{U}_1\boldsymbol{T}_1\boldsymbol{U}_1^{\mathrm{H}}\end{bmatrix}$$

$$=\begin{bmatrix}1 & \boldsymbol{0}\\ \boldsymbol{0} & \boldsymbol{U}_1\end{bmatrix}\begin{bmatrix}\lambda_1 & \boldsymbol{\beta}\boldsymbol{U}_1\\ \boldsymbol{0} & \boldsymbol{T}_1\end{bmatrix}\begin{bmatrix}1 & \boldsymbol{0}\\ \boldsymbol{0} & \boldsymbol{U}_1^{\mathrm{H}}\end{bmatrix}. \tag{1.3.10}$$

令

$$\boldsymbol{U}=\boldsymbol{P}\begin{bmatrix}1 & \boldsymbol{0}\\ \boldsymbol{0} & \boldsymbol{U}_1\end{bmatrix},\qquad \boldsymbol{T}=\begin{bmatrix}\lambda_1 & \boldsymbol{\beta}\boldsymbol{U}_1\\ \boldsymbol{0} & \boldsymbol{T}_1\end{bmatrix},$$

则 $\boldsymbol{U}$ 为酉矩阵,$\boldsymbol{T}$ 为上三角阵. 由式(1.3.10)得

$$U^{H}AU=T.$$

可见矩阵阶数为 n 时结论也成立. 证毕

推论 若 A 为埃尔米特矩阵,则 A 必酉相似于对角阵,其对角元(A 的特征值)均为实数.

证明 利用定理 1.3.2,再由 $A^{H}=A$ 可得

$$T^{H}=T.$$

这说明 T 是对角阵,且对角元都是实数. 证毕

类似地,若 A 是反埃尔米特矩阵,则 A 必酉相似于对角阵,其对角元(A 的特征值)均为零或纯虚数.

1.3.2 埃尔米特正定、半正定矩阵

这里先讨论埃尔米特正定与半正定矩阵的一些性质,在此基础上下一段还将介绍矩阵不等式,它在现代控制理论等学科中是很有用处的.

定义 1.3.3 设 A 为 n 阶埃尔米特矩阵,如果对任意 n 维复向量 x 都有

$$x^{H}Ax\geqslant 0, \tag{1.3.11}$$

则称 A 为非负定(半正定)矩阵,记作 $A\geqslant 0$. 如果对任意 n 维非零复向量 x 都有

$$x^{H}Ax>0, \tag{1.3.12}$$

则称 A 为正定矩阵,记作 $A>0$.

值得提出的是,矩阵 A 不是数,本不应有大小,这里引用不等式仅是一种记号而已.

按此定义,显然有下列简单事实:

(1) 单位矩阵 $I>0$;

(2) 若 $A>0$,数 $k>0$,则 $kA>0$;

(3) 若 $A\geqslant 0, B\geqslant 0$,则 $A+B\geqslant 0$.

现在我们来讨论埃尔米特矩阵为正定(非负定)矩阵的条件. 在以下的讨论中,矩阵 A 均指 n 阶埃尔米特矩阵.

定理 1.3.3 矩阵 A 为正定(非负定)矩阵的充分必要条件是 A 的所有特征值都是正数(非负数).

证明 设 $A>0(A\geqslant 0)$,λ 是 A 的任一特征值,ξ 是对应的单位特征向量. 于是

$$\lambda=\xi^{H}A\xi>0 \quad (\geqslant 0).$$

这就证明了条件的必要性.

再证条件的充分性. 由定理 1.3.2 的推论,存在酉矩阵 V,使得

$$A=V^{H}\operatorname{diag}(\lambda_1,\lambda_2,\cdots,\lambda_n)V.$$

若 A 的特征值 $\lambda_i(i=1,\cdots,n)$ 都为正数(非负数),则对任意 n 维非零向量 x,都有

$$\begin{aligned} x^{H}Ax&=(Vx)^{H}\operatorname{diag}(\lambda_1,\lambda_2,\cdots,\lambda_n)(Vx)\\ &=y^{H}\operatorname{diag}(\lambda_1,\lambda_2,\cdots,\lambda_n)y>0 \quad (\geqslant 0), \end{aligned}$$

式中 $y=Vx\neq 0$. 这说明 $A>0(A\geqslant 0)$. 证毕

推论 若 $A>0$,则 $\operatorname{tr}(A)>\lambda_i(i=1,2,\cdots,n)$. 若 $A\geqslant 0$,则 $\operatorname{tr}(A)\geqslant 0(i=1,2,\cdots,n)$. 这

里 λ_i 表示 $\boldsymbol{A}$ 的特征值，$\mathrm{tr}(\boldsymbol{A})$表示 $\boldsymbol{A}$ 的对角元之和，称为 $\boldsymbol{A}$ 的**迹**.

证明　记 $\boldsymbol{A}=(a_{ij})_{n\times n}$，其特征多项式为

$$f(\lambda)=\lambda^n+a_1\lambda^{n-1}+\cdots+a_{n-1}\lambda+a_n.$$

易见

$$a_1=-(a_{11}+a_{22}+\cdots+a_{nn})=-\mathrm{tr}(\boldsymbol{A}).$$

另一方面，由多项式根与系数的关系有

$$a_1=-(\lambda_1+\lambda_2+\cdots+\lambda_n).$$

从而 $\mathrm{tr}(\boldsymbol{A})=\lambda_1+\lambda_2+\cdots+\lambda_n$. 由定理 1.3.3 立即得本推论.

定理 1.3.4　矩阵 $\boldsymbol{A}$ 为正定矩阵的充分必要条件是存在 n 阶非奇异矩阵 $\boldsymbol{P}$，使得 $\boldsymbol{A}=\boldsymbol{P}^{\mathrm{H}}\boldsymbol{P}$.

证明　条件的充分性是明显的，下面证条件的必要性. 由定理 1.3.2 的推论知，存在酉矩阵 $\boldsymbol{V}$，使得

$$\boldsymbol{A}=\boldsymbol{V}^{\mathrm{H}}\mathrm{diag}(\lambda_1,\lambda_2,\cdots,\lambda_n)\boldsymbol{V}. \tag{1.3.13}$$

若 $\boldsymbol{A}>\boldsymbol{0}$，则由定理 1.3.3 可知，$\lambda_i>0(i=1,2,\cdots,n)$. 令

$$\boldsymbol{P}=\mathrm{diag}(\sqrt{\lambda_1},\sqrt{\lambda_2},\cdots,\sqrt{\lambda_n})\boldsymbol{V},$$

则 $\boldsymbol{P}$ 非奇异，且由式(1.3.13)有 $\boldsymbol{A}=\boldsymbol{P}^{\mathrm{H}}\boldsymbol{P}$.　　证毕

若将条件中的“非奇异”去掉就得到 $\boldsymbol{A}$ 为非负定矩阵的充分必要条件.

定理 1.3.4′　矩阵 $\boldsymbol{A}$ 为非负定(半正定)矩阵的充分必要条件是存在 n 阶矩阵 $\boldsymbol{P}$，使得 $\boldsymbol{A}=\boldsymbol{P}^{\mathrm{H}}\boldsymbol{P}$.

推论 1　若 $\boldsymbol{A}>\boldsymbol{0}$，则 $\boldsymbol{A}$ 可逆且 $\boldsymbol{A}^{-1}>\boldsymbol{0}$.

推论 2　若 $\boldsymbol{A}>\boldsymbol{0}$，$\boldsymbol{C}$ 是任一 n 阶非奇异矩阵，则 $\boldsymbol{C}^{\mathrm{H}}\boldsymbol{A}\boldsymbol{C}>\boldsymbol{0}$.

推论 3　若 $\boldsymbol{A}\geqslant\boldsymbol{0}$，$\boldsymbol{C}$ 是任一 $n\times m$ 矩阵，则 $\boldsymbol{C}^{\mathrm{H}}\boldsymbol{A}\boldsymbol{C}\geqslant\boldsymbol{0}$.

推论 1 的证明　当 $\boldsymbol{A}>\boldsymbol{0}$ 时，由定理 1.3.4 知存在非奇异矩阵 $\boldsymbol{P}$，使得 $\boldsymbol{A}=\boldsymbol{P}^{\mathrm{H}}\boldsymbol{P}$. 可见 $\boldsymbol{A}$ 可逆且有

$$\boldsymbol{A}^{-1}=\boldsymbol{P}^{-1}(\boldsymbol{P}^{\mathrm{H}})^{-1}=\boldsymbol{P}^{-1}(\boldsymbol{P}^{-1})^{\mathrm{H}}=\boldsymbol{Q}^{\mathrm{H}}\boldsymbol{Q},$$

其中 $\boldsymbol{Q}=(\boldsymbol{P}^{-1})^{\mathrm{H}}$ 为非奇异矩阵. 由定理 1.3.4 可推得 $\boldsymbol{A}^{-1}>\boldsymbol{0}$.　　证毕

推论 2 和推论 3 由读者自行证明.

定理 1.3.5　正定矩阵 $\boldsymbol{A}$ 的各阶顺序主子矩阵都是正定矩阵.

证明　设 $\boldsymbol{A}_k$ 是 $\boldsymbol{A}$ 的 k 阶顺序主子矩阵，$\tilde{\boldsymbol{x}}$ 是任意 k 维非零向量$(1\leqslant k\leqslant n)$，令 $\boldsymbol{x}=\begin{bmatrix}\tilde{\boldsymbol{x}}\\ \boldsymbol{0}\end{bmatrix}$，其中 $\boldsymbol{0}$ 为 $n-k$ 维零向量. 将 $\boldsymbol{A}$ 作如下分块：

$$\boldsymbol{A}=\begin{bmatrix}\boldsymbol{A}_k & \boldsymbol{G}\\ \boldsymbol{G}^{\mathrm{H}} & \boldsymbol{B}\end{bmatrix},$$

于是

$$\begin{aligned}\tilde{\boldsymbol{x}}^{\mathrm{H}}\boldsymbol{A}_k\tilde{\boldsymbol{x}}&=(\tilde{\boldsymbol{x}}^{\mathrm{H}},\boldsymbol{0}^{\mathrm{H}})\begin{bmatrix}\boldsymbol{A}_k & \boldsymbol{G}\\ \boldsymbol{G}^{\mathrm{H}} & \boldsymbol{B}\end{bmatrix}\begin{bmatrix}\tilde{\boldsymbol{x}}\\ \boldsymbol{0}\end{bmatrix}\\ &=\boldsymbol{x}^{\mathrm{H}}\boldsymbol{A}\boldsymbol{x}>0,\end{aligned}$$

这说明 $\boldsymbol{A}_k$ 是正定矩阵. 证毕

定理 1.3.6 矩阵 $\boldsymbol{A}$ 为正定矩阵的充分必要条件是 $\boldsymbol{A}$ 的各阶顺序主子式都为正数,即

$$|\boldsymbol{A}_k|>0, \qquad k=1,2,\cdots,n. \tag{1.3.14}$$

证明 先证条件的必要性. 当 $\boldsymbol{A}>\boldsymbol{0}$ 时,$\boldsymbol{A}$ 的行列式 $\det\boldsymbol{A}>0$. 这是因为 $\det\boldsymbol{A}$ 等于 $\boldsymbol{A}$ 的特征值的乘积. 由定理 1.3.5 知,$\boldsymbol{A}$ 的各阶顺序主子矩阵都是正定矩阵,故它们的行列式均为正数,即式(1.3.14)成立.

再证条件的充分性. 对矩阵阶数作归纳法. 阶为 1 时结论是显然的. 假设阶为 $n-1$ 时结论成立,对 n 阶矩阵 $\boldsymbol{A}$,我们将它如下分块:

$$\boldsymbol{A}=\begin{bmatrix}\boldsymbol{A}_{n-1} & \boldsymbol{\alpha}\\ \boldsymbol{\alpha}^{\mathrm{H}} & a_{nn}\end{bmatrix},$$

其中 $\boldsymbol{A}_{n-1}$ 为 $\boldsymbol{A}$ 的 $n-1$ 阶顺序主子矩阵. 于是

$$\boldsymbol{A}=\boldsymbol{C}^{\mathrm{H}}\begin{bmatrix}\boldsymbol{A}_{n-1} & \boldsymbol{0}\\ \boldsymbol{0}^{\mathrm{H}} & b_{nn}\end{bmatrix}\boldsymbol{C}, \tag{1.3.15}$$

式中 $b_{nn}=a_{nn}-\boldsymbol{\alpha}^{\mathrm{H}}\boldsymbol{A}_{n-1}^{-1}\boldsymbol{\alpha}$,而

$$\boldsymbol{C}=\begin{bmatrix}\boldsymbol{I}_{n-1} & \boldsymbol{A}_{n-1}^{-1}\boldsymbol{\alpha}\\ \boldsymbol{0}^{\mathrm{H}} & 1\end{bmatrix},$$

根据归纳假设,有 $\boldsymbol{A}_{n-1}>\boldsymbol{0}$,于是

$$b_{nn}=\frac{|\boldsymbol{A}_n|}{|\boldsymbol{A}_{n-1}|}>0 \quad (|\boldsymbol{A}_n|=|\boldsymbol{A}|,\ |\boldsymbol{C}|=1),$$

从而

$$\begin{bmatrix}\boldsymbol{A}_{n-1} & \boldsymbol{0}\\ \boldsymbol{0}^{\mathrm{H}} & b_{nn}\end{bmatrix}>\boldsymbol{0}. \tag{1.3.16}$$

由推论 2,从式(1.3.15)和式(1.3.16)可推出 $\boldsymbol{A}>\boldsymbol{0}$,这就证明了条件的充分性. 证毕

必须指出,埃尔米特矩阵 $\boldsymbol{A}$ 的所有顺序主子式均非负,并不能推出 $\boldsymbol{A}$ 是非负定矩阵. 例如,矩阵 $\boldsymbol{A}=\begin{bmatrix}1 & -1 & 0\\ -1 & 1 & 0\\ 0 & 0 & -1\end{bmatrix}$ 是埃尔米特矩阵,且容易验证 $\boldsymbol{A}$ 的所有顺序主子式均非负,但 $\boldsymbol{A}$ 不是非负定矩阵.

正定矩阵还有如下性质:

定理 1.3.7 设 $\boldsymbol{A},\boldsymbol{B}$ 都是 n 阶埃尔米特矩阵,且 $\boldsymbol{B}>\boldsymbol{0}$,则存在非奇异矩阵 $\boldsymbol{Q}$,使得

$$\boldsymbol{Q}^{\mathrm{H}}\boldsymbol{B}\boldsymbol{Q}=\boldsymbol{I}, \qquad \boldsymbol{Q}^{\mathrm{H}}\boldsymbol{A}\boldsymbol{Q}=\mathrm{diag}(\lambda_1,\lambda_2,\cdots,\lambda_n). \tag{1.3.17}$$

证明 由定理 1.3.4 知,存在非奇异矩阵 $\boldsymbol{P}$,使得 $\boldsymbol{B}=\boldsymbol{P}^{\mathrm{H}}\boldsymbol{P}$,由此得

$$(\boldsymbol{P}^{-1})^{\mathrm{H}}\boldsymbol{B}\boldsymbol{P}^{-1}=\boldsymbol{I}. \tag{1.3.18}$$

又 $(\boldsymbol{P}^{-1})^{\mathrm{H}}\boldsymbol{A}\boldsymbol{P}^{-1}$ 亦为埃尔米特矩阵,故有酉矩阵 $\boldsymbol{U}$,使

$$\boldsymbol{U}^{\mathrm{H}}(\boldsymbol{P}^{-1})^{\mathrm{H}}\boldsymbol{A}\boldsymbol{P}^{-1}\boldsymbol{U}=\mathrm{diag}(\lambda_1,\lambda_2,\cdots,\lambda_n). \tag{1.3.19}$$

令 $\boldsymbol{Q}=\boldsymbol{P}^{-1}\boldsymbol{U}$,则 $\boldsymbol{Q}$ 非奇异,由式(1.3.18)和式(1.3.19)可知式(1.3.17)成立. 证毕

定理 1.3.8 n 阶埃尔米特矩阵 $\boldsymbol{A}$ 正定的充分必要条件是 $\boldsymbol{A}$ 的所有主子式全大于零.

证明 必要性: 对 $\boldsymbol{A}$ 的任一 k 阶主子式

$$|\boldsymbol{A}^{(k)}|=\begin{vmatrix} a_{i_1i_1} & a_{i_1i_2} & \cdots & a_{i_1i_k} \\ a_{i_2i_1} & a_{i_2i_2} & \cdots & a_{i_2i_k} \\ \vdots & \vdots & & \vdots \\ a_{i_ki_1} & a_{i_ki_2} & \cdots & a_{i_ki_k} \end{vmatrix},$$

只要适当(若干次)对调$|\boldsymbol{A}^{(k)}|$的行和相应的列,可使上述的$|\boldsymbol{A}^{(k)}|$成为一个 k 阶顺序主子式,即存在可逆矩阵 $\boldsymbol{P}$,使 $\boldsymbol{P}^{\mathrm{H}}\boldsymbol{AP}$ 的 k 阶顺序主子式为$|\boldsymbol{A}^{(k)}|$. 因为 $\boldsymbol{A}>\boldsymbol{0}$,由前面推论 2 知 $\boldsymbol{P}^{\mathrm{H}}\boldsymbol{AP}>\boldsymbol{0}$,从而由定理 1.3.6 有$|\boldsymbol{A}^{(k)}|>0$.

充分性：由定理 1.3.6 即得.　证毕

1.3.3　矩阵不等式

定义 1.3.4　设 $\boldsymbol{A},\boldsymbol{B}$ 都是 n 阶埃尔米特矩阵,如果 $\boldsymbol{A}-\boldsymbol{B}\geqslant\boldsymbol{0}$,则称 $\boldsymbol{A}$ 大于或等于 $\boldsymbol{B}$(或称 $\boldsymbol{B}$ 小于或等于 $\boldsymbol{A}$),记作 $\boldsymbol{A}\geqslant\boldsymbol{B}$(或 $\boldsymbol{B}\leqslant\boldsymbol{A}$).

显然,当 $\boldsymbol{A}\geqslant\boldsymbol{B}$ 时,对任意的 n 维列向量 $\boldsymbol{x}$ 都有

$$\boldsymbol{x}^{\mathrm{H}}\boldsymbol{Ax}\geqslant\boldsymbol{x}^{\mathrm{H}}\boldsymbol{Bx}.$$

反之亦然. 若 $\boldsymbol{A},\boldsymbol{B}$ 均为实对角阵：

$$\boldsymbol{A}=\mathrm{diag}(a_1,a_2,\cdots,a_n),$$
$$\boldsymbol{B}=\mathrm{diag}(b_1,b_2,\cdots,b_n),$$

则不难看出

$$\boldsymbol{A}\geqslant\boldsymbol{B}\Leftrightarrow a_i\geqslant b_i,\qquad i=1,\cdots,n.$$

值得注意的是,并非任意两个同阶的埃尔米特矩阵都能"比较大小",即并非 $\boldsymbol{A}\geqslant\boldsymbol{B}$ 或 $\boldsymbol{B}\geqslant\boldsymbol{A}$ 两者之中必有一成立(即使 $\boldsymbol{A},\boldsymbol{B}$ 都是正定矩阵). 例如,对

$$\boldsymbol{A}=\begin{bmatrix}1&0\\0&2\end{bmatrix},\qquad \boldsymbol{B}=\begin{bmatrix}2&0\\0&1\end{bmatrix}$$

来讲,$\boldsymbol{A}\geqslant\boldsymbol{B}$ 和 $\boldsymbol{B}\geqslant\boldsymbol{A}$ 均不成立.

下面讨论矩阵不等式的性质.

性质 1　由定义容易看出

(1) 若 $\boldsymbol{A}\geqslant\boldsymbol{B},\boldsymbol{B}\geqslant\boldsymbol{C}$,则 $\boldsymbol{A}\geqslant\boldsymbol{C}$;

(2) 若 $\boldsymbol{A}\geqslant\boldsymbol{B}$,$k$ 为正数,则 $k\boldsymbol{A}\geqslant k\boldsymbol{B}$;

(3) 若 $\boldsymbol{A}_1\geqslant\boldsymbol{B}_1,\boldsymbol{A}_2\geqslant\boldsymbol{B}_2$,则 $\boldsymbol{A}_1+\boldsymbol{A}_2\geqslant\boldsymbol{B}_1+\boldsymbol{B}_2$;

(4) 若 $\boldsymbol{A}\geqslant\boldsymbol{B}$,$\boldsymbol{P}$ 为 $n\times m$ 矩阵,则 $\boldsymbol{P}^{\mathrm{H}}\boldsymbol{AP}\geqslant\boldsymbol{P}^{\mathrm{H}}\boldsymbol{BP}$.

性质 2　若 $\boldsymbol{A}\geqslant\boldsymbol{0}$,则 $\boldsymbol{A}\leqslant\mathrm{tr}(\boldsymbol{A})\boldsymbol{I}$.

证明　由定理 1.3.2 推论,存在酉矩阵 $\boldsymbol{V}$,使得

$$\boldsymbol{A}=\boldsymbol{V}^{\mathrm{H}}\mathrm{diag}(\lambda_1,\lambda_2,\cdots,\lambda_n)\boldsymbol{V}.$$

再由定理 1.3.3 的推论,有

$$\mathrm{tr}(\boldsymbol{A})\geqslant\lambda_i,\qquad i=1,2,\cdots,n.$$

因此

$$\begin{aligned}\mathrm{tr}(\boldsymbol{A})\boldsymbol{I}-\boldsymbol{A}&=\mathrm{tr}(\boldsymbol{A})\boldsymbol{I}-\boldsymbol{V}^{\mathrm{H}}\mathrm{diag}(\lambda_1,\lambda_2,\cdots,\lambda_n)\boldsymbol{V}\\&=\boldsymbol{V}^{\mathrm{H}}[\mathrm{tr}(\boldsymbol{A})\boldsymbol{I}-\mathrm{diag}(\lambda_1,\lambda_2,\cdots,\lambda_n)]\boldsymbol{V}\geqslant\boldsymbol{0}.\end{aligned}$$

证毕

性质 3 设 $\boldsymbol{A},\boldsymbol{B}$ 为同阶的正定矩阵,$\boldsymbol{A}\geqslant\boldsymbol{B}$,则 $\boldsymbol{B}^{-1}\geqslant\boldsymbol{A}^{-1}$.

证明 由定理 1.3.7 可知,存在非奇异矩阵 $\boldsymbol{Q}$,使得

$$\boldsymbol{Q}^{\mathrm{H}}\boldsymbol{B}\boldsymbol{Q}=\boldsymbol{I},\quad \boldsymbol{Q}^{\mathrm{H}}\boldsymbol{A}\boldsymbol{Q}=\mathrm{diag}(\lambda_1,\lambda_2,\cdots,\lambda_n)\equiv\boldsymbol{\Lambda},$$

因 $\boldsymbol{A}\geqslant\boldsymbol{B}$,故 $\boldsymbol{\Lambda}\geqslant\boldsymbol{I}$. 从而

$$\boldsymbol{\Lambda}^{-1}=\mathrm{diag}(\lambda_1^{-1},\lambda_2^{-1},\cdots,\lambda_n^{-1})\leqslant\boldsymbol{I},$$

但

$$\boldsymbol{A}^{-1}=\boldsymbol{Q}\boldsymbol{\Lambda}^{-1}\boldsymbol{Q}^{\mathrm{H}},\qquad \boldsymbol{B}^{-1}=\boldsymbol{Q}\boldsymbol{I}\boldsymbol{Q}^{\mathrm{H}},$$

故有 $\boldsymbol{B}^{-1}\geqslant\boldsymbol{A}^{-1}$. 证毕

从 $\boldsymbol{A}\geqslant\boldsymbol{B}>\boldsymbol{0}$ 能否推出 $\boldsymbol{A}^2\geqslant\boldsymbol{B}^2$ 呢?一般来讲是不能的. 例如,令

$$\boldsymbol{A}=\begin{bmatrix}2 & 1\\1 & 3\end{bmatrix},\qquad \boldsymbol{B}=\begin{bmatrix}1 & 0\\0 & 2\end{bmatrix},$$

则 $\boldsymbol{A}>\boldsymbol{0},\boldsymbol{B}>\boldsymbol{0}$,且 $\boldsymbol{A}\geqslant\boldsymbol{B}$. 但

$$\boldsymbol{A}^2-\boldsymbol{B}^2=\begin{bmatrix}4 & 5\\5 & 6\end{bmatrix},$$

却不是非负定矩阵,即 $\boldsymbol{A}^2\geqslant\boldsymbol{B}^2$ 不成立. 然而,我们有以下结果.

性质 4 若正定矩阵 $\boldsymbol{A},\boldsymbol{B}$ 可交换:$\boldsymbol{AB}=\boldsymbol{BA}$,且 $\boldsymbol{A}\geqslant\boldsymbol{B}$,则 $\boldsymbol{A}^2\geqslant\boldsymbol{B}^2$.

证明 与性质 3 的证明相类似,有

$$\boldsymbol{Q}^{\mathrm{H}}\boldsymbol{B}\boldsymbol{Q}=\boldsymbol{I},\qquad \boldsymbol{Q}^{\mathrm{H}}\boldsymbol{A}\boldsymbol{Q}=\mathrm{diag}(\lambda_1,\lambda_2,\cdots,\lambda_n)\equiv\boldsymbol{\Lambda}. \tag{1.3.20}$$

因 $\boldsymbol{A}\geqslant\boldsymbol{B}$,故 $\boldsymbol{\Lambda}\geqslant\boldsymbol{I}$,从而 $\lambda_i\geqslant1(i=1,2,\cdots,n)$. 将式(1.3.20)改写成

$$\boldsymbol{B}=(\boldsymbol{Q}^{\mathrm{H}})^{-1}\boldsymbol{Q}^{-1},\qquad \boldsymbol{A}=(\boldsymbol{Q}^{\mathrm{H}})^{-1}\boldsymbol{\Lambda}\boldsymbol{Q}^{\mathrm{H}}, \tag{1.3.21}$$

由此得

$$\boldsymbol{A}\boldsymbol{B}^{-1}=(\boldsymbol{Q}^{\mathrm{H}})^{-1}\boldsymbol{\Lambda}\boldsymbol{Q}^{\mathrm{H}},$$

这说明 $\boldsymbol{AB}^{-1}$ 相似于 $\boldsymbol{\Lambda}$,因而其全部特征值为 $\lambda_1,\lambda_2,\cdots,\lambda_n$. 由此可知$(\boldsymbol{AB}^{-1})^2$ 的全部特征值为 $\lambda_1^2,\lambda_2^2,\cdots,\lambda_n^2$,它们均不小于 1. 再利用 $\boldsymbol{A},\boldsymbol{B}$ 可交换这个条件,有

$$(\boldsymbol{AB}^{-1})^2=\boldsymbol{AB}^{-1}\boldsymbol{AB}^{-1}=\boldsymbol{A}^2(\boldsymbol{B}^{-1})^2,$$

且$(\boldsymbol{AB}^{-1})^2$ 为埃尔米特矩阵,所以 $\boldsymbol{A}^2(\boldsymbol{B}^{-1})^2\geqslant\boldsymbol{I}$. 由此推出

$$\boldsymbol{B}^{\mathrm{H}}(\boldsymbol{A}^2(\boldsymbol{B}^{-1})^2)\boldsymbol{B}\geqslant\boldsymbol{B}^{\mathrm{H}}\boldsymbol{B},$$

即 $\boldsymbol{A}^2\geqslant\boldsymbol{B}^2$. 证毕

性质 5 矩阵型的施瓦兹(Schwartz)不等式.

设 $\boldsymbol{A},\boldsymbol{B}$ 分别为 $n\times m$ 和 $m\times l$ 矩阵,且 $\boldsymbol{AA}^{\mathrm{H}}$ 非奇异(这时 $n\leqslant m$, $\mathrm{rank}(\boldsymbol{A})=n$),则

$$\boldsymbol{B}^{\mathrm{H}}\boldsymbol{B}\geqslant(\boldsymbol{AB})^{\mathrm{H}}(\boldsymbol{AA}^{\mathrm{H}})^{-1}(\boldsymbol{AB}), \tag{1.3.22}$$

式中等号成立,当且仅当存在一个 $n\times l$ 矩阵 $\boldsymbol{C}$,使得 $\boldsymbol{B}=\boldsymbol{A}^{\mathrm{H}}\boldsymbol{C}$.

证明之前先看特殊情形:$n=l=1$. 这时 $\boldsymbol{A}=(a_1,a_2,\cdots,a_m)$,$\boldsymbol{B}^{\mathrm{H}}=(\bar{b}_1,\bar{b}_2,\cdots,\bar{b}_m)$,不等式(1.3.22)成为

$$\sum_{k=1}^{m}|b_k|^2\geqslant\left(\sum_{k=1}^{m}a_kb_k\right)^{\mathrm{H}}\left(\sum_{k=1}^{m}|a_k|^2\right)^{-1}\left(\sum_{k=1}^{m}a_kb_k\right)$$

或

$$\left|\sum_{k=1}^{m}a_kb_k\right|^2\leqslant\left(\sum_{k=1}^{m}|a_k|^2\right)\left(\sum_{k=1}^{m}|b_k|^2\right),$$

这就是熟知的不等式.

现在来证式(1.3.22),它可由下列诸式得出:

$$\begin{aligned}\mathbf{0} &\leqslant (\boldsymbol{B}-\boldsymbol{A}^{\mathrm{H}}(\boldsymbol{A}\boldsymbol{A}^{\mathrm{H}})^{-1}\boldsymbol{A}\boldsymbol{B})^{\mathrm{H}}(\boldsymbol{B}-\boldsymbol{A}^{\mathrm{H}}(\boldsymbol{A}\boldsymbol{A}^{\mathrm{H}})^{-1}\boldsymbol{A}\boldsymbol{B})\\ &=\boldsymbol{B}^{\mathrm{H}}\boldsymbol{B}-2\boldsymbol{B}^{\mathrm{H}}\boldsymbol{A}^{\mathrm{H}}(\boldsymbol{A}\boldsymbol{A}^{\mathrm{H}})^{-1}\boldsymbol{A}\boldsymbol{B}+\boldsymbol{B}^{\mathrm{H}}\boldsymbol{A}^{\mathrm{H}}(\boldsymbol{A}\boldsymbol{A}^{\mathrm{H}})^{-1}\boldsymbol{A}\boldsymbol{A}^{\mathrm{H}}(\boldsymbol{A}\boldsymbol{A}^{\mathrm{H}})^{-1}\boldsymbol{A}\boldsymbol{B}\\ &=\boldsymbol{B}^{\mathrm{H}}\boldsymbol{B}-\boldsymbol{B}^{\mathrm{H}}\boldsymbol{A}^{\mathrm{H}}(\boldsymbol{A}\boldsymbol{A}^{\mathrm{H}})^{-1}\boldsymbol{A}\boldsymbol{B}\\ &=\boldsymbol{B}^{\mathrm{H}}\boldsymbol{B}-(\boldsymbol{A}\boldsymbol{B})^{\mathrm{H}}(\boldsymbol{A}\boldsymbol{A}^{\mathrm{H}})^{-1}(\boldsymbol{A}\boldsymbol{B}),\end{aligned}$$

这就证明了式(1.3.22). 又上式右端为零矩阵当且仅当 $\boldsymbol{B}=\boldsymbol{A}^{\mathrm{H}}(\boldsymbol{A}\boldsymbol{A}^{\mathrm{H}})^{-1}\boldsymbol{A}\boldsymbol{B}$. 此条件满足时,令 $\boldsymbol{C}=(\boldsymbol{A}\boldsymbol{A}^{\mathrm{H}})^{-1}\boldsymbol{A}\boldsymbol{B}$,则 $\boldsymbol{B}=\boldsymbol{A}^{\mathrm{H}}\boldsymbol{C}$. 反之,如果 $\boldsymbol{B}=\boldsymbol{A}^{\mathrm{H}}\boldsymbol{C}$,则

$$\boldsymbol{A}^{\mathrm{H}}(\boldsymbol{A}\boldsymbol{A}^{\mathrm{H}})^{-1}\boldsymbol{A}\boldsymbol{B}=\boldsymbol{A}^{\mathrm{H}}(\boldsymbol{A}\boldsymbol{A}^{\mathrm{H}})^{-1}\boldsymbol{A}\boldsymbol{A}^{\mathrm{H}}\boldsymbol{C}=\boldsymbol{A}^{\mathrm{H}}\boldsymbol{C}=\boldsymbol{B},$$

这就证明了式(1.3.22)中等号成立当且仅当 $\boldsymbol{B}=\boldsymbol{A}^{\mathrm{H}}\boldsymbol{C}$.　证毕

1.3.4　埃尔米特矩阵特征值的性质

对于埃尔米特矩阵,它的特征值有许多重要的性质,这些性质对今后研究埃尔米特矩阵特征值的稳定性问题有着重要的作用.

定理 1.3.9　设 $\boldsymbol{A}$ 是 n 阶埃尔米特矩阵,则

$$\lambda_{\min}(\boldsymbol{A})\boldsymbol{I}\leqslant\boldsymbol{A}\leqslant\lambda_{\max}(\boldsymbol{A})\boldsymbol{I},\tag{1.3.23}$$

其中 $\lambda_{\min}(\boldsymbol{A})$ 和 $\lambda_{\max}(\boldsymbol{A})$ 分别表示 $\boldsymbol{A}$ 的最小和最大特征值.

证明　由定理 1.3.2 知,存在酉矩阵 $\boldsymbol{U}$,使得

$$\boldsymbol{A}=\boldsymbol{U}\mathrm{diag}(\lambda_1,\cdots,\lambda_n)\boldsymbol{U}^{\mathrm{H}},$$

其中 $\lambda_1\geqslant\lambda_2\geqslant\cdots\geqslant\lambda_n$ 是矩阵 $\boldsymbol{A}$ 的特征值. 故 $\lambda_{\max}(\boldsymbol{A})=\lambda_1$,$\lambda_{\max}(\boldsymbol{A})-\lambda_i\geqslant0(i=1,2,\cdots,n)$,$\lambda_{\min}(\boldsymbol{A})=\lambda_n$,$\lambda_i-\lambda_{\min}(\boldsymbol{A})\geqslant0(i=1,2,\cdots,n)$. 再由定理 1.3.3 知

$$\lambda_{\max}(\boldsymbol{A})\boldsymbol{I}-\boldsymbol{A}=\boldsymbol{U}[\lambda_{\max}(\boldsymbol{A})\boldsymbol{I}-\mathrm{diag}(\lambda_1,\cdots,\lambda_n)]\boldsymbol{U}^{\mathrm{H}}\geqslant\mathbf{0},$$

$$\boldsymbol{A}-\lambda_{\min}(\boldsymbol{A})\boldsymbol{I}=\boldsymbol{U}[\mathrm{diag}(\lambda_1,\cdots,\lambda_n)-\lambda_{\min}(\boldsymbol{A})\boldsymbol{I}]\boldsymbol{U}^{\mathrm{H}}\geqslant\mathbf{0},$$

即 $\lambda_{\max}(\boldsymbol{A})\boldsymbol{I}\geqslant\boldsymbol{A}$,$\boldsymbol{A}\geqslant\lambda_{\min}(\boldsymbol{A})\boldsymbol{I}$.　证毕

下面介绍瑞利(Rayleigh)商的概念,再运用瑞利商研究埃尔米特矩阵的特征值.

定义 1.3.5　设 $\boldsymbol{A}$ 为 n 阶埃尔米特矩阵,对 $\forall\boldsymbol{x}\in\mathbb{C}^n$ 且 $\boldsymbol{x}\neq\mathbf{0}$,称

$$R(\boldsymbol{x})=\frac{\boldsymbol{x}^{\mathrm{H}}\boldsymbol{A}\boldsymbol{x}}{\boldsymbol{x}^{\mathrm{H}}\boldsymbol{x}},\qquad\boldsymbol{x}\neq\mathbf{0}\tag{1.3.24}$$

为埃尔米特矩阵 $\boldsymbol{A}$ 的**瑞利商**.

显然,埃尔米特矩阵的瑞利商是实数,并且具有如下性质.

定理 1.3.10　设 $\boldsymbol{A}$ 是 n 阶埃尔米特矩阵,其特征值为 $\lambda_1\geqslant\lambda_2\geqslant\cdots\geqslant\lambda_n$,则

(1) $R(k\boldsymbol{x})=R(\boldsymbol{x})$,$k\in\mathbb{C}$,$k\neq0$;

(2) $\lambda_n\leqslant R(\boldsymbol{x})\leqslant\lambda_1$,$\boldsymbol{x}\neq\mathbf{0}$;

(3) $\lambda_1=\max\limits_{\boldsymbol{x}\neq\mathbf{0}}R(\boldsymbol{x})$,$\lambda_n=\min\limits_{\boldsymbol{x}\neq\mathbf{0}}R(\boldsymbol{x})$.　(1.3.25)

证明　(1) 由瑞利商的定义即得.

(2) 由定理 1.3.9 即得.

(3) 设 $\boldsymbol{A}$ 对应于特征值 $\lambda_1,\lambda_2,\cdots,\lambda_n$ 的标准正交特征向量为 $\boldsymbol{x}_1,\boldsymbol{x}_2,\cdots,\boldsymbol{x}_n$. 显然,$R(\boldsymbol{x}_1)=\lambda_1$,$R(\boldsymbol{x}_n)=\lambda_n$. 因此由(2)可知

$$\max_{x\neq 0}R(\boldsymbol{x})=\lambda_1,\qquad \min_{x\neq 0}R(\boldsymbol{x})=\lambda_n.$$ 证毕

推广定理1.3.10可得到如下定理.

定理1.3.11 设$\boldsymbol{A}$是n阶埃尔米特矩阵,其特征值为$\lambda_1\geqslant\lambda_2\geqslant\cdots\geqslant\lambda_n$,相应的标准正交特征向量为$\boldsymbol{x}_1,\boldsymbol{x}_2,\cdots,\boldsymbol{x}_n$. 记$V_i^{(j)}=\mathrm{Span}\{\boldsymbol{x}_i,\boldsymbol{x}_{i+1},\cdots,\boldsymbol{x}_j\}(i\leqslant j)$,则

$$\lambda_i=\max_{\substack{x\in V_i^{(j)}\\ x\neq 0}}R(\boldsymbol{x}),\qquad \lambda_j=\min_{\substack{x\in V_i^{(j)}\\ x\neq 0}}R(\boldsymbol{x}).\tag{1.3.26}$$

证明 对$\forall\,\boldsymbol{x}\in V_i^{(j)}$且$\boldsymbol{x}\neq\boldsymbol{0}$,有$\boldsymbol{x}=\alpha_i\boldsymbol{x}_i+\alpha_{i+1}\boldsymbol{x}_{i+1}+\cdots+\alpha_j\boldsymbol{x}_j$,从而

$$\lambda_j\leqslant R(\boldsymbol{x})=\frac{|\alpha_i|^2\lambda_i+|\alpha_{i+1}|^2\lambda_{i+1}+\cdots+|\alpha_j|^2\lambda_j}{|\alpha_i|^2+|\alpha_{i+1}|^2+\cdots+|\alpha_j|^2}\leqslant\lambda_i.$$

特别地,若$\boldsymbol{x}=\boldsymbol{x}_i$,则$R(\boldsymbol{x})=\lambda_i$;而$\boldsymbol{x}=\boldsymbol{x}_j$时,有$R(\boldsymbol{x})=\lambda_j$,因此

$$\lambda_i=\max_{\substack{x\in V_i^{(j)}\\ x\neq 0}}R(\boldsymbol{x}),\qquad \lambda_j=\min_{\substack{x\in V_i^{(j)}\\ x\neq 0}}R(\boldsymbol{x}).$$ 证毕

一般地,有如下著名的极大极小或极小极大定理.

定理1.3.12 设$\boldsymbol{A}$是n阶埃尔米特矩阵,其特征值为$\lambda_1\geqslant\lambda_2\geqslant\cdots\geqslant\lambda_n$,$V_i$是$\mathbb{C}^n$中$i$维子空间,则

$$\lambda_i=\max_{V_i}\min_{\substack{x\in V_i\\ x\neq 0}}R(\boldsymbol{x})\tag{1.3.27}$$

和

$$\lambda_i=\min_{V_{n-i+1}}\max_{\substack{x\in V_{n-i+1}\\ x\neq 0}}R(\boldsymbol{x}),\tag{1.3.28}$$

其中$i=1,2,\cdots,n$.

证明 这里只要证明式(1.3.27),而式(1.3.28)的证明是类似的.

令$\boldsymbol{D}_i$是以子空间V_i的一组标准正交基为列向量组成的$n\times i$阶矩阵,则

$$\boldsymbol{D}_i^{\mathrm{H}}\boldsymbol{D}_i=\boldsymbol{I}_i.$$

设$\boldsymbol{x}_1,\cdots,\boldsymbol{x}_n$是$\boldsymbol{A}$对应于特征值$\lambda_1,\cdots,\lambda_n$的标准正交特征向量. 记

$$\boldsymbol{U}=[\boldsymbol{x}_1,\cdots,\boldsymbol{x}_i,\boldsymbol{x}_{i+1},\cdots,\boldsymbol{x}_n]\equiv[\boldsymbol{U}_i,\boldsymbol{U}_{n-i}],$$

其中$\boldsymbol{U}_i=[\boldsymbol{x}_1,\cdots,\boldsymbol{x}_i]$,$\boldsymbol{U}_{n-i}=[\boldsymbol{x}_{i+1},\cdots,\boldsymbol{x}_n]$. 由定理1.1.6知,$i$维子空间$V_i$与由$[\boldsymbol{x}_i,\boldsymbol{U}_{n-i}]$的列向量所生成的$n-i+1$维子空间$\mathrm{Span}[\boldsymbol{x}_i,\boldsymbol{U}_{n-i}]$必有公共的非零元,设$\tilde{\boldsymbol{x}}$就是这样一个元素. 因为$\tilde{\boldsymbol{x}}\in\mathrm{Span}[\boldsymbol{x}_i,\boldsymbol{U}_{n-i}]$,则

$$\tilde{\boldsymbol{x}}=\alpha_i\boldsymbol{x}_i+\alpha_{i+1}\boldsymbol{x}_{i+1}+\cdots+\alpha_n\boldsymbol{x}_n,$$

从而

$$R(\tilde{\boldsymbol{x}})=\frac{|\alpha_i|^2\lambda_i+|\alpha_{i+1}|^2\lambda_{i+1}+\cdots+|\alpha_n|^2\lambda_n}{|\alpha_i|^2+|\alpha_{i+1}|^2+\cdots+|\alpha_n|^2}\leqslant\lambda_i.$$

又因为$\tilde{\boldsymbol{x}}\in V_i$,所以对任取的$i$维子空间$V_i$有

$$\min_{\substack{x\in V_i\\ x\neq 0}}R(\boldsymbol{x})\leqslant\lambda_i.$$

另一方面,若取$\boldsymbol{D}_i=\boldsymbol{U}_i$,则$\min\limits_{\substack{x\in V_i\\ x\neq 0}}R(\boldsymbol{x})\geqslant\lambda_i$. 因此$\lambda_i=\max\limits_{V_i}\min\limits_{\substack{x\in V_i\\ x\neq 0}}R(\boldsymbol{x})$. 证毕

最后,我们应用极大极小定理1.3.12研究埃尔米特矩阵的元素发生微小变化时相应矩

阵特征值的变化范围.

定理 1.3.13 设 $\boldsymbol{A},\boldsymbol{E}$ 均为 n 阶埃尔米特矩阵,$\boldsymbol{B}=\boldsymbol{A}+\boldsymbol{E}$,且 $\boldsymbol{A},\boldsymbol{B}$ 和 $\boldsymbol{E}$ 的特征值分别为 $\lambda_1\geqslant\cdots\geqslant\lambda_n$,$\mu_1\geqslant\cdots\geqslant\mu_n$ 和 $\varepsilon_1\geqslant\cdots\geqslant\varepsilon_n$,则

$$\lambda_i+\varepsilon_n\leqslant\mu_i\leqslant\lambda_i+\varepsilon_1,\qquad i=1,2,\cdots,n. \tag{1.3.29}$$

证明 设 $\boldsymbol{x}_1,\cdots,\boldsymbol{x}_n$ 是 $\boldsymbol{A}$ 的对应于特征值 $\lambda_1,\cdots,\lambda_n$ 的标准正交特征向量,令

$$V_{n-i+1}=\mathrm{Span}\{\boldsymbol{x}_i,\boldsymbol{x}_{i+1},\cdots,\boldsymbol{x}_n\},$$

则由式(1.3.28)得

$$\mu_i\leqslant\max_{\substack{\boldsymbol{x}\in V_{n-i+1}\\ \boldsymbol{x}\neq\boldsymbol{0}}}\frac{\boldsymbol{x}^{\mathrm{H}}\boldsymbol{B}\boldsymbol{x}}{\boldsymbol{x}^{\mathrm{H}}\boldsymbol{x}}\leqslant\max_{\substack{\boldsymbol{x}\in V_{n-i+1}\\ \boldsymbol{x}\neq\boldsymbol{0}}}\frac{\boldsymbol{x}^{\mathrm{H}}\boldsymbol{A}\boldsymbol{x}}{\boldsymbol{x}^{\mathrm{H}}\boldsymbol{x}}+\max_{\substack{\boldsymbol{x}\in V_{n-i+1}\\ \boldsymbol{x}\neq\boldsymbol{0}}}\frac{\boldsymbol{x}^{\mathrm{H}}\boldsymbol{E}\boldsymbol{x}}{\boldsymbol{x}^{\mathrm{H}}\boldsymbol{x}}.$$

由定理 1.3.11 和定理 1.3.12 有

$$\mu_i\leqslant\lambda_i+\max_{\substack{\boldsymbol{x}\in V_{n-i+1}\\ \boldsymbol{x}\neq\boldsymbol{0}}}\frac{\boldsymbol{x}^{\mathrm{H}}\boldsymbol{E}\boldsymbol{x}}{\boldsymbol{x}^{\mathrm{H}}\boldsymbol{x}}\leqslant\lambda_i+\varepsilon_1,\qquad i=1,2,\cdots,n. \tag{1.3.30}$$

另一方面,令 $\boldsymbol{D}=-\boldsymbol{E}$,记 $\boldsymbol{D}$ 的特征值为 $\delta_1\geqslant\cdots\geqslant\delta_n$,则 $\boldsymbol{A}=\boldsymbol{B}+\boldsymbol{D}$. 由式(1.3.30)有

$$\lambda_i\leqslant\mu_i+\delta_1,\qquad i=1,2,\cdots,n,$$

其中 $\delta_1=-\varepsilon_n$. 因此式(1.3.29)成立. 证毕

*1.3.5 一般的复正定矩阵

定义 1.3.6 设 $\boldsymbol{A}$ 是 n 阶复矩阵,如果对任意 n 维(复)列向量 $\boldsymbol{x}$ 都有

$$\mathrm{Re}(\boldsymbol{x}^{\mathrm{H}}\boldsymbol{A}\boldsymbol{x})\geqslant 0, \tag{1.3.31}$$

其中 $\mathrm{Re}(z)$表示复数 z 的实部,则称 $\boldsymbol{A}$ 为**非负定(半正定)矩阵**. 如果对任意 n 维非零(复)列向量 $\boldsymbol{x}$,式(1.3.31)中严格不等式成立,则称 $\boldsymbol{A}$ 为**正定矩阵**.

容易看出,当 $\boldsymbol{A}$ 为埃尔米特矩阵时,式(1.3.31)成为 $\boldsymbol{x}^{\mathrm{H}}\boldsymbol{A}\boldsymbol{x}\geqslant 0$,这时定义 1.3.6 和埃尔米特矩阵正定的定义是一致的. 因此,定义 1.3.6 是埃尔米特矩阵正定的定义的拓广.

复正定矩阵有下列基本性质.

(1) 正定(非负定)矩阵 $\boldsymbol{A}$ 的所有特征值均有正实部(非负实部).

(2) 设 $\boldsymbol{A}$ 为 n 阶正定矩阵,$\boldsymbol{P}$ 为 n 阶非奇异矩阵,则 $\boldsymbol{P}^{\mathrm{H}}\boldsymbol{A}\boldsymbol{P}$ 亦为正定矩阵.

(3) 设 $\boldsymbol{A}$ 为 n 阶非负定矩阵,$\boldsymbol{C}$ 为 $n\times m$ 矩阵,则 $\boldsymbol{C}^{\mathrm{H}}\boldsymbol{A}\boldsymbol{C}$ 亦为非负定矩阵.

(4) 正定(非负定)矩阵 $\boldsymbol{A}$ 的所有主子矩阵均为正定(非负定)矩阵. 特别地,正定矩阵 $\boldsymbol{A}$ 的对角元均有正(非负)实部.

下面,我们来看复矩阵 $\boldsymbol{A}$ 为正定(非负定)矩阵的条件.

定理 1.3.14 n 阶复矩阵 $\boldsymbol{A}$ 为正定(非负定)矩阵的充分必要条件是 $\boldsymbol{A}+\boldsymbol{A}^{\mathrm{H}}$ 为埃尔米特正定矩阵(非负定矩阵).

证明 由于

$$\boldsymbol{x}^{\mathrm{H}}(\boldsymbol{A}+\boldsymbol{A}^{\mathrm{H}})\boldsymbol{x}=2\mathrm{Re}(\boldsymbol{x}^{\mathrm{H}}\boldsymbol{A}\boldsymbol{x}),$$

故定理成立. 证毕

定理 1.3.15 n 阶复矩阵 $\boldsymbol{A}$ 为正定矩阵的充分必要条件是:存在非奇异矩阵 $\boldsymbol{P}$,使得

$$\boldsymbol{P}^{\mathrm{H}}\boldsymbol{A}\boldsymbol{P}=\mathrm{diag}(1+\mathrm{i}a_1,1+\mathrm{i}a_2,\cdots,1+\mathrm{i}a_n), \tag{1.3.32}$$

其中 $\mathrm{i}=\sqrt{-1}$,$a_j\,(j=1,2,\cdots,n)$均为实数.

证明 必要性：$\boldsymbol{A}$ 可表示为

$$\boldsymbol{A}=\frac{1}{2}(\boldsymbol{A}+\boldsymbol{A}^{\mathrm{H}})+\frac{1}{2}(\boldsymbol{A}-\boldsymbol{A}^{\mathrm{H}})=\boldsymbol{A}_H+\boldsymbol{A}_C, \tag{1.3.33}$$

其中 $\boldsymbol{A}_H=\frac{1}{2}(\boldsymbol{A}+\boldsymbol{A}^{\mathrm{H}})$ 为埃尔米特矩阵，$\boldsymbol{A}_C=\frac{1}{2}(\boldsymbol{A}-\boldsymbol{A}^{\mathrm{H}})$ 为反埃尔米特矩阵. 当 $\boldsymbol{A}$ 为正定矩阵时，$\boldsymbol{A}_H$ 为埃尔米特正定矩阵. 于是存在非奇异矩阵 $\boldsymbol{P}_1$，使得

$$\boldsymbol{P}_1^{\mathrm{H}}\boldsymbol{A}_H\boldsymbol{P}_1=\boldsymbol{I},\qquad \boldsymbol{P}_1^{\mathrm{H}}\boldsymbol{A}_C\boldsymbol{P}_1\equiv\boldsymbol{C}, \tag{1.3.34}$$

其中 $\boldsymbol{C}$ 为反埃尔米特矩阵. 故存在酉矩阵 $\boldsymbol{U}$，使得

$$\boldsymbol{U}^{\mathrm{H}}\boldsymbol{C}\boldsymbol{U}=\mathrm{diag}(\mathrm{i}a_1,\mathrm{i}a_2,\cdots,\mathrm{i}a_n), \tag{1.3.35}$$

其中 $a_j(j=1,2,\cdots,n)$ 均为实数. 以 $\boldsymbol{U}^{\mathrm{H}}$ 和 $\boldsymbol{U}$ 分别左乘、右乘(1.3.34)两式的两端，并记 $\boldsymbol{P}_1\boldsymbol{U}$ 为 $\boldsymbol{P}$，则 $\boldsymbol{P}$ 非奇异，且有

$$\begin{aligned}&\boldsymbol{P}^{\mathrm{H}}\boldsymbol{A}_H\boldsymbol{P}=\boldsymbol{I},\\&\boldsymbol{P}^{\mathrm{H}}\boldsymbol{A}_C\boldsymbol{P}=\mathrm{diag}(\mathrm{i}a_1,\mathrm{i}a_2,\cdots,\mathrm{i}a_n),\end{aligned} \tag{1.3.36}$$

将式(1.3.36)中两式的两端分别相加，即得式(1.3.32).

充分性：对任意的 n 维非零列向量 $\boldsymbol{x}$，有

$$\mathrm{Re}\{\boldsymbol{x}^{\mathrm{H}}\mathrm{diag}(1+\mathrm{i}a_1,1+\mathrm{i}a_2,\cdots,1+\mathrm{i}a_n)\boldsymbol{x}\}=\boldsymbol{x}^{\mathrm{H}}\boldsymbol{x}>0,$$

即 $\mathrm{diag}(1+\mathrm{i}a_1,1+\mathrm{i}a_2,\cdots,1+\mathrm{i}a_n)$ 为正定矩阵. 若式(1.3.32)成立，则由基本性质(2)可知，$\boldsymbol{A}$ 为正定矩阵.

证毕

定义 1.3.7 设 $\boldsymbol{A}$ 为 n 阶复矩阵. 如果 $\boldsymbol{A}$ 的特征值均有负实部，则称 $\boldsymbol{A}$ 为**稳定矩阵**.

由基本性质(1)可知，若 $\boldsymbol{A}$ 为正定矩阵，则 $-\boldsymbol{A}$ 为稳定矩阵. 反过来，若 $-\boldsymbol{A}$ 为稳定矩阵，则 $\boldsymbol{A}$ 未必为正定矩阵.

习 题 1(5)

1. 设 $\boldsymbol{A},\boldsymbol{B}$ 均为埃尔米特矩阵，证明：$\boldsymbol{AB}$ 为埃尔米特矩阵的充分必要条件是 $\boldsymbol{AB}=\boldsymbol{BA}$.

2. 证明：任一复方阵都可以表示成埃尔米特矩阵与反埃尔米特矩阵之和.

3. 证明：欧氏空间 V^n 的线性变换 $\mathscr{A}$ 为反对称变换，即

$$(\mathscr{A}(\boldsymbol{\alpha}),\boldsymbol{\beta})=-(\boldsymbol{\alpha},\mathscr{A}(\boldsymbol{\beta})),\qquad \boldsymbol{\alpha},\boldsymbol{\beta}\in V^n$$

的充分必要条件是 $\mathscr{A}$ 在 V^n 的标准正交基下的矩阵 $\boldsymbol{A}$ 为反对称矩阵(即 $\boldsymbol{A}^{\mathrm{T}}=-\boldsymbol{A}$).

4. 证明：

(1) 若 $\boldsymbol{A}$ 是对称矩阵，则 $\boldsymbol{A}^{-1}$ 与 $\boldsymbol{A}^n$ 也是对称矩阵.

(2) 若 $\boldsymbol{A}$ 是反对称矩阵，则 $\boldsymbol{A}^{-1}$ 也是反对称矩阵，但不存在奇数阶可逆反对称矩阵.

5. 证明：

(1) 与对称矩阵相合的矩阵仍为对称矩阵.

(2) 若方阵 $\boldsymbol{A}$ 与 $\boldsymbol{B}$ 相合，则 $\mathrm{rank}(\boldsymbol{A})=\mathrm{rank}(\boldsymbol{B})$，即在相合变换下秩是一个不变量.

6. 求证：实反对称矩阵的特征值是零或纯虚数.

7. 设 $\boldsymbol{A}$ 是 n 阶实对称矩阵，且 $\boldsymbol{A}^2=\boldsymbol{A}$(即 $\boldsymbol{A}$ 是幂等矩阵). 证明：存在正交矩阵 $\boldsymbol{Q}$，使得

$$\boldsymbol{Q}^{-1}\boldsymbol{AQ}=\mathrm{diag}(1,\cdots,1,0,\cdots,0).$$

8. 证明：酉空间 V^n 的埃尔米特变换 $\mathscr{A}$ 在 V^n 的某组基下的矩阵为对角矩阵.

9. (1) 设 $\boldsymbol{A}$ 为半正定矩阵. 求证：$|\boldsymbol{A}+\boldsymbol{I}|\geqslant 1$，且等号成立的充分必要条件是 $\boldsymbol{A}=\boldsymbol{0}$；

(2) 设 $\boldsymbol{A}$ 为半正定矩阵，$\boldsymbol{B}$ 是正定矩阵. 求证：$|\boldsymbol{A}+\boldsymbol{B}|\geqslant|\boldsymbol{B}|$，且等号成立的充分必要条件是 $\boldsymbol{A}=\boldsymbol{0}$.

10. 证明：在 n 阶对称矩阵中，正定矩阵只能与正定矩阵相似.

11. 求证：(1) 如果 $\boldsymbol{A},\boldsymbol{B}$ 都是 n 阶正定矩阵，则 $\boldsymbol{A}+\boldsymbol{B}$ 也是正定矩阵.

(2) 设 $\boldsymbol{A}$ 为对称正定矩阵，$\boldsymbol{M}$ 为非奇异矩阵，则与 $\boldsymbol{A}$ 相合的矩阵 $\boldsymbol{M}^{\mathrm{T}}\boldsymbol{AM}$ 以及 $\boldsymbol{A}^{-1}$ 均正定.

12. 求证：对任何实矩阵 $\boldsymbol{A}_{m\times n}$，所得的矩阵 $\boldsymbol{B}=\boldsymbol{A}^{\mathrm{T}}\boldsymbol{A}$ 为半正定，且当 $\boldsymbol{A}$ 的列向量组线性无关时，$\boldsymbol{B}$ 为正定矩阵.

13. 求证：(1) $\boldsymbol{A}$ 为实半正定矩阵的充分必要条件是 $\boldsymbol{A}$ 的主子式全大于等于零.

(2) 实对称矩阵 $\boldsymbol{A}$ 是负定的(即对应的二次型 $\boldsymbol{x}^{\mathrm{T}}\boldsymbol{Ax}<0$)充分必要条件是：$\boldsymbol{A}$ 的一切偶数阶主子式都大于零、一切奇数阶主子式都小于零.

14. 设 $\boldsymbol{A}$ 为实对称矩阵. 证明：对任意奇数 m，必有实对称矩阵 $\boldsymbol{B}$，使 $\boldsymbol{B}^m=\boldsymbol{A}$；当 $\boldsymbol{A}$ 为半正定矩阵时，对任意正整数 m，有实对称矩阵 $\boldsymbol{B}$，使 $\boldsymbol{B}^m=\boldsymbol{A}$.

15. 设 $\boldsymbol{A}$ 是实对称正定矩阵，m 是任一正整数. 证明：存在唯一的实对称正定矩阵 $\boldsymbol{B}$，使 $\boldsymbol{B}^m=\boldsymbol{A}$.

16. 证明：每个非奇异实矩阵 $\boldsymbol{A}$ 必可表示为一个正定矩阵与一个正交矩阵的乘积，即

$$\boldsymbol{A}=\boldsymbol{B}_1\boldsymbol{Q}_1=\boldsymbol{Q}_2\boldsymbol{B}_2,$$

其中 $\boldsymbol{B}_1,\boldsymbol{B}_2$ 是正定矩阵，$\boldsymbol{Q}_1,\boldsymbol{Q}_2$ 是正交矩阵，且每种表示是唯一的.

17. 设 $\boldsymbol{A},\boldsymbol{B}$ 是两个 n 阶实对称矩阵，且 $\boldsymbol{B}$ 为正定矩阵. 证明：存在 n 阶实非奇异矩阵 $\boldsymbol{P}$，使 $\boldsymbol{P}^{\mathrm{T}}\boldsymbol{AP}$ 与 $\boldsymbol{P}^{\mathrm{T}}\boldsymbol{BP}$ 同时为对角矩阵.

18. 设 $\boldsymbol{A}$ 与 $\boldsymbol{B}$ 是两个实正定矩阵，证明：

$$|\boldsymbol{A}|+|\boldsymbol{B}|\leqslant|\boldsymbol{A}+\boldsymbol{B}|.$$

19. 求正交矩阵 $\boldsymbol{Q}$，使 $\boldsymbol{Q}^{\mathrm{T}}\boldsymbol{AQ}$ 为对角矩阵，已知

$$(1)\ \boldsymbol{A}=\begin{bmatrix}2&-2&0\\-2&1&-2\\0&-2&0\end{bmatrix};\qquad (2)\ \boldsymbol{A}=\begin{bmatrix}1&1&0&-1\\1&1&-1&0\\0&-1&1&1\\-1&0&1&1\end{bmatrix}.$$

20. 若 $\boldsymbol{S},\boldsymbol{T}$ 分别是实对称和反对称矩阵，且 $\det(\boldsymbol{I}-\boldsymbol{T}-\mathrm{i}\boldsymbol{S})\neq0$，试证：$(\boldsymbol{I}+\boldsymbol{T}+\mathrm{i}\boldsymbol{S})(\boldsymbol{I}-\boldsymbol{T}-\mathrm{i}\boldsymbol{S})^{-1}$ 是酉矩阵.

21. 设 $\boldsymbol{A},\boldsymbol{B}$ 均是实对称矩阵，试证：$\boldsymbol{A}$ 与 $\boldsymbol{B}$ 正交相似的充要条件是 $\boldsymbol{A}$ 与 $\boldsymbol{B}$ 的特征值相同.

22. 设 $\boldsymbol{A}^{\mathrm{H}}=-\boldsymbol{A}$，试证：$\boldsymbol{U}=(\boldsymbol{A}+\boldsymbol{I})(\boldsymbol{A}-\boldsymbol{I})^{-1}$ 是酉矩阵.

23. 设实对称矩阵

$$\boldsymbol{A}=\begin{bmatrix}a&1&1\\1&a&-1\\1&-1&a\end{bmatrix}.$$

求可逆矩阵 $\boldsymbol{P}$，使得 $\boldsymbol{P}^{-1}\boldsymbol{AP}$ 为对角阵，并计算 $|\boldsymbol{A}-4\boldsymbol{I}|$ 的值.

24. (1) 证明：如果整数 a,b 均可以表示成四个整数的平方和，那么 ab 也可以表示成四个整数的平方和；

(2) 将 1457 表示成四个整数的平方和.

25. 设 $\boldsymbol{A}$ 是埃尔米特矩阵，如果对任意向量 $\boldsymbol{x}$ 均有 $\boldsymbol{x}^{\mathrm{H}}\boldsymbol{Ax}=0$，则 $\boldsymbol{A}=\boldsymbol{0}$.

26. 证明：

(1) 埃尔米特矩阵的特征值均为实数，且属于不同特征值的特征向量彼此正交；

(2) 反埃尔米特矩阵的特征值为零或纯虚数；

(3) 酉矩阵的特征值的模长为 1.

27. 设 n 阶酉矩阵 $\boldsymbol{U}$ 的特征值不等于 -1，试证：矩阵 $\boldsymbol{I}+\boldsymbol{U}$ 满秩，而且 $\boldsymbol{W}=\mathrm{i}(\boldsymbol{I}-\boldsymbol{U})(\boldsymbol{I}+\boldsymbol{U})^{-1}$ 是埃尔米特矩阵；反之，如果 $\boldsymbol{W}$ 是埃尔米特矩阵，那么 $\boldsymbol{V}=(\boldsymbol{I}+\mathrm{i}\boldsymbol{W})(\boldsymbol{I}-\mathrm{i}\boldsymbol{W})^{-1}$ 是酉矩阵.

28. 设 $\boldsymbol{A}$ 为正定埃尔米特矩阵，$\boldsymbol{B}$ 为反埃尔米特矩阵，试证：$\boldsymbol{AB}$ 与 $\boldsymbol{BA}$ 的特征值实部为零.

29. 设 $\boldsymbol{A},\boldsymbol{B}$ 均是埃尔米特矩阵，且 $\boldsymbol{A}$ 正定，试证：$\boldsymbol{AB}$ 与 $\boldsymbol{BA}$ 的特征值都是实数.

30. 设 $\boldsymbol{A}$ 是半正定埃尔米特矩阵,$\boldsymbol{A}\neq\boldsymbol{0}$,$\boldsymbol{B}$ 是正定埃尔米特矩阵,试证:$|\boldsymbol{A}+\boldsymbol{B}|>|\boldsymbol{B}|$.

31. 设 $\boldsymbol{A}$ 是正定埃尔米特矩阵,$\boldsymbol{B}$ 是反埃尔米特矩阵,试证:$\boldsymbol{A}+\boldsymbol{B}$ 为可逆矩阵.

32. 设 $\boldsymbol{A}$,$\boldsymbol{B}$ 均是埃尔米特矩阵,试证:$\boldsymbol{A}$ 与 $\boldsymbol{B}$ 酉相似的充要条件是 $\boldsymbol{A}$ 与 $\boldsymbol{B}$ 的特征值相同.

33. 设 $\boldsymbol{A}$ 是埃尔米特矩阵,且 $\boldsymbol{A}^2=\boldsymbol{I}$,则存在酉矩阵 $\boldsymbol{U}$,使得

$$\boldsymbol{U}^{\mathrm{H}}\boldsymbol{A}\boldsymbol{U}=\begin{bmatrix}\boldsymbol{I}_r & \boldsymbol{0}\\ \boldsymbol{0} & -\boldsymbol{I}_{n-r}\end{bmatrix}.$$

34. 设 $\boldsymbol{A}$ 是正定埃尔米特矩阵,且 $\boldsymbol{A}\in U^{n\times n}$(酉矩阵空间),则 $\boldsymbol{A}=\boldsymbol{I}$.

35. 试证:(1) 两个半正定埃尔米特矩阵之和是半正定的;

(2) 半正定埃尔米特矩阵与正定埃尔米特矩阵之和是正定的.

36. 设 $\boldsymbol{A}^{\mathrm{H}}=\boldsymbol{A}$,试证:总存在 $t>0$,使得 $\boldsymbol{A}+t\boldsymbol{I}$ 是正定埃尔米特矩阵,$\boldsymbol{A}-t\boldsymbol{I}$ 是负定埃尔米特矩阵.

37. 设 $\boldsymbol{A}\in\mathbb{C}^{m\times n}$,试证:

(1) $\boldsymbol{A}^{\mathrm{H}}\boldsymbol{A}$ 和 $\boldsymbol{A}\boldsymbol{A}^{\mathrm{H}}$ 都是半正定的埃尔米特矩阵;

(2) $\boldsymbol{A}^{\mathrm{H}}\boldsymbol{A}$ 和 $\boldsymbol{A}\boldsymbol{A}^{\mathrm{H}}$ 的非零特征值相同.

38. 设 $\boldsymbol{A}\in\mathbb{C}^{n\times n}$,那么 $\boldsymbol{A}$ 可以唯一的写成 $\boldsymbol{A}=\boldsymbol{S}+\mathrm{i}\boldsymbol{T}$,其中 $\boldsymbol{S}$,$\boldsymbol{T}$ 为埃尔米特矩阵,且 $\boldsymbol{A}$ 可以唯一的写成 $\boldsymbol{A}=\boldsymbol{B}+\boldsymbol{C}$,其中 $\boldsymbol{B}$ 是埃尔米特矩阵,$\boldsymbol{C}$ 是反埃尔米特矩阵.

第 2 章 λ矩阵与若尔当标准形

引言　什么是矩阵标准形

矩阵的标准形问题不仅在矩阵理论和矩阵计算中有着重要地位，而且在力学、控制理论等学科中也有着广泛的应用. 通常所涉及的矩阵标准形有两种：

(1) 对角矩阵：$\begin{bmatrix} \lambda_1 & & \\ & \ddots & \\ & & \lambda_n \end{bmatrix}$，其中主对角线上的元素均为常数，其余元素均为零；

(2) 若尔当标准形：$\begin{bmatrix} \boldsymbol{A}_1 & & \\ & \ddots & \\ & & \boldsymbol{A}_m \end{bmatrix}$，其中

$$\boldsymbol{A}_i = \begin{bmatrix} \lambda_i & 1 & \cdots & 0 \\ & \lambda_i & \ddots & \vdots \\ & & \ddots & 1 \\ & & & \lambda_i \end{bmatrix}, \quad i=1,\cdots,m$$

叫作**若尔当块**.

由 1.1.2 节中第 8 段知，一个 n 阶矩阵 $\boldsymbol{A}$ 如果具有 n 个线性无关的特征向量(称矩阵 $\boldsymbol{A}$ 有完备的特征向量系，或称 $\boldsymbol{A}$ 是非亏损矩阵)，则 $\boldsymbol{A}$ 必相似于对角矩阵，即为第 1 种标准形问题；如果 $\boldsymbol{A}$ 的线性无关的特征向量的个数小于 n(称 $\boldsymbol{A}$ 为亏损矩阵)，则一定不能和对角矩阵相似. 那么，后一情形 $\boldsymbol{A}$ 能与何种具有“标准”形状的矩阵相似呢？这个问题就是本章要讨论的矩阵在相似下的若尔当标准形问题，即第 2 种标准形. 我们将采用 λ 矩阵的理论导出矩阵的这种标准形，并利用矩阵的若尔当标准形研究线性变换的结构.

2.1　λ 矩阵

2.1.1　λ 矩阵的概念

在矩阵理论中，我们把矩阵定义为数的阵列，即它的元素是数域中的数. 此类统称数字矩阵. 现在我们把数字矩阵加以推广，引进 λ 矩阵.

定义 2.1.1　设 $a_{ij}(\lambda)(i=1,2,\cdots,m;\ j=1,2,\cdots,n)$ 为数域 P 上的多项式，以 $a_{ij}(\lambda)$ 为元素的 $m\times n$ 矩阵

$$A(\lambda)=\begin{bmatrix} a_{11}(\lambda) & a_{12}(\lambda) & \cdots & a_{1n}(\lambda) \\ a_{21}(\lambda) & a_{22}(\lambda) & \cdots & a_{2n}(\lambda) \\ \vdots & \vdots & & \vdots \\ a_{m1}(\lambda) & a_{m2}(\lambda) & \cdots & a_{mn}(\lambda) \end{bmatrix},$$

称为**λ 矩阵**或**多项式矩阵**.这样矩阵的全体记为 $P[\lambda]^{m\times n}$.

注意,这里的 λ 是一个未定元,而不是一个具体的数.当 λ 取值为一个具体的数时(如 $\lambda=0$),它就不是一个 λ 矩阵而是一个数字矩阵了.

显然数字矩阵和特征矩阵 $\lambda\boldsymbol{I}-\boldsymbol{A}$ 均为 λ 矩阵的特例.

如同数字矩阵一样,对 λ 矩阵也可以进行加法和乘法运算.

由于 λ 矩阵的元素都是 λ 的多项式,故 λ 矩阵的秩的定义以及初等变换都与数字矩阵的情况有些不同,现叙述如下:

定义 2.1.2 若 λ 矩阵 $\boldsymbol{A}(\lambda)$ 至少有一个 $r(r\geqslant 1)$ 阶子式不是零多项式,而一切 $r+1$ 阶子式(如果有的话)都是零多项式,则称 $\boldsymbol{A}(\lambda)$ 的**秩**为 r,记为 $\operatorname{rank}\boldsymbol{A}(\lambda)$.

零矩阵的秩定义为零.若 n 阶 λ 矩阵的秩为 n,则称 $\boldsymbol{A}(\lambda)$ 为满秩的或非奇异的.

例 2.1.1 n 阶数字矩阵 $\boldsymbol{A}$ 的特征矩阵为 $\lambda\boldsymbol{I}-\boldsymbol{A}$,显然 $|\lambda\boldsymbol{I}-\boldsymbol{A}|=\lambda^n+c_1\lambda^{n-1}+\cdots+c_{n-1}\lambda+c_n$(其中 $c_n\in P,i=1,2,\cdots,n$)是 λ 的多项式(不是零多项式),因此 λ 矩阵 $\lambda\boldsymbol{I}-\boldsymbol{A}$ 的秩为 n,且 $\lambda\boldsymbol{I}-\boldsymbol{A}$ 是满秩的(注意,当 λ_0 为 $\boldsymbol{A}$ 的特征值时,$\lambda_0\boldsymbol{I}-\boldsymbol{A}$ 为一个数字矩阵,此时其秩未必等于 n,即数字矩阵 $\lambda_0\boldsymbol{I}-\boldsymbol{A}$ 的秩小于 n).

定义 2.1.3 设 $\boldsymbol{A}(\lambda)$ 为一个 n 阶 λ 矩阵,若存在 n 阶 λ 矩阵 $\boldsymbol{B}(\lambda)$ 使

$$\boldsymbol{A}(\lambda)\boldsymbol{B}(\lambda)=\boldsymbol{B}(\lambda)\boldsymbol{A}(\lambda)=\boldsymbol{I}, \tag{2.1.1}$$

则称 $\boldsymbol{A}(\lambda)$ 为可逆的,$\boldsymbol{B}(\lambda)$ 称为 $\boldsymbol{A}(\lambda)$ 的逆矩阵,记为 $\boldsymbol{A}(\lambda)^{-1}$.

对数字矩阵,满秩与可逆是两个等价的概念,但对于 λ 矩阵,这一结论不成立.当然,可逆的 λ 矩阵一定是满秩的,但满秩的 λ 矩阵不一定可逆.如例 2.1.1 中的特征矩阵 $\lambda\boldsymbol{I}-\boldsymbol{A}$ 是满秩的,但不可逆.事实上,我们有如下定理.

定理 2.1.1 n 阶 λ 矩阵 $\boldsymbol{A}(\lambda)$ 可逆的充分必要条件是 $\boldsymbol{A}(\lambda)$ 的行列式为一个非零常数.

证明 若 λ 矩阵 $\boldsymbol{A}(\lambda)$ 可逆,由定义,存在 λ 矩阵 $\boldsymbol{B}(\lambda)$ 使式(2.1.1)成立,两边取行列式有

$$|\boldsymbol{A}(\lambda)||\boldsymbol{B}(\lambda)|=1.$$

由于 $|\boldsymbol{A}(\lambda)|$,$|\boldsymbol{B}(\lambda)|$ 均为 λ 的多项式,所以 $|\boldsymbol{A}(\lambda)|$,$|\boldsymbol{B}(\lambda)|$ 均为非零常数.

反之,设 $|\boldsymbol{A}(\lambda)|=c\neq 0$,则

$$\left(\frac{1}{c}\operatorname{adj}\boldsymbol{A}(\lambda)\right)\cdot\boldsymbol{A}(\lambda)=\boldsymbol{A}(\lambda)\cdot\left(\frac{1}{c}\operatorname{adj}\boldsymbol{A}(\lambda)\right)=\boldsymbol{I},$$

因而 $\boldsymbol{A}(\lambda)$ 是可逆的.这里 $\operatorname{adj}\boldsymbol{A}(\lambda)$ 是 $\boldsymbol{A}(\lambda)$ 的伴随矩阵. 证毕

定义 2.1.4 下列各种类型的变换,叫作 λ 矩阵的**初等变换**:

(1) 对调两行(列);

(2) 用一个不为零的数 k 乘任一行(列)的所有元素;

(3) 用 λ 的多项式 $\varphi(\lambda)$ 乘某行(列)的所有元素,并加到另一行(列)的对应元素上去.

上述 3 种初等变换有相应的 3 种**初等矩阵**.其实,只要对单位矩阵 $\boldsymbol{I}$ 施行上述 3 种初等

变换便得这 3 种初等矩阵：

$$
\boldsymbol{I}(i,j)=\begin{bmatrix}
1 & & & & & & & & \\
& \ddots & & & & & & & \\
& & 0 & 0 & \cdots & 0 & 1 & & \\
& & 0 & 1 & \cdots & 0 & 0 & & \\
& & \vdots & \vdots & \ddots & \vdots & \vdots & & \\
& & 0 & 0 & \cdots & 1 & 0 & & \\
& & 1 & 0 & \cdots & 0 & 0 & & \\
& & & & & & & \ddots & \\
& & & & & & & & 1
\end{bmatrix}
\begin{matrix} \\ \\ \leftarrow i\text{ 行} \\ \\ \\ \\ \leftarrow j\text{ 行} \\ \\ \\ \end{matrix},
$$

$$
\boldsymbol{I}(i(k))=\begin{bmatrix}
1 & & & & \\
& \ddots & & & \\
& & k & & \\
& & & \ddots & \\
& & & & 1
\end{bmatrix}
\begin{matrix} \\ \\ \leftarrow i\text{ 行}, \\ \\ \\ \end{matrix}
$$

$$
\boldsymbol{I}(j(\varphi),i)=\begin{bmatrix}
1 & & & & & & \\
& \ddots & & & & & \\
& & 1 & \cdots & \varphi(\lambda) & & \\
& & & \ddots & \vdots & & \\
& & & & 1 & & \\
& & & & & \ddots & \\
& & & & & & 1
\end{bmatrix}
\begin{matrix} \\ \\ \leftarrow i\text{ 行} \\ \\ \leftarrow j\text{ 行} \\ \\ \\ \end{matrix}.
$$

对一个 m 阶 λ 矩阵 $\boldsymbol{A}(\lambda)$ 的行(列)作初等变换，相当于用相应的 m 阶初等矩阵左(右)乘 $\boldsymbol{A}(\lambda)$.

容易验证，上述初等矩阵都是可逆的(也是满秩的)，并且

$$
\boldsymbol{I}(i,j)^{-1}=\boldsymbol{I}(i,j),\quad \boldsymbol{I}(i(k))^{-1}=\boldsymbol{I}(i(1/k)),
$$
$$
\boldsymbol{I}(j(\varphi),i)^{-1}=\boldsymbol{I}(j(-\varphi),i),
$$

所以在用满秩的初等矩阵左乘或右乘一个 λ 矩阵 $\boldsymbol{A}(\lambda)$ 时，并不改变 $\boldsymbol{A}(\lambda)$ 的秩.

定义 2.1.5 如果 $\boldsymbol{A}(\lambda)$ 经过有限次初等变换后变成 $\boldsymbol{B}(\lambda)$，则称 $\boldsymbol{A}(\lambda)$ 与 $\boldsymbol{B}(\lambda)$ 相抵，记之为 $\boldsymbol{A}(\lambda)\simeq\boldsymbol{B}(\lambda)$.

λ 矩阵的相抵关系满足

(1) 自反性：每一个 λ 矩阵与自己相抵.

(2) 对称性：若 $\boldsymbol{A}(\lambda)\simeq\boldsymbol{B}(\lambda)$，则 $\boldsymbol{B}(\lambda)\simeq\boldsymbol{A}(\lambda)$.

(3) 传递性：若 $\boldsymbol{A}(\lambda)\simeq\boldsymbol{B}(\lambda)$，$\boldsymbol{B}(\lambda)\simeq\boldsymbol{C}(\lambda)$，则 $\boldsymbol{A}(\lambda)\simeq\boldsymbol{C}(\lambda)$.

由初等变换的可逆性可知，相抵是 λ 矩阵之间的一种等价关系.

定理 2.1.2 $\boldsymbol{A}(\lambda)\simeq\boldsymbol{B}(\lambda)$ 的充要条件是存在两个可逆矩阵 $\boldsymbol{P}(\lambda)$ 与 $\boldsymbol{Q}(\lambda)$，使得

$$
\boldsymbol{B}(\lambda)=\boldsymbol{P}(\lambda)\boldsymbol{A}(\lambda)\boldsymbol{Q}(\lambda). \tag{2.1.2}
$$

证明 由定义 2.1.5 知，$\boldsymbol{A}(\lambda)\simeq\boldsymbol{B}(\lambda)$ 就是意味着存在一系列的初等矩阵 $\boldsymbol{P}_1,\boldsymbol{P}_2,\cdots,\boldsymbol{P}_r$ 与 $\boldsymbol{Q}_1,\boldsymbol{Q}_2,\cdots,\boldsymbol{Q}_t$，使得

$$B(\lambda)=P_rP_{r-1}\cdots P_2P_1A(\lambda)Q_1Q_2\cdots Q_t.$$

令 $P(\lambda)=P_rP_{r-1}\cdots P_2P_1$,$Q(\lambda)=Q_1Q_2\cdots Q_t$,由于初等矩阵可逆,所以 $P(\lambda)$,$Q(\lambda)$均可逆,于是有

$$B(\lambda)=P(\lambda)A(\lambda)Q(\lambda).$$

证毕

由此定理可知,若两个 λ 矩阵相抵,则它们的秩必相等.但此命题的逆命题却不成立,这与数字矩阵不同,具有相同秩的两个 λ 矩阵未必相抵.例如

$$A(\lambda)=\begin{bmatrix}\lambda & 2\\ 0 & \lambda\end{bmatrix},\qquad B(\lambda)=\begin{bmatrix}\lambda & -2\\ \lambda & 2\end{bmatrix}.$$

因为$|A(\lambda)|=\lambda^2$,$|B(\lambda)|=4\lambda$,所以当 $\lambda\neq0$ 时,$A(\lambda)$与 $B(\lambda)$的秩均为 2.又由于初等变换是可逆的,则由定理 2.1.2 的证明过程知,两个相抵的 λ 方阵的行列式只能相差一个非零常数,故 $A(\lambda)$与 $B(\lambda)$不相抵.因此,秩相等只是 λ 矩阵相抵的必要条件,而并不是 λ 矩阵相抵的充分条件.

那么两个 λ 矩阵相抵的充分必要条件是什么呢?这个问题将在 2.1.3 节中回答.

下面研究如何将 λ 矩阵化为标准形.

2.1.2 λ 矩阵在相抵下的标准形

这一段主要证明任何一个 n 阶 λ 矩阵经有限次初等变换,总可以化为对角形,即标准形.

引理 设 λ 矩阵的左上角元素 $a_{11}(\lambda)\neq0$,$A(\lambda)$中至少有一个元素不能被它整除,那么一定可找到与 $A(\lambda)$相抵的矩阵 $B(\lambda)$,它的左上角元素也不为零,但次数比 $a_{11}(\lambda)$的次数低.

证明 分三种情况讨论.

(1) 若在 $A(\lambda)$的第 1 列中有元素 $a_{i1}(\lambda)$不能被 $a_{11}(\lambda)$整除,即

$$a_{i1}(\lambda)=a_{11}(\lambda)q(\lambda)+r(\lambda),$$

其中 $r(\lambda)\neq0$,且次数比 a_{11} 低.

此时,对 $A(\lambda)$作两次初等行变换:首先,第 1 行乘以$-q(\lambda)$加到第 i 行,则第 i 行第 1 列的元素成为 $r(\lambda)$;其次再对调第一行和第 i 行,得到新的 λ 矩阵 $B(\lambda)$,则 $B(\lambda)$左上角元素为 $r(\lambda)$,故为引理所求矩阵.

(2) 在 $A(\lambda)$的第 1 行中有一元素 $a_{1i}(\lambda)$不能被 $a_{11}(\lambda)$整除,这种情况与情况(1)类似.

(3) $A(\lambda)$中第 1 行与第 1 列的元素都可被 $a_{11}(\lambda)$整除,但 $A(\lambda)$中的 $a_{ij}(\lambda)(i>1,j>1)$不能被 $a_{11}(\lambda)$整除.

此时,我们设 $a_{i1}(\lambda)=a_{11}(\lambda)\varphi(\lambda)$,对 $A(\lambda)$作两次初等行变换:首先,第 1 行乘以$-\varphi(\lambda)$加到第 i 行,则第 i 行第 1 列的元素变为 0,第 i 行第 j 列的元素变为 $a_{ij}(\lambda)-a_{1j}(\lambda)\varphi(\lambda)$;其次把第 i 行的元素加到第 1 行,则第 1 行第 1 列的元素仍为 $a_{11}(\lambda)$,而第 1 行第 j 列的元素变为 $a_{ij}(\lambda)+[1-\varphi(\lambda)]a_{1j}(\lambda)$,它不能被 $a_{11}(\lambda)$所整除,这就化为已经证明了的情况(2).

证毕

定理 2.1.3 设 $A(\lambda)\in P[\lambda]^{m\times n}$ 且 $\operatorname{rank}(A(\lambda))=r$,则 $A(\lambda)$相抵于如下对角形,称为 $A(\lambda)$的**史密斯**(Smith)**标准形**.

$$
\boldsymbol{A}(\lambda)\simeq\begin{bmatrix}
d_1(\lambda) & & & & & & \\
& d_2(\lambda) & & & & & \\
& & \ddots & & & & \\
& & & d_r(\lambda) & & & \\
& & & & 0 & & \\
& & & & & \ddots & \\
& & & & & & 0
\end{bmatrix},\tag{2.1.3}
$$

其中 $r\leqslant\min(m,n)$，$d_i(\lambda)(i=1,2,\cdots,r)$是首项系数为 1 的多项式，且 $d_{i-1}(\lambda)$能整除 $d_i(\lambda)$(记为 $d_{i-1}(\lambda)\mid d_i(\lambda)$).

证明 设 $a_{11}(\lambda)\neq 0$，否则，总可以经过行列调整，使得 $\boldsymbol{A}(\lambda)$的左上角元素不为零. 若 $a_{11}(\lambda)$不能整除 $\boldsymbol{A}(\lambda)$的所有元素，由本节引理知，可找到与 $\boldsymbol{A}(\lambda)$相抵的矩阵 $\boldsymbol{B}_1(\lambda)$，它的左上角元素 $b_1(\lambda)\neq 0$，且次数比 $a_{11}(\lambda)$低. 如果 $b_1(\lambda)$还不能整除 $\boldsymbol{B}_1(\lambda)$的所有元素，由本节引理知，又可以找到与 $\boldsymbol{B}_1(\lambda)$相抵的 $\boldsymbol{B}_2(\lambda)$，它的左上角 $b_2(\lambda)\neq 0$，且次数比 $b_1(\lambda)$低. 如果 $b_2(\lambda)$还不能整除 $\boldsymbol{B}_2(\lambda)$的所有元素，继续上述步骤，得到一系列彼此等价的 λ 矩阵 $\boldsymbol{A}(\lambda)$，$\boldsymbol{B}_1(\lambda)$，…. 它们的左上角元素皆不为零，而且次数越来越低. 但是多项式的次数是非负整数，因此经过有限步之后，就会得到一个 λ 矩阵 $\boldsymbol{B}_s(\lambda)$，它的左上角元素 $b_s(\lambda)\neq 0$，而且可以整除 $\boldsymbol{B}_s(\lambda)$的全部元素 $b_{ij}(\lambda)$，即 $b_{ij}(\lambda)=b_s(\lambda)q_{ij}(\lambda)$.

显然可对 $\boldsymbol{B}_s(\lambda)$分别做一系列的初等行变换与初等列变换，使得 $\boldsymbol{B}_s(\lambda)$的第 1 行第 1 列除左上角元素 $b_s(\lambda)$外全为零. 即

$$
\boldsymbol{B}_s(\lambda)\simeq\begin{bmatrix}
b_s(\lambda) & 0 & \cdots & 0 \\
0 & & & \\
\vdots & & \boldsymbol{A}_1(\lambda) & \\
0 & & &
\end{bmatrix}.
$$

由于 $\boldsymbol{A}_1(\lambda)$的元素是 $\boldsymbol{B}_s(\lambda)$的元素的组合，而 $\boldsymbol{B}_s(\lambda)$的元素 $b_s(\lambda)$可以整除 $\boldsymbol{B}_s(\lambda)$的所有元素，所以 $b_s(\lambda)$也可以整除 $\boldsymbol{A}_1(\lambda)$的所有元素. 如果 $\boldsymbol{A}_1(\lambda)\neq\boldsymbol{0}$，则对于 $\boldsymbol{A}_1(\lambda)$可以重复上述过程，进而把矩阵化成

$$
\begin{bmatrix}
d_1(\lambda) & 0 & \cdots & \cdots & 0 \\
0 & d_2(\lambda) & 0 & \cdots & 0 \\
\vdots & 0 & & & \\
0 & \vdots & & \boldsymbol{A}_2(\lambda) & \\
0 & 0 & & &
\end{bmatrix},
$$

其中 $d_1(\lambda)$与 $d_2(\lambda)$都是首项系数为 1 的多项式，而且 $d_1(\lambda)$能整除 $d_2(\lambda)$，$d_2(\lambda)$能整除 $\boldsymbol{A}_2(\lambda)$的所有元素. 如此进行，$\boldsymbol{A}(\lambda)$最终化成了所要求的形式(2.1.3). 证毕

例 2.1.2 试用初等变换化 λ 矩阵

$$
\boldsymbol{A}(\lambda)=\begin{bmatrix}
-\lambda+1 & 2\lambda-1 & \lambda \\
\lambda & \lambda^2 & -\lambda \\
\lambda^2+1 & \lambda^2+\lambda-1 & -\lambda^2
\end{bmatrix}
$$

为史密斯标准形.

解 记 r_i 表示第 i 行,c_i 表示第 i 列,计算过程如下:

$$\boldsymbol{A}(\lambda)\overset{c_3+c_1}{\simeq}\begin{bmatrix}-\lambda+1 & 2\lambda-1 & 1\\ \lambda & \lambda^2 & 0\\ \lambda^2+1 & \lambda^2+\lambda-1 & 1\end{bmatrix}\overset{c_1\leftrightarrow c_3}{\simeq}\begin{bmatrix}1 & 2\lambda-1 & -\lambda+1\\ 0 & \lambda^2 & \lambda\\ 1 & \lambda^2+\lambda-1 & \lambda^2+1\end{bmatrix}$$

$$\overset{r_3-r_1}{\simeq}\begin{bmatrix}1 & 2\lambda-1 & -\lambda+1\\ 0 & \lambda^2 & \lambda\\ 0 & \lambda^2-\lambda & \lambda^2+\lambda\end{bmatrix}\underset{c_3+(\lambda-1)c_1}{\overset{c_2-(2\lambda-1)c_1}{\simeq}}\begin{bmatrix}1 & 0 & 0\\ 0 & \lambda^2 & \lambda\\ 0 & \lambda^2-\lambda & \lambda^2+\lambda\end{bmatrix}$$

$$\overset{c_2\leftrightarrow c_3}{\simeq}\begin{bmatrix}1 & 0 & 0\\ 0 & \lambda & \lambda^2\\ 0 & \lambda^2+\lambda & \lambda^2-\lambda\end{bmatrix}\overset{c_3-\lambda c_2}{\simeq}\begin{bmatrix}1 & 0 & 0\\ 0 & \lambda & 0\\ 0 & \lambda^2+\lambda & -\lambda^3-\lambda\end{bmatrix}$$

$$\underset{r_3-(\lambda+1)r_2}{\overset{(-1)c_3}{\simeq}}\begin{bmatrix}1 & 0 & 0\\ 0 & \lambda & 0\\ 0 & 0 & \lambda^3+\lambda\end{bmatrix}.$$

此时,$d_1(\lambda)=1,d_2(\lambda)=\lambda,d_3(\lambda)=\lambda^3+\lambda$.

2.1.3 不变因子与初等因子

在2.1.1节中已经指出,秩相等是两个 λ 矩阵相抵的必要条件,此外还需具备什么性质才能使两个 λ 矩阵相抵呢?又如何将矩阵化成若尔当标准形?对这些问题的讨论,不变因子和初等因子起着重要作用.

定义 2.1.6 λ 矩阵 $\boldsymbol{A}(\lambda)$ 最后化成的史密斯标准形(2.1.3),其对角线的元素 $d_1(\lambda)$,$d_2(\lambda),\cdots,d_r(\lambda)$ 称为 $\boldsymbol{A}(\lambda)$ 的**不变因子**.

定义 2.1.7 设 $\boldsymbol{A}(\lambda)$ 的秩为 r,对于正整数 $k(1\leqslant k\leqslant r)$,$\boldsymbol{A}(\lambda)$ 中必有非零的 k 阶子式,把 $\boldsymbol{A}(\lambda)$ 中全部 k 阶子式的最大公因式称为 $\boldsymbol{A}(\lambda)$ 的 k **阶行列式因子**,记为 $D_k(\lambda)$.

例 2.1.3 求

$$\boldsymbol{A}(\lambda)=\begin{bmatrix}-\lambda+1 & \lambda^2 & \lambda\\ \lambda & \lambda & -\lambda\\ \lambda^2+1 & \lambda^2 & -\lambda^2\end{bmatrix}$$

的各阶行列式因子.

解 由于两个一阶子式 $-\lambda+1$ 与 λ 的最大公因式为1,所以 $D_1(\lambda)=1$. 又考察两个二阶子式:

$$\begin{vmatrix}-\lambda+1 & \lambda^2\\ \lambda & \lambda\end{vmatrix}=\lambda(-\lambda^2-\lambda+1)=\varphi_1(\lambda),$$

$$\begin{vmatrix}-\lambda+1 & \lambda^2\\ \lambda^2+1 & \lambda^2\end{vmatrix}=\lambda^3(-\lambda-1)=\varphi_2(\lambda),$$

故 $\varphi_1(\lambda)$ 与 $\varphi_2(\lambda)$ 的最大公因式为 λ,其余的二阶子式(还有7个)都包含因子 λ,所以 $D_2(\lambda)=\lambda$.

最后，由于 $\det(\boldsymbol{A}(\lambda))=-\lambda^3-\lambda^2$，所以 $D_3(\lambda)=\lambda^3+\lambda^2$.

行列式因子的重要性在于它在初等变换下是不变的.

定理 2.1.4 相抵的 λ 矩阵具有相同的秩和相同的各阶行列式因子.

证明 只要证明 λ 矩阵经过一次初等变换后，其秩与行列式因子不变.

设 λ 矩阵 $\boldsymbol{A}(\lambda)$ 经过一次初等行变换变成 $\boldsymbol{B}(\lambda)$，$f(\lambda)$ 与 $g(\lambda)$ 分别是 $\boldsymbol{A}(\lambda)$ 与 $\boldsymbol{B}(\lambda)$ 的 k 阶行列式因子. 针对 3 种初等变换来证明 $f(\lambda)=g(\lambda)$.

(1) 交换 $\boldsymbol{A}(\lambda)$ 的某两行得到 $\boldsymbol{B}(\lambda)$. 这时 $\boldsymbol{B}(\lambda)$ 的每个 k 阶子式或者等于 $\boldsymbol{A}(\lambda)$ 的某个 k 阶子式，或者是 $\boldsymbol{A}(\lambda)$ 的某个 k 阶子式的 -1 倍，因此 $f(\lambda)$ 是 $\boldsymbol{B}(\lambda)$ 的 k 阶子式的公因式，从而 $f(\lambda)\mid g(\lambda)$.

(2) 用非零数 a 乘 $\boldsymbol{A}(\lambda)$ 的某一行得到 $\boldsymbol{B}(\lambda)$. 这时 $\boldsymbol{B}(\lambda)$ 的每个 k 阶子式或者等于 $\boldsymbol{A}(\lambda)$ 的某个 k 阶子式，或者等于 $\boldsymbol{A}(\lambda)$ 的某个 k 阶子式的 a 倍. 因此 $f(\lambda)$ 是 $\boldsymbol{B}(\lambda)$ 的 k 阶子式的公因式，从而 $f(\lambda)\mid g(\lambda)$.

(3) 将 $\boldsymbol{A}(\lambda)$ 第 j 行的 $\varphi(\lambda)$ 倍加到第 i 行得到 $\boldsymbol{B}(\lambda)$. 这时，$\boldsymbol{B}(\lambda)$ 中那些包含第 i 行与第 j 行的 k 阶子式和那些不包含第 i 行的 k 阶子式都等于 $\boldsymbol{A}(\lambda)$ 中对应的 k 阶子式；$\boldsymbol{B}(\lambda)$ 中那些包含第 i 行但不包含第 j 行的 k 阶子式等于 $\boldsymbol{A}(\lambda)$ 中对应的一个 k 阶子式与另一个 k 阶子式的 $\pm\varphi(\lambda)$ 倍之和，也就是 $\boldsymbol{A}(\lambda)$ 的两个 k 阶子式的组合. 因此 $f(\lambda)$ 是 $\boldsymbol{B}(\lambda)$ 的 k 阶子式的公因式，从而 $f(\lambda)\mid g(\lambda)$.

由初等变换的可逆性，$\boldsymbol{B}(\lambda)$ 也可以经过一次初等行变换变成 $\boldsymbol{A}(\lambda)$. 由上面的讨论，同样有 $g(\lambda)\mid f(\lambda)$，所以 $f(\lambda)=g(\lambda)$.

对于初等列变换，可以类似地讨论. 总之，如果 $\boldsymbol{A}(\lambda)$ 经过一次初等变换变成 $\boldsymbol{B}(\lambda)$，则 $f(\lambda)=g(\lambda)$.

当 $\boldsymbol{A}(\lambda)$ 的全部 k 阶子式为零时，$f(\lambda)=0$，则 $g(\lambda)=0$，$\boldsymbol{B}(\lambda)$ 的全部 k 阶子式也为零；反之亦然. 因此 $\boldsymbol{A}(\lambda)$ 与 $\boldsymbol{B}(\lambda)$ 既有相同的行列式因子，又有相同的秩. 证毕

由定理 2.1.4 知，任意 λ 矩阵的秩和行列式因子与其史密斯标准形的秩和行列式因子是相同的.

设 λ 矩阵 $\boldsymbol{A}(\lambda)$ 的史密斯标准形为

$$\begin{bmatrix} d_1(\lambda) & & & & & & \\ & d_2(\lambda) & & & & & \\ & & \ddots & & & & \\ & & & d_r(\lambda) & & & \\ & & & & 0 & & \\ & & & & & \ddots & \\ & & & & & & 0 \end{bmatrix},$$

其中 $d_i(\lambda)(i=1,\cdots,r)$ 是首项系数为 1 的多项式，并且 $d_i(\lambda)\mid d_{i+1}(\lambda)(i=1,\cdots,r-1)$.

容易求得 $\boldsymbol{A}(\lambda)$ 的各阶行列式因子如下：

$$\begin{cases} D_1(\lambda)=d_1(\lambda), \\ D_2(\lambda)=d_1(\lambda)d_2(\lambda), \\ \qquad\vdots \\ D_r(\lambda)=d_1(\lambda)d_2(\lambda)\cdots d_r(\lambda). \end{cases} \tag{2.1.4}$$

于是有

$$\begin{cases}D_1(\lambda) \mid D_2(\lambda), D_2(\lambda) \mid D_3(\lambda), \cdots, D_{r-1}(\lambda) \mid D_r(\lambda). \\ d_1(\lambda)=D_1(\lambda), d_2(\lambda)=D_2(\lambda)/D_1(\lambda), \cdots, d_r(\lambda)=D_r(\lambda)/D_{r-1}(\lambda).\end{cases} \tag{2.1.5}$$

从而得到如下结论.

定理 2.1.5 λ 矩阵$\boldsymbol{A}(\lambda)$的史密斯标准形是唯一的.

证明 因为$\boldsymbol{A}(\lambda)$的各阶行列式因子是唯一的,则由式(1.5)知$\boldsymbol{A}(\lambda)$的不变因子也是唯一的.因此$\boldsymbol{A}(\lambda)$的史密斯标准形是唯一的. 证毕

应用λ 矩阵的史密斯标准形,可以证明如下定理.

定理 2.1.6 设$\boldsymbol{A}(\lambda),\boldsymbol{B}(\lambda)\in P[\lambda]^{m\times n}$,则$\boldsymbol{A}(\lambda)$与$\boldsymbol{B}(\lambda)$相抵的充分必要条件是它们有相同的行列式因子,或者它们有相同的不变因子.

证明 因为λ 矩阵的行列式因子与不变因子是互相完全确定的,所以两个λ 矩阵有相同的行列式因子,则它们有相同的不变因子;反之亦然.

必要性由定理 2.1.4 即得.

充分性 若λ 矩阵$\boldsymbol{A}(\lambda)$与$\boldsymbol{B}(\lambda)$有相同的不变因子,则$\boldsymbol{A}(\lambda)$与$\boldsymbol{B}(\lambda)$和同一史密斯标准形相抵,因而$\boldsymbol{A}(\lambda)$与$\boldsymbol{B}(\lambda)$相抵. 证毕

上述定理表明,λ 矩阵的不变因子是否相同是两个λ 矩阵是否相抵的本质特征.其实,不变因子还可以进一步分解,引出所谓初等因子的概念.

由于每个不变因子$d_i(\lambda)$都是首项系数为 1 的λ 的多项式,所以当$\boldsymbol{A}(\lambda)$的秩为r时,r个不恒等于零的$d_i(\lambda)$在复数域内总可以分解为一次因式的幂积,即

$$\begin{cases}d_1(\lambda)=(\lambda-\lambda_1)^{e_{11}}(\lambda-\lambda_2)^{e_{12}}\cdots(\lambda-\lambda_s)^{e_{1s}}, \\ d_2(\lambda)=(\lambda-\lambda_1)^{e_{21}}(\lambda-\lambda_2)^{e_{22}}\cdots(\lambda-\lambda_s)^{e_{2s}}, \\ \qquad\vdots \\ d_r(\lambda)=(\lambda-\lambda_1)^{e_{r1}}(\lambda-\lambda_2)^{e_{r2}}\cdots(\lambda-\lambda_s)^{e_{rs}},\end{cases} \tag{2.1.6}$$

其中$\lambda_1,\lambda_2,\cdots,\lambda_s$是$d_r(\lambda)$的一切相异的零点,且有些可能为复数.另外,由于$d_i(\lambda)$可以被$d_{i-1}(\lambda)$整除,所以有关系式

$$0\leqslant e_{1j}\leqslant e_{2j}\leqslant\cdots\leqslant e_{rj}, \qquad j=1,2,\cdots,s,$$

也就是说,$e_{ij}(1\leqslant i<r,1\leqslant j\leqslant s)$可能为零,但$e_{r1},e_{r2},\cdots,e_{rs}$无一为零.

定义 2.1.8 当$e_{ij}\neq 0$时,因子$(\lambda-\lambda_j)^{e_{ij}}(i=1,2,\cdots,r;\ j=1,2,\cdots,s)$的全体叫作$\boldsymbol{A}(\lambda)$的**初等因子**.

例如,若有某λ 矩阵$\boldsymbol{A}(\lambda)$通过一系列初等变换得到它的不变因子为

$$1,1,(\lambda-2)^5(\lambda-3)^3,(\lambda-5)^5(\lambda-3)^4(\lambda+2),$$

则它的初等因子是

$$(\lambda-2)^5,(\lambda-3)^3,(\lambda-5)^5,(\lambda-3)^4,(\lambda+2).$$

例 2.1.4 求矩阵$\boldsymbol{A}=\begin{bmatrix}-1&1&0\\-4&3&0\\1&0&2\end{bmatrix}$的特征矩阵$\lambda\boldsymbol{I}-\boldsymbol{A}$的不变因子和初等因子.

解　方法一　用初等变换的方法将 $\lambda\boldsymbol{I}-\boldsymbol{A}$ 变为史密斯标准形：

$$\lambda\boldsymbol{I}-\boldsymbol{A}=\begin{bmatrix}\lambda+1 & -1 & 0\\ 4 & \lambda-3 & 0\\ -1 & 0 & \lambda-2\end{bmatrix}$$

$$\simeq\begin{bmatrix}-1 & 0 & 0\\ \lambda-3 & (\lambda+1)(\lambda-3)+4 & 0\\ 0 & -1 & \lambda-2\end{bmatrix}$$

$$\simeq\begin{bmatrix}1 & 0 & 0\\ 0 & (\lambda-1)^2 & 0\\ 0 & -1 & \lambda-2\end{bmatrix}$$

$$\simeq\begin{bmatrix}1 & 0 & 0\\ 0 & (\lambda-2)^2 & (\lambda-2)(\lambda-1)^2\\ 0 & -1 & 0\end{bmatrix}$$

$$\simeq\begin{bmatrix}1 & 0 & 0\\ 0 & 1 & 0\\ 0 & 0 & (\lambda-2)(\lambda-1)^2\end{bmatrix},$$

所以 $d_1(\lambda)=d_2(\lambda)=1, d_3(\lambda)=(\lambda-2)(\lambda-1)^2$.

初等因子为 $\lambda-2,(\lambda-1)^2$.

方法二　用观察法先找出 $\lambda\boldsymbol{I}-\boldsymbol{A}$ 的各阶行列式因子 $D_i(\lambda)(i=1,2,3)$，然后再用公式(2.1.5)求不变因子：

不难看出

$$D_3(\lambda)=\begin{vmatrix}\lambda+1 & -1 & 0\\ 4 & \lambda-3 & 0\\ -1 & 0 & \lambda-2\end{vmatrix}=(\lambda-2)(\lambda-1)^2,$$

而 $D_1(\lambda)=D_2(\lambda)=1$，所以不变因子为

$$d_1(\lambda)=D_1(\lambda)=1,$$

$$d_2(\lambda)=\frac{D_2(\lambda)}{D_1(\lambda)}=1,$$

$$d_3(\lambda)=\frac{D_3(\lambda)}{D_2(\lambda)}=(\lambda-2)(\lambda-1)^2.$$

故初等因子为 $(\lambda-2),(\lambda-1)^2$.

例 2.1.5　求 n 阶若尔当块

$$\boldsymbol{J}_i=\begin{bmatrix}\lambda_i & 1 & & & \\ & \lambda_i & 1 & & \\ & & \ddots & \ddots & \\ & & & \lambda_i & 1\\ & & & & \lambda_i\end{bmatrix}_{n\times n}$$

的特征矩阵 $\lambda\boldsymbol{I}-\boldsymbol{J}_i$ 的不变因子和初等因子.

解 特征矩阵为

$$\lambda\boldsymbol{I}-\boldsymbol{J}_i=\begin{bmatrix}\lambda-\lambda_i & -1 & & & \\ & \lambda-\lambda_i & -1 & & \\ & & \ddots & \ddots & \\ & & & \lambda-\lambda_i & -1 \\ & & & & \lambda-\lambda_i\end{bmatrix}.$$

用观察法,不难看出各阶行列式因子为

$$D_1(\lambda)=D_2(\lambda)=\cdots=D_{n-1}(\lambda)=1,$$

而

$$|\lambda\boldsymbol{I}-\boldsymbol{J}_i|=\begin{bmatrix}\lambda-\lambda_i & -1 & & \\ & \lambda-\lambda_i & \ddots & \\ & & \ddots & -1 \\ & & & \lambda-\lambda_i\end{bmatrix}=(\lambda-\lambda_i)^n,$$

所以

$$D_n(\lambda)=(\lambda-\lambda_i)^n.$$

于是,$\lambda\boldsymbol{I}-\boldsymbol{J}_i$ 的不变因子为

$$d_1(\lambda)=d_2(\lambda)=\cdots=d_{n-1}(\lambda)=1,$$
$$d_n(\lambda)=(\lambda-\lambda_i)^n,$$

因而初等因子只有一个:$(\lambda-\lambda_i)^n$.

由定义 2.1.8 知,若给定 λ 矩阵 $\boldsymbol{A}(\lambda)$ 的不变因子,则可唯一确定其初等因子;反过来,如果知道一个 λ 矩阵的秩和初等因子,则也可唯一确定它的不变因子. 事实上,λ 矩阵 $\boldsymbol{A}(\lambda)$ 的秩 r 确定了不变因子的个数,同一个一次因式的方幂做成的初等因子中,次数最高的必在 $d_r(\lambda)$ 的分解中,次第二高的必在 $d_{r-1}(\lambda)$ 的分解中. 如此顺推下去,可知属于同一个一次因式的方幂的初等因子在不变因子的分解式中出现的位置是唯一确定的.

例如,若已知 $5\times6\lambda$ 矩阵 $\boldsymbol{A}(\lambda)$ 的秩为 4,其初等因子为

$$\lambda,\lambda,\lambda^2,\lambda-1,(\lambda-1)^2,(\lambda-1)^3,(\lambda+\mathrm{i})^3,(\lambda-\mathrm{i})^3,$$

则可求得 $\boldsymbol{A}(\lambda)$ 的不变因子

$$d_4(\lambda)=\lambda^2(\lambda-1)^3(\lambda+\mathrm{i})^3(\lambda-\mathrm{i})^3,$$
$$d_3(\lambda)=\lambda(\lambda-1)^2,$$
$$d_2(\lambda)=\lambda(\lambda-1),$$
$$d_1(\lambda)=1.$$

从而 $\boldsymbol{A}(\lambda)$ 的史密斯标准形为

$$\boldsymbol{A}(\lambda)\simeq\begin{bmatrix}1 & 0 & 0 & 0 & 0 & 0\\ 0 & \lambda(\lambda-1) & 0 & 0 & 0 & 0\\ 0 & 0 & \lambda(\lambda-1)^2 & 0 & 0 & 0\\ 0 & 0 & 0 & \lambda^2(\lambda-1)^3(\lambda^2+1)^3 & 0 & 0\\ 0 & 0 & 0 & 0 & 0 & 0\end{bmatrix}.$$

由定理 2.1.6 以及不变因子与初等因子之间的关系容易导出如下定理.

定理 2.1.7 设 $\boldsymbol{A}(\lambda),\boldsymbol{B}(\lambda)\in P[\lambda]^{m\times n}$,则 $\boldsymbol{A}(\lambda)$ 与 $\boldsymbol{B}(\lambda)$ 相抵的充分必要条件是它们有相同的秩和相同的初等因子.

对块对角矩阵

$$\boldsymbol{A}(\lambda)=\begin{bmatrix}\boldsymbol{B}(\lambda) & \boldsymbol{0}\\ \boldsymbol{0} & \boldsymbol{C}(\lambda)\end{bmatrix}$$

不能从 $\boldsymbol{B}(\lambda)$ 与 $\boldsymbol{C}(\lambda)$ 的不变因子求得 $\boldsymbol{A}(\lambda)$ 的不变因子,但是能从 $\boldsymbol{B}(\lambda)$ 与 $\boldsymbol{C}(\lambda)$ 的初等因子求得 $\boldsymbol{A}(\lambda)$ 的初等因子.

下面研究块对角矩阵初等因子的求法.

定理 2.1.8 设 λ 矩阵为块对角形

$$\boldsymbol{A}(\lambda)=\begin{bmatrix}\boldsymbol{A}_1(\lambda) & & & \\ & \boldsymbol{A}_2(\lambda) & & \\ & & \ddots & \\ & & & \boldsymbol{A}_m(\lambda)\end{bmatrix},$$

则 $\boldsymbol{A}_i(\lambda)(i=1,2,\cdots,m)$ 的所有初等因子的集合是 $\boldsymbol{A}(\lambda)$ 的全部初等因子.

证明 利用数学归纳法.先证 $m=2$ 时成立.

将 $\boldsymbol{A}_1(\lambda)$ 和 $\boldsymbol{A}_2(\lambda)$ 分别化成标准形:

$$\boldsymbol{A}_1(\lambda)\simeq\begin{bmatrix}d_1(\lambda) & & & & & \\ & \ddots & & & & \\ & & d_{r_1}(\lambda) & & & \\ & & & 0 & & \\ & & & & \ddots & \\ & & & & & 0\end{bmatrix},$$

$$\boldsymbol{A}_2(\lambda)\simeq\begin{bmatrix}\bar{d}_1(\lambda) & & & & & \\ & \ddots & & & & \\ & & \bar{d}_{r_2}(\lambda) & & & \\ & & & 0 & & \\ & & & & \ddots & \\ & & & & & 0\end{bmatrix},$$

则 $\boldsymbol{A}(\lambda)$ 的秩 $r=r_1+r_2$.把 $d_i(\lambda)$ 和 $\bar{d}_i(\lambda)$ 分别表示为不同的一次因子的幂积,即

$$d_i(\lambda)=(\lambda-\lambda_1)^{e_{i1}}(\lambda-\lambda_2)^{e_{i2}}\cdots(\lambda-\lambda_s)^{e_{is}},$$

$$d_j(\lambda)=(\lambda-\lambda_1)^{h_{j1}}(\lambda-\lambda_2)^{h_{j2}}\cdots(\lambda-\lambda_s)^{h_{js}},$$

$$i=1,2,\cdots,r_1;\quad j=1,2,\cdots,r_2,$$

因此 $\boldsymbol{A}_1(\lambda)$ 和 $\boldsymbol{A}_2(\lambda)$ 的初等因子分别是形如

$$(\lambda-\lambda_1)^{e_{i1}},(\lambda-\lambda_2)^{e_{i2}},\cdots,(\lambda-\lambda_s)^{e_{is}}$$

和

$$(\lambda-\lambda_1)^{h_{j1}},(\lambda-\lambda_2)^{h_{j2}},\cdots,(\lambda-\lambda_s)^{h_{js}}$$

中不为常数的多项式.

现在证明 $\boldsymbol{A}_1(\lambda),\boldsymbol{A}_2(\lambda)$的这些初等因子就是$\boldsymbol{A}(\lambda)$的全部初等因子.将$(\lambda-\lambda_1)$的幂指数 $e_{11},e_{21},\cdots,e_{r_1 1},h_{11},h_{21},\cdots,h_{r_2 1}$ 按大小的顺序排列,令为 $c_1,c_2,\cdots,c_r$,即

$$0\leqslant c_1\leqslant c_2\leqslant\cdots\leqslant c_r.$$

因为$\boldsymbol{A}(\lambda)$是由$\boldsymbol{A}_1(\lambda)$和$\boldsymbol{A}_2(\lambda)$构成的准对角阵,所以在$\boldsymbol{A}_1(\lambda)$或$\boldsymbol{A}_2(\lambda)$上施行的初等变换,实际上是在$\boldsymbol{A}(\lambda)$上施行的初等变换,于是

$$\boldsymbol{A}(\lambda)\simeq\begin{bmatrix}d_1(\lambda)&&&&&&&&\\&\ddots&&&&&&&\\&&d_{r_1}(\lambda)&&&&&&\\&&&\bar{d}_1(\lambda)&&&&&\\&&&&\ddots&&&&\\&&&&&\bar{d}_{r_2}(\lambda)&&&\\&&&&&&0&&\\&&&&&&&\ddots&\\&&&&&&&&0\end{bmatrix}$$

$$\simeq\begin{bmatrix}(\lambda-\lambda_1)^{c_1}\varphi_1(\lambda)&&&&&&\\&(\lambda-\lambda_1)^{c_2}\varphi_2(\lambda)&&&&&\\&&\ddots&&&&\\&&&(\lambda-\lambda_1)^{c_r}\varphi_r(\lambda)&&&\\&&&&0&&\\&&&&&\ddots&\\&&&&&&0\end{bmatrix},\tag{2.1.7}$$

式中 r 个多项式 $\varphi_1(\lambda),\cdots,\varphi_r(\lambda)$都不含因式$\lambda-\lambda_1$.设$\boldsymbol{A}(\lambda)$的各阶行列式因子为$D_1^*(\lambda),\cdots,D_r^*(\lambda)$,所以在这些行列式因子中因式$\lambda-\lambda_1$ 的最高幂指数分别等于 $c_1,\sum_{i=1}^{2}c_i,\cdots,\sum_{i=1}^{r}c_i$.根据行列式因子与不变因子的关系式(2.1.4),知含在不变因子 $d_1^*(\lambda),d_2^*(\lambda),\cdots,d_r^*(\lambda)$中因式$\lambda-\lambda_1$ 的最高幂指数分别为 $c_1,c_2,\cdots,c_r$.这就是说,$\boldsymbol{A}(\lambda)$中与$\lambda-\lambda_1$ 相应的初等因子是由下列因子

$$(\lambda-\lambda_1)^{c_1},(\lambda-\lambda_1)^{c_2},\cdots,(\lambda-\lambda_1)^{c_r}$$

中 $c_j\neq 0$ 的那些幂$(\lambda-\lambda_1)^{c_j}$ 组成,因而就是$\boldsymbol{A}_1(\lambda),\boldsymbol{A}_2(\lambda)$中与$\lambda-\lambda_1$ 相应的全部初等因子.同理,对$\lambda-\lambda_2,\lambda-\lambda_3,\cdots,\lambda-\lambda_s$ 也有相同的结论.于是,我们证明了$\boldsymbol{A}_1(\lambda),\boldsymbol{A}_2(\lambda)$的全部初等因子都是$\boldsymbol{A}(\lambda)$的初等因子.

下面证明，除此之外 $\boldsymbol{A}(\lambda)$ 再没有其他初等因子.

设 $(\lambda-a)^k$ 是 $\boldsymbol{A}(\lambda)$ 的一个初等因子，于是 $(\lambda-a)^k$ 一定是包含在某一个不变因子 $d_i^*(\lambda)$ 中 $\lambda-a$ 的最高次幂，因此，$d_r^*(\lambda)$ 可以被 $(\lambda-a)^k$ 整除，故 $D_r^*(\lambda)$ 也可被 $(\lambda-a)^k$ 整除. 此即 $\lambda=a$ 是 $D_r^*(\lambda)$ 的一个根，即 $D_r^*(a)=0$. 另一方面，由于 $\boldsymbol{A}(\lambda)$ 等价于形如式(2.1.7)的标准形，故

$$D_r^*(\lambda)\equiv d_1(\lambda)\cdots d_{r_1}(\lambda)\bar{d}_1(\lambda)\cdots\bar{d}_{r_2}(\lambda).$$

因为 $d_{r_1}(\lambda)$ 能被 $d_i(\lambda)$ 整除，$\bar{d}_{r_2}(\lambda)$ 能被 $\bar{d}_j(\lambda)$ 整除 $(i=1,\cdots,r_1;\ j=1,\cdots,r_2)$，所以

$$d_{r_1}(a)\bar{d}_{r_2}(a)=0.$$

这表明 a 必是 $\lambda_1,\lambda_2,\cdots,\lambda_s$ 中的某一个，所以 $(\lambda-a)^k$ 是与某个 $\lambda-\lambda_i$ 相应的一个初等因子，亦即 $(\lambda-a)^k$ 一定是某个 $(\lambda-a)^{e_{it}}$ 或 $(\lambda-a)^{h_{jt}}$(其中 $i=1,\cdots,r_1;\ j=1,\cdots,r_2;\ t=1,\cdots,s$). 这就证明了除 $\boldsymbol{A}_1(\lambda)$ 与 $\boldsymbol{A}_2(\lambda)$ 的全部初等因子外，$\boldsymbol{A}(\lambda)$ 再没有别的初等因子.

假定对 $m=1$ 时定理成立，稍加整理后 m 个子块可变为两个子块，即可推得对 m 定理也成立. 证毕

例 2.1.6 设若尔当标准形

$$\boldsymbol{J}=\begin{bmatrix}\boldsymbol{J}_1 & & & \\ & \boldsymbol{J}_2 & & \\ & & \ddots & \\ & & & \boldsymbol{J}_t\end{bmatrix}_{n\times n},$$

其中

$$\boldsymbol{J}_i=\begin{bmatrix}\lambda_i & 1 & & \\ & \lambda_i & \ddots & \\ & & \ddots & 1 \\ & & & \lambda_i\end{bmatrix}_{m_i\times m_i},\qquad i=1,2,\cdots,t,$$

试求若尔当标准形的特征矩阵的初等因子.

解 因为

$$\lambda\boldsymbol{I}-\boldsymbol{J}=\begin{bmatrix}\lambda\boldsymbol{I}_1-\boldsymbol{J}_1 & & & \\ & \lambda\boldsymbol{I}_2-\boldsymbol{J}_2 & & \\ & & \ddots & \\ & & & \lambda\boldsymbol{I}_t-\boldsymbol{J}_t\end{bmatrix},$$

其中 $\boldsymbol{I}_i$ 是 m_i 阶单位阵. 由例 2.1.6 知 $\lambda\boldsymbol{I}_i-\boldsymbol{J}_i$ 的初等因子是 $(\lambda-\lambda_i)^{m_i}$，所以 $\lambda\boldsymbol{I}-\boldsymbol{J}$ 的初等因子为 $(\lambda-\lambda_1)^{m_1},(\lambda-\lambda_2)^{m_2},\cdots,(\lambda-\lambda_t)^{m_t}$. 且有

$$\sum_{i=1}^{t}m_i=n.$$

由前面的讨论可知，当 $d_i(\lambda)$ 已知时，$\boldsymbol{A}(\lambda)$ 的初等因子可由式(2.1.6)和定义 2.1.8 来

确定；反之，如果已知$\boldsymbol{A}(\lambda)$的秩r和全部的初等因子，按式(2.1.6)排列，$d_i(\lambda)$也就被完全确定了，因而$\boldsymbol{A}(\lambda)$的史密斯标准形

$$\begin{bmatrix} d_1(\lambda) & & & & & \\ & \ddots & & & & \\ & & d_r(\lambda) & & & \\ & & & 0 & & \\ & & & & \ddots & \\ & & & & & 0 \end{bmatrix}$$

也就确定了.

例 2.1.7 已知$\boldsymbol{A}(\lambda)$的秩为 3，初等因子为$(\lambda-1),(\lambda-1)^2,(\lambda-2),(\lambda-5),(\lambda+2)^2$，试求$\boldsymbol{A}(\lambda)$的史密斯标准形.

解 将初等因子按式(2.1.6)排列如下：

$$\begin{cases} (\lambda-1)^0(\lambda-2)^0(\lambda-5)^0(\lambda+2)^0, \\ (\lambda-1)(\lambda-2)^0(\lambda-5)^0(\lambda+2)^0, \\ (\lambda-1)^2(\lambda-2)(\lambda-5)(\lambda+2)^2. \end{cases}$$

可见，不变因子为$d_1(\lambda)=1,d_2(\lambda)=\lambda-1,d_3(\lambda)=(\lambda-1)^2(\lambda-2)(\lambda-5)(\lambda+2)^2$，故$\boldsymbol{A}(\lambda)$的史密斯标准形为

$$\begin{bmatrix} 1 & & \\ & \lambda-1 & \\ & & (\lambda-1)^2(\lambda-2)(\lambda-5)(\lambda+2)^2 \end{bmatrix}.$$

注意，两个λ矩阵的初等因子相同，它们可能不相抵. 例如

$$\boldsymbol{A}(\lambda)=\begin{bmatrix} 1 & 0 & 0 & 0 \\ 0 & \lambda-4 & 0 & 0 \\ 0 & 0 & (\lambda-4)^2 & 0 \end{bmatrix},$$

$$\boldsymbol{B}(\lambda)=\begin{bmatrix} \lambda-4 & 0 & 0 & 0 \\ 0 & (\lambda-4)^2 & 0 & 0 \\ 0 & 0 & 0 & 0 \end{bmatrix},$$

都是3×4的λ矩阵，它们的初等因子都是$\lambda-4,(\lambda-4)^2$，但是它们的秩不等，于是$\boldsymbol{A}(\lambda)$与$\boldsymbol{B}(\lambda)$并不相抵.

例 2.1.8 求下面矩阵$\boldsymbol{A}(\lambda)$的初等因子、不变因子和史密斯标准形：

$$\boldsymbol{A}(\lambda)=\begin{bmatrix} 3\lambda+5 & (\lambda+2)^2 & 4\lambda+5 & (\lambda-1)^2 \\ \lambda+7 & (\lambda+2)^2 & \lambda+7 & 0 \\ \lambda-1 & 0 & 2\lambda-1 & (\lambda-1)^2 \\ 0 & 0 & (\lambda-2)(\lambda-5) & 0 \end{bmatrix}.$$

解 对$\boldsymbol{A}(\lambda)$施行初等变换，可得

$$
\boldsymbol{A}(\lambda) \overset{r_1-r_3}{\simeq} \begin{bmatrix} 2\lambda+6 & (\lambda+2)^2 & 2\lambda+6 & 0 \\ \lambda+7 & (\lambda+2)^2 & \lambda+7 & 0 \\ \lambda-1 & 0 & 2\lambda-1 & (\lambda-1)^2 \\ 0 & 0 & (\lambda-2)(\lambda-5) & 0 \end{bmatrix}
$$

$$
\overset{c_3-c_1}{\simeq} \begin{bmatrix} 2\lambda+6 & (\lambda+2)^2 & 0 & 0 \\ \lambda+7 & (\lambda+2)^2 & 0 & 0 \\ \lambda-1 & 0 & \lambda & (\lambda-1)^2 \\ 0 & 0 & (\lambda-2)(\lambda-5) & 0 \end{bmatrix}
$$

$$
\overset{r_1-r_2}{\simeq} \begin{bmatrix} \lambda-1 & 0 & 0 & 0 \\ \lambda+7 & (\lambda+2)^2 & 0 & 0 \\ \lambda-1 & 0 & \lambda & (\lambda-1)^2 \\ 0 & 0 & (\lambda-2)(\lambda-5) & 0 \end{bmatrix}
$$

$$
\overset{r_3-r_1}{\simeq} \begin{bmatrix} \lambda-1 & 0 & 0 & 0 \\ \lambda+7 & (\lambda+2)^2 & 0 & 0 \\ 0 & 0 & \lambda & (\lambda-1)^2 \\ 0 & 0 & (\lambda-2)(\lambda-5) & 0 \end{bmatrix}.
$$

至此，$\boldsymbol{A}(\lambda)$已化为分块对角阵

$$
\begin{bmatrix} \boldsymbol{A}_1(\lambda) & 0 \\ 0 & \boldsymbol{A}_2(\lambda) \end{bmatrix},
$$

其中

$$
\boldsymbol{A}_1(\lambda) = \begin{bmatrix} \lambda-1 & 0 \\ \lambda+7 & (\lambda+2)^2 \end{bmatrix},
$$

$$
\boldsymbol{A}_2(\lambda) = \begin{bmatrix} \lambda & (\lambda-1)^2 \\ (\lambda-2)(\lambda-5) & 0 \end{bmatrix}.
$$

对于 $\boldsymbol{A}_1(\lambda)$，有

$$
D_1(\lambda)=1, \qquad D_2(\lambda)=(\lambda-1)(\lambda+2)^2,
$$

所以

$$
d_1(\lambda)=1, \qquad d_2(\lambda)=(\lambda-1)(\lambda+2)^2,
$$

其初等因子为$(\lambda-1)$和$(\lambda+2)^2$；而对于 $\boldsymbol{A}_2(\lambda)$，有

$$
D_1(\lambda)=1, \qquad D_2(\lambda)=(\lambda-2)(\lambda-5)(\lambda-1)^2,
$$

所以

$$
d_1(\lambda)=1, \qquad d_2(\lambda)=(\lambda-2)(\lambda-5)(\lambda-1)^2,
$$

其初等因子为$(\lambda-2)$，$(\lambda-5)$和$(\lambda-1)^2$.

由定理 2.1.8 可知，$\boldsymbol{A}(\lambda)$的初等因子为

$$\lambda-1,(\lambda-1)^2,\lambda-2,\lambda-5,(\lambda+2)^2.$$

又 rank$\boldsymbol{A}(\lambda)=4$，故 $\boldsymbol{A}(\lambda)$ 的不变因子为

$$d_4(\lambda)=(\lambda-2)(\lambda-5)(\lambda-1)^2(\lambda+2)^2,$$
$$d_3(\lambda)=\lambda-1,$$
$$d_2(\lambda)=d_1(\lambda)=1,$$

因此，$\boldsymbol{A}(\lambda)$ 的史密斯标准形为

$$\begin{bmatrix}1&&&\\&1&&\\&&\lambda-1&\\&&&(\lambda-2)(\lambda-5)(\lambda-1)^2(\lambda+2)^2\end{bmatrix}.$$

例 2.1.9 在控制论中，常见的矩阵是相伴矩阵（友矩阵）：

$$\boldsymbol{A}=\begin{bmatrix}0&1&0&\cdots&0\\0&0&1&\cdots&0\\\vdots&\vdots&\vdots&&\vdots\\0&0&0&\cdots&1\\-a_n&-a_{n-1}&-a_{n-2}&\cdots&-a_1\end{bmatrix},$$

求它的特征矩阵的不变因子，并将特征矩阵化为史密斯标准形.

解 设 $\boldsymbol{A}$ 的特征矩阵为 $\boldsymbol{A}(\lambda)$，即

$$\boldsymbol{A}(\lambda)=\lambda\boldsymbol{I}-\boldsymbol{A}=\begin{bmatrix}\lambda&-1&0&\cdots&0&0\\0&\lambda&-1&\cdots&0&0\\\vdots&\vdots&\vdots&&\vdots&\vdots\\0&0&0&\cdots&\lambda&-1\\a_n&a_{n-1}&a_{n-2}&\cdots&a_2&\lambda+a_1\end{bmatrix}.$$

将 $\boldsymbol{A}(\lambda)$ 的第 2,3,…,n 列依次乘以 $\lambda,\lambda^2,\cdots,\lambda^{n-1}$ 后都加到第 1 列上去，得

$$\boldsymbol{A}(\lambda)\simeq\begin{bmatrix}0&-1&0&\cdots&0&0\\0&\lambda&-1&\cdots&0&0\\\vdots&\vdots&\vdots&&\vdots&\vdots\\0&0&0&\cdots&\lambda&-1\\f(\lambda)&a_{n-1}&a_{n-2}&\cdots&a_2&\lambda+a_1\end{bmatrix}.$$

把上式右端的矩阵记为 $\boldsymbol{B}(\lambda)$，其中

$$f(\lambda)=\lambda^n+a_1\lambda^{n-1}+\cdots+a_{n-2}\lambda^2+a_{n-1}\lambda+a_n,$$

且

$$\det\boldsymbol{A}(\lambda)=\det\boldsymbol{B}(\lambda)=(-1)^{n+1}f(\lambda)(-1)^{n-1}=f(\lambda),$$

即 $D_n(\lambda)=f(\lambda)$. 由于将 $\boldsymbol{B}(\lambda)$ 的第 1 列第 n 行去掉后剩下的 $n-1$ 阶子式为 $(-1)^{n-1}$，故

$$D_1(\lambda)=D_2(\lambda)=\cdots=D_{n-1}(\lambda)=1,$$

从而

$$d_1(\lambda)=d_2(\lambda)=\cdots=d_{n-1}(\lambda)=1,$$

$$d_n(\lambda)=f(\lambda),$$

所以 $\boldsymbol{A}(\lambda)$ 的史密斯标准形为

$$\begin{bmatrix}1 & & & & \\ & 1 & & & \\ & & \ddots & & \\ & & & 1 & \\ & & & & f(\lambda)\end{bmatrix}.$$

注　如果矩阵 $\boldsymbol{A}$ 的特征矩阵的不变因子为

$$1,1,\cdots,1,f(\lambda),$$

则称 $\boldsymbol{A}$ 为属于 $f(\lambda)$ 的**相伴矩阵**或**友矩阵**.

2.2　若尔当标准形

2.2.1　数字矩阵化为相似的若尔当标准形

虽然亏损矩阵不能相似于对角阵，但它能相似于一个形式上比对角阵稍复杂的若尔当标准形 $\boldsymbol{J}$. 由于若尔当标准形的独特结构揭示了两个矩阵相似的本质关系，故在数值计算和理论推导中经常采用. 利用它不仅容易求出矩阵 $\boldsymbol{A}$ 的乘幂，还可以讨论矩阵函数和矩阵级数，求解矩阵微分方程. 因此，若尔当标准形的理论在数学、力学和计算方法中得到广泛的应用.

定义 2.2.1　形如

$$\boldsymbol{J}_i=\begin{bmatrix}\lambda_i & 1 & & & \\ & \lambda_i & 1 & & \\ & & \ddots & \ddots & \\ & & & \lambda_i & 1 \\ & & & & \lambda_i\end{bmatrix}_{m_i\times m_i} \tag{2.2.1}$$

的方阵称为 m_i **阶若尔当块**. 其中 λ_i 可以是实数，也可以是复数.

例如

$$\begin{bmatrix}3 & 1\\ & 3\end{bmatrix},\quad \begin{bmatrix}\mathrm{i} & 1 & \\ & \mathrm{i} & 1\\ & & \mathrm{i}\end{bmatrix},\quad \begin{bmatrix}0 & 1 & & \\ & 0 & 1 & \\ & & 0 & 1\\ & & & 0\end{bmatrix},$$

都是若尔当块. 特别地，一阶方阵是一阶若尔当块.

定义 2.2.2　由若干个若尔当块组成的分块对角阵

$$\begin{bmatrix} \boldsymbol{J}_1 & & & \\ & \boldsymbol{J}_2 & & \\ & & \ddots & \\ & & & \boldsymbol{J}_t \end{bmatrix}, \tag{2.2.2}$$

其中 $\boldsymbol{J}_i(i=1,2,\cdots,t)$ 为 m_i 阶若尔当块,当 $\sum_{i=1}^{t} m_i = n$ 时,称为 **n 阶若尔当标准形**,记为 $\boldsymbol{J}$.

例如

$$\boldsymbol{J} = \begin{bmatrix} 3 & 1 & & & & & & & \\ 0 & 3 & & & & & & & \\ & & \mathrm{i} & 1 & 0 & & & & \\ & & 0 & \mathrm{i} & 1 & & & & \\ & & 0 & 0 & \mathrm{i} & & & & \\ & & & & & 0 & 1 & 0 & 0 \\ & & & & & 0 & 0 & 1 & 0 \\ & & & & & 0 & 0 & 0 & 1 \\ & & & & & 0 & 0 & 0 & 0 \end{bmatrix}$$

是 9 阶若尔当标准形.

下面讨论任何一个数字矩阵 $\boldsymbol{A}$ 怎样与若尔当标准形 $\boldsymbol{J}$ 相似,以及如何将数字矩阵 $\boldsymbol{A}$ 化为若尔当标准形 $\boldsymbol{J}$(显然,对角阵为若尔当矩阵的特例,其中每个若尔当块都是一阶的). 然而,要搞清楚这个问题,关键是要证明两个数字矩阵 $\boldsymbol{A}$ 与 $\boldsymbol{J}$ 相似($\boldsymbol{A} \sim \boldsymbol{J}$)的充要条件是它们的特征矩阵(即特殊的 λ 矩阵 $\lambda \boldsymbol{I} - \boldsymbol{A}$ 与 $\lambda \boldsymbol{I} - \boldsymbol{J}$)的相抵($\lambda \boldsymbol{I} - \boldsymbol{A} \simeq \lambda \boldsymbol{I} - \boldsymbol{J}$). 为此,先引进如下的概念.

定义 2.2.3 设 $m \times n$ 的 λ 矩阵

$$\boldsymbol{A}(\lambda) = \begin{bmatrix} a_{11}(\lambda) & \cdots & a_{1n}(\lambda) \\ \vdots & & \vdots \\ a_{m1}(\lambda) & \cdots & a_{mn}(\lambda) \end{bmatrix},$$

称 $m \times n$ 个多项式 $a_{ij}(\lambda)$ 中次数最高的多项式的次数 L 为 $\boldsymbol{A}(\lambda)$ 的**次**,即

$$L = \max_{\substack{1 \leqslant i \leqslant m \\ 1 \leqslant j \leqslant n}} \deg a_{ij}(\lambda),$$

其中 $\deg a_{ij}(\lambda)$ 表示多项式 $a_{ij}(\lambda)$ 的次数. 其实,元素 $a_{ij}(\lambda)$ 可以表示成

$$a_{ij}(\lambda) = a_{ij}^{(0)} + a_{ij}^{(1)}\lambda + \cdots + a_{ij}^{(L)}\lambda^L$$

$(i=1,2,\cdots,m;\ j=1,2,\cdots,n)$,且 $m \times n$ 个 λ^L 的系数 $a_{ij}^{(L)}$ 中至少有一个不为零.

令

$$\boldsymbol{A}_r = \begin{bmatrix} a_{11}^{(r)} & \cdots & a_{1n}^{(r)} \\ \vdots & & \vdots \\ a_{m1}^{(r)} & \cdots & a_{mn}^{(r)} \end{bmatrix}, \qquad r = 0,1,2,\cdots,L.$$

显然,$\boldsymbol{A}_L$ 不是零矩阵,于是 $\boldsymbol{A}(\lambda)$ 可表示为

$$\boldsymbol{A}(\lambda) = \boldsymbol{A}_0 + \boldsymbol{A}_1\lambda + \cdots + \boldsymbol{A}_L\lambda^L, \tag{2.2.3}$$

这是一个以常数矩阵为系数的 λ 的多项式，称为 $\boldsymbol{A}(\lambda)$ 的**多项式表示**. $\boldsymbol{A}_L$ 称为 $\boldsymbol{A}(\lambda)$ 的**首项系数**. 如果 $\boldsymbol{A}(\lambda)$ 是 n 阶方阵，并且 $\boldsymbol{A}_L=\pm\boldsymbol{I}_n$，则称 $\boldsymbol{A}(\lambda)$ 的首项系数为1.

引理 设 $\boldsymbol{A}(\lambda)$ 和 $\boldsymbol{B}(\lambda)$ 分别为 L 次和 m 次的 n 阶 λ 矩阵，即有

$$\boldsymbol{A}(\lambda)=\sum_{i=0}^{L}\boldsymbol{A}_i\lambda^i \quad 与 \quad \boldsymbol{B}(\lambda)=\sum_{i=0}^{m}\boldsymbol{B}_i\lambda^i,$$

且 $\boldsymbol{B}(\lambda)$ 的首项系数 $\boldsymbol{B}_m$ 可逆，即 $\det\boldsymbol{B}_m\neq 0$，则存在 λ 矩阵 $\boldsymbol{Q}(\lambda)$，$\boldsymbol{Q}'(\lambda)$ 和 $\boldsymbol{R}(\lambda)$，$\boldsymbol{R}'(\lambda)$，使得

$$\boldsymbol{A}(\lambda)=\boldsymbol{Q}(\lambda)\boldsymbol{B}(\lambda)+\boldsymbol{R}(\lambda), \tag{2.2.4}$$

或

$$\boldsymbol{A}(\lambda)=\boldsymbol{B}(\lambda)\boldsymbol{Q}'(\lambda)+\boldsymbol{R}'(\lambda), \tag{2.2.5}$$

其中 $\boldsymbol{R}(\lambda)\equiv\boldsymbol{0}$，$\boldsymbol{R}'(\lambda)\equiv\boldsymbol{0}$ 或 $\deg\boldsymbol{R}(\lambda)<m$，$\deg\boldsymbol{R}'(\lambda)<m$.

证明 先证式(2.2.4). 若 $L<m$，则可取 $\boldsymbol{Q}(\lambda)=\boldsymbol{0}$，$\boldsymbol{R}(\lambda)=\boldsymbol{A}(\lambda)$ 便得所需的结果.

若 $L\geqslant m$，用 $\boldsymbol{B}_m^{-1}\lambda^{-m}$ 左乘 $\boldsymbol{B}(\lambda)$，得

$$\begin{aligned}\boldsymbol{B}_m^{-1}\lambda^{-m}\boldsymbol{B}(\lambda)=\boldsymbol{I}+\lambda^{-1}\boldsymbol{B}_m^{-1}\boldsymbol{B}_{m-1}+\lambda^{-2}\boldsymbol{B}_m^{-1}\boldsymbol{B}_{m-2}+\cdots+\\ \lambda^{-m+1}\boldsymbol{B}_m^{-1}\boldsymbol{B}_1+\lambda^{-m}\boldsymbol{B}_m^{-1}\boldsymbol{B}_0,\end{aligned}$$

由上式可得

$$\lambda^L\boldsymbol{I}=\boldsymbol{B}_m^{-1}\lambda^{L-m}\boldsymbol{B}(\lambda)-\lambda^{L-1}\boldsymbol{B}_m^{-1}\boldsymbol{B}_{m-1}-\lambda^{L-2}\boldsymbol{B}_m^{-1}\boldsymbol{B}_{m-2}-\cdots-\lambda^{L-m+1}\boldsymbol{B}_m^{-1}\boldsymbol{B}_1-\lambda^{L-m}\boldsymbol{B}_m^{-1}\boldsymbol{B}_0,$$

于是

$$\begin{aligned}\boldsymbol{A}(\lambda)&=\boldsymbol{A}_L\lambda^L+\boldsymbol{A}_{L-1}\lambda^{L-1}+\cdots+\boldsymbol{A}_1\lambda+\boldsymbol{A}_0\\ &=\boldsymbol{A}_L(\boldsymbol{B}_m^{-1}\lambda^{L-m}\boldsymbol{B}(\lambda)-\lambda^{L-1}\boldsymbol{B}_m^{-1}\boldsymbol{B}_{m-1}-\lambda^{L-2}\boldsymbol{B}_m^{-1}\boldsymbol{B}_{m-2}-\cdots-\\ &\qquad\lambda^{L-m+1}\boldsymbol{B}_m^{-1}\boldsymbol{B}_1-\lambda^{L-m}\boldsymbol{B}_m^{-1}\boldsymbol{B}_0)+\boldsymbol{A}_{L-1}\lambda^{L-1}+\cdots+\boldsymbol{A}_1\lambda+\boldsymbol{A}_0\\ &=\boldsymbol{A}_L\boldsymbol{B}_m^{-1}\lambda^{L-m}\boldsymbol{B}(\lambda)+\boldsymbol{A}^{(1)}(\lambda),\end{aligned} \tag{2.2.6}$$

其中 $\boldsymbol{A}^{(1)}(\lambda)$ 的次数 $L_1\leqslant L-1$，且

$$\boldsymbol{A}^{(1)}(\lambda)=\boldsymbol{A}_{L_1}^{(1)}\lambda^{L_1}+\cdots+\boldsymbol{A}_1^{(1)}\lambda+\boldsymbol{A}_0^{(1)},$$

其中 $\boldsymbol{A}_{L_1}^{(1)}\neq\boldsymbol{0}$，$L_1<L$. 若 $L_1\geqslant m$，类似于上述步骤，可得

$$\boldsymbol{A}^{(2)}(\lambda)=\boldsymbol{A}_{L_2}^{(2)}\lambda^{L_2}+\cdots+\boldsymbol{A}_1^{(2)}\lambda+\boldsymbol{A}_0^{(2)},$$

其中 $\boldsymbol{A}_{L_2}^{(2)}\neq\boldsymbol{0}$，$L_2<L_1$.

继续进行下去，可以得到一组 λ 矩阵

$$\boldsymbol{A}(\lambda),\boldsymbol{A}^{(1)}(\lambda),\boldsymbol{A}^{(2)}(\lambda),\cdots,\boldsymbol{A}^{(r)}(\lambda),$$

它们的次数越来越低，所以 $\boldsymbol{A}^{(r)}(\lambda)$ 的次数 $L_r<m$，而 $L_{r-1}\geqslant m$. 若记 $\boldsymbol{A}(\lambda)=\boldsymbol{A}^{(0)}(\lambda)$，则根据式(2.2.6)，这组 λ 矩阵的每一个 $\boldsymbol{A}^{(i-1)}(\lambda)$ 都有

$$\boldsymbol{A}^{(i-1)}(\lambda)=\boldsymbol{A}_{L_{i-1}}^{(i-1)}\boldsymbol{B}_m^{-1}\lambda^{L_{i-1}-m}\boldsymbol{B}(\lambda)+\boldsymbol{A}^{(i)}(\lambda),\quad i=1,2,\cdots,r, \tag{2.2.7}$$

最后得到

$$\begin{aligned}\boldsymbol{A}(\lambda)&=(\boldsymbol{A}_L\boldsymbol{B}_m^{-1}\lambda^{L-m}+\boldsymbol{A}_{L_1}^{(1)}\boldsymbol{B}_m^{-1}\lambda^{L_1-m}+\cdots+\boldsymbol{A}_{L_{r-1}}^{(r-1)}\boldsymbol{B}_m^{-1}\lambda^{L_{r-1}-m})\boldsymbol{B}(\lambda)+\boldsymbol{A}^{(r)}(\lambda)\\ &=\boldsymbol{Q}(\lambda)\boldsymbol{B}(\lambda)+\boldsymbol{R}(\lambda),\end{aligned}$$

即证得式(2.2.4). 类似地可证式(2.2.5). 证毕

定理 2.2.1 矩阵 $\boldsymbol{A}\sim\boldsymbol{B}$ 的充要条件是它们相应的特征矩阵 $\lambda\boldsymbol{I}-\boldsymbol{A}\simeq\lambda\boldsymbol{I}-\boldsymbol{B}$.

证明 必要性： 设 $\boldsymbol{A}\sim\boldsymbol{B}$，则存在满秩矩阵 $\boldsymbol{C}$，使得

$$\boldsymbol{C}^{-1}\boldsymbol{A}\boldsymbol{C}=\boldsymbol{B},$$

故

$$\lambda I - B = \lambda I - C^{-1}AC = C^{-1}(\lambda I - A)C,$$

即 $\lambda I-A$ 与 $\lambda I-B$ 相似,从而也相抵.

充分性: 设 $\lambda I-A \simeq \lambda I-B$,则存在可逆 λ 矩阵 $U(\lambda)$,$V(\lambda)$,使得

$$\lambda I - A = U(\lambda)(\lambda I - B)V(\lambda)$$

或

$$U^{-1}(\lambda)(\lambda I - A) = (\lambda I - B)V(\lambda). \tag{2.2.8}$$

由本节引理中的式(2.2.5)和式(2.2.4)得

$$U(\lambda) = (\lambda I - A)Q(\lambda) + U_0, \tag{2.2.9}$$

$$V(\lambda) = R(\lambda)(\lambda I - A) + V_0. \tag{2.2.10}$$

由于 $\lambda I-A$ 是一次 λ 矩阵,故上式中的 U_0 与 V_0 都为数字矩阵,把式(2.2.9)代入式(2.2.8)得

$$U^{-1}(\lambda)(\lambda I - A) = (\lambda I - B)R(\lambda)(\lambda I - A) + (\lambda I - B)V_0$$

或

$$[U^{-1}(\lambda) - (\lambda I - B)R(\lambda)](\lambda I - A) = (\lambda I - B)V_0. \tag{2.2.11}$$

上式右端是一个次数为1的 λ 矩阵,而左端 $\lambda I-A$ 也是一个次数为1的 λ 矩阵,所以

$$U^{-1}(\lambda) - (\lambda I - B)R(\lambda) = C \tag{2.2.12}$$

必是一个数字矩阵,因此式(2.2.11)可以写成

$$C(\lambda I - A) = (\lambda I - B)V_0. \tag{2.2.13}$$

现在证明 C 可逆,且 $C=U_0^{-1}$.

由式(2.2.12)可得

$$U(\lambda)C = I - U(\lambda)(\lambda I - B)R(\lambda),$$

即

$$I = U(\lambda)C + U(\lambda)(\lambda I - B)R(\lambda).$$

由式(2.2.8)可把上式改为

$$I = U(\lambda)C + (\lambda I - A)V^{-1}(\lambda)R(\lambda).$$

把式(2.2.9)代入上式便得

$$\begin{aligned} I &= [(\lambda I - A)Q(\lambda) + U_0]C + (\lambda I - A)V^{-1}(\lambda)R(\lambda) \\ &= U_0C + (\lambda I - A)[Q(\lambda)C + V^{-1}(\lambda)R(\lambda)]. \end{aligned}$$

比较上式两边 λ 矩阵的次数知,上式右边第二项必为零矩阵,故

$$I = U_0C,$$

即 C 可逆,且

$$C = U_0^{-1}, \tag{2.2.14}$$

把式(2.2.14)代入式(2.2.13)得

$$U_0^{-1}(\lambda I - A) = (\lambda I - B)V_0$$

或

$$\lambda I - A = U_0(\lambda I - B)V_0 = \lambda U_0V_0 - U_0BV_0.$$

比较上式两端得

$$U_0V_0 = I, \qquad A = U_0BV_0,$$

故得

$$\boldsymbol{U}_0=\boldsymbol{V}_0^{-1},\qquad \boldsymbol{A}=\boldsymbol{V}_0^{-1}\boldsymbol{B}\boldsymbol{V}_0,$$

即 $\boldsymbol{A}\sim\boldsymbol{B}$. 证毕

由定理 2.2.1 可见,$\boldsymbol{A}\sim\boldsymbol{B}$ 的问题既然转化为求它们的特征矩阵的相抵问题,那么再由定理 2.1.6 知,只要求出 $\lambda\boldsymbol{I}-\boldsymbol{A}$ 的初等因子和秩,即可决定 $\boldsymbol{B}$ 的形式. 例如,若取 $\boldsymbol{B}$ 为若尔当标准形,就有下面的定理.

定理 2.2.2 每个 n 阶矩阵 $\boldsymbol{A}$ 都与一个若尔当标准形 $\boldsymbol{J}$ 相似,且这个若尔当标准形在不计其中若尔当块的排列次序时,完全由矩阵 $\boldsymbol{A}$ 唯一决定(即每个矩阵都有若尔当标准形).

证明 设 n 阶矩阵 $\boldsymbol{A}$ 的特征矩阵 $\lambda\boldsymbol{I}-\boldsymbol{A}$ 的初等因子为

$$(\lambda-\lambda_1)^{m_1},(\lambda-\lambda_2)^{m_2},\cdots,(\lambda-\lambda_t)^{m_t},\tag{2.2.15}$$

其中 $\lambda_1,\lambda_2,\cdots,\lambda_t$ 中可能有相同的值,指数 $m_1,m_2,\cdots,m_t$ 中也可能有相同的值,但总有

$$\sum_{i=1}^{t}m_i=n.$$

另一方面,由 2.1 节中的例 2.1.5 知,形如式(2.2.1)的 m_i 阶若尔当块 $\boldsymbol{J}_i$ 的特征矩阵 $\lambda\boldsymbol{I}-\boldsymbol{J}_i$ 的初等因子为$(\lambda-\lambda_i)^{m_i}$. 换言之,$\lambda\boldsymbol{I}-\boldsymbol{A}$ 的每个初等因子$(\lambda-\lambda_i)^{m_i}$ 对应于一个若尔当块 $\boldsymbol{J}_i$,其阶数为 m_i. 那么,这些若尔当块构成一个若尔当标准形 $\boldsymbol{J}$(见式(2.2.2)),而 $\boldsymbol{J}$ 的特征矩阵 $\lambda\boldsymbol{I}-\boldsymbol{J}$ 的初等因子是把各个若尔当块的初等因子合在一起构成的,即 $\lambda\boldsymbol{I}-\boldsymbol{J}$ 的全部初等因子也为式(2.2.15),亦即 $\lambda\boldsymbol{I}-\boldsymbol{A}$ 与 $\lambda\boldsymbol{I}-\boldsymbol{J}$ 有相同的初等因子,且秩相等. 于是由定理 2.1.7 知

$$\lambda\boldsymbol{I}-\boldsymbol{A}\simeq\lambda\boldsymbol{I}-\boldsymbol{J}.$$

再由定理 2.2.1 知,必有 $\boldsymbol{A}\sim\boldsymbol{J}$.

如果还有若尔当标准形 $\boldsymbol{J}'$,使得 $\boldsymbol{J}'\sim\boldsymbol{A}$,则 $\boldsymbol{J}'$ 与 $\boldsymbol{A}$ 也有相同的初等因子. 因此,$\boldsymbol{J}'$ 与 $\boldsymbol{J}$ 在不计其若尔当块的排列次序时是相同的. 这样就证明了唯一性. 证毕

推论 矩阵 $\boldsymbol{A}$ 可对角化的充要条件是 $\boldsymbol{A}$ 的特征矩阵的初等因子全为一次式.

利用矩阵在相似变换下的若尔当标准形,可得到线性变换的结构.

定理 2.2.3 设 $\mathscr{A}$ 是复数域上 n 维线性空间 V 上的线性变换,则在 V 中存在一组基使得 $\mathscr{A}$ 在这组基下的矩阵是若尔当形矩阵.

证明 在 V 中任取一组基 $\boldsymbol{\varepsilon}_1,\boldsymbol{\varepsilon}_2,\cdots,\boldsymbol{\varepsilon}_n$,设线性变换 $\mathscr{A}$ 在这组基下的矩阵是 $\boldsymbol{A}$. 由定理 2.2.2 知,存在可逆矩阵 $\boldsymbol{P}$ 使得 $\boldsymbol{P}^{-1}\boldsymbol{A}\boldsymbol{P}=\boldsymbol{J}$ 为若尔当形矩阵. 令

$$(\boldsymbol{\varepsilon}'_1,\boldsymbol{\varepsilon}'_2,\cdots,\boldsymbol{\varepsilon}'_n)=(\boldsymbol{\varepsilon}_1,\boldsymbol{\varepsilon}_2,\cdots,\boldsymbol{\varepsilon}_n)\boldsymbol{P},$$

则线性变换 $\mathscr{A}$ 在基 $\boldsymbol{\varepsilon}'_1,\boldsymbol{\varepsilon}'_2,\cdots,\boldsymbol{\varepsilon}'_n$ 下的矩阵 $\boldsymbol{P}^{-1}\boldsymbol{A}\boldsymbol{P}=\boldsymbol{J}$ 为若尔当形矩阵. 证毕

定理 2.2.2 的证明过程实际上是给出了一个如何利用初等因子将 $\boldsymbol{A}$ 化为若尔当标准形的方法. 现将求解步骤归纳如下:

第一步 求出 n 阶方阵 $\boldsymbol{A}=(a_{ij})$的特征矩阵 $\lambda\boldsymbol{I}-\boldsymbol{A}$ 的初等因子:

$$(\lambda-\lambda_1)^{m_1},(\lambda-\lambda_2)^{m_2},\cdots,(\lambda-\lambda_t)^{m_t},$$

其中 $\lambda_1,\lambda_2,\cdots,\lambda_t$ 可能有相同的,指数 $m_1,m_2,\cdots,m_t$ 也可能有相同的,且 $\sum\limits_{i=1}^{t}m_i=n$.

第二步　写出每个初等因子$(\lambda-\lambda_i)^{m_i}(i=1,2,\cdots,t)$对应的若尔当块

$$\boldsymbol{J}_i=\begin{bmatrix}\lambda_i & 1 & & \\ & \lambda_i & \ddots & \\ & & \ddots & 1 \\ & & & \lambda_i\end{bmatrix}_{m_i\times m_i},\qquad i=1,2,\cdots,t.$$

第三步　写出以这些若尔当块构成的若尔当标准形

$$\boldsymbol{J}=\begin{bmatrix}\boldsymbol{J}_1 & & & \\ & \boldsymbol{J}_2 & & \\ & & \ddots & \\ & & & \boldsymbol{J}_t\end{bmatrix}.$$

例 2.2.1　求矩阵

$$\boldsymbol{A}=\begin{bmatrix}-1 & 1 & 0\\ -4 & 3 & 0\\ 1 & 0 & 2\end{bmatrix}$$

的若尔当标准形.

解　在例 2.1.4 中已求出 $\lambda\boldsymbol{I}-\boldsymbol{A}$ 的初等因子为$\lambda-2,(\lambda-1)^2$,于是有

$$\boldsymbol{A}\sim\boldsymbol{J}=\begin{bmatrix}\boldsymbol{J}_1 & \\ & \boldsymbol{J}_2\end{bmatrix}=\begin{bmatrix}2 & 0 & 0\\ 0 & 1 & 1\\ 0 & 0 & 1\end{bmatrix},$$

其中 $\boldsymbol{J}_1=2,\boldsymbol{J}_2=\begin{bmatrix}1 & 1\\ 0 & 1\end{bmatrix}$.

例 2.2.2　求矩阵

$$\boldsymbol{A}=\begin{bmatrix}1 & 2 & 3 & 4\\ 0 & 1 & 2 & 3\\ 0 & 0 & 1 & 2\\ 0 & 0 & 0 & 1\end{bmatrix}$$

的若尔当标准形.

解　因为

$$\lambda\boldsymbol{I}-\boldsymbol{A}=\begin{bmatrix}\lambda-1 & -2 & -3 & -4\\ 0 & \lambda-1 & -2 & -3\\ 0 & 0 & \lambda-1 & -2\\ 0 & 0 & 0 & \lambda-1\end{bmatrix},$$

不难看出

$$D_4(\lambda)=\begin{vmatrix}\lambda-1 & -2 & -3 & -4\\ 0 & \lambda-1 & -2 & -3\\ 0 & 0 & \lambda-1 & -2\\ 0 & 0 & 0 & \lambda-1\end{vmatrix}=(\lambda-1)^4,$$

而且可找到一个三阶子式

$$\begin{vmatrix} -2 & -3 & -4 \\ \lambda-1 & -2 & -3 \\ 0 & \lambda-1 & -2 \end{vmatrix} = -4\lambda(\lambda+1).$$

因为要求三阶行列式因子 $D_3(\lambda)$ 必须整除 $D_4(\lambda)$，可见 $D_3(\lambda)=1$，从而 $D_2(\lambda)=D_1(\lambda)=1$，于是 $\lambda\boldsymbol{I}-\boldsymbol{A}$ 的不变因子为

$$d_1(\lambda)=d_2(\lambda)=d_3(\lambda)=1, \qquad d_4(\lambda)=(\lambda-1)^4,$$

即只有一个初等因子，故

$$\boldsymbol{A} \sim \boldsymbol{J} = \begin{bmatrix} 1 & 1 & 0 & 0 \\ 0 & 1 & 1 & 0 \\ 0 & 0 & 1 & 1 \\ 0 & 0 & 0 & 1 \end{bmatrix}.$$

例 2.2.3 求矩阵

$$\boldsymbol{A} = \begin{bmatrix} 2 & 0 & 2 & 1 \\ 6 & 1 & 4 & 4 \\ 10 & 0 & 0 & 4 \\ 7 & 0 & -7 & 2 \end{bmatrix}$$

的若尔当标准形.

解 矩阵 $\boldsymbol{A}$ 的特征多项式为

$$\begin{aligned} D_4(\lambda) &= \det(\lambda\boldsymbol{I}-\boldsymbol{A}) \\ &= \det\begin{bmatrix} \lambda-2 & 0 & -2 & -1 \\ -6 & \lambda-1 & -4 & -4 \\ -10 & 0 & \lambda & -4 \\ -7 & 0 & 7 & \lambda-2 \end{bmatrix} \\ &= (\lambda-2)(\lambda-1)^3. \end{aligned}$$

去掉 $\lambda\boldsymbol{I}-\boldsymbol{A}$ 的第 4 行第 4 列后的余子式 M_{44} 为

$$\begin{aligned} M_{44} &= \det\begin{bmatrix} \lambda-2 & 0 & -2 \\ -6 & \lambda-1 & -4 \\ -10 & 0 & \lambda \end{bmatrix} \\ &= (\lambda-1)(\lambda^2-2\lambda-20). \end{aligned}$$

同理可得

$$\begin{aligned} M_{12} &= \det\begin{bmatrix} -6 & -4 & -4 \\ -10 & \lambda & -4 \\ -7 & 7 & \lambda-2 \end{bmatrix} \\ &= -2(3\lambda^2+28\lambda-40). \end{aligned}$$

因为 M_{44} 与 M_{12} 互素，所以 $D_3(\lambda)=1$，进而有

$$D_2(\lambda)=D_1(\lambda)=1.$$

因此，$\lambda\boldsymbol{I}-\boldsymbol{A}$ 的不变因子为

$$d_1(\lambda)=d_2(\lambda)=d_3(\lambda)=1,$$

$$d_4(\lambda)=(\lambda-2)(\lambda-1)^3,$$

初等因子为$(\lambda-2)$和$(\lambda-1)^3$,所以$\boldsymbol{A}$的若尔当标准形为

$$\boldsymbol{J}=\begin{bmatrix}2&0&0&0\\0&1&1&0\\0&0&1&1\\0&0&0&1\end{bmatrix}.$$

例 2.2.4 求矩阵

$$\boldsymbol{A}=\begin{bmatrix}3&4&0&0\\-1&-1&0&0\\0&0&2&1\\0&0&-1&0\end{bmatrix}$$

的若尔当标准形.

解 将$\boldsymbol{A}$写成分块形式

$$\boldsymbol{A}=\begin{bmatrix}\boldsymbol{A}_1&\\&\boldsymbol{A}_2\end{bmatrix},$$

其中

$$\boldsymbol{A}_1=\begin{bmatrix}3&4\\-1&-1\end{bmatrix},\quad \boldsymbol{A}_2=\begin{bmatrix}2&1\\-1&0\end{bmatrix}.$$

先分别求出子矩阵$\boldsymbol{A}_1,\boldsymbol{A}_2$的若尔当标准形.由

$$\lambda\boldsymbol{I}-\boldsymbol{A}_1=\begin{bmatrix}\lambda-3&-4\\1&\lambda+1\end{bmatrix}$$

可知,$\boldsymbol{A}_1$的不变因子为$d_1(\lambda)=1,d_2(\lambda)=(\lambda-1)^2$,故初等因子为$(\lambda-1)^2$.因此

$$\boldsymbol{A}_1\sim\boldsymbol{J}_1=\begin{bmatrix}1&1\\0&1\end{bmatrix}.$$

再由

$$\lambda\boldsymbol{I}-\boldsymbol{A}_2=\begin{bmatrix}\lambda-2&-1\\1&\lambda\end{bmatrix}$$

可知,$\boldsymbol{A}_2$的不变因子为$d_1(\lambda)=1,d_2(\lambda)=(\lambda-1)^2$,故初等因子为$(\lambda-1)^2$.因此

$$\boldsymbol{A}_2\sim\boldsymbol{J}_2=\begin{bmatrix}1&1\\0&1\end{bmatrix}.$$

于是得到$\boldsymbol{A}$的若尔当标准形为

$$\boldsymbol{J}=\begin{bmatrix}\boldsymbol{J}_1&\\&\boldsymbol{J}_2\end{bmatrix}=\begin{bmatrix}1&1&0&0\\0&1&0&0\\0&0&1&1\\0&0&0&1\end{bmatrix}.$$

综上所述,每个n阶矩阵$\boldsymbol{A}$总能与一个若尔当标准形相似,且不计若尔当块$\boldsymbol{J}_i$在对角线上的顺序,$\boldsymbol{A}$的若尔当标准形$\boldsymbol{J}$是唯一的.另外,不难看到,当$m_i=1(i=1,2,\cdots,t)$时,$\boldsymbol{J}$即化为对角形,此时$\boldsymbol{A}$必有n个线性无关的特征向量.可见对角形只不过是若尔当标准形的特殊情况.

上面给出了矩阵$\boldsymbol{A}$的若尔当标准形的求法,但是还没有给出求所需要的非奇异矩阵$\boldsymbol{C}$

的方法. 在一般情况下,若只需化 $\boldsymbol{A}$ 为若尔当标准形,就不必考虑求 $\boldsymbol{C}$. 但若利用若尔当标准形求解微分方程组,就免不了要求 $\boldsymbol{C}$. 下面以三阶的形式来给出求矩阵 $\boldsymbol{C}$ 的方法.

若

$$\boldsymbol{C}^{-1}\boldsymbol{A}\boldsymbol{C}=\boldsymbol{J}=\begin{bmatrix}\lambda_1 & 0 & 0\\ 0 & \lambda_2 & 1\\ 0 & 0 & \lambda_2\end{bmatrix},$$

其中 $\boldsymbol{C}=(\boldsymbol{x}_1,\boldsymbol{x}_2,\boldsymbol{x}_3)$,于是有

$$\boldsymbol{A}(\boldsymbol{x}_1,\boldsymbol{x}_2,\boldsymbol{x}_3)=(\boldsymbol{x}_1,\boldsymbol{x}_2,\boldsymbol{x}_3)\begin{bmatrix}\lambda_1 & 0 & 0\\ 0 & \lambda_2 & 1\\ 0 & 0 & \lambda_2\end{bmatrix},$$

即

$$(\boldsymbol{A}\boldsymbol{x}_1,\boldsymbol{A}\boldsymbol{x}_2,\boldsymbol{A}\boldsymbol{x}_3)=(\lambda_1\boldsymbol{x}_1,\lambda_2\boldsymbol{x}_2,\boldsymbol{x}_2+\lambda_2\boldsymbol{x}_3),$$

由此可得

$$\begin{cases}(\lambda_1\boldsymbol{I}-\boldsymbol{A})\boldsymbol{x}_1=\boldsymbol{0},\\ (\lambda_2\boldsymbol{I}-\boldsymbol{A})\boldsymbol{x}_2=\boldsymbol{0},\\ (\lambda_2\boldsymbol{I}-\boldsymbol{A})\boldsymbol{x}_3=-\boldsymbol{x}_2,\end{cases}\tag{2.2.16}$$

从而 $\boldsymbol{x}_1,\boldsymbol{x}_2$ 依次是 $\boldsymbol{A}$ 的属于 λ_1,λ_2 的特征向量. 而 $\boldsymbol{x}_3$ 是式(2.2.16)中最后一个非齐次线性方程组的解向量,求出这些解向量就得到我们所需要的矩阵 $\boldsymbol{C}$.

又如,如果

$$\boldsymbol{C}^{-1}\boldsymbol{A}\boldsymbol{C}=\boldsymbol{J}=\begin{bmatrix}\lambda_1 & 1 & 0\\ 0 & \lambda_1 & 1\\ 0 & 0 & \lambda_1\end{bmatrix},$$

令 $\boldsymbol{C}=(\boldsymbol{x}_1,\boldsymbol{x}_2,\boldsymbol{x}_3)$,则有

$$\boldsymbol{A}(\boldsymbol{x}_1,\boldsymbol{x}_2,\boldsymbol{x}_3)=(\boldsymbol{x}_1,\boldsymbol{x}_2,\boldsymbol{x}_3)\begin{bmatrix}\lambda_1 & 1 & 0\\ 0 & \lambda_1 & 1\\ 0 & 0 & \lambda_1\end{bmatrix},$$

由此可得

$$\begin{cases}(\lambda_1\boldsymbol{I}-\boldsymbol{A})\boldsymbol{x}_1=\boldsymbol{0},\\ (\lambda_1\boldsymbol{I}-\boldsymbol{A})\boldsymbol{x}_2=-\boldsymbol{x}_1,\\ (\lambda_1\boldsymbol{I}-\boldsymbol{A})\boldsymbol{x}_3=-\boldsymbol{x}_2.\end{cases}\tag{2.2.17}$$

从而 $\boldsymbol{x}_1$ 是属于 λ_1 的特征向量. 而 $\boldsymbol{x}_2,\boldsymbol{x}_3$ 是式(2.2.17)后面两个非齐次线性方程的解向量. 这样,我们又得到所需要的 $\boldsymbol{C}$.

应当注意,任取上面线性方程组的解向量 $\boldsymbol{y}_1,\boldsymbol{y}_2,\boldsymbol{y}_3$,当然不一定恰好是 $\boldsymbol{x}_1,\boldsymbol{x}_2,\boldsymbol{x}_3$. 但这没关系,只要 $\boldsymbol{y}_1,\boldsymbol{y}_2,\boldsymbol{y}_3$ 线性无关,它们就可以代替 $\boldsymbol{x}_1,\boldsymbol{x}_2,\boldsymbol{x}_3$,线性方程组解的不唯一性,正好说明所求 $\boldsymbol{C}$ 的不唯一性. 在一般情况下,设 λ_1 是 $\boldsymbol{A}$ 的 k 重特征值,则 $\boldsymbol{x}_1,\boldsymbol{x}_2,\cdots,\boldsymbol{x}_k$ 可通过解下列各方程组

$$\begin{cases}(\lambda_1\boldsymbol{I}-\boldsymbol{A})\boldsymbol{x}_1=\boldsymbol{0},\\ (\lambda_1\boldsymbol{I}-\boldsymbol{A})\boldsymbol{x}_i=-\boldsymbol{x}_{i-1},\qquad i=2,3,\cdots,k\end{cases}\tag{2.2.18}$$

获得,且这样得到的 $\boldsymbol{x}_1,\boldsymbol{x}_2,\cdots,\boldsymbol{x}_k$ 线性无关(以上结论的证明过程冗长,从略).

有时称 $\boldsymbol{x}_2,\cdots,\boldsymbol{x}_k$ 是 $\boldsymbol{A}$ 的属于 λ_1 的**广义特征向量**.

例 2.2.5 试分别计算例 2.2.1 和例 2.2.2 中所需要的非奇异矩阵 $\boldsymbol{C}$.

解 因为 $\lambda_1=2,\lambda_2=1$ 分别是例 2.2.1 中的单特征值和二重特征值,所以由式(2.2.16)有

$$\begin{cases}(2\boldsymbol{I}-\boldsymbol{A})\boldsymbol{x}_1=\boldsymbol{0},\\(\boldsymbol{I}-\boldsymbol{A})\boldsymbol{x}_2=\boldsymbol{0},\\(\boldsymbol{I}-\boldsymbol{A})\boldsymbol{x}_3=-\boldsymbol{x}_2.\end{cases}$$

可见 $\boldsymbol{x}_1$ 和 $\boldsymbol{x}_2$ 分别为对应于两个相异特征值 2 和 1 的特征向量,且

$$\boldsymbol{x}_1=(0,0,1)^{\mathrm{T}},\qquad \boldsymbol{x}_2=(1,2,-1)^{\mathrm{T}},$$

而 $\boldsymbol{x}_3$ 是广义特征向量:$\boldsymbol{x}_3=(0,1,-1)^{\mathrm{T}}$. 故所求的矩阵 $\boldsymbol{C}$ 为

$$\boldsymbol{C}=\begin{bmatrix}0&1&0\\0&2&1\\1&-1&-1\end{bmatrix}.$$

又 $\lambda_1=1$ 是例 2.2.2 的矩阵的 4 重特征值,于是可利用式(2.2.18)求 $\boldsymbol{C}$. 先解

$$(\lambda_1-\boldsymbol{A})\boldsymbol{x}_1=\boldsymbol{0}\quad 得\quad \boldsymbol{x}_1=(8,0,0,0)^{\mathrm{T}}.$$

再解

$$(\boldsymbol{I}-\boldsymbol{A})\boldsymbol{x}_2=-\boldsymbol{x}_1\quad 得\quad \boldsymbol{x}_2=(4,4,0,0)^{\mathrm{T}},$$
$$(\boldsymbol{I}-\boldsymbol{A})\boldsymbol{x}_3=-\boldsymbol{x}_2\quad 得\quad \boldsymbol{x}_3=(0,-1,2,0)^{\mathrm{T}},$$
$$(\boldsymbol{I}-\boldsymbol{A})\boldsymbol{x}_4=-\boldsymbol{x}_3\quad 得\quad \boldsymbol{x}_4=(0,1,-2,1)^{\mathrm{T}}.$$

故得

$$\boldsymbol{C}=\begin{bmatrix}8&4&0&0\\0&4&-1&1\\0&0&2&-2\\0&0&0&1\end{bmatrix}.$$

化矩阵为相似的若尔当标准形是非常重要的,在很多问题中都涉及这种方法.

例 2.2.6 在解线性代数方程组中的应用. 设有方程组

$$\boldsymbol{Ax}=\boldsymbol{b},$$

$\boldsymbol{A}$ 为 n 阶方阵,$\boldsymbol{b}$ 为列向量,若有 $\boldsymbol{C}$ 存在,使得

$$\boldsymbol{C}^{-1}\boldsymbol{AC}=\boldsymbol{J},$$

则作代换 $\boldsymbol{x}=\boldsymbol{Cz}$,于是由 $\boldsymbol{Ax}=\boldsymbol{b}$ 得 $\boldsymbol{ACz}=\boldsymbol{b}$,故有

$$\boldsymbol{C}^{-1}\boldsymbol{ACz}=\boldsymbol{C}^{-1}\boldsymbol{b},$$

即有

$$\boldsymbol{Jz}=\boldsymbol{C}^{-1}\boldsymbol{b}.\tag{2.2.19}$$

这时可按 $\boldsymbol{J}$ 的对角块 $\boldsymbol{J}_i$ 把原方程组分解成若干个独立的小方程组来解. 例如,已知

$$\boldsymbol{J}=\begin{bmatrix}2&0&0\\0&1&1\\0&0&1\end{bmatrix},\qquad \boldsymbol{k}=\boldsymbol{C}^{-1}\boldsymbol{b}=\begin{bmatrix}k_1\\k_2\\k_3\end{bmatrix},$$

则方程组 $\boldsymbol{Jz}=\boldsymbol{k}$ 可分解成两个独立的小方程组:

$$2z_1=k_1;\quad \begin{cases}z_2+z_3=k_2,\\z_3=k_3.\end{cases}$$

显然，求解这样的两个独立的方程组是容易的.

例 2.2.7 解线性微分方程组

$$\begin{cases}\dfrac{\mathrm{d}y_1}{\mathrm{d}x}=-y_1+y_2,\\ \dfrac{\mathrm{d}y_2}{\mathrm{d}x}=-4y_1+3y_2,\\ \dfrac{\mathrm{d}y_3}{\mathrm{d}x}=y_1+2y_3.\end{cases}$$

解 方程组右边的系数方阵为

$$\boldsymbol{A}=\begin{bmatrix}-1&1&0\\-4&3&0\\1&0&2\end{bmatrix},$$

令 $\boldsymbol{y}=\begin{bmatrix}y_1\\y_2\\y_3\end{bmatrix}$，则原方程组改写为 $\dfrac{\mathrm{d}\boldsymbol{y}}{\mathrm{d}x}=\boldsymbol{A}\boldsymbol{y}$.

例 2.2.5 中已求出

$$\boldsymbol{C}=\begin{bmatrix}0&1&0\\0&2&1\\1&-1&-1\end{bmatrix},$$

使得

$$\boldsymbol{C}^{-1}\boldsymbol{A}\boldsymbol{C}=\boldsymbol{J}=\begin{bmatrix}2&0&0\\0&1&1\\0&0&1\end{bmatrix}.$$

故作代换 $\boldsymbol{y}=\boldsymbol{C}\boldsymbol{z}$，$\boldsymbol{z}=\begin{bmatrix}z_1\\z_2\\z_3\end{bmatrix}$，则由 $\dfrac{\mathrm{d}\boldsymbol{y}}{\mathrm{d}x}=\boldsymbol{A}\boldsymbol{y}$ 得

$$\frac{\mathrm{d}\boldsymbol{C}\boldsymbol{z}}{\mathrm{d}x}=\boldsymbol{A}\boldsymbol{C}\boldsymbol{z},$$

即

$$\frac{\mathrm{d}\boldsymbol{z}}{\mathrm{d}x}=\boldsymbol{J}\boldsymbol{z},$$

或

$$\frac{\mathrm{d}\boldsymbol{z}}{\mathrm{d}x}=\begin{bmatrix}2&0&0\\0&1&1\\0&0&1\end{bmatrix}\boldsymbol{z}.$$

上面方程的坐标写法是

$$\frac{\mathrm{d}z_1}{\mathrm{d}x}=2z_1,\qquad \frac{\mathrm{d}z_2}{\mathrm{d}x}=z_2+z_3,\qquad \frac{\mathrm{d}z_3}{\mathrm{d}x}=x_3,$$

显然解得

$$z_1=k_1\mathrm{e}^{2x},\qquad z_3=k_3\mathrm{e}^{x}.$$

再解第二个方程得

$$z_2 = e^x\left(\int k_3 e^x e^{-x}\,dx + k_2\right) = e^x(k_3 x + k_2).$$

于是再由 $\boldsymbol{y} = \boldsymbol{C}\boldsymbol{z}$ 即得

$$\begin{aligned} y_1 &= e^x(k_3 x + k_2), \\ y_2 &= e^x(2k_3 x + 2k_2 + k_3), \\ y_3 &= k_1 e^{2x} - e^x(k_3 x + k_2 + k_3), \end{aligned}$$

式中 $k_i(i=1,2,3)$为任意常数.

* 2.2.2 若尔当标准形的其他求法

1. 凯莱-哈密顿定理与最小多项式

先给出 λ 矩阵的多项式写法.例如,二阶三次 λ 矩阵

$$\boldsymbol{A}(\lambda) = \begin{bmatrix} \lambda^3 + \lambda + 1 & \lambda^2 - \lambda + 1 \\ \lambda - 1 & \lambda^3 + \lambda^2 + 2 \end{bmatrix},$$

可写为

$$\begin{aligned} \boldsymbol{A}(\lambda) &= \begin{bmatrix} \lambda^3 + 0\lambda^2 + \lambda + 1 & 0\lambda^3 + \lambda^2 - \lambda + 1 \\ 0\lambda^3 + 0\lambda^2 + \lambda - 1 & \lambda^3 + \lambda^2 + 0\lambda + 2 \end{bmatrix} \\ &= \begin{bmatrix} 1 & 0 \\ 0 & 1 \end{bmatrix}\lambda^3 + \begin{bmatrix} 0 & 1 \\ 0 & 1 \end{bmatrix}\lambda^2 + \begin{bmatrix} 1 & -1 \\ 1 & 0 \end{bmatrix}\lambda + \begin{bmatrix} 1 & 1 \\ -1 & 2 \end{bmatrix}. \end{aligned}$$

一般地,一个次数不超过 m 的 n 阶 λ 矩阵 $\boldsymbol{B}(\lambda)$总可写为

$$\boldsymbol{B}(\lambda) = \boldsymbol{B}_0\lambda^m + \boldsymbol{B}_1\lambda^{m-1} + \cdots + \boldsymbol{B}_{m-1}\lambda + \boldsymbol{B}_m,$$

其中 $\boldsymbol{B}_i(i=0,1,\cdots,m)$为 n 阶常数矩阵,且称该式为 λ 矩阵 $\boldsymbol{B}(\lambda)$的**多项式写法**.

同普通的关于某个变量的多项式一样.形如

$$a_0\boldsymbol{A}^m + a_1\boldsymbol{A}^{m-1} + \cdots + a_{m-1}\boldsymbol{A} + a_m\boldsymbol{I}$$

的式子称为**方阵 A 的多项式**.其中 a_i 为常数,m 为正整数.

例如,设 λ 的多项式 $\varphi(\lambda)$为

$$\varphi(\lambda) = a_0\lambda^m + a_1\lambda^{m-1} + \cdots + a_{m-1}\lambda + a_m,$$

$\boldsymbol{A}$ 为 n 阶方阵,则

$$\varphi(\boldsymbol{A}) = a_0\boldsymbol{A}^m + a_1\boldsymbol{A}^{m-1} + \cdots + a_{m-1}\boldsymbol{A} + a_m\boldsymbol{I}$$

也是 n 阶方阵.

设 $\boldsymbol{A}$ 为任意 n 阶矩阵,其特征多项式为

$$f(\lambda) = \det(\lambda\boldsymbol{I} - \boldsymbol{A}) = \lambda^n + a_1\lambda^{n-1} + a_2\lambda^{n-2} + \cdots + a_{n-1}\lambda + a_n.$$

矩阵 $\boldsymbol{A}$ 与其特征多项式之间有如下重要关系.

定理 2.2.4(凯莱-哈密顿(Cayley-Hamilton)定理) 设 $\boldsymbol{A}$ 是 n 阶矩阵,$f(\lambda)$是 $\boldsymbol{A}$ 的特征多项式,则 $f(\boldsymbol{A}) = \boldsymbol{0}$.

* **证明** 考虑特征矩阵 $\lambda\boldsymbol{I} - \boldsymbol{A}$ 的伴随矩阵$(\lambda\boldsymbol{I} - \boldsymbol{A})^*$,其元素至多是 λ 的 $n-1$ 次多项式,则$(\lambda\boldsymbol{I} - \boldsymbol{A})^*$可表示为

$$(\lambda\boldsymbol{I} - \boldsymbol{A})^* = \boldsymbol{C}_1\lambda^{n-1} + \boldsymbol{C}_2\lambda^{n-2} + \cdots + \boldsymbol{C}_{n-1}\lambda + \boldsymbol{C}_n,$$

其中 $C_1,C_2,\cdots,C_n$ 都是 n 阶数字矩阵.

因为$(\lambda I-A)(\lambda I-A)^*=f(\lambda)I$,即

$$
\begin{aligned}
&(\lambda I-A)(C_1\lambda^{n-1}+C_2\lambda^{n-2}+\cdots+C_{n-1}\lambda+C_n)\\
=&I\lambda^n+a_1I\lambda^{n-1}+\cdots+a_{n-1}I\lambda+a_nI,
\end{aligned}
$$

比较两边 λ 的同次幂的系数矩阵,得

$$
\begin{aligned}
&C_1=I,\\
&C_2-AC_1=a_1I,\\
&C_3-AC_2=a_2I,\\
&\quad\vdots\\
&C_n-AC_{n-1}=a_{n-1}I,\\
&-AC_n=a_nI.
\end{aligned}
$$

用 $A^n,A^{n-1},\cdots,A,I$ 分别左乘上面各式,再两边相加,得

$$
\begin{aligned}
&A^nC_1+A^{n-1}(C_2-AC_1)+A^{n-2}(C_3-AC_2)+\cdots+A(C_n-AC_{n-1})-AC_n\\
=&A^n+a_1A^{n-1}+\cdots+a_{n-1}A+a_nI=f(A).
\end{aligned}
$$

因为上式左边为零矩阵,所以 $f(A)=0$. 证毕

例 2.2.8 设

$$
A=\begin{bmatrix}1&0&-1\\0&\omega&\sqrt{2}\mathrm{i}\\0&0&\omega^2\end{bmatrix},
$$

其中 $\omega=\dfrac{-1+\sqrt{3}\mathrm{i}}{2}$,计算 A^{100}.

解 易见矩阵 A 的特征多项式为

$$(\lambda-1)(\lambda-\omega)(\lambda-\omega^2)=\lambda^3-1,$$

由定理 2.2.4,有 $A^3-I=0$,即 $A^3=I$,所以

$$A^{100}=(A^3)^{33}\cdot A=A.$$

例 2.2.9 设

$$
A=\begin{bmatrix}1&0&0\\1&0&1\\0&1&0\end{bmatrix},
$$

求证:

$$A^n=A^{n-2}+A^2-I,\qquad n\geqslant 3.$$

证明 易知,矩阵 A 的特征多项式为

$$f(\lambda)=(\lambda^2-1)(\lambda-1).$$

令

$$
\begin{aligned}
g(\lambda)&=\lambda^n-\lambda^{n-2}-\lambda^2+1\\
&=\lambda^{n-2}(\lambda^2-1)-(\lambda^2-1)\\
&=(\lambda^2-1)(\lambda^{n-2}-1)\\
&=(\lambda^2-1)(\lambda-1)(\lambda^{n-3}+\lambda^{n-4}+\cdots+\lambda+1),\qquad \lambda\geqslant 3,
\end{aligned}
$$

由定理 2.2.4 可知

$$g(\boldsymbol{A})=\boldsymbol{0},$$

因此

$$\boldsymbol{A}^n=\boldsymbol{A}^{n-2}+\boldsymbol{A}^2-\boldsymbol{I},\qquad n\geqslant 3.$$

定义 2.2.4 设 $\boldsymbol{A}$ 为 n 阶矩阵,如果存在多项式 $\varphi(\lambda)$ 使得 $\varphi(\boldsymbol{A})=\boldsymbol{0}$,则称 $\varphi(\lambda)$ 为 $\boldsymbol{A}$ 的**化零多项式**.

对任意 n 阶矩阵 $\boldsymbol{A}$,$f(\lambda)$ 是 $\boldsymbol{A}$ 的特征多项式,由定理 2.2.4 知 $f(\lambda)$ 为 $\boldsymbol{A}$ 的化零多项式. 如果 $g(\lambda)$ 是任意多项式,则 $g(\lambda)f(\lambda)$ 也是 $\boldsymbol{A}$ 的化零多项式. 因此,任意 n 阶矩阵 $\boldsymbol{A}$ 的化零多项式总存在,并且 $\boldsymbol{A}$ 的特征多项式不一定是 $\boldsymbol{A}$ 的次数最低的化零多项式.

例如,设

$$\boldsymbol{A}=\begin{bmatrix}3 & -1 & 0\\ 0 & 2 & 0\\ 1 & -1 & 2\end{bmatrix},$$

它的特征多项式为 $f(\lambda)=(\lambda-2)^2(\lambda-3)$,故 $f(\boldsymbol{A})=\boldsymbol{0}$,设 $m(\lambda)=(\lambda-2)(\lambda-3)$,容易验证 $m(\boldsymbol{A})=\boldsymbol{0}$.

定义 2.2.5 n 阶矩阵 $\boldsymbol{A}$ 的所有化零多项式中,次数最低且首项系数为 1 的多项式称为 $\boldsymbol{A}$ 的**最小多项式**,记为 $m(\lambda)$.

由定理 2.2.4 知,任意 n 阶矩阵 $\boldsymbol{A}$ 的最小多项式存在且次数不会超过 n.

定理 2.2.5 多项式 $\varphi(\lambda)$ 是矩阵 $\boldsymbol{A}$ 的化零多项式的充要条件是 $\boldsymbol{A}$ 的最小多项式 $m(\lambda)$ 能整除 $\varphi(\lambda)$,即 $m(\lambda)\mid\varphi(\lambda)$. 特别地,有 $m(\lambda)\mid f(\lambda)$,即 $\boldsymbol{A}$ 的最小多项式为其特征多项式的因式.

证明 设 $\varphi(\lambda)$ 是 $\boldsymbol{A}$ 的化零多项式,其次数自然不比 $m(\lambda)$ 的次数低,以 $m(\lambda)$ 除 $\varphi(\lambda)$,得

$$\varphi(\lambda)=q(\lambda)m(\lambda)+r(\lambda),$$

这里,$r(\lambda)\equiv 0$ 或 $r(\lambda)$ 的次数低于 $m(\lambda)$ 的次数. 于是

$$\varphi(\boldsymbol{A})=q(\boldsymbol{A})m(\boldsymbol{A})+r(\boldsymbol{A}).$$

由 $\varphi(\boldsymbol{A})=\boldsymbol{0}$ 和 $m(\boldsymbol{A})=\boldsymbol{0}$ 得 $r(\boldsymbol{A})=\boldsymbol{0}$. 若 $r(\boldsymbol{A})\neq\boldsymbol{0}$,则 $r(\lambda)$ 为 $\boldsymbol{A}$ 的次数低于 $m(\lambda)$ 的化零多项式,这与 $m(\lambda)$ 为最小多项式矛盾. 因此,$r(\lambda)\equiv 0$,即 $m(\lambda)\mid\varphi(\lambda)$.

反之,若 $m(\lambda)\mid\varphi(\lambda)$,则 $\varphi(\lambda)=q(\lambda)m(\lambda)$,于是

$$\varphi(\boldsymbol{A})=q(\boldsymbol{A})m(\boldsymbol{A})=\boldsymbol{0},$$

即 $\varphi(\lambda)$ 为 $\boldsymbol{A}$ 的化零多项式. 证毕

定理 2.2.6 相似矩阵有相同的最小多项式.

证明 设 $\boldsymbol{A}\sim\boldsymbol{B}$,则存在可逆矩阵 $\boldsymbol{P}$,使得

$$\boldsymbol{A}=\boldsymbol{P}^{-1}\boldsymbol{B}\boldsymbol{P},$$

若 $f(\boldsymbol{B})=\boldsymbol{0}$,则有

$$f(\boldsymbol{A})=f(\boldsymbol{P}^{-1}\boldsymbol{B}\boldsymbol{P})=\boldsymbol{P}^{-1}f(\boldsymbol{B})\boldsymbol{P}=\boldsymbol{0}.$$ 证毕

注 定理 2.2.6 的逆定理不成立,即最小多项式相同的两矩阵不一定相似. 例如,设

$$\boldsymbol{A}=\begin{bmatrix}2 & & \\ & 3 & \\ & & 3\end{bmatrix},\qquad \boldsymbol{B}=\begin{bmatrix}2 & & \\ & 2 & \\ & & 3\end{bmatrix},$$

它们的特征多项式分别为$(\lambda-2)(\lambda-3)^2$和$(\lambda-2)^2(\lambda-3)$，由它们的特征多项式不同知它们不相似，但是它们有相同的最小多项式$(\lambda-2)(\lambda-3)$.

由定理2.2.5可知$m(\lambda)\mid f(\lambda)$，那么商$\dfrac{f(\lambda)}{m(\lambda)}$等于什么呢？下面的定理回答了这个问题.

定理2.2.7 n阶矩阵$\boldsymbol{A}$的最小多项式等于它的特征矩阵$(\lambda\boldsymbol{I}-\boldsymbol{A})$中的第$n$个不变因子$d_n(\lambda)$，因而

$$\frac{f(\lambda)}{m(\lambda)}=\frac{\det(\lambda\boldsymbol{I}-\boldsymbol{A})}{m(\lambda)}=\frac{\det(\lambda\boldsymbol{I}-\boldsymbol{A})}{d_n(\lambda)}=D_{n-1}(\lambda).$$

证明参见文献[5](第215页).

推论1 方阵$\boldsymbol{A}$的特征多项式的根必是其最小多项式的根.

证明 将$\boldsymbol{A}$的特征矩阵$\lambda\boldsymbol{I}-\boldsymbol{A}$化为史密斯标准形

$$\lambda\boldsymbol{I}-\boldsymbol{A}\simeq\begin{bmatrix}d_1(\lambda)&&&\\&d_2(\lambda)&&\\&&\ddots&\\&&&d_n(\lambda)\end{bmatrix},$$

于是

$$f(\lambda)=\det(\lambda\boldsymbol{I}-\boldsymbol{A})=d_1(\lambda)d_2(\lambda)\cdots d_n(\lambda).$$

若λ_i为$f(\lambda)$的一个根，则由$f(\lambda_i)=0$可知，λ_i必为某个$d_j(\lambda)$的根. 又由$d_j(\lambda)\mid d_n(\lambda)$可知，$\lambda_i$为$d_n(\lambda)$的根，即$\lambda_i$为$m(\lambda)$的根.

由推论1知，若$f(\lambda)$分解为不同的一次因式的幂积，如

$$f(\lambda)=(\lambda-\lambda_1)^{m_1}(\lambda-\lambda_2)^{m_2}\cdots(\lambda-\lambda_t)^{m_t},$$

其中$\sum\limits_{i=1}^{t}m_i=n$，且每个$m_i>0$，当$i\neq j$时，$\lambda_i\neq\lambda_j$，因此

$$m(\lambda)=(\lambda-\lambda_1)^{l_1}(\lambda-\lambda_2)^{l_2}\cdots(\lambda-\lambda_t)^{l_t},$$

其中$1\leqslant l_i\leqslant m_i$，$i=1,2,\cdots,t$. 特别地，当每个$m_1=1$时，有$t=n$，且每个$l_i=1$，因而这时$m(\lambda)=f(\lambda)$. 这就得到下面的推论：

推论2 若矩阵$\boldsymbol{A}$的特征值互异，则它的最小多项式就是特征多项式.

例2.2.10 求下列方阵的特征多项式与最小多项式：

(1) $\begin{bmatrix}3&1&0\\0&3&0\\0&0&3\end{bmatrix}$； (2) $\begin{bmatrix}a&c_1&&&\\&a&c_2&&\\&&a&\ddots&\\&&&\ddots&c_{n-1}\\&&&&a\end{bmatrix}$ (其中$c_1,c_2,\cdots,c_{n-1}$全不为0)；

(3) $\begin{bmatrix}0&0&\cdots&0&-a_n\\1&0&\cdots&0&-a_{n-1}\\0&1&\cdots&0&-a_{n-2}\\\vdots&\vdots&&\vdots&\vdots\\0&0&\cdots&0&-a_2\\0&0&\cdots&1&-a_1\end{bmatrix}$.

解 (1) 特征多项式为

$$f(\lambda)=\det\begin{bmatrix}\lambda-3 & -1 & \\ & \lambda-3 & \\ & & \lambda-3\end{bmatrix}=(\lambda-3)^3,$$

最小多项式可能是

$$(\lambda-3),\quad(\lambda-3)^2,\quad(\lambda-3)^3$$

中的一个.通过计算可知

$$\boldsymbol{A}-3\boldsymbol{I}=\begin{bmatrix}0 & -1 & 0\\ 0 & 0 & 0\\ 0 & 0 & 0\end{bmatrix}\neq\boldsymbol{0},$$

$$(\boldsymbol{A}-3\boldsymbol{I})^2=\begin{bmatrix}0 & 0 & 0\\ 0 & 0 & 0\\ 0 & 0 & 0\end{bmatrix}=\boldsymbol{0},$$

所以,最小多项式为

$$m(\lambda)=(\lambda-3)^2.$$

或者用初等变换将 $\lambda\boldsymbol{I}-\boldsymbol{A}$ 化为史密斯标准形:

$$\lambda\boldsymbol{I}-\boldsymbol{A}\to\begin{bmatrix}\lambda-3 & -1 & 0\\ 0 & \lambda-3 & 0\\ 0 & 0 & \lambda-3\end{bmatrix}$$

$$\to\begin{bmatrix}-1 & \lambda-3 & 0\\ \lambda-3 & 0 & 0\\ 0 & 0 & \lambda-3\end{bmatrix}$$

$$\to\begin{bmatrix}-1 & \lambda-3 & 0\\ 0 & (\lambda-3)^2 & 0\\ 0 & 0 & \lambda-3\end{bmatrix}$$

$$\to\begin{bmatrix}1 & 0 & 0\\ 0 & \lambda-3 & 0\\ 0 & 0 & (\lambda-3)^2\end{bmatrix},$$

故最小多项式为

$$m(\lambda)=d_3(\lambda)=(\lambda-3)^2.$$

(2) 由例 2.1.5 知,特征矩阵 $\lambda\boldsymbol{I}-\boldsymbol{A}$ 的第 n 个不变因子为 $d_n(\lambda)=(\lambda-a)^n$,故

$$m(\lambda)=(\lambda-a)^n.$$

(3) 由例 2.1.9 知,$d_n(\lambda)=f(\lambda)$,故 $m(\lambda)=f(\lambda)$,即友矩阵的最小多项式就是它的特征多项式.

定理 2.2.8 块对角矩阵 $\boldsymbol{A}=\mathrm{diag}(\boldsymbol{A}_1,\cdots,\boldsymbol{A}_s)$的最小多项式等于其诸对角块的最小多项式的最小公倍式.

证明 设 $\boldsymbol{A}_i$ 的最小多项式为 $m_i(\lambda)(i=1,\cdots,s)$，由于对任意多项式 $\varphi(\lambda)$，有

$$\varphi(\boldsymbol{A})=\operatorname{diag}(\varphi(\boldsymbol{A}_1),\cdots,\varphi(\boldsymbol{A}_s)),$$

如果 $\varphi(\lambda)$ 为 $\boldsymbol{A}$ 的化零多项式，则 $\varphi(\lambda)$ 必为 $\boldsymbol{A}_i(i=1,\cdots,s)$ 的化零多项式，从而 $m_i(\lambda)\mid\varphi(\lambda)(i=1,\cdots,s)$. 因此 $\varphi(\lambda)$ 为 $m_1(\lambda),\cdots,m_s(\lambda)$ 的公倍式.

反过来，如果 $\varphi(\lambda)$ 为 $m_1(\lambda),\cdots,m_s(\lambda)$ 的任一公倍式，则 $\varphi(\boldsymbol{A}_i)=\boldsymbol{0}(i=1,\cdots,s)$，从而 $\varphi(\boldsymbol{A})=\boldsymbol{0}$. 因此，$\boldsymbol{A}$ 的最小多项式为 $m_1(\lambda),\cdots,m_s(\lambda)$ 的公倍式中次数最低者，即它们的最小公倍式. 证毕

定理 2.2.9 设 $\boldsymbol{A}\in\mathbb{C}^{n\times n}$，则 $\boldsymbol{A}$ 的最小多项式为 $\boldsymbol{A}$ 的第 n 个不变因子 $d_n(\lambda)$.

证明 由定理 2.2.2 知 $\boldsymbol{A}$ 相似于若尔当标准形 $\boldsymbol{J}=\operatorname{diag}(\boldsymbol{J}_1,\cdots,\boldsymbol{J}_s)$，其中 $\boldsymbol{J}_i$ 为若尔当块. 由定理 2.1.6 和定理 2.2.6 知 $\boldsymbol{A}$ 与 $\boldsymbol{J}$ 有相同的不变因子和最小多项式. 而由定理 2.2.8 知 $\boldsymbol{J}$ 的最小多项式为 $\boldsymbol{J}_1,\cdots,\boldsymbol{J}_s$ 的最小多项式的最小公倍式. 因为 $\boldsymbol{J}_i$ 的最小多项式为 $(\lambda-\lambda_i)^{n_i}(i=1,2,\cdots,s)$，而 $(\lambda-\lambda_1)^{n_1},(\lambda-\lambda_2)^{n_2},\cdots,(\lambda-\lambda_s)^{n_s}$ 的最小公倍式是 $\boldsymbol{J}$ 的第 n 个不变因子 $d_n(\lambda)$. 因此 $\boldsymbol{A}$ 的最小多项式就是 $\boldsymbol{A}$ 的第 n 个不变因子 $d_n(\lambda)$. 证毕

由定理 2.2.2 的推论和定理 2.2.9 可得如下定理.

定理 2.2.10 n 阶矩阵 $\boldsymbol{A}$ 相似于对角矩阵的充分必要条件是 $\boldsymbol{A}$ 的最小多项式 $m(\lambda)$ 没有重零点.

例 2.2.11 如果 n 阶矩阵 $\boldsymbol{A}$ 满足 $\boldsymbol{A}^2=\boldsymbol{A}$，则称矩阵 $\boldsymbol{A}$ 为**幂等矩阵**. 证明：幂等矩阵 $\boldsymbol{A}$ 一定相似于对角矩阵.

证明 记 $\varphi(\lambda)=\lambda^2-\lambda$，则 $\varphi(\lambda)$ 是 $\boldsymbol{A}$ 的化零多项式. 由定理 2.2.5 知 $\boldsymbol{A}$ 的最小多项式 $m(\lambda)$ 整除 $\varphi(\lambda)$. 因为 $\varphi(\lambda)=0$ 没有重根，所以 $m(\lambda)=0$ 也没有重根. 根据定理 2.2.10 知 $\boldsymbol{A}$ 相似于对角矩阵. 证毕

2. 幂零矩阵的若尔当标准形

设 $\boldsymbol{A}$ 为一个非零的 n 阶幂零矩阵，即存在正整数 m 使 $\boldsymbol{A}^m=\boldsymbol{0}$，但 $\boldsymbol{A}^{m-1}\neq\boldsymbol{0}$. 称 m 为 $\boldsymbol{A}$ 的幂零指标. 显然，这时 $\boldsymbol{A}$ 的最小多项式为 λ^m. 由此我们可得如下引理.

引理 $\boldsymbol{A}$ 为一个幂零矩阵 $\Leftrightarrow\boldsymbol{A}$ 的特征值全为零.

由引理我们知道，若 $\boldsymbol{A}$ 为一个 n 阶幂零矩阵，则 $\boldsymbol{A}$ 有如下形式的若尔当标准形：

$$\boldsymbol{N}=\begin{bmatrix}\boldsymbol{N}_1 & & & \\ & \boldsymbol{N}_2 & & \\ & & \ddots & \\ & & & \boldsymbol{N}_s\end{bmatrix},\quad \boldsymbol{N}_i=\begin{bmatrix}0 & 1 & & & \\ & 0 & 1 & & \\ & & \ddots & \ddots & \\ & & & \ddots & 1\\ & & & & 0\end{bmatrix}_{n_i\times n_i},\quad i=1,2,\cdots,s \tag{2.2.20}$$

定理 2.2.11 设 n 阶幂零矩阵 $\boldsymbol{A}$ 的若尔当标准形为(2.2.20)，幂零指标为 m. 则

(1) $m=\max\{n_i\mid 1\leqslant i\leqslant s\}$；

(2) $\boldsymbol{A}$ 的零度(即 $\boldsymbol{A}$ 的零化空间的维数)等于 $\boldsymbol{N}$ 中若尔当块的个数 s；

(3) 记 $\boldsymbol{N}$ 中 k 阶若尔当块的个数为 ℓ_k，$\boldsymbol{A}^k$ 的零度为 η_k，$1\leqslant k\leqslant n$，则

$$\ell_1=2\eta_1-\eta_2=2s-\eta_2, \tag{2.2.21}$$

$$\ell_k=2\eta_k-\eta_{k-1}-\eta_{k+1},\quad 2\leqslant k\leqslant m. \tag{2.2.22}$$

证明 (1) 由于 $\boldsymbol{A}$ 与 $\boldsymbol{N}$ 相似,所以 $\boldsymbol{A}^k=\boldsymbol{0}\Leftrightarrow\boldsymbol{N}^k=\boldsymbol{0},k\in\mathbb{Z}_+$. 因

$$\boldsymbol{N}^k=\begin{bmatrix}\boldsymbol{N}_1^k & & & \\ & \boldsymbol{N}_2^k & & \\ & & \ddots & \\ & & & \boldsymbol{N}_s^k\end{bmatrix},$$

且 $\boldsymbol{N}_i^{n_i}=\boldsymbol{0},\boldsymbol{N}_i^{n_i-1}\neq\boldsymbol{0}$,所以 $\boldsymbol{N}$ 的幂零指标为 $m\Leftrightarrow n_i\leqslant m,1\leqslant i\leqslant s$,且存在 i,使 $n_i=m$.

(2) 设 $\boldsymbol{A}$ 的零度为 η_1,则

$$\eta_1=n-\operatorname{rank}(\boldsymbol{A})=n-\operatorname{rank}(\boldsymbol{N})=\sum_{i=1}^{s}n_i-\sum_{i=1}^{s}(n_i-1)=s.$$

(3) 根据 $\boldsymbol{A}^k$ 的零度等于 $\boldsymbol{N}^k$ 的零度,等于 $\boldsymbol{N}_i^k$ 的零度之和($i=1,2,\cdots,s$),且

$$\boldsymbol{N}_i^k\text{ 的零度}=\begin{cases}k, & k\leqslant n_i,\\ n_i, & k>n_i,\end{cases} \tag{2.2.23}$$

由式(2.2.23)有

$$\eta_1=\boldsymbol{A}\text{ 的零度}=\boldsymbol{N}\text{ 的零度}=\sum_{i=1}^{s}(\boldsymbol{N}_i\text{ 的零度})=\sum_{i=1}^{s}1=s=\sum_{k\geqslant 1}\ell_k \tag{2.2.24}$$

$$\begin{aligned}\eta_2&=\boldsymbol{A}^2\text{ 的零度}=\boldsymbol{N}^2\text{ 的零度}=\sum_{i=1}^{s}(\boldsymbol{N}_i^2\text{ 的零度})\\&=\sum_{i:n_i<2}(\boldsymbol{N}_i^2\text{ 的零度})+\sum_{i:n_i\geqslant 2}(\boldsymbol{N}_i^2\text{ 的零度})=\ell_1+2\sum_{k\geqslant 2}\ell_k,\end{aligned} \tag{2.2.25}$$

$$\vdots$$

$$\begin{aligned}\eta_j&=\boldsymbol{A}^j\text{ 的零度}=\boldsymbol{N}^j\text{ 的零度}=\sum_{i=1}^{s}(\boldsymbol{N}_i^j\text{ 的零度})\\&=\sum_{i:n_i<j}(\boldsymbol{N}_i^j\text{ 的零度})+\sum_{i:n_i\geqslant j}(\boldsymbol{N}_i^j\text{ 的零度})=\sum_{k<j}k\ell_k+j\sum_{k\geqslant j}\ell_k,\end{aligned} \tag{2.2.26}$$

$$\vdots$$

由式(2.2.24)及式(2.2.25)即可推出式(2.2.21). 而式(2.2.22)可由式(2.2.26)推出. 证毕

我们在求幂零矩阵的若尔当标准形时,总是把阶数大的若尔当块放在前面(在这个意义下,对应的若尔当标准形是唯一的.)

上述定理给了我们一个求幂零矩阵的若尔当标准形的方法.

例 2.2.12 试证下列矩阵为幂零矩阵,并求其若尔当标准形:

$$\boldsymbol{A}=\begin{bmatrix}-1 & 0 & -1 & -1\\ 1 & 1 & 0 & 1\\ 1 & 1 & 0 & 1\\ 0 & -1 & 1 & 0\end{bmatrix}.$$

解 直接计算便知 $\boldsymbol{A}^2=\boldsymbol{0}$. 因此 $\boldsymbol{A}$ 为幂零矩阵,且幂零指数为 2.

注意到任何幂零矩阵的若尔当标准形除了次对角线上的元素可能为1或0外，其他位置的元素均为零，因此 $\boldsymbol{A}$ 的若尔当标准形为

$$\boldsymbol{N}=\begin{bmatrix}0 & a_1 & & \\ & 0 & a_2 & \\ & & 0 & a_3 \\ & & & 0\end{bmatrix},$$

其中 a_1,a_2,a_3 为0或1. 由于 $\boldsymbol{A}\neq\boldsymbol{0}$，至少有一个 $a_i\neq 0$，因此 $a_1=1$，又由于 $\boldsymbol{A}$ 的幂零指标为2，因此没有大于二阶的若尔当块，即 $a_2=0$. 至于 a_3 为0或1，只需看 $\boldsymbol{A}$ 的秩便知，直接观察便知 $\operatorname{rank}(\boldsymbol{A})>1$（因为秩小于或等于1的矩阵的每一行必成比例. 实际上很容易求出 $\operatorname{rank}(\boldsymbol{A})=2$），因此 $a_3=1$. 所以 $\boldsymbol{A}$ 的若尔当标准形为

$$\boldsymbol{N}=\begin{bmatrix}0 & 1 & & \\ & 0 & & \\ & & 0 & 1 \\ & & & 0\end{bmatrix}.$$

习 题 2

1. 下列矩阵能否与对角矩阵相似？若能与对角矩阵相似，则求出可逆矩阵 $\boldsymbol{P}$，使 $\boldsymbol{P}^{-1}\boldsymbol{AP}$ 为对角矩阵.

(1) $\boldsymbol{A}=\begin{bmatrix}3 & 4\\ 5 & 2\end{bmatrix}$； (2) $\boldsymbol{A}=\begin{bmatrix}5 & -3 & 2\\ 6 & -4 & 4\\ 4 & -4 & 5\end{bmatrix}$； (3) $\boldsymbol{A}=\begin{bmatrix}0 & 1 & 0\\ -4 & 4 & 0\\ -2 & 1 & 2\end{bmatrix}$.

2. 求下列矩阵的特征矩阵的不变因子及初等因子.

(1) $\boldsymbol{A}=\begin{bmatrix}-1 & & & \\ & -2 & & \\ & & 1 & \\ & & & 2\end{bmatrix}$； (2) $\boldsymbol{A}=\begin{bmatrix}1 & 2 & 0\\ 0 & 2 & 0\\ -2 & -2 & -1\end{bmatrix}$；

(3) $\boldsymbol{A}=\begin{bmatrix}-1 & -2 & -1 & 0\\ 2 & -1 & 0 & -1\\ 0 & 0 & -1 & -2\\ 0 & 0 & 2 & -1\end{bmatrix}$.

3. 判断下列两个λ矩阵是否相抵：

$$\boldsymbol{A}(\lambda)=\begin{bmatrix}3\lambda+1 & \lambda & 4\lambda-1\\ 1-\lambda^2 & \lambda-1 & \lambda-\lambda^2\\ \lambda^2+\lambda+2 & \lambda & \lambda^2+2\lambda\end{bmatrix},\qquad \boldsymbol{B}(\lambda)=\begin{bmatrix}\lambda+1 & \lambda-2 & \lambda^2-2\lambda\\ 2\lambda & 2\lambda-3 & \lambda^2-2\lambda\\ -2 & 1 & 1\end{bmatrix}.$$

4. 求下列λ矩阵的不变因子：

(1) $\begin{bmatrix}\lambda & -1 & 0 & 0\\ 0 & \lambda & -1 & 0\\ 0 & 0 & \lambda & -1\\ 5 & 4 & 3 & \lambda+2\end{bmatrix}$； (2) $\begin{bmatrix}\lambda+\alpha & \beta & 1 & 0\\ -\beta & \lambda+\alpha & 0 & 1\\ 0 & 0 & \lambda+\alpha & \beta\\ 0 & 0 & -\beta & \lambda+\alpha\end{bmatrix}$.

5. 已知

$$A=\begin{bmatrix}-1&0&1\\1&2&0\\-4&0&3\end{bmatrix},$$

求 A^{100}.

6. 求下列λ矩阵的不变因子:

(1) $\begin{bmatrix}\lambda-2&-1&0\\0&\lambda-2&-1\\0&0&\lambda-2\end{bmatrix}$;　(2) $\begin{bmatrix}\lambda&-1&0&0\\0&\lambda&-1&0\\0&0&\lambda&-1\\5&4&3&\lambda+2\end{bmatrix}$;

(3) $\begin{bmatrix}0&0&1&\lambda+2\\0&1&\lambda+2&0\\1&\lambda+2&0&0\\\lambda+2&0&0&0\end{bmatrix}$.

7. 求下列λ矩阵的初等因子:

(1) $\begin{bmatrix}\lambda^3+2&\lambda^3+1\\2\lambda^3-\lambda^2-\lambda+3&2\lambda^3-\lambda^2-\lambda+2\end{bmatrix}$;　(2) $\begin{bmatrix}\lambda^3-2\lambda^2+2\lambda-1&\lambda^2-2\lambda+1\\2\lambda^3-2\lambda^2+\lambda-1&2\lambda^2-2\lambda\end{bmatrix}$.

8. 求下列λ矩阵的史密斯标准形.

$$A(\lambda)=\begin{bmatrix}0&\lambda(\lambda-1)&0\\\lambda&0&\lambda+1\\0&0&-\lambda+2\end{bmatrix}.$$

9. 化下列矩阵为史密斯标准形:

(1) $\begin{bmatrix}1-\lambda&\lambda^2&\lambda\\\lambda&\lambda&-\lambda\\1+\lambda^2&\lambda^2&-\lambda^2\end{bmatrix}$;　(2) $\begin{bmatrix}0&0&0&\lambda^2\\0&0&\lambda^2-\lambda&0\\0&(\lambda-1)^2&0&0\\\lambda^2-\lambda&0&0&0\end{bmatrix}$;

(3) $\begin{bmatrix}3\lambda^2+2\lambda-3&2\lambda-1&\lambda^2+2\lambda-3\\4\lambda^2+3\lambda-5&3\lambda-2&\lambda^2+3\lambda-4\\\lambda^2+\lambda-4&\lambda-2&\lambda-1\end{bmatrix}$;　(4) $\begin{bmatrix}2\lambda&3&0&1&\lambda\\4\lambda&3\lambda+6&0&\lambda+2&2\lambda\\0&6\lambda&\lambda&2\lambda&0\\\lambda-1&0&\lambda-1&0&0\\3\lambda-3&1-\lambda&2\lambda-2&0&0\end{bmatrix}$.

10. 求下列λ矩阵的史密斯标准形:

(1) $\begin{bmatrix}\lambda^2-1&0\\0&(\lambda-1)^2\end{bmatrix}$;　(2) $\begin{bmatrix}0&0&1&\lambda+4\\0&1&\lambda+4&0\\1&\lambda+4&0&0\\\lambda+4&0&0&0\end{bmatrix}$.

11. 设

$$A_1=\begin{bmatrix}3&2&-5\\2&6&-10\\1&2&-3\end{bmatrix},\quad A_2=\begin{bmatrix}6&20&-34\\6&32&-51\\4&20&-32\end{bmatrix},$$

分别求 $\lambda I-A_1$ 与 $\lambda I-A_2$ 的史密斯标准形以及 A_1 与 A_2 的不变因子、行列式因子.

12. 证明：相抵的λ矩阵具有相同的秩与相同的各阶行列式因子.

13. 证明：两个相抵的λ矩阵(方阵)的行列式只相差一个非零的常数因子.

14. 秩相等的两个 $m\times n$ 的λ矩阵是否一定相抵?

15. 证明：一个 $n\times n$ 的λ矩阵可逆的充分必要条件是：行列式 $|\boldsymbol{A}(\lambda)|$ 是一个非零的数.

16. 求 $\boldsymbol{A}(\lambda)=\begin{bmatrix}\lambda-a & c_1 & & & \\ & \lambda-a & c_2 & & \\ & & \lambda-a & \ddots & \\ & & & \ddots & c_{n-1} \\ & & & & \lambda-a\end{bmatrix}$ 的不变因子与初等因子，其中 $a,c_1,\cdots,c_{n-1}$ 都是常数，且 $c_i\neq 0\ (i=1,2,\cdots,n-1)$.

17. 求证：两个 $m\times n$ 的λ矩阵相抵当且仅当它们有相同的各阶行列式因子.

18. 求出下列矩阵的若尔当标准形：

(1) $\boldsymbol{A}=\begin{bmatrix}2 & -1 & -1\\ 2 & -1 & -2\\ -1 & 1 & 2\end{bmatrix}$；　　(2) $\boldsymbol{A}=\begin{bmatrix}4 & 6 & 0\\ -3 & -5 & 0\\ -3 & -6 & 1\end{bmatrix}$；

(3) 第 2 题中的各矩阵.

19. 求下列各矩阵的若尔当标准形：

(1) $\begin{bmatrix}1 & 2 & 0\\ 0 & 2 & 0\\ -2 & -1 & -1\end{bmatrix}$；　(2) $\begin{bmatrix}3 & 7 & -3\\ -2 & -5 & 2\\ -4 & -10 & 3\end{bmatrix}$；　(3) $\begin{bmatrix}3 & 1 & 0 & 0\\ -4 & -1 & 0 & 0\\ 7 & 1 & 2 & 1\\ -7 & -6 & -1 & 0\end{bmatrix}$.

20. 试判断下面 4 个矩阵，哪些是相似的，为什么?

$\boldsymbol{A}=\begin{bmatrix}-3 & 3 & -2\\ -7 & 6 & -3\\ 1 & -1 & 2\end{bmatrix}$，　$\boldsymbol{B}=\begin{bmatrix}0 & 1 & -1\\ -4 & 4 & -2\\ -2 & 1 & 1\end{bmatrix}$，

$\boldsymbol{C}=\begin{bmatrix}0 & -1 & -1\\ -3 & -1 & -2\\ 7 & 5 & 6\end{bmatrix}$，　$\boldsymbol{D}=\begin{bmatrix}0 & 1 & 2\\ 0 & 1 & 1\\ 0 & 0 & 2\end{bmatrix}$.

21. 设矩阵

$$\boldsymbol{A}=\begin{bmatrix}1 & 4 & 2\\ 0 & -3 & -4\\ 0 & 4 & 3\end{bmatrix},$$

求 $\boldsymbol{A}^5$.

22. 设矩阵

$$\boldsymbol{A}=\begin{bmatrix}2 & -1 & -1\\ 2 & -1 & -2\\ -1 & 1 & 2\end{bmatrix},$$

求 $\boldsymbol{A}$ 的若尔当标准形 $\boldsymbol{J}$，并求相似变换矩阵 $\boldsymbol{P}$，使得 $\boldsymbol{P}^{-1}\boldsymbol{A}\boldsymbol{P}=\boldsymbol{J}$.

23. 证明：若尔当块

$$\boldsymbol{J}(a)=\begin{bmatrix}a & 1 & 0\\ 0 & a & 1\\ 0 & 0 & a\end{bmatrix}$$

相似于矩阵

$$\begin{bmatrix} a & \varepsilon & 0 \\ 0 & a & \varepsilon \\ 0 & 0 & a \end{bmatrix},$$

这里 $\varepsilon \neq 0$ 为任意实数.

24. 已知 10 阶矩阵

$$\boldsymbol{A}=\begin{bmatrix} a & 1 & & & \\ & a & 1 & & \\ & & \ddots & \ddots & \\ & & & & 1 \\ & & & & a \end{bmatrix}_{10\times 10}, \quad \boldsymbol{B}=\begin{bmatrix} a & 1 & & & \\ & a & 1 & & \\ & & & \ddots & \\ & & & & 1 \\ \varepsilon & & & & a \end{bmatrix}_{10\times 10},$$

其中 $\varepsilon=10^{-10}$,证明 $\boldsymbol{A}$ 不相似于 $\boldsymbol{B}$.

25. 已知 $\boldsymbol{A}^2=\boldsymbol{A}$,证明:$\boldsymbol{A}$ 相似于矩阵

$$\begin{bmatrix} 1 & & & & & \\ & \ddots & & & & \\ & & 1 & & & \\ & & & 0 & & \\ & & & & \ddots & \\ & & & & & 0 \end{bmatrix}.$$

26. 设矩阵 $\boldsymbol{A}$ 的特征值互不相同,且有 $\boldsymbol{AB}=\boldsymbol{BA}$,证明:$\lambda\boldsymbol{I}-\boldsymbol{B}$ 的初等因子均为一次因式.

27. 设 $\boldsymbol{A}\neq\boldsymbol{0}$,$\boldsymbol{A}^k=\boldsymbol{0}(k\geqslant 2)$. 证明:$\boldsymbol{A}$ 不能与对角矩阵相似.

28. 求下列矩阵的若尔当标准形及其相似变换矩阵 $\boldsymbol{P}$:

(1) $\begin{bmatrix} 1 & 2 & 0 \\ 0 & 2 & 0 \\ -2 & -2 & 1 \end{bmatrix}$; (2) $\begin{bmatrix} -1 & 1 & 1 \\ -5 & 21 & 17 \\ 6 & -26 & -21 \end{bmatrix}$;

(3) $\begin{bmatrix} 4 & 5 & -2 \\ -2 & -2 & 1 \\ -1 & -1 & 1 \end{bmatrix}$; (4) $\begin{bmatrix} 3 & 0 & 8 \\ 3 & -1 & 6 \\ -2 & 0 & -5 \end{bmatrix}$.

29. 用求矩阵秩的方法求下面矩阵的若尔当标准形:

$$\boldsymbol{A}=\begin{bmatrix} 8 & -3 & 6 \\ 3 & -2 & 0 \\ -4 & 2 & -2 \end{bmatrix}.$$

30. 试写出若尔当标准形均为

$$\boldsymbol{J}=\begin{bmatrix} 1 & 0 & 0 \\ 0 & 2 & 1 \\ 0 & 0 & 2 \end{bmatrix}$$

的两个矩阵.

31. 已知 $\boldsymbol{A}^2=\boldsymbol{I}$,证明:$\boldsymbol{A}$ 相似于矩阵

$$\begin{bmatrix} 1 & & & & & \\ & \ddots & & & & \\ & & 1 & & & \\ & & & -1 & & \\ & & & & \ddots & \\ & & & & & -1 \end{bmatrix}.$$

32. 已知 $\boldsymbol{A}^k=\boldsymbol{I}$（$k$ 为正整数），证明：$\boldsymbol{A}$ 与对角矩阵相似.

33. 求证：n 阶非零矩阵 $\boldsymbol{A}$ 可对角化的充要条件是对于任意的常数 k 都有 $\operatorname{rank}(k\boldsymbol{I}-\boldsymbol{A})=\operatorname{rank}(k\boldsymbol{I}-\boldsymbol{A})^2$.

34. 已知矩阵

$$\boldsymbol{A}=\begin{bmatrix}3&0&0\\a&3&0\\c&b&2\end{bmatrix}.$$

(1) 求 $\boldsymbol{A}$ 的所有可能的若尔当标准形；

(2) 给出 $\boldsymbol{A}$ 可对角化条件.

35. 求可逆矩阵 $\boldsymbol{P}$ 及 $\boldsymbol{J}$，使 $\boldsymbol{P}^{-1}\boldsymbol{AP}=\boldsymbol{J}$，其中

$$\boldsymbol{A}=\begin{bmatrix}2&-1&-1\\2&-1&-2\\-1&1&2\end{bmatrix}.$$

36. 设 $W=\operatorname{Span}(\mathrm{e}^x,x\mathrm{e}^x,x^2\mathrm{e}^x,\mathrm{e}^{2x})$ 为函数向量 $\mathrm{e}^x,x\mathrm{e}^x,x^2\mathrm{e}^x,\mathrm{e}^{2x}$ 生成的四维空间，$\mathscr{D}$ 为导数变换.

(1) 求 $\mathscr{D}$ 在基 $\mathrm{e}^x,x\mathrm{e}^x,x^2\mathrm{e}^x,\mathrm{e}^{2x}$ 下的矩阵；

(2) 找一组基，使 $\mathscr{D}$ 在此基下为若尔当标准形.

37. 在多项式空间 $P[x]_{n-1}$ 中，$\mathscr{D}$ 是 $P[x]_{n-1}$ 的一个导数变换，证明 $\mathscr{D}$ 在任一基下的矩阵是不可对角化的.

38. $\boldsymbol{A}$ 为 n 阶方阵，证明：$\boldsymbol{A}^{\mathrm{T}}$ 与 $\boldsymbol{A}$ 有相同的若尔当标准形.

39. 设 $\boldsymbol{A}$ 是主对角元为 0 的 n 阶上三角矩阵，证明存在正整数 k，使 $\boldsymbol{A}^k=\boldsymbol{0}$.

40. 设 $\boldsymbol{A}$ 是 n 阶不可逆矩阵，但不是幂零矩阵，证明存在可逆矩阵 $\boldsymbol{P}$，使得

$$\boldsymbol{P}^{-1}\boldsymbol{AP}=\begin{bmatrix}\boldsymbol{B}&\boldsymbol{0}\\\boldsymbol{0}&\boldsymbol{C}\end{bmatrix},$$

其中 $\boldsymbol{B}$ 是可逆块矩阵，$\boldsymbol{C}$ 为幂零块矩阵(即 $\boldsymbol{C}^k=\boldsymbol{0}$).

41. 设 $\boldsymbol{A},\boldsymbol{B}\in\mathbb{C}^{n\times n}$，且 $\boldsymbol{A}^n=\boldsymbol{0},\boldsymbol{B}^n=\boldsymbol{0}$，但 $\boldsymbol{A}^{n-1}\neq\boldsymbol{0},\boldsymbol{B}^{n-1}\neq\boldsymbol{0}$，证明 $\boldsymbol{A}$ 与 $\boldsymbol{B}$ 相似.

42. 设 $\boldsymbol{A}(\lambda)$ 为 5 阶 λ 矩阵，其秩为 4，初等因子为 $\lambda,\lambda^2,\lambda^2,\lambda-1,\lambda-1,\lambda+1,(\lambda+1)^3$. 试求 $\boldsymbol{A}(\lambda)$ 的不变因子并写出其标准形.

43. 已知 7 阶 λ 矩阵 $\boldsymbol{A}(\lambda)$ 的秩为 5，初等因子是 $\lambda,\lambda,\lambda^3,\lambda-2,(\lambda-2)^4,(\lambda-2)^4$. 求 $\boldsymbol{A}(\lambda)$ 的各阶子式的最高公因子.

44. 试证 $\begin{bmatrix}2&1\\-1&0\end{bmatrix}$ 的若尔当标准形是 $\begin{bmatrix}1&1\\0&1\end{bmatrix}$，并求可逆矩阵 $\boldsymbol{P}$，使 $\boldsymbol{P}^{-1}\begin{bmatrix}2&1\\-1&0\end{bmatrix}\boldsymbol{P}=\begin{bmatrix}1&1\\0&1\end{bmatrix}$.

45. 试证：假如有正整数 m，使 $\boldsymbol{A}^m=\boldsymbol{I}$，则 $\boldsymbol{A}$ 与对角矩阵相似. 这样的矩阵 $\boldsymbol{A}$ 的特征值只能是哪些数？

46. 证明：任意方阵可表示为两个对称方阵的乘积，且其中一个是可逆的.

47. 应用矩阵的若尔当标准形求解线性微分方程组

$$\begin{cases}\dfrac{\mathrm{d}x_1}{\mathrm{d}t}=-x_1+x_2,\\[2mm]\dfrac{\mathrm{d}x_2}{\mathrm{d}t}=-4x_1+3x_2,\\[2mm]\dfrac{\mathrm{d}x_3}{\mathrm{d}t}=-8x_1+8x_2-x_3,\end{cases}$$

这里 x_1,x_2,x_3 都是 t 的未知函数.

48. 设 $\boldsymbol{A}$ 具有唯一特征值但 $\boldsymbol{A}$ 不是对角矩阵,证明 $\boldsymbol{A}$ 一定不相似于对角矩阵.

49. 在复数域上求矩阵

$$\boldsymbol{A}=\begin{bmatrix}-4 & 2 & 10\\ -4 & 3 & 7\\ -3 & 1 & 7\end{bmatrix}$$

的若尔当标准形 $\boldsymbol{J}$,并求出可逆矩阵 $\boldsymbol{P}$,使得 $\boldsymbol{P}^{-1}\boldsymbol{A}\boldsymbol{P}=\boldsymbol{J}$.

50. 设矩阵

$$\boldsymbol{A}=\begin{bmatrix}1 & 0 & 2\\ 0 & -1 & 1\\ 0 & 1 & 0\end{bmatrix},$$

试计算 $2\boldsymbol{A}^8-3\boldsymbol{A}^5+\boldsymbol{A}^4+\boldsymbol{A}^2-4\boldsymbol{I}$.

51. 设矩阵

$$\boldsymbol{A}=\begin{bmatrix}2 & -1\\ 1 & 3\end{bmatrix},$$

试计算 $(\boldsymbol{A}^4-5\boldsymbol{A}^3+6\boldsymbol{A}^2+6\boldsymbol{A}-8\boldsymbol{I})^{-1}$.

52. 已知三阶矩阵 $\boldsymbol{A}$ 的三个特征值为 $1,-1,2$,试将 $\boldsymbol{A}^{2n}$ 表示为 $\boldsymbol{A}$ 的二次式.

53. 求 $g(\boldsymbol{A})=\boldsymbol{A}^7-\boldsymbol{A}^5-19\boldsymbol{A}^4+28\boldsymbol{A}^3+6\boldsymbol{A}-4\boldsymbol{I}$,其中

$$\boldsymbol{A}=\begin{bmatrix}-1 & 1 & 0\\ -4 & 3 & 0\\ 1 & 0 & 2\end{bmatrix}.$$

54. 已知矩阵 $\boldsymbol{A}=\begin{bmatrix}1 & 1 & 0\\ 0 & 0 & 1\\ 0 & 1 & 0\end{bmatrix}$,证明 $n\geqslant 3$ 时,恒有 $\boldsymbol{A}^n=\boldsymbol{A}^{n-2}+\boldsymbol{A}^2-\boldsymbol{I}$,并计算 $\boldsymbol{A}^{1000}$.

55. 设 $\boldsymbol{A}$ 为 n 阶可逆方阵,试将 $\boldsymbol{A}^{-1}$ 表示为 $\boldsymbol{A}$ 的 $n-1$ 次矩阵多项式的形式,若

$$\boldsymbol{A}=\begin{bmatrix}1 & -3 & 3\\ 3 & -5 & 3\\ 6 & -6 & 4\end{bmatrix},$$

求 $\boldsymbol{A}^{-1}$.

56. 举例说明,即使两个 n 阶矩阵 $\boldsymbol{A},\boldsymbol{B}$ 有相同的特征多项式和相同的最小多项式,但 $\boldsymbol{A}$ 与 $\boldsymbol{B}$ 不一定相似.

57. 求下列矩阵的最小多项式:

(1) $\begin{bmatrix}3 & 1 & -1\\ 0 & 2 & 0\\ 1 & 1 & 1\end{bmatrix}$; (2) $\begin{bmatrix}4 & -2 & 2\\ -5 & 7 & -5\\ -6 & 7 & -4\end{bmatrix}$;

(3) n 阶单位矩阵 $\boldsymbol{I}_n$; (4) n 阶方阵 $\boldsymbol{A}$,其元素均为 1;

(5) $\boldsymbol{B}=\begin{bmatrix}a_0 & a_1 & a_2 & a_3\\ -a_1 & a_0 & -a_3 & a_2\\ -a_2 & a_3 & a_0 & -a_1\\ -a_3 & -a_2 & a_1 & a_0\end{bmatrix}$.

58. n 阶方阵 $\boldsymbol{A}$,$\boldsymbol{B}$ 有相同的特征多项式,且它们的最小多项式等于特征多项式,证明 $\boldsymbol{A}$ 和 $\boldsymbol{B}$ 相似.

59. 设 $\boldsymbol{A}\sim\boldsymbol{J}$,求 $\boldsymbol{A}$ 的最小多项式,其中

$$\boldsymbol{J}_{6\times 6}=\begin{bmatrix} 5 & & & & & \\ & 5 & 1 & 0 & & \\ & & 5 & 1 & & \\ & & & 5 & & \\ & & & & 2 & 1 \\ & & & & & 2 \end{bmatrix}=\begin{bmatrix} \boldsymbol{J}_1 & & \\ & \boldsymbol{J}_2 & \\ & & \boldsymbol{J}_3 \end{bmatrix}.$$

60. (1) $\boldsymbol{A}$ 为 4 阶方阵,其特征值为 3,2,2,2,求 $\boldsymbol{A}$ 的可能若尔当标准形;

(2) $\boldsymbol{A}$ 为 4 阶方阵,$\boldsymbol{A}$ 的最小多项式为 $m_{\boldsymbol{A}}(\lambda)=(\lambda-1)(\lambda-2)^2$,求 $\boldsymbol{A}$ 的可能若尔当标准形.

第3章 矩阵的分解

引言　矩阵分解的意义

矩阵分解对矩阵理论及近代计算数学的发展起了关键作用．所谓矩阵分解，就是将一个矩阵写成结构比较简单的或性质比较熟悉的另一些矩阵的乘积．例如，在第1章中，我们已经看到如果 n 阶方阵 $\boldsymbol{A}$ 是非亏损的，则 $\boldsymbol{A}$ 可化为相似的对角矩阵

$$\boldsymbol{C}^{-1}\boldsymbol{A}\boldsymbol{C}=\boldsymbol{\Lambda}=\mathrm{diag}(\lambda_1,\lambda_2,\cdots,\lambda_n), \tag{3.0.1}$$

其中 $\lambda_i(i=1,2,\cdots,n)$ 是 $\boldsymbol{A}$ 的特征值，而 $\boldsymbol{C}$ 是由相应的 n 个线性无关的特征向量为列组成的可逆矩阵．式(3.0.1)的本质就是将矩阵 $\boldsymbol{A}$ 分解为三个矩阵的乘积

$$\boldsymbol{A}=\boldsymbol{C}\boldsymbol{\Lambda}\boldsymbol{C}^{-1}. \tag{3.0.2}$$

又如，在第2章中看到任一个实(复)方阵都与若尔当标准形 $\boldsymbol{J}$ 相似，就意味着 $\boldsymbol{A}$ 有分解 $\boldsymbol{A}=\boldsymbol{C}\boldsymbol{J}\boldsymbol{C}^{-1}$，但是，上面仅仅限于在"相似"的条件下来研究矩阵的分解，在应用上有很大的局限性，往往达不到简化计算和深入理论研究的目的．因此本章将要介绍的矩阵分解的特点是不一定考虑矩阵的相似关系而得出的几种分解，并给出具体的矩阵分解方法和计算公式．如在3.1节，讨论的是以初等变换为依据的 $\boldsymbol{LU}$ 三角分解法；3.2节介绍的是以吉文斯与豪斯霍尔德变换为依据的 $\boldsymbol{QR}$ 正交三角分解法；最后还将介绍矩阵的最大秩(满秩)分解、奇异值分解和极分解、谱分解等．所有这些分解在数值代数和最优化问题的解法中都扮演着十分重要的角色．

3.1　矩阵的三角分解

3.1.1　消元过程的矩阵描述

只要我们对大家熟知的高斯消去法的消元过程用矩阵的语言作出描述，就不难建立矩阵的三角分解理论．

设 n 元线性方程组为

$$\begin{cases} a_{11}x_1+a_{12}x_2+\cdots+a_{1n}x_n=b_1, \\ a_{21}x_1+a_{22}x_2+\cdots+a_{2n}x_n=b_2, \\ \quad\vdots \\ a_{n1}x_1+a_{n2}x_2+\cdots+a_{nn}x_n=b_n, \end{cases}$$

或

$$Ax=b, \tag{3.1.1}$$

其中，$A=(a_{ij})_{n\times n}$，$x=(x_1,x_2,\cdots,x_n)^T$，$b=(b_1,b_2,\cdots,b_n)^T$.

高斯消去法的基本思想是利用矩阵的初等行变换化系数矩阵 A 为上三角矩阵. 不妨假定化 A 为上三角矩阵的过程未用到行交换，即按自然顺序进行消元. 其步骤如下：

记

$$A=A^{(1)}=\begin{bmatrix} a_{11}^{(1)} & a_{12}^{(1)} & \cdots & a_{1n}^{(1)} \\ a_{21}^{(1)} & a_{22}^{(1)} & \cdots & a_{2n}^{(1)} \\ \vdots & \vdots & & \vdots \\ a_{n1}^{(1)} & a_{n2}^{(1)} & \cdots & a_{nn}^{(1)} \end{bmatrix}.$$

如果第 1 个主元素 $a_{11}^{(1)}\neq 0$，则分别从第 2 行减去第 1 行乘以 $a_{21}^{(1)}/a_{11}^{(1)}$，第 3 行减去第 1 行乘以 $a_{31}^{(1)}/a_{11}^{(1)}$，如此进行，即可将 $A^{(1)}$ 第 1 列上从第 2 个到第 n 个元素全化为零. 得

$$A^{(2)}=\begin{bmatrix} a_{11}^{(1)} & a_{12}^{(1)} & \cdots & a_{1n}^{(1)} \\ 0 & a_{22}^{(2)} & \cdots & a_{2n}^{(2)} \\ \vdots & \vdots & & \vdots \\ 0 & a_{n2}^{(2)} & \cdots & a_{nn}^{(2)} \end{bmatrix}.$$

若令 $l_{i1}=a_{i1}^{(1)}/a_{11}^{(1)}$，则新元素 $a_{ij}^{(2)}$ 的计算公式应为

$$a_{ij}^{(2)}=a_{ij}^{(1)}-l_{i1}a_{1j}^{(1)}, \qquad i,j=2,3,\cdots,n.$$

以上一共进行了 $n-1$ 次的倍加初等变换，由线性代数知，这相当于给 $A^{(1)}$ 左乘 $n-1$ 个"倍加阵"

$$A^{(2)}=I(1,n(-l_{n1}))\cdots I(1,2(-l_{21}))A^{(1)}.$$

若记

$$L^{(1)}=I(1,n(-l_{n1}))\cdots I(1,2(-l_{21}))$$

$$=\begin{bmatrix} 1 & & & \\ -l_{21} & 1 & & \\ \vdots & & \ddots & \\ -l_{n1} & & & 1 \end{bmatrix}=\begin{bmatrix} 1 & & & \\ -\dfrac{a_{21}^{(1)}}{a_{11}^{(1)}} & 1 & & \\ \vdots & & \ddots & \\ -\dfrac{a_{n1}^{(1)}}{a_{11}^{(1)}} & & & 1 \end{bmatrix}, \tag{3.1.2}$$

于是有

$$L^{(1)}A^{(1)}=\begin{bmatrix} a_{11}^{(1)} & a_{12}^{(1)} & \cdots & a_{1n}^{(1)} \\ 0 & a_{22}^{(2)} & \cdots & a_{2n}^{(2)} \\ \vdots & \vdots & & \vdots \\ 0 & a_{n2}^{(2)} & \cdots & a_{nn}^{(2)} \end{bmatrix}=A^{(2)}. \tag{3.1.3}$$

由此可见，$A^{(1)}=A$ 的第 1 列除主元素 $a_{11}^{(1)}$ 外，其余元素全被化为零，因此特殊的下三角矩阵(3.1.2)称为**消元矩阵**.

类似地，若主元素 $a_{22}^{(2)}\neq 0$，同样可作消元矩阵

$$\boldsymbol{L}^{(2)}=\begin{bmatrix}1 & & & & \\ & 1 & & & \\ & -l_{32} & 1 & & \\ & \vdots & & \ddots & \\ & -l_{n2} & & & 1\end{bmatrix},$$

其中

$$l_{i2}=\frac{a_{i2}^{(2)}}{a_{22}^{(2)}}, \qquad i=3,4,\cdots,n,$$

则可将 $\boldsymbol{A}^{(2)}$ 的第 2 列主对角线以下的元素全化为零,即有

$$\boldsymbol{L}^{(2)}\boldsymbol{A}^{(2)}=\begin{bmatrix}a_{11}^{(1)} & a_{12}^{(1)} & a_{13}^{(1)} & \cdots & a_{1n}^{(1)} \\ & a_{22}^{(2)} & a_{23}^{(2)} & \cdots & a_{2n}^{(2)} \\ & & a_{33}^{(3)} & \cdots & a_{3n}^{(3)} \\ & & \vdots & & \vdots \\ & & a_{n3}^{(3)} & \cdots & a_{nn}^{(3)}\end{bmatrix}=\boldsymbol{A}^{(3)}. \tag{3.1.4}$$

如此继续,经 $n-1$ 步后,则可将 $\boldsymbol{A}$ 变为上三角矩阵

$$\boldsymbol{L}^{(n-1)}\cdots\boldsymbol{L}^{(2)}\boldsymbol{L}^{(1)}\boldsymbol{A}^{(1)}=\begin{bmatrix}a_{11}^{(1)} & a_{12}^{(1)} & \cdots & a_{1n}^{(1)} \\ & a_{22}^{(2)} & \cdots & a_{2n}^{(2)} \\ & & \ddots & \vdots \\ & & & a_{nn}^{(n)}\end{bmatrix}=\boldsymbol{A}^{(n)}. \tag{3.1.5}$$

这种对 $\boldsymbol{A}$ 的元素进行的消元过程便是有名的高斯消元过程,而式(3.1.3)~式(3.1.5)是消元过程的矩阵描述.显然,高斯消元过程能够进行到底当且仅当每一步的主元素 $a_{11}^{(1)}$, $a_{22}^{(2)},\cdots,a_{n-1,n-1}^{(n-1)}$ 都不为零.怎样判别 $\boldsymbol{A}$ 的前 $n-1$ 个主元素是否为零呢?我们有下面的定理.

记 n 阶矩阵 $\boldsymbol{A}$ 的前 $n-1$ 个顺序主子式为

$$\Delta_1=a_{11},\Delta_2=\begin{vmatrix}a_{11} & a_{12} \\ a_{21} & a_{22}\end{vmatrix}, \quad \cdots, \quad \Delta_{n-1}=\begin{vmatrix}a_{11} & \cdots & a_{1,n-1} \\ \vdots & & \vdots \\ a_{n-1,1} & \cdots & a_{n-1,n-1}\end{vmatrix}.$$

定理 3.1.1 当 $\Delta_1,\Delta_2,\cdots,\Delta_{n-1}$ 都不为零时,则 $a_{kk}^{(k)}\neq 0(k=1,2,\cdots,n-1)$.

证明 利用数学归纳法.显然阶数为 1 时结论成立.假设阶数为 $k-1$ 时成立,求证对 k 阶矩阵结论也成立.由归纳法假设知 $a_{ii}^{(i)}\neq 0(i=1,2,\cdots,k-1)$,于是根据前面消元过程有

$$\boldsymbol{L}^{(k-1)}\cdots\boldsymbol{L}^{(2)}\boldsymbol{L}^{(1)}\boldsymbol{A}=\begin{bmatrix}a_{11}^{(1)} & a_{12}^{(1)} & \cdots & \cdots & a_{1n}^{(1)} \\ & a_{22}^{(2)} & \cdots & \cdots & a_{2n}^{(2)} \\ & & \ddots & \vdots & \vdots \\ & & & a_{kk}^{(k)} \cdots & a_{kn}^{(k)} \\ & & & \vdots & \vdots \\ & & & a_{nk}^{(k)} \cdots & a_{nn}^{(k)}\end{bmatrix}=\boldsymbol{A}^{(k)}.$$

由于每一步倍加初等变换不改变矩阵 $\boldsymbol{A}$ 的行列式的值,所以从上面 $\boldsymbol{A}^{(k)}$ 的形状容易看出,矩阵 $\boldsymbol{A}$ 的前 $n-1$ 个顺序主子式应满足下列关系:

$$\Delta_1=a_{11}=a_{11}^{(1)},$$

$$\Delta_2=\begin{vmatrix}a_{11}&a_{12}\\a_{21}&a_{22}\end{vmatrix}=\begin{vmatrix}a_{11}^{(1)}&a_{12}^{(1)}\\0&a_{22}^{(2)}\end{vmatrix}=a_{11}^{(1)}a_{22}^{(2)},$$

$$\vdots$$

$$\Delta_k=\begin{vmatrix}a_{11}&\cdots&a_{1k}\\\vdots&&\vdots\\a_{k1}&\cdots&a_{kk}\end{vmatrix}=\begin{vmatrix}a_{11}^{(1)}&a_{12}^{(1)}&\cdots&a_{1k}^{(1)}\\&a_{22}^{(2)}&\cdots&a_{2k}^{(2)}\\&&\ddots&\vdots\\&&&a_{kk}^{(k)}\end{vmatrix}=a_{11}^{(1)}a_{22}^{(2)}\cdots a_{kk}^{(k)}.\tag{3.1.6}$$

已设 $\Delta_k\neq0$ 及 $a_{ii}^{(i)}\neq0(i=1,2,\cdots,k-1)$，根据式(3.1.6)便有 $a_{kk}^{(k)}\neq0$，即对 k 阶矩阵结论也成立.　　证毕

定理结论与条件交换时也成立. 即如果 $a_{kk}^{(k)}\neq0\,(k=1,2,\cdots,n-1)$，亦可推出 $\Delta_k\neq0(k=1,2,\cdots,n-1)$.

但要注意，这里必须强调只有在前 $n-1$ 个顺序主子式 $\Delta_k\neq0(k=1,2,\cdots,n-1)$时，才能保证前 $n-1$ 个主元素 $a_{kk}^{(k)}\neq0(k=1,2,\cdots,n-1)$. 读者可能会猜想，似乎从式(3.1.6)有 $\Delta_{n-1}=a_{11}^{(1)}a_{22}^{(2)}\cdots a_{n-1,n-1}^{(n-1)}$，因此只要 $\Delta_{n-1}\neq0$ 就可以推得前 $n-1$ 个主元素 $a_{kk}^{(k)}\neq0$ $(k=1,2,\cdots,n-1)$. 这个猜想是不正确的，因为我们在用归纳法证明的过程中，是在假定前 $k-1$ 个主元素 $a_{11}^{(1)},a_{22}^{(2)},\cdots,a_{k-1,k-1}^{(k-1)}$ 都不为零的前提下才推得式(3.1.6)，忽视了这一点就不一定正确了. 例如，有三阶矩阵 $\begin{bmatrix}1&1&2\\2&2&3\\1&2&3\end{bmatrix}$，虽然 $\Delta_3=\begin{vmatrix}1&1&2\\2&2&3\\1&2&3\end{vmatrix}=1\neq0$，可是在消元过程中(不交换两行的情况)仍然有主元素 $a_{22}^{(2)}=0$.

综上所述，可得到下面的定理.

定理 3.1.2　高斯消元过程能够进行到底的充分必要条件是 $\boldsymbol{A}$ 的前 $n-1$ 个顺序主子式都不为零，即

$$\Delta_k\neq0,\qquad k=1,2,\cdots,n-1.\tag{3.1.7}$$

3.1.2　矩阵的三角分解

如前所述，当条件(3.1.7)满足时，由式(3.1.5)并令 $\boldsymbol{U}=\boldsymbol{A}^{(n)}$，有

$$\boldsymbol{L}^{(n-1)}\cdots\boldsymbol{L}^{(2)}\boldsymbol{L}^{(1)}\boldsymbol{A}=\boldsymbol{U}.$$

容易看出 $\det\boldsymbol{L}^{(k)}=1\neq0(k=1,2,\cdots,n-1)$，所以 $n-1$ 个消元矩阵 $\boldsymbol{L}^{(k)}$ 可逆，于是有

$$\boldsymbol{A}=(\boldsymbol{L}^{(1)})^{-1}(\boldsymbol{L}^{(2)})^{-1}\cdots(\boldsymbol{L}^{(n-1)})^{-1}\boldsymbol{U}.$$

按照逆矩阵的定义知

$$(\boldsymbol{L}^{(k)})^{-1}=\begin{bmatrix}1&&&&&\\&\ddots&&&&\\&&1&&&\\&&l_{k+1,k}&1&&\\&&\vdots&&\ddots&\\&&l_{nk}&&&1\end{bmatrix},\qquad k=1,2,\cdots,n-1,$$

它们是下三角矩阵,显然它们的连乘积仍然是下三角矩阵.令

$$L=(L^{(1)})^{-1}(L^{(2)})^{-1}\cdots(L^{(n-1)})^{-1}=\begin{bmatrix}1 & & & & & \\ l_{21} & 1 & & & & \\ l_{31} & l_{32} & 1 & & & \\ l_{41} & l_{42} & l_{43} & \ddots & & \\ \vdots & \vdots & \vdots & \ddots & 1 & \\ l_{n1} & l_{n2} & l_{n3} & \cdots & l_{n,n-1} & 1\end{bmatrix},$$

这是一个对角元素都是1的下三角矩阵,称为**单位下三角矩阵**,则得

$$A=LU. \tag{3.1.8}$$

这样,A 就分解成一个单位下三角矩阵 L 与一个上三角矩阵 U 的乘积.这种分解,矩阵 A 与上三角矩阵 U 显然不相似,如果把式(3.1.8)写成 $A=LUI$,则由第1章知 A 与 U 呈相抵关系,即 $A\simeq U$.

一般地,有如下的定义.

定义 3.1.1 如果方阵 A 可分解成一个下三角矩阵 L 和一个上三角矩阵 U 的乘积,则称 A 可作**三角分解**或 **LU 分解**.如果 L 是单位下三角矩阵,U 为上三角矩阵,此时的三角分解称为**杜利特(Doolittle)分解**;若 L 是下三角矩阵,而 U 是单位上三角矩阵,则称三角分解为**克劳特(Crout)分解**.

下面研究方阵三角分解的存在和唯一性问题.

首先指出,一个方阵的三角分解不是唯一的,从上面定义看到,杜利特分解与克劳特分解就是两种不同的三角分解.其实,方阵的三角分解有无穷多,这是因为如果设 D 是行列式不为零的任意对角矩阵,则

$$A=LU=LDD^{-1}U=(LD)(D^{-1}U)=\tilde{L}\tilde{U},$$

其中 $\tilde{L}$,$\tilde{U}$ 也分别是下、上三角矩阵,从而 $A=\tilde{L}\tilde{U}$ 也是 A 的一个三角分解.因 D 的任意性,所以三角分解不唯一.但是我们可以借助下面的基本定理来回答一个方阵满足什么条件存在三角分解?怎样才是唯一?.

定理 3.1.3(*LDU* 基本定理) 设 A 为 n 阶方阵,则 A 可以唯一地分解为

$$A=LDU \tag{3.1.9}$$

的充分必要条件是 A 的前 $n-1$ 个顺序主子式 $\Delta_k\neq 0(k=1,2,\cdots,n-1)$.其中 L,U 分别是单位下、上三角矩阵,D 是对角矩阵

$$D=\mathrm{diag}(d_1,d_2,\cdots,d_n),$$

$$d_k=\frac{\Delta_k}{\Delta_{k-1}},\qquad k=1,2,\cdots,n,\qquad \Delta_0=1.$$

***证明** 充分性:若 $\Delta_k\neq 0(k=1,2,\cdots,n-1)$,则由定理3.1.2知高斯消元过程得以完成,即实现了一个杜利特分解 $A=L\tilde{U}$,其中 L 为单位下三角矩阵,$\tilde{U}$ 为上三角矩阵,记

$$\tilde{U}=\begin{bmatrix}u_{11} & u_{12} & \cdots & u_{1n}\\ & u_{22} & \cdots & u_{2n}\\ & & \ddots & \vdots\\ & & & u_{nn}\end{bmatrix}=\begin{bmatrix}a_{11}^{(1)} & a_{12}^{(1)} & \cdots & a_{1n}^{(1)}\\ & a_{22}^{(2)} & \cdots & a_{2n}^{(2)}\\ & & \ddots & \vdots\\ & & & a_{nn}^{(n)}\end{bmatrix}=A^{(n)},$$

由定理3.1.1知,$u_{ii}\equiv a_{ii}^{(i)}\neq 0(i=1,2,\cdots,n-1)$.

下面分两种情况讨论：

(1) 若 $\boldsymbol{A}$ 非奇异，由式(3.1.6)有 $\Delta_n=a_{11}^{(1)}a_{22}^{(2)}\cdots a_{nn}^{(n)}=|\boldsymbol{A}|\neq 0$，所以 $a_{nn}^{(n)}=u_{nn}\neq 0$，这时令 $\boldsymbol{D}=\operatorname{diag}(a_{11}^{(1)},a_{22}^{(2)},\cdots,a_{nn}^{(n)})$，则

$$\boldsymbol{D}^{-1}=\operatorname{diag}\left(\frac{1}{a_{11}^{(1)}},\frac{1}{a_{22}^{(2)}},\cdots,\frac{1}{a_{nn}^{(n)}}\right).$$

于是有

$$\boldsymbol{A}=\boldsymbol{L}\widetilde{\boldsymbol{U}}=\boldsymbol{L}\boldsymbol{D}(\boldsymbol{D}^{-1}\widetilde{\boldsymbol{U}})=\boldsymbol{L}\boldsymbol{D}\boldsymbol{U} \tag{3.1.10}$$

是 $\boldsymbol{A}$ 的一个 $\boldsymbol{LDU}$ 分解.

(2) 若 $\boldsymbol{A}$ 奇异，则 $a_{nn}^{(n)}\equiv u_{nn}=0$，此时令 $\boldsymbol{D}=\operatorname{diag}(a_{11}^{(1)},\cdots,a_{n-1,n-1}^{(n-1)},0)$，$\boldsymbol{D}_{n-1}=\operatorname{diag}(a_{11}^{(1)},\cdots,a_{n-1,n-1}^{(n-1)})$，$\boldsymbol{\alpha}=(u_{1n},\cdots,u_{n-1,n})^{\mathrm{T}}$，则

$$\widetilde{\boldsymbol{U}}\equiv\begin{bmatrix}\widetilde{\boldsymbol{U}}_{n-1} & \boldsymbol{\alpha}\\ \boldsymbol{0}^{\mathrm{T}} & 0\end{bmatrix}=\begin{bmatrix}\boldsymbol{D}_{n-1} & \boldsymbol{0}\\ \boldsymbol{0}^{\mathrm{T}} & 0\end{bmatrix}\begin{bmatrix}\boldsymbol{D}_{n-1}^{-1}\widetilde{\boldsymbol{U}}_{n-1} & \boldsymbol{D}_{n-1}^{-1}\boldsymbol{\alpha}\\ \boldsymbol{0}^{\mathrm{T}} & 1\end{bmatrix}=\boldsymbol{D}\boldsymbol{U},$$

因此不论哪种情况，只要 $\Delta_k\neq 0(k=1,2,\cdots,n-1)$时，总存在一个 $\boldsymbol{LDU}$ 分解式(3.1.9)，且结合式(3.1.6)容易知道，$d_k=a_{kk}^{(k)}=\dfrac{\Delta_k}{\Delta_{k-1}}(k=1,2,\cdots,n)$，$\Delta_0=1$.

再证这个分解是唯一的，仍分两种情况讨论.

(1) 当 $\boldsymbol{A}$ 非奇异时，有 $|\boldsymbol{A}|=|\boldsymbol{L}||\boldsymbol{D}||\boldsymbol{U}|\neq 0$，所以 $\boldsymbol{L},\boldsymbol{D},\boldsymbol{U}$ 皆非奇异. 若还存在另一个 $\boldsymbol{LDU}$ 分解 $\boldsymbol{A}=\boldsymbol{L}_1\boldsymbol{D}_1\boldsymbol{U}_1$，这里 $\boldsymbol{L}_1,\boldsymbol{D}_1,\boldsymbol{U}_1$ 也非奇异，于是有

$$\boldsymbol{L}\boldsymbol{D}\boldsymbol{U}=\boldsymbol{L}_1\boldsymbol{D}_1\boldsymbol{U}_1, \tag{3.1.11}$$

上式两端左乘以 $\boldsymbol{L}_1^{-1}$ 以及右乘以 $\boldsymbol{U}^{-1}$ 和 $\boldsymbol{D}^{-1}$，得

$$\boldsymbol{L}_1^{-1}\boldsymbol{L}=\boldsymbol{D}_1\boldsymbol{U}_1\boldsymbol{U}^{-1}\boldsymbol{D}^{-1}, \tag{3.1.12}$$

但式(3.1.12)左端是单位下三角阵，右端是单位上三角阵，所以都应该是单位阵，因此

$$\boldsymbol{L}_1^{-1}\boldsymbol{L}=\boldsymbol{I},\qquad \boldsymbol{D}_1\boldsymbol{U}_1\boldsymbol{U}^{-1}\boldsymbol{D}^{-1}=\boldsymbol{I},$$

即

$$\boldsymbol{L}_1=\boldsymbol{L},\qquad \boldsymbol{U}_1\boldsymbol{U}^{-1}=\boldsymbol{D}_1^{-1}\boldsymbol{D}.$$

由后一个等式类似地可得

$$\boldsymbol{U}_1\boldsymbol{U}^{-1}=\boldsymbol{I},\qquad \boldsymbol{D}_1^{-1}\boldsymbol{D}=\boldsymbol{I},$$

即有

$$\boldsymbol{U}_1=\boldsymbol{U},\qquad \boldsymbol{D}_1=\boldsymbol{D}.$$

(2) 若 $\boldsymbol{A}$ 奇异，则式(3.1.11)可写成分块形式

$$\begin{bmatrix}\widetilde{\boldsymbol{L}}_1 & \boldsymbol{0}\\ \boldsymbol{\beta}_1^{\mathrm{T}} & 1\end{bmatrix}\begin{bmatrix}\widetilde{\boldsymbol{D}}_1 & \boldsymbol{0}\\ \boldsymbol{0}^{\mathrm{T}} & 0\end{bmatrix}\begin{bmatrix}\widetilde{\boldsymbol{U}}_1 & \boldsymbol{\alpha}_1\\ \boldsymbol{0}^{\mathrm{T}} & 1\end{bmatrix}=\begin{bmatrix}\widetilde{\boldsymbol{L}} & \boldsymbol{0}\\ \boldsymbol{\beta}^{\mathrm{T}} & 1\end{bmatrix}\begin{bmatrix}\widetilde{\boldsymbol{D}} & \boldsymbol{0}\\ \boldsymbol{0}^{\mathrm{T}} & 0\end{bmatrix}\begin{bmatrix}\widetilde{\boldsymbol{U}} & \boldsymbol{\alpha}\\ \boldsymbol{0}^{\mathrm{T}} & 1\end{bmatrix},$$

其中 $\widetilde{\boldsymbol{L}},\widetilde{\boldsymbol{L}}_1$ 是 $n-1$ 阶单位下三角阵；$\widetilde{\boldsymbol{U}},\widetilde{\boldsymbol{U}}_1$ 是 $n-1$ 阶上三角阵；$\widetilde{\boldsymbol{D}},\widetilde{\boldsymbol{D}}_1$ 是 $n-1$ 阶对角阵；$\boldsymbol{\alpha},\boldsymbol{\alpha}_1,\boldsymbol{\beta},\boldsymbol{\beta}_1$ 是 $n-1$ 维列向量.

由此得出

$$\begin{bmatrix}\widetilde{\boldsymbol{L}}_1\widetilde{\boldsymbol{D}}_1\widetilde{\boldsymbol{U}}_1 & \widetilde{\boldsymbol{L}}_1\widetilde{\boldsymbol{D}}_1\boldsymbol{\alpha}_1\\ \boldsymbol{\beta}_1^{\mathrm{T}}\widetilde{\boldsymbol{D}}_1\widetilde{\boldsymbol{U}}_1 & \boldsymbol{\beta}_1^{\mathrm{T}}\widetilde{\boldsymbol{D}}_1\boldsymbol{\alpha}_1\end{bmatrix}=\begin{bmatrix}\widetilde{\boldsymbol{L}}\widetilde{\boldsymbol{D}}\widetilde{\boldsymbol{U}} & \widetilde{\boldsymbol{L}}\widetilde{\boldsymbol{D}}\boldsymbol{\alpha}\\ \boldsymbol{\beta}^{\mathrm{T}}\widetilde{\boldsymbol{D}}\widetilde{\boldsymbol{U}} & \boldsymbol{\beta}^{\mathrm{T}}\widetilde{\boldsymbol{D}}\boldsymbol{\alpha}\end{bmatrix},$$

其中 $\widetilde{\boldsymbol{L}}_1,\widetilde{\boldsymbol{D}}_1,\widetilde{\boldsymbol{U}}_1$ 和 $\widetilde{\boldsymbol{L}},\widetilde{\boldsymbol{D}},\widetilde{\boldsymbol{U}}$ 皆非奇异，类似于前面的推理，可得

$$\widetilde{\boldsymbol{L}}_1=\widetilde{\boldsymbol{L}},\qquad \widetilde{\boldsymbol{D}}_1=\widetilde{\boldsymbol{D}},\qquad \widetilde{\boldsymbol{U}}_1=\widetilde{\boldsymbol{U}},$$
$$\boldsymbol{\alpha}_1=\boldsymbol{\alpha},\qquad \boldsymbol{\beta}_1^{\mathrm{T}}=\boldsymbol{\beta}^{\mathrm{T}}.$$

必要性：假定 $\boldsymbol{A}$ 有一个唯一的 $\boldsymbol{LDU}$ 分解，写成分块的形式便是

$$\begin{bmatrix}\boldsymbol{A}_{n-1} & \boldsymbol{x}\\ \boldsymbol{y}^{\mathrm{T}} & a_{nn}\end{bmatrix}=\begin{bmatrix}\boldsymbol{L}_{n-1} & \boldsymbol{0}\\ \boldsymbol{\beta}^{\mathrm{T}} & 1\end{bmatrix}\begin{bmatrix}\boldsymbol{D}_{n-1} & \boldsymbol{0}\\ \boldsymbol{0} & d_n\end{bmatrix}\begin{bmatrix}\boldsymbol{U}_{n-1} & \boldsymbol{\alpha}\\ \boldsymbol{0}^{\mathrm{T}} & 1\end{bmatrix},\tag{3.1.13}$$

其中 $\boldsymbol{L}_{n-1},\boldsymbol{D}_{n-1},\boldsymbol{U}_{n-1},\boldsymbol{A}_{n-1}$ 分别是 $\boldsymbol{L},\boldsymbol{D},\boldsymbol{U},\boldsymbol{A}$ 的 $n-1$ 阶顺序主子矩阵；$\boldsymbol{x},\boldsymbol{y},\boldsymbol{\alpha},\boldsymbol{\beta}$ 为 $n-1$ 维列向量. 由式(3.1.13)有下面的矩阵方程：

$$\boldsymbol{A}_{n-1}=\boldsymbol{L}_{n-1}\boldsymbol{D}_{n-1}\boldsymbol{U}_{n-1},\tag{3.1.14}$$

$$\boldsymbol{y}^{\mathrm{T}}=\boldsymbol{\beta}^{\mathrm{T}}\boldsymbol{D}_{n-1}\boldsymbol{U}_{n-1},\tag{3.1.15}$$

$$\boldsymbol{x}=\boldsymbol{L}_{n-1}\boldsymbol{D}_{n-1}\boldsymbol{\alpha},\tag{3.1.16}$$

$$a_{nn}=\boldsymbol{\beta}^{\mathrm{T}}\boldsymbol{D}_{n-1}\boldsymbol{\alpha}+d_n.\tag{3.1.17}$$

不然，若 $\Delta_{n-1}=|\boldsymbol{A}_{n-1}|=0$，则由式(3.1.14)有

$$|\boldsymbol{A}_{n-1}|=|\boldsymbol{L}_{n-1}||\boldsymbol{D}_{n-1}||\boldsymbol{U}_{n-1}|=|\boldsymbol{D}_{n-1}|=0.$$

于是有 $|\boldsymbol{L}_{n-1}\boldsymbol{D}_{n-1}|=|\boldsymbol{D}_{n-1}|=0$，即 $\boldsymbol{L}_{n-1}\boldsymbol{D}_{n-1}$ 奇异. 那么，对于非齐次线性方程组(3.1.16)有无穷多非零解，不妨设有 $\boldsymbol{\alpha}'$，使 $\boldsymbol{L}_{n-1}\boldsymbol{D}_{n-1}\boldsymbol{\alpha}'=\boldsymbol{x}$，而 $\boldsymbol{\alpha}'\neq\boldsymbol{\alpha}$. 同理，因 $\boldsymbol{D}_{n-1}\boldsymbol{U}_{n-1}$ 奇异，故 $(\boldsymbol{D}_{n-1}\boldsymbol{U}_{n-1})^{\mathrm{T}}=\boldsymbol{U}_{n-1}^{\mathrm{T}}\boldsymbol{D}_{n-1}^{\mathrm{T}}$ 也奇异，就有 $\boldsymbol{\beta}'\neq\boldsymbol{\beta}$，使 $\boldsymbol{U}_{n-1}^{\mathrm{T}}\boldsymbol{D}_{n-1}^{\mathrm{T}}\boldsymbol{\beta}=\boldsymbol{y}$，或 $\boldsymbol{\beta}'^{\mathrm{T}}\boldsymbol{D}_{n-1}\boldsymbol{U}_{n-1}=\boldsymbol{y}^{\mathrm{T}}$. 取 $d'_n=a_{nn}-\boldsymbol{\beta}'^{\mathrm{T}}\boldsymbol{D}_{n-1}\boldsymbol{\alpha}'$，则有

$$\begin{bmatrix}\boldsymbol{A}_{n-1} & \boldsymbol{x}\\ \boldsymbol{y}^{\mathrm{T}} & a_{nn}\end{bmatrix}=\begin{bmatrix}\boldsymbol{L}_{n-1} & \boldsymbol{0}\\ \boldsymbol{\beta}'^{\mathrm{T}} & 1\end{bmatrix}\begin{bmatrix}\boldsymbol{D}_{n-1} & \boldsymbol{0}\\ \boldsymbol{0} & d'_n\end{bmatrix}\begin{bmatrix}\boldsymbol{U}_{n-1} & \boldsymbol{\alpha}'\\ \boldsymbol{0}^{\mathrm{T}} & 1\end{bmatrix},$$

这与 $\boldsymbol{A}$ 的 $\boldsymbol{LDU}$ 分解的唯一性矛盾，因此 $\Delta_{n-1}\neq0$.

考察 $n-1$ 阶顺序主子矩阵 $\boldsymbol{A}_{n-1}$ 由式(3.1.14)写成分块形式，同样有 $\boldsymbol{A}_{n-2}=\boldsymbol{L}_{n-2}\boldsymbol{D}_{n-2}\boldsymbol{U}_{n-2}$. 由于 $|\boldsymbol{D}_{n-1}|\neq0$，所以 $|\boldsymbol{D}_{n-2}|\neq0$，可得

$$|\boldsymbol{A}_{n-2}|=|\boldsymbol{L}_{n-2}||\boldsymbol{D}_{n-2}||\boldsymbol{U}_{n-2}|=|\boldsymbol{D}_{n-2}|\neq0,$$

从而 $\Delta_{n-2}\neq0$. 以此类推可得 $\Delta_k\neq0(k=1,2,\cdots,n-1)$. 证毕

有了 $\boldsymbol{LDU}$ 分解的存在和唯一性定理 3.1.3，只要将对角矩阵 $\boldsymbol{D}$ 与 $\boldsymbol{L}$ 或 $\boldsymbol{U}$ 进行不同的搭配，我们就可以很方便地得出杜利特分解及克劳特分解的存在和唯一性定理.

推论 1 设 $\boldsymbol{A}$ 是 n 阶方阵，则 $\boldsymbol{A}$ 可以唯一地进行杜利特分解的充分必要条件是 $\boldsymbol{A}$ 的前 $n-1$ 个顺序主子式

$$\Delta_k=\begin{vmatrix}a_{11} & \cdots & a_{1k}\\ \vdots & & \vdots\\ a_{k1} & \cdots & a_{kk}\end{vmatrix}\neq0,\qquad k=1,2,\cdots,n-1,\tag{3.1.18}$$

其中 $\boldsymbol{L}$ 为单位下三角矩阵，$\widetilde{\boldsymbol{U}}$ 是上三角矩阵，即有

$$\boldsymbol{A}=\begin{bmatrix}1 & & & & \\ l_{21} & 1 & & & \\ l_{31} & l_{32} & \ddots & & \\ \vdots & \vdots & \ddots & 1 & \\ l_{n1} & l_{n2} & \cdots & l_{n,n-1} & 1\end{bmatrix}\begin{bmatrix}u_{11} & u_{12} & \cdots & u_{1n}\\ & u_{22} & \cdots & u_{2n}\\ & & \ddots & \vdots\\ & & & u_{nn}\end{bmatrix},\tag{3.1.19}$$

并且若 $\boldsymbol{A}$ 为奇异矩阵，则 $u_{nn}=0$；若 $\boldsymbol{A}$ 为非奇异矩阵，则充要条件(3.1.18)可换为：$\boldsymbol{A}$ 的各阶顺序主子式全不为零，即：

$$\Delta_k\neq0,\qquad k=1,2,\cdots,n.\tag{3.1.20}$$

推论 2 n 阶方阵 $\boldsymbol{A}$ 可唯一地进行克劳特分解

$$\boldsymbol{A}=\widetilde{\boldsymbol{L}}\boldsymbol{U}=\begin{bmatrix} l_{11} & & & \\ l_{21} & l_{22} & & \\ \vdots & \vdots & \ddots & \\ l_{n1} & l_{n2} & \cdots & l_{nn} \end{bmatrix}\begin{bmatrix} 1 & u_{12} & \cdots & u_{1n} \\ & 1 & \cdots & u_{2n} \\ & & \ddots & \vdots \\ & & & 1 \end{bmatrix} \tag{3.1.21}$$

的充要条件仍为式(3.1.18). 若 $\boldsymbol{A}$ 为奇异矩阵，则 $l_{nn}=0$；若 $\boldsymbol{A}$ 为非奇异矩阵，则充要条件也可换为式(3.1.20).

由此可见，在 $\boldsymbol{A}$ 的三角分解中，只要有一个三角矩阵是单位三角矩阵，则分解总是唯一的；否则，若 $\boldsymbol{L}$ 与 $\boldsymbol{U}$ 两个都不是单位三角矩阵，那么分解不唯一.

例 3.1.1 求矩阵

$$\boldsymbol{A}=\begin{bmatrix} 2 & -1 & 3 \\ 1 & 2 & 1 \\ 2 & 4 & 2 \end{bmatrix}$$

的 $\boldsymbol{LDU}$ 分解.

解 因为 $\Delta_1=2,\Delta_2=5,\Delta_3=0$，所以 $\boldsymbol{A}$ 有唯一的 $\boldsymbol{LDU}$ 分解. 下面我们仿照高斯消元过程的计算步骤来得到 $\boldsymbol{A}$ 的 $\boldsymbol{LDU}$ 分解. 由式(3.1.2)有消元矩阵

$$\boldsymbol{L}^{(1)}=\begin{bmatrix} 1 & 0 & 0 \\ -\frac{1}{2} & 1 & 0 \\ -1 & 0 & 1 \end{bmatrix},\qquad (\boldsymbol{L}^{(1)})^{-1}=\begin{bmatrix} 1 & 0 & 0 \\ \frac{1}{2} & 1 & 0 \\ 1 & 0 & 1 \end{bmatrix},$$

所以得

$$\boldsymbol{L}^{(1)}\boldsymbol{A}=\begin{bmatrix} 2 & -1 & 3 \\ 0 & \frac{5}{2} & -\frac{1}{2} \\ 0 & 5 & -1 \end{bmatrix}=\boldsymbol{A}^{(2)}.$$

再由 $\boldsymbol{A}^{(2)}$ 计算消元矩阵

$$\boldsymbol{L}^{(2)}=\begin{bmatrix} 1 & 0 & 0 \\ 0 & 1 & 0 \\ 0 & -2 & 1 \end{bmatrix},\qquad (\boldsymbol{L}^{(2)})^{-1}=\begin{bmatrix} 1 & 0 & 0 \\ 0 & 1 & 0 \\ 0 & 2 & 1 \end{bmatrix},$$

得

$$\boldsymbol{L}^{(2)}\boldsymbol{A}^{(2)}=\begin{bmatrix} 2 & -1 & 3 \\ 0 & \frac{5}{2} & -\frac{1}{2} \\ 0 & 0 & 0 \end{bmatrix}=\begin{bmatrix} 2 & 0 & 0 \\ 0 & \frac{5}{2} & 0 \\ 0 & 0 & 0 \end{bmatrix}\begin{bmatrix} 1 & -\frac{1}{2} & \frac{3}{2} \\ 0 & 1 & -\frac{1}{5} \\ 0 & 0 & 1 \end{bmatrix}=\boldsymbol{A}^{(3)},$$

即

$$\boldsymbol{L}^{(2)}\boldsymbol{L}^{(1)}\boldsymbol{A}=\boldsymbol{A}^{(3)}.$$

故

$$
\begin{aligned}
A &= (L^{(1)})^{-1}(L^{(2)})^{-1}A^{(3)} \\
&= \begin{bmatrix} 1 & 0 & 0 \\ \frac{1}{2} & 1 & 0 \\ 1 & 0 & 1 \end{bmatrix} \begin{bmatrix} 1 & 0 & 0 \\ 0 & 1 & 0 \\ 0 & 2 & 1 \end{bmatrix} \begin{bmatrix} 2 & 0 & 0 \\ 0 & \frac{5}{2} & 0 \\ 0 & 0 & 0 \end{bmatrix} \begin{bmatrix} 1 & -\frac{1}{2} & \frac{3}{2} \\ 0 & 1 & -\frac{1}{5} \\ 0 & 0 & 1 \end{bmatrix} \\
&= \begin{bmatrix} 1 & 0 & 0 \\ \frac{1}{2} & 1 & 0 \\ 1 & 2 & 1 \end{bmatrix} \begin{bmatrix} 2 & 0 & 0 \\ 0 & \frac{5}{2} & 0 \\ 0 & 0 & 0 \end{bmatrix} \begin{bmatrix} 1 & -\frac{1}{2} & \frac{3}{2} \\ 0 & 1 & -\frac{1}{5} \\ 0 & 0 & 1 \end{bmatrix} = LDU.
\end{aligned}
$$

例 3.1.2（三角分解未必存在） 可逆矩阵 $A=\begin{bmatrix} 0 & 1 \\ 1 & 0 \end{bmatrix}$ 不存在三角分解.

这里要指出，矩阵 A 的任何一种三角分解都需要假定 A 的前 $n-1$ 个顺序主子式非零，这等价于高斯消元过程中要求每一步的主元素不为零. 如果这个条件不满足，可以考虑适当地交换 A 的两行（不再是矩阵 A），直至满足三角分解条件为止. 这样处理对于解线性方程组来说，相当于调整方程的顺序，对解不产生影响.

3.1.3 常用的三角分解公式

在实际应用中，如果矩阵 A 的阶数 n 很高，那么，按例 3.1.1 的消元步骤来得出 A 的三角分解是相当麻烦的. 下面我们将分别根据 A 的不对称和对称的情况，介绍两个常用的直接三角分解公式，即先给出 A 在不对称情况下的克劳特分解计算公式，再讨论 A 对称正定情况下的楚列斯基分解计算公式.

1. 克劳特分解

设 A 为 n 阶方阵（但不一定对称），且有分解式

$$A=LU,$$

即

$$
\begin{bmatrix} a_{11} & \cdots & a_{1j} & \cdots & a_{1n} \\ \vdots & & \vdots & & \vdots \\ a_{i1} & \cdots & a_{ij} & \cdots & a_{in} \\ \vdots & & \vdots & & \vdots \\ a_{n1} & \cdots & a_{nj} & \cdots & a_{nn} \end{bmatrix} = \begin{bmatrix} l_{11} & & & & \\ \vdots & \ddots & & & \\ l_{i1} & \cdots & l_{ii} & & \\ \vdots & & & \ddots & \\ l_{n1} & \cdots & \cdots & \cdots & l_{nn} \end{bmatrix} \begin{bmatrix} 1 & u_{12} & \cdots & u_{1j} & \cdots & u_{1n} \\ & 1 & & \vdots & & \vdots \\ & & \ddots & u_{j-1,j} & \cdots & u_{j-1,n} \\ & & & 1 & & \\ & & & 0 & \ddots & \vdots \\ & & & \vdots & & \\ & & & 0 & & 1 \end{bmatrix}.
$$

下面给出下三角矩阵 L 的元素 l_{ij} 及单位上三角矩阵 U 的元素 u_{ij} 的实际求法. 我们考察 A 的第 i 行第 j 列的元素：

$$
a_{ij}=(l_{i1},\cdots,l_{ii},0,\cdots,0)\begin{bmatrix} u_{1j} \\ \vdots \\ u_{j-1,j} \\ 1 \\ 0 \\ \vdots \\ 0 \end{bmatrix},
$$

当 $i \geqslant j$ 时(表示下三角位置),有

$$a_{ij}=\sum_{k=1}^{j} l_{ik}u_{kj}=\sum_{k=1}^{j-1} l_{ik}u_{kj}+l_{ij},$$

得

$$l_{ij}=a_{ij}-\sum_{k=1}^{j-1} l_{ik}u_{kj},\qquad i=1,\cdots,n,\quad j=1,\cdots,i; \tag{3.1.22}$$

当 $i<j$ 时(表示上三角位置),有

$$a_{ij}=\sum_{k=1}^{i} l_{ik}u_{kj}=\sum_{k=1}^{i-1} l_{ik}u_{kj}+l_{ii}u_{ij},$$

得

$$u_{ij}=\left(a_{ij}-\sum_{k=1}^{i} l_{ik}u_{kj}\right)/l_{ii},\qquad i=1,\cdots,n-1,\quad j=i+1,\cdots,n. \tag{3.1.23}$$

式(3.1.22)与式(3.1.23)称为**克劳特分解公式**.

从表面上看,以上分解公式是非线性的,似乎觉得用它们来求解 $\boldsymbol{L}$ 和 $\boldsymbol{U}$ 的元素有些困难,其实不然,只要我们注意“自上而下且先左后右”一行行地求解,便能顺利地求得 $\boldsymbol{L}$ 和 $\boldsymbol{U}$ 的全部元素.

矩阵 $\boldsymbol{A}$ 的 $\boldsymbol{LU}$ 分解计算步骤如下所示.

第 1 步:计算 $l_{11}\quad u_{12}\quad u_{13}\quad \cdots\quad u_{1n}$;

第 2 步:计算 $l_{21}\quad l_{22}\quad u_{23}\quad \cdots\quad u_{2n}$;

⋮

第 n 步:计算 $l_{n1}\quad l_{n2}\quad l_{n3}\quad \cdots\quad l_{nn}$.

这种“按行分解”的方式有利于大型稀疏矩阵的分块分解.实践证明此方法是有效的.

例 3.1.3　试将下列矩阵进行克劳特分解:

$$\boldsymbol{A}=\begin{bmatrix}4&8&4\\2&7&2\\1&2&3\end{bmatrix}.$$

解　首先我们约定,当上限小于下限时,和式取 0,根据式(3.1.22)和式(3.1.23)有

$$\begin{aligned}
&l_{11}=a_{11}=4,\\
&u_{12}=a_{12}/l_{11}=2,\\
&u_{13}=a_{13}/l_{11}=1,\\
&l_{21}=a_{21}=2,\\
&l_{22}=a_{22}-l_{21}u_{12}=3,\\
&u_{23}=(a_{23}-l_{21}u_{13})/l_{22}=0,\\
&l_{31}=a_{31}=1,\\
&l_{32}=a_{32}-l_{31}u_{12}=0,\\
&l_{33}=a_{33}-l_{31}u_{13}-l_{32}u_{23}=2,
\end{aligned}$$

则得

$$A=LU=\begin{bmatrix}4&&\\2&3&\\1&0&2\end{bmatrix}\begin{bmatrix}1&2&1\\&1&0\\&&1\end{bmatrix}.$$

类似地,可得到 n 阶方阵 $\boldsymbol{A}$ 的杜利特分解的计算公式:

$$\begin{cases}u_{ij}=a_{ij}-\sum\limits_{k=1}^{i-1}l_{ik}u_{kj}, & i=1,\cdots,n,\quad j=i,\cdots,n,\\ l_{ij}=\left(a_{ij}-\sum\limits_{k=1}^{j-1}l_{ik}u_{kj}\right)/u_{jj}, & i=2,\cdots,n,\quad j=1,\cdots,i-1.\end{cases} \tag{3.1.24}$$

2. 楚列斯基(Cholesky)分解

如果 $\boldsymbol{A}$ 是对称正定矩阵,则可以使三角分解的计算量大为减少,大约是前述的克劳特分解或杜利特分解工作量的一半.

定理 3.1.4 设 $\boldsymbol{A}$ 为 n 阶对称正定矩阵,则存在一个实的非奇异下三角矩阵 $\boldsymbol{L}$,使

$$\boldsymbol{A}=\boldsymbol{L}\boldsymbol{L}^{\mathrm{T}}. \tag{3.1.25}$$

如果限定 $\boldsymbol{L}$ 的对角元素为正时,这种分解是唯一的.

证明 因为 $\boldsymbol{A}$ 是对称正定的,所以由线性代数知,它的各阶顺序主子式 $\Delta_k>0(k=1,2,\cdots,n)$. 再由定理 3.1.3 知,$\boldsymbol{A}$ 可唯一地分解为

$$\boldsymbol{A}=\tilde{\boldsymbol{L}}\boldsymbol{D}\tilde{\boldsymbol{U}}, \tag{3.1.26}$$

其中 $\tilde{\boldsymbol{L}},\tilde{\boldsymbol{U}}$ 是单位下三角阵和单位上三角阵,$\boldsymbol{D}$ 是对角阵,记

$$\boldsymbol{D}=\operatorname{diag}(d_1,d_2,\cdots,d_n).$$

又因为 $\boldsymbol{A}^{\mathrm{T}}=(\tilde{\boldsymbol{L}}\boldsymbol{D}\tilde{\boldsymbol{U}})^{\mathrm{T}}=\tilde{\boldsymbol{U}}^{\mathrm{T}}\boldsymbol{D}\tilde{\boldsymbol{L}}^{\mathrm{T}}$,根据 $\boldsymbol{A}=\boldsymbol{A}^{\mathrm{T}}$ 所以有

$$\tilde{\boldsymbol{L}}\boldsymbol{D}\tilde{\boldsymbol{U}}=\tilde{\boldsymbol{U}}^{\mathrm{T}}\boldsymbol{D}\tilde{\boldsymbol{L}}^{\mathrm{T}}.$$

由于式(3.1.26)的分解是唯一的,从而得

$$\tilde{\boldsymbol{L}}=\tilde{\boldsymbol{U}}^{\mathrm{T}},\quad \tilde{\boldsymbol{U}}=\tilde{\boldsymbol{L}}^{\mathrm{T}},$$

于是由式(3.1.26)有

$$\boldsymbol{A}=\tilde{\boldsymbol{U}}^{\mathrm{T}}\boldsymbol{D}\tilde{\boldsymbol{U}}. \tag{3.1.27}$$

因为 $|\tilde{\boldsymbol{U}}|=1\neq0$,故 $\tilde{\boldsymbol{U}}$ 可逆,所以由式(3.1.27)有

$$\boldsymbol{D}=(\tilde{\boldsymbol{U}}^{\mathrm{T}})^{-1}\boldsymbol{A}\tilde{\boldsymbol{U}}^{-1}=(\tilde{\boldsymbol{U}}^{-1})^{\mathrm{T}}\boldsymbol{A}\tilde{\boldsymbol{U}}^{-1}.$$

此式说明矩阵 $\boldsymbol{A}$ 与 $\boldsymbol{D}$ 呈相合关系,而 $\boldsymbol{A}$ 又为对称正定矩阵,则 $\boldsymbol{D}$ 也为对称正定矩阵(事实上,设任取 $\boldsymbol{x}\neq\boldsymbol{0}$,显然 $\tilde{\boldsymbol{U}}^{-1}\boldsymbol{x}\neq\boldsymbol{0}$,二次型 $\boldsymbol{x}^{\mathrm{T}}\boldsymbol{D}\boldsymbol{x}=\boldsymbol{x}^{\mathrm{T}}(\tilde{\boldsymbol{U}}^{-1})^{\mathrm{T}}\boldsymbol{A}\tilde{\boldsymbol{U}}^{-1}\boldsymbol{x}=(\tilde{\boldsymbol{U}}^{-1}\boldsymbol{x})^{\mathrm{T}}\boldsymbol{A}(\tilde{\boldsymbol{U}}^{-1}\boldsymbol{x})>0$. 故 $\boldsymbol{D}$ 为对称正定矩阵). 既然对角矩阵 $\boldsymbol{D}$ 对称正定,那么它的所有一阶主子式(对角元素)$d_i>0$ $(i=1,2,\cdots,n)$,所以 $\sqrt{d_i}$ 有意义. 令

$$\boldsymbol{D}^{\frac{1}{2}}=\operatorname{diag}(\sqrt{d_1},\sqrt{d_2},\cdots,\sqrt{d_n}),$$

则有唯一的表达式

$$\boldsymbol{A}=\tilde{\boldsymbol{L}}\boldsymbol{D}\tilde{\boldsymbol{U}}=\tilde{\boldsymbol{L}}\boldsymbol{D}^{\frac{1}{2}}\boldsymbol{D}^{\frac{1}{2}}\tilde{\boldsymbol{L}}^{\mathrm{T}}=(\tilde{\boldsymbol{L}}\boldsymbol{D}^{\frac{1}{2}})(\tilde{\boldsymbol{L}}\boldsymbol{D}^{\frac{1}{2}})^{\mathrm{T}}=\boldsymbol{L}\boldsymbol{L}^{\mathrm{T}},$$

其中 $\boldsymbol{L}=\tilde{\boldsymbol{L}}\boldsymbol{D}^{\frac{1}{2}}$ 是对角线元素全为正数 $\sqrt{d_1},\cdots,\sqrt{d_n}$ 的下三角矩阵. 证毕

定义 3.1.2　式(3.1.25)称为是对称正定矩阵 $\boldsymbol{A}$ 的**楚列斯基分解**,亦称为**平方根分解**.

下面我们给出下三角矩阵 $\boldsymbol{L}$ 的实际求法.设

$$\boldsymbol{A}=\begin{bmatrix} a_{11} & & & & \\ \vdots & \ddots & & & \\ a_{i1} & \cdots & a_{ii} & & \\ \vdots & & \vdots & \ddots & \\ a_{n1} & \cdots & a_{ni} & \cdots & a_{nn} \end{bmatrix}$$

$$=\begin{bmatrix} l_{11} & & & & \\ \vdots & \ddots & & & \\ l_{i1} & \cdots & l_{ii} & & \\ \vdots & & & \ddots & \\ l_{n1} & \cdots & l_{ni} & \cdots & l_{nn} \end{bmatrix}\begin{bmatrix} l_{11} & \cdots & l_{j1} & \cdots & l_{n1} \\ & \ddots & \vdots & & \vdots \\ & & l_{jj} & \cdots & l_{nj} \\ & & & \ddots & \vdots \\ & & & & l_{nn} \end{bmatrix},$$

由于 $\boldsymbol{A}$ 对称,所以只要考虑下三角元素,即当 $i\geqslant j$ 时,有

$$a_{ij}=\sum_{k=1}^{j} l_{ik}l_{jk}=\sum_{k=1}^{j-1} l_{ik}l_{jk}+l_{ij}l_{jj},$$

即

$$l_{ij}=\left(a_{ij}-\sum_{k=1}^{j-1} l_{ik}l_{jk}\right)/l_{jj},\qquad i\geqslant j.\tag{3.1.28}$$

特别地,当 $i=j$ 时,有

$$l_{ii}=\sqrt{a_{ii}-\sum_{k=1}^{i-1} l_{ik}^2},\tag{3.1.29}$$

这里与克劳特三角分解不同的是矩阵 $\boldsymbol{U}=\boldsymbol{L}^{\mathrm{T}}$,在求得 $\boldsymbol{L}$ 的第 r 行元素之后,$\boldsymbol{L}^{\mathrm{T}}$ 的第 r 列元素即已得出,所以其计算量将为克劳特分解的一半左右.同时,由式(3.1.29)有

$$a_{ii}=\sum_{k=1}^{i} l_{ik}^2,\qquad i=1,2,\cdots,n.$$

所以

$$l_{ik}^2\leqslant a_{ii}\leqslant\max_{1\leqslant i\leqslant n}\{a_{ii}\},$$

于是

$$\max_{i,k}\{l_{ik}^2\}\leqslant\max_{1\leqslant i\leqslant n}\{a_{ii}\}.$$

以上分析说明,分解过程中元素 l_{ik} 的数量级完全得到控制,从而计算过程是稳定的.

然而,这种 $\boldsymbol{LL}^{\mathrm{T}}$ 分解也还是有很大的缺陷.因为它要完成 n 个开方运算,而绝大多数计算机上的开方运算是用子程序实现的(转化成对数计算),这样不但增加了运算量,而且还可能扩大误差,甚至有平方根号下出现负数的危险.为了避免前述平方根运算,只要在上面式(3.1.25)中 $\boldsymbol{L}$ 与 $\boldsymbol{L}^{\mathrm{T}}$ 之间插入一个特殊的对角矩阵 $\boldsymbol{D}$,便能收到预定的效果.

定理 3.1.5　设 $\boldsymbol{A}$ 为 n 阶对称正定矩阵,则 $\boldsymbol{A}$ 可唯一地分解为

$$\boldsymbol{A}=\boldsymbol{LDL}^{\mathrm{T}},\tag{3.1.30}$$

其中 $\boldsymbol{L}$ 为下三角矩阵; $\boldsymbol{D}$ 为对角矩阵,且对角线元素是 $\boldsymbol{L}$ 对角线元素的倒数.即

$$L=\begin{bmatrix} l_{11} & & & \\ l_{21} & l_{22} & & \\ \vdots & \vdots & \ddots & \\ l_{n1} & l_{n2} & \cdots & l_{nn} \end{bmatrix},\qquad D=\begin{bmatrix} \frac{1}{l_{11}} & & & \\ & \frac{1}{l_{22}} & & \\ & & \ddots & \\ & & & \frac{1}{l_{nn}} \end{bmatrix}.$$

证明 我们只要直接利用 A 的克劳特分解公式(3.1.22)和式(3.1.23),再注意对称性 $a_{ij}=a_{ji}$ 便能推出式(3.1.30).

事实上,由于 A 此时有克劳特三角分解式(唯一)

$$A=LU=\begin{bmatrix} l_{11} & & & \\ l_{21} & l_{22} & & \\ \vdots & \vdots & \ddots & \\ l_{n1} & l_{n2} & \cdots & l_{nn} \end{bmatrix}\begin{bmatrix} 1 & u_{12} & \cdots & u_{1n} \\ & 1 & \cdots & u_{2n} \\ & & \ddots & \vdots \\ & & & 1 \end{bmatrix},$$

其中

$$\begin{cases} u_{12}=a_{12}/l_{11}=a_{21}/l_{11}=l_{21}/l_{11}, \\ \qquad\vdots \\ u_{1n}=l_{n1}/l_{11}, \end{cases}$$

$$\begin{cases} u_{23}=(a_{23}-l_{21}u_{13})/l_{22}=(a_{32}-l_{21}l_{31}/l_{11})/l_{22}, \\ \quad\ =(a_{32}-l_{31}u_{12})/l_{22}=l_{32}/l_{22}, \\ \qquad\vdots \\ u_{2n}=l_{n2}/l_{22}. \end{cases}$$

以此类推,U 的第 j 行元素有

$$\begin{cases} u_{j,j+1}=l_{j+1,j}/l_{jj}, \quad j=1,\cdots,n-1, \\ \qquad\vdots \\ u_{jn}=l_{nj}/l_{jj}. \end{cases}$$

于是 U 的形式为

$$U=\begin{bmatrix} 1 & \frac{l_{21}}{l_{11}} & \cdots & \frac{l_{j1}}{l_{11}} & \cdots & \frac{l_{n1}}{l_{11}} \\ & 1 & & \vdots & & \vdots \\ & & \ddots & \vdots & & \vdots \\ & & & 1 & \cdots & \frac{l_{nj}}{l_{jj}} \\ & & & & \ddots & \vdots \\ & & & & & 1 \end{bmatrix}$$

$$=\begin{bmatrix} \frac{1}{l_{11}} & & & & \\ & \ddots & & & \\ & & \frac{1}{l_{jj}} & & \\ & & & \ddots & \\ & & & & \frac{1}{l_{nn}} \end{bmatrix}\begin{bmatrix} l_{11} & \cdots & l_{j1} & \cdots & l_{n1} \\ & \ddots & \vdots & & \vdots \\ & & l_{jj} & \cdots & l_{nj} \\ & & & \ddots & \vdots \\ & & & & l_{nn} \end{bmatrix}=DL^{\mathrm{T}}.$$

于是有

$$A=LDL^{\mathrm{T}}.$$

证毕

下面我们给出下三角矩阵 L 的实际求法. 由 $A=LDL^{\mathrm{T}}$，即

$$\begin{bmatrix} a_{11} & & & & \\ \vdots & \ddots & & \text{对称} & \\ a_{i1} & \cdots & a_{ii} & & \\ \vdots & & \vdots & \ddots & \\ a_{n1} & \cdots & a_{ni} & \cdots & a_{nn} \end{bmatrix}=\begin{bmatrix} l_{11} & & & & \\ \vdots & \ddots & & & \\ l_{i1} & \cdots & l_{ii} & & \\ \vdots & & \vdots & \ddots & \\ l_{n1} & \cdots & l_{ni} & \cdots & l_{nn} \end{bmatrix}\begin{bmatrix} 1 & \cdots & \frac{l_{j1}}{l_{11}} & \cdots & \frac{l_{n1}}{l_{11}} \\ & \ddots & \vdots & & \vdots \\ & & 1 & \cdots & \frac{l_{nj}}{l_{jj}} \\ & & & \ddots & \vdots \\ & & & & 1 \end{bmatrix},$$

比较两端，当 $i\geqslant j$ 时(下三角元素)，有

$$a_{ij}=\sum_{k=1}^{j}l_{ik}(l_{jk}/l_{kk})=\sum_{k=1}^{j-1}l_{ik}l_{jk}/l_{kk}+l_{ij},$$

故得

$$l_{ij}=a_{ij}-\sum_{k=1}^{j-1}l_{ik}l_{jk}/l_{kk},\qquad i=1,\cdots,n,\quad j=1,\cdots,i. \tag{3.1.31}$$

定义 3.1.3　式(3.1.30)称为是对称正定矩阵 A 的**不带平方根楚列斯基分解**，亦称楚列斯基分解的变形.

从式(3.1.31)看出，当 $i=j$ 时，计算对角线元素

$$l_{ii}=a_{ii}-\sum_{k=1}^{i-1}l_{ik}^2/l_{kk}$$

就不再出现开方运算，弥补了平方根分解(3.1.25)的缺陷. 因此，它是求解对称正定线性方程组最常用的一个分解公式.

3.2　矩阵的 QR(正交三角)分解

在上节中，已用初等变换所对应的初等矩阵(具体地说，是倍加阵的连乘积)研究了矩阵的三角化问题，相伴产生的是矩阵的 LU 三角分解. 这种三角分解对数值代数算法的发展起了重要的作用. 然而，以初等变换为工具的 LU 分解方法并不能消除病态线性方程组不稳定问题，而且有时候对于可逆矩阵也可能不存在三角分解，因此需要寻找其他类似的矩阵分解. 20 世纪 60 年代以后，人们又以正交(酉)变换为工具，导出了矩阵的正交三角分解方法，矩阵的正交三角分解即是一种对任何可逆矩阵均存在的理想分解，从而对数值代数理论的近代发展作出了杰出贡献.

3.2.1　QR 分解的概念

定义 3.2.1　如果实(复)非奇异矩阵 A 能化成正交(酉)矩阵 Q 与实(复)非奇异上三角矩阵 R 的乘积，即

$$A=QR, \tag{3.2.1}$$

则称式(3.2.1)是 A 的 **QR 分解**.

为简单起见,我们先不妨以实矩阵为对象研究 $\boldsymbol{QR}$ 分解的存在和唯一性以及它的构造方法,同时也给出复矩阵类似的结论.

定理 3.2.1 任何实的非奇异 n 阶矩阵 $\boldsymbol{A}$ 可以分解成正交矩阵 $\boldsymbol{Q}$ 和上三角矩阵 $\boldsymbol{R}$ 的乘积,且除去相差一个对角线元素之绝对值全等于 1 的对角矩阵因子 $\boldsymbol{D}$ 外,分解式(3.2.1)是唯一的.

证明 设 $\boldsymbol{A}$ 的各列向量依次为 $\boldsymbol{\alpha}_1,\boldsymbol{\alpha}_2,\cdots,\boldsymbol{\alpha}_n$,由于 $\boldsymbol{A}$ 非奇异,所以 $\boldsymbol{\alpha}_1,\boldsymbol{\alpha}_2,\cdots,\boldsymbol{\alpha}_n$ 线性无关.将它们按照施密特正交化法正交化,得到 n 个标准正交的向量 $\boldsymbol{\beta}_1,\boldsymbol{\beta}_2,\cdots,\boldsymbol{\beta}_n$,且

$$\begin{cases}\boldsymbol{\beta}_1=b_{11}\boldsymbol{\alpha}_1,\\ \boldsymbol{\beta}_2=b_{12}\boldsymbol{\alpha}_1+b_{22}\boldsymbol{\alpha}_2,\\ \qquad\vdots\\ \boldsymbol{\beta}_n=b_{1n}\boldsymbol{\alpha}_1+b_{2n}\boldsymbol{\alpha}_2+\cdots+b_{nn}\boldsymbol{\alpha}_n,\end{cases}$$

这里 b_{ij} 都是常数,且由交化过程知 $b_{ii}\neq 0(i=1,2,\cdots,n)$.写成矩阵形式有

$$(\boldsymbol{\beta}_1,\boldsymbol{\beta}_2,\cdots,\boldsymbol{\beta}_n)=(\boldsymbol{\alpha}_1,\boldsymbol{\alpha}_2,\cdots,\boldsymbol{\alpha}_n)\boldsymbol{B},$$

即

$$\boldsymbol{Q}=\boldsymbol{AB},$$

其中

$$\boldsymbol{B}=\begin{bmatrix}b_{11} & b_{12} & \cdots & b_{1n}\\ & b_{22} & \cdots & b_{2n}\\ & & \ddots & \vdots\\ & & & b_{nn}\end{bmatrix}$$

是上三角矩阵($b_{ii}\neq 0(i=1,2,\cdots,n)$).显然,$\boldsymbol{B}$ 可逆,而且 $\boldsymbol{B}^{-1}=\boldsymbol{R}$ 也是上三角矩阵;由于 $\boldsymbol{Q}$ 的各列标准正交,所以 $\boldsymbol{Q}$ 为正交矩阵.从而有 $\boldsymbol{A}=\boldsymbol{QR}$.

为了证明唯一性,设 $\boldsymbol{A}$ 有两种形如(3.2.1)的分解式:

$$\boldsymbol{A}=\boldsymbol{QR}=\boldsymbol{Q}_1\boldsymbol{R}_1,\tag{3.2.2}$$

其中 $\boldsymbol{Q}$ 和 $\boldsymbol{Q}_1$ 都是正交矩阵,$\boldsymbol{R}$ 和 $\boldsymbol{R}_1$ 都是非奇异上三角矩阵,由式(3.2.2)得

$$\boldsymbol{Q}=\boldsymbol{Q}_1\boldsymbol{R}_1\boldsymbol{R}^{-1}=\boldsymbol{Q}_1\boldsymbol{D},$$

式中 $\boldsymbol{D}=\boldsymbol{R}_1\boldsymbol{R}^{-1}$ 仍为实非奇异上三角矩阵,于是

$$\boldsymbol{I}=\boldsymbol{Q}^{\mathrm{T}}\boldsymbol{Q}=(\boldsymbol{Q}_1\boldsymbol{D})^{\mathrm{T}}(\boldsymbol{Q}_1\boldsymbol{D})=\boldsymbol{D}^{\mathrm{T}}\boldsymbol{D}.\tag{3.2.3}$$

设

$$\boldsymbol{D}=\begin{bmatrix}d_{11} & d_{12} & \cdots & d_{1n}\\ & d_{22} & \cdots & d_{2n}\\ & & \ddots & \vdots\\ & & & d_{nn}\end{bmatrix},$$

代入式(3.2.3)并与单位矩阵相比较,得

$$d_{11}^2=1,\quad d_{12}=\cdots=d_{1n}=0,$$

$$d_{22}^2=1,\quad d_{23}=\cdots=d_{2n}=0,$$
$$\vdots$$
$$d_{nn}^2=1,$$

从而有$|d_{11}|=|d_{22}|=\cdots=|d_{nn}|=1$,即

$$\boldsymbol{D}=\begin{bmatrix}\pm1 & 0 & \cdots & 0\\ 0 & \pm1 & \cdots & 0\\ \vdots & \vdots & & \vdots\\ 0 & 0 & \cdots & \pm1\end{bmatrix},$$

这表明 $\boldsymbol{D}$ 不仅是正交矩阵,而且还是对角线元素的绝对值全为 1 的对角矩阵,再由式(3.2.2)不难得

$$\boldsymbol{R}_1=\boldsymbol{DR},\qquad \boldsymbol{Q}_1=\boldsymbol{QD}^{-1}.$$

证毕

显然,当规定上三角阵 $\boldsymbol{R}$ 和 $\boldsymbol{R}_1$ 对角线上的元素为正实数时,则 $\boldsymbol{D}=\boldsymbol{I}$,从而 $\boldsymbol{QR}$ 分解唯一.

例 3.2.1 设

$$\boldsymbol{A}=\begin{bmatrix}1 & 1 & 0\\ 1 & -1 & 1\\ 0 & 0 & 2\end{bmatrix},$$

写出 $\boldsymbol{A}$ 的 $\boldsymbol{QR}$ 分解.

解 令 $\boldsymbol{\alpha}_1=(1,1,0)^{\mathrm{T}}$,$\boldsymbol{\alpha}_2=(1,-1,0)^{\mathrm{T}}$,$\boldsymbol{\alpha}_3=(0,1,2)^{\mathrm{T}}$,由施密特方法得

$$\boldsymbol{\beta}_1'=\boldsymbol{\alpha}_1=(1,1,0)^{\mathrm{T}},$$

$$\boldsymbol{\beta}_2'=\boldsymbol{\alpha}_2-\frac{(\boldsymbol{\beta}_1',\boldsymbol{\alpha}_2)}{(\boldsymbol{\beta}_1',\boldsymbol{\beta}_1')}\boldsymbol{\beta}_1'=\boldsymbol{\alpha}_2=(1,-1,0)^{\mathrm{T}},$$

$$\begin{aligned}\boldsymbol{\beta}_3'&=\boldsymbol{\alpha}_3-\frac{(\boldsymbol{\beta}_1',\boldsymbol{\alpha}_3)}{(\boldsymbol{\beta}_1',\boldsymbol{\beta}_1')}\boldsymbol{\beta}_1'-\frac{(\boldsymbol{\beta}_2',\boldsymbol{\alpha}_3)}{(\boldsymbol{\beta}_2',\boldsymbol{\beta}_2')}\boldsymbol{\beta}_2'\\&=\boldsymbol{\alpha}_3-\frac{1}{2}\boldsymbol{\beta}_1'+\frac{1}{2}\boldsymbol{\beta}_2'=(0,0,2)^{\mathrm{T}}.\end{aligned}$$

单位化后得

$$\boldsymbol{\beta}_1=\left(\frac{1}{\sqrt2},\frac{1}{\sqrt2},0\right)^{\mathrm{T}}=\frac{1}{\sqrt2}\boldsymbol{\alpha}_1,$$

$$\boldsymbol{\beta}_2=\left(\frac{1}{\sqrt2},\frac{1}{-\sqrt2},0\right)^{\mathrm{T}}=\frac{1}{\sqrt2}\boldsymbol{\alpha}_2,$$

$$\boldsymbol{\beta}_3=(0,0,1)^{\mathrm{T}}=-\frac{1}{4}\boldsymbol{\alpha}_1+\frac{1}{4}\boldsymbol{\alpha}_2+\frac{1}{2}\boldsymbol{\alpha}_3,$$

$$(\boldsymbol{\beta}_1,\boldsymbol{\beta}_2,\boldsymbol{\beta}_3)=(\boldsymbol{\alpha}_1,\boldsymbol{\alpha}_2,\boldsymbol{\alpha}_3)\begin{bmatrix}\frac{1}{\sqrt2} & 0 & -\frac{1}{4}\\ 0 & \frac{1}{\sqrt2} & \frac{1}{4}\\ 0 & 0 & \frac{1}{2}\end{bmatrix}.$$

所以

$$A=(\boldsymbol{\alpha}_1,\boldsymbol{\alpha}_2,\boldsymbol{\alpha}_3)=(\boldsymbol{\beta}_1,\boldsymbol{\beta}_2,\boldsymbol{\beta}_3)\begin{bmatrix}\frac{1}{\sqrt{2}} & 0 & -\frac{1}{4}\\ 0 & \frac{1}{\sqrt{2}} & \frac{1}{4}\\ 0 & 0 & \frac{1}{2}\end{bmatrix}^{-1}$$

$$=\begin{bmatrix}\frac{1}{\sqrt{2}} & \frac{1}{\sqrt{2}} & 0\\ \frac{1}{\sqrt{2}} & -\frac{1}{\sqrt{2}} & 0\\ 0 & 0 & 1\end{bmatrix}\begin{bmatrix}\frac{1}{\sqrt{2}} & 0 & -\frac{1}{4}\\ 0 & \frac{1}{\sqrt{2}} & \frac{1}{4}\\ 0 & 0 & \frac{1}{2}\end{bmatrix}^{-1}$$

$$=\begin{bmatrix}\frac{1}{\sqrt{2}} & \frac{1}{\sqrt{2}} & 0\\ \frac{1}{\sqrt{2}} & -\frac{1}{\sqrt{2}} & 0\\ 0 & 0 & 1\end{bmatrix}\begin{bmatrix}\sqrt{2} & 0 & \frac{1}{\sqrt{2}}\\ 0 & \sqrt{2} & -\frac{1}{\sqrt{2}}\\ 0 & 0 & 2\end{bmatrix}=QR.$$

定理 3.2.1 还可以推广到一般复矩阵的情况.

定理 3.2.2 设 A 为 $m\times n$ 复矩阵($m\geqslant n$),且 n 个列向量线性无关,则 A 有分解式

$$A=UR, \tag{3.2.4}$$

其中 U 是 $m\times n$ 复矩阵,且满足 $U^{\mathrm{H}}U=I$,R 是 n 阶复非奇异上三角矩阵,且除去相差一个对角元素的模全为 1 的对角矩阵因子外,分解式(3.2.4)是唯一的.

实用上,一般不用施密特正交化方法作 QR 分解,而是借助第 1 章介绍过的初等旋转变换或镜像变换对矩阵进行 QR 分解.

3.2.2 QR 分解的实际求法

下面我们先考虑初等旋转变换的 QR 分解,然后再介绍镜像变换的 QR 分解,两种工具各有优缺点.

1. 吉文斯(Givens)方法

我们在 1.2 节已指出初等旋转矩阵的性质,即用 R_{ij} 左乘矩阵 A 时,仅影响 A 的第 i 行和第 j 行,且选适当的 R_{ij},就可以消去 A 的一个非零元素. 一般地说,作一次旋转可以消去一个非零元素. 如果在作下一次旋转时不会影响前面已化为零的元素,即不会重新又变成非零,那么,借助于初等旋转阵将 A 约化成上三角阵就有希望. 事实上,只要注意运算顺序,完全能办到,我们有

定理 3.2.3 任何实非奇异矩阵可通过左连乘初等旋转阵化为上三角阵.

证明 (1) 对实可逆矩阵 $A=(a_{ij})$ 左乘以初等旋转阵 R_{ij} 以后,只改变 A 的第 i 行和第 j 行元素.

设

$$A'=R_{ij}A,$$

则

$$a'_{ig}=ca_{ig}+sa_{jg},\quad a'_{jg}=-sa_{ig}+ca_{jg},\quad a'_{pg}=a_{pg},\quad p\neq i,j;\ g=1,2,\cdots,n.$$

如果要使 $\boldsymbol{A}'$ 中第 g_0 列的第 j 个元素 $a'_{jg_0}=0$，那么，只要 a_{ig_0} 和 a_{jg_0} 之一不等于零，且取

$$s=\frac{a_{jg_0}}{\sqrt{a_{ig_0}^2+a_{jg_0}^2}},\qquad c=\frac{a_{ig_0}}{\sqrt{a_{ig_0}^2+a_{jg_0}^2}}$$

即可，此时元素

$$a'_{ig_0}=\sqrt{a_{ig_0}^2+a_{ig_0}^2}>0,$$

也就是 $\boldsymbol{A}$ 的第 g_0 列的第 j 个元素化为零，第 g_0 列的第 i 个元素变为正的，而其他元素不变.

(2) 假设 $a_{11}\neq 0$，取 $g_0=1$，连续左乘 $\boldsymbol{R}_{12},\boldsymbol{R}_{13},\cdots,\boldsymbol{R}_{1n}$，使得第1列除第1个元素为正外，其他元素都被逐个地化为零，即 $\boldsymbol{A}$ 化为

$$\boldsymbol{A}^{(1)}=\boldsymbol{R}_{1n}\boldsymbol{R}_{1,n-1}\cdots\boldsymbol{R}_{12}\boldsymbol{A}=\begin{bmatrix}a_{11}^{(1)} & a_{12}^{(1)} & \cdots & a_{1n}^{(1)}\\ 0 & a_{22}^{(1)} & \cdots & a_{2n}^{(1)}\\ \vdots & \vdots & & \vdots\\ 0 & a_{n2}^{(1)} & \cdots & a_{nn}^{(1)}\end{bmatrix},$$

且 $a_{11}^{(1)}>0$.

如果 $a_{11}=0$，则 $\boldsymbol{A}$ 从左乘以 $\boldsymbol{R}_{1i_0}$ 开始，这里 i_0 是 $a_{i1}\neq 0$ 的最小足标，由于 $\boldsymbol{A}$ 是可逆的，故这样的 i_0 是可以找到的. 此时取 $g_0=1$，矩阵 $\boldsymbol{R}_{1i_0}\boldsymbol{A}$ 的第1列第1个元素就为正了. 又由于 $\boldsymbol{A}$ 可逆，右下角 $n-1$ 阶子式非零，所以在 $a_{22}^{(1)},a_{32}^{(2)},\cdots,a_{n2}^{(1)}$ 中至少有一个元素不等于零. 此时同样可认为 $a_{22}^{(1)}\neq 0$，取 $g_0=2$，连续左乘以 $\boldsymbol{R}_{23},\boldsymbol{R}_{24},\cdots,\boldsymbol{R}_{2n}$，使 $\boldsymbol{A}^{(1)}$ 化为

$$\boldsymbol{A}^{(2)}=\boldsymbol{R}_{2n}\boldsymbol{R}_{2,n-1}\cdots\boldsymbol{R}_{23}\boldsymbol{A}^{(1)}=\begin{bmatrix}a_{11}^{(1)} & a_{12}^{(1)} & a_{13}^{(1)} & \cdots & a_{1n}^{(1)}\\ 0 & a_{22}^{(2)} & a_{23}^{(2)} & \cdots & a_{2n}^{(2)}\\ 0 & 0 & a_{33}^{(2)} & \cdots & a_{3n}^{(2)}\\ \vdots & \vdots & \vdots & & \vdots\\ 0 & 0 & a_{n3}^{(2)} & \cdots & a_{nn}^{(2)}\end{bmatrix},$$

且第一行元素不变，$a_{22}^{(2)}>0$.

要注意的是，对 $\boldsymbol{A}^{(1)}$ 所作的这些旋转并不影响 $\boldsymbol{A}^{(1)}$ 中第一列上已得到的零元素，这一点是很重要的.

继续进行下去，最后 $\boldsymbol{A}$ 就化为上三角阵

$$\boldsymbol{A}^{(n-1)}=\boldsymbol{R}_{n-1,n}\cdots\boldsymbol{R}_{12}\boldsymbol{A}\tag{3.2.5}$$

$$=\begin{bmatrix}a_{11}^{(1)} & a_{12}^{(1)} & \cdots & a_{1n}^{(1)}\\ 0 & a_{22}^{(2)} & \cdots & a_{2n}^{(2)}\\ \vdots & \vdots & \ddots & \vdots\\ 0 & 0 & \cdots & a_{nn}^{(n-1)}\end{bmatrix},$$

其中除了最后的 $a_{nn}^{(n-1)}$ 外，所有的对角线元素都是正的. 显然，$a_{nn}^{(n-1)}$ 的符号与矩阵 $\boldsymbol{A}$ 的行列式的符号一致.

证毕

从上面定理的证明过程可以看出,利用初等旋转矩阵将 $\boldsymbol{A}$ 上三角化的过程实际上存在着 $\boldsymbol{A}$ 的一个 $\boldsymbol{QR}$ 分解.因为由式(3.2.5)有 $\boldsymbol{A}=(\boldsymbol{R}_{n-1,n}\cdots\boldsymbol{R}_{12})^{-1}\boldsymbol{A}^{(n-1)}$,令

$$\boldsymbol{R}=\boldsymbol{A}^{(n-1)},$$

$$\boldsymbol{Q}=(\boldsymbol{R}_{n-1,n}\cdots\boldsymbol{R}_{12})^{-1},$$

由于每一个 $\boldsymbol{R}_{ij}$ 都是正交阵,所以它们连乘积的逆 $\boldsymbol{Q}$ 也是正交阵,从而得

$$\boldsymbol{A}=\boldsymbol{QR}.$$

例 3.2.2 用初等旋转矩阵求下列矩阵 $\boldsymbol{A}$ 的 $\boldsymbol{QR}$ 分解.

$$\boldsymbol{A}=\begin{bmatrix}12 & -20 & 41\\ 9 & -15 & -63\\ 20 & 50 & 35\end{bmatrix}.$$

解 第一步 以 $\boldsymbol{R}_{12}$ 左乘 $\boldsymbol{A}$,消去第2行第1列处的元素.

$$a'_{11}=15,\quad c=\frac{12}{15}=\frac{4}{5},\quad s=\frac{9}{15}=\frac{3}{5},$$

故

$$\boldsymbol{R}_{12}=\begin{bmatrix}\frac{4}{5} & \frac{3}{5} & 0\\ -\frac{3}{5} & \frac{4}{5} & 0\\ 0 & 0 & 1\end{bmatrix},$$

$$\boldsymbol{R}_{12}\boldsymbol{A}=\begin{bmatrix}15 & -25 & -5\\ 0 & 0 & -75\\ 20 & 50 & 35\end{bmatrix},$$

同理,有

$$a'_{21}=(15^2+20^2)^{\frac{1}{2}}=25,$$

$$s=\frac{20}{25}=\frac{4}{5},\qquad c=\frac{15}{25}=\frac{3}{5},$$

$$\boldsymbol{R}_{13}=\begin{bmatrix}\frac{3}{5} & 0 & \frac{4}{5}\\ 0 & 1 & 0\\ -\frac{4}{5} & 0 & \frac{3}{5}\end{bmatrix},$$

$$\boldsymbol{A}^{(1)}=\boldsymbol{R}_{13}\boldsymbol{R}_{12}\boldsymbol{A}=\begin{bmatrix}25 & 25 & 25\\ 0 & 0 & -75\\ 0 & 50 & 25\end{bmatrix}.$$

第二步 根据 $\boldsymbol{A}^{(1)}$ 中的元素算出 $a'_{22}=50, c=0, s=1$. 由此确定

$$\boldsymbol{R}_{23}=\begin{bmatrix}1 & 0 & 0\\ 0 & 0 & 1\\ 0 & -1 & 0\end{bmatrix},$$

$$A^{(2)}=R_{23}A^{(1)}=\begin{bmatrix}25&25&25\\0&50&25\\0&0&75\end{bmatrix},$$

即

$$R_{23}R_{13}R_{12}\begin{bmatrix}12&-20&41\\9&-15&-63\\20&50&35\end{bmatrix}=\begin{bmatrix}25&25&25\\0&50&25\\0&0&75\end{bmatrix},$$

即

$$Q=(R_{23}R_{13}R_{12})^{-1}=\begin{bmatrix}\frac{12}{25}&\frac{9}{25}&\frac{20}{25}\\-\frac{16}{25}&-\frac{12}{25}&\frac{15}{25}\\\frac{15}{25}&-\frac{20}{25}&0\end{bmatrix}^{-1}$$

$$=\begin{bmatrix}\frac{12}{25}&\frac{9}{25}&\frac{20}{25}\\-\frac{16}{25}&-\frac{12}{25}&\frac{15}{25}\\\frac{15}{25}&-\frac{20}{25}&0\end{bmatrix}^{\mathrm{T}}=\begin{bmatrix}\frac{12}{25}&-\frac{16}{25}&\frac{15}{25}\\\frac{9}{25}&-\frac{12}{25}&-\frac{20}{25}\\\frac{20}{25}&\frac{15}{25}&0\end{bmatrix},$$

故

$$A=\begin{bmatrix}\frac{12}{25}&-\frac{16}{25}&\frac{15}{25}\\\frac{9}{25}&-\frac{12}{25}&-\frac{20}{25}\\\frac{20}{25}&\frac{15}{25}&0\end{bmatrix}\begin{bmatrix}25&25&25\\0&50&25\\0&0&75\end{bmatrix}=QR.$$

从上面论述可见，吉文斯方法需要作$\frac{n(n-1)}{2}$个初等旋转矩阵的连乘积，当 n 较大时，计算工作量较大，因此，常利用镜像变换来进行 QR 分解.

2. 豪斯霍尔德(Housholder)方法

定理 3.2.4 任何实的 n 阶矩阵 A 可用初等反射矩阵 $H=I-2\omega\omega^{\mathrm{T}}$ 化为上三角矩阵.

证明 设矩阵 A 按列分块为

$$A=(\alpha_1^{(1)},\alpha_2^{(1)},\cdots,\alpha_n^{(1)}),$$

其中 $\alpha_i^{(1)}$ 是 A 的第 i 个列向量. 因为 $\alpha_1^{(1)}$ 不会是零向量，于是可按式(1.2.37)构造单位向量 $\omega^{(1)}$，使 $\alpha_1^{(1)}$ 与单位向量 $e_1=(1,0,\cdots,0)^{\mathrm{T}}$ 同方向. 从而必存在初等反射矩阵 $H^{(1)}$，使

$$H^{(1)}A=\begin{bmatrix}|a_{11}^{(1)}|&*\\0&\\\vdots&A_{n-1}\\0&\end{bmatrix},$$

然后对矩阵 $\boldsymbol{A}_{n-1}$ 再用 $n-1$ 阶的初等反射矩阵 $\hat{\boldsymbol{H}}^{(2)}$,使

$$\hat{\boldsymbol{H}}^{(2)}\boldsymbol{A}_{n-1}=\begin{bmatrix}|a_{22}^{(2)}| & * \\ 0 & \\ \vdots & \boldsymbol{A}_{n-2} \\ 0 & \end{bmatrix},$$

因此有

$$\boldsymbol{H}^{(2)}=\begin{bmatrix}1 & 0 & \cdots & 0 \\ 0 & & & \\ \vdots & & \hat{\boldsymbol{H}}^{(2)} & \\ 0 & & & \end{bmatrix},$$

使

$$\boldsymbol{H}^{(2)}\boldsymbol{H}^{(1)}\boldsymbol{A}=\begin{bmatrix}|a_{11}^{(1)}| & & * \\ 0 & |a_{22}^{(2)}| & * \\ 0 & 0 & \\ \vdots & \vdots & \boldsymbol{A}_{n-2} \\ 0 & 0 & \end{bmatrix}.$$

显然,左乘 $\boldsymbol{H}^{(2)}$ 不改变 $\boldsymbol{H}^{(1)}\boldsymbol{A}$ 的第1行和第1列的元素(这一点很重要).

下面我们证明 $\boldsymbol{H}^{(2)}$ 也是初等反射阵.

若 $\hat{\boldsymbol{H}}^{(2)}=\boldsymbol{I}_{n-1}-2\hat{\boldsymbol{\omega}}\hat{\boldsymbol{\omega}}^{\mathrm{T}}$,这里 $\hat{\boldsymbol{\omega}}$ 是 $n-1$ 维向量空间$\mathbb{R}^{n-1}$中的单位向量,记

$$\boldsymbol{\omega}=\begin{bmatrix}0 \\ \hat{\boldsymbol{\omega}}\end{bmatrix},$$

它是$\mathbb{R}^n$中的单位向量,易知

$$\boldsymbol{H}^{(2)}=\boldsymbol{I}-2\boldsymbol{\omega}\boldsymbol{\omega}^{\mathrm{T}},$$

因此 $\boldsymbol{H}^{(2)}$ 也是一个初等反射阵.

这样继续进行,经过 $n-1$ 次左乘初等反射矩阵,$\boldsymbol{A}$ 便可化为一个上三角矩阵

$$\boldsymbol{H}^{(n-1)}\cdots\boldsymbol{H}^{(1)}\boldsymbol{A}=\boldsymbol{A}^{(n)}. \tag{3.2.6}$$

由于每一个子矩阵 $\boldsymbol{A}_{n-1},\boldsymbol{A}_{n-2},\cdots,\boldsymbol{A}_2$ 的第1列向量都不为零向量(否则与 $\boldsymbol{A}$ 是非奇异的假定不合),所以上述过程一定能够进行到底. 证毕

从式(3.2.6)有 $\boldsymbol{A}=(\boldsymbol{H}^{(n-1)}\cdots\boldsymbol{H}^{(1)})^{-1}\boldsymbol{A}^{(n)}$. 令

$$\boldsymbol{R}=\boldsymbol{A}^{(n)},$$

$$\boldsymbol{Q}=(\boldsymbol{H}^{(n-1)}\cdots\boldsymbol{H}^{(1)})^{-1}.$$

因为每一个 $\boldsymbol{H}^{(i)}(i=1,2,\cdots,n-1)$是正交阵,所以它们连乘积的逆也是正交阵,从而有

$$\boldsymbol{A}=\boldsymbol{Q}\boldsymbol{R}.$$

从上面讨论可见,豪斯霍尔德方法只需左乘 $n-1$ 个初等反射阵,计算量大约是吉文斯方法的一半,所以这是它的优势,但对稀疏矩阵,用吉文斯方法作 $\boldsymbol{QR}$ 分解仍有方便之处.

例 3.2.3　试用豪斯霍尔德方法求矩阵

$$A=\begin{bmatrix}2&2&1\\1&2&2\\2&1&2\end{bmatrix}$$

的 $\boldsymbol{QR}$ 分解.

解　因为 $\boldsymbol{\alpha}_1^{(1)}=(2,1,2)^{\mathrm T}\neq\mathbf{0}$,作单位向量

$$\boldsymbol{\omega}^{(1)}=\frac{\boldsymbol{\alpha}_1^{(1)}-|\boldsymbol{\alpha}_1^{(1)}|\boldsymbol{e}_1}{|\boldsymbol{\alpha}_1^{(1)}-|\boldsymbol{\alpha}_1^{(1)}|\boldsymbol{e}_1|}=\frac{(2,1,2)^{\mathrm T}-3\boldsymbol{e}_1}{|(2,1,2)^{\mathrm T}-3\boldsymbol{e}_1|}$$
$$=\left(-\frac{1}{\sqrt6},\frac{1}{\sqrt6},\frac{2}{\sqrt6}\right)^{\mathrm T},$$

于是

$$\boldsymbol{H}^{(1)}=\boldsymbol{I}_3-2\boldsymbol{\omega}^{(1)}\boldsymbol{\omega}^{(1)\mathrm T}=\begin{bmatrix}\frac{2}{3}&\frac{1}{3}&\frac{2}{3}\\\frac{1}{3}&\frac{2}{3}&-\frac{2}{3}\\\frac{2}{3}&-\frac{2}{3}&-\frac{1}{3}\end{bmatrix},$$

从而得

$$\boldsymbol{H}^{(1)}\boldsymbol{A}=\begin{bmatrix}3&\frac{8}{3}&\frac{8}{3}\\0&\frac{4}{3}&\frac{1}{3}\\0&-\frac{1}{3}&-\frac{4}{3}\end{bmatrix}=\begin{bmatrix}3&\frac{8}{3}\quad\frac{8}{3}\\0&\\0&\boldsymbol{A}_2\end{bmatrix}.$$

再对 $\boldsymbol{A}_2$ 作如上的计算.为此作

$$\hat{\boldsymbol{\omega}}^{(2)}=\frac{\left(\frac{4}{3},-\frac{1}{3}\right)^{\mathrm T}-\left|\left(\frac{4}{3},-\frac{1}{3}\right)^{\mathrm T}\right|\boldsymbol{e}_1}{\left|\left(\frac{4}{3},-\frac{1}{3}\right)^{\mathrm T}-\left|\left(\frac{4}{3},-\frac{1}{3}\right)^{\mathrm T}\right|\boldsymbol{e}_1\right|}$$
$$=\left(\frac{4-\sqrt{17}}{\sqrt{34-8\sqrt{17}}},-\frac{1}{\sqrt{34-8\sqrt{17}}}\right)^{\mathrm T}.$$

于是有

$$\hat{\boldsymbol{H}}^{(2)}=\boldsymbol{I}_2-2\hat{\boldsymbol{\omega}}^{(2)}\hat{\boldsymbol{\omega}}^{(2)\mathrm T}=\begin{bmatrix}1-\frac{2(4-\sqrt{17})^2}{34-8\sqrt{17}}&\frac{2(4-\sqrt{17})}{34-8\sqrt{17}}\\\frac{2(4-\sqrt{17})}{34-8\sqrt{17}}&1-\frac{2}{34-8\sqrt{17}}\end{bmatrix}.$$

再作

$$\boldsymbol{H}^{(2)}=\begin{bmatrix}1&\mathbf{0}\\\mathbf{0}&\hat{\boldsymbol{H}}^{(2)}\end{bmatrix}=\begin{bmatrix}1&0&0\\0&1-\frac{2(4-\sqrt{17})^2}{34-8\sqrt{17}}&\frac{2(4-\sqrt{17})}{34-8\sqrt{17}}\\0&\frac{2(4-\sqrt{17})}{34-8\sqrt{17}}&1-\frac{2}{34-8\sqrt{17}}\end{bmatrix},$$

从而有

$$H^{(2)}H^{(1)}A=\begin{bmatrix}3 & \frac{8}{3} & \frac{8}{3}\\ 0 & \frac{\sqrt{17}}{3} & \frac{8\sqrt{17}}{51}\\ 0 & 0 & \frac{5\sqrt{17}}{17}\end{bmatrix}=R,$$

故 A 的 QR 分解为

$$A=(H^{(2)}H^{(1)})^{-1}R=\begin{bmatrix}\frac{2}{3} & \frac{2\sqrt{17}}{51} & -\frac{3\sqrt{17}}{17}\\ \frac{1}{3} & \frac{10\sqrt{17}}{51} & \frac{2\sqrt{17}}{17}\\ \frac{2}{3} & -\frac{7\sqrt{17}}{51} & \frac{2\sqrt{17}}{17}\end{bmatrix}\begin{bmatrix}3 & \frac{8}{3} & \frac{8}{3}\\ 0 & \frac{\sqrt{17}}{3} & \frac{8\sqrt{17}}{51}\\ 0 & 0 & \frac{5\sqrt{17}}{17}\end{bmatrix}.$$

值得指出的是,上述的吉文斯方法和豪斯霍尔德方法也可以推广到复矩阵的情况,具体论述可参阅文献[2].

3.3 矩阵的最大秩分解

以上两节主要是介绍了 n 阶方阵的几种分解,从本节开始,将介绍几种常用的长方阵的分解.在这一节给出长方阵 A 分解为两个与 A 同秩的矩阵因子乘积的具体方法,并讨论不同分解之间的关系.它们在第6章广义逆矩阵的讨论中,是十分重要的.

首先,我们要弄清楚什么是矩阵的最大秩?

定义 3.3.1 设 $m\times n$ 矩阵

$$A=\begin{bmatrix}a_{11} & a_{12} & \cdots & a_{1n}\\ a_{21} & a_{22} & \cdots & a_{2n}\\ \vdots & \vdots & & \vdots\\ a_{m1} & a_{m2} & \cdots & a_{mn}\end{bmatrix},$$

如果当 $m\leqslant n$ 时,存在有 $\mathrm{rank}(A)=m$;或者当 $m\geqslant n$ 时,存在有 $\mathrm{rank}(A)=n$,则称这两种长方阵为**最大秩长方阵**(**满秩长方阵**),前者又称**行最大秩矩阵**(**行满秩矩阵**或**矮矩阵**),后者又称为**列最大秩矩阵**(**列满秩矩阵**或**高矩阵**).

显然,最大秩长方阵具有如下性质

$$\mathrm{rank}(AA^{\mathrm{T}})=m,\qquad A=(a_{ij})_{m\times n},m\leqslant n \tag{3.3.1}$$

或

$$\mathrm{rank}(A^{\mathrm{T}}A)=n,\qquad A=(a_{ij})_{m\times n},m\geqslant n. \tag{3.3.2}$$

下面我们给出式(3.3.1)的证明:

事实上,只要证明 $AA^{\mathrm{T}}X=0$ 只有零解即可.若 $AA^{\mathrm{T}}X=0$,则 $X^{\mathrm{T}}AA^{\mathrm{T}}X=0$,即 $(A^{\mathrm{T}}X)^{\mathrm{T}}A^{\mathrm{T}}X=0$,因此 $A^{\mathrm{T}}X=0$. 由于 A^{T} 为 $n\times m$ 矩阵,且 $\mathrm{rank}(A^{\mathrm{T}})=\mathrm{rank}(A)=m$,因此 $X=0$.

同理可以证得式(3.3.2).

定义 3.3.2 设 A 为 $m\times n$ 且秩为 $r>0$ 的复矩阵,且记为 $A\in\mathbb{C}_r^{m\times n}$,如果存在矩阵

$B\in\mathbb{C}_r^{m\times r}$和$C\in\mathbb{C}_r^{r\times n}$，使

$$A=BC, \tag{3.3.3}$$

则称式(3.3.3)的分解为矩阵 A 的**最大秩分解**(**满秩分解**).

显然，当 A 是列最大秩(列满秩)或行最大秩(行满秩)矩阵时，A 的最大秩分解的两个因子中，一个因子是单位矩阵，另一个因子是 A 本身，称这种最大秩分解为**平凡分解**.

定理 3.3.1 设 $A\in\mathbb{C}_r^{m\times n}$，则一定存在 $B\in\mathbb{C}_r^{m\times r}$ 和$C\in\mathbb{C}_r^{r\times n}$ 使得

$$A=BC.$$

证明 将 A 进行初等行变换，化为行标准形 $\widetilde{A}_r$(即对 A 进行有限次初等行变换得到的阶梯形矩阵)：

$$\widetilde{A}_r=\left[\begin{array}{ccccccccccccccc}0&\cdots&0&1&*&\cdots&*&0&*&\cdots&*&0&*&\cdots&*\\0&\cdots&0&0&0&\cdots&0&1&*&\cdots&*&0&*&\cdots&*\\\vdots&&\vdots&\vdots&\vdots&&\vdots&\vdots&&&&\vdots&&\vdots&\vdots\\0&\cdots&0&0&0&\cdots&0&0&0&\cdots&0&1&*&\cdots&*\\0&\cdots&0&0&0&\cdots&0&0&0&\cdots&0&0&0&\cdots&0\\\vdots&&\vdots&\vdots&\vdots&&\vdots&\vdots&\vdots&&\vdots&\vdots&\vdots&&\vdots\\0&\cdots&0&0&0&\cdots&0&0&0&\cdots&0&0&0&\cdots&0\end{array}\right]\begin{array}{l}\left.\vphantom{\begin{array}{c}0\\0\\\vdots\\0\end{array}}\right\}r\text{ 个非零行}\\\left.\vphantom{\begin{array}{c}0\\\vdots\\0\end{array}}\right\}m-r\text{ 个零行}\end{array},$$

其中 * 表示不一定为 0 元素，在 $\widetilde{A}_r$ 中第 k_j 列的元素除第 j 个元素为 1 外，其余元素均为 $0(1\leqslant j\leqslant r)$.

显然，$\widetilde{A}_r$ 的第 $k_1,k_2,\cdots,k_r$ 列是线性无关的，则 A 的第 $k_1,k_2,\cdots,k_r$ 列也是线性无关的. 因此，保留 A 的第 $k_1,k_2,\cdots,k_r$ 列而把其他各列都除去，所得的矩阵记为 B，则 B 是具有最大秩的 $m\times r$ 阶矩阵.

$\widetilde{A}_r$ 的第 j 列可以表示成

$$\widetilde{\alpha}_j=\begin{bmatrix}c_{j1}\\\vdots\\c_{jp}\\0\\\vdots\\0\end{bmatrix}\begin{array}{l}\left.\vphantom{\begin{array}{c}c\\\vdots\\c\end{array}}\right\}p\\\left.\vphantom{\begin{array}{c}0\\\vdots\\0\end{array}}\right\}m-p\end{array},$$

式中 $k_p<j<k_{p+1}(1\leqslant p\leqslant r)$，因此它可用下列线性组合表示：

$$\widetilde{\alpha}_j=c_{j1}\widetilde{\alpha}_{k_1}+\cdots+c_{jp}\widetilde{\alpha}_{k_p},$$

由初等行变换的性质可知，A 的第 j 列也可以用对应的线性组合表示，即 $\alpha_j=c_{j1}\alpha_{k_1}+\cdots+c_{jp}\alpha_{k_p}$. 其次，设除了位于 $\widetilde{A}_r$ 下侧 $m-r$ 个 0 行以外的 $r\times n$ 阶矩阵为 C，显然 C 是具有最大秩的 $r\times n$ 阶矩阵，当 $k_p<j<k_{p+1}$ 时，则有

$$C\text{ 的第 } j \text{ 列}=\begin{bmatrix}c_{j1}\\\vdots\\c_{jp}\\0\\\vdots\\0\end{bmatrix}\begin{array}{l}\left.\vphantom{\begin{array}{c}c\\\vdots\\c\end{array}}\right\}p\\\left.\vphantom{\begin{array}{c}0\\\vdots\\0\end{array}}\right\}r-p\end{array},$$

而且，因为 $\boldsymbol{B}=(\boldsymbol{\alpha}_{k_1},\boldsymbol{\alpha}_{k_2},\cdots,\boldsymbol{\alpha}_{k_r})$，则

$$\boldsymbol{A}\text{ 的第 } j \text{ 列}=\boldsymbol{B}\times(\boldsymbol{C}\text{ 的第 } j \text{ 列}),$$

式中的 j 取任何一列也成立. 最后得

$$\boldsymbol{A}=\boldsymbol{BC}.$$

证毕

定理的证明过程给出了求 $\boldsymbol{B}$, $\boldsymbol{C}$ 的方法，下面举例说明之.

例 3.3.1 求矩阵

$$\boldsymbol{A}=\begin{bmatrix}1 & 4 & -1 & 5 & 6\\ 2 & 0 & 0 & 4 & 6\\ -1 & 2 & -4 & -4 & -19\\ 1 & -2 & -1 & -1 & -6\end{bmatrix}$$

的最大秩分解.

解 将 $\boldsymbol{A}$ 只进行初等行变换，化为行标准形

$$\boldsymbol{A}\simeq\begin{bmatrix}1 & 0 & 0 & 2 & 3\\ 0 & 1 & 0 & 1 & 2\\ 0 & 0 & 1 & 1 & 5\\ 0 & 0 & 0 & 0 & 0\end{bmatrix},$$

于是取 $\boldsymbol{A}$ 的前三列组成矩阵

$$\boldsymbol{B}=\begin{bmatrix}1 & 4 & -1\\ 2 & 0 & 0\\ -1 & 2 & -4\\ 1 & -2 & -1\end{bmatrix}.$$

再取 $\boldsymbol{A}$ 的行标准形的前三个非零行，组成矩阵

$$\boldsymbol{C}=\begin{bmatrix}1 & 0 & 0 & 2 & 3\\ 0 & 1 & 0 & 1 & 2\\ 0 & 0 & 1 & 1 & 5\end{bmatrix},$$

容易验证 $\boldsymbol{A}=\boldsymbol{BC}$.

对于矩阵的性质，一般来说，对于“行”具有的性质，“列”也具有. 例如，在例 3.3.1 中，将 $\boldsymbol{A}$ 进行初等列变换化为列标准形，得

$$\boldsymbol{A}\simeq\begin{bmatrix}1 & 0 & 0 & 0 & 0\\ 0 & 1 & 0 & 0 & 0\\ 0 & 0 & 1 & 0 & 0\\ -\frac{5}{7} & \frac{15}{14} & \frac{3}{7} & 0 & 0\end{bmatrix},$$

于是，将 $\boldsymbol{A}$ 的列标准形的前三列取作因子

$$\widetilde{\boldsymbol{B}}=\begin{bmatrix}1 & 0 & 0\\ 0 & 1 & 0\\ 0 & 0 & 1\\ -\frac{5}{7} & \frac{15}{14} & \frac{3}{7}\end{bmatrix}.$$

再将 $\boldsymbol{A}$ 的前三行取作因子

$$\widetilde{C}=\begin{bmatrix}1&4&-1&5&6\\2&0&0&4&6\\-1&2&-4&-4&-19\end{bmatrix},$$

容易验证 $A=\widetilde{B}\widetilde{C}$，且

$$\text{rank}(\widetilde{B})=\text{rank}(\widetilde{C})=\text{rank}(A)=3.$$

由此可见矩阵 A 的最大秩分解不是唯一的，但最大秩分解之间，有如下关系.

定理 3.3.2 设 $A\in\mathbb{C}_r^{m\times n}$，且

$$A=BC=\widetilde{B}\widetilde{C}$$

均为 A 的最大秩分解，则

(1) 存在矩阵 $Q\in\mathbb{C}_r^{r\times r}$，使得

$$B=\widetilde{B}Q,\qquad C=Q^{-1}\widetilde{C}. \tag{3.3.4}$$

(2) $C^{H}(CC^{H})^{-1}(B^{H}B)^{-1}B^{H}=\widetilde{C}^{H}(\widetilde{C}\widetilde{C}^{H})^{-1}(\widetilde{B}^{H}\widetilde{B})^{-1}\widetilde{B}^{H}$. (3.3.5)

证明 (1) 由 $BC=\widetilde{B}\widetilde{C}$，有

$$BCC^{H}=\widetilde{B}\widetilde{C}C^{H}. \tag{3.3.6}$$

又由式(3.3.1)知 $\text{rank}(C)=\text{rank}(CC^{H})=r$，$CC^{H}\in\mathbb{C}^{r\times r}$，所以矩阵 CC^{H} 可逆. 在式(3.3.6)两端同时右乘$(CC^{H})^{-1}$ 得

$$B=\widetilde{B}\widetilde{C}C^{H}(CC^{H})^{-1}=\widetilde{B}Q_1, \tag{3.3.7}$$

其中 $Q_1=\widetilde{C}C^{H}(CC^{H})^{-1}$.

同理可得

$$C=(B^{H}B)^{-1}B^{H}\widetilde{B}\widetilde{C}=Q_2\widetilde{C}, \tag{3.3.8}$$

其中 $Q_2=(B^{H}B)^{-1}B^{H}\widetilde{B}$.

将式(3.3.7)和式(3.3.8)代入 $BC=\widetilde{B}\widetilde{C}$ 得

$$\widetilde{B}\widetilde{C}=\widetilde{B}Q_1Q_2\widetilde{C},$$

上式两端左乘 $\widetilde{B}^{H}$、右乘 $\widetilde{C}^{H}$ 得

$$\widetilde{B}^{H}\widetilde{B}\widetilde{C}\widetilde{C}^{H}=\widetilde{B}^{H}\widetilde{B}Q_1Q_2\widetilde{C}\widetilde{C}^{H}.$$

又由于 $\widetilde{B}^{H}\widetilde{B}$，$\widetilde{C}\widetilde{C}^{H}$ 均可逆，上式两端分别左乘$(\widetilde{B}^{H}\widetilde{B})^{-1}$，右乘$(\widetilde{C}\widetilde{C}^{H})^{-1}$ 得

$$I_r=Q_1Q_2.$$

显然 Q_1，Q_2 均为 r 阶方阵. 若记 $Q_1=Q$，则 $Q_2=Q^{-1}$，即式(3.3.4)成立.

(2) 由式(3.3.4)有

$$\begin{aligned}&C^{H}(CC^{H})^{-1}(B^{H}B)^{-1}B^{H}\\&=(Q^{-1}\widetilde{C})^{H}[Q^{-1}\widetilde{C}(Q^{-1}\widetilde{C})^{H}]^{-1}[(\widetilde{B}Q)^{H}\times(\widetilde{B}Q)]^{-1}(\widetilde{B}Q)^{H}\\&=\widetilde{C}^{H}(Q^{-1})^{H}[Q^{-1}(\widetilde{C}\widetilde{C}^{H})(Q^{-1})^{H}]^{-1}\times[Q^{H}(\widetilde{B}^{H}\widetilde{B})Q]^{-1}Q^{H}\widetilde{B}^{H}\\&=\widetilde{C}^{H}(Q^{-1})^{H}[(Q^{-1})^{H}]^{-1}(\widetilde{C}\widetilde{C}^{H})^{-1}\times QQ^{-1}(\widetilde{B}^{H}\widetilde{B})^{-1}(Q^{H})^{-1}Q^{H}\widetilde{B}^{H}\\&=\widetilde{C}^{H}(\widetilde{C}\widetilde{C}^{H})^{-1}(\widetilde{B}^{H}\widetilde{B})^{-1}\widetilde{B}^{H},\end{aligned}$$

即式(3.3.5)成立. 证毕

式(3.3.5)表明，矩阵 A 的最大秩分解虽不唯一，但由最大秩分解所作出这种形式的乘积

$$C^{H}(CC^{H})^{-1}(B^{H}B)^{-1}B^{H}$$

是相同的. 这个乘积表达式正是第 6 章中广义逆矩阵中的伪逆矩阵 A^{+}(又称为摩尔-彭诺斯逆).

3.4 矩阵的奇异值分解和极分解

矩阵的奇异值分解在矩阵理论中的重要性是不言而喻的,例如古典控制中的频率法,正是由于有了矩阵奇异值分解的帮助而得到了新的发展.这里,只给出奇异值的性质以及矩阵按奇异值的分解.作为预备知识,我们先看下面的命题.

命题 3.4.1 设 $\boldsymbol{A}\in\mathbb{C}^{m\times n}$,则有

(1) $\boldsymbol{A}^{\mathrm{H}}\boldsymbol{A}$ 与 $\boldsymbol{A}\boldsymbol{A}^{\mathrm{H}}$ 的特征值均为非负实数;

(2) $\boldsymbol{A}^{\mathrm{H}}\boldsymbol{A}$ 与 $\boldsymbol{A}\boldsymbol{A}^{\mathrm{H}}$ 的非零特征值相同.

证明 (1) 设 $\boldsymbol{0}\neq\boldsymbol{x}\in\mathbb{C}^n$ 为矩阵 $\boldsymbol{A}^{\mathrm{H}}\boldsymbol{A}$ 的特征值 λ 所对应的特征向量.由于 $(\boldsymbol{A}^{\mathrm{H}}\boldsymbol{A})^{\mathrm{H}}=\boldsymbol{A}^{\mathrm{H}}\boldsymbol{A}$,所以 $\boldsymbol{A}^{\mathrm{H}}\boldsymbol{A}$ 是埃尔米特矩阵.又因为 $\boldsymbol{x}^{\mathrm{H}}\boldsymbol{A}^{\mathrm{H}}\boldsymbol{A}\boldsymbol{x}=(\boldsymbol{A}\boldsymbol{x})^{\mathrm{H}}(\boldsymbol{A}\boldsymbol{x})\geqslant 0$,故 $\boldsymbol{A}^{\mathrm{H}}\boldsymbol{A}$ 是半正定的,从而推得 $\lambda\geqslant 0$.

相仿可知 $\boldsymbol{A}\boldsymbol{A}^{\mathrm{H}}$ 的特征值也是非负实数.

(2) 设 $\boldsymbol{A}^{\mathrm{H}}\boldsymbol{A}$ 的特征值依大小顺序编号为

$$\lambda_1\geqslant\lambda_2\geqslant\cdots\geqslant\lambda_r>\lambda_{r+1}=\lambda_{r+2}=\cdots=\lambda_n=0,$$

而 $\boldsymbol{A}\boldsymbol{A}^{\mathrm{H}}$ 的特征值也依大小顺序编号为

$$\mu_1\geqslant\mu_2\geqslant\cdots\geqslant\mu_s>\mu_{s+1}=\mu_{s+2}=\cdots=\lambda_m=0.$$

设 $\boldsymbol{0}\neq\boldsymbol{x}_i\in\mathbb{C}^n(i=1,2,\cdots,r)$ 为 $\boldsymbol{A}^{\mathrm{H}}\boldsymbol{A}$ 的非零特征值 $\lambda_i(i=1,2,\cdots,r)$ 所对应的特征向量,则由

$$\boldsymbol{A}^{\mathrm{H}}\boldsymbol{A}\boldsymbol{x}_i=\lambda_i\boldsymbol{x}_i,\qquad i=1,2,\cdots,r,$$

有

$$(\boldsymbol{A}\boldsymbol{A}^{\mathrm{H}})\boldsymbol{A}\boldsymbol{x}_i=\lambda_i\boldsymbol{A}\boldsymbol{x}_i,\qquad i=1,2,\cdots,r,$$

且 $\boldsymbol{A}\boldsymbol{x}_i\neq\boldsymbol{0}$,于是 λ_i 也是 $\boldsymbol{A}\boldsymbol{A}^{\mathrm{H}}$ 的非零特征值.同理可证 $\boldsymbol{A}\boldsymbol{A}^{\mathrm{H}}$ 的非零特征值 μ_s 也是 $\boldsymbol{A}^{\mathrm{H}}\boldsymbol{A}$ 的非零特征值.如果还能证明 $\boldsymbol{A}^{\mathrm{H}}\boldsymbol{A}$ 与 $\boldsymbol{A}\boldsymbol{A}^{\mathrm{H}}$ 的非零特征值的代数重复度亦相同,则 $\boldsymbol{A}^{\mathrm{H}}\boldsymbol{A}$ 与 $\boldsymbol{A}\boldsymbol{A}^{\mathrm{H}}$ 的非零特征值就全同了.为此,设 $\boldsymbol{y}_1,\boldsymbol{y}_2,\cdots,\boldsymbol{y}_p$ 为 $\boldsymbol{A}^{\mathrm{H}}\boldsymbol{A}$ 对应于特征值 $\lambda\neq 0$ 的线性无关的特征向量,由于 $\boldsymbol{A}^{\mathrm{H}}\boldsymbol{A}$ 属单纯矩阵,故 p 即为 λ 的代数重复度.显然,$\boldsymbol{A}\boldsymbol{y}_i(i=1,2,\cdots,p)$ 是 $\boldsymbol{A}\boldsymbol{A}^{\mathrm{H}}$ 对应于 $\lambda\neq 0$ 的特征向量.为了证明这些特征向量 $\boldsymbol{A}\boldsymbol{y}_i$ 线性无关,令

$$k_1\boldsymbol{A}\boldsymbol{y}_1+k_2\boldsymbol{A}\boldsymbol{y}_2+\cdots+k_p\boldsymbol{A}\boldsymbol{y}_p=\boldsymbol{0},$$

即

$$\boldsymbol{A}(\boldsymbol{y}_1,\boldsymbol{y}_2,\cdots,\boldsymbol{y}_p)\boldsymbol{k}=\boldsymbol{0},$$

其中 $\boldsymbol{k}=(k_1,k_2,\cdots,k_p)^{\mathrm{T}}$.于是

$$\boldsymbol{A}^{\mathrm{H}}\boldsymbol{A}(\boldsymbol{y}_1,\boldsymbol{y}_2,\cdots,\boldsymbol{y}_p)\boldsymbol{k}=\boldsymbol{0},$$

即

$$\lambda(\boldsymbol{y}_1,\boldsymbol{y}_2,\cdots,\boldsymbol{y}_p)\boldsymbol{k}=\boldsymbol{0}.$$

已知 $\lambda\neq 0$,故

$$(\boldsymbol{y}_1,\boldsymbol{y}_2,\cdots,\boldsymbol{y}_p)\boldsymbol{k}=\boldsymbol{0},$$

已知 $\boldsymbol{y}_1,\boldsymbol{y}_2,\cdots,\boldsymbol{y}_p$ 线性无关,故 $\boldsymbol{k}=\boldsymbol{0}$,即 $\boldsymbol{A}\boldsymbol{y}_1,\boldsymbol{A}\boldsymbol{y}_2,\cdots,\boldsymbol{A}\boldsymbol{y}_p$ 线性无关,因而 λ 也是 $\boldsymbol{A}\boldsymbol{A}^{\mathrm{H}}$ 的 p 重非零特征值.

定义 3.4.1 设 $\boldsymbol{A}\in\mathbb{C}_r^{m\times n}$,$\boldsymbol{A}^{\mathrm{H}}\boldsymbol{A}$ 的特征值为

$$\lambda_1\geqslant\lambda_2\geqslant\cdots\lambda_r>\lambda_{r+1}=\lambda_{r+2}=\cdots=\lambda_n=0,$$

则称 $\sigma_i=\sqrt{\lambda_i}\,(i=1,2,\cdots,r)$ 为矩阵 $\boldsymbol{A}$ 的**正奇异值**，简称**奇异值**.

由此定义和命题可知，$\boldsymbol{A}$ 与 $\boldsymbol{A}^{\mathrm{H}}$ 有相同的奇异值.

例 3.4.1 设

$$\boldsymbol{A}=\begin{bmatrix}1&2\\0&0\\0&0\end{bmatrix},$$

求 $\boldsymbol{A}$ 的奇异值.

解 由于

$$\boldsymbol{A}\boldsymbol{A}^{\mathrm{H}}=\begin{bmatrix}1&2\\0&0\\0&0\end{bmatrix}\begin{bmatrix}1&0&0\\2&0&0\end{bmatrix}=\begin{bmatrix}5&0&0\\0&0&0\\0&0&0\end{bmatrix},$$

显然，$\boldsymbol{A}\boldsymbol{A}^{\mathrm{H}}$ 的正特征值为 5，故 $\boldsymbol{A}$ 的奇异值为 $\sqrt{5}$.

定义 3.4.2 设 $\boldsymbol{A},\boldsymbol{B}\in\mathbb{C}^{m\times n}$，如果存在 m 阶酉矩阵 $\boldsymbol{U}$ 和 n 阶酉矩阵 $\boldsymbol{V}$，使得

$$\boldsymbol{B}=\boldsymbol{U}\boldsymbol{A}\boldsymbol{V},\tag{3.4.1}$$

则称 $\boldsymbol{A}$ 与 $\boldsymbol{B}$ **酉等价或酉相抵**.

定理 3.4.1 若 $\boldsymbol{A}$ 与 $\boldsymbol{B}$ 酉等价，则 $\boldsymbol{A}$ 与 $\boldsymbol{B}$ 有相同的奇异值.

证明 因为 $\boldsymbol{B}=\boldsymbol{U}\boldsymbol{A}\boldsymbol{V}$，所以有

$$\boldsymbol{B}^{\mathrm{H}}\boldsymbol{B}=\boldsymbol{V}^{\mathrm{H}}\boldsymbol{A}^{\mathrm{H}}\boldsymbol{U}^{\mathrm{H}}\boldsymbol{U}\boldsymbol{A}\boldsymbol{V}=\boldsymbol{V}^{\mathrm{H}}\boldsymbol{A}^{\mathrm{H}}\boldsymbol{A}\boldsymbol{V},$$

即 $\boldsymbol{A}^{\mathrm{H}}\boldsymbol{A}$ 与 $\boldsymbol{B}^{\mathrm{H}}\boldsymbol{B}$ 酉相似，故它们有相同的特征值，根据定义 3.4.1 知，$\boldsymbol{A}$ 与 $\boldsymbol{B}$ 有相同的奇异值. 证毕

定理 3.4.2 设 $\boldsymbol{A}\in\mathbb{C}_r^{m\times n}$，则存在 m 阶酉矩阵 $\boldsymbol{U}$ 和 n 阶酉矩阵 $\boldsymbol{V}$，使得

$$\boldsymbol{U}^{\mathrm{H}}\boldsymbol{A}\boldsymbol{V}=\begin{bmatrix}\boldsymbol{\Delta}&\boldsymbol{0}\\\boldsymbol{0}&\boldsymbol{0}\end{bmatrix}\tag{3.4.2}$$

或

$$\boldsymbol{A}=\boldsymbol{U}\begin{bmatrix}\boldsymbol{\Delta}&\boldsymbol{0}\\\boldsymbol{0}&\boldsymbol{0}\end{bmatrix}\boldsymbol{V}^{\mathrm{H}},\tag{3.4.3}$$

其中 $\boldsymbol{\Delta}=\mathrm{diag}(\sigma_1,\sigma_2,\cdots,\sigma_r)$，$\lambda_i$ 为 AA^{H} 的非零特征值，且 $\sigma_i=\sqrt{\lambda_i}\,(i=1,2,\cdots,r)$，而 σ_i 是 $\boldsymbol{A}$ 的全部奇异值.

证明 由于 $\boldsymbol{A}\boldsymbol{A}^{\mathrm{H}}$ 总是半正定的，故存在酉阵 $\boldsymbol{U}$，使得

$$\boldsymbol{U}^{\mathrm{H}}\boldsymbol{A}\boldsymbol{A}^{\mathrm{H}}\boldsymbol{U}=\begin{bmatrix}\boldsymbol{\Delta}\boldsymbol{\Delta}^{\mathrm{H}}&\boldsymbol{0}\\\boldsymbol{0}&\boldsymbol{0}\end{bmatrix}=\mathrm{diag}(\sigma_1^2,\sigma_2^2,\cdots,\sigma_r^2,0,\cdots,0).$$

记 $\boldsymbol{U}=(\boldsymbol{x}_1,\cdots,\boldsymbol{x}_r,\boldsymbol{x}_{r+1},\cdots,\boldsymbol{x}_m)=(\boldsymbol{U}_1,\boldsymbol{U}_2)$，其中 $\boldsymbol{U}_1=(\boldsymbol{x}_1,\cdots,\boldsymbol{x}_r)$，$\boldsymbol{U}_2=(\boldsymbol{x}_{r+1},\cdots,\boldsymbol{x}_m)$，代入上式有

$$(\boldsymbol{U}_1,\boldsymbol{U}_2)^{\mathrm{H}}\boldsymbol{A}\boldsymbol{A}^{\mathrm{H}}(\boldsymbol{U}_1,\boldsymbol{U}_2)=\mathrm{diag}(\sigma_1^2,\sigma_2^2,\cdots,\sigma_r^2,0,\cdots,0).$$

比较上式两端，得

$$\boldsymbol{U}_1^{\mathrm{H}}\boldsymbol{A}\boldsymbol{A}^{\mathrm{H}}\boldsymbol{U}_1=\mathrm{diag}(\sigma_1^2,\sigma_2^2,\cdots,\sigma_r^2)=\boldsymbol{\Delta}^2=\boldsymbol{\Delta}\boldsymbol{\Delta}^{\mathrm{H}},\tag{3.4.4}$$

$$\boldsymbol{U}_2^{\mathrm{H}}\boldsymbol{A}\boldsymbol{A}^{\mathrm{H}}\boldsymbol{U}_2=\boldsymbol{0}.\tag{3.4.5}$$

由式(3.4.5)有

$$(\boldsymbol{A}^{\mathrm{H}}\boldsymbol{U}_2)^{\mathrm{H}}(\boldsymbol{A}^{\mathrm{H}}\boldsymbol{U}_2)=\boldsymbol{0},$$

故

$$\boldsymbol{A}^{\mathrm{H}}\boldsymbol{U}_2=\boldsymbol{0} \quad 或 \quad \boldsymbol{U}_2^{\mathrm{H}}\boldsymbol{A}=\boldsymbol{0}. \tag{3.4.6}$$

令

$$\boldsymbol{V}_1=\boldsymbol{A}^{\mathrm{H}}\boldsymbol{U}_1(\boldsymbol{\Delta}^{-1})^{\mathrm{H}}, \tag{3.4.7}$$

则有

$$\boldsymbol{V}_1^{\mathrm{H}}\boldsymbol{V}_1=\boldsymbol{\Delta}^{-1}\boldsymbol{U}_1^{\mathrm{H}}\boldsymbol{A}\boldsymbol{A}^{\mathrm{H}}\boldsymbol{U}_1(\boldsymbol{\Delta}^{-1})^{\mathrm{H}},$$

把式(3.4.4)代入上式,得

$$\boldsymbol{V}_1^{\mathrm{H}}\boldsymbol{V}_1=\boldsymbol{\Delta}^{-1}\boldsymbol{\Delta}\boldsymbol{\Delta}^{\mathrm{H}}(\boldsymbol{\Delta}^{-1})^{\mathrm{H}}=\boldsymbol{I}_r,$$

即 $\boldsymbol{V}_1\in\boldsymbol{U}^{n\times r}$(表示 $n\times r$ 酉矩阵集合). 再令 $\boldsymbol{V}_2\in\boldsymbol{U}^{n\times(n-r)}$,使

$$\boldsymbol{V}=(\boldsymbol{V}_1,\boldsymbol{V}_2)\in\boldsymbol{U}^{n\times n},$$

则有

$$\boldsymbol{V}_1^{\mathrm{H}}\boldsymbol{V}_2=\boldsymbol{\Delta}^{-1}\boldsymbol{U}_1^{\mathrm{H}}\boldsymbol{A}\boldsymbol{V}_2=\boldsymbol{0},$$

从而有

$$\boldsymbol{U}_1^{\mathrm{H}}\boldsymbol{A}\boldsymbol{V}_2=\boldsymbol{0}, \tag{3.4.8}$$

故有

$$\boldsymbol{U}^{\mathrm{H}}\boldsymbol{A}\boldsymbol{V}=\begin{bmatrix}\boldsymbol{U}_1^{\mathrm{H}}\\ \boldsymbol{U}_2^{\mathrm{H}}\end{bmatrix}\boldsymbol{A}(\boldsymbol{V}_1,\boldsymbol{V}_2)=\begin{bmatrix}\boldsymbol{U}_1^{\mathrm{H}}\boldsymbol{A}\boldsymbol{V}_1 & \boldsymbol{U}_1^{\mathrm{H}}\boldsymbol{A}\boldsymbol{V}_2\\ \boldsymbol{U}_2^{\mathrm{H}}\boldsymbol{A}\boldsymbol{V}_1 & \boldsymbol{U}_2^{\mathrm{H}}\boldsymbol{A}\boldsymbol{V}_2\end{bmatrix}.$$

由式(3.4.6)、式(3.4.7)和式(3.4.8)得

$$\boldsymbol{U}^{\mathrm{H}}\boldsymbol{A}\boldsymbol{V}=\begin{bmatrix}\boldsymbol{U}_1^{\mathrm{H}}\boldsymbol{A}\boldsymbol{A}^{\mathrm{H}}\boldsymbol{U}_1(\boldsymbol{\Delta}^{-1})^{\mathrm{H}} & \boldsymbol{0}\\ \boldsymbol{0} & \boldsymbol{0}\end{bmatrix}.$$

再由式(3.4.4)便得

$$\boldsymbol{U}^{\mathrm{H}}\boldsymbol{A}\boldsymbol{V}=\begin{bmatrix}\boldsymbol{\Delta} & \boldsymbol{0}\\ \boldsymbol{0} & \boldsymbol{0}\end{bmatrix}.$$

证毕

$\boldsymbol{A}$ 的式(3.4.3)形式的分解称为 $\boldsymbol{A}$ 的**奇异值分解**,实际上,它表明 $\boldsymbol{A}$ 与一个长方对角矩阵酉等价.

例 3.4.2 求例 3.4.1 中矩阵 $\boldsymbol{A}$ 的奇异值分解.

解 由例 3.4.1 已知 $\boldsymbol{A}$ 的奇异值 $\sigma_1=\sqrt{5}$,则 $\boldsymbol{\Delta}=(\sqrt{5})$,且由

$$\boldsymbol{A}\boldsymbol{A}^{\mathrm{H}}=\begin{bmatrix}5&0&0\\0&0&0\\0&0&0\end{bmatrix}$$

知 $\boldsymbol{A}\boldsymbol{A}^{\mathrm{H}}$ 的特征值 $\lambda_1=5,\lambda_2=\lambda_3=0$,对应的特征向量可分别取为

$$\boldsymbol{x}_1=(1,0,0)^{\mathrm{T}},\quad \boldsymbol{x}_2=(0,1,0)^{\mathrm{T}},\quad \boldsymbol{x}_3=(0,0,1)^{\mathrm{T}},$$

则 $\boldsymbol{U}=(\boldsymbol{x}_1,\boldsymbol{x}_2,\boldsymbol{x}_3)=\boldsymbol{I}_3$,其中 $\boldsymbol{U}_1=(\boldsymbol{x}_1)$,$\boldsymbol{U}_2=(\boldsymbol{x}_2,\boldsymbol{x}_3)$,而

$$\boldsymbol{V}_1=\boldsymbol{A}^{\mathrm{H}}\boldsymbol{U}_1(\boldsymbol{\Delta}^{-1})^{\mathrm{H}}=\begin{bmatrix}1&0&0\\2&0&0\end{bmatrix}\begin{bmatrix}1\\0\\0\end{bmatrix}\frac{1}{\sqrt{5}}=\left(\frac{1}{\sqrt{5}},\frac{2}{\sqrt{5}}\right)^{\mathrm{T}},$$

故可取

$$\boldsymbol{V}_2=\begin{bmatrix}-\dfrac{2}{\sqrt{5}}\\ \dfrac{1}{\sqrt{5}}\end{bmatrix},$$

于是得

$$\boldsymbol{A}=\begin{bmatrix}1&0&0\\0&1&0\\0&0&1\end{bmatrix}\begin{bmatrix}\sqrt{5}&0\\0&0\\0&0\end{bmatrix}\begin{bmatrix}\dfrac{1}{\sqrt{5}}&\dfrac{2}{\sqrt{5}}\\-\dfrac{2}{\sqrt{5}}&\dfrac{1}{\sqrt{5}}\end{bmatrix}.$$

例 3.4.3　求以下矩阵的奇异值分解

$$\boldsymbol{A}=\begin{bmatrix}1&0&1\\0&1&-1\end{bmatrix}.$$

解　在实际计算中,应该求 $\boldsymbol{A}^{\mathrm{H}}\boldsymbol{A}$ 或 $\boldsymbol{A}\boldsymbol{A}^{\mathrm{H}}$ 中阶数较小的方阵的特征值.因为

$$\boldsymbol{A}\boldsymbol{A}^{\mathrm{H}}=\begin{bmatrix}1&0&1\\0&1&-1\end{bmatrix}\begin{bmatrix}1&0\\0&1\\1&-1\end{bmatrix}=\begin{bmatrix}2&-1\\-1&2\end{bmatrix}$$

为 2×2 方阵,而 $\boldsymbol{A}^{\mathrm{H}}\boldsymbol{A}$ 为 3×3 方阵,故求前者的特征值方便些.

$$|\lambda\boldsymbol{I}-\boldsymbol{A}\boldsymbol{A}^{\mathrm{H}}|=\begin{vmatrix}\lambda-2&1\\1&\lambda-2\end{vmatrix}=(\lambda-1)(\lambda-3),$$

因此,$\boldsymbol{A}\boldsymbol{A}^{\mathrm{H}}$ 的特征值为 $\lambda_1=1,\lambda_2=3$,它们相应的单位特征向量分别为

$$\boldsymbol{\beta}_1=\frac{1}{\sqrt{2}}\begin{bmatrix}1\\1\end{bmatrix},\qquad \boldsymbol{\beta}_2=\frac{1}{\sqrt{2}}\begin{bmatrix}1\\-1\end{bmatrix},$$

则 $\boldsymbol{A}^{\mathrm{H}}\boldsymbol{A}$ 的三个特征值分别为 $\lambda_1=1,\lambda_2=3$(非零特征值与前相同),而 $\lambda_3=0$,且属于它们的特征向量分别为

$$\boldsymbol{\alpha}_1=\frac{1}{\sqrt{2}}\begin{bmatrix}1\\1\\0\end{bmatrix},\qquad \boldsymbol{\alpha}_2=\frac{1}{\sqrt{6}}\begin{bmatrix}1\\-1\\2\end{bmatrix},\qquad \boldsymbol{\alpha}_3=\frac{1}{\sqrt{3}}\begin{bmatrix}1\\-1\\-1\end{bmatrix}.$$

注意,$\boldsymbol{\alpha}_1,\boldsymbol{\alpha}_2,\boldsymbol{\alpha}_3$ 可由埃尔米特(Hermite)矩阵 $\boldsymbol{A}^{\mathrm{H}}\boldsymbol{A}$ 属于不同特征值的特征向量彼此正交得到.令

$$\boldsymbol{V}=(\boldsymbol{\alpha}_1,\boldsymbol{\alpha}_2,\boldsymbol{\alpha}_3),\qquad \boldsymbol{U}=(\boldsymbol{\beta}_1,\boldsymbol{\beta}_2),\qquad \boldsymbol{D}=\begin{bmatrix}1&0&0\\0&\sqrt{3}&0\end{bmatrix},$$

则

$$\boldsymbol{A}=\boldsymbol{U}\boldsymbol{D}\boldsymbol{V}^{\mathrm{H}}=\begin{bmatrix}\dfrac{1}{\sqrt{2}}&\dfrac{1}{\sqrt{2}}\\ \dfrac{1}{\sqrt{2}}&-\dfrac{1}{\sqrt{2}}\end{bmatrix}\begin{bmatrix}1&0&0\\0&\sqrt{3}&0\end{bmatrix}\begin{bmatrix}\dfrac{1}{\sqrt{2}}&\dfrac{1}{\sqrt{2}}&0\\ \dfrac{1}{\sqrt{6}}&-\dfrac{1}{\sqrt{6}}&\dfrac{2}{\sqrt{6}}\\ \dfrac{1}{\sqrt{3}}&-\dfrac{1}{\sqrt{3}}&-\dfrac{1}{\sqrt{3}}\end{bmatrix}.$$

例 3.4.4 设可逆矩阵 $\boldsymbol{A}$ 的奇异值分解为 $\boldsymbol{A}=\boldsymbol{UDV}^{\mathrm{H}}$,则其逆的奇异值分解为 $\boldsymbol{A}^{-1}=\boldsymbol{VD}^{-1}\boldsymbol{U}^{\mathrm{H}}$. 因此,若 $\boldsymbol{A}$ 的奇异值为 $\sigma_1 \geqslant \sigma_2 \geqslant \cdots \geqslant \sigma_n > 0$,则 $\boldsymbol{A}^{-1}$ 的奇异值为 $1/\sigma_n \geqslant 1/\sigma_{n-1} \geqslant \cdots \geqslant 1/\sigma_1 > 0$.

设 $\boldsymbol{A}=\boldsymbol{U}_1\boldsymbol{DV}^{\mathrm{H}}$ 是 $\boldsymbol{A}$ 的奇异值分解,令

$$\boldsymbol{P}=\boldsymbol{U}_1\boldsymbol{DU}_1^{\mathrm{H}}, \qquad \boldsymbol{U}=\boldsymbol{U}_1\boldsymbol{V}^{\mathrm{H}},$$

即可得到矩阵的另一种有趣分解——极分解.

定理 3.4.3 设 $\boldsymbol{A}\in\mathbb{C}^{n\times n}$,则存在酉矩阵 $\boldsymbol{U}$ 和唯一的半正定矩阵 $\boldsymbol{P}$,使得

$$\boldsymbol{A}=\boldsymbol{PU}, \tag{3.4.9}$$

上式称为矩阵 $\boldsymbol{A}$ 的**极分解**. 矩阵 $\boldsymbol{P}$ 与 $\boldsymbol{U}$ 分别称为 $\boldsymbol{A}$ 的埃尔米特因子和酉因子.

本节最后,我们解释奇异值这个词的含义,它有许多良好的性质(读者自行验证):

命题 3.4.2(奇异值与特征值) 设 λ 是 n 阶矩阵 $\boldsymbol{A}$ 的一个特征值,又将 $\boldsymbol{A}$ 的最大奇异值与最小奇异值分别记为 $\sigma_{\max}(\boldsymbol{A})$ 与 $\sigma_{\min}(\boldsymbol{A})$,则 $\sigma_{\max}(\boldsymbol{A})\geqslant|\lambda|\geqslant\sigma_{\min}(\boldsymbol{A})$. 换言之,矩阵的最大奇异值与最小奇异值是其特征值的模的上下界.

例 3.4.5 设 $\boldsymbol{A}=\begin{bmatrix}1 & 1\\ 0 & 1\end{bmatrix}$,则 $\boldsymbol{A}$ 的特征值为 1,但奇异值为 $\sqrt{(3\pm\sqrt{5})/2}$.

命题 3.4.3(奇异值与矩阵的迹) 设 $\boldsymbol{A}\in\mathbb{C}^{m\times n}$,则 $\operatorname{tr}(\boldsymbol{A}^{\mathrm{H}}\boldsymbol{A})=\sum_{i=1}^{r}\sigma_i^2$.(请参照前面的舒赫不等式)

命题 3.4.4(奇异值与奇异矩阵) 矩阵 $\boldsymbol{A}$ 列满秩 $\Leftrightarrow\boldsymbol{A}$ 的奇异值均非 0. 特别地,方阵 $\boldsymbol{A}$ 非奇异 $\Leftrightarrow\boldsymbol{A}$ 的奇异值均非 0.

例 3.4.6 设 $\boldsymbol{A}\in\mathbb{C}^{m\times n}$,则 $\boldsymbol{A}=\boldsymbol{0}\Leftrightarrow\boldsymbol{A}^{\mathrm{H}}\boldsymbol{A}=\boldsymbol{0}$. 换言之,方阵 $\boldsymbol{A}=\boldsymbol{0}\Leftrightarrow$ 它的奇异值均为 0.

矩阵的奇异值较之其特征值的一个优点是非零奇异值的个数恰好是该矩阵的秩,而矩阵的非零特征值的个数一般比其秩小(比如幂零矩阵无非零特征值). 因此常常利用此性质来计算矩阵的秩.

3.5 矩阵的谱分解

由于所有分解的目的不外乎简化计算或深化理论,因此都要涉及一些特殊性质的"好矩阵"的分解. 这里讲的好矩阵是指可以(酉)对角化的矩阵,对于这类"好矩阵",其分解方法比前几节更加直观和简单. 本节先介绍正规矩阵(可以酉对角化)的谱分解,再介绍单纯矩阵(可相似对角化)的谱分解.

3.5.1 正规矩阵

定义 3.5.1 设 $\boldsymbol{A}$ 是复数域上的方阵,如果有

$$\boldsymbol{AA}^{\mathrm{H}}=\boldsymbol{A}^{\mathrm{H}}\boldsymbol{A}, \tag{3.5.1}$$

则称 $\boldsymbol{A}$ 为**正规矩阵**.

如果 $\boldsymbol{A}$ 是实数域上的 n 阶方阵,且有

$$\boldsymbol{AA}^{\mathrm{T}}=\boldsymbol{A}^{\mathrm{T}}\boldsymbol{A}, \tag{3.5.2}$$

则称 $\boldsymbol{A}$ 为**实正规矩阵**.

我们容易验证，对称矩阵、反对称矩阵（$\boldsymbol{A}=-\boldsymbol{A}^{\mathrm{T}}$）、正交矩阵都是实正规矩阵；而酉矩阵、埃尔米特矩阵、反埃尔米特矩阵（即 $\boldsymbol{A}=-\boldsymbol{A}^{\mathrm{H}}$）均属于复正规矩阵.

例如，若 $\boldsymbol{A}$ 是埃尔米特矩阵（含对称矩阵），由于 $\boldsymbol{A}^{\mathrm{H}}=\boldsymbol{A}$，则 $\boldsymbol{A}^{\mathrm{H}}\boldsymbol{A}=\boldsymbol{A}^2=\boldsymbol{A}\boldsymbol{A}^{\mathrm{H}}$，故埃尔米特矩阵是正规矩阵.

又若 $\boldsymbol{U}$ 是酉矩阵（含正交矩阵），即有 $\boldsymbol{U}^{\mathrm{H}}\boldsymbol{U}=\boldsymbol{I}=\boldsymbol{U}\boldsymbol{U}^{\mathrm{H}}$，所以 $\boldsymbol{U}$ 是正规矩阵.

除了以上几种矩阵外，还有其他的正规矩阵. 读者可以验证，矩阵 $\begin{bmatrix}1 & 1 & 0\\ 0 & 1 & 1\\ 1 & 0 & 1\end{bmatrix}$ 是正规矩阵. 对角矩阵 $\boldsymbol{A}=\mathrm{diag}(2+\mathrm{i},1-\mathrm{i})$ 以及 $\boldsymbol{B}=\begin{bmatrix}1 & 1-2\mathrm{i}\\ 2+\mathrm{i} & 1\end{bmatrix}$ 都是正规矩阵.

由定理 1.3.2 的推论告诉我们，埃尔米特矩阵一定酉相似于一个对角矩阵. 现在我们把埃尔米特矩阵的这种性质推广到更一般的情况，即关于正规矩阵有如下的定理.

定理 3.5.1　设 $\boldsymbol{A}\in\mathbb{C}^{n\times n}$，则 $\boldsymbol{A}$ 酉相似于对角矩阵的充分必要条件是 $\boldsymbol{A}$ 为正规矩阵.

证明　充分性：若 $\boldsymbol{A}$ 是正规阵，即 $\boldsymbol{A}^{\mathrm{H}}\boldsymbol{A}=\boldsymbol{A}\boldsymbol{A}^{\mathrm{H}}$. 根据舒赫定理，存在酉矩阵 $\boldsymbol{U}$ 使得 $\boldsymbol{U}^{\mathrm{H}}\boldsymbol{A}\boldsymbol{U}=\boldsymbol{T}$ 为上三角矩阵，且其对角元素是 $\boldsymbol{A}$ 的特征值. 于是有

$$\begin{aligned}\boldsymbol{T}\boldsymbol{T}^{\mathrm{H}}&=(\boldsymbol{U}^{\mathrm{H}}\boldsymbol{A}\boldsymbol{U})(\boldsymbol{U}^{\mathrm{H}}\boldsymbol{A}\boldsymbol{U})^{\mathrm{H}}=\boldsymbol{U}^{\mathrm{H}}\boldsymbol{A}\boldsymbol{U}\boldsymbol{U}^{\mathrm{H}}\boldsymbol{A}^{\mathrm{H}}\boldsymbol{U}\\&=\boldsymbol{U}^{\mathrm{H}}\boldsymbol{A}\boldsymbol{A}^{\mathrm{H}}\boldsymbol{U}=\boldsymbol{U}^{\mathrm{H}}\boldsymbol{A}^{\mathrm{H}}\boldsymbol{A}\boldsymbol{U}\\&=\boldsymbol{U}^{\mathrm{H}}\boldsymbol{A}^{\mathrm{H}}\boldsymbol{U}\cdot\boldsymbol{U}^{\mathrm{H}}\boldsymbol{A}\boldsymbol{U}=\boldsymbol{T}^{\mathrm{H}}\boldsymbol{T}.\end{aligned}$$

记

$$\boldsymbol{T}=\begin{bmatrix}t_{11} & t_{12} & \cdots & t_{1n}\\ & t_{22} & \cdots & t_{2n}\\ & & \ddots & \vdots\\ & & & t_{nn}\end{bmatrix},$$

由 $(\boldsymbol{T}\boldsymbol{T}^{\mathrm{H}})_{ii}=\sum\limits_{j=i}^{n}|t_{ij}|^2$，$(\boldsymbol{T}^{\mathrm{H}}\boldsymbol{T})_{ii}=\sum\limits_{j=1}^{i}|t_{ji}|^2$，因

$$(\boldsymbol{T}\boldsymbol{T}^{\mathrm{H}})_{ii}=(\boldsymbol{T}^{\mathrm{H}}\boldsymbol{T})_{ii},\qquad i=1,2,\cdots,n,$$

故有 $t_{ij}=0(i\neq j)$，这表明 $\boldsymbol{T}$ 是一个对角阵. 记

$$\boldsymbol{\Lambda}=\mathrm{diag}(t_{11},t_{22},\cdots,t_{nn}),$$

则

$$\boldsymbol{U}^{\mathrm{H}}\boldsymbol{A}\boldsymbol{U}=\boldsymbol{\Lambda}.$$

这样就得到 $\boldsymbol{A}$ 酉相似于对角阵 $\boldsymbol{\Lambda}$，且其对角元素是 $\boldsymbol{A}$ 的特征值.

必要性：设 $\boldsymbol{A}$ 酉相似于对角阵 $\boldsymbol{\Lambda}$，即

$$\boldsymbol{U}^{\mathrm{H}}\boldsymbol{A}\boldsymbol{U}=\boldsymbol{\Lambda}=\mathrm{diag}(\lambda_1,\lambda_2,\cdots,\lambda_n),$$

则

$$\boldsymbol{\Lambda}^{\mathrm{H}}=\mathrm{diag}(\bar{\lambda}_1,\bar{\lambda}_2,\cdots,\bar{\lambda}_n)$$

也是对角阵，因此 $\boldsymbol{\Lambda}$ 和 $\boldsymbol{\Lambda}^{\mathrm{H}}$ 相乘是可以交换的，即有

$$\boldsymbol{\Lambda}\boldsymbol{\Lambda}^{\mathrm{H}}=\boldsymbol{\Lambda}^{\mathrm{H}}\boldsymbol{\Lambda}.$$

但是$\boldsymbol{\Lambda}\boldsymbol{\Lambda}^{\mathrm{H}}=\boldsymbol{U}^{\mathrm{H}}\boldsymbol{A}\boldsymbol{A}^{\mathrm{H}}\boldsymbol{U}$,$\boldsymbol{\Lambda}^{\mathrm{H}}\boldsymbol{\Lambda}=\boldsymbol{U}^{\mathrm{H}}\boldsymbol{A}^{\mathrm{H}}\boldsymbol{A}\boldsymbol{U}$,故有

$$\boldsymbol{U}^{\mathrm{H}}\boldsymbol{A}\boldsymbol{A}^{\mathrm{H}}\boldsymbol{U}=\boldsymbol{U}^{\mathrm{H}}\boldsymbol{A}^{\mathrm{H}}\boldsymbol{A}\boldsymbol{U},$$

即

$$\boldsymbol{A}\boldsymbol{A}^{\mathrm{H}}=\boldsymbol{A}^{\mathrm{H}}\boldsymbol{A},$$

这说明$\boldsymbol{A}$是一个正规矩阵. 证毕

由此可见,线性代数中介绍的实对称矩阵可正交相似于一个对角阵的问题,只不过是本定理充分条件的特例.除实对称矩阵是实正规矩阵外,还有实反对称阵、正交阵、埃尔米特阵、反埃尔米特阵、酉矩阵等也都是正规阵,所以定理3.5.1解决了一大类矩阵的酉对角化问题.这是化二次型为标准形的理论基础.

由定理3.5.1可以得到下面的推论.

推论 设$\boldsymbol{A}$为正规矩阵,若$\boldsymbol{A}$又为三角矩阵,则$\boldsymbol{A}$为对角矩阵.

例3.5.1 矩阵$\boldsymbol{A}=\begin{bmatrix}1&1\\0&0\end{bmatrix}$可以相似对角化,但它不能酉对角化,所以它不是正规矩阵.

事实上,此时$\boldsymbol{A}$的两个特征值为$\lambda_1=0,\lambda_2=1$,对应的两个非零特征向量取为$\boldsymbol{X}_1=\begin{bmatrix}-1\\1\end{bmatrix}$,$\boldsymbol{X}_2=\begin{bmatrix}1\\0\end{bmatrix}$,可以验证它们线性无关,所以有可逆矩阵$\boldsymbol{C}=\begin{bmatrix}-1&1\\1&0\end{bmatrix}$,使$\boldsymbol{C}^{-1}\boldsymbol{A}\boldsymbol{C}=\begin{bmatrix}0&\\&1\end{bmatrix}$,即矩阵$\boldsymbol{A}$可以相似对角化.但由于$\boldsymbol{A}\boldsymbol{A}^{\mathrm{T}}\neq\boldsymbol{A}^{\mathrm{T}}\boldsymbol{A}$,从而$\boldsymbol{A}$不是正规矩阵.

注意:该矩阵是一个幂等矩阵.

定理3.5.2 设$\boldsymbol{A}\in\mathbb{C}^{n\times n}$,则$\boldsymbol{A}$为正规矩阵$\Leftrightarrow\boldsymbol{A}$有$n$个两两正交的单位特征向量.

推论 正规矩阵属于不同特征值的特征向量是相互正交的.

正规矩阵有许多良好的数字特性,比如下面的定理3.5.3.

定理3.5.3 设$\boldsymbol{A}=(a_{ij})_{n\times n}$是复矩阵,$\lambda_1,\lambda_2,\cdots,\lambda_n$为$\boldsymbol{A}$的$n$个特征值,则

(1)(舒赫不等式)$\sum\limits_{i=1}^{n}|\lambda_i|^2\leqslant\sum\limits_{i,j=1}^{n}|a_{ij}|^2$;

(2)$\boldsymbol{A}$为正规矩阵$\Leftrightarrow\sum\limits_{i=1}^{n}|\lambda_i|^2=\sum\limits_{i,j=1}^{n}|a_{ij}|^2$.

证明 此处仅给出证明思路,细节读者自行完成.由第1章舒赫酉三角化定理1.3.2可知$\boldsymbol{U}^{\mathrm{H}}\boldsymbol{A}\boldsymbol{U}=\boldsymbol{B}$是上三角矩阵;利用下述等式

$$\mathrm{tr}(\boldsymbol{A}\boldsymbol{A}^{\mathrm{H}})=\sum_{i,j=1}^{n}|a_{ij}|^2,$$

并比较$\mathrm{tr}(\boldsymbol{A}\boldsymbol{A}^{\mathrm{H}})$与$\mathrm{tr}(\boldsymbol{B}\boldsymbol{B}^{\mathrm{H}})$.

例3.5.2 设$\boldsymbol{A}$为正规矩阵且幂零,则$\boldsymbol{A}=\boldsymbol{0}$.

事实上,由于此时$\boldsymbol{A}$的特征值为0,再由定理3.5.3中(2),即知$\boldsymbol{A}=\boldsymbol{0}$.

3.5.2 正规矩阵的谱分解

设$\boldsymbol{A}$为正规矩阵,则由定理3.5.1知,存在酉矩阵$\boldsymbol{U}$使得$\boldsymbol{U}^{\mathrm{H}}\boldsymbol{A}\boldsymbol{U}=\mathrm{diag}(\lambda_1,\lambda_2,\cdots,\lambda_n)$,因而

$$A = U\text{diag}(\lambda_1,\lambda_2,\cdots,\lambda_n)U^{\mathrm{H}}.$$

令 $U=(\boldsymbol{\alpha}_1,\boldsymbol{\alpha}_2,\cdots,\boldsymbol{\alpha}_n)$，则

$$\begin{aligned} A &= (\boldsymbol{\alpha}_1,\boldsymbol{\alpha}_2,\cdots,\boldsymbol{\alpha}_n)\begin{bmatrix}\lambda_1 & & & \\ & \lambda_2 & & \\ & & \ddots & \\ & & & \lambda_n\end{bmatrix}\begin{bmatrix}\boldsymbol{\alpha}_1^{\mathrm{H}} \\ \boldsymbol{\alpha}_2^{\mathrm{H}} \\ \vdots \\ \boldsymbol{\alpha}_n^{\mathrm{H}}\end{bmatrix} \\ &= \lambda_1\boldsymbol{\alpha}_1\boldsymbol{\alpha}_1^{\mathrm{H}} + \lambda_2\boldsymbol{\alpha}_2\boldsymbol{\alpha}_2^{\mathrm{H}} + \cdots + \lambda_n\boldsymbol{\alpha}_n\boldsymbol{\alpha}_n^{\mathrm{H}}. \end{aligned} \tag{3.5.3}$$

由于 $\lambda_1,\lambda_2,\cdots,\lambda_n$ 为 A 的特征值，$\boldsymbol{\alpha}_1,\boldsymbol{\alpha}_2,\cdots,\boldsymbol{\alpha}_n$ 为对应的两两正交的单位特征向量，故式(3.5.3)称为正规矩阵 A 的**谱分解**或**特征(值)分解**. 若把式(3.5.3)中系数相同的放在一起(0 特征值对应的项去掉)，然后把系数提出来，则式(3.5.3)就变成

$$A = \lambda_1 P_1 + \lambda_2 P_2 + \cdots + \lambda_s P_s, \tag{3.5.4}$$

其中 $\lambda_1,\lambda_2,\cdots,\lambda_s$ 为 A 的互不相同的非零特征值. 由于

$$\begin{aligned} &(\boldsymbol{\alpha}_i\boldsymbol{\alpha}_i^{\mathrm{H}})^{\mathrm{H}} = \boldsymbol{\alpha}_i\boldsymbol{\alpha}_i^{\mathrm{H}}, \quad 1 \leqslant i \leqslant n, \\ &(\boldsymbol{\alpha}_i\boldsymbol{\alpha}_i^{\mathrm{H}})(\boldsymbol{\alpha}_j\boldsymbol{\alpha}_j^{\mathrm{H}}) = \mathbf{0}, \quad 1 \leqslant i \neq j \leqslant n, \\ &(\boldsymbol{\alpha}_i\boldsymbol{\alpha}_i^{\mathrm{H}})^2 = \boldsymbol{\alpha}_i\boldsymbol{\alpha}_i^{\mathrm{H}}, \quad 1 \leqslant i \leqslant n, \end{aligned}$$

所以

$$P_i^{\mathrm{H}} = P_i, \qquad P_i^2 = P_i, \qquad P_iP_j = \mathbf{0}, \qquad 1 \leqslant i \neq j \leqslant s \tag{3.5.5}$$

从定理 1.2.15 幂等矩阵与投影变换的对应关系可知，P_i 是某正交投影变换(在某基下)的矩阵，故常称为**正交投影矩阵**.

例 3.5.3(谱分解的几何意义) 如果二阶实正规矩阵 A 有两个相同的特征值 λ，则 $A=\lambda I$ 就是它的谱分解；如果有两个不同的特征值 λ_1 与 λ_2，则其谱分解为 $A=\lambda_1P_1+\lambda_2P_2$. 因此对任意 $\boldsymbol{\alpha}\in\mathbb{R}^2$，有

$$A\boldsymbol{\alpha} = \lambda_1P_1\boldsymbol{\alpha} + \lambda_2P_2\boldsymbol{\alpha}, \tag{3.5.6}$$

计算内积可得 $(P_1\boldsymbol{\alpha},P_2\boldsymbol{\alpha})=(P_2\boldsymbol{\alpha})^{\mathrm{H}}P_1\boldsymbol{\alpha}=\boldsymbol{\alpha}^{\mathrm{H}}P_2^{\mathrm{H}}P_1\boldsymbol{\alpha}=0$，所以 $\lambda_1P_1\boldsymbol{\alpha}$ 与 $\lambda_2P_2\boldsymbol{\alpha}$ 是正交的向量，故式(3.5.6)将 $A\boldsymbol{\alpha}$ 分解成了两个正交向量的和. 因此，二维正规矩阵的谱分解实际上是平面的正交投影变换的推广. 对任意 n 阶正规矩阵的谱分解，式(3.5.4)有类似的解释.

例 3.5.4 设 $A=\begin{bmatrix}0 & 1\\ -1 & 0\end{bmatrix}$，求 A 的谱分解.

解 $|\lambda I - A| = \begin{vmatrix}\lambda & -1 \\ 1 & \lambda\end{vmatrix} = \lambda^2+1=0$，

故 A 的特征值为一对共轭复数 $\lambda_1=\mathrm{i},\lambda_2=-\mathrm{i}$，它们所对应的单位正交特征向量取为 $\boldsymbol{\alpha}_1=\begin{bmatrix}\frac{\mathrm{i}}{\sqrt{2}} \\ -\frac{1}{\sqrt{2}}\end{bmatrix}$ 和 $\boldsymbol{\alpha}_2=\begin{bmatrix}-\frac{1}{\sqrt{2}} \\ \frac{\mathrm{i}}{\sqrt{2}}\end{bmatrix}$，故 A 的谱分解为

$$A = \begin{bmatrix}0 & 1 \\ -1 & 0\end{bmatrix} = \lambda_1\boldsymbol{\alpha}_1\boldsymbol{\alpha}_1^{\mathrm{H}} + \lambda_2\boldsymbol{\alpha}_2\boldsymbol{\alpha}^{\mathrm{H}} = \mathrm{i}\begin{bmatrix}\frac{1}{2} & -\frac{\mathrm{i}}{2} \\ \frac{\mathrm{i}}{2} & \frac{1}{2}\end{bmatrix} - \mathrm{i}\begin{bmatrix}\frac{1}{2} & \frac{\mathrm{i}}{2} \\ -\frac{\mathrm{i}}{2} & \frac{1}{2}\end{bmatrix}.$$

令

$$\boldsymbol{P}_1=\begin{bmatrix}\frac{1}{2} & -\frac{\mathrm{i}}{2}\\ \frac{\mathrm{i}}{2} & \frac{1}{2}\end{bmatrix},\quad \boldsymbol{P}_2=\begin{bmatrix}\frac{1}{2} & \frac{\mathrm{i}}{2}\\ -\frac{\mathrm{i}}{2} & \frac{1}{2}\end{bmatrix},$$

可以验证有

$$\boldsymbol{P}_i^{\mathrm{H}}=\boldsymbol{P}_i,\quad \boldsymbol{P}_i^2=\boldsymbol{P}_i,\quad \boldsymbol{P}_i\boldsymbol{P}_j=\boldsymbol{0},\quad 1\leqslant i\neq j\leqslant 2,$$

对于任意 $\boldsymbol{\alpha}=\begin{bmatrix}x_1\\x_2\end{bmatrix}$ 有

$$\boldsymbol{A}\begin{bmatrix}x_1\\x_2\end{bmatrix}=\lambda_1\boldsymbol{P}_1\boldsymbol{\alpha}+\lambda_2\boldsymbol{P}_2\boldsymbol{\alpha}=\frac{\mathrm{i}}{2}\begin{bmatrix}x_1-\mathrm{i}x_2\\ \mathrm{i}x_1+x_2\end{bmatrix}-\frac{\mathrm{i}}{2}\begin{bmatrix}x_1+\mathrm{i}x_2\\ -\mathrm{i}x_1+x_2\end{bmatrix},$$

容易看出,上式右端的两个复向量 $\lambda_1\boldsymbol{P}_1\boldsymbol{\alpha}$ 与 $\lambda_2\boldsymbol{P}_2\boldsymbol{\alpha}$ 是正交的.

例 3.5.5 设 $\boldsymbol{A}=\begin{bmatrix}1&1&0\\0&1&1\end{bmatrix}$,求 $\boldsymbol{A}^{\mathrm{T}}\boldsymbol{A}$ 与 $\boldsymbol{A}\boldsymbol{A}^{\mathrm{T}}$ 的谱分解.

解 直接计算可知

$$\boldsymbol{A}^{\mathrm{T}}\boldsymbol{A}=\begin{bmatrix}1&1&0\\1&2&1\\0&1&1\end{bmatrix},\quad |\lambda\boldsymbol{I}-\boldsymbol{A}^{\mathrm{T}}\boldsymbol{A}|=\lambda(\lambda-1)(\lambda-3),$$

只需计算非零特征值的特征向量,得属于特征值 1 与 3 的特征向量(必定正交)分别为 $(1,0,-1)^{\mathrm{T}}$ 与 $(1,2,1)^{\mathrm{T}}$,因此 $\boldsymbol{A}^{\mathrm{T}}\boldsymbol{A}$ 的谱分解为

$$\boldsymbol{A}^{\mathrm{T}}\boldsymbol{A}=1\times\frac{1}{2}\begin{bmatrix}1&0&-1\\0&0&0\\-1&0&1\end{bmatrix}+3\times\frac{1}{6}\begin{bmatrix}1&2&1\\2&4&2\\1&2&1\end{bmatrix}.$$

类似地可得 $\boldsymbol{A}\boldsymbol{A}^{\mathrm{T}}$ 的谱分解为

$$\boldsymbol{A}\boldsymbol{A}^{\mathrm{T}}=1\times\frac{1}{2}\begin{bmatrix}1&-1\\-1&1\end{bmatrix}+3\times\frac{1}{2}\begin{bmatrix}1&1\\1&1\end{bmatrix}.\tag{3.5.7}$$

例 3.5.6 如果 $\boldsymbol{A}$ 是可逆埃尔米特矩阵,则可以利用 $\boldsymbol{A}$ 的谱分解来求其逆矩阵.

设 $\boldsymbol{A}$ 的谱分解为

$$\boldsymbol{A}=\sum_{i=1}^{n}\lambda_i\boldsymbol{\alpha}_i\boldsymbol{\alpha}_i^{\mathrm{H}},$$

则(证明留给读者)

$$\boldsymbol{A}^{-1}=\sum_{i=1}^{n}\frac{1}{\lambda_i}\boldsymbol{\alpha}_i\boldsymbol{\alpha}_i^{\mathrm{H}},\tag{3.5.8}$$

比如例 3.5.5 中的矩阵 $\boldsymbol{A}\boldsymbol{A}^{\mathrm{T}}$ 是可逆对称的,故由其谱分解式(3.5.7)及式(3.5.8)可知其逆矩阵为

$$(\boldsymbol{A}\boldsymbol{A}^{\mathrm{T}})^{-1}=1\times\frac{1}{2}\begin{bmatrix}1&-1\\-1&1\end{bmatrix}+\frac{1}{3}\times\frac{1}{2}\begin{bmatrix}1&1\\1&1\end{bmatrix}=\frac{1}{3}\times\begin{bmatrix}2&-1\\-1&2\end{bmatrix}.$$

3.5.3 单纯矩阵的谱分解

我们已知道，n 阶方阵当代数重复度与几何重复度相等时，称之为单纯矩阵，这样的矩阵可对角化，但不一定可以酉对角化(即不一定是正规矩阵). 不过，单纯矩阵也可以类似于正规矩阵定义 $\boldsymbol{A}$ 的谱分解. 不妨设 $\lambda_1,\lambda_2,\cdots,\lambda_n$ 是 $\boldsymbol{A}$ 的 n 个特征值；$\boldsymbol{x}_1,\boldsymbol{x}_2,\cdots,\boldsymbol{x}_n$ 是 $\boldsymbol{A}$ 的 n 个线性无关的特征向量，且有

$$\boldsymbol{A}\boldsymbol{x}_i=\lambda_i\boldsymbol{x}_i,\qquad i=1,2,\cdots,n.$$

令

$$\boldsymbol{P}=(\boldsymbol{x}_1,\boldsymbol{x}_2,\cdots,\boldsymbol{x}_n),\tag{3.5.9}$$

$$\boldsymbol{\Lambda}=\begin{bmatrix}\lambda_1 & & & \\ & \lambda_2 & & \\ & & \ddots & \\ & & & \lambda_n\end{bmatrix},\tag{3.5.10}$$

则

$$\boldsymbol{A}=\boldsymbol{P}\boldsymbol{\Lambda}\boldsymbol{P}^{-1}.\tag{3.5.11}$$

把式(3.5.11)两端取转置得

$$\boldsymbol{A}^{\mathrm{T}}=(\boldsymbol{P}^{\mathrm{T}})^{-1}\boldsymbol{\Lambda}\boldsymbol{P}^{\mathrm{T}}.\tag{3.5.12}$$

这表明 $\boldsymbol{A}^{\mathrm{T}}$ 也与对角矩阵相似. 因此，设 $\boldsymbol{y}_1,\boldsymbol{y}_2,\cdots,\boldsymbol{y}_n$ 是 $\boldsymbol{A}^{\mathrm{T}}$ 的 n 个线性无关的特征向量，即

$$\boldsymbol{A}^{\mathrm{T}}\boldsymbol{y}_i=\lambda_i\boldsymbol{y}_i,\qquad i=1,2,\cdots,n,\tag{3.5.13}$$

把上式两端取转置得

$$\boldsymbol{y}_i^{\mathrm{T}}\boldsymbol{A}=\lambda_i\boldsymbol{y}_i^{\mathrm{T}},\qquad i=1,2,\cdots,n,\tag{3.5.14}$$

根据式(3.5.14)，我们称 $\boldsymbol{y}_i^{\mathrm{T}}$ 是 $\boldsymbol{A}$ 的**左特征向量**，称 $\boldsymbol{x}_i$ 是 $\boldsymbol{A}$ 的**右特征向量**.

由式(3.5.12)知

$$(\boldsymbol{y}_1,\boldsymbol{y}_2,\cdots,\boldsymbol{y}_n)=(\boldsymbol{P}^{\mathrm{T}})^{-1}=(\boldsymbol{P}^{-1})^{\mathrm{T}},\tag{3.5.15}$$

把式(3.5.15)两端转置得

$$\boldsymbol{P}^{-1}=\begin{bmatrix}\boldsymbol{y}_1^{\mathrm{T}}\\ \vdots\\ \boldsymbol{y}_n^{\mathrm{T}}\end{bmatrix},\tag{3.5.16}$$

代入 $\boldsymbol{P}\boldsymbol{P}^{-1}=\boldsymbol{P}^{-1}\boldsymbol{P}=\boldsymbol{I}$ 得

$$(\boldsymbol{x}_1,\boldsymbol{x}_2,\cdots,\boldsymbol{x}_n)\begin{bmatrix}\boldsymbol{y}_1^{\mathrm{T}}\\ \vdots\\ \boldsymbol{y}_n^{\mathrm{T}}\end{bmatrix}=\begin{bmatrix}\boldsymbol{y}_1^{\mathrm{T}}\\ \vdots\\ \boldsymbol{y}_n^{\mathrm{T}}\end{bmatrix}(\boldsymbol{x}_1,\boldsymbol{x}_2,\cdots,\boldsymbol{x}_n)=\boldsymbol{I},$$

此即

$$\boldsymbol{x}_1\boldsymbol{y}_1^{\mathrm{T}}+\boldsymbol{x}_2\boldsymbol{y}_2^{\mathrm{T}}+\cdots+\boldsymbol{x}_n\boldsymbol{y}_n^{\mathrm{T}}=\boldsymbol{I}.\tag{3.5.17}$$

比较两端即有

$$\boldsymbol{y}_i^{\mathrm{T}}\boldsymbol{x}_j=\delta_{ij},\qquad i,j=1,2,\cdots,n,\tag{3.5.18}$$

式(3.5.18)表明,矩阵 $\boldsymbol{A}$ 的左特征向量 $\boldsymbol{y}_i^{\mathrm{T}}$ 与右特征向量 $\boldsymbol{x}_i$ 正交($i\neq j$). 把式(3.5.9)与式(3.5.16)代入式(3.5.11)得

$$\boldsymbol{A}=(\boldsymbol{x}_1,\boldsymbol{x}_2,\cdots,\boldsymbol{x}_n)\begin{bmatrix}\lambda_1 & & \\ & \ddots & \\ & & \lambda_n\end{bmatrix}\begin{bmatrix}\boldsymbol{y}_1^{\mathrm{T}}\\ \vdots \\ \boldsymbol{y}_n^{\mathrm{T}}\end{bmatrix}$$
$$=\lambda_1\boldsymbol{x}_1\boldsymbol{y}_1^{\mathrm{T}}+\lambda_2\boldsymbol{x}_2\boldsymbol{y}_2^{\mathrm{T}}+\cdots+\lambda_n\boldsymbol{x}_n\boldsymbol{y}_n^{\mathrm{T}}.$$

令

$$\boldsymbol{G}_i=\boldsymbol{x}_i\boldsymbol{y}_i^{\mathrm{T}},\tag{3.5.19}$$

则得

$$\boldsymbol{A}=\sum_{i=1}^{n}\lambda_i\boldsymbol{G}_i,\tag{3.5.20}$$

式(3.5.20)称为单纯矩阵 $\boldsymbol{A}$ 的**谱分解**. 即 $\boldsymbol{A}$ 分解成 n 个矩阵 $\boldsymbol{G}_i$ 之和的形式,其线性组合系数是 $\boldsymbol{A}$ 的谱(所有的特征值).

定理 3.5.4 设 $\boldsymbol{A}$ 是 n 阶单纯矩阵,$\lambda_1,\lambda_2,\cdots,\lambda_r$ 是 $\boldsymbol{A}$ 的 r 个相异的特征值,则 $\boldsymbol{A}$ 可以进行满足下列性质的谱分解:

(1) $\boldsymbol{A}=\sum\limits_{j=1}^{r}\lambda_j\boldsymbol{E}_j$; (3.5.21)

(2) $\boldsymbol{E}_j^2=\boldsymbol{E}_j\ (j=1,2,\cdots,r)$; (3.5.22)

(3) $\boldsymbol{E}_i\boldsymbol{E}_j=\boldsymbol{0}\ (i\neq j,i,j=1,2,\cdots,r)$; (3.5.23)

(4) $\sum\limits_{j=1}^{r}\boldsymbol{E}_j=\boldsymbol{I}$. (3.5.24)

证明 设对应于 λ_j 的线性无关的右特征向量为 $\boldsymbol{x}_1^j,\boldsymbol{x}_2^j,\cdots,\boldsymbol{x}_{s_j}^j$,其中 s_j 为对应 λ_j 的代数重复度或几何重复度,而左特征向量为 $(\boldsymbol{y}_1^j)^{\mathrm{T}},\cdots,(\boldsymbol{y}_{s_j}^j)^{\mathrm{T}}$,代入式(3.5.20)有

$$\boldsymbol{A}=\sum_{j=1}^{r}\lambda_j\Big(\sum_{k=1}^{s_j}\boldsymbol{x}_k^j(\boldsymbol{y}_k^j)^{\mathrm{T}}\Big)=\sum_{j=1}^{r}\lambda_j\boldsymbol{E}_j,$$

即式(3.5.21)得证. 其中

$$\boldsymbol{E}_j=\sum_{k=1}^{s_j}\boldsymbol{x}_k^j(\boldsymbol{y}_k^j)^{\mathrm{T}}=(\boldsymbol{x}_1^j,\boldsymbol{x}_2^j,\cdots,\boldsymbol{x}_{s_j}^j)\begin{bmatrix}(\boldsymbol{y}_1^j)^{\mathrm{T}}\\ \vdots \\ (\boldsymbol{y}_{s_j}^j)^{\mathrm{T}}\end{bmatrix}.$$

根据式(3.5.17)得

$$\sum_{j=1}^{r}\boldsymbol{E}_j=\boldsymbol{I},$$

即式(3.5.24)得证.

再由式(3.5.18)得

$$\boldsymbol{E}_j^2=\boldsymbol{E}_j,$$
$$\boldsymbol{E}_i\boldsymbol{E}_j=\boldsymbol{0},$$

即式(3.5.22)、式(3.5.23)得证. 证毕

这些矩阵 $\boldsymbol{E}_j$ 称为矩阵 $\boldsymbol{A}$ 的(谱分解的)**成分矩阵**或**幂等矩阵**. 注意,与正规矩阵相比,

一般矩阵的谱分解中的成分矩阵不一定是埃尔米特矩阵. 因此 $\boldsymbol{A}\boldsymbol{x}=\sum_{j=1}^{r}\lambda_j\boldsymbol{E}_j\boldsymbol{x}$ 中的诸向量 $E_j\boldsymbol{x}$ 未必是正交的.

例 3.5.7 求单纯矩阵 $\boldsymbol{A}=\begin{bmatrix}-1&3&-1\\-3&5&-1\\-3&3&1\end{bmatrix}$ 的谱分解.

解

$$|\lambda\boldsymbol{I}-\boldsymbol{A}|=\begin{vmatrix}\lambda+1&-3&1\\3&\lambda-5&1\\3&-3&\lambda-1\end{vmatrix}=(\lambda-1)(\lambda-2)^2,$$

所以 $\boldsymbol{A}$ 有特征值 $\lambda_1=1,\lambda_2=2$(二重),对应于 λ_1,λ_2 的线性无关的特征向量分别为

$$\boldsymbol{x}_1=\begin{bmatrix}1\\1\\1\end{bmatrix},\quad \boldsymbol{x}_2=\begin{bmatrix}1\\1\\0\end{bmatrix},\quad \boldsymbol{x}_3=\begin{bmatrix}-1\\0\\3\end{bmatrix}.$$

令 $\boldsymbol{P}=(\boldsymbol{x}_1,\boldsymbol{x}_2,\boldsymbol{x}_3)$,则可求出

$$\boldsymbol{P}^{-1}=\begin{bmatrix}3&-3&1\\-3&4&-1\\-1&1&0\end{bmatrix}=\begin{bmatrix}\boldsymbol{y}_1^{\mathrm{T}}\\\boldsymbol{y}_2^{\mathrm{T}}\\\boldsymbol{y}_3^{\mathrm{T}}\end{bmatrix},$$

因此

$$\boldsymbol{E}_1=\boldsymbol{x}_1\boldsymbol{y}_1^{\mathrm{T}}=\begin{bmatrix}1\\1\\1\end{bmatrix}(3,-3,1)=\begin{bmatrix}3&-3&1\\3&-3&1\\3&-3&1\end{bmatrix},$$

$$\boldsymbol{E}_2=\boldsymbol{x}_2\boldsymbol{y}_2^{\mathrm{T}}=\begin{bmatrix}1\\1\\0\end{bmatrix}(-3,4,-1)+\begin{bmatrix}-1\\0\\3\end{bmatrix}(-1,1,0)$$

$$=\begin{bmatrix}-3&4&-1\\-3&4&-1\\0&0&0\end{bmatrix}+\begin{bmatrix}1&-1&0\\0&0&0\\-3&3&0\end{bmatrix}=\begin{bmatrix}-2&3&-1\\-3&4&-1\\-3&3&0\end{bmatrix},$$

则 $\boldsymbol{A}$ 的谱分解为 $\boldsymbol{A}=\boldsymbol{E}_1+2\boldsymbol{E}_2$,注意,矩阵 $\boldsymbol{E}_1$ 与 $\boldsymbol{E}_2$ 的第一列不正交,故向量 $\boldsymbol{E}_1\boldsymbol{x}$ 与 $\boldsymbol{E}_2\boldsymbol{x}$ 不正交.

推论 设 $\boldsymbol{A}=\sum_{j=1}^{r}\lambda_j\boldsymbol{E}_j$ 是单纯矩阵 $\boldsymbol{A}$ 的谱分解,则

$$\boldsymbol{A}^m=\sum_{j=1}^{r}\lambda_j^m\boldsymbol{E}_j,\tag{3.5.25}$$

从而对任意多项式 $f(x)$,有 $f(\boldsymbol{A})=\sum_{j=1}^{r}f(\lambda_j)\boldsymbol{E}_j$.

例 3.5.8 设 $\boldsymbol{A}$ 如例 3.5.7,求 $\mathrm{e}^{\boldsymbol{A}}=\sum_{n=0}^{\infty}\frac{1}{n!}\boldsymbol{A}^n$.

解 利用定理 3.5.4 的(2)、(3)、(4),有

$$\boldsymbol{A}^n=(\boldsymbol{E}_1+2\boldsymbol{E}_2)^n=\boldsymbol{E}_1+2^n\boldsymbol{E}_2,\qquad \forall n\geqslant 0,$$

从而

$$e^{A}=\sum_{n=0}^{\infty}\frac{1}{n!}A^{n}=eE_{1}+e^{2}E_{2}.$$

将在第 5 章把上述推论推广到一般函数,从而利用谱分解给出了一个求矩阵函数的简便方法.

习 题 3

1. 判定矩阵 $C=\begin{bmatrix}3&2&-1\\-1&0&0\\-1&3&0\end{bmatrix}$ 和 $B=\begin{bmatrix}0&2&-1\\-1&4&-1\\1&3&-5\end{bmatrix}$ 能否进行 LU 分解,为什么？若能分解,试分解之.

2. 对下列矩阵进行杜利特分解：

(1) $A=\begin{bmatrix}2&1&1\\1&3&2\\1&2&2\end{bmatrix}$； (2) $B=\begin{bmatrix}12&-3&3\\-18&3&-1\\1&1&1\end{bmatrix}$.

3. 求矩阵 $A=\begin{bmatrix}2&1&1\\1&2&1\\1&1&0\end{bmatrix}$ 的 LU 分解.

4. 求矩阵

$$A=\begin{bmatrix}5&2&-4&0\\2&1&-2&1\\-4&-2&5&0\\0&1&0&2\end{bmatrix}$$

的杜利特分解与克劳特分解.

5. 求对称正定矩阵

$$A=\begin{bmatrix}5&2&-4\\2&1&-2\\-4&-2&5\end{bmatrix}$$

的不带平方根的楚列斯基分解.

6. 对下面矩阵进行 LDU 分解：

(1) $A=\begin{bmatrix}1&0&2&0\\0&1&0&0\\2&0&-1&1\\0&0&1&1\end{bmatrix}$； (2) $A=\begin{bmatrix}1&2&3&-1\\2&-1&9&-7\\-3&4&-3&19\\4&-1&6&-21\end{bmatrix}$,

其中 L 为单位下三角矩阵,D 为对角矩阵,U 为单位上三角矩阵.

7. (1) 对 $A=\begin{bmatrix}16&4&8\\4&5&-4\\8&-4&22\end{bmatrix}$ 进行 LDL^{T} 分解和楚列斯基分解 GG^{T},其中 L 为单位下三角矩阵,D 为对角矩阵,G 为下三角矩阵；

(2) 对 $A=\begin{bmatrix}2&1&1\\1&3&2\\1&2&2\end{bmatrix}$ 进行克劳特分解和不带平方根的楚列斯基分解.

8. 分解 4 阶希尔伯特矩阵 $\boldsymbol{H}_4=(h_{ij})=(i+j-1)^{-1}$ 为

(1) $\boldsymbol{LDL}^{\mathrm{T}}$ 形式，其中 $\boldsymbol{L}$ 为单位下三角矩阵，$\boldsymbol{D}$ 为对角矩阵；

(2) $\boldsymbol{LL}^{\mathrm{T}}$ 的形式(楚列斯基分解).

9. 设 $\boldsymbol{A}$ 是秩为 r 的 n 阶矩阵，且 $\det\boldsymbol{A}_k\neq 0(k=1,2,\cdots,r)$，证明：$\boldsymbol{A}$ 可进行三角分解$\boldsymbol{A}=\boldsymbol{LU}$，且可使得 $\boldsymbol{L}$ 或 $\boldsymbol{U}$ 为可逆矩阵.

10. 对正定矩阵

$$\boldsymbol{A}=\begin{bmatrix}1 & 1 & -1\\ 1 & 5 & -1\\ -1 & -1 & 5\end{bmatrix}$$

进行楚列斯基分解 $\boldsymbol{A}=\boldsymbol{U}^{\mathrm{T}}\boldsymbol{U}$.

11. 求下列矩阵的正交三角($\boldsymbol{UR}$)分解表达式

$$\boldsymbol{A}=\begin{bmatrix}0 & 1 & 1\\ 1 & 1 & 0\\ 1 & 0 & 1\end{bmatrix}.$$

12. 求矩阵

$$\boldsymbol{A}=\begin{bmatrix}1 & \frac{1}{2} & 5\\ 1 & -\frac{1}{2} & 2\\ -1 & \frac{1}{2} & -2\\ 1 & -\frac{3}{2} & 0\end{bmatrix}$$

的 $\boldsymbol{QR}$ 分解.

13. 设 $\boldsymbol{A}$ 是 n 阶可逆实矩阵，则 $\boldsymbol{A}$ 可表成一个正交矩阵 $\boldsymbol{Q}$ 与正定矩阵 $\boldsymbol{S}$ 的乘积，即 $\boldsymbol{A}=\boldsymbol{QS}$.

14. $\boldsymbol{A}$ 为实 n 阶矩阵，存在一个正交矩阵 $\boldsymbol{Q}$，使 $\boldsymbol{A}$ 正交相似于分块上三角矩阵(拟上三角矩阵)，即

$$\boldsymbol{Q}^{\mathrm{T}}\boldsymbol{AQ}=\boldsymbol{Q}^{-1}\boldsymbol{AQ}=\boldsymbol{R},$$

其中 $\boldsymbol{R}$ 为分块上三角矩阵，其对角元上对角块矩阵为一阶或二阶块方阵. 每一个一阶块是 $\boldsymbol{A}$ 的实特征值，而每一个二阶实矩阵的两个特征值是 $\boldsymbol{A}$ 的一对共轭的特征值.

15. 用吉文斯变换求矩阵

$$\boldsymbol{A}=\begin{bmatrix}2 & 2 & 1\\ 0 & 2 & 2\\ 2 & 1 & 2\end{bmatrix}$$

的 $\boldsymbol{QR}$ 分解.

16. 用豪斯霍尔德变换求矩阵

$$\boldsymbol{A}=\begin{bmatrix}0 & 4 & 1\\ 1 & 1 & 1\\ 0 & 3 & 2\end{bmatrix}$$

的 $\boldsymbol{QR}$ 分解.

17. 已知矩阵

$$\boldsymbol{A}=\begin{bmatrix}1 & -2 & 6 & 0\\ 2\mathrm{i} & -4\mathrm{i} & 0 & 0\\ -2\mathrm{i} & 4\mathrm{i} & 0 & 15\\ 0 & 0 & 3 & 0\end{bmatrix},$$

分别用豪斯霍尔德矩阵和吉文斯矩阵(又称平面旋转矩阵)求 $\boldsymbol{A}$ 的 $\boldsymbol{QR}$ 分解.

18. 用施密特正交化方法求矩阵

$$\boldsymbol{A}=\begin{bmatrix}0&1&1\\1&1&0\\1&0&1\end{bmatrix}$$

的 $\boldsymbol{QR}$ 分解.

19. 用豪斯霍尔德变换使矩阵

$$\boldsymbol{A}=\begin{bmatrix}0&12&16\\12&288&309\\16&309&312\end{bmatrix}$$

正交相似于三对角矩阵.

20. 试用三种方法(豪斯霍尔德、吉文斯、施密特)求矩阵

$$\boldsymbol{A}=\begin{bmatrix}0&3&1\\0&4&-2\\2&1&2\end{bmatrix}$$

的 $\boldsymbol{QR}$ 分解.

21. 已知实对称矩阵

$$\boldsymbol{A}=\begin{bmatrix}2&0&0&1\\0&-1&-2&4\\0&-2&1&3\\1&4&3&1\end{bmatrix},$$

试用豪斯霍尔德矩阵和吉文斯矩阵使 $\boldsymbol{A}$ 正交相似于实对称三对角矩阵.

22. 对下列矩阵做满秩分解:

(1) $\boldsymbol{A}=\begin{bmatrix}1&1&2&2\\-1&1&2&-4\\1&4&8&2\end{bmatrix}$; (2) $\boldsymbol{A}=\begin{bmatrix}1&-1&2&3\\-1&0&-1&0\\3&2&-1&-6\\0&-1&1&3\end{bmatrix}$.

23. 对 $\boldsymbol{A}$ 做满秩分解

$$\boldsymbol{A}=\begin{bmatrix}-1&0&1&2\\1&2&-1&1\\2&2&-2&-1\\-2&-4&2&-2\end{bmatrix}.$$

24. 求矩阵 $\boldsymbol{A}$ 的满秩分解表达式:

(1) $\boldsymbol{A}=\begin{bmatrix}2&1&-2&3&1\\2&5&-1&4&1\\1&3&-1&2&1\end{bmatrix}$; (2) $\boldsymbol{A}=\begin{bmatrix}1&1&0&1&0\\0&1&1&1&1\\2&3&1&3&1\end{bmatrix}$;

(3) $\boldsymbol{A}=\begin{bmatrix}1&2&1&0&1&2\\1&2&2&1&3&3\\2&4&3&1&4&5\\4&8&6&2&8&10\end{bmatrix}$; (4) $\boldsymbol{A}=\begin{bmatrix}1&2&0&1&1&10\\3&6&1&4&2&36\\2&4&0&2&2&27\\6&12&1&7&5&73\end{bmatrix}$.

25. 设矩阵 $\boldsymbol{A}$ 的满秩分解为 $\boldsymbol{A}=\boldsymbol{BC}$,证明:

$$\boldsymbol{CX}=\boldsymbol{0}\Leftrightarrow\boldsymbol{AX}=\boldsymbol{0}.$$

26. 设 $\boldsymbol{A}$ 的任两个分解为 $\boldsymbol{A}=\boldsymbol{BC}=\boldsymbol{B}_1\boldsymbol{C}_1$,则它们之间的关系为

$$\boldsymbol{B}=\boldsymbol{B}_1\boldsymbol{M},\qquad \boldsymbol{C}=\boldsymbol{M}^{-1}\boldsymbol{C}_1,$$

其中 $\boldsymbol{M}$ 是 $r\times r$ 阶可逆矩阵.

27. 设 $\boldsymbol{A}\in\mathbb{C}^{m\times n}$,$\boldsymbol{A}$ 的分块为

$$\boldsymbol{A}=\begin{bmatrix}\boldsymbol{X} & \boldsymbol{Y}\\ \boldsymbol{Z} & \boldsymbol{W}\end{bmatrix},$$

其中 $\boldsymbol{X}\in\mathbb{C}^{r\times r}$,$\operatorname{rank}(\boldsymbol{X})=\operatorname{rank}(\boldsymbol{A})=r$,证明 $\boldsymbol{A}$ 有如下形式的满秩分解:

$$\boldsymbol{A}=\begin{bmatrix}\boldsymbol{X}\\ \boldsymbol{Z}\end{bmatrix}[\boldsymbol{I}_r \ \vdots\ \boldsymbol{X}^{-1}\boldsymbol{Y}]=\begin{bmatrix}\boldsymbol{I}_r\\ \boldsymbol{Z}\boldsymbol{X}^{-1}\end{bmatrix}[\boldsymbol{X},\boldsymbol{Y}].$$

28. 设 $\boldsymbol{A}^2=\boldsymbol{A}$ 且 $\boldsymbol{A}$ 满足满秩分解 $\boldsymbol{A}=\boldsymbol{BC}$,证明 $\boldsymbol{CB}=\boldsymbol{I}$.

29. 设 $\boldsymbol{A}\in\mathbb{R}^{m\times n}$,$\operatorname{rank}(\boldsymbol{A})=r$,则存在 $m\times r$ 矩阵 $\boldsymbol{W}$ 和 $r\times n$ 矩阵 $\boldsymbol{R}$,使

$$\boldsymbol{A}_{m\times n}=\boldsymbol{W}_{m\times r}\boldsymbol{R}_{r\times n},$$

其中 $\boldsymbol{R}$ 为行满秩矩阵,$\boldsymbol{W}$ 是 r 个标准正交列向量组成的列满秩矩阵,称为正交满秩分解.

30. 设 $\boldsymbol{A}\in\mathbb{R}^{m\times n}$ 的满秩分解为 $\boldsymbol{A}=\boldsymbol{BC}$,则齐次方程组 $\boldsymbol{Ax}=\boldsymbol{0}$ 的解与齐次方程组 $\boldsymbol{Cx}=\boldsymbol{0}$ 同解.

31. 设 $\boldsymbol{A},\boldsymbol{B},\boldsymbol{C}$ 分别为 $m\times n$,$n\times k$,$k\times p$ 阶矩阵,证明:

$$\operatorname{rank}(\boldsymbol{ABC})\geqslant\operatorname{rank}(\boldsymbol{AB})+\operatorname{rank}(\boldsymbol{BC})-\operatorname{rank}(\boldsymbol{B}).$$

32. $\boldsymbol{A}\in\mathbb{R}^{n\times m}$,$\boldsymbol{B}\in\mathbb{R}^{m\times n}$,若 $\boldsymbol{BA}=\boldsymbol{I}$,则称 $\boldsymbol{B}$ 为 $\boldsymbol{A}$ 的左逆矩阵(见第 6 章定义). 证明:$\boldsymbol{A}$ 有左逆矩阵的充分必要条件 $\boldsymbol{A}$ 为列满秩矩阵.

33. 设矩阵 $\boldsymbol{F}\in\mathbb{C}_r^{m\times r}$(列满秩),$\boldsymbol{G}\in\mathbb{C}_r^{r\times n}$(行满秩),证明:

$$\operatorname{rank}(\boldsymbol{FG})=r.$$

34. 求矩阵 $\boldsymbol{A}=\begin{bmatrix}1&0&0&-1\\0&1&0&1\\0&0&0&0\end{bmatrix}$ 的奇异值分解.

35. 求 $\boldsymbol{A}=\begin{bmatrix}1&0\\0&1\\1&1\end{bmatrix}$ 的奇异值分解.

36. 设 $\boldsymbol{A}=\begin{bmatrix}2&0&1\\1&2&0\end{bmatrix}$,求 $\boldsymbol{A}$ 的奇异值分解.

37. 设 $\boldsymbol{A}$ 为埃尔米特正定矩阵,$\boldsymbol{A}$ 的奇异值就是 $\boldsymbol{A}$ 的特征值,试证明之.

38. $\boldsymbol{A}$ 为 n 阶可逆矩阵,则 $\boldsymbol{A}$ 的行列式的绝对值是 $\boldsymbol{A}$ 的奇异值之积.

39. 已知

$$\boldsymbol{A}=\begin{bmatrix}0&1\\-1&0\\0&2\\1&0\end{bmatrix},$$

求 $\boldsymbol{A}$ 的奇异分解表达式.

40. 已知 $\boldsymbol{A}\in\mathbb{C}_r^{m\times n}$(秩为 $r>0$)的奇异值分解表达式为

$$\boldsymbol{A}=\boldsymbol{U}\begin{bmatrix}\boldsymbol{\Delta}&\boldsymbol{0}\\ \boldsymbol{0}&\boldsymbol{0}\end{bmatrix}\boldsymbol{V}^{\mathrm{H}},$$

试求矩阵 $\boldsymbol{B}=\begin{bmatrix}\boldsymbol{A}\\ \boldsymbol{A}\end{bmatrix}$ 的奇异值分解表达式.

41. 设 $\boldsymbol{A}=\boldsymbol{UDV}^{\mathrm{H}}$ 为矩阵 $\boldsymbol{A}$ 的一个奇异值分解.

(1) 证明:$\boldsymbol{U}$ 的列向量为 $\boldsymbol{AA}^{\mathrm{H}}$ 的特征向量,称其为矩阵 $\boldsymbol{A}$ 的左奇异向量;

(2) 证明:$\boldsymbol{V}$ 的列向量为 $\boldsymbol{A}\boldsymbol{A}^{\mathrm{H}}$ 的特征向量,称其为矩阵 $\boldsymbol{A}$ 的右特征向量;

(3) 举反例说明依据(1)和(2)中确定的酉矩阵 $\boldsymbol{U}$ 和 $\boldsymbol{V}$ 不一定是 $\boldsymbol{A}$ 的奇异值分解.

42. 设 $\boldsymbol{A},\boldsymbol{B}\in\mathbb{C}^{m\times n}$,如果存在 m 阶酉矩阵 $\boldsymbol{U}$ 和 n 阶酉矩阵 $\boldsymbol{V}$,使得 $\boldsymbol{B}=\boldsymbol{UAV}$,那么称 $\boldsymbol{A}$ 与 $\boldsymbol{B}$ 酉相抵,证明:

(1) 酉相抵是一种等价关系;

(2) 若 $\boldsymbol{A}$ 与 $\boldsymbol{B}$ 酉相抵,则 $\boldsymbol{A}$ 与 $\boldsymbol{B}$ 有相同的奇异值.

43. 设 $\boldsymbol{A}\in\mathbb{C}^{m\times n}$,$\boldsymbol{U}$ 和 $\boldsymbol{V}$ 分别为 m,n 阶酉矩阵,试证:$\boldsymbol{UA}$ 和 $\boldsymbol{AV}$ 的奇异值与 $\boldsymbol{A}$ 的奇异值相同.

44. 设 $\boldsymbol{A}\in\mathbb{C}^{m\times n}$,

(1) 证明:$\boldsymbol{A}^{\mathrm{H}}\boldsymbol{A}$ 与 $\boldsymbol{A}\boldsymbol{A}^{\mathrm{H}}$ 的非零特征值相同;

(2) 设 $\boldsymbol{A}^{\mathrm{H}}\boldsymbol{A}$ 的非零特征值 $\lambda_1,\lambda_2,\cdots,\lambda_r$ 对应的正交的特征向量为 $\boldsymbol{\alpha}_1,\boldsymbol{\alpha}_2,\cdots,\boldsymbol{\alpha}_r$,则 $\boldsymbol{A}\boldsymbol{A}^{\mathrm{H}}$ 的特征值 $\lambda_1,\lambda_2,\cdots,\lambda_r$ 对应的特征向量为 $\boldsymbol{A}\boldsymbol{\alpha}_1,\boldsymbol{A}\boldsymbol{\alpha}_2,\cdots,\boldsymbol{A}\boldsymbol{\alpha}_r$,且它们也是正交向量组.

45. $\boldsymbol{A}\in\mathbb{C}^{m\times n}$,$\boldsymbol{U},\boldsymbol{V}$ 分别为 m,n 阶酉矩阵,若 $\boldsymbol{B}=\boldsymbol{UAV}$,称 $\boldsymbol{A}$ 与 $\boldsymbol{B}$ 酉等价,证明:$\boldsymbol{B}$ 与 $\boldsymbol{A}$ 的奇异值相同.

46. 设 $\boldsymbol{A}\in\mathbb{C}^{n\times n}$,用 $\boldsymbol{A}$ 的奇异值分解证明 $\boldsymbol{A}$ 的极分解:

$$\boldsymbol{A}=\boldsymbol{GU}=\boldsymbol{UH},$$

其中 $\boldsymbol{G},\boldsymbol{H}$ 为半正定埃尔米特矩阵,$\boldsymbol{U}$ 为酉矩阵.

47. 设矩阵

(1) $\boldsymbol{A}=\begin{bmatrix}3&-1&0\\-1&2&-1\\0&-1&3\end{bmatrix}$; (2) $\boldsymbol{B}=\begin{bmatrix}0&1&1\\1&0&1\\1&1&0\end{bmatrix}$.

验证 $\boldsymbol{A}$ 与 $\boldsymbol{B}$ 是正规矩阵,并求 $\boldsymbol{A}$ 与 $\boldsymbol{B}$ 的谱分解表达式.

48. 已知矩阵

$$\boldsymbol{A}=\begin{bmatrix}0&2&4\\\frac{1}{2}&0&2\\\frac{1}{4}&\frac{1}{2}&0\end{bmatrix},$$

验证 $\boldsymbol{A}$ 是单纯矩阵(可对角化),并求 $\boldsymbol{A}$ 的谱分解表达式.

49. 试求一酉矩阵 $\boldsymbol{P}$,使 $\boldsymbol{P}^{-1}\boldsymbol{AP}$ 为对角矩阵.

(1) $\boldsymbol{A}=\begin{bmatrix}-1&i&0\\-i&0&-i\\0&i&-1\end{bmatrix}$; (2) $\boldsymbol{A}=\begin{bmatrix}0&i&1\\-i&0&0\\1&0&0\end{bmatrix}$.

这两个矩阵是正规矩阵吗?

50. 证明:若 $\boldsymbol{A}$ 是正规矩阵,则 $\boldsymbol{A}$ 的奇异值就是 $\boldsymbol{A}$ 的特征值的模.

51. 证明:两个正规矩阵相似(酉等价)的充分必要条件是它们的特征多项式相同.

52. 设 $\boldsymbol{A}$ 为正规矩阵,则 $\boldsymbol{A}$ 的谱分解式有

$$\boldsymbol{A}=\lambda_1\boldsymbol{U}_1\boldsymbol{U}_1^{\mathrm{H}}+\lambda_2\boldsymbol{U}_2\boldsymbol{U}_2^{\mathrm{H}}+\cdots+\lambda_n\boldsymbol{U}_n\boldsymbol{U}_n^{\mathrm{H}},$$

其中 $\boldsymbol{U}_1,\boldsymbol{U}_2,\cdots,\boldsymbol{U}_n$ 是 $\boldsymbol{A}$ 的 n 个特征值 $\lambda_1,\lambda_2,\cdots,\lambda_n$ 对应的标准正交的特征向量.

53. $\boldsymbol{A},\boldsymbol{B}\in\mathbb{C}^{m\times n}$,且都是埃尔米特矩阵,$\boldsymbol{A}$ 是半正定矩阵,证明:$\mathrm{tr}(\boldsymbol{AB})\geqslant u_n(\mathrm{tr}(\boldsymbol{A}))$,其中 u_n 为 $\boldsymbol{B}$ 的最小特征值,$\mathrm{tr}(\boldsymbol{AB})$ 表示 $\boldsymbol{AB}$ 主对角元素之和.

54. 设矩阵 $\boldsymbol{A}=(a_{ij})_{n\times n}$ 与 $\boldsymbol{B}=(b_{ij})_{n\times n}$ 酉相似,证明:

(1) $\sum\limits_{i=1}^{n}\sum\limits_{j=1}^{n}|a_{ij}|^2=\sum\limits_{i=1}^{n}\sum\limits_{j=1}^{n}|b_{ij}|^2$;

(2) 设 $\lambda_1,\lambda_2,\cdots,\lambda_n$ 为 $\boldsymbol{A}$ 的 n 个特征值,则

$$\sum_{i=1}^{n}|\lambda_i|^2 \leqslant \sum_{i=1}^{n}\sum_{j=1}^{n}|a_{ij}|^2;$$

(3) 若 $\boldsymbol{A}$ 为正规矩阵，则

$$\sum_{i=1}^{n}|\lambda_i|^2 = \sum_{i=1}^{n}\sum_{j=1}^{n}|a_{ij}|^2.$$

55. (1) 设 $\boldsymbol{A}$ 为酉矩阵且是埃尔米特矩阵，则 $\boldsymbol{A}$ 的特征值为 1 或 -1；

(2) 若 $\boldsymbol{A}$ 是正规矩阵，且 $\boldsymbol{A}$ 的特征值 $|\lambda|=1$，则 $\boldsymbol{A}$ 是酉矩阵.

56. $\boldsymbol{A}$ 为 n 阶正规矩阵，$\lambda_i(i=1,2,\cdots,n)$ 是 $\boldsymbol{A}$ 的特征值，证明 $\boldsymbol{A}^{\mathrm{H}}\boldsymbol{A}$ 与 $\boldsymbol{A}\boldsymbol{A}^{\mathrm{H}}$ 的特征值为 $|\lambda_i|^2, i=1,2,\cdots,n$.

57. 设 $\boldsymbol{A}$ 为正规矩阵，证明：

(1) 若对于正数 m，有 $\boldsymbol{A}^m=\boldsymbol{0}$，则 $\boldsymbol{A}=\boldsymbol{0}$；

(2) 若 $\boldsymbol{A}^2=\boldsymbol{A}$，则 $\boldsymbol{A}^{\mathrm{H}}=\boldsymbol{A}$；

(3) 若 $\boldsymbol{A}^3=\boldsymbol{A}^2$，则 $\boldsymbol{A}^2=\boldsymbol{A}$.

58. $\boldsymbol{A}=(a_{ij})_{n\times n}$，$\lambda_1,\lambda_2,\cdots,\lambda_n$ 为 $\boldsymbol{A}$ 的特征值，若 $\sum\limits_{i=1}^{n}\sum\limits_{j=1}^{n}|a_{ij}|^2=\sum\limits_{i=1}^{n}|\lambda_i|^2$，证明 $\boldsymbol{A}$ 是正规矩阵.

59. 若 $\boldsymbol{A}$ 为实矩阵，且 $\boldsymbol{A}^{\mathrm{T}}\boldsymbol{A}=\boldsymbol{A}\boldsymbol{A}^{\mathrm{T}}$，则 $\boldsymbol{A}$ 必是对称矩阵.

60. $\boldsymbol{A}$ 是正规矩阵，证明：

(1) $\boldsymbol{A}$ 的特征向量也是 $\boldsymbol{A}^{\mathrm{H}}$ 的特征向量；

(2) $\forall \boldsymbol{X}\in\mathbb{C}^n$，$\boldsymbol{AX}$ 与 $\boldsymbol{A}^{\mathrm{H}}\boldsymbol{X}$ 的长度相等.

61. n 阶方阵 $\boldsymbol{A}$ 正规的充分必要条件是它与一个具有互异的特征值且与 $\boldsymbol{A}$ 有相同的特征向量的矩阵 $\boldsymbol{B}$ 可交换(即 $\boldsymbol{AB}=\boldsymbol{BA}$).

62. 设 $\boldsymbol{A},\boldsymbol{B}\in\mathbb{C}^{n\times n}$，$\boldsymbol{A},\boldsymbol{B}$ 为正规矩阵，且 $\boldsymbol{AB}=\boldsymbol{BA}$，则存在 n 阶酉阵 $\boldsymbol{U}$，使得

$$\boldsymbol{U}^{\mathrm{H}}\boldsymbol{A}\boldsymbol{U}=\begin{bmatrix}\lambda_1 & & \\ & \ddots & \\ & & \lambda_n\end{bmatrix},\quad \boldsymbol{U}^{\mathrm{H}}\boldsymbol{B}\boldsymbol{U}=\begin{bmatrix}u_1 & & \\ & \ddots & \\ & & u_n\end{bmatrix}.$$

63. 若两个正规矩阵可交换，证明它们的乘积也是正规矩阵.

第4章 赋范线性空间与矩阵范数

引言　范数是什么

我们在第1章的内积空间中已经看到，距离概念可以由长度导出，而长度可以由内积导出. 但研究 $m\times n$ 矩阵函数构成的线性空间是无限维的，当然没有内积的概念，因此我们将在本章研究比用内积导出的长度更为广泛的概念——范数，以使范数能够应用在更广的范围. 那么，什么是矩阵的范数呢？我们先看下面的例子：

设 x 是复数，则当 $|x|<1$ 时有

$$(1-x)^{-1}=1+x+x^2+\cdots+x^m+\cdots,$$

何时上式对于矩阵也成立，即设 $\boldsymbol{A}$ 是 n 阶矩阵，要使公式

$$(\boldsymbol{I}-\boldsymbol{A})^{-1}=\boldsymbol{I}+\boldsymbol{A}+\boldsymbol{A}^2+\cdots+\boldsymbol{A}^m+\cdots$$

成立，相当于 $|x|<1$ 的条件是什么？在下章将容易知道一个充分条件是 $\rho(\boldsymbol{A})<1$，但计算矩阵的谱半径 $\rho(\boldsymbol{A})$ 又与矩阵的特征值有关，这是不容易计算的. 我们能否改进这个条件？答案是肯定的，只需将 $\rho(\boldsymbol{A})<1$ 换成 $\|\boldsymbol{A}\|<1$，即 $\boldsymbol{A}$ 的范数小于1，任何一种范数即可！因此，矩阵的范数可以看作是实数的绝对值或者复数的模的推广，也是向量长度的推广，是一种衡量矩阵(包括向量)大小的尺度.

在计算数学中，特别是在数值代数中，研究数值方法的收敛性、稳定性及误差分析等问题时，范数理论都扮演着十分重要的角色. 因此，本章首先在线性空间中定义向量的范数，引出赋范线性空间的概念；然后进一步讨论矩阵的范数及其性质，以及与范数有关的矩阵谱半径、条件数等.

4.1　赋范线性空间

4.1.1　向量的范数

向量的范数是用来刻画向量大小的一种度量. 在第1章的内积空间中，由于用内积定义了向量的长度 $|\boldsymbol{x}|=\sqrt{(\boldsymbol{x},\boldsymbol{x})}$，用长度来表示 $\boldsymbol{x}$ 的大小可带来许多方便. 把这种长度的概念进一步推广，这就是所谓范数的概念，先看下面的例子.

例 4.1.1　设有平面向量 $\boldsymbol{x}=a\boldsymbol{i}+b\boldsymbol{j}$，记长度为 $\|\boldsymbol{x}\|=\sqrt{a^2+b^2}$，那么 $\|\boldsymbol{x}\|$ 具有下面3条性质：

(1) 若 $\boldsymbol{x}\neq\boldsymbol{0}$,则 $\|\boldsymbol{x}\|>0$; 当且仅当 $\boldsymbol{x}=\boldsymbol{0}$ 时,有 $\|\boldsymbol{x}\|=0$.

(2) $\|k\boldsymbol{x}\|=|k|\,\|\boldsymbol{x}\|$,$k$ 为任意实数.

(3) 对于任意平面向量 $\boldsymbol{x}$ 和 $\boldsymbol{y}$,有三角不等式

$$\|\boldsymbol{x}+\boldsymbol{y}\|\leqslant\|\boldsymbol{x}\|+\|\boldsymbol{y}\|.$$

对于一般的线性空间,引入满足上述 3 条性质的纯量(或函数),即可用它来描述向量的大小,称之为范数.

定义 4.1.1　如果 V 是数域 P 上的线性空间,且对于 V 的任一向量 $\boldsymbol{x}$,对应着一个实值函数 $\|\boldsymbol{x}\|$,它满足以下 3 个条件.

(1) 非负性: 当 $\boldsymbol{x}\neq\boldsymbol{0}$ 时, $\|\boldsymbol{x}\|>0$; 当且仅当 $\boldsymbol{x}=\boldsymbol{0}$ 时, $\|\boldsymbol{x}\|=0$;

(2) 齐次性: $\|k\boldsymbol{x}\|=|k|\,\|\boldsymbol{x}\|$, $k\in P$;

(3) 三角不等式: $\|\boldsymbol{x}+\boldsymbol{y}\|\leqslant\|\boldsymbol{x}\|+\|\boldsymbol{y}\|$, $\boldsymbol{x},\boldsymbol{y}\in V$;

则称 $\|\boldsymbol{x}\|$ 为 V 上向量 $\boldsymbol{x}$ 的**范数**(norm).

例 4.1.2　设 $\boldsymbol{x}=(x_1,x_2,\cdots,x_n)^{\mathrm{T}}\in\mathbb{R}^n$,它的长度 $\|\boldsymbol{x}\|=\sqrt{x_1^2+x_2^2+\cdots+x_n^2}$ 就是一种范数.

为了说明这里的 $\|\boldsymbol{x}\|$ 是范数,只需验证它满足 3 个条件就行了.

(1) 当 $\boldsymbol{x}\neq\boldsymbol{0}$ 时,至少有一分量不为 0,所以 $\|\boldsymbol{x}\|>0$; 当 $\boldsymbol{x}=\boldsymbol{0}$ 时, $\|\boldsymbol{x}\|=\sqrt{0^2+\cdots+0^2}=0$.

(2) 对任意数 $k\in\mathbb{R}$,因为 $k\boldsymbol{x}=(kx_1,kx_2,\cdots,kx_n)$,所以 $\|k\boldsymbol{x}\|=\sqrt{(kx_1)^2+\cdots+(kx_n)^2}=|k|\sqrt{x_1^2+\cdots+x_n^2}=|k|\,\|\boldsymbol{x}\|$.

(3) 对任意两个向量 $\boldsymbol{x}=(x_1,\cdots,x_n)$,$\boldsymbol{y}=(y_1,\cdots,y_n)$,有

$$\boldsymbol{x}+\boldsymbol{y}=(x_1+y_1,\cdots,x_n+y_n),$$

$$\begin{aligned}\|\boldsymbol{x}+\boldsymbol{y}\|^2&=(x_1+y_1)^2+\cdots+(x_n+y_n)^2\\&=x_1^2+\cdots+x_n^2+2(x_1y_1+\cdots+x_ny_n)+y_1^2+\cdots+y_n^2.\end{aligned}$$

根据$\mathbb{R}^n$中内积的定义有

$$(\boldsymbol{x},\boldsymbol{y})=x_1y_1+x_2y_2+\cdots+x_ny_n.$$

再利用第 1 章柯西-施瓦茨不等式有

$$\begin{aligned}\|\boldsymbol{x}+\boldsymbol{y}\|^2&=\|\boldsymbol{x}\|^2+2(\boldsymbol{x},\boldsymbol{y})+\|\boldsymbol{y}\|^2\\&\leqslant\|\boldsymbol{x}\|^2+2\|\boldsymbol{x}\|\,\|\boldsymbol{y}\|+\|\boldsymbol{y}\|^2\\&=(\|\boldsymbol{x}\|+\|\boldsymbol{y}\|)^2,\end{aligned}$$

从而得

$$\|\boldsymbol{x}+\boldsymbol{y}\|\leqslant\|\boldsymbol{x}\|+\|\boldsymbol{y}\|.$$

这就证明了 $\|\boldsymbol{x}\|=\sqrt{x_1^2+\cdots+x_n^2}$ 是$\mathbb{R}^n$上的一种范数. 这种范数称为 **2-范数**或**欧氏范数**,记为

$$\|\boldsymbol{x}\|_2=\sqrt{x_1^2+\cdots+x_n^2}=(\boldsymbol{x}^{\mathrm{T}}\boldsymbol{x})^{\frac{1}{2}}.\tag{4.1.1}$$

同理,对于复向量 $\boldsymbol{x}=(x_1,\cdots,x_n)\in\mathbb{C}^n$,2-范数的形式为

$$\|\boldsymbol{x}\|_2=\sqrt{|x_1|^2+\cdots+|x_n|^2}=(\boldsymbol{x}^{\mathrm{H}}\boldsymbol{x})^{\frac{1}{2}}.\tag{4.1.1$'$}$$

其实,n 维向量空间中的范数并不是唯一的.

例 4.1.3 验证 $\|\boldsymbol{x}\|=\max\limits_i|x_i|$ 是 $\mathbb{R}^n$ 上的一种范数，这里 $\boldsymbol{x}=(x_1,x_2,\cdots,x_n)^{\mathrm{T}}\in\mathbb{R}^n$.

事实上，当 $\boldsymbol{x}\neq\boldsymbol{0}$ 时，$\|\boldsymbol{x}\|=\max\limits_i|x_i|>0$；当 $\boldsymbol{x}=\boldsymbol{0}$ 时，$\|\boldsymbol{x}\|=0$. 又对任意 $k\in\mathbb{R}$，有

$$\|k\boldsymbol{x}\|=\max_i|kx_i|=|k|\max_i|x_i|=|k|\|\boldsymbol{x}\|,$$

对 $\mathbb{R}^n$ 中任意两个向量 $\boldsymbol{x}=(x_1,x_2,\cdots,x_n)^{\mathrm{T}}$，$\boldsymbol{y}=(y_1,y_2,\cdots,y_n)^{\mathrm{T}}$，有

$$\begin{aligned}\|\boldsymbol{x}+\boldsymbol{y}\|&=\max_i|x_i+y_i|\leqslant\max_i|x_i|+\max_i|y_i|\\&=\|\boldsymbol{x}\|+\|\boldsymbol{y}\|,\end{aligned}$$

因此 $\|\boldsymbol{x}\|=\max\limits_i|x_i|$ 确实是 $\mathbb{R}^n$ 上的一种范数.

我们称例 4.1.3 中的范数为 **∞-范数**，记为

$$\|\boldsymbol{x}\|_\infty=\max_i|x_i|. \tag{4.1.2}$$

例 4.1.4 验证 $\|\boldsymbol{x}\|=\sum\limits_{i=1}^n|x_i|$ 也是 $\mathbb{R}^n$ 上的一种范数，其中 $\boldsymbol{x}=(x_1,x_2,\cdots,x_n)^{\mathrm{T}}\in\mathbb{R}^n$.

事实上，当 $\boldsymbol{x}\neq\boldsymbol{0}$ 时，显然有 $\|\boldsymbol{x}\|=\sum\limits_{i=1}^n|x_i|>0$；当 $\boldsymbol{x}=\boldsymbol{0}$ 时，$\|\boldsymbol{x}\|=0+\cdots+0=0$.

又对于任意 $k\in\mathbb{R}$，有

$$\|k\boldsymbol{x}\|=\sum_{i=1}^n|kx_i|=|k|\sum_{i=1}^n|x_i|=|k|\|\boldsymbol{x}\|.$$

对任意两个向量 $\boldsymbol{x},\boldsymbol{y}\in\mathbb{R}^n$，有

$$\begin{aligned}\|\boldsymbol{x}+\boldsymbol{y}\|&=\sum_{i=1}^n|x_i+y_i|\leqslant\sum_{i=1}^n(|x_i|+|y_i|)\\&=\sum_{i=1}^n|x_i|+\sum_{i=1}^n|y_i|=\|\boldsymbol{x}\|+\|\boldsymbol{y}\|,\end{aligned}$$

因此知 $\|\boldsymbol{x}\|=\sum\limits_{i=1}^n|x_i|$ 是 $\mathbb{R}^n$ 上的一种范数，称它为 **1-范数**，记为

$$\|\boldsymbol{x}\|_1=\sum_{i=1}^n|x_i|. \tag{4.1.3}$$

由例 4.1.2～例 4.1.4 可知，在一个线性空间中，可以定义多种向量范数，实际上可以定义无限多种范数. 例如对于不小于 1 的任意实数 p 及 $\boldsymbol{x}=(x_1,x_2,\cdots,x_n)^{\mathrm{T}}\in\mathbb{R}^n$，可以证明实值函数

$$\|\boldsymbol{x}\|_p=\left(\sum_{i=1}^n|x_i|^p\right)^{\frac{1}{p}},\qquad 1\leqslant p<+\infty \tag{4.1.4}$$

都是 $\mathbb{R}^n$ 中的范数.

为此，先引入以下两个引理.

引理 4.1.1 如果实数 $p>1,q>1$，且 $\dfrac{1}{p}+\dfrac{1}{q}=1$，则对任意非负实数 a,b 有

$$ab\leqslant\frac{a^p}{p}+\frac{b^q}{q}. \tag{4.1.5}$$

* **证明** 若 $a=0$ 或 $b=0$，则式(4.1.5)显然成立. 下面考虑 a,b 均为正数的情况.

对 $x>0,0<\mu<1$，记 $f(x)=x^\mu-\mu x$. 容易验证 $f(x)$ 在 $x=1$ 处达到最大值 $1-\mu$，从而 $f(x)\leqslant1-\mu$，即

$$x^{\mu}\leqslant 1-\mu+\mu x.$$

对任意正实数 c,d,在上式中令 $x=\frac{c}{d},\mu=\frac{1}{p},1-\mu=\frac{1}{q}$,则 $c^{\frac{1}{p}}d^{\frac{1}{q}}\leqslant\frac{c}{p}+\frac{d}{q}$. 由此再令 $a=c^{\frac{1}{p}},b=d^{\frac{1}{q}}$,即得式(4.1.5).

引理 4.1.2 设 $\boldsymbol{x}=(x_1,x_2,\cdots,x_n)^{\mathrm{T}},\boldsymbol{y}=(y_1,y_2,\cdots,y_n)^{\mathrm{T}}\in\mathbb{R}^n$,则

$$\sum_{i=1}^{n}|x_iy_i|\leqslant\left(\sum_{i=1}^{n}|x_i|^p\right)^{\frac{1}{p}}\left(\sum_{i=1}^{n}|y_i|^q\right)^{\frac{1}{q}},\tag{4.1.6}$$

其中实数 $p>1,q>1$ 且 $\frac{1}{p}+\frac{1}{q}=1$. 此时,式(4.1.6)称**赫尔德**(Hölder)**不等式**.

* **证明** 如果 $\boldsymbol{x}=\boldsymbol{0}$ 或 $\boldsymbol{y}=\boldsymbol{0}$,则式(4.1.6)显然成立. 下面设 $\boldsymbol{x}\neq\boldsymbol{0},\boldsymbol{y}\neq\boldsymbol{0}$. 令

$$a=\frac{|x_i|}{\left(\sum\limits_{i=1}^{n}|x_i|^p\right)^{\frac{1}{p}}},\qquad b=\frac{|y_i|}{\left(\sum\limits_{i=1}^{n}|y_i|^q\right)^{\frac{1}{q}}},$$

则由式(4.1.5)得

$$\frac{|x_iy_i|}{\left(\sum\limits_{i=1}^{n}|x_i|^p\right)^{\frac{1}{p}}\left(\sum\limits_{i=1}^{n}|y_i|^q\right)^{\frac{1}{q}}}\leqslant\frac{|x_i|^p}{p\left(\sum\limits_{i=1}^{n}|x_i|^p\right)}+\frac{|y_i|^q}{q\left(\sum\limits_{i=1}^{n}|y_i|^q\right)},$$

从而有

$$\frac{\sum\limits_{i=1}^{n}|x_iy_i|}{\left(\sum\limits_{i=1}^{n}|x_i|^p\right)^{\frac{1}{p}}\left(\sum\limits_{i=1}^{n}|y_i|\right)^{\frac{1}{q}}}\leqslant\frac{\sum\limits_{i=1}^{n}|x_i|^p}{p\left(\sum\limits_{i=1}^{n}|x_i|^p\right)}+\frac{\sum\limits_{i=1}^{n}|y_i|^q}{q\left(\sum\limits_{i=1}^{n}|y_i|^q\right)}=\frac{1}{p}+\frac{1}{q}=1.$$

由上式即得式(4.1.6). 证毕

定理 4.1.1 对任意向量 $\boldsymbol{x}=(x_1,x_2,\cdots,x_n)^{\mathrm{T}}\in\mathbb{R}^n$,$1\leqslant p<+\infty$,由式(4.1.4)定义的 $\|\boldsymbol{x}\|_p$ 是$\mathbb{R}^n$上的向量范数.

* **证明** (1) 当 $\boldsymbol{x}\neq\boldsymbol{0}$ 时,$\boldsymbol{x}$ 至少有一个分量不为零,故 $\|\boldsymbol{x}\|_p=\left(\sum\limits_{i=1}^{n}|x_i|^p\right)^{\frac{1}{p}}>0$;

(2) 对 $\forall k\in\mathbb{R}$,$\forall\boldsymbol{x}=(x_1,x_2,\cdots,x_n)^{\mathrm{T}}\in\mathbb{R}^n$,则

$$\begin{aligned}\|k\boldsymbol{x}\|_p&=\|(kx_1,kx_2,\cdots,kx_n)\|_p\\&=\left(\sum_{i=1}^{n}|kx_i|^p\right)^{\frac{1}{p}}=|k|\left(\sum_{i=1}^{n}|x_i|^p\right)^{\frac{1}{p}}\\&=|k|\,\|\boldsymbol{x}\|_p;\end{aligned}$$

(3) 对 $\forall\boldsymbol{x}=(x_1,x_2,\cdots,x_n)^{\mathrm{T}},\boldsymbol{y}=(y_1,y_2,\cdots,y_n)^{\mathrm{T}}\in\mathbb{R}^n$,下面设 $p>1$,记 $q=\frac{p}{p-1}$,则 $q>1$,且 $\frac{1}{p}+\frac{1}{q}=1$. 从而由式(4.1.6)有

$$\begin{aligned}\sum_{i=1}^{n}|x_i+y_i|^p&=\sum_{i=1}^{n}|x_i+y_i|\,|x_i+y_i|^{p-1}\\&\leqslant\sum_{i=1}^{n}|x_i|\,|x_i+y_i|^{p-1}+\sum_{i=1}^{n}|y_i|\,|x_i+y_i|^{p-1}\end{aligned}$$

$$\leqslant \left(\sum_{i=1}^{n}|x_i|^p\right)^{\frac{1}{p}}\left(\sum_{i=1}^{n}|x_i+y_i|^{(p-1)q}\right)^{\frac{1}{q}}+$$

$$\left(\sum_{i=1}^{n}|y_i|^p\right)^{\frac{1}{p}}\left(\sum_{i=1}^{n}|x_i+y_i|^{(p-1)q}\right)^{\frac{1}{q}}$$

$$=\left[\left(\sum_{i=1}^{n}|x_i|^p\right)^{\frac{1}{p}}+\left(\sum_{i=1}^{n}|y_i|^p\right)^{\frac{1}{p}}\right]\left(\sum_{i=1}^{n}|x_i+y_i|^{(p-1)q}\right)^{\frac{1}{q}}$$

$$=\left[\left(\sum_{i=1}^{n}|x_i|^p\right)^{\frac{1}{p}}+\left(\sum_{i=1}^{n}|y_i|^p\right)^{\frac{1}{p}}\right]\left(\sum_{i=1}^{n}|x_i+y_i|^{p}\right)^{\frac{1}{q}},$$

因此

$$\left(\sum_{i=1}^{n}|x_i+y_i|^p\right)^{\frac{1}{p}}\leqslant\left(\sum_{i=1}^{n}|x_i|^p\right)^{\frac{1}{p}}+\left(\sum_{i=1}^{n}|y_i|^p\right)^{\frac{1}{p}},$$

即

$$\|\boldsymbol{x}+\boldsymbol{y}\|_p\leqslant\|\boldsymbol{x}\|_p+\|\boldsymbol{y}\|_p.$$

证毕

因此 $\|\boldsymbol{x}\|_p$ 是$\mathbb{R}^n$中的一种范数.我们称式(4.1.4)为向量的 **p-范数或称 l_p 范数**.

其实,我们可以把3种常用范数 $\|\boldsymbol{x}\|_1$,$\|\boldsymbol{x}\|_2$,$\|\boldsymbol{x}\|_\infty$ 统一在 p-范数之中.因为在式(4.1.4)中,当 $p=1$ 时,显然 $\|\boldsymbol{x}\|_p=\|\boldsymbol{x}\|_1$;当 $p=2$ 时,显然 $\|\boldsymbol{x}\|_p=\|\boldsymbol{x}\|_2$;$p$ 趋向于∞时,有

$$\lim_{p\to\infty}\|\boldsymbol{x}\|_p=\|\boldsymbol{x}\|_\infty. \tag{4.1.7}$$

对于式(4.1.7)证明如下:

事实上,将$|x_1|,|x_2|,\cdots,|x_n|$中最大者记为$|x_{i_0}|(\neq 0)$.由于 $\|\boldsymbol{x}\|_\infty=\max\limits_i|x_i|=|x_{i_0}|$,

$$\|\boldsymbol{x}\|_p=\left(\sum_{i=1}^{n}|x_{i_0}|^p\frac{|x_i|^p}{|x_{i_0}|^p}\right)^{\frac{1}{p}}$$

$$=|x_{i_0}|\left(\sum_{i=1}^{n}\frac{|x_i|^p}{|x_{i_0}|^p}\right)^{\frac{1}{p}},$$

而

$$|x_{i_0}|^p\leqslant\sum_{i=1}^{n}|x_i|^p\leqslant n|x_{i_0}|^p,$$

两边同时除以$|x_{i_0}|^p$ 并开 p 次方得

$$1\leqslant\left(\sum_{i=1}^{n}\frac{|x_i|^p}{|x_{i_0}|^p}\right)^{\frac{1}{p}}\leqslant n^{\frac{1}{p}}.$$

由于$\lim\limits_{p\to\infty}n^{\frac{1}{p}}=1$,从而有

$$\lim_{p\to\infty}\left(\sum_{i=1}^{n}\frac{|x_i|^p}{|x_{i_0}|^p}\right)^{\frac{1}{p}}=1,$$

故

$$\lim_{p\to\infty}\|\boldsymbol{x}\|_p=|x_{i_0}|=\|\boldsymbol{x}\|_\infty.$$

这样,$\mathbb{R}^n$中的范数 $\|\boldsymbol{x}\|_1$,$\|\boldsymbol{x}\|_2$,$\|\boldsymbol{x}\|_\infty$ 可依次写为1,2,∞范数,而且不难看出,式(4.1.2)、式(4.1.3)和式(4.1.4)对复向量空间$\mathbb{C}^n$中的向量仍然成立(注意,$|x_i|$应理解为复数的模).

例 4.1.5　计算$\mathbb{C}^4$的向量 $\boldsymbol{x}=(3\mathrm{i},0,-4\mathrm{i},-12)^{\mathrm{T}}$ 的 1,2,∞范数,这里 $\mathrm{i}=\sqrt{-1}$.

解
$$\|\boldsymbol{x}\|_1=\sum_{i=1}^{4}|x_i|=|3\mathrm{i}|+|-4\mathrm{i}|+|-12|=19,$$
$$\|\boldsymbol{x}\|_2=\sqrt{\boldsymbol{x}^{\mathrm{H}}\boldsymbol{x}}=\sqrt{(3\mathrm{i})(-3\mathrm{i})+(-4\mathrm{i})(4\mathrm{i})+(-12)^2}=13,$$
$$\begin{aligned}\|\boldsymbol{x}\|_\infty&=\max(|x_1|,|x_2|,|x_3|,|x_4|)\\&=\max(3,0,4,12)=12.\end{aligned}$$

由此可见,在同一个线性空间中,不同定义的范数其大小可能不同.

例 4.1.6　在$\mathbb{R}^n$(或$\mathbb{C}^n$)中,若 $\boldsymbol{x}=(x_1,x_2,\cdots,x_n)^{\mathrm{T}}$,如果仍按式(4.1.4)的规律,但取 $0<p<1$ 来定义某个实值函数:
$$\|\boldsymbol{x}\|_p=\left(\sum_{i=1}^{n}|x_i|^p\right)^{\frac{1}{p}},\qquad 0<p<1,$$
试验证它不是$\mathbb{R}^n$(或$\mathbb{C}^n$)中的范数.

解　显然它不满足定义 4.1.1 中的条件(3),所以它不是$\mathbb{R}^n$(或$\mathbb{C}^n$)上的范数. 例如,在$\mathbb{R}^2$中,取 $\boldsymbol{x}=(1,0)^{\mathrm{T}}$,$\boldsymbol{y}=(0,1)^{\mathrm{T}}$,则 $\|\boldsymbol{x}+\boldsymbol{y}\|_{\frac{1}{2}}=4$,$\|\boldsymbol{x}\|_{\frac{1}{2}}=1$,$\|\boldsymbol{y}\|_{\frac{1}{2}}=1$,所以
$$\|\boldsymbol{x}+\boldsymbol{y}\|_{\frac{1}{2}}\leqslant\|\boldsymbol{x}\|_{\frac{1}{2}}+\|\boldsymbol{y}\|_{\frac{1}{2}}$$
不成立,那么 $\|\boldsymbol{x}\|_{\frac{1}{2}}$ 就不是$\mathbb{R}^2$中的向量范数.

下面的例子,给出由已知的某种范数去构造出新的向量范数的一种方法.

例 4.1.7　设 $\|\cdot\|_\alpha$ 是$\mathbb{C}^m$上的一种向量范数,给定矩阵 $\boldsymbol{A}\in\mathbb{C}^{m\times n}$,且 $\boldsymbol{A}$ 的 n 个列向量线性无关,对任意 $\boldsymbol{x}=(x_1,x_2,\cdots,x_n)^{\mathrm{T}}\in\mathbb{C}^n$,规定
$$\|\boldsymbol{x}\|_\beta=\|\boldsymbol{A}\boldsymbol{x}\|_\alpha,$$
则 $\|\boldsymbol{x}\|_\beta$ 是$\mathbb{C}^n$中的向量范数.

证明　(1) 设 $\boldsymbol{\alpha}_1,\boldsymbol{\alpha}_2,\cdots,\boldsymbol{\alpha}_n$ 是矩阵 $\boldsymbol{A}$ 的 n 个线性无关的列向量,从而对任何 $\boldsymbol{x}=(x_1,x_2,\cdots,x_n)^{\mathrm{T}}\neq\boldsymbol{0}$,有
$$\begin{aligned}\boldsymbol{A}\boldsymbol{x}&=(\boldsymbol{\alpha}_1,\boldsymbol{\alpha}_2,\cdots,\boldsymbol{\alpha}_n)\begin{bmatrix}x_1\\x_2\\\vdots\\x_n\end{bmatrix}\\&=x_1\boldsymbol{\alpha}_1+x_2\boldsymbol{\alpha}_2+\cdots+x_n\boldsymbol{\alpha}_n\neq\boldsymbol{0}.\end{aligned}$$
由于 $\|\cdot\|_\alpha$ 是$\mathbb{C}^m$上的向量范数,故 $\|\boldsymbol{A}\boldsymbol{x}\|_\alpha>0$,即
$$\|\boldsymbol{x}\|_\beta=\|\boldsymbol{A}\boldsymbol{x}\|_\alpha>0;$$

(2) 对 $\forall k\in\mathbb{C}$,$\forall\boldsymbol{x}\in\mathbb{C}^n$,有
$$\begin{aligned}\|k\boldsymbol{x}\|_\beta&=\|\boldsymbol{A}(k\boldsymbol{x})\|_\alpha=\|k\boldsymbol{A}\boldsymbol{x}\|_\alpha=|k|\,\|\boldsymbol{A}\boldsymbol{x}\|_\alpha\\&=|k|\,\|\boldsymbol{x}\|_\beta;\end{aligned}$$

(3) 对 $\forall\boldsymbol{x},\boldsymbol{y}\in\mathbb{C}^n$,有
$$\begin{aligned}\|\boldsymbol{x}+\boldsymbol{y}\|_\beta&=\|\boldsymbol{A}(\boldsymbol{x}+\boldsymbol{y})\|_\alpha=\|\boldsymbol{A}\boldsymbol{x}+\boldsymbol{A}\boldsymbol{y}\|_\alpha\\&\leqslant\|\boldsymbol{A}\boldsymbol{x}\|_\alpha+\|\boldsymbol{A}\boldsymbol{y}\|_\alpha=\|\boldsymbol{x}\|_\beta+\|\boldsymbol{y}\|_\beta,\end{aligned}$$
故 $\|\boldsymbol{x}\|_\beta$ 是$\mathbb{C}^n$中的向量范数.

上述构造新的向量范数的方法也可推广到一般的线性空间中,即可定义出抽象向量的范数.

例 4.1.8 设V是数域P上的n维线性空间,$\boldsymbol{e}_1,\boldsymbol{e}_2,\cdots,\boldsymbol{e}_n$是$V$的一组基,则对$\forall\boldsymbol{\alpha}\in V$,有唯一表示式

$$\boldsymbol{\alpha}=x_1\boldsymbol{e}_1+x_2\boldsymbol{e}_2+\cdots+x_n\boldsymbol{e}_n.$$

记$\boldsymbol{x}=(x_1,x_2,\cdots,x_n)^{\mathrm{T}}\in P^n$,又设$\|\cdot\|$是$P^n$上的向量范数,规定

$$\|\boldsymbol{\alpha}\|_\mu=\|\boldsymbol{x}\|. \tag{4.1.8}$$

试证$\|\boldsymbol{\alpha}\|_\mu$是$V$中向量的一种范数.

证明 对$\forall\boldsymbol{\alpha}\in V$,如果$\boldsymbol{\alpha}\neq\mathbf{0}$,则其坐标向量$\boldsymbol{x}\neq\mathbf{0}$,从而$\|\boldsymbol{\alpha}\|_\mu=\|\boldsymbol{x}\|>0$;如果$\boldsymbol{\alpha}=\mathbf{0}$,则其坐标向量$\boldsymbol{x}=\mathbf{0}$,于是$\|\boldsymbol{\alpha}\|_\mu=\|\boldsymbol{x}\|=\mathbf{0}$.

对$\forall k\in P,k\boldsymbol{\alpha}=\sum_{i=1}^{n}kx_i\boldsymbol{e}_i$,即$k\boldsymbol{\alpha}$的坐标向量为$k\boldsymbol{x}=(kx_1,kx_2,\cdots,kx_n)^{\mathrm{T}}$,故

$$\|k\boldsymbol{\alpha}\|_\mu=\|k\boldsymbol{x}\|=|k|\|\boldsymbol{x}\|=|k|\|\boldsymbol{\alpha}\|_\mu.$$

对$\forall\boldsymbol{\beta}\in V$,则$\boldsymbol{\beta}=\sum_{i=1}^{n}y_i\boldsymbol{e}_i$,$\boldsymbol{y}=(y_1,y_2,\cdots,y_n)^{\mathrm{T}}$,$\boldsymbol{\alpha}+\boldsymbol{\beta}$的坐标向量为$\boldsymbol{x}+\boldsymbol{y}$,于是

$$\|\boldsymbol{\alpha}+\boldsymbol{\beta}\|_\mu=\|\boldsymbol{x}+\boldsymbol{y}\|\leqslant\|\boldsymbol{x}\|+\|\boldsymbol{y}\|=\|\boldsymbol{\alpha}\|_\mu+\|\boldsymbol{\beta}\|_\mu,$$

因此$\|\boldsymbol{\alpha}\|_\mu$是$V$上的向量范数. 证毕

上例中最常用的是取$\boldsymbol{x}$的2-范数来定义抽象向量$\boldsymbol{\alpha}$的范数:

$$\|\boldsymbol{\alpha}\|_\mu=\|\boldsymbol{\alpha}\|_E=\left(\sum_{i=1}^{n}|x_i|^2\right)^{\frac{1}{2}}. \tag{4.1.9}$$

由此可见,在一般的线性空间V^n中,可以有无穷多种范数.

定义 4.1.2 定义了向量范数$\|\cdot\|$的线性空间V^n,称为**赋范线性空间**.其中$\|\cdot\|$表示泛指的任何一种范数.

4.1.2 向量范数的性质

前面已经看到,在同一个线性空间内向量的范数可以有无穷多种(只要p在1与∞之间取值).但我们自然要问:这些范数之间有什么重要关系呢?下面的定理告诉我们,有限维线性空间上的不同范数是等价的.

定义 4.1.3 设$\|\boldsymbol{x}\|_a$,$\|\boldsymbol{x}\|_b$是n维线性空间V^n上定义的任意两种范数,若存在两个与$\boldsymbol{x}$无关的正常数c_1,c_2,使得

$$c_1\|\boldsymbol{x}\|_b\leqslant\|\boldsymbol{x}\|_a\leqslant c_2\|\boldsymbol{x}\|_b,\qquad\forall\boldsymbol{x}\in V^n, \tag{4.1.10}$$

则称$\|\boldsymbol{x}\|_a$与$\|\boldsymbol{x}\|_b$是**等价**的.

下面的命题可以帮助我们更好地理解范数等价,其证明可以直接从式(4.1.10)得到.

命题 设$\boldsymbol{x}_1,\boldsymbol{x}_2,\cdots,\boldsymbol{x}_n,\cdots$是线性空间$V$中的向量序列,$\boldsymbol{x}^*$是$V$中某给定向量.设$\|\cdot\|_a$与$\|\cdot\|_b$是$V$的两个向量范数,则$\|\cdot\|_a$与$\|\cdot\|_b$等价的充分必要条件是

$$\lim_{n\to\infty}\|\boldsymbol{x}_n-\boldsymbol{x}^*\|_a=0\Leftrightarrow\lim_{n\to\infty}\|\boldsymbol{x}_n-\boldsymbol{x}^*\|_b=0, \tag{4.1.11}$$

此时称序列$\{\boldsymbol{x}_n\}$按范数收敛于$\boldsymbol{x}^*$,换句话说,两个范数等价$\Leftrightarrow$它们具有相同的敛散性(即有相同的极限).

定理 4.1.2 有限维线性空间上的不同范数是等价的.

***证明** 设$\boldsymbol{\varepsilon}_1,\boldsymbol{\varepsilon}_2,\cdots,\boldsymbol{\varepsilon}_n$是$V^n$的一个基,于是$V^n$中任意向量$\boldsymbol{x}$可以表示为

$$\boldsymbol{x}=x_1\boldsymbol{\varepsilon}_1+x_2\boldsymbol{\varepsilon}_2+\cdots+x_n\boldsymbol{\varepsilon}_n.$$

定义

$$\|\boldsymbol{x}\|_2=\sqrt{x_1^2+x_2^2+\cdots+x_n^2},$$

显然它是一种范数. 若存在正常数 c'_1, c'_2 和 c''_1, c''_2，使 $c'_1\|\boldsymbol{x}\|_2\leqslant\|\boldsymbol{x}\|_a\leqslant c'_2\|\boldsymbol{x}\|_2$ 和 $c''_1\|\boldsymbol{x}\|_b\leqslant\|\boldsymbol{x}\|_2\leqslant c''_2\|\boldsymbol{x}\|_b$ 成立，则显然有 $c'_1c''_1\|\boldsymbol{x}\|_b\leqslant\|\boldsymbol{x}\|_a\leqslant c'_2c''_2\|\boldsymbol{x}\|_b$，令 $c_1=c'_1c''_1, c_2=c'_2c''_2$，便得不等式(4.1.10). 因此只要对 $b=2$ 证明式(4.1.10)成立就行了.

考察

$$\|\boldsymbol{x}\|_a=\|x_1\boldsymbol{\varepsilon}_1+x_2\boldsymbol{\varepsilon}_2+\cdots+x_n\boldsymbol{\varepsilon}_n\|_a,$$

它可以看作是 n 个坐标分量$(x_1,x_2,\cdots,x_n)$的函数，记

$$\|\boldsymbol{x}\|_a=\varphi(x_1,x_2,\cdots,x_n),$$

可以证明 $\varphi(x_1,x_2,\cdots,x_n)$是坐标分量 $x_1,x_2,\cdots,x_n$ 的连续函数.

事实上，设另一个向量为

$$\boldsymbol{x}'=x'_1\boldsymbol{\varepsilon}_1+x'_2\boldsymbol{\varepsilon}_2+\cdots+x'_n\boldsymbol{\varepsilon}_n,$$
$$\|\boldsymbol{x}'\|_a=\varphi(x'_1,x'_2,\cdots,x'_n),$$

则

$$\begin{aligned}&|\varphi(x'_1,x'_2,\cdots,x'_n)-\varphi(x_1,x_2,\cdots,x_n)|\\=&|\|\boldsymbol{x}'\|_a-\|\boldsymbol{x}\|_a|\\\leqslant&\|\boldsymbol{x}'-\boldsymbol{x}\|_a\\=&\|(x'_1-x_1)\boldsymbol{\varepsilon}_1+(x'_2-x_2)\boldsymbol{\varepsilon}_2+\cdots+(x'_n-x_n)\boldsymbol{\varepsilon}_n\|_a\\\leqslant&|x'_1-x_1|\|\boldsymbol{\varepsilon}_1\|_a+|x'_2-x_2|\|\boldsymbol{\varepsilon}_2\|_a+\cdots+\\&|x'_n-x_n|\|\boldsymbol{\varepsilon}_n\|_a.\end{aligned}$$

由于 $\|\boldsymbol{\varepsilon}_i\|_a(i=1,2,\cdots,n)$是常数，因此当 x'_i 与 x_i 充分接近时，$\varphi(x'_1,x'_2,\cdots,x'_n)$就充分接近 $\varphi(x_1,x_2,\cdots,x_n)$，这就证明了 $\varphi(x_1,x_2,\cdots,x_n)$是连续函数.

根据连续函数的性质可知，在有界闭集

$$x_1^2+x_2^2+\cdots+x_n^2=1 \tag{4.1.12}$$

上(即 n 维欧氏空间$\mathbb{R}^n$的单位球)，函数 $\varphi(x_1,x_2,\cdots,x_n)$可达到最大值 M 和最小值 m，因为在式(4.1.12)中的 x_i 不能全为零，因此 $m>0$，记

$$d=\|\boldsymbol{x}\|_2=\sqrt{\sum_{i=1}^n x_i^2},$$

则向量

$$\boldsymbol{y}=\frac{x_1}{d}\boldsymbol{\varepsilon}_1+\frac{x_2}{d}\boldsymbol{\varepsilon}_2+\cdots+\frac{x_n}{d}\boldsymbol{\varepsilon}_n$$

的分量满足

$$\left(\frac{x_1}{d}\right)^2+\left(\frac{x_2}{d}\right)^2+\cdots+\left(\frac{x_n}{d}\right)^2=1.$$

因此，向量 $\boldsymbol{y}$ 在单位球上，从而有

$$0<m\leqslant\|\boldsymbol{y}\|_a=\varphi\left(\frac{x_1}{d},\frac{x_2}{d},\cdots,\frac{x_n}{d}\right)\leqslant M.$$

但 $\boldsymbol{y}=\dfrac{1}{d}\cdot\boldsymbol{x}$，故

$$md\leqslant\|\boldsymbol{x}\|_a\leqslant Md,$$

即

$$m\|\boldsymbol{x}\|_2 \leqslant \|\boldsymbol{x}\|_a \leqslant M\|\boldsymbol{x}\|_2.$$

证毕

注意，定理 4.1.2 不能推广到无穷维空间，在无限维的线性空间中，两个向量范数是可以不等价的，见下例.

例 4.1.9 设 $V=C[0,1]$ 是闭区间 $[0,1]$ 上全体实连续函数组成的无限维线性空间，则

$$\|f\|_\infty = \max_{0\leqslant x\leqslant 1}|f(x)| \tag{4.1.13}$$

与

$$\|f\|_1 = \int_0^1 |f(x)|\,\mathrm{d}x \tag{4.1.14}$$

均是 V 中的范数. 它们等价吗？考虑 V 中如下的函数列 $\{f_n\}$，其中 $f_1(x)=1$，而对于每个 $n\geqslant 2$，有

$$f_n(x)=\begin{cases} 2nx, & 0\leqslant x\leqslant \dfrac{1}{2n}, \\ -2nx+2, & \dfrac{1}{2n}<x\leqslant \dfrac{1}{n}, \\ 0, & x>\dfrac{1}{n}, \end{cases}$$

画出这些函数的草图易知 $\lim\limits_{n\to\infty}\|f_n\|_1=0$，但 $\lim\limits_{n\to\infty}\|f_n\|_\infty=1$，因此由前述命题知这两个范数不等价.

由于等价的范数导致相同的收敛性，而函数的微积分学均由极限定义，因此等价的范数将导致相同的微积分学.

如上所述，正因为有了各种范数的等价性，才保证了在各种范数下考虑向量序列收敛的一致性. 因此，我们常常根据不同的要求选择一种方便的范数来研究收敛性问题.

习　题　4（1）

1. 求向量 $\boldsymbol{\alpha}=(1,1,\cdots,1)$ 的 l_1, l_2 及 l_∞ 范数.

2. 设 $\boldsymbol{\alpha}=(1,-2,3)^{\mathrm{T}}, \boldsymbol{\beta}=(0,2,3)^{\mathrm{T}}$，计算 α 和 β 的 3 种常用范数.

3. 设 $\|\boldsymbol{\alpha}\|_a$ 与 $\|\boldsymbol{\alpha}\|_b$ 是 $\mathbb{C}^n$ 上的两种范数，k_1, k_2 是正的常数. 证明：下列函数

(1) $\max(\|\boldsymbol{\alpha}\|_a, \|\boldsymbol{\alpha}\|_b)$；

(2) $k_1\|\boldsymbol{\alpha}\|_a + k_2\|\boldsymbol{\alpha}\|_b$

是 $\mathbb{C}^n$ 上的范数.

4. 设 $\|\cdot\|$ 是酉空间 $\mathbb{C}^n$ 的向量范数，证明向量范数的下列基本性质：

(1) 零向量的范数为零；

(2) 当 $\boldsymbol{x}$ 是非零向量时，$\left\|\dfrac{\boldsymbol{x}}{\|\boldsymbol{x}\|}\right\|=1$；

(3) $\|-\boldsymbol{x}\|=\|\boldsymbol{x}\|$；

(4) $|\,\|\boldsymbol{x}\|-\|\boldsymbol{y}\|\,|\leqslant\|\boldsymbol{x}-\boldsymbol{y}\|$；

(5) $\|\boldsymbol{x}+\boldsymbol{y}\|\geqslant\|\boldsymbol{x}\|-\|\boldsymbol{y}\|$.

5. 任取 $\boldsymbol{x}=(4\mathrm{i},-3\mathrm{i},12,0)^{\mathrm{T}}\in\mathbb{C}^4$，其中 $\mathrm{i}^2=-1$，试计算 $\|\boldsymbol{x}\|_1, \|\boldsymbol{x}\|_2, \|\boldsymbol{x}\|_\infty$.

6. $\boldsymbol{A}=\begin{bmatrix} -1 & 0 & 2 & \mathrm{i} \\ 3+\mathrm{i} & 5 & 1+\mathrm{i} & 0 \\ 2 & \mathrm{i} & 2 & -4 \end{bmatrix}$，$\boldsymbol{x}=\begin{bmatrix} -1 \\ 2 \\ 0 \\ -\mathrm{i} \end{bmatrix}$，$i=\sqrt{-1}$，

计算 $\|\boldsymbol{Ax}\|_1, \|\boldsymbol{Ax}\|_2, \|\boldsymbol{Ax}\|_\infty$.

7. 设 $a_1,a_2,\cdots,a_n$ 都是正实数，向量 $\boldsymbol{x}=(x_1,x_2,\cdots,x_n)^{\mathrm{T}}\in\mathbb{R}^n$，证明由 $\|\boldsymbol{x}\|=\left(\sum_{i=1}^{n}a_ix_i^2\right)^{\frac{1}{2}}$ 定义的非负实数是$\mathbb{R}^n$空间的一个向量范数.

8. 证明：若 $\boldsymbol{\alpha}$ 是二维向量，即 $\boldsymbol{\alpha}=(x_1,x_2)^{\mathrm{T}}$，则 $\|\boldsymbol{\alpha}\|=\max\left(|x_1|,|x_2|,\frac{2}{3}(|x_1|+|x_2|)\right)$是向量范数. 再画出 $\|\boldsymbol{\alpha}\|\leqslant 1$ 的图形.

9. 求证：对 $p=\frac{1}{2}$，不能得到在 $\|\boldsymbol{\alpha}\|_p=\left(\sum_{i=1}^{n}|x_i|^p\right)^{\frac{1}{p}}$ 意义下的范数.

10. 画出曲线 $x_1^{\frac{2}{3}}+x_2^{\frac{2}{3}}=1$ 的草图. 若记二维实向量为 $\boldsymbol{\alpha}=(x_1,x_2)^{\mathrm{T}}$，实函数 $\|\boldsymbol{\alpha}\|=(|x_1|^{\frac{2}{3}}+|x_2|^{\frac{2}{3}})^{\frac{3}{2}}$是否为向量范数？

11. 区间$[a,b]$上全体实值连续函数的集合，按照通常的函数加法和数乘运算，构成$\mathbb{R}$上的线性空间，记作 $C[a,b]$. 对于 $f\in C[a,b]$，分别定义实数：

(1) $\|f\|_1=\int_a^b|f(t)|\,\mathrm{d}t$；

(2) $\|f\|_\infty=\max\limits_{t\in[a,b]}|f(t)|$.

验证 $\|f\|_1$ 与 $\|f\|_\infty$ 都是 $C[a,b]$中的向量范数.

12. 设 $\boldsymbol{A}\in\mathbb{R}^{n\times n}$是对称正定矩阵，对于$\mathbb{R}^n$中的列向量 $\boldsymbol{\alpha}$，定义实数 $\|\boldsymbol{\alpha}\|=\sqrt{\boldsymbol{\alpha}^{\mathrm{T}}\boldsymbol{A}\boldsymbol{\alpha}}$，验证 $\|\boldsymbol{\alpha}\|_{\boldsymbol{A}}$ 是$\mathbb{R}^n$中的向量范数.

13. 在$\mathbb{R}^2$中，将向量 $\boldsymbol{\alpha}=(\xi_1,\xi_2)$表示成平面上直角坐标系中的点$(\xi_1,\xi_2)$，分别画出下列不等式决定的 $\boldsymbol{\alpha}$ 全体所对应的几何图形：

$$\|\boldsymbol{\alpha}\|_1\leqslant 1,\quad \|\boldsymbol{\alpha}\|_2\leqslant 1,\quad \|\boldsymbol{\alpha}\|_\infty\leqslant 1.$$

14. 设 $\boldsymbol{A},\boldsymbol{B}\in\mathbb{C}^{n\times n}$，且 $\boldsymbol{B}$ 可逆，对于$\mathbb{C}^n$中的列向量 $\boldsymbol{\alpha}$，定义实数 $\|\boldsymbol{\alpha}\|=\|\boldsymbol{A}\boldsymbol{\alpha}\|_1+3\|\boldsymbol{B}\boldsymbol{\alpha}\|_2$，验证 $\|\boldsymbol{\alpha}\|$ 是$\mathbb{C}^n$中的向量范数.

15. 设 $\boldsymbol{x}=(x_1,x_2,\cdots,x_n)^{\mathrm{T}}\in\mathbb{C}^n$，定义

$$\|\boldsymbol{x}\|_p=\left(\sum_{i=1}^{n}|x_i|^p\right)^{\frac{1}{p}},\quad 0<p<1.$$

问 $\|\boldsymbol{x}\|_p$ 是否为$\mathbb{C}^n$上的向量范数？如果是，请予以证明；如果不是，请举反例说明.

16. 设 $\boldsymbol{A}\in\mathbb{C}_n^{m\times n}$，$\|\cdot\|_a$ 是$\mathbb{C}^m$上的一种向量范数，对于任意的 $\boldsymbol{x}\in\mathbb{C}^n$，定义

$$\|\boldsymbol{x}\|_b=\|\boldsymbol{A}\boldsymbol{x}\|_a.$$

证明：$\|\boldsymbol{x}\|_b$ 是$\mathbb{C}^n$上的向量范数.

17. 设 $\boldsymbol{A}$ 为 n 阶正定埃尔米特矩阵，对任意 $\boldsymbol{x}\in\mathbb{C}^n$，定义

$$\|\boldsymbol{x}\|_A=\sqrt{\boldsymbol{x}^{\mathrm{H}}\boldsymbol{A}\boldsymbol{x}}.$$

试证：$\|\boldsymbol{x}\|_A$ 是一种向量范数.

18. 设V是复数域$\mathbb{C}$上的 n 维线性空间，$\boldsymbol{\alpha}_1,\boldsymbol{\alpha}_2,\cdots,\boldsymbol{\alpha}_n$ 是V的一组基，任取 $\boldsymbol{\alpha}\in V$，$\boldsymbol{x}=(x_1,x_2,\cdots,x_n)^{\mathrm{T}}\in\mathbb{C}^n$ 为 $\boldsymbol{\alpha}$ 在基 $\boldsymbol{\alpha}_1,\boldsymbol{\alpha}_2,\cdots,\boldsymbol{\alpha}_n$ 下的坐标，已知 $\|\cdot\|$ 是$\mathbb{C}^n$上的一种向量范数，定义

$$\|\boldsymbol{\alpha}\|_v=\|\boldsymbol{x}\|.$$

试证：$\|\boldsymbol{\alpha}\|_v$ 是 V 上的向量范数.

19. 设区间 $[a,b]$ 上全体实值连续函数的集合，在通常函数的加法与数乘运算构成一个$\mathbb{R}$上的线性空间，记为 $C[a,b]$，$\forall f\in C[a,b]$，定义实数：

$$\|f\|=\int_a^b|f(t)|\,\mathrm{d}t.$$

证明：$\|f\|$ 是 $C[a,b]$ 上的向量范数.

20. 设 $\boldsymbol{\alpha}=(x_1,x_2,\cdots,x_n)^{\mathrm{T}}$，则范数 $\|\boldsymbol{\alpha}\|$ 是变元 $x_1,x_2,\cdots,x_n$ 的一致连续函数，即对任意给定的正数 ε，必存在正数 δ，对于 $\boldsymbol{\beta}=(y_1,y_2,\cdots,y_n)^{\mathrm{T}}$，当$\max\limits_i|y_i|<\delta$ 时，有 $|\,\|\boldsymbol{\alpha}+\boldsymbol{\beta}\|-\|\boldsymbol{\alpha}\|\,|<\varepsilon$，试证明之.

21. 证明：若$\boldsymbol{\alpha}\in\mathbb{C}^n$,则向量范数$\|\boldsymbol{\alpha}\|_1$,$\|\boldsymbol{\alpha}\|_2$及$\|\boldsymbol{\alpha}\|_\infty$两两等价,且有

(1) $\|\boldsymbol{\alpha}\|_\infty\leqslant\|\boldsymbol{\alpha}\|_1\leqslant n\|\boldsymbol{\alpha}\|_\infty$;

(2) $\|\boldsymbol{\alpha}\|_\infty\leqslant\|\boldsymbol{\alpha}\|_2\leqslant\sqrt{n}\|\boldsymbol{\alpha}\|_\infty$;

(3) $\frac{1}{n}\|\boldsymbol{\alpha}\|_1\leqslant\|\boldsymbol{\alpha}\|_2\leqslant\sqrt{n}\|\boldsymbol{\alpha}\|_1$;

(4) $\|\boldsymbol{\alpha}\|_2\leqslant\|\boldsymbol{\alpha}\|_1\leqslant\sqrt{n}\|\boldsymbol{\alpha}\|_2$.

22. 已知对称正定矩阵$\boldsymbol{A}=\begin{bmatrix}2&1\\1&2\end{bmatrix}$,直接验证：$\mathbb{R}^2$中的向量范数$\|\boldsymbol{\alpha}\|_A$与$\|\boldsymbol{\alpha}\|_2$等价,且有

$$\|\boldsymbol{\alpha}\|_2\leqslant\|\boldsymbol{\alpha}\|_A\leqslant\sqrt{3}\|\boldsymbol{\alpha}\|_2,$$

其中

$$\|\boldsymbol{\alpha}\|_A=\sqrt{\boldsymbol{\alpha}^{\mathrm{T}}\boldsymbol{A}\boldsymbol{\alpha}}.$$

23. 证明：在$\mathbb{R}^n$中当且仅当$\boldsymbol{\alpha},\boldsymbol{\beta}$线性相关而且$\boldsymbol{\alpha}^{\mathrm{T}}\boldsymbol{\beta}\geqslant0$时,才有$(\boldsymbol{\alpha},\boldsymbol{\beta})=\|\boldsymbol{\alpha}\|_2\cdot\|\boldsymbol{\beta}\|_2$.

24. 设数域$\mathbb{R}$上的多项式空间$P[x]_{n-1}$的两组基为

(Ⅰ) $f_1(x)=1,f_2(x)=x,\cdots,f_n(x)=x^{n-1}$;

(Ⅱ) $(g_1,g_2,\cdots,g_n)=(f_1,f_2,\cdots,f_n)\boldsymbol{C}$,

其中$\boldsymbol{C}$为可逆矩阵,$f(x)\in P[x]_{n-1}$在基(Ⅰ)与基(Ⅱ)下的坐标分别为

$$\boldsymbol{\alpha}=(\xi_1,\xi_2,\cdots,\xi_n)^{\mathrm{T}},\qquad\boldsymbol{\beta}=(\eta_1,\eta_2,\cdots,\eta_n)^{\mathrm{T}}.$$

(1) 证明：对任意的$f(x)\in P[x]_{n-1}$,$\|\boldsymbol{\alpha}\|_2=\|\boldsymbol{\beta}\|_2$的充分必要条件是$\boldsymbol{C}^{\mathrm{T}}\boldsymbol{C}=\boldsymbol{I}$;

(2) 取$n=3$,找出使(1)成立的基(Ⅱ),而且$g_i(x)\neq\pm f_j(x)$ $(i,j=1,2,3)$.

25. 设$f\in C[a,b]$,定义

$$\|f\|_p=\left(\int_a^b|f(x)|^p\mathrm{d}x\right)^{1/p}.$$

试证：$\|f\|_p$是$C[a,b]$上的向量范数.

26. 设$\|\boldsymbol{\alpha}\|$是$\mathbb{C}^n$上的向量范数,$\boldsymbol{A}\in\mathbb{C}^{n\times n}$,则$\|\boldsymbol{A}\boldsymbol{\alpha}\|$也是$\mathbb{C}^n$上的范数的充分必要条件是$\boldsymbol{A}$为可逆矩阵.

27. 设$\boldsymbol{\alpha}\in\mathbb{C}^n$,试证：

$$\frac{1}{n}\|\boldsymbol{\alpha}\|_1\leqslant\|\boldsymbol{\alpha}\|_\infty\leqslant\|\boldsymbol{\alpha}\|_2\leqslant\|\boldsymbol{\alpha}\|_1.$$

28. 设$a_1,a_2,\cdots,a_n$是正实数,$\boldsymbol{\alpha}=(x_1,x_2,\cdots,x_n)^{\mathrm{T}}\in\mathbb{R}^n$,试证：$\|\boldsymbol{\alpha}\|=\left(\sum_{i=1}^n a_ix_i^2\right)^{1/2}$是向量范数.

4.2 矩阵的范数

本节将进一步把范数的概念推广到$m\times n$矩阵上.一个$m\times n$矩阵当然可以看作是$m\times n$维的向量,因此可以按向量定义范数的办法来定义矩阵的范数.但是,由于在线性空间中只需考虑加法运算与数乘运算,而现在矩阵空间$\mathbb{C}^{m\times n}$中的矩阵,还必须考虑矩阵与向量以及矩阵与矩阵之间的乘法运算,因此在定义矩阵范数时,必须多一条反映矩阵乘法的公理.

4.2.1 矩阵范数的定义与性质

定义 4.2.1 设$\boldsymbol{A}\in\mathbb{C}^{m\times n}$,按某一法则在$\mathbb{C}^{m\times n}$上规定$\boldsymbol{A}$的一个实值函数,记作$\|\boldsymbol{A}\|$,它满足下面4个条件：

(1) 非负性：如果 $\boldsymbol{A}\neq\boldsymbol{0}$，则 $\|\boldsymbol{A}\|>0$；如果 $\boldsymbol{A}=\boldsymbol{0}$，则 $\|\boldsymbol{A}\|=0$.

(2) 齐次性：对任意的 $k\in\mathbb{C}$，$\|k\boldsymbol{A}\|=|k|\,\|\boldsymbol{A}\|$.

(3) 三角不等式：对任意 $\boldsymbol{A},\boldsymbol{B}\in\mathbb{C}^{m\times n}$，$\|\boldsymbol{A}+\boldsymbol{B}\|\leqslant\|\boldsymbol{A}\|+\|\boldsymbol{B}\|$.

(4) 次乘性：当矩阵乘积 $\boldsymbol{AB}$ 有意义时，若有

$$\|\boldsymbol{AB}\|\leqslant\|\boldsymbol{A}\|\,\|\boldsymbol{B}\|,$$

则称 $\|\boldsymbol{A}\|$ 为**矩阵范数**.

注 1 (次乘性的合理性)如果将矩阵范数定义中的次乘性的不等式反向，即 $\|\boldsymbol{AB}\|\geqslant\|\boldsymbol{A}\|\,\|\boldsymbol{B}\|$，则幂零矩阵($\boldsymbol{A}^2=\boldsymbol{0}$)的矩阵范数将是 0，与非负性不符.

注 2 (次乘性的意义)设 $\|\boldsymbol{A}\|<1$，则次乘性保证了 $\|\boldsymbol{A}^k\|\to0(k\to\infty)$. 因此矩阵范数的次乘性实际上保证了矩阵幂级数的敛散性的"合理性".

如前所述，我们若把 $m\times n$ 矩阵 $\boldsymbol{A}$ 看成是一个 $m\times n$ 维的向量，那么很自然地就可以仿照前面的式(4.1.3)、式(4.1.2)和式(4.1.1)′来得出矩阵的几种范数. 为简单起见，下面给出方阵的几个例子.

例 4.2.1 设 $\boldsymbol{A}=(a_{ij})\in\mathbb{C}^{n\times n}$，试验证下面规定的实值函数

$$\|\boldsymbol{A}\|_{m_1}=\sum_{i=1}^{n}\sum_{j=1}^{n}|a_{ij}|, \tag{4.2.1}$$

$$\|\boldsymbol{A}\|_{m_\infty}=n\cdot\max_{i,j}|a_{ij}|, \tag{4.2.2}$$

$$\|\boldsymbol{A}\|_{m_2}=\left(\sum_{i=1}^{n}\sum_{j=1}^{n}|a_{ij}|^2\right)^{\frac{1}{2}}, \tag{4.2.3}$$

都是矩阵 $\boldsymbol{A}$ 的范数.

事实上，由于矩阵范数定义中的前 3 条与向量范数定义的 3 条类似，故它们满足矩阵范数定义的前 3 条是显然的，现只证它们满足矩阵范数定义的第(4)条次乘性即可.

$$\begin{aligned}\|\boldsymbol{AB}\|_{m_1}&=\sum_{i=1}^{n}\sum_{j=1}^{n}\left|\sum_{k=1}^{n}a_{ik}b_{kj}\right|\leqslant\sum_{i=1}^{n}\sum_{j=1}^{n}\sum_{k=1}^{n}|a_{ik}|\,|b_{kj}|\\&\leqslant\left(\sum_{i=1}^{n}\sum_{k=1}^{n}|a_{ik}|\right)\left(\sum_{k=1}^{n}\sum_{j=1}^{n}|b_{kj}|\right)=\|\boldsymbol{A}\|_{m_1}\|\boldsymbol{B}\|_{m_1},\end{aligned}$$

$$\begin{aligned}\|\boldsymbol{AB}\|_{m_\infty}&=n\cdot\max_{i,j}\left|\sum_{k=1}^{n}a_{ik}b_{kj}\right|\\&\leqslant n\cdot\max_{i,j}\sum_{k=1}^{n}|a_{ik}|\,|b_{kj}|\\&\leqslant n\cdot\max_{i,j}(n\cdot\max_{k}|a_{ik}|\,|b_{kj}|)\\&\leqslant(n\cdot\max_{i,k}|a_{ik}|)(n\cdot\max_{k,j}|b_{kj}|)\\&=\|\boldsymbol{A}\|_{m_\infty}\|\boldsymbol{B}\|_{m_\infty},\end{aligned}$$

$$\begin{aligned}\|\boldsymbol{AB}\|_{m_2}&=\left(\sum_{i=1}^{n}\sum_{j=1}^{n}\left|\sum_{k=1}^{n}a_{ik}b_{kj}\right|^2\right)^{\frac{1}{2}}\\&\leqslant\left(\sum_{i=1}^{n}\sum_{j=1}^{n}\left(\sum_{k=1}^{n}|a_{ik}|\,|b_{kj}|\right)^2\right)^{\frac{1}{2}}\end{aligned}$$

$$\leqslant\left(\sum_{i=1}^{n}\sum_{j=1}^{n}\left(\sum_{k=1}^{n}\mid a_{ik}\mid^{2}\right)\left(\sum_{k=1}^{n}\mid b_{kj}\mid^{2}\right)\right)^{\frac{1}{2}}$$

$$=\left(\sum_{i=1}^{n}\sum_{k=1}^{n}\mid a_{ik}\mid^{2}\right)^{\frac{1}{2}}\left(\sum_{k=1}^{n}\sum_{j=1}^{n}\mid b_{kj}\mid^{2}\right)^{\frac{1}{2}}$$

$$=\|\boldsymbol{A}\|_{m_2}\|\boldsymbol{B}\|_{m_2}.$$

式(4.2.3)实际上可视为$n\times n$维向量$\boldsymbol{A}$的2-范数,我们称这种矩阵范数为$\boldsymbol{A}$的**弗罗贝尼乌斯**(Frobenius)**范数**,或简称为**F-范数**,记为$\|\boldsymbol{A}\|_F$.

与向量范数类似,矩阵范数也具有相应性质,我们将不加证明地给出如下定理.

定理 4.2.1 设$\boldsymbol{A}\in\mathbb{C}^{m\times n}$,$\|\boldsymbol{A}\|$是$\mathbb{C}^{m\times n}$上的矩阵范数,则$\mathbb{C}^{m\times n}$上的任意两个矩阵范数等价.

这个定理的证明与上节定理4.1.2的证明类似.

如前所述,矩阵范数也是多种多样的,而矩阵范数与向量范数又是有差异的,可是,在矩阵范数的定义4.2.1中,虽然考虑到了矩阵的乘法性质,但还没有将矩阵和线性算子(或线性变换)联系起来.矩阵的"真正范数"应能体现矩阵的这两层含义,或者说矩阵自身的范数应考虑到矩阵的乘法以及线性算子(变换)作用下的复合效果,这样定义出来的矩阵范数,才是最有用的或者是最合理的.这就是下面将要介绍的算子范数.

4.2.2 算子范数

在第1章中,我们知道线性算子$\mathscr{A}$作用在向量$\boldsymbol{\alpha}$上,在某基偶下有如下的对应关系:

$$\mathscr{A}(\boldsymbol{\alpha})\leftrightarrow\boldsymbol{A}\boldsymbol{x},\quad \boldsymbol{A}\in\mathbb{C}^{m\times n},\quad \boldsymbol{x}=(x_1,x_2,\cdots,x_n)^{\mathrm{T}}\in\mathbb{C}^n,$$

若将坐标向量$\boldsymbol{x}$视作矩阵,根据矩阵范数定义4.2.1的次乘性(4),应有

$$\|\boldsymbol{A}\boldsymbol{x}\|\leqslant\|\boldsymbol{A}\|\|\boldsymbol{x}\|,\tag{4.2.4}$$

因此矩阵$\boldsymbol{A}$的范数应满足不等式

$$\|\boldsymbol{A}\|\geqslant\frac{\|\boldsymbol{A}\boldsymbol{x}\|}{\|\boldsymbol{x}\|}.\tag{4.2.5}$$

遗憾的是,对于任意的矩阵$\boldsymbol{A}$,式(4.2.5)的右端可能不是一个常数,而和向量$\boldsymbol{x}$有关,但可以肯定的是,矩阵$\boldsymbol{A}$的范数绝对不能取$\dfrac{\|\boldsymbol{A}\boldsymbol{x}\|}{\|\boldsymbol{x}\|}$,因为如果$\boldsymbol{A}$是非零不可逆矩阵,则存在非零向量$\boldsymbol{x}$使得$\boldsymbol{A}\boldsymbol{x}=\boldsymbol{0}$,于是有$\|\boldsymbol{A}\|=0$,这与矩阵的非负性矛盾.因此应该取式(4.2.5)右端的最大值或者上确界(最小上界),即定义

$$\|\boldsymbol{A}\|=\sup_{\|\boldsymbol{x}\|\neq0}\frac{\|\boldsymbol{A}\boldsymbol{x}\|}{\|\boldsymbol{x}\|},\tag{4.2.6}$$

当$\|\boldsymbol{x}\|=1$时,有

$$\|\boldsymbol{A}\|=\sup_{\|\boldsymbol{x}\|=1}\|\boldsymbol{A}\boldsymbol{x}\|=\max_{\|\boldsymbol{x}\|=1}\|\boldsymbol{A}\boldsymbol{x}\|.\tag{4.2.7}$$

因向量赋范线性空间的单位闭球或单位球面($\|\boldsymbol{x}\|=1$)皆为有界闭集,而$\|\boldsymbol{A}\boldsymbol{x}\|$为$\boldsymbol{x}$的连续函数,故在单位球或单位球面上取得最大值,所以公式(4.2.7)中的"sup"可以换为"max".

在不等式(4.2.4)中,同时出现了矩阵范数和向量范数,尽管它们各自的范数可能有不同的取法,但都应当保持这个不等式成立,这就是矩阵范数与向量范数相容(协调)的概念.

定义 4.2.2　设 $A\in\mathbb{C}^{m\times n}$，$x\in\mathbb{C}^n$，如果取定的向量范数 $\|x\|$ 和矩阵范数 $\|A\|$ 满足不等式(4.2.4)

$$\|Ax\|\leqslant\|A\|\cdot\|x\|,$$

则称矩阵范数 $\|A\|$ 与向量范数 $\|x\|$ 是**相容**的.

式(4.2.6)和式(4.2.7)实际上是一个从向量范数出发构造与之相容的矩阵范数的方法，将其写成下面的定理.

定理 4.2.2　设 $A\in\mathbb{C}^{m\times n}$，$x=(x_1,x_2,\cdots,x_n)^{\mathrm{T}}\in\mathbb{C}^n$，且在 $\mathbb{C}^n$ 中已规定了向量的范数(即 $\mathbb{C}^n$ 是 n 维赋范线性空间). 定义

$$\|A\|=\sup_{\|x\|\neq 0}\frac{\|Ax\|}{\|x\|}=\max_{\|x\|=1}\|Ax\|,\tag{4.2.8}$$

则上式定义了一个与向量范数 $\|\cdot\|$ 相容的矩阵范数，称为由向量范数 $\|\cdot\|$ 诱导的矩阵范数或**算子范数**.

证明　为简单起见，下面只要证明由 $\|A\|=\max\limits_{\|x\|=1}\|Ax\|$ 定义的矩阵范数同时满足定义 4.2.1 中的 4 个条件和相容性条件(4.2.4)即可.

下面先验证相容性条件，设 $y\neq 0$ 为任意一个向量，则 $x=\dfrac{1}{\|y\|}y$ 满足条件 $\|x\|=1$，于是有

$$\begin{aligned}\|Ay\|&=\|A(\|y\|x)\|=\|y\|\|Ax\|\leqslant\|y\|\|A\|\\&=\|A\|\|y\|.\end{aligned}$$

再验证 $\|A\|$ 确实是矩阵范数.

(1) 若 $A\neq 0$，则一定可以找到 $\|x\|=1$ 的向量 x，使得 $Ax\neq 0$，从而 $\|Ax\|\neq 0$，所以 $\|A\|=\max\limits_{\|x\|=1}\|Ax\|>0$；若 $A=0$，则一定有 $\|A\|=\max\limits_{\|x\|=1}\|0x\|=0$.

(2) 由式(4.2.8)，对 $\forall k\in\mathbb{C}$ 有

$$\|kA\|=\max_{\|x\|=1}\|kAx\|=|k|\max_{\|x\|=1}\|Ax\|=|k|\|A\|.$$

(3) 对于矩阵 $A+B$，可以找到向量 x_0，使得

$$\|A+B\|=\|(A+B)x_0\|,\qquad \|x_0\|=1.$$

于是

$$\begin{aligned}\|A+B\|&=\|(A+B)x_0\|=\|Ax_0+Bx_0\|\\&\leqslant\|Ax_0\|+\|Bx_0\|\\&\leqslant\|A\|\|x_0\|+\|B\|\|x_0\|=\|A\|+\|B\|.\end{aligned}$$

(4) 对于矩阵 AB，可找到向量 x_0，使得

$$\|x_0\|=1,\qquad \|ABx_0\|=\|AB\|,$$

于是

$$\begin{aligned}\|AB\|&=\|ABx_0\|=\|A(Bx_0)\|\leqslant\|A\|\|Bx_0\|\\&\leqslant\|A\|\|B\|\|x_0\|=\|A\|\|B\|,\end{aligned}$$

这就证明了式(4.2.8)定义的实值函数确实是一种矩阵范数.　　证毕

显然，n 阶单位矩阵 I 的从属于任何向量范数的算子范数 $\|I\|=\max\limits_{\|x\|=1}\|Ix\|=1$；而

对于 $\boldsymbol{I}$ 的非算子范数,如 $\|\boldsymbol{I}\|_{m_1}=n$,$\|\boldsymbol{I}\|_F=\sqrt{n}$,它们都大于 1. 由于 $\boldsymbol{x}=\boldsymbol{I}\boldsymbol{x}$,所以 $\|\boldsymbol{x}\|\leqslant\|\boldsymbol{I}\|\|\boldsymbol{x}\|$,当取 $\|\boldsymbol{x}\|=1$ 时,有 $\|\boldsymbol{I}\|\geqslant 1$. 这说明单位矩阵的算子范数是所有与 $\|\boldsymbol{x}\|$ 相容的范数 $\|\boldsymbol{I}\|$ 中值最小的一个.

直接从式(4.2.8)来求矩阵的算子范数的值显然是很不方便的. 为此,下面介绍几种常用的算子范数的求法. 当在式(4.2.8)中取向量 $\boldsymbol{x}$ 的范数依次为 $\|\boldsymbol{x}\|_1$,$\|\boldsymbol{x}\|_2$,$\|\boldsymbol{x}\|_\infty$ 时,希望由它们诱导的 3 种算子范数 $\|\boldsymbol{A}\|_1$,$\|\boldsymbol{A}\|_2$,$\|\boldsymbol{A}\|_\infty$ 的值可以通过矩阵 $\boldsymbol{A}$ 的元素及 $\boldsymbol{A}^{\mathrm{H}}\boldsymbol{A}$ 的特征值具体地表示出来,有下面的定理.

定理 4.2.3 设 $\boldsymbol{A}=(a_{ij})\in\mathbb{C}^{m\times n}$,$\boldsymbol{x}=(x_1,x_2,\cdots,x_n)^{\mathrm{T}}\in\mathbb{C}^n$,则从属于向量 $\boldsymbol{x}$ 的 3 种范数 $\|\boldsymbol{x}\|_1$,$\|\boldsymbol{x}\|_2$,$\|\boldsymbol{x}\|_\infty$ 的算子范数依次是

(1) $\|\boldsymbol{A}\|_1=\max\limits_j\sum\limits_{i=1}^m|a_{ij}|$(称为**列范数**); (4.2.9)

(2) $\|\boldsymbol{A}\|_2=\sqrt{\lambda_{\max}(\boldsymbol{A}^{\mathrm{H}}\boldsymbol{A})}$(称为**谱范数**), (4.2.10)

其中 $\lambda_{\max}(\boldsymbol{A}^{\mathrm{H}}\boldsymbol{A})$ 是矩阵 $\boldsymbol{A}^{\mathrm{H}}\boldsymbol{A}$ 特征值绝对值的最大值;

(3) $\|\boldsymbol{A}\|_\infty=\max\limits_i\sum\limits_{j=1}^n|a_{ij}|$(称为**行范数**). (4.2.11)

证明 (1) 对于任何非零向量 $\boldsymbol{x}$,设 $\|\boldsymbol{x}\|_1=1$,则有

$$\begin{aligned}\|\boldsymbol{A}\boldsymbol{x}\|_1&=\sum_{i=1}^m\left|\sum_{j=1}^n a_{ij}x_j\right|\\&\leqslant\sum_{i=1}^m\sum_{j=1}^n|a_{ij}||x_j|\\&=\sum_{j=1}^n\sum_{i=1}^m|a_{ij}||x_j|\\&=\sum_{j=1}^n\left(\sum_{i=1}^m|a_{ij}|\right)|x_j|\\&\leqslant\max_j\sum_{i=1}^m|a_{ij}|\sum_{j=1}^n|x_j|\\&=\max_j\sum_{i=1}^m|a_{ij}|,\end{aligned}$$

所以

$$\|\boldsymbol{A}\boldsymbol{x}\|_1\leqslant\max_j\sum_{i=1}^m|a_{ij}|.$$

设在 $j=j_0$ 时,$\sum\limits_{i=1}^m|a_{ij}|$ 达到最大值,即

$$\sum_{i=1}^m|a_{ij_0}|=\max_{1\leqslant j\leqslant n}\sum_{i=1}^m|a_{ij}|.$$

取向量

$$\boldsymbol{x}_0=(0,\cdots,0,1,0,\cdots,0)^{\mathrm{T}},$$

其中第 j_0 个分量为 1. 显见 $\|\boldsymbol{x}_0\|_1=1$,而且

$$\|\boldsymbol{A}\boldsymbol{x}_0\|_1=\sum_{i=1}^m\left|\sum_{j=1}^n a_{ij}x_j\right|=\sum_{i=1}^m|a_{ij_0}|=\max_j\sum_{i=1}^m|a_{ij}|,$$

于是

$$\|\boldsymbol{A}\|_1=\max_{\|\boldsymbol{x}\|_1=1}\|\boldsymbol{A}\boldsymbol{x}\|_1=\max_j\sum_{i=1}^m|a_{ij}|.$$

(2) 因为 $\|\boldsymbol{A}\|_2=\max\limits_{\|\boldsymbol{x}\|_2=1}\|\boldsymbol{A}\boldsymbol{x}\|_2$，但是

$$\|\boldsymbol{A}\boldsymbol{x}\|_2^2=(\boldsymbol{A}\boldsymbol{x},\boldsymbol{A}\boldsymbol{x})=(\boldsymbol{x},\boldsymbol{A}^{\mathrm{H}}\boldsymbol{A}\boldsymbol{x}).$$

显然，矩阵 $\boldsymbol{A}^{\mathrm{H}}\boldsymbol{A}$ 是埃尔米特矩阵且非负，从而它的特征值也都是非负实数.

设 $\lambda_1\geqslant\lambda_2\geqslant\cdots\geqslant\lambda_n\geqslant0$ 为 $\boldsymbol{A}^{\mathrm{H}}\boldsymbol{A}$ 的特征值，而 $\boldsymbol{x}_1,\boldsymbol{x}_2,\cdots,\boldsymbol{x}_n$ 是对应于这些特征值的一组标准正交特征向量，任何一个范数为 1 的向量 $\boldsymbol{x}$ 可表示为

$$\boldsymbol{x}=a_1\boldsymbol{x}_1+a_2\boldsymbol{x}_2+\cdots+a_n\boldsymbol{x}_n,$$

则

$$(\boldsymbol{x},\boldsymbol{x})=|a_1|^2+|a_2|^2+\cdots+|a_n|^2=1.$$

又

$$\begin{aligned}\|\boldsymbol{A}\boldsymbol{x}\|_2^2&=(\boldsymbol{x},\boldsymbol{A}^{\mathrm{H}}\boldsymbol{A}\boldsymbol{x})\\&=(a_1\boldsymbol{x}_1+\cdots+a_n\boldsymbol{x}_n,\lambda_1a_1\boldsymbol{x}_1+\cdots+\lambda_na_n\boldsymbol{x}_n)\\&=\lambda_1|a_1|^2+\lambda_2|a_2|^2+\cdots+\lambda_n|a_n|^2\\&\leqslant\lambda_1(|a_1|^2+|a_2|^2+\cdots+|a_n|^2)\\&=\lambda_1=\lambda_{\max}(\boldsymbol{A}^{\mathrm{H}}\boldsymbol{A}),\end{aligned}$$

而对于向量 $\boldsymbol{x}=\boldsymbol{x}_1$，我们有

$$\begin{aligned}\|\boldsymbol{A}\boldsymbol{x}_1\|_2^2&=(\boldsymbol{x}_1,\boldsymbol{A}^{\mathrm{H}}\boldsymbol{A}\boldsymbol{x}_1)=(\boldsymbol{x}_1,\lambda_1\boldsymbol{x}_1)=\bar{\lambda}_1(\boldsymbol{x}_1,\boldsymbol{x}_1)\\&=\lambda_1=\lambda_{\max}(\boldsymbol{A}^{\mathrm{H}}\boldsymbol{A}),\end{aligned}$$

所以

$$\|\boldsymbol{A}\|_2=\max_{\|\boldsymbol{x}\|_2=1}\|\boldsymbol{A}\boldsymbol{x}\|_2=\sqrt{\lambda_{\max}(\boldsymbol{A}^{\mathrm{H}}\boldsymbol{A})}.$$

(3) 设 $\|\boldsymbol{x}\|_\infty=1$，则

$$\begin{aligned}\|\boldsymbol{A}\boldsymbol{x}\|_\infty&=\max_i\left|\sum_{j=1}^na_{ij}x_j\right|\\&\leqslant\max_i\sum_{j=1}^n|a_{ij}||x_j|\\&\leqslant\max_i\sum_{j=1}^n|a_{ij}|.\end{aligned}$$

所以

$$\max_{\|\boldsymbol{x}\|_\infty=1}\|\boldsymbol{A}\boldsymbol{x}\|_\infty\leqslant\max_i\sum_{j=1}^n|a_{ij}|.$$

设 $\sum\limits_{j=1}^n|a_{ij}|$ 在 $i=i_0$ 时达到最大值，取下列向量

$$\boldsymbol{x}_0=(x_1,x_2,\cdots,x_n)^{\mathrm{T}},$$

其中

$$x_j=\begin{cases}\dfrac{|a_{i_0j}|}{a_{i_0j}}, & 当\ a_{i_0,j}\neq0;\\1, & 当\ a_{i_0,j}=0.\end{cases}$$

易知

$$\|\boldsymbol{x}_0\|_\infty=\max_j |x_j|=1,$$

且当 $i=i_0$ 时,

$$\left|\sum_{j=1}^n a_{ij}x_j\right|=\max_i\sum_{j=1}^n |a_{ij}|,$$

从而

$$\|\boldsymbol{A}\boldsymbol{x}_0\|_\infty=\max_i\sum_{j=1}^n |a_{ij}|,$$

于是

$$\|\boldsymbol{A}\|_\infty=\max_{\|\boldsymbol{x}\|_\infty=1}\|\boldsymbol{A}\boldsymbol{x}\|_\infty=\max_i\sum_{j=1}^n |a_{ij}|.$$

证毕

比较习题4(2)中14题和本定理中的式(4.2.9)和式(4.2.10)可知,$\|\boldsymbol{A}\|_{m_1}$ 和 $\|\boldsymbol{A}\|_1$ 均与 $\|\boldsymbol{x}\|_1$ 相容,$\|\boldsymbol{A}\|_F$ 和 $\|\boldsymbol{A}\|_2$ 均与 $\|\boldsymbol{x}\|_2$ 相容,只不过是算子范数 $\|\boldsymbol{A}\|_1$,$\|\boldsymbol{A}\|_2$ 分别是与 $\|\boldsymbol{x}\|_1$,$\|\boldsymbol{x}\|_2$ 相容的范数中值最小的一个.

例 4.2.2 设 $\boldsymbol{A}=\boldsymbol{I}$,则 $\|\boldsymbol{I}\|_{m_1}=\sum_{i=1}^n\sum_{j=1}^n |a_{ij}|=n\neq\|\boldsymbol{I}\|_1=1$;$\|\boldsymbol{I}\|_F=\left(\sum_{i=1}^n\sum_{j=1}^n |a_{ij}|^2\right)^{\frac{1}{2}}=\sqrt{n}\neq\|\boldsymbol{I}\|_2=1$;$\|\boldsymbol{I}\|_{m_\infty}=n\cdot\max_{i,j}|a_{ij}|=n\neq\|\boldsymbol{I}\|_\infty=1$.可见 $\|\boldsymbol{A}\|_{m_1}$,$\|\boldsymbol{A}\|_F$,$\|\boldsymbol{A}\|_{m_\infty}$ 都不是算子范数.

例 4.2.3 设

$$\boldsymbol{A}=\begin{bmatrix}1 & -2\\ -3 & 4\end{bmatrix},$$

试计算 $\|\boldsymbol{A}\|_1$,$\|\boldsymbol{A}\|_\infty$,$\|\boldsymbol{A}\|_F$,$\|\boldsymbol{A}\|_2$.

解

$$\|\boldsymbol{A}\|_1=6,\ \|\boldsymbol{A}\|_\infty=7,\ \|\boldsymbol{A}\|_F=\sqrt{30}\approx 5.477,$$

$$\|\boldsymbol{A}\|_2=\sqrt{15+\sqrt{221}}\approx 5.46.$$

由此例可见,$\boldsymbol{A}$ 的各种范数的大小可能是不等的.

值得提出的是,尽管 $\|\boldsymbol{A}\|_F$ 不是算子范数,但它有优点,所以它成为人们常用的矩阵范数之一,请看下面的定理.

定理 4.2.4 设 $\boldsymbol{A}\in\mathbb{C}^{m\times n}$,而 $\boldsymbol{U}\in\mathbb{C}^{m\times m}$ 与 $\boldsymbol{V}\in\mathbb{C}^{n\times n}$ 都是酉矩阵,证明

$$\|\boldsymbol{U}\boldsymbol{A}\|_F=\|\boldsymbol{A}\|_F=\|\boldsymbol{A}\boldsymbol{V}\|_F, \tag{4.2.12}$$

即给 $\boldsymbol{A}$ 左乘或右乘以酉矩阵(正交矩阵)后,$\|\cdot\|_F$ 的值不变.

证明 若记 $\boldsymbol{A}$ 的第 i 列为 $\boldsymbol{\alpha}_i\,(i=1,2,\cdots,n)$,则有

$$\begin{aligned}\|\boldsymbol{U}\boldsymbol{A}\|_F^2&=\|\boldsymbol{U}(\boldsymbol{\alpha}_1,\boldsymbol{\alpha}_2,\cdots,\boldsymbol{\alpha}_n)\|_F^2\\&=\|(\boldsymbol{U}\boldsymbol{\alpha}_1,\boldsymbol{U}\boldsymbol{\alpha}_2,\cdots,\boldsymbol{U}\boldsymbol{\alpha}_n)\|_F^2\\&=\sum_{i=1}^n\|\boldsymbol{U}\boldsymbol{\alpha}_i\|_2^2=\sum_{i=1}^n\|\boldsymbol{\alpha}_i\|_2^2=\|\boldsymbol{A}\|_F^2,\end{aligned}$$

即

$$\|\boldsymbol{U}\boldsymbol{A}\|_F=\|\boldsymbol{A}\|_F,$$

又

$$\begin{aligned}\|AV\|_F &= \|(AV)^H\|_F = \|V^H A^H\|_F \\ &= \|A^H\|_F = \|A\|_F.\end{aligned}$$

证毕

推论　与 A 酉(或正交)相似的矩阵的 F-范数是相同的，即若 $B = U^H AU$，则 $\|B\|_F = \|A\|_F$，其中 $A \in \mathbb{C}^{m\times m}$，$U$ 为酉矩阵.

4.2.3　谱范数的性质和谱半径

我们知道，矩阵的算子范数 $\|A\|_2$ 称为 A 的谱范数，它的值是通过矩阵 $A^H A$ 的最大特征值来计算的，尽管求特征值比较麻烦，但这种范数有非常好的性质，所以在矩阵分析和系统理论中常常使用. 下面专门讨论谱范数的性质.

定理 4.2.5　设 $A \in \mathbb{C}^{m\times n}$，则

(1) $\|A\|_2 = \max\limits_{\|x\|_2 = \|y\|_2 = 1} |y^H Ax|$，$x \in \mathbb{C}^n$，$y \in \mathbb{C}^m$；

(2) $\|A^H\|_2 = \|A\|_2$；

(3) $\|A^H A\|_2 = \|A\|_2^2$.

证明　(1) 对满足 $\|x\|_2 = \|y\|_2 = 1$ 的 x 与 y 有

$$|y^H Ax| \leqslant \|y\|_2 \|Ax\|_2 \leqslant \|A\|_2.$$

又设有 $\|x\|_2 = 1$ 的 x，并使 $\|Ax\|_2 = \|A\|_2 \neq 0$，若令 $y = \dfrac{Ax}{\|Ax\|_2}$，就有

$$|y^H Ax| = \frac{\|Ax\|_2^2}{\|Ax\|_2} = \|Ax\|_2 = \|A\|_2,$$

从而 $\max\limits_{\|x\|_2 = \|y\|_2 = 1} |y^H Ax| = \|A\|_2$.

(2)
$$\begin{aligned}\|A\|_2 &= \max_{\|x\|_2 = \|y\|_2 = 1} |y^H Ax| \\ &= \max_{\|x\|_2 = \|y\|_2 = 1} |x^H A^H y| = \|A^H\|_2.\end{aligned}$$

(3) 由 $\|A^H A\|_2 \leqslant \|A^H\|_2 \|A\|_2$，$\|A^H\|_2 = \|A\|_2$，可知

$$\|A^H A\|_2 \leqslant \|A\|_2^2. \tag{4.2.13}$$

令 $\|x\|_2 = 1$，并使 $\|Ax\|_2 = \|A\|_2$，于是

$$\begin{aligned}\|A^H A\|_2 &\geqslant \max_{\|x\|_2 = 1} |x^H A^H Ax| \\ &= \max_{\|x\|_2 = 1} \|Ax\|_2^2 = \|A\|_2^2.\end{aligned} \tag{4.2.14}$$

由式(4.2.13)和式(4.2.14)即知(3)成立.

定理 4.2.6　设 $A \in \mathbb{C}^{m\times n}$，$U \in \mathbb{C}^{m\times m}$，$V \in \mathbb{C}^{n\times n}$ 且 $U^H U = I_m$，$V^H V = I_n$，则

$$\|UAV\|_2 = \|A\|_2. \tag{4.2.15}$$

证明　令 $v = V^H x$，$u = Uy$，则

$$\|x\|_2 = 1 \text{ 当且仅当 } \|v\|_2 = 1;$$

$$\|y\|_2 = 1 \text{ 当且仅当 } \|u\|_2 = 1;$$

于是

$$\begin{aligned}\|A\|_2 &= \max_{\|x\|_2=\|y\|_2=1} |y^H Ax| \\ &= \max_{\|v\|_2=\|u\|_2=1} |u^H UAVv| \\ &= \|UAV\|_2.\end{aligned}$$

证毕

对任何一种算子范数,还有如下的性质.

定理 4.2.7 设 $A\in\mathbb{C}^{n\times n}$,若 $\|A\|<1$,则 $I-A$ 为非奇异矩阵,且

$$\|(I-A)^{-1}\|\leqslant(1-\|A\|)^{-1}. \tag{4.2.16}$$

证明 设 x 为任一非零向量,则

$$\begin{aligned}\|(I-A)x\| &= \|x-Ax\| \\ &\geqslant \|x\|-\|Ax\| \\ &\geqslant \|x\|-\|A\|\|x\| \\ &=(1-\|A\|)\|x\|>0.\end{aligned}$$

于是,若 $x\neq 0$,则 $(I-A)x\neq 0$,从而方程

$$(I-A)x=0$$

无非零解,故矩阵 $I-A$ 非奇异.

因为 $I-A$ 非奇异,故有

$$(I-A)(I-A)^{-1}=I,$$

于是

$$\begin{aligned}(I-A)^{-1} &= [(I-A)+A](I-A)^{-1} \\ &=(I-A)(I-A)^{-1}+A(I-A)^{-1} \\ &=I+A(I-A)^{-1},\end{aligned}$$

从而

$$\begin{aligned}\|(I-A)^{-1}\| &\leqslant \|I\|+\|A\|\|(I-A)^{-1}\| \\ &=1+\|A\|\|(I-A)^{-1}\|,\end{aligned}$$

即

$$\|(I-A)^{-1}\|\leqslant\frac{1}{1-\|A\|}.$$

证毕

下面我们引进一个数值代数中讨论收敛性时经常遇到的概念——谱半径.

定义 4.2.3 设 $A\in\mathbb{C}^{n\times n}$,$\lambda_1,\lambda_2,\cdots,\lambda_n$ 为 A 的特征值,我们称

$$\rho(A)=\max_i|\lambda_i| \tag{4.2.17}$$

为 A 的**谱半径**.

谱半径在几何上可以解释为:以原点为圆心、能包含 A 的全部特征值的圆的半径中最小的一个.

定理 4.2.8 (特征值上界定理)对任意矩阵 $A\in\mathbb{C}^{n\times n}$,总有

$$\rho(A)\leqslant\|A\|, \tag{4.2.18}$$

即 A 的谱半径 $\rho(A)$ 不会超过 A 的任何一种范数.

证明 设 λ 是 A 的任一特征值,x 为相应的特征向量,则有 $Ax=\lambda x$,再由相容性条件,有

$$|\lambda|\|x\|=\|\lambda x\|\leqslant\|A\|\|x\|,$$

即有 $|\lambda|\leqslant\|A\|$,故得

$$\rho(\boldsymbol{A}) \leqslant \|\boldsymbol{A}\|.$$ 证毕

特别地，如果 $\boldsymbol{A}$ 为正规矩阵(包含实对称矩阵)，则有下面的结果.

定理 4.2.9 如果 $\boldsymbol{A}\in\mathbb{C}^{n\times n}$，且 $\boldsymbol{A}$ 为正规矩阵，则

$$\rho(\boldsymbol{A}) = \|\boldsymbol{A}\|_2. \tag{4.2.19}$$

证明 由于 $\boldsymbol{A}$ 是正规矩阵，所以存在有 $\boldsymbol{U}$，$\boldsymbol{U}^{\mathrm{H}}\boldsymbol{U}=\boldsymbol{I}$，使

$$\boldsymbol{U}^{\mathrm{H}}\boldsymbol{A}\boldsymbol{U} = \mathrm{diag}(\lambda_1,\lambda_2,\cdots,\lambda_n) = \boldsymbol{\Lambda},$$

于是由定理 4.2.6 知

$$\begin{aligned}\|\boldsymbol{A}\|_2 &= \|\boldsymbol{U}^{\mathrm{H}}\boldsymbol{A}\boldsymbol{U}\|_2 = \|\mathrm{diag}(\lambda_1,\lambda_2,\cdots,\lambda_n)\|_2 \\ &= \sqrt{(\boldsymbol{\Lambda}^{\mathrm{H}}\boldsymbol{\Lambda})\text{的特征值绝对值的最大值}} = \sqrt{\max_i(\bar{\lambda}_i\lambda_i)} \\ &= \sqrt{\max_i |\lambda_i|^2} = \rho(\boldsymbol{A}).\end{aligned}$$ 证毕

定理 4.2.10 对任意非奇异矩阵 $\boldsymbol{A}\in\mathbb{C}^{n\times n}$，$\boldsymbol{A}$ 的谱范数为

$$\|\boldsymbol{A}\|_2 = \sqrt{\rho(\boldsymbol{A}^{\mathrm{H}}\boldsymbol{A})} = \sqrt{\rho(\boldsymbol{A}\boldsymbol{A}^{\mathrm{H}})}. \tag{4.2.20}$$

证明
$$\begin{aligned}\|\boldsymbol{A}\|_2 &= \sqrt{(\boldsymbol{A}^{\mathrm{H}}\boldsymbol{A})\text{的最大特征值}} \\ &= \sqrt{\max_i|\lambda_i(\boldsymbol{A}^{\mathrm{H}}\boldsymbol{A})|} = \sqrt{\rho(\boldsymbol{A}^{\mathrm{H}}\boldsymbol{A})}.\end{aligned}$$

又因为 $\boldsymbol{A}\boldsymbol{A}^{\mathrm{H}}=\boldsymbol{A}(\boldsymbol{A}^{\mathrm{H}}\boldsymbol{A})\boldsymbol{A}^{-1}$，即 $\boldsymbol{A}\boldsymbol{A}^{\mathrm{H}}\sim\boldsymbol{A}^{\mathrm{H}}\boldsymbol{A}$，所以它们有相同的特征值，从而有

$$\|\boldsymbol{A}\|_2 = \sqrt{\rho(\boldsymbol{A}^{\mathrm{H}}\boldsymbol{A})} = \sqrt{\rho(\boldsymbol{A}\boldsymbol{A}^{\mathrm{H}})}.$$ 证毕

习　题　4(2)

1. 求矩阵 $\boldsymbol{A}=[-1\quad 2\quad 1]$ 和 $\boldsymbol{B}=\begin{bmatrix}-\mathrm{i} & 2 & 3\\ 1 & 0 & \mathrm{i}\end{bmatrix}$ 的范数 $\|\cdot\|_1$，$\|\cdot\|_\infty$ 及 $\|\cdot\|_2$.

2. 设 $\boldsymbol{A}=\begin{bmatrix}2 & 1 & 0\\ -1 & 2 & 3\\ 0 & -2 & 1\end{bmatrix}$，计算 $\|\boldsymbol{A}\|_1$，$\|\boldsymbol{A}\|_2$，$\|\boldsymbol{A}\|_\infty$ 及 $\|\boldsymbol{A}\|_F$.

3. 设 $\boldsymbol{P}=\mathbb{R}^{n\times n}$ 可逆，又已知 $\|\boldsymbol{\alpha}\|=\|\boldsymbol{P}^{-1}\boldsymbol{\alpha}\|_1$ 是 $\mathbb{R}^n$ 中的向量范数，试求 $\boldsymbol{A}$ 从属于该向量范数 $\|\boldsymbol{\alpha}\|$ 的矩阵算子范数 $\|\boldsymbol{A}\|$(提示：将 $\boldsymbol{A}$ 这样的算子范数 $\|\boldsymbol{A}\|$ 用另一个矩阵的 1-范数来表示即可).

4. 设 $\boldsymbol{A}\in\mathbb{R}^{2\times 2}$，$\boldsymbol{\alpha}=(x_1,x_2)^{\mathrm{T}}$，常数 $h>0$. 证明：实数 $\max\left(|x_1|,\dfrac{|x_2-x_1|}{h}\right)$ 是向量 $\boldsymbol{\alpha}$ 的范数，并求从属于该向量范数的矩阵算子范数 $\|\boldsymbol{A}\|_h$(提示：将 $\boldsymbol{A}$ 这样的算子范数 $\|\boldsymbol{A}\|_h$ 用另一个矩阵的 ∞-范数来表示即可).

5. 设 $\boldsymbol{A}=(a_{ij})_{n\times n}$，举例说明 $\max\limits_{1\leqslant i,j\leqslant n}|a_{ij}|$ 不是矩阵 $\boldsymbol{A}$ 的范数.

6. 设 $\boldsymbol{A}=(a_{ij})_{m\times n}$，分别定义实数：

(1) $\|\boldsymbol{A}\|=\sqrt{mn}\cdot\max\limits_{i,j}|a_{ij}|$；

(2) $\|\boldsymbol{A}\|=\max\{m,n\}\cdot\max\limits_{i,j}|a_{ij}|$.

验证它们都是 $\mathbb{C}^{m\times n}$ 中的矩阵范数.

7. 设 $\boldsymbol{P}\in\mathbb{C}^{n\times n}$ 可逆，已知 $\mathbb{C}^{n\times n}$ 中有矩阵范数 $\|\cdot\|_M$，对于 $\boldsymbol{A}\in\mathbb{C}^{n\times n}$，定义实数 $\|\boldsymbol{A}\|=\|\boldsymbol{P}^{-1}\boldsymbol{A}\boldsymbol{P}\|_M$，验证 $\|\boldsymbol{A}\|$ 是 $\mathbb{C}^{n\times n}$ 中的一种矩阵范数.

8. 给定 $\mathbb{C}^{n\times n}$ 中的两种矩阵范数 $\|\cdot\|_M$ 与 $\|\cdot\|_S$，对于 $\boldsymbol{A}\in\mathbb{C}^{n\times n}$，分别定义实数：

(1) $\|A\|=\max\{\|A\|_M,\|A\|_S\}$;

(2) $\|A\|=\|A\|_M+2\|A\|_S$.

验证它们都是$\mathbb{C}^{n\times n}$中的矩阵范数.

9. 证明:

$$\frac{1}{\sqrt{n}}\|A\|_F\leqslant\|A\|_2\leqslant\|A\|_F.$$

10. 对所有的非奇异矩阵 A 和 B,在算子范数意义下证明:

(1) $\|A^{-1}\|\geqslant\dfrac{1}{\|A\|}$;

(2) $\|A^{-1}-B^{-1}\|\leqslant\|A^{-1}\|\|B^{-1}\|\|A-B\|$.

11. 证明:若$\|A\|<1$,则$\|I-(I-A)^{-1}\|\leqslant\dfrac{\|A\|}{1-\|A\|}$.

12. 设 λ 为矩阵$A\in\mathbb{C}^{n\times n}$的特征值,证明:

$$|\lambda|\leqslant\sqrt[m]{\|A^m\|}.$$

13. 设矩阵 A 非奇异,λ 是它的任一个特征值,证明:

$$|\lambda|\geqslant\frac{1}{\|A^{-1}\|}.$$

14. 试证:

(1) $\mathbb{C}^{n\times n}$上的矩阵 m_1 范数与$\mathbb{C}^n$上向量的 1 范数是相容的;

(2) $\mathbb{C}^{n\times n}$上的矩阵 m_∞ 范数与$\mathbb{C}^n$上向量的∞范数是相容的.

15. 设 $A\in\mathbb{C}^{m\times n}$,$\boldsymbol{\alpha}\in\mathbb{C}^n$,证明矩阵范数$\|A\|_{m_1}$与向量的 p-范数$\|\boldsymbol{\alpha}\|_p(1\leqslant p<\infty)$相容.

16. 设 $A=(a_{ij})_{m\times n}$,列向量 $\boldsymbol{\alpha}\in\mathbb{C}^n$,证明矩阵范数$\|A\|=\sqrt{mn}\cdot\max\limits_{i,j}|a_{ij}|$与向量的 2-范数相容.

17. 设 $A=(a_{ij})_{m\times n}$,列向量 $\boldsymbol{\alpha}\in\mathbb{C}^n$,证明:矩阵范数

$$\|A\|=\max\{m,n\}\max_{i,j}|a_{ij}|$$

与向量 2-范数和∞-范数都相容.

18. 证明:

(1) $\|A\|_F=\left(\sum\limits_{i=1}^n\sum\limits_{j=1}^n|a_{ij}|^2\right)^{1/2}$ 与向量范数$\|x\|_2$相容;

(2) $\|A\|_m=\sum\limits_{i=1}^n\sum\limits_{j=1}^n|a_{ij}|^2$ 与向量范数$\|x\|_1$相容.

19. 设 $A=(a_{ij})_{n\times n}$ 及$\mathbb{C}^n$的列向量$x=(x_1,x_2,\cdots,x_n)^{\mathrm{T}}$,证明:矩阵范数$\|A\|=n\cdot\max|a_{ij}|$与向量 2 范数$\|x\|_2=\left(\sum\limits_{i=1}^n|x_i|^2\right)^{1/2}$相容.

20. 设$\|A\|_a$是$\mathbb{C}^{m\times n}$中的一个已知矩阵范数,给定$\mathbb{C}^n$中一个向量$\boldsymbol{\alpha}\neq\mathbf{0}$,定义:$\forall x\in\mathbb{C}^m$,$\|x\|_u=\|x\boldsymbol{\alpha}^{\mathrm{H}}\|_a$,证明$\|x\|_u$是$\mathbb{C}^m$中的向量范数,且是与$\|A\|_a$相容的范数.

21. 试证:对于$\mathbb{C}^{m\times n}$中任意给定的矩阵范数$\|\cdot\|_M$,一定有多个与之相容的向量范数.

22. 举例说明:$\mathbb{C}^{m\times n}(n>1)$中矩阵的 1-范数与$\mathbb{C}^n$中向量的$\infty$-范数不相容.

23. 设$\|\cdot\|$是$\mathbb{C}^{n\times n}$上的矩阵范数,证明:

(1) $\|I\|\geqslant1$;

(2) 设 A 为 n 阶可逆矩阵,λ 是 A 的任意特征值,那么

$$\|A^{-1}\|^{-1}\leqslant|\lambda|\leqslant\|A\|.$$

24. 已知 $u\in\mathbb{R}^n(n>1)$为一个单位列向量,令 $A=I-uu^{\mathrm{T}}$,试证:

(1) $\|A\|_2=1$;

(2) 对任意的 $x\in\mathbb{R}^n$,如果有 $Ax\neq x$,那么

$$\|Ax\|_2<\|x\|_2.$$

25. 设 $\boldsymbol{A},\boldsymbol{B}\in\mathbb{C}^{n\times n}$，证明：

$$\|\boldsymbol{AB}\|_F\leqslant\min\{\|\boldsymbol{A}\|_2\|\boldsymbol{B}\|_F,\|\boldsymbol{A}\|_F\|\boldsymbol{B}\|_2\}.$$

26. 设 $\boldsymbol{A}\in\mathbb{C}^{n\times n}$ 的特征值为 $\lambda_1,\lambda_2,\cdots,\lambda_n$，证明：

$$\|\boldsymbol{A}\|_F\geqslant(|\lambda_1|^2+|\lambda_2|^2+\cdots+|\lambda_n|^2)^{\frac{1}{2}}.$$

27. 证明：若 $\boldsymbol{A}\in\mathbb{C}^{n\times n}$，则有 $\|\boldsymbol{A}\|_2\leqslant\|\boldsymbol{A}\|_F$.

28. 举例说明矩阵的谱半径不是矩阵范数.

29. 设 $\boldsymbol{A},\boldsymbol{B}\in\mathbb{C}^{n\times n}$ 都是对称矩阵，求证：

$$\rho(\boldsymbol{A}+\boldsymbol{B})\leqslant\rho(\boldsymbol{A})+\rho(\boldsymbol{B}).$$

30. 证明下面的矩阵 $\boldsymbol{A}$ 的谱半径 $\rho(\boldsymbol{A})\leqslant1$：

$$\boldsymbol{A}=\begin{bmatrix}\frac{1}{4}&\frac{1}{4}&\frac{1}{4}&\frac{1}{4}\\\frac{1}{5}&\frac{2}{5}&\frac{1}{5}&\frac{1}{5}\\\frac{1}{6}&\frac{1}{6}&\frac{3}{6}&\frac{1}{6}\\\frac{1}{7}&\frac{1}{7}&\frac{1}{7}&\frac{3}{7}\end{bmatrix}.$$

31. 设 $\|\cdot\|_\alpha$ 是 $\mathbb{C}^{n\times n}$ 上的矩阵范数，$\boldsymbol{P}$ 是可逆矩阵，对任意的矩阵 $\boldsymbol{A}\in\mathbb{C}^{n\times n}$，记 $\|\boldsymbol{A}\|_\beta=\|\boldsymbol{P}^{-1}\boldsymbol{AP}\|_\alpha$，证明 $\|\cdot\|_\beta$ 也是$\mathbb{C}^{n\times n}$上的矩阵范数.

32. 设 $\boldsymbol{A}=(a_{ij})\in\mathbb{C}^{n\times n}$，试证：$\|\boldsymbol{A}\|=[\mathrm{tr}(\boldsymbol{A}^H\boldsymbol{A})]^{1/2}$ 是矩阵范数.

33. 设 $\boldsymbol{A}\in\mathbb{C}_r^{m\times n}$，且其奇异值为 $\sigma_1,\sigma_2,\cdots,\sigma_r$，试证：

$$\|\boldsymbol{A}\|_2=\max_i\sigma_i.$$

34. 设 $\boldsymbol{A}\in\mathbb{C}^{n\times n}$，证明：

(1) $\|\boldsymbol{A}\|_2=\|\boldsymbol{A}^H\|_2=\|\boldsymbol{A}^T\|_2=\|\bar{\boldsymbol{A}}\|_2$；

(2) $\|\boldsymbol{A}^H\boldsymbol{A}\|_2=\|\boldsymbol{AA}^H\|_2=\|\boldsymbol{A}\|_2^2$；

(3) $\|\boldsymbol{A}\|_2=\max\limits_{\|\boldsymbol{x}\|_2=\|\boldsymbol{y}\|_2=1}|\boldsymbol{y}^H\boldsymbol{Ax}|$；

(4) $\|\boldsymbol{A}\|_2^2\leqslant\|\boldsymbol{A}\|_1\|\boldsymbol{A}\|_\infty$.

35. 设 $\boldsymbol{A}\in\mathbb{C}^{n\times n}$，且 $\boldsymbol{A}^H\boldsymbol{A}=\boldsymbol{I}_{n\times n}$，试证：

$$\|\boldsymbol{A}\|_2=1,\qquad\|\boldsymbol{A}\|_F=\sqrt{n}.$$

36. 设 $\|\cdot\|$ 是$\mathbb{C}^{n\times n}$ 上的矩阵范数，证明：对任意的 $\boldsymbol{A}\in\mathbb{C}^{n\times n}$ 都有 $\rho(\boldsymbol{A})=\lim\limits_{k\to\infty}\|\boldsymbol{A}^k\|^{1/k}$.

37. 设 $\boldsymbol{A}$ 为埃尔米特矩阵，证明：

$$\|\boldsymbol{A}\|_2=\max_i|\lambda_i(\boldsymbol{A})|.$$

38. 证明：

(1) 酉矩阵 $\boldsymbol{U}$ 的谱范数等于 1；

(2) 设 $\boldsymbol{A}\in\mathbb{C}^{n\times n}$，$\boldsymbol{U},\boldsymbol{V}$ 为 n 阶酉阵，则

$$\|\boldsymbol{UA}\|_2=\|\boldsymbol{AV}\|_2=\|\boldsymbol{UAV}\|_2=\|\boldsymbol{A}\|_2.$$

39. 设 $\boldsymbol{A}\in\mathbb{C}^{n\times n}$，且 $\boldsymbol{A}$ 可逆，若 λ 是 $\boldsymbol{A}$ 的任一特征值，证明：

$$\frac{1}{\|\boldsymbol{A}^{-1}\|_2}\leqslant|\lambda|\leqslant\|\boldsymbol{A}\|_2.$$

40. 设 $\|\boldsymbol{A}\|_p$ 是由向量 $\|\boldsymbol{x}\|_p$ 诱导的矩阵范数，$\boldsymbol{A}$ 为可逆矩阵，证明：

(1) $\|\boldsymbol{A}^{-1}\|_p\geqslant\dfrac{1}{\|\boldsymbol{A}\|_p}$；

(2) $\dfrac{1}{\|\boldsymbol{A}^{-1}\|_p}=\min\limits_{\boldsymbol{x}\neq\boldsymbol{0}}\dfrac{\|\boldsymbol{Ax}\|_p}{\|\boldsymbol{x}\|_p}$.

41. $\boldsymbol{A}$ 是 n 阶正规矩阵,证明

$$\|\boldsymbol{A}\|_2=\rho(\boldsymbol{A})\quad(\rho(\boldsymbol{A})\text{是}\boldsymbol{A}\text{的谱半径}).$$

42. 设 $\boldsymbol{A}=(a_{ij})\in\mathbb{R}^{n\times n}$,且 $a_{ij}\geqslant 0$,每一行元素之和为常数 a,证明:$\boldsymbol{A}$ 的谱半径 $\rho(\boldsymbol{A})=\|\boldsymbol{A}\|_\infty$.

43. (1) 设 $\boldsymbol{A}\in\mathbb{C}^{n\times n}$,$\boldsymbol{A}$ 的特征值为 $\lambda_1,\lambda_2,\cdots,\lambda_n$,证明:

$$\|\boldsymbol{A}\|_F\geqslant\left(\sum_{i=1}^{n}|\lambda_i|^2\right)^{1/2};$$

(2) 设 $\boldsymbol{A}\in\mathbb{C}^{m\times n}$,$\operatorname{rank}(\boldsymbol{A})=r$,且 $\boldsymbol{A}$ 的非零奇异值为 $\sigma_1,\sigma_2,\cdots,\sigma_r$,证明:

$$\|\boldsymbol{A}\|_F=(\sigma_1^2+\sigma_2^2+\cdots+\sigma_r^2)^{1/2}.$$

44. (1) 设 $\boldsymbol{A}\in\mathbb{C}^{m\times n}$,$\boldsymbol{B}\in\mathbb{C}^{n\times s}$,记 $\sigma_1(M)$ 为矩阵 M 的最大奇异值,证明:

$$\sigma_1(\boldsymbol{AB})\leqslant\sigma_1(\boldsymbol{A})\sigma_1(\boldsymbol{B});$$

(2) 若 $\boldsymbol{A},\boldsymbol{B}\in\mathbb{C}^{m\times n}$,则

$$\sigma_1(\boldsymbol{A}+\boldsymbol{B})\leqslant\sigma_1(\boldsymbol{A})+\sigma_1(\boldsymbol{B}).$$

45. 设 σ_1 和 σ_n 是矩阵 $\boldsymbol{A}$ 的最大奇异值和最小奇异值,证明:$\sigma_1=\|\boldsymbol{A}\|_2$;当 $\boldsymbol{A}$ 是非奇异矩阵时,$\|\boldsymbol{A}^{-1}\|_2=\dfrac{1}{\sigma_n}$.

46. 设 $\boldsymbol{A}\in\mathbb{C}^{n\times n}$,$\|\boldsymbol{A}\|<1$,证明:

(1) $\boldsymbol{I}+\boldsymbol{A}$ 可逆,且

$$\frac{\|\boldsymbol{I}\|}{1+\|\boldsymbol{A}\|}\leqslant\|(\boldsymbol{I}+\boldsymbol{A})^{-1}\|\leqslant\frac{\|\boldsymbol{I}\|}{1-\|\boldsymbol{A}\|};$$

(2) $\|\boldsymbol{I}-(\boldsymbol{I}+\boldsymbol{A})^{-1}\|\leqslant\dfrac{\|\boldsymbol{A}\|}{1-\|\boldsymbol{A}\|}$.

47. 设 $\boldsymbol{x}\in\mathbb{R}^n$,$\boldsymbol{A}$ 是 n 阶实对称正定矩阵,定义向量范数

$$\|\boldsymbol{x}\|_A=\sqrt{\boldsymbol{x}^{\mathrm{T}}\boldsymbol{A}\boldsymbol{x}},$$

又设 $f(t)$ 是 m 次实系数多项式,证明:

$$\|f(\boldsymbol{A})\boldsymbol{x}\|_A\leqslant\max\{|f(\lambda_i)|\}\|\boldsymbol{x}\|_A,$$

式中 λ_i 是 $\boldsymbol{A}$ 的特征值,$i=1,2,\cdots,n$.

4.3 摄动分析与矩阵的条件数

在数值计算中,通常存在两类误差影响计算结果的精度,即计算方法引起的截断误差和计算环境引起的舍入误差.为了分析这些误差对数学问题解的影响,人们将其归结为原始数据的扰动(或摄动)对解的影响.下面我们将分别研究在线性方程组求解和矩阵特征值求解过程中,因原始数据的摄动而引起问题的解有多大的变化,即研究问题解的稳定性.

4.3.1 病态方程组与病态矩阵

在求解线性方程组问题中,假定系数矩阵和自由项的元素有摄动,该摄动有时会对解的精度产生巨大的影响.不妨先看一个简单的例子.

考察一个二元线性方程组

$$\begin{bmatrix}1 & 0.99\\0.99 & 0.98\end{bmatrix}\begin{bmatrix}x_1\\x_2\end{bmatrix}=\begin{bmatrix}1\\1\end{bmatrix},\tag{4.3.1}$$

可以验证,该方程组的精确解是 $x_1=100,x_2=-100$.

如果系数矩阵有摄动 $\delta\boldsymbol{A}=\begin{bmatrix}0 & 0\\0 & 0.01\end{bmatrix}$，并且右端项也有摄动 $\delta\boldsymbol{b}=\begin{bmatrix}0\\0.001\end{bmatrix}$，则摄动后的线性方程组为

$$\begin{bmatrix}1 & 0.99\\0.99 & 0.99\end{bmatrix}\begin{bmatrix}x_1+\delta x_1\\x_2+\delta x_2\end{bmatrix}=\begin{bmatrix}1\\1.001\end{bmatrix}.$$

可以验证，这个方程组的精确解变为 $x_1+\delta x_1=-0.1, x_2+\delta x_2=\dfrac{10}{9}$.

可见，系数矩阵和右端项的微小摄动引起了解的巨大变化. 这种现象通常叫作“病态”. 所以，我们有如下的定义.

定义 4.3.1　如果系数矩阵 $\boldsymbol{A}$ 或常数项 $\boldsymbol{b}$ 的微小变化，引起方程组 $\boldsymbol{Ax}=\boldsymbol{b}$ 解的巨大变化，则称方程组为**病态方程组**，其系数矩阵 $\boldsymbol{A}$ 就叫作对应于解方程组（或求逆）的**病态矩阵**；反之，方程组就称为**良态方程组**，$\boldsymbol{A}$ 称为**良态矩阵**.

应该指出，谈到“病态矩阵”概念时，必须明确它是对什么而言的．因为对于解方程组（或求逆）来说是病态矩阵，对于求特征值来说并不一定是病态的，反之亦然. 所以我们不能笼统地说某个矩阵是“病态”的，这里所说的“病态”就是相对于解方程组而言的.

还应指出，“病态”是系数矩阵本身的特性，与所用的计算工具和计算方法无关. 但是，实际计算中“病态”的程度却是通过所用的计算工具等表现出来的，例如计算机的字长愈长，“病态”现象在程度上就会相对地减轻.

了解“病态”的概念以后，我们希望能给出衡量一个矩阵是否“病态”的标准. 一个矩阵的“病态”程度，大体上可以用“条件数”来衡量.

4.3.2　矩阵的条件数

设有方程组

$$\boldsymbol{Ax}=\boldsymbol{b}. \tag{4.3.2}$$

我们先来弄清楚系数矩阵和自由项有一个微小的变化时，方程组的解是怎样变化的，这个问题也叫作摄动分析.

设 $\boldsymbol{A}$ 是精确的，$\boldsymbol{b}$ 有误差 $\delta\boldsymbol{b}$，解为 $\boldsymbol{x}+\delta\boldsymbol{x}$，则

$$\boldsymbol{A}(\boldsymbol{x}+\delta\boldsymbol{x})=\boldsymbol{b}+\delta\boldsymbol{b},$$

$$\delta\boldsymbol{x}=\boldsymbol{A}^{-1}\delta\boldsymbol{b},$$

$$\|\delta\boldsymbol{x}\|\leqslant\|\boldsymbol{A}^{-1}\|\|\delta\boldsymbol{b}\|, \tag{4.3.3}$$

这里对范数不加下标，以表示任取一种范数.

由式(4.3.2)，有

$$\|\boldsymbol{b}\|\leqslant\|\boldsymbol{A}\|\|\boldsymbol{x}\|,$$

即

$$\frac{1}{\|\boldsymbol{x}\|}\leqslant\frac{\|\boldsymbol{A}\|}{\|\boldsymbol{b}\|}, \tag{4.3.4}$$

设 $\boldsymbol{b}\neq\boldsymbol{0}$，于是由式(4.3.3)及式(4.3.4)得下面定理.

定理 4.3.1　设 $\boldsymbol{A}$ 是非奇异矩阵，$\boldsymbol{Ax}=\boldsymbol{b}\neq\boldsymbol{0}$，且

$$\boldsymbol{A}(\boldsymbol{x}+\delta\boldsymbol{x})=\boldsymbol{b}+\delta\boldsymbol{b},$$

则

$$\frac{\| \delta \boldsymbol{x} \|}{\| \boldsymbol{x} \|} \leqslant \| \boldsymbol{A}^{-1} \| \| \boldsymbol{A} \| \frac{\| \delta \boldsymbol{b} \|}{\| \boldsymbol{b} \|}, \tag{4.3.5}$$

上式给出了解的相对误差的上界,常数项 $\boldsymbol{b}$ 的相对误差在解中可能放大 $\| \boldsymbol{A}^{-1} \| \| \boldsymbol{A} \|$ 倍.

现设 $\boldsymbol{b}$ 是精确的,$\boldsymbol{A}$ 有微小误差(摄动)$\delta \boldsymbol{A}$,解为 $\boldsymbol{x}+\delta \boldsymbol{x}$,则

$$(\boldsymbol{A} + \delta \boldsymbol{A})(\boldsymbol{x} + \delta \boldsymbol{x}) = \boldsymbol{b},$$

$$(\boldsymbol{A} + \delta \boldsymbol{A})\delta \boldsymbol{x} = -(\delta \boldsymbol{A})\boldsymbol{x}, \tag{4.3.6}$$

如果 $\delta \boldsymbol{A}$ 不受限制的话,$\boldsymbol{A}+\delta \boldsymbol{A}$ 可能奇异,而

$$(\boldsymbol{A} + \delta \boldsymbol{A}) = \boldsymbol{A}(\boldsymbol{I} + \boldsymbol{A}^{-1}\delta \boldsymbol{A}),$$

由上节定理 4.2.7 知,当 $\| \boldsymbol{A}^{-1}\delta \boldsymbol{A} \| < 1$ 时,$(\boldsymbol{I}+\boldsymbol{A}^{-1}\delta \boldsymbol{A})^{-1}$ 存在,由式(4.3.6)有

$$\delta \boldsymbol{x} = -(\boldsymbol{I} + \boldsymbol{A}^{-1}\delta \boldsymbol{A})^{-1}\boldsymbol{A}^{-1}(\delta \boldsymbol{A})\boldsymbol{x},$$

因此

$$\| \delta \boldsymbol{x} \| \leqslant \frac{\| \boldsymbol{A}^{-1} \| \| \delta \boldsymbol{A} \| \| \boldsymbol{x} \|}{1 - \| \boldsymbol{A}^{-1}\delta \boldsymbol{A} \|}.$$

如果矩阵 $\boldsymbol{A}$ 的微小变化 $\delta \boldsymbol{A}$ 满足条件

$$\| \boldsymbol{A}^{-1} \| \| \delta \boldsymbol{A} \| < 1, \tag{4.3.7}$$

则有

$$\frac{\| \delta \boldsymbol{x} \|}{\| \boldsymbol{x} \|} \leqslant \frac{\| \boldsymbol{A}^{-1} \| \| \boldsymbol{A} \| \frac{\| \delta \boldsymbol{A} \|}{\| \boldsymbol{A} \|}}{1 - \| \boldsymbol{A}^{-1} \| \| \boldsymbol{A} \| \frac{\| \delta \boldsymbol{A} \|}{\| \boldsymbol{A} \|}}. \tag{4.3.8}$$

这一不等式说明了解的相对变化与系数矩阵的相对变化之间的关系,从其中可以看出,只要满足条件式(4.3.7),对于系数矩阵的同样相对变化来说,$\| \boldsymbol{A}^{-1} \| \| \boldsymbol{A} \|$ 愈大,解的相对变化也愈大;$\| \boldsymbol{A}^{-1} \| \| \boldsymbol{A} \|$ 愈小,解的相对变化就应愈小. 综合式(4.3.5)与式(4.3.8)可以看出,$\| \boldsymbol{A}^{-1} \| \| \boldsymbol{A} \|$ 在某种程度上刻画了方程组的解对于原始数据变化的灵敏度,也就是刻画了方程组"病态"的程度,于是引进下述定义.

定义 4.3.2 设 $\boldsymbol{A}$ 为非奇异矩阵,称数 $\mathrm{cond}(\boldsymbol{A}) = \| \boldsymbol{A}^{-1} \|_p \| \boldsymbol{A} \|_p$ ($p=1,2$ 或 ∞)为矩阵 $\boldsymbol{A}$ 的**条件数**.

由此看出矩阵的条件数与范数有关,它刻画了方程组解的相对误差可能的放大率,若 $\mathrm{cond}(\boldsymbol{A}) \gg 1$,则方程组(4.3.2)是"病态"的(即 $\boldsymbol{A}$ 是"病态"矩阵,或者说 $\boldsymbol{A}$ 是坏条件的);若 $\mathrm{cond}(\boldsymbol{A})$ 相对地小,则方程组(4.3.2)是"良态"的(或者说 $\boldsymbol{A}$ 是好条件的). 究竟条件数多大矩阵才算病态,一般来讲是没有具体标准的,也只是相对而言.

通常使用的条件数,有

(1) $\mathrm{cond}(\boldsymbol{A})_\infty = \| \boldsymbol{A}^{-1} \|_\infty \| \boldsymbol{A} \|_\infty$;

(2) $\boldsymbol{A}$ 的谱条件数

$$\mathrm{cond}(\boldsymbol{A})_2 = \| \boldsymbol{A} \|_2 \| \boldsymbol{A}^{-1} \|_2 = \sqrt{\frac{\lambda_{\max}(\boldsymbol{A}^{\mathrm{H}}\boldsymbol{A})}{\lambda_{\min}(\boldsymbol{A}^{\mathrm{H}}\boldsymbol{A})}}.$$

显然,当 $\boldsymbol{A}$ 是实对称矩阵时,

$$\mathrm{cond}(\boldsymbol{A})_2 = \frac{|\lambda_1|}{|\lambda_n|}, \tag{4.3.9}$$

其中 λ_1 与 λ_n 分别为矩阵 $\boldsymbol{A}$ 的按模最大和最小特征值.

条件数的性质：

(1) 对任何非奇异矩阵 $\boldsymbol{A}$，都有 $\mathrm{cond}(\boldsymbol{A})_p \geqslant 1$. 事实上，

$$\mathrm{cond}(\boldsymbol{A})_p = \|\boldsymbol{A}^{-1}\|_p \|\boldsymbol{A}\|_p \geqslant \|\boldsymbol{A}^{-1}\boldsymbol{A}\|_p = 1.$$

(2) 设 $\boldsymbol{A}$ 为非奇异矩阵，$k \neq 0$(常数)，则

$$\mathrm{cond}(k\boldsymbol{A})_p = \mathrm{cond}(\boldsymbol{A})_p.$$

(3) 如果 $\boldsymbol{A}$ 为正交矩阵，则 $\mathrm{cond}(\boldsymbol{A})_2 = 1$；如果 $\boldsymbol{A}$ 为非奇异矩阵，$\boldsymbol{R}$ 为正交矩阵，则

$$\begin{aligned}\mathrm{cond}(\boldsymbol{RA})_F &= \mathrm{cond}(\boldsymbol{AR})_F \\ &= \mathrm{cond}(\boldsymbol{A})_F.\end{aligned}$$

例 4.3.1 对希尔伯特(Hilbert)矩阵

$$\boldsymbol{H}_n = \begin{bmatrix} 1 & \frac{1}{2} & \cdots & \frac{1}{n} \\ \frac{1}{2} & \frac{1}{3} & \cdots & \frac{1}{n+1} \\ \vdots & \vdots & & \vdots \\ \frac{1}{n} & \frac{1}{n+1} & \cdots & \frac{1}{2n-1} \end{bmatrix},$$

求 $\boldsymbol{H}_3$ 的条件数.

解

$$\boldsymbol{H}_3 = \begin{bmatrix} 1 & \frac{1}{2} & \frac{1}{3} \\ \frac{1}{2} & \frac{1}{3} & \frac{1}{4} \\ \frac{1}{3} & \frac{1}{4} & \frac{1}{5} \end{bmatrix}, \quad \boldsymbol{H}_3^{-1} = \begin{bmatrix} 9 & -36 & 30 \\ -36 & 192 & -180 \\ 30 & -180 & 180 \end{bmatrix},$$

$$\|\boldsymbol{H}_3\|_\infty = \frac{11}{6}, \qquad \|\boldsymbol{H}_3^{-1}\|_\infty = 408,$$

所以 $\mathrm{cond}(\boldsymbol{H}_3)_\infty = 748$.

同样可计算 $\mathrm{cond}(\boldsymbol{H}_6)_\infty = 2.9 \times 10^6$，对于一般矩阵 $\boldsymbol{H}_n$，当 n 愈大时，病态愈严重.

例 4.3.2 设

$$\boldsymbol{A} = \begin{bmatrix} 1 & 10^4 \\ 1 & 1 \end{bmatrix},$$

计算 $\mathrm{cond}(\boldsymbol{A})_\infty$.

解

$$\boldsymbol{A}^{-1} = \frac{1}{10^4 - 1}\begin{bmatrix} -1 & 10^4 \\ 1 & -1 \end{bmatrix},$$

$$\mathrm{cond}(\boldsymbol{A})_\infty = \frac{(1 + 10^4)^2}{10^4 - 1} \approx 10^4.$$

可见，当矩阵 $\boldsymbol{A}$ 的元素大小不均匀时，往往造成很大的条件数，在这种情况下，如果要解方程组，则可以对 $\boldsymbol{A}$ 的行引进适当的比例因子，以减少条件数.

例 4.3.3 设有方程组

$$\begin{bmatrix}1 & 10^4\\ 1 & 1\end{bmatrix}\begin{bmatrix}x_1\\ x_2\end{bmatrix}=\begin{bmatrix}10^4\\ 2\end{bmatrix},$$

在 $\boldsymbol{A}$ 的第 1 行引进比例因子,如用 $s_1=\max\limits_{1\leqslant j\leqslant 2}|a_{1j}|=10^4$ 除第 1 个方程,得 $\boldsymbol{A}'\boldsymbol{x}=\boldsymbol{b}'$,即

$$\begin{bmatrix}10^{-4} & 1\\ 1 & 1\end{bmatrix}\begin{bmatrix}x_1\\ x_2\end{bmatrix}=\begin{bmatrix}1\\ 2\end{bmatrix},$$

$$(\boldsymbol{A}')^{-1}=\frac{1}{1-10^{-4}}\begin{bmatrix}-1 & 1\\ 1 & -10^{-4}\end{bmatrix},$$

于是

$$\operatorname{cond}(\boldsymbol{A}')_\infty=\frac{4}{1-10^{-4}}\approx 4.$$

*4.3.3 矩阵特征值的摄动分析

前面已从线性方程组求解问题的摄动分析,引出了矩阵的条件数的概念.现在再讨论矩阵元素的摄动对矩阵特征值的影响,我们会发现这种影响依然可以用“条件数”来说明.

下面先给出特征值的圆盘定理.

一般来说,精确计算矩阵的特征值往往是很困难的(因为 5 次及 5 次以上的代数方程无公式解),因此更为合理的办法是对特征值范围作出估计.复数域上 n 阶矩阵的特征值可以用复平面上的点来表示,所以对这些点的位置的估计就是特征值的估计.

定义 4.3.3 设 $\boldsymbol{A}=(a_{ij})$ 为任一 n 阶复数矩阵,复平面上的 n 个圆盘

$$G_i(\boldsymbol{A}):\ |z-a_{ii}|\leqslant R_i,\qquad i=1,2,\cdots,n,$$

这里以 $R_i=\sum\limits_{\substack{j=1\\ j\neq i}}^{n}|a_{ij}|$ 为半径的圆(即圆盘的边界),称为矩阵 $\boldsymbol{A}$ 的 Gerschgorin **圆**,简称**盖尔圆**.

定理 4.3.2(**盖尔定理**又称**圆盘定理**) 设 $\boldsymbol{A}=(a_{ij})\in\mathbb{C}^{n\times n}$,则

(1) $\boldsymbol{A}$ 的特征值都在 n 个圆盘 $G_i(\boldsymbol{A})$ 的并集内(换句话说,$\boldsymbol{A}$ 的每个特征值都落在 $\boldsymbol{A}$ 的某个圆盘之内),即

$$\lambda(\boldsymbol{A})\subseteq\bigcup_{i=1}^{n}G_i(\boldsymbol{A});$$

(2) 矩阵 $\boldsymbol{A}$ 的任一个由 m 个圆盘组成的连通区域中,有且只有 $\boldsymbol{A}$ 的 m 个特征值(当 $\boldsymbol{A}$ 的主对角线上有相同元素时,则按重复次数计算,有相同特征值时也需按重复次数计算).

证明 (1) 设 λ 是 $\boldsymbol{A}$ 的任一个特征值,相应的特征向量为 $\boldsymbol{x}=(x_1,\cdots,x_n)^{\mathrm{T}}$.令 $|x_{i_0}|=\max\limits_i|x_i|$,则 $|x_{i_0}|>0$.由 $\boldsymbol{A}\boldsymbol{x}=\lambda\boldsymbol{x}$ 有

$$(\lambda-a_{i_0i_0})x_{i_0}=\sum_{\substack{j=1\\ j\neq i_0}}^{n}a_{i_0j}x_j,$$

从而

$$|\lambda-a_{i_0i_0}|=\sum_{\substack{j=1\\ j\neq i_0}}^{n}|a_{i_0j}|\frac{|x_j|}{|x_{i_0}|}\leqslant\sum_{\substack{j=1\\ j\neq i_0}}^{n}|a_{i_0j}|,$$

即

$$\lambda \in G_{i_0}(\boldsymbol{A}), \quad 故 \quad \lambda(\boldsymbol{A}) \subseteq \bigcup_{i=1}^{n} G_i(\boldsymbol{A}).$$

(2) 记 $\boldsymbol{D}=\mathrm{diag}(a_{11},\cdots,a_{nn})$，$\boldsymbol{B}=\boldsymbol{A}-\boldsymbol{D}$，令

$$\boldsymbol{A}(t)=\boldsymbol{D}+t\boldsymbol{B}, \qquad 0\leqslant t\leqslant 1.$$

不失一般性，假定 n 个圆盘中前面 m 个圆盘 $G_1(\boldsymbol{A}),\cdots,G_m(\boldsymbol{A})$ 构成一连通区域 $G'=\bigcup_{i=1}^{m} G_i(\boldsymbol{A})$，并与其余的 $n-m$ 个圆盘分离，即 G' 与 $G''=\bigcup_{i=m+1}^{n} G_i(\boldsymbol{A})$ 不相交. 记

$$G_i(\boldsymbol{A}(t))=\left\{|z-a_{ii}|\leqslant t\sum_{\substack{j=1\\ j\neq i}}^{n}|a_{ij}|\right\}, \qquad i=1,2,\cdots,n,$$

$$G'(t)=\bigcup_{i=1}^{m} G_i(\boldsymbol{A}(t)), \qquad G''(t)=\bigcup_{i=m+1}^{n} G_i(\boldsymbol{A}(t)),$$

则

$$G_i(\boldsymbol{A}(t))\subseteq G_i(\boldsymbol{A}), \qquad i=1,2,\cdots,n,$$

$$G'(t)\subseteq G', \qquad G''(t)\subseteq G'',$$

且对所有 $t\in[0,1]$，$G'(t)$ 与 $G''(t)$ 都不相交. 特别地，$G'(0)$ 恰好包含 $\boldsymbol{A}(0)$ 的 m 个特征值 $a_{11},a_{22},\cdots,a_{mm}$. 由(1)知，对所有的 $t\in[0,1]$，$\boldsymbol{A}(t)$ 的特征值都包含在 $G'(t)\cup G''(t)$ 中.

因为多项式的根是其系数的连续函数，而矩阵特征多项式的系数是矩阵元素的连续函数，因此矩阵的特征值 $\lambda(\boldsymbol{A})$ 是矩阵元素的连续函数. 此时由于 $G'(t)$ 与 $G''(t)$ 不相交，则当 t 增加时，$\boldsymbol{A}(t)$ 的特征值不能从 $G'(t)$ 跳跃到 $G''(t)$. 由以上讨论可知 $G'(0)$ 恰好包含 $\boldsymbol{A}(0)$ 的 m 个特征值，所以对所有 $t\in[0,1]$，$G'(t)$ 恰好包含 $\boldsymbol{A}(t)$ 的 m 个特征值. 因此，$G'(1)$（即 G'）恰好包含 $\boldsymbol{A}(1)$（即 $\boldsymbol{A}$）的 m 个特征值. 证毕

例 4.3.4 估计下面矩阵的特征值范围：

$$\boldsymbol{A}=\begin{bmatrix} 1 & 0.1 & 0.2 & 0.3 \\ 0.5 & 3 & 0.1 & 0.2 \\ 1 & 0.3 & -1 & 0.5 \\ 0.2 & -0.3 & -0.1 & -4 \end{bmatrix}.$$

解 盖尔定理(1)所指的 4 个圆盘为

$$|z-1|\leqslant 0.1+0.2+0.3=0.6,$$
$$|z-3|\leqslant 0.5+0.1+0.2=0.8,$$
$$|z+1|\leqslant 1+0.3+0.5=1.8,$$
$$|z+4|\leqslant 0.2+0.3+0.1=0.6.$$

画在复平面上如图 4.1 所示.

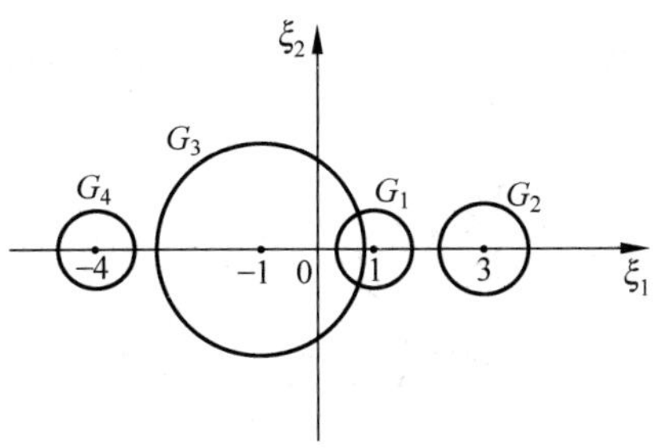

图 4.1

从图 4.1 可以看到，第 1、第 3 两个圆盘是相交的（含有两个特征值），而另外的两个都是孤立的（即除自身外不与其他 3 个圆盘的任何一个相交，各含有一个特征值）. 两个相交的圆盘的并集构成一个连通区域.

值得指出,由两个或两个以上的盖尔圆构成的连通部分,可能在其中的一个盖尔圆中有两个或两个以上的特征值,而在另外的一个或几个盖尔圆中没有特征值(见例 4.3.5).

例 4.3.5 讨论矩阵 $\boldsymbol{A}=\begin{bmatrix}1 & -0.8\\ 0.5 & 0\end{bmatrix}$ 的特征值分布状况.

解 特征方程为

$$(\lambda-1)\lambda+0.4=0,$$

故 $\boldsymbol{A}$ 的两个特征值为 $\lambda_{1,2}=\frac{1}{2}(1\pm \mathrm{i}\sqrt{0.6})$. 又 $\boldsymbol{A}$ 的两个圆盘为

$$|z-1|\leqslant 0.8,\qquad |z|\leqslant 0.5.$$

但因 $|\lambda_1|=|\lambda_2|=\sqrt{0.4}=0.632456>0.5$,因此这两个特征值全部落在圆盘 $|z-1|\leqslant 0.8$ 内,而在圆盘 $|z|\leqslant 0.5$ 之外!(见图 4.2)

从上述例子,我们不难得到如下推论.

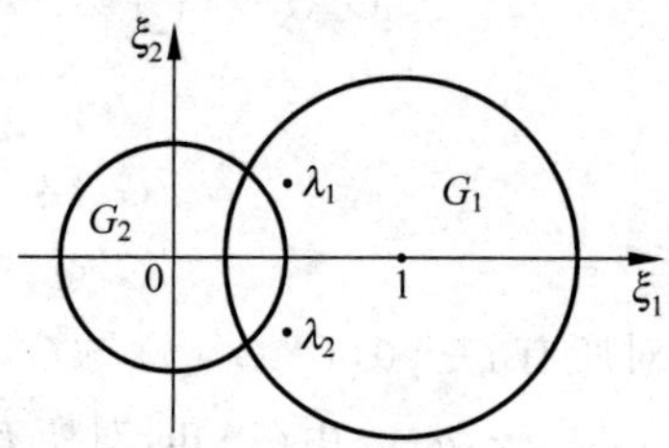

图 4.2

推论 若 n 阶实矩阵的每个圆盘与其余圆盘分离,则 $\boldsymbol{A}$ 的特征值均为实数. 为了得到有效的估计,往往希望每个圆盘只包含 $\boldsymbol{A}$ 的一个特征值(必然是实特征值),这就需要将每个圆盘的半径缩小. 通常有两种做法,其一是对 $\boldsymbol{A}^{\mathrm{T}}$ 使用圆盘定理;其二是利用相似矩阵的特征值相同(即相似变换不改变特征值)这一性质,对矩阵 $\boldsymbol{A}$ 施行相似变换后,再应用圆盘定理. 确切地说,先构造矩阵 $\boldsymbol{B}=\boldsymbol{DAD}^{-1}$,其中 $\boldsymbol{D}=\mathrm{diag}(d_1,d_2,\cdots,d_n)$,$d_j$ 的选取原则是:欲使第 j 个圆盘缩小,可取 $0<d_j<1$,而其余的 d_k 取为1,此时 $\boldsymbol{B}$ 的其余圆盘相对放大;反之,欲使第 j 个圆盘放大,可取 $d_j>1$,而其余的 d_k 取为1,此时 $\boldsymbol{B}$ 的其余圆盘相对缩小. 于是,这样得到的相似矩阵 $\boldsymbol{B}=\boldsymbol{DAD}^{-1}=\left(a_{ij}\dfrac{d_i}{d_j}\right)_{n\times n}$ 与 $\boldsymbol{A}=(a_{ij})_{n\times n}$ 有相同的对角元.

例 4.3.6 隔离矩阵 $\boldsymbol{A}=\begin{bmatrix}20 & 5 & 0.8\\ 4 & 10 & 1\\ 1 & 2 & 10\mathrm{i}\end{bmatrix}$ 的特征值.

解 $\boldsymbol{A}$ 的3个盖尔圆为

$$G_1:\ |z-20|\leqslant 5.8,$$
$$G_2:\ |z-10|\leqslant 5,$$
$$G_3:\ |z-10\mathrm{i}|\leqslant 3.$$

G_1 与 G_2 相交; 而 G_3 孤立,其中恰好有 $\boldsymbol{A}$ 的一个特征值,记作 λ_3(见图 4.3).

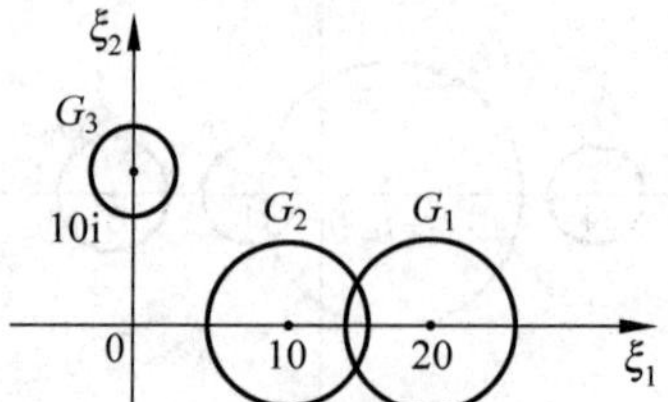

图 4.3

选取

$$\boldsymbol{D}=\mathrm{diag}(1,1,2),$$

则

$$\boldsymbol{B}=\boldsymbol{DAD}^{-1}=\begin{bmatrix}20 & 5 & 0.4\\ 4 & 10 & 0.5\\ 2 & 4 & 10\mathrm{i}\end{bmatrix}$$

的 3 个盖尔圆为

$$G'_1: |z-20| \leqslant 5.4,$$
$$G'_2: |z-10| \leqslant 4.5,$$
$$G'_3: |z-10\mathrm{i}| \leqslant 6.$$

易见,这是 3 个孤立的盖尔圆,每个盖尔圆中恰好有 $\boldsymbol{B}$ 的(也是 $\boldsymbol{A}$ 的)一个特征值(见图 4.4). 注意 G'_3 中的特征值就是 G_3 中的特征值 λ_3,所以 $\boldsymbol{A}$ 的 3 个特征值分别位于 G'_1,G'_2 及 G'_3 之中,按上面推理,它们都是实数.

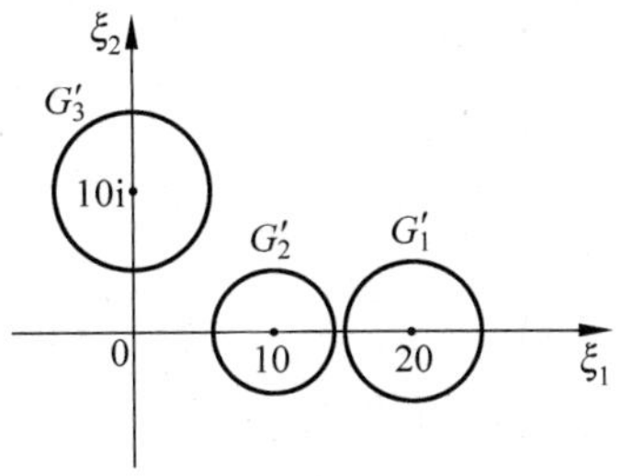

图 4.4

例 4.3.6 表明,对于矩阵 $\boldsymbol{A}$,适当选取正数 $d_1,d_2,\cdots,d_n$,可以获得只含 $\boldsymbol{A}$ 的一个特征值的孤立盖尔圆. 这样能够得到 $\boldsymbol{A}$ 的更精确的特征值的包含区域. 从几何上看,矩阵 $\boldsymbol{A}$ 的特征值全部位于以原点为圆心,谱半径 $\rho(\boldsymbol{A})$ 为半径的圆盘内.

必须注意,上述两种方法均有局限性,如当 $\boldsymbol{A}$ 对角线上元素均相同时会失效;又当 $\boldsymbol{A}$ 对角线上的元素为实数,但有非实的特征值时也失效.

定理 4.3.3 设 $\boldsymbol{A},\boldsymbol{E}\in\mathbb{C}^{n\times n}$,并且存在可逆矩阵 $\boldsymbol{P}$ 使得

$$\boldsymbol{P}^{-1}\boldsymbol{A}\boldsymbol{P}=\mathrm{diag}(\lambda_1,\cdots,\lambda_n), \tag{4.3.10}$$

$\boldsymbol{A}+\boldsymbol{E}$ 有特征值 $\mu_1,\cdots,\mu_n$,则对任一 μ_j,存在 λ_i 使得

$$|\lambda_i-\mu_j| \leqslant \|\boldsymbol{P}^{-1}\boldsymbol{E}\boldsymbol{P}\|_\infty. \tag{4.3.11}$$

此外,如果 λ_i 是 m 重特征值,且圆盘

$$G_i=\{z \mid |z-\lambda_i| \leqslant \|\boldsymbol{P}^{-1}\boldsymbol{E}\boldsymbol{P}\|_\infty\} \tag{4.3.12}$$

与圆盘

$$G_k=\{z \mid |z-\lambda_k| \leqslant \|\boldsymbol{P}^{-1}\boldsymbol{E}\boldsymbol{P}\|_\infty\}, \qquad \lambda_k\neq\lambda_i \tag{4.3.13}$$

不相交,则 G_i 恰好包含 $\boldsymbol{A}+\boldsymbol{E}$ 的 m 个特征值.

证明 令 $\boldsymbol{B}=\boldsymbol{P}^{-1}(\boldsymbol{A}+\boldsymbol{E})\boldsymbol{P}$,则 $\boldsymbol{B}$ 的特征值为 $\mu_1,\cdots,\mu_n$. 记 $\boldsymbol{P}^{-1}\boldsymbol{E}\boldsymbol{P}=\boldsymbol{F}=(f_{ij})\in\mathbb{C}^{n\times n}$,则 $\boldsymbol{B}$ 的对角元是 λ_k+f_{kk}. 由盖尔定理知存在 i 使得

$$|\lambda_i+f_{ii}-\mu_j| \leqslant \sum_{\substack{k=1\\k\neq i}}^{n} |f_{ik}|.$$

因此

$$|\lambda_i-\mu_j| \leqslant \sum_{k=1}^{n} |f_{ik}| \leqslant \|\boldsymbol{P}^{-1}\boldsymbol{E}\boldsymbol{P}\|_\infty.$$

再从盖尔定理 4.3.2 的结论(2)可直接推得定理 4.3.3 的第二部分结论. 证毕

定理 4.3.4 设 $\boldsymbol{A},\boldsymbol{E}\in\mathbb{C}^{n\times n}$,并存在可逆矩阵 $\boldsymbol{P}$ 使得

$$\boldsymbol{P}^{-1}\boldsymbol{A}\boldsymbol{P}=\boldsymbol{\Lambda}=\mathrm{diag}(\lambda_1,\cdots,\lambda_n), \tag{4.3.14}$$

则对 $\boldsymbol{A}+\boldsymbol{E}$ 的任一特征值 μ,有

$$\min_i |\lambda_i-\mu| \leqslant \|\boldsymbol{P}^{-1}\boldsymbol{E}\boldsymbol{P}\|, \tag{4.3.15}$$

其中 $\|\cdot\|$ 是满足 $\|\mathrm{diag}(d_1,\cdots,d_n)\|=\max\limits_{1\leqslant i\leqslant n}|d_i|$ 的任何相容矩阵范数.

证明 令 $\boldsymbol{B}=\boldsymbol{P}^{-1}(\boldsymbol{A}+\boldsymbol{E})\boldsymbol{P}=\boldsymbol{\Lambda}+\boldsymbol{F}$,其中 $\boldsymbol{F}=\boldsymbol{P}^{-1}\boldsymbol{E}\boldsymbol{P}=(f_{ij})\in\mathbb{C}^{n\times n}$. 对 $\boldsymbol{A}+\boldsymbol{E}$ 的任一特

征值μ,若$\boldsymbol{\Lambda}-\mu\boldsymbol{I}$奇异,则存在某个$i$,使得$\mu=\lambda_i$.于是定理得证.

下面假定$\boldsymbol{\Lambda}-\mu\boldsymbol{I}$非奇异,因为$\boldsymbol{\Lambda}-\mu\boldsymbol{I}+\boldsymbol{F}$奇异,所以存在非零向量$\boldsymbol{y}\in\mathbb{C}^{n\times n}$,使得

$$(\boldsymbol{\Lambda}-\mu\boldsymbol{I})\boldsymbol{y}=-\boldsymbol{F}\boldsymbol{y},$$

则

$$\boldsymbol{y}=(\boldsymbol{\Lambda}-\mu\boldsymbol{I})^{-1}\boldsymbol{F}\boldsymbol{y},$$

从而

$$\begin{aligned}\|\boldsymbol{y}\| &\leqslant \|(\boldsymbol{\Lambda}-\mu\boldsymbol{I})^{-1}\|\|\boldsymbol{F}\|\|\boldsymbol{y}\|\\ &=(\min_i|\lambda_i-\mu|)^{-1}\|\boldsymbol{F}\|\|\boldsymbol{y}\|,\end{aligned}$$

因此

$$\min_i|\lambda_i-\mu|\leqslant\|\boldsymbol{F}\|=\|\boldsymbol{P}^{-1}\boldsymbol{E}\boldsymbol{P}\|.$$ 证毕

由式(4.3.15)可得

$$\min_i|\lambda_i-\mu|\leqslant\|\boldsymbol{P}^{-1}\|\|\boldsymbol{P}\|\|\boldsymbol{E}\|,\tag{4.3.16}$$

上式表明:$\|\boldsymbol{P}^{-1}\|\|\boldsymbol{P}\|$反映了矩阵$\boldsymbol{A}$的特征值对摄动$\boldsymbol{E}$的"灵敏度".

定义 4.3.4 设$\boldsymbol{A}\in\mathbb{C}^{n\times n}$,并且存在可逆矩阵$\boldsymbol{P}$使得$\boldsymbol{P}^{-1}\boldsymbol{A}\boldsymbol{P}=\mathrm{diag}(\lambda_1,\cdots,\lambda_n)$,则称$\|\boldsymbol{P}^{-1}\|\|\boldsymbol{P}\|$为矩阵$\boldsymbol{A}$关于特征值问题的"条件数",简称**特征条件数**,记为$\zeta(\boldsymbol{P})$.

若$\zeta(\boldsymbol{P})=\|\boldsymbol{P}^{-1}\|\|\boldsymbol{P}\|$不是很大,则$\boldsymbol{A}$的特征值问题是良态的.

如果矩阵$\boldsymbol{A}$是埃尔米特矩阵,并且其摄动矩阵$\boldsymbol{E}$也是埃尔米特矩阵,则有如下结论:

定理 4.3.5 设$\boldsymbol{A},\boldsymbol{E}$均为$n$阶埃尔米特矩阵,$\boldsymbol{B}=\boldsymbol{A}+\boldsymbol{E}$,且$\boldsymbol{A},\boldsymbol{B}$和$\boldsymbol{E}$的特征值分别为$\lambda_1\geqslant\lambda_2\geqslant\cdots\geqslant\lambda_n$,$\mu_1\geqslant\mu_2\geqslant\cdots\geqslant\mu_n$和$\varepsilon_1\geqslant\varepsilon_2\geqslant\cdots\geqslant\varepsilon_n$,则

$$|\lambda_i-\mu_i|\leqslant\|\boldsymbol{E}\|_2,\quad i=1,2,\cdots,n.\tag{4.3.17}$$

证明 因为$\boldsymbol{E}$是埃尔米特矩阵,则

$$\|\boldsymbol{E}\|_2=\max\{|\varepsilon_1|,|\varepsilon_n|\}.$$

于是,由定理1.3.13即得式(4.3.17). 证毕

由定理4.3.5可知,埃尔米特矩阵$\boldsymbol{A}$的特征条件数$\zeta(\boldsymbol{P})=\|\boldsymbol{P}^{-1}\|\|\boldsymbol{P}\|=1$,这是比较小的.所以这种矩阵的特征值问题是良态的.

习 题 4(3)

1. 求矩阵$\boldsymbol{A}=\begin{bmatrix}1 & 0\\ 0 & 10^{-10}\end{bmatrix}$的条件数$\mathrm{cond}(\boldsymbol{A})_\infty$.

2. 在$p=1,\infty$的范数意义下,求矩阵$\boldsymbol{A}=\begin{bmatrix}1 & 2\\ 1.001 & 2.001\end{bmatrix}$的条件数.

3. 设$\boldsymbol{A}=\begin{bmatrix}2\lambda & \lambda\\ 1 & 1\end{bmatrix}$,证明:当$\lambda=\pm\dfrac{2}{3}$时,$\mathrm{cond}(\boldsymbol{A})_\infty$有最小值.

4. 设n阶矩阵($n=101$)

$$\boldsymbol{A}=\begin{bmatrix}1 & & & \\ & 10^{-1} & & \\ & & \ddots & \\ & & & 10^{-1}\end{bmatrix},$$

求 det($\boldsymbol{A}$)和 cond$(\boldsymbol{A})_\infty$.结果说明了什么？

5. 方程组

$$\begin{bmatrix} 6 & 13 & -17 \\ 13 & 29 & -38 \\ -17 & -38 & 50 \end{bmatrix}\begin{bmatrix} x_1 \\ x_2 \\ x_3 \end{bmatrix}=\begin{bmatrix} 1 \\ 2 \\ -3 \end{bmatrix}$$

是否病态？

6. 4 阶希尔伯特矩阵 $\boldsymbol{H}_4$ 的元素为 $h_{ij}=(i+j-1)^{-1}$，求 $\boldsymbol{H}_4$ 在 1-范数和∞-范数意义下的条件数及 det($\boldsymbol{H}_4$).

7. 已知威尔逊(Wilson)矩阵

$$\boldsymbol{W}=\begin{bmatrix} 10 & 7 & 8 & 7 \\ 7 & 5 & 6 & 5 \\ 8 & 6 & 10 & 9 \\ 7 & 5 & 9 & 10 \end{bmatrix},$$

求解线性方程组 $\boldsymbol{Wx}=\boldsymbol{b}$. 其中

(1) $\boldsymbol{b}=(32,23,33,31)^{\mathrm{T}}$；

(2) $\boldsymbol{b}=(32.01,22.99,33.01,30.99)^{\mathrm{T}}$.

并讨论右端项 $\boldsymbol{b}$ 的摄动对解 $\boldsymbol{x}$ 的影响.

8. (1) 求线性方程组 $\boldsymbol{Ax}=\boldsymbol{b}$ 的准确解，这里

$$\boldsymbol{A}=\begin{bmatrix} 1 & \frac{1}{2} & \frac{1}{3} \\ \frac{1}{2} & \frac{1}{3} & \frac{1}{4} \\ \frac{1}{3} & \frac{1}{4} & \frac{1}{5} \end{bmatrix},\qquad \boldsymbol{b}=\begin{bmatrix} 0.3 \\ 1 \\ 1 \end{bmatrix};$$

(2) 当(1)中的 $\boldsymbol{b}=\begin{bmatrix} 0.3 \\ 1 \\ 1.01 \end{bmatrix}$ 时，再解 $\boldsymbol{Ax}=\boldsymbol{b}$.

9. 已知线性方程组

$$\begin{bmatrix} 1 & \frac{1}{2} & \frac{1}{3} \\ \frac{1}{2} & \frac{1}{3} & \frac{1}{4} \\ \frac{1}{3} & \frac{1}{4} & \frac{1}{5} \end{bmatrix}\begin{bmatrix} x_1 \\ x_2 \\ x_3 \end{bmatrix}=\begin{bmatrix} 1 \\ 0 \\ 0 \end{bmatrix}$$

的真解为$(9,-36,30)^{\mathrm{T}}$，若方程组变为

$$\begin{bmatrix} 1 & 0.50 & 0.33 \\ 0.50 & 0.33 & 0.25 \\ 0.33 & 0.25 & 0.20 \end{bmatrix}\begin{bmatrix} x_1 \\ x_2 \\ x_3 \end{bmatrix}=\begin{bmatrix} 1.0 \\ 0.0 \\ 0.0 \end{bmatrix},$$

用高斯消去法求解(取二位有效数字运算)，并把两者结果进行比较，能得出什么结论？

10. 设 $\boldsymbol{A}=\begin{bmatrix} 1 & \frac{1}{2} & \frac{1}{3} & \frac{1}{4} \\ \frac{1}{2} & \frac{1}{3} & \frac{1}{4} & \frac{1}{5} \\ \frac{1}{3} & \frac{1}{4} & \frac{1}{5} & \frac{1}{6} \\ \frac{1}{4} & \frac{1}{5} & \frac{1}{6} & \frac{1}{7} \end{bmatrix}$，$\boldsymbol{b}=\begin{bmatrix} \frac{25}{12} \\ \frac{77}{60} \\ \frac{57}{60} \\ \frac{319}{420} \end{bmatrix}$，方程组 $\boldsymbol{Ax}=\boldsymbol{b}$ 的真解为 $\boldsymbol{x}=(1,1,1,1)^{\mathrm{T}}$.

(1) 用三位有效数字(切断)运算,求 $\boldsymbol{Ax}=\boldsymbol{b}$ 的解.

(2) 用三位有效数字(舍入)运算,求 $\boldsymbol{Ax}=\boldsymbol{b}$ 的解;再与(1)比较.

(3) 用五位有效数字(舍入)运算,求解 $\boldsymbol{Ax}=\boldsymbol{b}$,再把结果与(1)、(2)比较.

11. 利用盖尔定理估计下面矩阵 $\boldsymbol{A}$ 的特征值的分布范围:

$$\boldsymbol{A}=\begin{bmatrix}1 & -0.5 & -0.5 & 0\\ -0.5 & 1.5 & \mathrm{i} & 0\\ 0 & -0.5\mathrm{i} & 5 & 0.5\mathrm{i}\\ -1 & 0 & 0 & 5\mathrm{i}\end{bmatrix}.$$

12. 用相似方法,求 $\boldsymbol{A}$ 的孤立圆盘,其中

$$\boldsymbol{A}=\begin{bmatrix}0.9 & 0.01 & 0.12\\ 0.01 & 0.8 & 0.13\\ 0.01 & 0.02 & 0.4\end{bmatrix}.$$

13. 证明 $\boldsymbol{A}$ 至少有两个实特征值,其中

$$\boldsymbol{A}=\begin{bmatrix}9 & 1 & -2 & 1\\ 0 & 8 & 1 & 1\\ -1 & 0 & 4 & 0\\ 1 & 0 & 0 & 1\end{bmatrix}.$$

14. 在盖尔定理中,如果一个连通部分是由两个外切圆构成的,证明:每个圆上不可能都有两个特征值.

15. 求 $\boldsymbol{A}$ 的圆盘,其中

$$\boldsymbol{A}=\begin{bmatrix}0 & 1 & -1\\ 1 & 2 & 0\\ \mathrm{i} & 1 & 2\mathrm{i}\end{bmatrix}.$$

16. 求 $\boldsymbol{A}$ 的圆盘并估计其特征值,其中

$$\boldsymbol{A}=\begin{bmatrix}10 & 1 & 2 & 3\\ 5 & 30 & 1 & 2\\ 10 & 3 & -10 & 5\\ 2 & 3 & 1 & -10\end{bmatrix}.$$

17. 设 n 阶矩阵 $\boldsymbol{A}$ 满足对角强优条件(亦称"严格对角占优"条件),其中

$$|a_{ii}|>\sum_{j\neq i}|a_{ij}|,\quad i=1,2,\cdots,n,$$

证明:$|\boldsymbol{A}|\neq 0$.

18. 求 $\boldsymbol{A}$ 的圆盘,其中

$$\boldsymbol{A}=\begin{bmatrix}10 & -8\\ 5 & 0\end{bmatrix}.$$

下篇　应用篇

第5章 矩阵微积分及其应用

引言　讨论矩阵微积分的必要性

在线性代数中，只讨论矩阵的加(减)法、乘法和求逆为核心的代数运算，而完全没有涉及类似于数学分析中的极限、级数、微积分等运算，可是，在研究运筹学以及线性系统的可控制等方面的问题时，这些运算又是十分必要的. 比如在图像处理、模式识别或移动通信等领域，常需要利用特定的线性变换将高维向量压缩成低维向量或将低维向量还原为高维向量，并且使误差尽可能小，描述此类问题的数学模型是：相当于求以矩阵 $\boldsymbol{U}$ 为自变量的函数

$$J(\boldsymbol{U}) = \|\boldsymbol{U\alpha} - \boldsymbol{\beta}\|, \quad 其中 \boldsymbol{U} \in \mathbb{R}^{m\times n}, \boldsymbol{\alpha} \in \mathbb{R}^n, \boldsymbol{\beta} \in \mathbb{R}^m$$

在约束条件 $\boldsymbol{U}^{\mathrm{T}}\boldsymbol{U}=\boldsymbol{I}$ 或 $\boldsymbol{U}\boldsymbol{U}^{\mathrm{T}}=\boldsymbol{I}$ 下的最小值点(矩阵). 解决此类优化问题的一个可行办法是求矩阵函数 $J(\boldsymbol{U})$ 关于未知矩阵 $\boldsymbol{U}$ 的导数，这就需要研究矩阵的微积分. 在第4章建立了范数概念之后，就解决了两个矩阵之间的距离问题，一旦有了距离概念，就能够和高等数学几乎完全平行地讨论矩阵序列的极限和矩阵函数的连续性，进而讨论矩阵函数的微分学和积分学理论. 以上这些，就是本章所要介绍的矩阵微积分内容.

5.1　向量序列和矩阵序列的极限

矩阵微积分理论的建立，同大学里所学的数学分析课程一样，也是以极限理论为基础的. 因此，下面我们先讨论向量和矩阵序列的极限运算.

5.1.1　向量序列的极限

定义 5.1.1(按范数收敛)　设 $\boldsymbol{x}^{(k)}, \boldsymbol{x} \in \mathbb{C}^n \ (k=1,2,\cdots)$，若

$$\|\boldsymbol{x}^{(k)} - \boldsymbol{x}\| \to 0, \qquad k \to +\infty, \tag{5.1.1}$$

则称向量序列 $\{\boldsymbol{x}^{(k)}\}$ **收敛于**向量 $\boldsymbol{x}$，或说向量 $\boldsymbol{x}$ 是向量序列 $\{\boldsymbol{x}^{(k)}\}$ 当 $k\to+\infty$ 时的**极限**，可记为

$$\lim_{k\to+\infty} \boldsymbol{x}^{(k)} = \boldsymbol{x} \tag{5.1.2}$$

或

$$\boldsymbol{x}^{(k)} \to \boldsymbol{x}, \qquad k \to +\infty. \tag{5.1.3}$$

由向量范数之间的等价关系可知,在某一向量范数意义下收敛,在其他向量范数意义下也一定收敛.

例 5.1.1 设 $\boldsymbol{x}=(1,1,\cdots,1)^{\mathrm{T}}\in\mathbb{R}^n$,且

$$\boldsymbol{x}^{(k)}=\left(1+\frac{1}{2^k},1+\frac{1}{3^k},\cdots,1+\frac{1}{(n+1)^k}\right)^{\mathrm{T}},$$

试证 $\lim\limits_{k\to+\infty}\boldsymbol{x}^{(k)}=\boldsymbol{x}$.

证明 由于 $\lim\limits_{k\to+\infty}\|\boldsymbol{x}^{(k)}-\boldsymbol{x}\|_\infty=\lim\limits_{k\to+\infty}\max\limits_{2\leqslant i\leqslant n+1}\frac{1}{i^k}=\lim\limits_{k\to+\infty}\frac{1}{2^k}=0$,所以 $\lim\limits_{k\to+\infty}\boldsymbol{x}^{(k)}=\boldsymbol{x}$.

证毕

例 5.1.2 设

$$\boldsymbol{x}^{(k)}=\sum_{m=0}^{k}\frac{t^m}{m!},\qquad t\in[0,1],\quad k=0,1,2,\cdots$$

是线性空间 $P[t]_k$(多项式集合)的向量序列,又

$$\|\boldsymbol{x}^{(k)}\|_\infty=\max_{t\in[0,1]}|\boldsymbol{x}^{(k)}|.$$

显然,当 $n>k$ 时,

$$\|\boldsymbol{x}^{(k)}-\boldsymbol{x}^{(n)}\|_\infty\leqslant\frac{1}{(k+1)!}+\frac{1}{(k+2)!}+\cdots+\frac{1}{n!},$$

只要 k,n 充分大,上面不等式右端可以任意小,由微积分理论知

$$\lim_{k\to+\infty}\boldsymbol{x}^{(k)}=\mathrm{e}^t.$$

虽然向量序列$\{\boldsymbol{x}^{(k)}\}$的极限存在,但 e^t 并不是 $P[t]_k$ 中的向量,由此,在赋范线性空间中,柯西收敛原理只是向量序列收敛的必要条件,即若$\{\boldsymbol{x}^{(k)}\}$收敛,则对任意 $\varepsilon>0$,存在正整数 N,使当 $k,n>N$ 时,恒有

$$\|\boldsymbol{x}^{(k)}-\boldsymbol{x}^{(n)}\|<\varepsilon$$

成立,但其逆不真(因为极限可能不属于赋范线性空间).

定义 5.1.2 若赋范线性空间中任一收敛向量序列的极限均属于此赋范线性空间,则称此赋范线性空间为**完备的赋范线性空间**,或称为**巴拿赫**(Banach)**空间**.在巴拿赫空间中,柯西收敛原理成立.

如果赋范线性空间是$\mathbb{C}^n$,则向量序列在范数意义下的收敛定义 5.1.1 与下面的各坐标分量序列的同时收敛等价.

定理 5.1.1 设 $\boldsymbol{x}^{(k)}=(x_1^{(k)},x_2^{(k)},\cdots,x_n^{(k)})^{\mathrm{T}}$,$\boldsymbol{x}=(x_1,x_2,\cdots,x_n)^{\mathrm{T}}\in\mathbb{C}^n$,则向量序列$\{\boldsymbol{x}^{(k)}\}$收敛于 $\boldsymbol{x}$ 的充要条件为:每一个坐标分量序列$\{x_i^{(k)}\}$收敛于 x_i,即

$$\lim_{k\to+\infty}x_i^{(k)}=x_i,\qquad i=1,2,\cdots,n.\quad(\text{按坐标收敛})\tag{5.1.4}$$

证明 必要性:设 $\|\boldsymbol{x}\|=\|\boldsymbol{x}\|_\infty=\max\limits_i|x_i|$,则

$$\|\boldsymbol{x}^{(k)}-\boldsymbol{x}\|_\infty\to0,\qquad k\to+\infty.$$

由于 $\max\limits_i|x_i^{(k)}-x_i|\geqslant|x_i^{(k)}-x_i|$,所以有

$$|x_i^{(k)}-x_i|\to0,$$

即

$$\lim_{k\to+\infty} x_i^{(k)}=x_i,\qquad i=1,2,\cdots,n.$$

充分性：如果

$$\lim_{k\to+\infty} x_i^{(k)}=x_i,\qquad i=1,2,\cdots,n,$$

则

$$\lim_{k\to+\infty}\max_i |x_i^{(k)}-x_i|=0,$$

即

$$\|\boldsymbol{x}^{(k)}-\boldsymbol{x}\|_\infty\to 0,\qquad k\to+\infty.$$

再由范数的等价性知，上述结论对$\mathbb{C}^n$中任意向量范数均成立. 证毕

例 5.1.3 试考察下列两向量序列的收敛性：

(1) $\boldsymbol{x}^{(k)}=\left(\frac{1}{2^k},\frac{\sin k}{k}\right)(k=1,2,3,\cdots)$.

(2) $\boldsymbol{y}^{(k)}=\left(\sum_{i=1}^{k}\frac{1}{2^i},\sum_{i=1}^{k}\frac{1}{i}\right)(k=1,2,3,\cdots)$.

解 (1) 因为当$k\to+\infty$时，$\frac{1}{2^k}\to 0$，$\frac{\sin k}{k}\to 0$，所以

$$\lim_{k\to+\infty}\boldsymbol{x}^{(k)}=\left(\lim_{k\to+\infty}\frac{1}{2^k},\lim_{k\to+\infty}\frac{\sin k}{k}\right)=(0,0)=\boldsymbol{0},$$

即收敛.

(2) 因为

$$\sum_{i=1}^{k}\frac{1}{2^i}=\frac{1}{2}\,\frac{1-\left(\frac{1}{2}\right)^{k+1}}{1-\frac{1}{2}}\to 1,\qquad k\to+\infty,$$

而$\sum_{i=1}^{k}\frac{1}{i}$当$k\to+\infty$时为调和级数，发散，因而$\{\boldsymbol{y}^{(k)}\}$发散.

从定理 5.1.1 和例 5.1.3 可见，赋范线性空间$\mathbb{C}^n$中的向量序列$\{\boldsymbol{x}^{(k)}\}$若收敛，则极限$\boldsymbol{x}$仍属于$\mathbb{C}^n$，所以$\mathbb{C}^n$总是完备的赋范线性空间.

5.1.2 矩阵序列的极限

由于n阶矩阵可以看作是一个$n\times n$维向量，其收敛性可以和$\mathbb{C}^n$中的向量一样考虑. 所以，我们可以按照矩阵各个元素序列的同时收敛来规定矩阵序列的收敛性.

定义 5.1.3 设有矩阵序列$\{\boldsymbol{A}^{(k)}\}$，其中$\boldsymbol{A}^{(k)}=(a_{ij}^{(k)})\in\mathbb{C}^{n\times n}$，且当$k\to+\infty$时，$a_{ij}^{(k)}\to a_{ij}$，则称$\{\boldsymbol{A}^{(k)}\}$**收敛**，并把矩阵$\boldsymbol{A}=(a_{ij})$叫作$\{\boldsymbol{A}^{(k)}\}$的极限，或称$\{\boldsymbol{A}^{(k)}\}$收敛于$\boldsymbol{A}$，记为

$$\lim_{k\to-\infty}A^{(k)}=\boldsymbol{A}\quad 或\quad \boldsymbol{A}^{(k)}\to\boldsymbol{A}. \tag{5.1.5}$$

不收敛的矩阵序列称为**发散**的.

下面我们来证明，定义 5.1.3 和在范数意义下的收敛

$$\|\boldsymbol{A}^{(k)}-\boldsymbol{A}\|\to 0,\qquad k\to+\infty \tag{5.1.6}$$

(其中$\|\cdot\|$为任一矩阵范数)是等价的.

事实上，取矩阵范数(见第 4 章m_1范数)

$$\|A\| = \sum_{i,j=1}^{n} |a_{ij}|.$$

设 $\lim\limits_{k\to+\infty} A^{(k)} = A$,即对每个 i,j 有

$$\lim_{k\to+\infty} a_{ij}^{(k)} = a_{ij}, \qquad i,j = 1,2,\cdots,n,$$

即

$$\lim_{k\to+\infty} |a_{ij}^{(k)} - a_{ij}| = 0, \qquad i,j = 1,2,\cdots,n,$$

故有

$$\lim_{k\to+\infty} \|A^{(k)} - A\| = \lim_{k\to+\infty} \sum_{i,j=1}^{n} |a_{ij}^{(k)} - a_{ij}| = 0.$$

反之,设 $\lim\limits_{k\to+\infty} \|A^{(k)} - A\| = 0$,即

$$\lim_{k\to+\infty} \sum_{i,j=1}^{n} |a_{ij}^{(k)} - a_{ij}| = 0.$$

于是对 $i,j = 1,2,\cdots,n$,有

$$\lim_{k\to+\infty} |a_{ij}^{(k)} - a_{ij}| = 0.$$

即

$$\lim_{k\to+\infty} A^{(k)} = A.$$

再由矩阵范数的等价性,有

$$c_1 \|A^{(k)} - A\| \leqslant \|A^{(k)} - A\|_a \leqslant c_2 \|A^{(k)} - A\|,$$

$$c'_1 \|A^{(k)} - A\|_a \leqslant \|A^{(k)} - A\| \leqslant c'_2 \|A^{(k)} - A\|_a,$$

其中 $\|\cdot\|_a$ 为任一矩阵范数. 从而知

$$\lim_{k\to+\infty} \|A^{(k)} - A\| = 0 \Leftrightarrow \lim_{k\to+\infty} \|A^{(k)} - A\|_a = 0.$$

关于矩阵序列的极限运算有下述性质.

性质 1 设 $\lim\limits_{k\to+\infty} A^{(k)} = A$, $\lim\limits_{k\to+\infty} B^{(k)} = B$,则

$$\lim_{k\to+\infty} (aA^{(k)} + bB^{(k)}) = aA + bB, \qquad a,b \in \mathbb{C};$$

性质 2 设 $\lim\limits_{k\to+\infty} A^{(k)} = A$, $\lim\limits_{k\to+\infty} B^{(k)} = B$, $A^{(k)}$, $B^{(k)} \in \mathbb{C}^{n\times n}$,则

$$\lim_{k\to+\infty} A^{(k)} B^{(k)} = AB;$$

性质 3 设 $\lim\limits_{k\to+\infty} A^{(k)} = A$,且 $A^{(k)}$ $(k=1,2,\cdots)$,A 均可逆,则$\{(A^{(k)})^{-1}\}$也收敛,且

$$\lim_{k\to+\infty} (A^{(k)})^{-1} = A^{-1}.$$

性质 1 和性质 2 利用定义容易验证. 下面证明性质 3.

事实上,记 $\mathrm{adj}A$ 为 A 的伴随矩阵,则

$$(A^{(k)})^{-1} = \frac{\mathrm{adj}A^{(k)}}{\det A^{(k)}},$$

其中

$$\mathrm{adj}A^{(k)} = \begin{bmatrix} A_{11}^{(k)} & A_{21}^{(k)} & \cdots & A_{n1}^{(k)} \\ A_{12}^{(k)} & A_{22}^{(k)} & \cdots & A_{n2}^{(k)} \\ \vdots & \vdots & & \vdots \\ A_{1n}^{(k)} & A_{2n}^{(k)} & \cdots & A_{nn}^{(k)} \end{bmatrix}.$$

因为 $A_{ij}^{(k)}$ 是$|\boldsymbol{A}^{(k)}|$中元素 $a_{ij}^{(k)}$ 的代数余子式，所以 $A_{ij}^{(k)}$ 是 $\boldsymbol{A}^{(k)}$ 的元素的$(n-1)$次多项式，由多项式函数的连续性知

$$\lim_{k\to+\infty} A_{ij}^{(k)}=A_{ij},$$

其中 A_{ij} 是$|\boldsymbol{A}|$中元素 a_{ij} 的代数余子式，故有

$$\lim_{k\to+\infty} \mathrm{adj}\boldsymbol{A}^{(k)}=\mathrm{adj}\boldsymbol{A}.$$

同理，$\det\boldsymbol{A}^{(k)}$是 $\boldsymbol{A}^{(k)}$ 的元素的 n 次多项式，所以

$$\lim_{k\to+\infty} \det\boldsymbol{A}^{(k)}=\det\boldsymbol{A}\neq 0,$$

从而有

$$\lim_{k\to+\infty}(\boldsymbol{A}^{(k)})^{-1}=\lim_{k\to+\infty}\frac{\mathrm{adj}\boldsymbol{A}^{(k)}}{\det\boldsymbol{A}^{(k)}}=\frac{\mathrm{adj}\boldsymbol{A}}{\det\boldsymbol{A}}=\boldsymbol{A}^{-1}.$$

下面研究由矩阵 $\boldsymbol{A}\in\mathbb{C}^{n\times n}$ 的幂组成的矩阵序列

$$\boldsymbol{A},\boldsymbol{A}^2,\cdots,\boldsymbol{A}^k,\cdots. \tag{5.1.7}$$

关于矩阵序列(5.1.7)有下述两个收敛定理：

定理 5.1.2　设有矩阵序列$\{\boldsymbol{A}^{(k)}\}$：$\boldsymbol{A},\boldsymbol{A}^2,\cdots,\boldsymbol{A}^k,\cdots$，则 $\lim\limits_{k\to+\infty}\boldsymbol{A}^k=\boldsymbol{0}$ 的充分必要条件是矩阵 $\boldsymbol{A}$ 的所有特征值的模都小于 1，即 $\boldsymbol{A}$ 的谱半径小于 1.

$$\rho(\boldsymbol{A})<1. \tag{5.1.8}$$

证明　必要性：设 $\lim\limits_{k\to+\infty}\boldsymbol{A}^k=\boldsymbol{0}$，由于 $\boldsymbol{A}^k=\boldsymbol{T}\boldsymbol{J}^k\boldsymbol{T}^{-1}$，故有

$$\lim_{k\to+\infty}\boldsymbol{J}^k=\boldsymbol{0}. \tag{5.1.9}$$

显然，式(5.1.9)成立的充要条件为

$$\lim_{k\to+\infty}\boldsymbol{J}_i^k=\boldsymbol{0},\qquad i=1,2,\cdots,r, \tag{5.1.10}$$

其中

$$\boldsymbol{J}=\begin{bmatrix}\boldsymbol{J}_1 & & & \\ & \boldsymbol{J}_2 & & \\ & & \ddots & \\ & & & \boldsymbol{J}_r\end{bmatrix}_{n\times n},\quad \boldsymbol{J}_i=\begin{bmatrix}\lambda_i & 1 & & & \\ & \lambda_i & 1 & & \\ & & \lambda_i & \ddots & \\ & & & \ddots & 1\\ & & & & \lambda_i\end{bmatrix}_{n_i\times n_i},$$

$\boldsymbol{J}_i$ 为若尔当块，$\lambda_i(i=1,2,\cdots,r)$可能有相同的，初等因子的指数 $n_i(i=1,2,\cdots,r)$也可能有相同的，且 $\sum\limits_{i=1}^{r}n_i=n$.

又因为 k 充分大$(k\geqslant n_i-1)$时，

$$\boldsymbol{J}_i^k=\begin{bmatrix}\lambda_i^k & \mathrm{C}_k^1\lambda_i^{k-1} & \cdots & \mathrm{C}_k^{n_i-1}\lambda^{k-n_i+1}\\ & \lambda_i^k & \cdots & \vdots\\ & & \ddots & \vdots\\ & & & \lambda_i^k\end{bmatrix}_{n_i\times n_i},$$

所以，式(5.1.10)成立的充要条件为

$$\lim_{k\to+\infty}\lambda_i^k=0,\qquad i=1,2,\cdots,r,$$

故$|\lambda_i|<1(i=1,2,\cdots,r)$，从而 $\rho(\boldsymbol{A})<1$.

充分性：设 $\boldsymbol{A}$ 的谱半径 $\rho(\boldsymbol{A})<1$，则 $\lim\limits_{k\to+\infty}\lambda_i^k=0(i=1,2,\cdots,r)$，由此可知 $\lim\limits_{k\to+\infty}\boldsymbol{J}_i^k=\boldsymbol{0}$，从而有

$$\lim_{k\to+\infty}\boldsymbol{J}^k=\boldsymbol{0},$$

$$\lim_{k\to+\infty}\boldsymbol{A}^k=\boldsymbol{0}.$$

证毕

注 当 $\boldsymbol{A}^k$ 收敛于零矩阵时，此时称 $\boldsymbol{A}$ 为**收敛矩阵**.

定理 5.1.3 若对于矩阵 $\boldsymbol{A}$ 的某一范数有 $\|\boldsymbol{A}\|<1$，则

$$\lim_{k\to+\infty}\boldsymbol{A}^k=\boldsymbol{0}.$$

证明 因为 $\|\boldsymbol{A}^k\|\leqslant\|\boldsymbol{A}\|^k$，所以当 $\|\boldsymbol{A}\|<1$ 时，有

$$\lim_{k\to+\infty}\|\boldsymbol{A}^k\|=0,$$

即

$$\lim_{k\to+\infty}\|\boldsymbol{A}^k-\boldsymbol{0}\|=0.$$

再由式(5.1.6)知

$$\lim_{k\to+\infty}\boldsymbol{A}^k=\boldsymbol{0}.$$

证毕

5.2 矩阵级数与矩阵函数

5.2.1 矩阵级数

在建立矩阵函数以及表示系统微分方程的解时，常常用到矩阵级数.特别是矩阵的幂级数在矩阵分析中占有重要的地位.矩阵级数理论与数学分析中数项级数的相应的定义与性质完全类似，现给出如下.

定义 5.2.1 设有矩阵序列

$$\boldsymbol{A}^{(1)},\boldsymbol{A}^{(2)},\cdots,\boldsymbol{A}^{(k)},\cdots,$$

其中 $\boldsymbol{A}^{(k)}=(a_{ij}^{(k)})\in\mathbb{C}^{n\times n}$，称无穷和

$$\boldsymbol{A}^{(0)}+\boldsymbol{A}^{(1)}+\boldsymbol{A}^{(2)}+\cdots+\boldsymbol{A}^{(k)}+\cdots$$

为**矩阵级数**，记为 $\sum\limits_{k=0}^{\infty}\boldsymbol{A}^{(k)}$，$\boldsymbol{A}^{(k)}$ 称为矩阵级数的**一般项**，即有

$$\sum_{k=0}^{+\infty}\boldsymbol{A}^{(k)}=\boldsymbol{A}^{(0)}+\boldsymbol{A}^{(1)}+\boldsymbol{A}^{(2)}+\cdots+\boldsymbol{A}^{(k)}+\cdots. \tag{5.2.1}$$

定义 5.2.2 级数(5.2.1)前 $k+1$ 项的和

$$\boldsymbol{S}^{(k)}=\boldsymbol{A}^{(0)}+\boldsymbol{A}^{(1)}+\boldsymbol{A}^{(2)}+\cdots+\boldsymbol{A}^{(k)}$$

称为级数(5.2.1)的**部分和**，如果矩阵序列 $\{\boldsymbol{S}^{(k)}\}$ 收敛，且有极限 $\boldsymbol{S}$，即有

$$\lim_{k\to+\infty}\boldsymbol{S}^{(k)}=\boldsymbol{S},$$

则称矩阵数(5.2.1)**收敛**，$\boldsymbol{S}$ 称为级数的**和**，记作

$$\boldsymbol{S}=\sum_{k=0}^{+\infty}\boldsymbol{A}^{(k)}. \tag{5.2.2}$$

不收敛的矩阵级数称为是**发散**的.

显然，矩阵级数(5.2.2)收敛的充要条件是 n^2 个数项级数 $\sum_{k=0}^{+\infty} a_{ij}^{(k)}(i,j=1,2,\cdots,n)$ 都收敛，且和为

$$\boldsymbol{S}=\begin{bmatrix}\sum_{k=0}^{+\infty} a_{11}^{(k)} & \sum_{k=0}^{+\infty} a_{12}^{(k)} & \cdots & \sum_{k=0}^{+\infty} a_{1n}^{(k)} \\ \sum_{k=0}^{+\infty} a_{21}^{(k)} & \sum_{k=0}^{+\infty} a_{22}^{(k)} & \cdots & \sum_{k=0}^{+\infty} a_{2n}^{(k)} \\ \vdots & \vdots & & \vdots \\ \sum_{k=0}^{+\infty} a_{n1}^{(k)} & \sum_{k=0}^{+\infty} a_{n2}^{(k)} & \cdots & \sum_{k=0}^{+\infty} a_{nn}^{(k)}\end{bmatrix}.$$

由矩阵级数收敛的定义易知

(1) 若 $\sum_{k=0}^{+\infty} \boldsymbol{A}^{(k)}$ 收敛，则 $\lim_{k\to+\infty} \boldsymbol{A}^{(k)}=\boldsymbol{0}$；

(2) 若 $\sum_{k=0}^{+\infty} \boldsymbol{A}^{(k)}=\boldsymbol{S}$，$\sum_{k=0}^{+\infty} \boldsymbol{B}^{(k)}=\boldsymbol{S}'$，则

$$\sum_{k=0}^{+\infty}(\boldsymbol{A}^{(k)}\pm\boldsymbol{B}^{(k)})=\boldsymbol{S}\pm\boldsymbol{S}';$$

(3) 若 $\sum_{k=0}^{+\infty} \boldsymbol{A}^{(k)}=\boldsymbol{S}$，则 $\sum_{k=0}^{+\infty}\mu \boldsymbol{A}^{(k)}=\mu\boldsymbol{S}$，$\mu\in\mathbb{C}$.

定义 5.2.3　设矩阵级数 $\sum_{k=0}^{+\infty} \boldsymbol{A}^{(k)}=\boldsymbol{A}^{(0)}+\boldsymbol{A}^{(1)}+\boldsymbol{A}^{(2)}+\cdots+\boldsymbol{A}^{(k)}+\cdots$，其中 $\boldsymbol{A}^{(k)}=(a_{ij}^{(k)})\in\mathbb{C}^{n\times n}$. 如果 n^2 个数项级数

$$a_{ij}^{(0)}+a_{ij}^{(1)}+a_{ij}^{(2)}+\cdots+a_{ij}^{(k)}+\cdots,\qquad i,j=1,2,\cdots,n \tag{5.2.3}$$

都绝对收敛，则称矩阵级数**绝对收敛**.

定理 5.2.1　矩阵级数 $\sum_{k=0}^{+\infty} \boldsymbol{A}^{(k)}$ 绝对收敛的充分必要条件是 $\sum_{k=0}^{+\infty}\|\boldsymbol{A}^{(k)}\|=\|\boldsymbol{A}^0\|+\|\boldsymbol{A}^{(1)}\|+\|\boldsymbol{A}^{(2)}\|+\cdots+\|\boldsymbol{A}^{(k)}\|+\cdots$ 收敛，其中 $\|\boldsymbol{A}^{(k)}\|$ 为 $\boldsymbol{A}^{(k)}$ 的任何一种范数.

证明　若 $\sum_{k=0}^{+\infty} \boldsymbol{A}^{(k)}$ 绝对收敛，于是有一正数 M 存在，它与 i,j 无关，使得

$$\sum_{k=0}^{+\infty}|a_{ij}^{(k)}|<M,\qquad k\geqslant 0,\quad i,j=1,2,\cdots,n,$$

从而有

$$\sum_{k=0}^{+\infty}\|\boldsymbol{A}^{(k)}\|_{m_1}=\sum_{k=0}^{+\infty}\left(\sum_{i=1}^{n}\sum_{j=1}^{n}|a_{ij}^{(k)}|\right)<n^2M,$$

故 $\sum_{k=0}^{+\infty}\|\boldsymbol{A}^{(k)}\|_{m_1}$ 为收敛级数，由矩阵范数的等价性，$\sum_{k=0}^{\infty}\|\boldsymbol{A}^{(k)}\|$ 也为收敛级数.

反之，如果 $\sum_{k=0}^{+\infty}\|\boldsymbol{A}^{(k)}\|$ 收敛，则 $\sum_{k=0}^{\infty}\|\boldsymbol{A}^{(k)}\|_{m_1}$ 也收敛，由 $|a_{ij}^{(k)}|\leqslant\|\boldsymbol{A}^{(k)}\|_{m_1}(i,j=1,2,\cdots,n)$ 可知，如式(5.2.3)的 n^2 个数项级数中，每一个级数都是绝对收敛的，故根据定义 5.2.3 知级数(5.2.2)绝对收敛.

证毕

例 5.2.1 设 $A\in\mathbb{C}^{n\times n}$,则矩阵幂级数

$$I+A+\frac{A^2}{2!}+\cdots+\frac{A^{(k)}}{k!}+\cdots \tag{5.2.4}$$

绝对收敛.

证明 因为 $\left\|\frac{A^k}{k!}\right\|\leqslant\frac{\|A\|^k}{k!}$,且

$$\|I\|+\|A\|+\frac{\|A\|^2}{2!}+\cdots+\frac{\|A\|^k}{k!}+\cdots$$
$$=e^{\|A\|}-1+\|I\|,$$

故级数(5.2.4)绝对收敛,其和称为 A 的矩阵指数函数,记作 e^{A},即

$$e^{A}=I+A+\frac{A^2}{2!}+\cdots+\frac{A^k}{k!}+\cdots. \tag{5.2.5}$$

同理,有

$$\sin A=A-\frac{A^3}{3!}+\cdots+(-1)^{k-1}\frac{A^{2k-1}}{(2k-1)!}+\cdots. \tag{5.2.6}$$

$$\cos A=I-\frac{A^2}{2!}+\cdots+(-1)^{k}\frac{A^{2k}}{(2k)!}+\cdots. \tag{5.2.7}$$

e^{A},$\sin A$,$\cos A$ 是最简单的矩阵函数,后面将作进一步地讨论.

定理 5.2.2 设两个矩阵级数

$$A^{(1)}+A^{(2)}+\cdots+A^{(k)}+\cdots,\quad A^{(k)}\in\mathbb{C}^{n\times n}, \tag{5.2.8}$$

$$B^{(1)}+B^{(2)}+\cdots+B^{(k)}+\cdots,\quad B^{(k)}\in\mathbb{C}^{n\times n} \tag{5.2.9}$$

都绝对收敛,其和分别为 A,B,则将它们按项相乘后作成的矩阵级数

$$A^{(1)}B^{(1)}+(A^{(1)}B^{(2)}+A^{(2)}B^{(1)})+\cdots+$$
$$(A^{(1)}B^{(k)}+A^{(2)}B^{(k-1)}+\cdots+A^{(k)}B^{(1)})+\cdots \tag{5.2.10}$$

绝对收敛,且具有和 AB.

证明 因为级数(5.2.8)与级数(5.2.9)绝对收敛,所以级数 $\sum\limits_{k=1}^{+\infty}\|A^{(k)}\|$ 与 $\sum\limits_{k=1}^{+\infty}\|B^{(k)}\|$ 收敛.这两个级数的乘积所成的级数

$$\|A^{(1)}\|\|B^{(1)}\|+(\|A^{(1)}\|\|B^{(2)}\|+\|A^{(2)}\|\|B^{(1)}\|)+\cdots+$$
$$(\|A^{(1)}\|\|B^{(k)}\|+\|A^{(2)}\|\|B^{(k-1)}\|+\cdots+\|A^{(k)}\|\|B^{(1)}\|)+\cdots \tag{5.2.11}$$

也是收敛的,而与矩阵级数(5.2.10)相应的范数级数为

$$\|A^{(1)}B^{(1)}\|+\|A^{(1)}B^{(2)}+A^{(2)}B^{(1)}\|+\cdots+$$
$$\|A^{(1)}B^{(k)}+A^{(2)}B^{(k-1)}+\cdots+A^{(k)}B^{(1)}\|+\cdots. \tag{5.2.12}$$

由矩阵范数的性质知,级数(5.2.12)的每一项不大于级数(5.2.11)的对应项,从而矩阵级数(5.2.10)绝对收敛.下面求式(5.2.10)的和.

设 $S_1^{(N)}$,$S_2^{(N)}$ 与 $S_3^{(N)}$ 分别表示矩阵级数(5.2.8)、(5.2.9)及(5.2.10)的部分和,以 $\widetilde{S}_1^{(N)}$,$\widetilde{S}_2^{(N)}$ 与 $\widetilde{S}_3^{(N)}$ 分别表示级数 $\sum\limits_{k=1}^{+\infty}\|A^{(k)}\|$,$\sum\limits_{k=1}^{+\infty}\|B^{(k)}\|$ 及级数(5.2.11)的部分和,则

$$S_1^{(N)}S_2^{(N)}=(A^{(1)}B^{(1)}+A^{(1)}B^{(2)}+\cdots+A^{(1)}B^{(N)})+$$
$$(A^{(2)}B^{(1)}+A^{(2)}B^{(2)}+\cdots+A^{(2)}B^{(N)})+\cdots+$$
$$(A^{(N)}B^{(1)}+A^{(N)}B^{(2)}+\cdots+A^{(N)}B^{(N)}),$$

$$
\begin{aligned}
\boldsymbol{S}_3^{(N)} &= \boldsymbol{A}^{(1)}\boldsymbol{B}^{(1)} + (\boldsymbol{A}^{(1)}\boldsymbol{B}^{(2)} + \boldsymbol{A}^{(2)}\boldsymbol{B}^{(1)}) + \cdots + \\
&\quad (\boldsymbol{A}^{(1)}\boldsymbol{B}^{(N)} + \boldsymbol{A}^{(2)}\boldsymbol{B}^{(N-1)} + \cdots + \boldsymbol{A}^{(N)}\boldsymbol{B}^{(1)}) \\
&= (\boldsymbol{A}^{(1)}\boldsymbol{B}^{(1)} + \boldsymbol{A}^{(1)}\boldsymbol{B}^{(2)} + \cdots + \boldsymbol{A}^{(1)}\boldsymbol{B}^{(N)}) + \\
&\quad (\boldsymbol{A}^{(2)}\boldsymbol{B}^{(1)} + \boldsymbol{A}^{(2)}\boldsymbol{B}^{(2)} + \cdots + \boldsymbol{A}^{(2)}\boldsymbol{B}^{(N-1)}) + \cdots + \boldsymbol{A}^{(N)}\boldsymbol{B}^{(1)}.
\end{aligned}
$$

在上面两个等式中以 $\|\boldsymbol{A}^{(i)}\|$ 替换 $\boldsymbol{A}^{(i)}$，以 $\|\boldsymbol{B}^{(i)}\|$ 替换 $\boldsymbol{B}^{(i)}$，便得到相应的 $\widetilde{S}_1^{(N)}$，$\widetilde{S}_2^{(N)}$ 与 $\widetilde{S}_3^{(N)}$ 的表达式. 不难知道

$$
\|\boldsymbol{S}_1^{(N)}\boldsymbol{S}_2^{(N)} - \boldsymbol{S}_3^{(N)}\| \leqslant \widetilde{S}_1^{(N)}\widetilde{S}_2^{(N)} - \widetilde{S}_3^{(N)}. \tag{5.2.13}
$$

在式(5.2.13)中，让 $N\to+\infty$，则 $\widetilde{S}_1^{(N)}\widetilde{S}_2^{(N)} - \widetilde{S}_3^{(N)}\to 0$，故得

$$
\begin{aligned}
\lim_{N\to+\infty}\boldsymbol{S}_1^{(N)}\boldsymbol{S}_2^{(N)} &= \lim_{N\to+\infty}\boldsymbol{S}_1^{(N)}\cdot\lim_{N\to+\infty}\boldsymbol{S}_2^{(N)} = \boldsymbol{AB} \\
&= \lim_{N\to+\infty}\boldsymbol{S}_3^{(N)}.
\end{aligned}
$$

证毕

从绝对收敛的定义及数学分析中相应的结果，我们立刻得到下面关于判别矩阵级数收敛性的一些性质.

性质 1 设矩阵级数 $\sum_{k=0}^{+\infty}\boldsymbol{A}^{(k)}$ 绝对收敛，则

(1) 级数 $\sum_{k=0}^{+\infty}\boldsymbol{A}^{(k)}$ 收敛；

(2) 级数 $\sum_{k=0}^{+\infty}\boldsymbol{A}^{(k)}$ 在任意改变各项的次序后仍然收敛，且其和不变.

这条性质的证明，读者只要依照数项级数的狄利克雷(Dirichlet)定理的证明立刻可得.

性质 2 设 $\boldsymbol{P},\boldsymbol{Q}$ 为 n 阶非奇异矩阵，若级数 $\sum_{k=0}^{+\infty}\boldsymbol{A}^{(k)}$ 收敛(或绝对收敛)，则矩阵级数 $\sum_{k=0}^{+\infty}\boldsymbol{PA}^{(k)}\boldsymbol{Q}$ 也收敛(或绝对收敛).

证明 设 $\sum_{k=0}^{+\infty}\boldsymbol{A}^{(k)}=\boldsymbol{S}$，部分和 $\sum_{k=0}\boldsymbol{A}^{(k)}=\boldsymbol{S}_N$，则

$$
\lim_{N\to+\infty}\boldsymbol{S}_N = \boldsymbol{S}.
$$

显然有

$$
\begin{aligned}
\lim_{N\to+\infty}\boldsymbol{PS}_N\boldsymbol{Q} &= \boldsymbol{P}(\lim_{N\to+\infty}\boldsymbol{S}_N)\boldsymbol{Q} = \boldsymbol{PSQ} \\
&= \boldsymbol{P}\Big(\sum_{k=0}^{+\infty}\boldsymbol{A}^{(k)}\Big)\boldsymbol{Q},
\end{aligned}
$$

即当 $\sum_{k=0}^{+\infty}\boldsymbol{A}^{(k)}$ 收敛时，$\sum_{k=0}^{+\infty}\boldsymbol{PA}^{(k)}\boldsymbol{Q}$ 也收敛.

若 $\sum_{k=0}^{+\infty}\boldsymbol{A}^{(k)}$ 绝对收敛，由定理 5.2.1 知，$\sum_{k=0}^{+\infty}\|\boldsymbol{A}^{(k)}\|$ 也是收敛的，由矩阵范数的相容性，有

$$
\begin{aligned}
\|\boldsymbol{PA}^{(k)}\boldsymbol{Q}\| &\leqslant \|\boldsymbol{P}\|\|\boldsymbol{A}^{(k)}\|\|\boldsymbol{Q}\| = \|\boldsymbol{P}\|\|\boldsymbol{Q}\|\|\boldsymbol{A}^{(k)}\| \\
&= M\|\boldsymbol{A}^{(k)}\|,
\end{aligned}
$$

其中 $M=\|\boldsymbol{P}\|\|\boldsymbol{Q}\|$. 由此可知 $\sum_{k=0}^{+\infty}\|\boldsymbol{PA}^{(k)}\boldsymbol{Q}\|$ 也收敛，于是 $\sum_{k=0}^{+\infty}\boldsymbol{PA}^{(k)}\boldsymbol{Q}$ 绝对收敛. 证毕

对于矩阵级数也有幂级数的概念.

定义 5.2.4 形如

$$c_0\boldsymbol{I}+c_1\boldsymbol{A}+c_2\boldsymbol{A}^2+\cdots+c_k\boldsymbol{A}^k+\cdots \tag{5.2.14}$$

的矩阵级数称为**矩阵幂级数**,其中 $c_i\in\mathbb{C}$,$\boldsymbol{A}\in\mathbb{C}^{n\times n}$.

因为数项级数

$$\|c_0\boldsymbol{I}\|+\|c_1\boldsymbol{A}\|+\|c_2\boldsymbol{A}^2\|+\cdots+\|c_k\boldsymbol{A}^k\|+\cdots$$

的每一项不大于数项级数

$$|c_0|\|\boldsymbol{I}\|+|c_1|\|\boldsymbol{A}\|+|c_2|\|\boldsymbol{A}\|^2+\cdots+|c_k|\|\boldsymbol{A}\|^k+\cdots \tag{5.2.15}$$

的对应项,所以,若级数(5.2.15)收敛,则矩阵幂级数(5.2.14)绝对收敛. 于是我们得到下面定理.

定理 5.2.3 若正项级数 $|c_0|\|\boldsymbol{I}\|+\sum\limits_{k=1}^{+\infty}|c_k|\|\boldsymbol{A}\|^k$ 收敛,则矩阵幂级数 $c_0\boldsymbol{I}+c_1\boldsymbol{A}+c_2\boldsymbol{A}^2+\cdots+c_k\boldsymbol{A}^k+\cdots$ 绝对收敛,其中 $\|\boldsymbol{A}\|$ 为矩阵 $\boldsymbol{A}$ 的某种范数.

推论 若矩阵 $\boldsymbol{A}$ 的某一种范数 $\|\boldsymbol{A}\|$ 在幂级数

$$\sum_{k=0}^{+\infty}c_0z^k=c_0+c_1z+c_2z^2+\cdots+c_kz^k+\cdots$$

的收敛圆内,则矩阵幂级数 $\sum\limits_{k=0}^{+\infty}c_k\boldsymbol{A}^k$ 绝对收敛.

例 5.2.2 设

$$\boldsymbol{A}=\begin{bmatrix}0.2 & 0.5 & 0.1\\ 0.1 & 0.5 & 0.3\\ 0.2 & 0.4 & 0.2\end{bmatrix},$$

试证:矩阵幂级数

$$\boldsymbol{I}+\boldsymbol{A}+\boldsymbol{A}^2+\cdots+\boldsymbol{A}^k+\cdots \tag{5.2.16}$$

绝对收敛.

证明 因为幂级数 $1+x+x^2+\cdots+x^k+\cdots$ 的收敛半径为 1,而 $\|\boldsymbol{A}\|_\infty=\max\limits_i\left(\sum\limits_{j=1}^n|a_{ij}|\right)=0.9<1$. 故由上面推论知级数(5.2.16)绝对收敛. 证毕

注意,定理 5.2.3 的推论中的范数并不要求 $\boldsymbol{A}$ 的任何一种范数均在收敛圆内,而仅要求 $\boldsymbol{A}$ 的某一种范数在收敛圆内. 在例 5.2.2 中若取 $\|\boldsymbol{A}\|_1=1.4>1$ 就无法判定矩阵级数是否绝对收敛,而取 $\|\boldsymbol{A}\|_\infty$ 就能判定它是绝对收敛的. 这正是定理 5.2.3 及其推论的局限之处.

定理 5.2.4 设 $\boldsymbol{A}\in\mathbb{C}^{n\times n}$,如果 $\boldsymbol{A}$ 的谱半径 $\rho(\boldsymbol{A})$ 的值在纯量 z 的幂级数 $\sum\limits_{k=0}^{+\infty}c_kz^k$ 的收敛圆内,那么矩阵幂级数 $\sum\limits_{k=0}^{+\infty}c_k\boldsymbol{A}^k$ 绝对收敛;如果 $\boldsymbol{A}$ 的特征值中有一个在幂级数 $\sum\limits_{k=0}^{+\infty}c_kz^k$ 的收敛圆外,则矩阵幂级数 $\sum\limits_{k=0}^{+\infty}c_kA^k$ 发散.

证明　设 $\boldsymbol{J}$ 为 $\boldsymbol{A}$ 的若尔当标准形，则

$$\boldsymbol{A}=\boldsymbol{T}\boldsymbol{J}\boldsymbol{T}^{-1}=\boldsymbol{T}\begin{bmatrix}\boldsymbol{J}_1 & & & \\ & \boldsymbol{J}_2 & & \\ & & \ddots & \\ & & & \boldsymbol{J}_r\end{bmatrix}\boldsymbol{T}^{-1},$$

其中

$$\boldsymbol{J}_i=\begin{bmatrix}\lambda_i & 1 & & & \\ & \lambda_i & 1 & & \\ & & \lambda_i & \ddots & \\ & & & \ddots & 1 \\ & & & & \lambda_i\end{bmatrix}_{n_i\times n_i},$$

因此

$$\boldsymbol{A}^k=\boldsymbol{T}\boldsymbol{J}^k\boldsymbol{T}^{-1}=\boldsymbol{T}\begin{bmatrix}\boldsymbol{J}_1^k & & & \\ & \boldsymbol{J}_2^k & & \\ & & \ddots & \\ & & & \boldsymbol{J}_r^k\end{bmatrix}\boldsymbol{T}^{-1}.$$

于是

$$\sum_{k=0}^{+\infty}c_k\boldsymbol{A}^k=\boldsymbol{T}\begin{bmatrix}\sum\limits_{k=0}^{+\infty}c_k\boldsymbol{J}_1^k & & & \\ & \sum\limits_{k=0}^{+\infty}c_k\boldsymbol{J}_2^k & & \\ & & \ddots & \\ & & & \sum\limits_{k=0}^{+\infty}c_k\boldsymbol{J}_r^k\end{bmatrix}\boldsymbol{T}^{-1},$$

而

$$\sum_{k=0}^{+\infty}c_k\boldsymbol{J}_i^k=\begin{bmatrix}\sum\limits_{k=0}^{+\infty}c_k\lambda_i^k & \sum\limits_{k=0}^{+\infty}c_k\mathrm{C}_k^1\lambda_i^{k-1} & \sum\limits_{k=0}^{+\infty}c_k\mathrm{C}_k^2\lambda_i^{k-2} & \cdots & \sum\limits_{k=0}^{+\infty}c_k\mathrm{C}_k^{n_i-1}\lambda_i^{k-n_i+1} \\ & \sum\limits_{k=0}^{+\infty}c_k\lambda_i^k & \sum\limits_{k=0}^{+\infty}c_k\mathrm{C}_k^1\lambda_i^{k-1} & \cdots & \sum\limits_{k=0}^{+\infty}c_k\mathrm{C}_k^{n_i-2}\lambda_i^{k-n_i+2} \\ & & \ddots & \cdots & \vdots \\ & & & \ddots & \sum\limits_{k=0}^{+\infty}c_k\lambda_i^k\end{bmatrix},\quad(5.2.17)$$

其中

$$\mathrm{C}_k^i=\frac{k(k-1)\cdots(k-i+1)}{i\,!},\qquad 当\ i\geqslant 1\ 时，$$

$$\mathrm{C}_k^0=0.$$

令 R 为幂级数 $\sum\limits_{k=0}^{+\infty}c_kz^k$ 的收敛半径，当 $|\lambda_i|>R$ 时，$\sum\limits_{k=0}^{+\infty}c_k\boldsymbol{J}_i^k$ 发散；当 $|\lambda_i|<R$ 时，级数

$$\sum_{k=0}^{+\infty} c_k \lambda_i^k, \sum_{k=0}^{+\infty} c_k k \lambda_i^{k-1}, \cdots, \sum_{k=0}^{+\infty} c_k k(k-1)\cdots(k-n_i+1)\lambda_i^{k-n_i+1}$$

均绝对收敛.因此,级数

$$\sum_{k=0}^{+\infty} c_k \lambda_i^k, \sum_{k=0}^{+\infty} c_k \mathrm{C}_k^1 \lambda_i^{k-1}, \cdots, \sum_{k=0}^{+\infty} c_k \mathrm{C}_k^{n_i-1} \lambda_i^{k-n_i+1}$$

也都绝对收敛.其余同理.因此,式(5.2.17)右端的所有级数都绝对收敛,故当所有的 $|\lambda_i|<R$ 时,$\sum\limits_{k=0}^{+\infty} c_k \boldsymbol{J}_i^k$ 绝对收敛,从而级数 $\sum\limits_{k=0}^{+\infty} c_k \boldsymbol{A}^k$ 绝对收敛. 证毕

定理 5.2.5 矩阵幂级数 $\boldsymbol{I}+\boldsymbol{A}+\boldsymbol{A}^2+\cdots+\boldsymbol{A}^k+\cdots$ 绝对收敛的充要条件是 $\boldsymbol{A}$ 的谱半径 $\rho(\boldsymbol{A})<1$,且该级数的和为 $(\boldsymbol{I}-\boldsymbol{A})^{-1}$.

证明 因为幂级数 $1+x+x^2+\cdots+x^k+\cdots$ 的收敛半径为1,所以当 $\boldsymbol{A}$ 的谱半径 $\rho(\boldsymbol{A})<1$ 时,由定理5.2.4知,级数

$$\boldsymbol{I}+\boldsymbol{A}+\boldsymbol{A}^2+\cdots+\boldsymbol{A}^k+\cdots$$

绝对收敛.

反之,若 $\boldsymbol{I}+\boldsymbol{A}+\boldsymbol{A}^2+\cdots+\boldsymbol{A}^k+\cdots$ 绝对收敛,则 $\lim\limits_{k\to+\infty} \boldsymbol{A}^k=\boldsymbol{0}$,由定理5.1.2知,$\boldsymbol{A}$ 的谱半径小于1.

下面计算级数 $\boldsymbol{I}+\boldsymbol{A}+\boldsymbol{A}^2+\cdots+\boldsymbol{A}^k+\cdots$ 的和.因为 $\boldsymbol{I}+\boldsymbol{A}+\boldsymbol{A}^2+\cdots+\boldsymbol{A}^k+\cdots$ 绝对收敛,而 $\boldsymbol{I}-\boldsymbol{A}$ 本身作为矩阵级数也绝对收敛,由定理5.2.2知,它们的乘积

$$(\boldsymbol{I}-\boldsymbol{A})(\boldsymbol{I}+\boldsymbol{A}+\boldsymbol{A}^2+\cdots+\boldsymbol{A}^k+\cdots)=\boldsymbol{I},$$

由逆矩阵的唯一性,有

$$(\boldsymbol{I}-\boldsymbol{A})^{-1}=\boldsymbol{I}+\boldsymbol{A}+\boldsymbol{A}^2+\cdots+\boldsymbol{A}^k+\cdots.$$ 证毕

例 5.2.3 求 $\sum\limits_{k=0}^{+\infty}\begin{bmatrix}0.1 & 0.7\\0.3 & 0.6\end{bmatrix}^k$ 的和.

解 设 $\boldsymbol{A}=\begin{bmatrix}0.1 & 0.7\\0.3 & 0.6\end{bmatrix}$,容易求得它的谱半径 $\rho(\boldsymbol{A})=\dfrac{0.7+\sqrt{1.09}}{2}<1$,从而

$$\sum_{k=0}^{+\infty}\begin{bmatrix}0.1 & 0.7\\0.3 & 0.6\end{bmatrix}^k=(\boldsymbol{I}-\boldsymbol{A})^{-1}=\frac{1}{0.15}\begin{bmatrix}0.4 & 0.7\\0.3 & 0.9\end{bmatrix}.$$

定理 5.2.6 设矩阵 $\boldsymbol{A}$ 的某种范数 $\|\boldsymbol{A}\|<1$,则对任何非负整数 k,有

$$\|(\boldsymbol{I}-\boldsymbol{A})^{-1}-(\boldsymbol{I}+\boldsymbol{A}+\boldsymbol{A}^2+\cdots+\boldsymbol{A}^k)\| \leqslant \frac{\|\boldsymbol{A}\|^{k+1}}{1-\|\boldsymbol{A}\|}. \tag{5.2.18}$$

证明 因为对任何非负整数 k,有

$$\boldsymbol{I}-[(\boldsymbol{I}+\boldsymbol{A}+\boldsymbol{A}^2+\cdots+\boldsymbol{A}^k)+(\boldsymbol{A}^{k+1}+\boldsymbol{A}^{k+2}+\cdots+\boldsymbol{A}^{k+m})](\boldsymbol{I}-\boldsymbol{A}) =\boldsymbol{A}^{k+m+1},$$

所以有

$$(\boldsymbol{I}-\boldsymbol{A})^{-1}-(\boldsymbol{I}+\boldsymbol{A}+\boldsymbol{A}^2+\cdots+\boldsymbol{A}^k) =\boldsymbol{A}^{k+1}+\boldsymbol{A}^{k+2}+\cdots+\boldsymbol{A}^{k+m}+\boldsymbol{A}^{k+m+1}(\boldsymbol{I}-\boldsymbol{A})^{-1}.$$

记

$$\boldsymbol{B}_m=\boldsymbol{A}^{k+1}+\boldsymbol{A}^{k+2}+\cdots+\boldsymbol{A}^{k+m},$$

因为 $\|\boldsymbol{A}\|<1$，所以必有 $\boldsymbol{A}^m\to\boldsymbol{0}$（定理 5.1.3），故 $\boldsymbol{A}^{k+m+1}(\boldsymbol{I}-\boldsymbol{A})^{-1}\to\boldsymbol{0}$，

$$\lim_{m\to+\infty}\boldsymbol{B}_m=(\boldsymbol{I}-\boldsymbol{A})^{-1}-(\boldsymbol{I}+\boldsymbol{A}+\boldsymbol{A}^2+\cdots+\boldsymbol{A}^k).$$

由范数的连续性知，有

$$\|(\boldsymbol{I}-\boldsymbol{A})^{-1}-(\boldsymbol{I}+\boldsymbol{A}+\boldsymbol{A}^2+\cdots+\boldsymbol{A}^k)\|=\lim_{m\to+\infty}\|\boldsymbol{B}_m\|.$$

但

$$\begin{aligned}\|\boldsymbol{B}_m\|&\leqslant\|\boldsymbol{A}^{k+1}\|+\|\boldsymbol{A}^{k+2}\|+\cdots+\|\boldsymbol{A}^{k+m}\|\\&\leqslant\|\boldsymbol{A}\|^{k+1}+\|\boldsymbol{A}\|^{k+2}+\cdots+\|\boldsymbol{A}\|^{k+m}\\&=\frac{\|\boldsymbol{A}\|^{k+1}(1-\|\boldsymbol{A}\|^m)}{1-\|\boldsymbol{A}\|},\end{aligned}$$

故对一切正整数 m，有

$$\|\boldsymbol{B}_m\|\leqslant\frac{\|\boldsymbol{A}\|^{k+1}}{1-\|\boldsymbol{A}\|},$$

于是

$$\|(\boldsymbol{I}-\boldsymbol{A})^{-1}-(\boldsymbol{I}+\boldsymbol{A}+\boldsymbol{A}^2+\cdots+\boldsymbol{A}^k)\|\leqslant\frac{\|\boldsymbol{A}\|^{k+1}}{1-\|\boldsymbol{A}\|}.$$ 证毕

定理 5.2.6 表明，以 $(\boldsymbol{I}-\boldsymbol{A})^{-1}$ 为部分和 $\boldsymbol{I}+\boldsymbol{A}+\boldsymbol{A}^2+\cdots+\boldsymbol{A}^k$ 的近似时，其误差如式（5.2.18）所示.

5.2.2　矩阵函数

矩阵函数的概念与通常的函数概念类似，所不同的是这里的自变量和因变量均是 n 阶方阵. 本节我们将以定理 5.2.4 为依据，先通过收敛的矩阵级数给出矩阵函数的定义，然后再讨论矩阵函数值的计算等问题.

1. 矩阵函数 $\mathrm{e}^{\boldsymbol{A}}$，$\sin\boldsymbol{A}$，$\cos\boldsymbol{A}$ 的定义与性质

在函数论中，我们熟知纯量 z 的级数

$$\mathrm{e}^z=1+\frac{z}{1!}+\frac{z^2}{2!}+\frac{z^3}{3!}+\cdots+\frac{z^k}{k!}+\cdots,$$

$$\sin z=z-\frac{z^3}{3!}+\frac{z^5}{5!}-\cdots+(-1)^k\frac{z^{2k+1}}{(2k+1)!}+\cdots,$$

$$\cos z=1-\frac{z^2}{2!}+\frac{z^4}{4!}-\cdots+(-1)^k\frac{z^{2k}}{(2k)!}+\cdots$$

在整个复平面上都是收敛的，于是，根据定理 5.2.4 可知，不论 $\boldsymbol{A}\in\mathbb{C}^{n\times n}$ 是任何矩阵，矩阵幂级数

$$\boldsymbol{I}+\frac{\boldsymbol{A}}{1!}+\frac{\boldsymbol{A}^2}{2!}+\frac{\boldsymbol{A}^3}{3!}+\cdots+\frac{\boldsymbol{A}^k}{k!}+\cdots,$$

$$\boldsymbol{A}-\frac{\boldsymbol{A}^3}{3!}+\frac{\boldsymbol{A}^5}{5!}-\cdots+(-1)^k\frac{\boldsymbol{A}^{2k+1}}{(2k+1)!}+\cdots,$$

$$\boldsymbol{I}-\frac{\boldsymbol{A}^2}{2!}+\frac{\boldsymbol{A}^4}{4!}-\cdots+(-1)^k\frac{\boldsymbol{A}^{2k}}{(2k)!}+\cdots$$

都是绝对收敛的，因此它们都有和. 受数学分析的启发，我们很自然地采用记号 $\mathrm{e}^{\boldsymbol{A}}$，$\sin\boldsymbol{A}$，$\cos\boldsymbol{A}$ 来依次表示它们的和，即有

$$e^{\boldsymbol{A}}=\sum_{k=0}^{+\infty}\frac{\boldsymbol{A}^k}{k!},\tag{5.2.19}$$

$$\sin\boldsymbol{A}=\sum_{k=0}^{+\infty}(-1)^k\frac{\boldsymbol{A}^{2k+1}}{(2k+1)!},\tag{5.2.20}$$

$$\cos\boldsymbol{A}=\sum_{k=0}^{+\infty}(-1)^k\frac{\boldsymbol{A}^{2k}}{(2k)!}.\tag{5.2.21}$$

定义 5.2.5 设实函数 $y=f(x)$,$\boldsymbol{A},\boldsymbol{B}\in\mathbb{C}^{n\times n}$,称 $\boldsymbol{B}=f(\boldsymbol{A})$为矩阵 $\boldsymbol{A}$ 的函数.

我们称式(5.2.19)为矩阵指数函数,式(5.2.20)及式(5.2.21)为矩阵三角函数,矩阵函数有如下的一些性质:

定理 5.2.7 如果 $\boldsymbol{AB}=\boldsymbol{BA}$,则有

$$e^{\boldsymbol{A}}\cdot e^{\boldsymbol{B}}=e^{\boldsymbol{B}}\cdot e^{\boldsymbol{A}}=e^{\boldsymbol{A}+\boldsymbol{B}}.$$

证明 由于 $\boldsymbol{A}+\boldsymbol{B}=\boldsymbol{B}+\boldsymbol{A}$,所以只需证明 $e^{\boldsymbol{A}+\boldsymbol{B}}=e^{\boldsymbol{A}}\cdot e^{\boldsymbol{B}}$.

根据矩阵级数的乘法,我们有

$$\begin{aligned}e^{\boldsymbol{A}}\cdot e^{\boldsymbol{B}}&=\left(\boldsymbol{I}+\boldsymbol{A}+\frac{1}{2!}\boldsymbol{A}^2+\cdots\right)\left(\boldsymbol{I}+\boldsymbol{B}+\frac{1}{2!}\boldsymbol{B}^2+\cdots\right)\\&=\boldsymbol{I}+(\boldsymbol{A}+\boldsymbol{B})+\frac{1}{2!}(\boldsymbol{A}^2+2\boldsymbol{AB}+\boldsymbol{B}^2)+\frac{1}{3!}(\boldsymbol{A}^3+3\boldsymbol{A}^2\boldsymbol{B}+3\boldsymbol{AB}^2+\boldsymbol{B}^3)+\cdots\\&=\boldsymbol{I}+(\boldsymbol{A}+\boldsymbol{B})+\frac{1}{2!}(\boldsymbol{A}+\boldsymbol{B})^2+\frac{1}{3!}(\boldsymbol{A}+\boldsymbol{B})^3+\cdots\\&=e^{\boldsymbol{A}+\boldsymbol{B}}.\end{aligned}$$

证毕

推论 1 对任意矩阵 $\boldsymbol{A}\in\mathbb{C}^{n\times n}$,$e^{\boldsymbol{A}}$ 总是可逆的(非奇异的)且$(e^{\boldsymbol{A}})^{-1}=e^{-\boldsymbol{A}}$.

事实上,因为 $e^{\boldsymbol{A}}\cdot e^{-\boldsymbol{A}}=e^{-\boldsymbol{A}}\cdot e^{\boldsymbol{A}}=\boldsymbol{I}$,故有$(e^{\boldsymbol{A}})^{-1}=e^{-\boldsymbol{A}}$.

推论 2 $(e^{\boldsymbol{A}})^m=e^{m\boldsymbol{A}}$($m$ 为整数).

值得指出的是,如果矩阵 $\boldsymbol{A},\boldsymbol{B}$ 的乘法不满足交换律,即有 $\boldsymbol{AB}\neq\boldsymbol{BA}$,则 $e^{\boldsymbol{A}}\cdot e^{\boldsymbol{B}}=e^{\boldsymbol{B}}\cdot e^{\boldsymbol{A}}=e^{\boldsymbol{A}+\boldsymbol{B}}$ 不再成立.例如,令

$$\boldsymbol{A}=\begin{bmatrix}1&1\\0&0\end{bmatrix},\qquad\boldsymbol{B}=\begin{bmatrix}1&-1\\0&0\end{bmatrix},$$

则易知 $\boldsymbol{A}^2=\boldsymbol{A}$,$\boldsymbol{B}^2=\boldsymbol{B}$,从而有

$$\boldsymbol{A}=\boldsymbol{A}^2=\boldsymbol{A}^3=\cdots,\qquad\boldsymbol{B}=\boldsymbol{B}^2=\boldsymbol{B}^3=\cdots,$$

于是得

$$e^{\boldsymbol{A}}=\boldsymbol{I}+(e-1)\boldsymbol{A}=\begin{bmatrix}e&e-1\\0&1\end{bmatrix},$$

$$e^{\boldsymbol{B}}=\boldsymbol{I}+(e-1)\boldsymbol{B}=\begin{bmatrix}e&1-e\\0&1\end{bmatrix},$$

从而

$$e^{\boldsymbol{A}}\cdot e^{\boldsymbol{B}}=\begin{bmatrix}e^2&-(e-1)^2\\0&1\end{bmatrix},\qquad e^{\boldsymbol{B}}\cdot e^{\boldsymbol{A}}=\begin{bmatrix}e^2&(e-1)^2\\0&1\end{bmatrix},$$

故 $e^{\boldsymbol{A}}\cdot e^{\boldsymbol{B}}\neq e^{\boldsymbol{B}}\cdot e^{\boldsymbol{A}}$.

又由 $\boldsymbol{A}+\boldsymbol{B}=\begin{bmatrix}2&0\\0&0\end{bmatrix}$，$(\boldsymbol{A}+\boldsymbol{B})^2=2(\boldsymbol{A}+\boldsymbol{B})$，于是有 $(\boldsymbol{A}+\boldsymbol{B})^k=2^{k-1}(\boldsymbol{A}+\boldsymbol{B})(k=1,2,\cdots)$. 由此容易推出

$$\mathrm{e}^{\boldsymbol{A}+\boldsymbol{B}}=\boldsymbol{I}+\frac{1}{2}(\mathrm{e}^2-1)(\boldsymbol{A}+\boldsymbol{B})=\begin{bmatrix}\mathrm{e}^2&0\\0&1\end{bmatrix},$$

这就说明 $\mathrm{e}^{\boldsymbol{A}}\cdot\mathrm{e}^{\boldsymbol{B}}$，$\mathrm{e}^{\boldsymbol{B}}\cdot\mathrm{e}^{\boldsymbol{A}}$，以及 $\mathrm{e}^{\boldsymbol{A}+\boldsymbol{B}}$ 两两互不相等.

读者还不难推得如下的一些结果

$$\begin{cases}\mathrm{e}^{\mathrm{i}\boldsymbol{A}}=\cos\boldsymbol{A}+\mathrm{i}\sin\boldsymbol{A}, \qquad \mathrm{i}=\sqrt{-1},\\ \cos\boldsymbol{A}=\dfrac{1}{2}(\mathrm{e}^{\mathrm{i}\boldsymbol{A}}+\mathrm{e}^{-\mathrm{i}\boldsymbol{A}}),\\ \sin\boldsymbol{A}=\dfrac{1}{2\mathrm{i}}(\mathrm{e}^{\mathrm{i}\boldsymbol{A}}-\mathrm{e}^{-\mathrm{i}\boldsymbol{A}}),\\ \cos(-\boldsymbol{A})=\cos\boldsymbol{A},\\ \sin(-\boldsymbol{A})=-\sin\boldsymbol{A}.\end{cases} \tag{5.2.22}$$

如果 $\boldsymbol{AB}=\boldsymbol{BA}$，则还有下面有趣的结果

$$\begin{cases}\cos(\boldsymbol{A}+\boldsymbol{B})=\cos\boldsymbol{A}\cos\boldsymbol{B}-\sin\boldsymbol{A}\sin\boldsymbol{B},\\ \cos2\boldsymbol{A}=\cos^2\boldsymbol{A}-\sin^2\boldsymbol{A},\\ \sin(\boldsymbol{A}+\boldsymbol{B})=\sin\boldsymbol{A}\cos\boldsymbol{B}+\cos\boldsymbol{A}\sin\boldsymbol{B},\\ \sin2\boldsymbol{A}=2\sin\boldsymbol{A}\cos\boldsymbol{A}.\end{cases} \tag{5.2.23}$$

2. 矩阵函数值的求法

如同求通常的函数值一样，当给定了自变量矩阵 $\boldsymbol{A}$ 时，如何求矩阵函数 $f(\boldsymbol{A})$ 的值呢？如果不研究切实可行的算法，矩阵函数值的计算是相当复杂的. 例如，简单的矩阵函数 $\boldsymbol{A}^{101}$ 就要计算 100 次矩阵的乘法；若 $\boldsymbol{A}$ 为 5 阶方阵，则要进行 22500 次加法和乘法运算. 研究如何方便地计算矩阵函数是非常有意义的. 为此，我们将介绍两种常用的算法.

(1) 递推公式计算法

通过下面的例题来说明递推计算法.

例 5.2.4　已知 4 阶矩阵 $\boldsymbol{A}$ 的特征值为 $\pi,-\pi,0,0$，求 $\sin\boldsymbol{A}$，$\cos\boldsymbol{A}$，$\mathrm{e}^{\boldsymbol{A}}$.

解　因为 $\boldsymbol{A}$ 的特征方程为

$$\det(\lambda\boldsymbol{I}-\boldsymbol{A})=(\lambda-\pi)(\lambda+\pi)\lambda^2=\lambda^4-\pi^2\lambda^2=0,$$

由凯莱-哈密顿定理(见定理 2.2.4)知，有

$$\boldsymbol{A}^4=\pi^2\boldsymbol{A}^2.$$

从而得

$$\begin{aligned}\sin\boldsymbol{A}&=\boldsymbol{A}-\frac{1}{3!}\boldsymbol{A}^3+\frac{1}{5!}\boldsymbol{A}^5-\frac{1}{7!}\boldsymbol{A}^7+\frac{1}{9!}\boldsymbol{A}^9-\cdots\\&=\boldsymbol{A}-\frac{1}{3!}\boldsymbol{A}^3+\frac{1}{5!}\pi^2\boldsymbol{A}^3-\frac{1}{7!}\pi^4\boldsymbol{A}^3+\frac{1}{9!}\pi^6\boldsymbol{A}^3-\cdots\\&=\boldsymbol{A}+\left(-\frac{1}{3!}+\frac{1}{5!}\pi^2-\frac{1}{7!}\pi^4+\frac{1}{9!}\pi^6-\cdots\right)\boldsymbol{A}^3\\&=\boldsymbol{A}+\frac{\sin\pi-\pi}{\pi^3}\boldsymbol{A}^3=\boldsymbol{A}-\pi^{-2}\boldsymbol{A}^3,\end{aligned}$$

$$\begin{aligned}\cos\boldsymbol{A}&=\boldsymbol{I}-\frac{1}{2!}\boldsymbol{A}^2+\frac{1}{4!}\boldsymbol{A}^4-\frac{1}{6!}\boldsymbol{A}^6+\frac{1}{8!}\boldsymbol{A}^8-\cdots\\&=\boldsymbol{I}-\frac{1}{2!}\boldsymbol{A}^2+\frac{1}{4!}\pi^2\boldsymbol{A}^2-\frac{1}{6!}\pi^4\boldsymbol{A}^2+\frac{1}{8!}\pi^6\boldsymbol{A}^2-\cdots\\&=\boldsymbol{I}+\left(-\frac{1}{2!}+\frac{1}{4!}\pi^2-\frac{1}{6!}\pi^4+\frac{1}{8!}\pi^6-\cdots\right)\boldsymbol{A}^2\\&=\boldsymbol{I}+\frac{\cos\pi-1}{\pi^2}\boldsymbol{A}^2=\boldsymbol{I}-2\pi^{-2}\boldsymbol{A}^2,\end{aligned}$$

$$\begin{aligned}\mathrm{e}^{\boldsymbol{A}}&=\boldsymbol{I}+\boldsymbol{A}+\frac{1}{2!}\boldsymbol{A}^2+\frac{1}{3!}\boldsymbol{A}^3+\frac{1}{4!}\boldsymbol{A}^4+\cdots\\&=\boldsymbol{I}+\boldsymbol{A}+\frac{1}{2!}\boldsymbol{A}^2+\frac{1}{3!}\boldsymbol{A}^3+\frac{1}{4!}\pi^2\boldsymbol{A}^2+\frac{1}{5!}\pi^2\boldsymbol{A}^3+\frac{1}{6!}\pi^4\boldsymbol{A}^2+\frac{1}{7!}\pi^4\boldsymbol{A}^3+\cdots\\&=\boldsymbol{I}+\boldsymbol{A}+\left(\frac{1}{2!}+\frac{1}{4!}\pi^2+\frac{1}{6!}\pi^4+\cdots\right)\boldsymbol{A}^2+\left(\frac{1}{3!}+\frac{1}{5!}\pi^2+\frac{1}{7!}\pi^4+\cdots\right)\boldsymbol{A}^3\\&=\boldsymbol{I}+\boldsymbol{A}+\frac{p}{\pi^2}\boldsymbol{A}^2+\frac{\mathrm{e}^{\pi}-\pi-1-p}{\pi^3}\boldsymbol{A}^3,\end{aligned}$$

这里

$$p=\frac{1}{2!}\pi^2+\frac{1}{4!}\pi^4+\frac{1}{6!}\pi^6+\cdots=\frac{\mathrm{e}^{\pi}+\mathrm{e}^{-\pi}}{2}-1=\cosh\pi-1.$$

(2) 相似标准形计算法

先介绍一个有关的定理.

定理 5.2.8 设方阵 $\boldsymbol{A}$ 的 n 个特征值为 $\lambda_i(i=1,2,\cdots,n)$,$f(z)$为一多项式,则方阵多项式 $f(\boldsymbol{A})$的 n 个特征值为 $f(\lambda_i)(i=1,2,\cdots,n)$.

证明 设 $\varphi(\lambda)$为 $\boldsymbol{A}$ 的特征多项式,则有

$$\varphi(\lambda)=|\lambda\boldsymbol{I}-\boldsymbol{A}|=(\lambda-\lambda_1)\cdots(\lambda-\lambda_n).$$

记 $\mu-f(z)\equiv F(z)$,μ 为一与 z 无关的参数,即

$$\begin{aligned}F(z)&\equiv\mu-f(z)=b_0z^k+b_1z^{k-1}+\cdots+b_k\\&\equiv b_0(z-\alpha_1)(z-\alpha_2)\cdots(z-\alpha_k),\end{aligned}$$

于是有

$$F(\boldsymbol{A})=b_0(\boldsymbol{A}-\alpha_1\boldsymbol{I})(\boldsymbol{A}-\alpha_2\boldsymbol{I})\cdots(\boldsymbol{A}-\alpha_k\boldsymbol{I}).$$

但是

$$\begin{aligned}|\boldsymbol{A}-\alpha_j\boldsymbol{I}|&=(-1)^n|\alpha_j\boldsymbol{I}-\boldsymbol{A}|\\&=(-1)^n\varphi(\alpha_j),\qquad j=1,2,\cdots,k,\end{aligned}$$

所以

$$\begin{aligned}|F(\boldsymbol{A})|&=|\mu\boldsymbol{I}-f(\boldsymbol{A})|=b_0^n|\boldsymbol{A}-\alpha_1\boldsymbol{I}||\boldsymbol{A}-\alpha_2\boldsymbol{I}|\cdots|\boldsymbol{A}-\alpha_k\boldsymbol{I}|\\&=b_0^n\prod_{j=1}^{k}(-1)^n\varphi(\alpha_j)=b_0^n\prod_{j=1}^{k}(-1)^n(\alpha_j-\lambda_1)\cdots(\alpha_j-\lambda_n)\\&=b_0^n\prod_{j=1}^{k}(\lambda_1-\alpha_j)(\lambda_2-\alpha_j)\cdots(\lambda_n-\alpha_j)\\&=\prod_{i=1}^{k}F(\lambda_i)=\prod_{i=1}^{k}[\mu-f(\lambda_i)],\end{aligned}$$

即 $$|F(\boldsymbol{A})|=|\mu\boldsymbol{I}-f(\boldsymbol{A})|=\prod_{i=1}^{k}[\mu-f(\lambda_i)].$$

这表示 $f(\boldsymbol{A})$的 n 个特征值为 $f(\lambda_i)(i=1,2,\cdots,n)$. 证毕

利用上面的定理和矩阵幂级数的概念,我们又可以得到实际求矩阵函数值的方法.

(i) $\boldsymbol{A}$ 为非亏损矩阵的情况.

假定 $\boldsymbol{A}$ 与对角矩阵相似,即存在非奇异矩阵 $\boldsymbol{C}$,使

$$\boldsymbol{C}^{-1}\boldsymbol{A}\boldsymbol{C}=\mathrm{diag}(\lambda_1,\lambda_2,\cdots,\lambda_n),$$

于是有

$$\boldsymbol{C}^{-1}\boldsymbol{A}^m\boldsymbol{C}=\mathrm{diag}(\lambda_1^m,\lambda_2^m,\cdots,\lambda_n^m).$$

若 $f(z)$为一任意多项式,则由定理 5.2.8 知 $f(\boldsymbol{A})$的特征值为 $f(\lambda_i)(i=1,2,\cdots,n)$. 从而有

$$\boldsymbol{C}^{-1}f(\boldsymbol{A})\boldsymbol{C}=\mathrm{diag}(f(\lambda_1),f(\lambda_2),\cdots,f(\lambda_n)). \tag{5.2.24}$$

若 $f(z)=\sum_{k=0}^{+\infty}c_kz^k$ 在整个复平面上收敛,则由定理 5.2.4 知矩阵幂级数 $f(\boldsymbol{A})=\sum_{k=0}^{+\infty}c_k\boldsymbol{A}^k$ 是绝对收敛的. 于是其 $N+1$ 项部分和记为 $f_N(\boldsymbol{A})=\sum_{k=0}^{N}c_k\boldsymbol{A}^k\xrightarrow{N\to+\infty}f(\boldsymbol{A})$. 再以 $f_N(\boldsymbol{A})$代替式(5.2.24)中的 $f(\boldsymbol{A})$便得

$$\boldsymbol{C}^{-1}f_N(\boldsymbol{A})\boldsymbol{C}=\mathrm{diag}(f_N(\lambda_1),f_N(\lambda_2),\cdots,f_N(\lambda_n)).$$

再由 $\lim\limits_{N\to+\infty}f_N(\boldsymbol{A})=f(\boldsymbol{A})$及 $\lim\limits_{N\to+\infty}f_N(\lambda_i)=f(\lambda_i)$,便得

$$\boldsymbol{C}^{-1}f(\boldsymbol{A})\boldsymbol{C}=\mathrm{diag}(f(\lambda_1),f(\lambda_2),\cdots,f(\lambda_n)),$$

即

$$f(\boldsymbol{A})=\boldsymbol{C}\cdot\mathrm{diag}(f(\lambda_1),f(\lambda_2),\cdots,f(\lambda_n))\cdot\boldsymbol{C}^{-1}. \tag{5.2.25}$$

在式(5.2.25)中以 $\mathrm{e}^{\boldsymbol{A}}$, $\sin\boldsymbol{A}$, $\cos\boldsymbol{A}$ 代替 $f(\boldsymbol{A})$,就得到计算矩阵函数 $\mathrm{e}^{\boldsymbol{A}}$, $\sin\boldsymbol{A}$, $\cos\boldsymbol{A}$ 值的公式

$$\begin{cases}\mathrm{e}^{\boldsymbol{A}}=\boldsymbol{C}\cdot\mathrm{diag}(\mathrm{e}^{\lambda_1},\mathrm{e}^{\lambda_2},\cdots,\mathrm{e}^{\lambda_n})\cdot\boldsymbol{C}^{-1},\\ \sin\boldsymbol{A}=\boldsymbol{C}\cdot\mathrm{diag}(\sin\lambda_1,\sin\lambda_2,\cdots,\sin\lambda_n)\cdot\boldsymbol{C}^{-1},\\ \cos\boldsymbol{A}=\boldsymbol{C}\cdot\mathrm{diag}(\cos\lambda_1,\cos\lambda_2,\cdots,\cos\lambda_n)\cdot\boldsymbol{C}^{-1}.\end{cases} \tag{5.2.26}$$

例 5.2.5 设

$$\boldsymbol{A}=\begin{bmatrix}2&1\\2&3\end{bmatrix},$$

求 $\boldsymbol{A}^{101}$.

解 因为 $\boldsymbol{A}$ 的特征多项式为 $\det(\lambda\boldsymbol{I}-\boldsymbol{A})=(\lambda-1)(\lambda-4)$,所以两个特征值为 1 和 4,它们对应的特征向量为$(-1,1)^{\mathrm{T}}$ 和$(1,2)^{\mathrm{T}}$.

从而化 $\boldsymbol{A}$ 为对角阵的非奇异矩阵为

$$\boldsymbol{C}=\begin{bmatrix}-1&1\\1&2\end{bmatrix},\qquad \boldsymbol{C}^{-1}=\begin{bmatrix}-\frac{2}{3}&\frac{1}{3}\\ \frac{1}{3}&\frac{1}{3}\end{bmatrix}.$$

应用式(5.2.25)可得

$$\boldsymbol{A}^{101}=\boldsymbol{C}\begin{bmatrix}\lambda_1^{101} & \\ & \lambda_2^{101}\end{bmatrix}\boldsymbol{C}^{-1}$$

$$=\frac{1}{3}\begin{bmatrix}4^{101}+2 & 4^{101}-1 \\ 2(4^{101}-1) & 2\times 4^{101}+1\end{bmatrix}.$$

例 5.2.6 设

$$\boldsymbol{A}=\begin{bmatrix}3 & 2 \\ 1 & 2\end{bmatrix},$$

计算 $\boldsymbol{A}^4+2\boldsymbol{A}^3+\boldsymbol{A}$ 及 $\mathrm{e}^{\boldsymbol{A}}$.

解 因为特征多项式为

$$\det(\lambda\boldsymbol{I}-\boldsymbol{A})=\begin{vmatrix}\lambda-3 & -2 \\ -1 & \lambda-2\end{vmatrix}=\lambda^2-5\lambda+4$$

$$=(\lambda-1)(\lambda-4),$$

可见 1 与 4 都是单特征值,且它们对应的特征向量依次为 $(-1,1)^{\mathrm{T}}$ 与 $(2,1)^{\mathrm{T}}$. 于是化 $\boldsymbol{A}$ 为对角阵的非奇异矩阵是

$$\boldsymbol{C}=\begin{bmatrix}-1 & 2 \\ 1 & 1\end{bmatrix},\qquad \boldsymbol{C}^{-1}=\begin{bmatrix}-\frac{1}{3} & \frac{2}{3} \\ \frac{1}{3} & \frac{1}{3}\end{bmatrix}.$$

令式(5.2.25)中 $f(\boldsymbol{A})=\boldsymbol{A}^4+2\boldsymbol{A}^3+\boldsymbol{A}$,得

$$\boldsymbol{A}^4+2\boldsymbol{A}^3+\boldsymbol{A}=\boldsymbol{C}\cdot\mathrm{diag}(1^4+2\times1^3+1,4^4+2\times4^3+4)\cdot\boldsymbol{C}^{-1}$$

$$=\begin{bmatrix}-1 & 2 \\ 1 & 1\end{bmatrix}\begin{bmatrix}4 & \\ & 388\end{bmatrix}\begin{bmatrix}-\frac{1}{3} & \frac{2}{3} \\ \frac{1}{3} & \frac{1}{3}\end{bmatrix}$$

$$=\begin{bmatrix}260 & 256 \\ 128 & 132\end{bmatrix}.$$

再令式(5.2.25)中 $f(\boldsymbol{A})=\mathrm{e}^{\boldsymbol{A}}$,得

$$\mathrm{e}^{\boldsymbol{A}}=\boldsymbol{C}\cdot\mathrm{diag}(\mathrm{e},\mathrm{e}^4)\cdot\boldsymbol{C}^{-1}$$

$$=\begin{bmatrix}-1 & 2 \\ 1 & 1\end{bmatrix}\begin{bmatrix}\mathrm{e} & \\ & \mathrm{e}^4\end{bmatrix}\begin{bmatrix}-\frac{1}{3} & \frac{2}{3} \\ \frac{1}{3} & \frac{1}{3}\end{bmatrix}$$

$$=\begin{bmatrix}\frac{1}{3}(2\mathrm{e}^4+\mathrm{e}) & \frac{2}{3}(\mathrm{e}^4-\mathrm{e}) \\ \frac{1}{3}(\mathrm{e}^4-\mathrm{e}) & \frac{1}{3}(\mathrm{e}^4+2\mathrm{e})\end{bmatrix}.$$

例 5.2.7 设矩阵

$$\boldsymbol{A}=\begin{bmatrix}4 & 6 & 0 \\ -3 & -5 & 0 \\ -3 & -6 & 1\end{bmatrix},$$

试求 $\mathrm{e}^{\boldsymbol{A}}$, $\sin\boldsymbol{A}$, $\cos\boldsymbol{A}$.

解　因为 $\boldsymbol{A}$ 的特征多项式是

$$\det(\lambda \boldsymbol{I}-\boldsymbol{A})=(\lambda+2)(\lambda-1)^2,$$

可见 -2 是单特征值，1 是二重特征值. 不难求得属于 -2 的特征向量是 $(-1,1,1)^{\mathrm{T}}$，而属于 1 的特征向量是 $(-2,1,0)^{\mathrm{T}}$ 和 $(0,0,1)^{\mathrm{T}}$. 于是化 $\boldsymbol{A}$ 为对角阵的非奇异矩阵

$$\boldsymbol{C}=\begin{bmatrix}-1 & -2 & 0\\ 1 & 1 & 0\\ 1 & 0 & 1\end{bmatrix},\qquad \boldsymbol{C}^{-1}=\begin{bmatrix}1 & 2 & 0\\ -1 & -1 & 0\\ -1 & -2 & 1\end{bmatrix}.$$

应用公式(5.2.25)直接可得

$$\begin{aligned}\mathrm{e}^{\boldsymbol{A}}&=C\cdot\operatorname{diag}(\mathrm{e}^{-2},\mathrm{e},\mathrm{e})\cdot\boldsymbol{C}^{-1}\\&=\begin{bmatrix}2\mathrm{e}-\mathrm{e}^{-2} & 2\mathrm{e}-2\mathrm{e}^{-2} & 0\\ \mathrm{e}^{-2}-\mathrm{e} & 2\mathrm{e}^{-2}-\mathrm{e} & 0\\ \mathrm{e}^{-2}-\mathrm{e} & 2\mathrm{e}^{-2}-2\mathrm{e} & \mathrm{e}\end{bmatrix},\end{aligned}$$

$$\sin\boldsymbol{A}=\begin{bmatrix}2\sin1+\sin2 & 2\sin1+2\sin2 & 0\\ -\sin2-\sin1 & -2\sin2-\sin1 & 0\\ -\sin2-\sin1 & -2\sin2-2\sin1 & \sin1\end{bmatrix},$$

$$\cos\boldsymbol{A}=\begin{bmatrix}2\cos1-\cos2 & 2\cos1-2\cos2 & 0\\ \cos2-\cos1 & 2\cos2-\cos1 & 0\\ \cos2-\cos1 & 2\cos2-2\cos1 & \cos1\end{bmatrix}.$$

在这里必须指出，假定方阵 $\boldsymbol{A}$ 可化为对角矩阵这个条件较强，一般不易满足，例如

$$\boldsymbol{A}=\begin{bmatrix}3 & 1 & -1\\ 1 & 2 & -1\\ 2 & 1 & 0\end{bmatrix},$$

这是一个亏损矩阵，它不能与对角矩阵相似，因此不能用前面的方法求 e^{A} 等. 下面我们给出另一种情况的算法.

(ii) $\boldsymbol{A}$ 为亏损矩阵的情况.

定义 5.2.6　设 $\boldsymbol{A}\in\mathbb{C}^{n\times n}$，显然存在 $\boldsymbol{A}$ 的若尔当标准形分解 $\boldsymbol{A}=\boldsymbol{TJT}^{-1}$，如果函数 $f(z)$ 在各个特征值 $\lambda_i(i=1,2,\cdots,r)$ 处具有直到 n_i-1 阶导数($n_i(i=1,2,\cdots,r)$为初等因子的指数)，则定义矩阵函数为

$$f(\boldsymbol{A})=\boldsymbol{T}\cdot f(\boldsymbol{J})\cdot\boldsymbol{T}^{-1},\tag{5.2.27}$$

其中

$$f(\boldsymbol{J})=\operatorname{diag}(f(\boldsymbol{J}_1(\lambda_1)),f(\boldsymbol{J}_2(\lambda_2)),\cdots,f(\boldsymbol{J}_r(\lambda_r))),$$

$$f(\boldsymbol{J}_i(\lambda_i))=\begin{bmatrix}f(\lambda_i) & f'(\lambda_i) & \frac{1}{2!}f''(\lambda_i) & \cdots & \frac{1}{(n_i-1)!}f^{(n_i-1)}(\lambda_i)\\ & f(\lambda_i) & f'(\lambda_i) & \cdots & \frac{1}{(n_i-2)!}f^{(n_i-2)}(\lambda_i)\\ & & \ddots & \ddots & \vdots\\ & & & \ddots & f'(\lambda_i)\\ & & & & f(\lambda_i)\end{bmatrix}_{n_i\times n_i}^{①}.\tag{5.2.28}$$

① 事实上，我们将函数 $f(z)$ 展开为幂级数，再把约当块 $\boldsymbol{J}_i(\lambda_i)$ 代入就可证明这里的 $f(\boldsymbol{J}_i(\lambda_i))$.

我们称 $f(\boldsymbol{A})$的表示式(5.2.28)为 $f(\boldsymbol{A})$的**若尔当标准形**.

特别,若 $\boldsymbol{A}$ 为单纯矩阵,则 $\boldsymbol{J}$ 为对角矩阵,显然此时 $f(\boldsymbol{J})$也是对角矩阵,且与前面用幂级数方法定义 $f(\boldsymbol{A})$是一致的.

例 5.2.8 设

$$\boldsymbol{A}=\begin{bmatrix}3 & 1 & -1\\ 1 & 2 & -1\\ 2 & 1 & 0\end{bmatrix},$$

求 $e^{\boldsymbol{A}t}$(其中 t 为参数).

解 因为

$$|\lambda\boldsymbol{I}-\boldsymbol{A}|=\begin{vmatrix}\lambda-3 & -1 & 1\\ -1 & \lambda-2 & 1\\ -2 & -1 & \lambda\end{vmatrix}=(\lambda-1)(\lambda-2)^2,$$

显然 $n_1=1, n_2=2$,于是 $\boldsymbol{A}$ 的若尔当标准形为

$$\boldsymbol{J}=\begin{bmatrix}1 & 0 & 0\\ 0 & 2 & 1\\ 0 & 0 & 2\end{bmatrix}.$$

由于对应 $\lambda_1=1$ 的特征向量为$(0,1,1)^{\mathrm{T}}$,而对应 $\lambda_2=2$ 的线性无关的特征向量只有一个$(1,0,1)^{\mathrm{T}}$,为此再求出它的一个广义特征向量$(1,1,1)^{\mathrm{T}}$. 于是非奇异矩阵 T 取为

$$\boldsymbol{T}=\begin{bmatrix}0 & 1 & 1\\ 1 & 0 & 1\\ 1 & 1 & 1\end{bmatrix},\qquad \boldsymbol{T}^{-1}=\begin{bmatrix}-1 & 0 & 1\\ 0 & -1 & 1\\ 1 & 1 & -1\end{bmatrix}.$$

容易看出

$$f(\boldsymbol{J}_1(\lambda_1))=f(\lambda_1)=e^t,$$

$$f(\boldsymbol{J}_2(\lambda_2))=\begin{bmatrix}e^{2t} & te^{2t}\\ 0 & e^{2t}\end{bmatrix},$$

所以

$$\begin{aligned}e^{\boldsymbol{A}t}&=\boldsymbol{T}\cdot\operatorname{diag}(f(\boldsymbol{J}_1(\lambda_1)),f(\boldsymbol{J}_2(\lambda_2)))\cdot\boldsymbol{T}^{-1}\\ &=\begin{bmatrix}0 & 1 & 1\\ 1 & 0 & 1\\ 1 & 1 & 1\end{bmatrix}\begin{bmatrix}e^t & 0 & 0\\ 0 & e^{2t} & te^{2t}\\ 0 & 0 & e^{2t}\end{bmatrix}\begin{bmatrix}-1 & 0 & 1\\ 0 & -1 & 1\\ 1 & 1 & -1\end{bmatrix}\\ &=\begin{bmatrix}(t+1)e^{2t} & te^{2t} & -te^{2t}\\ -e^t+e^{2t} & e^{2t} & e^t+e^{2t}\\ -e^t+(t+1)e^{2t} & te^{2t} & e^t-te^{2t}\end{bmatrix}.\end{aligned}$$

利用矩阵函数的若尔当标准形表示法,还可以求出一些特殊矩阵函数的值.

例 5.2.9 (1) 已知

$$A=\begin{bmatrix}1&2&2\\2&1&2\\2&2&1\end{bmatrix},$$

求$\dfrac{1}{A}$；

(2) 已知

$$A=\begin{bmatrix}1&2&3&4\\0&1&2&3\\0&0&1&2\\0&0&0&1\end{bmatrix},$$

求 A 的平方根$\sqrt{A}$.

解 (1) $\det(\lambda I-A)=(\lambda+1)^2(\lambda-5)$，对应 $\lambda_1=-1$ 的线性无关的特征向量是$(1,0,-1)^{\mathrm T}$ 和$(0,1,-1)^{\mathrm T}$，而对应 $\lambda_2=5$ 的特征向量是$(1,1,1)^{\mathrm T}$，所以 A 为单纯矩阵，可以化为对角矩阵，于是得

$$f(A)=\frac{1}{A}=T\cdot\operatorname{diag}\left(-1,-1,\frac{1}{5}\right)T^{-1}$$

$$=\begin{bmatrix}1&0&1\\0&1&1\\-1&-1&1\end{bmatrix}\begin{bmatrix}-1&&\\&-1&\\&&\frac{1}{5}\end{bmatrix}\begin{bmatrix}\frac{2}{3}&-\frac{1}{3}&-\frac{1}{3}\\-\frac{1}{3}&\frac{2}{3}&-\frac{1}{3}\\\frac{1}{3}&\frac{1}{3}&\frac{1}{3}\end{bmatrix}$$

$$=\begin{bmatrix}-\frac{3}{5}&\frac{2}{5}&\frac{2}{5}\\\frac{2}{5}&-\frac{3}{5}&\frac{2}{5}\\\frac{2}{5}&\frac{2}{5}&-\frac{3}{5}\end{bmatrix}.$$

(2) 显然 $\det(\lambda I-A)=(\lambda-1)^4$，它没有 4 个线性无关的特征向量，是一个亏损矩阵，因此只能化为若尔当标准形

$$T^{-1}AT=\begin{bmatrix}1&1&&\\&1&1&\\&&1&1\\&&&1\end{bmatrix},$$

其中

$$T=\begin{bmatrix}8&4&0&0\\0&4&-1&1\\0&0&2&-2\\0&0&0&1\end{bmatrix},\qquad T^{-1}=\begin{bmatrix}\frac{1}{8}&-\frac{1}{8}&-\frac{1}{16}&0\\0&\frac{1}{4}&\frac{1}{8}&0\\0&0&\frac{1}{2}&1\\0&0&0&1\end{bmatrix}.$$

令 $f(z)=\sqrt{z}$，直接利用式(5.2.28)有

$$f(\boldsymbol{J}(1))=\begin{bmatrix} f(1) & f'(1) & \frac{1}{2!}f''(1) & \frac{1}{3!}f'''(1) \\ & f(1) & f'(1) & \frac{1}{2!}f''(1) \\ & & f(1) & f'(1) \\ & & & f(1) \end{bmatrix}$$

$$=\begin{bmatrix} 1 & \frac{1}{2} & -\frac{1}{8} & \frac{1}{16} \\ 0 & 1 & \frac{1}{2} & -\frac{1}{8} \\ 0 & 0 & 1 & \frac{1}{2} \\ 0 & 0 & 0 & 1 \end{bmatrix},$$

所以

$$f(\boldsymbol{A})=\sqrt{\boldsymbol{A}}=\boldsymbol{T}\cdot \operatorname{diag}(f(\boldsymbol{J}(1)))\boldsymbol{T}^{-1}$$

$$=\begin{bmatrix} 1 & 1 & 1 & 1 \\ 0 & 1 & 1 & 1 \\ 0 & 0 & 1 & 1 \\ 0 & 0 & 0 & 1 \end{bmatrix}.$$

注意，按式(5.2.27)定义的矩阵函数 $f(\boldsymbol{A})$ 与非奇异矩阵 $\boldsymbol{T}$ 的选择无关.

5.3 函数矩阵的微分和积分

当矩阵的元素是函数时，对矩阵就可以引进微积分运算. 例如在研究线性系统的可控制等方面的问题时，这种运算就是必要的了. 这里研究的微积分法，从本质上说只不过是用矩阵重新描述普通数学分析中微积分的若干结果.

5.3.1 函数矩阵对实变量的导数

定义 5.3.1 若矩阵 $\boldsymbol{A}=(a_{ij})$ 的诸元素 a_{ij} 均是变量 t 的函数，即

$$\boldsymbol{A}(t)=\begin{bmatrix} a_{11}(t) & a_{12}(t) & \cdots & a_{1n}(t) \\ a_{21}(t) & a_{22}(t) & \cdots & a_{2n}(t) \\ \vdots & \vdots & & \vdots \\ a_{m1}(t) & a_{m2}(t) & \cdots & a_{mn}(t) \end{bmatrix},$$

则称 $\boldsymbol{A}(t)$ 为**函数矩阵**. 推而广之，变量 t 还可以是向量，也可以是矩阵.

对于函数矩阵我们可以像普通函数那样，引入极限、连续、微分和积分等概念. 先看极限与连续.

如果所有的元素 $a_{ij}(t)$ 在 $t=t_0$ 时，存在极限，即有

$$\lim_{t\to t_0} a_{ij}(t)=a_{ij},\qquad a_{ij}\text{ 为一常数},$$

则称矩阵 $\boldsymbol{A}(t)$ 有极限，且极限值为 $\boldsymbol{A}$（常量矩阵），即

$$\lim_{t\to t_0}\boldsymbol{A}(t)=\boldsymbol{A}=\begin{bmatrix} a_{11} & a_{12} & \cdots & a_{1n}\\ a_{21} & a_{22} & \cdots & a_{2n}\\ \vdots & \vdots & & \vdots\\ a_{m1} & a_{m2} & \cdots & a_{mn}\end{bmatrix}.$$

一个函数矩阵的极限，具有通常函数极限的相似性质. 例如，当 $t\to t_0$ 时，函数矩阵 $\boldsymbol{A}(t)$ 和 $\boldsymbol{B}(t)$ 有极限 $\boldsymbol{A}$ 和 $\boldsymbol{B}$，则有

$$\lim_{t\to t_0}[\boldsymbol{A}(t)+\boldsymbol{B}(t)]=\boldsymbol{A}+\boldsymbol{B},$$

$$\lim_{t\to t_0}[\boldsymbol{A}(t)\boldsymbol{B}(t)]=\boldsymbol{A}\boldsymbol{B},$$

$$\lim_{t\to t_0}k\boldsymbol{A}(t)=k\boldsymbol{A},$$

其中 $\boldsymbol{A}$，$\boldsymbol{B}$ 均为常量矩阵，k 为常数.

如果所有函数 $a_{ij}(t)$ 在某一点或某一区间上是连续的，则称此函数矩阵在此点或在此区间上也是连续的.

对于多变量的函数矩阵，也可以有与上述类似的规定，这里就不一一重复了.

定义 5.3.2　设 $\boldsymbol{A}(t)=(a_{ij}(t))_{m\times n}$，若 $a_{ij}(t)(i=1,2,\cdots,m;j=1,2,\cdots,n)$ 在 $t=t_0$ 处（或 $[a,b]$ 上）可导，则称 $\boldsymbol{A}(t)$ 在点 $t=t_0$ 处（或在 $[a,b]$ 上）可导，且记为

$$\boldsymbol{A}'(t_0)=\frac{\mathrm{d}\boldsymbol{A}(t)}{\mathrm{d}t}\Big|_{t=t_0}=\lim_{\Delta t\to 0}\frac{\boldsymbol{A}(t_0+\Delta t)-\boldsymbol{A}(t_0)}{\Delta t}$$

$$=\begin{bmatrix} a'_{11}(t_0) & a'_{12}(t_0) & \cdots & a'_{1n}(t_0)\\ a'_{21}(t_0) & a'_{22}(t_0) & \cdots & a'_{2n}(t_0)\\ \vdots & \vdots & & \vdots\\ a'_{m1}(t_0) & a'_{m2}(t_0) & \cdots & a'_{mn}(t_0)\end{bmatrix}_{m\times n}.$$

不难证明函数矩阵的导数运算有下列性质：

(1) $\boldsymbol{A}(t)$ 为常数矩阵的充分必要条件是 $\boldsymbol{A}'(t)=\boldsymbol{0}$；

(2) 设 $\boldsymbol{A}(t)=(a_{ij}(t))_{m\times n}$ 与 $\boldsymbol{B}(t)=(b_{ij}(t))_{m\times n}$ 可导，则

$$\frac{\mathrm{d}}{\mathrm{d}t}(\boldsymbol{A}(t)\pm\boldsymbol{B}(t))=\boldsymbol{A}'(t)\pm\boldsymbol{B}'(t);\tag{5.3.1}$$

(3) 若 $k(t)$ 是可导的实函数，$\boldsymbol{A}(t)$ 可导，则

$$\frac{\mathrm{d}}{\mathrm{d}t}(k(t)\boldsymbol{A}(t))=k'(t)\boldsymbol{A}(t)+k(t)\boldsymbol{A}'(t);\tag{5.3.2}$$

(4) 设 $\boldsymbol{A}(t)$ 与 $\boldsymbol{B}(t)$ 都可导，则

$$\frac{\mathrm{d}}{\mathrm{d}t}(\boldsymbol{A}(t)\boldsymbol{B}(t))=\boldsymbol{A}'(t)\boldsymbol{B}(t)+\boldsymbol{A}(t)\boldsymbol{B}'(t);\tag{5.3.3}$$

(5) 若 $\boldsymbol{A}(t)$ 与 $\boldsymbol{A}^{-1}(t)$ 都有导数，则

$$\frac{\mathrm{d}\boldsymbol{A}^{-1}(t)}{\mathrm{d}t}=-\boldsymbol{A}^{-1}(t)\boldsymbol{A}'(t)\boldsymbol{A}^{-1}(t);\tag{5.3.4}$$

(6) 设函数矩阵 $\boldsymbol{A}(t)$ 是 t 的函数,而 $t=f(x)$ 是 x 的实值函数. 且 $\boldsymbol{A}(t)$ 与 $f(x)$ 均可导,则有

$$\frac{\mathrm{d}\boldsymbol{A}(t)}{\mathrm{d}x}=\frac{\mathrm{d}\boldsymbol{A}(t)}{\mathrm{d}t}f'(x)=f'(x)\frac{\mathrm{d}\boldsymbol{A}(t)}{\mathrm{d}t}. \tag{5.3.5}$$

仅证明式(5.3.3)和式 5.3.4),其余容易验证.

由导数定义,有

$$\begin{aligned}\frac{\mathrm{d}\boldsymbol{AB}}{\mathrm{d}t}&=\lim_{\Delta t\to 0}\frac{\boldsymbol{A}(t+\Delta t)\boldsymbol{B}(t+\Delta t)-\boldsymbol{A}(t)\boldsymbol{B}(t)}{\Delta t}\\&=\lim_{\Delta t\to 0}\frac{\boldsymbol{A}(t+\Delta t)\boldsymbol{B}(t+\Delta t)-\boldsymbol{A}(t)\boldsymbol{B}(t+\Delta t)+\boldsymbol{A}(t)\boldsymbol{B}(t+\Delta t)-\boldsymbol{A}(t)\boldsymbol{B}(t)}{\Delta t}\\&=\lim_{\Delta t\to 0}\frac{[\boldsymbol{A}(t+\Delta t)-\boldsymbol{A}(t)]\boldsymbol{B}(t+\Delta t)}{\Delta t}+\lim_{\Delta t\to 0}\frac{\boldsymbol{A}(t)[\boldsymbol{B}(t+\Delta t)-\boldsymbol{B}(t)]}{\Delta t}\\&=\frac{\mathrm{d}\boldsymbol{A}}{\mathrm{d}t}\boldsymbol{B}+\boldsymbol{A}\frac{\mathrm{d}\boldsymbol{B}}{\mathrm{d}t}.\end{aligned}$$

式(5.3.4)的证明,只须注意到 $\boldsymbol{AA}^{-1}=\boldsymbol{I}$,将它两端对 t 求导,并应用公式(5.3.3)得

$$\frac{\mathrm{d}\boldsymbol{A}}{\mathrm{d}t}\boldsymbol{A}^{-1}+\boldsymbol{A}\frac{\mathrm{d}\boldsymbol{A}^{-1}}{\mathrm{d}t}=\boldsymbol{0}\quad(\text{零矩阵}).$$

将上式左端第一项移至等式右端,然后等式两端左乘以 $\boldsymbol{A}^{-1}$ 即得式(5.3.4).

注意,式(5.3.3)的交换律一般不成立. 例如

$$\begin{aligned}\frac{\mathrm{d}}{\mathrm{d}t}\boldsymbol{A}^2(t)&=\frac{\mathrm{d}}{\mathrm{d}t}(\boldsymbol{A}(t)\boldsymbol{A}(t))\\&=\boldsymbol{A}'(t)\boldsymbol{A}(t)+\boldsymbol{A}(t)\boldsymbol{A}'(t)\\&\neq 2\boldsymbol{A}(t)\boldsymbol{A}'(t).\end{aligned}$$

函数矩阵的导数本身也是一个函数矩阵,还可以再进行导数运算,故可以定义函数矩阵对实变量的高阶导数:

$$\frac{\mathrm{d}^k\boldsymbol{A}(t)}{\mathrm{d}t^k}=\frac{\mathrm{d}}{\mathrm{d}t}\left(\frac{\mathrm{d}^{k-1}\boldsymbol{A}(t)}{\mathrm{d}t^{k-1}}\right),\qquad k=1,2,\cdots,n.$$

例 5.3.1 不论 $\boldsymbol{A}$ 是任何常量方阵,总有

(1) $\frac{\mathrm{d}}{\mathrm{d}t}\mathrm{e}^{\boldsymbol{A}t}=\boldsymbol{A}\mathrm{e}^{\boldsymbol{A}t}=\mathrm{e}^{\boldsymbol{A}t}\boldsymbol{A}$; (5.3.6)

(2) $\frac{\mathrm{d}}{\mathrm{d}t}\cos\boldsymbol{A}t=-\boldsymbol{A}(\sin\boldsymbol{A}t)=-(\sin\boldsymbol{A}t)\boldsymbol{A}$; (5.3.7)

(3) $\frac{\mathrm{d}}{\mathrm{d}t}\sin\boldsymbol{A}t=\boldsymbol{A}(\cos\boldsymbol{A}t)=(\cos\boldsymbol{A}t)\boldsymbol{A}$. (5.3.8)

证明 这里只证式(5.3.6),而式(5.3.7)、式(5.3.8)的证明完全类似,故不赘述. 为证式(5.3.6),首先注意

$$(\mathrm{e}^{\boldsymbol{A}t})_{ij}=\sum_{k=0}^{+\infty}\frac{1}{k!}t^k(\boldsymbol{A}^k)_{ij}.$$

上式右边是 t 的幂级数,不管 t 值如何,它总是收敛的. 因此,逐项微分,有

$$\frac{\mathrm{d}}{\mathrm{d}t}((\mathrm{e}^{\boldsymbol{A}t})_{ij})=\sum_{k=1}^{+\infty}\frac{1}{(k-1)!}t^{k-1}(\boldsymbol{A}^k)_{ij}.$$

于是，有

$$\frac{\mathrm{d}}{\mathrm{d}t}\mathrm{e}^{\boldsymbol{A}t}=\sum_{k=1}^{+\infty}\frac{1}{(k-1)!}t^{k-1}\boldsymbol{A}^{k}$$

$$=\begin{cases}\boldsymbol{A}\sum\limits_{k=1}^{+\infty}\dfrac{1}{(k-1)!}t^{k-1}\boldsymbol{A}^{k-1}=\boldsymbol{A}\mathrm{e}^{\boldsymbol{A}t},\\ \left(\sum\limits_{k=1}^{+\infty}\dfrac{1}{(k-1)!}t^{k-1}\boldsymbol{A}^{k-1}\right)\boldsymbol{A}=\mathrm{e}^{\boldsymbol{A}t}\boldsymbol{A}.\end{cases}$$

证毕

例 5.3.2 设

$$\boldsymbol{A}(t)=\begin{bmatrix}1 & t^2\\ t & 0\end{bmatrix},$$

试计算$\dfrac{\mathrm{d}^2\boldsymbol{A}}{\mathrm{d}t^2}$，$\dfrac{\mathrm{d}\boldsymbol{A}^{-1}}{\mathrm{d}t}$.

解 显然有

$$\frac{\mathrm{d}\boldsymbol{A}}{\mathrm{d}t}=\begin{bmatrix}0 & 2t\\ 1 & 0\end{bmatrix},$$

$$\frac{\mathrm{d}^2\boldsymbol{A}}{\mathrm{d}t^2}=\begin{bmatrix}0 & 2\\ 0 & 0\end{bmatrix}.$$

要计算$\dfrac{\mathrm{d}\boldsymbol{A}^{-1}}{\mathrm{d}t}$，必须先求 $\boldsymbol{A}^{-1}(t)$：

$$\boldsymbol{A}^{-1}=\frac{1}{\begin{vmatrix}1 & t^2\\ t & 0\end{vmatrix}}\begin{bmatrix}0 & -t^2\\ -t & 1\end{bmatrix}=-\frac{1}{t^3}\begin{bmatrix}0 & -t^2\\ -t & 1\end{bmatrix}$$

$$=\begin{bmatrix}0 & \dfrac{1}{t}\\ \dfrac{1}{t^2} & -\dfrac{1}{t^3}\end{bmatrix}.$$

所以

$$\frac{\mathrm{d}\boldsymbol{A}^{-1}}{\mathrm{d}t}=-\begin{bmatrix}0 & \dfrac{1}{t}\\ \dfrac{1}{t^2} & -\dfrac{1}{t^3}\end{bmatrix}\begin{bmatrix}0 & 2t\\ 1 & 0\end{bmatrix}\begin{bmatrix}0 & \dfrac{1}{t}\\ \dfrac{1}{t^2} & -\dfrac{1}{t^3}\end{bmatrix}$$

$$=\begin{bmatrix}0 & -\dfrac{1}{t^2}\\ -\dfrac{2}{t^3} & \dfrac{3}{t^4}\end{bmatrix}.$$

例 5.3.3 设 $\boldsymbol{A}=(a_{ij}(t))_{m\times n}$，试证

$$\frac{\mathrm{d}}{\mathrm{d}t}\mathrm{tr}\boldsymbol{A}=\mathrm{tr}\frac{\mathrm{d}\boldsymbol{A}}{\mathrm{d}t}.\tag{5.3.9}$$

式(5.3.9)表明迹 tr 和$\dfrac{\mathrm{d}}{\mathrm{d}t}$两种运算，对方阵来说可以交换次序.

证明 因为 $\mathrm{tr}\boldsymbol{A}=a_{11}(t)+a_{22}(t)+\cdots+a_{nn}(t)$,所以

$$\frac{\mathrm{d}}{\mathrm{d}t}\mathrm{tr}\boldsymbol{A}=\frac{\mathrm{d}}{\mathrm{d}t}a_{11}+\frac{\mathrm{d}}{\mathrm{d}t}a_{22}+\cdots+\frac{\mathrm{d}}{\mathrm{d}t}a_{nn},$$

另外,由于

$$\frac{\mathrm{d}\boldsymbol{A}}{\mathrm{d}t}=\begin{bmatrix}\frac{\mathrm{d}a_{11}}{\mathrm{d}t} & \cdots & \frac{\mathrm{d}a_{1n}}{\mathrm{d}t}\\ \vdots & & \vdots\\ \frac{\mathrm{d}a_{n1}}{\mathrm{d}t} & \cdots & \frac{\mathrm{d}a_{nn}}{\mathrm{d}t}\end{bmatrix},$$

所以

$$\mathrm{tr}\,\frac{\mathrm{d}\boldsymbol{A}}{\mathrm{d}t}=\frac{\mathrm{d}a_{11}}{\mathrm{d}t}+\frac{\mathrm{d}a_{22}}{\mathrm{d}t}+\cdots+\frac{\mathrm{d}a_{nn}}{\mathrm{d}t}=\frac{\mathrm{d}}{\mathrm{d}t}\mathrm{tr}\boldsymbol{A}.$$

证毕

5.3.2 函数矩阵特殊的导数

在自动控制的理论及一些实际问题中,还经常遇到矩阵的特殊的导数问题. 常见的有数量函数对于向量、向量对于向量、矩阵对于向量以及矩阵对于矩阵的导数(微商)等,现分述如下.

1. 数量函数对于向量的导数

在场论中,我们对数量函数 $f(x,y,z)$ 定义梯度为

$$\mathrm{grad}f=\nabla f=\left(\frac{\partial f}{\partial x},\frac{\partial f}{\partial y},\frac{\partial f}{\partial z}\right)^{\mathrm{T}}.$$

这可以理解为数量函数 $f(x,y,z)$ 对向量 (x,y,z) 的导数. 下面我们将这一概念推广到一般情形.

定义 5.3.3 设 $\boldsymbol{x}=(x_1,x_2,\cdots,x_n)^{\mathrm{T}}$, $f(\boldsymbol{x})=f(x_1,x_2,\cdots,x_n)$ 是以向量 $\boldsymbol{x}$ 为自变量的数量函数,即为 n 元函数,则规定数量函数 $f(\boldsymbol{x})$ 对于向量 $\boldsymbol{x}$ 的导数为

$$\frac{\mathrm{d}f}{\mathrm{d}\boldsymbol{x}}=\left(\frac{\partial f}{\partial x_1},\frac{\partial f}{\partial x_2},\cdots,\frac{\partial f}{\partial x_n}\right)^{\mathrm{T}}. \tag{5.3.10}$$

显然,若还有向量 $\boldsymbol{x}$ 的数量函数

$$h(\boldsymbol{x})=h(x_1,x_2,\cdots,x_n),$$

则下列导数法则成立:

$$\frac{\mathrm{d}[f(\boldsymbol{x})\pm h(\boldsymbol{x})]}{\mathrm{d}\boldsymbol{x}}=\frac{\mathrm{d}f(\boldsymbol{x})}{\mathrm{d}\boldsymbol{x}}\pm\frac{\mathrm{d}h(\boldsymbol{x})}{\mathrm{d}\boldsymbol{x}},$$

$$\frac{\mathrm{d}f(\boldsymbol{x})h(\boldsymbol{x})}{\mathrm{d}\boldsymbol{x}}=\frac{\mathrm{d}f(\boldsymbol{x})}{\mathrm{d}\boldsymbol{x}}h(\boldsymbol{x})+f(\boldsymbol{x})\frac{\mathrm{d}h(\boldsymbol{x})}{\mathrm{d}\boldsymbol{x}}.$$

例 5.3.4 设 $\boldsymbol{A}=(a_{ij})_{n\times n}$ 为常量矩阵, $\boldsymbol{x}=(x_1,x_2,\cdots,x_n)^{\mathrm{T}}$. 证明数量函数 $f(\boldsymbol{x})=\boldsymbol{x}^{\mathrm{T}}\boldsymbol{A}\boldsymbol{x}$ 对于向量 $\boldsymbol{x}$ 的导数为

$$\frac{\mathrm{d}f}{\mathrm{d}\boldsymbol{x}}=(\boldsymbol{A}+\boldsymbol{A}^{\mathrm{T}})\boldsymbol{x}. \tag{5.3.11}$$

证明 因为 $\boldsymbol{x}^{\mathrm{T}}\boldsymbol{A}\boldsymbol{x}=\sum\limits_{i,j=1}^{n}a_{ij}x_ix_j$,由式(5.3.10)得

$$\frac{\mathrm{d}f}{\mathrm{d}\boldsymbol{x}}=\left(\frac{\partial}{\partial x_1}\sum_{i,j=1}^{n}a_{ij}x_ix_j,\cdots,\frac{\partial}{\partial x_n}\sum_{i,j=1}^{n}a_{ij}x_ix_j\right)^{\mathrm{T}}$$

$$=\begin{bmatrix}2a_{11}x_1+(a_{12}+a_{21})x_2+\cdots+(a_{1n}+a_{n1})x_n\\ \vdots\\ (a_{1n}+a_{n1})x_1+(a_{n2}+a_{2n})x_2+\cdots+2a_{nn}x_n\end{bmatrix}$$

$$=\begin{bmatrix}a_{11}x_1+a_{12}x_2+\cdots+a_{1n}x_n\\ \vdots\\ a_{n1}x_1+a_{n2}x_2+\cdots+a_{nn}x_n\end{bmatrix}+\begin{bmatrix}a_{11}x_1+a_{21}x_2+\cdots+a_{n1}x_n\\ \vdots\\ a_{1n}x_1+a_{2n}x_2+\cdots+a_{nn}x_n\end{bmatrix}$$

$$=\boldsymbol{A}\boldsymbol{x}+\boldsymbol{A}^{\mathrm{T}}\boldsymbol{x}=(\boldsymbol{A}+\boldsymbol{A}^{\mathrm{T}})\boldsymbol{x}.$$

证毕

作为特例：

(1) 当 $\boldsymbol{A}$ 是实对称矩阵时，二次型 $\boldsymbol{x}^{\mathrm{T}}\boldsymbol{A}\boldsymbol{x}$ 对 $\boldsymbol{x}$ 的导数为

$$\frac{\mathrm{d}\boldsymbol{x}^{\mathrm{T}}\boldsymbol{A}\boldsymbol{x}}{\mathrm{d}\boldsymbol{x}}=2\boldsymbol{A}\boldsymbol{x}; \tag{5.3.12}$$

(2) $\boldsymbol{A}=\boldsymbol{I}$ 时，函数 $f(\boldsymbol{x})=x_1^2+x_2^2+\cdots+x_n^2$ 对 $\boldsymbol{x}$ 的导数为

$$\frac{\mathrm{d}f(\boldsymbol{x})}{\mathrm{d}\boldsymbol{x}}=2\boldsymbol{x}. \tag{5.3.13}$$

例 5.3.5　令 $\boldsymbol{x}=(\xi_1(t),\xi_2(t),\cdots,\xi_n(t))^{\mathrm{T}}$，$f(\boldsymbol{x})=f(\xi_1,\cdots,\xi_n)$. 证明

$$\frac{\mathrm{d}f}{\mathrm{d}t}=\left(\frac{\mathrm{d}f}{\mathrm{d}\boldsymbol{x}}\right)^{\mathrm{T}}\frac{\mathrm{d}\boldsymbol{x}}{\mathrm{d}t}. \tag{5.3.14}$$

证明　由偏导数的链式法则有

$$\frac{\mathrm{d}f}{\mathrm{d}t}=\frac{\partial f}{\partial\xi_1}\frac{\mathrm{d}\xi_1}{\mathrm{d}t}+\frac{\partial f}{\partial\xi_2}\frac{\mathrm{d}\xi_2}{\mathrm{d}t}+\cdots+\frac{\partial f}{\partial\xi_n}\frac{\mathrm{d}\xi_n}{\mathrm{d}t}$$

$$=\left(\frac{\partial f}{\partial\xi_1},\frac{\partial f}{\partial\xi_2},\cdots,\frac{\partial f}{\partial\xi_n}\right)\left(\frac{\mathrm{d}\xi_1}{\mathrm{d}t},\frac{\mathrm{d}\xi_2}{\mathrm{d}t},\cdots,\frac{\mathrm{d}\xi_n}{\mathrm{d}t}\right)^{\mathrm{T}}$$

$$=\left(\frac{\mathrm{d}f}{\mathrm{d}\boldsymbol{x}}\right)^{\mathrm{T}}\frac{\mathrm{d}\boldsymbol{x}}{\mathrm{d}t}.$$

证毕

由于向量是特殊的矩阵，因此，我们可以定义数量函数对于矩阵的导数.

定义 5.3.4　设 $\mathbf{A}\in\mathbb{R}^{m\times n}$，$f(\mathbf{A})$为矩阵 $\mathbf{A}$ 的数量函数，即看成是 $m\times n$ 元函数，则规定数量函数 $f(\mathbf{A})$对于矩阵 $\mathbf{A}$ 的导数为

$$\frac{\mathrm{d}f}{\mathrm{d}\boldsymbol{A}}=\left(\frac{\partial f}{\partial a_{ij}}\right)_{m\times n}=\begin{bmatrix}\dfrac{\partial f}{\partial a_{11}} & \cdots & \dfrac{\partial f}{\partial a_{1n}}\\ \vdots & & \vdots\\ \dfrac{\partial f}{\partial a_{m1}} & \cdots & \dfrac{\partial f}{\partial a_{mn}}\end{bmatrix}. \tag{5.3.15}$$

例 5.3.6　求二次型 $\boldsymbol{x}^{\mathrm{T}}\boldsymbol{A}\boldsymbol{x}$ 对矩阵 A 的导数，其中 $\boldsymbol{A}\in\mathbb{R}^{n\times n}$ 是实对称的.

解　$\dfrac{\mathrm{d}}{\mathrm{d}\boldsymbol{A}}(\boldsymbol{x}^{\mathrm{T}}\boldsymbol{A}\boldsymbol{x})=\left(\dfrac{\partial}{\partial a_{ij}}\sum_{i=1}^{n}\sum_{j=1}^{n}a_{ij}x_ix_j\right)_{n\times n}=(x_ix_j)_{n\times n}=\boldsymbol{x}\boldsymbol{x}^{\mathrm{T}}.$

例 5.3.7　设　$\boldsymbol{X}=\begin{bmatrix}a & b & c\\ d & e & f\end{bmatrix}$，

$$F(\boldsymbol{X})=a^2+b^2+c^2+d^2-2e+15f,$$

求$\frac{\mathrm{d}F}{\mathrm{d}\boldsymbol{X}}$.

解
$$\frac{\mathrm{d}F}{\mathrm{d}\boldsymbol{X}}=\begin{bmatrix}\frac{\partial F}{\partial a} & \frac{\partial F}{\partial b} & \frac{\partial F}{\partial c}\\ \frac{\partial F}{\partial d} & \frac{\partial F}{\partial e} & \frac{\partial F}{\partial f}\end{bmatrix}=\begin{bmatrix}2a & 2b & 2c\\ 2d & -2 & 15\end{bmatrix}.$$

例 5.3.8 设 $\boldsymbol{X}=\begin{bmatrix}x & y\\ u & v\end{bmatrix}$,证明 $\left|\frac{\mathrm{d}|\boldsymbol{X}|}{\mathrm{d}\boldsymbol{X}}\right|=|\boldsymbol{X}|$.

证明 因为 $|\boldsymbol{X}|=xv-uy$,

$$\frac{\mathrm{d}|\boldsymbol{X}|}{\mathrm{d}\boldsymbol{X}}=\begin{bmatrix}\frac{\partial|\boldsymbol{X}|}{\partial x} & \frac{\partial|\boldsymbol{X}|}{\partial y}\\ \frac{\partial|\boldsymbol{X}|}{\partial u} & \frac{\partial|\boldsymbol{X}|}{\partial v}\end{bmatrix}=\begin{bmatrix}v & -u\\ -y & x\end{bmatrix},$$

所以

$$\left|\frac{\mathrm{d}|\boldsymbol{X}|}{\mathrm{d}\boldsymbol{X}}\right|=\begin{vmatrix}v & -u\\ -y & x\end{vmatrix}=xv-uy=|\boldsymbol{X}|.$$

证毕

例 5.3.9 设 $\boldsymbol{X}=\begin{bmatrix}x_{11} & x_{12}\\ x_{21} & x_{22}\end{bmatrix}$,$f(\boldsymbol{X})=\mathrm{tr}\boldsymbol{X}=x_{11}+x_{22}$,求$\frac{\mathrm{d}f}{\mathrm{d}\boldsymbol{X}}$.

解
$$\frac{\mathrm{d}f}{\mathrm{d}\boldsymbol{X}}=\frac{\mathrm{d}}{\mathrm{d}\boldsymbol{X}}(\mathrm{tr}\boldsymbol{X})=\begin{bmatrix}1 & 0\\ 0 & 1\end{bmatrix}=\boldsymbol{I}.$$

例 5.3.10 设 $\boldsymbol{X}=(x_{ij})_{n\times n}$,求$\frac{\mathrm{d}}{\mathrm{d}\boldsymbol{X}}(\mathrm{tr}(\boldsymbol{X}\boldsymbol{X}^{\mathrm{T}}))$及$\frac{\mathrm{d}}{\mathrm{d}\boldsymbol{X}}(\mathrm{tr}\boldsymbol{X}^2)$.

解 因为

$$\frac{\partial}{\partial x_{ij}}(\mathrm{tr}(\boldsymbol{X}\boldsymbol{X}^{\mathrm{T}}))=\frac{\partial}{\partial x_{ij}}\left(\sum_{i=1}^{n}\sum_{j=1}^{n}x_{ij}^2\right)=2x_{ij},$$

所以

$$\frac{\mathrm{d}}{\mathrm{d}\boldsymbol{X}}(\mathrm{tr}(\boldsymbol{X}\boldsymbol{X}^{\mathrm{T}}))=2\boldsymbol{X}.$$

又因为

$$\begin{aligned}\frac{\partial}{\partial x_{ij}}(\mathrm{tr}\boldsymbol{X}^2)&=\mathrm{tr}\left(\frac{\partial}{\partial x_{ij}}(\boldsymbol{X}^2)\right)=\mathrm{tr}\left(2\boldsymbol{X}\frac{\partial\boldsymbol{X}}{\partial x_{ij}}\right)\\&=2\mathrm{tr}(\boldsymbol{X}E_{ij})=2x_{ji},\end{aligned}$$

这里 $\boldsymbol{E}_{ij}$ 表示第 i 行第 j 列的元素为 1 而其余元素为 0 的矩阵,故

$$\frac{\mathrm{d}}{\mathrm{d}\boldsymbol{X}}(\mathrm{tr}\boldsymbol{X}^2)=2\boldsymbol{X}^{\mathrm{T}}.$$

2. 矩阵对于矩阵的导数

由于向量是特殊的矩阵,所以向量对于向量的导数、矩阵对于向量的导数等都可视为矩阵对于矩阵的导数的特殊情况来计算.

定义 5.3.5 设矩阵 $\boldsymbol{F}$ 是以 $\mathbf{A}\in\mathbb{C}^{m\times n}$ 为自变量的 $p\times q$ 矩阵，即

$$\boldsymbol{F}(\mathbf{A})=\begin{bmatrix} f_{11}(\mathbf{A}) & f_{12}(\mathbf{A}) & \cdots & f_{1q}(\mathbf{A}) \\ f_{21}(\mathbf{A}) & f_{22}(\mathbf{A}) & \cdots & f_{2q}(\mathbf{A}) \\ \vdots & \vdots & & \vdots \\ f_{p1}(\mathbf{A}) & f_{p2}(\mathbf{A}) & \cdots & f_{pq}(\mathbf{A}) \end{bmatrix}_{p\times q},$$

其元素 $f_{ks}(\mathbf{A})$是以矩阵 $\mathbf{A}=(a_{ij})_{m\times n}$ 的元素为自变量的 mn 元函数，则规定矩阵 $F(\mathbf{A})$对于矩阵 $\mathbf{A}$ 的导数为

$$\frac{\mathrm{d}\boldsymbol{F}}{\mathrm{d}\mathbf{A}}=\left(\frac{\partial \boldsymbol{F}}{\partial a_{ij}}\right)_{pm\times qn}=\begin{bmatrix} \dfrac{\partial \boldsymbol{F}}{\partial a_{11}} & \dfrac{\partial \boldsymbol{F}}{\partial a_{12}} & \cdots & \dfrac{\partial \boldsymbol{F}}{\partial a_{1n}} \\ \dfrac{\partial \boldsymbol{F}}{\partial a_{21}} & \dfrac{\partial \boldsymbol{F}}{\partial a_{22}} & \cdots & \dfrac{\partial \boldsymbol{F}}{\partial a_{2n}} \\ \vdots & \vdots & & \vdots \\ \dfrac{\partial \boldsymbol{F}}{\partial a_{m1}} & \dfrac{\partial \boldsymbol{F}}{\partial a_{m2}} & \cdots & \dfrac{\partial \boldsymbol{F}}{\partial a_{mn}} \end{bmatrix}, \tag{5.3.16}$$

其中

$$\frac{\partial \boldsymbol{F}}{\partial a_{ij}}=\begin{bmatrix} \dfrac{\partial f_{11}}{\partial a_{ij}} & \dfrac{\partial f_{12}}{\partial a_{ij}} & \cdots & \dfrac{\partial f_{1q}}{\partial a_{ij}} \\ \dfrac{\partial f_{21}}{\partial a_{ij}} & \dfrac{\partial f_{22}}{\partial a_{ij}} & \cdots & \dfrac{\partial f_{2q}}{\partial a_{ij}} \\ \vdots & \vdots & & \vdots \\ \dfrac{\partial f_{p1}}{\partial a_{ij}} & \dfrac{\partial f_{p2}}{\partial a_{ij}} & \cdots & \dfrac{\partial f_{pq}}{\partial a_{ij}} \end{bmatrix}, \quad \begin{array}{l} i=1,2,\cdots,m, \\ j=1,2,\cdots,n. \end{array}$$

例 5.3.11 设 $\boldsymbol{x}=(x_1,x_2,\cdots,x_n)^{\mathrm{T}}$，求向量 $\boldsymbol{x}^{\mathrm{T}}=(x_1,x_2,\cdots,x_n)$对向量 $\boldsymbol{x}$ 的导数.

解 由式(5.3.16)有

$$\frac{\mathrm{d}\boldsymbol{x}^{\mathrm{T}}}{\mathrm{d}\boldsymbol{x}}=\begin{bmatrix} \dfrac{\partial \boldsymbol{x}^{\mathrm{T}}}{\partial x_1} \\ \dfrac{\partial \boldsymbol{x}^{\mathrm{T}}}{\partial x_2} \\ \vdots \\ \dfrac{\partial \boldsymbol{x}^{\mathrm{T}}}{\partial x_n} \end{bmatrix}=\begin{bmatrix} 1 & 0 & \cdots & 0 \\ 0 & 1 & \cdots & 0 \\ \vdots & \vdots & & \vdots \\ 0 & 0 & \cdots & 1 \end{bmatrix}=\boldsymbol{I}.$$

例 5.3.12 设 $\boldsymbol{x}=(x_1,x_2,\cdots,x_n)$，$\boldsymbol{y}=(y_1,y_2,\cdots,y_n)^{\mathrm{T}}=f(\boldsymbol{x})$，其中

$$\begin{cases} y_1=f_1(x_1,x_2,\cdots,x_n)=f_1(\boldsymbol{x}), \\ y_2=f_2(x_1,x_2,\cdots,x_n)=f_2(\boldsymbol{x}), \\ \qquad\qquad\vdots \\ y_n=f_n(x_1,x_2,\cdots,x_n)=f_n(\boldsymbol{x}), \end{cases}$$

求$\dfrac{\mathrm{d}f}{\mathrm{d}\boldsymbol{x}}$.

解 由公式(5.3.16)有

$$\frac{\mathrm{d}f}{\mathrm{d}\boldsymbol{x}}=\left(\frac{\partial f}{\partial x_1},\frac{\partial f}{\partial x_2},\cdots,\frac{\partial f}{\partial x_n}\right)=\begin{bmatrix}\frac{\partial f_1}{\partial x_1} & \frac{\partial f_1}{\partial x_2} & \cdots & \frac{\partial f_1}{\partial x_n}\\ \frac{\partial f_2}{\partial x_1} & \frac{\partial f_2}{\partial x_2} & \cdots & \frac{\partial f_2}{\partial x_n}\\ \vdots & \vdots & & \vdots\\ \frac{\partial f_n}{\partial x_1} & \frac{\partial f_n}{\partial x_2} & \cdots & \frac{\partial f_n}{\partial x_n}\end{bmatrix}. \tag{5.3.17}$$

式(5.3.17)的行列式 $\det(f'(\boldsymbol{x}))$ 称为**雅可比**(Jacobi)**行列式**.

例 5.3.13 求 $\boldsymbol{y}^{\mathrm{T}}\boldsymbol{A}^{\mathrm{T}}\boldsymbol{A}\boldsymbol{y}$ 对于 $\boldsymbol{A}$ 的导数,其中 $\boldsymbol{A}\in\mathbb{C}^{m\times n}$,$\boldsymbol{y}\in\mathbb{C}^{n}$ 是常量列向量.

解

$$\begin{aligned}\frac{\mathrm{d}(\boldsymbol{y}^{\mathrm{T}}\boldsymbol{A}^{\mathrm{T}}\boldsymbol{A}\boldsymbol{y})}{\mathrm{d}\boldsymbol{A}}&=\left(\frac{\partial(\boldsymbol{y}^{\mathrm{T}}\boldsymbol{A}^{\mathrm{T}}\boldsymbol{A}\boldsymbol{y})}{\partial a_{ij}}\right)\\&=\left(\frac{\partial(\boldsymbol{y}^{\mathrm{T}}\boldsymbol{A}^{\mathrm{T}})}{\partial a_{ij}}\boldsymbol{A}\boldsymbol{y}+\boldsymbol{y}^{\mathrm{T}}\boldsymbol{A}^{\mathrm{T}}\frac{\partial(\boldsymbol{A}\boldsymbol{y})}{\partial a_{ij}}\right)\\&=\left(\boldsymbol{y}^{\mathrm{T}}\frac{\partial\boldsymbol{A}^{\mathrm{T}}}{\partial a_{ij}}\boldsymbol{A}\boldsymbol{y}+\boldsymbol{y}^{\mathrm{T}}\boldsymbol{A}^{\mathrm{T}}\frac{\partial\boldsymbol{A}}{\partial a_{ij}}\boldsymbol{y}\right)\\&=\left(\sum_{k=1}^{n}a_{ik}y_ky_j\right)+\left(\sum_{k=1}^{n}a_{ik}y_ky_j\right)\\&=\boldsymbol{A}\boldsymbol{y}\boldsymbol{y}^{\mathrm{T}}+\boldsymbol{A}\boldsymbol{y}\boldsymbol{y}^{\mathrm{T}}=2\boldsymbol{A}\boldsymbol{y}\boldsymbol{y}^{\mathrm{T}}.\end{aligned}$$

例 5.3.14 设 $f(\boldsymbol{x})$ 是向量 $\boldsymbol{x}=(x_1,x_2,\cdots,x_n)^{\mathrm{T}}$ 的函数,而 $x_i=x_i(\boldsymbol{u})$,$i=1,2,\cdots,n$,$\boldsymbol{u}=(u_1,u_2,\cdots,u_n)^{\mathrm{T}}$. 试证明

$$\frac{\mathrm{d}f}{\mathrm{d}\boldsymbol{u}}=\frac{\mathrm{d}\boldsymbol{x}^{\mathrm{T}}}{\mathrm{d}\boldsymbol{u}}\frac{\mathrm{d}f}{\mathrm{d}\boldsymbol{x}}.$$

证明

$$\begin{aligned}\frac{\mathrm{d}f}{\mathrm{d}\boldsymbol{u}}&=\begin{bmatrix}\frac{\partial f}{\partial u_1}\\ \frac{\partial f}{\partial u_2}\\ \vdots\\ \frac{\partial f}{\partial u_n}\end{bmatrix}=\begin{bmatrix}\frac{\partial f}{\partial x_1}\frac{\partial x_1}{\partial u_1}+\frac{\partial f}{\partial x_2}\frac{\partial x_2}{\partial u_1}+\cdots+\frac{\partial f}{\partial x_n}\frac{\partial x_n}{\partial u_1}\\ \frac{\partial f}{\partial x_1}\frac{\partial x_1}{\partial u_2}+\frac{\partial f}{\partial x_2}\frac{\partial x_2}{\partial u_2}+\cdots+\frac{\partial f}{\partial x_n}\frac{\partial x_n}{\partial u_2}\\ \vdots\\ \frac{\partial f}{\partial x_1}\frac{\partial x_1}{\partial u_n}+\frac{\partial f}{\partial x_2}\frac{\partial x_2}{\partial u_2}+\cdots+\frac{\partial f}{\partial x_n}\frac{\partial x_n}{\partial u_n}\end{bmatrix}\\&=\begin{bmatrix}\frac{\partial x_1}{\partial u_1} & \frac{\partial x_2}{\partial u_1} & \cdots & \frac{\partial x_n}{\partial u_1}\\ \frac{\partial x_1}{\partial u_2} & \frac{\partial x_2}{\partial u_2} & \cdots & \frac{\partial x_n}{\partial u_2}\\ \vdots & \vdots & & \vdots\\ \frac{\partial x_1}{\partial u_n} & \frac{\partial x_2}{\partial u_n} & \cdots & \frac{\partial x_n}{\partial u_n}\end{bmatrix}\begin{bmatrix}\frac{\partial f}{\partial x_1}\\ \frac{\partial f}{\partial x_2}\\ \vdots\\ \frac{\partial f}{\partial x_n}\end{bmatrix}\\&=\frac{\mathrm{d}\boldsymbol{x}^{\mathrm{T}}}{\mathrm{d}\boldsymbol{u}}\frac{\mathrm{d}f}{\mathrm{d}\boldsymbol{x}}.\end{aligned}$$

证毕

5.3.3 矩阵的全微分

定义 5.3.6 设矩阵 $\boldsymbol{F}=(f_{ij})_{m\times n}$,则规定矩阵 $\boldsymbol{F}$ 的全微分为

$$\mathrm{d}\boldsymbol{F}=(\mathrm{d}f_{ij})_{m\times n}.$$

例 5.3.15　设

$$\boldsymbol{F}=\begin{bmatrix} s+t & s^2-2t \\ 2s+t^3 & t^2 \end{bmatrix},$$

那么

$$\mathrm{d}\boldsymbol{F}=\begin{bmatrix} \mathrm{d}s+\mathrm{d}t & 2s\mathrm{d}s-2\mathrm{d}t \\ 2\mathrm{d}s+3t^2\mathrm{d}t & 2t\mathrm{d}t \end{bmatrix}.$$

矩阵的全微分有如下的运算性质：

(1) $\mathrm{d}(\boldsymbol{F}\pm\boldsymbol{G})=\mathrm{d}\boldsymbol{F}\pm\mathrm{d}\boldsymbol{G}$；

(2) $\mathrm{d}(k\boldsymbol{F})=k\,\mathrm{d}\boldsymbol{F}$；

(3) 当 $\boldsymbol{A}$ 是常量矩阵时，$\mathrm{d}\boldsymbol{A}=\boldsymbol{0}$；

(4) $\mathrm{d}(\boldsymbol{X}^{\mathrm{T}})=(\mathrm{d}\boldsymbol{X})^{\mathrm{T}}$；

(5) $\mathrm{d}(\mathrm{tr}\boldsymbol{X})=\mathrm{tr}(\mathrm{d}\boldsymbol{X})$.

证明　(1)、(2)、(3)是显然的.下面证明(4).设

$$\boldsymbol{X}=\begin{bmatrix} x_{11} & \cdots & x_{1n} \\ \vdots & & \vdots \\ x_{m1} & \cdots & x_{mn} \end{bmatrix},$$

那么

$$\mathrm{d}(\boldsymbol{X}^{\mathrm{T}})=\begin{bmatrix} \mathrm{d}x_{11} & \cdots & \mathrm{d}x_{m1} \\ \vdots & & \vdots \\ \mathrm{d}x_{1n} & \cdots & \mathrm{d}x_{mn} \end{bmatrix}=(\mathrm{d}\boldsymbol{X})^{\mathrm{T}}.$$

再证(5).性质(5)是说“d”与“tr”两种运算的次序可交换.设

$$\boldsymbol{X}=\begin{bmatrix} x_{11} & \cdots & x_{1n} \\ \vdots & & \vdots \\ x_{n1} & \cdots & x_{nn} \end{bmatrix},$$

那么

$$\mathrm{tr}\boldsymbol{X}=x_{11}+x_{22}+\cdots+x_{nn},$$

$$\mathrm{d}(\mathrm{tr}\boldsymbol{X})=\mathrm{d}x_{11}+\mathrm{d}x_{22}+\cdots+\mathrm{d}x_{nn},$$

$$\mathrm{d}\boldsymbol{X}=\begin{bmatrix} \mathrm{d}x_{11} & \cdots & \mathrm{d}x_{1n} \\ \vdots & & \vdots \\ \mathrm{d}x_{n1} & \cdots & \mathrm{d}x_{nn} \end{bmatrix},$$

$$\mathrm{tr}(\mathrm{d}\boldsymbol{X})=\mathrm{d}x_{11}+\mathrm{d}x_{22}+\cdots+\mathrm{d}x_{nn}=\mathrm{d}(\mathrm{tr}\boldsymbol{X}).$$

证毕

定理 5.3.1　设 $\boldsymbol{x}=(x_1,x_2,\cdots,x_n)^{\mathrm{T}}$，矩阵 $\boldsymbol{F}=(f_{ij})_{s\times m}$，其中 f_{ij} 都是 x_i 的实函数，那么

$$\mathrm{d}\boldsymbol{F}=\sum_{i=1}^{n}\frac{\partial \boldsymbol{F}}{\partial x_i}\mathrm{d}x_i. \tag{5.3.18}$$

在证明定理之前，首先，我们指出矩阵 $\boldsymbol{F}$ 中的元素 f_{ij} 都是 $x_1,x_2,\cdots,x_n$ 的 n 元函数；其次，注意到式(5.3.18)的右端表示矩阵 $\boldsymbol{F}$ 对变量 x_i 的偏导数，而左端是矩阵 $\boldsymbol{F}$ 的全微分.下面来证明这个定理.

证明

$$\mathrm{d}\boldsymbol{F}=\begin{bmatrix}\mathrm{d}f_{11} & \cdots & \mathrm{d}f_{1m}\\ \vdots & & \vdots\\ \mathrm{d}f_{s1} & \cdots & \mathrm{d}f_{sm}\end{bmatrix}$$

$$=\begin{bmatrix}\frac{\partial f_{11}}{\partial x_1}\mathrm{d}x_1 & \cdots & \frac{\partial f_{1m}}{\partial x_1}\mathrm{d}x_1\\ \vdots & & \vdots\\ \frac{\partial f_{s1}}{\partial x_1}\mathrm{d}x_1 & \cdots & \frac{\partial f_{sm}}{\partial x_1}\mathrm{d}x_1\end{bmatrix}+\cdots+\begin{bmatrix}\frac{\partial f_{11}}{\partial x_n}\mathrm{d}x_n & \cdots & \frac{\partial f_{1m}}{\partial x_n}\mathrm{d}x_n\\ \vdots & & \vdots\\ \frac{\partial f_{s1}}{\partial x_n}\mathrm{d}x_n & \cdots & \frac{\partial f_{sm}}{\partial x_n}\mathrm{d}x_n\end{bmatrix}$$

$$=\frac{\partial F}{\partial x_1}\mathrm{d}x_1+\cdots+\frac{\partial F}{\partial x_n}\mathrm{d}x_n.$$ 证毕

定理 5.3.2 (1) 设 $\boldsymbol{A}=\boldsymbol{BC}$,则 $\mathrm{d}\boldsymbol{A}=(\mathrm{d}\boldsymbol{B})\boldsymbol{C}+\boldsymbol{B}(\mathrm{d}\boldsymbol{C})$;

(2) 设 $\boldsymbol{A}=\boldsymbol{A}_1\boldsymbol{A}_2\cdots\boldsymbol{A}_r$,则

$\mathrm{d}\boldsymbol{F}=(\mathrm{d}\boldsymbol{A}_1)\boldsymbol{A}_2\cdots\boldsymbol{A}_r+\boldsymbol{A}_1(\mathrm{d}\boldsymbol{A}_2)\boldsymbol{A}_3\cdots\boldsymbol{A}_r+\boldsymbol{A}_1\cdots\boldsymbol{A}_{r-1}(\mathrm{d}\boldsymbol{A}_r)$.

证明 只要证明了(1),那么(2)是显然的.设

$$\boldsymbol{A}=(a_{ij})_{m\times n},\quad \boldsymbol{B}=(b_{ij})_{m\times s},\quad \boldsymbol{C}=(c_{ij})_{s\times n},$$

那么

$$\begin{aligned}\mathrm{d}a_{ij}&=[(\mathrm{d}b_{i1})c_{1j}+b_{i1}(\mathrm{d}c_{1j})]+\cdots+[(\mathrm{d}b_{is})c_{sj}+b_{is}(\mathrm{d}c_{sj})]\\&=[(\mathrm{d}b_{i1})c_{1j}+\cdots+(\mathrm{d}b_{is})c_{sj}]+[b_{i1}(\mathrm{d}c_{1j})+\cdots+b_{is}(\mathrm{d}c_{sj})],\end{aligned}$$

所以

$$\mathrm{d}\boldsymbol{F}=(\mathrm{d}\boldsymbol{B})\boldsymbol{C}+\boldsymbol{B}(\mathrm{d}\boldsymbol{C}).$$ 证毕

推论 (1) $\mathrm{d}(\boldsymbol{\alpha}^{\mathrm{T}}\boldsymbol{x})=\boldsymbol{\alpha}^{\mathrm{T}}\mathrm{d}\boldsymbol{x}=(\mathrm{d}\boldsymbol{x})^{\mathrm{T}}\boldsymbol{\alpha}$,其中 $\boldsymbol{\alpha}$ 是 $n\times 1$ 常量矩阵,$\boldsymbol{x}$ 是 n 维列向量.

(2) $\mathrm{d}(\boldsymbol{A}\boldsymbol{x})=\boldsymbol{A}\mathrm{d}\boldsymbol{x}$.

(3) $\mathrm{d}(\boldsymbol{x}^{\mathrm{T}}\boldsymbol{A}\boldsymbol{x})=\boldsymbol{x}^{\mathrm{T}}(\boldsymbol{A}^{\mathrm{T}}+\boldsymbol{A})\mathrm{d}\boldsymbol{x}$,其中 $\boldsymbol{A}$ 是 $m\times n$ 常量矩阵,$\boldsymbol{x}$ 是 n 维列向量.

证 (1) 由定理 5.3.2 知,$\mathrm{d}(\boldsymbol{\alpha}^{\mathrm{T}}\boldsymbol{x})=(\mathrm{d}\boldsymbol{\alpha}^{\mathrm{T}})\boldsymbol{x}+\boldsymbol{\alpha}^{\mathrm{T}}(\mathrm{d}\boldsymbol{x})$,而 $\mathrm{d}\boldsymbol{\alpha}^{\mathrm{T}}=\boldsymbol{0}$,即有 $\mathrm{d}(\boldsymbol{\alpha}^{\mathrm{T}}\boldsymbol{x})=\boldsymbol{\alpha}^{\mathrm{T}}\mathrm{d}\boldsymbol{x}$.又因为 $\boldsymbol{\alpha}^{\mathrm{T}}\mathrm{d}\boldsymbol{x}$ 是 1×1 矩阵,所以 $\boldsymbol{\alpha}^{\mathrm{T}}\mathrm{d}\boldsymbol{x}=(\boldsymbol{\alpha}^{\mathrm{T}}\mathrm{d}\boldsymbol{x})^{\mathrm{T}}=(\mathrm{d}\boldsymbol{x})^{\mathrm{T}}\boldsymbol{\alpha}$.

(2) 显然.

(3)
$$\begin{aligned}\mathrm{d}(\boldsymbol{x}^{\mathrm{T}}\boldsymbol{A}\boldsymbol{x})&=(\mathrm{d}\boldsymbol{x}^{\mathrm{T}})\boldsymbol{A}\boldsymbol{x}+\boldsymbol{x}^{\mathrm{T}}(\mathrm{d}\boldsymbol{A})\boldsymbol{x}+\boldsymbol{x}^{\mathrm{T}}\boldsymbol{A}\mathrm{d}\boldsymbol{x}\\&=(\mathrm{d}\boldsymbol{x})^{\mathrm{T}}\boldsymbol{A}\boldsymbol{x}+\boldsymbol{x}^{\mathrm{T}}\boldsymbol{A}\mathrm{d}\boldsymbol{x}=((\mathrm{d}\boldsymbol{x})^{\mathrm{T}}\boldsymbol{A}\boldsymbol{x})^{\mathrm{T}}+\boldsymbol{x}^{\mathrm{T}}\boldsymbol{A}\mathrm{d}\boldsymbol{x}\\&=\boldsymbol{x}^{\mathrm{T}}\boldsymbol{A}^{\mathrm{T}}\mathrm{d}\boldsymbol{x}+\boldsymbol{x}^{\mathrm{T}}\boldsymbol{A}\mathrm{d}\boldsymbol{x}=\boldsymbol{x}^{\mathrm{T}}(\boldsymbol{A}^{\mathrm{T}}+\boldsymbol{A})\mathrm{d}\boldsymbol{x}.\end{aligned}$$ 证毕

5.3.4 函数矩阵的积分

定义 5.3.7 设函数矩阵

$$\boldsymbol{A}(t)=\begin{bmatrix}a_{11}(t) & a_{12}(t) & \cdots & a_{1n}(t)\\ a_{21}(t) & a_{22}(t) & \cdots & a_{2n}(t)\\ \vdots & \vdots & & \vdots\\ a_{n1}(t) & a_{n2}(t) & \cdots & a_{nn}(t)\end{bmatrix}.$$

我们定义

$$\int \boldsymbol{A}(t)\mathrm{d}t=\begin{bmatrix}\int a_{11}(t)\mathrm{d}t & \int a_{12}(t)\mathrm{d}t & \cdots & \int a_{1n}(t)\mathrm{d}t\\ \vdots & \vdots & & \vdots\\ \int a_{n1}(t)\mathrm{d}t & \int a_{n2}(t)\mathrm{d}t & \cdots & \int a_{nn}(t)\mathrm{d}t\end{bmatrix},$$

$$\int_a^b \boldsymbol{A}(t)\mathrm{d}t=\begin{bmatrix}\int_a^b a_{11}(t)\mathrm{d}t & \int_a^b a_{12}(t)\mathrm{d}t & \cdots & \int_a^b a_{1n}(t)\mathrm{d}t\\ \vdots & \vdots & & \vdots\\ \int_a^b a_{n1}(t)\mathrm{d}t & \int_a^b a_{n2}(t)\mathrm{d}t & \cdots & \int_a^b a_{nn}(t)\mathrm{d}t\end{bmatrix},$$

这里显然假设积分 $\int a_{ij}(t)\mathrm{d}t(i,j=1,2,\cdots,n)$ 是存在的.

例 5.3.16　设

$$\boldsymbol{A}(t)=\begin{bmatrix}\dfrac{t^2}{EJ} & \dfrac{t}{EJ}\\ \dfrac{t}{EJ} & \dfrac{1}{EJ}\end{bmatrix},$$

其中 E,J 为力学常数,则

$$\int_0^l \boldsymbol{A}(t)\mathrm{d}t=\begin{bmatrix}\dfrac{l^3}{3EJ} & \dfrac{l^2}{2EJ}\\ \dfrac{l^2}{2EJ} & \dfrac{l}{EJ}\end{bmatrix}.$$

在微积分中,大家熟知,常数因子可以提到积分号外.在矩阵积分中,亦有此性质;各元素与积分变量无关的矩阵可以提到积分号外,但要注意不可改变左右次序,即:设矩阵 $\boldsymbol{A}$ 的元素 a_{ij} 为区域 Ω 的函数,而矩阵 $\boldsymbol{B}$ 的元素 b_{ij} 与 Ω 无关,则仿照上述积分的定义有

$$\int_\Omega \boldsymbol{AB}\,\mathrm{d}\Omega=\left(\int_\Omega \boldsymbol{A}\,\mathrm{d}\Omega\right)\boldsymbol{B},\tag{5.3.19}$$

$$\int_\Omega \boldsymbol{BA}\,\mathrm{d}\Omega=\boldsymbol{B}\int_\Omega \boldsymbol{A}\,\mathrm{d}\Omega.\tag{5.3.20}$$

事实上,式(5.3.19)的

$$\text{左端}\int_\Omega \boldsymbol{AB}\,\mathrm{d}\Omega=\left(\int_\Omega\left(\sum_{k=1}^n a_{ik}b_{kj}\right)\mathrm{d}\Omega\right)_{ij}$$

$$=\left(\sum_{k=1}^n\left(\int_\Omega a_{ik}\,\mathrm{d}\Omega\right)b_{kj}\right)_{ij}=\left(\int_\Omega \boldsymbol{A}\,\mathrm{d}\Omega\right)\boldsymbol{B}.$$

同理可证式(5.3.20).　证毕

*5.4　矩阵微分方程

在线性控制系统中,常常涉及求解线性微分方程组的问题.利用矩阵函数表示线性微分方程组的解,形式比较简单,从而使得复杂的系统状态方程的求解问题得到简化.

5.4.1 常系数齐次线性微分方程组的解

先考察一阶齐次线性微分方程组

$$\begin{cases}\dfrac{\mathrm{d}x_1}{\mathrm{d}t}=a_{11}x_1(t)+a_{12}x_2(t)+\cdots+a_{1n}x_n(t),\\ \dfrac{\mathrm{d}x_2}{\mathrm{d}t}=a_{21}x_1(t)+a_{22}x_2(t)+\cdots+a_{2n}x_n(t),\\ \qquad\vdots\\ \dfrac{\mathrm{d}x_n}{\mathrm{d}t}=a_{n1}x_1(t)+a_{n2}x_2(t)+\cdots+a_{nn}x_n(t),\end{cases}\tag{5.4.1}$$

其中 $x_i=x_i(t)$是自变量 t 的函数,$a_{ij}\in\mathbb{C}^{n\times n}(i,j=1,2,\cdots,n)$.

设

$$\boldsymbol{A}=\begin{bmatrix}a_{11}&a_{12}&\cdots&a_{1n}\\a_{21}&a_{22}&\cdots&a_{2n}\\\vdots&\vdots&&\vdots\\a_{n1}&a_{n2}&\cdots&a_{nn}\end{bmatrix},\qquad \boldsymbol{x}(t)=\begin{bmatrix}x_1(t)\\x_2(t)\\\vdots\\x_n(t)\end{bmatrix},$$

则上述方程组写成矩阵形式为

$$\frac{\mathrm{d}\boldsymbol{x}}{\mathrm{d}t}=\boldsymbol{A}\boldsymbol{x}.\tag{5.4.2}$$

下面讨论该方程组满足初始条件

$$\boldsymbol{x}(t)\Big|_{t=0}=\boldsymbol{x}(0)=(x_1(0),x_2(0),\cdots,x_n(0))^{\mathrm{T}}\tag{5.4.3}$$

的定解问题.

设 $\boldsymbol{x}(t)=(x_1(t),x_2(t),\cdots,x_n(t))^{\mathrm{T}}$ 是方程组(5.4.2)的解,将 $x_i(t)(i=1,2,\cdots,n)$ 在 $t=0$ 处展开成幂级数:

$$x_i(t)=x_i(0)+x'_i(0)t+\frac{1}{2!}x''_i(0)t^2+\cdots,$$

则有

$$\boldsymbol{x}(t)=\boldsymbol{x}(0)+\boldsymbol{x}'(0)t+\frac{1}{2!}\boldsymbol{x}''(0)t^2+\cdots,$$

其中

$$\begin{aligned}\boldsymbol{x}'(0)&=(x'_1(0),x'_2(0),\cdots,x'_n(0))^{\mathrm{T}},\\ \boldsymbol{x}''(0)&=(x''_1(0),x''_2(0),\cdots,x''_n(0))^{\mathrm{T}}.\\ &\vdots\end{aligned}$$

但由$\dfrac{\mathrm{d}\boldsymbol{x}}{\mathrm{d}t}=\boldsymbol{A}\boldsymbol{x}$ 逐次求导可得

$$\begin{aligned}\frac{\mathrm{d}^2\boldsymbol{x}}{\mathrm{d}t^2}&=\boldsymbol{A}\frac{\mathrm{d}\boldsymbol{x}}{\mathrm{d}t}=\boldsymbol{A}^2\boldsymbol{x},\\ \frac{\mathrm{d}^3\boldsymbol{x}}{\mathrm{d}t^3}&=\frac{\mathrm{d}}{\mathrm{d}t}(\boldsymbol{A}^2\boldsymbol{x})=\boldsymbol{A}^2\frac{\mathrm{d}\boldsymbol{x}}{\mathrm{d}t}=\boldsymbol{A}^2(\boldsymbol{A}\boldsymbol{x})=\boldsymbol{A}^3\boldsymbol{x},\\ &\vdots\end{aligned}$$

因而有

$$\boldsymbol{x}'(0)=\boldsymbol{A}\boldsymbol{x}(0),$$
$$\boldsymbol{x}''(0)=\boldsymbol{A}^2\boldsymbol{x}(0),$$
$$\boldsymbol{x}'''(0)=\boldsymbol{A}^3\boldsymbol{x}(0),$$
$$\vdots$$

所以

$$\begin{aligned}\boldsymbol{x}=\boldsymbol{x}(t)&=\boldsymbol{x}(0)+\boldsymbol{A}\boldsymbol{x}(0)t+\frac{1}{2!}\boldsymbol{A}^2\boldsymbol{x}(0)t^2+\cdots\\&=\left(\boldsymbol{I}+(\boldsymbol{A}t)+\frac{1}{2!}(\boldsymbol{A}t)^2+\cdots\right)\boldsymbol{x}(0)\\&=\mathrm{e}^{\boldsymbol{A}t}\boldsymbol{x}(0).\end{aligned}$$

由此可见，微分方程组(5.4.2)在给定初始条件(5.4.3)下的解必定具有

$$\boldsymbol{x}=\mathrm{e}^{\boldsymbol{A}t}\boldsymbol{x}(0)$$

的形式. 下面我们来证明它确实是(5.4.2)的解.

事实上

$$\begin{aligned}\frac{\mathrm{d}\boldsymbol{x}}{\mathrm{d}t}&=\frac{\mathrm{d}}{\mathrm{d}t}(\mathrm{e}^{\boldsymbol{A}t}\boldsymbol{x}(0))=\left(\frac{\mathrm{d}}{\mathrm{d}t}\mathrm{e}^{\boldsymbol{A}t}\right)\boldsymbol{x}(0)+\mathrm{e}^{\boldsymbol{A}t}\,\frac{\mathrm{d}\boldsymbol{x}(0)}{\mathrm{d}t}\\&=\boldsymbol{A}\,\mathrm{e}^{\boldsymbol{A}t}\boldsymbol{x}(0)=\boldsymbol{A}\boldsymbol{x}.\end{aligned}$$

又当 $t=0$ 时，$\boldsymbol{x}(0)=\mathrm{e}^{\boldsymbol{0}}\boldsymbol{x}(0)=\boldsymbol{I}\boldsymbol{x}(0)=\boldsymbol{x}(0)$，因此这个解是满足初始条件的.

这样，我们实际上证明了下面的定理.

定理 5.4.1 一阶线性常系数微分方程组的定解问题

$$\begin{cases}\dfrac{\mathrm{d}\boldsymbol{x}}{\mathrm{d}t}=\boldsymbol{A}\boldsymbol{x}(t),\\ \boldsymbol{x}(0)=(x_1(0),x_2(0),\cdots,x_n(0))^{\mathrm{T}},\end{cases}\tag{5.4.4}$$

有唯一解 $\boldsymbol{x}=\mathrm{e}^{\boldsymbol{A}t}\boldsymbol{x}(0)$.

同理可证定解问题

$$\begin{cases}\dfrac{\mathrm{d}\boldsymbol{x}}{\mathrm{d}t}=\boldsymbol{A}\boldsymbol{x}(t),\\ \boldsymbol{x}\big|_{t=t_0}=\boldsymbol{x}(t_0)\end{cases}\tag{5.4.5}$$

的唯一解是

$$\boldsymbol{x}(t)=\mathrm{e}^{\boldsymbol{A}(t-t_0)}\boldsymbol{x}(t_0).$$

若未知函数 $\boldsymbol{X}(t)$不是列向量，而是 $n\times m$ 矩阵

$$\boldsymbol{X}(t)=\begin{bmatrix}x_{11}(t)&x_{12}(t)&\cdots&x_{1m}(t)\\x_{21}(t)&x_{22}(t)&\cdots&x_{2m}(t)\\\vdots&\vdots&&\vdots\\x_{n1}(t)&x_{n2}(t)&\cdots&x_{nm}(t)\end{bmatrix},$$

则方程

$$\frac{\mathrm{d}\boldsymbol{X}}{\mathrm{d}t}=\boldsymbol{A}\boldsymbol{X}(t)$$

就是 $n\times m$ 个未知函数的线性微分方程组. 下面将讨论该方程组满足初始条件

$$\boldsymbol{X}(t)\Big|_{t=t_0}=\boldsymbol{X}(t_0)=\begin{bmatrix} x_{11}(t_0) & x_{12}(t_0) & \cdots & x_{1m}(t_0) \\ x_{21}(t_0) & x_{22}(t_0) & \cdots & x_{2m}(t_0) \\ \vdots & \vdots & & \vdots \\ x_{n1}(t_0) & x_{n2}(t_0) & \cdots & x_{nm}(t_0) \end{bmatrix}$$

的定解问题.

定理 5.4.2 设定解问题为

$$\begin{cases} \dfrac{\mathrm{d}\boldsymbol{X}}{\mathrm{d}t}=\boldsymbol{A}\boldsymbol{X}(t), \\ \boldsymbol{X}(t)\Big|_{t=t_0}=\boldsymbol{X}(t_0), \end{cases} \tag{5.4.6}$$

其中 $\boldsymbol{X}(t)$是 t 的可微函数的 $n\times m$ 矩阵,$\boldsymbol{X}(t_0)$是 $n\times m$ 常数矩阵,$\boldsymbol{A}$ 是给定的 n 阶常数方阵,则

(1) 定解问题(5.4.6)的解为

$$\boldsymbol{X}(t)=\mathrm{e}^{\boldsymbol{A}(t-t_0)}\boldsymbol{X}(t_0),$$

并且这个解是唯一的;

(2) 解 $\boldsymbol{X}(t)$的秩与 t 的取值无关.

证明 (1) 因为

$$\begin{aligned}\frac{\mathrm{d}\boldsymbol{X}(t)}{\mathrm{d}t}&=\frac{\mathrm{d}}{\mathrm{d}t}(\mathrm{e}^{\boldsymbol{A}(t-t_0)}\boldsymbol{X}(t_0)) \\ &=\boldsymbol{A}\mathrm{e}^{\boldsymbol{A}(t-t_0)}\boldsymbol{X}(t_0) \\ &=\boldsymbol{A}\boldsymbol{X}(t),\end{aligned}$$

且

$$\begin{aligned}\boldsymbol{X}(t)\Big|_{t=t_0}&=(\mathrm{e}^{\boldsymbol{A}(t-t_0)}\boldsymbol{X}(t_0))\Big|_{t=t_0} \\ &=\boldsymbol{I}\boldsymbol{X}(t_0)=\boldsymbol{X}(t_0),\end{aligned}$$

因此 $\boldsymbol{X}(t)=\mathrm{e}^{\boldsymbol{A}(t-t_0)}\boldsymbol{X}(t_0)$是式(5.4.6)的解.

若 $\boldsymbol{V}(t)$也是式(5.4.6)的解,令

$$\boldsymbol{Y}(t)=\mathrm{e}^{-\boldsymbol{A}t}\boldsymbol{V}(t),$$

则

$$\begin{aligned}\frac{\mathrm{d}\boldsymbol{Y}(t)}{\mathrm{d}t}&=\mathrm{e}^{-\boldsymbol{A}t}(-\boldsymbol{A})\boldsymbol{V}(t)+\mathrm{e}^{-\boldsymbol{A}t}\ \frac{\mathrm{d}\boldsymbol{V}(t)}{\mathrm{d}t} \\ &=-\mathrm{e}^{-\boldsymbol{A}t}\boldsymbol{A}\boldsymbol{V}(t)+\mathrm{e}^{-\boldsymbol{A}t}\boldsymbol{A}\boldsymbol{V}(t) \\ &=\boldsymbol{0},\end{aligned}$$

故对 $\forall t\in\mathbb{C}$,有

$$\boldsymbol{Y}(t)=k,$$

从而

$$\boldsymbol{Y}(t_0)=k.$$

由初始条件知

$$\boldsymbol{Y}(t_0)=\mathrm{e}^{-\boldsymbol{A}t_0}\boldsymbol{V}(t_0)=\mathrm{e}^{-\boldsymbol{A}t_0}\boldsymbol{X}(t_0),$$

故

$$\mathrm{e}^{-\boldsymbol{A}t_0}\boldsymbol{X}(t_0)=k.$$

从而

$$\boldsymbol{Y}(t)=\mathrm{e}^{-\boldsymbol{A}t}\boldsymbol{V}(t)=k=\mathrm{e}^{-\boldsymbol{A}t_0}\boldsymbol{X}(t_0),$$

因此

$$\boldsymbol{V}(t)=\mathrm{e}^{\boldsymbol{A}(t-t_0)}\boldsymbol{X}(t_0),$$

即式(5.4.6)的解是唯一的.

(2) 由于 $\mathrm{e}^{\boldsymbol{A}(t-t_0)}$ 对于任何的 t 都是可逆的矩阵,因而 $\boldsymbol{X}(t)$ 的秩与 $\boldsymbol{X}(t_0)$ 的秩相同,故 $\boldsymbol{X}(t)$ 与 $\boldsymbol{X}(t_0)$ 的秩与 t 的取值无关.

以上定理表明:齐次线性方程组(5.4.4)~(5.4.6)的定解问题与普通齐次微分方程的定解问题具有相同的简单形式的解,这样为解决复杂的定常系统状态方程求解问题带来了极大的方便.但是,要注意的是,这里的解是用矩阵函数表示的,而矩阵乘法不满足交换律,所以初始矩阵 $\boldsymbol{X}(t_0)$ 必须右乘.

例 5.4.1　求定解问题

$$\begin{cases}\dfrac{\mathrm{d}\boldsymbol{x}}{\mathrm{d}t}=\boldsymbol{A}\boldsymbol{x}(t),\\ \boldsymbol{x}(0)=(1,1,1)^{\mathrm{T}},\end{cases}\qquad \boldsymbol{A}=\begin{bmatrix}3&-1&1\\2&0&-1\\1&-1&2\end{bmatrix}$$

的解.

解

$$|\lambda\boldsymbol{I}-\boldsymbol{A}|=\begin{vmatrix}\lambda-3&1&-1\\-2&\lambda&1\\-1&1&\lambda-2\end{vmatrix}=\lambda(\lambda-2)(\lambda-3),$$

故 $\boldsymbol{A}$ 有 3 个不同的特征值,从而 $\boldsymbol{A}$ 可与对角形矩阵相似.与特征值 $\lambda_1=0,\lambda_2=2,\lambda_3=3$ 相应的 3 个线性无关的特征向量为

$$\boldsymbol{x}_1=(1,5,2)^{\mathrm{T}},\quad \boldsymbol{x}_2=(1,1,0)^{\mathrm{T}},\quad \boldsymbol{x}_3=(2,1,1)^{\mathrm{T}}.$$

故得

$$\boldsymbol{P}=\begin{bmatrix}1&1&2\\5&1&1\\2&0&1\end{bmatrix}\quad 及\quad \boldsymbol{P}^{-1}=-\frac{1}{6}\begin{bmatrix}1&-1&-1\\-3&-3&9\\-2&2&-4\end{bmatrix},$$

所以,由定理 5.4.1 可得所求的解为(见式(5.2.27)).

$$\begin{aligned}\boldsymbol{x}&=\mathrm{e}^{\boldsymbol{A}t}\boldsymbol{x}(0)=\boldsymbol{P}\begin{bmatrix}1&&\\&\mathrm{e}^{2t}&\\&&\mathrm{e}^{3t}\end{bmatrix}\boldsymbol{P}^{-1}\boldsymbol{x}(0)\\&=\begin{bmatrix}1&1&2\\5&1&1\\2&0&1\end{bmatrix}\begin{bmatrix}1&&\\&\mathrm{e}^{2t}&\\&&\mathrm{e}^{3t}\end{bmatrix}\left(-\frac{1}{6}\right)\begin{bmatrix}1&-1&-1\\-3&-3&9\\-2&2&-4\end{bmatrix}\begin{bmatrix}1\\1\\1\end{bmatrix}\\&=-\frac{1}{6}\begin{bmatrix}-1+3\mathrm{e}^{2t}-8\mathrm{e}^{3t}\\-5+3\mathrm{e}^{2t}-4\mathrm{e}^{3t}\\-2-4\mathrm{e}^{3t}\end{bmatrix}.\end{aligned}$$

例 5.4.2 求常系数齐次线性微分方程组

$$\begin{cases}\dfrac{\mathrm{d}x_1(t)}{\mathrm{d}t}=2x_1+2x_2-x_3,\\ \dfrac{\mathrm{d}x_2(t)}{\mathrm{d}t}=-x_1-x_2+x_3,\\ \dfrac{\mathrm{d}x_3(t)}{\mathrm{d}t}=-x_1-2x_2+2x_3,\end{cases}$$

在初始条件

$$\boldsymbol{x}(0)=\begin{bmatrix}x_1(0)\\x_2(0)\\x_3(0)\end{bmatrix}=\begin{bmatrix}1\\1\\3\end{bmatrix}$$

下的解.

解 系数矩阵为

$$\boldsymbol{A}=\begin{bmatrix}2&2&-1\\-1&-1&1\\-1&-2&2\end{bmatrix},$$

从而定解问题的解为

$$\boldsymbol{x}(t)=\mathrm{e}^{\boldsymbol{A}t}\boldsymbol{x}(0),$$

下面求 $\mathrm{e}^{\boldsymbol{A}t}$.

由于 $\boldsymbol{A}$ 的特征值 $\lambda=1$ 为 3 重根,此时无 3 个线性无关的特征向量,所以 $\boldsymbol{A}$ 为亏损矩阵,不能对角化.但易求出 $\boldsymbol{A}$ 的若尔当标准形及相似变换矩阵分别为

$$\boldsymbol{J}=\begin{bmatrix}1&1&0\\0&1&0\\0&0&1\end{bmatrix},\quad \boldsymbol{P}=\begin{bmatrix}1&1&1\\-1&0&0\\-1&0&1\end{bmatrix},$$

从而

$$\mathrm{e}^{\boldsymbol{A}t}=\boldsymbol{P}\mathrm{e}^{\boldsymbol{J}t}\boldsymbol{P}^{-1}=\boldsymbol{P}\begin{bmatrix}\mathrm{e}^t&t\mathrm{e}^t&0\\0&\mathrm{e}^t&0\\0&0&\mathrm{e}^t\end{bmatrix}\boldsymbol{P}^{-1},$$

故定解问题的解为

$$\boldsymbol{y}(t)=\mathrm{e}^{\boldsymbol{A}t}\boldsymbol{x}(0)=\begin{bmatrix}\mathrm{e}^t\\\mathrm{e}^t\\3\mathrm{e}^t\end{bmatrix}.$$

5.4.2 常系数非齐次线性微分方程组的解

考虑一阶常系数非齐次线性微分方程组的定解问题

$$\begin{cases}\dfrac{\mathrm{d}\boldsymbol{x}}{\mathrm{d}t}=\boldsymbol{A}\boldsymbol{x}+\boldsymbol{f}(t),\\ \boldsymbol{x}\big|_{t=t_0}=\boldsymbol{x}(t_0).\end{cases}\tag{5.4.7}$$

这里 $\boldsymbol{f}(t)=(f_1(t),f_2(t),\cdots,f_n(t))^{\mathrm{T}}$ 是已知向量函数，$\boldsymbol{A}$ 及 $\boldsymbol{x}$ 意义如前面所述. 改写方程为

$$\frac{\mathrm{d}\boldsymbol{x}}{\mathrm{d}t}-\boldsymbol{A}\boldsymbol{x}=\boldsymbol{f}(t),$$

并以 $\mathrm{e}^{-\boldsymbol{A}t}$ 左乘方程两边，即得

$$\mathrm{e}^{-\boldsymbol{A}t}\left(\frac{\mathrm{d}\boldsymbol{x}}{\mathrm{d}t}-\boldsymbol{A}\boldsymbol{x}\right)=\mathrm{e}^{-\boldsymbol{A}t}\boldsymbol{f}(t),$$

即

$$\frac{\mathrm{d}}{\mathrm{d}t}(\mathrm{e}^{-\boldsymbol{A}t}\boldsymbol{x})=\mathrm{e}^{-\boldsymbol{A}t}\boldsymbol{f}(t).$$

在 $[t_0,t]$ 上求积分，可得

$$\mathrm{e}^{-\boldsymbol{A}t}\boldsymbol{x}-\mathrm{e}^{-\boldsymbol{A}t_0}\boldsymbol{x}(t_0)=\int_{t_0}^{t}\mathrm{e}^{-\boldsymbol{A}\tau}\boldsymbol{f}(\tau)\mathrm{d}\tau,$$

即

$$\boldsymbol{x}=\mathrm{e}^{\boldsymbol{A}(t-t_0)}\boldsymbol{x}(t_0)+\int_{t_0}^{t}\mathrm{e}^{\boldsymbol{A}(t-\tau)}\boldsymbol{f}(\tau)\mathrm{d}\tau.$$

它就是我们考虑的定解问题的解.

例 5.4.3 求定解问题

$$\begin{cases}\dfrac{\mathrm{d}\boldsymbol{x}}{\mathrm{d}t}=\boldsymbol{A}\boldsymbol{x}+\boldsymbol{f}(t),\\ \boldsymbol{x}(0)=(1,1,1)^{\mathrm{T}}\end{cases}$$

的解，其中矩阵 $\boldsymbol{A}$ 与例 5.4.1 的 $\boldsymbol{A}$ 相同，$\boldsymbol{f}(t)=(0,0,\mathrm{e}^{2t})^{\mathrm{T}}$.

解 由前面的讨论可知，此问题的解为

$$\boldsymbol{x}=\mathrm{e}^{\boldsymbol{A}t}\boldsymbol{x}(0)+\int_{0}^{t}\mathrm{e}^{\boldsymbol{A}(t-\tau)}\boldsymbol{f}(\tau)\mathrm{d}\tau.$$

这里 $\mathrm{e}^{\boldsymbol{A}t}\boldsymbol{x}(0)$ 在例 5.4.1 已经求出，故只须计算积分

$$\boldsymbol{I}=\int_{0}^{t}\mathrm{e}^{\boldsymbol{A}(t-\tau)}\boldsymbol{f}(\tau)\mathrm{d}\tau.$$

由于($\boldsymbol{P}$ 与 $\boldsymbol{P}^{-1}$ 见例 5.4.1)

$$\begin{aligned}\mathrm{e}^{\boldsymbol{A}(t-\tau)}\boldsymbol{f}(\tau)&=\boldsymbol{P}\begin{bmatrix}1&&\\&\mathrm{e}^{2(t-\tau)}&\\&&\mathrm{e}^{3(t-\tau)}\end{bmatrix}\boldsymbol{P}^{-1}\begin{bmatrix}0\\0\\\mathrm{e}^{2\tau}\end{bmatrix}\\&=\boldsymbol{P}\begin{bmatrix}1&&\\&\mathrm{e}^{2(t-\tau)}&\\&&\mathrm{e}^{3(t-\tau)}\end{bmatrix}\left(-\frac{1}{6}\right)\begin{bmatrix}-\mathrm{e}^{2\tau}\\9\mathrm{e}^{2\tau}\\-4\mathrm{e}^{2\tau}\end{bmatrix}\\&=-\frac{1}{6}\boldsymbol{P}\begin{bmatrix}-\mathrm{e}^{2\tau}\\9\mathrm{e}^{2t}\\-4\mathrm{e}^{3t-\tau}\end{bmatrix}\\&=-\frac{1}{6}\begin{bmatrix}-\mathrm{e}^{2\tau}+9\mathrm{e}^{2t}-8\mathrm{e}^{3t-\tau}\\-5\mathrm{e}^{2\tau}+9\mathrm{e}^{2t}-4\mathrm{e}^{3t-\tau}\\-2\mathrm{e}^{2\tau}-4\mathrm{e}^{3t-\tau}\end{bmatrix},\end{aligned}$$

将这一结果对变量 τ 从 0 到 t 进行积分,即得

$$\boldsymbol{u}=-\frac{1}{6}\begin{bmatrix}\frac{1}{2}+\left(9t+\frac{15}{2}\right)\mathrm{e}^{2t}-8\mathrm{e}^{3t}\\ \frac{5}{2}+\left(9t+\frac{3}{2}\right)\mathrm{e}^{2t}-4\mathrm{e}^{3t}\\ 1+3\mathrm{e}^{2t}-4\mathrm{e}^{3t}\end{bmatrix},$$

因此 $\boldsymbol{x}=\mathrm{e}^{\boldsymbol{A}t}\boldsymbol{x}(0)+\boldsymbol{u}$,即

$$\boldsymbol{x}=-\frac{1}{6}\begin{bmatrix}-\frac{1}{2}+\left(9t+\frac{21}{2}\right)\mathrm{e}^{2t}-16\mathrm{e}^{3t}\\ -\frac{5}{2}+\left(9t+\frac{9}{2}\right)\mathrm{e}^{2t}-8\mathrm{e}^{3t}\\ -1+3\mathrm{e}^{2t}-8\mathrm{e}^{3t}\end{bmatrix}.$$

例 5.4.4 求常系数非齐次线性方程组

$$\begin{cases}\dfrac{\mathrm{d}y_1(t)}{\mathrm{d}t}=2y_1-y_2+y_3+\mathrm{e}^{2t},\\ \dfrac{\mathrm{d}y_2(t)}{\mathrm{d}t}=3y_2-y_3,\\ \dfrac{\mathrm{d}y_3(t)}{\mathrm{d}t}=2y_1+y_2+3y_3+t\mathrm{e}^{2t}\end{cases}$$

在初始条件

$$\boldsymbol{y}(0)=\begin{bmatrix}y_1(0)\\ y_2(0)\\ y_3(0)\end{bmatrix}=\begin{bmatrix}1\\ 1\\ 1\end{bmatrix}$$

下的解.

解 将方程组写成向量方程

$$\frac{\mathrm{d}\boldsymbol{y}(t)}{\mathrm{d}t}=\boldsymbol{A}\boldsymbol{y}(t)+\boldsymbol{f}(t),$$

其中

$$\boldsymbol{A}=\begin{bmatrix}2 & -1 & 1\\ 0 & 3 & -1\\ 2 & 1 & 3\end{bmatrix},$$

$$\boldsymbol{y}(t)=\begin{bmatrix}y_1(t)\\ y_2(t)\\ y_3(t)\end{bmatrix},$$

$$\boldsymbol{f}(t)=\begin{bmatrix}\mathrm{e}^{2t}\\ 0\\ t\mathrm{e}^{2t}\end{bmatrix}.$$

由非齐次方程组的定解问题可求解公式得

$$\boldsymbol{y}(t)=\mathrm{e}^{\boldsymbol{A}t}\boldsymbol{y}(0)+\int_0^t \mathrm{e}^{\boldsymbol{A}(t-\tau)}\boldsymbol{f}(\tau)\mathrm{d}\tau.$$

由于 $\boldsymbol{A}$ 的若尔当标准形 $\boldsymbol{J}$ 及相似变换矩阵 $\boldsymbol{P}$ 分别为

$$\boldsymbol{J}=\begin{bmatrix}2&1&0\\0&2&0\\0&0&4\end{bmatrix},$$

$$\boldsymbol{P}=\begin{bmatrix}-1&0&1\\1&1&-1\\1&0&1\end{bmatrix},$$

而且

$$\boldsymbol{P}^{-1}=\begin{bmatrix}-\frac{1}{2}&0&\frac{1}{2}\\1&1&0\\\frac{1}{2}&0&\frac{1}{2}\end{bmatrix},$$

于是

$$\begin{aligned}\mathrm{e}^{\boldsymbol{A}t}\boldsymbol{y}(0)&=\boldsymbol{P}\mathrm{e}^{\boldsymbol{A}t}\boldsymbol{P}^{-1}\boldsymbol{y}(0)\\&=\begin{bmatrix}-1&0&1\\1&1&-1\\1&0&1\end{bmatrix}\begin{bmatrix}\mathrm{e}^{2t}&t\mathrm{e}^{2t}&0\\0&\mathrm{e}^{2t}&0\\0&0&\mathrm{e}^{4t}\end{bmatrix}\begin{bmatrix}-\frac{1}{2}&0&\frac{1}{2}\\1&1&0\\\frac{1}{2}&0&\frac{1}{2}\end{bmatrix}\begin{bmatrix}1\\1\\1\end{bmatrix}\\&=\begin{bmatrix}-2t\mathrm{e}^{2t}+\mathrm{e}^{4t}\\2(1+t)\mathrm{e}^{2t}-\mathrm{e}^{4t}\\2t\mathrm{e}^{2t}+\mathrm{e}^{4t}\end{bmatrix}.\end{aligned}$$

被积函数

$$\begin{aligned}\mathrm{e}^{\boldsymbol{A}(t-\tau)}\boldsymbol{f}(\tau)&=\boldsymbol{P}\mathrm{e}^{\boldsymbol{J}(t-\tau)}\boldsymbol{P}^{-1}\boldsymbol{f}(\tau)\\&=\begin{bmatrix}-1&0&1\\1&1&-1\\1&0&1\end{bmatrix}\begin{bmatrix}\mathrm{e}^{2(t-\tau)}&(t-\tau)\mathrm{e}^{2(t-\tau)}&0\\0&\mathrm{e}^{2(t-\tau)}&0\\0&0&\mathrm{e}^{4(t-\tau)}\end{bmatrix}\times\\&\quad\begin{bmatrix}-\frac{1}{2}&0&\frac{1}{2}\\1&1&0\\\frac{1}{2}&0&\frac{1}{2}\end{bmatrix}\begin{bmatrix}\mathrm{e}^{2\tau}\\0\\\tau\mathrm{e}^{2\tau}\end{bmatrix}\\&=\frac{\mathrm{e}^{2t}}{2}\begin{bmatrix}1-2t+\mathrm{e}^{2(t-\tau)}+\tau+\tau\mathrm{e}^{2(t-\tau)}\\1+2t-\mathrm{e}^{2(t-\tau)}-\tau-\tau\mathrm{e}^{2(t-\tau)}\\-1+2t+\mathrm{e}^{2(t-\tau)}-\tau+\tau\mathrm{e}^{2(t-\tau)}\end{bmatrix},\end{aligned}$$

代入公式,定解问题的解为

$$\boldsymbol{y}(t)=\mathrm{e}^{\boldsymbol{A}t}\boldsymbol{y}(0)+\int_0^t\mathrm{e}^{\boldsymbol{A}(t-\tau)}\boldsymbol{f}(\tau)\mathrm{d}\tau$$

$$=\mathrm{e}^{2t}\begin{bmatrix}\frac{11}{8}\mathrm{e}^{2t}-\frac{3}{8}-\frac{7}{4}t-\frac{3}{4}t^2\\-\frac{11}{8}\mathrm{e}^{2t}+\frac{19}{8}+\frac{11}{4}t+\frac{3}{4}t^2\\\frac{11}{8}\mathrm{e}^{2t}-\frac{3}{8}+\frac{5}{4}t+\frac{3}{4}t^2\end{bmatrix}.$$

5.4.3 n 阶常系数微分方程的解

先考虑 n 阶常系数齐次线性方程的定解问题

$$\begin{cases}y^{(n)}+a_1y^{(n-1)}+a_2y^{(n-2)}+\cdots+a_ny=0,\\y^{(i)}(t)\big|_{t=0}=y_0^{(i)},\qquad i=0,1,\cdots,n-1,\end{cases}\tag{5.4.8}$$

其中 $a_1,a_2,\cdots,a_n$ 为常数.

由于常系数线性微分方程组的矩阵形式解已经得到,因此,人们自然想把高阶微分方程化为一阶方程组来求解.

令

$$\begin{cases}x_1=y,\\x_2=y'=x'_1,\\\quad\vdots\\x_n=y^{(n-1)}=x'_{n-1},\end{cases}$$

即

$$\begin{cases}x'_1=x_2,\\x'_2=x_3,\\\quad\vdots\\x'_{n-1}=x_n,\\x'_n=-a_nx_1-a_{n-1}x_2-\cdots-a_1x_n.\end{cases}$$

再令

$$\boldsymbol{x}(t)=(x_1(t),x_2(t),\cdots,x_n(t))^{\mathrm{T}},$$
$$\boldsymbol{x}(0)=(x_1(0),x_2(0),\cdots,x_n(0))^{\mathrm{T}}=(y_0,y'_0,\cdots,y_0^{(n-1)})^{\mathrm{T}},$$

则定解问题(5.4.8)可写成

$$\begin{cases}\dfrac{\mathrm{d}\boldsymbol{x}(t)}{\mathrm{d}t}=\boldsymbol{A}\boldsymbol{x}(t),\\\boldsymbol{x}(t)\big|_{t=0}=\boldsymbol{x}(0),\end{cases}\tag{5.4.9}$$

其中

$$\boldsymbol{A}=\begin{bmatrix}0&1&0&\cdots&0\\0&0&1&\cdots&0\\\vdots&\vdots&\vdots&&\vdots\\0&0&0&\cdots&1\\-a_n&-a_{n-1}&-a_{n-2}&\cdots&-a_1\end{bmatrix}.$$

显然，$\boldsymbol{A}$ 为友矩阵.

由定理 5.4.1 得，定解问题(5.4.9)的解为 $\boldsymbol{x}(t)=\mathrm{e}^{\boldsymbol{A}t}\boldsymbol{x}(0)$. 由于定解问题(5.4.8)的解是式(5.4.9)的一个分量，从而定解问题(5.4.8)的解为

$$\begin{aligned}\boldsymbol{y}&=(1,0,0,\cdots,0)\boldsymbol{x}(t)\\&=(1,0,0,\cdots,0)\mathrm{e}^{\boldsymbol{A}t}\boldsymbol{x}(0)\\&=(1,0,0,\cdots,0)\mathrm{e}^{\boldsymbol{A}t}\begin{bmatrix}y_0\\y'_0\\\vdots\\y_0^{(n-1)}\end{bmatrix}.\end{aligned}$$

对于 n 阶常系数非齐次线性方程的定解问题

$$\begin{cases}y^{(n)}+a_1y^{(n-1)}+a_2y^{(n-2)}+\cdots+a_ny=f(t),\\y^{(i)}(t)\big|_{t=0}=y_0^{(i)},\qquad i=0,1,\cdots,n-1,\end{cases}\tag{5.4.10}$$

可作类似讨论，进而得到定解问题(5.4.10)的解是方程组

$$\begin{cases}\dfrac{\mathrm{d}\boldsymbol{x}(t)}{\mathrm{d}t}=\boldsymbol{A}\boldsymbol{x}(t)+\boldsymbol{b}f(t),\\\boldsymbol{x}(t)\big|_{t=0}=\boldsymbol{x}(0)\end{cases}$$

的解的第一个分量，其中

$$\boldsymbol{x}(t)=\begin{bmatrix}x_1(t)\\x_2(t)\\\vdots\\x_n(t)\end{bmatrix}=\begin{bmatrix}y\\y'\\\vdots\\y^{(n-1)}\end{bmatrix},$$

$$\boldsymbol{x}(0)=\begin{bmatrix}x_1(0)\\x_2(0)\\\vdots\\x_n(0)\end{bmatrix}=\begin{bmatrix}y_0\\y'_0\\\vdots\\y_0^{(n-1)}\end{bmatrix},$$

$$\boldsymbol{A}=\begin{bmatrix}0&1&0&\cdots&0\\0&0&1&\cdots&0\\\vdots&\vdots&\vdots&&\vdots\\0&0&0&\cdots&1\\-a_n&-a_{n-1}&-a_{n-2}&\cdots&-a_1\end{bmatrix},\qquad\boldsymbol{b}=\begin{bmatrix}0\\0\\\vdots\\0\\1\end{bmatrix}.$$

由定解问题(5.4.7)知(令 $\boldsymbol{f}(t)=\boldsymbol{b}f(t)$)

$$\boldsymbol{x}(t)=\mathrm{e}^{\boldsymbol{A}t}\boldsymbol{x}(0)+\int_0^t\mathrm{e}^{\boldsymbol{A}(t-\tau)}\boldsymbol{b}f(\tau)\mathrm{d}\tau,$$

从而定解问题(5.4.10)的解为

$$\boldsymbol{y}(t)=(1,0,\cdots,0)\left(\mathrm{e}^{\boldsymbol{A}t}\boldsymbol{x}(0)+\int_0^t\mathrm{e}^{\boldsymbol{A}(t-\tau)}\boldsymbol{b}f(\tau)\mathrm{d}\tau\right).$$

由上述讨论可知，不论是一阶常系数线性微分方程组，还是 n 阶常系数线性微分方程，求解定解问题的关键在于计算矩阵函数 $\mathrm{e}^{\boldsymbol{A}t}$，而计算矩阵函数 $\mathrm{e}^{\boldsymbol{A}t}$ 是 5.4.2 节的基本内容，从而求解常系数一阶线性微分方程组及 n 阶线性微分方程的定解问题的解的问题已经解决.

例 5.4.5 设某一动态微分方程为

$$y''' + 7y'' + 14y' + 8y = 6f(t),$$

其中 y 为系统的输出函数,$f(t)$为系统的输入函数,求 $y(t)$.

解 令

$$\begin{cases} x_1 = y, \\ x_2 = y', \\ x_3 = y'', \end{cases}$$

则

$$\begin{cases} x'_1 = x_2, \\ x'_2 = x_3, \\ x'_3 = y''' = -8x_1 - 14x_2 - 7x_3 + 6f(t). \end{cases}$$

写成向量方程组为

$$\boldsymbol{x}' = \boldsymbol{A}\boldsymbol{x} + \boldsymbol{b}f(t),$$

其中

$$\boldsymbol{A} = \begin{bmatrix} 0 & 1 & 0 \\ 0 & 0 & 1 \\ -8 & -14 & -7 \end{bmatrix}, \quad \boldsymbol{b} = \begin{bmatrix} 0 \\ 0 \\ 6 \end{bmatrix}.$$

由于 $\boldsymbol{A}$ 为友矩阵,故特征多项式为

$$\varphi(\lambda) = \lambda^3 + 7\lambda^2 + 14\lambda + 8 = (\lambda+1)(\lambda+2)(\lambda+4).$$

故 $\boldsymbol{A}$ 的特征值分别为

$$\lambda_1 = -1, \quad \lambda_2 = -2, \quad \lambda_3 = -4.$$

从而 $\boldsymbol{A}$ 的若尔当标准形 $\boldsymbol{J}$ 及相似变换矩阵 $\boldsymbol{P}$ 分别为

$$\boldsymbol{J} = \begin{bmatrix} -1 & 0 & 0 \\ 0 & -2 & 0 \\ 0 & 0 & -4 \end{bmatrix},$$

$$\boldsymbol{P} = \begin{bmatrix} 1 & 1 & 1 \\ -1 & -2 & -4 \\ 1 & 4 & 16 \end{bmatrix},$$

而且

$$\boldsymbol{P}^{-1} = \frac{1}{6}\begin{bmatrix} 16 & 12 & 2 \\ -12 & -15 & -3 \\ 2 & 3 & 1 \end{bmatrix}.$$

方法 1 计算 $\mathrm{e}^{\boldsymbol{A}t}$ 及 $\mathrm{e}^{\boldsymbol{A}(t-\tau)}$,并代入非齐次线性方程组的求解公式

$$\boldsymbol{x}(t) = \mathrm{e}^{\boldsymbol{A}t}\boldsymbol{x}(0) + \int_0^t \mathrm{e}^{\boldsymbol{A}(t-\tau)}\boldsymbol{b}f(\tau)\mathrm{d}\tau,$$

其中

$$\boldsymbol{x}(0) = \begin{bmatrix} k_1 \\ k_2 \\ k_3 \end{bmatrix}$$

为任意给定的初始条件.因而原方程组的解为

$$\begin{aligned}y(t)&=(1,0,\cdots,0)\boldsymbol{x}(t)\\&=(1,0,\cdots,0)\left(\mathrm{e}^{\boldsymbol{A}t}\boldsymbol{x}(0)+\int_0^t\mathrm{e}^{\boldsymbol{A}(t-\tau)}\boldsymbol{b}f(\tau)\mathrm{d}\tau\right).\end{aligned}$$

此种方法在计算 $\mathrm{e}^{\boldsymbol{A}t}$ 及 $\mathrm{e}^{\boldsymbol{A}(t-\tau)}$ 的过程中显得烦琐,下面介绍另一种方法.

方法 2　令

$$\boldsymbol{x}=\boldsymbol{P}\boldsymbol{z},$$

其中 $\boldsymbol{z}=(z_1,z_2,z_3)^{\mathrm{T}}$,则

$$\boldsymbol{x}'=\boldsymbol{P}\boldsymbol{z}',$$

因而

$$\boldsymbol{P}\boldsymbol{z}'=\boldsymbol{A}\boldsymbol{P}\boldsymbol{z}+\boldsymbol{b}f(t),$$

两边左乘 $\boldsymbol{P}^{-1}$,得

$$\begin{aligned}\boldsymbol{z}'&=\boldsymbol{P}^{-1}\boldsymbol{A}\boldsymbol{P}\boldsymbol{z}+\boldsymbol{P}^{-1}\boldsymbol{b}f(t)\\&=\begin{bmatrix}-1&0&0\\0&-2&0\\0&0&-4\end{bmatrix}\begin{bmatrix}z_1\\z_2\\z_3\end{bmatrix}+\begin{bmatrix}2\\-3\\1\end{bmatrix}f(t).\end{aligned}$$

由 $\boldsymbol{y}=(1,0,0)\boldsymbol{x}$, $\boldsymbol{x}=\boldsymbol{P}\boldsymbol{z}$ 得

$$\begin{aligned}\boldsymbol{y}&=(1,0,0)\begin{bmatrix}1&1&1\\-1&-2&-4\\1&4&16\end{bmatrix}\begin{bmatrix}z_1\\z_2\\z_3\end{bmatrix}\\&=z_1+z_2+z_3,\end{aligned}$$

由于

$$\begin{cases}z_1=\mathrm{e}^{-t}\left(k_1+\int 2f(t)\mathrm{e}^{t}\mathrm{d}t\right),\\z_2=\mathrm{e}^{-2t}\left(k_2+\int -3f(t)\mathrm{e}^{2t}\mathrm{d}t\right),\\z_3=\mathrm{e}^{-4t}\left(k_3+\int f(t)\mathrm{e}^{4t}\mathrm{d}t\right),\end{cases}$$

从而原方程组的解为

$$y=k_1\mathrm{e}^{-t}+k_2\mathrm{e}^{-2t}+k_3\mathrm{e}^{-4t}+2\mathrm{e}^{-t}\int f(t)\mathrm{e}^{t}\mathrm{d}t-3\mathrm{e}^{-2t}\int f(t)\mathrm{e}^{2t}\mathrm{d}t+\mathrm{e}^{-4t}\int f(t)\mathrm{e}^{4t}\mathrm{d}t,$$

其中,k_1,k_2,k_3 为 3 个独立的任意常数.

以上我们仅仅介绍了矩阵函数在一阶常系数齐次、非齐次线性微分方程组和 n 阶常系数线性微分方程中的应用,这是较为简单的情形.同样地,在一阶变系数齐次及非齐次线性微分方程组中,矩阵函数都有应用,但已经远比上面所讲的困难多了,在此不作更深入的讨论.

习　题　5

1. 若 $\lim\limits_{k\to\infty}\boldsymbol{A}^{(k)}=\boldsymbol{A}$,证明:$\lim\limits_{k\to\infty}\|\boldsymbol{A}^{(k)}\|=\|\boldsymbol{A}\|$,其中 $\boldsymbol{A}^{(k)},\boldsymbol{A}\in\mathbb{C}^{m\times n}$,$\|\cdot\|$ 是 $\mathbb{C}^{m\times n}$ 中的任何一种矩阵范数.

2. 设 $\boldsymbol{A}^{(k)},\boldsymbol{B}^{(k)}\in\mathbb{C}^{m\times n}$,$\alpha_k,\beta_k\in\mathbb{C}$,且 $\lim\limits_{k\to\infty}\boldsymbol{A}^{(k)}=\boldsymbol{A}$,$\lim\limits_{k\to\infty}\boldsymbol{B}^{(k)}=\boldsymbol{B}$,$\lim\limits_{k\to\infty}\alpha_k=\alpha$,$\lim\limits_{k\to\infty}\beta_k=\beta$.证明:

$$\lim_{k\to\infty}(\alpha_k\boldsymbol{A}^{(k)}+\beta_k\boldsymbol{B}^{(k)})=\alpha\boldsymbol{A}+\beta\boldsymbol{B}.$$

3. 下列矩阵是否为收敛矩阵?为什么?

(1) $\boldsymbol{A}=\begin{bmatrix}0.2 & 0.1 & 0.2\\ 0.5 & 0.5 & 0.4\\ 0.1 & 0.3 & 0.2\end{bmatrix}$; (2) $\boldsymbol{B}=\begin{bmatrix}\frac{1}{6} & -\frac{4}{3}\\ -\frac{1}{3} & \frac{1}{6}\end{bmatrix}$.

4. 设 $\boldsymbol{A}=\begin{bmatrix}0 & a & a\\ a & 0 & a\\ a & a & 0\end{bmatrix}$,讨论实数 a 取何值时,$\boldsymbol{A}$ 为收敛矩阵?

5. 设矩阵级数 $\sum\limits_{k=0}^{\infty}\boldsymbol{A}^{(k)}$ 收敛(或绝对收敛),证明:$\sum\limits_{k=0}^{\infty}\boldsymbol{PA}^{(k)}\boldsymbol{Q}$ 也收敛(或绝对收敛),并且有等式 $\sum\limits_{k=0}^{\infty}\boldsymbol{PA}^{(k)}\boldsymbol{Q}=\boldsymbol{P}\left(\sum\limits_{k=0}^{\infty}\boldsymbol{A}^{(k)}\right)\boldsymbol{Q}$. 其中 $\boldsymbol{A}^{(k)}\in\mathbb{C}^{m\times n}$,$\boldsymbol{P}\in\mathbb{C}^{s\times m}$,$\boldsymbol{Q}\in\mathbb{C}^{n\times t}$.

6. 讨论下列矩阵幂级数的敛散性:

(1) $\sum\limits_{k=1}^{\infty}\frac{1}{k^2}\begin{bmatrix}1 & 7\\ -1 & -3\end{bmatrix}^k$; (2) $\sum\limits_{k=0}^{\infty}\frac{k}{6^k}\begin{bmatrix}1 & -8\\ -2 & 1\end{bmatrix}^k$.

7. 计算矩阵幂级数 $\sum\limits_{k=0}^{\infty}\begin{bmatrix}0.1 & 0.7\\ 0.3 & 0.6\end{bmatrix}^k$.

8. (1) 设矩阵序列 $\{\boldsymbol{A}^k\}$,其中 $\boldsymbol{A}^k\in\mathbb{C}^{m\times n}$,若 $\lim\limits_{k\to\infty}\boldsymbol{A}^k=\boldsymbol{A}$,证明 $\lim\limits_{k\to\infty}\|\boldsymbol{A}^k\|=\|\boldsymbol{A}\|$;

(2) 举例说明,$\lim\limits_{k\to\infty}\|\boldsymbol{A}^k\|=\|\boldsymbol{A}\|$,不一定有

$$\lim_{k\to\infty}\boldsymbol{A}^k=\boldsymbol{A}.$$

9. 设

$$\boldsymbol{A}=\begin{bmatrix}0 & a & a\\ a & 0 & a\\ a & a & 0\end{bmatrix},$$

问 a 取何值时,有 $\lim\limits_{k\to\infty}\boldsymbol{A}^k=\boldsymbol{0}$.

10. 设矩阵

$$\boldsymbol{A}=\begin{bmatrix}\frac{1}{2} & 1 & 1\\ 0 & \frac{1}{3} & 1\\ 0 & 0 & \frac{1}{5}\end{bmatrix},$$

求 $\lim\limits_{k\to\infty}\boldsymbol{A}^k$.

11. 求 $\lim\limits_{k\to\infty}\left(\frac{\boldsymbol{A}}{\rho(\boldsymbol{A})}\right)^k$,其中矩阵 $\boldsymbol{A}$ 为 $\boldsymbol{A}=\begin{bmatrix}1 & 2 & 1\\ 2 & 4 & 2\\ 1 & 2 & 1\end{bmatrix}$.

12. 已知 $\boldsymbol{A}$ 是一个 5 阶方阵,其特征多项式为

$$f(\lambda)=|\lambda\boldsymbol{I}-\boldsymbol{A}|=\left(\lambda-\frac{1}{3}\right)(\lambda-1)^2\left(\lambda-\frac{1}{4}\right)^2,$$

且 $\operatorname{rank}(\boldsymbol{I}-\boldsymbol{A})=3$,试证:矩阵序列 $\{\boldsymbol{A}^k\}$ 收敛.

13. 判断矩阵幂级数

$$\sum_{k=0}^{\infty}\begin{bmatrix}\frac{1}{6} & -\frac{1}{3}\\ -\frac{4}{3} & \frac{1}{6}\end{bmatrix}^k$$

的敛散性.

14. 已知

$$A=\begin{bmatrix}\frac{1}{5} & \frac{3}{5}\\ \frac{3}{5} & \frac{1}{5}\end{bmatrix}.$$

(1) 求证：矩阵幂级数 $\sum_{k=1}^{\infty}k^2A^k$ 收敛；

(2) 求矩阵幂级数 $\sum_{k=1}^{\infty}k^2A^k$ 的收敛和.

15. 已知 A 为一个 n 阶矩阵，且 $\rho(A)<1$，求 $\sum_{k=0}^{\infty}k^2A^k$.

16. 求诺伊曼(Neumann)级数 $\sum_{k=0}^{\infty}\begin{bmatrix}0.2 & 0.5\\ 0.7 & 0.4\end{bmatrix}^k$ 的和.

17. 试找一个收敛的二阶可逆矩阵序列，但其极限矩阵不可逆.

18. 讨论矩阵幂级数 $\sum_{k=1}^{\infty}\frac{1}{k^2}\begin{bmatrix}1 & 4\\ -1 & -3\end{bmatrix}^k$ 的收敛性.

19. 设 $A,B\in\mathbb{R}^{n\times n}$，$C=\begin{bmatrix}A & B\\ 0 & I\end{bmatrix}$，$\lim\limits_{k\to\infty}A^k=M$，求 $\lim\limits_{k\to\infty}C^k$ 以及

$$\lim_{k\to\infty}\begin{bmatrix}0.2 & 0 & 1 & 1\\ 0.3 & 0.7 & 0 & 2\\ 0 & 0 & 1 & 0\\ 0 & 0 & 0 & 1\end{bmatrix}.$$

20. 讨论矩阵幂级数

$$\sum_{k=1}^{\infty}\frac{1}{k^2}\begin{bmatrix}-2 & 1 & -1\\ 0 & 1 & 0\\ 1 & 1 & 0\end{bmatrix}^k$$

的敛散性.

21. 已知矩阵 A 的某种范数 $\|A\|<1$，求 $\sum_{k=1}^{\infty}kA^{k-1}$.

22. 设 $C,D\in\mathbb{R}^{n\times n}$，$A=\begin{bmatrix}C & 0\\ D & I_n\end{bmatrix}$，$\lim\limits_{k\to\infty}C^k=S$，且 $\rho(C)<1$，求 $\lim\limits_{k\to\infty}A^k$，并求

$$\lim_{k\to\infty}\left[\begin{array}{cc:cc}0.1 & 0.3 & 0 & 0\\ 0 & 0.6 & 0 & 0\\ \hdashline 1 & 0 & 1 & 0\\ 1 & 2 & 0 & 1\end{array}\right]^k.$$

23. 设 A 为5阶方阵，其特征多项式

$$f(\lambda)=|\lambda I-A|=(\lambda-1)^2(\lambda-0.5)^2(\lambda-0.25),$$

且 $\operatorname{rank}(I-A)=3$，证明 $\lim\limits_{k\to\infty}A^k$ 收敛.

24. (1) 设 $A\in\mathbb{C}^{n\times n}$，若 $\|A\|<1$，则 $\lim\limits_{k\to\infty}A^k=0$；

(2) $A\in\mathbb{C}^{n\times n}$，$\lim\limits_{k\to\infty}A^k=0\Leftrightarrow\rho(A)<1$.

25. 设 $A^k\in\mathbb{C}^{n\times n}$，$\lim\limits_{k\to\infty}A^k=A$，且 $(A^k)^{-1}$ 和 A^{-1} 均存在，则 $\lim\limits_{k\to\infty}[A^k]^{-1}=A^{-1}$，试举一具体例子，说明条件 $(A^k)^{-1}$ 与 A 都可逆是不可少的.

26. 讨论矩阵幂级数 $\sum_{k=0}^{\infty} \boldsymbol{A}^k$ 的敛散性，其中

$$\boldsymbol{A}=\begin{bmatrix}0.2 & 0.1 & 0.2\\0.5 & 0.5 & 0.4\\0.1 & 0.3 & 0.2\end{bmatrix}.$$

27. 证明：$\mathrm{e}^{\boldsymbol{A}+2\pi \mathrm{i}\boldsymbol{I}}=\mathrm{e}^{\boldsymbol{A}}$(其中 $\mathrm{i}=\sqrt{-1}$)，$\sin(\boldsymbol{A}+2\pi\boldsymbol{I})=\sin\boldsymbol{A}$.

28. 证明：若 $\boldsymbol{A}$ 为实反对称矩阵($\boldsymbol{A}^{\mathrm{T}}=-\boldsymbol{A}$)，则 $\mathrm{e}^{\boldsymbol{A}}$ 为正交矩阵.

29. 证明：若 $\boldsymbol{A}$ 是埃尔米特矩阵，则 $\mathrm{e}^{\mathrm{i}\boldsymbol{A}}$ 是酉矩阵.

30. 设

$$\boldsymbol{A}=\begin{bmatrix}-2 & 1 & 0\\-4 & 2 & 0\\1 & 0 & 1\end{bmatrix}.$$

(1) 试求 $\boldsymbol{A}$ 的特征多项式；

(2) 利用凯莱-哈密顿定理计算 $\mathrm{e}^{\boldsymbol{A}}$ 和 $\sin\boldsymbol{A}$.

31. 设 $\boldsymbol{A}=\begin{bmatrix}2 & 1 & 0\\0 & 0 & 1\\0 & 1 & 0\end{bmatrix}$，求 $\mathrm{e}^{\boldsymbol{A}}$，$\mathrm{e}^{t\boldsymbol{A}}(t\in\mathbb{R})$ 及 $\sin\boldsymbol{A}$.

32. 设 $f(z)=\ln z$，求 $f(\boldsymbol{A})$. 这里 $\boldsymbol{A}$ 为

(1) $\boldsymbol{A}=\begin{bmatrix}1 & 0 & 0 & 0\\1 & 1 & 0 & 0\\0 & 1 & 1 & 0\\0 & 0 & 1 & 1\end{bmatrix}$； (2) $\boldsymbol{A}=\begin{bmatrix}2 & 1 & 0 & 0\\0 & 2 & 0 & 0\\0 & 0 & 1 & 1\\0 & 0 & 0 & 1\end{bmatrix}$.

33. 对下列矩阵 $\boldsymbol{A}$，求矩阵函数 $\mathrm{e}^{t\boldsymbol{A}}$：

(1) $\boldsymbol{A}=\begin{bmatrix}0 & 1\\-2 & -3\end{bmatrix}$； (2) $\boldsymbol{A}=\begin{bmatrix}2 & -2 & 3\\1 & 1 & 1\\1 & 3 & -1\end{bmatrix}$；

(3) $\boldsymbol{A}=\begin{bmatrix}0 & 1 & 0\\0 & 0 & 1\\-8 & -12 & -6\end{bmatrix}$； (4) $\boldsymbol{A}=\begin{bmatrix}-2 & 1 & 3\\0 & -3 & 0\\0 & 2 & -2\end{bmatrix}$.

34. 求下列三类矩阵的矩阵函数 $\cos\boldsymbol{A}$，$\sin\boldsymbol{A}$，$\mathrm{e}^{\boldsymbol{A}^2}$：

(1) 当 $\boldsymbol{A}$ 为幂等矩阵($\boldsymbol{A}^2=\boldsymbol{A}$)时；

(2) 当 $\boldsymbol{A}$ 为对合矩阵($\boldsymbol{A}^2=\boldsymbol{I}$)时；

(3) 当 $\boldsymbol{A}$ 为幂零矩阵($\boldsymbol{A}^2=\boldsymbol{0}$)时.

35. 计算下列矩阵函数：

(1) $\boldsymbol{A}=\begin{bmatrix}2 & 2 & 1\\1 & 3 & 1\\1 & 2 & 2\end{bmatrix}$，求 $\boldsymbol{A}^{1000}$；

(2) $\boldsymbol{A}=\begin{bmatrix}4 & 2 & -5\\6 & 4 & -9\\5 & 3 & -7\end{bmatrix}$，求 $\mathrm{e}^{\boldsymbol{A}}$；

(3) $\boldsymbol{A}=\begin{bmatrix}0 & -1\\4 & 4\end{bmatrix}$，求 $\arcsin\dfrac{\boldsymbol{A}}{4}$；

(4) $\boldsymbol{A}=\begin{bmatrix}16 & 8\\8 & 4\end{bmatrix}$，求 $(\boldsymbol{I}+\boldsymbol{A})^{-1}$ 及 $\boldsymbol{A}^{\frac{1}{2}}$.

36. 求矩阵 $\boldsymbol{A}$ 的最小多项式，已知

(1) $\boldsymbol{A}=\begin{bmatrix}-1 & -2 & 6\\ -1 & 0 & 3\\ -1 & -1 & 4\end{bmatrix}$；　　(2) $\boldsymbol{A}=\begin{bmatrix}3 & 1 & -1\\ -2 & 0 & 2\\ -1 & -1 & 3\end{bmatrix}$；

(3) $\boldsymbol{A}=\mathrm{diag}\left[\begin{bmatrix}2 & 1\\ 0 & 2\end{bmatrix},\begin{bmatrix}2 & 1 & 0\\ 0 & 2 & 1\\ 0 & 0 & 2\end{bmatrix},[3],\begin{bmatrix}3 & 1\\ 0 & 3\end{bmatrix}\right]$.

37. 设三阶矩阵 $\boldsymbol{A}$ 的特征多项式与最小多项式分别为 $f(\lambda)=\lambda^3-5\lambda^2$ 与 $m(\lambda)=\lambda^2-5\lambda$，试用它们计算矩阵 $\boldsymbol{A}^4$ 的表达式.

38. 用若尔当标准形法求 $\mathrm{e}^{\boldsymbol{A}t}$，其中

$$\boldsymbol{A}=\begin{bmatrix}1 & 0 & 0\\ 0 & 1 & -1\\ -1 & 0 & 1\end{bmatrix}.$$

39. $\boldsymbol{A}=\begin{bmatrix}1 & 2 & -6\\ 1 & 0 & -3\\ 1 & 1 & -4\end{bmatrix}$，求 $\mathrm{e}^{\boldsymbol{A}}$，$\mathrm{e}^{\boldsymbol{A}t}$，$\sin\boldsymbol{A}$.

40. 设 $f(x)=x^{\frac{1}{2}}$，$\boldsymbol{A}=\begin{bmatrix}1 & 1 & 0\\ 0 & 1 & 0\\ 0 & 0 & 2\end{bmatrix}$，求 $f(\boldsymbol{A})$.

41. 设 $\boldsymbol{A}=\begin{bmatrix}1 & 1 & 0\\ 0 & 0 & 1\\ 0 & 0 & 1\end{bmatrix}$，求 $\mathrm{e}^{\boldsymbol{A}t}$.

42. $\boldsymbol{A}=\dfrac{\pi}{2}\begin{bmatrix}2 & 0 & 0\\ 0 & 1 & 1\\ 0 & 0 & 1\end{bmatrix}$，求 $\sin\boldsymbol{A}$.

43. 已知 $\boldsymbol{A}=\begin{bmatrix}2 & 1 & 1\\ 1 & 2 & 1\\ 1 & 1 & 2\end{bmatrix}$，

(1) 求 $\boldsymbol{P}$，使 $\boldsymbol{P}^{-1}\boldsymbol{A}\boldsymbol{P}=\boldsymbol{J}$；

(2) 求 $\mathrm{e}^{\mathrm{i}\frac{\pi}{2}\boldsymbol{A}}$ 的若尔当标准形.

44. 设 4 阶方阵 $\boldsymbol{A}$ 的若尔当标准形是由两个二阶非零若尔当块构成，且 $\boldsymbol{A}^2=\boldsymbol{0}$，求 $\sin\boldsymbol{A}$.

45. $\boldsymbol{A}^{\mathrm{H}}$ 为 n 阶矩阵，证明：

(1) $(\mathrm{e}^{\boldsymbol{A}})^{\mathrm{H}}=\mathrm{e}^{\boldsymbol{A}^{\mathrm{H}}}$；

(2) 若 $\boldsymbol{A}$ 为反对称矩阵 $\boldsymbol{A}^{\mathrm{T}}=-\boldsymbol{A}$，则 $\mathrm{e}^{\boldsymbol{A}}$ 是正交阵；

(3) 若 $\boldsymbol{A}^{\mathrm{H}}=\boldsymbol{A}$，则 $\mathrm{e}^{i\boldsymbol{A}}$ 是酉阵.

46. 已知矩阵

$$\boldsymbol{A}=\begin{bmatrix}1 & 0 & 0\\ -1 & 2 & -1\\ 0 & 0 & 2\end{bmatrix},$$

求矩阵函数 $f(\boldsymbol{A})$ 的若尔当表示，并计算 $\mathrm{e}^{\boldsymbol{A}}$，$\mathrm{e}^{t\boldsymbol{A}}$，$\arctan\dfrac{\boldsymbol{A}}{4}$，$\sin\dfrac{\pi}{2}\boldsymbol{A}$，$\cos\pi\boldsymbol{A}$.

47. 已知矩阵

$$\boldsymbol{A}=\begin{bmatrix}1 & 1 & 1\\ 0 & 1 & 1\\ 0 & 0 & 1\end{bmatrix},$$

求矩阵函数 $f(\boldsymbol{A})$的若尔当表示,并计算 $e^{t\boldsymbol{A}}$,$\sin\boldsymbol{A}$,$\cos\pi\boldsymbol{A}$,$\ln(\boldsymbol{I}+\boldsymbol{A})$.

48. 已知矩阵 $\boldsymbol{A}$,求矩阵函数 $f(\boldsymbol{A})$的若尔当表示,并计算 $e^{t\boldsymbol{A}}$,$\sin\frac{\pi}{2}\boldsymbol{A}$,$\cos\pi\boldsymbol{A}$,$\ln(\boldsymbol{I}+\boldsymbol{A})$.

(1) $\boldsymbol{A}=\begin{bmatrix}2&1&0&0\\0&2&0&0\\0&0&1&1\\0&0&0&1\end{bmatrix}$;　(2) $\boldsymbol{A}=\begin{bmatrix}2&1&0&0\\0&2&1&0\\0&0&2&0\\0&0&0&2\end{bmatrix}$.

49. 已知

$$\boldsymbol{A}=\begin{bmatrix}1&0&0&0\\1&1&0&0\\0&1&1&0\\0&0&1&1\end{bmatrix},$$

求 $e^{t\boldsymbol{A}}$,$\sin\boldsymbol{A}$,$\cos\boldsymbol{A}$.

50. 已知

$$\boldsymbol{A}=\begin{bmatrix}-1&1&0\\-4&3&0\\1&0&2\end{bmatrix}.$$

(1) 求 $e^{\boldsymbol{A}}$,$\sin\boldsymbol{A}$;

(2) 分别求可逆矩阵 $\boldsymbol{Q}_1$,$\boldsymbol{Q}_2$,使得 $\boldsymbol{Q}_1^{-1}e^{\boldsymbol{A}}\boldsymbol{Q}_1$ 与 $\boldsymbol{Q}_2^{-1}\sin\boldsymbol{A}\boldsymbol{Q}_2$,均为若尔当标准形矩阵.

51. 已知矩阵 $\boldsymbol{A}$,求矩阵函数 $f(\boldsymbol{A})$的多项式表示,并计算 $e^{t\boldsymbol{A}}$.

52. 已知矩阵 $\boldsymbol{A}=\begin{bmatrix}2&1&0\\-1&0&0\\-2&-1&2\end{bmatrix}$,求矩阵函数 $f(\boldsymbol{A})$的多项式表示,并计算 $\cos\pi\boldsymbol{A}$.

53. 设 $\boldsymbol{A}$ 为 n 阶矩阵,试证:

(1) $e^{2\pi i\boldsymbol{I}}=\boldsymbol{I}$,$e^{2\pi i\boldsymbol{I}+\boldsymbol{A}}=e^{\boldsymbol{A}}$,这里 $i^2=-1$;

(2) $\sin 2\pi\boldsymbol{I}=\boldsymbol{0}$,$\cos 2\pi\boldsymbol{I}=\boldsymbol{I}$;

(3) $\sin(2\pi\boldsymbol{I}+\boldsymbol{A})=\sin\boldsymbol{A}$;

(4) $|e^{\boldsymbol{A}}|=e^{\mathrm{tr}(\boldsymbol{A})}$;

(5) $\|e^{\boldsymbol{A}}\|\leqslant e^{\|\boldsymbol{A}\|}$.

54. 求下列各矩阵函数的幂级数表示,并求出相应幂级数的收敛范围.

(1) $e^{t\boldsymbol{A}}$;(2) $\sin\frac{\pi}{2}\boldsymbol{A}$;(3) $(3\boldsymbol{I}-\boldsymbol{A})^{-1}$.

55. 计算矩阵幂级数 $\sum_{k=1}^{\infty}\frac{k^2}{2^k}\begin{bmatrix}1&4\\0&1\end{bmatrix}^k$ 之和.

56. 已知

$$\boldsymbol{A}=\begin{bmatrix}0.9&1\\0&0.8\end{bmatrix},$$

求 $\boldsymbol{I}+2\boldsymbol{A}+3\boldsymbol{A}^2+\cdots+k\boldsymbol{A}^{k-1}+\cdots$之和.

57. 已知 $\boldsymbol{A}\in\mathbb{C}^{n\times n}$,那么

(1) $\frac{d}{dt}e^{t\boldsymbol{A}}=\boldsymbol{A}e^{t\boldsymbol{A}}=e^{t\boldsymbol{A}}\boldsymbol{A}$;

(2) $\frac{d}{dt}\cos t\boldsymbol{A}=-\boldsymbol{A}[\sin(t\boldsymbol{A})]=-[\sin(t\boldsymbol{A})]\boldsymbol{A}$;

(3) $\frac{d}{dt}\sin(t\boldsymbol{A})=\boldsymbol{A}[\cos(t\boldsymbol{A})]=[\cos(t\boldsymbol{A})]\boldsymbol{A}$.

58. 已知函数矩阵

$$A(t)=\begin{bmatrix}2t-1 & e^{t}\\ \dfrac{t}{t-1} & 0\end{bmatrix}.$$

证明：(1) $A(t)$在点$t=0$处连续；

(2) $A(t)$在点$t=1$处不连续.

59. 设

$$A(t)=\begin{bmatrix}\cos t & \sin t\\ 2+t & 0\end{bmatrix}.$$

求：(1) $\dfrac{dA(t)}{dt}$；(2) $\int_0^{\pi}A(t)\,dt$.

60. 已知函数矩阵

$$A(x)=\begin{bmatrix}\sin x & \cos x & x\\ \dfrac{\sin x}{x} & e^{x} & x^2\\ 1 & 0 & x^3\end{bmatrix},$$

其中$x\neq 0$. 试求$\lim\limits_{x\to 0}A(x)$，$\dfrac{dA(x)}{dx}$，$\dfrac{d^2A(x)}{dx^2}$，$\left|\dfrac{dA(x)}{dx}\right|$.

61. 已知函数矩阵

$$A(x)=\begin{bmatrix}e^{2x} & xe^{x} & x^2\\ e^{-x} & 2e^{2x} & 0\\ 3x & 0 & 0\end{bmatrix},$$

试求$\int_0^1 A(x)\,dx$和$\dfrac{d}{dx}\left(\int_0^{x^2}A(t)\,dt\right)$.

62. 设$A(t)=\begin{bmatrix}\cos t & \sin t\\ -\sin t & \cos t\end{bmatrix}$，求$\dfrac{d}{dt}A(t)$，$\dfrac{d}{dt}A^{-1}(t)$，$\dfrac{d}{dt}|A(t)|$，$\left|\dfrac{d}{dt}A(t)\right|$.

63. 设$A(t)$是n阶可微矩阵，说明关系式

$$\frac{d}{dt}[A(t)]^m=m[A(t)]^{m-1}\frac{d}{dt}A(t)$$

一般不成立. 问此式在什么条件下能成立？

64. 已知

$$\sin At=\frac{1}{4}\begin{bmatrix}\sin 5t+3\sin t & 2\sin 5t-2\sin t & \sin 5t-\sin t\\ \sin 5t-\sin t & 2\sin 5t+2\sin t & \sin 5t-\sin t\\ \sin 5t-\sin t & 2\sin 5t-2\sin t & \sin 5t+3\sin t\end{bmatrix},$$

求A.

65. 已知函数矩阵

$$e^{At}=\begin{bmatrix}2e^{2t}-e^{t} & e^{2t}-e^{t} & e^{t}-e^{2t}\\ e^{2t}-e^{t} & 2e^{2t}-e^{t} & e^{t}-e^{2t}\\ 3e^{2t}-3e^{t} & 3e^{2t}-3e^{t} & 3e^{t}-2e^{2t}\end{bmatrix},$$

求矩阵A.

66. 求$\int_0^t A(\tau)\,d\tau$，其中

$$A(t)=\begin{bmatrix}e^{2t} & te^{t} & 1+t\\ e^{-2t} & 2e^{2t} & \sin t\\ 3t & 0 & t\end{bmatrix}.$$

67. 若函数矩阵 $\boldsymbol{A}(t)$ 在 $[t_0,t]$ 上可积,证明:

$$\left\| \int_{t_0}^{t} \boldsymbol{A}(t)\,\mathrm{d}t \right\|_1 \leqslant \int_{t_0}^{t} \|\boldsymbol{A}(t)\|_1 \mathrm{d}t.$$

68. 设

$$\boldsymbol{A}=\begin{bmatrix}1&0&0&-1\\0&1&-1&0\\0&-1&1&0\\-1&0&0&1\end{bmatrix},\quad \boldsymbol{x}(0)=\begin{bmatrix}1\\0\\0\\-1\end{bmatrix}.$$

(1) 求 $\mathrm{e}^{\boldsymbol{A}t}$;

(2) 求解 $\begin{cases}\dot{\boldsymbol{x}}(t)=\boldsymbol{A}\boldsymbol{x}(t),\\ \boldsymbol{x}(0)=(1,0,0,-1)^{\mathrm{T}}.\end{cases}$

69. 设 $\boldsymbol{X}=[x_{ij}]_{n\times n}$,求 $\dfrac{\mathrm{d}}{\mathrm{d}\boldsymbol{X}}\mathrm{tr}(\boldsymbol{X})$,$\dfrac{\mathrm{d}}{\mathrm{d}\boldsymbol{X}}\det(\boldsymbol{X})$.

70. 设 $f(\boldsymbol{A})=\|\boldsymbol{A}\|_F^2=\mathrm{tr}(\boldsymbol{A}^{\mathrm{T}}\boldsymbol{A})$,其中 $\boldsymbol{A}\in\mathbb{R}^{m\times n}$ 是矩阵变量,求 $\dfrac{\mathrm{d}f}{\mathrm{d}\boldsymbol{A}}$.

71. 设 $\boldsymbol{x}=(x_1,x_2,\cdots,x_n)^{\mathrm{T}}$,$\boldsymbol{A}=(a_{ij})_{n\times n}$ 是实对称矩阵,$\boldsymbol{y}=(y_1,y_2,\cdots,y_n)^{\mathrm{T}}$,$c$ 为常数,试求 $f(\boldsymbol{x})=\boldsymbol{x}^{\mathrm{T}}\boldsymbol{A}\boldsymbol{x}-\boldsymbol{y}^{\mathrm{T}}\boldsymbol{x}+c$ 对于 $\boldsymbol{x}$ 的导数.

72. 设 $\boldsymbol{X}$ 为 $n\times m$ 矩阵,$\boldsymbol{A}$ 和 $\boldsymbol{B}$ 依次为 $n\times n$ 和 $m\times n$ 的常数矩阵.证明:

(1) $\dfrac{\mathrm{d}}{\mathrm{d}\boldsymbol{X}}(\mathrm{tr}(\boldsymbol{B}\boldsymbol{X}))=\dfrac{\mathrm{d}}{\mathrm{d}\boldsymbol{X}}(\mathrm{tr}(\boldsymbol{X}^{\mathrm{T}}\boldsymbol{B}^{\mathrm{T}}))=\boldsymbol{B}^{\mathrm{T}}$;

(2) $\dfrac{\mathrm{d}}{\mathrm{d}\boldsymbol{X}}(\mathrm{tr}(\boldsymbol{X}^{\mathrm{T}}\boldsymbol{A}\boldsymbol{X}))=(\boldsymbol{A}+\boldsymbol{A}^{\mathrm{T}})\boldsymbol{X}$.

73. 设 $\boldsymbol{x}$ 为 n 维列向量,$\boldsymbol{u}$ 为 n 维常数列向量,$\boldsymbol{A}$ 为 n 阶常数对称矩阵.证明:

$$\frac{\mathrm{d}}{\mathrm{d}\boldsymbol{x}}(\boldsymbol{x}-\boldsymbol{u})^{\mathrm{T}}\boldsymbol{A}(\boldsymbol{x}-\boldsymbol{u})=2\boldsymbol{A}(\boldsymbol{x}-\boldsymbol{u}).$$

74. 设 $\boldsymbol{A}\in\mathbb{R}^{n\times n}$ 是矩阵变量,且 $\det\boldsymbol{A}\neq 0$,令 $f(\boldsymbol{A})=\det\boldsymbol{A}$,证明:

$$\frac{\mathrm{d}f}{\mathrm{d}\boldsymbol{A}}=\det\boldsymbol{A}(\boldsymbol{A}^{-1})^{\mathrm{T}}.$$

75. 设 $\boldsymbol{B}\in\mathbb{R}^{n\times n}$ 是给定矩阵,$\boldsymbol{A}\in\mathbb{R}^{n\times m}$ 是矩阵变量,$f(\boldsymbol{A})=\mathrm{tr}(\boldsymbol{A}^{\mathrm{T}}\boldsymbol{B}\boldsymbol{A})$,试求 $\dfrac{\mathrm{d}f}{\mathrm{d}\boldsymbol{A}}$.

76. 设 $\boldsymbol{A}\in\mathbb{R}^{m\times n}$,$\boldsymbol{x}\in\mathbb{R}^n$ 是向量变量,$f(\boldsymbol{x})=\boldsymbol{A}\boldsymbol{x}$,$g(\boldsymbol{x})=\boldsymbol{x}^{\mathrm{T}}\boldsymbol{A}^{\mathrm{T}}$,试求 $\dfrac{\mathrm{d}f(\boldsymbol{x})}{\mathrm{d}\boldsymbol{x}}$,$\dfrac{\mathrm{d}f(\boldsymbol{x})}{\mathrm{d}\boldsymbol{x}^{\mathrm{T}}}$,$\dfrac{\mathrm{d}g(\boldsymbol{x})}{\mathrm{d}\boldsymbol{x}}$.

77. 设 $\boldsymbol{A}\in\mathbb{R}^{m\times n}$,$\boldsymbol{b}\in\mathbb{R}^m$,$\boldsymbol{x}\in\mathbb{R}^n$ 是向量变量,$f(\boldsymbol{x})=\|\boldsymbol{A}\boldsymbol{x}-\boldsymbol{b}\|_2^2$,试求 $\dfrac{\mathrm{d}f}{\mathrm{d}\boldsymbol{x}}$.

78. 设 $\boldsymbol{x}=(x_1,x_2,\cdots,x_n)^{\mathrm{T}}$,$f(\boldsymbol{x})=(f_1(\boldsymbol{x}),\cdots,f_n(\boldsymbol{x}))^{\mathrm{T}}$,其中

$$f_i(\boldsymbol{x})=\sum_{j=1}^{n}a_{ij}x_j+\delta_i,\qquad i=1,2,\cdots,n,$$

求 $\dfrac{\mathrm{d}}{\mathrm{d}\boldsymbol{x}}f(\boldsymbol{x})$.

79. 设 $\boldsymbol{A}(t)=\begin{bmatrix}\mathrm{e}^{2t}&t\mathrm{e}^{t}&t^2\\ \mathrm{e}^{-t}&2\mathrm{e}^{2t}&0\\ 3t&0&0\end{bmatrix}$,求 $\int\boldsymbol{A}(t)\mathrm{d}t$、$\int_0^1\boldsymbol{A}(t)\mathrm{d}t$ 与 $\dfrac{\mathrm{d}}{\mathrm{d}t}\int_0^{t^2}\boldsymbol{A}(x)\mathrm{d}x$.

80. 求微分方程的解:

$$\begin{cases}\dfrac{\mathrm{d}\boldsymbol{x}}{\mathrm{d}t}=\begin{bmatrix}-1&2\\-2&1\end{bmatrix}\boldsymbol{x}(t),\\ \boldsymbol{x}(0)=\begin{bmatrix}0\\1\end{bmatrix}.\end{cases}$$

81. 求非齐次微分方程的解：

$$\begin{cases}\dfrac{\mathrm{d}\boldsymbol{x}}{\mathrm{d}t}=\begin{bmatrix}3 & 5\\-5 & 3\end{bmatrix}\boldsymbol{x}(t)+\begin{bmatrix}\mathrm{e}^{-t}\\0\end{bmatrix},\\ \boldsymbol{x}(0)=\begin{bmatrix}0\\1\end{bmatrix}.\end{cases}$$

82. 求微分方程组

$$\begin{cases}\dfrac{\mathrm{d}x_1}{\mathrm{d}t}=-2x_1+x_2+1,\\ \dfrac{\mathrm{d}x_2}{\mathrm{d}t}=-4x_1+2x_2+2,\\ \dfrac{\mathrm{d}x_3}{\mathrm{d}t}=x_1+x_3+\mathrm{e}^t-1\end{cases}$$

满足初始条件 $x_1(0)=1,x_2(0)=1,x_3(0)=-1$ 的解.

83. 求解三阶齐次线性微分方程

$$\begin{cases}y'''(t)-5y''+7y'-3y=0,\\ y(0)=1,\quad y'(0)=0,\quad y''(0)=0.\end{cases}$$

84. 设 $\boldsymbol{Z}(t)$ 是非齐次常系数微分方程组

$$\dot{\boldsymbol{X}}(t)=\boldsymbol{A}\boldsymbol{X}(t)+\boldsymbol{f}(t)$$

的一个解，证明满足初始条件 $\boldsymbol{X}(t_0)$ 的解为

$$\boldsymbol{X}(t)=\boldsymbol{Z}(t)+\mathrm{e}^{\boldsymbol{A}(t-t_0)}[\boldsymbol{X}(t_0)-\boldsymbol{Z}(t_0)].$$

85. 设 $\boldsymbol{A}$ 为 n 阶常数矩阵，证明：线性非齐次微分方程组

$$\frac{\mathrm{d}\boldsymbol{x}(t)}{\mathrm{d}t}=\boldsymbol{A}\boldsymbol{x}(t)+\boldsymbol{f}(t),\quad \boldsymbol{x}(t_0)=\boldsymbol{x}_0$$

的解为

$$\boldsymbol{x}(t)=\mathrm{e}^{\boldsymbol{A}(t-t_0)}\boldsymbol{x}_0+\int_{t_0}^{t}\mathrm{e}^{\boldsymbol{A}(t-\tau)}\boldsymbol{f}(\tau)\,\mathrm{d}\tau.$$

86. 求解微分方程组

$$\begin{cases}\dot{\boldsymbol{X}}(t)=\begin{bmatrix}3 & -1 & 1\\2 & 0 & -1\\1 & -1 & 2\end{bmatrix}\boldsymbol{X}(t)+\begin{bmatrix}0\\0\\\mathrm{e}^{2t}\end{bmatrix},\\ \boldsymbol{X}(0)=(1,1,1)^{\mathrm{T}}.\end{cases}$$

87. 设微分方程组 $\dot{\boldsymbol{X}}(t)=\boldsymbol{A}\boldsymbol{X}(t)$，其中系数矩阵 $\boldsymbol{A}$ 可对角化，试推导该方程组的一般解为

$$\dot{\boldsymbol{X}}(t)=c_1\mathrm{e}^{\lambda_1 t}\boldsymbol{\alpha}_1+c_2\mathrm{e}^{\lambda_2 t}\boldsymbol{\alpha}_2+\cdots+c_n\mathrm{e}^{\lambda_n t}\boldsymbol{\alpha}_n,$$

其中 $\lambda_1,\lambda_2,\cdots,\lambda_n$ 是 $\boldsymbol{A}$ 的 n 个特征值，$\boldsymbol{\alpha}_1,\boldsymbol{\alpha}_2,\cdots,\boldsymbol{\alpha}_n$ 是对应于这些特征值的 n 个线性无关的特征向量，c_1，$c_2,\cdots,c_n$ 为任意常数.

88. $\boldsymbol{A}=\begin{bmatrix}1 & -1 & 4\\3 & 2 & -1\\2 & 1 & -1\end{bmatrix}$，求 $\dot{\boldsymbol{X}}(t)=\boldsymbol{A}\boldsymbol{X}(t)$ 的一般解(通解).

89. 设二阶齐次微分方程组：

$$\begin{cases}\ddot{\boldsymbol{X}}(t)+\boldsymbol{A}^2\boldsymbol{X}(t)=\boldsymbol{0},\\ \boldsymbol{X}(0)=\boldsymbol{X}_0,\quad \dot{\boldsymbol{X}}(0)=\boldsymbol{X}_1.\end{cases}$$

证明：(1) $\sin\boldsymbol{A}t,\cos\boldsymbol{A}t$ 是该方程组的两个解；

(2) 若 $\boldsymbol{A}$ 可逆，则通解为

$$\boldsymbol{X}=(\sin\boldsymbol{A}t)\boldsymbol{C}_1+(\cos\boldsymbol{A}t)\boldsymbol{C}_2,$$

且 $\boldsymbol{X}(t)=(\sin\boldsymbol{A}t)\boldsymbol{A}^{-1}\boldsymbol{X}_1+(\cos\boldsymbol{A}t)\boldsymbol{X}_0$ 是满足初始条件的解.

90. 设 $\ddot{\boldsymbol{X}}+\boldsymbol{A}^2\boldsymbol{X}(t)=\boldsymbol{0}$，$\boldsymbol{A}$ 是半正定的埃尔米特矩阵，求通解.

第6章 广义逆矩阵及其应用

引言 什么是广义逆矩阵

广义逆矩阵是通常逆矩阵的推广，这种推广的必要性，是线性方程组的求解问题的实际需要. 设有线性方程组

$$\boldsymbol{A}\boldsymbol{x}=\boldsymbol{b}, \tag{6.0.1}$$

当 $\boldsymbol{A}$ 是 n 阶方阵，且 $\det\boldsymbol{A}\neq 0$ 时，则方程组(6.0.1)的解存在且唯一，并可写成

$$\boldsymbol{x}=\boldsymbol{A}^{-1}\boldsymbol{b}. \tag{6.0.2}$$

但是，在许多实际问题中所遇到的矩阵 $\boldsymbol{A}$ 往往是奇异方阵或是任意的 $m\times n$ 矩阵(一般 $m\neq n$)，显然不存在通常的逆矩阵 $\boldsymbol{A}^{-1}$. 这就促使人们去想象能否推广逆矩阵的概念，引进某种具有普通逆矩阵类似性质的矩阵 $\boldsymbol{G}$，使得其解仍可以表示为类似于式(6.0.2)的紧凑形式呢？即有

$$\boldsymbol{x}=\boldsymbol{G}\boldsymbol{b}. \tag{6.0.3}$$

1920 年摩尔(Moore)首先引进了广义逆矩阵这一概念，其后 30 年未能引起人们的重视，直到 1955 年，彭诺斯(Penrose)以更明确的形式(4 个矩阵方程)给出了摩尔的广义逆矩阵的定义之后，广义逆矩阵的研究才进入了一个新的时期. 由于广义逆矩阵在数理统计、系统理论、最优化理论、现代控制理论等许多领域中的重要应用已为人们所认识，因而大大推动了对广义逆矩阵的研究，使得这一学科得到迅速的发展，已成为矩阵论的一个重要分支.

本章着重介绍几种常用的广义逆矩阵及其在解线性方程组中的应用.

6.1 矩阵的几种广义逆

6.1.1 广义逆矩阵的基本概念

1955 年，彭诺斯指出：对任意复数矩阵 $\boldsymbol{A}_{m\times n}$，如果存在复矩阵 $\boldsymbol{G}_{n\times m}$，满足

$$\boldsymbol{A}\boldsymbol{G}\boldsymbol{A}=\boldsymbol{A}, \tag{6.1.1}$$

$$\boldsymbol{G}\boldsymbol{A}\boldsymbol{G}=\boldsymbol{G}, \tag{6.1.2}$$

$$(\boldsymbol{G}\boldsymbol{A})^{\mathrm{H}}=\boldsymbol{G}\boldsymbol{A}, \tag{6.1.3}$$

$$(\boldsymbol{A}\boldsymbol{G})^{\mathrm{H}}=\boldsymbol{A}\boldsymbol{G}, \tag{6.1.4}$$

则称 $\boldsymbol{G}$ 为 $\boldsymbol{A}$ 的一个摩尔-彭诺斯广义逆，并把上面 4 个方程叫作摩尔-彭诺斯方程，简称 M-P 方程.

由于 M-P 的 4 个方程都各有一定的解释，并且应用起来各有方便之处，所以出于不同的目的，常常考虑满足部分方程的 $\boldsymbol{G}$，叫作弱逆. 为引用的方便，我们给出如下的广义逆矩阵的定义.

定义 6.1.1 设 $\boldsymbol{A}\in\mathbb{C}^{m\times n}$，若有某个 $\boldsymbol{G}\in\mathbb{C}^{n\times m}$，满足 M-P 方程(6.1.1)～(6.1.4)中的全部或一部分，则称 $\boldsymbol{G}$ 为 $\boldsymbol{A}$ 的**广义逆矩阵**，简称为**广义逆**.

譬如有某个 $\boldsymbol{G}$，只满足式(6.1.1)，则 $\boldsymbol{G}$ 为 $\boldsymbol{A}$ 的$\{1\}$广义逆，记为 $\boldsymbol{G}\in\boldsymbol{A}\{1\}$；如果另一个 $\boldsymbol{G}'$ 满足式(6.1.1)和式(6.1.2)，则 $\boldsymbol{G}'$为 $\boldsymbol{A}$ 的$\{1,2\}$广义逆，记为 $\boldsymbol{G}'\in\boldsymbol{A}\{1,2\}$；如果 $\boldsymbol{G}\in\boldsymbol{A}\{1,2,3,4\}$，则 $\boldsymbol{G}$ 同时满足 4 个方程，它就是摩尔-彭诺斯广义逆等. 总之，按照定义 6.1.1 可推得，满足 1 个、2 个、3 个、4 个摩尔-彭诺斯方程的广义逆矩阵共有 15 种，即

$$\mathrm{C}_4^1+\mathrm{C}_4^2+\mathrm{C}_4^3+\mathrm{C}_4^4=15.$$

但应用较多的是以下 5 种

$$\boldsymbol{A}\{1\},\quad \boldsymbol{A}\{1,2\},\quad \boldsymbol{A}\{1,3\},\quad \boldsymbol{A}\{1,4\},\quad \boldsymbol{A}\{1,2,3,4\}.$$

下面将会看到，只有 $\boldsymbol{A}\{1,2,3,4\}$是唯一确定的，其他各种广义逆矩阵都不唯一确定，每一种广义逆矩阵又都包含着一类矩阵，分述如下：

(1) $\boldsymbol{A}\{1\}$：其中任意一个确定的广义逆，称作减号逆，或 g 逆，记为 $\boldsymbol{A}^-$；

(2) $\boldsymbol{A}\{1,2\}$：其中任意一个确定的广义逆，称作自反减号逆，记为 $\boldsymbol{A}_{\mathrm{r}}^-$；

(3) $\boldsymbol{A}\{1,3\}$：其中任意一个确定的广义逆，称作最小范数广义逆，记为 $\boldsymbol{A}_{\mathrm{m}}^-$；

(4) $\boldsymbol{A}\{1,4\}$：其中任意一个确定的广义逆，称作最小二乘广义逆，记为 $\boldsymbol{A}_{\mathrm{l}}^-$；

(5) $\boldsymbol{A}\{1,2,3,4\}$：唯一的一个，称作加号逆，或伪逆，或摩尔-彭诺斯逆，记为 $\boldsymbol{A}^+$.

为叙述简单起见，下面我们仅限于对实矩阵进行讨论. 类似地，对于复矩阵也有相应的结果.

6.1.2 减号逆 A^-

定义 6.1.2 设有 $m\times n$ 实矩阵 $\boldsymbol{A}$($m\leqslant n$，当 $m>n$ 时，可讨论 $\boldsymbol{A}^{\mathrm{T}}$). 若有一个 $n\times m$ 实矩阵(记为 $\boldsymbol{A}^-$)存在，使下式成立，则称 $\boldsymbol{A}^-$ 为 $\boldsymbol{A}$ 的**减号逆**或 g **逆**：

$$\boldsymbol{A}\boldsymbol{A}^-\boldsymbol{A}=\boldsymbol{A}. \tag{6.1.5}$$

当 $\boldsymbol{A}^{-1}$ 存在时，显然 $\boldsymbol{A}^{-1}$ 满足上式，可见减号逆 $\boldsymbol{A}^-$ 是普通逆矩阵 $\boldsymbol{A}^{-1}$ 的推广；另外，由 $\boldsymbol{A}\boldsymbol{A}^-\boldsymbol{A}=\boldsymbol{A}$ 得

$$(\boldsymbol{A}\boldsymbol{A}^-\boldsymbol{A})^{\mathrm{T}}=\boldsymbol{A}^{\mathrm{T}},\quad \text{即}\quad \boldsymbol{A}^{\mathrm{T}}(\boldsymbol{A}^-)^{\mathrm{T}}\boldsymbol{A}^{\mathrm{T}}=\boldsymbol{A}^{\mathrm{T}}.$$

可见，当 $\boldsymbol{A}^-$ 为 $\boldsymbol{A}$ 的一个减号逆时，$(\boldsymbol{A}^-)^{\mathrm{T}}$ 就是 $\boldsymbol{A}^{\mathrm{T}}$ 的一个减号逆.

例 6.1.1 设 $\boldsymbol{A}=\begin{bmatrix}1&0\\1&0\\1&0\end{bmatrix}$，$\boldsymbol{B}=\begin{bmatrix}1&0&0\\0&1&0\end{bmatrix}$，$\boldsymbol{C}=\begin{bmatrix}1&0&0\\0&0&1\end{bmatrix}$.

易知

$$\boldsymbol{ABA}=\boldsymbol{A},\qquad \boldsymbol{ACA}=\boldsymbol{A},$$

故 $\boldsymbol{B}$ 与 $\boldsymbol{C}$ 均为 $\boldsymbol{A}$ 的减号逆.

例 6.1.2 若 $\boldsymbol{A}=\begin{bmatrix}\boldsymbol{I}_r&\boldsymbol{0}\\\boldsymbol{0}&\boldsymbol{0}\end{bmatrix}_{m\times n}$，则

$$A^- = \begin{bmatrix} I_r & * \\ * & * \end{bmatrix}_{n\times m},$$

其中 * 任意选取.

证明 因为对任意的 $\begin{bmatrix} I_r & * \\ * & * \end{bmatrix}_{n\times m}$,都有

$$\begin{bmatrix} I_r & 0 \\ 0 & 0 \end{bmatrix}_{m\times n} \begin{bmatrix} I_r & * \\ * & * \end{bmatrix}_{n\times m} \begin{bmatrix} I_r & 0 \\ 0 & 0 \end{bmatrix}_{m\times n} = \begin{bmatrix} I_r & 0 \\ 0 & 0 \end{bmatrix}_{m\times n},$$

所以

$$A^- = \begin{bmatrix} I_r & * \\ * & * \end{bmatrix}_{n\times m}.$$

反之,任意的 $G = \begin{bmatrix} G_1 & G_2 \\ G_3 & G_4 \end{bmatrix}_{n\times m}$,若满足

$$\begin{bmatrix} I_r & 0 \\ 0 & 0 \end{bmatrix} \begin{bmatrix} G_1 & G_2 \\ G_3 & G_4 \end{bmatrix} \begin{bmatrix} I_r & 0 \\ 0 & 0 \end{bmatrix} = \begin{bmatrix} I_r & 0 \\ 0 & 0 \end{bmatrix},$$

必须有 $G_1 = I_r$,即 G 为 $\begin{bmatrix} I_r & * \\ * & * \end{bmatrix}$ 的形状. 证毕

例 6.1.2 表明,标准形 $\begin{bmatrix} I_r & 0 \\ 0 & 0 \end{bmatrix}$ 的减号逆存在,而且不是唯一的,填一些数到 * 位置,就是一个减号逆,填不同数,就得到不同减号逆.

下面我们讨论当 A 为非零矩阵时,如何用初等变换的方法来构造它的任意一个减号逆,即讨论 A^- 的存在性.

引理 设 $B_{m\times n} = P_{m\times m} A_{m\times n} Q_{n\times n}$,其中 P,Q 都是满秩方阵,如果已知 B 的减号逆为 B^-,则矩阵 A 的减号逆

$$A^- = QB^- P. \tag{6.1.6}$$

证明 因为已知 B^- 是 B 的减号逆,所以有

$$BB^- B = B,$$

即

$$(PAQ)B^- (PAQ) = PAQ.$$

由于 P 与 Q 非奇异,故有

$$A(QB^- P)A = A,$$

从而有

$$A^- = QB^- P.$$

证毕

这个引理说明,两个相抵的矩阵 A,B(即满足 $B = PAQ$),如果其中一个的减号逆可求出来,那么,另一个的减号逆也可以求出来.

定理 6.1.1(存在性) 任给 $m\times n$ 矩阵 A,那么减号逆 A^- 一定存在,但不唯一.

证明 分两种情况讨论,如果 $\operatorname{rank}(A) = 0$,即 $A = 0_{m\times n}$,这时对任意的 $X \in \mathbb{R}^{n\times m}$,都有 $0X0 = 0$,所以任意 $n\times m$ 矩阵 X 都是零矩阵的减号逆.

再设 $\operatorname{rank}(\boldsymbol{A})=r<\min\{m,n\}(r>0)$，那么存在 m 阶满秩矩阵 $\boldsymbol{P}$ 与 n 阶满秩矩阵 $\boldsymbol{Q}$，使得

$$\boldsymbol{PAQ}=\begin{bmatrix}\boldsymbol{I}_r & \boldsymbol{0}\\ \boldsymbol{0} & \boldsymbol{0}\end{bmatrix}=\boldsymbol{B}\in\mathbb{R}^{m\times n}.$$

由例 6.1.2 知，存在

$$\boldsymbol{B}^-=\begin{bmatrix}\boldsymbol{I}_r & *\\ * & *\end{bmatrix}\qquad(*\text{ 可任意选取}).$$

再由引理知，存在

$$\boldsymbol{A}^-=\boldsymbol{Q}\begin{bmatrix}\boldsymbol{I}_r & *\\ * & *\end{bmatrix}\boldsymbol{P},$$

只要 $\boldsymbol{A}$ 非满秩. 由于 $*$ 的任意性，所以 $\boldsymbol{A}^-$ 不唯一. 证毕

这个定理的证明过程，实际上是给出了一种求矩阵减号逆 $\boldsymbol{A}^-$ 的方法.

例 6.1.3 设 $\boldsymbol{A}=\begin{bmatrix}1 & -1 & 2\\ 2 & 2 & 3\end{bmatrix}$，求 $\boldsymbol{A}^-$.

解 为将 $\boldsymbol{A}$ 通过初等行与列变换，化为一个等价的标准形，我们在 $\boldsymbol{A}$ 的右边放上一个 $\boldsymbol{I}_2$，在 $\boldsymbol{A}$ 的下方放上一个 $\boldsymbol{I}_3$，当 $\boldsymbol{A}$ 变成 $\boldsymbol{I}_r$ 时，则 $\boldsymbol{I}_2$ 就变成 $\boldsymbol{P}$，而 $\boldsymbol{I}_3$ 就变成 $\boldsymbol{Q}$.

$$\begin{bmatrix}\boldsymbol{A} & \boldsymbol{I}_2\\ \boldsymbol{I}_3 & \boldsymbol{0}\end{bmatrix}=\left[\begin{array}{ccc:cc}1 & -1 & 2 & 1 & 0\\ 2 & 2 & 3 & 0 & 1\\ \hdashline 1 & 0 & 0 & & \\ 0 & 1 & 0 & & \\ 0 & 0 & 1 & & \end{array}\right]\xrightarrow[c_3+(-2)c_1]{c_2+c_1}\left[\begin{array}{ccc:cc}1 & 0 & 0 & 1 & 0\\ 2 & 4 & -1 & 0 & 1\\ \hdashline 1 & 1 & -2 & & \\ 0 & 1 & 0 & & \\ 0 & 0 & 1 & & \end{array}\right]$$

$$\xrightarrow[c_2+4c_3]{c_1+2c_3}\left[\begin{array}{ccc:cc}1 & 0 & 0 & 1 & 0\\ 0 & 0 & -1 & 0 & 1\\ \hdashline -3 & -7 & -2 & & \\ 0 & 1 & 0 & & \\ 2 & 4 & 1 & & \end{array}\right]\xrightarrow{c_2\leftrightarrow c_3}\left[\begin{array}{ccc:cc}1 & 0 & 0 & 1 & 0\\ 0 & -1 & 0 & 0 & 1\\ \hdashline -3 & -2 & -7 & & \\ 0 & 0 & 1 & & \\ 2 & 1 & 4 & & \end{array}\right]$$

$$\xrightarrow{(-1)r_2}\left[\begin{array}{ccc:cc}1 & 0 & 0 & 1 & 0\\ 0 & 1 & 0 & 0 & -1\\ \hdashline -3 & -2 & -7 & & \\ 0 & 0 & 1 & & \\ 2 & 1 & 4 & & \end{array}\right].$$

因此有

$$\begin{bmatrix}1 & 0\\ 0 & -1\end{bmatrix}\boldsymbol{A}\begin{bmatrix}-3 & -2 & -7\\ 0 & 0 & 1\\ 2 & 1 & 4\end{bmatrix}=\begin{bmatrix}1 & 0 & 0\\ 0 & 1 & 0\end{bmatrix},$$

即

$$\boldsymbol{PAQ}=[\boldsymbol{I}_2\quad\boldsymbol{0}]=\boldsymbol{B},$$

其中

$$P=\begin{bmatrix}1&0\\0&-1\end{bmatrix},\quad Q=\begin{bmatrix}-3&-2&-7\\0&0&1\\2&1&4\end{bmatrix}.$$

但标准形 B 的减号逆为

$$B^{-}=\begin{bmatrix}1&0\\0&1\\ *&*\end{bmatrix}\quad (*\ 为任意选取的实数),$$

故得

$$A^{-}=Q\begin{bmatrix}1&0\\0&1\\ *&*\end{bmatrix}P\quad (*\ 为任意实数).$$

如果取 $*$ 为 0,则 $A^{-}=Q\begin{bmatrix}1&0\\0&1\\0&0\end{bmatrix}P=\begin{bmatrix}-3&2\\0&0\\2&-1\end{bmatrix}$,这不过是其中的一个减号逆.

设有 $A\in\mathbb{R}^{m\times n}$,我们来看 $\mathrm{rank}(A)$ 与 $\mathrm{rank}(A^{-})$ 之间的关系.

定理 6.1.2 $\mathrm{rank}(A^{-})\geqslant\mathrm{rank}(A)$.

证明 因为 $AA^{-}A=A$,即 $(AA^{-})A=A$,所以有

$$\mathrm{rank}(AA^{-})\geqslant\mathrm{rank}(A).$$

又因为 $\mathrm{rank}(A^{-})\geqslant\mathrm{rank}(AA^{-})$,故

$$\mathrm{rank}(A^{-})\geqslant\mathrm{rank}(AA^{-})\geqslant\mathrm{rank}(A).$$

证毕

这个定理说明,A^{-} 的秩总不会小于 A 的秩,这从例 6.1.2 也可看出.

6.1.3 自反减号逆 A_r^{-}

众所周知,对于普通的逆矩阵 A^{-1},有 $(A^{-1})^{-1}=A$,但这一事实对于减号逆 A^{-} 一般不成立.例如,由例 6.1.1 知

$$A=\begin{bmatrix}1&0\\1&0\\1&0\end{bmatrix},\quad A^{-}=\begin{bmatrix}1&0&0\\0&1&0\end{bmatrix},$$

但

$$A^{-}AA^{-}=\begin{bmatrix}1&0&0\\1&0&0\end{bmatrix}\neq A^{-},$$

即 $(A^{-})^{-}\neq A$.为了使 A 与 A^{-} 能互为减号逆,我们不妨对前面式(6.1.5)定义的减号逆 A^{-} 加以限制,使 A^{-} 具有这种"自反"的性质.为此下面我们给出自反减号逆矩阵的定义.

定义 6.1.3 对于一个 $m\times n$ 实矩阵 A,使

$$AGA=A\quad 及\quad GAG=G$$

同时成立的 $n\times m$ 实矩阵 G,称为是 A 的一个**自反减号逆**,用 A_r^{-} 表示,即有

$$AA_r^{-}A=A\quad 及\quad A_r^{-}AA_r^{-}=A_r^{-}.$$

显然,A_r^{-} 是一种特殊的减号逆.此时,它满足自反性质 $(A_r^{-})_r^{-}=A$,以后在求减号逆时,常常求的是这种具有自反性质的减号逆.

下面我们介绍构造自反减号逆的方法.先引进所谓“矩阵的右逆、左逆”的概念.

1. 矩阵的右逆 A_R^{-1} 和左逆 A_L^{-1}

若 $\boldsymbol{G}\in\mathbb{R}^{n\times m}$,$\boldsymbol{A}\in\mathbb{R}^{m\times n}$ 使 $\boldsymbol{AG}=\boldsymbol{I}$,或 $\boldsymbol{GA}=\boldsymbol{I}$,则 $\boldsymbol{G}$ 必为 $\boldsymbol{A}$ 的减号逆(因为 $\boldsymbol{AGA}=\boldsymbol{A}$),但这样的 $\boldsymbol{G}$ 并不一定是 $\boldsymbol{A}$ 的逆,因此可以引入下面的定义:

定义 6.1.4 设 $\boldsymbol{A}\in\mathbb{R}^{m\times n}$,若有 $\boldsymbol{G}\in\mathbb{R}^{n\times m}$,使得

$$\boldsymbol{AG}=\boldsymbol{I} \quad 或 \quad \boldsymbol{GA}=\boldsymbol{I}, \tag{6.1.7}$$

则称 $\boldsymbol{G}$ 为 $\boldsymbol{A}$ 的**右逆**(或**左逆**),记为 $\boldsymbol{A}_R^{-1}$(或 $\boldsymbol{A}_L^{-1}$),即

$$\boldsymbol{A}\boldsymbol{A}_R^{-1}=\boldsymbol{I} \quad 或 \quad \boldsymbol{A}_L^{-1}\boldsymbol{A}=\boldsymbol{I}.$$

在一般情况下,$\boldsymbol{A}_R^{-1}\neq\boldsymbol{A}_L^{-1}$.若 $\boldsymbol{A}_R^{-1}=\boldsymbol{A}_L^{-1}$,则 $\boldsymbol{A}^{-1}$ 存在,且 $\boldsymbol{A}^{-1}=\boldsymbol{A}_R^{-1}=\boldsymbol{A}_L^{-1}$.

定理 6.1.3 (1) 设 $\boldsymbol{A}$ 是行最大秩(行满秩)的 $m\times n$ 实矩阵($m\leqslant n$),则必存在 $\boldsymbol{A}$ 的右逆,且

$$\boldsymbol{A}_R^{-1}=\boldsymbol{A}^{\mathrm{T}}(\boldsymbol{A}\boldsymbol{A}^{\mathrm{T}})^{-1}; \tag{6.1.8}$$

(2) 设 $\boldsymbol{A}$ 是列最大秩(列满秩)的 $n\times m$ 实矩阵($m\geqslant n$),则必存在 $\boldsymbol{A}$ 的左逆,且

$$\boldsymbol{A}_L^{-1}=(\boldsymbol{A}^{\mathrm{T}}\boldsymbol{A})^{-1}\boldsymbol{A}^{\mathrm{T}}. \tag{6.1.9}$$

证明 因为 $\boldsymbol{A}$ 是行(或列)满秩矩阵,所以 $\boldsymbol{A}\boldsymbol{A}^{\mathrm{T}}$(或 $\boldsymbol{A}^{\mathrm{T}}\boldsymbol{A}$)为满秩方阵,故有

$$\boldsymbol{A}\boldsymbol{A}^{\mathrm{T}}(\boldsymbol{A}\boldsymbol{A}^{\mathrm{T}})^{-1}=\boldsymbol{I}_{m\times m}=(\boldsymbol{A}\boldsymbol{A}^{\mathrm{T}})^{-1}\boldsymbol{A}\boldsymbol{A}^{\mathrm{T}}$$

或

$$(\boldsymbol{A}^{\mathrm{T}}\boldsymbol{A})^{-1}\boldsymbol{A}^{\mathrm{T}}\boldsymbol{A}=\boldsymbol{I}_{n\times n}=\boldsymbol{A}^{\mathrm{T}}\boldsymbol{A}(\boldsymbol{A}^{\mathrm{T}}\boldsymbol{A})^{-1},$$

所以有

$$\boldsymbol{A}_R^{-1}=\boldsymbol{A}^{\mathrm{T}}(\boldsymbol{A}\boldsymbol{A}^{\mathrm{T}})^{-1}$$

或

$$\boldsymbol{A}_L^{-1}=(\boldsymbol{A}^{\mathrm{T}}\boldsymbol{A})^{-1}\boldsymbol{A}^{\mathrm{T}}.$$

证毕

这里要指出的是,对于行(或列)满秩的 $m\times n$ 矩阵 $\boldsymbol{A}$,$\boldsymbol{A}_R^{-1}$ 和 $\boldsymbol{A}_L^{-1}$ 是不可能同时存在的;当且仅当 $m=n$ 且 $\boldsymbol{A}$ 为满秩矩阵时,$\boldsymbol{A}_R^{-1}$ 和 $\boldsymbol{A}_L^{-1}$ 才同时存在,并且都等于逆矩阵 $\boldsymbol{A}^{-1}$(从式(6.1.8)、式(6.1.9)可直接看出).

另外,由式(6.1.8)(或式(6.1.9))所定义的右逆(或左逆)满足 M-P 方程(6.1.1)~(6.1.4),即

(1) $\boldsymbol{A}\boldsymbol{A}_R^{-1}\boldsymbol{A}=\boldsymbol{A}$ $\quad(\boldsymbol{A}\boldsymbol{A}_L^{-1}\boldsymbol{A}=\boldsymbol{A})$;

(2) $\boldsymbol{A}_R^{-1}\boldsymbol{A}\boldsymbol{A}_R^{-1}=\boldsymbol{A}_R^{-1}$ $\quad(\boldsymbol{A}_L^{-1}\boldsymbol{A}\boldsymbol{A}_L^{-1}=\boldsymbol{A}_L^{-1})$;

(3) $(\boldsymbol{A}_R^{-1}\boldsymbol{A})^{\mathrm{T}}=\boldsymbol{A}_R^{-1}\boldsymbol{A}$ $\quad(\boldsymbol{A}_L^{-1}\boldsymbol{A})^{\mathrm{T}}=\boldsymbol{A}_L^{-1}\boldsymbol{A}$;

(4) $(\boldsymbol{A}\boldsymbol{A}_R^{-1})^{\mathrm{T}}=\boldsymbol{A}\boldsymbol{A}_R^{-1}$ $\quad(\boldsymbol{A}\boldsymbol{A}_L^{-1})^{\mathrm{T}}=\boldsymbol{A}\boldsymbol{A}_L^{-1}$.

证明 以(1)、(3)为例证明,其余读者补证.

(1) $\boldsymbol{A}\boldsymbol{A}_R^{-1}\boldsymbol{A}=\boldsymbol{A}[\boldsymbol{A}^{\mathrm{T}}(\boldsymbol{A}\boldsymbol{A}^{\mathrm{T}})^{-1}]\boldsymbol{A}=\boldsymbol{A}\boldsymbol{A}^{\mathrm{T}}(\boldsymbol{A}\boldsymbol{A}^{\mathrm{T}})^{-1}\boldsymbol{A}=\boldsymbol{A}$;

(3)
$$\begin{aligned}(\boldsymbol{A}_R^{-1}\boldsymbol{A})^{\mathrm{T}}&=[\boldsymbol{A}^{\mathrm{T}}(\boldsymbol{A}\boldsymbol{A}^{\mathrm{T}})^{-1}\boldsymbol{A}]^{\mathrm{T}}=\boldsymbol{A}^{\mathrm{T}}[(\boldsymbol{A}\boldsymbol{A}^{\mathrm{T}})^{-1}]^{\mathrm{T}}\boldsymbol{A}\\&=\boldsymbol{A}^{\mathrm{T}}[(\boldsymbol{A}\boldsymbol{A}^{\mathrm{T}})^{\mathrm{T}}]^{-1}\boldsymbol{A}=\boldsymbol{A}^{\mathrm{T}}[\boldsymbol{A}\boldsymbol{A}^{\mathrm{T}}]^{-1}\boldsymbol{A}\\&=\boldsymbol{A}_R^{-1}\boldsymbol{A}.\end{aligned}$$

换言之,对于行(或列)满秩的矩阵 $\boldsymbol{A}$,按式(6.1.8)计算出的右逆(或按式(6.1.9)计算的左逆)不但是 $\boldsymbol{A}$ 的自反减号逆,而且也是 $\boldsymbol{A}$ 的最小范数广义逆、最小二乘广义逆和加号逆.

2. A_r^- 的计算方法

显然,自反减号逆必为减号逆,但反之不真.下面介绍计算自反减号逆 A_r^- 的方法,以后我们将会看到,这里讲的这些方法可以类似地推广到求 A_m^-,A_l^- 和 A^+ 中去,具有相当的普遍性.

设 $A\in\mathbb{R}^{m\times n}$,分两种情况讨论:

(1) 若 A 是行(或列)满秩矩阵,即 $\operatorname{rank}(A)=m\leqslant n$(或 $\operatorname{rank}(A)=n\leqslant m$),则

$$A_r^-=A_R^{-1}=A^T(AA^T)^{-1}\qquad(\text{或 } A_r^-=A_L^{-1}=(A^TA)^{-1}A^T);$$

(2) 若 A 既不是行满秩也不是列满秩,即

$\operatorname{rank}(A)=r<\min\{m,n\}(r>0)$,则 A 进行一系列的初等变换,可变成标准形

$$PAQ=\begin{bmatrix}I_r & 0\\ 0 & 0\end{bmatrix},$$

其中 I_r 为 r 阶单位矩阵,即

$$A=P^{-1}\begin{bmatrix}I_r & 0\\ 0 & 0\end{bmatrix}Q^{-1}=P^{-1}\begin{bmatrix}I_r\\ 0\end{bmatrix}(I_r\ 0)Q^{-1}.$$

然后令

$$B=P^{-1}\begin{bmatrix}I_r\\ 0\end{bmatrix},\qquad C=(I_r\ 0)Q^{-1},$$

从而有

$$A=BC^{①}.\tag{6.1.10}$$

计算

$$B_L^{-1}=(B^TB)^{-1}B^T,\qquad C_R^{-1}=C^T(CC^T)^{-1},$$

于是

$$A_r^-=C_R^{-1}B_L^{-1}.\tag{6.1.11}$$

下面我们证明由式(6.1.11)构造出来的 A_r^- 的确是一个自反减号逆,即它满足 M-P 方程中的第一和第二个.事实上由于

$$AA_r^-A=BCC_R^{-1}B_L^{-1}BC=BC=A,$$

$$A_r^-AA_r^-=C_R^{-1}B_L^{-1}BCC_R^{-1}B_L^{-1}=C_R^{-1}B_L^{-1}=A_r^-,$$

故 $A_r^-=C_R^{-1}B_L^{-1}$ 是 A 的自反减号逆.

例 6.1.4 设

$$A=\begin{bmatrix}1 & 2 & -1\\ 0 & -1 & 2\end{bmatrix},$$

试求 A 的自反减号逆.

---

① A 的这种分解称为"最大秩分解",又称为满秩分解,其中 B 为列满秩矩阵,正好取 P^{-1} 的前 r 列;C 为行满秩矩阵,正好取 Q^{-1} 的前 r 行.详见第3章.

解　因为 rank($\boldsymbol{A}$)=2,所以 $\boldsymbol{A}$ 为行满秩矩阵,属于第一种情况,故

$$\begin{aligned}\boldsymbol{A}_r^- &= \boldsymbol{A}_R^{-1} = \boldsymbol{A}^{\mathrm{T}}(\boldsymbol{A}\boldsymbol{A}^{\mathrm{T}})^{-1}\\ &= \begin{bmatrix}1 & 0\\ 2 & -1\\ -1 & 2\end{bmatrix}\left(\begin{bmatrix}1 & 2 & -1\\ 0 & -1 & 2\end{bmatrix}\begin{bmatrix}1 & 0\\ 2 & -1\\ -1 & 2\end{bmatrix}\right)^{-1}\\ &= \begin{bmatrix}1 & 0\\ 2 & -1\\ -1 & 2\end{bmatrix}\begin{bmatrix}6 & -4\\ -4 & 5\end{bmatrix}^{-1} = \begin{bmatrix}1 & 0\\ 2 & -1\\ -1 & 2\end{bmatrix}\cdot\frac{1}{14}\begin{bmatrix}5 & 4\\ 4 & 6\end{bmatrix}\\ &= \frac{1}{14}\begin{bmatrix}5 & 4\\ 6 & 2\\ 3 & 8\end{bmatrix}.\end{aligned}$$

例 6.1.5　设

$$\boldsymbol{A} = \begin{bmatrix}1 & 2\\ 2 & 1\\ 1 & 1\end{bmatrix},$$

试求 $\boldsymbol{A}$ 的自反减号逆.

解　因为 rank($\boldsymbol{A}$)=2,所以 $\boldsymbol{A}$ 为列满秩矩阵,也属于第一种情况,故

$$\begin{aligned}\boldsymbol{A}_r^- &= \boldsymbol{A}_L^{-1} = (\boldsymbol{A}^{\mathrm{T}}\boldsymbol{A})^{-1}\boldsymbol{A}^{\mathrm{T}}\\ &= \left[\begin{bmatrix}1 & 2 & 1\\ 2 & 1 & 1\end{bmatrix}\begin{bmatrix}1 & 2\\ 2 & 1\\ 1 & 1\end{bmatrix}\right]^{-1}\begin{bmatrix}1 & 2 & 1\\ 2 & 1 & 1\end{bmatrix}\\ &= \frac{1}{11}\begin{bmatrix}-4 & 7 & 1\\ 7 & -4 & 1\end{bmatrix}.\end{aligned}$$

例 6.1.6　设

$$\boldsymbol{A} = \begin{bmatrix}1 & 2 & 0\\ 0 & 0 & 2\\ 2 & 4 & 0\end{bmatrix},$$

求 $\boldsymbol{A}$ 的自反减号逆.

解　因为 rank($\boldsymbol{A}$)=2<3,所以 $\boldsymbol{A}$ 既非行满秩矩阵又非列满秩矩阵,属于第二种情况.为此,先对 $\boldsymbol{A}$ 施行一系列的初等变换:

$$\left[\begin{array}{c:c}\boldsymbol{A} & \boldsymbol{I}_3\\ \hdashline \boldsymbol{I}_3 & *\end{array}\right] = \left[\begin{array}{ccc:ccc}1 & 2 & 0 & 1 & 0 & 0\\ 0 & 0 & 2 & 0 & 1 & 0\\ 2 & 4 & 0 & 0 & 0 & 1\\ \hdashline 1 & 0 & 0 & & & \\ 0 & 1 & 0 & & * & \\ 0 & 0 & 1 & & & \end{array}\right] \xrightarrow[\left(\frac{1}{2}\right) r_2]{r_3 + (-2) r_1} \left[\begin{array}{ccc:ccc}1 & 2 & 0 & 1 & 0 & 0\\ 0 & 0 & 1 & 0 & \frac{1}{2} & 0\\ 0 & 0 & 0 & -2 & 0 & 1\\ \hdashline 1 & 0 & 0 & & & \\ 0 & 1 & 0 & & * & \\ 0 & 0 & 1 & & & \end{array}\right]$$

$$\xrightarrow{c_2+(-2)c_1}\left[\begin{array}{ccc:ccc}1&0&0&1&0&0\\0&0&1&0&\frac{1}{2}&0\\0&0&0&-2&0&1\\\hdashline 1&-2&0&&&\\0&1&0&&*&\\0&0&1&&&\end{array}\right]\xrightarrow{c_2\leftrightarrow c_3}\left[\begin{array}{ccc:ccc}1&0&0&1&0&0\\0&1&0&0&\frac{1}{2}&0\\0&0&0&-2&0&1\\\hdashline 1&0&-2&&&\\0&0&1&&*&\\0&1&0&&&\end{array}\right]$$

$$=\left[\begin{array}{c:c}A_1&P\\\hdashline Q&*\end{array}\right],$$

因此有

$$\begin{bmatrix}1&0&0\\0&\frac{1}{2}&0\\-2&0&1\end{bmatrix}A\begin{bmatrix}1&0&-2\\0&0&1\\0&1&0\end{bmatrix}=\begin{bmatrix}1&0&0\\0&1&0\\0&0&0\end{bmatrix},$$

即

$$PAQ=A_1=\begin{bmatrix}I_2&0\\0&0\end{bmatrix}\quad（标准形），$$

其中

$$P=\begin{bmatrix}1&0&0\\0&\frac{1}{2}&0\\-2&0&1\end{bmatrix},\quad Q=\begin{bmatrix}1&0&-2\\0&0&1\\0&1&0\end{bmatrix}.$$

令

$$B=P^{-1}\begin{bmatrix}I_2\\0\end{bmatrix}=\begin{bmatrix}1&0&0\\0&\frac{1}{2}&0\\-2&0&1\end{bmatrix}^{-1}\begin{bmatrix}1&0\\0&1\\0&0\end{bmatrix}=\begin{bmatrix}1&0&0\\0&2&0\\2&0&1\end{bmatrix}\begin{bmatrix}1&0\\0&1\\0&0\end{bmatrix}$$

$$=\begin{bmatrix}1&0\\0&2\\2&0\end{bmatrix}\quad（即为 P^{-1} 的前两列），$$

$$C=(I_2\quad 0)Q^{-1}=\begin{bmatrix}1&0&0\\0&1&0\end{bmatrix}\begin{bmatrix}1&0&-2\\0&0&1\\0&1&0\end{bmatrix}^{-1}=\begin{bmatrix}1&0&0\\0&1&0\end{bmatrix}\begin{bmatrix}1&2&0\\0&0&1\\0&1&0\end{bmatrix}$$

$$=\begin{bmatrix}1&2&0\\0&0&1\end{bmatrix}\quad（即为 Q^{-1} 的前两行），$$

于是

$$
\begin{aligned}
\boldsymbol{C}_{\mathrm{R}}^{-1} &= \boldsymbol{C}^{\mathrm{T}}(\boldsymbol{C}\boldsymbol{C}^{\mathrm{T}})^{-1} \\
&= \begin{bmatrix}1 & 0\\ 2 & 0\\ 0 & 1\end{bmatrix}\left(\begin{bmatrix}1 & 2 & 0\\ 0 & 0 & 1\end{bmatrix}\begin{bmatrix}1 & 0\\ 2 & 0\\ 0 & 1\end{bmatrix}\right)^{-1} \\
&= \begin{bmatrix}1 & 0\\ 2 & 0\\ 0 & 1\end{bmatrix}\begin{bmatrix}5 & 0\\ 0 & 1\end{bmatrix}^{-1} = \begin{bmatrix}1 & 0\\ 2 & 0\\ 0 & 1\end{bmatrix}\cdot\frac{1}{5}\begin{bmatrix}1 & 0\\ 0 & 5\end{bmatrix} = \frac{1}{5}\begin{bmatrix}1 & 0\\ 2 & 0\\ 0 & 5\end{bmatrix},
\end{aligned}
$$

$$
\begin{aligned}
\boldsymbol{B}_{\mathrm{L}}^{-1} &= (\boldsymbol{B}^{\mathrm{T}}\boldsymbol{B})^{-1}\boldsymbol{B}^{\mathrm{T}} \\
&= \left(\begin{bmatrix}1 & 0 & 2\\ 0 & 2 & 0\end{bmatrix}\begin{bmatrix}1 & 0\\ 0 & 2\\ 2 & 0\end{bmatrix}\right)^{-1}\begin{bmatrix}1 & 0 & 2\\ 0 & 2 & 0\end{bmatrix} \\
&= \begin{bmatrix}5 & 0\\ 0 & 4\end{bmatrix}^{-1}\begin{bmatrix}1 & 0 & 2\\ 0 & 2 & 0\end{bmatrix} = \frac{1}{20}\begin{bmatrix}4 & 0\\ 0 & 5\end{bmatrix}\begin{bmatrix}1 & 0 & 2\\ 0 & 2 & 0\end{bmatrix} \\
&= \frac{1}{10}\begin{bmatrix}2 & 0 & 4\\ 0 & 5 & 0\end{bmatrix}.
\end{aligned}
$$

所以

$$
\begin{aligned}
\boldsymbol{A}_{\mathrm{r}}^{-} &= \boldsymbol{C}_{\mathrm{R}}^{-1}\boldsymbol{B}_{\mathrm{L}}^{-1} \\
&= \frac{1}{5}\begin{bmatrix}1 & 0\\ 2 & 0\\ 0 & 5\end{bmatrix}\cdot\frac{1}{10}\begin{bmatrix}2 & 0 & 4\\ 0 & 5 & 0\end{bmatrix} = \frac{1}{50}\begin{bmatrix}2 & 0 & 4\\ 4 & 0 & 8\\ 0 & 25 & 0\end{bmatrix}.
\end{aligned}
$$

值得指出的是，由式(6.1.11)确定的自反广义逆 $\boldsymbol{A}_{\mathrm{r}}^{-}$ 并不唯一．这是因为用式(6.1.8)来计算右逆 $\boldsymbol{C}_{\mathrm{R}}^{-1}$ 和用式(6.1.9)来计算左逆 $\boldsymbol{B}_{\mathrm{L}}^{-1}$(只不过其中的一种方法)并非唯一．下面不妨给出计算行(或列)满秩矩阵的右逆(或左逆)的一般表达式．

设 $\boldsymbol{A}\in\mathbb{R}^{m\times n}$，且 $\mathrm{rank}(\boldsymbol{A})=m$，则 $\boldsymbol{A}$ 的右逆的一般表达式为

$$\boldsymbol{G}=\boldsymbol{V}\boldsymbol{A}^{\mathrm{T}}(\boldsymbol{A}\boldsymbol{V}\boldsymbol{A}^{\mathrm{T}})^{-1}, \tag{6.1.12}$$

其中 $\boldsymbol{V}$ 是使得等式 $\mathrm{rank}(\boldsymbol{A}\boldsymbol{V}\boldsymbol{A}^{\mathrm{T}})=\mathrm{rank}(\boldsymbol{A})$ 成立的任意 n 阶方阵．

事实上，用 $\boldsymbol{A}$ 左乘式(6.1.12)两端，得

$$\boldsymbol{A}\boldsymbol{G}=\boldsymbol{A}\boldsymbol{V}\boldsymbol{A}^{\mathrm{T}}(\boldsymbol{A}\boldsymbol{V}\boldsymbol{A}^{\mathrm{T}})^{-1}.$$

由于 $\mathrm{rank}(\boldsymbol{A}\boldsymbol{V}\boldsymbol{A}^{\mathrm{T}})=\mathrm{rank}(\boldsymbol{A})=m$，所以 $\boldsymbol{A}\boldsymbol{V}\boldsymbol{A}^{\mathrm{T}}$ 是最大秩方阵．因此，有

$$\boldsymbol{A}\boldsymbol{G}=(\boldsymbol{A}\boldsymbol{V}\boldsymbol{A}^{\mathrm{T}})(\boldsymbol{A}\boldsymbol{V}\boldsymbol{A}^{\mathrm{T}})^{-1}=\boldsymbol{I},$$

即 $\boldsymbol{G}=\boldsymbol{V}\boldsymbol{A}^{\mathrm{T}}(\boldsymbol{A}\boldsymbol{V}\boldsymbol{A}^{\mathrm{T}})^{-1}$ 是 $\boldsymbol{A}$ 的右逆的一般表达式．

当取 $\boldsymbol{V}=\boldsymbol{I}_n$ 时，式(6.1.12)就变成了式(6.1.8)．所以由式(6.1.8)给出的 $\boldsymbol{A}_{\mathrm{R}}^{-1}=\boldsymbol{A}^{\mathrm{T}}(\boldsymbol{A}\boldsymbol{A}^{\mathrm{T}})^{-1}$ 只是 $\boldsymbol{A}$ 的所有右逆中的一个．

同理，可写出列最大秩矩阵 $\boldsymbol{A}$ 的左逆的一般表达式

$$\boldsymbol{G}=(\boldsymbol{A}^{\mathrm{T}}\boldsymbol{U}\boldsymbol{A})^{-1}\boldsymbol{A}^{\mathrm{T}}\boldsymbol{U}, \tag{6.1.13}$$

其中 $\boldsymbol{U}$ 是使关系式 $\mathrm{rank}(\boldsymbol{A}^{\mathrm{T}}\boldsymbol{U}\boldsymbol{A})=\mathrm{rank}(\boldsymbol{A})$ 成立的任意的 m 阶方阵．

6.1.4　最小范数广义逆 A_{m}^{-}

定义 6.1.5　设 $\boldsymbol{A}\in\mathbb{R}^{m\times n}(m\leqslant n)$，如果有一个 $n\times m$ 阶矩阵 $\boldsymbol{G}$，满足

$$\boldsymbol{A}\boldsymbol{G}\boldsymbol{A}=\boldsymbol{A}\quad 及 \quad (\boldsymbol{G}\boldsymbol{A})^{\mathrm{T}}=\boldsymbol{G}\boldsymbol{A}, \tag{6.1.14}$$

则称 $\boldsymbol{G}$ 为 $\boldsymbol{A}$ 的一个**最小范数广义逆**,记为 $\boldsymbol{A}_{\mathrm{m}}^{-}$.

显然,最小范数广义逆是用条件 $(\boldsymbol{GA})^{\mathrm{T}}=\boldsymbol{GA}$ 对减号逆 $\boldsymbol{A}^{-}$ 进行限制后所得出的一个特殊减号逆.

最小范数广义逆 $\boldsymbol{A}_{\mathrm{m}}^{-}$ 通常有下列的计算方法:

(1) 当 $\boldsymbol{A}$ 为行(或列)满秩矩阵时,则

$$\boldsymbol{A}_{\mathrm{m}}^{-}=\boldsymbol{A}_{\mathrm{R}}^{-}=\boldsymbol{A}^{\mathrm{T}}(\boldsymbol{AA}^{\mathrm{T}})^{-1}\quad(\text{或 }\boldsymbol{A}_{\mathrm{m}}^{-}=\boldsymbol{A}_{\mathrm{L}}^{-}=(\boldsymbol{A}^{\mathrm{T}}\boldsymbol{A})^{-1}\boldsymbol{A}^{\mathrm{T}}).$$

(2) 当 $\operatorname{rank}(\boldsymbol{A})=r<\min\{m,n\}$ 时,将 $\boldsymbol{A}$ 满秩分解为 $\boldsymbol{A}=\boldsymbol{BC}$,其中 $\boldsymbol{B}$ 为列满秩矩阵,$\boldsymbol{C}$ 为行满秩矩阵,则 $\boldsymbol{A}_{\mathrm{m}}^{-}=\boldsymbol{C}_{\mathrm{R}}^{-1}\boldsymbol{B}_{\mathrm{L}}^{-}$.

事实上,我们只要补充证明它满足 M-P 第三个方程:

$$\begin{aligned}(\boldsymbol{A}_{\mathrm{m}}^{-}\boldsymbol{A})^{\mathrm{T}}&=(\boldsymbol{C}_{\mathrm{R}}^{-1}\boldsymbol{B}_{\mathrm{L}}^{-1}\boldsymbol{BC})^{\mathrm{T}}=[\boldsymbol{C}^{\mathrm{T}}(\boldsymbol{CC}^{\mathrm{T}})^{-1}(\boldsymbol{B}^{\mathrm{T}}\boldsymbol{B})^{-1}\boldsymbol{B}^{\mathrm{T}}\boldsymbol{BC}]^{\mathrm{T}}=[\boldsymbol{C}^{\mathrm{T}}(\boldsymbol{CC}^{\mathrm{T}})^{-1}\boldsymbol{C}]^{\mathrm{T}}\\&=\boldsymbol{C}^{\mathrm{T}}(\boldsymbol{CC}^{\mathrm{T}})^{-1}\boldsymbol{C}=\boldsymbol{A}_{\mathrm{m}}^{-}\boldsymbol{A}.\end{aligned}$$

所以它是最小范数广义逆.

在一般情况下,用满秩分解来求 $\boldsymbol{A}_{\mathrm{m}}^{-}$ 是很麻烦的(因为要求 $\boldsymbol{P},\boldsymbol{Q},\boldsymbol{P}^{-1},\boldsymbol{Q}^{-1}$ 计算量较大),我们可以利用下面的方法.

(3) 对于 $\boldsymbol{A}\in\mathbb{R}^{m\times n}$(假定 $m\leqslant n$),有

$$\boldsymbol{A}_{\mathrm{m}}^{-}=\boldsymbol{A}^{\mathrm{T}}(\boldsymbol{AA}^{\mathrm{T}})^{-}.\tag{6.1.15}$$

证明 因 $(\boldsymbol{AA}^{\mathrm{T}})^{-}$ 是一个减号逆,故有

$$\boldsymbol{AA}^{\mathrm{T}}(\boldsymbol{AA}^{\mathrm{T}})^{-}\boldsymbol{AA}^{\mathrm{T}}=\boldsymbol{AA}^{\mathrm{T}}.$$

设 $\operatorname{rank}(\boldsymbol{A})=r$,则按满秩分解有 $\boldsymbol{A}=\boldsymbol{BC}$,$\operatorname{rank}(\boldsymbol{B})=\operatorname{rank}(\boldsymbol{C})=r$,以 $\boldsymbol{A}=\boldsymbol{BC}$ 代入上式,便得

$$(\boldsymbol{BC})(\boldsymbol{BC})^{\mathrm{T}}(\boldsymbol{AA}^{\mathrm{T}})^{-}(\boldsymbol{BC})(\boldsymbol{BC})^{\mathrm{T}}=(\boldsymbol{BC})(\boldsymbol{BC})^{\mathrm{T}},$$

即

$$\boldsymbol{BCC}^{\mathrm{T}}\boldsymbol{B}^{\mathrm{T}}(\boldsymbol{AA}^{\mathrm{T}})^{-}\boldsymbol{BCC}^{\mathrm{T}}\boldsymbol{B}^{\mathrm{T}}=\boldsymbol{BCC}^{\mathrm{T}}\boldsymbol{B}^{\mathrm{T}}.$$

用 $\boldsymbol{B}(\boldsymbol{B}^{\mathrm{T}}\boldsymbol{B})^{-1}(\boldsymbol{CC}^{\mathrm{T}})^{-1}\boldsymbol{C}$ 右乘上式两端,得

$$\boldsymbol{BC}(\boldsymbol{BC})^{\mathrm{T}}(\boldsymbol{AA}^{\mathrm{T}})^{-}\boldsymbol{BI}_r\boldsymbol{I}_r\boldsymbol{C}=\boldsymbol{BI}_r\boldsymbol{I}_r\boldsymbol{C},$$

即

$$\boldsymbol{AA}^{\mathrm{T}}(\boldsymbol{AA}^{\mathrm{T}})^{-}\boldsymbol{A}=\boldsymbol{A},$$

故 $\boldsymbol{A}^{\mathrm{T}}(\boldsymbol{AA}^{\mathrm{T}})^{-}$ 满足最小范数广义逆的第一个条件. 其次它也满足第二个条件,因为有

$$(\boldsymbol{A}^{\mathrm{T}}(\boldsymbol{AA}^{\mathrm{T}})^{-}\boldsymbol{A})^{\mathrm{T}}=\boldsymbol{A}^{\mathrm{T}}(\boldsymbol{AA}^{\mathrm{T}})^{-}\boldsymbol{A}.$$

故 $\boldsymbol{A}_{\mathrm{m}}^{-}=\boldsymbol{A}^{\mathrm{T}}(\boldsymbol{AA}^{\mathrm{T}})^{-}$ 为 $\boldsymbol{A}$ 的一个最小范数广义逆. 证毕

因为减号逆 $(\boldsymbol{AA}^{\mathrm{T}})^{-}$ 不是唯一的,所以最小范数广义逆 $\boldsymbol{A}_{\mathrm{m}}^{-}$ 也不是唯一的.

最小范数广义逆具有下面的性质.

定理 6.1.4 条件(6.1.14)与下面关系式等价

$$\boldsymbol{GAA}^{\mathrm{T}}=\boldsymbol{A}^{\mathrm{T}}.\tag{6.1.16}$$

事实上,对式(6.1.16)两端右乘 $\boldsymbol{G}^{\mathrm{T}}$,得

$$\boldsymbol{GAA}^{\mathrm{T}}\boldsymbol{G}^{\mathrm{T}}=\boldsymbol{A}^{\mathrm{T}}\boldsymbol{G}^{\mathrm{T}},$$

即

$$\boldsymbol{GA}(\boldsymbol{GA})^{\mathrm{T}}=(\boldsymbol{GA})^{\mathrm{T}}.$$

对上式两端取转置,得

$$(\boldsymbol{GA})(\boldsymbol{GA})^{\mathrm{T}}=\boldsymbol{GA},$$

可见有

$$(\boldsymbol{GA})^{\mathrm{T}}=\boldsymbol{GA},$$

代入式(6.1.16)得

$$(\boldsymbol{GA})^{\mathrm{T}}\boldsymbol{A}^{\mathrm{T}}=\boldsymbol{A}^{\mathrm{T}},$$

即有

$$\boldsymbol{AGA}=\boldsymbol{A}.$$

反之,我们可以由式(6.1.14)推出(6.1.16).这是因为$(\boldsymbol{GA})^{\mathrm{T}}=\boldsymbol{GA}$,将其置换式(6.1.14)中第一个条件左边的$\boldsymbol{GA}$,得

$$\boldsymbol{A}(\boldsymbol{GA})^{\mathrm{T}}=\boldsymbol{A},$$

上式两端取转置,得

$$\boldsymbol{GAA}^{\mathrm{T}}=\boldsymbol{A}^{\mathrm{T}}.$$

例 6.1.7　设

$$\boldsymbol{A}=\begin{bmatrix}1&2&3\\1&0&1\\2&0&2\\2&4&6\end{bmatrix},$$

求$\boldsymbol{A}_{\mathrm{m}}^{-}$.

解　因为$\operatorname{rank}(\boldsymbol{A})=r=2<\min\{3,4\}$,用满秩分解法来求$\boldsymbol{A}_{\mathrm{m}}^{-}=\boldsymbol{C}_{\mathrm{R}}^{-1}\boldsymbol{B}_{\mathrm{L}}^{-1}$.易求得

$$\boldsymbol{P}=\begin{bmatrix}0&1&0&0\\\frac{1}{2}&-\frac{1}{2}&0&0\\0&-2&1&0\\-2&0&0&1\end{bmatrix},\qquad \boldsymbol{Q}=\begin{bmatrix}1&0&-1\\0&1&-1\\0&0&1\end{bmatrix},$$

使得

$$\boldsymbol{PAQ}=\boldsymbol{A}_1=\begin{bmatrix}1&0&0\\0&1&0\\0&0&0\\0&0&0\end{bmatrix}=\begin{bmatrix}\boldsymbol{I}_2&\boldsymbol{0}\\\boldsymbol{0}&\boldsymbol{0}\end{bmatrix},$$

其中$\boldsymbol{I}_2=\begin{bmatrix}1&0\\0&1\end{bmatrix}$.再求$\boldsymbol{P}^{-1}=\begin{bmatrix}1&2&0&0\\1&0&0&0\\2&0&1&0\\2&4&0&1\end{bmatrix}$,$\boldsymbol{Q}^{-1}=\begin{bmatrix}1&0&1\\0&1&1\\0&0&1\end{bmatrix}$,

$$\boldsymbol{B}=\boldsymbol{P}^{-1}\begin{bmatrix}\boldsymbol{I}_2\\\boldsymbol{0}\end{bmatrix}=\begin{bmatrix}1&2&0&0\\1&0&0&0\\2&0&1&0\\2&4&0&1\end{bmatrix}\begin{bmatrix}1&0\\0&1\\0&0\\0&0\end{bmatrix}=\begin{bmatrix}1&2\\1&0\\2&0\\2&4\end{bmatrix},$$

$$\boldsymbol{C}=(\boldsymbol{I}_2\quad\boldsymbol{0})\boldsymbol{Q}^{-1}=\begin{bmatrix}1&0&0\\0&1&0\end{bmatrix}\begin{bmatrix}1&0&1\\0&1&1\\0&0&1\end{bmatrix}=\begin{bmatrix}1&0&1\\0&1&1\end{bmatrix},$$

$$C_R^{-1}=C^T(CC^T)^{-1}=\frac{1}{3}\begin{bmatrix}2&-1\\-1&2\\1&1\end{bmatrix},$$

$$B_L^{-1}=(B^TB)^{-1}B^T=\frac{1}{10}\begin{bmatrix}0&2&4&0\\1&-1&-2&2\end{bmatrix},$$

故

$$A_m^-=C_R^{-1}B_L^{-1}=\frac{1}{30}\begin{bmatrix}-1&5&10&-2\\2&-4&-8&4\\1&1&2&2\end{bmatrix}.$$

例 6.1.8 对例 6.1.7 的 A 用方法(3)求 A_m^-.

解 $A_m^-=A^T(AA^T)^-$.

令

$$B=AA^T=\begin{bmatrix}1&2&3\\1&0&1\\2&0&2\\2&4&6\end{bmatrix}\begin{bmatrix}1&1&2&2\\2&0&0&4\\3&1&2&6\end{bmatrix}$$

$$=2\begin{bmatrix}7&2&4&14\\2&1&2&4\\4&2&4&8\\14&4&8&28\end{bmatrix}.$$

先按式(6.1.6)求出 B 的任一个减号逆(非自反).为此,对 B 作一系列的初等变换,易求得

$$P=\frac{1}{2}\begin{bmatrix}0&1&0&0\\\frac{1}{3}&-\frac{2}{3}&0&0\\0&-2&1&0\\-2&0&0&1\end{bmatrix},\quad Q=\begin{bmatrix}0&1&0&-2\\1&-2&-2&0\\0&0&1&0\\0&0&0&1\end{bmatrix},$$

使得

$$PBQ=\begin{bmatrix}I_2&0\\0&0\end{bmatrix},$$

故

$$B^-=Q\begin{bmatrix}I_2&*\\*&*\end{bmatrix}P\qquad(\text{为简单计,取 } * \text{ 为零})$$

$$=\frac{1}{2}\begin{bmatrix}\frac{1}{3}&-\frac{2}{3}&0&0\\-\frac{2}{3}&\frac{7}{3}&0&0\\0&0&0&0\\0&0&0&0\end{bmatrix},$$

从而

$$A_m^- = \begin{bmatrix}1 & 1 & 2 & 2\\ 2 & 0 & 0 & 4\\ 3 & 1 & 2 & 6\end{bmatrix}\cdot\frac{1}{2}\begin{bmatrix}\frac{1}{3} & -\frac{2}{3} & 0 & 0\\ -\frac{2}{3} & \frac{7}{3} & 0 & 0\\ 0 & 0 & 0 & 0\\ 0 & 0 & 0 & 0\end{bmatrix}$$

$$=\frac{1}{2}\begin{bmatrix}-\frac{1}{3} & \frac{5}{3} & 0 & 0\\ \frac{2}{3} & -\frac{4}{3} & 0 & 0\\ \frac{1}{3} & \frac{1}{3} & 0 & 0\end{bmatrix}.$$

从这里看出，用式(6.1.15)求 A_m^- 避免了求 P^{-1} 和 Q^{-1} 以及左、右逆，因而减小了计算量.尽管形式上与例 6.1.7 不一样，但它们均满足最小范数广义逆的定义.

6.1.5　最小二乘广义逆 A_l^-

定义 6.1.6　设 $A\in\mathbb{R}^{m\times n}(m\leqslant n)$，若有一个 $n\times m$ 阶矩阵 G 满足

$$AGA=A \quad 及 \quad (AG)^T=AG,$$

则称 G 为 A 的一个**最小二乘广义逆**，记为 A_l^-.

显然，最小二乘广义逆也是减号逆的一种.

求 A_l^- 有下列方法：

(1) 当 A 行(或列)满秩时，有

$$A_l^-=A_R^{-1}=A^T(AA^T)^{-1} \qquad (或\ A_l^-=A_L^{-1}=(A^TA)^{-1}A^T).$$

(2) 当 $\operatorname{rank}(A)=r<\min\{m,n\}$，将 A 满秩分解成 $A=BC$，其中 B 列满秩，C 行满秩，则

$$A_l^-=C_R^{-1}B_L^{-1}.$$

事实上，我们只要补充证明它满足 M-P 第 4 个方程：

$$(AA_l^-)^T=[BCC_R^{-1}B_L^{-1}]^T=[BCC^T(CC^T)^{-1}(B^TB)^{-1}B^T]^T$$
$$=[B(B^TB)^{-1}B^T]^T=B(B^TB)^{-1}B^T=AA_l^-.$$

所以它构成最小二乘广义逆.

在一般情况下，用满秩分解方法求 A_l^- 比较麻烦，此时可按下面方法来求.

(3) 对于 $A\in\mathbb{R}^{m\times n}(m\leqslant n)$，有

$$A_l^-=(A^TA)^-A^T. \tag{6.1.17}$$

因 $(A^TA)^-$ 是一个减号逆，故有

$$A^TA(A^TA)^-A^TA=A^TA.$$

设 $\operatorname{rank}(A)=r$，则按秩分解有 $A=BC$，$\operatorname{rank}(B)=\operatorname{rank}(C)=r$，以 $A=BC$ 代入上式，便得

$$(BC)^T(BC)(A^TA)^-(BC)^TBC=(BC)^TBC,$$

即

$$C^TB^TBC(A^TA)^-C^TB^TBC=C^TB^TBC.$$

用 $B(B^TB)^{-1}(CC^T)^{-1}C$ 左乘上式两端，得

$$BI_rI_rC(A^TA)^-C^TB^TBC=BI_rI_rC,$$

即

$$BC(A^{\mathrm{T}}A)^{-}(BC)^{\mathrm{T}}BC=BC.$$

或写成

$$A(A^{\mathrm{T}}A)^{-}A^{\mathrm{T}}A=A.$$

故$(A^{\mathrm{T}}A)^{-}A^{\mathrm{T}}$满足最小二乘广义逆的第一个条件；其次它也满足第二个条件，因为有

$$(A(A^{\mathrm{T}}A)^{-}A^{\mathrm{T}})^{\mathrm{T}}=A(A^{\mathrm{T}}A)^{-}A^{\mathrm{T}},$$

故$(A^{\mathrm{T}}A)^{-}A^{\mathrm{T}}$为$A$的一个最小二乘广义逆. 证毕

因为减号逆$(A^{\mathrm{T}}A)^{-}$不是唯一的，故最小二乘广义逆也不是唯一的.

例 6.1.9 设

$$A=\begin{bmatrix}1&2\\2&1\\1&1\end{bmatrix},$$

试求A_{l}^{-}.

解 例 6.1.5 中的矩阵A即为此处的矩阵A. 因为$\mathrm{rank}A=r=2$，故A为列满秩矩阵，有

$$\begin{aligned}A_{\mathrm{l}}^{-}&=A_{\mathrm{L}}^{-1}=(A^{\mathrm{T}}A)^{-1}A^{\mathrm{T}}\\&=\left(\begin{bmatrix}1&2&1\\2&1&1\end{bmatrix}\begin{bmatrix}1&2\\2&1\\1&1\end{bmatrix}\right)^{-1}\begin{bmatrix}1&2&1\\2&1&1\end{bmatrix}\\&=\begin{bmatrix}6&5\\5&6\end{bmatrix}^{-1}\begin{bmatrix}1&2&1\\2&1&1\end{bmatrix}=\frac{1}{11}\begin{bmatrix}6&-5\\-5&6\end{bmatrix}\begin{bmatrix}1&2&1\\2&1&1\end{bmatrix}\\&=\frac{1}{11}\begin{bmatrix}-4&7&1\\7&-4&1\end{bmatrix}.\end{aligned}$$

例 6.1.10 设

$$A=\begin{bmatrix}1&2&3\\1&0&1\\2&0&2\\2&4&6\end{bmatrix},$$

试求A_{l}^{-}.

解 例 6.1.7 中的矩阵A即为此处的矩阵A，又由计算方法(2)知满秩分解所得的A_{l}^{-}也是A_{m}^{-}(或A_{r}^{-})，故由前面的结果得

$$A_{\mathrm{l}}^{-}=A_{\mathrm{m}}^{-}=\frac{1}{30}\begin{bmatrix}-1&5&10&-2\\2&-4&-8&4\\1&1&2&2\end{bmatrix}.$$

6.1.6 加号逆 A^{+}

前面我们对减号逆A^{-}加以不同的限制，得出减号逆的具有不同性质的减号逆，如自反广义逆A_{r}^{-}、最小范数广义逆A_{m}^{-}、最小二乘广义逆A_{l}^{-}等. 其实，还有一类更特殊也更为重要的广义逆，这就是将要介绍的加号逆A^{+}. 它的实质是在减号逆的条件$AGA=A$的基础上用上述所有条件同时加以限制. 用这样的方式得出的A^{+}，不仅在应用上特别重要，而且有很多有趣的性质.

定义 6.1.7　设 $\boldsymbol{A}\in\mathbb{R}^{m\times n}$，若存在 $n\times m$ 阶矩阵 $\boldsymbol{G}$，同时满足

(1) $\boldsymbol{AGA}=\boldsymbol{A}$；

(2) $\boldsymbol{GAG}=\boldsymbol{G}$；

(3) $(\boldsymbol{AG})^{\mathrm{T}}=\boldsymbol{AG}$；

(4) $(\boldsymbol{GA})^{\mathrm{T}}=\boldsymbol{GA}$；

则称 $\boldsymbol{G}$ 为 $\boldsymbol{A}$ 的**加号逆**，或**伪逆**，或**摩尔-彭诺斯逆**，记为 $\boldsymbol{A}^{+}$.

从定义可以看出，加号逆必同时是减号逆、自反广义逆、最小范数广义逆和最小二乘广义逆. 在 4 个条件中，$\boldsymbol{G}$ 与 $\boldsymbol{A}$ 完全处于对称地位，因此 $\boldsymbol{A}$ 也是 $\boldsymbol{A}^{+}$ 的加号逆，即有

$$(\boldsymbol{A}^{+})^{+}=\boldsymbol{A}.$$

另外可见，加号逆很类似于通常的逆阵，因为通常的逆 $\boldsymbol{A}^{-1}$ 也有下列 4 个类似的性质：

(1) $\boldsymbol{AA}^{-1}\boldsymbol{A}=\boldsymbol{A}$；

(2) $\boldsymbol{A}^{-1}\boldsymbol{AA}^{-1}=\boldsymbol{A}^{-1}$；

(3) $\boldsymbol{AA}^{-1}=\boldsymbol{I}$；

(4) $\boldsymbol{A}^{-1}\boldsymbol{A}=\boldsymbol{I}$.

由定义 6.1.7 中的条件(3)和(4)还可看出，$\boldsymbol{AA}^{+}$ 与 $\boldsymbol{A}^{+}\boldsymbol{A}$ 都是对称矩阵.

下面来看一个例子.

例 6.1.11

(1) 设 $\boldsymbol{0}\in\mathbb{R}^{m\times n}$，则 $\boldsymbol{0}^{+}=\boldsymbol{0}\in\mathbb{R}^{n\times m}$；

(2) 设 $\boldsymbol{A}=\begin{bmatrix}\boldsymbol{I}_r & \boldsymbol{0}\\ \boldsymbol{0} & \boldsymbol{0}\end{bmatrix}$ 是 n 阶方阵，则 $\boldsymbol{A}^{+}=\boldsymbol{A}$；

(3) 设对角阵

$$\boldsymbol{\Lambda}=\begin{bmatrix}\lambda_1 & & \\ & \ddots & \\ & & \lambda_n\end{bmatrix},\quad 则\quad \boldsymbol{\Lambda}^{+}=\begin{bmatrix}\lambda_1^{+} & & \\ & \ddots & \\ & & \lambda_n^{+}\end{bmatrix},$$

其中

$$\lambda_i^{+}=\begin{cases}\dfrac{1}{\lambda_i}, & 当 \lambda_i\neq 0 时；\\ 0, & 当 \lambda_i=0 时.\end{cases}$$

例如，$2^{+}=\dfrac{1}{2}$，$\left(-\dfrac{1}{3}\right)^{+}=-3$，$0^{+}=0$ 等.

证明　(1) 显然，只要证明(3)，那么(2)是(3)的直接推论. 下面证明(3). 不失一般性，我们令

$$\lambda_1,\cdots,\lambda_s\neq 0,\quad \lambda_{s+1}=\cdots=\lambda_n=0,$$

那么，令

$$\boldsymbol{B}=\begin{bmatrix}\lambda_1^{-1} & & & & & \\ & \ddots & & & & \\ & & \lambda_s^{-1} & & & \\ & & & 0 & & \\ & & & & \ddots & \\ & & & & & 0\end{bmatrix}.$$

容易验证 B 满足定义 6.1.7 的 4 个条件，从而

$$A^{+}=B.$$

证毕

定理 6.1.5 若 $A\in\mathbb{R}^{m\times n}$，且 $A=BC$ 是最大秩分解，则

$$X=C^{\mathrm{T}}(CC^{\mathrm{T}})^{-1}(B^{\mathrm{T}}B)^{-1}B^{\mathrm{T}} \tag{6.1.18}$$

是 A 的加号逆.

证明

$$\begin{aligned}
AXA&=BCC^{\mathrm{T}}(CC^{\mathrm{T}})^{-1}(B^{\mathrm{T}}B)^{-1}B^{\mathrm{T}}BC\\
&=BC=A,\\
XAX&=C^{\mathrm{T}}(CC^{\mathrm{T}})^{-1}(B^{\mathrm{T}}B)^{-1}B^{\mathrm{T}}BCC^{\mathrm{T}}(CC^{\mathrm{T}})^{-1}(B^{\mathrm{T}}B)^{-1}B^{\mathrm{T}}\\
&=C^{\mathrm{T}}(CC^{\mathrm{T}})^{-1}(B^{\mathrm{T}}B)^{-1}B^{\mathrm{T}}=X,\\
(AX)^{\mathrm{T}}&=[BCC^{\mathrm{T}}(CC^{\mathrm{T}})^{-1}(B^{\mathrm{T}}B)^{-1}B^{\mathrm{T}}]^{\mathrm{T}}\\
&=[B(B^{\mathrm{T}}B)^{-1}B^{\mathrm{T}}]^{\mathrm{T}}=B(B^{\mathrm{T}}B)^{-1}B^{\mathrm{T}}=AX,\\
(XA)^{\mathrm{T}}&=[C^{\mathrm{T}}(CC^{\mathrm{T}})^{-1}(B^{\mathrm{T}}B)^{-1}(B^{\mathrm{T}}B)C]^{\mathrm{T}}\\
&=[C^{\mathrm{T}}(CC^{\mathrm{T}})^{-1}C]^{\mathrm{T}}=C^{\mathrm{T}}(CC^{\mathrm{T}})^{-1}C=XA,
\end{aligned}$$

因此，式(6.1.18)是加号逆.

证毕

推论 设 $A\in\mathbb{R}^{m\times n}$，$\mathrm{rank}(A)=r$，则

(1) 当 $r=n$（即 A 列满秩）时，

$$A^{+}=(A^{\mathrm{T}}A)^{-1}A^{\mathrm{T}}.$$

(2) 当 $r=m$（即 A 行满秩）时，

$$A^{+}=A^{\mathrm{T}}(AA^{\mathrm{T}})^{-},$$

这只要注意到 $A=AI_n=I_mA$ 即可.

定理 6.1.6 对于任意 $A\in\mathbb{R}^{m\times n}$，其加号逆 A^{+} 存在且唯一.

证明 令 $G=A_{\mathrm{m}}^{-}AA_{\mathrm{l}}^{-}$，则 G 满足（由 A_{m}^{-}，A_{l}^{-} 性质）

(1) $AGA=AA_{\mathrm{m}}^{-}AA_{\mathrm{l}}^{-}A=AA_{\mathrm{l}}^{-}A=A$；

(2) $GAG=A_{\mathrm{m}}^{-}AA_{\mathrm{l}}^{-}AA_{\mathrm{m}}^{-}AA_{\mathrm{l}}^{-}=A_{\mathrm{m}}^{-}AA_{\mathrm{m}}^{-}AA_{\mathrm{l}}^{-}=A_{\mathrm{m}}^{-}AA_{\mathrm{l}}^{-}=G$；

(3) $(GA)^{\mathrm{T}}=(A_{\mathrm{m}}^{-}AA_{\mathrm{l}}^{-}A)^{\mathrm{T}}=(A_{\mathrm{m}}^{-}A)^{\mathrm{T}}=A_{\mathrm{m}}^{-}A=GA$；

(4) $(AG)^{\mathrm{T}}=(AA_{\mathrm{m}}^{-}AA_{\mathrm{l}}^{-})^{\mathrm{T}}=(AA_{\mathrm{l}}^{-})^{\mathrm{T}}=AA_{\mathrm{l}}^{-}=AG$.

显然，$A_{\mathrm{m}}^{-}AA_{\mathrm{l}}^{-}$ 就是 A 的加号逆. 下面证明唯一性.

设 X 与 Y 均是 A 的加号逆，于是同时有

$$AXA=A,\qquad AYA=A,$$

用 Y 右乘上面的第一式，再利用 AY 和 AX 的对称性，便得

$$\begin{aligned}
&AXAY=AY,\\
&AY=(AY)^{\mathrm{T}}=(AXAY)^{\mathrm{T}}=(AY)^{\mathrm{T}}(AX)^{\mathrm{T}}\\
&\quad=AYAX=(AYA)X=AX,
\end{aligned}$$

即

$$AY=AX.$$

类似地，得

$$YA=XA,$$

用 Y 左乘等式 $AY=AX$，并利用上式，便得

$$\boldsymbol{YAY} = \boldsymbol{YAX} = \boldsymbol{XAX}.$$

但是

$$\boldsymbol{YAY} = \boldsymbol{Y}, \qquad \boldsymbol{XAX} = \boldsymbol{X},$$

故最终得 $\boldsymbol{Y}=\boldsymbol{X}$,这表明 $\boldsymbol{A}^{+}$ 是唯一的.　　证毕

推论　若 $\boldsymbol{A}$ 是 n 阶满秩方阵,即 $\boldsymbol{A}^{-1}$ 存在,则

$$\boldsymbol{A}^{+} = \boldsymbol{A}^{-1} = \boldsymbol{A}^{-}. \tag{6.1.19}$$

这是因为前面我们已直接验证 $\boldsymbol{A}^{-1}$ 满足定义 6.1.7 的 4 个条件,再由 $\boldsymbol{A}^{+}$ 的唯一性即知式(6.1.19)成立.

换句话说,当 $|\boldsymbol{A}| \neq 0$ 时,这 3 种逆是统一的,且是唯一的,一般情况下,当 $\boldsymbol{A}^{-1}$ 不存在时,$\boldsymbol{A}^{+}$ 总是存在的,而 $\boldsymbol{A}^{-}$ 存在但不唯一.

下面我们来证明 $\boldsymbol{A}^{+}$ 的一些特殊性质.

定理 6.1.7　(1) $(\boldsymbol{A}^{\mathrm{T}})^{+} = (\boldsymbol{A}^{+})^{\mathrm{T}}$.

(2) $\boldsymbol{A}^{+} = (\boldsymbol{A}^{\mathrm{T}}\boldsymbol{A})^{+}\boldsymbol{A}^{\mathrm{T}} = \boldsymbol{A}^{\mathrm{T}}(\boldsymbol{A}\boldsymbol{A}^{\mathrm{T}})^{+}$.

(3) $(\boldsymbol{A}^{\mathrm{T}}\boldsymbol{A})^{+} = \boldsymbol{A}^{+}(\boldsymbol{A}^{\mathrm{T}})^{+}$.

(4) $\mathrm{rank}(\boldsymbol{A}) = \mathrm{rank}(\boldsymbol{A}^{+}) = \mathrm{rank}(\boldsymbol{A}^{+}\boldsymbol{A}) = \mathrm{rank}(\boldsymbol{A}\boldsymbol{A}^{+})$.

证明　(1) 令 $\boldsymbol{X} = (\boldsymbol{A}^{+})^{\mathrm{T}}$,下面证明 $\boldsymbol{X}$ 是 $\boldsymbol{A}^{\mathrm{T}}$ 的加号逆.

$$\begin{aligned}
&\boldsymbol{A}^{\mathrm{T}}\boldsymbol{X}\boldsymbol{A}^{\mathrm{T}} = \boldsymbol{A}^{\mathrm{T}}(\boldsymbol{A}^{+})^{\mathrm{T}}\boldsymbol{A}^{\mathrm{T}} = (\boldsymbol{A}\boldsymbol{A}^{+}\boldsymbol{A})^{\mathrm{T}} = \boldsymbol{A}^{\mathrm{T}},\\
&\boldsymbol{X}\boldsymbol{A}^{\mathrm{T}}\boldsymbol{X} = (\boldsymbol{A}^{+})^{\mathrm{T}}\boldsymbol{A}^{\mathrm{T}}(\boldsymbol{A}^{+})^{\mathrm{T}} = (\boldsymbol{A}^{+}\boldsymbol{A}\boldsymbol{A}^{+})^{\mathrm{T}} = (\boldsymbol{A}^{+})^{\mathrm{T}} = \boldsymbol{X},\\
&(\boldsymbol{A}^{\mathrm{T}}\boldsymbol{X})^{\mathrm{T}} = (\boldsymbol{A}^{\mathrm{T}}(\boldsymbol{A}^{+})^{\mathrm{T}})^{\mathrm{T}} = \boldsymbol{A}^{+}\boldsymbol{A} = (\boldsymbol{A}^{+}\boldsymbol{A})^{\mathrm{T}}\\
&\qquad = \boldsymbol{A}^{\mathrm{T}}(\boldsymbol{A}^{+})^{\mathrm{T}} = \boldsymbol{A}^{\mathrm{T}}\boldsymbol{X}.
\end{aligned}$$

类似地可证明 $(\boldsymbol{X}\boldsymbol{A}^{\mathrm{T}})^{\mathrm{T}} = \boldsymbol{X}\boldsymbol{A}^{\mathrm{T}}$.

(2) 设 $\boldsymbol{A} = \boldsymbol{B}\boldsymbol{C}$,则 $\boldsymbol{A}^{\mathrm{T}}\boldsymbol{A}$ 的最大秩分解可写成

$$\boldsymbol{A}^{\mathrm{T}}\boldsymbol{A} = \boldsymbol{C}^{\mathrm{T}}(\boldsymbol{B}^{\mathrm{T}}\boldsymbol{B}\boldsymbol{C}),$$

于是利用式(6.1.18),有

$$\begin{aligned}
(\boldsymbol{A}^{\mathrm{T}}\boldsymbol{A})^{+} &= (\boldsymbol{B}^{\mathrm{T}}\boldsymbol{B}\boldsymbol{C})^{\mathrm{T}}(\boldsymbol{B}^{\mathrm{T}}\boldsymbol{B}\boldsymbol{C}\boldsymbol{C}^{\mathrm{T}}\boldsymbol{B}^{\mathrm{T}}\boldsymbol{B})^{-1}(\boldsymbol{C}\boldsymbol{C}^{\mathrm{T}})^{-1}\boldsymbol{C}\\
&= \boldsymbol{C}^{\mathrm{T}}(\boldsymbol{B}^{\mathrm{T}}\boldsymbol{B})(\boldsymbol{B}^{\mathrm{T}}\boldsymbol{B})^{-1}(\boldsymbol{C}\boldsymbol{C}^{\mathrm{T}})^{-1}(\boldsymbol{B}^{\mathrm{T}}\boldsymbol{B})^{-1}(\boldsymbol{C}\boldsymbol{C}^{\mathrm{T}})^{-1}\boldsymbol{C}\\
&= \boldsymbol{C}^{\mathrm{T}}(\boldsymbol{C}\boldsymbol{C}^{\mathrm{T}})^{-1}(\boldsymbol{B}^{\mathrm{T}}\boldsymbol{B})^{-1}(\boldsymbol{C}\boldsymbol{C}^{\mathrm{T}})^{-1}\boldsymbol{C}.
\end{aligned}$$

再利用式(6.1.18),得

$$\begin{aligned}
(\boldsymbol{A}^{\mathrm{T}}\boldsymbol{A})^{+}\boldsymbol{A}^{\mathrm{T}} &= \boldsymbol{C}^{\mathrm{T}}(\boldsymbol{C}\boldsymbol{C}^{\mathrm{T}})^{-1}(\boldsymbol{B}^{\mathrm{T}}\boldsymbol{B})^{-1}(\boldsymbol{C}\boldsymbol{C}^{\mathrm{T}})^{-1}\boldsymbol{C}(\boldsymbol{C}^{\mathrm{T}}\boldsymbol{B}^{\mathrm{T}})\\
&= \boldsymbol{C}^{\mathrm{T}}(\boldsymbol{C}\boldsymbol{C}^{\mathrm{T}})^{-1}(\boldsymbol{B}^{\mathrm{T}}\boldsymbol{B})^{-1}(\boldsymbol{C}\boldsymbol{C}^{\mathrm{T}})^{-1}(\boldsymbol{C}\boldsymbol{C}^{\mathrm{T}})\boldsymbol{B}^{\mathrm{T}}\\
&= \boldsymbol{C}^{\mathrm{T}}(\boldsymbol{C}\boldsymbol{C}^{\mathrm{T}})^{-1}(\boldsymbol{B}^{\mathrm{T}}\boldsymbol{B})^{-1}\boldsymbol{B}^{\mathrm{T}}\\
&= \boldsymbol{A}^{+}.
\end{aligned}$$

同样可证 $\boldsymbol{A}^{\mathrm{T}}(\boldsymbol{A}\boldsymbol{A}^{\mathrm{T}})^{+} = \boldsymbol{A}^{+}$.

(3) $(\boldsymbol{A}^{\mathrm{T}}\boldsymbol{A})^{+} = (\boldsymbol{A}^{\mathrm{T}}\boldsymbol{A})^{+}\boldsymbol{A}^{\mathrm{T}}\boldsymbol{A}(\boldsymbol{A}^{\mathrm{T}}\boldsymbol{A})^{+} = \boldsymbol{A}^{+}[\boldsymbol{A}(\boldsymbol{A}^{\mathrm{T}}\boldsymbol{A})^{+}]$

$= \boldsymbol{A}^{+}(\boldsymbol{A}^{\mathrm{T}})^{+}$.　　证毕

(4) 由 $\boldsymbol{A} = \boldsymbol{A}\boldsymbol{A}^{+}\boldsymbol{A}$,$\boldsymbol{A}^{+} = \boldsymbol{A}^{+}\boldsymbol{A}\boldsymbol{A}^{+}$ 知

$$\begin{aligned}
\mathrm{rank}(\boldsymbol{A}) &= \mathrm{rank}(\boldsymbol{A}\boldsymbol{A}^{+}\boldsymbol{A}) \leqslant \mathrm{rank}(\boldsymbol{A}^{+}\boldsymbol{A}) \leqslant \mathrm{rank}(\boldsymbol{A}^{+})\\
&= \mathrm{rank}(\boldsymbol{A}^{+}\boldsymbol{A}\boldsymbol{A}^{+}) \leqslant \mathrm{rank}(\boldsymbol{A}\boldsymbol{A}^{+}) \leqslant \mathrm{rank}(\boldsymbol{A}).
\end{aligned}$$

注意,对于同阶可逆矩阵 $\boldsymbol{A}$,$\boldsymbol{B}$ 有 $(\boldsymbol{AB})^{-1}=\boldsymbol{B}^{-1}\boldsymbol{A}^{-1}$,定理 6.1.6 之(3)表明对于特殊的矩阵 $\boldsymbol{A}$ 和 $\boldsymbol{A}^{\mathrm{T}}$,加号逆 $(\boldsymbol{A}^{\mathrm{T}}\boldsymbol{A})^{+}$ 有类似的性质.但是一般来讲,这个性质不成立,即

$$(\boldsymbol{AB})^{+}\neq \boldsymbol{B}^{+}\boldsymbol{A}^{+}.$$

例如,取

$$\boldsymbol{A}=\begin{bmatrix}1 & 0\\ 0 & 0\end{bmatrix},\qquad \boldsymbol{B}=\begin{bmatrix}1 & 1\\ 0 & 1\end{bmatrix},$$

则 $\boldsymbol{AB}=\begin{bmatrix}1 & 1\\ 0 & 0\end{bmatrix}$.

不难验证

$$\boldsymbol{A}^{+}=\begin{bmatrix}1 & 0\\ 0 & 0\end{bmatrix},\qquad \boldsymbol{B}^{+}=\boldsymbol{B}^{-1}=\begin{bmatrix}1 & -1\\ 0 & 1\end{bmatrix},$$

$$(\boldsymbol{AB})^{+}=\frac{1}{2}\begin{bmatrix}1 & 0\\ 1 & 0\end{bmatrix},$$

但

$$\boldsymbol{B}^{+}\boldsymbol{A}^{+}=\begin{bmatrix}1 & -1\\ 0 & 1\end{bmatrix}\begin{bmatrix}1 & 0\\ 0 & 0\end{bmatrix}=\begin{bmatrix}1 & 0\\ 0 & 0\end{bmatrix}\neq(\boldsymbol{AB})^{+}.$$

此外,$(\boldsymbol{A}^{2})^{+}$ 也未必等于 $(\boldsymbol{A}^{+})^{2}$.例如,设

$$\boldsymbol{A}=\begin{bmatrix}1 & -1\\ 0 & 0\end{bmatrix},$$

不难验证

$$\boldsymbol{A}^{+}=\frac{1}{2}\begin{bmatrix}1 & 0\\ -1 & 0\end{bmatrix},\quad 显然\ \boldsymbol{A}^{2}=\boldsymbol{A},\quad 故\ (\boldsymbol{A}^{2})^{+}=\boldsymbol{A}^{+}=\frac{1}{2}\begin{bmatrix}1 & 0\\ -1 & 0\end{bmatrix}.$$

但

$$(\boldsymbol{A}^{+})^{2}=\frac{1}{4}\begin{bmatrix}1 & 0\\ -1 & 0\end{bmatrix}\neq(\boldsymbol{A}^{2})^{+}.$$

下面介绍 $\boldsymbol{A}^{+}$ 的各种算法,有些算法前面虽然已讲过,但为了完整起见,现综述如下:

(1) 如果 $\boldsymbol{A}$ 为满秩方阵,则 $\boldsymbol{A}^{+}=\boldsymbol{A}^{-1}$;

(2) 如果 $\boldsymbol{A}=\mathrm{diag}(d_1,d_2,\cdots,d_n)$,$d_i\in\mathbb{R}\ (i=1,2,\cdots,n)$,则

$$\boldsymbol{A}^{+}=\mathrm{diag}(d_1^{+},d_2^{+},\cdots,d_n^{+}),$$

其中

$$d_i^{+}=\begin{cases}0, & 当\ d_i=0\ 时,\\ \dfrac{1}{d_i}, & 当\ d_i\neq 0\ 时;\end{cases}$$

(3) 如果 $\boldsymbol{A}$ 为行满秩矩阵,则

$$\boldsymbol{A}^{+}=\boldsymbol{A}_{\mathrm{R}}^{-1}=\boldsymbol{A}^{\mathrm{T}}(\boldsymbol{AA}^{\mathrm{T}})^{-1};$$

(4) 如果 $\boldsymbol{A}$ 为列满秩矩阵,则

$$\boldsymbol{A}^{+}=\boldsymbol{A}_{\mathrm{L}}^{-1}=(\boldsymbol{A}^{\mathrm{T}}\boldsymbol{A})^{-1}\boldsymbol{A}^{\mathrm{T}};$$

(5) 如果 $\boldsymbol{A}$ 为降秩的 $m\times n$ 矩阵,可用满秩分解求 $\boldsymbol{A}^{+}$,即将 $\boldsymbol{A}$ 满秩分解成 $\boldsymbol{A}=\boldsymbol{BC}$,其中 $\boldsymbol{B}$ 列满秩,$\boldsymbol{C}$ 行满秩,且

$$\text{rank}(\boldsymbol{B})=\text{rank}(\boldsymbol{C})=r=\text{rank}(\boldsymbol{A})<\min\{m,n\},$$

则有

$$\boldsymbol{A}^{+}=\boldsymbol{C}_{\text{R}}^{-1}\boldsymbol{B}_{\text{L}}^{-1}=\boldsymbol{C}^{+}\boldsymbol{B}^{+}, \tag{6.1.20}$$

这里

$$\boldsymbol{B}_{\text{L}}^{-1}=(\boldsymbol{B}^{\text{T}}\boldsymbol{B})^{-1}\boldsymbol{B}^{\text{T}},\qquad \boldsymbol{C}_{\text{R}}^{-1}=\boldsymbol{C}^{\text{T}}(\boldsymbol{C}\boldsymbol{C}^{\text{T}})^{-1}.$$

前面在介绍计算 $\boldsymbol{A}_{\text{r}}^{-}$,$\boldsymbol{A}_{\text{m}}^{-}$ 和 $\boldsymbol{A}_{\text{l}}^{-}$ 的方法时,已验证了 $\boldsymbol{C}_{\text{R}}^{-1}\boldsymbol{B}_{\text{L}}^{-1}$ 满足 M-P 的 4 个方程,所以它也必为加号逆,即式(6.1.20)成立. 必须注意的是,这里的 $\boldsymbol{B}_{\text{L}}^{-1}$ 与 $\boldsymbol{C}_{\text{R}}^{-1}$ 只能按式(6.1.8)和式(6.1.9)求出(记作 $\boldsymbol{B}_{\text{L}}^{-1}=\boldsymbol{B}^{+}$,$\boldsymbol{C}_{\text{R}}^{-1}=\boldsymbol{C}^{+}$). 如果按左、右逆的通式写出别的形式作为 $\boldsymbol{B}_{\text{L}}^{-1}$ 与 $\boldsymbol{C}_{\text{R}}^{-1}$,就不能保证 $\boldsymbol{A}^{+}$ 是唯一的.

例 6.1.12 设

$$\boldsymbol{A}=\begin{bmatrix}1&1&0&1&0\\0&1&1&1&1\\1&0&1&1&0\end{bmatrix},$$

求其加号逆 $\boldsymbol{A}^{+}$.

解 首先对 $\boldsymbol{A}$ 进行满秩分解

$$\boldsymbol{A}\to\begin{bmatrix}1&0&0&\frac{1}{2}&-\frac{1}{2}\\0&1&0&\frac{1}{2}&\frac{1}{2}\\0&0&1&\frac{1}{2}&\frac{1}{2}\end{bmatrix},$$

所以 $\boldsymbol{A}$ 的满秩分解为

$$\boldsymbol{A}=\boldsymbol{B}\boldsymbol{C}=\begin{bmatrix}1&1&0\\0&1&1\\1&0&1\end{bmatrix}\begin{bmatrix}1&0&0&\frac{1}{2}&-\frac{1}{2}\\0&1&0&\frac{1}{2}&\frac{1}{2}\\0&0&1&\frac{1}{2}&\frac{1}{2}\end{bmatrix},$$

由于

$$\boldsymbol{B}_{\text{L}}^{-1}=\boldsymbol{B}^{-1}=\begin{bmatrix}\frac{1}{2}&-\frac{1}{2}&\frac{1}{2}\\\frac{1}{2}&\frac{1}{2}&-\frac{1}{2}\\-\frac{1}{2}&\frac{1}{2}&\frac{1}{2}\end{bmatrix},$$

而 $\boldsymbol{C}_{\text{R}}^{-1}=\boldsymbol{C}^{\text{T}}(\boldsymbol{C}\boldsymbol{C}^{\text{T}})^{-1}$,于是

$$\boldsymbol{C}_{\text{R}}^{-1}=\begin{bmatrix}1&0&0\\0&1&0\\0&0&1\\\frac{1}{2}&\frac{1}{2}&\frac{1}{2}\\-\frac{1}{2}&\frac{1}{2}&\frac{1}{2}\end{bmatrix}\begin{bmatrix}\frac{2}{3}&0&0\\0&\frac{3}{4}&-\frac{1}{4}\\0&-\frac{1}{4}&\frac{3}{4}\end{bmatrix}=\begin{bmatrix}\frac{2}{3}&0&0\\0&\frac{3}{4}&-\frac{1}{4}\\0&-\frac{1}{4}&\frac{3}{4}\\\frac{1}{3}&\frac{1}{4}&\frac{1}{4}\\-\frac{1}{3}&\frac{1}{4}&\frac{1}{4}\end{bmatrix},$$

故

$$A^{+}=C_{R}^{-1}B_{L}^{-1}=\begin{bmatrix}\frac{1}{3} & -\frac{1}{3} & \frac{1}{3}\\ \frac{1}{2} & \frac{1}{4} & -\frac{1}{2}\\ -\frac{1}{2} & \frac{1}{4} & \frac{1}{2}\\ \frac{1}{6} & \frac{1}{12} & \frac{1}{6}\\ -\frac{1}{6} & \frac{5}{12} & -\frac{1}{6}\end{bmatrix}.$$

6.2 广义逆在解线性方程组中的应用

在这一节，我们将会看到广义逆理论能够把相容线性方程组的一般解、极小范数解以及矛盾方程组的最小二乘解、极小最小二乘解(最佳逼近解)全部概括和统一起来，从而，以线性代数古典理论所不曾有的姿态解决了一般线性方程组的求解问题.

6.2.1 线性方程组求解问题的提法

考虑非齐次线性方程组

$$Ax=b, \tag{6.2.1}$$

其中 $A\in\mathbb{C}^{m\times n}$，$b\in\mathbb{C}^{m}$ 给定，而 $x\in\mathbb{C}^{n}$ 为待定向量.

若 $\operatorname{rank}(A \vdots b)=\operatorname{rank}(A)$，则方程组(6.2.1)有解，或称方程组相容；否则，若 $\operatorname{rank}(A \vdots b)\neq\operatorname{rank}(A)$，则方程组(6.2.1)无解，或称方程组**不相容**或**矛盾方程组**.

关于线性方程组的求解问题，常见的有以下几种情形：

(1) 当方程组(6.2.1)在相容时，若系数矩阵 $A\in\mathbb{C}^{n\times n}$，且非奇异(即 $\det A\neq 0$)，则有唯一的解

$$x=A^{-1}b. \tag{6.2.2}$$

但当 A 是奇异方阵或长方矩阵时，它的解不是唯一的. 此时 A^{-1} 不存在或无意义，那么我们自然会想到，这时是否也能用某个矩阵 G 把一般解(无穷多)表示成

$$x=Gb \tag{6.2.3}$$

的形式呢？这个问题的回答是肯定的，我们将会发现 A 的减号逆 A^{-} 充当了这一角色.

(2) 如果方程组(6.2.1)相容，且其解有无穷多个，怎样求具有极小范数的解，即

$$\min_{Ax=b}\|x\|, \tag{6.2.4}$$

其中 $\|\cdot\|$ 是欧氏范数. 可以证明，满足该条件的解是唯一的，称之为**极小范数解**.

(3) 如果方程组(6.2.1)不相容，则不存在通常意义下的解，但在许多实际问题中，要求出这样的解

$$x=\min_{x\in\mathbb{C}^{n}}\|Ax-b\|, \tag{6.2.5}$$

其中 $\|\cdot\|$ 是欧氏范数. 我们称这个问题为求矛盾方程组的**最小二乘问题**，相应的 x 称为

矛盾方程组的**最小二乘解**.

(4) 一般来说,矛盾方程组的最小二乘解是不唯一的.但在最小二乘解的集合中,具有极小范数的解

$$\boldsymbol{x} = \min_{\min \|\boldsymbol{Ax}-\boldsymbol{b}\|} \|\boldsymbol{x}\| \tag{6.2.6}$$

是唯一的,称之为**极小范数最小二乘解**,或**最佳逼近解**.

广义逆矩阵与线性方程组的求解有着极为密切的联系.利用前一节的减号逆 $\boldsymbol{A}^{-}$(特别有用的是自反减号逆 $\boldsymbol{A}_{\mathrm{r}}^{-}$)、最小范数广义逆 $\boldsymbol{A}_{\mathrm{m}}^{-}$、最小二乘广义逆 $\boldsymbol{A}_{\mathrm{l}}^{-}$ 以及加号逆 $\boldsymbol{A}^{+}$ 可以给出上述诸问题的解.

6.2.2 相容方程组的通解与 A^{-}

对于一个 $m\times n$ 的相容的线性方程组(6.2.1),不论系数矩阵 $\boldsymbol{A}$ 是方阵还是长方矩阵,是满秩的还是降秩的,我们都有一个标准的求解方法,并且能把它的解表达成非常简洁的形式.下面用定理形式给出.

定理 6.2.1 如果线性方程组(6.2.1)是相容的,$\boldsymbol{A}^{-}$ 是 $\boldsymbol{A}$ 的任一个减号逆,则线性方程组(6.2.1)的一个特解可表示成

$$\boldsymbol{x} = \boldsymbol{A}^{-}\boldsymbol{b}, \tag{6.2.7}$$

而通解可以表示成

$$\boldsymbol{x} = \boldsymbol{A}^{-}\boldsymbol{b} + (\boldsymbol{I} - \boldsymbol{A}^{-}\boldsymbol{A})\boldsymbol{z}, \tag{6.2.8}$$

其中 $\boldsymbol{z}$ 是与 $\boldsymbol{x}$ 同维的任意向量.

证明 因为 $\boldsymbol{Ax}=\boldsymbol{b}$ 相容,所以必有一个 n 维向量 $\boldsymbol{w}$,使

$$\boldsymbol{Aw} = \boldsymbol{b} \tag{6.2.9}$$

成立.又由于 $\boldsymbol{A}^{-}$ 是 $\boldsymbol{A}$ 的一个减号逆,所以 $\boldsymbol{AA}^{-}\boldsymbol{A}=\boldsymbol{A}$,则有 $\boldsymbol{AA}^{-}\boldsymbol{Aw}=\boldsymbol{Aw}$,亦即 $\boldsymbol{AA}^{-}\boldsymbol{b}=\boldsymbol{b}$,由此得出

$$\boldsymbol{x} = \boldsymbol{A}^{-}\boldsymbol{b}$$

是方程组(6.2.1)的一个特解.

其次,在式(6.2.8)两端左乘 $\boldsymbol{A}$,则有

$$\boldsymbol{Ax} = \boldsymbol{AA}^{-}\boldsymbol{b} + \boldsymbol{A}(\boldsymbol{I} - \boldsymbol{A}^{-}\boldsymbol{A})\boldsymbol{z} = \boldsymbol{AA}^{-}\boldsymbol{b},$$

由于 $\boldsymbol{A}(\boldsymbol{A}^{-}\boldsymbol{b})=\boldsymbol{b}$,所以式(6.2.8)确定的 $\boldsymbol{x}$ 是方程组(6.2.1)的解.而且当 $\tilde{\boldsymbol{x}}$ 为任意一个解时,若令 $\boldsymbol{z}=\tilde{\boldsymbol{x}}-\boldsymbol{A}^{-}\boldsymbol{b}$,则有

$$\begin{aligned}(\boldsymbol{I} - \boldsymbol{A}^{-}\boldsymbol{A})\boldsymbol{z} &= (\boldsymbol{I} - \boldsymbol{A}^{-}\boldsymbol{A})(\tilde{\boldsymbol{x}} - \boldsymbol{A}^{-}\boldsymbol{b}) \\ &= \tilde{\boldsymbol{x}} - \boldsymbol{A}^{-}\boldsymbol{b} - \boldsymbol{A}^{-}\boldsymbol{A}\tilde{\boldsymbol{x}} + \boldsymbol{A}^{-}\boldsymbol{AA}^{-}\boldsymbol{b} \\ &= \tilde{\boldsymbol{x}} - \boldsymbol{A}^{-}\boldsymbol{b} - \boldsymbol{A}^{-}\boldsymbol{b} + \boldsymbol{A}^{-}\boldsymbol{b} \\ &= \tilde{\boldsymbol{x}} - \boldsymbol{A}^{-}\boldsymbol{b},\end{aligned}$$

从而得

$$\tilde{\boldsymbol{x}} = \boldsymbol{A}^{-}\boldsymbol{b} + (\boldsymbol{I} - \boldsymbol{A}^{-}\boldsymbol{A})\boldsymbol{z}.$$

这表明由式(6.2.8)确定的解是方程组(6.2.1)的通解. 证毕

特别地,当 $\boldsymbol{b}=\boldsymbol{0}$ 时,$\boldsymbol{Ax}=\boldsymbol{b}=\boldsymbol{0}$ 即为齐次线性方程组,而齐次线性方程组总是有解的,因此,有如下的结果.

推论 齐次线性方程组

$$\boldsymbol{Ax}=\boldsymbol{0}$$

的通解为

$$\boldsymbol{x}=(\boldsymbol{I}-\boldsymbol{A}^{-}\boldsymbol{A})\boldsymbol{z}. \tag{6.2.10}$$

注 由式(6.2.8)、式(6.2.10)可得相容方程组解的结构为：线性非齐次方程组的通解为它的一个特解加上对应的齐次线性方程组的通解.

例 6.2.1 求解

$$\begin{cases}x_1+2x_2-x_3=1,\\-x_2+2x_3=2.\end{cases} \tag{6.2.11}$$

解 将方程组写成矩阵形式

$$\boldsymbol{Ax}=\boldsymbol{b},$$

其中

$$\boldsymbol{A}=\begin{bmatrix}1 & 2 & -1\\0 & -1 & 2\end{bmatrix},\qquad \boldsymbol{b}=\begin{bmatrix}1\\2\end{bmatrix}.$$

由于 $\operatorname{rank}(\boldsymbol{A})=\operatorname{rank}(\boldsymbol{A}\mid\boldsymbol{b})=2$，所以方程组是相容的. 又因为自反减号逆也是一种减号逆，且此处 $\boldsymbol{A}$ 为行满秩矩阵，因此利用例 6.1.4 的结果，有

$$\boldsymbol{A}^{-}=\boldsymbol{A}_{\mathrm{r}}^{-}=\boldsymbol{A}^{\mathrm{T}}(\boldsymbol{AA}^{\mathrm{T}})^{-1}=\frac{1}{14}\begin{bmatrix}5 & 4\\6 & 2\\3 & 8\end{bmatrix}.$$

利用公式(6.2.8)可立即求得方程组(6.2.11)的通解：

$$\begin{aligned}\boldsymbol{x}&=\boldsymbol{A}^{-}\boldsymbol{b}+(\boldsymbol{I}-\boldsymbol{A}^{-}\boldsymbol{A})\boldsymbol{z}\\&=\frac{1}{14}\begin{bmatrix}13+9z_1-6z_2-3z_3\\10-6z_1+4z_2+2z_3\\19-3z_1+2z_2+z_3\end{bmatrix},\end{aligned}$$

即

$$\begin{cases}x_1=\dfrac{1}{14}(13+9z_1-6z_2-3z_3),\\[2mm]x_2=\dfrac{1}{14}(10-6z_1+4z_2+2z_3),\\[2mm]x_3=\dfrac{1}{14}(19-3z_1+2z_2+z_3),\end{cases}$$

其中

$$\boldsymbol{z}=\begin{bmatrix}z_1\\z_2\\z_3\end{bmatrix}\text{ 为任意向量.}$$

例 6.2.2 求齐次线性方程组

$$\begin{cases}x_1+2x_2-x_3=0,\\-x_2+2x_3=0\end{cases}$$

的通解.

解 由例 6.2.1 的结果及公式(6.2.10),得

$$\begin{aligned}\boldsymbol{x}&=(\boldsymbol{I}-\boldsymbol{A}^{-}\boldsymbol{A})\boldsymbol{z}\\&=\left(\begin{bmatrix}1&0&0\\0&1&0\\0&0&1\end{bmatrix}-\frac{1}{14}\begin{bmatrix}5&4\\6&2\\3&8\end{bmatrix}\begin{bmatrix}1&2&-1\\0&-1&2\end{bmatrix}\right)\begin{bmatrix}z_1\\z_2\\z_3\end{bmatrix}\\&=\frac{1}{14}\begin{bmatrix}9z_1-6z_2-3z_3\\-6z_1+4z_2+2z_3\\-3z_1+2z_2+z_3\end{bmatrix},\end{aligned}$$

其中 $\boldsymbol{z}=(z_1,z_2,z_3)^{\mathrm{T}}$ 为$\mathbb{C}^3$中任意常数.

从上面两例子可以看出,用减号逆来表示相容方程组的通解 $\boldsymbol{x}=\boldsymbol{A}^{-}\boldsymbol{b}+(\boldsymbol{I}-\boldsymbol{A}^{-}\boldsymbol{A})\boldsymbol{z}$ 是很方便的,这是线性方程组理论的一个重大发展.但是,如何在无穷多个解向量中求出一个长度最短的解向量呢?这便是下面要研究的极小范数解.

6.2.3 相容方程组的极小范数解与 A_m^-

定义 6.2.1 对于相容的线性方程组 $\boldsymbol{Ax}=\boldsymbol{b}$,如果存在与 $\boldsymbol{b}$ 无关的 $\boldsymbol{A}$ 的某些特殊减号逆 $\boldsymbol{G}$,使得 $\boldsymbol{Gb}$ 和其他的解相比较,具有最小范数,即

$$\|\boldsymbol{Gb}\|_2\leqslant\|\boldsymbol{x}\|_2,\tag{6.2.12}$$

其中 $\boldsymbol{x}$ 是 $\boldsymbol{Ax}=\boldsymbol{b}$ 的解. $\|\cdot\|_2$是欧几里得范数,则我们称 $\boldsymbol{x}=\boldsymbol{Gb}$ 为**极小范数解**,简记为LN 解.

现在要问:相容方程组 $\boldsymbol{Ax}=\boldsymbol{b}$ 的极小范数解可以用什么样的广义逆来表示?极小范数解是否唯一?

定理 6.2.2 在相容线性方程组 $\boldsymbol{Ax}=\boldsymbol{b}$ 的一切解中具有极小范数解的充要条件是

$$\boldsymbol{x}=\boldsymbol{A}_{m}^{-}\boldsymbol{b},\tag{6.2.13}$$

其中 $\boldsymbol{A}_{m}^{-}$ 是 $\boldsymbol{A}$ 的最小范数广义逆.

证明 先证必要性.设 $\boldsymbol{G}$ 是 $\boldsymbol{A}$ 的减号逆,那么 $\boldsymbol{Ax}=\boldsymbol{b}$ 的一般解是 $\boldsymbol{Gb}+(\boldsymbol{I}-\boldsymbol{GA})\boldsymbol{z}$,$\boldsymbol{z}$ 是任意向量.如果 $\boldsymbol{Gb}$ 具有最小范数,则对任意向量 $\boldsymbol{z}$ 及一切与 $\boldsymbol{A}$ 相容的向量 $\boldsymbol{b}$,有

$$\|\boldsymbol{Gb}\|_2\leqslant\|\boldsymbol{Gb}+(\boldsymbol{I}-\boldsymbol{GA})\boldsymbol{z}\|_2.$$

或者等价地,对任意向量 $\boldsymbol{z}$ 及任意解向量 $\tilde{\boldsymbol{x}}$,有

$$\|\boldsymbol{GA}\tilde{\boldsymbol{x}}\|_2\leqslant\|\boldsymbol{GA}\tilde{\boldsymbol{x}}+(\boldsymbol{I}-\boldsymbol{GA})\boldsymbol{z}\|_2,\tag{6.2.14}$$

其中 $\boldsymbol{b}=\boldsymbol{A}\tilde{\boldsymbol{x}}$,不等式(6.2.14)意味着如下关系是成立的:

$$(\boldsymbol{GA}\tilde{\boldsymbol{x}},\boldsymbol{GA}\tilde{\boldsymbol{x}})^{1/2}\leqslant(\boldsymbol{GA}\tilde{\boldsymbol{x}}+(\boldsymbol{I}-\boldsymbol{GA})\boldsymbol{z},\boldsymbol{GA}\tilde{\boldsymbol{x}}+(\boldsymbol{I}-\boldsymbol{GA})\boldsymbol{z})^{1/2},$$

即

$$(\boldsymbol{GA}\tilde{\boldsymbol{x}},\boldsymbol{GA}\tilde{\boldsymbol{x}})\leqslant(\boldsymbol{GA}\tilde{\boldsymbol{x}}+(\boldsymbol{I}-\boldsymbol{GA})\boldsymbol{z},\boldsymbol{GA}\tilde{\boldsymbol{x}}+(\boldsymbol{I}-\boldsymbol{GA})\boldsymbol{z}),$$

或

$$\begin{aligned}(\boldsymbol{GA}\tilde{\boldsymbol{x}},\boldsymbol{GA}\tilde{\boldsymbol{x}})\leqslant{}&(\boldsymbol{GA}\tilde{\boldsymbol{x}},\boldsymbol{GA}\tilde{\boldsymbol{x}})+2(\boldsymbol{GA}\tilde{\boldsymbol{x}},(\boldsymbol{I}-\boldsymbol{GA})\boldsymbol{z})+\\&((\boldsymbol{I}-\boldsymbol{GA})\boldsymbol{z},(\boldsymbol{I}-\boldsymbol{GA})\boldsymbol{z}),\end{aligned}$$

即

$$0\leqslant((\boldsymbol{I}-\boldsymbol{GA})\boldsymbol{z},(\boldsymbol{I}-\boldsymbol{GA})\boldsymbol{z})+2(\tilde{\boldsymbol{x}},(\boldsymbol{GA})^{\mathrm{T}}(\boldsymbol{I}-\boldsymbol{GA})\boldsymbol{z}).$$

上式右边第一项是向量$(\boldsymbol{I}-\boldsymbol{GA})\boldsymbol{z}$的范数的平方，恒大于等于零；第二项是任意解向量$\tilde{\boldsymbol{x}}$与向量$(\boldsymbol{GA})^{\mathrm{T}}(\boldsymbol{I}-\boldsymbol{GA})\boldsymbol{z}$的内积. 由于$\tilde{\boldsymbol{x}},\boldsymbol{z}$的任意性，显然上述不等式成立的充要条件是：

$$(\boldsymbol{GA})^{\mathrm{T}}(\boldsymbol{I}-\boldsymbol{GA})=\boldsymbol{0},$$

由此推出

$$(\boldsymbol{GA})^{\mathrm{T}}=(\boldsymbol{GA})^{\mathrm{T}}\boldsymbol{GA},$$

两边转置得

$$\boldsymbol{GA}=(\boldsymbol{GA})^{\mathrm{T}}\boldsymbol{GA}.$$

可见有

$$(\boldsymbol{GA})^{\mathrm{T}}=\boldsymbol{GA}$$

(即满足定义6.1.5第二个条件)，从而$\boldsymbol{G}=\boldsymbol{A}_{\mathrm{m}}^{-}$，说明极小范数解的形式是$\boldsymbol{x}=\boldsymbol{A}_{\mathrm{m}}^{-}\boldsymbol{b}$，定理的必要性得证.

关于定理的充分性，只要将上面的过程倒推回去便可以完成. 证毕

定理6.2.3 相容的线性方程组$\boldsymbol{Ax}=\boldsymbol{b}$，具有唯一的极小范数解.

证明 设$\boldsymbol{G}_1$和$\boldsymbol{G}_2$是$\boldsymbol{A}$的两个不同的最小范数广义逆，由等价的公式(6.1.16)应有

$$\boldsymbol{G}_1\boldsymbol{AA}^{\mathrm{T}}=\boldsymbol{A}^{\mathrm{T}},\qquad \boldsymbol{G}_2\boldsymbol{AA}^{\mathrm{T}}=\boldsymbol{A}^{\mathrm{T}},$$

所以

$$\boldsymbol{G}_1\boldsymbol{AA}^{\mathrm{T}}=\boldsymbol{G}_2\boldsymbol{AA}^{\mathrm{T}},$$

$$(\boldsymbol{G}_1-\boldsymbol{G}_2)\boldsymbol{AA}^{\mathrm{T}}=\boldsymbol{0}.$$

上式两边同时右乘以$\boldsymbol{G}_1^{\mathrm{T}}-\boldsymbol{G}_2^{\mathrm{T}}$，得

$$(\boldsymbol{G}_1-\boldsymbol{G}_2)\boldsymbol{AA}^{\mathrm{T}}(\boldsymbol{G}_1^{\mathrm{T}}-\boldsymbol{G}_2^{\mathrm{T}})=\boldsymbol{0}$$

或

$$[(\boldsymbol{G}_1-\boldsymbol{G}_2)\boldsymbol{A}][(\boldsymbol{G}_1-\boldsymbol{G}_2)\boldsymbol{A}]^{\mathrm{T}}=\boldsymbol{0}.$$

上式成立仅当$(\boldsymbol{G}_1-\boldsymbol{G}_2)\boldsymbol{A}=\boldsymbol{0}$才有可能. 因此有

$$(\boldsymbol{G}_1-\boldsymbol{G}_2)\boldsymbol{A}\tilde{\boldsymbol{x}}=\boldsymbol{0}(\tilde{\boldsymbol{x}}\text{ 为任意解向量}).$$

又由于$\boldsymbol{A}\tilde{\boldsymbol{x}}=\boldsymbol{b}$，所以有$\boldsymbol{G}_1\boldsymbol{b}=\boldsymbol{G}_2\boldsymbol{b}$. 这说明，不同的最小范数广义逆$\boldsymbol{G}_1$和$\boldsymbol{G}_2$，按$\boldsymbol{x}=\boldsymbol{Gb}$求得的极小范数解却是唯一的. 证毕

注 按定义，$\boldsymbol{x}=\boldsymbol{A}_{\mathrm{m}}^{-}\boldsymbol{b}$是相容$\boldsymbol{Ax}=\boldsymbol{b}$的极小范数解，虽然$\boldsymbol{A}_{\mathrm{m}}^{-}$不是唯一的，但极小范数解$\boldsymbol{A}_{\mathrm{m}}^{-}\boldsymbol{b}$是唯一的(见例6.2.4).

例6.2.3 求方程组$\boldsymbol{AX}=\boldsymbol{b}$的极小范数解，其中

$$\boldsymbol{A}=\begin{bmatrix}1 & 2 & -1\\ 0 & -1 & 2\end{bmatrix},\qquad \boldsymbol{b}=\begin{bmatrix}1\\ 2\end{bmatrix}.$$

解 由例6.1.4知，此矩阵$\boldsymbol{A}$是行满秩矩阵，因此$\boldsymbol{AA}^{\mathrm{T}}$是满秩方阵，$\boldsymbol{AA}^{\mathrm{T}}$的减号逆$(\boldsymbol{AA}^{\mathrm{T}})^{-}$就是普通的逆矩阵$(\boldsymbol{AA}^{\mathrm{T}})^{-1}$. 所以由式(6.1.15)可作出一个最小范数广义逆

$$\boldsymbol{A}_{\mathrm{m}}^{-}=\boldsymbol{A}^{\mathrm{T}}(\boldsymbol{AA}^{\mathrm{T}})^{-}=\boldsymbol{A}^{\mathrm{T}}(\boldsymbol{AA}^{\mathrm{T}})^{-1},$$

而这正是行满秩矩阵的右逆，在本章例6.1.4中我们已经求得这个$\boldsymbol{A}$的右逆为

$$\boldsymbol{A}_{\mathrm{R}}^{-1}=\boldsymbol{A}_{\mathrm{m}}^{-}=\frac{1}{14}\begin{bmatrix}5 & 4\\ 6 & 2\\ 3 & 8\end{bmatrix}.$$

根据公式(6.2.13),我们可求得方程组的极小范数解

$$x = A_m^- b = \frac{1}{14}\begin{bmatrix} 13 \\ 10 \\ 19 \end{bmatrix}. \tag{6.2.15}$$

又在例 6.2.1 中已求得这个方程组的一般解为

$$x = \frac{1}{14}\begin{bmatrix} 13 + 9z_1 - 6z_2 - 3z_3 \\ 10 - 6z_1 + 4z_2 + 2z_3 \\ 19 - 3z_1 + 2z_2 + z_3 \end{bmatrix},$$

如果令 $z_1 = z_2 = 0, z_3 = 1$,代入上式可得一特解

$$x = \frac{1}{14}\begin{bmatrix} 10 \\ 12 \\ 20 \end{bmatrix}. \tag{6.2.16}$$

分别对式(6.2.15)、式(6.2.16)的 x 求其范数有

$$\begin{aligned} \| x \|_2 &= \sqrt{x^T x} \\ &= \frac{1}{14}\sqrt{13^2 + 10^2 + 19^2} = \frac{1}{14}\sqrt{630}, \end{aligned}$$

$$\| x \|_2 = \sqrt{x^T x} = \frac{1}{14}\sqrt{10^2 + 12^2 + 20^2} = \frac{1}{14}\sqrt{644}.$$

显然式(6.2.15)中 x 的范数比式(6.2.16)中 x 的范数要小.

例 6.2.4 求方程组

$$\begin{cases} x_1 + 2x_2 + 3x_3 = 1, \\ x_1 + x_3 = 0, \\ 2x_1 + 2x_3 = 0, \\ 2x_1 + 4x_2 + 6x_3 = 2 \end{cases}$$

的极小范数解与通解.

解 由所给方程组可知

$$A = \begin{bmatrix} 1 & 2 & 3 \\ 1 & 0 & 1 \\ 2 & 0 & 2 \\ 2 & 4 & 6 \end{bmatrix}, \quad b = \begin{bmatrix} 1 \\ 0 \\ 0 \\ 2 \end{bmatrix}.$$

由于

$$\operatorname{rank}(A) = \operatorname{rank}(A \mid b) = 2,$$

所以,方程组相容. 由例 6.1.7 的结果知

$$A_m^- = C_R^{-1} B_L^{-1} = \frac{1}{30}\begin{bmatrix} -1 & 5 & 10 & -2 \\ 2 & -4 & -8 & 4 \\ 1 & 1 & 2 & 2 \end{bmatrix},$$

故得方程组的极小范数解为

$$x=A_m^-b=\frac{1}{30}\begin{bmatrix}-1&5&10&-2\\2&-4&-8&4\\1&1&2&2\end{bmatrix}\begin{bmatrix}1\\0\\0\\2\end{bmatrix}=\begin{bmatrix}-\frac{1}{6}\\\frac{1}{3}\\\frac{1}{6}\end{bmatrix}.$$

注 如果 A_m^- 取本章例 6.1.8 的结果,则得到的极小范数解为

$$x=A_m^-b=\frac{1}{2}\begin{bmatrix}-\frac{1}{3}&\frac{5}{3}&0&0\\\frac{2}{3}&-\frac{4}{3}&0&0\\\frac{1}{3}&\frac{1}{3}&0&0\end{bmatrix}\begin{bmatrix}1\\0\\0\\2\end{bmatrix}=\begin{bmatrix}-\frac{1}{6}\\\frac{1}{3}\\\frac{1}{6}\end{bmatrix}.$$

可见,尽管 A_m^- 的形式不同,但极小范数解却是相同的.

而方程组的通解为

$$\begin{aligned}x&=Gb+(I-GA)z\\&=\begin{bmatrix}-\frac{1}{6}\\\frac{1}{3}\\\frac{1}{6}\end{bmatrix}+\left(\begin{bmatrix}1&0&0\\0&1&0\\0&0&1\end{bmatrix}-\frac{1}{30}\begin{bmatrix}-1&5&10&-2\\2&-4&-8&4\\1&1&2&2\end{bmatrix}\begin{bmatrix}1&2&3\\1&0&1\\2&0&2\\2&4&6\end{bmatrix}\right)\begin{bmatrix}z_1\\z_2\\z_3\end{bmatrix}\\&=\frac{1}{3}\begin{bmatrix}-\frac{1}{2}+z_1+z_2-z_3\\1+z_1+z_2-z_3\\\frac{1}{2}-z_1-z_2+z_3\end{bmatrix}.\end{aligned}$$

6.2.4 矛盾方程组的最小二乘解与 A_l^-

线性方程组理论告诉我们:不相容的线性方程组是没有解的,但是,有了广义逆矩阵这个工具,我们可以研究这类方程组的最优近似解的问题.

定义 6.2.2 对于不相容的线性方程组 $Ax=b$,如果有这样的解 $\hat{x}$,使它的误差向量的 2 范数为最小:

$$\|A\hat{x}-b\|_2=\min_{x\in\mathbf{C}^n}\|Ax-b\|_2, \tag{6.2.17}$$

即

$$\|A\hat{x}-b\|_2\leqslant\|Ax-b\|_2,$$

则称 $\hat{x}$ 是方程组 $Ax=b$ 的**最小二乘解**. 这是因为和任何其他近似解 x 相比较,$\hat{x}$ 所导致的误差平方和 $\|A\hat{x}-b\|_2^2$ 是最小的.

注 最小二乘解并不是方程组 $Ax=b$ 的解. 现在的问题是:是否有这样的矩阵 G,对于任意的向量 b,都使 $x=Gb$ 为方程组 $Ax=b$ 的最小二乘解?下面的定理回答了这一问题.

定理 6.2.4 不相容方程组 $\boldsymbol{A}\boldsymbol{x}=\boldsymbol{b}$ 有最小二乘解的充要条件是

$$\boldsymbol{x}=\boldsymbol{A}_l^-\boldsymbol{b},$$

其中 $\boldsymbol{A}_l^-$ 是 $\boldsymbol{A}$ 的最小二乘广义逆.

证明 先证必要性. 设 $\boldsymbol{G}$ 是一矩阵(不必是矩阵 $\boldsymbol{A}$ 的减号逆). 如果 $\boldsymbol{G}\boldsymbol{b}$ 是不相容方程组 $\boldsymbol{A}\boldsymbol{x}=\boldsymbol{b}$ 的最小二乘解，于是有

$$\|\boldsymbol{A}\boldsymbol{G}\boldsymbol{b}-\boldsymbol{b}\|_2 \leqslant \|\boldsymbol{A}\boldsymbol{x}-\boldsymbol{b}\|_2.$$

上式右边可以改写成

$$\begin{aligned}\|\boldsymbol{A}\boldsymbol{x}-\boldsymbol{b}\|_2 &= \|\boldsymbol{A}\boldsymbol{G}\boldsymbol{b}-\boldsymbol{b}+\boldsymbol{A}\boldsymbol{x}-\boldsymbol{A}\boldsymbol{G}\boldsymbol{b}\|_2\\ &= \|(\boldsymbol{A}\boldsymbol{G}-\boldsymbol{I})\boldsymbol{b}+\boldsymbol{A}(\boldsymbol{x}-\boldsymbol{G}\boldsymbol{b})\|_2\\ &= \|(\boldsymbol{A}\boldsymbol{G}-\boldsymbol{I})\boldsymbol{b}+\boldsymbol{A}\tilde{\boldsymbol{x}}\|_2,\end{aligned}$$

其中 $\tilde{\boldsymbol{x}}=\boldsymbol{x}-\boldsymbol{G}\boldsymbol{b}$. 因此上述不等式可改写为

$$\begin{aligned}\|\boldsymbol{A}\boldsymbol{G}\boldsymbol{b}-\boldsymbol{b}\|_2 &= \|(\boldsymbol{A}\boldsymbol{G}-\boldsymbol{I})\boldsymbol{b}\|_2\\ &\leqslant \|(\boldsymbol{A}\boldsymbol{G}-\boldsymbol{I})\boldsymbol{b}+\boldsymbol{A}\tilde{\boldsymbol{x}}\|_2.\end{aligned}$$

仿照定理 6.2.2 的证明过程可知，上述不等式成立的充要条件是

$$((\boldsymbol{A}\boldsymbol{G}-\boldsymbol{I})\boldsymbol{b},\boldsymbol{A}\tilde{\boldsymbol{x}})=(\boldsymbol{b},(\boldsymbol{A}\boldsymbol{G}-\boldsymbol{I})^{\mathrm{T}}\boldsymbol{A}\tilde{\boldsymbol{x}})=\boldsymbol{0},$$

而上式等于零的充要条件又是$(\boldsymbol{A}\boldsymbol{G}-\boldsymbol{I})^{\mathrm{T}}\boldsymbol{A}=\boldsymbol{0}$，即

$$\boldsymbol{A}^{\mathrm{T}}\boldsymbol{A}\boldsymbol{G}=\boldsymbol{A}^{\mathrm{T}}. \tag{6.2.18}$$

式(6.2.18)两边同时右乘以 $\boldsymbol{A}$，得 $\boldsymbol{A}^{\mathrm{T}}\boldsymbol{A}\boldsymbol{G}\boldsymbol{A}=\boldsymbol{A}^{\mathrm{T}}\boldsymbol{A}$，所以有 $\boldsymbol{A}\boldsymbol{G}\boldsymbol{A}=\boldsymbol{A}$；另外，在式(6.2.18)两边同时左乘以 $\boldsymbol{G}^{\mathrm{T}}$，得

$$\boldsymbol{G}^{\mathrm{T}}\boldsymbol{A}^{\mathrm{T}}\boldsymbol{A}\boldsymbol{G}=\boldsymbol{G}^{\mathrm{T}}\boldsymbol{A}^{\mathrm{T}}$$

或

$$(\boldsymbol{A}\boldsymbol{G})^{\mathrm{T}}\boldsymbol{A}\boldsymbol{G}=(\boldsymbol{A}\boldsymbol{G})^{\mathrm{T}},$$

两边取转置，并比较等式两边可得

$$(\boldsymbol{A}\boldsymbol{G})^{\mathrm{T}}=\boldsymbol{A}\boldsymbol{G}.$$

由最小二乘广义逆的定义知 $\boldsymbol{G}=\boldsymbol{A}_l^-$. 这说明不相容方程组 $\boldsymbol{A}\boldsymbol{x}=\boldsymbol{b}$ 的最小二乘解的形式是 $\boldsymbol{x}=\boldsymbol{A}_l^-\boldsymbol{b}$，定理必要性得证.

关于定理充分性证明，读者可以自己完成. 证毕

必须注意，矛盾方程组(不相容方程组)的最小二乘解 $\hat{\boldsymbol{x}}$ 导致的误差平方和(即在最小二乘意义下) $\|\boldsymbol{A}\hat{\boldsymbol{x}}-\boldsymbol{b}\|_2^2$ 是唯一的，但是，最小二乘解可以不唯一. 为此，有下面的定理：

定理 6.2.5 不相容方程组 $\boldsymbol{A}\boldsymbol{x}=\boldsymbol{b}$ 的最小二乘解的通式为

$$\hat{\boldsymbol{x}}=\boldsymbol{A}_l^-\boldsymbol{b}+(\boldsymbol{I}-\boldsymbol{A}_l^-\boldsymbol{A})\boldsymbol{z}, \tag{6.2.19}$$

其中 $\boldsymbol{z}$ 是任意列向量.

证明 先证式(6.2.19)中的 $\hat{\boldsymbol{x}}$ 确为最小二乘解. 因为 $\boldsymbol{A}_l^-\boldsymbol{b}$ 是 $\boldsymbol{A}\boldsymbol{x}=\boldsymbol{b}$ 的最小二乘解，所以 $\|\boldsymbol{A}\boldsymbol{A}_l^-\boldsymbol{b}-\boldsymbol{b}\|$ 取最小值，而

$$\begin{aligned}\boldsymbol{A}[\boldsymbol{A}_l^-\boldsymbol{b}+(\boldsymbol{I}-\boldsymbol{A}_l^-\boldsymbol{A})\boldsymbol{z}] &= \boldsymbol{A}\boldsymbol{A}_l^-\boldsymbol{b}+(\boldsymbol{A}-\boldsymbol{A}\boldsymbol{A}_l^-\boldsymbol{A})\boldsymbol{z}\\ &= \boldsymbol{A}\boldsymbol{A}_l^-\boldsymbol{b},\end{aligned}$$

所以，$\hat{\boldsymbol{x}}=\boldsymbol{A}_l^-\boldsymbol{b}+(\boldsymbol{I}-\boldsymbol{A}_l^-\boldsymbol{A})\boldsymbol{z}$ 也为最小二乘解.

再证 $\boldsymbol{A}\boldsymbol{x}=\boldsymbol{b}$ 的任一个最小二乘解 $\boldsymbol{x}_0$ 必可表示成式(6.2.19)的形式. 事实上，由于 $\boldsymbol{x}_0$，$\boldsymbol{A}_l^-\boldsymbol{b}$ 都是最小二乘解，故有

$$\|Ax_0-b\|_2=\|AA_l^-b-b\|_2=\min.$$

由于 A_l^- 满足 M-P 第 1 和第 4 个方程,故有

$$(AA_l^-)^{\mathrm T}=AA_l^-,\qquad AA_l^-A=A,$$

$$(AA_l^- - I)^{\mathrm T}A=0. \tag{6.2.20}$$

考虑误差向量范数平方,有

$$\begin{aligned}\|Ax_0-b\|_2^2&=\|AA_l^-b-b+A(x_0-A_l^-b)\|_2^2\\&=\|AA_l^-b-b\|_2^2+2(AA_l^-b-b)^{\mathrm T}A(x_0-A_l^-b)+\\&\quad\ \|A(x_0-A_l^-b)\|_2^2,\end{aligned}$$

即有

$$\begin{aligned}&\|Ax_0-b\|_2^2-\|AA_l^-b-b\|_2^2\\&=\|A(x_0-A_l^-b)\|_2^2+2b^{\mathrm T}(AA_l^- - I)^{\mathrm T}A(x_0-A_l^-b).\end{aligned}$$

将式(6.2.20)代入上式有

$$\|Ax_0-b\|_2^2-\|AA_l^-b-b\|_2^2=\|A(x_0-A_l^-b)\|_2^2.$$

又由 $\|Ax_0-b\|_2=\|AA_l^-b-b\|_2=\min$ 知

$$\|A(x_0-A_l^-b)\|_2^2=0.$$

于是

$$A(x_0-A_l^-b)=0,$$

这说明 $x_0-A_l^-b$ 为齐次方程组 $Ax=0$ 的一个解,再由齐次方程组的通解公式(6.2.10)知,存在 z_0 使得

$$x_0-A_l^-b=(I-A_l^-A)z_0,$$

即

$$x_0=A_l^-b+(I-A_l^-A)z_0.$$

证毕

如定理 6.2.5 所述,不相容方程组的最小二乘解不是唯一的,而由前面 6.1 节知道 A 的最小二乘广义逆 A_l^- 也不是唯一的. 现在要找出计算最小二乘广义逆 A_l^- 的通式.

引理 设 $A\in\mathbb{R}^{m\times n}$, A_l^- 是 A 的某个最小二乘广义逆,则另一个矩阵 $G\in\mathbb{R}^{n\times m}$ 也是 A 的最小二乘广义逆的充要条件是

$$AG=AA_l^-. \tag{6.2.21}$$

证明 充分性:设 G 满足式(6.2.21),在式(6.2.21)两端右乘 A,由于 A_l^- 是某个已知的最小二乘广义逆,于是有

$$AGA=AA_l^-A=A,$$

故 G 满足 M-P 第 1 个方程. 又因为

$$(AG)^{\mathrm T}=(AA_l^-)^{\mathrm T}=AA_l^-=AG,$$

故 G 满足 M-P 第 4 个方程.

必要性:设 G 也是最小二乘广义逆,则有

$$\begin{aligned}AA_l^-&=AGAA_l^-=(AG)^{\mathrm T}(AA_l^-)^{\mathrm T}=G^{\mathrm T}A^{\mathrm T}(A_l^-)^{\mathrm T}A^{\mathrm T}\\&=G^{\mathrm T}(AA_l^-A)^{\mathrm T}=G^{\mathrm T}A^{\mathrm T}=(AG)^{\mathrm T}=AG,\end{aligned}$$

即式(6.2.21)成立.

定理 6.2.6 设 $A\in\mathbb{R}^{m\times n}$, A_l^- 是某个最小二乘广义逆,则 A 的任何最小二乘广义逆都可表示成

$$G=A_l^-+(I_n-A_l^-A)U, \tag{6.2.22}$$

其中 $\boldsymbol{U}$ 是任意的 $n\times m$ 矩阵.

证明 首先证明,对于任何 $\boldsymbol{U}\in\mathbb{R}^{n\times m}$,式(6.2.22)所确定的 $\boldsymbol{G}$ 是 $\boldsymbol{A}$ 的最小二乘广义逆.事实上,

$$\begin{aligned}\boldsymbol{AG}&=\boldsymbol{AA}_{\mathrm{l}}^{-}+\boldsymbol{A}(\boldsymbol{I}_n-\boldsymbol{A}_{\mathrm{l}}^{-}\boldsymbol{A})\boldsymbol{U}\\&=\boldsymbol{AA}_{\mathrm{l}}^{-}+(\boldsymbol{A}-\boldsymbol{AA}_{\mathrm{l}}^{-}\boldsymbol{A})\boldsymbol{U}=\boldsymbol{AA}_{\mathrm{l}}^{-}+(\boldsymbol{A}-\boldsymbol{A})\boldsymbol{U}\\&=\boldsymbol{AA}_{\mathrm{l}}^{-}.\end{aligned}$$

由引理知,$\boldsymbol{G}$ 为 $\boldsymbol{A}$ 的最小二乘广义逆.

再证明对任意的最小二乘广义逆 $\boldsymbol{G}$,必存在 $\boldsymbol{U}\in\mathbb{R}^{n\times m}$,使 $\boldsymbol{G}$ 具有式(6.2.22)的形式.事实上,取 $\boldsymbol{U}=\boldsymbol{G}-\boldsymbol{A}_{\mathrm{l}}^{-}$ 即可.因为由引理有 $\boldsymbol{AG}=\boldsymbol{AA}_{\mathrm{l}}^{-}$,所以

$$\begin{aligned}&\boldsymbol{A}_{\mathrm{l}}^{-}+(\boldsymbol{I}_n-\boldsymbol{A}_{\mathrm{l}}^{-}\boldsymbol{A})(\boldsymbol{G}-\boldsymbol{A}_{\mathrm{l}}^{-})\\&=\boldsymbol{A}_{\mathrm{l}}^{-}+\boldsymbol{G}-\boldsymbol{A}_{\mathrm{l}}^{-}-\boldsymbol{A}_{\mathrm{l}}^{-}\boldsymbol{AG}+\boldsymbol{A}_{\mathrm{l}}^{-}\boldsymbol{AA}_{\mathrm{l}}^{-}\\&=\boldsymbol{A}_{\mathrm{l}}^{-}+\boldsymbol{G}-\boldsymbol{A}_{\mathrm{l}}^{-}-\boldsymbol{A}_{\mathrm{l}}^{-}\boldsymbol{AA}_{\mathrm{l}}^{-}+\boldsymbol{A}_{\mathrm{l}}^{-}\boldsymbol{AA}_{\mathrm{l}}^{-}\\&=\boldsymbol{G}.\end{aligned}$$

证毕

从上述定理可以看出,最小二乘广义逆的通式(6.2.22)与最小二乘解 $\hat{\boldsymbol{x}}$ 的通式(6.2.19)形式上有类似之处,重要的是先用6.1节讲过的方法(1)、(2)、(3)求出 $\boldsymbol{A}$ 的某一个 $\boldsymbol{A}_{\mathrm{l}}^{-}$,然后再用通式(6.2.22)或式(6.2.19)求得其他的(不同的)最小二乘广义逆或最小二乘解.

例 6.2.5 求不相容方程组

$$\begin{cases}x_1+2x_2+3x_3=1,\\x_1+x_3=0,\\2x_1+2x_3=1,\\2x_1+4x_2+6x_3=3\end{cases}$$

两个不同的最小二乘解,并比较它们的最小误差.

解 由所给方程组可知

$$\boldsymbol{A}=\begin{bmatrix}1&2&3\\1&0&1\\2&0&2\\2&4&6\end{bmatrix},\quad \boldsymbol{b}=\begin{bmatrix}1\\0\\1\\3\end{bmatrix}.$$

由于 $\mathrm{rank}(\boldsymbol{A})=2\neq\mathrm{rank}(\boldsymbol{A}\,\vdots\,\boldsymbol{b})=3$,故此方程组为不相容方程组(即矛盾方程组).

例6.1.7中的矩阵 $\boldsymbol{A}$ 即为此处的矩阵 $\boldsymbol{A}$.由于用满秩分解法所得的 $\boldsymbol{C}_{\mathrm{R}}^{-1}\boldsymbol{B}_{\mathrm{L}}^{-1}$ 既是 $\boldsymbol{A}_{\mathrm{m}}^{-}$,也是 $\boldsymbol{A}_{\mathrm{l}}^{-}$,$\boldsymbol{A}_{\mathrm{r}}^{-}$ 和 $\boldsymbol{A}^{+}$,它们又都属于 $\boldsymbol{A}^{-}$,所以由前面例6.1.7的结果知

$$\boldsymbol{A}_{\mathrm{l}}^{-}=\frac{1}{30}\begin{bmatrix}-1&5&10&-2\\2&-4&-8&4\\1&1&2&2\end{bmatrix},$$

于是其中的一个最小二乘解为

$$\hat{\boldsymbol{x}}_1=\boldsymbol{A}_{\mathrm{l}}^{-}\boldsymbol{b}=\frac{1}{30}\begin{bmatrix}-1&5&10&-2\\2&-4&-8&4\\1&1&2&2\end{bmatrix}\begin{bmatrix}1\\0\\1\\3\end{bmatrix}=\frac{1}{10}\begin{bmatrix}1\\2\\3\end{bmatrix}.$$

若取$\boldsymbol{U}=\begin{bmatrix}1&0&0&0\\0&0&0&0\\0&0&0&0\end{bmatrix}$,按通式(6.2.22)又可得到另一个最小二乘广义逆

$$\boldsymbol{G}=\boldsymbol{A}_l^-+(\boldsymbol{I}_3-\boldsymbol{A}_l^-\boldsymbol{A})\boldsymbol{U}=\frac{1}{30}\begin{bmatrix}9&5&10&-2\\12&-4&-8&4\\-9&1&2&2\end{bmatrix}.$$

于是第二个最小二乘解为

$$\hat{\boldsymbol{x}}_2=\boldsymbol{G}\boldsymbol{b}=\frac{1}{30}\begin{bmatrix}9&5&10&-2\\12&-4&-8&4\\-9&1&2&2\end{bmatrix}\begin{bmatrix}1\\0\\1\\3\end{bmatrix}=\frac{1}{30}\begin{bmatrix}13\\16\\-1\end{bmatrix}.$$

经计算,这两个最小二乘解的“最小误差平方和”分别是:

$$\|\boldsymbol{A}\hat{\boldsymbol{x}}_1-\boldsymbol{b}\|_2^2=\frac{4}{10}=0.4,$$

$$\|\boldsymbol{A}\hat{\boldsymbol{x}}_2-\boldsymbol{b}\|_2^2=\frac{4}{10}=0.4.$$

可见,尽管最小二乘解不同,但是它们的“最小误差平方和”却是相同的.

注 一般来说,不相容方程组的最小二乘解不是唯一的,但在系数矩阵 $\boldsymbol{A}$ 的列向量线性无关时(即 $\boldsymbol{A}$ 为列满秩矩阵),解是唯一的(证明见文献[3]).此时,必须取 $\boldsymbol{A}_l^-=\boldsymbol{A}_L^{-1}=(\boldsymbol{A}^T\boldsymbol{A})^{-1}\boldsymbol{A}^T$,注意到 $\boldsymbol{A}_L^{-1}\boldsymbol{A}=\boldsymbol{I}_n$,故 $\hat{\boldsymbol{x}}=\boldsymbol{A}_L^{-1}\boldsymbol{b}=(\boldsymbol{A}^T\boldsymbol{A})^{-1}\boldsymbol{A}^T\boldsymbol{b}$.

例 6.2.6 求矛盾方程组

$$\begin{cases}x_1+2x_2=1,\\2x_1+x_2=0,\\x_1+x_2=0\end{cases}$$

的最小二乘解.

解 系数矩阵 $\boldsymbol{A}$ 和向量 $\boldsymbol{b}$ 为

$$\boldsymbol{A}=\begin{bmatrix}1&2\\2&1\\1&1\end{bmatrix},\quad \boldsymbol{b}=\begin{bmatrix}1\\0\\0\end{bmatrix},$$

$\boldsymbol{A}$ 为列满秩矩阵,在例 6.1.9 中已求得

$$\begin{aligned}\boldsymbol{A}_L^{-1}&=(\boldsymbol{A}^T\boldsymbol{A})^{-1}\boldsymbol{A}^T\\&=\frac{1}{11}\begin{bmatrix}-4&7&1\\7&-4&1\end{bmatrix}=\boldsymbol{A}_l^-,\end{aligned}$$

于是,最小二乘解为

$$\begin{aligned}\hat{\boldsymbol{x}}&=\boldsymbol{A}_L^{-1}\boldsymbol{b}=\boldsymbol{A}_l^-\boldsymbol{b}\\&=\frac{1}{11}\begin{bmatrix}-4&7&1\\7&-4&1\end{bmatrix}\begin{bmatrix}1\\0\\0\end{bmatrix}=\frac{1}{11}\begin{bmatrix}-4\\7\end{bmatrix},\end{aligned}$$

即

$$\hat{x}_1=-\frac{4}{11},\qquad \hat{x}_2=\frac{7}{11}.$$

将 $\hat{\boldsymbol{x}}$ 代入误差平方的公式得

$$\|\boldsymbol{A}\hat{\boldsymbol{x}}-\boldsymbol{b}\|_2^2=\frac{1}{11}.$$

在最小二乘曲线拟合和多元线性回归分析中常常要计算矛盾方程组的最小二乘解.广义逆矩阵的理论使得求矛盾方程组最小二乘解的方法简单化、标准化了.整个求解的关键在于求出 $\boldsymbol{A}$ 的最小二乘广义逆 $\boldsymbol{A}_l^-$,而用不着先求误差平方和,再利用极值条件,最后求解一个新的方程组等一系列烦琐的步骤.

6.2.5　线性方程组的极小最小二乘解与 A^+

由于加号逆既是减号逆又是极小范数逆、最小二乘逆,故对于方程组 $\boldsymbol{Ax}=\boldsymbol{b}$,不论其是否有解,均可用加号逆 $\boldsymbol{A}^+$ 来讨论(设 $\boldsymbol{z}$ 是任意 n 维向量):

(1) 当 $\boldsymbol{Ax}=\boldsymbol{b}$ 相容时,$\boldsymbol{x}=\boldsymbol{A}^+\boldsymbol{b}+(\boldsymbol{I}-\boldsymbol{A}^+\boldsymbol{A})\boldsymbol{z}$ 是通解; $\boldsymbol{x}=\boldsymbol{A}^+\boldsymbol{b}$ 是极小范数解.

(2) 当 $\boldsymbol{Ax}=\boldsymbol{b}$ 不相容时,$\boldsymbol{x}=\boldsymbol{A}^+\boldsymbol{b}$ 是最小二乘解; $\boldsymbol{x}=\boldsymbol{A}^+\boldsymbol{b}+(\boldsymbol{I}-\boldsymbol{A}^+\boldsymbol{A})\boldsymbol{z}$ 是最小二乘解的通解.

(3) 在下面的定理中,我们将要证明对于矛盾方程组 $\boldsymbol{Ax}=\boldsymbol{b}$(即不相容),$\boldsymbol{x}=\boldsymbol{A}^+\boldsymbol{b}$ 不但是最小二乘解,而且是具有极小范数的最小二乘解,或最佳逼近解,简记为 LNLS 解.

定理 6.2.7　矛盾方程组 $\boldsymbol{Ax}=\boldsymbol{b}$ 的极小范数最小二乘解(即最佳逼近解)为

$$\boldsymbol{x}=\boldsymbol{A}^+\boldsymbol{b}. \tag{6.2.23}$$

证明　由式(6.2.19)我们已经证明了矛盾方程组的最小二乘解的一般表达式为

$$\boldsymbol{Gb}+(\boldsymbol{I}-\boldsymbol{GA})\boldsymbol{z},$$

其中 $\boldsymbol{z}$ 是任意 n 维向量,$\boldsymbol{G}$ 是最小二乘广义逆,且满足

$$\boldsymbol{AGA}=\boldsymbol{A},\qquad (\boldsymbol{AG})^{\mathrm{T}}=\boldsymbol{AG}.$$

进一步设 $\boldsymbol{Gb}$ 是极小范数最小二乘解,则对任意向量 $\boldsymbol{b}$ 和 $\boldsymbol{z}$ 应成立不等式

$$\|\boldsymbol{Gb}\|_2\leqslant\|\boldsymbol{Gb}+(\boldsymbol{I}-\boldsymbol{GA})\boldsymbol{z}\|_2.$$

模仿定理 6.2.2 的证明过程知,上式成立的充要条件是

$$(\boldsymbol{Gb},(\boldsymbol{I}-\boldsymbol{GA})\boldsymbol{z})=(\boldsymbol{b},\boldsymbol{G}^{\mathrm{T}}(\boldsymbol{I}-\boldsymbol{GA})\boldsymbol{z})=0,$$

而保证上式成立的充要条件是

$$\boldsymbol{G}^{\mathrm{T}}(\boldsymbol{I}-\boldsymbol{GA})=\boldsymbol{0}\quad 或\quad \boldsymbol{G}^{\mathrm{T}}=\boldsymbol{G}^{\mathrm{T}}\boldsymbol{GA}.$$

仿照式(6.1.14)与式(6.1.16)等价的证明方法,可证 $\boldsymbol{G}^{\mathrm{T}}=\boldsymbol{G}^{\mathrm{T}}\boldsymbol{GA}$ 与 $\boldsymbol{GAG}=\boldsymbol{G}$,$(\boldsymbol{GA})^{\mathrm{T}}=\boldsymbol{GA}$ 等价.由此可见,$\boldsymbol{x}=\boldsymbol{A}^+\boldsymbol{b}$ 是极小范数最小二乘解.　证毕

例 6.2.7　求方程组

$$\begin{cases}x_1+2x_2=1,\\2x_3=1,\\2x_1+4x_2=3\end{cases}$$

的极小最小二乘解.

解 由方程组知

$$A=\begin{bmatrix}1&2&0\\0&0&2\\2&4&0\end{bmatrix},\qquad b=\begin{bmatrix}1\\1\\3\end{bmatrix}.$$

因为 $\operatorname{rank}(A)=2$,$\operatorname{rank}(A\,\vdots\, b)=3$,故此方程组不相容.根据前面的讨论知,它的极小最小二乘解为 $\hat{x}=A^{+}b$,为此先求 A^{+}.由例6.1.6的解法(即满秩分解法)知

$$A^{+}=C_{\mathrm{R}}^{-1}B_{\mathrm{L}}^{-1}=\frac{1}{50}\begin{bmatrix}2&0&4\\4&0&8\\0&25&0\end{bmatrix},$$

因此,方程组的极小最小二乘解为

$$x=A^{+}b=\frac{1}{50}\begin{bmatrix}2&0&4\\4&0&8\\0&25&0\end{bmatrix}\begin{bmatrix}1\\1\\3\end{bmatrix}=\frac{1}{50}\begin{bmatrix}14\\28\\25\end{bmatrix}.$$

例 6.2.8 求矛盾方程组

$$\begin{cases}x_1+2x_2+3x_3=1,\\x_1+x_3=0,\\2x_1+2x_3=1,\\2x_1+4x_2+6x_3=3\end{cases}$$

的极小最小二乘解.

解 由例6.1.10知

$$A^{+}=A_{l}^{-}=\frac{1}{30}\begin{bmatrix}-1&5&10&-2\\2&-4&-8&4\\1&1&2&2\end{bmatrix},$$

故方程组的极小最小二乘解为

$$x=A^{+}b=\frac{1}{30}\begin{bmatrix}-1&5&10&-2\\2&-4&-8&4\\1&1&2&2\end{bmatrix}\begin{bmatrix}1\\0\\1\\3\end{bmatrix}=\frac{1}{10}\begin{bmatrix}1\\2\\3\end{bmatrix}.$$

注意,此时 $\|Ax-b\|_2=\dfrac{2}{\sqrt{10}}$,$\|x\|_2=\dfrac{\sqrt{14}}{10}$ 均为最小.说明所求的解是所有最小二乘解中2范数最小的.

通过本节的讨论使我们体会到:如果能方便地求得系数矩阵 A 的加号逆 A^{+},则用它来表示相容或不相容线性方程组的解,是一种既简单又严谨的计算方法.

习 题 6

1. 求下列矩阵的减号逆 A^{-}:

(1) $A_1=\begin{bmatrix}1&0&2\\0&1&0\\1&0&2\\1&0&2\end{bmatrix}$; (2) $A_2=\begin{bmatrix}2&1&0&1\\1&0&1&1\\1&0&1&1\end{bmatrix}$.

2. 设 $\boldsymbol{A}\in\mathbb{C}^{m\times n}$，$\text{rank}(\boldsymbol{A})=r$，若有 m 阶可逆矩阵 $\boldsymbol{P}$ 和 n 阶置换矩阵 $\boldsymbol{T}$，使得

$$\boldsymbol{PAT}=\begin{bmatrix}\boldsymbol{I}_r & \boldsymbol{S}\\ \boldsymbol{0} & \boldsymbol{0}\end{bmatrix},\qquad \boldsymbol{S}\in\mathbb{C}^{(m-r)\times(n-r)}.$$

证明：对任一个 $\boldsymbol{L}\in\mathbb{C}^{(n-r)\times(m-r)}$，矩阵 $\boldsymbol{G}=\boldsymbol{T}\begin{bmatrix}\boldsymbol{I}_r & \boldsymbol{0}\\ \boldsymbol{0} & \boldsymbol{L}\end{bmatrix}\boldsymbol{P}$ 是 $\boldsymbol{A}$ 的一个减号逆；若取 $\boldsymbol{L}=\boldsymbol{0}$，则相应的 $\boldsymbol{G}$ 是 $\boldsymbol{A}$ 的一个自反减号逆 $\boldsymbol{A}_r^-$.

3. 设 $\boldsymbol{A}$ 是 $m\times n$ 零矩阵，哪一类矩阵 $\boldsymbol{G}$ 是 $\boldsymbol{A}$ 的减号逆？哪一类矩阵 $\boldsymbol{G}$ 是 $\boldsymbol{A}$ 的自反减号逆？

4. 设 $m\times n$ 矩阵 $\boldsymbol{A}$ 除第 i_0 行第 j_0 列的元素为 1 外，其余元素均为 0，哪一类矩阵 $\boldsymbol{G}$ 是 $\boldsymbol{A}$ 的减号逆？哪一类矩阵是 $\boldsymbol{A}$ 的自反减号逆？

5. 设 $\boldsymbol{B}$ 是所有元素全为 1 的 n 阶方阵，记 $\boldsymbol{A}=(a-b)\boldsymbol{I}+b\boldsymbol{B}$，证明：若 $a+(n-1)b=0$，则 $\boldsymbol{G}=(a-b)^{-1}\boldsymbol{I}$ 是 $\boldsymbol{A}$ 的减号逆.

6. 已知

$$\boldsymbol{A}=\begin{bmatrix}0 & -a_3 & a_2\\ a_3 & 0 & -a_1\\ -a_2 & a_1 & 0\end{bmatrix},$$

证明：$\boldsymbol{G}=-(a_1^2+a_2^2+a_3^2)^{-1}\boldsymbol{A}$ 是 $\boldsymbol{A}$ 的减号逆.

7. 已知矩阵

$$\boldsymbol{A}=\begin{bmatrix}0 & 1 & -1 & -1 & 1\\ 0 & -2 & 2 & -2 & 6\\ 0 & 1 & -1 & -2 & 3\end{bmatrix},$$

求 $\boldsymbol{A}$ 的一个减号逆和自反减号逆.

8. 对第 1 题中的两个矩阵，分别求出方程 $\boldsymbol{A}_1\boldsymbol{x}=\boldsymbol{b}_1$ 和 $\boldsymbol{A}_2\boldsymbol{x}=\boldsymbol{b}_2$ 的通解，其中 $\boldsymbol{b}_1=(1,0,1,1)^{\mathrm{T}}$，$\boldsymbol{b}_2=(2,1,1)^{\mathrm{T}}$.

9. 已知

$$\boldsymbol{A}=\begin{bmatrix}1 & 0 & 0 & 1\\ 1 & 1 & 0 & 0\\ 0 & 1 & 1 & 0\\ 0 & 0 & 1 & 1\end{bmatrix}.$$

(1) 求 $\boldsymbol{A}$ 的一个减号逆和自反减号逆；

(2) 求 $\boldsymbol{A}^+$.

10. 求矩阵

$$\boldsymbol{A}=\begin{bmatrix}1 & 0 & -1 & 1\\ 0 & 2 & 2 & 2\\ -1 & 4 & 5 & 3\end{bmatrix}$$

的摩尔-彭诺斯逆 $\boldsymbol{A}^+$.

11. 求 $\boldsymbol{A}=\begin{bmatrix}1 & 0\\ 2 & -1\\ -1 & 2\end{bmatrix}$ 的左逆 $\boldsymbol{A}_L^{-1}$.

12. 设 $\boldsymbol{A}\in\mathbb{R}^{m\times n}$，且 $\boldsymbol{A}=\boldsymbol{PBQ}$，其中 $\boldsymbol{P}$ 为 $m\times k$ 列满秩矩阵，$\boldsymbol{Q}$ 为 $s\times n$ 行满秩矩阵，证明 $\text{rank}(\boldsymbol{A})=\text{rank}(\boldsymbol{B})$.

13. 设 $\boldsymbol{A}\in\mathbb{C}^{m\times n}$，$\boldsymbol{B}\in\mathbb{C}^{n\times m}$，$\boldsymbol{BA}=\boldsymbol{I}_n$，$\text{rank}(\boldsymbol{AB})=n$，$m\geqslant n$. 求 $\boldsymbol{AB}$ 的全部特征值.

14. 设矩阵 $\boldsymbol{A}\in\mathbb{C}^{m\times m}$，$\boldsymbol{C}\in\mathbb{C}^{n\times n}$ 是可逆的，证明：

(1) 若 $\boldsymbol{B}\in\mathbb{C}^{m\times n}$ 是左可逆的,则 $\boldsymbol{ABC}$ 是左可逆;

(2) 若 $\boldsymbol{B}\in\mathbb{C}^{m\times n}$ 是右可逆的,则 $\boldsymbol{ABC}$ 是右可逆.

15. $\boldsymbol{A}\in\mathbb{R}^{m\times n}$ 是一个行满秩矩阵,证明 $\boldsymbol{A}$ 有右逆为

$$\boldsymbol{G}=\boldsymbol{VA}^{\mathrm{T}}(\boldsymbol{AVA}^{\mathrm{T}})^{-1},$$

其中 $\boldsymbol{V}$ 是使 $\mathrm{rank}(\boldsymbol{AVA}^{\mathrm{T}})=\mathrm{rank}(\boldsymbol{A})$ 成立的任一 n 阶方阵.

16. $\boldsymbol{A}\in\mathbb{C}^{m\times n}$ 是左可逆的,证明存在 $\varepsilon>0$,使满足条件 $\|\boldsymbol{A}-\boldsymbol{B}\|<\varepsilon$ 的每一个矩阵 $\boldsymbol{B}\in\mathbb{C}^{m\times n}$ 都是左可逆的,换言之,单边可逆矩阵对小摄动是稳定的.

17. 设

$$(1)\ \boldsymbol{A}=\begin{bmatrix}1&2&0\\0&0&1\\1&2&2\end{bmatrix};\ (2)\ \boldsymbol{A}=\begin{bmatrix}1&0&0\\0&1&-1\\1&0&0\\2&1&-1\end{bmatrix}.$$

求 $\boldsymbol{A}^{+}$.

18. 已知矩阵

$$\boldsymbol{A}=\begin{bmatrix}1&1\\2&2\end{bmatrix},\quad \boldsymbol{B}=\begin{bmatrix}-1&0&1\\2&0&-2\end{bmatrix},$$

分别求 $\boldsymbol{A}^{+},\boldsymbol{B}^{+}$.

19. 设 $\boldsymbol{A}\in\mathbb{C}^{m\times n}$,$\boldsymbol{P}$ 与 $\boldsymbol{Q}$ 分别为 m 阶与 n 阶酉矩阵,试证:

$$(\boldsymbol{PAQ})^{+}=\boldsymbol{Q}^{+}\boldsymbol{A}^{+}\boldsymbol{P}^{+}.$$

20. 证明下列等式:

(1) $(\boldsymbol{A}^{\mathrm{H}}\boldsymbol{A})^{+}=\boldsymbol{A}^{+}(\boldsymbol{A}^{\mathrm{H}})^{+}$;$(\boldsymbol{AA}^{\mathrm{H}})^{+}=(\boldsymbol{A}^{\mathrm{H}})^{+}\boldsymbol{A}^{+}$;

(2) $(\boldsymbol{A}^{\mathrm{H}}\boldsymbol{A})^{+}=\boldsymbol{A}^{+}(\boldsymbol{AA}^{\mathrm{H}})^{+}\boldsymbol{A}=\boldsymbol{A}^{\mathrm{H}}(\boldsymbol{AA}^{\mathrm{H}})^{+}(\boldsymbol{A}^{\mathrm{H}})^{+}$;

(3) $\boldsymbol{AA}^{+}=(\boldsymbol{AA}^{\mathrm{H}})(\boldsymbol{AA}^{\mathrm{H}})^{+}=(\boldsymbol{AA}^{\mathrm{H}})^{+}(\boldsymbol{AA}^{\mathrm{H}})$;

(4) $\boldsymbol{A}^{+}\boldsymbol{A}=(\boldsymbol{A}^{\mathrm{H}}\boldsymbol{A})(\boldsymbol{A}^{\mathrm{H}}\boldsymbol{A})^{+}=(\boldsymbol{A}^{\mathrm{H}}\boldsymbol{A})^{+}(\boldsymbol{A}^{\mathrm{H}}\boldsymbol{A})$;

(5) 如果 $\boldsymbol{A}^{\mathrm{H}}=\boldsymbol{A}$,那么

$$(\boldsymbol{A}^{2})^{+}=(\boldsymbol{A}^{+})^{2},\quad \boldsymbol{A}^{2}(\boldsymbol{A}^{2})^{+}=(\boldsymbol{A}^{2})^{+}\boldsymbol{A}^{2}=\boldsymbol{AA}^{+};$$

(6) 如果 $\boldsymbol{A}^{\mathrm{H}}=\boldsymbol{A}$,那么

$$\boldsymbol{AA}^{+}=\boldsymbol{A}^{+}\boldsymbol{A}.$$

21. 设 $\boldsymbol{A}$ 是一个正规矩阵,证明 $\boldsymbol{AA}^{+}=\boldsymbol{A}^{+}\boldsymbol{A}$.

22. 设 $\boldsymbol{A}\in\mathbb{R}^{m\times n}$,且 $\boldsymbol{A}$ 的 n 个列是标准正交的,证明

$$\boldsymbol{A}^{+}=\boldsymbol{A}^{\mathrm{T}}.$$

23. $\boldsymbol{A}$ 是幂等且是埃尔米特阵(即 $\boldsymbol{A}$ 是正交投影矩阵),证明 $\boldsymbol{A}^{+}=\boldsymbol{A}$.

24. $\boldsymbol{A}\in\mathbb{C}^{m\times n}$,$\mathrm{rank}(\boldsymbol{A})=1$,证明:

(1) 存在数 $a_1,a_2,\cdots,a_m$ 与 $b_1,b_2,\cdots,b_n$,使

$$\boldsymbol{A}=(a_1,a_2,\cdots,a_m)^{\mathrm{T}}(b_1,b_2,\cdots,b_n);$$

(2) $\boldsymbol{A}^{+}=\dfrac{1}{a}\boldsymbol{A}^{\mathrm{H}}$,其中 $a=\sum\limits_{i=1}^{m}\sum\limits_{j=1}^{n}|a_ib_j|^2$.

25. $\boldsymbol{A}\in\mathbb{R}^{m\times n}$,$\mathrm{rank}(\boldsymbol{A})=r$,$\boldsymbol{U},\boldsymbol{V}$ 是正交矩阵,若 $\boldsymbol{A}=\boldsymbol{U}\begin{bmatrix}\boldsymbol{A} & \boldsymbol{0}\\ \boldsymbol{0} & \boldsymbol{0}\end{bmatrix}V$,其中 $\boldsymbol{A}_1$ 为可逆矩阵,则

$$\boldsymbol{A}^{+}=\boldsymbol{V}^{\mathrm{H}}\begin{bmatrix}\boldsymbol{A}_1^{-1} & \boldsymbol{0}\\ \boldsymbol{0} & \boldsymbol{0}\end{bmatrix}\boldsymbol{U}^{\mathrm{H}}.$$

26. 证明:$\boldsymbol{A}^{+}\boldsymbol{AB}=\boldsymbol{A}^{+}\boldsymbol{AC}$ 的充分必要条件是 $\boldsymbol{AB}=\boldsymbol{AC}$.

27. $\boldsymbol{A}\in\mathbb{R}^{m\times n}$,且 $\mathrm{rank}(\boldsymbol{A})=n$,$\boldsymbol{A}$ 的正交上三角分解为:$\boldsymbol{A}=\boldsymbol{QR}$,其中 $\boldsymbol{Q}_{m\times n}$ 的 n 个列标准正交,$\boldsymbol{R}$ 是

正对角线元的上三角矩阵，证明：

$$A^{+}=R^{-1}Q^{\mathrm{T}}.$$

28. 设 $A\in\mathbb{R}^{m\times n}$，$A^{\mathrm{T}}A$ 的特征值为 $\lambda_1,\lambda_2,\cdots,\lambda_n$，对应的 n 个标准正交的特征向量 $X_1,X_2,\cdots,X_n$ 组成正交矩阵 $Q=(X_1,X_2,\cdots,X_n)$，则

$$A^{+}=Q\Lambda^{+}Q^{\mathrm{T}}A^{\mathrm{T}},$$

其中 $\Lambda=\mathrm{diag}(\lambda_1,\lambda_2,\cdots,\lambda_n)$.

29. 举例说明有关摩尔-彭诺斯逆的下列命题不真：

(1) $(AB)^{+}=B^{+}A^{+}$；

(2) $(A^{k})^{+}=(A^{+})^{k}$，k 为正整数；

(3) 若 λ 是 A 的特征值，则 λ 是 A^{+} 的特征值；

(4) 若 P,Q 为可逆矩阵，则 $(PAQ)^{+}=Q^{-1}A^{+}P^{-1}$.

30. 求下列矩阵的极小范数广义逆 A_{m}^{-}：

(1) $A_1=\begin{bmatrix}1&0&2\\2&1&4\end{bmatrix}$；(2) $A_2=\begin{bmatrix}1&0&3\\2&3&0\\1&1&1\end{bmatrix}$.

并分别求方程 $A_1x=b_1$ 和 $A_2x=b_2$ 的最小范数解，其中 $b_1=(1,-1)^{\mathrm{T}}$，$b_2=(3,0,1)^{\mathrm{T}}$.

31. 已知

$$A=\begin{bmatrix}1&0&-1&1\\0&2&2&2\\-1&4&5&3\end{bmatrix},\quad b=\begin{bmatrix}4\\-2\\-2\end{bmatrix}.$$

(1) 用广义逆矩阵方法判定线性方程组 $Ax=b$ 是否相容？

(2) 指出 $Ax=b$ 的极小范数解或极小范数最小二乘解（指出解的类型）.

32. 设矩阵 $G\in A\{1,4\}$（即 G 为最小二乘广义逆），则 $x\in\mathbb{C}^n$ 是不相容线性方程组 $Ax=b$ 的最小二乘解的充分必要条件是：对任何 $b\in\mathbb{C}^m$，x 是方程组 $Ax=AGb$ 的解. 试证明之.

33. 求下列矩阵的最小二乘广义逆 A_{l}^{-}：

(1) $A_1=\begin{bmatrix}1&2\\2&1\\1&1\end{bmatrix}$；(2) $A_2=\begin{bmatrix}1&0&1&1\\2&1&2&1\\2&0&2&2\\4&2&4&2\end{bmatrix}$.

并分别求不相容方程组 $A_1x=b_1$ 和 $A_2x=b_2$ 的最小二乘解，其中 $b_1=(1,0,0)^{\mathrm{T}}$，$b_2=(0,1,0,1)^{\mathrm{T}}$.

34. 用满秩分解法求下列矩阵的极小最小二乘广义逆 A^{+}：

(1) $A_1=\begin{bmatrix}0&0&1\\0&0&2\\1&1&0\\1&1&1\end{bmatrix}$；(2) $A_2=\begin{bmatrix}1&1&2\\0&2&2\\1&0&1\\1&0&1\end{bmatrix}$.

并分别求不相容方程组 $A_1x=b_1$ 和 $A_2x=b_2$ 的极小最小二乘解，其中 $b_1=(1,2,1,2)^{\mathrm{T}}$，$b_2=(0,1,0,0)^{\mathrm{T}}$.

35. 证明：线性方程组 $Ax=b$ 有解的充分必要条件是 $AA^{+}b=b$ 和 $\mathrm{rank}(A)=\mathrm{rank}(A\,\vdots\,b)$.

36. 设 $A\in\mathbb{C}^{m\times n}$，$P,Q$ 分别是 m 阶和 n 阶可逆矩阵.

(1) 证明 $Q^{-1}AP^{-1}\in(PAQ)^{-}$；

(2) 举例说明 $(PAQ)^{+}=Q^{-1}A^{+}P^{-1}$ 不真.

37. 证明：设 $A\in\mathbb{C}^{m\times n}$，$B\in\mathbb{C}^{p\times q}$，$C\in\mathbb{C}^{m\times q}$，则矩阵方程 $AXB=C$ 相容的充分必要条件是：对某个 A^{-}，B^{-} 有 $AA^{-}CB^{-}B=C$ 成立，且方程的通解为

$$X=A^{-}CB^{-}+(Z-A^{-}AZBB^{-}),$$

其中 $\boldsymbol{Z}\in\mathbb{C}^{m\times p}$ 任意.

38. 设非齐次线性方程组 $\boldsymbol{Ax}=\boldsymbol{b}$ 有解,证明:此方程组的一般解为 $\boldsymbol{x}=\boldsymbol{A}^{-}\boldsymbol{b}$,其中 $\boldsymbol{A}^{-}$ 是 $\boldsymbol{A}$ 的任意一个广义逆.

39. 已知线性方程组

$$\begin{cases}x_1+2x_2+3x_3=1,\\ x_1+x_3=0,\\ 2x_1+2x_3=1,\\ 2x_1+4x_2+6x_3=3.\end{cases}$$

(1) 证明此线性方程组无解(或为不相容线性方程组);

(2) 求此方程组的极小最小二乘解 $\boldsymbol{x}$;

(3) 求 $\|\boldsymbol{x}\|_2$,并求 $\boldsymbol{b}=(1,0,1,3)^{\mathrm{T}}$ 到 $R(\boldsymbol{A})$ 的最短距离,这里 $\boldsymbol{A}$ 为此方程组的系数矩阵.

40. 求线性方程组

$$\begin{cases}x_1+2x_2 \qquad =1,\\ \qquad\qquad 2x_3=1,\\ 2x_1+4x_2 \qquad =3\end{cases}$$

的极小最小二乘解.

41. 设矩阵 $\boldsymbol{A}$ 及向量 $\boldsymbol{\alpha}$ 为

$$\boldsymbol{A}=\begin{bmatrix}0&0&2\\1&1&0\\0&0&1\\1&1&1\end{bmatrix},\quad \boldsymbol{\alpha}=\begin{bmatrix}1\\1\\1\\1\end{bmatrix}.$$

(1) $\boldsymbol{A}$ 的值域(列空间)记为 $R(\boldsymbol{A})$,证明 $\boldsymbol{\alpha}\notin R(\boldsymbol{A})$;

(2) 在 $R(\boldsymbol{A})$ 中求一向量 $\boldsymbol{y}_0$,使 $\boldsymbol{y}_0$ 与向量 $\boldsymbol{\alpha}$ 距离最近;

(3) 求 $\|\boldsymbol{y}_0-\boldsymbol{\alpha}\|_2$.

42. 设平面曲线的 4 个点坐标为 $(-1,3)^{\mathrm{T}},(0,0)^{\mathrm{T}},(1,2)^{\mathrm{T}},(2,5)^{\mathrm{T}}$,求一与这些点吻合的二次曲线.

43. 设 $\boldsymbol{A}\in\mathbb{R}^{m\times n}$,$\operatorname{rank}(\boldsymbol{A})=n$,$\boldsymbol{Ax}=\boldsymbol{b}$ 为不相容的线性方程组.

(1) 求 $\boldsymbol{Ax}=\boldsymbol{b}$ 的极小最小二乘解 $\boldsymbol{x}_0$;

(2) 利用矩阵的正交三角分解 $\boldsymbol{A}=\boldsymbol{Q}_{m\times n}\boldsymbol{R}_{n\times n}$,证明极小最小二乘解为 $\boldsymbol{x}_0=\boldsymbol{R}^{-1}\boldsymbol{Q}^{\mathrm{T}}\boldsymbol{b}$.

第7章 几类特殊矩阵与特殊积

引言　什么是特殊矩阵与特殊积

本章综合介绍几类特殊的矩阵，以及几种矩阵的特殊积. 它们在许多科学技术领域内，都有着不同程度的应用. 这里所谓的特殊矩阵，是指它的形状或其所具有的性质有某些特性的矩阵. 例如，大家熟知的对角矩阵、单位矩阵、三角矩阵、对称矩阵、埃尔米特矩阵、正交矩阵、酉矩阵、正规矩阵、正定矩阵、非负定矩阵、吉文斯(Givens)旋转矩阵以及豪斯霍尔德反射矩阵等，这些特殊矩阵前面已作过介绍，不在本章的研究范围内. 在这里，主要讨论非负矩阵与正矩阵、素矩阵与循环矩阵、随机矩阵、单调矩阵、M 矩阵与 H 矩阵，以及其他的诸如 T 矩阵(特普利茨(Toeplitz)矩阵)与汉克尔(Hankel)矩阵等一些重要的特殊矩阵. 再说矩阵的特殊积，也不是前面谈的一般乘积 $\boldsymbol{AB}$，因为一般乘积要求 $\boldsymbol{A}$ 的列数等于 $\boldsymbol{B}$ 的行数，而这里引入的几种矩阵的特殊积，它们不受矩阵的行数和列数的限制，显然它们是前述矩阵乘积 $\boldsymbol{AB}$ 的推广. 用这样的特殊积来表示矩阵方程的解，有时显得十分地简洁.

7.1　非负矩阵

在数理经济学、概率论、弹性系统微振动理论等许多领域里，常常出现“元素都是非负实数”的矩阵，这类矩阵在数学上把它归成一类，叫作“非负矩阵”，它的基本特征已被认为是矩阵论的经典性内容之一. 为此，本节介绍非负矩阵的一些基本性质，包括著名的佩龙-弗罗贝尼乌斯(Perron Frobenius)定理，以及正矩阵、不可约非负矩阵、素矩阵等概念.

7.1.1　非负矩阵与正矩阵

定义 7.1.1　设 $\boldsymbol{A}=(a_{ij})\in\mathbb{R}^{m\times n}$，如果

$$a_{ij}\geqslant 0,\qquad i=1,\cdots,m;\ j=1,\cdots,n,\tag{7.1.1}$$

即 $\boldsymbol{A}$ 的所有元素是非负的，则称 $\boldsymbol{A}$ 为**非负矩阵**，记作 $\boldsymbol{A}\geqslant 0$；若式(7.1.1)中严格不等号成立，即 $a_{ij}>0\ (i=1,\cdots,m;j=1,\cdots,n)$，则称 $\boldsymbol{A}$ 为**正矩阵**，记为 $\boldsymbol{A}>0$.

设 $\boldsymbol{A},\boldsymbol{B}\in\mathbb{R}^{m\times n}$，如果成立 $\boldsymbol{A}-\boldsymbol{B}\geqslant 0$，则记作 $\boldsymbol{A}\geqslant\boldsymbol{B}$；如果成立 $\boldsymbol{A}-\boldsymbol{B}>0$，则记作 $\boldsymbol{A}>\boldsymbol{B}$.

必须注意，非负矩阵和正矩阵的概念与第 1 章 1.3 节中非负定矩阵和正定矩阵的概念是不同的.

对于任意的 $\boldsymbol{A}=(a_{ij})\in\mathbb{C}^{m\times n}$,引进记号

$$|\boldsymbol{A}|=(|a_{ij}|),\tag{7.1.2}$$

即表示以 a_{ij} 之模 $|a_{ij}|$ 为元素所得的非负矩阵;特别地,当 $\boldsymbol{x}=(x_1,\cdots,x_n)^{\mathrm{T}}\in\mathbb{C}^n$ 时,$|\boldsymbol{x}|=(|x_1|,\cdots,|x_n|)^{\mathrm{T}}$ 表示一个非负向量.

注意,这里使用的记号 $|\boldsymbol{A}|$ 与 $|\boldsymbol{x}|$,不要与前面讲的"方阵的行列式"和"向量的长度"概念混淆了.

由定义 7.1.1 可直接得到如下定理.

定理 7.1.1 设 $\boldsymbol{A},\boldsymbol{B},\boldsymbol{C},\boldsymbol{D}\in\mathbb{C}^{m\times n}$,则

(1) $|\boldsymbol{A}|\geqslant 0$,并且 $|\boldsymbol{A}|=0$ 当且仅当 $\boldsymbol{A}=\boldsymbol{0}$;

(2) 对任意复数 α,有 $|\alpha\boldsymbol{A}|=|\alpha||\boldsymbol{A}|$;

(3) $|\boldsymbol{A}+\boldsymbol{B}|\leqslant|\boldsymbol{A}|+|\boldsymbol{B}|$;

(4) 若 $\boldsymbol{A}\geqslant 0,\boldsymbol{B}\geqslant 0,a,b$ 是非负实数,则 $a\boldsymbol{A}+b\boldsymbol{B}\geqslant 0$;

(5) 若 $\boldsymbol{A}\geqslant\boldsymbol{B}$,且 $\boldsymbol{C}\geqslant\boldsymbol{D}$,则 $\boldsymbol{A}+\boldsymbol{C}\geqslant\boldsymbol{B}+\boldsymbol{D}$;

(6) 若 $\boldsymbol{A}\geqslant\boldsymbol{B}$,且 $\boldsymbol{B}\geqslant\boldsymbol{C}$,则 $\boldsymbol{A}\geqslant\boldsymbol{C}$.

一般由 $\boldsymbol{A}\geqslant 0$ 和 $\boldsymbol{A}\neq 0$,不能导出 $\boldsymbol{A}>0$.

定理 7.1.2 设 $\boldsymbol{A},\boldsymbol{B},\boldsymbol{C},\boldsymbol{D}\in\mathbb{C}^{n\times n},\boldsymbol{x}\in\mathbb{C}^n$,则

(1) $|\boldsymbol{A}\boldsymbol{x}|\leqslant|\boldsymbol{A}||\boldsymbol{x}|$;

(2) $|\boldsymbol{A}\boldsymbol{B}|\leqslant|\boldsymbol{A}||\boldsymbol{B}|$;

(3) 对任意正整数 m,有 $|\boldsymbol{A}^m|\leqslant|\boldsymbol{A}|^m$;

(4) 若 $0\leqslant\boldsymbol{A}\leqslant\boldsymbol{B},0\leqslant\boldsymbol{C}\leqslant\boldsymbol{D}$,则 $0\leqslant\boldsymbol{A}\boldsymbol{C}\leqslant\boldsymbol{B}\boldsymbol{D}$;

(5) 若 $0\leqslant\boldsymbol{A}\leqslant\boldsymbol{B}$,对任意正整数 m,有 $0\leqslant\boldsymbol{A}^m\leqslant\boldsymbol{B}^m$;

(6) 若 $\boldsymbol{A}\geqslant 0\ (\boldsymbol{A}>0)$,对任意正整数 m,$\boldsymbol{A}^m\geqslant 0\ (\boldsymbol{A}^m>0)$;

(7) 若 $\boldsymbol{A}>0,\boldsymbol{x}\geqslant 0$ 且 $\boldsymbol{x}\neq 0$,则 $\boldsymbol{A}\boldsymbol{x}>0$;

(8) 若 $|\boldsymbol{A}|\leqslant\boldsymbol{B}$,则 $\|\boldsymbol{A}\|_2\leqslant\||\boldsymbol{A}|\|_2\leqslant\|\boldsymbol{B}\|_2$.

证明 (1)~(7)显然成立,下面证明(8).

因为 $\forall\,\boldsymbol{x}\in\mathbb{C}^n$,都有

$$|\boldsymbol{A}\boldsymbol{x}|\leqslant|\boldsymbol{A}||\boldsymbol{x}|\leqslant\boldsymbol{B}|\boldsymbol{x}|,$$

则

$$\|\boldsymbol{A}\boldsymbol{x}\|_2=\||\boldsymbol{A}\boldsymbol{x}|\|_2\leqslant\||\boldsymbol{A}||\boldsymbol{x}|\|_2\leqslant\|\boldsymbol{B}|\boldsymbol{x}|\|_2,$$

于是

$$\max_{\||\boldsymbol{x}|\|_2=1}\|\boldsymbol{A}\boldsymbol{x}\|_2=\max_{\||\boldsymbol{x}|\|_2=1}\||\boldsymbol{A}\boldsymbol{x}|\|_2\leqslant\max_{\||\boldsymbol{x}|\|_2=1}\||\boldsymbol{A}||\boldsymbol{x}|\|_2\leqslant\max_{\||\boldsymbol{x}|\|_2=1}\|\boldsymbol{B}|\boldsymbol{x}|\|_2.$$

由上式有

$$\|\boldsymbol{A}\|_2\leqslant\||\boldsymbol{A}|\|_2\leqslant\|\boldsymbol{B}\|_2.$$

证毕

定理 7.1.3(谱半径的单调性) 设 $\boldsymbol{A},\boldsymbol{B}\in\mathbb{C}^{n\times n}$,若 $|\boldsymbol{A}|\leqslant\boldsymbol{B}$,则

$$\rho(\boldsymbol{A})\leqslant\rho(|\boldsymbol{A}|)\leqslant\rho(\boldsymbol{B}).\tag{7.1.3}$$

证明 由定理 7.1.2 的(3)和(5)知,对任意正整数 m,有 $|\boldsymbol{A}^m|\leqslant|\boldsymbol{A}|^m\leqslant\boldsymbol{B}^m$,由定理 7.1.2(8),有

$$\|\boldsymbol{A}^m\|_2\leqslant\||\boldsymbol{A}|^m\|_2\leqslant\|\boldsymbol{B}^m\|_2,$$

从而

$$\|\boldsymbol{A}^m\|_2^{\frac{1}{m}} \leqslant \| \, |\boldsymbol{A}|^m \|_2^{\frac{1}{m}} \leqslant \|\boldsymbol{B}^m\|_2^{\frac{1}{m}}.$$

由于$(\rho(\boldsymbol{A}))^m=\rho(\boldsymbol{A}^m)\leqslant\|\boldsymbol{A}^m\|_2$，所以对所有$m=1,2,\cdots$，有$\rho(\boldsymbol{A})\leqslant\|\boldsymbol{A}^m\|_2^{\frac{1}{m}}$. 另一方面，对任意$\varepsilon>0$，矩阵$\widetilde{\boldsymbol{A}}=[\rho(\boldsymbol{A})+\varepsilon]^{-1}\boldsymbol{A}$的谱半径严格小于1，由定理5.1.2知$\lim\limits_{m\to\infty}\widetilde{\boldsymbol{A}}^m=\boldsymbol{0}$，于是当$m\to\infty$时，$\|\widetilde{\boldsymbol{A}}^m\|_2\to0$. 因此，存在正整数$k$，使得当$m>k$时，$\|\widetilde{\boldsymbol{A}}^m\|_2<1$，即对所有$m>k$有$\|\boldsymbol{A}^m\|_2\leqslant[\rho(\boldsymbol{A})+\varepsilon]^m$或$\|\boldsymbol{A}^m\|_2^{\frac{1}{m}}\leqslant\rho(\boldsymbol{A})+\varepsilon$，故$\lim\limits_{m\to\infty}\|\boldsymbol{A}^m\|_2^{\frac{1}{m}}=\rho(\boldsymbol{A})$.

同理有$\lim\limits_{m\to\infty}\|\,|\boldsymbol{A}|^m\|_2^{\frac{1}{m}}=\rho(|\boldsymbol{A}|)$和$\lim\limits_{m\to\infty}\|\boldsymbol{B}^m\|_2^{\frac{1}{m}}=\rho(\boldsymbol{B})$，即得

$$\rho(\boldsymbol{A})\leqslant\rho(|\boldsymbol{A}|)\leqslant\rho(\boldsymbol{B}).$$

证毕

由定理7.1.3立即得到如下推论.

推论1　设$\boldsymbol{A},\boldsymbol{B}\in\mathbb{R}^{n\times n}$，若$0\leqslant\boldsymbol{A}\leqslant\boldsymbol{B}$，则$\rho(\boldsymbol{A})\leqslant\rho(\boldsymbol{B})$.

推论2　设$\boldsymbol{A}\in\mathbb{R}^{n\times n}$，若$\boldsymbol{A}\geqslant0$，$\boldsymbol{A}^{(k)}$是$\boldsymbol{A}$的任一主子矩阵，则$\rho(\boldsymbol{A}^{(k)})\leqslant\rho(\boldsymbol{A})$. 特别地，$\max\limits_{1\leqslant i\leqslant n}\{a_{ii}\}\leqslant\rho(\boldsymbol{A})$.

事实上，对任意正整数k $(1\leqslant k\leqslant n)$，用$\widetilde{\boldsymbol{A}}$表示把$\boldsymbol{A}^{(k)}$的所有元素放在$\boldsymbol{A}$的原来位置而把0放在其余位置所得的$n$阶矩阵，则$\rho(\boldsymbol{A}^{(k)})=\rho(\widetilde{\boldsymbol{A}})$并且$0\leqslant\widetilde{\boldsymbol{A}}\leqslant\boldsymbol{A}$，则由推论1知，$\rho(\boldsymbol{A}^{(k)})=\rho(\widetilde{\boldsymbol{A}})\leqslant\rho(\boldsymbol{A})$.

佩龙(Perron)在1907年建立了正矩阵的特征值与特征向量的重要性质，这就是下面的定理.

定理7.1.4(佩龙定理)　设$\boldsymbol{A}\in\mathbb{R}^{n\times n}$，且$\rho(\boldsymbol{A})$为其谱半径，若$\boldsymbol{A}>0$(正矩阵)，则

(1) $\rho(\boldsymbol{A})$为$\boldsymbol{A}$的正特征值，其对应的一个特征向量$\boldsymbol{y}\in\mathbb{R}^n$必为正向量；

(2) 对$\boldsymbol{A}$的任何其他特征值λ，都有$|\lambda|<\rho(\boldsymbol{A})$；

(3) $\rho(\boldsymbol{A})$是$\boldsymbol{A}$的单特征值.

证明　首先证明(1). 设μ是$\boldsymbol{A}$的按模最大的特征值，$\boldsymbol{x}=(x_1,\cdots,x_n)^{\mathrm{T}}$是相应的特征向量，则

$$\boldsymbol{A}\boldsymbol{x}=\mu\boldsymbol{x},\quad 且\quad |\mu|=\rho(\boldsymbol{A}). \tag{7.1.4}$$

令$\boldsymbol{y}=(|x_1|,\cdots,|x_n|)^{\mathrm{T}}$，下面证明$\boldsymbol{y}$是$\boldsymbol{A}$对应于特征值$\rho(\boldsymbol{A})$的正特征向量.

因为$\boldsymbol{A}\boldsymbol{x}=\mu\boldsymbol{x}$，所以对于$i(1\leqslant i\leqslant n)$，有

$$\mu x_i=\sum_{j=1}^n a_{ij}x_j,$$

从而

$$\rho(\boldsymbol{A})|x_i|=|\mu x_i|\leqslant\sum_{j=1}^n a_{ij}|x_j|,$$

写成矩阵形式，有

$$\rho(\boldsymbol{A})\boldsymbol{y}\leqslant\boldsymbol{A}\boldsymbol{y},$$

即

$$(\boldsymbol{A}-\rho(\boldsymbol{A})\boldsymbol{I})\boldsymbol{y}\geqslant0. \tag{7.1.5}$$

下面证明式(7.1.5)的等号成立. 用反证法，设$(\boldsymbol{A}-\rho(\boldsymbol{A})\boldsymbol{I})\boldsymbol{y}=\boldsymbol{z}\neq\boldsymbol{0}$，因为$\boldsymbol{A}$是正矩阵，且$\boldsymbol{z}$是非负的非零向量，所以$\boldsymbol{A}\boldsymbol{z}>0$. 又显然有$\boldsymbol{A}\boldsymbol{y}>0$，则存在$\varepsilon>0$，使得

$$\boldsymbol{A}\boldsymbol{z}\geqslant\varepsilon\boldsymbol{A}\boldsymbol{y}. \tag{7.1.6}$$

因为 $\boldsymbol{Az}=\boldsymbol{A}(\boldsymbol{A}-\rho(\boldsymbol{A})\boldsymbol{I})\boldsymbol{y}$，所以

$$\boldsymbol{A}^2\boldsymbol{y}=\boldsymbol{Az}+\rho(\boldsymbol{A})\boldsymbol{Ay}\geqslant[\varepsilon+\rho(\boldsymbol{A})]\boldsymbol{Ay}.$$

令 $[\varepsilon+\rho(\boldsymbol{A})]^{-1}\boldsymbol{A}=\boldsymbol{B}$，则有 $\boldsymbol{B}>0,\rho(\boldsymbol{B})<1$，且

$$\boldsymbol{BAy}\geqslant\boldsymbol{Ay}.$$

由上式可逐步推得

$$\boldsymbol{B}^k\boldsymbol{Ay}\geqslant\boldsymbol{Ay},\quad k=1,2,\cdots \tag{7.1.7}$$

又因为 $\rho(\boldsymbol{B})<1$，则由定理 5.1.2 知，当 $k\to\infty$ 时，$\boldsymbol{B}^k\to\boldsymbol{0}$. 对不等式(7.1.7)两端取极限，即得 $\boldsymbol{Ay}\leqslant 0$，这与 $\boldsymbol{Ay}>0$ 矛盾，因此有 $\boldsymbol{z}=\boldsymbol{0}$. 于是证明了

$$\boldsymbol{Ay}=\rho(\boldsymbol{A})\boldsymbol{y}. \tag{7.1.8}$$

这表明 $\rho(\boldsymbol{A})=|\mu|$ 是 $\boldsymbol{A}$ 的特征值，而 $\boldsymbol{y}$ 是 $\boldsymbol{A}$ 的正特征向量.

下面证明(2). 只要证明除 $\rho(\boldsymbol{A})$ 外，$\boldsymbol{A}$ 不可能还有其他特征值 λ 能满足 $|\lambda|=\rho(\boldsymbol{A})$.

不妨假设 λ 是 $\boldsymbol{A}$ 的特征值，且满足 $|\lambda|=\rho(\boldsymbol{A})$，相应的特征向量为 $\boldsymbol{u}=(u_1,\cdots,u_n)^{\mathrm{T}}$，则

$$\boldsymbol{Au}=\lambda\boldsymbol{u}. \tag{7.1.9}$$

令 $\boldsymbol{v}=(|u_1|,\cdots,|u_n|)^{\mathrm{T}}$，重复上面证明(1)的讨论可得

$$\boldsymbol{Av}=\rho(\boldsymbol{A})\boldsymbol{v}. \tag{7.1.10}$$

而由式(7.1.9)可得

$$\lambda u_i=\sum_{j=1}^n a_{ij}u_j,\qquad j=1,\cdots,n,$$

从而

$$\rho(\boldsymbol{A})|u_i|=\left|\sum_{j=1}^n a_{ij}u_j\right|. \tag{7.1.11}$$

将式(7.1.10)代入式(7.1.11)得

$$\left|\sum_{j=1}^n a_{ij}u_j\right|=\sum_{j=1}^n a_{ij}|u_j|,\qquad i=1,\cdots,n.$$

由于 $a_{ij}>0$，则上式表明所有的 u_j 有相同的辐角 φ，即

$$u_j=|u_j|\mathrm{e}^{\mathrm{i}\varphi},\qquad \text{其中}\quad \mathrm{i}=\sqrt{-1},j=1,\cdots,n,$$

其中 φ 是不依赖于 j 的常数. 于是 $\boldsymbol{u}=\mathrm{e}^{\mathrm{i}\varphi}\boldsymbol{v}$，这表明 $\boldsymbol{u},\boldsymbol{v}$ 只差一个非零常数因子 $\mathrm{e}^{\mathrm{i}\varphi}$，故 $\boldsymbol{u}$ 也是 $\boldsymbol{A}$ 对应于特征值 $\rho(\boldsymbol{A})$ 的特征向量，即

$$\boldsymbol{Au}=\rho(\boldsymbol{A})\boldsymbol{u}. \tag{7.1.12}$$

由式(7.1.9)和式(7.1.12)可得 $\lambda=\rho(\boldsymbol{A})$.

最后证明(3). 令 $\boldsymbol{B}=\rho^{-1}(\boldsymbol{A})\boldsymbol{A}=(b_{ij})$，则 $\boldsymbol{B}>0$ 且 $\rho(\boldsymbol{B})=1$. 欲证明(3)，只需证明 1 是 $\boldsymbol{B}$ 的单特征值即可，或者说，在 $\boldsymbol{B}$ 的若尔当标准形中对应于特征值 1 只有一个一阶若尔当块.

根据结论(1)知，存在向量 $\boldsymbol{y}=(y_1,\cdots,y_n)^{\mathrm{T}}>0$，使得

$$\boldsymbol{By}=\boldsymbol{y}, \tag{7.1.13}$$

从而对任何正整数 k 都有

$$\boldsymbol{B}^k\boldsymbol{y}=\boldsymbol{y}. \tag{7.1.14}$$

令 $y_s=\max\limits_i y_i>0,y_t=\min\limits_i y_i>0$，则由式(7.1.14)可得

$$y_s\geqslant y_i=\sum_{l=1}^n b_{il}^{(k)}y_l\geqslant b_{ij}^{(k)}y_j\geqslant b_{ij}^{(k)}y_t,$$

其中 $b_{ij}^{(k)}$ 表示 $\boldsymbol{B}^k$ 的(i,j)位置上元素,从而有 $b_{ij}^{(k)}\leqslant\dfrac{y_s}{y_t}$,这表明对所有 $k>1$,$b_{ij}^{(k)}$ 是有界的.

假若 $\boldsymbol{B}$ 的若尔当标准形中有一个对应于特征值 1 的若尔当块的阶数大于 1,不妨设其为 2,则存在可逆矩阵 $\boldsymbol{P}$ 使得

$$\boldsymbol{B}=\boldsymbol{P}\begin{bmatrix}1 & 1 & & & \\ 0 & 1 & & & \\ & & \boldsymbol{J}_1(\lambda_1) & & \\ & & & \ddots & \\ & & & & \boldsymbol{J}_m(\lambda_m)\end{bmatrix}\boldsymbol{P}^{-1},$$

其中

$$\boldsymbol{J}_i(\lambda_i)=\begin{bmatrix}\lambda_i & 1 & & \\ & \lambda_i & \ddots & \\ & & \ddots & 1 \\ & & & \lambda_i\end{bmatrix},$$

并且$|\lambda_i|<1\ (i=1,\cdots,m)$,则对 $k\geqslant 1$ 有

$$\boldsymbol{B}^k=\boldsymbol{P}\begin{bmatrix}1 & k & & & \\ & 1 & & & \\ & & \boldsymbol{J}_1^k(\lambda_1) & & \\ & & & \ddots & \\ & & & & \boldsymbol{J}_m^k(\lambda_m)\end{bmatrix}\boldsymbol{P}^{-1},$$

这与 $\boldsymbol{b}_{ij}^{(k)}$ 有界相矛盾,故 $\boldsymbol{B}$ 的若尔当标准形中对应于特征值 1 的若尔当块是一阶的.

下面证明 $\boldsymbol{B}$ 的若尔当标准形中对应于特征值 1 的一阶若尔当块只有一个. 设 $\boldsymbol{B}$ 的若尔当标准形为

$$\boldsymbol{J}=\begin{bmatrix}\boldsymbol{I}_r & & & \\ & \boldsymbol{J}_1(\lambda_1) & & \\ & & \ddots & \\ & & & \boldsymbol{J}_l(\lambda_l)\end{bmatrix},$$

其中 $\boldsymbol{I}_r$ 为 r 阶单位矩阵,且$|\lambda_i|<1\ (i=1,\cdots,l)$.

如果 $r>1$,令 $\boldsymbol{C}=\boldsymbol{J}-\boldsymbol{I}$,则由例 1.1.15 知,$\dim(N(\boldsymbol{C}))=n-\operatorname{rank}(\boldsymbol{C})=r$,由于 $\boldsymbol{B}$ 与 $\boldsymbol{J}$ 相似,故 $\dim(N(\boldsymbol{B}-\boldsymbol{I}))=r$. 因为 $r>1$,所以除有向量 $\boldsymbol{y}$ 满足式(7.1.13)外,必然还有另一向量 $\boldsymbol{z}=(z_1,\cdots,z_n)^{\mathrm{T}}\in\mathbb{R}^n$ 满足

$$\boldsymbol{Bz}=\boldsymbol{z}, \tag{7.1.15}$$

并且 $\boldsymbol{z}$ 与 $\boldsymbol{y}$ 线性无关. 令

$$\tau=\max_i\left(\frac{z_i}{y_i}\right)=\frac{z_j}{y_j}, \tag{7.1.16}$$

则有 $\tau\boldsymbol{y}\geqslant\boldsymbol{z}$,且不可能取等号,于是

$$\boldsymbol{B}(\tau\boldsymbol{y}-\boldsymbol{z})>0.$$

利用式(7.1.13)和式(7.1.15),上式可写成

$$\tau\boldsymbol{y}-\boldsymbol{z}>0.$$

写出上式的第 j 个分量,则有

$$\tau > \frac{z_j}{y_j},$$

这与式(7.1.16)中 τ 的定义相矛盾,故 $r=1$. 证毕

推论 正矩阵 $\boldsymbol{A}$ 的"模等于 $\rho(\boldsymbol{A})$"的特征值是唯一的.

但是,以上结论对一般的非负矩阵未必成立. 例如,4 阶非负矩阵

$$\boldsymbol{A} = \begin{bmatrix} 0 & 3 & 0 & 0 \\ 3 & 0 & 0 & 0 \\ 0 & 0 & 3 & 0 \\ 0 & 0 & 0 & 2 \end{bmatrix},$$

容易验证 $\rho(\boldsymbol{A})=3$ 是 $\boldsymbol{A}$ 的特征值,与它对应的特征向量为 $\boldsymbol{x}=(\alpha,\alpha,\beta,0)^{\mathrm{T}}$,其中 α,β 可取正数. 但 $\rho(\boldsymbol{A})=3$ 并不是 $\boldsymbol{A}$ 的单特征值(实际为二重),而且没有对应于特征值 $\rho(\boldsymbol{A})=3$ 的正特征向量. 同时,还可看出 $\boldsymbol{A}$ 还有异于 $\rho(\boldsymbol{A})$ 的特征值 $\lambda=-3$,使得 $|\lambda|=\rho(\boldsymbol{A})$,即 $\boldsymbol{A}$ 的"模等于 $\rho(\boldsymbol{A})$"的特征值并不唯一.

佩龙定理有许多重要应用,一个漂亮而有效的应用是,利用占优非负矩阵的谱半径和主对角元可以得到矩阵的特征值包含区域.

定理 7.1.5 设 $\boldsymbol{A}=(a_{ij})_{n\times n}$,$\boldsymbol{B}=(b_{ij})_{n\times n}\in\mathbb{R}^{n\times n}$ 为非负矩阵,$|a_{ij}|\leqslant b_{ij}$,$i,j=1,2,\cdots,n$,则

$$\lambda(\boldsymbol{A}) \subset \bigcup_{i=1}^{n} \{z \in \mathbb{C} \,\big|\, |z - a_{ii}| \leqslant \rho(B) - b_{ii}\} \tag{7.1.17}$$

证明 可以假定 $\boldsymbol{B}>0$,事实上,若 $\boldsymbol{B}$ 中有元素为零,考虑 $B_\varepsilon=(b_{ij}+\varepsilon)_{n\times n}$,其中 $\varepsilon>0$,则 $B_\varepsilon>0$,且 $\lim\limits_{\varepsilon\to 0}(\rho(B_\varepsilon)-(b_{ii}+\varepsilon))=\rho(B)-b_{ii}$. 由佩龙定理,存在正向量 $\boldsymbol{x}=(x_1,x_2,\cdots,x_n)^{\mathrm{T}}$,使得 $\boldsymbol{B}\boldsymbol{x}=\rho(\boldsymbol{B})\boldsymbol{x}$,因而 $\sum\limits_{\substack{j=1\\ j\neq i}}^{n} |a_{ij}|x_j \leqslant \sum\limits_{\substack{j=1\\ j\neq i}}^{n} b_{ij}x_j = \rho(\boldsymbol{B})x_i - b_{ii}x_i$,$i=1,2,\cdots,n$. 于是 $\dfrac{1}{x_i}\sum\limits_{\substack{j=1\\ j\neq i}}^{n} |a_{ij}|x_j \leqslant \rho(\boldsymbol{B}) - b_{ii}$. 由 4.3 节圆盘定理的推论,便知式(7.1.17)成立. 证毕

对于正矩阵还有如下的性质,这个结果在数理经济学中有直接的应用.

定理 7.1.6 设 $\boldsymbol{A}\in\mathbb{R}^{n\times n}$,如果 $\boldsymbol{A}>0$,$\boldsymbol{x}$ 是 $\boldsymbol{A}$ 的对应于特征值 $\rho(\boldsymbol{A})$ 的正特征向量,又 $\boldsymbol{y}$ 是 $\boldsymbol{A}^{\mathrm{T}}$ 的对应于特征值 $\rho(\boldsymbol{A})$ 的任一正特征向量,则

$$\lim_{m\to\infty}[\rho(\boldsymbol{A})^{-1}\boldsymbol{A}]^m = (\boldsymbol{y}^{\mathrm{T}}\boldsymbol{x})^{-1}\boldsymbol{x}\boldsymbol{y}^{\mathrm{T}}. \tag{7.1.18}$$

证明 记 $\boldsymbol{B}=\rho(\boldsymbol{A})^{-1}\boldsymbol{A}$,则 $\boldsymbol{B}>0$. 由定理 7.1.4 及其证明过程知,$\rho(\boldsymbol{B})=1$ 是 $\boldsymbol{B}$ 的单特征值,并且在 $\boldsymbol{B}$ 的若尔当标准形中对应于特征值 1 只有一个一阶若尔当块,因此 $\boldsymbol{B}$ 的标准形为

$$\boldsymbol{J} = \begin{bmatrix} 1 & & & \\ & \boldsymbol{J}_1(\lambda_1) & & \\ & & \ddots & \\ & & & \boldsymbol{J}_l(\lambda_l) \end{bmatrix},$$

其中 λ_i 是 $\boldsymbol{B}$ 的特征值,且 $|\lambda_i|<1$ $(i=1,\cdots,l)$. 于是 $\lim\limits_{m\to\infty}\boldsymbol{B}^m$ 存在,记 $\lim\limits_{m\to\infty}\boldsymbol{B}^m=\boldsymbol{P}$. 由于

$$\boldsymbol{P} = \lim_{m\to\infty}\boldsymbol{B}^m = \boldsymbol{B}\lim_{m\to\infty}\boldsymbol{B}^{m-1} = \boldsymbol{B}\boldsymbol{P},$$

记 $\boldsymbol{P}=[\boldsymbol{p}_1,\cdots,\boldsymbol{p}_n]$，$\boldsymbol{p}_i\in\mathbb{R}^n$ $(i=1,\cdots,n)$，则有

$$\boldsymbol{B}\boldsymbol{p}_i=\boldsymbol{p}_i,\qquad i=1,\cdots,n.$$

上式说明 $\boldsymbol{p}_1,\cdots,\boldsymbol{p}_n$ 都是 $\boldsymbol{B}$ 对应于特征值 1 的特征向量(若 $\boldsymbol{p}_i\neq\boldsymbol{0}$). 因为 $\boldsymbol{B}$ 的特征值 $\rho(\boldsymbol{B})=1$ 是单特征值，且 $\boldsymbol{x}$ 也是 $\boldsymbol{B}$ 对应于特征值 $\rho(\boldsymbol{B})=1$ 的正特征向量，所以 $\boldsymbol{p}_i(i=1,\cdots,n)$ 都与 $\boldsymbol{x}$ 线性相关，不妨记为 $\boldsymbol{p}_i=\boldsymbol{q}_i\boldsymbol{x}$ $(i=1,\cdots,n)$，并记 $\boldsymbol{Q}=(\boldsymbol{q}_1,\cdots,\boldsymbol{q}_n)^{\mathrm{T}}$，则

$$\boldsymbol{P}=[\boldsymbol{p}_1,\cdots,\boldsymbol{p}_n]=[\boldsymbol{q}_1\boldsymbol{x},\cdots,\boldsymbol{q}_n\boldsymbol{x}]=\boldsymbol{x}\boldsymbol{Q}^{\mathrm{T}}.$$

因为 $\boldsymbol{y}$ 是 $\boldsymbol{A}^{\mathrm{T}}$ 对应于特征值 $\rho(\boldsymbol{A})$ 的正特征向量，则 $\boldsymbol{y}$ 是 $\boldsymbol{B}^{\mathrm{T}}$ 对应于特征值 1 的正特征向量. 于是

$$(\boldsymbol{B}^{\mathrm{T}})^m\boldsymbol{y}=\boldsymbol{y},$$

从而

$$\boldsymbol{y}^{\mathrm{T}}=\boldsymbol{y}^{\mathrm{T}}\boldsymbol{P}=\boldsymbol{y}^{\mathrm{T}}\boldsymbol{x}\boldsymbol{Q}^{\mathrm{T}}.$$

显然 $\boldsymbol{y}^{\mathrm{T}}\boldsymbol{x}\neq\boldsymbol{0}$，则 $\boldsymbol{Q}^{\mathrm{T}}=(\boldsymbol{y}^{\mathrm{T}}\boldsymbol{x})^{-1}\boldsymbol{y}^{\mathrm{T}}$，从而有

$$\lim_{m\to\infty}[\rho(\boldsymbol{A})^{-1}\boldsymbol{A}]^m=\boldsymbol{P}=\boldsymbol{x}\boldsymbol{Q}^{\mathrm{T}}=(\boldsymbol{y}^{\mathrm{T}}\boldsymbol{x})^{-1}\boldsymbol{x}\boldsymbol{y}^{\mathrm{T}}.$$ 证毕

7.1.2 不可约非负矩阵

下面将佩龙定理推广到更一般的非负矩阵上. 首先介绍不可约矩阵的概念.

在线性代数中，我们知道要对调矩阵 $\boldsymbol{A}$ 的第 i,j 两行(列)，相当于将 $\boldsymbol{A}$ 左(右)乘如下的矩阵

$$\boldsymbol{I}_{i,j}=\begin{bmatrix}1 & & & & & & \\ & \ddots & & & & & \\ & & 0 & \cdots & 1 & & \\ & & \vdots & \ddots & \vdots & & \\ & & 1 & \cdots & 0 & & \\ & & & & & \ddots & \\ & & & & & & 1\end{bmatrix}_{n\times n}\begin{matrix}\\ \\ \leftarrow \text{第 } i \text{ 行}\\ \\ \leftarrow \text{第 } j \text{ 行}\\ \\ \\ \end{matrix},\qquad(7.1.19)$$

$\boldsymbol{I}_{i,j}$ 称为**对调矩阵**. 如果要对 $\boldsymbol{A}$ 进行一系列的对调两行(列)，把一系列对调矩阵的乘积记为 $\boldsymbol{P}$，则它的每一行和每一列都只有某个元素为 1，其余元素都为 0，则称矩阵 $\boldsymbol{P}$ 为**置换矩阵**(或**排列矩阵**).

显然，置换矩阵是可逆的，且有 $\boldsymbol{P}^{-1}=\boldsymbol{P}^{\mathrm{T}}$.

定义 7.1.2(可约与不可约矩阵) 设 $\boldsymbol{A}\in\mathbb{R}^{n\times n}(n\geqslant 2)$，若存在 n 阶置换矩阵 $\boldsymbol{P}$，使

$$\boldsymbol{P}\boldsymbol{A}\boldsymbol{P}^{\mathrm{T}}=\begin{bmatrix}\boldsymbol{A}_{11} & \boldsymbol{A}_{12}\\ \boldsymbol{0} & \boldsymbol{A}_{22}\end{bmatrix},\qquad(7.1.20)$$

其中 $\boldsymbol{A}_{11}$ 为 r 阶方阵，$\boldsymbol{A}_{22}$ 为 $n-r$ 阶方阵($1\leqslant r<n$)，则称 $\boldsymbol{A}$ 为**可约(可分)矩阵**，否则称 $\boldsymbol{A}$ 为**不可约矩阵**.

$\boldsymbol{A}$ 为可约矩阵，即 $\boldsymbol{A}$ 可经过若干行列重排(指 $\boldsymbol{A}$ 经过两行交换的同时进行相应两列的交换)化为式(7.1.20).

显然，如果 $\boldsymbol{A}$ 所有元素都非零，则 $\boldsymbol{A}$ 为不可约矩阵. 另外，一阶方阵(非零矩阵)、正矩阵都是不可约的.

例 7.1.1 设有矩阵

$$A=\begin{bmatrix} b_1 & c_1 & & & \\ a_2 & b_2 & c_2 & & \\ & \ddots & \ddots & \ddots & \\ & & a_{n-1} & b_{n-1} & c_{n-1} \\ & & & a_n & b_n \end{bmatrix},$$

其中 a_i,b_i,c_i 都不为零,即三对角矩阵,

$$B=\begin{bmatrix} 4 & -1 & -1 & 0 \\ -1 & 4 & 0 & -1 \\ -1 & 0 & 4 & -1 \\ 0 & -1 & -1 & 4 \end{bmatrix}.$$

由于它们无论怎样行列重排,都不能形成左下角为零矩阵而对角线是两个低阶的方阵 $\boldsymbol{A}_{11}$ 和 $\boldsymbol{A}_{22}$,所以 $\boldsymbol{A}$ 和 $\boldsymbol{B}$ 是不可约矩阵.

可约的概念来源于线性方程组的求解问题.一个线性方程组的系数矩阵是可约的,表明该方程组可通过适当调整方程和未知数的次序,化为两个低阶的方程组来求解.即如果线性方程组

$$\boldsymbol{Ax}=\boldsymbol{b}$$

的系数矩阵 $\boldsymbol{A}$ 可约时,则可找到置换矩阵 $\boldsymbol{P}$ 使

$$\boldsymbol{PAP}^{\mathrm{T}}=\begin{bmatrix} \boldsymbol{A}_{11} & \boldsymbol{A}_{12} \\ \boldsymbol{0} & \boldsymbol{A}_{22} \end{bmatrix}.$$

于是原方程组可化为

$$\boldsymbol{PAP}^{\mathrm{T}}(\boldsymbol{Px})=\boldsymbol{Pb}.$$

依次记 $\boldsymbol{y}=\boldsymbol{Px}=(\boldsymbol{y}_1^{\mathrm{T}},\boldsymbol{y}_2^{\mathrm{T}})^{\mathrm{T}}$ 和 $\hat{\boldsymbol{B}}=\boldsymbol{Pb}=(\hat{\boldsymbol{b}}_1^{\mathrm{T}},\hat{\boldsymbol{b}}_2^{\mathrm{T}})^{\mathrm{T}}$,就有

$$\begin{cases} \boldsymbol{A}_{11}\boldsymbol{y}_1+\boldsymbol{A}_{12}\boldsymbol{y}_2=\hat{\boldsymbol{b}}_1, \\ \boldsymbol{A}_{22}\boldsymbol{y}_2=\hat{\boldsymbol{b}}_2. \end{cases}$$

于是方程组化为两个独立的低阶方程组,比直接解原方程组要方便、简单.

同样,$\boldsymbol{A}$ 的特征多项式也化为两个低阶矩阵的特征多项式的乘积.

从定义 7.1.2 直接可得如下定理.

定理 7.1.7 设 $\boldsymbol{A}\in\mathbb{R}^{n\times n}$,则

(1) $\boldsymbol{A}$ 为不可约矩阵的充分必要条件是 $\boldsymbol{A}^{\mathrm{T}}$ 为不可约矩阵;

(2) 如果 $\boldsymbol{A}$ 是不可约非负矩阵,$\boldsymbol{B}$ 是 n 阶非负矩阵,则 $\boldsymbol{A}+\boldsymbol{B}$ 是不可约非负矩阵.

对于一个给定的矩阵,直接根据定义 7.1.2 判断是否可约,绝非易事,因为 n 阶矩阵共有 $n!$ 个置换矩阵,逐一去尝试是不可能的.下面给出一个判断非负矩阵是否可约的办法.

定理 7.1.8 $n(\geqslant 2)$阶非负矩阵 $\boldsymbol{A}$ 不可约的充分必要条件是存在正整数 $s\leqslant n-1$,使得

$$(\boldsymbol{I}+\boldsymbol{A})^s>0.$$

证明 必要性.这只需证明对任意向量 $\boldsymbol{y}\geqslant 0(\boldsymbol{y}\neq\boldsymbol{0})$都有不等式

$$(\boldsymbol{I}+\boldsymbol{A})^{n-1}\boldsymbol{y}>0.$$

我们首先证明在条件 $\boldsymbol{y}\geqslant 0$ 与 $\boldsymbol{y}\neq\boldsymbol{0}$ 下,向量 $\boldsymbol{z}=(\boldsymbol{I}+\boldsymbol{A})\boldsymbol{y}$ 中零坐标的个数小于向量 $\boldsymbol{y}$ 中零

坐标的个数.假若相反,那么 $\boldsymbol{y}$ 与 $\boldsymbol{z}$ 有相同的零坐标个数(因为 $\boldsymbol{z}$ 的零坐标个数不会多于 $\boldsymbol{y}$ 的零坐标个数).所以,不失一般性,设

$$\boldsymbol{y}=\begin{bmatrix}\boldsymbol{u}\\ \boldsymbol{0}\end{bmatrix},\qquad \boldsymbol{z}=\begin{bmatrix}\boldsymbol{v}\\ \boldsymbol{0}\end{bmatrix},\qquad \boldsymbol{u},\boldsymbol{v}>0,$$

这里列向量 $\boldsymbol{u},\boldsymbol{v}$ 有相同维数.又令

$$\boldsymbol{A}=\begin{bmatrix}\boldsymbol{A}_{11} & \boldsymbol{A}_{12}\\ \boldsymbol{A}_{21} & \boldsymbol{A}_{22}\end{bmatrix},$$

则有

$$\begin{bmatrix}\boldsymbol{u}\\ \boldsymbol{0}\end{bmatrix}+\begin{bmatrix}\boldsymbol{A}_{11} & \boldsymbol{A}_{12}\\ \boldsymbol{A}_{21} & \boldsymbol{A}_{22}\end{bmatrix}\begin{bmatrix}\boldsymbol{u}\\ \boldsymbol{0}\end{bmatrix}=\begin{bmatrix}\boldsymbol{v}\\ \boldsymbol{0}\end{bmatrix},$$

因此得 $\boldsymbol{A}_{21}\boldsymbol{u}=0$.又因 $\boldsymbol{u}>0$,故有 $\boldsymbol{A}_{21}=\boldsymbol{0}$,这与 $\boldsymbol{A}$ 为不可约矩阵相矛盾,所以 $\boldsymbol{z}$ 与 $\boldsymbol{y}$ 有相同的零坐标个数是不可能的.从而证明了向量 $\boldsymbol{z}$ 的零坐标个数小于向量 $\boldsymbol{y}$ 的零坐标个数.

上述结果表明:向量 $\boldsymbol{y}(0\leqslant\boldsymbol{y}\neq\boldsymbol{0})$ 每用 $\boldsymbol{I}+\boldsymbol{A}$ 左乘一次,其零坐标个数至少减少一个.因此得

$$(\boldsymbol{I}+\boldsymbol{A})^{n-1}\boldsymbol{y}>0.$$

充分性.设有 $(\boldsymbol{I}+\boldsymbol{A})^s>0$,如果 $\boldsymbol{A}$ 是可约的,则存在置换矩阵 $\boldsymbol{P}$,使得

$$\boldsymbol{P}(\boldsymbol{I}+\boldsymbol{A})\boldsymbol{P}^{\mathrm{T}}=\begin{bmatrix}\boldsymbol{A}_{11}+\boldsymbol{I}^{(1)} & \boldsymbol{A}_{12}\\ \boldsymbol{0} & \boldsymbol{A}_{22}+\boldsymbol{I}^{(2)}\end{bmatrix}=\begin{bmatrix}\widetilde{\boldsymbol{A}}_{11} & \boldsymbol{A}_{12}\\ \boldsymbol{0} & \widetilde{\boldsymbol{A}}_{22}\end{bmatrix},$$

对任意正整数 k,都有

$$\boldsymbol{P}(\boldsymbol{I}+\boldsymbol{A})^k\boldsymbol{P}^{\mathrm{T}}=\begin{bmatrix}\widetilde{\boldsymbol{A}}_{11} & \boldsymbol{A}_{12}\\ \boldsymbol{0} & \widetilde{\boldsymbol{A}}_{22}\end{bmatrix}^k,$$

故对所有的上述 k 值,有

$$(\boldsymbol{I}+\boldsymbol{A})^k=\boldsymbol{P}^{\mathrm{T}}\begin{bmatrix}\widetilde{\boldsymbol{A}}_{11} & \boldsymbol{A}_{12}\\ \boldsymbol{0} & \widetilde{\boldsymbol{A}}_{22}\end{bmatrix}^k\boldsymbol{P},$$

此等式表明无论正整数 k 为何值,$(\boldsymbol{I}+\boldsymbol{A})^k$ 中永远有零元素,因此 $(\boldsymbol{I}+\boldsymbol{A})^s>0$ 是不可能的.这就证明 $\boldsymbol{A}$ 不可能是可约的.　证毕

例如,非负矩阵

$$\boldsymbol{A}=\begin{bmatrix}1 & 1 & 0\\ 1 & 1 & 1\\ 0 & 1 & 1\end{bmatrix}$$

是不可约的.因为 $s=3-1=2$ 时,即有

$$(\boldsymbol{I}+\boldsymbol{A})^2=\begin{bmatrix}2 & 1 & 0\\ 1 & 2 & 1\\ 0 & 1 & 2\end{bmatrix}^2=\begin{bmatrix}5 & 4 & 1\\ 4 & 6 & 4\\ 1 & 4 & 5\end{bmatrix}>0.$$

在前面,我们证明了正矩阵的佩龙定理,而正矩阵是不可约非负矩阵的一种特殊情形.1912 年,弗罗贝尼乌斯(Frobenius)把上述定理推广到不可约非负矩阵上.

定理 7.1.9(佩龙-弗罗贝尼乌斯定理)　设 $\boldsymbol{A}\in\mathbb{R}^{n\times n}$ 是不可约非负矩阵,则

(1) $\boldsymbol{A}$ 有一正实特征值恰等于它的谱半径 $\rho(\boldsymbol{A})$,并且存在正向量 $\boldsymbol{x}\in\mathbb{R}^n$,使得 $\boldsymbol{A}\boldsymbol{x}=\rho(\boldsymbol{A})\boldsymbol{x}$;

(2) $\rho(\boldsymbol{A})$是$\boldsymbol{A}$的单特征值;

(3) 当$\boldsymbol{A}$的任意元素(一个或多个)增加时,$\rho(\boldsymbol{A})$增加.

*证明 (1) 令k为任一正整数,$\boldsymbol{B}_k=\boldsymbol{A}+\frac{1}{k}\boldsymbol{E}$,其中$\boldsymbol{E}$为所有元素均为1的$n$阶矩阵,则对$k=1,2,\cdots$,有

$$0\leqslant \boldsymbol{A}<\boldsymbol{B}_{k+1}<\boldsymbol{B}_k,$$

由定理7.1.3的推论1得

$$\rho(\boldsymbol{A})\leqslant\rho(\boldsymbol{B}_{k+1})\leqslant\rho(\boldsymbol{B}_k),$$

数列$\{\rho(\boldsymbol{B}_k)\}$单调下降且有下界,故它有极限.令$\lim\limits_{k\to\infty}\rho(\boldsymbol{B}_k)=\lambda$,则

$$\rho(\boldsymbol{A})\leqslant\lambda. \tag{7.1.21}$$

因为$\boldsymbol{B}_k>0$,则由定理7.1.4(佩龙定理)知,存在向量$\boldsymbol{y}_k=(y_1^{(k)},\cdots,y_n^{(k)})^{\mathrm{T}}>0$,使得

$$\boldsymbol{B}_k\boldsymbol{y}_k=\rho(\boldsymbol{B}_k)\boldsymbol{y}_k. \tag{7.1.22}$$

令

$$x_j^{(k)}=\Big(\sum_{i=1}^{n}(y_i^{(k)})^2\Big)^{-\frac{1}{2}}\cdot y_j^{(k)},\qquad \boldsymbol{x}_k=(x_1^{(k)},\cdots,x_n^{(k)})^{\mathrm{T}},$$

则$\boldsymbol{x}_k>0$,并且$\|\boldsymbol{x}_k\|_2=1$,同时有

$$\boldsymbol{B}_k\boldsymbol{x}_k=\rho(\boldsymbol{B}_k)\boldsymbol{x}_k.$$

令$S=\{\boldsymbol{x}\geqslant0\mid\|\boldsymbol{x}\|_2=1,\boldsymbol{x}\in\mathbb{R}^n\}$,则$S$是$\mathbb{R}^n$中的有界闭集.因为$\{\boldsymbol{x}_k\}\in S$,所以在$\{\boldsymbol{x}_k\}$中存在一个收敛的子序列$\{\boldsymbol{x}_{k_m}\}$,即

$$\lim_{m\to\infty}\boldsymbol{x}_{k_m}=\boldsymbol{x}\in S.$$

因为

$$\begin{aligned}\lambda\boldsymbol{x}&=\lim_{m\to\infty}\rho(\boldsymbol{B}_{k_m})\lim_{m\to\infty}\boldsymbol{x}_{k_m}=\lim_{m\to\infty}(\rho(\boldsymbol{B}_{k_m})\boldsymbol{x}_{k_m})\\&=\lim_{m\to\infty}(\boldsymbol{B}_{k_m}\boldsymbol{x}_{k_m})=\boldsymbol{A}\boldsymbol{x},\end{aligned}$$

于是$\boldsymbol{x}\neq\boldsymbol{0}$且$\boldsymbol{x}\geqslant0$是$\boldsymbol{A}$对应于特征值$\lambda$的特征向量.由于$\lambda\leqslant\rho(\boldsymbol{A})$,再由式(7.1.21)得

$$\lambda=\rho(\boldsymbol{A}), \tag{7.1.23}$$

也就是说$\rho(\boldsymbol{A})$是$\boldsymbol{A}$的特征值,且有

$$\boldsymbol{A}\boldsymbol{x}=\rho(\boldsymbol{A})\boldsymbol{x}, \tag{7.1.24}$$

其中$\boldsymbol{x}\geqslant0$且$\boldsymbol{x}\neq\boldsymbol{0}$.

下面证明$\rho(\boldsymbol{A})>0$和$\boldsymbol{x}>0$.设$\alpha=\min\limits_{1\leqslant i\leqslant n}\sum\limits_{j=1}^{n}a_{ij}$,构造$n$阶实矩阵$\boldsymbol{B}=(b_{ij})$:若$\alpha=0$,令$\boldsymbol{B}=\boldsymbol{0}$;若$\alpha>0$,令$b_{ij}=\alpha a_{ij}\Big(\sum\limits_{j=1}^{n}a_{ij}\Big)^{-1}$.则$0\leqslant\boldsymbol{B}\leqslant\boldsymbol{A}$,并且$\sum\limits_{j=1}^{n}b_{ij}=\alpha(i=1,\cdots,n)$,即$\boldsymbol{B}$的每一行之和是常数$\alpha$,故$\|\boldsymbol{B}\|_\infty=\alpha$.令$\boldsymbol{x}=(1,\cdots,1)^{\mathrm{T}}$,则$\boldsymbol{B}\boldsymbol{x}=\alpha\boldsymbol{x}=\|\boldsymbol{B}\|_\infty\boldsymbol{x}$,这说明$\boldsymbol{x}$是$\boldsymbol{B}$对应于特征值$\|\boldsymbol{B}\|_\infty$的特征向量.又因为对任意相容矩阵范数$\|\cdot\|$有$\rho(\boldsymbol{B})\leqslant\|\boldsymbol{B}\|$,故$\rho(\boldsymbol{B})=\|\boldsymbol{B}\|_\infty=\alpha$.再由定理7.1.3推论1得$\rho(\boldsymbol{B})\leqslant\rho(\boldsymbol{A})$,则有

$$\rho(\boldsymbol{A})\geqslant\|\boldsymbol{B}\|_\infty=\alpha>0,$$

因此,$\rho(\boldsymbol{A})$是$\boldsymbol{A}$的正特征值.

显然，$1+\rho(\boldsymbol{A})$是$\boldsymbol{I}+\boldsymbol{A}$的特征值，即存在非负向量$\boldsymbol{x}\in\mathbb{R}^n$且$\boldsymbol{x}\neq\boldsymbol{0}$，使得$(\boldsymbol{I}+\boldsymbol{A})\boldsymbol{x}=(1+\rho(\boldsymbol{A}))\boldsymbol{x}$，从而有$(\boldsymbol{I}+\boldsymbol{A})^{n-1}\boldsymbol{x}=(1+\rho(\boldsymbol{A}))^{n-1}\boldsymbol{x}$. 从定理7.1.7可知$(\boldsymbol{I}+\boldsymbol{A})^{n-1}>0$，而由定理7.1.2(7)有$(\boldsymbol{I}+\boldsymbol{A})^{n-1}\boldsymbol{x}>0$. 因此$\boldsymbol{x}=(1+\rho(\boldsymbol{A}))^{1-n}(\boldsymbol{I}+\boldsymbol{A})^{n-1}\boldsymbol{x}>0$，这就说明特征向量$\boldsymbol{x}$是正的. 故(1)得证.

为了证明(2)，采用反证法. 如果$\rho(\boldsymbol{A})$是$\boldsymbol{A}$的重特征值，则$1+\rho(\boldsymbol{A})=\rho(\boldsymbol{I}+\boldsymbol{A})$是$\boldsymbol{I}+\boldsymbol{A}$的重特征值，从而$(1+\rho(\boldsymbol{A}))^{n-1}=(\rho(\boldsymbol{I}+\boldsymbol{A}))^{n-1}=\rho((\boldsymbol{I}+\boldsymbol{A})^{n-1})$是$(\boldsymbol{I}+\boldsymbol{A})^{n-1}$的重特征值. 另一方面，因为$(\boldsymbol{I}+\boldsymbol{A})^{n-1}>0$（正矩阵），由定理7.1.4知$\rho((\boldsymbol{I}+\boldsymbol{A})^{n-1})$是$(\boldsymbol{I}+\boldsymbol{A})^{n-1}$的单特征值. 这个矛盾说明$\rho(\boldsymbol{A})$是$\boldsymbol{A}$的单特征值.

(3) 由定理7.1.3推论1即得. 　　证毕

例 7.1.2　对于不可约非负矩阵

$$\boldsymbol{A}=\begin{bmatrix}1&2&0\\2&1&3\\0&2&1\end{bmatrix},$$

其谱半径$\rho(\boldsymbol{A})=1+\sqrt{10}$就是它的一个正的单特征值，而属于$\rho(\boldsymbol{A})$的正特征向量是$(2,\sqrt{10},2)^{\mathrm{T}}$. 并且，“模等于$\rho(\boldsymbol{A})$”的特征值$1+\sqrt{10}$也只有一个.

值得提出的是，对于一般不可约非负矩阵$\boldsymbol{A}$，佩龙-弗罗贝尼乌斯定理并不能保证$\boldsymbol{A}$的“模等于$\rho(\boldsymbol{A})$”的特征值是唯一的. 现看一个简单例子.

例 7.1.3　设

$$\boldsymbol{A}=\begin{bmatrix}0&1&0&\cdots&0\\0&0&1&\cdots&0\\\vdots&\vdots&\vdots&&\vdots\\0&0&0&\cdots&1\\1&0&0&\cdots&0\end{bmatrix}_{n\times n},$$

不难验证$\boldsymbol{A}$是不可约非负矩阵，它的n个特征值是

$$\lambda_j=\mathrm{e}^{\mathrm{i}\frac{2j\pi}{n}},\qquad j=0,1,\cdots,n-1,$$

从而它的特征值的模都等于谱半径$\rho(\boldsymbol{A})=1$.

注　n阶非负不可约矩阵$\boldsymbol{A}$的“模等于$\rho(\boldsymbol{A})$”的m个不同特征值可以表示为

$$\lambda_j=\rho(\boldsymbol{A})\mathrm{e}^{\mathrm{i}\frac{2j\pi}{m}},\qquad j=0,1,\cdots,m-1,\tag{7.1.25}$$

也就是说，它们“均匀”地分布在以原点为圆心、$\rho(\boldsymbol{A})$为半径的圆周上（证明从略）.

例 7.1.4　设

$$\boldsymbol{A}=\begin{bmatrix}0&0&1&0\\0&0&1&1\\0&1&0&0\\1&1&0&0\end{bmatrix},$$

则$\boldsymbol{A}$是不可约非负的，它的特征值是

$$\lambda_{1,2}=\pm\sqrt{1+\sqrt{2}},\qquad\lambda_{3,4}=\pm\mathrm{i}\sqrt{\sqrt{2}-1},$$

其特征值的分布情况，如图7.1所示，黑点表示特征值所在位置.

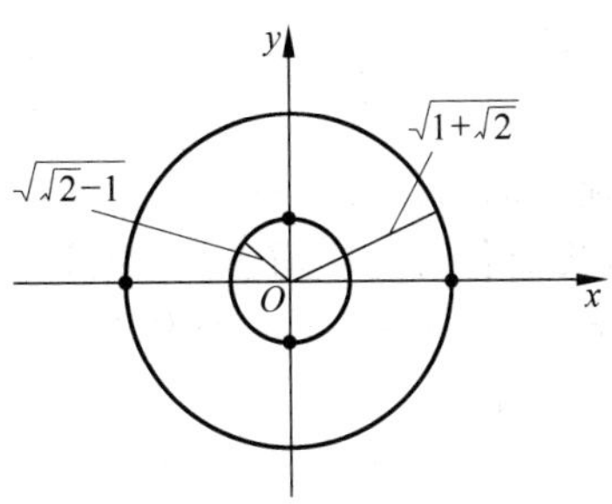

图　7.1

对于不可约非负矩阵,定理 7.1.9 连同第 4 章的圆盘定理可以给出谱半径的估计界限,它在理论上尤其在矩阵迭代分析中有重要应用.

定理 7.1.10 设 $\boldsymbol{A}=(a_{ij})_{n\times n}$ 为不可约非负矩阵,则或者

$$\sum_{j=1}^{n} a_{ij}=\rho(\boldsymbol{A}), \quad i=1,2,\cdots,n, \tag{7.1.26}$$

或者

$$\min_{1\leqslant i\leqslant n}\sum_{j=1}^{n} a_{ij}<\rho(\boldsymbol{A})<\max_{1\leqslant i\leqslant n}\sum_{j=1}^{n} a_{ij}. \tag{7.1.27}$$

证明 若 $\boldsymbol{A}$ 的每行元素之和均等于 μ,令 $\boldsymbol{\xi}=(1,1,\cdots,1)^{\mathrm{T}}$,则有 $\boldsymbol{A\xi}=\mu\boldsymbol{\xi}$,所以 μ 为 $\boldsymbol{A}$ 的一个特征值,因而 $\mu\leqslant\rho(\boldsymbol{A})$. 另一方面,由圆盘定理,有某个 i,$1\leqslant i\leqslant n$,使 $|\rho(\boldsymbol{A})-a_{ii}|\leqslant\sum\limits_{\substack{j=1\\j\neq i}}^{n} a_{ij}$,所以 $\rho(\boldsymbol{A})\leqslant a_{ii}+\sum\limits_{\substack{j=1\\j\neq i}}^{n} a_{ij}=\mu$,因此 $\mu=\rho(\boldsymbol{A})$,这时式(7.1.26)成立. 现在假设 $\boldsymbol{A}$ 的各行之和不全相同,则可以用减小(或增加)$\boldsymbol{A}$ 的某些正元素的方法得到一个不可约非负矩阵 $\boldsymbol{B}=(b_{ij})_{n\times n}$(或 $\boldsymbol{C}=(c_{ij})_{n\times n}$),使得

$$\sum_{j=1}^{n} b_{ij}=a=\min_{1\leqslant k\leqslant n}\sum_{j=1}^{n} a_{kj}, \quad \sum_{j=1}^{n} c_{ij}=b=\max_{1\leqslant k\leqslant n}\sum_{j=1}^{n} a_{kj}, \quad 1\leqslant i\leqslant n,$$

因而 $\rho(\boldsymbol{B})=a$,$\rho(\boldsymbol{C})=b$. 因 $\boldsymbol{B}\leqslant\boldsymbol{A}\leqslant\boldsymbol{C}$,由定理 7.1.3 的推论 1 知 $\rho(\boldsymbol{B})\leqslant\rho(\boldsymbol{A})\leqslant\rho(\boldsymbol{C})$. 如果 $\rho(\boldsymbol{A})=\rho(\boldsymbol{C})$,即 $\rho(\boldsymbol{A})=\max\limits_{1\leqslant k\leqslant n}\sum\limits_{j=1}^{n} a_{kj}=b$,因 $\boldsymbol{A}$ 为不可约非负矩阵,所以由定理 7.1.9,$\boldsymbol{A}$ 有正的对应于特征值 $\rho(\boldsymbol{A})$ 的特征向量 $\boldsymbol{y}=(y_1,y_2,\cdots,y_n)^{\mathrm{T}}$,因此 $\boldsymbol{Ay}=\rho(\boldsymbol{A})\boldsymbol{y}=b\boldsymbol{y}$,即

$$\sum_{j=1}^{n} a_{ij}y_j=by_i, \quad 1\leqslant i\leqslant n.$$

设 $y_{i_1}=y_{i_2}=\cdots=y_{i_s}=\max\{y_1,y_2,\cdots,y_n\}$,则可设

$$\{y_1,y_2,\cdots,y_n\}=\{y_{i_1},y_{i_2},\cdots,y_{i_s}\}\cup\{y_{j_1},y_{j_2},\cdots,y_{j_t}\}.$$

显然 $s+t=n$. 若 $s<n$,则因

$$\sum_{j=1}^{n} a_{i_k,j}y_j=by_{i_k}, \quad k=1,2,\cdots,s,$$

所以

$$by_{i_k}=\sum_{j=1}^{n} a_{i_k,j}y_j\leqslant\sum_{j=1}^{n} a_{i_k,j}y_{i_k}\leqslant by_{i_k}, \quad k=1,2,\cdots,s,$$

因此

$$\sum_{j=1}^{n} a_{i_k,j}y_j=\sum_{j=1}^{n} a_{i_k,j}y_{i_k}, \quad k=1,2,\cdots,s. \tag{7.1.28}$$

这说明

$$a_{i_k,j_1}=a_{i_k,j_2}=\cdots=a_{i_k,j_t}=0, \quad k=1,2,\cdots,s.$$

否则的话,式(7.1.28)等号不成立. 因此推出,$\boldsymbol{A}$ 的第 $i_1,i_2,\cdots,i_s$ 行中,除第 $i_1,i_2,\cdots,i_s$ 列外,其余各列元素均为零. 因此,$\boldsymbol{A}$ 为可约的,与 $\boldsymbol{A}$ 为不可约非负矩阵矛盾,所以 $s=n$,这说明 $\boldsymbol{y}=c(1,1,\cdots,1)^{\mathrm{T}}$ 对某个 $c\in\mathbb{R}$,$c\neq 0$ 成立.

因此

$$\sum_{j=1}^{n} a_{ij}=b, \quad 1\leqslant i\leqslant n,$$

这与 $\boldsymbol{A}$ 的各行之和不全相同的假设相矛盾，因此 $\rho(\boldsymbol{A})\neq b$. 同样可证 $\rho(\boldsymbol{A})\neq a$. 于是，$a<\rho(\boldsymbol{A})<b$. 证毕

推论 $\boldsymbol{A}$ 为不可约非负矩阵，则对任意给定的正向量 $\boldsymbol{x}=(x_1,x_2,\cdots,x_n)^{\mathrm{T}}$，或者有

$$\frac{1}{x_i}\sum_{j=1}^{n}a_{ij}x_j=\rho(\boldsymbol{A}),\quad i=1,2,\cdots,n, \tag{7.1.29}$$

或者有

$$\min_{1\leqslant i\leqslant n}\left(\frac{1}{x_i}\sum_{j=1}^{n}a_{ij}x_j\right)<\rho(\boldsymbol{A})<\max_{1\leqslant i\leqslant n}\left(\frac{1}{x_i}\sum_{j=1}^{n}a_{ij}x_j\right). \tag{7.1.30}$$

证明 给定 $\boldsymbol{x}=(x_1,x_2,\cdots,x_n)^{\mathrm{T}}>0$，令 $\boldsymbol{D}=\mathrm{diag}(x_1,x_2,\cdots,x_n)$，将定理 7.1.10 应用于非负不可约矩阵 $\boldsymbol{B}=\boldsymbol{D}^{-1}\boldsymbol{A}\boldsymbol{D}$，便得到推论结论. 证毕

7.1.3 素矩阵与循环矩阵

现转到非负矩阵进一步的分类问题上. 为此，引进一类介于不可约非负矩阵与正矩阵之间的矩阵——素矩阵与循环矩阵的概念. 素矩阵有多种不同的定义方式，这里采用按谱半径的重数来定义，另外的方式作为性质.

定义 7.1.3 设 $\boldsymbol{A}$ 是 n 阶非负矩阵，且有 m 个特征值的模均等于谱半径 $\rho(\boldsymbol{A})$，则当 $m=1$ 时，就称方阵 $\boldsymbol{A}$ 为**素矩阵**(或**本原矩阵**)；当 $m>1$ 时，就称 $\boldsymbol{A}$ 是**循环矩阵**(或**非素矩阵**). m 统称为 A 的**非素性指标**.

例如，前面例 7.1.2 中的 $\boldsymbol{A}$ 是一个素矩阵，而例 7.1.3 及例 7.1.4 中的 $\boldsymbol{A}$ 分别是指标为 n 和 2 的循环矩阵.

又如，正矩阵都是素矩阵，但反之不真.

由定义 7.1.3 即得如下结论.

定理 7.1.11 设 $\boldsymbol{A},\boldsymbol{B}$ 均为 n 阶非负矩阵，并且 $\boldsymbol{A}$ 是素矩阵，则

(1) $\boldsymbol{A}^{\mathrm{T}}$ 也是素矩阵；

(2) 对任一正整数 k，$\boldsymbol{A}^k$ 也是素矩阵；

(3) $\boldsymbol{A}+\boldsymbol{B}$ 也是素矩阵.

定理 7.1.12 非负矩阵 $\boldsymbol{A}$ 是素矩阵(本原矩阵)的充分必要条件，是存在某个正整数 k，使得 $\boldsymbol{A}^k>\boldsymbol{0}$.

(证略.)

例如，非负矩阵

$$\boldsymbol{A}=\begin{bmatrix}0&2\\1&1\end{bmatrix},\qquad \boldsymbol{B}=\begin{bmatrix}0&1&1\\1&0&0\\1&1&1\end{bmatrix}$$

都是素矩阵，因为不难验证 $\boldsymbol{A}^2>0,\boldsymbol{B}^4>0$.

类似地可以证明，对于素矩阵 $\boldsymbol{A}$，佩龙定理以及定理 7.1.6 的结论仍然成立.

例如，对于一个非负素矩阵 $\boldsymbol{A}$，除特征值 $\rho(\boldsymbol{A})$ 外，其余特征值的模都小于 $\rho(\boldsymbol{A})$.(正矩阵也有这个性质，但对不可约非负矩阵这个结论不再成立，见例 7.1.3)

本节最后要注意的是，前面介绍的佩龙-弗罗贝尼乌斯定理不能照搬到可约非负矩阵上. 但是，由于任一非负矩阵 $\boldsymbol{A}\geqslant 0$ 都可表示成不可约的正矩阵序列 $\{\boldsymbol{A}_m\}$ 的极限：

$$\boldsymbol{A}=\lim_{m\to\infty}\boldsymbol{A}_m,\qquad \forall \boldsymbol{A}_m>0, \tag{7.1.31}$$

所以不可约非负矩阵的某些性质,在较弱的形式下,对于可约非负矩阵亦能成立.下面我们把这种较弱的形式,不加证明地用定理表述如下:

定理 7.1.13 设 $\boldsymbol{A}\in\mathbb{R}^{n\times n}$ 为非负矩阵,则有结论:

(1) $\rho(\boldsymbol{A})$是 $\boldsymbol{A}$ 的特征值,且属于 $\rho(\boldsymbol{A})$的特征向量可取作非负的,即存在不为零的非负向量 $\boldsymbol{x}$,使得 $\boldsymbol{A}\boldsymbol{x}=\rho(\boldsymbol{A})\boldsymbol{x}$(注意,这里 $\rho(\boldsymbol{A})$和 $\boldsymbol{x}$ 不一定是正的);

(2) $\boldsymbol{A}$ 的特征值可分成若干组,每组中的特征值模都相等,而且"均匀"地分布在以原点为圆心的某一圆周上(注意,这里 $\boldsymbol{A}$ 的所有特征值的模都小于等于 $\rho(\boldsymbol{A})$).

7.2 随机矩阵与双随机矩阵

这里介绍一类重要的非负矩阵——随机矩阵,并简要介绍随机矩阵一些性质以及它的应用背景.

定义 7.2.1 设 $\boldsymbol{A}=(a_{ij})\in\mathbb{R}^{n\times n}$ 是非负矩阵,如果 $\boldsymbol{A}$ 的每一行上的元素之和都等于 1,即

$$\sum_{j=1}^{n}a_{ij}=1,\qquad i=1,2,\cdots,n, \tag{7.2.1}$$

则称 $\boldsymbol{A}$ 为**随机矩阵**;如果 $\boldsymbol{A}$ 还满足

$$\sum_{i=1}^{n}a_{ij}=1,\qquad j=1,2,\cdots,n, \tag{7.2.2}$$

则称 $\boldsymbol{A}$ 为**双随机矩阵**.

$\boldsymbol{A}$ 之所以称为随机矩阵,是因为 $\boldsymbol{A}$ 的每一行可以看成有 n 个点的样本空间上的离散概念分布.这样的矩阵常常出现在城市间的人口流动模型、马尔可夫(Markov)链的研究及经济学和运筹学等领域的各种各样的数学模型问题中.

随机矩阵是一类特殊的非负矩阵,因此上节所述的非负矩阵的各种概念和结果,对随机矩阵也适用.下面考虑随机矩阵的一些特殊性质.

定理 7.2.1 设 $\boldsymbol{A}\in\mathbb{R}^{n\times n}$ 是随机矩阵,则有

$$\rho(\boldsymbol{A})=1. \tag{7.2.3}$$

证明 因为 $\boldsymbol{A}$ 是随机矩阵,所以 $\boldsymbol{A}$ 的每一行元素之和为 1,则 $\|\boldsymbol{A}\|_\infty=1$.令 $\boldsymbol{x}=(1,\cdots,1)^{\mathrm{T}}$,显然 $\boldsymbol{A}\boldsymbol{x}=\boldsymbol{x}=\|\boldsymbol{A}\|_\infty\boldsymbol{x}$,即 $\boldsymbol{x}$ 是 $\boldsymbol{A}$ 对应于特征值 $\|\boldsymbol{A}\|_\infty$ 的特征向量,而 $\rho(\boldsymbol{A})\leqslant\|\boldsymbol{A}\|_\infty$,同时又有 $\|\boldsymbol{A}\|_\infty\leqslant\rho(\boldsymbol{A})$,故得 $\rho(\boldsymbol{A})=\|\boldsymbol{A}\|_\infty=1$. 证毕

从以上证明可知,n 阶随机矩阵 $\boldsymbol{A}$ 有特征值 1,并且有相应的特征向量 $\boldsymbol{x}=(1,\cdots,1)^{\mathrm{T}}$;反之,如果 n 阶非负矩阵 $\boldsymbol{A}$ 有特征值 1 且对应于 1 的特征向量为 $\boldsymbol{x}=(1,\cdots,1)^{\mathrm{T}}$,则 $\boldsymbol{A}$ 是随机矩阵.于是,我们得到如下定理:

定理 7.2.2 n 阶非负矩阵 $\boldsymbol{A}$ 是随机矩阵的充分必要条件是 $\boldsymbol{x}=(1,\cdots,1)^{\mathrm{T}}\in\mathbb{R}^n$ 为 $\boldsymbol{A}$ 对应于特征值 1 的特征向量,即 $\boldsymbol{A}\boldsymbol{x}=\boldsymbol{x}$.

容易验证,同阶随机矩阵之积仍是随机矩阵.

由定理 7.1.10 可知,随机矩阵 $\boldsymbol{A}$ 的谱半径 $\rho(\boldsymbol{A})=1$.

具有正谱半径与对应正特征向量的非负矩阵与随机矩阵之间存在着密切关系.

定理 7.2.3 设 n 阶非负矩阵 $\boldsymbol{A}$ 的谱半径 $\rho(\boldsymbol{A})>0$,且有 $\boldsymbol{x}=(x_1,\cdots,x_n)^{\mathrm{T}}>0$,则矩阵

$\boldsymbol{A}$ 能相似于数 $\rho(\boldsymbol{A})$ 与某个随机矩阵 $\boldsymbol{P}$ 的乘积，即

$$\boldsymbol{A}=\boldsymbol{D}(\rho(\boldsymbol{A})\boldsymbol{P})\boldsymbol{D}^{-1}, \tag{7.2.4}$$

其中 $\boldsymbol{D}=\operatorname{diag}(x_1,\cdots,x_n)$. 即 $(\boldsymbol{D}^{-1}\boldsymbol{A}\boldsymbol{D})/\rho(\boldsymbol{A})$ 是随机矩阵.

证明　因为

$$\sum_{j=1}^{n} a_{ij}x_j=\rho(\boldsymbol{A})x_i,\qquad i=1,\cdots,n, \tag{7.2.5}$$

引入对角矩阵

$$\boldsymbol{D}=\operatorname{diag}(x_1,\cdots,x_n)$$

及矩阵

$$\boldsymbol{P}=\frac{1}{\rho(\boldsymbol{A})}\boldsymbol{D}^{-1}\boldsymbol{A}\boldsymbol{D},$$

则

$$p_{ij}=\frac{1}{\rho(\boldsymbol{A})}x_i^{-1}a_{ij}x_j\geqslant 0,\qquad i,j=1,\cdots,n,$$

而由式(7.2.5)可得

$$\sum_{j=1}^{n} p_{ij}=1,\qquad i=1,\cdots,n,$$

即 $\boldsymbol{P}$ 是随机矩阵，且有 $\boldsymbol{A}=\boldsymbol{D}(\rho(\boldsymbol{A})\boldsymbol{P})\boldsymbol{D}^{-1}$.　证毕

随机矩阵在随机过程中有着重要的应用. 设某个过程或系统可能出现 n 个随机事件 $S_1,\cdots,S_n$，且在时间序列 $t_0,t_1,t_2,\cdots$ 的每一瞬间，这些事件有一个且只有一个能够出现. 如果在时刻 $t_{k-1}(k\geqslant 1)$ 处于事件 S_i，则下一时刻 t_k 将以概率 $p_{ij}(k)$ 转移到事件 $S_j(i,j=1,\cdots,n;k=1,2,\cdots)$. 若对所有 $k\geqslant 1$ 概率 $p_{ij}(k)$ 与 k 无关，则称这个过程为纯马尔可夫链.

当给出了条件概率矩阵 $\boldsymbol{P}=(p_{ij})_{n\times n}$ 时，显然满足

$$p_{ij}\geqslant 0,\qquad \sum_{j=1}^{n} p_{ij}=1,\qquad i,j=1,2,\cdots,n,$$

即 $\boldsymbol{P}$ 是随机矩阵，我们称之为该过程的**转移矩阵**.

在实际应用中常要考虑到随机矩阵 $\boldsymbol{A}$ 的幂序列 $\{\boldsymbol{A}^m\}$ 的收敛性. 由于 $\boldsymbol{A}$ 的谱半径 $\rho(\boldsymbol{A})=1$，且 $\boldsymbol{A}$ 的任一模等于 1 的特征值所对应的若尔当块都是一阶的（证略），故有如下结果.

定理 7.2.4　设 $\boldsymbol{A}$ 为不可约随机矩阵，则极限 $\lim\limits_{m\to\infty}\boldsymbol{A}^m$ 存在的充分必要条件是 $\boldsymbol{A}$ 为本原矩阵.

下面简单考虑一下随机矩阵在齐次马尔可夫链中的应用.

设某个过程可能出现 n 个状态 $S_1,S_2,\cdots,S_n$，假如过程从状态 S_i 的概率 a_{ij} 只依赖于这两个状态，则称该过程为有限马尔可夫过程. 令 $\boldsymbol{A}=(a_{ij})_{n\times n}$，则 $a_{ij}\geqslant 0$，且 $\sum\limits_{i=1}^{n}a_{ij}=1$，即 $\boldsymbol{A}$ 为随机矩阵，称 $\boldsymbol{A}$ 为该过程的转移矩阵.

用 $(\boldsymbol{A},\boldsymbol{p}^{(0)})$ 表示某个有限齐次马尔可夫过程，其中 $\boldsymbol{A}=(a_{ij})_{n\times n}$ 为转移矩阵，$\boldsymbol{p}^{(0)}=(p_1^{(0)},p_2^{(0)},\cdots,p_n^{(0)})^{\mathrm{T}}$ 为初始（概率）分布向量，$p_j^{(0)}$ 表示过程初始处在状态 S_j 的概率，$1\leqslant j\leqslant n$. 设 $\boldsymbol{p}^{(k)}=(p_1^{(k)},p_2^{(k)},\cdots,p_n^{(k)})^{\mathrm{T}}$ 为第 k 个（概率）分布向量，其中 $p_j^{(k)}$ 为过程在第 k 步

后处在状态 S_j 的概率，$1\leqslant j\leqslant n$. 显然 $p_j^{(k)}\geqslant 0$，且 $\sum\limits_{j=1}^{n}p_j^{(k)}=1$. 由假定，有

$$p_j^{(k)}=\sum_{i=1}^{n}a_{ij}p_i^{(k-1)},\quad 1\leqslant j\leqslant n,\quad k=1,2,\cdots$$

因此有

$$\boldsymbol{p}^{(k)}=\boldsymbol{A}^{\mathrm{T}}\boldsymbol{p}^{(k-1)},\quad k=1,2,\cdots$$

因而

$$\boldsymbol{p}^{(k)}=(\boldsymbol{A}^{\mathrm{T}})^{k}\boldsymbol{p}^{(0)}=(\boldsymbol{A}^{k})^{\mathrm{T}}\boldsymbol{p}^{(0)},\quad k=1,2,\cdots \tag{7.2.6}$$

在马尔可夫链的研究中，一个重要问题是讨论当 $k\to\infty$ 时，$\boldsymbol{p}^{(k)}$ 的变化趋势. 按式(7.2.6)这主要取决于 $\boldsymbol{A}^{k}$ 的变化趋势.

例 7.2.1 设某少数民族现有 1800 人，居住在 A,B,C 三个部落的人数分别为 200，600，1000，假定每年每个部落的所有人分为相等的两半分别迁往其他两个部落，试问一年、两年以及无限长久之后，该民族在三个部落的人口分布情况.

解 设 $\boldsymbol{p}^{(k)}=(p_1^{(k)},p_2^{(k)},p_3^{(k)})^{\mathrm{T}}$ 为 k 年后分布在三个部落的人口比率向量，其中 $p_1^{(k)}$，$p_2^{(k)}$，$p_3^{(k)}$ 分别为 k 年后分布在 A,B,C 三个部落的人口比率. 设 $\boldsymbol{p}^{(0)}=(p_1^{(0)},p_2^{(0)},p_3^{(0)})^{\mathrm{T}}$ 为初始人口分布比率向量. 由假定，有

$$\boldsymbol{p}^{(0)}=(p_1^{(0)},p_2^{(0)},p_3^{(0)})^{\mathrm{T}}=\left(\frac{1}{9},\frac{1}{3},\frac{5}{9}\right)^{\mathrm{T}},$$

过程的转移矩阵为

$$\boldsymbol{A}=\begin{bmatrix}0 & \frac{1}{2} & \frac{1}{2}\\ \frac{1}{2} & 0 & \frac{1}{2}\\ \frac{1}{2} & \frac{1}{2} & 0\end{bmatrix},$$

因此

$$\boldsymbol{p}^{(k)}=(\boldsymbol{A}^{k})^{\mathrm{T}}\boldsymbol{p}^{(0)}=\boldsymbol{A}^{k}\boldsymbol{p}^{(0)},\quad k=1,2,\cdots.$$

令 $k=1$，则

$$\boldsymbol{p}^{(1)}=\begin{bmatrix}0 & \frac{1}{2} & \frac{1}{2}\\ \frac{1}{2} & 0 & \frac{1}{2}\\ \frac{1}{2} & \frac{1}{2} & 0\end{bmatrix}\begin{bmatrix}\frac{1}{9}\\ \frac{1}{3}\\ \frac{5}{9}\end{bmatrix}=\begin{bmatrix}\frac{4}{9}\\ \frac{1}{3}\\ \frac{2}{9}\end{bmatrix},$$

$k=2$，则

$$\boldsymbol{p}^{(2)}=\begin{bmatrix}0 & \frac{1}{2} & \frac{1}{2}\\ \frac{1}{2} & 0 & \frac{1}{2}\\ \frac{1}{2} & \frac{1}{2} & 0\end{bmatrix}\begin{bmatrix}\frac{4}{9}\\ \frac{1}{3}\\ \frac{2}{9}\end{bmatrix}=\begin{bmatrix}\frac{5}{18}\\ \frac{1}{3}\\ \frac{7}{18}\end{bmatrix},$$

故一年后分布在 A,B,C 三部落的人数分别为 800，600，400；两年后分布在 A,B,C 三部落的人数分别为 500，600，700.

由于 $\boldsymbol{I}+\boldsymbol{A}>\boldsymbol{0}$，故由定理 7.1.8，$\boldsymbol{A}$ 为不可约非负矩阵，计算得

$$\boldsymbol{A}^2=\begin{bmatrix}\frac{1}{2} & \frac{1}{4} & \frac{1}{4}\\ \frac{1}{4} & \frac{1}{2} & \frac{1}{4}\\ \frac{1}{4} & \frac{1}{4} & \frac{1}{2}\end{bmatrix}>\boldsymbol{0},$$

所以由定理 7.1.12 知 $\boldsymbol{A}$ 为本原矩阵（素矩阵）．再由定理 7.2.4 知 $\lim\limits_{k\to\infty}\boldsymbol{A}^k$ 存在．因 $|\lambda\boldsymbol{I}-\boldsymbol{A}|=(\lambda-1)\left(\lambda+\frac{1}{2}\right)^2$，所以 $\boldsymbol{A}$ 有特征值 $\lambda_1=1,\lambda_2=-\frac{1}{2}$．分别解齐次方程组

$$(\lambda_1\boldsymbol{I}-\boldsymbol{A})\boldsymbol{x}=\boldsymbol{0}\quad 和\quad (\lambda_2\boldsymbol{I}-\boldsymbol{A})\boldsymbol{x}=\boldsymbol{0}$$

得相互正交的特征向量为

$$\boldsymbol{\xi}_1=\frac{1}{\sqrt{3}}\begin{bmatrix}1\\1\\1\end{bmatrix},\quad \boldsymbol{\xi}_2=\frac{1}{\sqrt{2}}\begin{bmatrix}1\\-1\\0\end{bmatrix},\quad \boldsymbol{\xi}_3=\frac{1}{\sqrt{6}}\begin{bmatrix}1\\1\\-2\end{bmatrix}.$$

令 $\boldsymbol{P}=(\boldsymbol{\xi}_1,\boldsymbol{\xi}_2,\boldsymbol{\xi}_3)$，则

$$\boldsymbol{A}=\boldsymbol{P}\begin{bmatrix}1 & & \\ & \frac{1}{2} & \\ & & -\frac{1}{2}\end{bmatrix}\boldsymbol{P}^{-1},$$

所以

$$\boldsymbol{A}^k=\boldsymbol{P}\begin{bmatrix}1 & & \\ & \left(\frac{1}{2}\right)^k & \\ & & \left(-\frac{1}{2}\right)^k\end{bmatrix}\boldsymbol{P}^{-1}.$$

因此

$$\lim_{k\to\infty}\boldsymbol{A}^k=\begin{bmatrix}\frac{1}{\sqrt{3}} & \frac{1}{\sqrt{2}} & \frac{1}{\sqrt{6}}\\ \frac{1}{\sqrt{3}} & -\frac{1}{\sqrt{2}} & \frac{1}{\sqrt{6}}\\ \frac{1}{\sqrt{3}} & 0 & -\frac{2}{\sqrt{6}}\end{bmatrix}\begin{bmatrix}1 & & \\ & 0 & \\ & & 0\end{bmatrix}\begin{bmatrix}\frac{1}{\sqrt{3}} & \frac{1}{\sqrt{3}} & \frac{1}{\sqrt{3}}\\ \frac{1}{\sqrt{2}} & -\frac{1}{\sqrt{2}} & 0\\ \frac{1}{\sqrt{6}} & \frac{1}{\sqrt{6}} & -\frac{2}{\sqrt{6}}\end{bmatrix}=\frac{1}{3}\begin{bmatrix}1 & 1 & 1\\1 & 1 & 1\\1 & 1 & 1\end{bmatrix},$$

于是

$$\lim_{k\to\infty}\boldsymbol{p}^{(k)}=(\lim_{k\to\infty}(\boldsymbol{A}^k)^{\mathrm{T}})\boldsymbol{p}^{(0)}=(\lim_{k\to\infty}\boldsymbol{A}^k)\boldsymbol{p}^{(0)}$$

$$=\frac{1}{3}\begin{bmatrix}1 & 1 & 1\\1 & 1 & 1\\1 & 1 & 1\end{bmatrix}\begin{bmatrix}\frac{1}{9}\\ \frac{1}{3}\\ \frac{5}{9}\end{bmatrix}=\begin{bmatrix}\frac{1}{3}\\ \frac{1}{3}\\ \frac{1}{3}\end{bmatrix}.$$

因此在无限年后分布在 A,B,C 的三个部落的人分别为 600，600，600．

双随机矩阵是一类特殊的随机矩阵,因而它具有随机矩阵的所有性质,并且还有如下结果.

定理 7.2.5 设 $\boldsymbol{A}\in\mathbb{R}^{n\times n}$ 是双随机矩阵,则

(1) $\rho(\boldsymbol{A})=1$,且 $\boldsymbol{x}=(1,\cdots,1)^{\mathrm{T}}$ 是 $\boldsymbol{A}$ 与 $\boldsymbol{A}^{\mathrm{T}}$ 对应于特征值 1 的特殊向量;

(2) $\|\boldsymbol{A}\|_2\geqslant 1$.

7.3 单调矩阵

本节简要介绍一类矩阵 $\boldsymbol{A}$,其特点是它的逆矩阵 $\boldsymbol{A}^{-1}$ 是非负的矩阵——单调矩阵,并说明它在求解线性方程组中的应用.

定义 7.3.1 设 $\boldsymbol{A}\in\mathbb{R}^{n\times n}$,如果它的逆矩阵 $\boldsymbol{A}^{-1}\geqslant 0$,则称 $\boldsymbol{A}$ 为**单调矩阵**.

例如,矩阵

$$\boldsymbol{A}=\begin{bmatrix}1 & -\frac{1}{2} & \frac{1}{8}\\ 0 & 1 & -\frac{1}{2}\\ 0 & 0 & 1\end{bmatrix}$$

的逆矩阵为

$$\boldsymbol{A}^{-1}=\begin{bmatrix}1 & \frac{1}{2} & \frac{1}{8}\\ 0 & 1 & \frac{1}{2}\\ 0 & 0 & 1\end{bmatrix}\geqslant 0,$$

故 $\boldsymbol{A}$ 为单调矩阵.

下面给出 20 世纪 50 年代由卡拉茨(Collatz)提出的判别矩阵 $\boldsymbol{A}$ 为单调矩阵的一个充分必要条件,它可作为单调矩阵概念的等价条件.

定理 7.3.1 设 $\boldsymbol{A}\in\mathbb{R}^{n\times n}$,则 $\boldsymbol{A}$ 为单调矩阵的充分必要条件是:可从 $\boldsymbol{Ax}\geqslant 0$ 推出 $\boldsymbol{x}\geqslant 0$,这里 $\boldsymbol{x}$ 是列向量.

证明 必要性:如果 $\boldsymbol{A}$ 是单调矩阵,则 $\boldsymbol{A}^{-1}\geqslant 0$.若 $\boldsymbol{Ax}\geqslant 0$,则必有 $\boldsymbol{A}^{-1}(\boldsymbol{Ax})\geqslant 0$,所以 $\boldsymbol{x}\geqslant 0$.

充分性:反之,若可从 $\boldsymbol{Ax}\geqslant 0$ 推出 $\boldsymbol{x}\geqslant 0$,则 $\boldsymbol{A}$ 非奇异.事实上,设 $\boldsymbol{Ax}=\boldsymbol{0}$ 有解 $\tilde{\boldsymbol{x}}$,即 $\boldsymbol{A}\tilde{\boldsymbol{x}}=\boldsymbol{0}$,于是 $\boldsymbol{A}\tilde{\boldsymbol{x}}\geqslant 0$,由假设知 $\tilde{\boldsymbol{x}}\geqslant 0$;再由

$$\boldsymbol{A}(-\tilde{\boldsymbol{x}})=-\boldsymbol{A}\tilde{\boldsymbol{x}}=\boldsymbol{0},$$

又可推得 $-\tilde{\boldsymbol{x}}\geqslant 0$,故只能 $\tilde{\boldsymbol{x}}=\boldsymbol{0}$,从而 $\boldsymbol{Ax}=\boldsymbol{0}$ 仅有零解,故 $\boldsymbol{A}$ 非奇异,即 $\boldsymbol{A}^{-1}$ 存在. 证毕

从单调矩阵的定义可推知:若 $\boldsymbol{A}$ 是单调矩阵,则 $\boldsymbol{A}$ 是非奇异的.于是线性方程组 $\boldsymbol{Ax}=\boldsymbol{b}$ 有唯一解 $\tilde{\boldsymbol{x}}=(\tilde{x}_1,\cdots,\tilde{x}_n)^{\mathrm{T}}$,并有如下结果.

定理 7.3.2 设 $\boldsymbol{A}$ 为单调矩阵,若能找到向量 $\boldsymbol{x}'=(x'_1,\cdots,x'_n)^{\mathrm{T}}$ 和 $\boldsymbol{x}''=(x''_1,\cdots,x''_n)^{\mathrm{T}}$ 分别使 $\boldsymbol{Ax}'\leqslant\boldsymbol{b}$,$\boldsymbol{Ax}''\geqslant\boldsymbol{b}$,则有估计式

$$\boldsymbol{x}'\leqslant\tilde{\boldsymbol{x}}\leqslant\boldsymbol{x}'' \tag{7.3.1}$$

或

$$x'_i\leqslant\tilde{x}_i\leqslant x''_i,\qquad i=1,\cdots,n. \tag{7.3.2}$$

证明　由于 $\boldsymbol{A}\boldsymbol{x}'\leqslant\boldsymbol{b}$，因此，$\boldsymbol{A}\boldsymbol{x}'-\boldsymbol{b}\leqslant 0$，又 $\boldsymbol{A}$ 是单调矩阵，即有 $\boldsymbol{A}^{-1}\geqslant 0$，于是有

$$\boldsymbol{A}^{-1}(\boldsymbol{A}\boldsymbol{x}'-\boldsymbol{b})\leqslant 0,$$

即

$$x'-\boldsymbol{A}^{-1}\boldsymbol{b}\leqslant 0.$$

由 $\tilde{\boldsymbol{x}}=\boldsymbol{A}^{-1}\boldsymbol{b}$，便得 $\boldsymbol{x}'\leqslant\tilde{\boldsymbol{x}}$. 类似地有 $\boldsymbol{x}''\geqslant\tilde{\boldsymbol{x}}$.　　证毕

式(7.3.1)的意义在于：当找到满足 $\boldsymbol{A}\boldsymbol{x}'\leqslant\boldsymbol{b}$ 的向量 $\boldsymbol{x}'$，便直接得到 $\boldsymbol{x}'\leqslant\tilde{\boldsymbol{x}}$，即 $\boldsymbol{x}'$ 为解向量 $\tilde{\boldsymbol{x}}$ 的下界. 同样，只要找到满足 $\boldsymbol{A}\boldsymbol{x}''\geqslant\boldsymbol{b}$ 的 $\boldsymbol{x}''$，便知 $\boldsymbol{x}''$ 是 $\tilde{\boldsymbol{x}}$ 的上界.

作为式(7.3.1)的应用，考虑线性方程组

$$\begin{cases}x_1-\frac{1}{4}x_2-\frac{1}{4}x_3=0.6,\\ -\frac{1}{4}x_1+x_2-\frac{1}{4}x_4=0.6,\\ -\frac{1}{4}x_1+x_3-\frac{1}{4}x_4=0.6,\\ -\frac{1}{4}x_2-\frac{1}{4}x_3+x_4=0.66,\end{cases}\tag{7.3.3}$$

系数矩阵 $\boldsymbol{A}$ 的逆矩阵是

$$\boldsymbol{A}^{-1}=\begin{bmatrix}\frac{7}{6}&\frac{2}{6}&\frac{2}{6}&\frac{1}{6}\\ \frac{2}{6}&\frac{7}{6}&\frac{1}{6}&\frac{2}{6}\\ \frac{2}{6}&\frac{1}{6}&\frac{7}{6}&\frac{2}{6}\\ \frac{1}{6}&\frac{2}{6}&\frac{2}{6}&\frac{7}{6}\end{bmatrix}\geqslant 0.$$

若取 $\boldsymbol{x}'=(1.2,1.2,1.2,1.2)^{\mathrm{T}}$，容易计算出

$$\boldsymbol{A}\boldsymbol{x}'=(0.6,0.6,0.6,0.6)^{\mathrm{T}},$$

于是

$$\boldsymbol{A}\boldsymbol{x}'\leqslant\boldsymbol{b}=(0.6,0.6,0.6,0.66)^{\mathrm{T}}$$

成立，故原方程组的解的下界为 $\tilde{x}_i\geqslant 1.2(i=1,2,3,4)$. 实际上，该方程组的精确解为

$$\tilde{\boldsymbol{x}}=(1.21,1.22,1.22,1.27)^{\mathrm{T}}.$$

7.4　M 矩阵与 H 矩阵

1937 年，奥斯乔斯基(Ostrowski)发现一类具有特殊构造的矩阵，其非对角元素 $(i\neq j)a_{ij}\leqslant 0$，即这种矩阵 $\boldsymbol{A}$ 都可以表示成 $\boldsymbol{A}=s\boldsymbol{I}-\boldsymbol{B}$，且 $s>0$，$\boldsymbol{B}\geqslant 0$，故这种矩阵与非负矩阵有一定的联系，称为闵科夫斯基(Minkovski)矩阵，简称 M 矩阵. 随后，数学家与经济学家将矩阵 $\boldsymbol{A}$ 推广到复矩阵，在 M 矩阵的基础上又提出了 H 矩阵的概念. M 矩阵和 H 矩阵在偏微分方程的有限差分法、经济学中的投入产出法、运筹学中的线性余问题及概率统计的马尔可夫过程等很多领域都具有重要的应用. 本节先介绍 M 矩阵及其基本性质，再简要介绍 H 矩阵的概念.

7.4.1 M 矩阵

定义 7.4.1 设 $A\in\mathbb{R}^{n\times n}$,且可表示为

$$A=sI-B,\qquad s>0,\quad B\geqslant 0. \tag{7.4.1}$$

若 $s\geqslant\rho(B)$,则称 A 为 **M 矩阵**;若 $s>\rho(B)$,则称 A 为**非奇异 M 矩阵**.

例 7.4.1

$$A=\begin{bmatrix}1 & -\frac{1}{2} & 0\\ 0 & 1 & -\frac{1}{2}\\ 0 & 0 & 1\end{bmatrix}$$

是一个非奇异 M 矩阵,因为 $A=2I-B$,其中 $s=2>0$,

$$B=\begin{bmatrix}1 & \frac{1}{2} & 0\\ 0 & 1 & \frac{1}{2}\\ 0 & 0 & 1\end{bmatrix}\geqslant 0,$$

且 $\rho(B)=1,s>\rho(B)$.

从此例可看出,M 矩阵不一定是对称矩阵,而且从后面的定理 7.4.2(4)中可以发现,M 矩阵的对角元素 a_{ii} 总是正的.为了进一步讨论 M 矩阵的性质,引入所谓 Z 型矩阵的概念.

设 $A=(a_{ij})_{n\times n}$,且

$$a_{ij}\leqslant 0,\qquad i\neq j,i,j=1,2,\cdots,n, \tag{7.4.2}$$

则称 A 为 **Z 型矩阵**.全体 n 阶 Z 型矩阵的集合用记号$\mathbb{Z}^{n\times n}$表示.显然,M 矩阵是 Z 型矩阵的特殊情况.

下面先给出非奇异 M 矩阵的一些特性.

定理 7.4.1 设 $A\in\mathbb{Z}^{n\times n}$为非奇异 M 矩阵,且 $D\in Z^{n\times n}$ 满足 $D\geqslant A$,则

(1) A^{-1} 与 D^{-1} 存在,且 $A^{-1}\geqslant D^{-1}\geqslant 0$;

(2) D 的每个实特征值为正数;

(3) $\det D\geqslant\det A>0$.

证明 (1) 由假设有

$$A=sI-B,\qquad B\geqslant 0,\quad s>\rho(B),$$

对任意给定的实数 $\omega\leqslant 0$,考察矩阵

$$C=A-\omega I=(s-\omega)I-B.$$

由于 $s-\omega>\rho(B)$,故 C 也是非奇异 M 矩阵.这表明非奇异 M 矩阵的每一个实特征值必为正数.由于 $D\in\mathbb{Z}^{n\times n}$,故存在足够小的正数 ε,使得

$$P=I-\varepsilon D\geqslant 0.$$

因为 $D\geqslant A$,所以 $Q=I-\varepsilon A\geqslant I-\varepsilon D=P\geqslant 0$.由定理 7.1.9 知 $\rho(Q)$为 Q 的非负特征值,故有

$$\det[(1-\rho(Q))I-\varepsilon A]=\det(Q-\rho(Q)I)=0.$$

由此可知$\frac{1}{\varepsilon}(1-\rho(\boldsymbol{Q}))$为 $\boldsymbol{A}$ 的实特征值. 由于上面已证非奇异 M 矩阵的特征值必为正数，所以 $1-\rho(\boldsymbol{Q})>0$，于是 $0\leqslant\rho(\boldsymbol{Q})<1$. 根据定理 5.2.5 得

$$(\varepsilon\boldsymbol{A})^{-1}=(\boldsymbol{I}-\boldsymbol{Q})^{-1}=\boldsymbol{I}+\boldsymbol{Q}+\boldsymbol{Q}^2+\cdots\geqslant 0,$$

从而有 $\boldsymbol{A}^{-1}\geqslant 0$. 又由定理 7.1.2(5)有

$$0\leqslant\boldsymbol{P}^k\leqslant\boldsymbol{Q}^k,\qquad k=1,2,\cdots.$$

而由定理 7.1.3 推论 1 得 $\rho(\boldsymbol{P})\leqslant\rho(\boldsymbol{Q})<1$，于是有

$$(\boldsymbol{I}-\boldsymbol{P})^{-1}=(\varepsilon\boldsymbol{D})^{-1}=\boldsymbol{I}+\boldsymbol{P}+\boldsymbol{P}^2+\cdots\leqslant(\varepsilon\boldsymbol{A})^{-1},$$

得 $\boldsymbol{A}^{-1}\geqslant\boldsymbol{D}^{-1}\geqslant 0$，即(1)得证.

(2) 任取 $\alpha\leqslant 0$，则 $\boldsymbol{D}-\alpha\boldsymbol{I}\geqslant\boldsymbol{A}$，由(1)得 $\boldsymbol{D}-\alpha\boldsymbol{I}$ 非奇异，因而 $\boldsymbol{D}$ 的所有实特征值为正数. 于是(2)得证.

(3) 由上面的分析，只需证明：若 $\boldsymbol{A}\in\mathbb{Z}^{n\times n}$ 的所有实特征值为正数，且 $\boldsymbol{D}\in\mathbb{Z}^{n\times n}$ 满足 $\boldsymbol{D}\geqslant\boldsymbol{A}$，则(3)成立.

事实上，对矩阵的阶数 n 应用归纳法. 当 $n=1$ 时，(3)显然成立. 设 $\boldsymbol{A}_1$，$\boldsymbol{D}_1$ 分别是 $\boldsymbol{A}$ 及 $\boldsymbol{D}$ 的前 $n-1$ 行、前 $n-1$ 列构成的矩阵，则 $\boldsymbol{A}_1$，$\boldsymbol{D}_1$ 都属于$\mathbb{Z}^{(n-1)\times(n-1)}$，且 $\boldsymbol{A}_1\leqslant\boldsymbol{D}_1$.

由于矩阵

$$\widetilde{\boldsymbol{A}}=\begin{bmatrix}\boldsymbol{A}_1 & \boldsymbol{0}\\ \boldsymbol{0} & a_{nn}\end{bmatrix}\in\mathbb{Z}^{n\times n}$$

满足 $\boldsymbol{A}\leqslant\widetilde{\boldsymbol{A}}$，故由(2)知，$\widetilde{\boldsymbol{A}}$ 的所有实特征值为正数. 因而 $\boldsymbol{A}_1$ 的所有实特征值亦为正数. 按归纳法假设，即有 $\det(\boldsymbol{D}_1)\geqslant\det(\boldsymbol{A}_1)>0$，而由(1)知 $\boldsymbol{A}^{-1}\geqslant\boldsymbol{D}^{-1}\geqslant 0$，于是

$$(\boldsymbol{A}^{-1})_{n,n}\geqslant(\boldsymbol{D}^{-1})_{n,n}\geqslant 0,$$

(这里$(\boldsymbol{A}^{-1})_{n,n}$ 表示 $\boldsymbol{A}^{-1}$ 的(n,n)元素)即

$$(\boldsymbol{A}^{-1})_{n,n}=\frac{\det(\boldsymbol{A}_1)}{\det(\boldsymbol{A})}\geqslant\frac{\det(\boldsymbol{D}_1)}{\det(\boldsymbol{D})}=(\boldsymbol{D}^{-1})_{n,n}\geqslant 0,$$

因此$|\boldsymbol{A}|>0$，$|\boldsymbol{D}|>0$，并利用归纳假设得

$$\det(\boldsymbol{D})\geqslant\det(\boldsymbol{A})\det(\boldsymbol{D}_1)/\det(\boldsymbol{A}_1)\geqslant\det(\boldsymbol{A})>0.$$

证毕

从上述定理的证明可见，若 $\boldsymbol{A}$，$\boldsymbol{D}\in\mathbb{Z}^{n\times n}$，且 $\boldsymbol{A}\leqslant\boldsymbol{D}$，则 $\boldsymbol{A}$ 为非奇异 M 矩阵蕴涵着 $\boldsymbol{D}$ 也是非奇异 M 矩阵，且有 $\det(\boldsymbol{D})\geqslant\det(\boldsymbol{A})>0$. 这个结论在许多实际问题中十分有用. 此外，若定理 7.4.1 中的假设“非奇异 M 矩阵”改换成“$\boldsymbol{A}$ 的每个实特征值都是正数”，则此定理的结论(1)～(3)仍然成立.

下面的定理是非奇异 M 矩阵的一个基本定理，它提供了非奇异 M 矩阵的多种等价条件.

定理 7.4.2 设 $\boldsymbol{A}\in\mathbb{Z}^{n\times n}$，则以下各命题彼此等价：

(1) $\boldsymbol{A}$ 为非奇异 M 矩阵；

(2) 若 $\boldsymbol{B}\in\mathbb{Z}^{n\times n}$ 且 $\boldsymbol{B}\geqslant\boldsymbol{A}$，则 $\boldsymbol{B}$ 非奇异；

(3) $\boldsymbol{A}$ 的任意主子矩阵的每一个实特征值为正数；

(4) $\boldsymbol{A}$ 的所有主子式为正数；

(5) 对每个 $k(1\leqslant k\leqslant n)$，$\boldsymbol{A}$ 的所有 k 阶主子式之和为正数；

(6) $\boldsymbol{A}$ 的每一个实特征值为正数;

(7) 存在 $\boldsymbol{A}$ 的一种分裂 $\boldsymbol{A}=\boldsymbol{P}-\boldsymbol{Q}$,使得 $\boldsymbol{P}^{-1}\geqslant\boldsymbol{0},\boldsymbol{Q}\geqslant\boldsymbol{0}$ 且 $\rho(\boldsymbol{P}^{-1}\boldsymbol{Q})<1$;

(8) $\boldsymbol{A}$ 非奇异,且 $\boldsymbol{A}^{-1}\geqslant\boldsymbol{0}$.

证明 (1)⇒(2). 由定理 7.4.1(3)即得.

(2)⇒(3). 设 $\boldsymbol{A}^{(k)}$ 是 $\boldsymbol{A}$ 的任一 k 阶主子矩阵,K 表示 $\boldsymbol{A}^{(k)}$ 在 $\boldsymbol{A}$ 中的行(列)序数集,λ 是 $\boldsymbol{A}^{(k)}$ 的任一实特征值. 下面用反证法证明 $\lambda>0$.

若不然,$\lambda\leqslant0$,定义矩阵 $\boldsymbol{B}=(b_{ij})\in\mathbb{Z}^{n\times n}$ 如下:

$$b_{ij}=\begin{cases}a_{ii}-\lambda, & \text{当 } i=j \text{ 时};\\ a_{ij}, & \text{当 } i\neq j \text{ 且 } i,j\in K \text{ 时};\\ 0, & \text{当 } i\neq j \text{ 且 } i,j\notin K \text{ 时},\end{cases}$$

则 $\boldsymbol{B}\geqslant\boldsymbol{A}$,并且由(2)知矩阵 $\boldsymbol{B}$ 非奇异. 另一方面,记 $\boldsymbol{B}^{(k)}=\boldsymbol{A}^{(k)}-\lambda\boldsymbol{I}$,因为 λ 是 $\boldsymbol{A}^{(k)}$ 的特征值,则 $\det(\boldsymbol{B}^{(k)})=0$,从而 $\det(\boldsymbol{B})=\det(\boldsymbol{B}^{(k)})\prod\limits_{i\notin K}b_{ii}=0$. 这与 $\boldsymbol{B}$ 非奇异矛盾,故 $\lambda>0$.

(3)⇒(4). 因为实方阵的复特征值成共轭对出现,所以实方阵的所有非实特征值的乘积为正数. 由(3)知 $\boldsymbol{A}$ 的任一主子矩阵的实特征值均为正数,故 $\boldsymbol{A}$ 的任一主子式均为正数.

(4)⇒(5). 显然成立.

(5)⇒(6). 由定理 1.1.25 得

$$\det(\boldsymbol{A}-\lambda\boldsymbol{I})=(-\lambda)^n+b_1(-\lambda)^{n-1}+\cdots+b_n, \tag{7.4.3}$$

其中 b_k 是 $\boldsymbol{A}$ 的所有 k 阶主子式之和. 由(5)知 $b_k>0(k=1,\cdots,n)$,因此式(7.4.2)不可能有非正的实根,即 $\boldsymbol{A}$ 的所有实特征值均为正数.

(6)⇒(1). 设 $\boldsymbol{A}=s\boldsymbol{I}-\boldsymbol{B}$,$s>0$ 且 $\boldsymbol{B}\geqslant0$,则 $s-\rho(\boldsymbol{B})$ 为 $\boldsymbol{A}$ 的实特征值,由(6)知它是正数,即 $s>\rho(\boldsymbol{B})$. 因此 $\boldsymbol{A}$ 为非奇异 M 矩阵.

(1)⇒(7). 取 $\boldsymbol{P}=s\boldsymbol{I},\boldsymbol{Q}=\boldsymbol{B}$,并且 $s,\boldsymbol{B}$ 满足

$$\boldsymbol{A}=s\boldsymbol{I}-\boldsymbol{B},\qquad s>\rho(\boldsymbol{B}),\quad \boldsymbol{B}\geqslant0,$$

则 $\boldsymbol{P}^{-1}\geqslant0,\boldsymbol{Q}\geqslant0$,并且 $\rho(\boldsymbol{P}^{-1}\boldsymbol{Q})=\rho\left(\frac{1}{s}\boldsymbol{B}\right)=\frac{1}{s}\rho(\boldsymbol{B})<1$.

(7)⇒(8). 由(7)得 $\boldsymbol{A}=\boldsymbol{P}(\boldsymbol{I}-\boldsymbol{C})$,其中 $\boldsymbol{C}=\boldsymbol{P}^{-1}\boldsymbol{Q}$. 因为 $\rho(\boldsymbol{C})<1$,则由定理 5.2.5 有

$$\boldsymbol{A}^{-1}=(\boldsymbol{I}-\boldsymbol{C})^{-1}\boldsymbol{P}^{-1}=(\boldsymbol{I}+\boldsymbol{C}+\boldsymbol{C}^2+\cdots)\boldsymbol{P}^{-1},$$

所以从 $\boldsymbol{C}=\boldsymbol{P}^{-1}\boldsymbol{Q}\geqslant0$,得 $\boldsymbol{A}^{-1}\geqslant0$.

(8)⇒(1). 记 $\boldsymbol{A}^{-1}=\boldsymbol{G}=(g_{ij})$,由(8)知 $\boldsymbol{G}\geqslant0$. 由于 $\boldsymbol{A}\boldsymbol{G}=\boldsymbol{I}$,故 $\sum\limits_{j=1}^{n}a_{ij}g_{ji}=1(i=1,2,\cdots,n)$. 又因为 $a_{ij}\leqslant0,g_{ji}\geqslant0(i\neq j)$,则

$$a_{ii}g_{ii}=1-\sum_{j\neq i}^{n}a_{ij}g_{ji}\geqslant1,\qquad i=1,2,\cdots,n.$$

由 $g_{ii}\geqslant0$ 及上式得

$$a_{ii}>0,\quad g_{ii}>0,\qquad i=1,2,\cdots,n.$$

令 $s\geqslant\max\limits_{1\leqslant i\leqslant n}|a_{ii}|$,则 $\boldsymbol{B}=s\boldsymbol{I}-\boldsymbol{A}\geqslant0$. 由定理 7.1.9 知,$\rho(\boldsymbol{B})$ 是 $\boldsymbol{B}$ 的特征值,并且有相应的非负特征向量 $\boldsymbol{x}\geqslant0$. 于是从 $\boldsymbol{B}\boldsymbol{x}=\rho(\boldsymbol{B})\boldsymbol{x}$ 得

$$\boldsymbol{A}\boldsymbol{x}=(s-\rho(\boldsymbol{B}))\boldsymbol{x}.$$

由于 $\boldsymbol{A}$ 可逆，所以 $s\neq\rho(\boldsymbol{B})$. 从而

$$\boldsymbol{A}^{-1}\boldsymbol{x}=\frac{1}{s-\rho(\boldsymbol{B})}\boldsymbol{x}.$$

因为 $\boldsymbol{A}^{-1}\geqslant 0,\boldsymbol{x}\geqslant 0$ 且 $\boldsymbol{x}\neq\boldsymbol{0}$，所以 $s>\rho(\boldsymbol{B})$. 故 $\boldsymbol{A}$ 是非奇异 M 矩阵.　　证毕

例 7.4.2　设

$$\boldsymbol{A}=\begin{bmatrix}2&-1&0\\-1&2&-1\\0&-1&2\end{bmatrix}.$$

显然，$\boldsymbol{A}\in\mathbb{Z}^{3\times 3}$，又因为 $\det\boldsymbol{A}\neq 0$，$\boldsymbol{A}$ 是非奇异的，而且

$$\boldsymbol{A}^{-1}=\frac{1}{4}\begin{bmatrix}3&2&1\\2&4&2\\1&2&3\end{bmatrix}>0,$$

所以 $\boldsymbol{A}$ 符合定理 7.4.2(8)，故 $\boldsymbol{A}$ 是非奇异 M 矩阵.

同时，$\boldsymbol{A}$ 可表示为 $\boldsymbol{A}=s\boldsymbol{I}-\boldsymbol{B}$，$s=2$，

$$\boldsymbol{B}=\begin{bmatrix}0&1&0\\1&0&1\\0&1&0\end{bmatrix},$$

$\boldsymbol{B}$ 的特征值是 $\sqrt{2},0,-\sqrt{2}$；$\rho(\boldsymbol{B})=\sqrt{2}<2=s$. 则 $\boldsymbol{A}$ 符合定义 7.4.1，故是非奇异 M 矩阵.

由此可见，非奇异 M 矩阵等价的定义各有所长，可根据情况适当选择.

下面的例子可以看到，非奇异 M 矩阵之和不一定是非奇异 M 矩阵.

例 7.4.3　设

$$\boldsymbol{A}=\begin{bmatrix}0.5&-1\\0&0.5\end{bmatrix},\qquad \boldsymbol{B}=\begin{bmatrix}0.5&0\\-1&0.5\end{bmatrix}.$$

容易验证 $\boldsymbol{A}$ 和 $\boldsymbol{B}$ 都是 M 矩阵，但 $\boldsymbol{A}+\boldsymbol{B}$ 是奇异的.

定理 7.4.3　设 $\boldsymbol{A}\in\mathbb{Z}^{n\times n}$ 是对称的，则 $\boldsymbol{A}$ 为非奇异 M 矩阵的充分必要条件是 $\boldsymbol{A}$ 为正定矩阵.

证明　根据定理 7.4.2(4)，$\boldsymbol{A}\in\mathbb{Z}^{n\times n}$ 为非奇异 M 矩阵等价于 $\boldsymbol{A}$ 的所有主子式为正数；而在 $\boldsymbol{A}$ 是实对称的条件下，由定理 1.3.8，$\boldsymbol{A}$ 的所有主子式为正数等价于 $\boldsymbol{A}$ 是正定的.

证毕

定理 7.4.4　设 $\boldsymbol{A},\boldsymbol{B}\in\mathbb{R}^{n\times n}$ 是非奇异 M 矩阵，则 $\boldsymbol{AB}$ 为非奇异 M 矩阵的充分必要条件是 $\boldsymbol{AB}\in\mathbb{Z}^{n\times n}$.

证明很容易(应用定理 7.4.2(8))，留作练习.

以上讨论了非奇异 M 矩阵的一些基本性质，但一般的 M 矩阵与非奇异的 M 矩阵在应用中几乎同等重要. 但由于一般的 M 矩阵(尤其是奇异的 M 矩阵)研究的难度大，故其理论比起非奇异 M 矩阵来要弱一些. 为此，我们将不加证明地介绍一般 M 矩阵的一些特性.

定理 7.4.5　设 $\boldsymbol{A}\in\mathbb{Z}^{n\times n}$，则以下各命题等价：

(1) $\boldsymbol{A}$ 是 M 矩阵；

(2) 对每个 $\varepsilon>0$，$\boldsymbol{A}+\varepsilon\boldsymbol{I}$ 是非奇异 M 矩阵；

(3) $\boldsymbol{A}$ 的任意主子矩阵的每个实特征值非负；

(4) $\boldsymbol{A}$ 的所有主子式非负;

(5) 对每个 $k=1,2,\cdots,n$,$\boldsymbol{A}$ 的所有 k 阶主子式之和为非负实数;

(6) $\boldsymbol{A}$ 的每个实特征值非负.

对于 $\boldsymbol{A}$ 是不可约的奇异 M 矩阵也有如下定理.

定理 7.4.6 设 $\boldsymbol{A}$ 为不可约的奇异 M 矩阵,则

(1) $\operatorname{rank}(\boldsymbol{A})=n-1$;

(2) 存在正向量 $\boldsymbol{x}>0$,使得 $\boldsymbol{Ax}=\boldsymbol{0}$;

(3) $\boldsymbol{A}$ 的所有真主子矩阵为非奇异的 M 矩阵,特别有 $a_{ii}>0\ (1\leqslant i\leqslant n)$;

(4) 对任意 $\boldsymbol{x}\in\mathbb{R}^n$,若 $\boldsymbol{Ax}\geqslant 0$,则 $\boldsymbol{Ax}=\boldsymbol{0}$.

7.4.2 H 矩阵

下面将 n 阶方阵 $\boldsymbol{A}$ 推广到复矩阵,且利用 $\boldsymbol{A}$ 中的元素取模构造出一个新的比较矩阵,记为 $\mathrm{H}(\boldsymbol{A})$,如果 $\mathrm{H}(\boldsymbol{A})$ 是非奇异的 M 矩阵,则定义 $\boldsymbol{A}$ 为 H 矩阵.

定义 7.4.2 设 $\boldsymbol{A}=(a_{ij})\in\mathbb{C}^{n\times n}$,并设

$$\mathrm{H}(\boldsymbol{A})=(m_{ij})\in\mathbb{R}^{n\times n},$$

其中

$$m_{ij}=\begin{cases}|a_{ij}|, & j=i,\\ -|a_{ij}|, & j\neq i,\end{cases}\quad i,j=1,\cdots,n, \tag{7.4.4}$$

$H(\boldsymbol{A})$称为 $\boldsymbol{A}$ 的**比较矩阵**.

定义 7.4.3 设 $\boldsymbol{A}\in\mathbb{C}^{n\times n}$,如果 $\boldsymbol{A}$ 的比较矩阵 $\mathrm{H}(\boldsymbol{A})$是非奇异的 M 矩阵,则称 $\boldsymbol{A}$ 为**非奇异 H 矩阵**,简称 **H 矩阵**.

下面简要给出 H 矩阵的一些性质.

定理 7.4.7 设 $\boldsymbol{A},\boldsymbol{B}\in\mathbb{C}^{n\times n}$,$\boldsymbol{A}$ 是非奇异 M 矩阵,$\mathrm{H}(\boldsymbol{B})\geqslant\boldsymbol{A}$,则

(1) $\boldsymbol{B}$ 是 H 矩阵;

(2) $\boldsymbol{B}$ 是非奇异的,且 $\boldsymbol{A}^{-1}\geqslant|\boldsymbol{B}^{-1}|\geqslant 0$;

(3) $|\det\boldsymbol{B}|\geqslant\det\boldsymbol{A}>0$.

证明 这一定理是将 M 矩阵中定理 7.4.1 的基本结果推广至复矩阵 $\boldsymbol{B}$.

(1) 从定理 7.4.1(2)知 $\mathrm{H}(\boldsymbol{B})$的每个实特征值为正数,再由定理 7.4.2 的(6)知 $\mathrm{H}(\boldsymbol{B})$是非奇异的 M 矩阵.从而由定义 7.4.3 推知 $\boldsymbol{B}$ 为 H 矩阵.

(2) 现在取对角酉矩阵

$$\boldsymbol{D}=\operatorname{diag}(\bar{b}_{11}/|b_{11}|,\cdots,\bar{b}_{nn}/|b_{nn}|),$$

则 $\boldsymbol{DB}$ 的主对角元素是正数

$$|b_{11}|,\cdots,|b_{nn}|,$$

从非奇异 M 矩阵的定义知,可将 $\boldsymbol{A}$ 表示为

$$\boldsymbol{A}=s\boldsymbol{I}-\boldsymbol{P},\qquad \boldsymbol{P}\geqslant 0,\quad s>\rho(\boldsymbol{P}),$$

并令

$$\boldsymbol{R}\equiv s\boldsymbol{I}-\boldsymbol{DB}.$$

由于

$$|\boldsymbol{R}| = \begin{bmatrix} |s-|b_{11}|| & |b_{12}| & \cdots & |b_{1n}| \\ |b_{21}| & |s-|b_{22}|| & \cdots & |b_{2n}| \\ \vdots & \vdots & & \vdots \\ |b_{n1}| & |b_{n2}| & \cdots & |s-|b_{nn}|| \end{bmatrix}$$
$$\leqslant \boldsymbol{P}+\boldsymbol{A}-\mathrm{H}(\boldsymbol{B}) \leqslant \boldsymbol{P},$$

由定理 7.1.3 知

$$\rho(\boldsymbol{R}) \leqslant \rho(|\boldsymbol{R}|) \leqslant \rho(\boldsymbol{P}) < s,$$

因此 $\boldsymbol{DB}=s\boldsymbol{I}-\boldsymbol{R}$ 可逆，故 $\boldsymbol{B}$ 必非奇异，而且

$$|\boldsymbol{B}^{-1}| = |(\boldsymbol{DB})^{-1}| = |s^{-1}(\boldsymbol{I}-s^{-1}\boldsymbol{R})^{-1}|$$
$$= \left|\sum_{k=0}^{\infty} s^{-k-1}\boldsymbol{R}^k\right| \leqslant \sum_{k=0}^{\infty} \frac{1}{s^{k+1}}\boldsymbol{P}^k = \boldsymbol{A}^{-1}.$$

(3) 仿照定理 7.4.1(3)的推导，可得

$$\frac{\det(\boldsymbol{A}_{11})}{\det(\boldsymbol{A})} = (\boldsymbol{A}^{-1})_{nn} \geqslant |(\boldsymbol{B}^{-1})_{nn}| = \left|\frac{\det(\boldsymbol{B}_{11})}{\det(\boldsymbol{B})}\right|,$$

从而 $|\det(\boldsymbol{B})| \geqslant \det(\boldsymbol{A})$. 证毕

定理 7.4.8 设 $\boldsymbol{A} \in \mathbb{C}^{n\times n}$，则有如下明显性质：

(1) $\mathrm{H}(\boldsymbol{A}) \in \mathbb{Z}^{n\times n}$；

(2) $\mathrm{H}(\boldsymbol{A})=\boldsymbol{A}$ 的充分必要条件是 $\boldsymbol{A} \in \mathbb{Z}^{n\times n}$；

(3) $\mathrm{H}(\boldsymbol{A})$ 可表示为非负对角矩阵与具有零对角的非负矩阵之差：

$$\mathrm{H}(\boldsymbol{A}) = |\mathrm{diag}(a_{11},\cdots,a_{nn})| - [|\boldsymbol{A}| - |\mathrm{diag}(a_{11},\cdots,a_{nn})|], \tag{7.4.5}$$

这里 $|\boldsymbol{X}| \equiv [|x_{ij}|]$ 表示矩阵 $\boldsymbol{X}=(x_{ij}) \in \mathbb{C}^{n\times n}$ 的逐个元素取绝对值后的矩阵；

(4) $\boldsymbol{A}$ 为 M 矩阵的充分必要条件是 $\mathrm{H}(\boldsymbol{A})=\boldsymbol{A}$，且 $\boldsymbol{A}$ 为 H 矩阵；

(5) 若 $\boldsymbol{A}$ 是 M 矩阵，则式(7.4.5)成为

$$\boldsymbol{A} = \mathrm{diag}(a_{11},\cdots,a_{nn}) - [\mathrm{diag}(a_{11},\cdots,a_{nn}) - \boldsymbol{A}], \tag{7.4.6}$$

此表示式可供替代定义中的表示式 $\boldsymbol{A}=s\boldsymbol{I}-\boldsymbol{B}$.

证明留作练习.

7.5 T 矩阵与汉克尔矩阵

本节将主要介绍 T 矩阵(特普利茨矩阵)、汉克尔(Hankel)矩阵及其一些性质.

在数据处理、有限单元法、概率统计以及滤波理论等广泛的科学技术领域里，常常遇到如下 n 阶矩阵

$$\boldsymbol{A} = \begin{bmatrix} a_0 & a_{-1} & a_{-2} & \cdots & a_{-n+1} \\ a_1 & a_0 & a_{-1} & \cdots & a_{-n+2} \\ a_2 & a_1 & a_0 & \cdots & a_{-n+3} \\ \vdots & \vdots & \vdots & & \vdots \\ a_{n-2} & a_{n-3} & a_{n-4} & \cdots & a_{-1} \\ a_{n-1} & a_{n-2} & a_{n-3} & \cdots & a_0 \end{bmatrix}, \tag{7.5.1}$$

其中位于任一条平行于主对角线的直线上的元素全相同.这样的矩阵称为特普利茨**矩阵**,简称**T矩阵**.

T矩阵式(7.5.1)也可简记为

$$\boldsymbol{A}=(a_{i-j})_{i,j=1}^{n}.$$

20世纪60年代以来,有关T矩阵的快速算法已有相当地发展.60年代中期,特伦奇(Trench)提出了T矩阵的快速求逆算法．几年后,左哈(Zohar)进一步讨论了特伦奇的算法,把对称正定条件减弱为强非奇异(指所有顺序主子矩阵非奇异),这样就把通常求逆的计算量(或计算复杂性)从$O(n^3)$级减少为$O(n^2)$级.60年代末还出现了以T矩阵为系数矩阵的线性方程组快速数值解法(不通过求逆).至于一般T矩阵特征值的快速算法还较少见.

T矩阵的性质不易探讨,因此人们很早就把兴趣集中到了与T矩阵联系密切的矩阵或特殊的T矩阵的研究上.例如,具有以下形式的$n+1$阶矩阵:

$$\boldsymbol{H}_{n+1}=\begin{bmatrix} a_0 & a_1 & a_2 & \cdots & a_n \\ a_1 & a_2 & a_3 & \cdots & a_{n+1} \\ a_2 & a_3 & a_4 & \cdots & a_{n+2} \\ \vdots & \vdots & \vdots & & \vdots \\ a_n & a_{n+1} & a_{n+2} & \cdots & a_{2n} \end{bmatrix}=(a_{i+j})_{i,j=0}^{n}, \tag{7.5.2}$$

其中沿着所有平行于副对角线的直线上有相同的元素.这样的矩阵称为**汉克尔矩阵**.

汉克尔矩阵在用最小二乘法求数据的多项式拟合曲线问题中,有着广泛的应用.

设$(x_i,y_i)(i=1,\cdots,m)$是一组观测数据,其中节点x_i互异,寻找一个n次非零多项式

$$f(x)=\mu_0+\mu_1 x+\cdots+\mu_n x^n,\qquad n<m,$$

使得

$$S(\mu_0,\mu_1,\cdots,\mu_n)=\sum_{i=1}^{m}[y_i-f(x_i)]^2=\sum_{i=1}^{m}\Big(y_i-\sum_{j=0}^{n}\mu_j x_i^j\Big)^2$$

达到最小.由高等数学多元函数求极值问题可知,$(\mu_0,\mu_1,\cdots,\mu_n)$是极值点的必要条件为

$$\frac{\partial S}{\partial \mu_k}=-2\sum_{i=1}^{m}x_i^k\Big(y_i-\sum_{j=0}^{n}\mu_j x_i^j\Big)=0,\qquad k=0,1,\cdots,n. \tag{7.5.3}$$

记

$$a_k=\sum_{i=1}^{m}x_i^j,\qquad \beta_k=\sum_{i=1}^{m}x_i^k y_i,$$

则由式(7.5.3)得

$$\sum_{j=0}^{n}a_{k+j}\mu_j=\beta_k,\qquad k=0,1,\cdots,n, \tag{7.5.4}$$

写成矩阵形式即为

$$\boldsymbol{H}_{n+1}\boldsymbol{u}=\boldsymbol{b}, \tag{7.5.5}$$

其中$\boldsymbol{H}_{n+1}$是形如式(7.5.2)的汉克尔矩阵,$\boldsymbol{u}=(\mu_0,\mu_1,\cdots,\mu_n)^{\mathrm{T}}$,$\boldsymbol{b}=(\beta_0,\beta_1,\cdots,\beta_n)^{\mathrm{T}}$.可见问题转化为求解以汉克尔矩阵为系数矩阵的线性方程组问题.

汉克尔矩阵有如下的性质.

定理 7.5.1　汉克尔矩阵 $\boldsymbol{H}_{n+1}$ 是非奇异的.

证明　利用反证法,若 $\det\boldsymbol{H}_{n+1}=0$,则式(7.5.4)的齐次方程组

$$\sum_{j=0}^{n} a_{k+j}\mu_j=0,\qquad k=0,1,\cdots,n$$

有非零解.将上面方程组中第 k 个方程乘以 μ_k,然后对所有 k 求和,便得

$$\begin{aligned}0&=\sum_{k=0}^{n}\mu_k\Big(\sum_{j=0}^{n}a_{k+j}\mu_j\Big)=\sum_{k=0}^{n}\mu_k\sum_{j=0}^{n}\mu_j\sum_{i=1}^{m}x_i^{k+j}\\&=\sum_{i=1}^{m}\Big(\sum_{k=0}^{n}\mu_k x_i^k\Big)\Big(\sum_{j=0}^{n}\mu_j x_i^j\Big)\\&=\sum_{i=1}^{m}\Big(\sum_{j=0}^{n}\mu_j x_i^j\Big)^2=\sum_{i=1}^{m}f^2(x_i),\end{aligned}$$

据此就有

$$f(x_1)=f(x_2)=\cdots=f(x_m)=0.$$

又因 $m>n$,故 $f(x)\equiv 0$,与假设 $f(x)\neq 0$ 矛盾.　　证毕

可以直接验证,T 矩阵与汉克尔矩阵是可以互相转化的.事实上,设 T 矩阵为 $\boldsymbol{A}$,汉克尔矩阵为 $\boldsymbol{H}_{n+1}$,则用矩阵

$$\boldsymbol{J}=\begin{bmatrix} & & 1\\ & \iddots & \\ 1 & & \end{bmatrix}\tag{7.5.6}$$

乘矩阵 $\boldsymbol{H}_{n+1}$,其结果 $\boldsymbol{J}\boldsymbol{H}_{n+1}$ 或 $\boldsymbol{H}_{n+1}\boldsymbol{J}$ 都是 T 矩阵,且有

$$(\boldsymbol{J}\boldsymbol{H}_{n+1})^{\mathrm{T}}=\boldsymbol{H}_{n+1}\boldsymbol{J}.\tag{7.5.7}$$

反之,用 $\boldsymbol{J}$ 乘 T 矩阵 $\boldsymbol{A}$,则 $\boldsymbol{J}\boldsymbol{A}$ 或 $\boldsymbol{A}\boldsymbol{J}$ 都是汉克尔矩阵.

从而,可把对 T 矩阵的研究转化为对汉克尔矩阵的研究.

习　题　7(1)

1. 设 n 阶矩阵 $\mathbf{A}=(a_{ij})$ 为非负矩阵,且是非奇异的,问逆矩阵 $\mathbf{A}^{-1}=\boldsymbol{B}=(b_{ij})$ 满足

$$b_{ij}\geqslant 0,\qquad i\neq j,\qquad \boldsymbol{B}\geqslant\mathbf{0}$$

的条件是什么?

2. 设 $\mathbf{A}$ 为 n 阶实矩阵,$\boldsymbol{x},\boldsymbol{y}$ 是 n 维向量.证明:

(1) 如果 $\mathbf{A}>0,\boldsymbol{x}\geqslant 0$,且 $\boldsymbol{x}\neq\mathbf{0}$,则 $\mathbf{A}\boldsymbol{x}>0$;

(2) 如果 $\mathbf{A}>0,\boldsymbol{x}\geqslant\boldsymbol{y}$,则 $\mathbf{A}\boldsymbol{x}\geqslant\mathbf{A}\boldsymbol{y}$;

(3) 如果对所有 $\boldsymbol{x}\geqslant 0$ 都有 $\mathbf{A}\boldsymbol{x}\geqslant 0$,则 $\mathbf{A}\geqslant 0$.

3. 证明:设 $\mathbf{A}\in\mathbb{R}^{n\times n}$,若 $\mathbf{A}>0$,则 $\mathbf{A}$ 是素矩阵,但反之未必.

4. 设 $\mathbf{A}$ 是 n 阶非负素矩阵,证明 $\rho(\mathbf{A})>0$.

5. 设 $\mathbf{A}$ 是 n 阶不可约非负对称矩阵,证明:$\mathbf{A}$ 是素矩阵的充分必要条件是 $\mathbf{A}+\rho(\mathbf{A})\boldsymbol{I}$ 非奇异.

6. 设 $\mathbf{A}=\begin{bmatrix}7&2&2\\2&1&1\\4&2&2\end{bmatrix}$,求 $\rho(\mathbf{A})$ 和 $\lim\limits_{n\to\infty}[\rho(\mathbf{A})^{-1}\mathbf{A}]^n$.

7. 设 $\boldsymbol{A}$ 是 n 阶不可约非负矩阵,证明:如果 $a_{ii}>0(i=1,2,\cdots,n)$,则 $\boldsymbol{A}^{n-1}>0$.

8. 设矩阵 $\boldsymbol{A}$ 的逆矩阵 $\boldsymbol{A}^{-1}$ 是单调矩阵,问 $\boldsymbol{A}$ 是怎样的矩阵?

9. 设 $\boldsymbol{A}\in\mathbb{R}^{n\times n}$ 是正随机矩阵,证明:$\boldsymbol{A}$ 的谱半径 $\rho(\boldsymbol{A})=1$.

10. 设矩阵 $\boldsymbol{A}$ 和它的逆矩阵 $\boldsymbol{A}^{-1}$ 都是 M 矩阵,问 $\boldsymbol{A}$ 是怎样的矩阵?

11. 矩阵 $\boldsymbol{A}=(a_{ij})_{n\times n}$ 为 M 矩阵的充分必要条件是:$a_{ii}>0, a_{ij}\leqslant 0(i\neq j)$ 以及 $\rho(\boldsymbol{B})<1$,这个结论是否正确?这里 $\boldsymbol{B}=\boldsymbol{I}-\boldsymbol{D}^{-1}\boldsymbol{A}$,而 $\boldsymbol{D}=\mathrm{diag}(a_{11},\cdots,a_{nn})$.

12. 设矩阵 $\boldsymbol{A}$ 和 $\boldsymbol{B}$ 都是 M 矩阵,问 $\boldsymbol{A}+\boldsymbol{B}$ 是否为 M 矩阵?

13. 设 $\boldsymbol{A}$ 是 n 阶非奇异 M 矩阵,$\boldsymbol{x}$ 是 n 维列向量,证明:若 $\boldsymbol{Ax}\geqslant 0$,则 $\boldsymbol{x}\geqslant 0$.

14. 证明:设 $\boldsymbol{A}\in\mathbb{R}^{n\times n}$ 是对称矩阵,则 $\boldsymbol{A}$ 为非奇异 M 矩阵的充分必要条件是 $\boldsymbol{A}$ 为正定矩阵.

15. 证明:设 $\boldsymbol{A},\boldsymbol{B}\in\mathbb{R}^{n\times n}$ 是 M 矩阵,则 $\boldsymbol{AB}$ 为 M 矩阵的充分必要条件是 $\boldsymbol{AB}\in\mathbb{R}^{n\times n}$.特别地,若 $\boldsymbol{A}$, $\boldsymbol{B}\in\mathbb{R}^{2\times 2}$ 是 M 矩阵,则 $\boldsymbol{AB}$ 为 M 矩阵.

7.6 克罗内克积

前面定义过两个矩阵 $\boldsymbol{A}$ 和 $\boldsymbol{B}$ 的乘积 $\boldsymbol{AB}$,它要求 $\boldsymbol{A}$ 的列数必须等于 $\boldsymbol{B}$ 的行数.下面引进一种新的乘法运算,它对矩阵的行数和列数没有任何要求.

7.6.1 克罗内克积的概念

定义 7.6.1 设 $\boldsymbol{A}=(a_{ij})\in\mathbb{C}^{m\times n}$,$\boldsymbol{B}=(b_{ij})\in\mathbb{C}^{p\times q}$,则称如下的分块矩阵

$$\boldsymbol{A}\otimes\boldsymbol{B}=\begin{bmatrix}a_{11}\boldsymbol{B} & a_{12}\boldsymbol{B} & \cdots & a_{1n}\boldsymbol{B}\\ a_{21}\boldsymbol{B} & a_{22}\boldsymbol{B} & \cdots & a_{2n}\boldsymbol{B}\\ \vdots & \vdots & & \vdots\\ a_{m1}\boldsymbol{B} & a_{m2}\boldsymbol{B} & \cdots & a_{mn}\boldsymbol{B}\end{bmatrix}\in\mathbb{C}^{mp\times nq}$$

为 $\boldsymbol{A}$ 的**克罗内克**(**Kronecker**)**积**,或称 $\boldsymbol{A}$ 与 $\boldsymbol{B}$ 的**直积**,或**张量积**,简记为 $\boldsymbol{A}\otimes\boldsymbol{B}=(a_{ij}\boldsymbol{B})_{mp\times nq}$.即 $\boldsymbol{A}\otimes\boldsymbol{B}$ 是一个 $m\times n$ 块的分块矩阵,最后是一个 $mp\times nq$ 矩阵.

例 7.6.1 设 $\boldsymbol{A}=\begin{bmatrix}a & b\\ c & d\end{bmatrix}$,$\boldsymbol{B}=\begin{bmatrix}x\\ y\end{bmatrix}$,那么

$$\boldsymbol{A}\otimes\boldsymbol{B}=\begin{bmatrix}a\boldsymbol{B} & b\boldsymbol{B}\\ c\boldsymbol{B} & d\boldsymbol{B}\end{bmatrix}=\begin{bmatrix}ax & bx\\ ay & by\\ cx & dx\\ cy & dy\end{bmatrix}_{4\times 2},$$

$$\boldsymbol{B}\otimes\boldsymbol{A}=\begin{bmatrix}x\boldsymbol{A}\\ y\boldsymbol{A}\end{bmatrix}=\begin{bmatrix}xa & xb\\ xc & xd\\ ya & yb\\ yc & yd\end{bmatrix}=\begin{bmatrix}ax & bx\\ cx & dx\\ ay & by\\ cy & dy\end{bmatrix}_{4\times 2}.$$

由这个例子可以看出,$\boldsymbol{A}\otimes\boldsymbol{B}$ 与 $\boldsymbol{B}\otimes\boldsymbol{A}$ 一般不是同一矩阵,即克罗内克积不满足交换律,但它们的阶数是相同的.例如:

$$\boldsymbol{A}=\begin{bmatrix}1 & 0\\ -1 & 1\end{bmatrix},\qquad \boldsymbol{B}=(1\quad -1),$$

则

$$\boldsymbol{A}\otimes\boldsymbol{B}=\begin{bmatrix}1 & -1 & 0 & 0\\ -1 & 1 & 1 & -1\end{bmatrix},\qquad \boldsymbol{B}\otimes\boldsymbol{A}=\begin{bmatrix}1 & 0 & -1 & 0\\ -1 & 1 & 1 & -1\end{bmatrix},$$

所以

$$\boldsymbol{A}\otimes\boldsymbol{B}\neq\boldsymbol{B}\otimes\boldsymbol{A}.$$

例 7.6.2 设 $\boldsymbol{A}=\mathrm{diag}(a_1,a_2,\cdots,a_m)$，$\boldsymbol{B}=\mathrm{diag}(b_1,b_2,\cdots,b_n)$，$\boldsymbol{A}$，$\boldsymbol{B}$ 都是对角矩阵，则显然$\boldsymbol{A}\otimes\boldsymbol{B}=\mathrm{diag}(a_1b_1,a_1b_2,\cdots,a_1b_n,a_2b_1,a_2b_2,\cdots,a_2b_n,\cdots,a_mb_1,a_mb_2,\cdots,a_mb_n)$也是对角矩阵，而当 $\boldsymbol{A}$ 和 $\boldsymbol{B}$ 都是单位矩阵时，有

$$\boldsymbol{I}_n\otimes\boldsymbol{I}_m=\boldsymbol{I}_m\otimes\boldsymbol{I}_n=\boldsymbol{I}_{mn}.$$

不难验证，当 $\boldsymbol{A}$ 和 $\boldsymbol{B}$ 都是上(下)三角矩阵时，$\boldsymbol{A}\otimes\boldsymbol{B}$ 也是上(下)三角矩阵.

7.6.2 克罗内克积的性质

不难验证，矩阵的克罗内克积满足下列运算律：

(1) $k(\boldsymbol{A}\otimes\boldsymbol{B})=k\boldsymbol{A}\otimes\boldsymbol{B}=\boldsymbol{A}\otimes k\boldsymbol{B}$，$k\in\mathbb{C}$；

(2) 分配律 $(\boldsymbol{A}+\boldsymbol{B})\otimes\boldsymbol{C}=\boldsymbol{A}\otimes\boldsymbol{C}+\boldsymbol{B}\otimes\boldsymbol{C}$；

(3) 结合律 $(\boldsymbol{A}\otimes\boldsymbol{B})\otimes\boldsymbol{C}=\boldsymbol{A}\otimes(\boldsymbol{B}\otimes\boldsymbol{C})$.

下面我们来研究克罗内克积的另一个重要性质，这条性质对进一步研究克罗内克积有着重要的作用.

定理 7.6.1 设 $\boldsymbol{A}=(a_{ij})_{m\times n}$，$\boldsymbol{B}=(b_{ij})_{s\times r}$，$\boldsymbol{C}=(c_{ij})_{n\times p}$，$\boldsymbol{D}=(d_{ij})_{r\times l}$，则

$$(\boldsymbol{A}\otimes\boldsymbol{B})(\boldsymbol{C}\otimes\boldsymbol{D})=\boldsymbol{AC}\otimes\boldsymbol{BD}.\tag{7.6.1}$$

证明 因为

$$\begin{aligned}(\boldsymbol{A}\otimes\boldsymbol{B})(\boldsymbol{C}\otimes\boldsymbol{D})&=(a_{ij}\boldsymbol{B})(c_{ij}\boldsymbol{D})\\&=\left(\sum_{k=1}^{n}a_{ik}c_{kj}\boldsymbol{BD}\right)=(\boldsymbol{AC})_{ij}\boldsymbol{BD}\\&=\boldsymbol{AC}\otimes\boldsymbol{BD},\end{aligned}$$

式中$(\boldsymbol{AC})_{ij}$ 是矩阵$\boldsymbol{AC}$ 中第 i 行第 j 列的元素. 证毕

推论 若 $\boldsymbol{A}=(a_{ij})_{m\times m}$，$\boldsymbol{B}=(b_{ij})_{n\times n}$，则

$$\boldsymbol{A}\otimes\boldsymbol{B}=(\boldsymbol{A}\otimes\boldsymbol{I}_n)(\boldsymbol{I}_m\otimes\boldsymbol{B})=(\boldsymbol{I}_m\otimes\boldsymbol{B})(\boldsymbol{A}\otimes\boldsymbol{I}_n).$$

定理 7.6.2 设 $\boldsymbol{A}=(a_{ij})_{m\times n}$，则 $\mathrm{r}(\boldsymbol{A})\leqslant1\Leftrightarrow\boldsymbol{A}$ 可以表示成一个行向量和一个列向量的克罗内克积.

证明 不妨设 $\boldsymbol{A}\neq\boldsymbol{0}$(否则自然成立)，设 $\mathrm{r}(\boldsymbol{A})=1$，则 $\boldsymbol{A}$ 的每一列成比例. 任取 $\boldsymbol{A}$ 的一个非零列 $A^{(j)}$，并设 $A^{(k)}=a_kA^{(j)}$，$k=1,2,\cdots,m$. 则

$$\boldsymbol{A}=[a_1A^{(j)},a_2A^{(j)},\cdots,a_mA^{(j)}]=[a_1,a_2,\cdots,a_m]\otimes\boldsymbol{A}^{(j)}$$

为一个行向量和一个列向量的克罗内克积；反之，若 $\boldsymbol{A}$ 是一个行向量和一个列向量的克罗内克积，则显然 $\boldsymbol{A}$ 的每一列成比例，因此 $\mathrm{r}(\boldsymbol{A})\leqslant1$. 证毕

例 7.6.3 可以利用定理 7.6.1 和定理 7.6.2 来计算两个秩为 1 的矩阵的乘积. 例如

$$\begin{bmatrix}1&1&-1&-1\\-1&-1&1&1\\1&1&-1&-1\\-1&-1&1&1\end{bmatrix}\begin{bmatrix}-2&1&1&-1&3\\2&-1&-1&1&-3\\-2&1&1&-1&3\\-2&1&1&-1&3\end{bmatrix}$$

$$=\left[(1,1,-1,-1)\otimes\begin{bmatrix}1\\-1\\1\\-1\end{bmatrix}\right]\left[\begin{bmatrix}1\\-1\\1\\1\end{bmatrix}\otimes(-2,1,1,-1,3)\right]$$

$$=(1,1,-1,-1)\begin{bmatrix}1\\-1\\1\\1\end{bmatrix}\otimes\begin{bmatrix}1\\-1\\1\\-1\end{bmatrix}(-2,1,1,-1,3)$$

$$=(-2)\otimes\begin{bmatrix}-2&1&1&-1&3\\2&-1&-1&1&-3\\-2&1&1&-1&3\\2&-1&-1&1&-3\end{bmatrix}=\begin{bmatrix}4&-2&-2&2&-6\\-4&2&2&-2&6\\4&-2&-2&2&-6\\-4&2&2&-2&6\end{bmatrix}.$$

下面的例子可以解释克罗内克积 $\boldsymbol{A}\otimes\boldsymbol{B}$ 与 $\boldsymbol{B}\otimes\boldsymbol{A}$ 的几何意义.

例 7.6.4 设 $V=\mathbb{R}^m$, $W=\mathbb{R}^n$ 是两个(向量)线性空间,则集合

$$S=\left\{\sum_{i=1}^{k}\boldsymbol{v}_i\otimes\boldsymbol{w}_i \mid \boldsymbol{v}_i\in V,\boldsymbol{w}_i\in W,k\geqslant 0\right\}$$

也构成一个线性空间,称为 V 与 W 的张量积空间,记为 $V\otimes W$. 显然 $V\otimes W$ 同构于 $\mathbb{R}^{mn}$,并且,如果 $\boldsymbol{\alpha}_1,\boldsymbol{\alpha}_2,\cdots,\boldsymbol{\alpha}_m$ 和 $\boldsymbol{\beta}_1,\boldsymbol{\beta}_2,\cdots,\boldsymbol{\beta}_n$ 分别为 V 和 W 的基,则

$$\boldsymbol{\alpha}_1\otimes\boldsymbol{\beta}_1,\boldsymbol{\alpha}_1\otimes\boldsymbol{\beta}_2,\cdots,\boldsymbol{\alpha}_1\otimes\boldsymbol{\beta}_n,\boldsymbol{\alpha}_2\otimes\boldsymbol{\beta}_1,\boldsymbol{\alpha}_2\otimes\boldsymbol{\beta}_2,\cdots,\boldsymbol{\alpha}_2\otimes\boldsymbol{\beta}_n,\cdots,\boldsymbol{\alpha}_m\otimes\boldsymbol{\beta}_1,\boldsymbol{\alpha}_m\otimes\boldsymbol{\beta}_2,\cdots,\boldsymbol{\alpha}_m\otimes\boldsymbol{\beta}_n \tag{7.6.2}$$

是 $V\otimes W$ 的一组基. 又设 $\mathscr{A}$ 是 V 中某个线性变换,$\mathscr{B}$ 是 W 中某个线性变换,则可以定义张量积空间 $V\otimes W$ 中的一个线性变换 $\mathscr{T}$: $\mathscr{T}(\boldsymbol{v}\otimes\boldsymbol{w})=\mathscr{A}(\boldsymbol{v})\otimes\mathscr{B}(\boldsymbol{w})$, $\boldsymbol{v}\in V,\boldsymbol{w}\in W$,称 $\mathscr{T}$ 为 $\mathscr{A}$ 与 $\mathscr{B}$ 的张量积,记为 $\mathscr{A}\otimes\mathscr{B}$. 如果 $\mathscr{A}$ 和 $\mathscr{B}$ 在基 $\boldsymbol{\alpha}_1,\boldsymbol{\alpha}_2,\cdots,\boldsymbol{\alpha}_m$ 和 $\boldsymbol{\beta}_1,\boldsymbol{\beta}_2,\cdots,\boldsymbol{\beta}_n$ 下的矩阵为 $\boldsymbol{A}$ 和 $\boldsymbol{B}$,则 $\mathscr{A}\otimes\mathscr{B}$ 在基(7.6.2)下的矩阵为 $\boldsymbol{A}\otimes\boldsymbol{B}$,而 $\mathscr{A}\otimes\mathscr{B}$ 在基

$$\boldsymbol{\alpha}_1\otimes\boldsymbol{\beta}_1,\boldsymbol{\alpha}_2\otimes\boldsymbol{\beta}_1,\cdots,\boldsymbol{\alpha}_m\otimes\boldsymbol{\beta}_1,\boldsymbol{\alpha}_1\otimes\boldsymbol{\beta}_2,\boldsymbol{\alpha}_2\otimes\boldsymbol{\beta}_2,\cdots,\boldsymbol{\alpha}_m\otimes\boldsymbol{\beta}_2,\cdots,\boldsymbol{\alpha}_1\otimes\boldsymbol{\beta}_n,\boldsymbol{\alpha}_2\otimes\boldsymbol{\beta}_n,\cdots,\boldsymbol{\alpha}_m\otimes\boldsymbol{\beta}_n \tag{7.6.3}$$

下的矩阵则为 $\boldsymbol{B}\otimes\boldsymbol{A}$.

定理 7.6.3 设 $\boldsymbol{A}=(a_{ij})_{m\times n}$, $\boldsymbol{B}=(b_{ij})_{p\times q}$,则

$$(\boldsymbol{A}\otimes\boldsymbol{B})^{\mathrm{T}}=\boldsymbol{A}^{\mathrm{T}}\otimes\boldsymbol{B}^{\mathrm{T}}, \tag{7.6.4}$$

$$(\boldsymbol{A}\otimes\boldsymbol{B})^{\mathrm{H}}=\boldsymbol{A}^{\mathrm{H}}\otimes\boldsymbol{B}^{\mathrm{H}}. \tag{7.6.5}$$

证明 因为

$$(\boldsymbol{A}\otimes\boldsymbol{B})^{\mathrm{T}}=(a_{ij}\boldsymbol{B})^{\mathrm{T}}=\begin{bmatrix}a_{11}\boldsymbol{B}&\cdots&a_{1n}\boldsymbol{B}\\\vdots&&\vdots\\a_{m1}\boldsymbol{B}&\cdots&a_{mn}\boldsymbol{B}\end{bmatrix}^{\mathrm{T}}$$

$$=\begin{bmatrix}a_{11}\boldsymbol{B}^{\mathrm{T}}&\cdots&a_{m1}\boldsymbol{B}^{\mathrm{T}}\\\vdots&&\vdots\\a_{1n}\boldsymbol{B}^{\mathrm{T}}&\cdots&a_{mn}\boldsymbol{B}^{\mathrm{T}}\end{bmatrix}=\boldsymbol{A}^{\mathrm{T}}\otimes\boldsymbol{B}^{\mathrm{T}}.$$

同理可证 $(\boldsymbol{A}\otimes\boldsymbol{B})^{\mathrm{H}}=\boldsymbol{A}^{\mathrm{H}}\otimes\boldsymbol{B}^{\mathrm{H}}$. 证毕

推论 若 $\boldsymbol{A},\boldsymbol{B}$ 是对称(埃尔米特或酉)矩阵,则 $\boldsymbol{A}\otimes\boldsymbol{B}$ 也是对称(埃尔米特或酉)矩阵.

定理 7.6.4 设 $\boldsymbol{A},\boldsymbol{B}$ 分别为 m 阶和 n 阶可逆矩阵,则 $\boldsymbol{A}\otimes\boldsymbol{B}$ 也为可逆矩阵. 且

$$(\boldsymbol{A}\otimes\boldsymbol{B})^{-1}=\boldsymbol{A}^{-1}\otimes\boldsymbol{B}^{-1}. \tag{7.6.6}$$

证明 由式(7.6.1)有

$$\begin{aligned}(\boldsymbol{A}\otimes\boldsymbol{B})(\boldsymbol{A}^{-1}\otimes\boldsymbol{B}^{-1})&=(\boldsymbol{AA}^{-1})\otimes(\boldsymbol{BB}^{-1})\\&=\boldsymbol{I}_m\otimes\boldsymbol{I}_n=\boldsymbol{I}_{mn},\end{aligned}$$

即

$$(\boldsymbol{A}\otimes\boldsymbol{B})^{-1}=\boldsymbol{A}^{-1}\otimes\boldsymbol{B}^{-1}.$$

证毕

由式(7.6.2)、式(7.6.4)可见,对于克罗内克积,转置和求逆的反序法则不再成立,这也是与通常的矩阵乘法的主要区别之一.

定理 7.6.5 设 $\boldsymbol{A}=(a_{ij})_{m\times n},\boldsymbol{B}=(b_{ij})_{p\times q}$,则

$$\operatorname{rank}(\boldsymbol{A}\otimes\boldsymbol{B})=\operatorname{rank}(\boldsymbol{A})\operatorname{rank}(\boldsymbol{B}). \tag{7.6.7}$$

证明 设 $\boldsymbol{A}$ 与 $\boldsymbol{B}$ 的标准形为 $\boldsymbol{A}_1$ 与 $\boldsymbol{B}_1$,即

$$\boldsymbol{MAN}=\boldsymbol{A}_1,\qquad \boldsymbol{PBQ}=\boldsymbol{B}_1, \tag{7.6.8}$$

其中 $\boldsymbol{M},\boldsymbol{N},\boldsymbol{P},\boldsymbol{Q}$ 分别为 m 阶,n 阶,p 阶和 q 阶非奇异矩阵,且

$$\boldsymbol{A}_1=\begin{bmatrix}1&&&&&\\&\ddots&&&&\\&&1&&&\\&&&0&&\\&&&&\ddots&\\&&&&&0\end{bmatrix},\quad \boldsymbol{B}_1=\begin{bmatrix}1&&&&&\\&\ddots&&&&\\&&1&&&\\&&&0&&\\&&&&\ddots&\\&&&&&0\end{bmatrix},$$

$\boldsymbol{A}_1$ 中数 1 的个数为 $\operatorname{rank}(\boldsymbol{A})$,$\boldsymbol{B}_1$ 中数 1 的个数为 $\operatorname{rank}(\boldsymbol{B})$.

由式(7.6.8)有

$$\boldsymbol{A}=\boldsymbol{M}^{-1}\boldsymbol{A}_1\boldsymbol{N}^{-1},\qquad \boldsymbol{B}=\boldsymbol{P}^{-1}\boldsymbol{B}_1\boldsymbol{Q}^{-1},$$

于是,由式(7.6.1)有

$$\begin{aligned}\boldsymbol{A}\otimes\boldsymbol{B}&=(\boldsymbol{M}^{-1}\boldsymbol{A}_1\boldsymbol{N}^{-1})\otimes(\boldsymbol{P}^{-1}\boldsymbol{B}_1\boldsymbol{Q}^{-1})\\&=(\boldsymbol{M}^{-1}\otimes\boldsymbol{P}^{-1})(\boldsymbol{A}_1\otimes\boldsymbol{B}_1)(\boldsymbol{N}^{-1}\otimes\boldsymbol{Q}^{-1}).\end{aligned}$$

由定理 7.6.4 知,$\boldsymbol{M}^{-1}\otimes\boldsymbol{P}^{-1},\boldsymbol{N}^{-1}\otimes\boldsymbol{Q}^{-1}$ 均为非奇异矩阵,故

$$\operatorname{rank}(\boldsymbol{A}\otimes\boldsymbol{B})=\operatorname{rank}(\boldsymbol{A}_1\otimes\boldsymbol{B}_1),$$

而 $\boldsymbol{A}_1\otimes\boldsymbol{B}_1$ 的秩为 $\operatorname{rank}(\boldsymbol{A})\operatorname{rank}(\boldsymbol{B})$,于是

$$\operatorname{rank}(\boldsymbol{A}\otimes\boldsymbol{B})=\operatorname{rank}(\boldsymbol{A})\operatorname{rank}(\boldsymbol{B}).$$

证毕

定理 7.6.6 设 $\boldsymbol{A}=(a_{ij})_{m\times m},\boldsymbol{B}=(b_{ij})_{n\times n}$,则 $\operatorname{tr}(\boldsymbol{A}\otimes\boldsymbol{B})=\operatorname{tr}\boldsymbol{A}\operatorname{tr}\boldsymbol{B}$.

证明 由定义(7.6.1)得 $\operatorname{tr}(\boldsymbol{A}\otimes\boldsymbol{B})=a_{11}\operatorname{tr}\boldsymbol{B}+\cdots+a_{mm}\operatorname{tr}\boldsymbol{B}=\sum\limits_{k=1}^{m}a_{kk}\operatorname{tr}\boldsymbol{B}=\operatorname{tr}\boldsymbol{A}\operatorname{tr}\boldsymbol{B}$. 证毕

定理 7.6.7 设 $\boldsymbol{x}_1,\boldsymbol{x}_2,\cdots,\boldsymbol{x}_n$ 是 n 个线性无关的 m 维列向量,$\boldsymbol{y}_1,\boldsymbol{y}_2,\cdots,\boldsymbol{y}_q$ 是 q 个线性无关的 p 维列向量,则 nq 个 mp 维列向量 $\boldsymbol{x}_i\otimes\boldsymbol{y}_j\ (i=1,2,\cdots,n;j=1,2,\cdots,q)$ 亦线性无关,反之亦然.

证明 设 $\boldsymbol{x}_i=(a_{1i},a_{2i},\cdots,a_{mi})^{\mathrm{T}},\boldsymbol{y}_j=(b_{1j},b_{2j},\cdots,b_{nj})^{\mathrm{T}}$,并令 $\boldsymbol{A}=[\boldsymbol{x}_1,\boldsymbol{x}_2,\cdots,\boldsymbol{x}_n]=(a_{ij})_{m\times n},\boldsymbol{B}=[\boldsymbol{y}_1,\boldsymbol{y}_2,\cdots,\boldsymbol{y}_q]^{\mathrm{T}}=(b_{ij})_{p\times q}$,则 $\boldsymbol{A},\boldsymbol{B}$ 是列满秩的,即 $\operatorname{rank}(\boldsymbol{A})=n,\operatorname{rank}(\boldsymbol{B})=q$.

由定理 7.6.5,有

$$\operatorname{rank}(\boldsymbol{A}\otimes\boldsymbol{B})=\operatorname{rank}(\boldsymbol{A})\operatorname{rank}(\boldsymbol{B})=nq. \tag{7.6.9}$$

但由克罗内克积定义得

$$\boldsymbol{A}\otimes\boldsymbol{B}=[\boldsymbol{x}_1\otimes\boldsymbol{y}_1,\cdots,\boldsymbol{x}_1\otimes\boldsymbol{y}_q,\cdots,\boldsymbol{x}_n\otimes\boldsymbol{y}_1,\cdots,\boldsymbol{x}_n\otimes\boldsymbol{y}_q]. \tag{7.6.10}$$

因此,上两式说明 $\boldsymbol{A}\otimes\boldsymbol{B}$ 是列满秩的,即 $\boldsymbol{x}_i\otimes\boldsymbol{y}_j\,(i=1,\cdots,m;j=1,\cdots,q)$ 是线性无关的.

反之,设向量组 $\boldsymbol{x}_i\otimes\boldsymbol{y}_j\,(i=1,\cdots,m;j=1,\cdots,q)$ 是线性无关的,则式(7.6.10)说明 $\boldsymbol{A}\otimes\boldsymbol{B}$ 是列满秩的,即式(7.6.9)成立.如果 $\operatorname{rank}(\boldsymbol{A})<n$,则必有 $\operatorname{rank}(\boldsymbol{B})>q$,这是不可能的,因为 $\boldsymbol{B}$ 的列数等于 q,故 $\operatorname{rank}(\boldsymbol{A})=n$.同理,$\operatorname{rank}(\boldsymbol{B})=q$,即 $\boldsymbol{A},\boldsymbol{B}$ 都是列满秩的,因此 $\boldsymbol{x}_1,\boldsymbol{x}_2,\cdots,\boldsymbol{x}_n$ 和 $\boldsymbol{y}_1,\boldsymbol{y}_2,\cdots,\boldsymbol{y}_q$ 都是线性无关的. 证毕

定理 7.6.8 设 $\boldsymbol{A},\boldsymbol{B}$ 分别为 m,p 阶方阵,则有

$$|\boldsymbol{A}\otimes\boldsymbol{B}|=|\boldsymbol{A}|^p|\boldsymbol{B}|^m. \tag{7.6.11}$$

证明 设 $\boldsymbol{A},\boldsymbol{B}$ 的若尔当标准型分别为 $\boldsymbol{J}_1,\boldsymbol{J}_2$,则存在可逆矩阵 $\boldsymbol{M},\boldsymbol{P}$,使 $\boldsymbol{M}^{-1}\boldsymbol{A}\boldsymbol{M}=\boldsymbol{J}_1,\boldsymbol{P}^{-1}\boldsymbol{B}\boldsymbol{P}=\boldsymbol{J}_2$.由定理 7.6.1 和定理 7.6.4,有

$$(\boldsymbol{M}\otimes\boldsymbol{P})^{-1}(\boldsymbol{A}\otimes\boldsymbol{B})(\boldsymbol{M}\otimes\boldsymbol{P})=(\boldsymbol{M}^{-1}\otimes\boldsymbol{P}^{-1})(\boldsymbol{A}\otimes\boldsymbol{B})(\boldsymbol{M}\otimes\boldsymbol{P})=\boldsymbol{J}_1\otimes\boldsymbol{J}_2,$$

因此,$|\boldsymbol{A}\otimes\boldsymbol{B}|=|\boldsymbol{J}_1\otimes\boldsymbol{J}_2|$.但由于 $\boldsymbol{J}_1,\boldsymbol{J}_2$ 都是上三角矩阵,$\boldsymbol{J}_1\otimes\boldsymbol{J}_2$ 也是上三角矩阵,且对角线元素为

$$\lambda_1\mu_1,\lambda_1\mu_2,\cdots,\lambda_1\mu_p,\lambda_2\mu_1,\lambda_2\mu_2,\cdots,\lambda_2\mu_p,\cdots,\lambda_m\mu_1,\lambda_m\mu_2,\cdots,\lambda_m\mu_p,$$

其中 λ_i,μ_j 分别为 $\boldsymbol{A},\boldsymbol{B}$ 的特征值.因此

$$|\boldsymbol{J}_1\otimes\boldsymbol{J}_2|=\Big(\prod_{i=1}^m\lambda_i\Big)^p\Big(\prod_{j=1}^p\mu_j\Big)^m=|\boldsymbol{A}|^p|\boldsymbol{B}|^m.$$ 证毕

我们定义克罗内克积的幂,记 $\boldsymbol{A}^{[k]}=\underbrace{\boldsymbol{A}\otimes\boldsymbol{A}\otimes\cdots\otimes\boldsymbol{A}}_{k},k>0$.

定理 7.6.9 设 $\boldsymbol{A}=(a_{ij})_{m\times p},\boldsymbol{B}=(b_{ij})_{p\times n}$,则有

$$(\boldsymbol{A}\boldsymbol{B})^{[k]}=\boldsymbol{A}^{[k]}\boldsymbol{B}^{[k]}. \tag{7.6.12}$$

证明 利用归纳法.当 $k=1$ 时显然成立.设 $k-1$ 时成立,则

$$\begin{aligned}(\boldsymbol{A}\boldsymbol{B})^{[k]}&=\boldsymbol{A}\boldsymbol{B}\otimes(\boldsymbol{A}\boldsymbol{B})^{[k-1]}=\boldsymbol{A}\boldsymbol{B}\otimes\boldsymbol{A}^{[k-1]}\boldsymbol{B}^{[k-1]}\\&=(\boldsymbol{A}\otimes\boldsymbol{A}^{[k-1]})(\boldsymbol{B}\otimes\boldsymbol{B}^{[k-1]})=\boldsymbol{A}^{[k]}\boldsymbol{B}^{[k]}.\end{aligned}$$ 证毕

下面讨论矩阵 $\boldsymbol{A},\boldsymbol{B}$ 的特征值与 $\boldsymbol{A}\otimes\boldsymbol{B}$ 的特征值的关系.

定理 7.6.10 设 $\lambda_1,\lambda_2,\cdots,\lambda_m$ 是 $\boldsymbol{A}_{m\times m}$ 的 m 个特征值,$\mu_1,\mu_2,\cdots,\mu_p$ 是 $\boldsymbol{B}_{p\times p}$ 的 p 个特征值,那么 $\boldsymbol{A}\otimes\boldsymbol{B}$ 的 mp 个特征值为 $\lambda_i\mu_j\,(i=1,2,\cdots,m;\ j=1,2,\cdots,p)$.

证明 由 2.2 节知,$\boldsymbol{A}$ 与 $\boldsymbol{B}$ 一定与若尔当标准形相似,即存在可逆矩阵 $\boldsymbol{P}$ 与 $\boldsymbol{Q}$,使得

$$\boldsymbol{P}^{-1}\boldsymbol{A}\boldsymbol{P}=\boldsymbol{J}_1=\begin{bmatrix}\lambda_1 & & *\\ & \ddots & \\ & & \lambda_m\end{bmatrix},$$

$$\boldsymbol{Q}^{-1}\boldsymbol{B}\boldsymbol{Q}=\boldsymbol{J}_2=\begin{bmatrix}\mu_1 & & *\\ & \ddots & \\ & & \mu_p\end{bmatrix},$$

即有

$$A=P\begin{bmatrix}\lambda_1 & & *\\ & \ddots & \\ & & \lambda_m\end{bmatrix}P^{-1},$$

$$B=Q\begin{bmatrix}\mu_1 & & *\\ & \ddots & \\ & & \mu_p\end{bmatrix}Q^{-1}.$$

从而由式(7.6.1)有

$$\begin{aligned}A\otimes B&=(P\otimes Q)\left[\begin{bmatrix}\lambda_1 & & *\\ & \ddots & \\ & & \lambda_m\end{bmatrix}\otimes\begin{bmatrix}\mu_1 & & *\\ & \ddots & \\ & & \mu_p\end{bmatrix}\right](P^{-1}\otimes Q^{-1})\\ &=(P\otimes Q)\begin{bmatrix}\lambda_1\begin{bmatrix}\mu_1 & & *\\ & \ddots & \\ & & \mu_p\end{bmatrix} & & *\\ & \ddots & \\ & & \lambda_m\begin{bmatrix}\mu_1 & & *\\ & \ddots & \\ & & \mu_p\end{bmatrix}\end{bmatrix}(P\otimes Q)^{-1},\end{aligned}$$

即有

$$A\otimes B\sim\begin{bmatrix}\lambda_1\mu_1 & & & & & & *\\ & \ddots & & & & & \\ & & \lambda_1\mu_p & & & & \\ & & & \ddots & & & \\ & & & & \lambda_m\mu_1 & & \\ & & & & & \ddots & \\ & & & & & & \lambda_m\mu_p\end{bmatrix}.$$

从而 $A\otimes B$ 的 mp 个特征值为 $\lambda_i\mu_j(i=1,\cdots,m;\ j=1,\cdots,p)$. 证毕

由例 7.6.1 已看到,克罗内克积的交换律不成立,即 $A\otimes B$ 一般不等于 $B\otimes A$. 但是,我们仍有下面的性质.

定理 7.6.11 设 A 为 m 阶矩阵,B 为 n 阶矩阵,则有 $A\otimes B$ 相似于 $B\otimes A$.

证明 容易验证,对矩阵 $A\otimes I_n$ 进行一系列“相合”变换[①],可以变成 $I_n\otimes A$,即存在一个 mn 阶置换矩阵(有限个初等矩阵的乘积)P,使

$$P^{\mathrm T}(A\otimes I_n)P=I_n\otimes A.$$

同理,对矩阵 $I_m\otimes B$ 也有

$$P^{\mathrm T}(I_m\otimes B)P=B\otimes I_m.$$

再由此种初等矩阵的性质知 $PP^{\mathrm T}=I$,有

$$\begin{aligned}P^{\mathrm T}(A\otimes B)P&=P^{\mathrm T}(A\otimes I_n)(I_m\otimes B)P\\ &=P^{\mathrm T}(A\otimes I_n)PP^{\mathrm T}(I_m\otimes B)P\\ &=(I_n\otimes A)(B\otimes I_m)\\ &=B\otimes A.\end{aligned}$$

证毕

① 对矩阵的行和相应的列进行相同的初等变换,这里是指对调矩阵的第 i 行与第 j 行,然后再对调第 i 列与第 j 列.

例 7.6.5 求矩阵

$$
\boldsymbol{A}=\begin{bmatrix}2&0&0&0&2&0\\2&4&0&0&2&4\\1&0&1&0&1&0\\1&2&1&2&1&2\\0&0&0&0&3&0\\0&0&0&0&3&6\end{bmatrix}
$$

的特征值及相应特征向量.

解 令

$$
\boldsymbol{B}=\begin{bmatrix}2&0&2\\1&1&1\\0&0&3\end{bmatrix},\qquad \boldsymbol{C}=\begin{bmatrix}1&0\\1&2\end{bmatrix},
$$

则可看出 $\boldsymbol{A}=\boldsymbol{B}\otimes\boldsymbol{C}$,容易求出 $\boldsymbol{B}$ 的特征值为 1,2,3;$\boldsymbol{C}$ 的特征值为 1,2. 因此,求得 $\boldsymbol{A}$ 的 6 个特征值为 1,2,2,3,4,6.

容易求出对应于 1,2,3 的特征向量分别为 $\boldsymbol{x}_1=(0,1,0)^{\mathrm{T}}$, $\boldsymbol{x}_2=(1,1,0)^{\mathrm{T}}$, $\boldsymbol{x}_3=(4,3,2)^{\mathrm{T}}$;$\boldsymbol{C}$ 的对应于 1,2 的特征向量分别为 $\boldsymbol{y}_1=(1,-1)^{\mathrm{T}}$, $\boldsymbol{y}_2=(0,1)^{\mathrm{T}}$. 因此 $\boldsymbol{A}$ 的特征向量分别为

$$
\begin{aligned}
&\boldsymbol{\alpha}_1=\boldsymbol{x}_1\otimes\boldsymbol{y}_1=(0,0,1,-1,0,0)^{\mathrm{T}}, &&\boldsymbol{\alpha}_2=\boldsymbol{x}_1\otimes\boldsymbol{y}_2=(0,0,0,1,0,0)^{\mathrm{T}},\\
&\boldsymbol{\alpha}_3=\boldsymbol{x}_2\otimes\boldsymbol{y}_1=(1,-1,1,-1,0,0)^{\mathrm{T}}, &&\boldsymbol{\alpha}_4=\boldsymbol{x}_3\otimes\boldsymbol{y}_1=(4,-4,3,-3,2,-2)^{\mathrm{T}},\\
&\boldsymbol{\alpha}_5=\boldsymbol{x}_2\otimes\boldsymbol{y}_2=(0,1,0,1,0,0)^{\mathrm{T}}, &&\boldsymbol{\alpha}_6=\boldsymbol{x}_3\otimes\boldsymbol{y}_2=(0,4,0,3,0,2)^{\mathrm{T}}.
\end{aligned}
$$

关于克罗内克积的多项式的特征值问题,我们有下面的结论.

定理 7.6.12 设 $f(x,y)=\sum\limits_{i,j=0}^{p}\alpha_{ij}x^iy^j$ 是变量 x,y 的复系数多项式,对于 $\boldsymbol{A}\in\mathbb{C}^{m\times m}$, $\boldsymbol{B}\in\mathbb{C}^{n\times n}$ 定义 mn 阶矩阵:

$$
f(\boldsymbol{A},\boldsymbol{B})=\sum_{i,j=0}^{p}\alpha_{ij}\boldsymbol{A}^i\otimes\boldsymbol{B}^j. \tag{7.6.13}
$$

如果 $\boldsymbol{A}$ 和 $\boldsymbol{B}$ 的特征值分别是 $\lambda_1,\cdots,\lambda_m$ 和 $\mu_1,\cdots,\mu_n$,它们对应的特征向量分别是 $\boldsymbol{x}_1,\cdots,\boldsymbol{x}_m$ 和 $\boldsymbol{y}_1,\cdots,\boldsymbol{y}_n$,则矩阵 $f(\boldsymbol{A},\boldsymbol{B})$ 的特征值是 $f(\lambda_r,\mu_s)$,而对应 $f(\lambda_r,\mu_s)$ 的特征向量为 $\boldsymbol{x}_r\otimes\boldsymbol{y}_s$ $(r=1,\cdots,m;\ s=1,\cdots,n)$.

证明 由

$$
\boldsymbol{A}\boldsymbol{x}_r=\lambda_r\boldsymbol{x}_r,\qquad \boldsymbol{B}\boldsymbol{y}_s=\mu_s\boldsymbol{y}_s,
$$

有

$$
\boldsymbol{A}^i\boldsymbol{x}_r=\lambda_r^i\boldsymbol{x}_r,\qquad \boldsymbol{B}^j\boldsymbol{y}_s=\mu_s^j\boldsymbol{y}_s,
$$

于是

$$
\begin{aligned}
f(\boldsymbol{A},\boldsymbol{B})\boldsymbol{x}_r\otimes\boldsymbol{y}_s&=\Big(\sum_{i,j=0}^{p}\alpha_{ij}\boldsymbol{A}^i\otimes\boldsymbol{B}^j\Big)(\boldsymbol{x}_r\otimes\boldsymbol{y}_s)\\
&=\sum_{i,j=0}^{p}(\alpha_{ij}\boldsymbol{A}^i\otimes\boldsymbol{B}^j)(\boldsymbol{x}_r\otimes\boldsymbol{y}_s)
\end{aligned}
$$

$$= \sum_{i,j=0}^{p} \alpha_{ij} (\boldsymbol{A}^i \boldsymbol{x}_r \otimes \boldsymbol{B}^j \boldsymbol{y}_s)$$

$$= \sum_{i,j=0}^{p} \alpha_{ij} \lambda_r^i \mu_s^j \boldsymbol{x}_r \otimes \boldsymbol{y}_s$$

$$= f(\lambda_r, \mu_s) \boldsymbol{x}_r \otimes \boldsymbol{y}_s.$$

证毕

特别地，若取 $f(x,y)=xy$，则有

$$f(\boldsymbol{A},\boldsymbol{B}) = \boldsymbol{A} \otimes \boldsymbol{B}.$$

应用本定理，便有如下推论.

推论 1 $\boldsymbol{A}\otimes\boldsymbol{B}$ 的特征值为 mn 个数 $\lambda_r\mu_s(r=1,\cdots,m;\ s=1,\cdots,n)$，且对应 $\lambda_r\mu_s$ 的特征向量为 $\boldsymbol{x}_r\otimes\boldsymbol{y}_s$.

若取 $f(x,y)=x+y$，即 $f(x,y)=xy^0+x^0y$，则

$$f(\boldsymbol{A},\boldsymbol{B}) = \boldsymbol{A} \otimes \boldsymbol{I}_n + \boldsymbol{I}_m \otimes \boldsymbol{B}.$$

推论 2 $\boldsymbol{A}\otimes\boldsymbol{I}_n+\boldsymbol{I}_m\otimes\boldsymbol{B}$ 的特征值是 $\lambda_r+\mu_s$，其对应的特征向量是 $\boldsymbol{x}_r\otimes\boldsymbol{y}_s(r=1,\cdots,m;s=1,\cdots,n)$.

矩阵 $\boldsymbol{A}\otimes\boldsymbol{I}_n+\boldsymbol{I}_m\otimes\boldsymbol{B}$ 称为 $\boldsymbol{A}$ 与 $\boldsymbol{B}$ 的**克罗内克和.**

最后还要介绍一个在数理统计中很有用的矩阵.

定义 7.6.2 元素为 1 或 −1 的方阵 $\boldsymbol{H}\in\mathbb{R}^{n\times m}$，若有

$$\boldsymbol{H}\boldsymbol{H}^{\mathrm{T}} = n\boldsymbol{I}_n, \tag{7.6.14}$$

则称 $\boldsymbol{H}$ 为 n 阶**阿达马(Hadamard)矩阵.**

定理 7.6.13 设 $\boldsymbol{H}_m$ 与 $\boldsymbol{H}_n$ 均为阿达马矩阵，则矩阵 $\boldsymbol{H}_m\otimes\boldsymbol{H}_n$ 为 mn 阶的阿达马矩阵.

证明 因为

$$(\boldsymbol{H}_m \otimes \boldsymbol{H}_n)(\boldsymbol{H}_m \otimes \boldsymbol{H}_n)^{\mathrm{T}} = (\boldsymbol{H}_m \otimes \boldsymbol{H}_n)(\boldsymbol{H}_m^{\mathrm{T}} \otimes \boldsymbol{H}_n^{\mathrm{T}})$$

$$= (\boldsymbol{H}_m\boldsymbol{H}_m^{\mathrm{T}}) \otimes (\boldsymbol{H}_n\boldsymbol{H}_n^{\mathrm{T}}) = (m\boldsymbol{I}_m) \otimes (n\boldsymbol{I}_n)$$

$$= mn\boldsymbol{I}_{mn},$$

故按定义，$\boldsymbol{H}_m\otimes\boldsymbol{H}_n$ 是 mn 阶的阿达马矩阵. 证毕

本节讨论的克罗内克积，尤其是阿达马矩阵在数理统计中应用很广.

7.7 阿达马积

阿达马乘法远比通常矩阵乘法简单，但未被广泛地了解. 它出现在很多问题中，诸如周期函数卷积的三角矩阵，积分方程核的积，偏微分方程中的弱极小原理，概率论中的特征函数，组合论中的结合方案研究，算子理论中关于无限矩阵的阿达马积等.

定义 7.7.1 设 $\boldsymbol{A}=(a_{ij}),\boldsymbol{B}=(b_{ij})\in\mathbb{C}^{m\times n}$. 用 $\boldsymbol{A}\circ\boldsymbol{B}$ 表示 $\boldsymbol{A}$ 和 $\boldsymbol{B}$ 的对应元素相乘而得到的 $m\times n$ 矩阵：

$$\boldsymbol{A} \circ \boldsymbol{B} = \begin{bmatrix} a_{11}b_{11} & a_{12}b_{12} & \cdots & a_{1n}b_{1n} \\ a_{21}b_{21} & a_{22}b_{22} & \cdots & a_{2n}b_{2n} \\ \vdots & \vdots & & \vdots \\ a_{m1}b_{m1} & a_{m2}b_{m2} & \cdots & a_{mn}b_{mn} \end{bmatrix}, \tag{7.7.1}$$

称为 $\boldsymbol{A}$ 和 $\boldsymbol{B}$ 的**阿达马积**,也称为**舒尔积**.

不巧,这种乘积的记号"∘"和映射复合的记号相重,因此,在容易引起误会的场合使用这种记号应加以说明.

阿达马积的可相乘条件是只要两个矩阵有相同的行数和相同的列数.

显然,如此乘积与通常矩阵乘积不同,它是可交换的,即

$$\boldsymbol{A}\circ\boldsymbol{B}=\boldsymbol{B}\circ\boldsymbol{A}. \tag{7.7.2}$$

定理 7.7.1 设 $\boldsymbol{A},\boldsymbol{B},\boldsymbol{C}\in\mathbb{C}^{m\times n}$,则有

(1) $\boldsymbol{A}\circ(\boldsymbol{B}+\boldsymbol{C})=\boldsymbol{A}\circ\boldsymbol{B}+\boldsymbol{A}\circ\boldsymbol{C}$;

(2) $\boldsymbol{A}\circ(\boldsymbol{B}\circ\boldsymbol{C})=(\boldsymbol{A}\circ\boldsymbol{B})\circ\boldsymbol{C}$;

(3) $(\boldsymbol{A}\circ\boldsymbol{B})^{\mathrm{T}}=\boldsymbol{A}^{\mathrm{T}}\circ\boldsymbol{B}^{\mathrm{T}}$;

(4) $(\boldsymbol{A}\circ\boldsymbol{B})^{\mathrm{H}}=\boldsymbol{A}^{\mathrm{H}}\circ\boldsymbol{B}^{\mathrm{H}}$;

(5) 如果 $\boldsymbol{A}$ 和 $\boldsymbol{B}$ 是自伴矩阵(即埃尔米特矩阵),那么 $\boldsymbol{A}\circ\boldsymbol{B}$ 也是自伴矩阵;

(6) 如果 $\boldsymbol{A}$ 和 $\boldsymbol{B}$ 是斜自伴(即反埃尔米特)矩阵,那么 $\boldsymbol{A}\circ\boldsymbol{B}$ 是自伴矩阵;

(7) 如果 $\boldsymbol{A}$ 是自伴矩阵,$\boldsymbol{B}$ 是斜自伴矩阵,那么 $\boldsymbol{A}\circ\boldsymbol{B}$ 是斜自伴矩阵.

这些基本性质可直接由阿达马积的定义推出,留作练习.

在应用中,阿达马积还有如下的一些性质(这里证明从略).

定理 7.7.2 设 $\boldsymbol{A},\boldsymbol{B}\in\mathbb{C}^{m\times n}$,则

(1) $\operatorname{rank}(\boldsymbol{A}\circ\boldsymbol{B})\leqslant(\operatorname{rank}\boldsymbol{A})(\operatorname{rank}\boldsymbol{B})$; (7.7.3)

(2) 若 $\boldsymbol{A},\boldsymbol{B}$ 是半正定矩阵,则 $\boldsymbol{A}\circ\boldsymbol{B}$ 也是半正定矩阵;

(3) 若 $\boldsymbol{B}$ 是正定矩阵,$\boldsymbol{A}$ 是半正定矩阵且没有零对角元素,则 $\boldsymbol{A}\circ\boldsymbol{B}$ 是正定矩阵;

(4) 若 $\boldsymbol{A}$ 和 $\boldsymbol{B}$ 都是正定矩阵,则 $\boldsymbol{A}\circ\boldsymbol{B}$ 也是正定矩阵.

以上定理中的(2)~(4)表明:正定矩阵类和半正定矩阵类在阿达马积运算下是封闭的.这是一个定性的结果,还有各种定量的结果.

定理 7.7.3 设 $\boldsymbol{A},\boldsymbol{B}\in\mathbb{C}^{n\times n}$ 是半正定矩阵,则成立

$$\lambda_{\min}(\boldsymbol{A}\circ\boldsymbol{B})\geqslant\lambda_{\min}(\boldsymbol{A})\lambda_{\min}(\boldsymbol{B}) \tag{7.7.4}$$

和

$$\lambda_{\max}(\boldsymbol{A}\circ\boldsymbol{B})\leqslant\lambda_{\max}(\boldsymbol{A})\lambda_{\max}(\boldsymbol{B}), \tag{7.7.5}$$

其中 $\lambda_{\min}(\boldsymbol{A})$ 和 $\lambda_{\max}(\boldsymbol{A})$ 分别表示 $\boldsymbol{A}$ 的最小特征值和最大特征值.

此定理是一个比较弱的定量估计.例如,在 $\boldsymbol{A}$ 正定,$\boldsymbol{B}=\boldsymbol{A}^{-1}$ 的情形,按照式(7.7.4),有

$$\lambda_{\min}(\boldsymbol{A}\circ\boldsymbol{A}^{-1})\geqslant\lambda_{\min}(\boldsymbol{A})\lambda_{\min}(\boldsymbol{A}^{-1})=\lambda_{\min}(\boldsymbol{A})/\lambda_{\max}(\boldsymbol{A}),$$

得到的是一个很粗糙的下界;而依下述定理就可得到好得多的有实用价值的下界.

定理 7.7.4 设 $\boldsymbol{A},\boldsymbol{B}\in\mathbb{C}^{n\times n}$ 是半正定矩阵,则成立

$$\lambda_{\min}(\boldsymbol{A}\circ\boldsymbol{B})\geqslant\lambda_{\min}(\boldsymbol{A}\boldsymbol{B}^{\mathrm{T}}) \tag{7.7.6}$$

和

$$\lambda_{\min}(\boldsymbol{A}\circ\boldsymbol{B})\geqslant\lambda_{\min}(\boldsymbol{A}\boldsymbol{B}). \tag{7.7.7}$$

例如,对于 $\boldsymbol{A}$ 正定,$\boldsymbol{B}=\boldsymbol{A}^{-1}$ 的情形,按照式(7.7.7)便有

$$\lambda_{\min}(\boldsymbol{A}\circ\boldsymbol{A}^{-1})\geqslant 1.$$

7.8　反积及非负矩阵的阿达马积

定义 7.8.1　设 $\boldsymbol{A}=(a_{ij})$，$\boldsymbol{B}=(b_{ij})\in\mathbb{C}^{m\times n}$. 令

$$c_{ij}=\begin{cases}a_{ii}b_{ii}, & j=i,\\ -a_{ij}b_{ij}, & j\neq i,\end{cases}\qquad i=1,\cdots,m,\quad j=1,\cdots,n.$$

记 $\boldsymbol{A}\star\boldsymbol{B}=(c_{ij})\in\mathbb{C}^{m\times n}$，并称其为 $\boldsymbol{A}$ 和 $\boldsymbol{B}$ 的反积(Fan 积).

反积是阿达马积的一种变异.

关于反积以及非负矩阵的阿达马积有如下的基本性质.

定理 7.8.1　(1) 若 $\boldsymbol{A},\boldsymbol{B}\in\mathbb{R}^{n\times n}$ 是 M 矩阵，则 $\boldsymbol{A}\star\boldsymbol{B}$ 也是 M 矩阵；

(2) 若 $\boldsymbol{A},\boldsymbol{B}\in\mathbb{C}^{n\times n}$ 是 H 矩阵，则 $\boldsymbol{A}\star\boldsymbol{B}$ 也是 H 矩阵，$\boldsymbol{A}\circ\boldsymbol{B}$ 是非奇异的.

定理 7.8.2　设 $\boldsymbol{A},\boldsymbol{B}\in\mathbb{R}^{n\times n}$，$\boldsymbol{A}\geqslant0$，$\boldsymbol{B}\geqslant0$，则

(1) $\boldsymbol{A}\circ\boldsymbol{B}\geqslant0$，也就是说，非负矩阵类在阿达马积下是封闭的；

(2) $\rho(\boldsymbol{A}\circ\boldsymbol{B})\leqslant\rho(\boldsymbol{A})\beta(\boldsymbol{B})$.

定理 7.8.3　设 $\boldsymbol{A},\boldsymbol{B}\in\mathbb{R}^{n\times n}$ 是 M 矩阵，则 $\boldsymbol{A}\circ\boldsymbol{B}^{-1}$ 也是 M 矩阵.

以上 3 个定理的证明从略.

7.9　克罗内克积应用举例

利用矩阵克罗内克积的性质，能够方便地研究一般线性矩阵方程

$$\boldsymbol{A}_1\boldsymbol{X}\boldsymbol{B}_1+\boldsymbol{A}_2\boldsymbol{X}\boldsymbol{B}_2+\cdots+\boldsymbol{A}_p\boldsymbol{X}\boldsymbol{B}_p=\boldsymbol{C}\tag{7.9.1}$$

的相容性及其解法等问题. 这里 $\boldsymbol{A}_i\in\mathbb{C}^{m\times m}$，$\boldsymbol{B}_i\in\mathbb{C}^{n\times s}$，$\boldsymbol{C}\in\mathbb{C}^{m\times s}$ 为已知矩阵，$\boldsymbol{X}\in\mathbb{C}^{m\times n}$ 是未知矩阵.

对于矩阵方程(7.9.1)，可以将其转化为通常的线性方程组

$$\boldsymbol{G}\boldsymbol{x}=\boldsymbol{c}\tag{7.9.2}$$

来讨论. 其中系数矩阵 $\boldsymbol{G}$ 与 $\boldsymbol{A}_i$，$\boldsymbol{B}_i$ $(i=1,2,\cdots,p)$ 有关，向量 $\boldsymbol{x}$ 与矩阵 $\boldsymbol{X}$ 有关，向量 $\boldsymbol{c}$ 与矩阵 $\boldsymbol{C}$ 有关. 为此，先引入下面矩阵拉直的概念.

7.9.1　矩阵的拉直

定义 7.9.1　设 $\boldsymbol{A}=(a_{ij})_{m\times n}$，将 $\boldsymbol{A}$ 的各行依次按列纵排得到的 mn 维列向量，这种运算称为 $\boldsymbol{A}$ 的**拉直**，记为 $\vec{\boldsymbol{A}}$，即

$$\vec{\boldsymbol{A}}=(a_{11},a_{12},\cdots,a_{1n},a_{21},a_{22},\cdots,a_{2n},\cdots,a_{m1},a_{m2},\cdots,a_{mn})^{\mathrm{T}}.\tag{7.9.3}$$

从定义 7.9.1 可看出，$\vec{\boldsymbol{A}}$ 是 $mn\times1$ 阶矩阵，即为一个列向量. 这个列向量先把 $\boldsymbol{A}$ 的第 1 行按顺序写在前面，依次再写第 2 行、第 3 行等，最后写第 m 行.

例 7.9.1　设 $\boldsymbol{A}=\begin{bmatrix}1 & -1\\ 3 & 1\end{bmatrix}$，则

$$\vec{\boldsymbol{A}}=(1,-1,3,1)^{\mathrm{T}}.$$

定理 7.9.1 拉直算子是线性的,即

$$\overrightarrow{A+B}=\vec{A}+\vec{B},\qquad \overrightarrow{kA}=k\vec{A}.$$

这些都是显然的.

定理 7.9.2 (1) $xy^{\mathrm{T}}=x\otimes y$,其中 x,y 为 n 维列向量;

(2) $E_{ij}=e_ie_j^{\mathrm{T}}$,其中 E_{ij} 表示(i,j)元素为1,其余元素为0的 $m\times n$ 阶矩阵,e_i 表示第 i 个元素为1,其余元素为0的列向量;

(3) $Ae_i=\begin{bmatrix}a_{1i}\\a_{2i}\\\vdots\\a_{mi}\end{bmatrix}$;

(4) $e_j^{\mathrm{T}}A=(a_{j1},a_{j2},\cdots,a_{jn})$;

(5) $\vec{E}_{ij}=e_i\otimes e_j$.

这个定理的证明作为练习.

定理 7.9.3 设 $A=(\mu_{ij})_{m\times n}$,$B=(b_{ij})_{n\times p}$,$C=(c_{ij})_{p\times q}$,则

$$\overrightarrow{ABC}=(A\otimes C^{\mathrm{T}})\vec{B}. \tag{7.9.4}$$

证明 证明分两步,先证

$$\overrightarrow{AE_{ij}C}=(A\otimes C^{\mathrm{T}})\vec{E}_{ij}, \tag{7.9.5}$$

其中 E_{ij} 为 $n\times p$ 阶矩阵.

事实上,

$$\begin{aligned}\overrightarrow{AE_{ij}C}&=\overrightarrow{Ae_ie_j^{\mathrm{T}}C}=\overrightarrow{Ae_i(C^{\mathrm{T}}e_j)^{\mathrm{T}}}\\&=Ae_i\otimes C^{\mathrm{T}}e_j.\end{aligned}$$

另一方面,有

$$(A\otimes C^{\mathrm{T}})\vec{E}_{ij}=(A\otimes C^{\mathrm{T}})(e_i\otimes e_j)=Ae_i\otimes C^{\mathrm{T}}e_j,$$

即证明了式(7.9.5).下面再证明式(7.9.4),由于

$$B=(b_{ij})_{n\times p}=\sum_{i=1}^{n}\sum_{j=1}^{p}b_{ij}E_{ij},$$

所以

$$\begin{aligned}\overrightarrow{ABC}&=\overrightarrow{A\left(\sum_{i=1}^{n}\sum_{j=1}^{p}b_{ij}E_{ij}\right)C}\\&=\sum_{i=1}^{n}\sum_{j=1}^{p}b_{ij}\overrightarrow{AE_{ij}C}\\&=\sum_{i=1}^{n}\sum_{j=1}^{p}b_{ij}(A\otimes C^{\mathrm{T}})\vec{E}_{ij}\\&=(A\otimes C^{\mathrm{T}})\sum_{i=1}^{n}\sum_{j=1}^{p}b_{ij}\vec{E}_{ij}\\&=(A\otimes C^{\mathrm{T}})\vec{B}.\end{aligned}$$

证毕

推论 设 $A=A_{m\times m}$,$B=B_{n\times n}$,$X=X_{m\times n}$,则

(1) $\overrightarrow{AX}=(A\otimes I_n)\vec{X}$;

(2) $\overrightarrow{\boldsymbol{XB}}=(\boldsymbol{I}_m\otimes\boldsymbol{B}^{\mathrm{T}})\vec{\boldsymbol{X}}$;

(3) $\overrightarrow{\boldsymbol{AX}+\boldsymbol{XB}}=(\boldsymbol{A}\otimes\boldsymbol{I}_n+\boldsymbol{I}_m\otimes\boldsymbol{B}^{\mathrm{T}})\vec{\boldsymbol{X}}$.

7.9.2 线性矩阵方程的解

定理 7.9.4 矩阵 $\boldsymbol{X}\in\mathbb{C}^{m\times n}$ 是矩阵方程(7.9.1)的解的充分必要条件是 $\boldsymbol{x}=\vec{\boldsymbol{X}}$ 为通常的线性方程组

$$\boldsymbol{Gx}=\boldsymbol{c} \tag{7.9.6}$$

的解,其中 $\boldsymbol{G}=\sum_{i=1}^{p}\boldsymbol{A}_i\otimes\boldsymbol{B}_i^{\mathrm{T}},\boldsymbol{c}=\vec{\boldsymbol{C}}$.

证明 对矩阵方程(7.9.1)两端拉直,有

$$\begin{aligned}\vec{\boldsymbol{C}}&=\overrightarrow{\sum_{i=1}^{p}\boldsymbol{A}_i\boldsymbol{XB}_i}=\sum_{i=1}^{p}\overrightarrow{\boldsymbol{A}_i\boldsymbol{XB}_i}\\&=\sum_{i=1}^{p}(\boldsymbol{A}_i\otimes\boldsymbol{B}_i^{\mathrm{T}})\vec{\boldsymbol{X}}\\&=\boldsymbol{G}\vec{\boldsymbol{X}},\end{aligned}$$

即

$$\boldsymbol{Gx}=\boldsymbol{c}.$$

故矩阵方程(7.9.1)的解与通常的线性方程组(7.9.6)的解相同. 证毕

这样,欲求矩阵方程(7.9.1)的解,只要将它转化为通常的线性方程组(7.9.6)求解就行了.

推论 1 矩阵方程(7.9.1)有解(相容)的充要条件是

$$\mathrm{rank}(\boldsymbol{G}\,\vdots\,\boldsymbol{c})=\mathrm{rank}(\boldsymbol{G}).$$

推论 2 矩阵方程(7.9.1)有唯一解的充要条件是 $\mathrm{rank}(\boldsymbol{G}\,\vdots\,\boldsymbol{c})=\mathrm{rank}(\boldsymbol{G})=ms$.

下面我们来讨论矩阵方程(7.9.1)两个重要的特殊情况.

(1) 设 $\boldsymbol{A}\in\mathbb{C}^{m\times m},\boldsymbol{B}\in\mathbb{C}^{n\times n},\boldsymbol{C}\in\mathbb{C}^{m\times n}$,方程

$$\boldsymbol{AX}+\boldsymbol{XB}=\boldsymbol{C}. \tag{7.9.7}$$

定理 7.9.5 矩阵方程(7.9.7)有唯一解 $\boldsymbol{X}\in\mathbb{C}^{m\times n}$ 的充要条件是 $\boldsymbol{A}$ 和 $-\boldsymbol{B}$ 没有相同的特征值,即

$$\lambda_i+\mu_j\neq 0,\qquad i=1,\cdots,m,\quad j=1,\cdots,n. \tag{7.9.8}$$

证明 将矩阵方程(7.9.7)两端拉直,并利用定理 7.9.3 推论(3)的结论知,方程(7.9.7)等价于

$$(\boldsymbol{A}\otimes\boldsymbol{I}_n+\boldsymbol{I}_m\otimes\boldsymbol{B}^{\mathrm{T}})\vec{\boldsymbol{X}}=\vec{\boldsymbol{C}}. \tag{7.9.9}$$

再由定理 7.9.4 的推论 2 知,方程(7.9.7)有唯一解的充要条件是矩阵 $\boldsymbol{A}\otimes\boldsymbol{I}_n+\boldsymbol{I}_m\otimes\boldsymbol{B}^{\mathrm{T}}$ 是非奇异的,即矩阵 $\boldsymbol{A}\otimes\boldsymbol{I}_n+\boldsymbol{I}_m\otimes\boldsymbol{B}^{\mathrm{T}}$ 没有零特征值.

如果设 $\boldsymbol{A}$ 的特征值为 $\lambda_1,\lambda_2,\cdots,\lambda_m$,$\boldsymbol{B}$(或 $\boldsymbol{B}^{\mathrm{T}}$)的特征值为 $\mu_1,\mu_2,\cdots,\mu_s$,则由定理 7.6.10 知,矩阵 $\boldsymbol{A}\otimes\boldsymbol{I}_n+\boldsymbol{I}_m\otimes\boldsymbol{B}^{\mathrm{T}}$ 的特征值为 $\lambda_i+\mu_j(i=1,\cdots,m;\ j=1,\cdots,n)$,于是方程(7.9.7)有唯一解的充要条件是 $\lambda_i+\mu_j\neq 0$,即 $\boldsymbol{A}$ 与 $-\boldsymbol{B}$ 没有相同的特征值. 证毕

推论 设$\boldsymbol{A}\in\mathbb{C}^{m\times m}$,则矩阵方程$\boldsymbol{AX}-\boldsymbol{XA}=\boldsymbol{0}$(即$\boldsymbol{AX}=\boldsymbol{XA}$)必有非零解$\boldsymbol{X}\in\mathbb{C}^{m\times m}$.

(2) 设$\boldsymbol{A}\in\mathbb{C}^{m\times m}$,$\boldsymbol{B}\in\mathbb{C}^{n\times n}$,$\boldsymbol{C}\in\mathbb{C}^{m\times n}$,方程

$$\boldsymbol{X}+\boldsymbol{AXB}=\boldsymbol{C}. \tag{7.9.10}$$

定理 7.9.6 矩阵方程(7.9.10)有唯一解$\boldsymbol{X}\in\mathbb{C}^{m\times n}$的充要条件是$\lambda_i\mu_j\neq-1(i=1,\cdots,m;\ j=1,\cdots,n)$,$\lambda_i$和$\mu_j$分别为$\boldsymbol{A}$与$\boldsymbol{B}$的特征值.

证明 把方程(7.9.10)两端拉直,有

$$\vec{\boldsymbol{C}}=\overrightarrow{\boldsymbol{I}_m\boldsymbol{X}\boldsymbol{I}_n+\boldsymbol{AXB}}=(\boldsymbol{I}_m\otimes\boldsymbol{I}_n+\boldsymbol{A}\otimes\boldsymbol{B}^{\mathrm{T}})\vec{\boldsymbol{X}},$$

于是方程(7.9.10)有唯一解的充要条件是矩阵$\boldsymbol{I}_m\otimes\boldsymbol{I}_n+\boldsymbol{A}\otimes\boldsymbol{B}^{\mathrm{T}}$的特征值全不为零,由定理 7.6.10 知

$$1+\lambda_i\mu_j\neq0.$$

证毕

习 题 7(2)

1. 设$\boldsymbol{A}=\mathrm{diag}(1,2,\cdots,n)$,$m$阶矩阵$\boldsymbol{B}$的特征值是$\lambda_1,\lambda_2,\cdots,\lambda_m(m>1)$,试计算$\boldsymbol{A}\otimes\boldsymbol{B}$的特征值.

2. 设$\boldsymbol{A}_{m\times m}$和$\boldsymbol{B}_{n\times n}$都是酉矩阵,计算$(\boldsymbol{A}^{\mathrm{H}}\otimes\boldsymbol{B})(\boldsymbol{A}\otimes\boldsymbol{B}^{\mathrm{H}})$.

3. 设$\boldsymbol{A}^2=\boldsymbol{A}$,$\boldsymbol{B}^2=\boldsymbol{B}$,证明:$(\boldsymbol{A}\otimes\boldsymbol{B})^2=\boldsymbol{A}\otimes\boldsymbol{B}$.

4. 设$\boldsymbol{A}$和$\boldsymbol{B}$都是(半)正定矩阵,证明:$\boldsymbol{A}\otimes\boldsymbol{B}$也是(半)正定矩阵.

5. 用克罗内克积求矩阵$\boldsymbol{A}$的特征值及相应的特征向量.

$$\boldsymbol{A}=\begin{bmatrix}2&0&0&0&2&0\\2&4&0&0&2&4\\1&0&1&0&1&0\\1&2&1&2&1&2\\0&0&0&0&3&0\\0&0&0&0&3&6\end{bmatrix}$$

6. 设$\boldsymbol{A}\in\mathbb{C}^{m\times m}$,$\boldsymbol{B}\in\mathbb{C}^{n\times n}$,它们的特征向量分别为$\boldsymbol{\xi}$和$\boldsymbol{\eta}$,证明:$\boldsymbol{\xi}\otimes\boldsymbol{\eta}$是$\boldsymbol{A}\otimes\boldsymbol{B}$的特征向量.

7. 证明:两个反埃尔米特矩阵的直积是埃尔米特矩阵.

8. 设$\boldsymbol{x}$是m维列向量,$\boldsymbol{y}$是n维列向量,且$\|\boldsymbol{x}\|_2=\|\boldsymbol{y}\|_2=1$,试计算$\|\boldsymbol{x}\otimes\boldsymbol{y}\|_2$.

9. 设$\boldsymbol{x}\in\mathbb{R}^n$是单位列向量,$\boldsymbol{A}\in\mathbb{R}^{n\times n}$是正交矩阵,计算$\|\boldsymbol{A}\otimes\boldsymbol{x}\|_F$.

10. 设$\boldsymbol{A}$和$\boldsymbol{B}$分别是$\boldsymbol{m}$阶和$\boldsymbol{n}$阶酉矩阵,试计算$\|\boldsymbol{A}\otimes\boldsymbol{B}\|_2$.

11. 已知n阶矩阵$\boldsymbol{A}$和$\boldsymbol{B}$的特征值分别为$\lambda_1,\lambda_2,\cdots,\lambda_n$和$\mu_1,\mu_2,\cdots,\mu_n$.问矩阵方程$\boldsymbol{A}^2\boldsymbol{x}+\boldsymbol{x}\boldsymbol{B}^2-2\boldsymbol{AxB}=\boldsymbol{0}$有非零解的充分必要条件是什么?

12. 证明:$(\boldsymbol{A}\otimes\boldsymbol{B})^+=\boldsymbol{A}^+\otimes\boldsymbol{B}^+$.

第8章 矩阵在数学内外的应用

引　言

一位网友在自动化网论坛中写道:"请问大侠们,学好矩阵理论对研究生们真的很有用吗?"回答是肯定的.我们说,随着科学技术的发展,矩阵的应用无处不在,矩阵的渗透会越来越深入.可以说矩阵已经成为一门独立的理论和工具,在各个领域发挥着越来越重要的作用.本章将分别从数学内与外两个方面,列举若干矩阵的应用实例,目的是抛砖引玉,启发读者举一反三,鼓励大家在今后的学习和工作中,大胆推广矩阵的应用.

8.1 矩阵在数学内部的应用

8.1.1 矩阵在代数中的应用[9]

1. 关于零点定理的证明

在代数中,零点定理对于代数几何有着特别重要的意义,它有多个证明方法,这里我们给出一个用到矩阵的证明.

引理 8.1.1 (诺特(Noether)规范化引理) 设 F 是一个无限域,f 是 $F[x_1,x_2,\cdots,x_n]$ 中的一个次数为 d 的多项式,$n\geqslant 2,d\geqslant 1$,则存在 $\lambda_1,\lambda_2,\cdots,\lambda_{n-1}\in F$ 使得在多项式

$$f(x_1+\lambda_1 x_n,\cdots,x_{n-1}+\lambda_{n-1}x_n,x_n) \tag{8.1.1}$$

中 x_n^d 的系数不为零.

证明 设 f_d 是 f 的 d 次齐次部分,则在多项式(8.1.1)中,x_n^d 的系数是 $f_d(\lambda_1,\cdots,\lambda_{n-1},1)$.因为 $f_d(x_1,\cdots,x_{n-1},1)$是 $F[x_1,\cdots,x_{n-1}]$ 中的非零多项式并且 F 是无限的,存在 F^{n-1} 中的一点$(\lambda_1,\cdots,\lambda_{n-1})$使得 $f_d(\lambda_1,\cdots,\lambda_{n-1},1)\neq 0$,这可以对变量的个数作归纳证明.　　证毕

代数闭域一定是无限域.事实上,设 $K=\{a_0,a_1,\cdots,a_m\}$ 是个有限域,$a_1\neq 0$,则多项式 $f(x)=a_1+\prod_{j=0}^{m}(x-a_j)$ 在 K 中没有根.

定理 8.1.1 (希尔伯特(Hilbert)零点定理) 设 F 是一个代数闭域,L 是 $F[x_1,x_2,\cdots,x_n]$ 的一个真理想,则存在$(a_1,a_2,\cdots,a_n)\in F^n$,使得 $f(a_1,a_2,\cdots,a_n)=0$ 对所有 $f\in L$ 成立.

证明 假设 $L\neq\{0\}$,否则结论平凡地成立. 对 n 作归纳,$n=1$ 的情形是显然的,因为 $F[x]$ 的任何一个非零真理想 L 都是由一个非常量的多项式生成,而这样一个生成元在 F 中有一个根 a,因为 F 是代数闭的,所以 $\forall f\in L, f(a)=0$ 成立.

现在设 $n\geqslant 2$,并且假设定理对 $n-1$ 个变量的多项式环成立. 根据引理 8.1.1,若有必要作变量替换并且把多项式乘以一个非零元,我们可以假设 L 含有一个多项式 g,具有形式

$$g=g_0+g_1x_n+\cdots+g_{k-1}x_n^{k-1}+x_n^k,$$

其中 $g_j\in F[x_1,x_2,\cdots,x_{n-1}]$, $j=0,1,\cdots,k-1$,用 L' 记 L 中不含有变量 x_n 的多项式的集合,则 L' 是 $F[x_1,x_2,\cdots,x_{n-1}]$ 的一个真理想,由归纳假设,存在一点 $(a_1,a_2,\cdots,a_n)\in F^{n-1}$,使得 L' 中的每个多项式在这点取值为 0,我们断言

$$G=\{f(a_1,a_2,\cdots,a_{n-1},x_n)\mid f\in L\}$$

是 $F[x_n]$ 的一个真理想. G 显然是 $F[x_n]$ 的理想,假设 G 不是真理想,则有 $f\in L$ 使得 $f(a_1,\cdots,a_{n-1},x_n)=1$ 将 f 写成

$$f=f_0+f_1x_n+\cdots+f_dx_n^d,$$

其中所有 $f_i\in F[x_1,x_2,\cdots,x_{n-1}]$.

$$f_0(a_1,a_2,\cdots,a_{n-1})=1, f_1(a_1,a_2,\cdots,a_{n-1})=\cdots=f_d(a_1,a_2,\cdots,a_{n-1})=0,$$

考虑 $k+d$ 阶矩阵

$$\boldsymbol{A}(x_1,x_2,\cdots,x_{n-1})=\begin{bmatrix} f_0 & f_1 & \cdots & f_{k-1} & 0 & 0 & \cdots & 0\\ 0 & f_0 & \cdots & f_{k-2} & f_{k-1} & 0 & \cdots & 0\\ \vdots & \ddots & \ddots & & & & & \\ 0 & \cdots & 0 & f_0 & f_1 & \cdots & f_{d-1} & f_d\\ g_0 & g_1 & \cdots & g_{k-1} & 1 & 0 & \cdots & 0\\ 0 & g_0 & \cdots & g_{k-2} & g_{k-1} & 1 & \cdots & 0\\ & & \ddots & & & & \ddots & \\ 0 & \cdots & 0 & g_0 & g_1 & \cdots & g_{k-1} & 1 \end{bmatrix},$$

其中 $\boldsymbol{A}$ 的对角线上有 k 个 f_0,d 个 1. $\boldsymbol{A}$ 的行列式

$$R(x_1,x_2,\cdots,x_{n-1})=\det\boldsymbol{A}(x_1,x_2,\cdots,x_{n-1})$$

就是 f 和 g 关于 x_n 的结式. 熟知且易验证 R 是 f 和 g 的线性组合,即存在 $u,w\in F[x_1,x_2,\cdots,x_{n-1}]$ 满足 $R=uf+wg$. 于是,$R\in L$,从而 $R\in L'$. 因为 $\boldsymbol{A}(a_1,a_2,\cdots,a_{n-1})$ 是一个对角元素全为 1 的下三角矩阵,$R(a_1,a_2,\cdots,a_{n-1})=1$. 这与 $R\in L'$ 矛盾,因为 L' 中的每个多项式在点 $(a_1,a_2,\cdots,a_{n-1})$ 取值都是 0. 所以 G 是 $F[x_n]$ 是一个真理想.

作为 $F[x_n]$ 的真理想,G 由某个多项式 $h(x_n)$ 生成,$\deg h\geqslant 1$ 或者 $h=0$. 因为 F 是代数闭的,无论哪种情况都有 $a_n\in F$ 使得 $h(a_n)=0$. 因此对所有 $f\in L$, $f(a_1,\cdots,a_{n-1}a_n)=0$.

证毕

2. 多项式根的界

我们想估计复系数多项式

$$p(z)=\boldsymbol{z}^n+a_{n-1}\boldsymbol{z}^{n-1}+\cdots+a_1z+a_0$$

的根的范围,这里 $n\geqslant 2$. Carmichael 和 Mason 关于 $p(z)$ 的根 z 的界是

$$|z|\leqslant\Big(1+\sum_{i=0}^{n-1}|a_i|^2\Big)^{1/2}. \tag{8.1.2}$$

现在可以利用伴随矩阵的奇异值来改进这个界. $p(z)$的伴随矩阵是

$$G(p)=\begin{bmatrix} -a_{n-1} & -a_{n-2} & \cdots & -a_1 & -a_0 \\ 1 & 0 & \cdots & 0 & 0 \\ 0 & 1 & \cdots & 0 & 0 \\ \vdots & \vdots & \ddots & \vdots & \vdots \\ 0 & 0 & \cdots & 1 & 0 \end{bmatrix}.$$

设 $z_1,z_2,\cdots,z_n$ 是 $p(z)$的根,且$|z_1|\geqslant|z_2|\geqslant\cdots\geqslant|z_n|$,则 $z_1,z_2,\cdots,z_n$ 是$G(p)$的特征值. 记$G(p)$的奇异值为$s_1\geqslant s_2\geqslant\cdots\geqslant s_n$,根据 Weyl 定理,有

$$\prod_{i=1}^{k}|z_i|\leqslant\prod_{i=1}^{k}s_i,\quad k=1,2,\cdots,n;\tag{8.1.3}$$

$$\prod_{i=k}^{n}|z_i|\geqslant\prod_{i=k}^{n}s_i,\quad k=1,2,\cdots,n.\tag{8.1.4}$$

下面介绍霍思(Roger A. Horn)求出伴随矩阵$G(p)$的奇异值 $s_i(i=1,2,\cdots,n)$的方法.

记

$$\gamma=\sum_{i=0}^{n-1}|a_i|^2,$$

则

$$I-G(p)G(p)^*=\begin{bmatrix} 1-\gamma & a_{n-1} & a_{n-2} & \cdots & a_1 \\ \bar{a}_{n-1} & 0 & 0 & \cdots & 0 \\ \bar{a}_{n-2} & 0 & 0 & \cdots & 0 \\ \vdots & \vdots & \vdots & & \vdots \\ \bar{a}_1 & 0 & 0 & \cdots & 0 \end{bmatrix}.\tag{8.1.5}$$

式(8.1.5)中的埃尔米特矩阵至多有两列线性无关,所以它的秩至多为2,从而它有至少$n-2$个零特征值. 于是$G(p)G(p)^*$有至少$n-2$个特征值等于1. 设$G(p)G(p)^*$的其余两个特征值为λ和μ,我们有

$$n-2+\lambda+\mu=\mathrm{tr}G(p)G(p)^*=\|G(p)\|_F^2=n-1+\gamma,$$

$$\lambda\mu\cdot\underbrace{1\cdots1}_{n-2}=\lambda\mu=\det G(p)G(p)^*=|\det G(p)|^2=|a_0|^2,$$

可见λ和μ是方程$x^2-(\gamma+1)x+|a_0|^2=0$的根. 这样我们就得到了以下引理.

引理 8.1.2　$G(p)$的奇异值是

$$s_1=\left\{\frac{\gamma+1+[(\gamma+1)^2-4|a_0|^2]^{1/2}}{2}\right\}^{1/2},$$

$$s_n=\left\{\frac{\gamma+1-[(\gamma+1)^2-4|a_0|^2]^{1/2}}{2}\right\}^{1/2},$$

$$s_i=1,i=2,\cdots,n-1.$$

将式(8.1.3)、式(8.1.4)和引理8.1.2合起来可以得到以下定理.

定理 8.1.2

$$\prod_{i=1}^{k}|z_i|\leqslant s_1,\quad k=1,2,\cdots,n-1,$$

$$\prod_{i=k}^{n}|z_i|\geqslant s_n,\quad k=2,3,\cdots,n.$$

显然,定理 8.1.2 的特殊情形 $|z_1|\leqslant s_1$(从而 $|z_i|\leqslant s_1, i=1,2,\cdots,n$)优于式(8.1.2)的界.

8.1.2 矩阵在几何中的应用

1. 有限几何[9]

定义 8.1.1 设 S 是一个有限集合,S 中的元素称为**点**,设 $S_1,S_2,\cdots,S_m$ 为 S 的子集,每个 S_i 含有至少两个点,这些子集 S_i 称为**线**. 如果它们满足下面三条公理:

(1) 任给两点,存在一条线包含这两点;

(2) 两条线相交于至多一个点;

(3) 存在至少两条线;

则说这些点和线构成一个**有限几何**.

公理(1)和公理(2)合起来表明:任给两点,存在唯一的一条线包含它们.

定义 8.1.2 设给定有限几何 $G=(S;S_1,\cdots,S_m)$,其中 $S=\{p_1,p_2,\cdots,p_n\}$,S_j 是线(含至少两个点),我们把"包含点 p_i 的线的条数"称为点 $\boldsymbol{p}_i$ 的**次数** d_i,而如下形成的 0-1 矩阵 $\boldsymbol{A}=(a_{ij})_{n\times m}$,其中

$$a_{ij}=\begin{cases}1, & \text{若点 } p_i \text{ 在线 } S_j \text{ 上},\\ 0, & \text{否则},\end{cases}$$

称为 G 的**关联矩阵**.

显然,$\boldsymbol{A}$ 的行 i 对应点而列 j 对应线,且有

$$d_i=\sum_{j=1}^{m}a_{ij}\geqslant 2,\quad k_j=\sum_{i=1}^{n}a_{ij}.$$

定理 8.1.3 每个有限几何的线的条数不少于点的个数.

证明 用 $\boldsymbol{J}$ 表示所有元素都是 1 的方阵,其阶数由上下文确定. 下面要证明 $m\geqslant n$.

我们有

$$\boldsymbol{AA}^{\mathrm{T}}=\operatorname{diag}(d_1-1,d_2-1,\cdots,d_n-1)+\boldsymbol{J}.$$

由于 $d_i\geqslant 2$, $i=1,2,\cdots,n$,所以 $\boldsymbol{AA}^{\mathrm{T}}$ 等一个正定矩阵加一个半正定矩阵,因而 $\boldsymbol{AA}^{\mathrm{T}}$ 是正定矩阵,故

$$n=\operatorname{rank}(\boldsymbol{AA}^{\mathrm{T}})=\operatorname{rank}(\boldsymbol{A}),$$

但 $\boldsymbol{A}$ 是 $n\times m$ 的,故 $m\geqslant n$. 证毕

定理 8.1.4 若一个有限几何的线数等于点数,则任意两条线都相交.

证明 沿用上面的记号,现在 $m=n$,记 $\boldsymbol{B}=\boldsymbol{J}-\boldsymbol{A}^{\mathrm{T}}$,则

$$\boldsymbol{AB}=\boldsymbol{AJ}-\boldsymbol{AA}^{\mathrm{T}}=\begin{bmatrix}0 & d_1-1 & d_1-1 & \cdots & d_1-1\\ d_2-1 & 0 & d_2-1 & \cdots & d_2-1\\ d_3-1 & d_3-1 & 0 & \cdots & d_3-1\\ \vdots & \vdots & \vdots & & \vdots\\ d_n-1 & d_n-1 & d_n-1 & \cdots & 0\end{bmatrix},$$

$$\det(\boldsymbol{AB})=\prod_{i=1}^{n}(d_i-1)\det(\boldsymbol{J}-\boldsymbol{I})\neq 0,$$

所以 $\det\boldsymbol{B}\neq 0$,从而 $\boldsymbol{B}$ 有一条广义对角线上面的每个元素都不为 0. 因为 $\boldsymbol{B}$ 是 0-1 矩阵,那条广义对角线上面的元素全为 1,于是 $\boldsymbol{A}$ 有一条广义对角线上面的元素全为 0. 可见存在置换矩阵 $\boldsymbol{P}$,使得 $\boldsymbol{PA}$ 的主对角元素全为 0. 因此将点重新命名就可以假定 $\boldsymbol{A}$ 的主对角元全为 0. 此时,点 p_i 不在线 S_i 上,而线 S_i 上的每个点产生一条通过 p_i 的线,所以 $k_i\leqslant d_i,i=1,2,\cdots,n$. 但是,由于

$$\sum_{i=1}^{n}k_i=\sum_{i,j=1}^{n}a_{ij}=\sum_{i=1}^{n}d_i,$$

得到 $k_i=d_i,i=1,2,\cdots,n$.

我们来数不同的两个点组成的无序对的个数. 注意到每对不同的点都位于唯一的一条线上,有

$$\begin{aligned}\binom{n}{2}&=\sum_{i=1}^{n}\binom{k_i}{2}=\sum_{i=1}^{n}\binom{d_i}{2},\\&=\mathrm{Card}\{(i,j)\mid 1\leqslant i<j\leqslant n,S_i\cap S_j\neq\varnothing\}\end{aligned}$$

其中 Card 表示集合的势,这就证明任意两条线都必须相交. 证毕

2. 勾股定理证明中的矩阵方法[13]

设一个直角三角形的斜边长为 c,两个直角边长分别为 a,b. 假若选取三角形面积为 S,两个锐角 α,β 及斜边 c 是待研究的变量,则必有如下的函数关系:

$$f(S,c,\alpha,\beta)=0. \tag{8.1.6}$$

下面我们应用 20 世纪初物理学中"量纲分析法"来建立 S 与 c,α,β 之间的一种数学模型. 许多物理量都是有量纲的,它分为基本量纲和导出量纲. 基本量纲包括时间 $[t]=\mathrm{T}$、质量 $[m]=\mathrm{M}$ 和长度 $[l]=\mathrm{L}$,其他量都是导出量,如,加速度 $[a]=\mathrm{LT}^{-2}$ 就是由基本量纲导出的. 等号两端各变量遵循量纲一致的原则,将上述各量的量纲列成矩阵如下,每列代表 1 个变量的量纲数据:

	c	α	β	S
L	1	0	0	2
M	0	0	0	0
T	0	0	0	0

,

这样,就可以建立一个线性方程组:

$$\begin{bmatrix}1&0&0\\0&0&0\\0&0&0\end{bmatrix}\begin{bmatrix}x_{11}\\x_{21}\\x_{31}\end{bmatrix}=\begin{bmatrix}2\\0\\0\end{bmatrix}. \tag{8.1.7}$$

式(8.1.7)右端的向量可以看成是某线性变换作用在向量 $\begin{bmatrix}x_{11}\\x_{21}\\x_{31}\end{bmatrix}$ 上的像. 解之得 $x_{11}=2,x_{21}=0,x_{31}=0$,故有关系式:

$$S=\lambda c^2. \tag{8.1.8}$$

由于式(8.1.6)中只有 3 个基本量纲,所以对应式(8.1.8)中的 λ 为唯一待确定的无量

纲量(常数). 式(8.1.8)说明在直角三角形中,面积与斜边的平方成比例. 假若作斜边上的高,将三角形分成两个相似的直角三角形,面积分别为 S_1,S_2,则边长 a,b 成为两个小直角三角形的斜边,三角形相似图如图 8.1 所示.

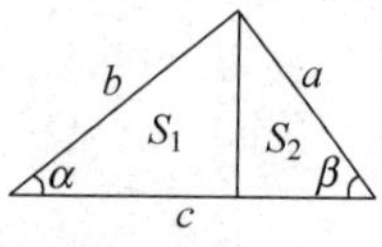

图 8.1

根据上面得到的结论和相似原理,同理有 $S_1=\lambda b^2,S_2=\lambda a^2$,而 $S=S_1+S_2$,则

$$\lambda c^2=\lambda b^2+\lambda a^2,$$

勾股定理得证,即

$$c^2=a^2+b^2. \tag{8.1.9}$$

8.1.3 矩阵在图论中的应用

“图论”是数学的一个分支,它以图为研究对象,图的基本元素是节点和边(也称线、弧、枝),用节点表示所研究的对象,用边表示研究对象之间的某种特定关系. 在方法上常常应用矩阵表示一个图的各种关系,不仅是给出图的一种表示方法,而且可以充分利用矩阵代数中的各种运算,来研究图的结构特征(即性质),且便于计算机处理.

1. 邻接矩阵的概念

图论中所研究的图就是节点和边的集合,记作 $G=(V,E)$,其中 V 表示非空的节点集合,E 表示边的集合.

在图论的研究中有如下常用的概念:

顶点数和边数 集合 V 的元素个数称为图 G 的节点数;集合 E 的元素的个数称为图 G 的边数.

端点和关联边 若 $e=[v_i,v_j]\in E$,则称点 v_i 和 v_j 是 e 的端点,而称 e 是点 v_i 和 v_j 的关联边.

相邻点和相邻边 若 v_i 和 v_j 与同一条边相关联,则 v_i 与 v_j 是相邻点;若 e_i 与 e_j 有一个共同端点,则 e_i 与 e_j 为相邻边.

环和多重边 若边的两个端点同属一个节点,则称该边为环;若两个端点之间多于一条边,则称之为多重边.

多重图和简单图 含有多重边的图称为多重图;无环、无多重边的图称为简单图.

次 以点 v 为端点的边数称为这个点的次,记作 $\mathrm{d}(v)$.

零图 一条边也没有的图.

子图 在研究和描述的性质和图的局部结构中,子图的概念占有重要地位. 对于图 $G_1=(V_1,E_1),G_2=(V_2,E_2)$,若 $E_1\subset E_2$,则称 G_1 为 G_2 的子图.

连通图 如果图 G 的任意两点至少有一条通路连接起来,则图 G 称为连通图,否则称为不连通图.

树与图的生成树 若一个连通图中不存在任何回路,则称之为树,由树的定义直接得下列性质.

(1) 树中任意两节点之间至多只有一条边;

(2) 树中边数比节点数少 1;

(3) 树任意去掉一条边,就变为不连通图;

(4) 树任意添加一条边,就会构成一个回路.

不难看出，任意一个连通图或者就是一个树，或者去掉一些边后形成一个树. 一个连通图去掉一些边后形成的树称为该连通图的生成树. 一般来说，一个连通图的生成树可能不止一个.

图的矩阵　一个图由它的邻接性和关联性完全决定，这种信息可用矩阵表示，常用的有邻接矩阵和关联矩阵等. 在无向图中前后相继连接的一串边的集合称为路. 在有向图中，顺向的首尾相接的一串有向边的集合称为有向路. 通常用顺次的节点或边来表示路或有向路，如图 8.2 中，$\{e_1,e_2,e_4\}$为一条路，该路也可用$\{v_1,v_2,v_4,v_5\}$来表示. 起点与终点为同一节点的路称为回路（或圈）.

2. 无向图的邻接矩阵

定义 8.1.3　设图 G 的顶点集合为 $V(G)=\{v_1,v_2,\cdots,v_p\}$，边集为 $E(G)=\{e_1,e_2,\cdots,e_q\}$，则图 G 的邻接矩阵 $\boldsymbol{A}(G)=(a_{ij})_{p\times p}$，其中 a_{ij} 是使 v_i，v_j 连接的边的条数，并且 $v_i\to v_i$ 是环时，$a_{ii}=2$，否则 $a_{ii}=0$.

例 8.1.1　G 如图 8.3 所示.

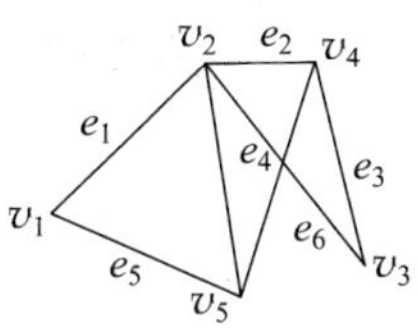

图　8.2

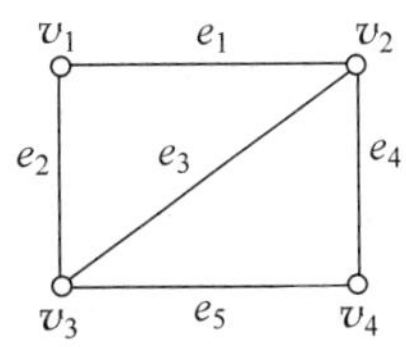

图　8.3

$\boldsymbol{G}$ 的邻接矩阵为

$$\boldsymbol{A}(\boldsymbol{G})=\begin{bmatrix}0&1&1&0\\1&0&1&1\\1&1&0&1\\0&1&1&0\end{bmatrix}.$$

例 8.1.2　G 如图 8.4 与图 8.5 所示.

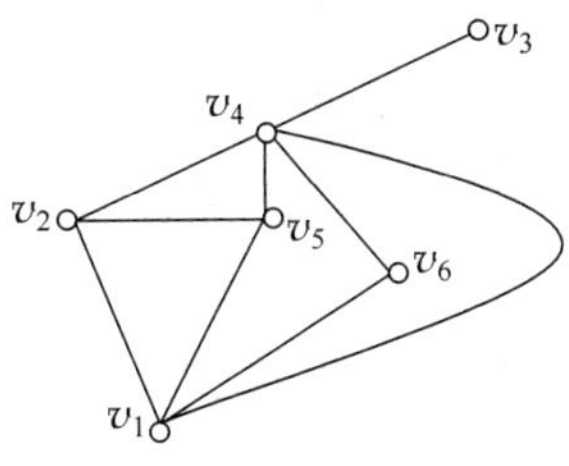

图　8.4

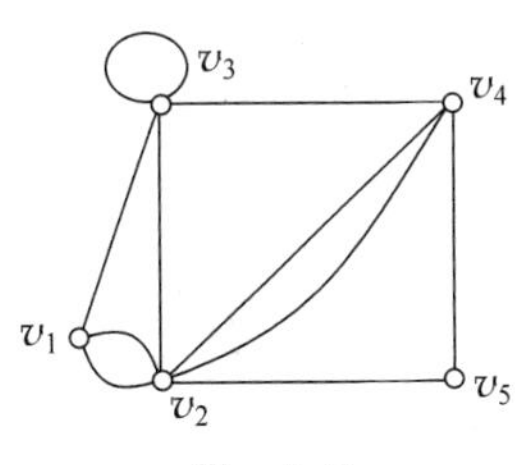

图　8.5

它们对应的邻接矩阵分别为

$$\boldsymbol{A}(\boldsymbol{G})=\begin{bmatrix}0&1&0&0&1&1\\1&0&0&1&1&0\\0&0&0&1&0&0\\0&1&1&0&1&1\\1&1&0&1&0&0\\1&0&0&1&0&0\end{bmatrix}\quad 和\quad \boldsymbol{A}(\boldsymbol{G})=\begin{bmatrix}0&2&1&0&0\\2&0&1&2&1\\1&1&2&1&0\\0&2&1&0&1\\0&1&0&1&0\end{bmatrix}.$$

3. 有向图的邻接矩阵

定义 8.1.4 设 $V_1,V_2,\cdots,V_n$ 是有向图 D 的节点,称矩阵 $\boldsymbol{A}=(a_{ij})_{n\times n}$ 为 D 的邻接矩阵,其中 a_{ij} 是以 v_i 为始点,V_j 为终点的边的条数($i,j=1,2,\cdots,n$).

例 8.1.3 有向图 D 如图 8.6 所示.

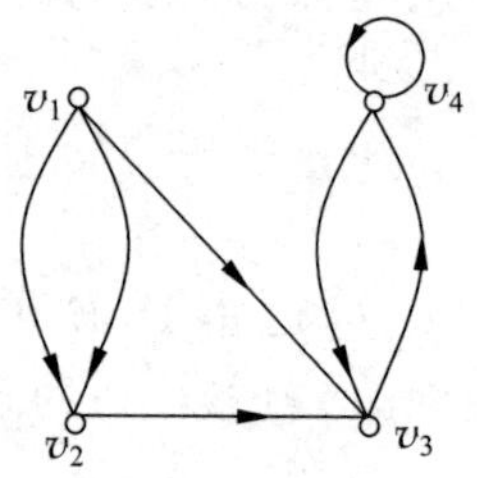

图 8.6

有向图 D 的邻接矩阵为

$$\boldsymbol{A}=\begin{bmatrix}0&2&1&0\\0&0&1&0\\0&0&0&1\\0&0&1&1\end{bmatrix}.$$

由定义知,有向图 D 的邻接矩阵 $\boldsymbol{A}$ 具有以下性质:

(1) 简单图的邻接矩阵是一个 0-1 的矩阵:对角线为 0,但不一定对称.

(2) 矩阵的各行之和是相应顶点的出度,各个列之和是相应顶点的入度.所有元素相加之和与边数相等.

(3) 矩阵 $\boldsymbol{A}^n$ 的(i,j)位置元素为:由 v_i 到 v_j 的长度等于 n 的通路的数目,而(i,i)位置的元素为:v_i 到自身的回路的数目.

4. 图论中重要定理的证明

定理 8.1.5 设图 G 的顶点集为 $V(G)=\{v_1,v_2,\cdots,v_p\}$,邻接矩阵为 $\boldsymbol{A}$,则 G 中从顶点 v_i 到顶点 v_j 长度为 k 的通路的条数为:$\boldsymbol{A}^k=(a_{ij}^{(k)})_{p\times p}$ 中的 $a_{ij}^{(k)}$.

证明 对 k 用归纳法.

当 $k=1$ 时,显然结论成立.假设 k 时,定理成立,考虑 $k+1$ 的情形.

记 $\boldsymbol{A}^m$ 的 i 行 j 列元素为 $a_{ij}^{(m)}$,$m\geqslant 2$,因为 $\boldsymbol{A}^m\boldsymbol{A}=\boldsymbol{A}^{m+1}$,所以

$$a_{ij}^{(m+1)}=a_{i1}^{(m)}a_{1j}+a_{i2}^{(m)}a_{2j}+\cdots+a_{ip}^{(m)}a_{pj}. \tag{8.1.10}$$

而从 v_i 到 v_j 长为 $k+1$ 的通路无非是从 v_i 经 k 步到某顶点 v_m($1\leqslant m\leqslant p$),再从 v_m 走一步到 v_j;由归纳假设从 v_i 到 v_m 长为 k 的通路共计 $a_{im}^{(k)}$ 条,而从 v_m 到 v_j 长为 1 的通路为 a_{mj} 条,所以长为 $k+1$ 的从 v_i 经 k 步到 v_m 并再经一步到 v_j 的通路共有 $a_{im}^{(k)}a_{mj}$ 条,故从 v_i 经 $k+1$ 步到 v_j 的通路共有 $a_{ij}^{(k+1)}=\sum\limits_{m=1}^{p}a_{im}^{(k)}a_{mj}$ 条. 证毕

例 8.1.4 如例 8.1.1 中

$$\boldsymbol{A}^2=\begin{bmatrix}0&1&1&0\\1&0&1&1\\1&1&0&1\\0&1&1&0\end{bmatrix}\begin{bmatrix}0&1&1&0\\1&0&1&1\\1&1&0&1\\0&1&1&0\end{bmatrix}=\begin{bmatrix}2&1&1&2\\1&3&2&1\\1&2&3&1\\2&1&1&2\end{bmatrix},$$

$a_{14}^{(2)}=2$ 表示长为 2 的从 $v_1\to v_4$ 的通路有 2 条,即 $v_1e_1v_2e_4v_4$ 和 $v_1e_2v_3e_5v_4$.

$$\boldsymbol{A}^3=\boldsymbol{A}^2\boldsymbol{A}=\begin{bmatrix}2&1&1&2\\1&3&2&1\\1&2&3&1\\2&1&1&2\end{bmatrix}\begin{bmatrix}0&1&1&0\\1&0&1&1\\1&1&0&1\\0&1&1&0\end{bmatrix}=\begin{bmatrix}2&5&5&2\\5&4&5&5\\5&5&4&5\\2&5&5&2\end{bmatrix}.$$

$a_{12}^{(3)}=5$ 表示长为 3 的 $v_1\to v_2$ 的通路有 5 条，即：

$$v_1e_1v_2e_1v_1e_1v_2,\quad v_1e_2v_3e_2v_1e_1v_2,\quad v_1e_1v_2e_3v_3e_3v_2,$$

$$v_1e_1v_2e_4v_4e_4v_2, v_1e_2v_3e_5v_4e_4v_2.$$

例 8.1.5　求出图 8.7 中有向图的邻接矩阵 $\mathbf{A}$，找出从 v_1 到 v_4 长度为 2 和 4 的路，用计算 $\mathbf{A}^2$，$\mathbf{A}^3$ 和 $\mathbf{A}^4$ 来验证该结论.

解　v_1 到 v_4 长度为 2 的路有 1 条：$v_1v_2v_4$，长度为 4 的路有 3 条：$v_1v_2v_3v_2v_4$，$v_1v_2v_4v_2v_4$ 和 $v_1v_4v_3v_2v_4$.

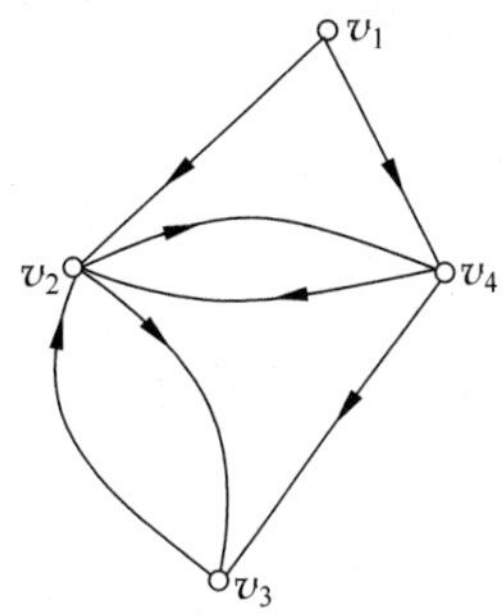

图　8.7

$$\mathbf{A}=\begin{bmatrix}0&1&0&1\\0&0&1&1\\0&1&0&0\\0&1&1&0\end{bmatrix};\quad \mathbf{A}^2=\begin{bmatrix}0&1&2&1\\0&2&1&0\\0&0&1&1\\0&1&1&1\end{bmatrix};$$

$$\mathbf{A}^3=\begin{bmatrix}0&3&2&1\\0&1&2&2\\0&2&1&0\\0&2&2&1\end{bmatrix};\quad \mathbf{A}^4=\begin{bmatrix}0&3&4&3\\0&4&3&1\\0&1&2&2\\0&3&3&2\end{bmatrix}.$$

推论　设 G 的邻接矩阵为 $\mathbf{A}$，$\mathbf{M}=(m_{ij})_{p\times p}=\sum\limits_{n=1}^{k}\mathbf{A}^n$，则 m_{ij} 为长度不超过 k 的从 v_i 到 v_j 通路的条数.

定理 8.1.6(友谊定理)　如果在图 G 中任何两个不同的顶点都恰好有一个共同的邻居，那么 G 有一个顶点与其他所有顶点都邻接.

这个结果用通俗的比方是说：如果一群人中任何两个人都恰好有一个共同的朋友，那么有一个人是每个人的朋友."恰好有一个"就是有且只有一个.

证明　G 至少有 3 个顶点，否则 G 只有一个顶点，从而定理成立.

我们先要证明：两个顶点 x，y 若不邻接则它们的度数相同. 事实上，用 $N(x)$记与 x 邻接的顶点的集合. 定义映射 $\mathscr{A}:N(x)\to N(y)$，对于 $Z\in N(x)$，$\mathscr{A}(x)$定义为 Z 与 y 共同的邻居. $\mathscr{A}(x)\neq x$，因为 x 与 y 不邻接. 显然 $\mathscr{A}$ 为双射，这就证明了 x 和 y 的度数相同.

下面用反证法证明友谊定理. 假设定理结论不成立. 设有一个顶点的度数为 $k>1$，我们将证明所有顶点的度数都为 k. 设 Ω 是度数为 k 的顶点的集合，Γ 是度数不为 k 的顶点的集合，假如 Γ 不为空集，则由第一段的结论，Ω 中的每个顶点都与 Γ 中的每个顶点相邻接. 如果 Ω 或 Γ 是单点集，那么那个顶点与 G 的所有其他顶点相邻接，这与假设矛盾. 所以 Ω 和 Γ 都不是单点集，但是在此情形下，Ω 中有两个顶点在 Γ 中有两个共同的邻居，这与定理的假设矛盾. 因此，Γ 为空集，G 的所有顶点的度数都是 k，即 G 是 k 正则的.

下一步需要证明 G 的顶点个数 $n=k(k-1)+1$.

事实上，我们可用两种方法来计算 G 的长度为 2 的路的条数 t. 一方面由假设 $t=\binom{n}{2}$；另一方面对于每个顶点 v，恰好有 $\binom{k}{2}$ 条长度为 2 的路以 v 为中间点，因此 $t=n\cdot\binom{k}{2}$. 由 $\binom{n}{2}=n\cdot\binom{k}{2}$ 解得 $n=k(k-1)+1$.

当 $k=1,2$ 时，给出 $n=1,3$，这两种情形定理显然成立. 下面假设 $k\geqslant 3$.

现在运用图 G 的邻接矩阵的特征值概念引出与 $k\geqslant 3$ 的矛盾. 设 $\boldsymbol{A}$ 是 G 的邻接矩阵,用 $\boldsymbol{J}$ 记元素全为 1 的 n 阶矩阵,则 $\mathrm{tr}\boldsymbol{A}=0$. 由定理的条件及 G 是 k 正则的事实得

$$\boldsymbol{A}^2=(k-1)\boldsymbol{I}+\boldsymbol{J}.$$

因为 $\boldsymbol{J}$ 的特征值是 n(1 重)和 0($n-1$ 重),$\boldsymbol{A}^2$ 的特征值是 $k-1+n=k^2$(1 重)和 $k-1$($n-1$ 重),由谱映射定理,$\boldsymbol{A}$ 的特征值是 k(1 重)和 $\pm\sqrt{k-1}$,设 $\boldsymbol{A}$ 有 r 个特征值等于 $\sqrt{k-1}$,有 s 个特征值等于 $-\sqrt{k-1}$,则由 $\boldsymbol{A}$ 的特征值之和等于它的迹得

$$k+r\sqrt{k-1}-s\sqrt{k-1}=0,$$

所以,$r\neq s$ 且

$$\sqrt{k-1}=\frac{k}{s-r}.$$

可见 $\sqrt{k-1}=h$ 是有理数,从而是整数(因为 $\sqrt{m}$ 是有理数 $\Rightarrow\sqrt{m}$ 必为整数). 从

$$h(s-r)=k=h^2+1$$

知 h 能整除 h^2+1,于是 h 也能整除 $h^2+1-h^2=1$,这就得出 $h=1$,因而 $k=2$. 这与假设 $k\geqslant 3$ 矛盾. 这就证明了假设定理的结论不成立是错的. 证毕

这个定理的证明取自文献[9].

8.2 矩阵在数学之外的应用

8.2.1 矩阵在信息编码中的应用

密码学在经济和军事方面,起着极其重要的作用,密码学中将信息代码称为密码,尚未换成密码的文字信息称为明文,由密码表示的信息称为密文. 所谓编码,是将明文加上密码加密成密文发送出去,而译码是将密文通过密码解密成明文. 由于两过程是相反的,因此矩阵的逆运算就发挥了较好的作用.

1929 年,希尔(Hill)通过矩阵理论对传输信息进行加密处理,提出了在密码史上有重要地位的**希尔加密算法**. 下面我们介绍这种算法的基本思想.

第一步 加密

假定 26 个英文字母与数字之间有以下的一一对应关系:

$$\begin{array}{ccccccc} A & B & C & \cdots & X & Y & Z \\ \updownarrow & \updownarrow & \updownarrow & & \updownarrow & \updownarrow & \updownarrow \\ 1 & 2 & 3 & \cdots & 24 & 25 & 26 \end{array}$$

若要发出信息 action(行为;作用;诉讼),现需要利用矩阵乘法给出加密方法和加密后得到的密文. 一般是将单词中从左到右,每 3 个字母分为一组,并将对应的 3 个整数排成三维的列向量. 使用上述代码,则此信息的编码是:1,3,20,9,15,14. 可以写成两个向量:

$$\boldsymbol{b}_1=\begin{bmatrix}1\\3\\20\end{bmatrix},\quad \boldsymbol{b}_2=\begin{bmatrix}9\\15\\14\end{bmatrix},$$

或者写成一个矩阵(称为编码矩阵).

$$\boldsymbol{B}=\begin{bmatrix}1 & 9\\3 & 15\\20 & 14\end{bmatrix}.$$

现任选一个三阶的可逆矩阵,例如

$$\boldsymbol{A}=\begin{bmatrix}1&2&3\\1&1&2\\0&1&2\end{bmatrix},$$

于是将要发出的信息(编码矩阵)左乘 $\boldsymbol{A}$ 对其加密,变成密文矩阵:

$$\boldsymbol{AB}=\begin{bmatrix}1&2&3\\1&1&2\\0&1&2\end{bmatrix}\begin{bmatrix}1&9\\3&15\\20&14\end{bmatrix}=\begin{bmatrix}67&81\\44&52\\43&43\end{bmatrix}=\boldsymbol{C}.$$

第二步　解密

在收到信息 $\begin{bmatrix}67&81\\44&52\\43&43\end{bmatrix}$ 后,可予以解密(当然,这里可逆矩阵 $\boldsymbol{A}$ 是事先约定的,这个可逆矩阵 $\boldsymbol{A}$ 称为解密的钥匙或称为"密钥").即用

$$\boldsymbol{A}^{-1}=\begin{bmatrix}0&1&-1\\2&-2&-1\\-1&1&1\end{bmatrix}$$

从密码中恢复明码,得到明文矩阵:

$$\boldsymbol{A}^{-1}\boldsymbol{C}=\begin{bmatrix}0&1&-1\\2&-2&-1\\-1&1&1\end{bmatrix}\begin{bmatrix}67&81\\44&52\\43&43\end{bmatrix}=\begin{bmatrix}1&9\\3&15\\20&14\end{bmatrix}.$$

反过来查表,即可得到信息 action.

[**注 1**]　选择不同的可逆矩阵 $\boldsymbol{A}$(密钥),则可得到不同的密文.如:选择可逆矩阵

$$\boldsymbol{A}=\begin{bmatrix}1&2&3\\2&2&1\\3&4&3\end{bmatrix},$$

action 的编码矩阵是

$$\boldsymbol{B}=\begin{bmatrix}1&9\\3&15\\20&14\end{bmatrix},$$

则加密后的密文矩阵 $\boldsymbol{C}$ 为

$$\boldsymbol{AB}=\begin{bmatrix}1&2&3\\2&2&1\\3&4&3\end{bmatrix}\begin{bmatrix}1&9\\3&45\\20&14\end{bmatrix}=\begin{bmatrix}67&81\\28&62\\75&129\end{bmatrix}=\boldsymbol{C}.$$

因为

$$\boldsymbol{A}^{-1}=\begin{bmatrix}1&3&-2\\-\frac{3}{2}&-3&\frac{5}{2}\\1&1&-1\end{bmatrix},$$

所以明文矩阵为

$$A^{-1}C=\begin{bmatrix}1 & 3 & -2\\ -\frac{3}{2} & -3 & \frac{5}{2}\\ 1 & 1 & -1\end{bmatrix}\begin{bmatrix}67 & 81\\ 28 & 62\\ 75 & 129\end{bmatrix}=\begin{bmatrix}1 & 9\\ 3 & 15\\ 20 & 14\end{bmatrix}.$$

反过来查表即可得到信息 action.

［**注 2**］ 在假设中，也可将单词中从左到右，每 4 个字母分为一组，并将对应的 4 个整数排成四维向量，最后不足 4 个字母时用 0 补上. 如信息 action，可以写成两个向量：

$$b_1=\begin{bmatrix}1\\ 3\\ 20\\ 9\end{bmatrix},\quad b^2=\begin{bmatrix}15\\ 14\\ 0\\ 0\end{bmatrix},$$

编码矩阵

$$B=\begin{bmatrix}1 & 15\\ 3 & 14\\ 20 & 0\\ 9 & 0\end{bmatrix}.$$

设可逆矩阵(密钥)

$$A=\begin{bmatrix}1 & 2 & 3 & 4\\ 0 & 1 & 2 & 3\\ 0 & 0 & 1 & 2\\ 0 & 0 & 0 & 1\end{bmatrix},\quad A^{-1}=\begin{bmatrix}1 & -2 & 1 & 0\\ 0 & 1 & -2 & 1\\ 0 & 0 & 1 & -2\\ 0 & 0 & 0 & 1\end{bmatrix},$$

于是加密后的密文矩阵为

$$AB=\begin{bmatrix}1 & 2 & 3 & 4\\ 0 & 1 & 2 & 3\\ 0 & 0 & 1 & 2\\ 0 & 0 & 0 & 1\end{bmatrix}\begin{bmatrix}1 & 15\\ 3 & 14\\ 20 & 0\\ 9 & 0\end{bmatrix}=\begin{bmatrix}103 & 43\\ 70 & 14\\ 38 & 0\\ 9 & 0\end{bmatrix}=C,$$

所以明文矩阵为

$$A^{-1}C=\begin{bmatrix}1 & -2 & 1 & 0\\ 0 & 1 & -2 & 1\\ 0 & 0 & 1 & -2\\ 0 & 0 & 0 & 1\end{bmatrix}\begin{bmatrix}103 & 43\\ 70 & 14\\ 38 & 0\\ 9 & 0\end{bmatrix}=\begin{bmatrix}1 & 15\\ 3 & 14\\ 20 & 0\\ 9 & 0\end{bmatrix}.$$

反过来查表，即可得到信息 action.

8.2.2 矩阵在经济模型中的应用[13]

在经济社会中，商品交换是常事，小到二人之间的实物交换，大到产业之间的交易，都或多或少体现了商品交易中的商品价值. 如何对已产出的产品进行合理的定价才能维持整个经济社会正常的运作？在这个复杂的经济系统中，矩阵可以将其转化为线性方程组，从而轻松地解决.

下面以 3 种产业之间商品交换为例，来说明商品交换的基础模型. 当然，这种模型可以推广到 n 个产业的商品交换问题.

设 A，B，C 分别代表 3 种不同的产业，它们在不存在货币制度的前提下，使用实物交换制度. 产业 A 将商品的 $\frac{1}{3}$ 留给自己，$\frac{1}{2}$ 给产业 B，$\frac{1}{6}$ 给产业 C；产业 B 将商品的 $\frac{1}{3}$ 留给自己，$\frac{1}{3}$ 给产业 A，$\frac{1}{3}$ 给产业 C；产业 C 将商品的 $\frac{1}{3}$ 留给自己，$\frac{1}{6}$ 给产业 A，$\frac{1}{2}$ 给产业 B. 应该如何给这 3 种产业进行定价，才能使这个经济体持续发展？

根据上述信息，可以构造一个有向图来表示实际实物交换的整个系统，如图 8.8 所示. 图中的箭头表示商品在某两个产业之间流出和流入的交换状况.

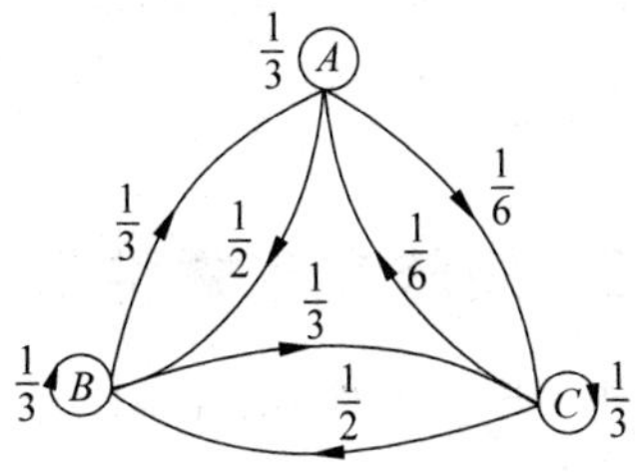

图　8.8

将 3 种产业 A，B，C 的产品分配情况列成表格，则会清晰地出现一个方阵 $\boldsymbol{D}$：

	A	B	C
A	$\frac{1}{3}$	$\frac{1}{3}$	$\frac{1}{3}$
B	$\frac{1}{2}$	$\frac{1}{3}$	$\frac{1}{2}$
C	$\frac{1}{6}$	$\frac{1}{3}$	$\frac{1}{6}$

$$\Rightarrow \quad \boldsymbol{D}=\begin{bmatrix}\frac{1}{3} & \frac{1}{3} & \frac{1}{3}\\ \frac{1}{2} & \frac{1}{3} & \frac{1}{2}\\ \frac{1}{6} & \frac{1}{3} & \frac{1}{6}\end{bmatrix}.$$

若 3 种产业所生产出的价值分别为 x_1，x_2，x_3，根据上述信息，则可得下列线性方程组：

$$\begin{cases}\frac{1}{3}x_1+\frac{1}{3}x_2+\frac{1}{3}x_3=x_1,\\ \frac{1}{2}x_1+\frac{1}{3}x_2+\frac{1}{2}x_3=x_2,\\ \frac{1}{6}x_1+\frac{1}{3}x_2+\frac{1}{6}x_3=x_3,\end{cases}\qquad \text{即}\quad \boldsymbol{DX}=\boldsymbol{IX}.$$

移项后得下列齐次线性方程组：

$$\begin{cases}-\frac{2}{3}x_1+\frac{1}{3}x_2+\frac{1}{3}x_3=0,\\ \frac{1}{2}x_1-\frac{2}{3}x_2+\frac{1}{2}x_3=0,\\ \frac{1}{6}x_1+\frac{1}{3}x_2-\frac{5}{6}x_3=0,\end{cases}\qquad \text{即}\quad (\boldsymbol{D}-\boldsymbol{I})\boldsymbol{X}=\boldsymbol{0}.$$

通过对系数矩阵 $\boldsymbol{D}$ -$\boldsymbol{I}$ 的初等变换，得

$$\begin{bmatrix}-4 & 2 & 2\\ 3 & -4 & 3\\ 1 & 2 & -5\end{bmatrix}\to\begin{bmatrix}1 & 2 & -5\\ 3 & -4 & 3\\ -2 & 1 & 1\end{bmatrix}\to\begin{bmatrix}1 & 0 & -\frac{7}{5}\\ 0 & 1 & -\frac{9}{5}\\ 0 & 0 & 0\end{bmatrix},$$

即有

$$\begin{cases} x_1=\dfrac{7}{5}x_2, \\ x_2=\dfrac{9}{5}x_3, \end{cases} \quad (x_3\text{ 为自由未知量})$$

令 $x_3=5$,得到一个基础解系 $(7,9,5)^{\mathrm{T}}$,全部的解包括了所有 $(7,9,5)^{\mathrm{T}}$ 的倍数. 因此,对 3 种产业 A,B,C 的总投入分配应该按照 7∶9∶5 的比例取值,才能使产业体持续、协调地发展.

8.2.3 矩阵在生物种群生长繁殖问题中的应用

利用矩阵方程、矩阵乘法、矩阵对角化和高次幂的知识,能很好地预测、验证生物种群的发展情况.

假如动物种群中雌性最大生存年龄为 N 年. 将区间 $[0,N]$ 等分成 n 个年龄组,第 i 组的年龄段为 $\left[\dfrac{i-1}{n}N,\dfrac{i}{n}N\right]$,该年龄段的生育率(平均生育幼体的数目)为 a_i,存活率为 b_i(指第 i 阶段存活到第 $i+1$ 阶段的数目与第 i 阶段动物总数之比). 若初始时刻动物种群年龄分布为 $\boldsymbol{X}^{(0)}=(x_1^{(0)},x_2^{(0)},\cdots,x_n^{(0)})^{\mathrm{T}}$,取 $t_k=\dfrac{k}{n}N$,$k=1,2,\cdots$,那么,在 t_k 时刻动物种群年龄分布为 $\boldsymbol{X}^{(k)}=(x_1^{(k)},x_2^{(k)},\cdots,x_n^{(k)})^{\mathrm{T}}$.

随着时间的变化,种群各年龄段动物数目也会发生变化. 根据平衡关系,时刻 t_k 第一个年龄组雌性动物数等于在时段 $[t_{k-1},t_k]$ 内各年龄阶段中动物生育的幼体数目总和,即

$$x_1^{(k)}=a_1x_1^{(k-1)}+a_2x_2^{(k-1)}+\cdots+a_nx_n^{(k-1)}.$$

又由于

$$x_{i+1}^{(k)}=b_ix_i^{(k-1)},\quad i=1,2,\cdots,n-1,$$

则有

$$\begin{cases} x_1^{(k)}=a_1x_1^{(k-1)}+a_2x_2^{(k-1)}+\cdots+a_nx_n^{(k-1)}, \\ x_2^{(k)}=b_1x_1^{(k-1)}, \\ x_3^{(k)}=b_2x_2^{(k-1)}, \\ \quad\vdots \\ x_n^{(k)}=b_{n-1}x_{n-1}^{(k-1)}, \end{cases}$$

即

$$\boldsymbol{X}^{(k)}=\boldsymbol{A}\boldsymbol{X}^{(k-1)},\quad k=1,2,\cdots,n-1,$$

其中系数矩阵为

$$\boldsymbol{A}=\begin{bmatrix} a_1 & a_2 & \cdots & a_{n-1} & a_n \\ b_1 & 0 & \cdots & 0 & 0 \\ 0 & b_2 & \cdots & 0 & 0 \\ \vdots & \vdots & \cdots & \vdots & \vdots \\ 0 & 0 & \cdots & b_{n-1} & 0 \end{bmatrix}.$$

于是

$$\boldsymbol{X}^{(k)}=\boldsymbol{A}^k\boldsymbol{X}^{(0)},\quad k=1,2,\cdots,n-1.$$

知道初始时刻,动物种群的年龄分布,由上式就能算出 t_k 时刻种群数目的分布 $\boldsymbol{X}^{(k)}$.

假如 $N=15$，分成 3 个年龄组 $[0,5]$，$[6,10]$，$[11,15]$，统计得 3 个年龄组雌性动物的生育率分别为 0,4,3，存活率为 0.5,0.25,0；初始时刻 3 个年龄组雌性动物的数量为 1000，1000，2000，那么 10 年后动物总数又如何？

$$\text{相当于 } \boldsymbol{X}^{(0)}=(1000,1000,2000)^{\mathrm{T}},\quad \boldsymbol{A}=\begin{bmatrix}0&4&3\\0.5&0&0\\0&0.25&0\end{bmatrix},$$

则

$$\boldsymbol{A}^2=\begin{bmatrix}2&0.75&0\\0&2&1.50\\0.125&0&0\end{bmatrix},\quad \boldsymbol{X}^{(2)}=\boldsymbol{A}^2\boldsymbol{X}^{(0)}=(2750,5000,125)^{\mathrm{T}}.$$

说明 10 年后，3 个年龄段的动物总数分别发展为 2750，5000，125，当 n 足够大时，涉及矩阵高次幂 $\boldsymbol{A}^n$ 的计算. 此时，需要使用矩阵对角化的知识（见第 2 章），再通过 $n\to\infty$ 时的极限知识（第 5 章）来研究动物总数的整个趋势，从而科学地预测和分析动物数量动态的变化过程.

8.2.4 矩阵在控制论中的应用[10,17]

在控制系统理论中，常需要讨论如下定常线性系统：

$$\begin{cases}\dfrac{\mathrm{d}\boldsymbol{x}(t)}{\mathrm{d}t}=\boldsymbol{A}\boldsymbol{x}(t)+\boldsymbol{B}\boldsymbol{u}(t),\\ \boldsymbol{y}(t)=\boldsymbol{C}\boldsymbol{x}(t),\end{cases}\tag{8.2.1}$$

其中 $\boldsymbol{A}\in\mathbb{C}^{n\times n}$，$\boldsymbol{B}\in\mathbb{C}^{n\times m}$，$\boldsymbol{C}\in\mathbb{C}^{s\times n}$，三者均为常系数矩阵，$\boldsymbol{x}(t)=(x_1(t),x_2(t),\cdots,x_n(t))^{\mathrm{T}}$ 称为系统在时刻 t 的状态向量；$\boldsymbol{u}(t)=(u_1(t),u_2(t),\cdots,u_m(t))^{\mathrm{T}}$ 称为系统在时刻 t 的输入或控制向量；$\boldsymbol{y}(t)=(y_1(t),y_2(t),\cdots,y_s(t))^{\mathrm{T}}$ 称为系统在时刻 t 的输出或观测向量；$\boldsymbol{A}$ 为系数矩阵；$\boldsymbol{B}$ 为输入矩阵；$\boldsymbol{C}$ 为输出矩阵.

上述定常线性系统(8.2.1)是控制论中最简单而又最基本的模型，常简称为系统($\boldsymbol{A}$,$\boldsymbol{B}$,$\boldsymbol{C}$).

要控制一个定常系统(8.2.1)，需要了解系统的状态 $\boldsymbol{x}(t)$. 但在一般情况下，不能直接测量到它，必须通过得到的观测向量 $\boldsymbol{y}(t)$反过来判断 $\boldsymbol{x}(t)$. 能否通过观测向量 $\boldsymbol{y}(t)$确定出系统的全部状态，这便是所谓的可观测性问题，掌握了系统的状态后，能否控制它使其达到预期的目的，便是所谓的可控制性问题. 除此以外，还得分析控制系统是否能够正常工作的问题，也就是稳定性和可检测性的问题. 下面我们将针对以上三个问题分别作简单介绍，在讨论过程中将会使用到比较多的矩阵理论知识.

在这一节只讨论连续型的定常线性系统.

1. 系统的可观测性

定义 8.2.1　对于一个定常线性系统，若在有限时间区间 $[0,t_1]$ 内能通过观测系统的输出 $\boldsymbol{y}(t)$而唯一地确定初始状态 $\boldsymbol{x}(0)$，则称此系统是完全**能观测**的.

定理 8.2.1　系统($\boldsymbol{A}$,$\boldsymbol{B}$,$\boldsymbol{C}$)完全能观测$\Leftrightarrow n$ 阶对称方阵

$$\boldsymbol{M}(0,t_1)=\int_0^{t_1}\mathrm{e}^{\boldsymbol{A}^{\mathrm{H}}t}\boldsymbol{C}^{\mathrm{H}}\boldsymbol{C}\mathrm{e}^{\boldsymbol{A}t}\,\mathrm{d}t\tag{8.2.2}$$

为非奇异矩阵. 其中 $\boldsymbol{A}^{\mathrm{H}}$，$\boldsymbol{C}^{\mathrm{H}}$ 分别为 $\boldsymbol{A}$，$\boldsymbol{C}$ 的共轭转置.

证明 充分性:

由前面 5.4.2 节知

$$\boldsymbol{x}(t)=\mathrm{e}^{\boldsymbol{A}t}\boldsymbol{x}(0)+\int_0^t \mathrm{e}^{\boldsymbol{A}(t-s)}\boldsymbol{B}\boldsymbol{u}(s)\mathrm{d}s,$$

所以

$$\boldsymbol{y}(t)=\boldsymbol{C}\boldsymbol{x}(t)=\boldsymbol{C}\mathrm{e}^{\boldsymbol{A}t}\boldsymbol{x}(0)+\boldsymbol{C}\int_0^t \mathrm{e}^{\boldsymbol{A}(t-s)}\boldsymbol{B}\boldsymbol{u}(s)\mathrm{d}s,$$

故

$$\boldsymbol{C}\mathrm{e}^{\boldsymbol{A}t}\boldsymbol{x}(0)=\boldsymbol{y}(t)-\boldsymbol{C}\int_0^t \mathrm{e}^{\boldsymbol{A}(t-s)}\boldsymbol{B}\boldsymbol{u}(s)\mathrm{d}s.$$

上式两边左乘 $\mathrm{e}^{\boldsymbol{A}^{\mathrm{H}}t}\boldsymbol{C}^{\mathrm{H}}$,并从 0 到 t_1 积分,得

$$\boldsymbol{M}(0,t_1)\boldsymbol{x}(0)=\int_0^{t_1}\mathrm{e}^{\boldsymbol{A}^{\mathrm{H}}t}\boldsymbol{C}^{\mathrm{H}}\left(\boldsymbol{y}(t)-\boldsymbol{C}\int_0^t \mathrm{e}^{\boldsymbol{A}(t-s)}\boldsymbol{B}\boldsymbol{u}(s)\mathrm{d}s\right)\mathrm{d}t.$$

由于 $\boldsymbol{M}(0,t_1)$ 非奇异,所以

$$\boldsymbol{x}(0)=\boldsymbol{M}(0,t_1)^{-1}\int_0^{t_1}\mathrm{e}^{\boldsymbol{A}^{\mathrm{H}}t}\boldsymbol{C}^{\mathrm{H}}\left(\boldsymbol{y}(t)-\boldsymbol{C}\int_0^t \mathrm{e}^{\boldsymbol{A}(t-s)}\boldsymbol{B}\boldsymbol{u}(s)\mathrm{d}s\right)\mathrm{d}t.$$

这说明 $\boldsymbol{x}(0)$是唯一确定的,因而系统是完全能观测的.

必要性:设系统是完全能观测的,则满足

$$\boldsymbol{y}(t)=\boldsymbol{C}\mathrm{e}^{\boldsymbol{A}t}\boldsymbol{x}(0)+\boldsymbol{C}\int_0^t \mathrm{e}^{\boldsymbol{A}(t-s)}\boldsymbol{B}\boldsymbol{u}(s)\mathrm{d}s \tag{8.2.3}$$

的 $\boldsymbol{x}(0)$是唯一确定的. 若 $\boldsymbol{M}(0,t_1)$奇异,则存在非零的 $\boldsymbol{\alpha}\in\mathbb{C}^n$ 满足

$$\boldsymbol{M}(0,t_1)\boldsymbol{\alpha}=\boldsymbol{0}.$$

因而 $\boldsymbol{\alpha}^{\mathrm{H}}\boldsymbol{M}(0,t_1)\boldsymbol{\alpha}=0$,于是

$$\int_0^{t_1}\boldsymbol{\alpha}^{\mathrm{H}}\mathrm{e}^{\boldsymbol{A}^{\mathrm{H}}t}\boldsymbol{C}^{\mathrm{H}}\boldsymbol{C}\mathrm{e}^{\boldsymbol{A}t}\boldsymbol{\alpha}\,\mathrm{d}t=0.$$

由此得到

$$\boldsymbol{y}(t)=\boldsymbol{C}\mathrm{e}^{\boldsymbol{A}t}(\boldsymbol{x}(0)+\boldsymbol{\alpha})+\boldsymbol{C}\int_0^t \mathrm{e}^{\boldsymbol{A}(t-s)}\boldsymbol{B}\boldsymbol{u}(s)\mathrm{d}s.$$

这说明若 $\boldsymbol{x}(0)$满足式(8.2.2),则 $\boldsymbol{x}(0)+\boldsymbol{\alpha}$ 也满足式(8.2.2). 因而由 $\boldsymbol{\alpha}\neq\boldsymbol{0}$ 知 $\boldsymbol{x}(0)$不是唯一确定的,矛盾. 所以 $\boldsymbol{M}(0,t_1)$非奇异. 证毕

为了更实用,我们给出如下判别条件(证明从略).

定理 8.2.2 系统($\boldsymbol{A}$,$\boldsymbol{B}$,$\boldsymbol{C}$)完全能观测⇔下列矩阵

$$\boldsymbol{M}=\begin{bmatrix}\boldsymbol{C}\\\boldsymbol{C}\boldsymbol{A}\\\vdots\\\boldsymbol{C}\boldsymbol{A}^{n-1}\end{bmatrix}$$

的秩为 n,$\boldsymbol{M}$ 称为能观测性矩阵.

例 8.2.1 设某系统的状态方程与输出方程为

$$\begin{cases}\dfrac{\mathrm{d}\boldsymbol{x}(t)}{\mathrm{d}t}=\begin{bmatrix}1&1\\1&-1\end{bmatrix}\boldsymbol{x}(t)+\begin{bmatrix}2&-1\\0&1\end{bmatrix}\boldsymbol{u}(t),\\ \boldsymbol{y}(t)=\begin{bmatrix}1&-1\\2&-2\end{bmatrix}\boldsymbol{x}(t),\end{cases}$$

试判断该系统的能观测性.

解 能观测性矩阵为

$$M=\begin{bmatrix}C\\CA\end{bmatrix}=\begin{bmatrix}1&-1\\2&-2\\0&2\\0&4\end{bmatrix},$$

所以 M 的秩为 2,说明系统是完全能观测的.

2. 系统的能控性

定义 8.2.2 对一个定常线性系统,若在某个有限时间区间 $[0,t_1]$ 内存在着输入 $u(t)(0\leqslant t\leqslant t_1)$,能使系统从初始状态 $x(0)$ 转移到 $x(t)=\mathbf{0}$,则称此状态 $x(0)$ 是**能控**的.若对任意初始状态 $x(0)$ 都是能控的,则称此系统是**完全能控**的.

定理 8.2.3 系统(A,B,C)完全能控$\Leftrightarrow n$ 阶对称方阵

$$W(0,t_1)=\int_0^{t_1}\mathrm{e}^{-A}BB^{\mathrm{H}}\mathrm{e}^{-A^{\mathrm{H}}t}\mathrm{d}t \tag{8.2.4}$$

为非奇异矩阵,其中 $A^{\mathrm{H}},B^{\mathrm{H}}$ 分别为 A,B 的共轭转置.

证明 充分性:设 $W(0,t_1)$ 非奇异,由第 5 章知

$$x(t_1)=\mathrm{e}^{At_1}x(0)+\int_0^{t_1}\mathrm{e}^{A(t_1-t)}Bu(t)\mathrm{d}t. \tag{8.2.5}$$

令

$$u(t)=-B^{\mathrm{H}}\mathrm{e}^{-A^{\mathrm{H}}t}W(0,t_1)^{-1}x(0), \tag{8.2.6}$$

将 $u(t)$代入式(8.2.5)得

$$\begin{aligned}x(t_1)&=\mathrm{e}^{At_1}x(0)-\int_0^{t_1}\mathrm{e}^{A(t_1-t)}BB^{\mathrm{H}}\mathrm{e}^{-A^{\mathrm{H}}t}W(0,t_1)^{-1}x(0)\mathrm{d}t\\&=\mathrm{e}^{At_1}x(0)-\mathrm{e}^{At_1}\left(\int_0^{t_1}\mathrm{e}^{-At}BB^{\mathrm{H}}\mathrm{e}^{-A^{\mathrm{H}}t}\mathrm{d}t\right)W(0,t_1)^{-1}x(0)\\&=\mathrm{e}^{At_1}x(0)-\mathrm{e}^{At_1}W(0,t_1)W(0,t_1)^{-1}x(0)=\mathbf{0}.\end{aligned}$$

这说明在控制输入 $u(t)$作用下,能使系统 $x(0)$转移到 $x(t_1)=\mathbf{0}$. 由于 $x(0)$的任意性,因此系统是完全能控的.

必要性:设有向量 $\alpha=(a_1,a_2,\cdots,a_n)^{\mathrm{T}}$ 满足

$$W(0,t_1)\alpha=\mathbf{0}, \tag{8.2.7}$$

则 $\alpha^{\mathrm{H}}W(0,t_1)\alpha=0$. 因而

$$\int_0^{t_1}\alpha^{\mathrm{H}}(\mathrm{e}^{-At}BB^{\mathrm{H}}\mathrm{e}^{-A^{\mathrm{H}}t})\alpha\,\mathrm{d}t=0,$$

因此推出

$$\alpha^{\mathrm{H}}\mathrm{e}^{-At}B=\mathbf{0},\quad 0\leqslant t\leqslant t_1. \tag{8.2.8}$$

设 $\alpha\neq\mathbf{0}$,由于系统是完全能控制的,所以存在某个 $u(t)$使其作用于系统上满足 $x(t_1)=\mathbf{0}$,故由式(8.2.5),有

$$\mathrm{e}^{At_1}x(0)+\int_0^{t_1}\mathrm{e}^{A(t_1-t)}Bu(t)\mathrm{d}t=\mathbf{0},$$

所以

$$\begin{aligned} \boldsymbol{x}(0) &= -\mathrm{e}^{-\boldsymbol{A}t}\int_0^{t_1}\mathrm{e}^{\boldsymbol{A}(t_1-t)}\boldsymbol{Bu}(t)\mathrm{d}t \\ &= -\int_0^{t_1}\mathrm{e}^{-\boldsymbol{A}t}\boldsymbol{Bu}(t)\mathrm{d}t. \end{aligned}$$

再由式(8.2.8)得

$$\boldsymbol{\alpha}^{\mathrm{H}}\boldsymbol{x}(0) = -\int_0^{t_1}\boldsymbol{\alpha}^{\mathrm{H}}\mathrm{e}^{-\boldsymbol{A}t}\boldsymbol{Bu}(t)\mathrm{d}t.$$

由于 $\boldsymbol{x}(0)$是任意的,所以可取 $\boldsymbol{x}(0)=\boldsymbol{\alpha}$,于是

$$\boldsymbol{\alpha}^{\mathrm{H}}\boldsymbol{\alpha} = 0.$$

这说明 $\boldsymbol{\alpha}=\boldsymbol{0}$,与假设 $\boldsymbol{\alpha}\neq\boldsymbol{0}$ 矛盾. 这也就是说,我们证明了如果式(8.2.7)成立,则必有 $\boldsymbol{\alpha}=\boldsymbol{0}$. 因此,$\boldsymbol{W}(0,t_1)$是非奇异的. 证毕

系统的可控性有许多等价的描述,一些常用的描述总结在下面的定理之中,以便我们今后使用.

定理 8.2.4 设 $\boldsymbol{A}\in\mathbb{R}^{n\times n}$,$\boldsymbol{B}\in\mathbb{R}^{n\times m}$,则下面命题等价:

(1) $(\boldsymbol{A},\boldsymbol{B})$是可控的;

(2) 对任意的 $t>0$,格拉姆(Gram)矩阵

$$\boldsymbol{W}(t) = \int_0^t \mathrm{e}^{\boldsymbol{A}\tau}\boldsymbol{BB}^{\mathrm{T}}\mathrm{e}^{\boldsymbol{A}^{\mathrm{T}}\tau}\mathrm{d}\tau \tag{8.2.9}$$

是正定的;

(3) 对任意的 $t>0$,若 $\boldsymbol{v}\in\mathbb{R}^n$ 使得 $\boldsymbol{v}^{\mathrm{T}}\mathrm{e}^{\boldsymbol{A}\tau}\boldsymbol{B}=\boldsymbol{0}$,对一切的 $\tau\in[0,t]$ 成立,则必有 $\boldsymbol{v}=\boldsymbol{0}$;

(4) 可控性矩阵

$$\boldsymbol{G} = [\boldsymbol{B},\boldsymbol{AB},\cdots,\boldsymbol{A}^{n-1}\boldsymbol{B}] \tag{8.2.10}$$

是行满秩的;

(5) 对一切的 $\lambda\in\lambda(\boldsymbol{A})$,有 $\mathrm{rank}[\boldsymbol{A}-\lambda\boldsymbol{I},\boldsymbol{B}]=n$;

(6) 若 $\mu\in\mathbb{R}$ 和 $\boldsymbol{v}\in\mathbb{R}^n$ 满足 $\boldsymbol{v}^{\mathrm{T}}\boldsymbol{A}=\mu\boldsymbol{v}^{\mathrm{T}}$ 和 $\boldsymbol{v}^{\mathrm{T}}\boldsymbol{B}=\boldsymbol{0}$,则必有 $\boldsymbol{v}=\boldsymbol{0}$.

这个定理的证明请参见:徐树方著《控制论中的矩阵计算》pp. 82-84.

有了这一结果,我们立即可得到下面的一些应用起来十分方便的结果.

推论 设 $\boldsymbol{A}\in\mathbb{R}^{n\times n}$,$\boldsymbol{B}\in\mathbb{R}^{n\times m}$,则有

(1) 对任意的非奇异矩阵 $\boldsymbol{T}\in\mathbb{R}^{n\times n}$ 和非奇异矩阵 $\boldsymbol{G}\in\mathbb{R}^{m\times m}$,$(\boldsymbol{A},\boldsymbol{B})$可控的充要条件是$(\boldsymbol{T}^{-1}\boldsymbol{AT},\boldsymbol{T}^{-1}\boldsymbol{BG})$是可控的;

(2) 若 $\boldsymbol{A}$ 和 $\boldsymbol{B}$ 有如下形状的分块

$$\boldsymbol{A} = \begin{bmatrix} \boldsymbol{A}_{11} & \boldsymbol{A}_{12} \\ \boldsymbol{0} & \boldsymbol{A}_{22} \end{bmatrix}, \quad \boldsymbol{B} = \begin{bmatrix} \boldsymbol{B}_1 \\ \boldsymbol{B}_2 \end{bmatrix},$$

其中 $\boldsymbol{A}_{22}\in\mathbb{R}^{k\times k}$,则$(\boldsymbol{A},\boldsymbol{B})$可控蕴涵着$(\boldsymbol{A}_{22},\boldsymbol{B}_2)$亦可控;

(3) 对任意的 $\boldsymbol{F}\in\mathbb{R}^{m\times n}$,$(\boldsymbol{A},\boldsymbol{B})$可控的充要条件是$(\boldsymbol{A}+\boldsymbol{BF},\boldsymbol{B})$是可控的.

此推论之(1)中的两个系统$(\boldsymbol{A},\boldsymbol{B})$和$(\boldsymbol{T}^{-1}\boldsymbol{AT},\boldsymbol{T}^{-1}\boldsymbol{BG})$常称为是**等价的**. 因此,推论的(1)是说两个等价的系统有相同的可控性,而(2)是说一个可控系统的子系统也是可控的,(3)表明反馈控制不改变系统的可控性.

例 8.2.2　已知

$$\boldsymbol{A}=\begin{bmatrix}2&-2&1\\1&1&0\\-1&3&-1\end{bmatrix},\quad \boldsymbol{B}=\begin{bmatrix}2&1\\1&0\\-1&-1\end{bmatrix},$$

试判断系统($\boldsymbol{A},\boldsymbol{B},\boldsymbol{C}$)是否完全可控?

解　由条件知,系统($\boldsymbol{A},\boldsymbol{B},\boldsymbol{C}$)具有三个状态变量、两个输入.下面用定理8.2.4中的(4)来判断:

$$\boldsymbol{W}=\begin{bmatrix}2&1&1&1&-2&0\\1&0&3&1&4&2\\-1&-1&2&0&6&2\end{bmatrix}\to\begin{bmatrix}0&1&-5&-1&-10&-4\\1&0&3&1&4&2\\0&-1&5&1&10&4\end{bmatrix}$$

$$\to\begin{bmatrix}0&1&-5&-1&-6&-4\\1&0&3&1&4&2\\0&0&0&0&0&0\end{bmatrix},$$

所以$\boldsymbol{W}$的秩为2,由此知系统($\boldsymbol{A},\boldsymbol{B},\boldsymbol{C}$)不是完全能控的.

3. 系统的可稳定性与可检测性

在控制系统(8.2.1)的分析与设计中,其稳定性是首先需要考虑的问题.什么是控制系统(8.2.1)的稳定性?回答这个问题,必须先从力学中的自由系统

$$\dot{\boldsymbol{x}}=\boldsymbol{A}\boldsymbol{x}\tag{8.2.11}$$

所谓的渐近稳定性谈起,然后再来定义控制系统(8.2.1)的稳定性.

如果对任意给定的$\boldsymbol{x}_0\in\mathbb{R}^n$,该系统(8.2.11)所对应于$\boldsymbol{x}(0)=\boldsymbol{x}_0$之解$\boldsymbol{x}(t)$满足

$$\lim_{t\to\infty}\boldsymbol{x}(t)=\boldsymbol{0},\tag{8.2.12}$$

则称自由系统(8.2.11)是**渐近稳定**的,简称稳定的.

这时,当自由系统(8.2.11)受到一个微小的扰动后,在足够长的时间内,系统能回到平衡状态.

下述定理给出了自由系统稳定性的一个判断方法.

定理 8.2.5　自由系统(8.2.11)渐近稳定的充要条件是$\boldsymbol{A}$的特征值的实部均为负数,即

$$\lambda(\boldsymbol{A})\in\{Z\in\mathbb{C}\mid \mathrm{Re}z<0\}.\tag{8.2.13}$$

该定理的证明可以从$\boldsymbol{x}(t)=\mathrm{e}^{\boldsymbol{A}t}\boldsymbol{x}_0$和$\boldsymbol{A}$的若尔当分解立即得到,请读者作为练习自己补出.

设$\boldsymbol{A}\in\mathbb{R}^{n\times n}$,若$\boldsymbol{A}$满足条件(8.2.13),则称$\boldsymbol{A}$是**稳定矩阵**.

可是,一般来讲,条件(8.2.13)并不是恒满足的.若条件(8.2.13)不满足,则其对应的自由系统是不稳定的.对于不稳定的系统而言,微小扰动就可能导致系统的动态特性发生巨大的变化.因此,控制论面临的另一个问题是,我们能否在控制系统(8.2.1)中,通过适当的选择控制向量$\boldsymbol{u}(t)$,使系统在"最佳状态"下运行?

最常见的一种控制是状态反馈控制,令

$$\boldsymbol{u}(t)=\boldsymbol{F}\boldsymbol{x}(t),\tag{8.2.14}$$

其中 $F\in\mathbb{R}^{m\times n}$，叫作**反馈矩阵**. 将式(8.2.14)代入控制系统(8.2.1)的第一个方程，得

$$\dot{x}=(A+BF)x, \tag{8.2.15}$$

其中 $A+BF$ 叫作**闭环系统的状态矩阵**.

只要反馈矩阵 F 选得适当，闭环系统(8.2.15)就有可能是稳定的. 因此，有如下定义：

定义 8.2.3 考察控制系统(8.2.1)，若存在 $F\in\mathbb{R}^{m\times n}$，使得 $A+BF$ 是稳定矩阵(即闭环系统 $\dot{x}=(A+BF)x$ 是渐近稳定的)，则称控制系统(8.2.1)是**可稳定的**. 通常，此时我们亦说矩阵对(A,B)是可稳定的. 如果$(A^{\mathrm{T}},C^{\mathrm{T}})$是可稳定的，则称系统(8.2.1)是**可检测的**. 此时，亦说矩阵对(C,A)是可检测的.

关于系统的可稳定性有下面常用的等价描述.

定理 8.2.6 (A,B)可稳定的充要条件是：若有 $\lambda\in\{z\in\mathbb{C}|\operatorname{Re}z\geqslant 0\}$ 和 $x\in\mathbb{C}^n$ 满足

$$x^{\mathrm{T}}A=\lambda x^{\mathrm{T}} \quad 和 \quad x^{\mathrm{T}}B=0, \tag{8.2.16}$$

则必有 $x=0$.

证明 必要性：设(A,B)可稳定，则由定义知，必存在 $F\in\mathbb{R}^{m\times n}$，使得 $A+BF$ 是稳定矩阵，也就是 $A+BF$ 的特征值之实部均为负数. 而式(8.2.16)成立蕴涵着

$$x^{\mathrm{T}}(A+BF)=\lambda x^{\mathrm{T}}$$

成立，但 $\operatorname{Re}\lambda\geqslant 0$，故 x 必然是零向量(若不然，则 $A+BF$ 有正半平面的特征值，与 $A+BF$ 稳定相矛盾.)

充分性：设 A 的实舒赫(Schur)分解为

$$Q^{\mathrm{T}}AQ=\begin{bmatrix}A_{11} & A_{12}\\ 0 & A_{22}\end{bmatrix},$$

其中 $Q\in\mathbb{R}^{n\times n}$ 是正交阵，$A_{11}\in\mathbb{R}^{(n-k)\times(n-k)}$，$A_{22}\in\mathbb{R}^{k\times k}$，并满足

$$\lambda(A_{11})\subset\{z\in\mathbb{C}|\operatorname{Re}z<0\},$$
$$\lambda(A_{22})\subset\{z\in\mathbb{C}|\operatorname{Re}z\geqslant 0\},$$

将 $Q^{\mathrm{T}}B$ 分块为

$$Q^{\mathrm{T}}B=\begin{bmatrix}B_1\\ B_2\end{bmatrix},\quad B_z\in\mathbb{R}^{k\times m}.$$

下证充分性条件蕴涵着(A_{22},B_2)是可控的. 事实上，对任意的 $\lambda\in\lambda(A_{22})$ 和 $v\in\mathbb{C}^k$，若有

$$v^{\mathrm{T}}A_{22}=\lambda v^{\mathrm{T}} \quad 和 \quad v^{\mathrm{T}}B_2=0$$

成立，则必有

$$x^{\mathrm{T}}A=\lambda x^{\mathrm{T}} \quad 和 \quad x^{\mathrm{T}}B=0$$

成立，其中 $x^{\mathrm{T}}=[0,v^{\mathrm{T}}]Q^{\mathrm{T}}$. 再注意 $\lambda\in\lambda(A_{22})$ 蕴涵着 $\operatorname{Re}\lambda\geqslant 0$. 故由充分性条件知，必有 $x=0$. 而 Q 正交，故有 $v=0$. 根据定理 8.2.4 知，(A_{22},B_2)是可控的. 再应用文献[17]中定理 7.2.2 即知，存在 F_2，使得 $A_{22}+B_{22}F_2$ 的特征值均为-1. 这样，令 $F=[0,F_2]Q^{\mathrm{T}}$，则矩阵

$$Q^{\mathrm{T}}(A+BF)Q=Q^{\mathrm{T}}AQ+Q^{\mathrm{T}}BFQ=\begin{bmatrix}A_{11} & A_{12}+B_1F_2\\ 0 & A_{11}+B_2F_2\end{bmatrix}$$

的特征值的实部均为负数，即(A,B)是可稳定的. 证毕

利用定理 8.2.6，立即得到下面几个十分有用的结果：

推论 1　$(\boldsymbol{C},\boldsymbol{A})$是可检测的充要条件是：若有 $\lambda\in\{z\in\mathbb{C}\mid \mathrm{Re}z\geqslant 0\}$ 和 $\boldsymbol{x}\in\mathbb{C}^n$ 满足

$$\boldsymbol{A}\boldsymbol{x}=\lambda\boldsymbol{x} \quad \text{和} \quad \boldsymbol{C}\boldsymbol{x}=\boldsymbol{0}, \tag{8.2.17}$$

则必有 $\boldsymbol{x}=\boldsymbol{0}$.

推论 2　设 $\boldsymbol{A}\in\mathbb{C}^{n\times n},\boldsymbol{B}\in\mathbb{R}^{n\times m},\boldsymbol{C}\in\mathbb{R}^{l\times n}$，则有

(1) 若$(\boldsymbol{A},\boldsymbol{B})$可控，则$(\boldsymbol{A},\boldsymbol{B})$是可稳定的；

(2) 若$(\boldsymbol{C},\boldsymbol{A})$可观测，则$(\boldsymbol{C},\boldsymbol{A})$是可检测的.

推论 3　设 $\boldsymbol{A}\in\mathbb{C}^{n\times n},\boldsymbol{B}\in\mathbb{R}^{n\times m},\boldsymbol{C}\in\mathbb{R}^{l\times n}$，则有

(1) $(\boldsymbol{A},\boldsymbol{B})$可稳定的充要条件是$(\boldsymbol{A},\boldsymbol{B}\boldsymbol{B}^{\mathrm{T}})$可稳定；

(2) $(\boldsymbol{C},\boldsymbol{A})$可检测的充要条件是$(\boldsymbol{C}^{\mathrm{T}}\boldsymbol{C},\boldsymbol{A})$可测.

请读者作为练习，给出这几个推论的证明.

附录 模拟考试自测试题(共15套)

自测题一

一、(35 分) 设$\mathbb{P}$为数域,$\boldsymbol{V}=\mathbb{P}^{m\times n}$,$\boldsymbol{C}=(c_{ij})\in\mathbb{P}^{m\times n}$,$\mathscr{A}(\boldsymbol{X})=\boldsymbol{XC}$,$\forall\boldsymbol{X}\in V$.

(1) 证明:V为数域$\mathbb{P}$上的线性空间;

(2) 求出V的一组基,及$\dim V$,并验证之;

(3) 证明$\mathscr{A}$是V上的线性变换,并求$\mathscr{A}$在V上的上述基下的矩阵$\boldsymbol{A}$;

(4) 当$m=n=2$,$\boldsymbol{C}=\begin{bmatrix}1&1\\1&1\end{bmatrix}$时,分别求$\mathscr{A}$和$\boldsymbol{A}$的全部特征值和特征向量;

(5) 问$\mathscr{A}$和$\boldsymbol{A}$可否对角化?若能,试求V的基使$\mathscr{A}$在此基下的矩阵为对角阵$\boldsymbol{\Lambda}$,并求可逆矩阵$\boldsymbol{P}$,使$\boldsymbol{P}^{-1}\boldsymbol{AP}$为对角阵$\boldsymbol{\Lambda}$;

(6) 给出从第(2)题中的基到第(5)题中的基变换公式,过渡矩阵和相应的坐标变换公式.

二、(15 分) 设$\boldsymbol{A}=\begin{bmatrix}3&1&-1\\1&2&-1\\2&1&0\end{bmatrix}$.

(1) 求$\boldsymbol{A}$的行列式因子、不变因子和初等因子;

(2) 求$\boldsymbol{A}$的若尔当标准形;

(3) 求$\sin\boldsymbol{A}$.

三、(10 分) 设$\boldsymbol{A}=\begin{bmatrix}\frac{1}{5}&\frac{1}{6}&\frac{1}{10}\\\frac{1}{8}&0&\frac{1}{4}\\\frac{1}{10}&\frac{1}{6}&\frac{1}{5}\end{bmatrix}$.

(1) 求证:矩阵序列$\{\boldsymbol{A}^k\}$收敛,并求当$k\to\infty$时$\{\boldsymbol{A}^k\}$的极限;

(2) 证明:矩阵幂级数$\sum\limits_{k=0}^{\infty}\boldsymbol{A}^k$绝对收敛,并写出其和矩阵的表达式.

四、(20 分) 设$\boldsymbol{A}=\begin{bmatrix}1&2&2\\2&1&2\\2&2&1\end{bmatrix}$,$\boldsymbol{B}=\begin{bmatrix}2&0\\1&3\end{bmatrix}$.

(1) 求$\|\boldsymbol{A}\|_1$,$\|\boldsymbol{A}\|_{m_1}$,$\|\boldsymbol{A}\|_\infty$,$\|\boldsymbol{A}\|_{m_\infty}$,$\mathrm{cond}(\boldsymbol{A})_\infty$以及$\rho(\boldsymbol{A})$.

(2) 问$\boldsymbol{A}$可否进行$\boldsymbol{LU}$分解,为什么?

(3) 求$\boldsymbol{B}^-$,$\boldsymbol{B}^+$,$\boldsymbol{B}_r^-$.

五、(10分)　设线性空间 V^n 中,从基 $\boldsymbol{\alpha}_1,\boldsymbol{\alpha}_2,\cdots,\boldsymbol{\alpha}_n$ 到基 $\boldsymbol{\beta}_1,\boldsymbol{\beta}_2,\cdots,\boldsymbol{\beta}_n$ 的过渡矩阵为 $\boldsymbol{C}$. 证明:有非零向量 $\boldsymbol{\alpha}\in V^n$,使 $\boldsymbol{\alpha}$ 在两组基下坐标相同的充要条件是 1 为矩阵 $\boldsymbol{C}$ 的特征值.

六、(10分)　设 $\boldsymbol{A}$ 是 n 阶实对称正定矩阵,证明:存在非奇异矩阵 $\boldsymbol{P}$,使 $\boldsymbol{A}$ 与单位矩阵相合,即

$$\boldsymbol{P}^{\mathrm{T}}\boldsymbol{A}\boldsymbol{P}=\boldsymbol{I}.$$

自 测 题 二

一、(8分)　设矩阵 $\boldsymbol{A}=\lambda\boldsymbol{I}(\lambda\in\mathbb{R},\boldsymbol{I}$ 单位矩阵),按通常意义下的矩阵加法与数乘运算,问下列集合 V 是否构成实数域 $\mathbb{R}$ 上的线性空间?若是,试求出它的维数与一组基.

$$V=\{a_0\boldsymbol{I}+a_1\boldsymbol{A}+\cdots+a_n\boldsymbol{A}^n\mid a_i\in\mathbb{R}\}.$$

二、(12分)

(1) 在 $P[x]_2$ 中,设 $\boldsymbol{\alpha}\in P[x]_2$ 在基 $1,x,x^2$ 下的坐标为 $(1,0,-1)$,试写出 $\boldsymbol{\alpha}$ 在另一组基 $1+x$, $x+x^2,x^2$ 下的坐标;

(2) 设 $\boldsymbol{\alpha}=(a_1,a_2,a_3)\in\mathbb{R}^3$,定义变换 $\mathscr{A}$ 为

$$\mathscr{A}[(a_1,a_2,a_3)]=(a_1^2,a_1+a_2,a_3),$$

问:$\mathscr{A}$ 是否为线性变换,为什么?

(3) 在 $\mathbb{R}^2$ 中,函数 $\langle\alpha,\beta\rangle=\langle(a_1,a_2),(b_1,b_2)\rangle=a_1b_1-a_2b_2$ 是不是内积?若不是,给出反例.

三、(20分)　在 $\mathbb{R}^3$ 中,已知一组基 $\boldsymbol{\alpha}_1=(1,1,1)^{\mathrm{T}},\boldsymbol{\alpha}_2=(1,2,3)^{\mathrm{T}},\boldsymbol{\alpha}_3=(1,0,0)^{\mathrm{T}}$.

(1) 试将 $\boldsymbol{\alpha}_1,\boldsymbol{\alpha}_2,\boldsymbol{\alpha}_3$ 改造为正交基 $\boldsymbol{e}_1,\boldsymbol{e}_2,\boldsymbol{e}_3$;

(2) 若有线性变换 $\mathscr{A}$,它在基 $\boldsymbol{\alpha}_1,\boldsymbol{\alpha}_2,\boldsymbol{\alpha}_3$ 下的矩阵为 $\boldsymbol{A}=\begin{bmatrix}1&0&0\\0&0&0\\0&0&0\end{bmatrix}$,求 $\mathscr{A}$ 在上述正交基 $\boldsymbol{e}_1,\boldsymbol{e}_2,\boldsymbol{e}_3$ 下的矩阵.

四、(15分)

(1) 设 $\boldsymbol{A}$ 是 n 阶实对称矩阵,且 $\boldsymbol{A}$ 的特征值分别为 $1,\sqrt{2},\cdots,\sqrt{n}$. 试求 $\|\boldsymbol{A}\|_F,\rho(\boldsymbol{A}),\|\boldsymbol{A}\|_2$, $\mathrm{cond}(\boldsymbol{A})_2,\|(\boldsymbol{A}^{-1})^m\|_2$;

(2) 举例说明 $\mathbb{C}^{n\times n}(n>1)$ 中的矩阵范数 $\|\boldsymbol{A}\|_1$ 与 $\mathbb{C}^n$ 中的向量范数 $\|\boldsymbol{\alpha}\|$ 不相容.

五、(15分)　设 $\boldsymbol{A}=\begin{bmatrix}2&-1&2\\5&-3&3\\-1&0&-2\end{bmatrix}$.

(1) 求 $\boldsymbol{A}$ 的若尔当标准形;

(2) 求 $\cos\boldsymbol{A}$ 的若尔当标准形.

六、(10分)　设矩阵 $\boldsymbol{A}=\begin{bmatrix}0.23&0.4&0.14\\0.25&0&0.35\\0.11&0.33&0.25\end{bmatrix}$.

(1) 证明:矩阵序列 $\{\boldsymbol{A}^k\}$ 收敛,并求其当 $k\to\infty$ 时的极限;

(2) 证明:矩阵幂级数 $\sum\limits_{k=0}^{\infty}\boldsymbol{A}^k$ 绝对收敛,并写出其和矩阵.

七、(10分)　已知 $\boldsymbol{A}=\begin{bmatrix}-1&2&1\\-1&2&1\\0&3&2\end{bmatrix}$, $\boldsymbol{b}=\begin{bmatrix}-1\\1\\1\end{bmatrix}$,求方程组 $\boldsymbol{A}\boldsymbol{x}=\boldsymbol{b}$ 的极小范数最小二乘解.

八、(10分) 证明题

(1) 设 $\boldsymbol{A}$ 为实 n 阶非奇异矩阵,证明:如果 $\boldsymbol{A}$ 与 $-\boldsymbol{A}$ 在实数域$\mathbb{R}$上相合,则 n 必为偶数.

(2) 设 n 阶方阵 $\boldsymbol{A}=(a_{ij})_{n\times n}$,且 $\sum\limits_{j=1}^{n}|a_{ij}|<1, i=1,2,\cdots,n$,证明:$\boldsymbol{A}$ 的每一个特征值 λ 的绝对值 $|\lambda|<1$.

自 测 题 三

一、(10分) 按通常意义下矩阵的加法和数乘运算,问下列集合 V 是否构成实数域$\mathbb{R}$上的线性空间?若是,试求它们的维数,并写出一组基.

(1) V 为所有实的 n 阶对称与反对称矩阵的全体;

(2) V 为由对角矩阵 $\boldsymbol{D}=\mathrm{diag}(d_1,\cdots,d_n)$ 所生成的实系数 n 次多项式 $f(\boldsymbol{D})$ 的全体,其中 $d_i(i=1,2,\cdots,n)$ 互异.

二、(20分) V 表示实数域上次数不超过3的多项式与零多项式构成的线性空间,对 $\forall f(x)=ax^2+bx+c\in V$,在 V 上定义线性变换:

$$\mathscr{A}[f(x)]=3ax^2+(2a+2b+3c)x+(a+b+4c).$$

(1) 求 $\mathscr{A}$ 在 V 的一组基 $x^2,x,1$ 下的矩阵;

(2) 判断 $\mathscr{A}$ 是否可以对角化,为什么?

(3) 在 V 中定义内积 $(f,g)=\int_0^1 f(t)g(t)\mathrm{d}t$,求基 $x^2,x,1$ 的度量矩阵.

三、(15分) 设 $\boldsymbol{\alpha}_1,\boldsymbol{\alpha}_2,\boldsymbol{\alpha}_3$ 是三维欧氏空间 V 的一组标准正交基,求 V 的一个正交变换 $\mathscr{A}$,使得

$$\begin{cases}\mathscr{A}(\boldsymbol{\alpha}_1)=\dfrac{2}{3}\boldsymbol{\alpha}_1+\dfrac{2}{3}\boldsymbol{\alpha}_2-\dfrac{1}{3}\boldsymbol{\alpha}_3,\\[2mm] \mathscr{A}(\boldsymbol{\alpha}_2)=\dfrac{2}{3}\boldsymbol{\alpha}_1-\dfrac{1}{3}\boldsymbol{\alpha}_2+\dfrac{2}{3}\boldsymbol{\alpha}_3.\end{cases}$$

四、(15分) 设复数域$\mathbb{C}$上的线性空间 V^3 的一组基为 $\boldsymbol{\alpha}_1,\boldsymbol{\alpha}_2,\boldsymbol{\alpha}_3$,线性变换 $\mathscr{A}$ 在该基下的矩阵为

$$\boldsymbol{A}=\begin{bmatrix}3&1&-1\\1&2&-1\\2&1&0\end{bmatrix},$$

求 V^3 的另一组基 $\boldsymbol{\beta}_1,\boldsymbol{\beta}_2,\boldsymbol{\beta}_3$(可用 $\boldsymbol{\alpha}_1,\boldsymbol{\alpha}_2,\boldsymbol{\alpha}_3$ 表示),使 $\mathscr{A}$ 在该基下的矩阵为若尔当标准形.

五、(10分) 设 $\boldsymbol{\alpha}$ 是给定的 n 维非零列向量,$\|\boldsymbol{A}\|_F$ 是$\mathbb{C}^{n\times n}$中矩阵的弗罗贝尼乌斯范数,定义实值函数 $\|\boldsymbol{x}\|=\|\boldsymbol{\alpha x}^{\mathrm{T}}\|_F$(其中任意 $\boldsymbol{x}\in\mathbb{C}^n$).试证明 $\|\boldsymbol{x}\|$ 是$\mathbb{C}^n$上的向量范数,且矩阵的F范数与它相容.

六、(10分) 矩阵 $\boldsymbol{A}=\begin{bmatrix}1&2&1\\2&4&2\\1&2&1\end{bmatrix}$,求 $\lim\limits_{k\to\infty}\left(\dfrac{\boldsymbol{A}}{\rho(\boldsymbol{A})}\right)^k$.

七、(10分) 设 $\boldsymbol{A}\in\mathbb{C}^{n\times n}$,证明:$\rho(\boldsymbol{A})<1$ 的充分必要条件是存在某种矩阵范数 $\|\cdot\|$,使得 $\|\boldsymbol{A}\|<1$.

八、(10分) 设 $\boldsymbol{A},\boldsymbol{B}$ 是两个 n 阶正交矩阵,且 $|\boldsymbol{AB}|=-1$,试证明:

(1) $|\boldsymbol{A}^{\mathrm{T}}\boldsymbol{B}|=|\boldsymbol{AB}|=|\boldsymbol{A}^{\mathrm{T}}\boldsymbol{B}^{\mathrm{T}}|=-1$;

(2) $|\boldsymbol{A}+\boldsymbol{B}|=0$.

自 测 题 四

一、(15分) 矩阵空间$\mathbb{R}^{2\times 2}$的子空间 $V=\{\boldsymbol{X}=(x_{ij})_{2\times 2}\mid x_{11}+x_{12}+x_{21}=0\}$(按通常矩阵的加法和数量乘法),在 V 中定义线性变换 $\mathscr{A}(\boldsymbol{X})=\boldsymbol{X}+\boldsymbol{X}^{\mathrm{T}}$(对任意 $\boldsymbol{X}$ 属于 V).

(1) 求 $\mathscr{A}$ 在所给基 $\boldsymbol{E}_1=\begin{bmatrix}-1 & 1\\ 0 & 0\end{bmatrix}$, $\boldsymbol{E}_2=\begin{bmatrix}-1 & 0\\ 1 & 0\end{bmatrix}$, $\boldsymbol{E}_3=\begin{bmatrix}0 & 0\\ 0 & 1\end{bmatrix}$下的矩阵；

(2) 在 V 中求一个基，使 $\mathscr{A}$ 在该基下的矩阵为对角形.

二、(10 分)　设 $\boldsymbol{e}_1,\boldsymbol{e}_2,\boldsymbol{e}_3$ 是欧氏空间 V^3 中一组标准正交基，

$$\begin{cases}\boldsymbol{\alpha}_1=\dfrac{1}{3}(2\boldsymbol{e}_1+2\boldsymbol{e}_2-\boldsymbol{e}_3),\\ \boldsymbol{\alpha}_2=\dfrac{1}{3}(2\boldsymbol{e}_1-\boldsymbol{e}_2+2\boldsymbol{e}_3),\\ \boldsymbol{\alpha}_3=\dfrac{1}{3}(\boldsymbol{e}_1-2\boldsymbol{e}_2-2\boldsymbol{e}_3).\end{cases}$$

若有线性变换 $\mathscr{A}$ 能将 $\boldsymbol{e}_1,\boldsymbol{e}_2,\boldsymbol{e}_3$ 变为 $\boldsymbol{\alpha}_1,\boldsymbol{\alpha}_2,\boldsymbol{\alpha}_3$，试证明 $\mathscr{A}$ 是正交变换.

三、(10 分)　求解下列各题：

(1) 已知向量 $\boldsymbol{x}=(\xi_1,\xi_2,\cdots,\xi_n)^{\mathrm{T}}\in\mathbb{R}^n$，求初等反射矩阵 $\boldsymbol{H}$，使 $\boldsymbol{Hx}=(\xi_1,\eta_2,0,\cdots,0)^{\mathrm{T}}$；

(2) $\boldsymbol{A}=\begin{bmatrix}1 & -8\\ -2 & 1\end{bmatrix}$，且幂级数 $\sum\limits_{k=0}^{\infty}\dfrac{k}{6^k}x^k$ 的收敛半径为 6，则矩阵幂级数 $\sum\limits_{k=0}^{\infty}\dfrac{k}{6^k}\boldsymbol{A}^k$ 收敛吗？为什么？

四、(10 分)　设

$$\boldsymbol{A}=\begin{bmatrix}\dfrac{1}{\sqrt{2}} & a & 0\\ 0 & 0 & 1\\ b & c & 0\end{bmatrix},$$

问 a,b,c 为何值时，$\boldsymbol{A}$ 为正交矩阵？

五、(20 分)　设 $\boldsymbol{A}=\begin{bmatrix}3 & 1 & -1\\ 1 & 2 & -1\\ 2 & 1 & 0\end{bmatrix}$, $\boldsymbol{B}=\begin{bmatrix}1 & 3\\ 0 & 2\end{bmatrix}$.

(1) 求 $\|\boldsymbol{A}\|_1$, $\|\boldsymbol{A}\|_\infty$, $\|\boldsymbol{A}\|_{m_\infty}$, $\rho(\boldsymbol{A})$；

(2) 问 $\boldsymbol{A}$ 可否进行 $\boldsymbol{LU}$ 分解，为什么？

(3) 求 $\boldsymbol{A}\otimes\boldsymbol{B}$ 的秩，$(\boldsymbol{A}\otimes\boldsymbol{B})^2$ 的所有特征根；

(4) 求 $\boldsymbol{B}^-$, $\boldsymbol{B}^+$, $\boldsymbol{B}_r^-$, $\rho(\boldsymbol{A})$；

(5) 求 $\boldsymbol{A}$ 的若尔当标准形；

(6) 求矩阵函数 $\dfrac{1}{\boldsymbol{A}}$ 的值.

六、(10 分)

(1) $\boldsymbol{A}$ 是 n 阶矩阵，取 $\mathbb{R}^n$ 的子空间 $V_\lambda=\{\boldsymbol{x}\,|\,\boldsymbol{Ax}=\lambda\boldsymbol{x}\}$，若 λ 不是 $\boldsymbol{A}$ 的特征根，则 $\dim V_\lambda$ 等于多少？若 λ 是 $\boldsymbol{A}$ 的特征根，则 $\dim V_\lambda$ 等于多少？

(2) 设 $\boldsymbol{A}$ 是 n 阶豪斯霍尔德矩阵，求 $\boldsymbol{A}^2$.

七、(10 分)　设 $\boldsymbol{A}\in\mathbb{R}^{n\times m}$, $\boldsymbol{B}=\boldsymbol{A}^{\mathrm{T}}\boldsymbol{A}$，试证：

(1) $\boldsymbol{B}$ 为半正定矩阵；

(2) 当 $\boldsymbol{A}$ 的列向量组线性无关时，$\boldsymbol{B}$ 为正定矩阵.

八、(15 分)　证明题

(1) 设矩阵 $\boldsymbol{A}$ 非奇异，λ 是 $\boldsymbol{A}$ 的任意一个特征值，证明：$|\lambda|\geqslant\dfrac{1}{\|\boldsymbol{A}^{-1}\|}$；

(2) 设 $\boldsymbol{A}$ 为 n 阶可逆矩阵，$\boldsymbol{B}$ 为 n 阶矩阵，若对某种矩阵范数有 $\|\boldsymbol{B}\|<\dfrac{1}{\|\boldsymbol{A}^{-1}\|}$，则 $\boldsymbol{A}+\boldsymbol{B}$ 可逆.

自 测 题 五

一、(10分) 设有矩阵空间$\mathbb{R}^{2\times 2}$的子空间

$$V_1=\left\{\boldsymbol{A}=\begin{bmatrix}x_1 & x_2\\ x_3 & x_4\end{bmatrix}\middle| x_1-x_2+x_3-x_4=0\right\},V_2=\mathrm{Span}[\boldsymbol{B}_1,\boldsymbol{B}_2],\text{其中 }\boldsymbol{B}_1=\begin{bmatrix}1 & 0\\ 2 & 3\end{bmatrix},\boldsymbol{B}_2=\begin{bmatrix}0 & -2\\ 0 & 1\end{bmatrix}.$$

(1) 求 V_1 的一组基及维数;

(2) 求 V_1+V_2 及 $V_1\cap V_2$ 的维数.

二、(15分)

(1) 设$\mathbb{R}^3$中基为$\boldsymbol{x}_1=(1,1,1)^{\mathrm{T}}$,$\boldsymbol{x}_2=(0,1,1)^{\mathrm{T}}$,$\boldsymbol{x}_3=(0,0,1)^{\mathrm{T}}$,试写出某向量$\boldsymbol{x}=(a_1,a_2,a_3)^{\mathrm{T}}$在该基下的坐标表达式;

(2) 设线性空间 V 的线性变换 $\mathscr{A}$ 有两个不同的特征值 λ_1 和 λ_2,记特征子空间 $V_{\lambda_i}=\{\boldsymbol{x}\mid\mathscr{A}(\boldsymbol{x})=\lambda_i\boldsymbol{x},\boldsymbol{x}\in V\}(i=1,2)$,试计算 $\dim(V_{\lambda_1}\cap V_{\lambda_2})$.

三、(10分) 设 $P[x]_3$ 中的多项式为 $f(x)=a_0+a_1x+a_2x^2+a_3x^3$,线性变换 $\mathscr{A}$ 定义为

$$\mathscr{A}[f(x)]=(a_0-a_2)+(a_1-a_3)x+(a_2-a_0)x^2+(a_3-a_1)x^3.$$

求 $P[x]_3$ 的一组基,使 $\mathscr{A}$ 在该基下的矩阵为对角矩阵.

四、(12分) 求解下列各题:

(1) 设 $\boldsymbol{A}$ 是可逆矩阵,求 $\int_0^1 \mathrm{e}^{\boldsymbol{A}t}\mathrm{d}t$;

(2) 在欧氏空间中,求满足条件$(\boldsymbol{\varepsilon}_i,\boldsymbol{\varepsilon}_j)=i$ 的正交基 $\boldsymbol{\varepsilon}_1,\boldsymbol{\varepsilon}_2,\cdots,\boldsymbol{\varepsilon}_n$ 的度量矩阵 $\boldsymbol{A}$.

五、(18分)

(1) 已知 $\boldsymbol{x}=(-1,\mathrm{i},0,1)$,$\mathrm{i}=\sqrt{-1}$,求

$$\|\boldsymbol{x}\|_1,\|\boldsymbol{x}\|_2,\|\boldsymbol{x}\|_\infty,\|\boldsymbol{x}^{\mathrm{T}}\boldsymbol{x}\|_{m_1},\|\boldsymbol{x}^{\mathrm{T}}\|_{\mathrm{F}},\|\boldsymbol{x}^{\mathrm{T}}\boldsymbol{x}\|_{m_\infty},\|\boldsymbol{x}^{\mathrm{T}}\boldsymbol{x}\|_\infty;$$

(2) 设 $\boldsymbol{A}=\begin{bmatrix}-1 & 1 & 1\\ -5 & 21 & 17\\ 6 & -26 & -21\end{bmatrix}$,求 $\boldsymbol{A}$ 的若尔当标准形.

六、(15分) 设 $\boldsymbol{A}=\begin{bmatrix}1 & 1 & 0 & 1\\ 0 & 1 & 1 & 0\\ 1 & 2 & 1 & 1\end{bmatrix}$,$\boldsymbol{b}=\begin{bmatrix}3\\ 1\\ 4\end{bmatrix}$.

(1) 求 $\boldsymbol{A}$ 的最大秩分解;

(2) 求 $\boldsymbol{A}^+$;

(3) 求方程组 $\boldsymbol{A}\boldsymbol{x}=\boldsymbol{b}$ 的解,指出是哪种解.

七、(10分) 设 V^n 是实数域$\mathbb{R}$上的线性空间,$\boldsymbol{x}\in V^n$ 在基(Ⅰ):$\boldsymbol{\alpha}_1,\boldsymbol{\alpha}_2,\cdots,\boldsymbol{\alpha}_n$ 下的坐标为 $\boldsymbol{\alpha}=(\xi_1,\xi_2,\cdots,\xi_n)^{\mathrm{T}}$,在基(Ⅱ):$\boldsymbol{\beta}_1,\boldsymbol{\beta}_2,\cdots,\boldsymbol{\beta}_n$ 下的坐标为$\boldsymbol{\beta}=(\eta_1,\eta_2,\cdots,\eta_n)^{\mathrm{T}}$,且由基(Ⅰ)变为基(Ⅱ)的过渡矩阵为 $\boldsymbol{C}$,$\|\cdot\|_2$ 表示$\mathbb{R}^2$中向量的2范数.证明:$\|\boldsymbol{\alpha}\|_2=\|\boldsymbol{\beta}\|_2$ 的充分必要条件是 $\boldsymbol{C}$ 为正交矩阵.

八、(10分) 证明:$\boldsymbol{A}^+\boldsymbol{A}\boldsymbol{B}=\boldsymbol{A}^+\boldsymbol{A}\boldsymbol{C}$ 的充分必要条件是 $\boldsymbol{A}\boldsymbol{B}=\boldsymbol{A}\boldsymbol{C}$.

自 测 题 六

一、(12分) 设$\mathbb{R}^{2\times 2}$的矩阵子空间 $V=\{\boldsymbol{X}=(x_{ij})_{2\times 2}\mid x_{12}+x_{21}=0\}$,在 V 中定义线性变换 $\mathscr{A}(\boldsymbol{X})=\boldsymbol{B}^{\mathrm{T}}\boldsymbol{X}-\boldsymbol{X}^{\mathrm{T}}\boldsymbol{B}$,其中 $\boldsymbol{B}=\begin{bmatrix}1 & 1\\ 0 & 1\end{bmatrix}$(对任意 $\boldsymbol{X}$ 属于 V).

(1) 求 V 的维数,并写出 V 的一组基;

(2) 求 $\mathscr{A}$ 在该基下的矩阵;

(3) 在 V 中求一个基,使 $\mathscr{A}$ 在该基下的矩阵为对角形.

二、(10 分)　设 $\boldsymbol{A}=\begin{bmatrix}4 & -5 & 2\\5 & -7 & 3\\6 & -9 & 4\end{bmatrix}$.

(1) 求 $\boldsymbol{A}$ 的不变因子和初等因子;

(2) 求 $\boldsymbol{A}$ 的若尔当标准形;

(3) 问 $\boldsymbol{A}$ 可否进行 $\boldsymbol{LU}$ 分解,为什么?

三、(12 分)

(1) 设 $\boldsymbol{A}=\begin{bmatrix}t^2 & 1\\t & 0\end{bmatrix}$,求$\dfrac{\mathrm{d}^2\boldsymbol{A}}{\mathrm{d}t^2},\dfrac{\mathrm{d}\boldsymbol{A}^{-1}}{\mathrm{d}t},\dfrac{\mathrm{d}\boldsymbol{A}^2}{\mathrm{d}t}$;

(2) 设 $\boldsymbol{X}=\begin{bmatrix}x_{11} & x_{12} & x_{13}\\x_{21} & x_{22} & x_{23}\end{bmatrix}$,$f(\boldsymbol{X})=x_{11}+x_{12}^2+x_{13}^3$,求$\dfrac{\mathrm{d}f}{\mathrm{d}\boldsymbol{X}}$.

四、(9 分)

(1) 设 $\boldsymbol{A}=\dfrac{1}{2}(\boldsymbol{B}+\boldsymbol{I})$,试证:$\boldsymbol{A}$ 为幂等矩阵($\boldsymbol{A}^2=\boldsymbol{A}$)的充分必要条件是 $\boldsymbol{B}^2=\boldsymbol{I}$;

(2) 设 $\boldsymbol{A},\boldsymbol{B}$ 为 n 阶方阵,且满足 $\boldsymbol{A}^2=\boldsymbol{A},\boldsymbol{B}^2=\boldsymbol{B}$,以及$(\boldsymbol{A}+\boldsymbol{B})^2=\boldsymbol{A}+\boldsymbol{B}$,证明 $\boldsymbol{AB}=\boldsymbol{0}$.

五、求解下列各题(每题 6 分,共 24 分):

(1) 设 $\boldsymbol{x}_1,\boldsymbol{x}_2,\cdots,\boldsymbol{x}_m(m>1)$是$\mathbb{R}^n$ 中两两正交的单位向量,记 $\boldsymbol{A}=(\boldsymbol{x}_1,\boldsymbol{x}_2,\cdots,\boldsymbol{x}_m)$,求 $\boldsymbol{A}^+$;

(2) 设 $\boldsymbol{A}=\begin{bmatrix}1 & 1\\0 & 1\end{bmatrix}$,讨论矩阵幂级数 $\sum\limits_{k=1}^{\infty}\dfrac{(-1)^k}{k^2}\boldsymbol{A}^k$ 的敛散性;

(3) 设 $\boldsymbol{A}=\begin{bmatrix}1 & -1\\2 & 5\end{bmatrix}$,求$(2\boldsymbol{A}^4-12\boldsymbol{A}^3+19\boldsymbol{A}^2-29\boldsymbol{A}+37\boldsymbol{I})^{-1}$;

(4) 设 $\boldsymbol{A}=\mathrm{diag}(1,2,\cdots,n)$,$m$ 阶矩阵 $\boldsymbol{B}$ 的特征根是 $\lambda_1,\lambda_2,\cdots,\lambda_m(m>1)$,求 $\boldsymbol{A}\otimes\boldsymbol{B}$ 的所有特征根.

六、(15 分)　证明:

(1) 设 $\boldsymbol{A}\in\mathbb{C}^{n\times n}$,$\boldsymbol{D}=\begin{pmatrix}\boldsymbol{A}\\\boldsymbol{A}\end{pmatrix}$,则 $\boldsymbol{D}^+=\dfrac{1}{2}(\boldsymbol{A}^+ \vdots \boldsymbol{A}^+)$;

(2) 设 $\boldsymbol{A}=\begin{bmatrix}0 & -a_3 & a_2\\a_3 & 0 & -a_1\\-a_2 & a_1 & 0\end{bmatrix}$,则 $\boldsymbol{X}=-(a_1^2+a_2^2+a_3^2)^{-1}\boldsymbol{A}$ 是 $\boldsymbol{A}$ 的减号逆;

(3) 设 $\boldsymbol{A}$ 为实反对称矩阵,则 $\mathrm{e}^{\boldsymbol{A}}$ 是正交矩阵.

七、(10 分)　已知欧氏空间 V^n 的一组标准正交基 $\boldsymbol{\alpha}_1,\boldsymbol{\alpha}_2,\cdots,\boldsymbol{\alpha}_n$,且向量 $\boldsymbol{\alpha}_0=\boldsymbol{\alpha}_1+2\boldsymbol{\alpha}_2+\cdots+n\boldsymbol{\alpha}_n$,定义变换 $\mathscr{A}(\boldsymbol{\alpha})=\boldsymbol{\alpha}+k(\boldsymbol{\alpha},\boldsymbol{\alpha}_0)\boldsymbol{\alpha}_0$,$\boldsymbol{\alpha}\in V^n$,实数 $k\neq 0$.

证明:(1) $\mathscr{A}$ 是线性变换;

(2) $\mathscr{A}$ 是正交变换的充要条件是 $k=-\dfrac{2}{1^2+2^2+\cdots+n^2}$.

八、(8 分)　设复矩阵 $\boldsymbol{A}=(a_{ij})\in\mathbb{C}^{n\times n}$ 的特征值集合(即 $\boldsymbol{A}$ 的谱)为$\{\lambda_1,\lambda_2,\cdots,\lambda_n\}$,试证明不等式:

$$\sum_{i=1}^{n}|\lambda_i|^2\leqslant\sum_{i=1}^{n}\sum_{j=1}^{n}|a_{ij}|^2,$$

上式当且仅当 $\boldsymbol{A}$ 为正规矩阵时等号成立.

自 测 题 七

一、(10 分) 设$\mathbb{R}^4$的两个子空间为

$$V_1=\{\boldsymbol{\alpha}=(a_1,a_2,a_3,a_4)\mid a_1+a_2-a_4=0\},$$
$$V_2=L(\boldsymbol{\beta}_1,\boldsymbol{\beta}_2),\quad \boldsymbol{\beta}_1=(0,1,1,1),\quad \boldsymbol{\beta}_2=(1,1,1,0).$$

(1) 求 V_1+V_2 的基与维数;

(2) 求 $V_1\cap V_2$ 的基与维数.

二、(12 分)

(1) 在 $P^{2\times 2}$ 中定义线性变换

$$\mathscr{A}(\boldsymbol{X})=\begin{bmatrix}a & b\\ c & d\end{bmatrix}\boldsymbol{X},$$

求 $\mathscr{A}$ 在基 $\boldsymbol{E}_{11},\boldsymbol{E}_{12},\boldsymbol{E}_{21},\boldsymbol{E}_{22}$ 下的矩阵;

(2) 设 $\boldsymbol{A},\boldsymbol{B}$ 为 n 阶方阵,$\boldsymbol{AB}=\boldsymbol{A}+\boldsymbol{B}$,证明 $\boldsymbol{AB}=\boldsymbol{BA}$.

三、(12 分)

(1) 设 $\boldsymbol{A}=\begin{bmatrix}1 & 0 & 0\\ 1 & 1 & 0\\ 2 & 3 & 2\end{bmatrix}$,求 $\boldsymbol{A}$ 的若尔当标准形;

(2) 设 $\boldsymbol{A}=(a_{ij})\in\mathbb{R}^{n\times n}$,求$\dfrac{\mathrm{d}}{\mathrm{d}\boldsymbol{A}}\mathrm{tr}\boldsymbol{A}$;

(3) 已知 $\mathrm{e}^{\boldsymbol{A}t}=\begin{bmatrix}2\mathrm{e}^{2t}-\mathrm{e}^t & \mathrm{e}^{2t}-\mathrm{e}^t & \mathrm{e}^t-\mathrm{e}^{2t}\\ \mathrm{e}^{2t}-\mathrm{e}^t & 2\mathrm{e}^{2t}-\mathrm{e}^t & \mathrm{e}^t-\mathrm{e}^{2t}\\ 3\mathrm{e}^{2t}-3\mathrm{e}^t & 3\mathrm{e}^{2t}-3\mathrm{e}^t & 3\mathrm{e}^t-2\mathrm{e}^{2t}\end{bmatrix}$,求 $\boldsymbol{A}$.

四、(21 分)

设 $\boldsymbol{A}=\begin{bmatrix}1 & 2 & 2\\ 2 & 1 & 2\\ 2 & 2 & 1\end{bmatrix}$, $\boldsymbol{B}=\begin{bmatrix}3 & 2\\ 1 & 2\end{bmatrix}$.

计算:(1) $\|\boldsymbol{A}\|_1$,$\|\boldsymbol{A}\|_\infty$;(2) $\rho(\boldsymbol{A})$,$\mathrm{cond}(\boldsymbol{B})_\infty$;(3) $\mathrm{rank}(\boldsymbol{A}\otimes\boldsymbol{B})$,$\boldsymbol{A}\otimes\boldsymbol{B}$ 的特征值;(4) $\boldsymbol{A}^-$,$\boldsymbol{A}^+$.

五、(15 分) 已知 $\boldsymbol{A}=\begin{bmatrix}1 & 1 & 1 & 1\\ 1 & 2 & 3 & 4\\ 0 & 1 & 2 & 3\end{bmatrix}$,$\boldsymbol{b}=\begin{bmatrix}1\\ 2\\ 1\end{bmatrix}$.

(1) 求 $\boldsymbol{A}$ 的一个非平凡最大秩分解;

(2) 用广义逆矩阵法判别方程组 $\boldsymbol{Ax}=\boldsymbol{b}$ 是否相容?

(3) 求线性方程组 $\boldsymbol{Ax}=\boldsymbol{b}$ 的极小范数解.

六、(14 分)

(1) 设可逆方阵 $\boldsymbol{P}\in\mathbb{R}^{n\times n}$,且知 $\|\boldsymbol{x}\|_P=\|\boldsymbol{Px}\|_2$ 是$\mathbb{R}^2$上的向量范数. 若 $\|\boldsymbol{A}\|_P$ 表示$\mathbb{R}^{n\times n}$上从属于向量范数 $\|\boldsymbol{x}\|_P$ 的矩阵范数,试导出 $\|\boldsymbol{A}\|_P$ 与矩阵的 2 范数之间的关系式;

(2) 用盖尔定理说明

$$\boldsymbol{A}=\begin{bmatrix}0 & 0 & 1 & 0\\ 1 & 4 & 0 & 1\\ 1 & 0 & 6 & 2\\ 0 & 1 & 1 & 8\end{bmatrix}$$

至少有两个实特征值.

七、(16分)　证明:

(1) 正交变换的特征值等于±1;

(2) 设$\mathscr{A}$为数域P上n维线性空间V的一个对合变换($\mathscr{A}^2=\mathscr{I}$),则$V$可以分解成特征子空间的直和,试分解之.

自 测 题 八

一、(20分)　实数域$\mathbb{R}$上次数不超过2的多项式与零多项式构成的线性空间$P[t]_2$的基为:$f_1(t)=1-t, f_2(t)=1+t^2, f_3(t)=t+2t^2$,定义线性变换

$$\mathscr{A}[f_1(t)]=2+t^2,\quad \mathscr{A}[f_2(t)]=t,\quad \mathscr{A}[f_3(t)]=1+t+t^2.$$

(1) 求$\mathscr{A}$在已知基下的矩阵$\boldsymbol{A}$;

(2) 设$f(t)=1+2t+3t^2$,求$\mathscr{A}[f(t)]$;

(3) 在$P[t]_2$中定义内积$(f,g)=\int_0^1 f(t)g(t)\mathrm{d}t$,求基$1,t,t^2$的度量矩阵.

二、(15分)

(1) 设$\boldsymbol{A}$为n阶方阵,$\boldsymbol{A}$的n个特征值为$2,4,\cdots,2n$,试求$|\boldsymbol{A}-3\boldsymbol{I}|$的值($\boldsymbol{I}$为$n$阶单位矩阵);

(2) 设

$$\boldsymbol{A}=\begin{bmatrix}8&-3&6\\3&-2&0\\-4&2&-2\end{bmatrix},$$

求$\boldsymbol{A}$的若尔当标准形.

三、(15分)　已知

$$\boldsymbol{A}=\begin{bmatrix}1&0&0&-1\\0&1&-1&0\\0&-1&1&0\\-1&0&0&1\end{bmatrix}.$$

(1) 求$\mathrm{e}^{\boldsymbol{A}t}$;

(2) 用矩阵函数方法求微分方程

$$\frac{\mathrm{d}}{\mathrm{d}t}\boldsymbol{x}(t)=\boldsymbol{A}\boldsymbol{x}(t)$$

满足初始条件$\boldsymbol{x}(0)=(1,0,0,-1)^{\mathrm{T}}$的解.

四、(15分)　设$\boldsymbol{A}=\begin{bmatrix}0&-2&-2\\-2&3&-1\\-2&-1&3\end{bmatrix}$,$\boldsymbol{B}=\begin{bmatrix}4&5\\0&3\end{bmatrix}$.

(1) 求$\|\boldsymbol{A}\|_\infty$,$\rho(\boldsymbol{A})$;

(2) 求$\boldsymbol{A}\otimes\boldsymbol{B}$的秩和所有特征根;

(3) 求$\boldsymbol{B}_1^-$,$\boldsymbol{B}^+$.

五、(10分)　用吉文斯变换求$\boldsymbol{A}=\begin{bmatrix}3&5&5\\0&3&4\\4&0&5\end{bmatrix}$的$\boldsymbol{QR}$分解.

六、(15分)　证明题

(1) 设$\boldsymbol{A}\in\mathbb{R}^{n\times n}$为对称正定矩阵,对于$\mathbb{R}^n$中的列向量$\boldsymbol{\alpha}$,定义实数$\|\boldsymbol{\alpha}\|_A=\sqrt{\boldsymbol{\alpha}^{\mathrm{T}}\boldsymbol{A}\boldsymbol{\alpha}}$,验证$\|\boldsymbol{\alpha}\|_A$是$\mathbb{R}^n$中

的向量范数；

(2) 设 $\boldsymbol{A}\in\mathbb{R}^{m\times n}$，证明 $\boldsymbol{A}^{\mathrm{T}}(\boldsymbol{A}\boldsymbol{A}^{\mathrm{T}})^{-1}$ 是 $\boldsymbol{A}$ 的右逆；

(3) 设 $\boldsymbol{A}$ 为正交矩阵，若 $|\boldsymbol{A}|=-1$，证明 $\boldsymbol{A}$ 一定有特征根 -1.

七、(10分) 利用特征多项式及凯莱-哈密顿定理，证明：任意可逆矩阵 $\boldsymbol{A}$ 的逆阵 $\boldsymbol{A}^{-1}$ 都可以表示为 $\boldsymbol{A}$ 的多项式.

自测题九

一、(5分) 设 V 是有序实数对组成的集合：$V=\{(a,b)|a,b\in\mathbb{R}|\}$，加法和数乘运算定义为

$$(a_1,b_1)\oplus(a_2,b_2)=(a_1,b_1),\quad k\circ(a,b)=(ka,kb),\quad k\in\mathbb{R}.$$

问：V 关于运算 $\oplus,\circ$ 是否构成 $\mathbb{R}$ 上的线性空间？并说明理由.

二、(15分) 设 V 表示数域 P 上二阶矩阵全体组成的线性空间，定义 V 的一个变换 $\mathscr{A}$ 如下：

$$\mathscr{A}(\boldsymbol{X})=\begin{bmatrix}1&-1\\-1&1\end{bmatrix}\boldsymbol{X},\quad \boldsymbol{X}\in V.$$

(1) 证明：$\mathscr{A}$ 是线性变换；

(2) 求 $\mathscr{A}$ 在基 $\boldsymbol{E}_{11},\boldsymbol{E}_{12},\boldsymbol{E}_{21},\boldsymbol{E}_{22}$ 下的矩阵；

(3) 求 $\mathscr{A}$ 的核 $\ker\mathscr{A}$，给出 $\ker\mathscr{A}$ 的维数及一组基.

三、(10分) 已知 $\mathbb{C}^{n\times n}$ 中的两种矩阵范数 $\|\cdot\|_a$ 与 $\|\cdot\|_b$，对于 $\boldsymbol{A}\in\mathbb{C}^{n\times n}$，验证 $\|\boldsymbol{A}\|=\|\boldsymbol{A}\|_a+\|\boldsymbol{A}^{\mathrm{H}}\|_b$ 是 $\mathbb{C}^{n\times n}$ 中的矩阵范数.

四、(15分) 设 $\boldsymbol{A}=\begin{bmatrix}1&0&-1&1\\1&-2&-3&-1\\-1&4&5&3\end{bmatrix}$，$\boldsymbol{b}=\begin{bmatrix}3\\3\\-3\end{bmatrix}$.

(1) 求 $\boldsymbol{A}$ 的最大秩分解；

(2) 求 $\boldsymbol{A}^{+}$；

(3) 用广义逆矩阵方法判断方程组 $\boldsymbol{A}\boldsymbol{x}=\boldsymbol{b}$ 是否有解？

五、(15分) 设 $\boldsymbol{A}=\begin{bmatrix}3&1&0\\-4&-1&0\\4&-8&-2\end{bmatrix}$，$\boldsymbol{B}=\begin{bmatrix}3&4\\5&2\end{bmatrix}$，求：

(1) $\mathrm{rank}(\boldsymbol{A}\otimes\boldsymbol{B})$，$\boldsymbol{A}\otimes\boldsymbol{B}$ 的所有特征值，及 $|\boldsymbol{A}\otimes\boldsymbol{B}|$；

(2) $f(\boldsymbol{B})=\boldsymbol{B}^2-\boldsymbol{B}+3\boldsymbol{I}$ 的特征值.

六、(10分) 用豪斯霍尔德变换求 $\boldsymbol{A}=\begin{bmatrix}1&1&3\\2&0&2\\2&1&1\end{bmatrix}$ 的 $\boldsymbol{QR}$ 分解.

七、(15分) 证明题

(1) 设 W 为 n 维欧氏空间 V 的 $n-1$ 维子空间，且 V 中非零向量 $\boldsymbol{\alpha}$ 与 W 正交，即 $(\boldsymbol{\alpha},W)=0$. 若 $\mathscr{A}$ 为 V 的一个线性变换，对 $\forall\,\boldsymbol{\xi}\in W$，使 $\mathscr{A}(\boldsymbol{\xi})=\boldsymbol{\xi}$ 而 $\mathscr{A}(\boldsymbol{\alpha})=-\boldsymbol{\alpha}$，证明 $\mathscr{A}$ 为 V 的一个正交变换.

(2) 设 $\mathscr{A}$ 是欧氏空间 V^n 中的正交变换，它在标准正交基 $\boldsymbol{\alpha}_1,\boldsymbol{\alpha}_2,\cdots,\boldsymbol{\alpha}_n$ 下的矩阵为 $\boldsymbol{A}$，且 $\boldsymbol{A}$ 的特征值 $\{\lambda_1,\lambda_2,\cdots,\lambda_n\}$ 都是实数. 证明：该正交变换 $\mathscr{A}$ 也是对称变换.

八、(15分) 证明题

(1) 设 n 阶方阵 $\boldsymbol{A}$ 的行列式的值为 d，而 $\boldsymbol{I}-\boldsymbol{A}$ 的特征根的绝对值都小于1. 证明：$0<|d|<2^n$，其中 $|d|$ 表示 d 的绝对值；

(2) 设 $\boldsymbol{A}$ 是一个三阶正交方阵，且 $|\boldsymbol{A}|=1$，证明：存在实数 t，$-1\leqslant t\leqslant 3$，使 $\boldsymbol{A}^3-t\boldsymbol{A}^2+t\boldsymbol{A}-\boldsymbol{I}=\boldsymbol{0}$.

自 测 题 十

一、(12 分)　(1) 试求数域 P 上线性空间

$$V=\left\{\boldsymbol{x}=(x_1,x_2,x_3,x_4)^{\mathrm{T}}\ \middle|\ \boldsymbol{Ax}=\boldsymbol{0},\quad \boldsymbol{A}=\begin{bmatrix}3&2&-5&4\\3&-1&3&-3\\3&5&-13&11\end{bmatrix}\right\}$$

的一组基及维数.

(2) 设 $P^{n\times n}$ 为数域 P 上全体 n 阶方阵所构成的空间,记 V_1 为 P 上全体 n 阶对称方阵构成的子空间,V_2 为 P 上一切 n 阶反对称方阵构成的子空间. 试证: $P^{n\times n}=V_1\oplus V_2$.

二、(14 分)　设 $\boldsymbol{\varepsilon}_1,\boldsymbol{\varepsilon}_2,\boldsymbol{\varepsilon}_3,\boldsymbol{\varepsilon}_4$ 是四维线性空间 V 的基,线性变换 $\mathscr{A}$ 在这组基下的矩阵为

$$\boldsymbol{A}=\begin{bmatrix}1&1&-1&-1\\-1&1&1&-1\\-1&-1&1&1\\1&-1&-1&1\end{bmatrix}.$$

求:

(1) $\mathscr{A}$ 的核与维数;

(2) 在 $\mathscr{A}$ 的核中选取基,将它扩充为 V 的一组基,并求 $\mathscr{A}$ 在这组基下的矩阵.

三、(12 分)　设 $\boldsymbol{A}\in\mathbb{R}^{m\times n}$,且 $\mathrm{rank}(\boldsymbol{A})=n$,行向量 $\boldsymbol{\alpha}=(x_1,x_2,\cdots,x_n)$,$\boldsymbol{\beta}=(y_1,y_2,\cdots,y_n)\in\mathbb{R}^n$,在 $\mathbb{R}^n$ 中定义实函数 $(\boldsymbol{\alpha},\boldsymbol{\beta})=\boldsymbol{\alpha}\boldsymbol{A}^{\mathrm{T}}\boldsymbol{A}\boldsymbol{\beta}^{\mathrm{T}}$.

(1) 证明:在该实函数定义下 $\mathbb{R}^n$ 成为欧氏空间;

(2) 求 $\mathbb{R}^n$ 中自然基 $\boldsymbol{\varepsilon}_1=(1,0,\cdots,0),\cdots,\boldsymbol{\varepsilon}_n=(0,\cdots,0,1)$ 的度量矩阵.

四、(15 分)

(1) 设 $\boldsymbol{B}=\lim\limits_{n\to\infty}\boldsymbol{A}^n$,证明 $\boldsymbol{B}$ 是幂等阵;

(2) 设 $\boldsymbol{A}=\begin{bmatrix}2&-\dfrac{1}{2}\\2&0\end{bmatrix}$,求 $\displaystyle\sum_{k=0}^{\infty}\frac{\boldsymbol{A}^k}{2^k}$;

(3) 设 $\boldsymbol{A}=\begin{bmatrix}1&0\\0&1\\1&0\end{bmatrix}$,求 $\boldsymbol{A}^+$.

五、(13 分)　求线性方程组 $\begin{cases}2x_1+4x_2+x_3+x_4=10,\\x_1+2x_2-x_3+2x_4=6,\\-x_1-2x_2-2x_3+x_4=-7\end{cases}$ 的全部最小二乘解和极小范数最小二乘解.

六、(12 分)

(1) 设 $\boldsymbol{\alpha}=(1,1,\cdots,1)^{\mathrm{T}}\in\mathbb{C}^n$,$\forall\,\boldsymbol{x}\in\mathbb{C}^n$,定义向量范数 $\|\boldsymbol{x}\|=\|\boldsymbol{\alpha}\boldsymbol{x}^{\mathrm{T}}\|_{\mathrm{F}}$,试写出这种向量范数与向量 2 范数之间的关系;

(2) 证明:设 $\boldsymbol{A}\in\mathbb{C}^{m\times m}$,$\boldsymbol{B}\in\mathbb{C}^{n\times n}$,则 $\det(\boldsymbol{A}\otimes\boldsymbol{B})=(\det\boldsymbol{A})^n(\det\boldsymbol{B})^m$.

七、(10 分)　设线性空间 V^3 的线性变换 $\mathscr{A}$ 在基 $\boldsymbol{\alpha}_1,\boldsymbol{\alpha}_2,\boldsymbol{\alpha}_3$ 下的矩阵 $\boldsymbol{A}=\begin{bmatrix}1&2&2\\2&1&2\\2&2&1\end{bmatrix}$,证明: $W=L(\boldsymbol{\alpha}_2-\boldsymbol{\alpha}_1,\boldsymbol{\alpha}_3-\boldsymbol{\alpha}_1)$ 是 $\mathscr{A}$ 的不变子空间.

八、(12 分)　设 $\mathscr{A}$ 为线性空间 V 上的线性变换.

(1) 证明: $\dim(\mathscr{A}(V))+\dim(\mathscr{A}^{-1}(\boldsymbol{0}))=\dim V$;

(2) 是否有 $\mathscr{A}(V)+\mathscr{A}^{-1}(\mathbf{0})=V$？若有，给出证明；若没有，给出反例.

自测题十一

一、(10分)

设$\mathbb{R}^{2\times 2}$的一组基为 $\boldsymbol{A}_1=\begin{bmatrix}1&0\\0&0\end{bmatrix}$，$\boldsymbol{A}_2=\begin{bmatrix}1&1\\0&0\end{bmatrix}$，$\boldsymbol{A}_3=\begin{bmatrix}1&1\\1&0\end{bmatrix}$，$\boldsymbol{A}_4=\begin{bmatrix}1&1\\1&1\end{bmatrix}$，另一组基为 $\boldsymbol{B}_1=\begin{bmatrix}1&0\\0&1\end{bmatrix}$，$\boldsymbol{B}_2=\begin{bmatrix}1&-1\\1&1\end{bmatrix}$，$\boldsymbol{B}_3=\begin{bmatrix}1&-1\\0&1\end{bmatrix}$，$\boldsymbol{B}_4=\begin{bmatrix}0&0\\0&1\end{bmatrix}$. 求：

(1) 从前基到后基的过渡矩阵；

(2) 从后基到前基的过渡矩阵.

二、填空题(每题4分，共20分)

(1) 设 $\boldsymbol{A}=\begin{bmatrix}2&-3&8&2\\2&12&-2&12\\1&3&1&4\end{bmatrix}$，则 $\boldsymbol{A}$ 的值域 $R(\boldsymbol{A})=\{\boldsymbol{y}\mid\boldsymbol{y}=\boldsymbol{Ax},\boldsymbol{x}\in\mathbb{R}^4\}$ 的维数 $\dim R(\boldsymbol{A})=$________.

(2) 设 $\boldsymbol{A}=\begin{bmatrix}1&2&1&0\\1&1&1&1\end{bmatrix}$，$\boldsymbol{B}=\begin{bmatrix}2&-1&0&1\\1&-1&3&7\end{bmatrix}$，$V_1,V_2$ 分别为齐次线性方程组 $\boldsymbol{Ax}=\mathbf{0}$，$\boldsymbol{Bx}=\mathbf{0}$ 的解空间，则 $\dim(V_1\cap V_2)=$________.

(3) 设 $\boldsymbol{A}_n=\begin{bmatrix}\dfrac{n+(-1)^n}{n}&\left(1-\dfrac{1}{n}\right)^{\frac{1}{n}}\\\dfrac{n+1}{3n}&\left(\dfrac{2n+1}{2n-1}\right)^n\end{bmatrix}$，则 $\lim\limits_{n\to\infty}\boldsymbol{A}_n=$________.

(4) 设 $\boldsymbol{A}=\begin{bmatrix}2&-1&3\\1&2&1\\2&0&2\end{bmatrix}$，则 $\boldsymbol{A}$ 的 $\boldsymbol{LDU}$ 分解为 $\boldsymbol{A}=$________.

(5) 设 $\boldsymbol{A}=\begin{bmatrix}1&2\\-2&5\end{bmatrix}$，$\boldsymbol{B}=\begin{bmatrix}2&4\\2&0\end{bmatrix}$，则 $\boldsymbol{A}\otimes\boldsymbol{B}=$________.

三、(15分) 已知 $\boldsymbol{A}=\begin{bmatrix}2&0&0\\0&1&0\\0&1&1\end{bmatrix}$.

(1) 求 $\lambda\boldsymbol{I}-\boldsymbol{A}$ 的全部行列式因子，不变因子及史密斯标准形；

(2) 求 $\boldsymbol{A}$ 的若尔当标准形 $\boldsymbol{J}$ 及过渡矩阵 $\boldsymbol{P}$，使 $\boldsymbol{P}^{-1}\boldsymbol{AP}=\boldsymbol{J}$.

四、(10分)

设函数矩阵

$$\boldsymbol{A}(t)=\begin{bmatrix}\sin t&-\cos t\\\cos t&\sin t\end{bmatrix},$$

求 $\int_0^t\boldsymbol{A}(t)\mathrm{d}t$ 和 $\left(\int_0^{t^2}\boldsymbol{A}(t)\mathrm{d}t\right)'$.

五、(15分)

(1) 设 $f(\boldsymbol{X})=\|\boldsymbol{X}\|_F^2=\mathrm{tr}(\boldsymbol{X}^{\mathrm{T}}\boldsymbol{X})$，其中 $\boldsymbol{X}=(x_{ij})_{m\times n}\in\mathbb{R}^{m\times n}$ 是矩阵变量，求$\dfrac{\mathrm{d}f}{\mathrm{d}\boldsymbol{X}}$；

(2) 设 $\boldsymbol{A}=(a_{ij})_{m\times n}\in\mathbb{R}^{m\times n}$，$\boldsymbol{x}=(x_1,x_2,\cdots,x_n)^{\mathrm{T}}\in\mathbb{R}^n$，是向量变量，$F(\boldsymbol{x})=\boldsymbol{Ax}$，求$\dfrac{\mathrm{d}F}{\mathrm{d}\boldsymbol{x}^{\mathrm{T}}}$.

六、(15分)　已知微分方程组

$$\begin{cases}\dfrac{d\boldsymbol{x}}{dt}=\boldsymbol{A}\boldsymbol{x},\\ \boldsymbol{x}(0)=\boldsymbol{x}_0,\end{cases}\quad 其中\quad \boldsymbol{A}=\begin{bmatrix}2&0&0\\0&3&-1\\0&1&1\end{bmatrix},\quad \boldsymbol{x}_0=\begin{bmatrix}1\\1\\1\end{bmatrix}.$$

(1) 求矩阵 $\boldsymbol{A}$ 的若尔当标准形 $\boldsymbol{J}$ 和可逆矩阵 $\boldsymbol{P}$,使 $\boldsymbol{P}^{-1}\boldsymbol{A}\boldsymbol{P}=\boldsymbol{J}$;

(2) 求矩阵 $\boldsymbol{A}$ 的最小多项式 $m_{\boldsymbol{A}}(\lambda)$;

(3) 计算矩阵函数 $e_0^{\boldsymbol{A}t}$;

(4) 求该微分方程组的解.

七、(15分)

(1) 设线性空间 V^n 中,从基 $\boldsymbol{\alpha}_1,\boldsymbol{\alpha}_2,\cdots,\boldsymbol{\alpha}_n$ 到基 $\boldsymbol{\beta}_1,\boldsymbol{\beta}_2,\cdots,\boldsymbol{\beta}_n$ 的过渡矩阵为 $\boldsymbol{P}$,证明:有非零向量 $\boldsymbol{\alpha}\in V^n$,使 $\boldsymbol{\alpha}$ 在两组基下坐标相同的充要条件是 1 为矩阵 $\boldsymbol{P}$ 的特征值.

(2) 证明:与任意 n 阶方阵可交换的矩阵必是纯量矩阵.

自测题十二

一、(5分)　判断下列变换 $\mathscr{A}$ 哪些是线性变换.

(1) $\mathbb{R}^3$ 中,$\boldsymbol{X}=(x_1,x_2,x_3)\in\mathbb{R}^3$,$\mathscr{A}[(x_1,x_2,x_3)]=(x_1+1,x_2+2,x_3+x_1)$;

(2) $\mathbb{R}^{n\times n}$ 中,$\boldsymbol{A}\in\mathbb{R}^{n\times n}$,$\boldsymbol{X}\in\mathbb{R}^{n\times n}$,$\mathscr{A}(\boldsymbol{X})=\boldsymbol{A}\boldsymbol{X}+\boldsymbol{A}$;

(3) $\mathbb{R}^{n\times n}$ 中,$\boldsymbol{A},\boldsymbol{B}\in\mathbb{R}^{n\times n}$,$\forall\,\boldsymbol{X}\in\mathbb{R}^{n\times n}$,$\mathscr{A}(\boldsymbol{X})=\boldsymbol{A}\boldsymbol{X}+\boldsymbol{X}\boldsymbol{B}$;

(4) $\mathbb{R}^{2\times 2}$ 中,$\boldsymbol{A}\in\mathbb{R}^{2\times 2}$,$\mathscr{A}(\boldsymbol{A})=\boldsymbol{A}^*$,其中 $\boldsymbol{A}^*$ 是二阶方阵 $\boldsymbol{A}$ 的伴随矩阵.

二、(5分)　设矩阵空间 $\mathbb{R}^{2\times 2}$ 的子空间 $V=\{\boldsymbol{X}=(x_{ij})\mid x_{11}+x_{12}+x_{21}=0\}$ 构成线性空间(按通常的矩阵加法和数量乘法),试求 V 的维数,并写出 V 的一组基.

三、(15分)　设矩阵 $\boldsymbol{A}=\begin{bmatrix}-1&0&1\\1&2&0\\-4&0&3\end{bmatrix}$,

(1) 求 $\boldsymbol{A}$ 的初等因子组;　　(2) 求 $\boldsymbol{A}$ 的若尔当标准形 $\boldsymbol{J}$;

(3) 求可逆矩阵 $\boldsymbol{P}$,使得 $\boldsymbol{P}^{-1}\boldsymbol{A}\boldsymbol{P}=\boldsymbol{J}$;　　(4) 求 $\boldsymbol{A}^k$.

四、(15分)　设微分方程组

$$\begin{cases}\dfrac{d\boldsymbol{x}}{dt}=\boldsymbol{A}\boldsymbol{x},\\ \boldsymbol{x}(0)=\boldsymbol{x}_0,\end{cases}\quad 其中\quad \boldsymbol{A}=\begin{bmatrix}3&1&-1\\-2&0&2\\-1&-1&3\end{bmatrix},\quad \boldsymbol{x}_0=\begin{bmatrix}1\\1\\1\end{bmatrix}.$$

求:(1) $\boldsymbol{A}$ 的最小多项式 $m_{\boldsymbol{A}}(\lambda)$;(2) $e^{\boldsymbol{A}t}$;(3) 该方程组的解.

五、(20分)

(1) 设 $\boldsymbol{A}$ 是 n 阶埃尔米特正交矩阵,定义

$$\|\boldsymbol{x}\|_{\boldsymbol{A}}=(\boldsymbol{x}^{\mathrm{H}}\boldsymbol{A}\boldsymbol{x})^{\frac{1}{2}},\quad \forall\,\boldsymbol{x}\in\mathbb{C}^n,$$

试证上述函数是向量范数;

(2) 设 $\boldsymbol{A}\in\mathbb{R}^{n\times n}$,$\|\cdot\|$ 是 $\mathbb{R}^{n\times n}$ 上的一个算子范数,如果 $\|\boldsymbol{A}\|<1$,证明 $\boldsymbol{I}-\boldsymbol{A}$ 可逆,且有 $\|(\boldsymbol{I}-\boldsymbol{A})^{-1}\|\leqslant\dfrac{1}{1-\|\boldsymbol{A}\|}$.

六、(10分)

判别矩阵级数 $\sum_{k=0}^{\infty}\begin{bmatrix}\frac{1}{6} & -\frac{1}{3}\\ -\frac{4}{3} & \frac{1}{6}\end{bmatrix}$ 的收敛性,若收敛,求其和.

七、(15分) 设矛盾方程 $\boldsymbol{Ax}=\boldsymbol{b}$,其中

$$\boldsymbol{A}=\begin{bmatrix}2 & 4 & 1 & 1\\ 1 & 2 & -1 & 2\\ -1 & -2 & -2 & 1\end{bmatrix},\quad \boldsymbol{b}=\begin{bmatrix}3\\0\\3\end{bmatrix}.$$

(1) 求 $\boldsymbol{A}$ 的满秩分解 $\boldsymbol{A}=\boldsymbol{FG}$;

(2) 由上面分解来计算 $\boldsymbol{A}^{+}$;

(3) 写出该方程组最小二乘解表达式,并求出极小范数最小二乘解.

八、(10分)

设 $\mathscr{A}$ 是 $\mathbb{C}^n$ 的线性变换,$W\neq\{0\}$ 是 $\mathbb{C}^n$ 的一个子空间,且是 $\mathscr{A}$ 的不变子空间,证明 W 中必有 $\mathscr{A}$ 的特征向量.

自测题十三

一、(5分) 在 $\mathbb{R}^3$ 中线性变换 $\mathscr{A}$ 将基

$$\boldsymbol{\alpha}_1=\begin{bmatrix}1\\1\\-1\end{bmatrix},\quad \boldsymbol{\alpha}_2=\begin{bmatrix}0\\2\\-1\end{bmatrix},\quad \boldsymbol{\alpha}_3=\begin{bmatrix}1\\0\\-1\end{bmatrix}$$

变为基

$$\boldsymbol{\beta}_1=\begin{bmatrix}1\\-1\\0\end{bmatrix},\quad \boldsymbol{\beta}_2=\begin{bmatrix}0\\1\\-1\end{bmatrix},\quad \boldsymbol{\beta}_3=\begin{bmatrix}0\\3\\-2\end{bmatrix}.$$

(1) 求 $\mathscr{A}$ 在基 $\boldsymbol{\alpha}_1,\boldsymbol{\alpha}_2,\boldsymbol{\alpha}_3$ 下的矩阵表示;

(2) 求向量 $\boldsymbol{\xi}=(1,2,3)^{\mathrm{T}}$ 及 $\mathscr{A}(\boldsymbol{\xi})$ 在基 $\boldsymbol{\alpha}_1,\boldsymbol{\alpha}_2,\boldsymbol{\alpha}_3$ 下的坐标;

(3) 求向量 $\boldsymbol{\xi}=(1,2,3)^{\mathrm{T}}$ 及 $\mathscr{A}(\boldsymbol{\xi})$ 在基 $\boldsymbol{\beta}_1,\boldsymbol{\beta}_2,\boldsymbol{\beta}_3$ 下的坐标.

二、(5分) 设实数域上的多项式

$p_1(x)=x^3+2x^2+2x+3,\quad p_2(x)=x^3+x^2+2x+3,$

$p_3(x)=-x^3+x^2-4x-5,\quad p_4(x)=x^3-3x^2+6x+7.$

求线性空间 $W=\mathrm{span}(p_1,p_2,p_3,p_4)$ 的一组基和维数.

三、(15分) 计算:

(1) 已知 $\boldsymbol{A}$ 可逆,求 $\int_0^1 \mathrm{e}^{\boldsymbol{A}t}\,\mathrm{d}t$(用矩阵 $\boldsymbol{A}$ 或其逆矩阵表示);

(2) 设 $\boldsymbol{\alpha}=(a_1,a_2,a_3,a_4)^{\mathrm{T}}$ 是给定的常向量,$\boldsymbol{X}=(x_{ij})_{2\times 4}$ 是矩阵变量,求 $\frac{\mathrm{d}(\boldsymbol{X\alpha})^{\mathrm{T}}}{\mathrm{d}\boldsymbol{X}}$;

(3) 设三阶方阵 $\boldsymbol{A}$ 的特征多项式为 $|\lambda\boldsymbol{I}-\boldsymbol{A}|=\lambda^2(\lambda-6)$,且 $\boldsymbol{A}$ 可对角化,求 $\lim_{k\to\infty}\left(\frac{\boldsymbol{A}}{\rho(\boldsymbol{A})}\right)^k$.

四、(15分) 已知矛盾方程组 $\boldsymbol{Ax}=\boldsymbol{b}$,

$$\begin{cases}x_1+x_2=1,\\ x_1+2x_2=1,\\ 2x_1+3x_2=1.\end{cases}$$

(1) 求 $\boldsymbol{A}$ 的满秩分解 $\boldsymbol{A}=\boldsymbol{FG}$；

(2) 求 $\boldsymbol{A}$ 的广义逆 $\boldsymbol{A}^{+}$；

(3) 求该方程组的最小二乘解 $\boldsymbol{x}_{LS}$.

五、(15 分)　利用盖尔定理证明矩阵：

$$\boldsymbol{A}=\begin{bmatrix} 2 & \frac{1}{2} & \frac{1}{2^2} & \cdots & \frac{1}{2^{n-1}} \\ \frac{2}{3} & 4 & \frac{2}{3^2} & \cdots & \frac{2}{3^{n-1}} \\ \frac{3}{4} & \frac{3}{4^2} & 6 & \cdots & \frac{3}{4^{n-1}} \\ \vdots & \vdots & \vdots & & \vdots \\ \frac{n}{n+1} & \frac{n}{(n+1)^2} & \frac{n}{(n+1)^3} & \cdots & 2n \end{bmatrix}.$$

(1) 能与对角矩阵相似；(2) 特征值全为实数.

六、(15 分)

(1) 设 $\boldsymbol{A}=\begin{bmatrix} 0 & 1 \\ -1 & 0 \\ 0 & 2 \\ 1 & 0 \end{bmatrix}$,求 $\boldsymbol{A}$ 的奇异值分解；

(2) 求矩阵 $\boldsymbol{A}=\begin{bmatrix} -1 & 0 & 1 & 2 \\ 1 & 2 & -1 & 1 \\ 2 & 2 & -2 & -1 \end{bmatrix}$ 的满秩分解.

七、(15 分)　已知

$$\boldsymbol{A}=\begin{bmatrix} 3 & 1 & -1 \\ 0 & 2 & 0 \\ 1 & 1 & 1 \end{bmatrix},$$

求 $\mathrm{e}^{\boldsymbol{A}t}$,$\sin\boldsymbol{A}t$ 和 $\cos\boldsymbol{A}t$.

八、(15 分)　设 $\boldsymbol{A}$ 是可逆矩阵,$\dfrac{1}{\|\boldsymbol{A}^{-1}\|}=\alpha$,$\|\boldsymbol{B}-\boldsymbol{A}\|=\beta$(这里矩阵范数都是算子范数),如果 $\beta<\alpha$,证明：

(1) $\boldsymbol{B}$ 是可逆矩阵；(2) $\|\boldsymbol{B}^{-1}\|\leqslant\dfrac{1}{\alpha-\beta}$；(3) $\|\boldsymbol{B}^{-1}-\boldsymbol{A}^{-1}\|\leqslant\dfrac{\beta}{\alpha(\alpha-\beta)}$.

自 测 题 十 四

一、(20 分)　填空题

(1) 已知矩阵 $\boldsymbol{A}=\begin{bmatrix} 1 & -1 & 1 \\ \mathrm{i} & 2+\mathrm{i} & 1+\mathrm{i} \\ 2 & \mathrm{i} & 1-\mathrm{i} \end{bmatrix}$,$\boldsymbol{x}=\begin{bmatrix} 1 \\ 1 \\ 1 \end{bmatrix}$,$\mathrm{i}=\sqrt{-1}$,则 $\|\boldsymbol{A}\|_1=$________；$\|\boldsymbol{A}\|_\infty=$________；$\|\boldsymbol{Ax}\|_1=$________；$\|\boldsymbol{Ax}\|_\infty=$________.

(2) 已知 $\mathscr{A}$ 是线性空间 V^3 上的线性变换,且有

$$\mathscr{A}(\boldsymbol{\alpha}_1)=\boldsymbol{\alpha}_1+2\boldsymbol{\alpha}_2+\boldsymbol{\alpha}_3,\quad \mathscr{A}(\boldsymbol{\alpha}_2)=\boldsymbol{\alpha}_2-\boldsymbol{\alpha}_3,\quad \mathscr{A}(\boldsymbol{\alpha}_3)=\boldsymbol{\alpha}_3,$$

则变换 $\mathscr{A}$ 在基 $\{\boldsymbol{\alpha}_1,\boldsymbol{\alpha}_2,\boldsymbol{\alpha}_3\}$ 下的变换矩阵为________.

(3) 已知矩阵 $\boldsymbol{A}$ 的 $\boldsymbol{LU}$ 分解为 $\begin{bmatrix}1 & & \\ 2 & 1 & \\ 3 & 0 & 1\end{bmatrix}\begin{bmatrix}2 & 4 & 0\\ & 3 & 6\\ & & 1\end{bmatrix}$,则 $\boldsymbol{A}$ 的 $\boldsymbol{LDU}$ 分解为________.

(4) 方阵 $\boldsymbol{A}$ 的谱半径 $\rho(\boldsymbol{A})<1$ 时,有 $\lim\limits_{n\to\infty}\boldsymbol{A}^n=$________.

(5) 设 $\boldsymbol{A}_{3\times 3}$ 的特征值为 1,2,0,则矩阵 $\sin\boldsymbol{A}$ 的特征值为________.

(6) 已知正规矩阵 $\boldsymbol{A}_{3\times 3}$ 的特征值为 $\lambda_1=-2,\lambda_2=1+2\mathrm{i},\lambda_3=1$,则 $\boldsymbol{A}$ 的奇异值为________.

(7) 如果 $\boldsymbol{A}_{3\times 3}$ 的最小多项式 $m_{\boldsymbol{A}}(\lambda)=(\lambda-2)(\lambda+3)^2$,则 $\boldsymbol{A}$ 的若尔当矩阵为________.

(8) 设 $f(z)=\sqrt{z}$,$\boldsymbol{A}=\begin{bmatrix}1 & 1 & 0\\ 0 & 1 & 0\\ 0 & 0 & 2\end{bmatrix}$,则 $f(\boldsymbol{A})=$________.

二、(10 分) 在欧氏空间$\mathbb{R}^3$中求一个正交变换 $\mathscr{A}$,使得 $\mathscr{A}(\boldsymbol{\alpha}_1)=\boldsymbol{e}_3$,$\mathscr{A}(\boldsymbol{\alpha}_2)=\boldsymbol{e}_1$,其中 $\boldsymbol{e}_i(i=1,2,3)$ 为$\mathbb{R}^3$的基本单位向量(称自然基),其中

$$\boldsymbol{\alpha}_1=\frac{1}{\sqrt{2}}(1,0,1,)^{\mathrm{T}},\quad \boldsymbol{\alpha}_2=\frac{1}{\sqrt{2}}(1,0,-1)^{\mathrm{T}}.$$

三、(10 分) 设$\mathbb{R}^{2\times 2}$中,$\boldsymbol{A}=\begin{bmatrix}a & b\\ c & d\end{bmatrix}$,定义变换

$$\mathscr{A}(\boldsymbol{X})=\boldsymbol{AX}-\boldsymbol{XA},\quad \forall\boldsymbol{X}\in\mathbb{R}^{2\times 2}.$$

(1) 证明 $\mathscr{A}$ 是$\mathbb{R}^{2\times 2}$的线性变换;

(2) 求 $\mathscr{A}$ 在基 $\boldsymbol{E}_1=\begin{bmatrix}1 & 0\\ 0 & 0\end{bmatrix}$,$\boldsymbol{E}_2=\begin{bmatrix}0 & 1\\ 0 & 0\end{bmatrix}$,$\boldsymbol{E}_3=\begin{bmatrix}0 & 0\\ 1 & 0\end{bmatrix}$,$\boldsymbol{E}_4=\begin{bmatrix}0 & 0\\ 0 & 1\end{bmatrix}$下的矩阵;

(3) 证明 0 是 $\mathscr{A}$ 的特征值;

(4) 试讨论特征值为 0 的重数对于 a,b,c,d 的依赖关系.

四、(20 分) (1) 证明过渡矩阵必是可逆矩阵;

(2) 若 n 阶方阵 $\boldsymbol{A}$ 既是正规矩阵,又是幂零矩阵,证明 $\boldsymbol{A}=\boldsymbol{0}$.

五、(20 分) 已知

$$\boldsymbol{A}(t)=\begin{bmatrix}\sin t & -\cos t\\ \mathrm{e}^t\cos t & \mathrm{e}^t\sin t\end{bmatrix}.$$

求:(1) $\lim\limits_{t\to 0}\boldsymbol{A}(t)$,$\dfrac{\mathrm{d}\boldsymbol{A}(t)}{\mathrm{d}t}$,$\dfrac{\mathrm{d}^2\boldsymbol{A}(t)}{\mathrm{d}t^2}$,$\dfrac{\mathrm{d}|\boldsymbol{A}(t)|}{\mathrm{d}t}$,$\left|\dfrac{\mathrm{d}\boldsymbol{A}(t)}{\mathrm{d}t}\right|$ 和 $\dfrac{\mathrm{d}\boldsymbol{A}^{-1}(t)}{\mathrm{d}t}$;

(2) $\int\boldsymbol{A}(t)\mathrm{d}t$,$\int_0^1\boldsymbol{A}(t)\mathrm{d}t$ 和 $\dfrac{\mathrm{d}}{\mathrm{d}x}\int_0^{x^2}\boldsymbol{A}(t)\mathrm{d}t$.

六、(10 分) 讨论幂级数 $\sum\limits_{k=1}^{\infty}\dfrac{1}{k}\boldsymbol{A}^k$ 的敛散性,其中 $\boldsymbol{A}=\begin{bmatrix}-2 & 1\\ -1 & 0\end{bmatrix}$.

七、(10 分) 设 $\boldsymbol{A}_i\in\mathbb{R}^{m\times n}$,$\boldsymbol{b}_i\in\mathbb{R}^m\ (i=1,2,\cdots,k)$,$f(\boldsymbol{x})=\sum\limits_{i=1}^{k}\|\boldsymbol{A}_i\boldsymbol{x}-\boldsymbol{b}_i\|_2^2$.

(1) 求 $\dfrac{\mathrm{d}f}{\mathrm{d}\boldsymbol{x}}$ 和 $\dfrac{\mathrm{d}}{\mathrm{d}\boldsymbol{x}^{\mathrm{T}}}\left(\dfrac{\mathrm{d}f}{\mathrm{d}\boldsymbol{x}}\right)$;

(2) 如果 $\boldsymbol{x}_0\in\mathbb{R}^n$ 是 $f(\boldsymbol{x})$ 的极小值点,证明 $\boldsymbol{x}_0$ 为下面方程组的解:

$$\left(\sum_{i=1}^{k}\boldsymbol{A}_i^{\mathrm{T}}\boldsymbol{A}_i\right)\boldsymbol{x}=\sum_{i=1}^{k}\boldsymbol{A}_i^{\mathrm{T}}.$$

自 测 题 十 五

一、(10 分) 填空题

(1) $\mathbb{R}^2$的两组基为 $\boldsymbol{\alpha}_1=(1,2)^{\mathrm{T}}$,$\boldsymbol{\alpha}_2=(1,1)^{\mathrm{T}}$ 与 $\boldsymbol{\beta}_1=(1,0)^{\mathrm{T}}$,$\boldsymbol{\beta}_2=(1,-1)^{\mathrm{T}}$,设 $\mathscr{A}$ 在 $\boldsymbol{\alpha}_1$,$\boldsymbol{\alpha}_2$ 下的矩

阵为 $\boldsymbol{A}=\begin{bmatrix}1 & 2\\ 3 & 4\end{bmatrix}$,则 $\mathscr{A}$ 在 $\boldsymbol{\beta}_1,\boldsymbol{\beta}_2$ 下的矩阵为________.

(2) 矩阵 $\boldsymbol{A}=\begin{bmatrix}1 & 2 & 3 & 0\\ 0 & 2 & 1 & -1\\ 1 & 0 & 2 & 1\end{bmatrix}$ 的满秩分解表达式 $\boldsymbol{A}=\boldsymbol{BC}$,其中 $\boldsymbol{B}=$________,$\boldsymbol{C}=$________.

(3) 已知 $\boldsymbol{A}=\begin{bmatrix}2 & 2 & 0\\ 8 & 2 & a\\ 0 & 0 & 6\end{bmatrix}$ 为单纯矩阵,则 $a=$________.

(4) 已知矩阵 $\boldsymbol{A}=\begin{bmatrix}1 & 1\\ -1 & -1\end{bmatrix}$,$\mathbb{C}^{2\times 2}$ 的子集 $V=\{\boldsymbol{X}\mid \boldsymbol{AX}=\boldsymbol{0},\boldsymbol{X}\in\mathbb{C}^2\}$,则 V 的一组基________以及 $\dim V=$________.

二、(10分) (1) 设 $\boldsymbol{X}\in\mathbb{R}^{2\times 2}$,定义变换 $\mathscr{A}(\boldsymbol{X})=\begin{bmatrix}1 & 1\\ 2 & 2\end{bmatrix}\boldsymbol{X}$,试证 $\mathscr{A}$ 是 $\mathbb{R}^{2\times 2}$ 上的线性变换;

(2) 设 $\boldsymbol{A},\boldsymbol{B}\in\mathbb{R}^{2\times 2}$,记 $\mathrm{tr}(\boldsymbol{A})=a_{11}+a_{22}$,问函数 $\langle\boldsymbol{A},\boldsymbol{B}\rangle=\mathrm{tr}(\boldsymbol{A}+\boldsymbol{B})$ 是否为内积,为什么?

(3) 设 $f(t),g(t)\in C[0,1]$,定义内积 $(f,g)=\int_0^1 f(t)g(t)\mathrm{d}t$,取 $f(t)=t,g(t)=\mathrm{e}^t$,试具体写出柯西-施瓦茨不等式的表达式.

三、(15分) $\mathbb{R}^n$ 中,设 n 维非零列向量为 $\boldsymbol{\alpha}$ 和 $\boldsymbol{\beta}$,矩阵 $\boldsymbol{A}=\boldsymbol{\alpha}\boldsymbol{\beta}^{\mathrm{T}}$,又已知 $\boldsymbol{q}_1,\boldsymbol{q}_2,\cdots,\boldsymbol{q}_{n-1}$ 是 $n-1$ 个线性无关向量组,且 $\boldsymbol{\beta}^{\mathrm{T}}\boldsymbol{q}_i=0,i=1,2,\cdots,n-1$,证明:

(1) $\boldsymbol{\alpha}$ 是矩阵 $\boldsymbol{A}$ 的一个特征向量,并求 $\boldsymbol{\alpha}$ 对应的特征值;

(2) 证明 $\boldsymbol{A}$ 可对角化,求矩阵 $\boldsymbol{P}$,使 $\boldsymbol{P}^{-1}\boldsymbol{AP}$ 为对角阵.

四、(15分) (1) 设 $\boldsymbol{A}$ 是 n 阶矩阵,对任意 $\boldsymbol{0}\neq\boldsymbol{x}\in\mathbb{R}^n$ 均有 $\boldsymbol{Ax}\neq\boldsymbol{x}$,证明:$\boldsymbol{I}-\boldsymbol{A}$ 可逆并求其逆.

(2) 设 $\boldsymbol{A}\in\mathbb{C}^{n\times n}$,证明:

$$\|\mathrm{e}^{\boldsymbol{A}}\|\leqslant \mathrm{e}^{\|\boldsymbol{A}\|}\quad 及\quad |\mathrm{e}^{\boldsymbol{A}}|=\mathrm{e}^{\mathrm{tr}(\boldsymbol{A})}.$$

五、(15分) 已知三阶矩阵

$$\boldsymbol{A}=\begin{bmatrix}1 & -1 & 1\\ x & 4 & y\\ -3 & -3 & 5\end{bmatrix}$$

的二重特征值 $\lambda=2$ 对应两个线性无关的特征向量. 求:

(1) x,y;

(2) 可逆矩阵 $\boldsymbol{P}$,使得 $\boldsymbol{P}^{-1}\boldsymbol{AP}$ 为对角矩阵;

(3) $\boldsymbol{A}$ 的谱分解表达式.

六、(15分) (1) 设 $\boldsymbol{A}$ 和 $\boldsymbol{B}$ 是 n 阶正定埃尔米特矩阵,则 $|\lambda\boldsymbol{B}-\boldsymbol{A}|=0$ 的根全是正数,试证明之.

(2) 已知矩阵

$$\boldsymbol{A}=\begin{bmatrix}\frac{1}{4} & \frac{1}{5} & \frac{1}{6} & \frac{1}{7}\\ \frac{1}{4} & \frac{2}{5} & \frac{1}{6} & \frac{1}{7}\\ \frac{1}{4} & \frac{1}{5} & \frac{3}{6} & \frac{1}{7}\\ \frac{1}{4} & \frac{1}{5} & \frac{1}{6} & \frac{3}{7}\end{bmatrix},$$

试证:$\rho(\boldsymbol{A})\leqslant 1$.

七、(10分) 设

$$A = \begin{bmatrix} 9 & 1 & -2 & 1 \\ 0 & 8 & 1 & 1 \\ -1 & 0 & 4 & 0 \\ 1 & 0 & 0 & 1 \end{bmatrix}.$$

(1) 写出 $\boldsymbol{A}$ 的 4 个盖尔圆;

(2) 应用盖尔定理证明矩阵 A 至少有两个实特征值.

八、(10分) 假设三维线性空间 V 上的线性变换 $\mathscr{A}$ 在 V 的基 $\boldsymbol{\alpha}_1, \boldsymbol{\alpha}_2, \boldsymbol{\alpha}_3$ 下的矩阵为 $\boldsymbol{J} = \begin{bmatrix} 2 & a & c \\ 0 & 2 & b \\ 0 & 0 & -1 \end{bmatrix}$,

问:当 a, b, c, d 满足什么条件时,存在 V 的一组基,使得 $\mathscr{A}$ 的矩阵是

$$\boldsymbol{K} = \begin{bmatrix} 2 & 0 & 0 \\ 2 & d & 0 \\ 2 & 2 & 2 \end{bmatrix}.$$

参 考 文 献

[1] 蒋尔雄,高坤敏,吴景琨.线性代数[M].北京：人民教育出版社,1978.
[2] 程云鹏.矩阵论[M].西安：西北工业大学出版社,1989.
[3] 黄有度,等.矩阵论及其应用[M].合肥：中国科学技术大学出版社,1995.
[4] 戴华.矩阵论[M].北京：科学出版社,2001.
[5] 张远达.线性代数原理[M].上海：上海教育出版社,1980.
[6] 许以超.线性代数与矩阵论[M]. 2 版. 北京:高等教育出版社,2008.
[7] 张跃辉. 矩阵理论与应用[M]. 北京:科学出版社,2011.
[8] 张贤达.矩阵分析与应用[M]. 北京:清华大学出版社,2004.
[9] 詹兴致. 矩阵论[M]. 北京:高等教育出版社,2008.
[10] 苏育才,等. 矩阵理论[M]. 北京:科学出版社,2006.
[11] [美]Horn R A,等. 矩阵分析[M]. 杨奇,译. 北京:机械工业出版社,2005.
[12] HOUCK D J, PAUL M E. On a theorem of de Bruijn and Erdösy[J]. Linear Algebra Appl, 1979, 23: 157-165.
[13] 李明. 线性代数中矩阵的应用研究[J]. 常州工学院学报,2011, 24(314).
[14] 李剑,等.矩阵分析与应用习题解答[M].北京：清华大学出版社,2007.
[15] ARNOLD V I. Mathematical methods of classical mechanics[M]. New York: Springer,1978.
[16] 须田信英,等. 自动控制中的矩阵理论[M]. 曹长修,译.北京：科学出版社,1979.
[17] 徐树方.控制论中的矩阵计算[M].北京:高等教育出版社,2011.
[18] 钱吉林,等.矩阵及其广义逆[M].武汉：华中师范大学出版社,1998.
[19] 陈景良,陈向晖.特殊矩阵[M].北京：清华大学出版社,2001.
[20] 张凯院.矩阵论典型题解析及自测试题[M].西安：西北工业大学出版社,2001.
[21] 林升旭.矩阵论学习辅导与典型题解析[M].武汉:华中科技大学出版社,2003.
[22] 魏丰,等.矩阵分析指导[M].北京:北京理工大学出版社,2005.